Feynman
Vorlesungen über Physik

Band I

Hauptsächlich Mechanik, Strahlung und Wärme

von

Richard P. Feynman

Richard Chace Tolman Professor of Theoretical Physics
California Institute of Technology

Robert B. Leighton

Professor of Physics
California Institute of Technology

Matthew Sands

Professor
Standford University

mit 342 Figuren und 28 Tabellen

R. Oldenbourg Verlag München Wien

Genehmigte Übersetzung der englischen Originalausgabe
„The Feynman Lectures on Physics. Vol I, Mainly Mechanics, Radiation, and Heat"

Diese Übersetzung wird herausgegeben und verkauft mit Genehmigung des Verlags Addison-Wesley Publishing Company, Reading Massachusetts, Inhaber aller Verlags- und Verkaufsrechte.

Deutsche Übersetzung: Kap. 1 - 25 Dr. Heinz Köhler
Kap. 26 - 52 Dipl. Phys. Eckhard Schröder

Wissenschaftliche Beratung: Prof. Dr. Peter Beckmann, Institut für Physik, Johannes-Gutenberg-Universität, Mainz

CIP-Titelaufnahme der Deutschen Bibliothek

Feynman, Richard P.:
Vorlesungen über Physik / von Richard P. Feynman, Robert B. Leighton ; Matthew Sands. – München ; Wien : Oldenbourg.
Einheitssacht.: The Feynman lectures on physics ⟨dt.⟩
Aus d. Engl. übers.
ISBN 3-486-20949-3 (Bd. 1 – 3)

NE: Leighton, Robert B. [Bearb.]

Bd. 1. Hauptsächlich Mechanik, Strahlung und Wärme / [dt. Übers.: Kap. 1 – 25 Heinz Köhler ; Kap. 26 – 52 Eckhard Schröder]. – 2. Aufl., Nachdr. d. 1. Aufl. – 1991
ISBN 3-486-21874-3

Gesamtherstellung: R. Oldenbourg Graphische Betriebe GmbH, München

ISBN 3-486-21874-3

Feynmans Vorwort

Dies sind die Vorlesungen über Physik, die ich im letzten und vorletzten Jahr für Anfänger und Fortgeschrittene am Caltech gehalten habe. Diese Vorlesungen sind natürlich nicht wortwörtlich wiedergegeben – sie sind mehr oder weniger umfassend redigiert worden. Die Vorlesungen bilden nur einen Teil des vollständigen Kurses. Die ganze Gruppe von 180 Studenten versammelte sich zweimal wöchentlich in einem großen Hörsaal, um diese Vorlesungen zu hören. Dann teilte sie sich auf in kleine Übungsgruppen von 15–20 Studenten unter der Leitung eines Assistenten. Zusätzlich wurde einmal in der Woche ein Praktikum abgehalten.

Die spezielle Aufgabe, die wir uns mit diesen Vorlesungen gestellt hatten, bestand darin, das Interesse der sehr begeisterten und recht gescheiten Studenten aufrechtzuerhalten, die von den höheren Schulen ans Caltech kamen. Sie hatten viel davon gehört, wie aufregend und interessant die Physik ist – die Relativitätstheorie, Quantenmechanik und andere moderne Ideen. Am Ende unseres vorhergehenden zweijährigen Kurses wären viele doch sehr entmutigt gewesen, weil ihnen nur sehr wenige große, neue und moderne Ideen geboten wurden. Man hatte sie schiefe Ebenen, Elektroakustik usw.

studieren lassen, und nach zwei Jahren war das recht langweilig. Die Frage war, ob wir einen Kursus durchführen könnten, der dem fortgeschritteneren und begeisterten Studenten seinen Enthusiasmus erhielte.

Diese Vorlesungen sind nicht als Übersicht gedacht, sondern sind sehr ernst. Ich gedachte sie an die Intelligentesten der Klasse zu richten und wollte, wenn möglich, erreichen, daß auch der intelligenteste Student nicht alles Gebotene vollständig erfassen konnte. Dazu machte ich Andeutungen über die Anwendungen der Ideen und Konzepte in verschiedenen Richtungen außerhalb der Hauptangriffslinie. Aus diesem Grunde habe ich mich aber sehr bemüht, alle Angaben so genau wie möglich zu machen, in jedem Fall aufzuzeigen, wo die Gleichungen und Ideen in den Aufbau der Physik hineinpaßten und wie sich die Dinge beim weiteren Dazulernen ändern würden. Ich dachte auch, daß es für solche Studenten wichtig ist, ihnen zu zeigen, was sie sich aus dem vorher Gesagten herleiten können, wenn sie klug genug sind, und was als etwas Neues eingeführt wird. Wenn neue Gedanken aufkamen, wollte ich entweder versuchen, sie abzuleiten, wenn sie ableitbar waren, oder klarzumachen, daß es eine neue Idee *war*, die nicht auf schon gelernten Dingen basierte, die nicht beweisbar sein sollte, sondern einfach hinzugefügt wurde.

Zu Beginn dieser Vorlesungen nahm ich an, daß die Studenten bei Verlassen der Oberschule Dinge wie geometrische Optik, einfache chemische Begriffe usw. kannten. Ich sah auch nicht ein, daß die Vorlesungen aus irgendeinem Grunde in einer bestimmten Reihenfolge gehalten werden mußten und daß ich etwas so lange nicht erwähnen durfte, bis es im einzelnen behandelt wurde. Vielfach wurden Dinge ohne umfassende Diskussion erwähnt. Diese umfassenden Diskussionen würden später, nach eingehenderer Vorbereitung, kommen. Beispiele dafür sind die Induktivität und die Energieniveaus, die anfangs nur in einer recht qualitativen Art erwähnt und erst später ausführlicher entwickelt wurden.

Gleichzeitig mit dem aktiveren Studenten wollte ich auch denjenigen ansprechen, der das Extrafeuerwerk und die Nebenanwendungen nur beunruhigend findet und von dem man nicht erwarten kann, daß er den größten Teil des Vorlesungsstoffes überhaupt begreift. Für diesen Studenten wollte ich zumindest ein Kernstück oder Rückgrat des Stoffes haben, das er erfassen *konnte*. Selbst wenn er eine Vorlesung nicht völlig verstand, hoffte ich, er würde nicht nervös werden. Ich erwartete gar nicht, daß er alles verstand, aber doch wenigstens die Hauptsachen. Natürlich braucht er eine gewisse Intelligenz, um zu unterscheiden, welches die zentralen Sätze und Grundgedanken und welches die weiterentwickelten Nebenergebnisse und Anwendungen sind, die er erst in späteren Jahren verstehen kann.

Bei diesen Vorlesungen trat eine ernsthafte Schwierigkeit auf: Bei der Art, wie der Kursus abgehalten wurde, gab es keinen Kontakt zwischen Studenten und Dozenten, der angezeigt hätte, wie gut die Vorlesungen aufgenommen wurden. Das ist in der Tat eine sehr ernsthafte Schwierigkeit, und ich weiß nicht, wie gut die Vorlesungen wirklich sind. Das Ganze war im wesentlichen ein Experiment. Und wenn ich es noch einmal machen würde, so nicht auf die gleiche Art. – Ich hoffe, ich muß es *nicht* nochmal machen! Dennoch glaube ich, daß sich die Dinge – soweit es die Physik anbelangt – im ersten Jahr ganz zufriedenstellend entwickelt haben.

Im zweiten Jahr war ich nicht so zufrieden. Im ersten Teil der Vorlesungsreihe, die sich mit Elektrizität und Magnetismus befaßte, fiel mir keine wirklich einmalige oder andersartige Methode ein, jedenfalls keine, die erheblich fesselnder war als die gebräuchliche Darstellungsweise. Daher glaube ich nicht, daß ich in den Vorlesungen über Elektrizität und Magnetismus viel erreicht habe. Ursprünglich hatte ich vorgehabt, am Ende des zweiten Jahres nach Elektrizität und Magnetismus mit einigen Vorlesungen über die Eigenschaften der Materie fortzufahren, aber hauptsächlich wollte ich Dinge wie Grundschwingungen, Lösungen der Diffusionsgleichung, Schwingungssysteme, Orthogonalfunktionen ... aufgreifen, um die ersten Stufen der sogenannten „mathematischen Methoden der Physik" zu entwickeln. Rückblickend denke ich, daß ich auf diese ursprüngliche Idee zurückgreifen würde, wenn ich es noch einmal täte. Aber da eine Wiederholung der Vorlesungen nicht vorgesehen war, hielt man es für eine gute Idee, zu versuchen, eine Einführung in die Quantenmechanik zu geben – Sie finden sie in Band III.

Es ist ganz klar, daß Studenten, die Physik als Hauptfach haben, mit der Quantenmechanik bis zum dritten Jahr warten können. Andererseits wurde der Einwand erhoben, daß viele unserer Hörer Physik nur als Hintergrund zu ihrem Hauptinteresse auf anderen Gebieten studieren. Und die übliche Art, die Quantenmechanik zu behandeln, macht sie für die meisten Studenten fast unzugänglich, weil sie dafür zuviel Zeit brauchen. In ihren tatsächlichen Anwendungen jedoch – besonders den komplexeren, wie in der Elektrotechnik und in der Chemie – ist der ganze Apparat der Differentialgleichungen gar nicht unbedingt erforderlich. So habe ich versucht, die Grundlagen der Quantenmechanik auf eine Weise zu beschreiben, die nicht die Kenntnis der Mathematik der partiellen Differentialgleichungen voraussetzt. Selbst für einen Physiker ist es, glaube ich, aus mehreren Gründen, die sich aus den Vorlesungen ergeben, ein interessanter Versuch, Quantenmechanik einmal auf diesem umgekehrten Wege darzustellen. Ich glaube jedoch, daß das Experiment mit der Quantenmechanik nicht ganz erfolgreich war – vor allem, weil ich am Schluß nicht genügend Zeit hatte. (Ich hätte z. B. drei oder vier Vorlesungen mehr halten müssen, um Themen wie Energiebänder und die räumliche Abhängigkeit der Amplituden gründlicher zu behandeln.) Auch hatte ich dieses Thema so noch nie dargestellt, so daß der fehlende Kontakt mit den Studenten besonders ernst war. Heute glaube ich, daß Quantenmechanik zu einem späteren Zeitpunkt gelehrt werden sollte. Vielleicht habe ich eines Tages die Möglichkeit, es noch einmal zu tun. Dann werde ich es richtig machen.

Vorlesungen über das Lösen von Aufgaben fehlen, weil es die Übungsgruppen gab. Obwohl ich im ersten Jahr drei Vorlesungen mit Aufgaben und Lösungen hielt, sind sie hier nicht mit dabei. Es gab auch eine Vorlesung über Trägheitslenkung, die sich an die Vorlesung über rotierende Systeme anschließen müßte, die aber leider weggelassen wurde. Die fünfte und die sechste Vorlesung sind in Wirklichkeit Matthew Sands zuzuschreiben, da ich verreist war.

Es bleibt natürlich die Frage, wie gut dieses Experiment geglückt ist. Meine eigene Meinung – die allerdings von den meisten Leuten, die mit den Studenten arbeiten, anscheinend nicht geteilt wird – ist pessimistisch. Ich glaube nicht, daß ich mit den Studenten sehr gut zurechtgekommen bin. Wenn ich mir anschaue, wie die Mehrzahl der Studenten die Prüfungsaufgaben behandelt hat, glaube ich, daß das System ein Fehlschlag ist. Natürlich halten mir meine Freunde vor, daß ein oder zwei Dutzend Studenten überraschenderweise in sämtlichen Vorlesungen fast alles verstanden haben, sehr gut mit dem Stoff umgehen konnten und sich über die vielen Fragen eifrig und interessiert Gedanken machten. Ich glaube, daß diese Leute jetzt ein erstklassiges Fundament in Physik haben – und sie waren es ja schließlich, die ich ansprechen wollte. Aber: „Die Kraft der Lehre ist selten von großer Wirksamkeit, außer unter jenen glücklichen Umständen, wo sie beinahe überflüssig ist" (Gibbons).

Doch wollte ich keinen Studenten vollständig auf der Strecke lassen, wie ich es vielleicht getan habe. Ich glaube, es wäre eine Möglichkeit, den Studenten besser zu helfen, wenn wir uns intensiver damit beschäftigen würden, eine Aufgabenreihe zu entwickeln, die einige Ideen der Vorlesungen deutlich machen würde. Aufgaben bieten eine gute Gelegenheit, den Stoff der Vorlesungen abzurunden und die Gedanken, die vorgetragen wurden, realistischer, vollständiger und einprägsamer zu machen.

Ich glaube jedoch, daß die einzige Lösung für dieses Bildungsproblem die Erkenntnis ist, daß der beste Lehrerfolg erzielt wird, wenn eine direkte, persönliche Beziehung zwischen dem Studenten und einem guten Lehrer besteht – ein Zustand, bei dem der Student die Ideen diskutiert, über die Dinge nachdenkt und darüber spricht. Es ist unmöglich, sehr viel zu lernen, wenn man nur in einer Vorlesung sitzt oder selbst wenn man einfach gestellte Aufgaben löst. Aber in unserer modernen Zeit haben wir so viele Studenten zu unterrichten, daß wir versuchen müssen, einen Ersatz für das Ideal zu finden. Vielleicht können meine Vorlesungen etwas dazu beitragen. Vielleicht können an einer kleinen Ausbildungsstätte, wo es noch Lehrer und Studenten mit persönlichem Kontakt gibt, diese aus den Vorlesungen Anregungen und Ideen ziehen. Vielleicht haben sie Spaß daran, sie durchzudenken oder einige der Gedanken weiterzuentwickeln.

Juni 1963 RICHARD P. FEYNMAN

Vorwort

Dieses Buch basiert auf einer Vorlesungsreihe zur Einführung in die Physik, die von Prof. R. P. Feynman am Technologie-Institut Kalifornien (Caltech) während des akademischen Jahres 1961–62 gehalten wurde; es umfaßt das erste Jahr des zweijährigen Einführungskurses, der von allen Caltech-Anfängern und Studenten im zweiten Jahr belegt wird; 1962–63 folgte eine ähnliche Reihe für das zweite Jahr. Die Vorlesungen bilden den Hauptteil einer grundlegenden Überarbeitung des Einführungskurses, die sich über einen Zeitraum von vier Jahren erstreckte.

Die Notwendigkeit einer grundlegenden Revision entstand einmal aus der schnellen Entwicklung der Physik innerhalb der letzten Jahrzehnte und zum anderen aus der Tatsache, daß die Neuankömmlinge ein stetiges Ansteigen ihres mathematischen Könnens infolge eines verbesserten Mathematiklehrplanes an den Höheren Schulen zeigten. Wir hofften, aus dieser verbesserten mathematischen Vorbildung Nutzen ziehen zu können und so den Kurs durch ein reichhaltiges Angebot moderner Themen herausfordernd, interessant und der heutigen Physik stärker angepaßt gestalten zu können.

Um eine große Ideenvielfalt dafür zu erhalten, welche Themen einzubeziehen und in welcher Form sie zu bringen seien, wurden die meisten Mitglieder der physikalischen Fakultät angeregt, ihre Vorschläge in Form von thematischen Zusammenfassungen für einen überarbeiteten Kurs vorzulegen. Mehrere wurden abgeliefert und sorgfältig und kritisch diskutiert. Man war sich praktisch sofort darüber einig, daß eine grundlegende Überarbeitung des Kurses weder durch die bloße Einführung eines neuen Textbuches noch etwa durch Schreiben eines neuen *ab initio* erreicht werden könnte, sondern daß der neue Kurs auf einer Reihe von Vorlesungen aufbauen sollte, die zwei- oder dreimal in der Woche zu bringen wären; der geeignete Begleittext würde dann erst in zweiter Linie bei Ausarbeitung des Kurses entstehen; ebenso sollten geeignete Laborexperimente passend zum Vorlesungsstoff ausgeführt werden. Demgemäß wurde ein grobes Konzept des Kurses entworfen; dieses erschien aber unvollständig, provisorisch und anfällig für beträchtliche Änderungen, je nach der Persönlichkeit, die die Verantwortung für die tatsächliche Ausführung der Vorlesungen haben würde.

Entsprechend der Form, in der der Kurs letztlich ins Leben gerufen werden sollte, wurden mehrere Pläne erwogen. Diese Pläne waren meist ziemlich ähnlich und schlossen die gemeinsame Anstrengung von N Mitgliedern des Lehrkörpers ein, die die gesamte Last symmetrisch und gleichmäßig verteilt tragen sollten; jeder sollte die Verantwortung für $1/N$ des Gesamtstoffes übernehmen, die Vorlesungen halten und den Begleittext für seinen Teil schreiben. Jedoch ließen der Mangel an ausreichend vielen Mitarbeitern und die Schwierigkeit, wegen der Unterschiede in der Persönlichkeit und der Auffassung bei den einzelnen Teilnehmern einen einheitlichen Standpunkt zu erhalten, solche Pläne nicht praktikabel erscheinen.

Die Erkenntnis, daß wir tatsächlich die Möglichkeit hatten, nicht nur einen neuen und veränderten, sondern möglicherweise einen ganz einzigartigen Physikkurs ins Leben zu rufen, kam Professor Sands als glückliche Inspiration. Er schlug vor, Professor R. P. Feynman solle die Vorlesungen vorbereiten und halten und sie sollten auf Band aufgenommen werden. Nach Abschrift und Bearbeitung sollten sie dann das Lehrbuch für den neuen Kurs bilden. Dies ist im wesentlichen der Plan, der angenommen wurde.

Man hatte erwartet, daß die notwendige redaktionelle Bearbeitung gering sein würde und hauptsächlich aus der Beschriftung von Bildern und der Korrektur von Interpunktion und Grammatik bestehen würde; dies sollte von ein oder zwei graduierten Studenten als Teilzeitbeschäftigung erledigt werden. Leider war diese Erwartung nur von kurzer Dauer. Es handelte sich vielmehr bei der Übertragung der wörtlichen Mitschrift in eine lesbare Form um eine größere herausgeberische Arbeit, abgesehen von der Neugliederung und Überarbeitung des Stoffes, die manchmal notwendig waren. Außerdem war es keine Arbeit für einen technischen Lektor oder einen graduierten Studenten, sondern eine Aufgabe, die die volle Aufmerksamkeit eines Berufsphysikers für zehn bis zwanzig Stunden pro Vorlesung erforderte!

Die Schwierigkeit der redaktionellen Arbeit zusammen mit der Notwendigkeit, den Stoff so bald als möglich in die Hände der Studenten gelangen zu lassen, ergaben eine klare Begrenzung des Aufwandes zum „Aufpolieren" des fertiggestellten Materials; folglich waren wir gezwungen, ein vorläufiges, aber technisch korrektes Werk, das sofort verwendbar war, einem als endgültig und abgeschlossen anzusehenden Werk vorzuziehen. Wegen der drängenden Nachfrage nach weiteren Exemplaren für unsere Studenten und wegen des ermutigenden Interesses aus der Lehrerschaft und von Studenten mehrerer anderer Institute entschlossen wir uns, das Werk in seiner vorläufigen Form zu veröffentlichen, statt auf eine weitere, eingehendere Überarbeitung zu warten, die möglicherweise niemals stattfinden würde. Wir geben uns keinen Illusionen bezüglich der Vollständigkeit, der Ausgewogenheit oder des logischen Aufbaus des Werkes hin; in der Tat planen wir mehrere geringe Änderungen des Kurses in unmittelbarer Zukunft, und wir hoffen, daß der Kurs weder in der Form noch im Inhalt erstarrt.

Als Ergänzung zu den Vorlesungen, die einen wichtigen Kern des Kurses darstellen, war es notwendig, geeignete Übungen einzurichten, um die Erfahrungen und die Fähigkeiten der Studenten zu entwickeln, und geeignete Experimente auszuführen, um den ersten unmittelbaren Kontakt mit dem Vorlesungsstoff im Labor zu ermöglichen. Keiner dieser Aspekte ist in einem so fortgeschrittenen Stadium wie der Vorlesungsstoff, aber es wurden beträchtliche Fortschritte erzielt. Einige Übungen wurden eingerichtet, während die Vorlesungen weiter voranschritten, und diese wurden für die Verwendung im nächsten Jahr ausgedehnt und vergrößert. Da wir jedoch noch nicht überzeugt waren, daß die Übungen eine ausreichende Vielfalt und Tiefe der Anwendung des Vorlesungsstoffes vermitteln, um dem Studenten die enormen Möglichkeiten, die ihm zur Verfügung stehen, voll bewußt zu machen, wurden die Übungen in einer weniger beständigen Form getrennt veröffentlicht, um eine häufige Überarbeitung anzuregen.

Professor H. V. Neher hat eine Anzahl neuer Experimente für den neuen Kurs erdacht. Darunter sind mehrere, die die extrem niedrige Reibung ausnutzen, die ein Luftlager zeigt: eine neue lineare Luftrinne, mit der quantitative Messungen eindimensionaler Bewegungen, Stoßprozesse und harmonischer Bewegungen ausgeführt werden können; ein luftgelagerter, luftangetriebener Maxwell-Kreisel, mit dem die beschleunigte Rotationsbewegung und die gyroskopische Präzession und Nutation untersucht werden können. Wir erwarten, daß die Entwicklung neuer Laborexperimente sich über einen beträchtlichen Zeitraum weiter fortsetzt.

Das Überarbeitungsprogramm stand unter Leitung der Professoren R. B. Leighton, H. V. Neher und M. Sands. Offizielle Teilnehmer an dem Programm waren die Professoren R. P. Feynman, G. Neugebauer, R. M. Sutton, H. P. Stabler,* F. Strong und R.

* 1961–62, als Gast vom Williams College, Williamstown, Mass.

Vogt von der Abteilung Physik, Mathematik und Astronomie und die Professoren T. Caughey, M. Plesset und C. H. Wilts von der Abteilung Ingenieurwissenschaft. Für die wertvolle Unterstützung all derjenigen, die zum Revisionsprogramm beigetragen haben, sei hier herzlichst gedankt. Wir sind besonders der Ford-Stiftung zu Dank verpflichtet, ohne deren finanzielle Hilfe dieses Programm niemals hätte ausgeführt werden können.

Juli 1963 ROBERT B. LEIGHTON

Inhalt

1 Atome in Bewegung

1–1 Einleitung

Dieser Zweijahreskurs über Physik wird unter dem Gesichtspunkt dargeboten, daß der Leser Physiker werden wird. Das ist natürlich nicht notwendigerweise der Fall, aber es ist eine Annahme, die jeder Professor in jedem Fachgebiet macht. Wenn Sie Physiker werden wollen, dann haben Sie viel zu studieren: zweihundert Jahre des sich am schnellsten entwicklenden Wissensgebietes, das es gibt. So viel Wissen, daß Sie denken, daß Sie nicht alles in vier Jahren lernen können; und Sie können es gewiß nicht. Sie werden auch fortgeschrittene Studien durchführen müssen.

Erstaunlicherweise ist es trotz der so umfangreichen Arbeit, welche in der Physik geleistet wurde, möglich, die außerordentlich große Anzahl von Resultaten zu einem großen Teil zu kondensieren, d. h. *Gesetze* zu finden, die all unser Wissen zusammenfassen. Trotzdem sind die Gesetze so schwer zu verstehen, daß es unfair wäre, Sie auf den Weg zur Entdeckung dieses gewaltigen Gebietes zu senden ohne einen Plan oder einen Umriß der Beziehung eines Teiles des Wissenschaftsgebietes zu den anderen. Im Anschluß an diese einleitenden Bemerkungen werden daher in den ersten drei Kapiteln die Beziehung der Physik zu den anderen Wissenschaften, die Beziehungen der Wissenschaften untereinander und die Bedeutung der Wissenschaft umrissen. Das wird uns helfen, ein „Gefühl" für unser Gebiet zu erwerben.

Sie mögen fragen, warum wir nicht Physik unterrichten können, indem wir auf Seite eins die Grundgesetze aufzeichnen und danach zeigen, wie sie unter allen möglichen Umständen funktionieren, wie wir es ja im Falle der Euklidischen Geometrie tun, wo wir alle Axiome am Anfang bringen und dann alle Arten von Schlüssen ziehen. (Sie sind also nicht damit zufrieden, Physik in vier Jahren zu lernen; Sie wollen dieses Gebiet in vier Minuten erlernen?) Wir können aber aus zwei Gründen nicht so vorgehen. Erstens *kennen* wir noch gar nicht alle Grundgesetze: Die Grenze unserer Ignoranz verschiebt sich ununterbrochen. Zweitens beinhaltet die genaue Formulierung der Gesetze der Physik einige sehr ungewöhnliche Ideen, zu deren Beschreibung höhere Mathematik erforderlich ist. Darum ist ein beachtliches vorbereitendes Training nötig, um wenigstens zu verstehen, was die verwendeten *Wörter* bedeuten. Also ist es nicht möglich, jenen Weg zu beschreiten. Wir müssen Schritt um Schritt in die Physik eindringen.

Jedes Stück oder Teil der gesamten Natur ist immer nur eine *Approximation* an die gesamte Wahrheit oder an die gesamte Wahrheit wie wir sie kennen. Tatsächlich ist alles, was wir wissen, eine Approximation, weil *wir wissen, daß uns noch nicht alle Gesetze bekannt sind*. Darum müssen auch viele Dinge gelernt werden, die später wieder „ungelernt" oder korrigiert werden müssen.

Das Prinzip der Wissenschaft, fast die Definition, ist folgendes: *Das Experiment ist der Prüfstein allen Wissens*. Das Experiment ist der *einzige Richter* über wissenschaftliche „Wahrheit". Aber was ist die Quelle von Wissen? Woher stammen die Gesetze, welche geprüft werden sollen? Das Experiment selber hilft uns, die Gesetze aufzustellen, in dem Sinn, daß es uns Hinweise gibt. Jedoch benötigen wir auch die *Phantasie*, um aus den Hinweisen die großen Verallgemeinerungen zu finden; um die wunderbaren, einfachen und sonderbaren Gesetzmäßigkeiten hinter den Dingen zu erraten und danach durch das Experiment zu prüfen, ob wir richtig geraten haben. Dieser Prozeß der *Phantasie* ist so kompliziert, daß eine Arbeitsteilung in der Physik notwendig wurde: Da gibt es die *theoretischen* Physiker, welche Vorstellungen entwickeln, Schlüsse ziehen und – ohne zu experimentieren – neue Gesetze erraten; weiterhin gibt es die *Experimental*physiker, welche experimentieren, Vorstellungen entwickeln, schließen und raten.

Wir haben gesagt, daß die Naturgesetze nur angenähert richtig sind: daß wir zuerst die „falschen" und danach die „richtigen" finden. Wie kann aber ein Experiment „falsch" sein? Zunächst einmal auf ganz triviale Weise durch unbemerkte Fehler an den Meßapparaturen. Aber diese Dinge können leicht behoben und durch wiederholte Kontrollen eliminiert werden. Wenn wir von solchen primitiven Dingen absehen, wie *können* dann noch immer die Resultate eines Experimentes falsch sein? Nur indem diese ungenau sind. Z. B. scheint sich die Masse eines Objektes nie zu ändern: Ein rotierender Kreisel hat das gleiche Gewicht wie der ruhende Kreisel. Also wurde ein „Gesetz" erfunden: Die Masse ist konstant, unabhängig von der Geschwindigkeit. Von diesem „Gesetz" wissen wir jetzt, daß es nicht zutrifft. Die Masse nimmt mit zunehmender Geschwindigkeit zu, jedoch entstehen merkliche Massenzunahmen erst bei Geschwindigkeiten nahe der Lichtgeschwindigkeit. Ein *richtiges* Gesetz lautet also: Wenn ein Objekt mit einer Geschwindigkeit geringer als einhundertsechzig Kilometer pro Sekunde bewegt wird, ist die Masse bis auf ein Millionstel konstant. In einer solchen approximierten Form ist dies ein gültiges Gesetz. Also wird mancher in der Praxis denken, daß die neue Form des Gesetzes keine wesentliche Änderung darstellt. Darauf kann man sowohl mit ja als auch mit nein antworten. Bei normalen Geschwindigkeiten können wir das geänderte Gesetz vergessen und das einfache Gesetz von der konstanten Masse als eine gute Approximation benutzen. Aber bei hohen Geschwindigkeiten ist dies falsch, und je größer die Geschwindigkeit, desto ungenauer ist es.

Schließlich, und das ist sehr interessant, liegen wir *philosophisch vollkommen falsch* mit der angenäherten Form des Gesetzes. Unser gesamtes Weltbild muß geändert werden, selbst wenn sich die Masse nur geringfügig ändert! Es ist eine eigenartige Sache mit der Philosophie oder den Ideen hinter den Gesetzen. Selbst ein sehr geringfügiger Effekt verlangt mitunter grundsätzliche Änderungen unserer Vorstellungen.

Was sollen wir nun zuerst lehren? Sollen wir das korrekte, aber unvertraute Gesetz mit seinen eigenartigen und schwierig zu begreifenden Ideen (wie wir es z. B. in der Relativitätstheorie, im vierdimensionalen Raum-Zeit-System usw. vorliegen haben) lehren? Oder sollen wir zuerst das einfache Gesetz von der „konstanten Masse", welches nur einfache Vorstellungen beinhaltet und eine Näherung darstellt, bringen? Der erste Weg ist sicher aufregender und wunderbarer und macht mehr Spaß. Jedoch ist der zweite Weg leichter zu beschreiten, und er ist ein erster Schritt zu einem echten Verständnis der umfassenderen Vorstellung. Dieser Gesichtspunkt taucht beim Unterrichten der Physik immer wieder auf. Zu verschiedenen Zeiten werden wir verschieden vorgehen, aber es ist in jedem Abschnitt wertvoll, zu lernen, was jetzt bekannt ist, wie exakt es ist, wie es sich in alles andere einfügt und wie es geändert werden muß, wenn wir mehr wissen.

Fahren wir nun fort mit unserem Umriß oder allgemeinen Plan unseres heutigen Verständnisses der Wissenschaft (insbesondere der Physik, aber auch anderer Wissenschaften am Rande). Das wird uns bei der späteren Behandlung besonderer Punkte Vorstellungen über den Hintergrund vermitteln und zeigen, warum diese interessant sind und wie sie in das Gesamtbild passen. Was *ist* also unser Gesamtbild von der Welt?

1–2 Materie ist aus Atomen aufgebaut

Wenn in einer Sintflut alle wissenschaftlichen Kenntnisse zerstört würden und nur ein Satz an die nächste Generation von Lebewesen weitergereicht werden könnte, welche Aussage würde die größte Information in den wenigsten Worten enthalten? Ich bin davon überzeugt, daß dies die *Atomhypothese* (oder welchen Namen sie auch immer hat) wäre, die besagt, *daß alle Dinge aus Atomen aufgebaut sind – aus kleinen Teilchen, die in permanenter Bewegung sind, einander anziehen, wenn sie ein klein wenig voneinander entfernt sind, sich aber gegenseitig abstoßen, wenn sie aneinander gepreßt werden.* In diesem einen Satz werden Sie mit ein wenig Phantasie und Nachdenken eine *enorme* Menge an Information über die Welt entdecken.

Zur Illustration der Macht der Atomidee nehmen wir an, daß wir einen Wassertropfen von sechs Millimeter Kantenlänge haben. Wenn wir diesen Tropfen aus der Nähe betrachten, sehen wir nichts als Wasser – glattes, kontinuierliches Wasser. Selbst mit der ungefähr zweitausendfachen Vergrößerung, die wir mit dem besten Lichtmikroskop erzielen können, wird der Tropfen von nun ungefähr zwölf Meter Kantenlänge (etwa die Größe eines großen Zimmers) aus der Nähe betrachtet *noch immer* relativ glattes Wasser sein, jedoch schwimmen hier und da Dinge herum, die etwa die Gestalt eines Rugbyballs haben. Sehr interessant. Es sind Pantoffeltierchen. Vielleicht wird man an diesem Punkt so neugierig über sie mit ihren sich windenden Cilien und ihren sich verdrehenden Körpern, daß man mit noch stärkerer Vergrößerung in diese Körper hineinschauen möchte. Aber das ist natürlich ein Thema der Biologie und interessiert hier zunächst nicht. Zur näheren Betrachtung wollen wir das Wasser noch einmal zweitausendfach vergrößern. Nun hat der Wassertropfen eine Ausdehnung von etwa vierundzwanzig Kilometern, und wenn wir sehr genau hinschauen, sehen wir ein wimmelndes Etwas, das keine glatte Erscheinung mehr besitzt. Es sieht so aus wie eine Zuschauermenge bei einem Fußballspiel, die aus einiger Entfernung betrachtet wird. Um dieses wimmelnde Etwas besser zu erkennen, vergrößern wir noch einmal zweihundertfünfzigfach und sehen danach etwa die in Fig. 1–1 abgebildete Struktur. Dies ist ein Bild von Wasser, eine Milliarde mal vergrößert, jedoch in verschiedener Hinsicht idealisiert.

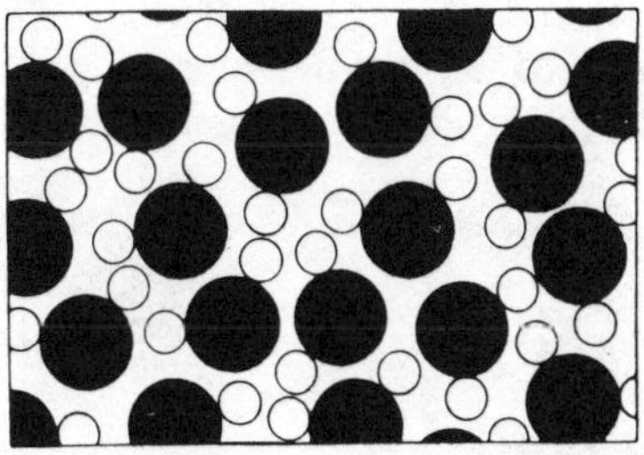

Fig. 1–1. Wasser, 10^9 mal vergrößert.

Zunächst einmal sind alle Teilchen einfacherweise mit scharfen Konturen gezeichnet, und das ist ungenau. Dann ist aus Gründen der einfacheren Darstellung eine zweidimensionale Anordnung gezeichnet worden; jedoch bewegen sich die Teilchen in drei Dimensionen. Die zwei verschiedenen Flecke oder Kreise stellen die Atome des Sauerstoffs (schwarz) und des Wasserstoffs (weiß) dar. Jedes Sauerstoffatom ist an zwei Wasserstoffatome gebunden. (Jede kleine Gruppe, bestehend aus einem Sauerstoff- und zwei Wasserstoffatomen, wird ein Molekül genannt.) Weiterhin ist das Bild insofern idealisiert, als die natürlichen Teilchen kontinuierlich umeinander hopsen und springen, sich drehen und verdrehen. Man muß sich das Ganze eher als ein dynamisches als ein statisches Bild vorstellen. Etwas anderes, was in einer Zeichnung nicht realisiert werden kann, ist, daß die Teilchen aneinanderhängen, sie ziehen einander an: das eine wird von dem anderen angezogen etc. Die gesamte Gruppe ist sozusagen „zusammengeklebt". Andererseits können die Teilchen nicht ineinander gedrückt werden. Wenn man sie zu hart aufeinander preßt, dann stoßen sie einander ab.

Die Atome haben einen Radius von 1 oder 2×10^{-8} cm. Nun wird 10^{-8} cm ein *Ångström* genannt (dies ist lediglich ein anderer Name dafür), somit sagen wir, daß die Atome einen Radius von 1 bis 2 Ångström (Å) haben. Eine andere Methode, sich ihre Größe zu merken, ist folgende: Wenn ein Apfel auf die Größe der Erde vergrößert wird, dann haben die Atome des Apfels etwa die natürliche Größe des Apfels.

Stellen wir uns also diesen großen Wassertropfen vor mit all den aneinander geketteten, zitternden Teilchen, welche sich miteinander bewegen. Das Wasser behält sein Volumen bei; es fällt wegen der Anziehung zwischen den Molekülen nicht auseinander. Wenn sich der Tropfen auf einer schiefen Ebene befindet, wo er sich von einem Platz zum anderen bewegen kann, wird das Wasser fließen, aber es wird nicht einfach verschwinden – Dinge fliegen nicht einfach auseinander – wegen der molekularen Anziehung. Nun ist die zitternde Bewegung das, was wir als *Wärme* darstellen: Wenn wir die Temperatur erhöhen, verstärken wir die Bewegung. Wird das Wasser erhitzt, so wird das Zittern verstärkt und das Volumen zwischen den Atomen vergrößert. Bei weiterer Erwärmung wird der Punkt erreicht, an dem die Anziehung zwischen den Molekülen nicht mehr zum Zusammenhalt ausreicht, dann *fliegen* sie auseinander und werden voneinander getrennt. Das ist natürlich der Herstellungsprozeß von Wasserdampf; bei Temperaturerhöhung fliegen die Teilchen aufgrund der heftigeren Bewegung auseinander.

In Fig. 1–2 haben wir ein Bild von Wasserdampf. Dieses Bild ist in einer Beziehung ungenau: Bei normalem atmosphärischem Druck befinden sich vielleicht nur ganz wenige Moleküle in einem gesamten Raum, und ganz gewiß würden keine drei Moleküle in einem Raum der Bildgröße vorhanden sein. Die meisten Gebiete dieser Größe werden gar keine enthalten – aber wir haben zufällig zweieinhalb oder drei in unserem Bild (nur damit es nicht vollkommen leer ist). Im Dampf erkennen wir die charakteristischen Moleküle viel besser als im Wasser. Zur Vereinfachung haben wir die Moleküle so gezeichnet, daß die Wasserstoffatome einen 120°-Winkel bilden. Tatsächlich beträgt dieser Winkel 105° 3', und der Abstand zwischen den Zentren des Wasserstoff- und des Sauerstoffatoms beträgt 0,957 A, wir kennen also dieses Molekül recht genau.

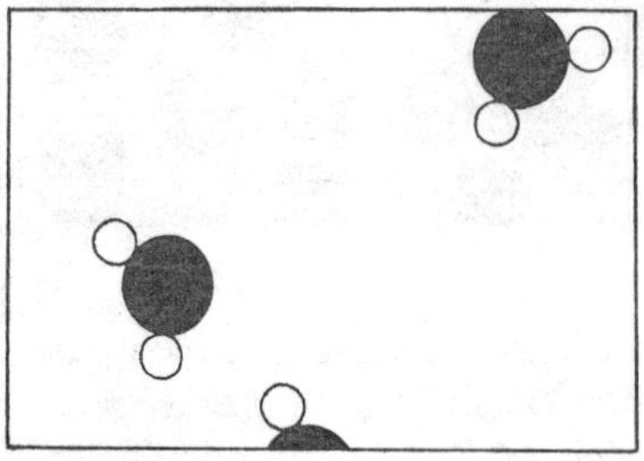

Fig. 1–2. Wasserdampf.

Wir wollen nun einige der Eigenschaften von Wasserdampf und anderer Gase kennenlernen. Die voneinander getrennten Moleküle werden gegen die Wände stoßen. Stellen Sie sich ein Zimmer vor, in dem etwa hundert Tennisbälle in ständiger Bewegung herumspringen. Wenn sie die Wand bombardieren, wird dadurch die Wand etwas weggeschoben. (Natürlich würden wir die Wand zurückschieben müssen.) Das bedeutet, daß das Gas eine schwankende, ungleichmäßige Kraft ausübt, die jedoch durch unsere groben Sinne (wir sind ja nicht milliardenfach vergrößert) nur als ein *mittlerer Druck* empfunden wird. Um ein Gas in einen Behälter einzuschließen, müssen wir einen Druck ausüben. Fig. 1–3 zeigt ein in allen Lehrbüchern benutztes Gefäß für die Gasaufbewahrung: einen Zylinder mit einem Kolben darin. Die Gestalt der Wassermoleküle spielt nun keine Rolle, und somit zeichnen wir sie einfach als Tennisbälle oder als kleine Punkte. Diese Dinge sind in permanenter Bewegung in alle Richtungen. So viele knallen stets auf den Kolben, daß wir diesen mit einer Kraft, genannt *Druck* (tatsächlich ist Druck mal Fläche eine Kraft) belasten müssen, um ihn im Zylinder zu halten. Zweifellos ist diese Kraft proportional der Kolbenfläche, denn wenn wir bei konstanter Anzahl von Molekülen pro Kubikzentimeter die Fläche vergrößern, wird die Anzahl von Kollisionen mit dem Kolben im gleichen Verhältnis vergrößert wie die Fläche.

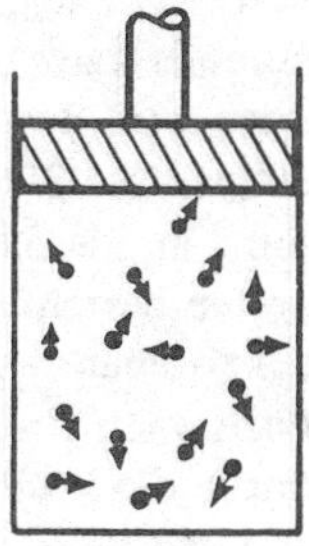

Fig. 1–3

Nun geben wir die doppelte Anzahl von Molekülen in das Gefäß, wir verdoppeln also die Dichte und halten dabei die Geschwindigkeit, d. h. die Temperatur der Moleküle konstant. Dann wird in guter Näherung die Zahl der Kollisionen verdoppelt, und weil jedes Molekül nach einer Kollision die gleiche Energie besitzt wie vorher, ist der Druck proportional der Dichte. Wenn die wahre Natur der zwischenatomaren Kräfte berücksichtigt würde, müßte wegen der Anziehung der Atome eine geringfügige Druckreduzierung und wegen des endlichen Atomvolumens ein kleiner Druckanstieg eingesetzt werden. Trotzdem gilt in sehr guter Näherung bei geringer Dichte, d. h. bei nicht zu vielen Atomen, daß *der Druck proportional der Dichte* ist.

Wir können noch etwas anderes sehen: Wenn wir die Temperatur erhöhen, ohne die Dichte des Gases zu ändern, d. h. wenn wir die Geschwindigkeit der Atome erhöhen, was wird sich ereignen? Nun, die Atome werden kraftvoller aneinander stoßen, weil sie sich schneller bewegen, und zusätzlich werden sie öfter auf die Wände treffen, womit der Druck ansteigen wird. Sie sehen, wie einfach die Ideen der Atomtheorie sind.

Wir wollen nun eine andere Situation betrachten. Angenommen, der Kolben wird nach innen bewegt, so daß die Atome langsam auf einen engeren Raum komprimiert werden. Was ereignet sich, wenn ein Atom auf den bewegten Kolben trifft? Offensichtlich wird das Atom durch diese Kollision an Energie gewinnen. Sie können dies versuchen, indem Sie z. B. einen Tischtennisball auf einen in Richtung des Balles bewegten Schläger auftreffen lassen. Sie werden beobachten, daß der Ball nach der Kollision eine größere Geschwindigkeit als vorher hat. (Ein spezielles Beispiel: Wenn ein Stillstehendes Atom von dem bewegten Kolben getroffen wird, so bewegt es sich danach gewiß.) Also sind die Atome „wärmer", wenn sie vom Kolben wegfliegen. Daher wird die Geschwindigkeit aller Atome in dem Behälter größer. Das bedeutet, daß *die Temperatur eines Gases erhöht wird, wenn wir das Gas langsam komprimieren.* Also wird eine *langsame Kom-*

pression die Temperatur erhöhen und eine langsame *Expansion* wird die Temperatur *reduzieren.*

Wir kehren nun zu unserem Tropfen zurück und beobachten in einer anderen Richtung. Angenommen, die Temperatur unseres Wassertropfens wird reduziert. Angenommen, das Zittern der Moleküle der Atome im Wasser nimmt stetig ab. Wir wissen, daß zwischen den Atomen Anziehungskräfte wirksam sind, so daß sie nach einer Weile nicht mehr in der Lage sind, so gut zu zittern. Was sich bei sehr niedrigen Temperaturen ereignet, ist in Fig. 1–4 dargestellt: Die Moleküle schließen sich in einem neuen Muster, *dem Eis,* zusammen. Dies spezielle schematische Bild von Eis ist falsch, weil es in zwei Dimensionen gezeichnet ist, aber es ist qualitativ richtig. Der interessante Punkt ist, daß dieses Material *für jedes Atom einen spezifischen Platz* hat. Sie können leicht ermessen, wenn irgendwie alle Atome an einem Ende des Tropfens in einer bestimmten Anordnung gehalten werden, jedes Atom an seinem Platz, so ist wegen der Struktur der starren Zwischenbindungen das andere Ende, Kilometer entfernt (in unserem vergrößerten Maßstab), an einer ganz bestimmten Stelle. Wenn wir also eine Eisnadel an einem Ende festhalten, dann wird das andere Ende seiner Verschiebung widerstehen. Das ist anders als bei Wasser, wo die Struktur zerbrochen ist, weil sich die Atome aufgrund des vermehrten Zitterns in alle Richtungen bewegen. Der Unterschied zwischen Festkörpern und Flüssigkeiten besteht also darin, daß die Atome in Festkörpern regelmäßig angeordnet sind, in der sogenannten *kristallinen Anordnung,* und in großen Entfernungen keine willkürlichen Positionen einnehmen; der Ort eines Atoms an einer Seite des Kristalls ist bestimmt durch die Positionen anderer Atome, die sich Millionen Atomabstände entfernt auf der anderen Seite des Kristalls befinden. Fig. 1–4 ist eine erfundene Anordnung für Eis, die zwar einige Eigenschaften von Eis korrekt wiedergibt, die jedoch nicht der wahren Anordnung entspricht. Eine korrekt dargestellte Eigenschaft ist der Teil der Symmetrie, welcher hexagonal ist. Sie können sehen, daß das Bild bei einer Drehung um 120° in der ursprünglichen Form erhalten bleibt. Also existiert eine *Symmetrie* in Eis, die eine Erklärung für die sechskantige Erscheinung von Schneeflocken gibt. Weiterhin wird aus Fig. 1–4 ersichtlich, warum Eis beim Schmelzen zusammenschrumpft. Die gezeigte Kristallstruktur von Eis hat, ebenso wie die wahre Eisstruktur, viele „Löcher". Wenn die Anordnung zusammenbricht, können diese Löcher durch Moleküle besetzt werden. Die meisten einfachen Substanzen, mit Ausnahme von Letternmetall und Wasser, *dehnen* sich beim Schmelzen aus, weil im festen Zustand die Atome in dichtester Packung vorliegen und nach dem Schmelzen mehr Raum benötigen, um herumzuzittern. Jedoch schrumpft eine offene Struktur zusammen, wie es bei Wasser der Fall ist.

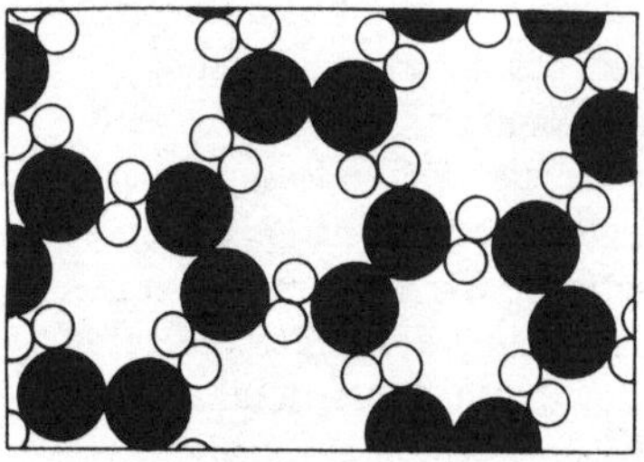

Fig. 1–4. Eis.

Obgleich Eis eine „starre" kristalline Form hat, kann seine Temperatur verändert werden – Eis besitzt Wärme. Wenn wir wollen, können wir die Wärmemenge ändern. Was ist die Wärme beim Eis? Die Atome stehen nicht still. Sie zittern und vibrieren.

Selbst in der geordneten Struktur, im Kristall, vibrieren die Atome „auf der Stelle". Bei Temperaturerhöhung werden die Vibrationsamplituden so weit vergrößert, bis sich die Atome aus ihren Positionen losreißen. Wir nennen dies *schmelzen*. Bei Temperaturverringerung bis zum absoluten Nullpunkt nimmt diese Vibration bis auf einen Minimalwert, der *nicht gleich Null* ist, ab. Diese Minimalbewegung, welche Atome haben können, reicht nicht aus, um die Substanz zu schmelzen. Eine Ausnahme ist das Helium, das lediglich seine atomaren Bewegungen so gut wie möglich reduziert. Jedoch besitzt es am absoluten Nullpunkt noch genug Bewegung, um nicht einzufrieren. Helium friert auch am absoluten Nullpunkt nicht, wenn nicht durch Druckerhöhung seine Atome zusammengepreßt werden. Wenn wir den Druck erhöhen, *können* wir Helium erstarren lassen.

1–3 Atomare Prozesse

So weit die Beschreibung von Festkörpern, Flüssigkeiten und Gasen nach der atomaren Vorstellung. Die Atomhypothese beschreibt aber auch *Prozesse*, und somit werden wir nun eine Anzahl von Prozessen vom atomaren Gesichtspunkt betrachten. Der erste Prozeß, den wir betrachten, hängt mit der Oberfläche von Wasser zusammen. Was ereignet sich an der Wasseroberfläche? Unser Bild wird nun komplizierter – und realistischer –, wenn wir annehmen, daß sich die Oberfläche in Luft befindet. Fig. 1–5 zeigt die Oberfläche von Wasser in Luft. Wie vorher sehen wir die Wassermoleküle, welche einen Körper von flüssigem Wasser bilden. Aber nun sehen wir auch die Oberfläche des Wassers. Über der Oberfläche finden wir eine Anzahl von Dingen: Zunächst einmal sind da die Wassermoleküle, wie in Wasserdampf. Das ist *Wasserdampf*, welcher immer über flüssigem Wasser vorhanden ist. (Es existiert ein Gleichgewicht zwischen Wasserdampf und Wasser; dies wird später behandelt.) Zusätzlich finden wir einige andere Moleküle: hier zwei zusammenhängende Sauerstoffatome, welche ein *Sauerstoffmolekül* bilden, und dort zwei ebenfalls zusammenhängende Stickstoffatome, welche zu einem Stickstoffmolekül vereinigt sind. Luft besteht fast ausschließlich aus Stickstoff, Sauerstoff, ein wenig Wasserdampf und geringen Mengen Kohlendioxyd, Argon und anderen Dingen. Also befindet sich oberhalb der Wasseroberfläche die Luft, ein Gas, welches etwas Wasserdampf enthält. Was ereignet sich nun in diesem Bild? Die Moleküle im Wasser zittern immer herum. Von Zeit zu Zeit wird eines an der Oberfläche ein wenig härter als normal getroffen, wodurch es weggeschlagen wird. Das ist in unserem Bild schwer zu erkennen, weil dies ja eine *Momentaufnahme* darstellt. Aber wir können uns vorstellen, daß ein Molekül in Oberflächennähe gerade gestoßen wurde und wegfliegt. Auf diese Weise verschwindet das Wasser, Molekül um Molekül – es verdampft. Aber wenn wir das Wassergefäß oben *schließen*, werden wir nach einer Weile eine große Anzahl von Wassermolekülen zwischen den Luftmolekülen finden. Von Zeit zu Zeit fliegt ein Dampfmolekül in das Wasser und wird dort wieder festgehalten. So sehen wir, daß ein tot und uninteressant aussehendes Ding – ein Glas Wasser mit

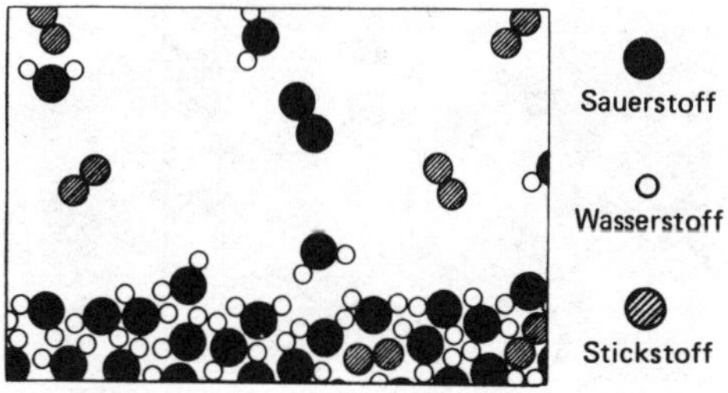

Fig. 1–5. In Luft verdampfendes Wasser.

einem Deckel darauf, das vielleicht schon zwanzig Jahre herumsteht – in Wirklichkeit ein dynamisches und interessantes Phänomen enthält, welches ständig abläuft. Für unsere Augen, unsere groben Augen, ändert sich nichts, aber wenn wir es mit milliardenfacher Vergrößerung sehen könnten, würden wir sehen, daß sich aus seiner eigenen Perspektive die Dinge fortwährend ändern: Moleküle verlassen die Oberfläche und Moleküle kehren in die Oberfläche zurück.

Warum beobachten *wir keine Veränderungen?* Weil genausoviele Moleküle die Oberfläche verlassen wie zurückkommen! Auf die Dauer „geschieht nichts". Wenn wir den Deckel des Gefäßes abnehmen und die nasse Luft wegblasen und durch trockene Luft ersetzen, so wird noch immer die gleiche Molekülzahl aus der Oberfläche heraustreten wie vorher, weil dies ja von der Molekülbewegung abhängt. Aber nun ist die zurückkehrende Anzahl sehr reduziert, weil sich weniger Wassermoleküle über dem Wasser befinden. Also verlassen mehr die Oberfläche als dahin zurückkehren, und das Wasser verdampft. Wenn man also Wasser verdampfen will, benutze man einen Ventilator!

Hier noch etwas anderes: Welche Moleküle verlassen die Oberfläche? Wenn sich ein Molekül entfernt, so kommt dies zustande durch eine zufällige, zusätzliche Ansammlung von ein klein wenig mehr als der normalen Energie, welche es benötigt, um der Anziehung seiner Nachbarn zu entfliehen. Weil die die Oberfläche verlassenden Moleküle mehr als die durchschnittliche Energie besitzen, müssen die zurückgebliebenen Moleküle eine *geringere* durchschnittliche Bewegung haben als zuvor. So *kühlt* sich die Flüssigkeit langsam ab, wenn sie verdampft. Natürlich, wenn ein Molekül des Dampfes aus der Luft in die Oberfläche darunter kommt, erfährt es bei Annäherung an die Oberfläche eine plötzliche starke Anziehung. Dies beschleunigt das ankommende Molekül und resultiert in der Erzeugung von Wärme. Wenn sie weggehen, nehmen sie Wärme mit; bei der Rückkehr erzeugen sie Wärme. Wenn kein Verdampfungsüberschuß vorhanden ist, wird das Wasser natürlich keine Temperaturänderung erfahren. Wenn das Wasser angeblasen wird, um eine Überzahl zu verdampfen, kommt eine Abkühlung zustande. Darum: Blasen Sie die Suppe an, um sie abzukühlen. Man muß natürlich berücksichtigen, daß die gerade beschriebenen Prozesse komplizierter sind als dargestellt. Es geht nicht nur das Wasser in die Luft, sondern von Zeit zu Zeit wird eines der Sauerstoff- oder Stickstoffmoleküle in das Wasser geraten und in der Menge der Wassermoleküle „verlorengehen" und sich in das Wasser hineinarbeiten. Auf diese Weise wird Luft in Wasser gelöst: Sauerstoff- und Stickstoffmoleküle dringen in das Wasser ein und das Wasser wird Luft enthalten. Wenn wir die Luft plötzlich aus dem Gefäß entfernen, werden die Luftmoleküle das Wasser schneller verlassen als sie hineingegangen sind und dabei Blasen erzeugen. Dies ist sehr schlecht für Taucher, wie Sie vielleicht wissen werden.

Wir gehen nun weiter zu einem anderen Prozeß. In Fig. 1–6 ist, vom atomaren Gesichtspunkt, die Auflösung eines Festkörpers in Wasser gezeigt. Was wird geschehen, wenn wir einen Salzkristall in Wasser bringen?

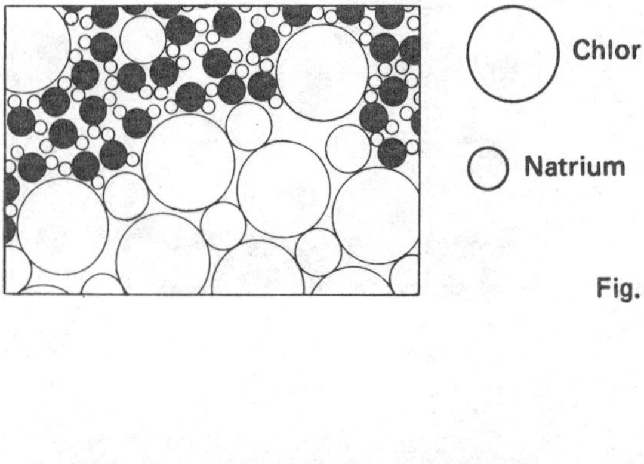

Fig. 1–6. Auflösung von Salz in Wasser.

Kristall	●	○	a (Å)
Steinsalz	Na	Cl	5,64
Sylvin	K	Cl	6,28
	Ag	Cl	5,54
	Mg	O	4,20
Galenit	Pb	S	5,97
	Pb	Se	6,14
	Pb	Te	6,34

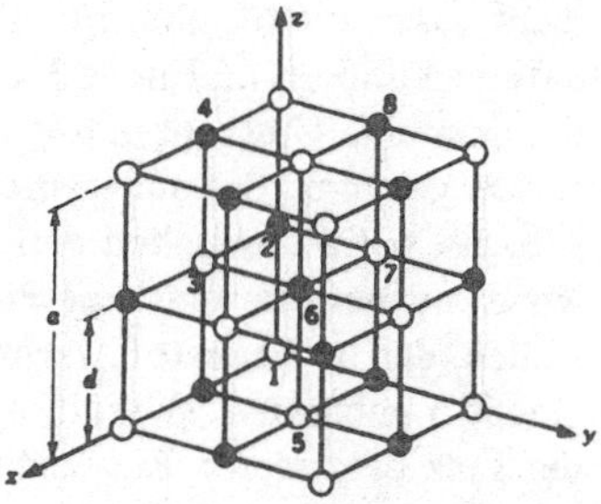

Fig. 1–7 Abstand zum nächsten Nachbarn d = a/2

Salz ist ein Festkörper, ein Kristall mit einer periodischen Anordnung von „Salzatomen". Fig. 1–7 ist eine Illustration der dreidimensionalen Struktur des gewöhnlichen Salzes, des Natriumchlorids. Genaugenommen ist der Kristall nicht aus Atomen aufgebaut, sondern aus sogenannten *Ionen*. Ein Ion ist ein Atom, das entweder ein paar zusätzliche oder ein paar fehlende Elektronen hat. In einem Salzkristall finden wir Chlorionen (Chloratome mit einem zusätzlichen Elektron) und Natriumionen (Natriumatome, denen ein Elektron fehlt). Die Ionen halten alle durch elektrische Anziehungskräfte im festen Kristall zusammen, aber wenn wir sie in Wasser bringen, merken wir, daß sich wegen der Anziehung der Ionen durch den negativen Sauerstoff und den positiven Wasserstoff einige der Ionen losschütteln. Wir sehen in Fig. 1–6, wie sich ein Chlorion loslöst und wie andere Atome als Ionen im Wasser schwimmen. Dieses Bild wurde mit einiger Sorgfalt gezeichnet. Z. B. ist zu bemerken, daß die Wasserstoffenden häufiger den Chlorionen zugewandt sind, während die Natriumionen häufiger an den Sauerstoffenden zu finden sind, weil Natrium positiv ist und die Sauerstoffenden des Wassers negativ sind und sie sich elektrisch anziehen. Können wir aus dem Bild bestimmen, ob sich das Salz im Wasser *auflöst* oder ob es im Wasser *auskristallisiert*? Das können wir natürlich *nicht* beantworten, denn während einige Atome den Kristall verlassen, siedeln sich andere wieder an. Dieser Prozeß ist ebenso ein *dynamischer* wie die Verdampfung. Er ist abhängig davon, ob im Wasser mehr oder weniger Salz enthalten ist als die zum Gleichgewicht erforderliche Menge. Mit Gleichgewicht meinen wir die Situation, in der die Rate der weggehenden Atome gleich der der ankommenden ist. Wenn sich fast kein Salz im Wasser befindet, werden mehr Atome den Kristall verlassen, und das Salz löst sich auf. Befinden sich andererseits zu viele „Salzatome" im Wasser, dann werden mehr davon zurückkommen, und das Salz kristallisiert aus.

Nebenbei erwähnen wir, daß der Begriff des *Moleküls* einer Substanz nur angenähert ist und nur für eine gewisse Klasse von Substanzen existiert. Im Fall des Wassers ist es klar, daß tatsächlich drei Atome zusammenhängen. Es ist jedoch nicht so klar für festes Natriumchlorid. Hier haben wir eine Gruppierung von Natrium- und Chlorionen in einem dreidimensionalen Muster. Es existiert hier keine natürliche Gruppierung als „Salzmolekül".

Kehren wir zu unserer Diskussion von Auflösung und Ausfällung zurück. Wenn wir die Temperatur der Salzlösung erhöhen, dann wird die Rate der abgehenden Atome erhöht; das gleiche gilt für die Rate der zurückkehrenden Atome. Es erweist sich allgemein als sehr schwierig, vorherzusagen, ob der Festkörper mehr oder weniger aufgelöst wird. Bei Temperaturerhöhung werden die meisten Substanzen stärker aufgelöst; bei einigen Substanzen ist es jedoch umgekehrt.

1–4 Chemische Reaktionen

Bei allen bisher beschriebenen Prozessen haben die Atome und die Ionen ihre Partner nicht ausgetauscht, aber es gibt natürlich Umstände, unter denen die Atome ihre Kombinationen ändern und neue Moleküle bilden. Dies ist in Fig. 1–8 illustriert. Ein Prozeß, bei dem eine Umgruppierung der atomaren Partner stattfindet, wird eine *chemische Reaktion* genannt. Die anderen bisher beschriebenen Prozesse sind physikalische Prozesse, jedoch existiert zwischen den beiden keine scharfe Trennung. (Der Natur ist es egal, wie wir es nennen, sie führt die Prozesse einfach aus.) Diese Abbildung soll Kohlenstoff darstellen, der in Sauerstoff verbrennt. Beim Sauerstoff sind *zwei* Sauerstoffatome stark aneinander gebunden. (Warum halten nicht *drei* oder sogar *vier* zusammen? Das ist eine der ganz besonderen Eigenarten solcher atomarer Prozesse. Atome sind sehr speziell: Sie bevorzugen gewisse besondere Partner, besondere Richtungen usw. Es ist die Aufgabe der Physik, zu analysieren, warum jedes Atom will was es will. Jedenfalls bilden zwei Sauerstoffatome, gesättigt und glücklich, ein Molekül.)

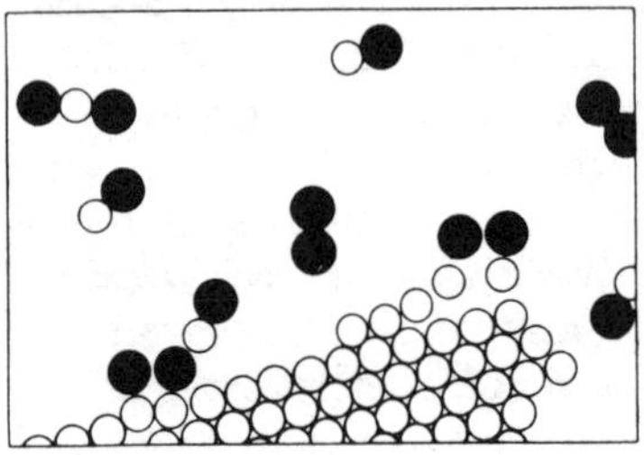

Fig. 1–8. Kohlenstoffverbrennung in Sauerstoff.

Angenommen, die Kohlenstoffatome befinden sich in einem festen Kristall (dies könnte Graphit oder Diamant* sein). Zum Beispiel kann eines der Sauerstoffmoleküle zum Kohlenstoff kommen, und jedes Atom kann ein Kohlenstoffatom auflesen und als neue Kombination „Kohlenstoff-Sauerstoff" davonfliegen. Dies ist ein Molekül des Gases Kohlenmonoxyd. Es hat den chemischen Namen CO erhalten. Es ist sehr einfach: Die Buchstaben „CO" sind praktisch ein Bild dieses Moleküls. Aber Kohlenstoff hat eine viel größere Affinität zu Sauerstoff als Sauerstoff zu Sauerstoff oder als Kohlenstoff zu Kohlenstoff. Darum kann bei diesem Prozeß der Sauerstoff mit nur ein klein wenig Energie ankommen, aber Sauerstoff und Kohlenstoff werden mit fürchterlicher Heftigkeit und Erschütterung zusammenknallen und die gesamte Umgebung wird davon Energie auflesen. Auf diese Weise wird eine große Menge Bewegungsenergie, kinetische Energie, erzeugt. Das ist natürlich der Vorgang der *Verbrennung*; wir erhalten *Wärme* aus der Verbindung von Sauerstoff und Kohlenstoff. Die Wärme hat normalerweise die Form von molekularer Bewegung des heißen Gases, aber unter gewissen Umständen kann sie so groß sein, daß sie *Licht* erzeugt. So erhält man *Flammen.*

Es kommt hinzu, daß das Kohlenmonoxyd noch nicht ganz befriedigt ist. Es ist ihm möglich, weiteren Sauerstoff anzuziehen, so daß wir eine viel kompliziertere Reaktion haben können, bei der sich Sauerstoff mit dem Kohlenstoff verbindet, während gleichzeitig eine Kollision mit dem Kohlenmonoxydmolekül stattfindet. Ein Sauerstoffatom könnte sich an das CO anhängen und damit ein Molekül bilden, welches aus einem Kohlenstoff und zwei Sauerstoff besteht. Es wird mit CO_2 bezeichnet und Kohlendioxyd ge-

* Es ist möglich, Diamant in Luft zu verbrennen.

nannt. Wenn wir den Kohlenstoff mit sehr wenig Sauerstoff in einer sehr schnellen Reaktion verbrennen (z. B. in einem Automobilmotor, wo die Explosion so schnell ist, daß nicht genügend Zeit zur Bildung von CO_2 vorhanden ist), so wird eine beachtliche Menge Kohlenmonoxyd erzeugt. Bei vielen solcher atomarer Umgruppierungen wird eine große Menge Energie frei, die abhängig von der Art der Reaktion Flammen, Explosionen usw. erzeugt. Die Chemiker haben diese Anordnungen der Atome studiert und gefunden, daß jede Substanz ein Typ einer *Atomgruppierung* ist.

Zur Illustration dieser Idee betrachten wir ein weiteres Beispiel. Wenn wir ein Veilchenbeet betreten, dann wissen wir, was „dieser Geruch" ist. Es ist eine Art *Molekül* oder Atomgruppierung, die sich in unsere Nasen vorgearbeitet hat. Zunächst einmal, *wie* sind sie bis dahin gekommen? Das ist recht einfach. Wenn der Geruch irgendein Molekül in der Luft ist, welches herumzittert und in alle Richtungen gestoßen wird, dann kann es *zufällig* in unsere Nase gelangt sein. Ganz gewiß hat es keine besondere Vorliebe dafür, in unsere Nase zu gelangen. Es ist lediglich ein hilfloser Teil einer herumstoßenden Menge von Molekülen, und auf seinen ziellosen Wanderungen findet sich dieser Fetzen Materie in unserer Nase wieder.

Chemiker können nun spezielle Moleküle wie das des Veilchengeruchs analysieren und uns die *genaue räumliche Anordnung* der Atome mitteilen. Wir wissen, daß das Kohlendioxydmolekül gerade und symmetrisch ist: O–C–O. (Das kann auch leicht mit Hilfe physikalischer Methoden bestimmt werden.) Auch für die wesentlich komplizierteren Atomgruppierungen, welche in der Chemie vorhanden sind, ist es möglich, in einem langen, bemerkenswerten Prozeß von Detektivarbeit die räumlichen Anordnungen der Atome zu bestimmen. Fig. 1–9 ist ein Bild der Luft in der Umgebung eines Veilchens; wiederum finden wir Stickstoff und Sauerstoff in der Luft, und Wasserdampf. (Warum finden wir Wasserdampf? Weil das Veilchen *naß* ist. Alle Pflanzen transpirieren.) Jedoch sehen wir auch ein „Monstrum", bestehend aus Kohlenstoff-, Wasserstoff- und Sauerstoffatomen, welche ein besonderes Muster ihrer Anordnung gewählt haben.

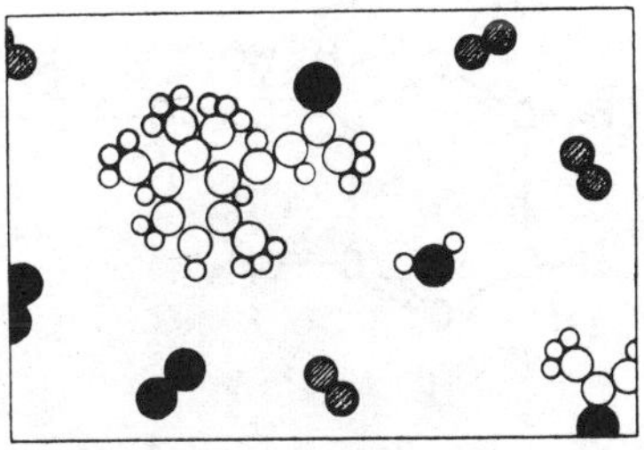

Fig. 1–9. Geruch von Veilchen.

Es ist eine viel kompliziertere Anordnung als die von Kohlendioxyd; in der Tat ist es eine enorm komplizierte Anordnung. Leider können wir nicht alles abbilden, was von diesem Molekül wirklich bekannt ist, weil die exakte Anordnung dreidimensional ist, während unser Bild nur zwei Dimensionen besitzt. Die sechs Kohlenstoffe, die einen Ring bilden, formen keinen gleichmäßigen, sondern eine Art „gerunzelten" Ring. Alle dabei auftretenden Winkel und Abstände sind bekannt. So ist eine chemische *Formel* ganz einfach ein Bild eines solchen Moleküls. Wenn der Chemiker so ein Ding an die Tafel schreibt, dann versucht er, grob gesprochen, in zwei Dimensionen zu „zeichnen". Zum Beispiel sehen wir einen „Ring" von sechs Kohlenstoffen, und am Ende hängt eine „Kette" von Kohlenstoffen mit einem Sauerstoff an vorletzter Stelle, drei Wasserstoffe an diesen Sauerstoff gebunden, zwei Kohlenstoffe und drei Wasserstoffe stehen dort nach oben, usw.

Wie findet ein Chemiker diese Anordnungen? Er mixt Gläser voll Zeug zusammen, und wenn es rot wird, weiß er, daß es aus einem Wasserstoff und zwei hier angehängten Kohlenstoffen besteht; wenn es jedoch blau wird, dann ist es überhaupt nicht so.

Dies ist tatsächlich eines der phantastischsten Stücke von Detektivarbeit, die je geleistet wurden – organische Chemie. Um die Atomanordnungen in diesen komplizierten Strukturen zu entdecken, beobachtet der Chemiker die Vorgänge beim Mixen zweier verschiedener Substanzen. Der Physiker konnte nie richtig glauben, daß der Chemiker wirklich wußte, wovon er redet, wenn er die Atomanordnungen beschreibt. Seit ungefähr zwanzig Jahren ist es in einigen Fällen möglich, mit Hilfe einer physikalischen Methode solche Moleküle zu betrachten (nicht ganz so komplizierte wie das vorliegende, aber einige, welche Teile davon enthalten), und es wurde möglich, jedes Atom zu lokalisieren, nicht durch Betrachtung von Farben, sondern *durch Messung ihrer Positionen.* Und tatsächlich zeigte sich, daß die Chemiker fast immer recht haben.

Es zeigt sich, daß beim Geruch des Veilchens drei geringfügig verschiedene Moleküle vorhanden sind, die sich nur durch verschiedene Wasserstoffatom-Anordnungen unterscheiden.

Ein Problem in der Chemie ist die Benennung der Substanzen, so daß man weiß, was sie sind. Man finde einen Namen für diese Form! Der Name muß nicht nur die Form mitteilen, er muß auch sagen, daß hier ein Sauerstoffatom ist, dort ein Wasserstoff – genau was und wo jedes Atom ist. Wir sehen also, daß die chemischen Namen komplex sein müssen, um komplett zu sein. Der Name unseres Moleküls in der kompletteren Form Form, welcher die Struktur wiedergibt, ist 4-(2, 2, 3, 6 tetramethyl -5-cyclohexanyl)-3-butylen-2-eins, und dies sagt Ihnen, daß dies die Anordnung ist. Wir können die Schwierigkeiten der Chemiker ermessen und verstehen die Gründe für solch lange Namen. Es ist nicht so, daß sie unverständlich sein wollen, sie haben ein extrem schwieriges Problem, die Moleküle mit Worten zu beschreiben!

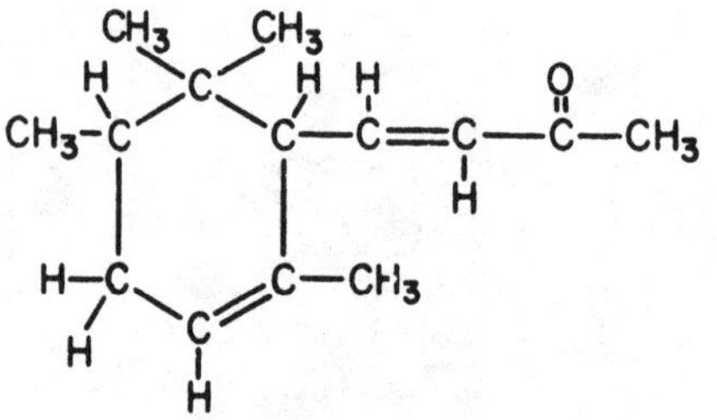

Fig. 1–10. Die abgebildete Substanz ist α-Iron.

Woher *wissen* wir, daß es Atome gibt? Durch einen der früher erwähnten Tricks: Wir machen die *Hypothese*, daß Atome existieren, und ein Resultat nach dem anderen bestätigt unsere Vorhersage, so wie sie es sollten, *wenn* die Dinge aus Atomen bestehen. Es gibt auch etwas direktere Hinweise. Ein gutes Beispiel dazu ist das folgende: Die Atome sind so klein, daß sie weder mit dem Lichtmikroskop noch mit dem *Elektronen*mikroskop gesehen werden können. (Mit einem Lichtmikroskop können nur viel größere Dinge betrachtet werden.) Wenn nun die Atome immer in Bewegung sind, sagen wir im Wasser, und wir eine große Kugel von irgend etwas in das Wasser bringen, eine Kugel, welche viel größer ist als die Atome, so wird die Kugel herumgeschubst werden – sehr ähnlich wie bei dem Ballspiel, bei welchem ein großer Ball von einer Menge Leute herumgeschubst wird. Die Leute schieben in verschiedene Richtungen, und der Ball bewegt sich im Feld unregelmäßig hin und her. Auf dieselbe Weise wird die oben erwähnte „große Kugel" wegen der Ungleichheit der Kollisionen auf den verschiedenen Seiten bewegt. Wenn wir also sehr kleine Partikel (Kolloide) im Wasser durch ein sehr gutes Mikroskop betrachten, sehen wir ein permanentes Herumzittern der Partikel, welches das Resultat der Bombardierung durch die Atome ist. Dies wird die *Brownsche Bewegung* genannt.

Wir können weitere Beweise für die Atome aus der Struktur von Kristallen sehen. In vielen Fällen stimmen die durch Röntgenanalyse ermittelten räumlichen „Strukturen" mit den Formen überein, welche die Kristalle in ihren natürlichen Erscheinungen zeigen. Die Winkel zwischen den verschiedenen „Flächen" eines Kristalls stimmen innerhalb von Bogensekunden überein mit den Winkeln, die aufgrund der Annahme berechnet werden, daß ein Kristall aus vielen „Lagen" von Atomen aufgebaut ist.

Alles ist aus Atomen aufgebaut. Das ist die Schlüsselhypothese. Die wichtigste Hypothese der gesamten Biologie ist z. B., daß *alles, was Tiere tun, Atome tun.* Mit anderen Worten: *Es gibt kein Verhalten der Lebewesen, das nicht unter dem Gesichtspunkt erklärt werden könnte, daß sie aus Atomen aufgebaut sind, welche physikalischen Gesetzen gehorchen.* Dies war nicht von Anfang an bekannt: Es bedurfte einigen Experimentisierens und Theoretisierens, um diese Hypothese nahezulegen. Jetzt ist sie aber akzeptiert, und es ist die nützlichste Theorie zur Erzeugung neuer Ideen auf dem Gebiet der Biologie.

Wenn ein Stück Stahl oder ein Brocken Salz, bestehend aus aneinandergereihten Atomen, so interessante Eigenschaften haben kann; wenn Wasser – das nichts ist als jene kleinen Tropfen, Meile um Meile auf der Erde das gleiche Ding – Wellen und Schaum bilden kann und strömende Geräusche und eigenartige Muster beim Fließen über Beton formt; wenn all das, all das Leben eines Flusses nichts anderes als ein Haufen Atome sein kann, *wieviel mehr ist dann noch möglich*? Wenn wir die Atome anstelle der immer wiederkehrenden definitiven Muster oder anstelle der kleinen komplexen Klumpen wie dem Veilchengeruch in eine Anordnung bringen, die überall, von Ort zu Ort verschieden ist, die aus verschiedenen Atomen in vielen Kombinationen besteht, *überall anders*, ohne Wiederholung, um wieviel wunderbarer würde sich dieses Ding verhalten? Ist es möglich, daß dieses „Ding" vor Dir, das auf und ab wandert, das mit Dir redet, aus einem großen Klumpen dieser Atome in einer so komplexen Anordnung besteht, daß seine Kompliziertheit Deine Vorstellungskraft über seine Möglichkeiten in einen Taumel versetzt? Wenn wir sagen, wir sind ein Haufen Atome, dann meinen wir nicht lediglich einen Haufen Atome. Denn ein Haufen Atome, welcher einmalig ist, kann sehr wohl die Möglichkeiten besitzen, die Sie vor sich im Spiegel sehen.

2 Grundlagenphysik

2–1 Einleitung

In diesem Kapitel untersuchen wir die grundsätzlichsten Vorstellungen, welche wir über Physik haben – die Natur der Dinge, wie wir sie gegenwärtig sehen. Wir werden nicht die Geschichte diskutieren, wie es kam, daß wir wissen, daß alle diese Vorstellungen richtig sind; Sie werden diese Einzelheiten zu gegebener Zeit lernen.

Die Dinge, mit denen wir uns in der Wissenschaft befassen, erscheinen in unzähligen Formen und mit einer Vielzahl von Merkmalen. Wenn wir z. B. am Strand stehen und auf die See blicken, sehen wir das Wasser, die brechenden Wellen, den Gischt, die klatschende Wasserbewegung, die Geräusche, die Luft, die Winde und die Wolken, die Sonne und den blauen Himmel und Licht; da ist Sand und da sind Steine verschiedener Härte und Haltbarkeit, Farbe und Textur. Da gibt es Tiere und Tang, Hunger und Krankheit und den Beobachter am Strand; es mag sogar Glück und Gedanken geben. Jeder andere Ort in der Natur besitzt eine ähnliche Vielfalt von Dingen und Einflüssen. Es ist immer so kompliziert, gleichgültig wo es ist. Die Neugier verlangt, daß wir fragen, daß wir versuchen, zu kombinieren und versuchen, die Vielfalt der Gesichtspunkte vielleicht als das Ergebnis des Zusammenwirkens einer relativ geringen Anzahl elementarer Dinge und Kräfte zu verstehen, welche in einer unbegrenzten Vielfalt von Kombinationen wirken.

Ist z. B. der Sand etwas anderes als die Steine? Ist der Sand vielleicht nichts anderes als eine große Anzahl sehr kleiner Steine? Ist der Mond ein großer Felsen? Wenn wir Felsen verstünden, würden wir dann auch den Sand und den Mond kennen? Ist das Knattern des Windes analog der klatschenden Wasserbewegung in der See? Welche gemeinsamen Eigenschaften haben verschiedene Bewegungen? Was haben die verschiedenen Geräusche gemeinsam? Wieviel verschiedene Farben gibt es? Und so weiter. Auf diese Weise versuchen wir langsam, alle Dinge zu analysieren, Dinge zusammenzuführen, die auf den ersten Blick als verschieden erscheinen. Dabei hoffen wir, die Anzahl der *verschiedenen* Dinge zu *reduzieren* und sie dadurch besser zu verstehen.

Vor ein paar hundert Jahren wurde eine Methode entwickelt, um auf solche Fragen Teilantworten zu finden. *Beobachtung, Begründung* und *Experiment* stellen das dar, was wir *wissenschaftliche Methode* nennen. Wir müssen uns auf die reine Beschreibung unserer grundsätzlichen Anschauungen dessen beschränken, was mitunter *Grundlagenphysik* genannt wird, auf die grundsätzlichen Ideen, welche durch die Anwendung der wissenschaftlichen Methode entstanden sind.

Was meinen wir mit etwas „verstehen"? Wir können uns vorstellen, daß dieses komplizierte Gebilde der sich bewegenden Dinge, welche die „Welt" darstellen, so etwas ist wie ein großes Schachspiel, das die Götter spielen, und wir sind die Beobachter des Spieles. Wir kennen die Spielregeln nicht; uns ist nur gestattet, dem Spiel *zuzusehen*. Natürlich, wenn wir lange genug beobachten, werden wir schließlich einige Regeln verstehen. Es sind die *Spielregeln*, die wir mit *Grundlagenphysik* bezeichnen. Jedoch, selbst wenn wir jede Regel wüßten, würden wir vielleicht nicht verstehen, warum ein bestimmter Zug gemacht wurde, einfach weil er zu kompliziert und unser Geist begrenzt ist. Wenn Sie Schach spielen, muß Ihnen bekannt sein, daß die Regeln leicht zu lernen sind, daß es jedoch oft sehr schwierig ist, den richtigen Zug auszuführen oder zu verstehen, warum ein Spieler so zieht, wie er es tut. So ist es auch in der Natur, nur in viel größerem Maße;

aber wir werden vielleicht wenigstens in der Lage sein, alle Spielregeln zu finden. In der Tat kennen wir bis jetzt nicht alle Spielregeln. (Hin und wieder beobachten wir so etwas wie eine Rochade, was wir nicht verstehen). Neben unserer Unkenntnis der gesamten Spielregeln sind die Möglichkeiten zur Erklärung der Dinge anhand dieser Regeln begrenzt, weil fast alle Situationen so außerordentlich kompliziert sind, daß wir den Spielzügen anhand der Spielregeln nicht folgen können; viel weniger können wir vorhersagen, was als nächstes geschieht. Darum müssen wir uns auf die mehr grundsätzlichen Fragen bezüglich der Spielregeln beschränken. Wenn wir die Regeln verstehen, dann nehmen wir an, daß wir die Welt „verstehen".

Wie können wir bestimmen, daß die Regeln, welche wir „erraten", tatsächlich richtig sind, wenn wir das Spiel nicht sehr gut analysieren können? Es gibt, grob gesprochen, drei Wege dafür. Erstens können Situationen existieren, in denen die Natur so eingerichtet ist, oder wir richten es so ein, daß sie einfach ist und so wenige Teile enthält, daß wir genau vorhersagen können, was sich ereignet, und damit können wir prüfen, wie unsere Regeln funktionieren. (In einer Ecke des Brettes mögen z. B. nur noch wenige Figuren vorhanden sein, und das können wir genau herausfinden.)

Ein zweiter guter Weg zur Prüfung der Regeln führt über die weniger spezifischen Regeln, die daraus abgeleitet werden. Z. B. zieht der Läufer auf einem Schachbrett nur diagonal. Man kann daraus schließen, daß – unabhängig von der Anzahl der ausgeführten Züge – ein bestimmter Läufer immer auf einem weißen Feld zu finden ist. Ohne daß wir in der Lage sind, den Details zu folgen, können wir diese unsere Vorstellung immer bestätigen durch die Beobachtung, ob sich der Läufer auf einem weißen Feld befindet. Natürlich wird er es für eine lange Zeit sein, bis wir ihn plötzlich auf einem *schwarzen* Feld wiederfinden (was sich ereignet hat ist natürlich, daß er in der Zwischenzeit geschlagen wurde, ein anderer Bauer erreichte die letzte Reihe, und der wurde in einen Läufer auf schwarzem Feld umgewandelt). Ebenso ist es in der Physik. Während einer langen Zeitdauer werden wir eine Regel haben, welche insgesamt ausgezeichnet funktioniert, ohne daß wir den Details folgen können, und zu irgendeinem Zeitpunkt entdecken wir eine *neue Regel*. Vom Standpunkt der Grundlagenphysik sind natürlich die interessantesten Phänomene die *neuen* Situationen, in denen die Regeln nicht mehr funktionieren, und nicht jene, welche die Regeln *bestätigen*! Das ist der Weg, auf dem wir neue Regeln entdecken.

Die dritte Möglichkeit zur Prüfung unserer Vorstellungen ist relativ grob, ist jedoch wahrscheinlich die stärkste von allen. Sie besteht in der groben *Näherung*. Während wir nicht in der Lage sein werden, zu erklären, warum Alechin *diese bestimmte Figur* zieht, werden wir vielleicht *ungefähr* verstehen, daß er seine Figuren mehr oder weniger um den König sammelt, um diesen zu decken, weil dies sicher unter den gegebenen Umständen das vernünftigste ist. Auf dieselbe Weise können wir häufig die Natur mehr oder weniger verstehen; ohne daß wir in der Lage sind, *jede kleine Figur* zu beobachten, verstehen wir das Spiel.

Ursprünglich wurden die Naturphänomene grob in Klassen unterteilt, wie Wärme, Elektrizität, Mechanik, Magnetismus, Materialeigenschaften, chemische Vorgänge, Licht oder Optik, Röntgenstrahlen, Kernphysik, Gravitation, Mesonenphänomene usw. Jedoch ist es das Ziel, die *gesamte Natur* als verschiedene Erscheinungen *eines* Satzes von Phänomenen zu erklären. Das ist das Problem der fundamentalen theoretischen Physik von heute: *die Gesetze hinter den Experimenten zu finden; diese verschiedenen Klassen zu verschmelzen*. Historisch gesehen waren wir immer in der Lage, sie zu verschmelzen; aber im Laufe der Zeit werden neue Dinge gefunden. Die Verschmelzung war in gutem Fortschritt, als plötzlich die Röntgenstrahlen entdeckt wurden. Dann wurde etwas mehr verschmolzen, und die Mesonen wurden entdeckt. Darum sieht es auf jeder Entwicklungsstufe ziemlich verworren aus. Eine große Menge wurde verschmolzen, aber es gibt immer viele Drähte oder Fäden, welche nach allen Richtungen heraushängen. Das ist die heutige Situation; wir werden versuchen, sie zu beschreiben.

Einige historische Beispiele der Verschmelzung sind folgende. Nehmen wir zuerst die *Wärmelehre* und die *Mechanik*. Wenn Atome in Bewegung sind, je größer die Bewegung, um so mehr Wärme enthält das System, und so können *Wärme und Temperatureffekte durch die Gesetze der Mechanik dargestellt* werden. Eine andere außerordentliche Verschmelzung war die Entdeckung der Beziehung zwischen Elektrizität, Magnetismus und Licht; diese wurden erkannt als verschiedene Aspekte des gleichen Dings, das wir heute das *elektromagnetische Feld* nennen. Eine weitere Verschmelzung ist die Vereinigung chemischer Phänomene, der verschiedenen Materialeigenschaften und des Verhaltens atomarer Teilchen in der *Quantenmechanik der Chemie*.

Es steht natürlich in Frage, ob es möglich sein wird, *alles* zu verschmelzen und einfach zu entdecken, daß diese Welt verschiedene Aspekte *eines* Dings darstellt. Niemand weiß es. Uns ist nur bekannt, daß wir beim Fortschreiten einzelne Dinge verschmelzen können, und dann finden wir Stücke, welche nicht passen, und so versuchen wir weiter, das Mosaik zusammenzufügen. Ob es eine begrenzte Anzahl von Mosaiksteinen gibt, ob es einen Rand des Mosaiks gibt, ist natürlich unbekannt. Das wird nie bekannt sein, ehe wir nicht das Bild fertiggestellt haben, falls das je geschieht. Wir wollen versuchen, herauszufinden, wie weit der Prozeß der Verschmelzung gegangen ist und was die gegenwärtige Situation beim Verstehen elementarer Phänomene aus der kleinsten Anzahl von Prinzipien ist. Einfacher ausgedrückt: *Woraus sind die Dinge gemacht und wie wenige Elemente gibt es*?

2–2 Physik vor 1920

Es ist etwas schwierig, sofort mit einer Beschreibung der gegenwärtigen Perspektive zu beginnen, also betrachten wir erst einmal, wie die Dinge um 1920 aussahen, und dann nehmen wir aus diesem Bild einige Dinge heraus. Vor 1920 war unser Weltbild etwa folgendermaßen: Die „Bühne", auf der das All auftritt, ist der dreidimensionale geometrische *Raum*, wie von Euklid beschrieben, und die Vorgänge ändern sich in einem Medium, das *Zeit* genannt wird. Die Elemente auf der Bühne sind *Teilchen*, z. B. Atome, die einige *Eigenschaften* besitzen. Erstens die Eigenschaft der Trägheit:

Wenn sich ein Teilchen bewegt, wird es seine Bewegungsrichtung beibehalten, solange keine *Kräfte* auf es einwirken. Das zweite Element, die Kräfte, dachte man sich damals in zwei Variationen: Erstens eine enorm komplizierte, detaillierte Art von Wechselwirkungskraft, welche die verschiedenen Atome in verschiedenen Kombinationen auf komplizierte Art zusammenhält. Sie bestimmte, ob sich Salz schneller oder langsamer auflösen würde, wenn wir die Temperatur erhöhen. Die andere Kraft war als Fernwirkungskraft bekannt – eine ebenmäßige und lautlose Anziehung –, welche umgekehrt proportional dem Abstandsquadrat wirkt. Sie wurde *Gravitation* genannt. Dieses Gesetz war bekannt und war sehr einfach. *Warum* die Dinge in Bewegung verharren oder *warum* ein Gravitationsgesetz existiert, war natürlich nicht bekannt.

Wir befassen uns hier mit einer Naturbeschreibung. Von diesem Gesichtspunkt betrachtet ist ein Gas, und in der Tat *alle* Materie, eine Myriade von bewegten Teilchen. Damit können viele Dinge, welche wir am Strand beobachtet haben, sofort miteinander verknüpft werden. Zuerst der Druck: Dieser entsteht durch Kollisionen der Teilchen mit den Wänden oder was auch immer da ist. Wenn alle Atome im Durchschnitt in die gleiche Richtung treiben, so ist dies Wind. Die *statistischen* inneren Bewegungen sind die *Wärme*. Da gibt es Wellen von Überschußdichte, in denen sich zu viele Teilchen angesammelt haben. Diese Wellen häufen bei ihren Bewegungen weiter entfernt Teilchenmengen an usw. Diese Wellen von Überschußdichte sind *Schall*. Es ist eine große Errungenschaft, so viel zu verstehen. Einige dieser Dinge wurden im vorangegangenen Kapitel beschrieben.

Welche *Arten* von Teilchen gibt es? Zu jener Zeit waren es 92: 92 verschiedene Atomarten waren endgültig entdeckt. Diese Atome hatten verschiedene Namen, welche mit ihren chemischen Eigenschaften assoziiert waren.

Der nächste Teil des Problems war: *Welches sind die Nahwirkungskräfte*? Warum zieht Kohlenstoff ein oder vielleicht zwei Sauerstoff an, aber nicht drei? Welches ist der Mechanismus der Wechselwirkung zwischen Atomen? Ist es Gravitation? Die Antwort ist nein. Gravitation ist viel zu schwach. Aber stellen Sie sich eine Kraft vor analog der Gravitation, welche ebenfalls umgekehrt proportional dem Abstandsquadrat wirkt, die aber sehr viel stärker ist und einen Unterschied aufweist. Bei der Gravitation zieht jedes Ding alle anderen an, aber nun denken wir uns *zwei* verschiedene Arten von Dingen, so daß diese neue Kraft (welche natürlich die elektrische Kraft ist) die Eigenschaft besitzt, daß gleiche Dinge einander *abstoßen* und ungleiche Dinge einander *anziehen*. Das „Ding", welches diese starke Wechselwirkung trägt, wird *elektrische Ladung* genannt.

Was haben wir dann? Angenommen, wir haben zwei Ungleiche, ein Plus und ein Minus, die einander anziehen, und sie hängen sehr eng zusammen. Angenommen, wir haben eine andere Ladung in einiger Entfernung davon. Würde sie eine Anziehung erfahren? Sie würde *praktisch keine* spüren, weil die ersten zwei Ladungen gleich groß waren und darum die Anziehung zu der einen Ladung durch die Abstoßung von der anderen kompensiert wird. Somit wird in merklichem Abstand nur eine sehr kleine Kraft wirken. Wenn wir andererseits mit der zusätzlichen Ladung *sehr nahe* heranrücken, wird eine *Anziehung* vorhanden sein, weil die Anziehung der ungleichen und die Abstoßung der gleichen Ladungen dahin tendiert, die ungleichen Ladungen näher zusammen zu bringen und die gleichnamigen weiter auseinander zu schieben. Dann wird die Abstoßung *geringer* sein als die Anziehung. Das ist der Grund dafür, daß Atome, welche aus positiven und negativen Ladungen aufgebaut sind, sehr geringe Kräfte erfahren, wenn sie merklich voneinander getrennt werden (abgesehen von der Gravitation). Wenn sie näher zusammenrücken, können sie ineinander „hineinsehen" und ihre Ladungen umordnen, mit dem Resultat, daß eine starke Wechselwirkung auftritt. Die letzte Basis für die Wechselwirkung zwischen Atomen ist *elektrischer* Natur. Da diese Kraft so enorm groß ist, werden alle Plus und Minus im Normalfall aus einer engstmöglichen Kombination bestehen. Alle Dinge, sogar wir selbst, bestehen aus feinkörnigen, sehr stark wechselwirkenden positiven und negativen Teilchen, die alle säuberlich ausbalanciert sind. Hin und wieder, durch Zufall, werden wir ein paar Plus oder Minus abreiben (es ist normalerweise leichter, die Minus abzureiben), und in diesen Fällen finden wir die elektrischen Kräfte *unbalanciert*, und wir können die Effekte dieser elektrischen Anziehung beobachten.

Um eine Vorstellung von der größeren Stärke der Elektrizität, verglichen mit der Gravitation, zu erhalten, betrachten wir zwei Sandkörner von je 1 mm Durchmesser, welche 30 m Abstand voneinander haben. Wenn die Kraft zwischen den Körnern nicht ausbalanciert wäre, wenn jedes Ding andere anzöge anstatt daß sich gleiches abstößt, so daß keine Kompensation vorläge, welche Kraft wäre dann wohl vorhanden? Zwischen beiden Körnern würde dann eine Kraft von etwa *drei Millionen Tonnen* vorhanden sein! Wie man sieht, ist ein *sehr* kleiner Überschuß oder Mangel von negativen oder positiven

Ladungen erforderlich, um beachtliche elektrische Effekte zu erzeugen. Das ist natürlich der Grund dafür, daß man den Unterschied zwischen einem elektrisch geladenen oder ungeladenen Ding nicht sehen kann – es sind so wenige Teilchen beteiligt, daß sie kaum einen Unterschied im Gewicht oder in der Größe eines Objektes ausmachen.

Mit diesem Bild waren die Atome leichter verständlich. Man stellte sich vor, daß sie im Zentrum einen „Kern" besitzen, der positiv geladen und sehr massiv ist. Der Kern ist von einer gewissen Anzahl von „Elektronen" umgeben, welche sehr leicht und elektrisch negativ geladen sind. Nun gehen wir ein wenig weiter in unserer Geschichte und bemerken, daß im Kern zwei verschiedene Teilchen, Protonen und Neutronen, gefunden wurden. Beide haben fast das gleiche Gewicht und sind sehr schwer. Die Protonen sind elektrisch geladen, die Neutronen sind neutral. Wenn wir ein Atom mit sechs Protonen in seinem Kern haben und dieser von sechs Elektronen umgeben ist (die negativen Teilchen in der normalen Welt sind alle Elektronen, diese sind sehr leicht, verglichen mit Neutronen und Protonen, welche die Kerne bilden), dann wäre dies die Atomnummer sechs im periodischen System, und es wird Kohlenstoff genannt. Atomnummer acht wird Sauerstoff genannt usw., weil die chemischen Eigenschaften von den Elektronen an der *Außenseite* abhängen, in der Tat nur von der *Anzahl* der dort vorhandenen Elektronen. Also sind die *chemischen* Eigenschaften durch eine Zahl bestimmt, die Anzahl der Elektronen. (Die gesamte Tabelle der chemischen Elemente könnte die Bezeichnungen 1, 2, 3, 4, 5 usw. erhalten haben. Anstatt „Kohlenstoff" zu sagen, könnte man sagen „Element sechs", womit sechs Elektronen gemeint sind. Aber als die chemischen Elemente entdeckt wurden, war natürlich nicht bekannt, daß sie auf diese Weise numeriert werden können. Außerdem würde dies alles sehr kompliziert erscheinen lassen. Es ist besser, Namen und Symbole für diese Dinge zu verwenden als alles zu numerieren.)

Mehr wurde über die elektrische Kraft entdeckt. Die natürliche Interpretation der elektrischen Wechselwirkung ist, daß zwei Objekte einfach einander anziehen: Plus gegen Minus. Jedoch wurde entdeckt, daß dies eine inadäquate Vorstellung ist. Eine zutreffende Beschreibung ist es, zu sagen, daß durch die Existenz der positiven Ladung in gewissem Sinn ein „Zustand" im Raum erzeugt oder gestört wird, so daß eine herangebrachte negative Ladung eine Kraft erfährt. Diese Fähigkeit zur Erzeugung einer Kraft wird ein *elektrisches Feld* genannt. Wenn wir ein Elektron in ein elektrisches Feld geben, sagen wir, es wird „angezogen". Wir haben dann zwei Regeln: a) Elektrische Ladungen erzeugen ein Feld und b) Ladungen erfahren im Feld Kräfte und werden bewegt. Dies wird verständlicher, wenn wir den folgenden Vorgang diskutieren: Wenn wir einen Körper, z. B. einen Kamm, elektrisch aufladen und dann ein Stück geladenes Papier in dessen Nähe bringen und den Kamm hin und her bewegen, so reagiert das Papier durch ständiges Ausrichten zum Kamm. Wenn wir schneller schütteln, wird festgestellt, daß das Papier ein wenig zurückbleibt, es ist *eine Verzögerung vorhanden.* (Im ersten Fall, wenn wir den Kamm langsam bewegen, finden wir eine Komplikation, welche *Magnetismus* ist. Magnetische Einflüsse haben zu tun mit *relativ gegeneinander bewegten* elektrischen Ladungen, also können magnetische Kräfte und elektrische Kräfte wirklich auf ein Feld zurückgeführt werden als zwei verschiedene Aspekte desselben Dings. Ein veränderliches elektrisches Feld kann ohne Magnetismus nicht existieren.) Wenn wir das geladene Papier weiter vom Kamm wegrücken, wird die Verzögerung größer. Dann beobachtet man eine interessante Sache. Obgleich die Kräfte zwischen zwei geladenen Objekten umgekehrt proportional dem Abstands*quadrat* sein sollen, findet man beim Schütteln der Ladung, daß der Einfluß *viel weiter reicht* als wir es zunächst erwartet hätten. Das heißt, der Effekt nimmt langsamer ab als mit dem reziproken Abstandsquadrat.

Hier ist eine Analogie: Wenn wir in einem Wasserbehälter sind und ein schwimmender Kork sich in unserer Nähe befindet, so können wir ihn „direkt" bewegen, indem wir das Wasser mit einem anderen Korken schieben. Würde man lediglich die *Korken* betrachten, würde man nur feststellen, daß sich der eine sofort bewegt, wenn der andere bewegt wird – es existiert irgendeine Art *Wechselwirkung* zwischen ihnen. Natürlich erzeugen wir lediglich eine Störung im *Wasser*, das *Wasser* beeinflußt dann den anderen Korken. Es wäre möglich, ein „Gesetz" darüber abzuleiten, daß durch geringfügiges Verschieben des Wassers ein nahe gelegenes Objekt bewegt wird. Befände es sich in größerer Entfernung, so würde sich der zweite Kork natürlich kaum bewegen, denn wir bewegen das Wasser ja nur *örtlich*. Andererseits, wenn wir mit dem Korken hin und her wackeln, ist ein neuer Vorgang beteiligt, bei welchem die Bewegung des Wassers das Wasser dort bewegt usw., und *Wellen* wandern fort, so daß durch dieses Wackeln ein Einfluß sehr *viel weiter entfernt* ausgeübt wird, ein periodischer Einfluß, welcher nicht aus der direkten Wechselwirkung erklärt werden kann. Darum muß die Vorstellung der direkten Wechselwirkung ersetzt werden durch die Existenz des Wassers oder im Fall der Elektrizität durch das sogenannte *elektromagnetische Feld*.

Das elektromagnetische Feld kann Wellen mit sich führen; einige dieser Wellen sind *Licht*, andere sind *Radiowellen*, aber die allgemeine Bezeichnung ist *elektromagnetische Wellen*. Diese periodischen Wellen können verschiedene *Frequenzen* besitzen. Der einzige wirkliche Unterschied von Welle zu Welle ist die *Frequenz der Schwingung*. Wenn wir eine Ladung zunehmend schneller hin und her schütteln und die dabei auftretenden Effekte beobachten, erhalten wir eine ganze Serie verschiedenartiger Effekte, die alle durch Angabe von jeweils nur einer spezifischen Zahl, der Anzahl der Schwingungen pro Sekunde vereinigt werden können. Der normale „Empfang", den wir von den elektrischen Strömen der Stromkreise in den Wänden eines Gebäudes haben, hat eine Frequenz von ungefähr einhundert Perioden pro Sekunde. Wenn wir diese Frequenz erhöhen bis auf 500 oder 1000 Kilohertz (1 Kilohertz = 1000 Perioden pro Sekunde), so senden wir „durch die Luft", denn dies ist der Frequenzbereich, der für den Rundfunk verwendet wird. (Das hat natürlich nichts mit der *Luft* zu tun! Wir können auch im Vakuum Rundfunkübertragungen haben.) Wenn wir die Frequenz noch weiter erhöhen, kommen wir in den Bereich für UKW und Fernsehübertragungen. Noch weiter gehend, kommen wir zu gewissen Kurzwellen, die z. B. für *Radar* verwendet werden. Bei noch höheren Frequenzen benötigen wir nicht einmal mehr ein Instrument, um das Zeug zu „sehen", wir können es mit dem menschlichen Auge sehen. Im Bereich von 5×10^{14} bis 5×10^{15} Perioden pro Sekunde würde unser Auge die periodische Bewegung des elektrisch geladenen Kamms, wenn wir ihn so schnell bewegen könnten, als rotes, blaues oder violettes Licht, abhängig von der Frequenz, warnehmen. Frequenzen unterhalb dieses Bereiches werden Infrarot genannt und darüber Ultraviolett. Der Umstand, daß wir in einem bestimmten Frequenzbereich sehen können, macht diesen Teil des elektromagnetischen Spektrums für den Physiker nicht eindrucksvoller als andere Bereiche, aber vom Standpunkt des Menschen *ist* dies selbstverständlich der interessantere Bereich. Wenn wir nun die Frequenz noch weiter erhöhen, erhalten wir Röntgenstrahlen. Röntgenstrahlen sind nichts anderes als Licht sehr großer Frequenz. Noch weiter gehend, erhalten wir Gammastrahlen. Diese beiden Begriffe, Röntgen- und Gammastrahlen werden fast synonym benutzt. Normalerweise werden elektromagnetische Strahlen, die von den Kernen herrühren, Gammastrahlen genannt, während jene mit hoher Energie, die von den Atomen kommen, Röntgenstrahlen genannt werden. Aber bei gleicher Frequenz sind sie physikalisch ununterscheidbar, egal woher sie kommen. Wenn wir zu noch höheren Frequenzen gehen, sagen wir bis 10^{24} Perioden pro Sekunde, so finden wir, daß wir diese Wellen künstlich herstellen können, z. B. mit dem Synchrotron

Tabelle 2–1

Das Elektromagnetische Spektrum

Frequenz in Hz	Name	Grobes Verhalten
10^2	Elektrische Störung	Feld
$5 \times 10^5 - 10^6$	Rundfunk	Wellen
10^8	UKW-Fernsehen	Wellen
10^{10}	Radar	Wellen
$5 \times 10^{14} - 10^{15}$	Licht	Wellen
10^{18}	Röntgenstrahlen	Teilchen
10^{21}	γ-Strahlen (Kernzerfall)	Teilchen
10^{24}	γ-Strahlen („künstlich")	Teilchen
10^{27}	γ-Strahlen (in kosmischen Strahlen)	Teilchen

hier in Caltech (California Institute of Technology). Wir können elektromagnetische Wellen mit enorm hohen Frequenzen finden – sogar mit tausendmal schnelleren Perioden – unter den Wellen, welche in *kosmischen Strahlen* gefunden werden. Diese Wellen können von uns nicht kontrolliert werden.

2–3 Quantenphysik

Nach der Beschreibung des elektrischen Feldes und der Tatsache, daß dieses Feld Wellen mit sich führen kann, erfahren wir bald, daß diese Wellen ein sehr eigenartiges Verhalten zeigen, welches anscheinend gar kein Wellenverhalten ist. Bei höheren Frequenzen verhalten sie sich mehr wie *Teilchen*! Es ist die gerade nach 1920 entdeckte *Quantenmechanik*, welche dieses eigenartige Verhalten erklärt. Das in den Jahren vor 1920 existierende Bild vom dreidimensionalen Raum, mit der Zeit als separater Eigenschaft, wurde durch Einstein verändert, zuerst in eine Kombination, welche wir Raum-Zeit nennen und dann weiter in eine *gekrümmte* Raum-Zeit zur Repräsentation der Gravitation. Damit wurde die „Bühne" verändert in Raum-Zeit, und Gravitation ist mutmaßlich eine Modifikation von Raum-Zeit. Weiterhin wurde auch gefunden, daß die Regeln für die Teilchenbewegungen inkorrekt waren. Die mechanischen Regeln für „Trägheit" und „Kräfte" sind *falsch* – die Newtonschen Gesetze sind *falsch* – in der Welt der Atome. Anstelle dessen wurde entdeckt, daß sich die Dinge in sehr feinen Maßstäben *überhaupt nicht* wie Dinge in großen Maßstäben verhalten. Das ist es, was die Physik so schwierig macht – und sehr interessant. Es ist schwierig, weil die Art, auf die sich die Dinge in sehr kleinen Maßstäben verhalten, so „unnatürlich" ist; wir haben keine direkte Erfahrung damit. Hier verhalten sich die Dinge wie nichts, das wir kennen, so daß es unmöglich ist, ihr Verhalten anders als auf analytische Weise zu beschreiben. Es ist schwierig und erfordert viel Phantasie.

Die Quantenmechanik besitzt viele Aspekte. Zuerst einmal ist die Vorstellung, daß ein Teilchen einen definierten Ort und eine definierte Geschwindigkeit besitzt, nicht länger erlaubt; das ist falsch. Als ein Beispiel dafür, wie falsch die klassische Physik ist, gibt es in der Quantenmechanik eine Regel, welche sagt, daß man nicht gleichzeitig beides wissen kann, wo sich etwas befindet und wie schnell es sich bewegt. Die Ungewißheit des Impulses und die Ungewißheit des Ortes sind einander komplementär, und das Produkt beider ist konstant. Wir können dieses Gesetz folgendermaßen schreiben: $\Delta x \Delta p \geqslant h/2\pi$. Später werden wir dies genauer erläutern. Dieses Gesetz gibt die Erklärung eines sehr mysteriösen Paradoxons: Wenn die Atome aus negativen und positiven Ladungen bestehen, warum sitzen dann die negativen Ladungen nicht einfach auf den positiven Ladungen (sie ziehen einander an) und kommen so nahe heran, daß sie sich vollkommen kompensieren? *Warum sind Atome so groß*? Warum ist der Kern im Zentrum mit den Elektronen drum herum? Zuerst dachte man, daß dies so sei, weil der Kern sehr groß sei; aber nein, *er ist sehr klein*. Ein Atom besitzt einen Durchmesser von ungefähr 10^{-8} cm. Der Kern hat 10^{-13} cm Durchmesser. Wenn wir ein Atom hätten und den Kern zu sehen wünschten, müßten wir es vergrößern, bis das Atom die Größe eines großen Zimmers hat. Dann könnten wir den Kern gerade noch mit dem Auge als kleinen Fleck erkennen, aber nahezu *das gesamte Gewicht* des Atoms befindet sich in diesem infinitesimalen *Kern*. Was hindert die Elektronen, einfach auf den Kern zu treffen? Dieses Prinzip: Wenn sie sich im Kern befänden, würden wir ihre Position präzise kennen und das Ungenauigkeitsprinzip würde dann fordern, daß sie einen *sehr großen* (aber ungewissen) Impuls besitzen, d. h. eine sehr große *kinetische Energie*. Mit dieser großen Energie könnten sie sich vom Kern losreißen. Sie schließen einen Kompromiß, sie lassen sich ein wenig Raum für diese Ungewißheit und „zittern" dann mit einer gewissen Minimalbewegung in Übereinstimmung mit der Ungenauigkeitsbeziehung. (Erinnern wir uns daran, daß die Atome in einem auf den absoluten Nullpunkt abgekühlten Kristall nicht zur Ruhe kommen, sie zittern noch immer. Warum? Wenn sie zur Ruhe kämen, wüßten wir, wo sie sich befinden und daß sie unbeweglich sind, und dies verstößt gegen das Ungenauigkeitsprinzip. Wir wissen weder genau, wo sie sich befinden, noch wissen wir, wie schnell sie sich bewegen, also müssen sie kontinuierlich da drin herumzittern.)

Eine andere sehr interessante Änderung der Ideen und Philosophie der Wissenschaften, die durch die Quantenmechanik hervorgerufen wurde, ist folgende: Es ist nicht möglich, *exakt* vorherzusagen, was sich in irgendeiner Situation ereignet. Z. B. ist es möglich, ein Atom so zu präparieren, daß es Licht emittieren wird, und wir können die Emission messen, indem wir ein Photon auffangen, welches wir in Kürze beschreiben. Wir können jedoch nicht vorhersagen, *wann* es Licht emittiert, oder bei mehreren Atomen ist es nicht möglich, vorherzusagen, *welches* es tun wird. Sie mögen sagen, dies geschieht, weil es ein „inneres" Getriebe gibt, das wir nicht genau genug betrachtet haben. Nein, es gibt *kein* inneres Getriebe. Natur, wie wir sie heute verstehen, verhält sich so, daß es *grundsätzlich unmöglich* ist, *exakt vorherzusagen, was sich in einem bestimmten Experiment genau ereignet*. Dies ist eine schreckliche Sache; in der Tat haben die Philosophen früher gesagt, daß es eine der grundsätzlichen Forderungen der Wissenschaft ist, daß sich immer dasselbe ereignen muß, wenn die Bedingungen dieselben sind. Das ist einfach *nicht wahr*, es ist *keine* grundsätzliche Forderung der Wissenschaft. Tatsache ist, daß sich das gleiche Ding nicht wiederholt, daß wir nur einen statistischen Durchschnitt dessen finden können, was sich ereignet. Jedoch ist deswegen die Wissenschaft nicht vollkommen zusammengebrochen. Die Philosophen, nebenbei bemerkt, reden eine Menge über das *absolut Notwendige* in der Naturwissenschaft und dies ist, soweit man sehen kann, recht naiv und wahrscheinlich falsch. Z. B. hat dieser oder jener Philosoph gesagt, daß es elementar ist für die wissenschaftlichen Bemühungen, daß ein Experiment, das, sagen wir, in Stockholm ausgeführt wird und dann in Quito, die *gleichen Resultate* bringen muß. Das ist vollkommen falsch. Es ist nicht notwendig, daß die Naturwissenschaft dies tut, es kann eine *Erfahrungstatsache* sein, aber es ist nicht notwendig. Wenn zum Beispiel eines der Experimente die Beobachtung des Himmels ist und man in Stockholm das Nordlicht sieht, so beobachtet man es in Quito nicht; das ist ein anderes Phänomen. „Aber", sagen Sie, „das hat mit der Umwelt zu tun; kann man sich in Stockholm in eine Kiste einschließen und die Rolläden herunterlassen und einen Unterschied erhalten? " Natürlich. Wenn wir ein an einem Kugelgelenk aufgehängtes Pendel nehmen, das wir schwingen lassen, so wird das Pendel fast, jedoch nicht genau, in einer Ebene schwingen. In Stockholm wird sich diese Ebene langsam ändern, nicht aber in Quito. Dabei sind die Rolläden herunter gelassen. Die Tatsache, daß sich dies ereignet, zerstört keineswegs die Wissenschaft. Was *ist* die grundsätzliche Hypothese der Wissenschaft, die Grundlagenphilosophie? Wir haben sie im ersten Kapitel formuliert: *Der einzige Test für die Gültigkeit einer Idee ist das Experiment.* Wenn sich zeigt, daß die meisten Experimente in Stockholm auf die gleiche Weise funktionieren wie in Quito, dann werden diese „meisten Experimente" benutzt, um ein allgemeines Gesetz zu formulieren, und die Experimente, welche nicht auf die gleiche Weise funktionieren, erklären wir als das Resultat der Umwelteinflüsse in der Nähe von Stockholm. Wir werden irgendeine Methode erfinden, um die experimentellen Resultate zusammenzufassen, und wir müssen nicht vorher darüber aufgeklärt werden, wie diese Methode aussehen wird. Wenn uns gesagt wird, daß das gleiche Experiment immer die gleichen Resultate produziert, dann ist alles sehr gut, aber wenn wir es versuchen und es *nicht* der Fall ist, dann ist es eben *nicht* so. Wir müssen nur von unseren Beobachtungen ausgehen und dann den Rest unserer Ideen in Übereinstimmung mit unseren tatsächlichen Erfahrungen formulieren.

Kehren wir nun wieder zurück zur Quantenmechanik und zur Grundlagenphysik; wir können jetzt natürlich noch nicht in die Details der Quantenmechanik einsteigen, weil sie ziemlich schwer zu verstehen sind. Wir werden voraussetzen, sie sind da und beschreiben einige der Konsequenzen. Eine der Konsequenzen ist, daß sich Dinge, welche wir als Wellen betrachten, wie Teilchen verhalten, und Teilchen verhalten sich wie Wellen; in der Tat verhält sich jedes Ding gleichermaßen. Es gibt keinen Unterschied zwischen einer Welle und einem Teilchen. So *vereinigt* die Quantenmechanik die Idee des Feldes und seiner Wellen und der Teilchen zu einem Ganzen. Nun ist es wahr, daß bei niederen Frequenzen die Feldeigenschaften offensichtlicher sind bzw. praktischer als eine genäherte Beschreibung alltäglicher Erfahrungen. Aber wenn die Frequenz erhöht wird, treten die Teilcheneigenschaften mehr zutage bei den Instrumenten, mit denen wir normalerweise unsere Messungen ausführen. In der Tat, obgleich wir viele Frequenzen erwähnt haben, ist bisher kein direkt mit einer Frequenz über 10^{12} Perioden pro Sekunde zusammenhängendes Phänomen entdeckt worden. Wir *folgern* die höheren Frequenzen nur aus der Energie der Teilchen anhand einer Regel, welche voraussetzt, daß die Teilchenwelle-Vorstellung der Quantenmechanik zutrifft.

Somit haben wir eine neue Sicht elektromagnetischer Wechselwirkungen. Wir haben eine neue Art *Teilchen*, das zum Elektron, zum Proton und zum Neutron hinzukommt. Das neue Teilchen wird *Photon* genannt. Die neue Idee von der Wechselwirkung zwischen Elektronen und Protonen, die die elektromagnetische Theorie ist, aber mit jedem Ding im Sinne der Quantenmechanik korrekt, wird *Quantenelektrodynamik* genannt. Diese fundamentale Theorie der Wechselwirkung zwischen Licht und Materie oder zwischen elektrischem Feld und Ladungen ist bisher unser größter Erfolg in der Physik. In dieser einen Theorie haben wir alle fundamentalen Regeln für alle normalen Phänomene, ausgenommen Gravitation und nukleare Prozesse. Z. B. kommen aus der Quantenelektrodynamik alle bekannten elektrischen, mechanischen und chemischen Gesetze: die Stoßgesetze für Billardbälle, die Gesetze für die Bewegungen von Drähten in magnetischen

Feldern, die spezifische Wärme von Kohlenmonoxyd, die Farbe von Neonröhren, die Dichte von Salz und die Reaktionen zwischen Wasserstoff und Sauerstoff, die Wasser ergeben, sind alle Konsequenzen dieses einen Gesetzes. Alle diese Details können ausgearbeitet werden, wenn die Situation einfach genug ist, um eine Approximation durchzuführen. Dies ist fast nie der Fall, aber wir können sehr oft mehr oder weniger verstehen, was vorgeht. Bis jetzt wurden keine Ausnahmen von den quantenelektrodynamischen Gesetzen außerhalb des Kerns gefunden, und dort wissen wir auch nicht, ob eine Ausnahme existiert, weil wir einfach nicht wissen, was im Kern vor sich geht.

Im Prinzip ist also die Quantenelektrodynamik die Theorie der gesamten Chemie und des Lebens, wenn das Leben im Endeffekt auf die Chemie zurückgeführt wird und damit auf die Physik, weil Chemie bereits darauf reduziert wurde (der Teil der Physik, der sich mit der Chemie befaßt, ist bereits bekannt). Weiterhin sagt die Quantenelektrodynamik, diese großartige Sache, eine Reihe von neuen Dingen voraus. Zunächst macht sie Aussagen über die Eigenschaften von sehr hochenergetischen Photonen, Gammastrahlen usw. Sie sagt eine andere sehr bemerkenswerte Sache voraus: Neben dem Elektron sollte ein anderes Teilchen gleicher Masse, aber mit positiver Ladung existieren, das *Positron* genannt wird. Und wenn diese beiden zusammentreffen, können sie sich gegenseitig zerstören und dabei Licht oder Gammastrahlen emittieren. (Schließlich sind Licht und Gammastrahlen das gleiche, sie sind lediglich verschiedene Punkte auf einer Frequenzskala.) Die Verallgemeinerung dazu, daß zu jedem Teilchen ein Antiteilchen existiert, stellt sich als zutreffend heraus. Im Fall des Elektrons hat das Antiteilchen einen anderen Namen – es wird Positron genannt, aber für die meisten anderen Teilchen wird es Antisoundso genannt, wie Antiproton oder Antineutron. In die Quantenelektrodynamik werden *zwei Werte* eingegeben, und die meisten der anderen Werte werden als Resultate erwartet. Diese zwei Werte, welche eingegeben werden, sind die Elektronenmasse und die elektrische Ladung des Elektrons. Dies ist jedoch nicht ganz richtig, denn wir haben in der Chemie einen Satz von Zahlen, der angibt, wie schwer die Kerne sind. Das bringt uns zum nächsten Abschnitt.

2–4 Kerne und Teilchen

Woraus bestehen die Kerne und wie halten sie zusammen?
Man fand, daß die Kerne durch enorme Kräfte zusammenhalten. Werden diese freigesetzt, so ist die freigesetzte Energie gigantisch, verglichen mit chemischer Energie, im gleichen Verhältnis wie die Explosion der Atombombe zu einer TNT-Explosion. Das ist natürlich so, weil die Atombombe mit Änderungen im Kern zu tun hat, während eine TNT-Explosion mit Änderungen im Äußeren der Atome zusammenhängt. Die Frage ist, welches sind die Kräfte, welche Protonen und Neutronen im Kern zusammenhalten? Genau wie die elektrische Wechselwirkung mit einem Teilchen, dem Photon, zusammenhängt, hat Yukawa vermutet, daß die Kräfte zwischen Protonen und Neutronen auch ein Feld irgendeiner Art besitzen, und wenn dieses Feld zittert, verhält es sich wie ein Teilchen. Also können andere Teilchen in der Welt neben Protonen und Neutronen existieren, und er war in der Lage, die Eigenschaften dieser neuen Teilchen aus den bereits bekannten Charakteristiken der Kernkräfte herzuleiten. So sagte er z. B., daß sie etwa das Zweihundert- oder Dreihundertfache der Elektronenmasse besitzen müßten; und tatsächlich wurde unter den kosmischen Strahlen ein Teilchen der richtigen Masse entdeckt! Aber später stellte es sich als das falsche Teilchen heraus. Es wurde μ-Meson oder Müon genannt.

Jedoch, eine kleine Weile später, 1947 oder 1948, wurde ein anderes Teilchen gefunden, das π-Meson oder Pion, welches Yukawas Kriterium befriedigte. Wir müssen also zum Proton und Neutron das Pion hinzufügen, um nukleare Kräfte zu erhalten. Sie werden nun sagen, „phantastisch, mit dieser Theorie betreiben wir Quantenkerndynamik unter Verwendung der Pionen, so wie es Yukawa tun wollte. Wir sehen, ob das funktioniert, und alles wird interpretiert." Pech gehabt. Es zeigte sich, daß die Berechnungen, welche mit dieser Theorie verknüpft sind, so schwierig sind, daß niemand bisher in der Lage war, die Konsequenzen dieser Theorie zu bestimmen oder sie etwa experimentell zu prüfen, und das geht nun schon so seit fast zwanzig Jahren!

Also hängen wir an einer Theorie, und wir wissen nicht, ob sie richtig oder falsch ist; aber wir wissen, daß sie ein *klein wenig* falsch oder wenigstens unvollständig ist. Während wir theoretisch herumgediddelt haben, versucht haben, die Konsequenzen dieser Theorie zu berechnen, haben Experimentatoren einige Dinge entdeckt. Z. B. hatten sie bereits das μ-Meson oder Müon entdeckt, und wir wissen noch immer nicht, wo es hineinpaßt. Auch wurde in den kosmischen Strahlen eine große Anzahl anderer Extra-Teilchen gefunden. Es zeigt sich, daß wir heute ungefähr dreißig Teilchen haben, und es ist sehr schwierig, die Beziehungen all dieser Teilchen zu verstehen und wozu die Natur sie benötigt oder welche Verbindungen untereinander bestehen. Wir verstehen heute diese Teilchen nicht als verschiedene Aspekte derselben Sache, und die Tatsache, daß wir so viele nicht miteinander verknüpften Teilchen haben, ist eine Äußerung des Umstandes, daß wir so viel zusammenhanglose Information ohne eine gute Theorie besitzen. Nach den großen Erfolgen der Quantenelektrodynamik existiert ein gewisser Umfang von Wissen der Kernphysik, welches ein grobes Wissen ist, etwa zur Hälfte Erfahrung und zur anderen Hälfte Theorie. Es wird eine Art Kraft zwischen Protonen und Neutronen angenommen und beobachtet, was sich ereignet, wobei jedoch nicht wirklich verstanden wird, woher die Kräfte kommen. Daneben haben wir sehr geringe Fortschritte gemacht. Wir haben eine enorme Anzahl chemischer Elemente gesammelt. In der Chemie tauchte plötzlich eine Beziehung zwischen diesen Elementen auf, die unerwartet war und die durch das periodische System von Mendelejew verkörpert wird. Z. B. haben Kalium und Natrium ungefähr die gleichen chemischen Eigenschaften und sie befinden sich in der gleichen Spalte des periodischen Systems. Wir haben versucht, für die neuen Teilchen eine Art Mendelejew-Tabelle zu finden.

Eine solche Tabelle der neuen Teilchen wurde unabhängig voneinander von Gell-Mann in den USA und von Nishijima in Japan aufgestellt. Die Basis ihrer Klassifizierung ist eine neue Zahl, wie die elektrische Ladung, welche jedem Teilchen zugeordnet werden kann. Es ist die sogenannte „Seltsamkeit", S. Diese Zahl bleibt erhalten (wie die elektrische Ladung) bei Reaktionen, welche durch nukleare Kräfte zustande kommen.

In Tabelle 2–2 sind alle die Teilchen aufgetragen. Wir können sie an dieser Stelle nicht diskutieren, aber die Tabelle zeigt Ihnen wenigstens, wieviel wir nicht wissen. Unter jedem Teilchen ist seine Masse in einer bestimmten Einheit, MeV, angegeben. Ein MeV ist gleich $1{,}782 \times 10^{-27}$ Gramm. Der Grund für die Wahl dieser Einheit ist historischer Art und wir gehen darauf jetzt nicht ein. Die massiveren Teilchen sind im oberen Teil der Tabelle angeordnet; wir sehen, daß ein Neutron und ein Proton fast die gleiche Masse besitzen. In den vertikalen Spalten sind die Teilchen mit der gleichen elektrischen Ladung, alle neutralen Teilchen in einer Spalte, alle positiven Teilchen sind rechts davon, alle negativen links davon.

Die Teilchen sind mit einer ausgezogenen Linie unterstrichen, die „Resonanzen" mit einer gestrichelten. Verschiedene Teilchen sind aus dieser Tabelle weggelassen. Diese schließen die wichtigen Ruhmasse-Null-, Ladung-Null-Teilchen ein, das Photon und das

Tabelle 2–2. Elementarteilchen

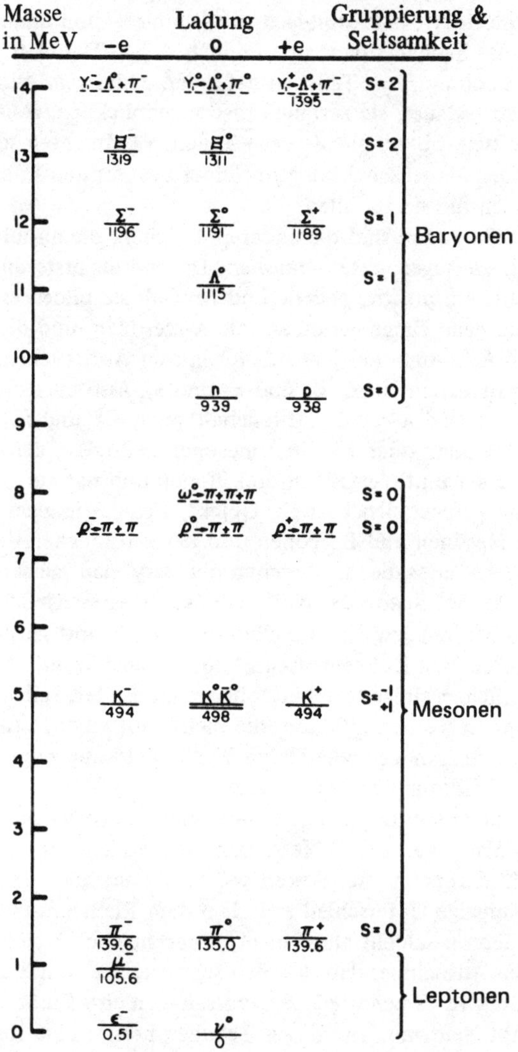

Graviton, welche nicht in das Baryon-Meson-Lepton-Klassifikationsschema fallen, und weiterhin auch einige der neueren Resonanzen (K^*, φ, η). Die Antiteilchen der Mesonen sind in der Tabelle aufgeführt, aber die Antiteilchen der Leptonen und Baryonen müßten in einer anderen Tabelle zusammengestellt werden, die genau wie diese aussieht, jedoch gespiegelt an der Spalte der Null-Ladung. Obgleich alle Teilchen mit Ausnahme von Elektron, Neutrino, Photon, Graviton und Proton instabil sind, wurden nur für die Resonanzen Zerfallsprodukte angegeben. Seltsamkeits-Zuordnungen sind nicht anwendbar für Leptonen, da diese nicht stark mit dem Kern in Wechselwirkung treten.

Alle Teilchen, welche zusammen mit den Neutronen und Protonen gruppiert sind, werden *Baryonen* genannt, und die folgenden existieren: Ein „Lambda" mit der Masse 1154 MeV und drei andere, „Sigmas" (negativ, positiv und neutral) genannt, deren Massen fast übereinstimmen. Dann gibt es Multipletts mit bis auf ein bis zwei Prozent übereinstimmenden Massen. Jedes Teilchen in einem Multiplett besitzt die gleiche Seltsamkeit. Das erste Multiplett ist das Proton-Neutron-Doublett, und dann ist da ein Singlett (das Lambda), dann das Sigma-Triplett und endlich das Xi-Doublett. Vor kurzem, im Jahre 1961, wurden noch ein paar Teilchen gefunden. Oder *sind* es Teilchen? Sie besitzen eine so kleine Lebensdauer, sie zerfallen fast augenblicklich, sobald sie erzeugt wurden, daß wir nicht wissen, ob wir sie als neue Teilchen betrachten sollen oder als irgendeine Art von „Resonanz"-Wechselwirkung mit einer bestimmten Energie zwischen den Λ- und π-Produkten, in die sie zerfallen.

Zusätzlich zu den Baryonen sind die anderen Teilchen, die an nuklearen Wechselwirkungen beteiligt sind, die sogenannten *Mesonen*. Da sind als erste die Pionen, welche in drei Variationen existieren, positiv, negativ und neutral; sie bilden ein anderes Multiplett. Wir haben auch einige neue Dinge gefunden, die K-Mesonen, und diese treten als ein Doublett auf, K^+ und K^0. Auch hat jedes Teilchen sein Antiteilchen, sofern ein Teilchen nicht *sein eigenes* Antiteilchen ist. Z. B. sind π^- und π^+ Antiteilchen, aber das π^0 ist sein eigenes Antiteilchen. K^- und K^+ sind Antiteilchen, auch K^0 und $\overline{K^0}$. Zusätzlich wurden 1961 einige weitere Mesonen oder *Vielleicht*mesonen gefunden, die fast augenblicklich zerfallen. Ein Ding, ω genannt, zerfällt in drei Pionen und hat auf unserer Skala die Masse 780, und etwas weniger sicher ist ein Objekt, welches in zwei Pionen zerfällt. Diese Teilchen, genannt Mesonen und Baryonen und die Antiteilchen der Mesonen befinden sich in derselben Tabelle, aber die Antiteilchen der Baryonen müssen in einer anderen Tabelle, „gespiegelt" an der Spalte der Null-Ladung, zusammengefaßt werden.

Genauso, wie die Mendelejewsche Tabelle sehr gut war mit Ausnahme der Tatsache, daß eine Anzahl von seltenen Erdelementen „lose" heraushingen", haben wir in der Tabelle der Elementarteilchen einige lose herumhängende Enden-Teilchen, welche keine starke Wechselwirkung in Kernen erfahren, die nichts mit einer Kern-Wechselwirkung zu tun haben und die untereinander keine starke Wechselwirkung zeigen (ich meine die starke Art der Wechselwirkung der Kernenergie).

Diese Teilchen werden Leptonen genannt, und es sind die folgenden: Da ist das Elektron mit der sehr kleinen Masse von 0,510 MeV. Dann das andere, das μ-Meson oder Müon, mit der 206fachen Elektronenmasse. Soweit wir bisher aus allen Experimenten schließen können, besteht der einzige Unterschied zwischen dem Elektron und dem Müon nur in der Masse. Für das Müon geschieht alles genau in der gleichen Weise wie für das Elektron, mit der einzigen Ausnahme, daß das eine schwerer ist als das andere. Warum ist eines schwerer; wofür wird es benötigt? Wir wissen es nicht. Zusätzlich gibt es ein neutrales Lepton, genannt Neutrino, und dieses Teilchen besitzt eine Null-Ruhmasse. In der Tat ist nun bekannt, daß *zwei* verschiedene Arten von Neutrons existieren, eines steht in Beziehung zum Elektron, während das andere mit dem Müon zusammenhängt.

Endlich haben wir zwei andere Teilchen, die nicht in starke Wechselwirkung mit den Kernteilchen treten: Eines ist das Photon und das andere ist vielleicht, wenn das Gravitationsfeld ein quantenmechanisches Analogon hat (eine Quantentheorie der Gravitation wurde bisher nicht aufgestellt), das Graviton, welches eine Null-Ruhmasse besitzen wird.

Was ist diese „Null-Ruhmasse"? Die hier angegebenen Massen sind die Massen der *ruhenden* Teilchen. Die Tatsache, daß ein Teilchen eine Null-Ruhmasse besitzt, bedeutet, daß es nicht *in Ruhe sein* kann. Ein Photon befindet sich nie in Ruhe, es bewegt sich immer mit einer Geschwindigkeit von 300 000 Kilometer pro Sekunde. Wir werden besser verstehen, was Masse bedeutet, wenn wir zu gegebener Zeit die Relativitätstheorie verstehen werden.

Wir sind also mit einer großen Anzahl von Teilchen konfrontiert, welche anscheinend alle zusammen die fundamentalen Bausteine der Materie sind. Glücklicherweise sind diese Teilchen nicht *alle* verschieden in ihren *Wechselwirkungen* untereinander. In der Tat scheinen nur *vier Arten* von Wechselwirkungen zwischen Teilchen zu existieren. Diese sind, geordnet nach abnehmender Stärke, die Kernkräfte, elektrische Wechselwirkungen, die Betazerfalls-Wechselwirkung und Gravitation. Das Photon ist an alle geladenen Teilchen gekoppelt und die Stärke der Wechselwirkung wird durch eine Zahl, 1/137, gemessen. Das detaillierte Gesetz dieser Kopplung ist bekannt, das ist Quantenelektrodynamik. Die Gravitation ist mit jeder *Energie* gekoppelt, aber ihre Kopplung ist extrem schwach, viel schwächer als die der Elektrizität. Dieses Gesetz ist ebenfalls bekannt. Dann sind da die sogenannten schwachen Zerfallsarten – Betazerfall, welcher verursacht, daß das Neutron in einem relativ langsamen Zerfallsprozeß in Proton, Elektron und Neutrino zerfällt. Dieses Gesetz ist nur teilweise bekannt. Die sogenannte starke Wechselwirkung, die Meson-Baryon-Wechselwirkung, hat eine Stärke von 1 in dieser Skala, und das

Tabelle 2–3: Elementare Wechselwirkungen

Kopplung	Stärke*	Gesetz
Photon an geladene Teilchen	$\sim 10^{-2}$	Gesetz bekannt
Gravitation an alle Energie	$\sim 10^{-40}$	Gesetz bekannt
Schwache Zerfälle	$\sim 10^{-5}$	Gesetz teilweise bekannt
Mesonen an Baryonen	~ 1	Gesetz unbekannt (einige Regeln sind bekannt)

* Die „Stärke" ist ein dimensionsloses Maß der Kopplungskonstanten verknüpft mit jeder Wechselwirkung (~ bedeutet „angenähert..).

Gesetz ist vollkommen unbekannt, obgleich eine Anzahl von Regeln bekannt ist. Eine davon ist, daß die Anzahl von Baryonen in einer Reaktion nicht verändert wird.

Dies ist also der schreckliche Zustand unserer Physik heute. Zusammenfassend würde ich folgendes sagen: Außerhalb des Kernes scheinen wir alles zu wissen; innerhalb ist die Quantenmechanik gültig – die Prinzipien der Quantenmechanik haben bisher nicht versagt. Die Bühne, auf die wir alle unsere Kenntnisse setzen, ist sozusagen die relativistische Raum-Zeit; vielleicht hängt die Gravitation mit Raum-Zeit zusammen. Wir wissen nicht, wie das All entstanden ist und wir haben noch keine Experimente ausgeführt, die unsere Vorstellungen von Raum und Zeit genau prüfen unterhalb sehr kleiner Dimensionen, also *wissen* wir nur, daß unsere Vorstellungen oberhalb dieser Dimensionen richtig sind. Wir sollten auch hinzufügen, daß die Spielregeln die quantenmechanischen Prinzipien sind, und diese Prinzipien treffen nach unserer Erfahrung sowohl auf die neuen Teilchen als auch auf die alten zu. Der Ursprung der Kernkräfte führt uns zu neuen Teilchen, aber diese erscheinen leider in großem Überfluß und wir haben keine vollständige Kenntnis von ihren Zwischenbeziehungen, obgleich wir bereits wissen, daß einige überraschende Beziehungen zwischen ihnen existieren. Wir scheinen uns langsam vorzutasten zu einem Verständnis der Welt subatomerer Teilchen, aber wir wissen wirklich nicht, wie weit wir mit diesem Unternehmen noch fortschreiten müssen.

3 Die Beziehung der Physik zu den anderen Wissenschaften

3–1 Einführung

Die Physik ist die grundsätzlichste und die allumfassendste der Naturwissenschaften, und sie hatte einen nachhaltigen Effekt auf alle wissenschaftlichen Entwicklungen. In der Tat ist Physik in der Gegenwart das Äquivalent dessen, was man *Naturphilosophie* nannte, aus der die meisten modernen Wissenschaften entstanden. Studenten aus vielen Disziplinen finden sich beim Studieren von Physik, wegen der fundamentalen Rolle, die diese bei allen Phänomenen spielt. In diesem Kapitel werden wir versuchen, zu erläutern, was die fundamentalen Probleme der anderen Naturwissenschaften sind, aber natürlich ist es unmöglich, auf so engem Raum wirklich die komplexen, subtilen und wunderschönen Themen dieser anderen Disziplinen zu behandeln. Raumnot verhindert auch unsere Diskussion der Beziehungen der Physik zu den Ingenieurwissenschaften, zu Industrie, Gesellschaft und Krieg oder sogar der äußerst bemerkenswerten Beziehung zwischen Mathemathik und Physik. (Mathematik ist von unserem Gesichtspunkt aus keine Wissenschaft in dem Sinn, daß sie keine *Natur*wissenschaft ist. Der Test ihrer Gültigkeit ist nicht das Experiment.) Nebenbei müssen wir von Anfang an klarmachen, daß eine Sache, die nicht eine Wissenschaft ist, nicht notwendigerweise schlecht ist. Zum Beispiel ist Liebe keine Wissenschaft. Wenn also gesagt wird, das ist keine Wissenschaft, dann heißt dies nicht, daß damit etwas nicht in Ordnung ist; es bedeutet nur, daß es keine Wissenschaft ist.

3–2 Chemie

Die Wissenschaft, welche vielleicht am nachhaltigsten durch die Physik beeinflußt wurde, ist die Chemie. Historisch betrachtet hat sich die Chemie in ihren frühen Tagen fast ausschließlich mit dem befaßt, was wir jetzt anorganische Chemie nennen, die Chemie der Substanzen, welche nicht mit lebenden Dingen assoziiert sind. Umfangreiche Analysen waren notwendig zur Entdeckung der Existenz der vielen Elemente und ihrer Beziehungen – wie sie die verschiedenen, relativ einfachen Verbindungen eingehen, die in Steinen, Erde usw. vorkommen. Diese frühe Chemie war sehr wichtig für die Physik. Die Wechselwirkung zwischen den beiden Wissenschaften war sehr groß, weil die Atomtheorie zu einem großen Teil durch Experimente in der Chemie bestätigt wurde. Die Theorie der Chemie, d.h. der Reaktionen selber, wurde zu einem großen Teil durch das periodische System von Mendelejew zusammengefaßt, welches viele eigenartige Beziehungen zwischen den Elementen zutage förderte, und es war die Sammlung von Regeln, welches Element mit welchem in Verbindung tritt und auf welche Weise, die den Bereich der anorganischen Chemie darstellte. Alle diese Regeln wurden im Endeffekt durch die Quantenmechanik erklärt, somit ist die theoretische Chemie in der Tat Physik. Andererseits muß nachdrücklich betont werden, daß diese Erläuterung *im Prinzip* gilt. Wir haben bereits den Unterschied diskutiert zwischen der Beherrschung der Schachspielregeln und der Fähigkeit, zu spielen. So mag es sein, daß wir die Regeln kennen, aber nicht gut spielen können. Es erweist sich als sehr schwierig, genau vorherzusagen, was sich in einer gegebenen chemischen Reaktion ereignet; trotzdem muß die letzte Erkenntnis der theoretischen Chemie auf der Quantenmechanik basieren.

Es gibt auch einen Zweig der Physik und der Chemie, der von beiden Wissenschaften gemeinsam entwickelt wurde und der extrem wichtig ist. Dies ist die Methode der Statistik, angewandt auf eine Situation, in welcher mechanische Gesetze vorkommen. Die Methode wird zutreffend *statistische Mechanik* genannt. An jeder chemischen Situation ist eine große Anzahl von Atomen beteiligt, und wir haben gesehen, daß die Atome willkürlich und auf komplizierte Weise herumzittern. Wenn wir jede Kollision analysieren und die Bewegung eines jeden Moleküls im Detail verfolgen könnten, so könnten wir hoffen, bestimmen zu können, was sich ereignet. Aber die vielen Zahlenwerte, welche benötigt werden, um alle diese Moleküle zu verfolgen, übersteigen die Kapazität jedes Rechenautomaten und gewiß auch die Kapazität des Verstandes so enorm, daß es wichtig wurde, eine Methode zur Behandlung solch komplizierter Situationen zu entwickeln. Statistische Mechanik ist also die Wissenschaft der Phänomene der Wärme oder der Thermodynamik. Die anorganische Chemie ist als Wissenschaft im wesentlichen nun auf das reduziert, was physikalische Chemie und Quantenchemie genannt wird; physikalische Chemie zum Studium der zeitlichen Reaktionsabläufe, der Ereignisse im Detail (Wie stoßen sich die Moleküle? Welche Stücke fliegen zuerst weg? usw.), und Quantenchemie hilft uns zu verstehen, was sich ereignet, ausgedrückt durch physikalische Gesetze.

Der andere Zweig der Chemie ist die *organische Chemie*, die Chemie der Substanzen, welche mit lebenden Dingen zusammenhängen. Für eine Weile glaubte man, daß die mit lebenden Dingen zusammenhängenden Substanzen so wunderbar wären, daß sie nicht aus anorganischen Materialien von Hand gemacht werden könnten. Das ist jedoch gar nicht wahr – sie sind genau wie die Substanzen, welche in der anorganischen Chemie hergestellt werden, jedoch sind viel kompliziertere Anordnungen von Atomen beteiligt. Organische Chemie hat offensichtlich eine enge Beziehung zur Biologie, welche ihr die Substanzen liefert, und zur Industrie; und weiterhin kann ein großer Teil der physikalischen Chemie und Quantenmechanik genauso auf organische wie auf anorganische Verbindungen angewandt werden. Jedoch liegen die Hauptprobleme der organischen Chemie nicht in diesen Aspekten, sondern in der Analyse und Synthese der Substanzen, die in biologischen Systemen gebildet werden, in lebenden Dingen. Dies führt unmerklich, schrittweise, zur Biochemie und von da zur eigentlichen Biologie oder Molekularbiologie.

3–3 Biologie

Somit kommen wir zur Wissenschaft der *Biologie*, dies ist das Studium der lebenden Dinge. In den frühen Tagen der Biologie mußten sich die Biologen mit der rein beschreibenden Aufgabe befassen, herauszufinden, *welche* lebenden Dinge es gab, und mußten nur solche Dinge zählen, wie die Haare an den Gliedmaßen von Flöhen. Nachdem diese Dinge mit großem Interesse ausgearbeitet waren, wandten sich die Biologen der *Maschinerie* im Inneren der lebenden Körper zu, zuerst natürlich von einem groben Standpunkt aus, weil es einiger Anstrengungen bedarf, in feinere Details einzudringen.

Es gab eine interessante frühe Beziehung zwischen Physik und Biologie, in welcher die Biologie der Physik zur Entdeckung der *Energieerhaltung* geholfen hat, welche zuerst von Mayer im Zusammenhang mit der von Lebewesen abgegebenen und aufgenommenen Wärmemenge demonstriert wurde.

Wenn wir die Prozesse der Biologie lebender Tiere näher betrachten, sehen wir *viele* physikalische Phänomene: die Blutzirkulation, Pumpen, Druck usw. Da sind Nerven: Wir wissen, was sich ereignet, wenn wir auf einen spitzen Stein treten und daß die Information darüber irgendwie von unserem Bein nach oben geht. Es ist interessant, wie das geschieht.

In ihrem Studium der Nerven kamen die Biologen zu dem Schluß, daß die Nerven sehr feine Röhrchen sind mit einer komplizierten Wand, welche sehr dünn ist; durch diese Wand pumpt die Zelle Ionen hindurch, so daß positive Ionen außerhalb und negative Ionen innerhalb sind, wie ein Kondensator. Nun besitzt diese Membran eine interessante Eigenschaft: Wenn sie sich an einer Stelle „entlädt", d. h., wenn einige Ionen in der Lage wären, durch eine Stelle hindurchzugehen, so daß dort die elektrische Spannung kleiner wird, so fühlen die Ionen in der Umgebung diesen elektrischen Einfluß und die Membran wird derart beeinflußt, daß sie die Ionen auch an benachbarten Punkten durchläßt. Dies wiederum beeinflußt die weiter entfernten, so daß eine Welle der „Durchlässigkeit" der Membran die Faser entlangläuft, wenn sie an einem Ende „angeregt" wird durch das Auftreten auf den spitzen Stein. Diese Welle entspricht irgendwie einer langen Reihe aufrechtstehender Dominosteine; wenn der letzte umgestoßen wird, stößt dieser den nächsten um usw. Natürlich wird so nur *eine* Nachricht übermittelt, sofern die Dominosteine nicht wieder aufgestellt werden; und ähnlich ist es in den Nervenzellen, da existieren Prozesse, welche die Ionen langsam wieder herauspumpen und somit den Nerv für den nächsten Impuls wieder herrichten. So kommt es, daß wir wissen, was wir tun (oder wenigstens wo wir sind). Natürlich können die elektrischen Effekte, die mit diesem Nervenimpuls zusammenhängen, mit Hilfe elektrischer Instrumente nachgewiesen werden, und weil es elektrische Effekte *sind*, hat die Physik der elektrischen Effekte offensichtlich einen großen Einfluß auf das Verstehen dieses Phänomens.

Der umgekehrte Effekt kommt zustande, wenn von irgendwo im Gehirn eine Nachricht über den Nerv gesandt wird. Was ereignet sich am Ende des Nervs? Dort zweigen die Nerven aus in feine, kleine Dinge, die ihrerseits verbunden sind mit einer Struktur in der Nähe eines Muskels, genannt Endplatte. Aus Gründen, die nicht genau klar sind, werden beim Eintreffen des Impulses am Ende des Nervs kleine Dosen zu je fünf oder zehn Molekülen einer Chemikalie, Acetylcholin, freigesetzt, und diese beeinflussen die Muskelfaser und lassen sie sich zusammenziehen. Wie einfach! Was veranlaßt den Muskel zur Kontraktion? Ein Muskel ist eine große Zahl von dicht gepackten Fasern, er enthält zwei verschiedene Substanzen, Myosin und Actomyosin. Aber die Maschinerie, mit welcher die durch Acetylcholin induzierte chemische Reaktion die Dimensionen des Moleküls ändern kann, ist noch nicht bekannt. Damit ist auch der grundsätzliche Prozeß im Muskel, welcher mechanische Bewegungen erzeugt, nicht bekannt.

Biologie ist ein so enorm großes Gebiet, das noch eine Menge andere Probleme birgt, die wir gar nicht alle erwähnen können – Probleme über die Vorgänge beim Sehen (was macht das Licht im Auge), wie das Hören funktioniert usw. (Die Arbeitsweise des *Denkens* werden wir später unter Psychologie diskutieren.) Nun sind diese die Biologie betreffenden Dinge, welche wir gerade diskutiert haben, von einem biologischen Standpunkt nicht wirklich elementare Vorgänge an der Wurzel des Lebens in dem Sinn, daß wir, selbst wenn wir sie verstünden, das Leben selbst noch nicht verstehen würden. Zur Illustration: Die mit dem Studium der Nerven befaßten Männer sind von der Wichtigkeit ihrer Arbeit überzeugt, weil es schließlich kein Tier ohne Nerven gibt. Aber man *kann Leben* finden ohne Nerven. Pflanzen besitzen weder Nerven noch Muskeln, aber sie arbeiten, sie leben dennoch. Also müssen wir nach den fundamentalen Problemen der Biologie tiefer blicken; wenn wir dies tun, entdecken wir, daß alle lebenden Dinge sehr viele Charakteristika gemeinsam haben. Die häufigste Gemeinsamkeit ist, daß sie alle aus *Zellen* aufgebaut sind, innerhalb deren eine komplexe Maschinerie existiert, um die Dinge chemisch zu tun. In Pflanzenzellen gibt es zum Beispiel eine Maschinerie zur Aufnahme von Licht und zur Erzeugung von Zucker, der im Dunkeln konsumiert wird, um die Pflanze am Leben zu erhalten. Wenn die Pflanze verzehrt wird, erzeugt der Zucker im

Tier eine Serie chemischer Reaktionen, die eng verwandt sind mit der Fotosynthese (und mit dem entgegengesetzten Effekt in der Dunkelheit) in Pflanzen.

In den Zellen lebender Dinge gibt es viele komplizierte chemische Reaktionen, in denen eine Verbindung in eine andere und wieder in eine andere überführt wird. Um einen Eindruck von den enormen Mühen zu vermitteln, die für das Studium der Biochemie aufgewandt wurden, sind in Fig. 3–1 unsere heutigen Kenntnisse eines geringen Teils – vielleicht ein Prozent oder so – der vielen Ketten von Reaktionen, die in Zellen auftreten, zusammengefaßt.

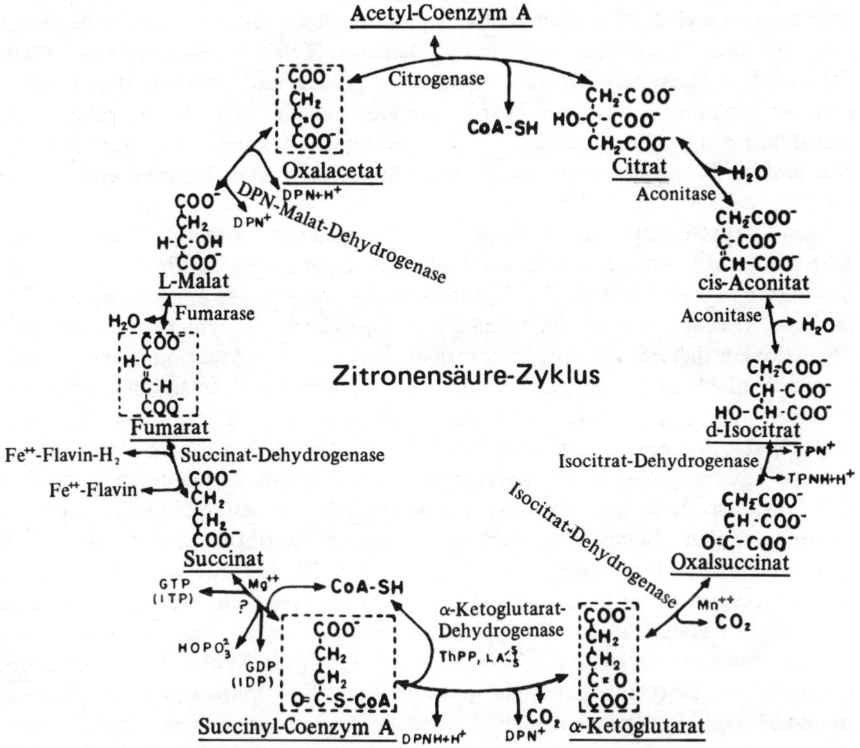

Fig. 3–1. Der Krebszyklus

Hier sehen wir eine ganze Serie von Molekülen, welche sich in einer Folge oder einem Zyklus recht kleiner Schritte von einem zum anderen ändern. Es ist der sogenannte Krebszyklus, der Atmungszyklus. Jede der Chemikalien und jeder der Schritte ist recht einfach, bezogen auf die Änderung im Molekül, aber – und das ist eine zentral wichtige Entdeckung in der Biochemie – *diese Änderungen sind in einem Laboratorium relativ schwierig hervorzurufen.* Wenn wir eine Substanz haben und eine andere sehr ähnliche Substanz, dann wird die eine nicht einfach in die andere überführt, weil beide Formen normalerweise durch eine Energiebarriere oder einen „Hügel" getrennt sind. Betrachten wir diese Analogie: Wenn wir ein Objekt von einem Ort an einen anderen bringen wollten, auf der gleichen Höhe, jedoch auf der anderen Seite eines Berges, so könnten wir es über den Gipfel schieben, aber dazu wird eine zusätzliche Energie benötigt. Darum ereignen sich die meisten chemischen Reaktionen nicht, weil die sogenannte *Aktivierungsenergie* ein Hindernis ist. Um ein zusätzliches Atom in unsere Chemikalie einzubauen, ist es erforderlich, daß wir es *nahe* genug heranbringen, so daß eine Umordnung stattfinden kann; dann wird es haften. Aber wenn wir ihm nicht genug Energie mitgeben können, damit es nahe genug herankommt, so wird es nicht zur Vollendung kommen, es wird lediglich einen Teil des Weges zum „Gipfel" zurücklegen und dann wieder zurückkommen. Wenn wir jedoch die Moleküle buchstäblich in unsere Hände nehmen und dann die Atome so herumschieben und ziehen könnten, daß ein Loch zum Einlaß des neuen Atoms entsteht, und sie dann zurückschnappen lassen würden, so hätten wir einen anderen Weg gefunden, der *um den Berg herumführt* und keine zusätzliche Energie benötigt, und die Reaktion würde leicht vonstatten gehen. Nun *gibt es* tatsächlich in den Zellen *sehr* große Moleküle, viel größere als diejenigen, deren Änderungen wir beschrieben haben, welche auf komplizierte Weise die kleineren Moleküle gerade richtig halten, so daß die Reaktion leicht erfolgen kann. Diese sehr großen und komplizierten Dinge werden *Enzyme* genannt. (Sie wurden zuerst Fermente genannt, weil sie ursprünglich in der Fermentation von Zucker gefunden wurden. In der Tat wurden einige der ersten Reaktionen in dem Zyklus daran entdeckt.) Bei Anwesenheit eines Enzyms wird die Reaktion erfolgen.

Ein Enzym ist aus einer anderen Substanz, genannt *Protein*, aufgebaut. Enzyme sind sehr groß und kompliziert, und jedes ist verschieden, jedes ist für die Steuerung einer bestimmten speziellen Reaktion konstruiert. Die Namen der Enzyme sind in Fig. 3–1 an jeder Reaktion notiert. (Manchmal kann das gleiche Enzym zwei Reaktionen steuern.) Wir betonen, daß die Enzyme selber nicht direkt an der Reaktion beteiligt sind. Sie ändern sich nicht; sie lassen lediglich ein Atom von einem Platz an einen anderen gehen. Nachdem dies geschehen ist, führt das Enzym den gleichen Prozeß mit dem nächsten Molekül aus, wie eine Maschine in einer Fabrik. Natürlich muß ein Vorrat gewisser Atome und eine Möglichkeit zur Beseitigung anderer Atome vorhanden sein. Nehmen wir z. B. Wasserstoff: Es gibt Enzyme, welche spezielle Einheiten zum Transport von Wasserstoff bei allen chemischen Reaktionen besitzen. Es gibt z. B. drei oder vier wasserstoffreduzierende Enzyme, die überall in unserem Zyklus an verschiedenen Stellen verwendet werden. Es ist interessant, daß die Maschinerie, welche einigen Wasserstoff an einer Stelle freisetzt, diesen Wasserstoff nimmt und ihn an anderer Stelle verwendet.

Die wichtigste Eigenschaft des in Fig. 3–1 gezeigten Zyklus ist die Transformation von GDP in GTP (Guanadin-di-phosphat in Guanadin-triphosphat), weil die eine Substanz viel mehr Energie besitzt als die andere. Genau wie gewisse Enzyme einen „Kasten" zum Transport von Wasserstoffatomen besitzen, gibt es spezielle *Energie*transport-„Kästen", welche mit der Triphosphat-Gruppe zusammenhängen. So besitzt GTP mehr Energie als GDP, und wenn der Zyklus in einer Richtung abläuft, produzieren wir Moleküle, welche zusätzliche Energie besitzen und welche einen anderen Zyklus ausführen können, der Energie *benötigt*, z. B. die Kontraktion eines Muskels. Ein Muskel wird sich nicht zusammenziehen, solange kein GTP vorhanden ist. Wir können Muskelfasern in Wasser geben und GTP zusetzen; die Fasern kontrahieren, wobei GTP in GDP umgewandelt wird, wenn die richtigen Enzyme anwesend sind. Also ist das wahre System in der GDP-GTP-Transformation; in der Dunkelheit wird das während des Tages gespeicherte GTP verwendet, um den gesamten Zyklus in der anderen Richtung ablaufen zu lassen. Ein Enzym achtet nämlich nicht darauf, in welcher Richtung eine Reaktion abläuft; denn sonst würde es eines der Gesetze der Physik verletzen.

Physik ist aus noch einem Grund von großer Wichtigkeit für Biologie und andere Wissenschaften, der mit *experimentellen Techniken* zu tun hat. In der Tat wären diese biochemischen Tafeln heute nicht bekannt, wenn die großen Entwicklungen der Experimentalphysik nicht wären. Der Grund ist, daß das nützlichste Werkzeug für die Analysierung dieses phantastisch komplizierten Systems die *Markierung* der in den Reaktionen verwendeten Atome ist. Wenn wir also in einen Zyklus etwas Kohlendioxyd mit „grüner Markierung" einführen und nach drei Sekunden messen könnten, wo sich die grüne Markierung befindet, die Messung nach zehn Sekunden wiederholen usw., so könnten wir den Verlauf der Reaktionen verfolgen. Was ist die „grüne Markierung"? Es sind verschiedene *Isotope*. Erinnern wir uns, daß die chemischen Eigenschaften der Atome durch die Anzahl der *Elektronen*, nicht durch die Masse des Kerns bestimmt sind. Aber es kann sein, daß z. B. im Kohlenstoff sechs Neutronen oder sieben Neutronen zusammen mit den sechs Protonen, welche alle Kohlenstoffkerne besitzen, vorhanden sind. Chemisch sind die beiden Atome C^{12} und C^{13} die gleichen, aber sie unterscheiden sich im Gewicht und sie besitzen verschiedene Kerneigenschaften, und damit sind sie unterscheidbar. Durch Verwendung dieser Isotope mit unterschiedlichem Gewicht oder sogar von radioaktiven Isotopen, wie C^{14}, die eine empfindlichere Methode zum Nachweis sehr kleiner Mengen ermöglichen, ist es möglich, die Reaktion zu verfolgen.

Kehren wir nun zur Beschreibung von Enzymen und Proteinen zurück. Nicht alle Proteine sind Enzyme, aber alle Enzyme sind Proteine. Es gibt viele Proteine, wie die Proteine im Muskel, die Strukturproteine, welche z. B. in Knorpel, im Haar, in der Haut etc. vorhanden sind, die keine Enzyme sind. Jedoch sind Proteine sehr charakteristische Substanzen von Leben: Erstens stellen sie alle Enzyme dar und zweitens stellen sie vieles vom Rest der lebenden Materie dar. Proteine besitzen eine sehr interessante und einfache Struktur. Sie sind eine Serie oder Kette verschiedener *Aminosäuren*. Es gibt zwanzig verschiedene Aminosäuren und sie können alle miteinander in Verbindung treten, um Ketten zu bilden, deren Grundgerüst aus CO-NH usw. besteht. Proteine sind nichts anderes als Ketten aus verschiedenen dieser zwanzig Aminosäuren. Jede der Aminosäuren dient wahrscheinlich einem bestimmten Zweck. Einige haben z. B. ein Schwefelatom an einem bestimmten Platz; wenn zwei Schwefelatome im gleichen Protein sind, stellen sie eine Verbindung her, d. h. sei verbinden die Kette an zwei Punkten und bilden so eine Schleife. Ein anderes besitzt extra Sauerstoffatome, welche ihm sauren Charakter verleihen, ein anderes besitzt basischen Charakter. Einige von ihnen haben große Gruppen, die an einer Seite heraushängen, so daß sie viel Raum beanspruchen. Eine der Aminosäuren, genannt Prolen, ist nicht wirklich eine Aminosäure, sondern eine Iminosäure. Es gibt da einen kleinen Unterschied: Wenn sich Prolen in der Kette befindet, hat die Kette einen Knick. Wenn wir ein besonderes Protein herstellen wollten, würden wir die folgenden Instruktionen erteilen: Setze einen Schwefelhaken hier hin; als nächstes füge etwas hinzu, um den Raum auszufüllen; dann hänge etwas an, um einen Knick in der Kette zu erzeugen. Auf diese Weise werden wir eine kompliziert aussehende Kette erhalten, zusammengehakt und mit einer komplexen Struktur; das ist vermutlich genau die Art, auf die alle die verschiedenen Enzyme hergestellt werden. Einer der großen Triumphe der neueren Zeit (seit 1960) war es, endlich die exakte räumliche Atomanordnung gewisser Proteine zu entdecken, welche einige sechsundfünzig oder sechzig Aminosäuren in einer Reihe verknüpfen. Über tausend (nahezu zweitausend, wenn wir die Wasserstoffatome mitzählen) wurden in zwei Proteinen in einem komplexen Muster lokalisiert. Das erste war Hämoglobin. Einer der traurigen Punkte dieser Entdeckung ist, daß wir aus dem Muster nichts ersehen können; wir können nicht verstehen, warum es so funktioniert, wie es es tut. Natürlich ist dies das nächste Problem, das in Angriff genommen wird.

Ein anderes Problem ist: Wie wissen die Enzyme, was sie sein sollen? Eine rotäugige Fliege produziert ein rotäugiges Fliegenbaby, und somit muß die Information für das gesamte Muster der Enzyme zur Herstellung des roten Pigmentes von einer Fliege zur anderen weitergegeben werden. Dies erfolgt durch eine Substanz im Zellkern, kein Protein, welche DNS (Abkürzung für Desoxyribonucleinsäure) genannt wird. Dies ist die Schlüsselsubstanz, welche von einer Zelle zur anderen weitergereicht wird (z. B. bestehen die Spermazellen vorwiegend aus DNS) und die Information bezüglich der Herstellung der Enzyme mitführt. DNS ist die „Blaupause". Wie sieht die Blaupause aus und wie funktioniert sie? Erstens muß die Blaupause sich selbst reproduzieren können. Zweitens muß sie das Protein instruieren können. Bezüglich der Reproduktion könnten wir denken, daß sie wie die Zellenreproduktion vor sich geht. Zellen werden einfach größer und halbieren sich dann. Muß es genauso mit den DNS-Molekülen geschehen, daß auch sie größer werden und sich dann halbieren? Kein *Atom* wächst und halbiert sich! Nein, es ist unmöglich, ein Molekül so zu reproduzieren; das geht nur auf raffinierteren Wegen.

Die Struktur der Substanz DNS wurde lange untersucht, erst chemisch, um die Zusammensetzung festzustellen, und dann mit Röntgenstrahlen zur Ermittlung des räumlichen Musters. Das Resultat war die folgende bemerkenswerte Entdeckung: Das DNS-Molekül besteht aus einem Kettenpaar, das umeinander verdrillt ist. Das Rückgrat jeder dieser Ketten, welche den Proteinketten analog, jedoch chemisch ganz anders sind, ist eine Serie von Zucker- und Phosphatgruppen, wie in Fig. 3–2 gezeigt. Nun sehen wir, wie die Kette Informationen enthalten kann, denn wenn wir diese Kette entlang ihrer Mitte spalten könnten, würden wir eine Serie *BAADC...* haben, und jedes lebende Ding könnte eine verschiedene Serie besitzen. So sind vielleicht auf irgendeine Weise die spezifischen *Instruktionen* für die Herstellung von Proteinen in der spezifischen *Serie* der DNS enthalten.

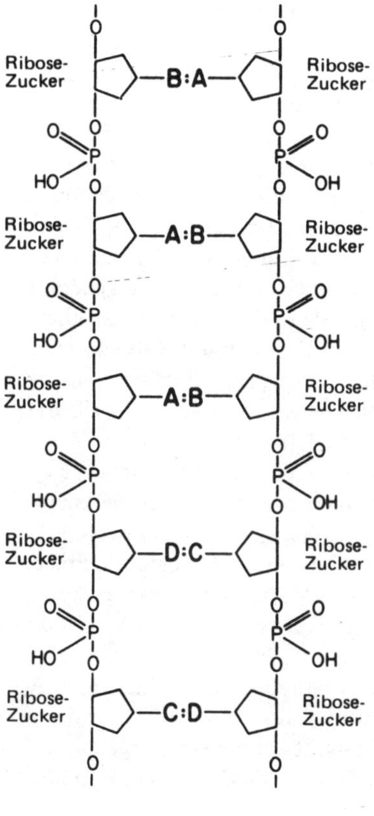

Fig. 3–2. Schematisches Diagramm von DNS.

Verbunden mit jedem Zucker entlang der Linie und die zwei Ketten verbindend, gibt es gewisse Paare von Kreuzgliedern. Diese sind jedoch nicht alle von der gleichen Art; es gibt vier Arten, genannt Adenin, Thymin, Cytosin und Guanin, aber wir wollen sie *A*, *B*, *C* und *D* nennen. Das Interessante ist, daß nur gewisse Paare einander gegenüber sitzen können, z. B. *A* mit *B* und *C* mit *D*. Diese Paare sind so an den beiden Ketten angebracht, daß sie „zusammenpassen" und eine große Wechselwirkungsenergie besitzen. Jedoch wird sich *C* nicht mit *A* und *B* nicht mit *D* paaren; sie passen nur in Paaren zusammen, *A* mit *B* und *C* mit *D*. Wenn daher eines *C* ist, so muß das andere *D* sein usw. Welche Buchstaben auch in einer Kette auftreten, jeder muß seinen spezifischen komplementären Buchstaben an der anderen Kette haben.

Was ist dann mit der Reproduktion? Angenommen, wir spalten die Kette. Wie können wir eine andere herstellen, die genau wie die erste ist? Wenn in der Zellensubstanz eine Fabrikationsabteilung existiert, welche Phosphate, Zucker und *A*-, *B*-, *C*-, *D*-Einheiten produziert, ohne sie in einer Kette anzuordnen, so werden sich an unsere gespaltene Kette nur die richtigen, die komplementären von *BAADC*. . . , also *ABBCD* . . . anhängen. Was sich aber ereignet, ist folgendes: Die Kette wird während der Zellteilung entlang der Mitte gespalten, eine Hälfte geht im Endeffekt mit der einen Zelle und die andere Hälfte mit der anderen Zelle; nach der Separation erzeugt jede Halbkette ihre komplementäre Kette.

Die nächste Frage ist: Genau wie wird durch die *A*-, *B*-, *C*-, *D*-Einheiten die Anordnung der Aminosäuren im Protein bestimmt? Dies ist das zentrale ungelöste Problem der Biologie heute. Die ersten Hinweise oder Informationsbruchstücke sind folgende: In der Zelle befinden sich winzige Teilchen, die sogenannten Mikrosomen, und man weiß jetzt, daß dies der Ort ist, an dem die Proteine erzeugt werden. Aber die Mikrosomen befinden sich nicht im Kern, wo das DNS und seine Instruktionen sind. Irgend etwas scheint zu geschehen. Jedoch ist auch bekannt, daß kleine Molekülteile vom DNS losgelöst werden – sie sind nicht so lang wie das große DNS-Molekül, welches alle Information enthält, sondern sie sind ein kleiner Teil davon. Dieser wird RNS genannt, aber das ist nicht wesentlich. Es ist eine Art Kopie des DNS, eine Kurzkopie. Das RNS, welches irgendwie eine Nachricht bezüglich der Art des zu produzierenden Proteins mit sich führt, geht zum Mikrosom; das ist bekannt. Wenn es dort anlangt, wird am Mikrosom Protein synthetisiert. Das ist auch bekannt. Jedoch sind die Details, wie die Aminosäuren hinzukommen und in Übereinstimmung mit einem am RNS befindlichen Code angeordnet werden, bisher unbekannt. Wir wissen nicht, wie er zu lesen ist. Wüßten wir z.B. die „Reihenfolge" *A, B, C, C, A,* so könnten wir Ihnen nicht sagen, welches Protein erzeugt wird.

Gewiß gibt es kein Thema oder Gebiet, auf dem gegenwärtig größere Fortschritte an so vielen Fronten gemacht werden wie in der Biologie, und wenn wir die mächtigste aller Annahmen nennen sollten, welche in einem Versuch, Leben zu verstehen, weiter und weiter führt, so ist es die, daß *alle Dinge aus Atomen bestehen* und daß alles, was lebende Dinge tun, verstanden werden kann aus dem Zittern und Zappeln der Atome.

3–4 Astronomie

In dieser Schnellfeuererklärung der gesamten Welt müssen wir uns nun der Astronomie zuwenden. Astronomie ist älter als Physik. Sie hat in der Tat den Anstoß für die Physik gegeben durch den Nachweis der wunderschönen Einfachheit der Bewegung der Sterne und Planeten. Das Verstehen dieser Bewegung war der *Anfang* der Physik.

Aber die bemerkenswerteste Entdeckung der gesamten Astronomie ist, daß *die Sterne aus Atomen von der gleichen Art wie die auf der Erde bestehen.** Wie wurde dies erreicht? Atome setzen Licht frei, welches definierte Frequenzen besitzt, so etwa wie das Timbre eines Musikinstrumentes, das definierte Höhen oder Schallfrequenzen besitzt. Wenn wir mehreren verschiedenen Tönen zuhören, so können wir diese unterscheiden, aber wenn wir mit dem Auge eine Farbmischung betrachten, so können wir die Bestandteile, aus denen sie besteht, nicht unterscheiden, weil das Auge bei weitem nicht so fein unterscheiden kann wie das Ohr. Mit einem Spektroskop jedoch *können* wir die Frequenzen der Lichtwellen analysieren, und auf diese Weise können wir die Melodien der Atome, die in den verschiedenen Sternen sind, sehen. In der Tat wurden zwei der chemischen Elemente in einem Stern entdeckt, ehe sie auf der Erde entdeckt wurden. Helium wurde auf der Sonne entdeckt und danach benannt, und Technetium entdeckte man in gewissen kalten Sternen. Das ermöglicht uns natürlich, im Verständnis der Sterne voranzukommen, denn sie sind aus denselben Arten von Atomen aufgebaut, die sich auch auf der Erde finden. Wir wissen nun eine Menge über Atome, speziell über deren Verhalten unter Bedingungen von hoher Temperatur, aber nicht zu großer Dichte, so daß wir mit Hilfe der statistischen Mechanik das Verhalten der stellaren Materie analysieren können. Selbst wenn wir die Bedingungen auf der Erde nicht reproduzieren können, können wir oft durch Anwendung der physikalischen Grundgesetze exakt oder nahezu exakt bestimmen, was sich ereignen wird.

Auf diese Weise hilft die Physik der Astronomie. Wie eigenartig es auch scheinen mag, wir verstehen die Verteilung der Materie im Inneren der Sonne besser, als wir das Erdinnere verstehen. Was im *Inneren* eines Sterns vor sich geht, ist besser begreiflich, als man anhand der Schwierigkeit, daß man einen kleinen Lichtpunkt durch ein Teleskop betrachten muß, vermuten würde. Dies ist so, weil wir *berechnen* können, was die Atome in den Sternen unter den meisten Umständen tun.

Eine der eindrucksvollsten Entdeckungen war die Herkunft der Energie der Sterne, welche den Brennvorgang aufrechterhält. Einer der Männer, die dies entdeckten, war an dem Abend, nachdem er erkannt hatte, daß in den Sternen *Kernreaktionen* ablaufen müssen, um sie zum Leuchten zu bringen, mit seinem Mädchen aus. Sie sagte „Sieh, wie schön die Sterne leuchten!" Er antwortete „Ja, und im Augenblick bin ich der einzige Mann der Welt, der weiß, *warum* sie leuchten". Sie lachte ihn nur aus. Sie war nicht

---

* Wie schnell ich dies behandle! Wieviel jeder Satz in dieser kurzen Geschichte enthält. „Die Sterne bestehen aus den gleichen Atomen wie die Erde". Normalerweise wähle ich ein kleines Gebiet wie dieses für eine Vorlesung. Poeten sagen, die Wissenschaft beeinträchtige die Schönheit der Sterne – einfacher Klumpen von Gasatomen. Nichts ist „einfach". Auch ich kann die Sterne in einer Wüstennacht sehen und sie fühlen. Aber sehe ich weniger oder mehr? Die Unendlichkeit des Himmels regt meine Phantasie an – gebunden an dieses Karussell können meine kleinen Augen Licht einfangen, das eine Million Jahre alt ist. Ein unendliches Muster, von dem ich ein Teil bin, vielleicht wurde meine Substanz von irgendeinem vergessenen Stern ausgespien, so wie der dort speit. Oder betrachten wir sie mit dem größeren Auge von Palomar, wie sie auseinandereilen von irgendeinem gemeinsamen Ausgangspunkt, an dem sie vielleicht alle zusammen waren. Welches ist das Muster, oder die Bedeutung, oder das Warum? Es schadet dem Geheimnis nicht, wenn man ein wenig darüber weiß. Denn weit wunderbarer ist die Wahrheit, als es die Künstler der Vergangenheit ahnten. Warum sprechen die Poeten der Gegenwart nicht davon? Welche Männer sind Poeten, die von Jupiter wie von einem Mann reden können, die aber schweigen, wenn er eine riesige rotierende Kugel von Methan und Ammoniak ist?

davon beeindruckt, mit dem einzigen Mann zusammen zu sein, der zu diesem Zeitpunkt wußte, warum die Sterne leuchten. Nun, es ist traurig, allein zu sein, aber so ist es in dieser Welt.

Es ist die nukleare „Verbrennung" von Wasserstoff, welche die Energie der Sonne erzeugt; der Wasserstoff wird in Helium umgewandelt. Weiterhin geht im Endeffekt die Herstellung verschiedener chemischer Elemente aus Wasserstoff in den Sternenzentren vor sich. Der Stoff, aus dem *wir* gemacht sind, wurde einst in einem Stern „gekocht" und ausgespien. Wie wissen wir das? Weil es einen Hinweis gibt. Das Verhältnis der verschiedenen Isotope – wieviel C^{12}, wieviel C^{13} usw., ist etwas, das sich bei *chemischen* Reaktionen nicht verändert, weil die chemischen Reaktionen für die beiden so ähnlich sind. Die Verhältnisse sind nur das Resultat von *Kern*reaktionen. Durch Betrachtung der Isotopenverhältnisse in der toten, kalten Asche, die wir sind, können wir entdecken, wie der *Ofen* beschaffen war, in dem der Stoff, aus dem wir bestehen, entstand. Dieser Ofen war wie die Sterne und daher ist es sehr wahrscheinlich, daß unsere Elemente in den Sternen „gemacht" und bei Explosionen ausgespien wurden, welche wir Novae und Supernovae nennen. Astronomie ist so eng mit der Physik verknüpft, daß wir im weiteren Verlauf viele astronomische Dinge studieren werden.

3–5 Geologie

Wir wenden uns nun den sogenannten *Erdwissenschaften* oder der *Geologie* zu. Zuerst Meteorologie und das Wetter. Natürlich sind die *Instrumente* der Meteorologie physikalische Instrumente, und die Entwicklung der Experimentalphysik machte diese Instrumente möglich, wie bereits erklärt wurde. Jedoch wurde die Theorie der Meteorologie nicht durch die Physiker befriedigend entwickelt. „Gut" sagen Sie, „da ist nichts als Luft, und wir kennen die Gleichungen der Luftbewegungen". Ja, so ist es. „Wenn wir also den Zustand der Luft heute kennen, warum können wir dann nicht den Zustand der Luft morgen herausfinden? " Erstens wissen wir nicht *wirklich*, wie der Zustand heute ist, weil die Luft überall herumwirbelt und herumdreht. Sie erweist sich als sehr empfindlich und sogar instabil. Wenn Sie je Wasser ebenmäßig über einen Damm fließen sahen, das sich dann beim Fallen in eine große Anzahl von Klümpchen und Tropfen auflöst, werden Sie verstehen, was ich mit instabil sagen will. Sie kennen den Zustand des Wassers, bevor es über den Damm fließt; es ist vollkommen glatt; aber wo beginnen die Tropfen, wenn es zu fallen beginnt? Was bestimmt die Größe der Klumpen und wo sie sein werden? Das ist nicht bekannt, weil das Wasser instabil ist. Selbst eine glatte bewegte Luftmasse wird beim Übersteigen eines Berges zu komplizierten Wirbeln und Strudeln. Auf vielen Gebieten finden wir diese Situation der *turbulenten Strömung*, die wir heute noch nicht analysieren können. Verlassen wir schnell das Thema Wetter und diskutieren wir Geologie!

Die Grundfrage der Geologie ist, was macht die Erde so wie sie ist? Die offensichtlichsten Prozesse sind vor Ihren Augen, die Erosionsprozesse der Flüsse, der Winde usw. Es ist leicht genug, diese zu verstehen, aber zu jedem Stück von Erosion gibt es einen gleichen Betrag irgendeiner anderen Sache, die vor sich geht. Berge sind heute im Durchschnitt nicht weniger hoch als sie es in der Vergangenheit waren. Es müssen Berge *bildende* Prozesse existieren. Wenn Sie Geologie studieren, werden Sie finden, daß es Berge bildende Prozesse und Vulkanismus *gibt*, welche niemand versteht, welche aber die Hälfte der Geologie ausmachen. Über das Phänomen der Vulkane wissen wir wirklich nicht Bescheid. Im Endeffekt wissen wir nicht, was ein Erdbeben macht. Wenn irgend etwas irgend etwas anderes schiebt, so wird verständlicherweise da etwas reißen und dort etwas gleiten – das ist richtig. Aber was schiebt und warum? Nach der Theorie existieren im Erdinneren Ströme, zirkulierende Ströme, entstanden durch die Temperaturdifferenz zwischen innen und außen, welche bei ihrer Bewegung die Oberfläche leicht anschieben. Wenn also zwei entgegengesetzt gerichtete Zirkulationen nahe benachbart sind, wird Materie in der Region angesammelt werden, in der sie zusammenkommen, und so entstehen Bergketten, welche sich in unglücklichen, gespannten Zuständen befinden und somit Vulkane oder Erdbeben erzeugen.

Was ist mit dem Erdinneren? Eine Menge ist bekannt über die Geschwindigkeit von Erdbebenwellen durch die Erde und über die Dichteverteilung der Erde. Jedoch waren die Physiker bisher nicht in der Lage, eine gute Theorie darüber aufzustellen, wie dicht eine Substanz unter den im Erdinneren erwarteten Drücken sein sollte. Mit anderen Worten, wir können die Eigenschaften der Materie unter diesen Verhältnissen nicht sehr gut bestimmen. Wir sind weniger gut dran mit der Erde als mit den Zuständen der Materie in den Sternen. Die damit zusammenhängende Mathematik erscheint bisher als ein wenig zu schwierig, aber vielleicht dauert es nicht mehr lange, bis irgend jemand erkennt, daß dies ein wichtiges Problem ist und es wirklich ausarbeitet. Der andere Gesichtspunkt ist natürlich, daß wir, selbst wenn die Dichte bekannt wäre, die zirkulierenden Ströme nicht berechnen können. Auch können wir die Gesteinseigenschaften bei hohem Druck nicht berechnen. Wir können nicht vorhersagen, wie schnell die Gesteine „nachgeben"; dies muß alles durch das Experiment ausgearbeitet werden.

3–6 Psychologie

Als nächste betrachten wir die Wissenschaft der *Psychologie*. Nebenbei bemerkt ist die Psychoanalyse keine Wissenschaft; sie ist bestenfalls ein medizinischer Prozeß und vielleicht sogar eher wie eine Geisterbeschwörung. Sie hat eine Theorie bezüglich der Krankheitsentstehung – eine Menge verschiedener „Geister" usw. Der Medizinmann hat eine Theorie, daß eine Krankheit wie Malaria durch einen Geist verursacht wird, der durch die Luft kommt; sie wird aber nicht kuriert durch Schütteln einer hochgehaltenen Schlange, sondern Chinin hilft gegen Malaria. Wenn Sie also krank sind, würde ich Ihnen empfehlen, zum Medizinmann zu gehen, weil er der Mann des Stammes ist, der das meiste über die Krankheit weiß; andererseits ist seine Kenntnis keine Wissenschaft. Die Psychoanalyse wurde bisher nicht sorgfältig durch das Experiment überprüft, und es gibt keinen Weg, eine Liste der Anzahl von Fällen zu finden, in denen sie erfolgreich ist, und der Anzahl von Fällen, in denen sie nicht erfolgreich ist usw.

Die anderen Zweige der Psychologie, welche sich mit Dingen wie der Psychologie der Sinnesempfindungen beschäftigen – was ereignet sich im Auge und was ereignet sich im Gehirn –, sind weniger interessant, wenn Sie so wollen. Jedoch wurde ein kleiner, aber echter Fortschritt bei deren Studium gemacht. Eines der interessantesten technischen Probleme mag oder mag nicht Psychologie genannt werden. Das zentrale Problem des Verstandes, oder wenn Sie so wollen, des Nervensystems, ist folgendes: Wenn ein Tier irgend etwas lernt, dann kann es etwas anderes tun als es vorher konnte, und seine Gehirnzellen müssen sich ebenfalls geändert haben, wenn es aus Atomen aufgebaut ist. *In welcher Beziehung ist es anders*? Wir wissen nicht, wonach wir sehen müssen oder auf was wir achten müssen, wenn irgend etwas auswendig gelernt wird. Wir wissen nicht, was es bedeutet oder welche Änderungen im Nervensystem vor sich gehen, wenn ein Faktum gelernt wird. Dies ist ein sehr wichtiges Problem, das überhaupt noch nicht gelöst wurde. Wenn wir jedoch annehmen, daß es eine Art von Gedächtnisding gibt, dann ist das Gehirn eine so ungeheure Masse von untereinander verbundenen Drähten und Nerven, daß es wahrscheinlich nicht auf direktem Wege analysiert werden kann. Das ist eine Analogie zu den Rechenmaschinen und Rechenelementen insofern, als diese ebenfalls Mengen von Verbindungen besitzen und eine Art von Element haben, das vielleicht analog ist zur Synapse oder Verbindung eines Nervs mit einem anderen. Dies ist ein sehr interessantes Thema, das wir jedoch hier aus Zeitmangel nicht weiter verfolgen können – die Beziehung zwischen denkenden und rechnenden Maschinen. Natürlich wird man verstehen, daß uns dieses Thema sehr wenig über die wahren Kompliziertheiten des normalen menschlichen Verhaltens sagt. Alle Menschen sind so verschieden. Es wird lange dauern, ehe wir dazu kommen. Wenn wir nur herausfinden könnten, wie ein *Hund* funktioniert, wären wir schon ziemlich weit fortgeschritten. Hunde sind leichter zu verstehen, aber niemand weiß bis jetzt, wie Hunde funktionieren.

3–7 Wie ist es so geworden?

Damit Physik anderen Wissenschaften nützlich sein kann in *theoretischer* Beziehung, nicht nur durch Erfindung von Instrumenten, muß die in Frage stehende Wissenschaft dem Physiker eine Problembeschreibung in der Sprache des Physikers liefern. Sie können sagen: „Warum hüpft ein Frosch? ", und der Physiker kann nicht antworten. Wenn sie ihm sagen, was ein Frosch ist, daß da soundsoviele Moleküle vorhanden sind, dort ein Nerv usw., so ist es anders. Wenn sie uns mehr oder weniger sagen, wie die Erde oder die Sterne beschaffen sind, dann können wir es berechnen. Damit eine physikalische Theorie irgend einen Nutzen bringen kann, müssen wir wissen, wo die Atome lokalisiert sind. Um die Chemie zu verstehen, müssen wir genau wissen, welche Atome vorhanden sind, andernfalls können wir sie nicht analysieren. Das ist natürlich nur eine Einschränkung.

Es gibt eine andere *Art* von Problem der Schwesterwissenschaften, welches in der Physik nicht existiert; wir nennen es in Ermangelung eines besseren Begriffs die historische Frage. Wie ist es so geworden? Wenn wir die Biologie ganz verstehen, werden wir wissen wollen, wie alle die Dinge, welche auf der Erde sind, dorthin gelangten. Da ist die Theorie der Evolution, ein wichtiger Teil der Biologie. In der Geologie wollen wir nicht nur wissen, wie die Berge entstehen, sondern auch, wie die gesamte Erde am Anfang geformt wurde, den Ursprung des Sonnensystems usw. Das führt uns natürlich dahin, daß wir wissen wollen, welche Art von Materie in der Welt war. Wie haben sich die Sterne entwickelt? Was waren die Anfangsbedingungen? Das ist das Problem der astronomischen Geschichte. Eine Menge wurde herausgefunden über die Bildung von Sternen, über die Bildung der Elemente, aus denen wir aufgebaut sind, und sogar ein wenig über den Ursprung des Universums.

In der Physik wird gegenwärtig keine historische Frage untersucht. Wir haben nicht eine Frage „Hier sind die Gesetze der Physik, wie ist es so gekommen? " Wir können uns im Augenblick nicht vorstellen, daß sich die Gesetze in der Physik irgendwie mit der Zeit ändern, daß sie in der Vergangenheit anders waren als in der Gegenwart. Natürlich *könnten* sie es tun und in dem Augenblick, in dem wir finden, daß es so *ist*, wird die historische Frage der Physik mit dem Rest der Geschichte des Weltalls verknüpft sein, und dann wird der Physiker über die gleichen Probleme reden wie die Astronomen, Geologen und Biologen.

Endlich existiert ein physikalisches Problem, welches vielen Disziplinen gemeinsam ist, das sehr alt ist und das bisher nicht gelöst wurde. Es ist nicht das Problem, neue

Elementarteilchen zu finden, sondern etwas, das seit langer Zeit – seit über hundert Jahren – überiggeblieben ist. Niemand aus der Physik hat es wirklich mathematisch zufriedenstellend lösen können, trotz seiner Wichtigkeit für die Schwesterwissenschaften. Es ist die Analyse *zirkulierender oder turbulenter Flüssigkeiten.* Wenn wir die Entstehung eines Sternes beobachten, dann kommt der Punkt, an dem wir herleiten können, daß Konvektion beginnen wird, und danach können wir nicht mehr länger herleiten, was sich ereignen sollte. Ein paar Millionen Jahre später explodiert der Stern, aber wir können nicht herausfinden, aus welchem Grund. Wir können das Wetter nicht analysieren. Wir kennen nicht die Muster der Bewegungen, die in der Erde sein sollten. Die einfachste Form dieses Problems ist ein sehr langes Rohr, durch welches Wasser mit hoher Geschwindigkeit gepumpt wird. Wir fragen: Welcher Druck wird benötigt, um eine gegebene Wassermenge durch dieses Rohr zu transportieren? Niemand kann dies aus Grundprinzipien und aus den Wassereigenschaften analysieren. Wenn das Wasser sehr langsam fließt oder wenn wir eine dicke Pampe, wie Honig, verwenden, dann können wir das sehr schön tun. Sie werden dies in Ihrem Lehrbuch finden. Was wir wirklich nicht können ist, mit dem tatsächlichen, nassen Wasser, welches durch das Rohr läuft, umzugehen. Das ist das zentrale Problem, welches wir eines Tages lösen müssen.

Ein Poet sagte einst „Das gesamte Universum liegt in einem Glas Wein". Wir werden wahrscheinlich nie wissen, in welchem Sinn er das meinte, denn Poeten schreiben nicht, um verstanden zu werden. Aber es ist wahr, daß wir bei näherer Betrachtung eines Glases Wein das gesamte Universum sehen. Da sind die Dinge der Physik: Die sich drehende Flüssigkeit, welche in Abhängigkeit von Wind und Wetter verdampft; die Reflexionen im Glas, und unsere Phantasie fügt die Atome hinzu. Das Glas ist ein Destillat der Erdgesteine, und in seiner Zusammensetzung sehen wir die Geheimnisse des Alters des Weltalls und die Evolution von Sternen. Welch seltsame Anordnung von Chemikalien befindet sich im Wein? Wie sind sie entstanden? Da gibt es die Fermente, die Enzyme, die Substrate und die Produkte. Dort im Wein ist die große Verallgemeinerung zu finden: Alles Leben ist Fermentation. Niemand kann die Chemie des Weines entdecken, ohne, wie Louis Pasteur, die Ursachen vieler Krankheiten zu entdecken. Wie lebendig ist der Rotwein, der seine Existenz dem Bewußtsein aufprägt, welches ihn beobachtet! Wenn unser kleiner Verstand aus irgendeiner Bequemlichkeit dieses Glas Wein, dieses Universum, unterteilt in Physik, Biologie, Geologie, Astronomie, Psychologie usw., dann erinnern wir uns daran, daß die Natur dies nicht kennt! Also wollen wir wieder alles zusammenfügen und endlich nicht vergessen, wozu es da ist. Lassen wir es uns noch ein letztes Vergnügen bereiten: Trinken wir es und vergessen alles!

4 *Energieerhaltung*

4–1 Was ist Energie?

In diesem Kapitel beginnen wir unsere mehr ins einzelne gehende Untersuchung der verschiedenen Aspekte der Physik, nachdem wir unsere Beschreibung der Dinge im allgemeinen beendet haben. Zur Illustration der Ideen und der Art der Argumentation, die in der theoretischen Physik Anwendung findet, werden wir nun eines der grundsätzlichsten Gesetze der Physik untersuchen, die Energieerhaltung.

Es gibt ein Faktum, oder wenn Sie so wollen, ein *Gesetz*, das alle Naturphänomene beherrscht, welche bis heute bekannt sind. Es gibt keine bekannte Ausnahme zu diesem Gesetz – soweit wir wissen, ist es exakt. Dieses Gesetz wird die *Energieerhaltung* genannt. Es sagt, daß es eine gewisse Größe gibt, welche wir Energie nennen, die sich bei den vielfachen Änderungen, die in der Natur vor sich gehen, nicht ändert. Das ist eine sehr abstrakte Idee, weil es ein mathematisches Prinzip ist; es besagt, daß eine numerische Größe existiert, die sich nicht ändert, wenn sich etwas ereignet. Es ist nicht die Beschreibung eines Mechanismus oder von irgend etwas Konkretem; es ist eine seltsame Sache, daß wir eine Zahl berechnen können, und wenn wir fertig sind mit der Beobachtung der Natur auf dem Wege durch ihre Tricks und die Zahl wiederum berechnen, ist sie die gleiche. (Das ist so etwas wie ein Läufer auf einem weißen Feld, der nach einer Anzahl von Zügen – Details unbekannt – noch immer auf einem weißen Feld ist. Es ist ein Gesetz dieser Natur.) Da dies eine abstrakte Idee ist, werden wir durch eine Analogie erklären, was das bedeutet.

Stellen Sie sich ein Kind vor, etwa „Dennis the Menace", das Bauklötze besitzt, die absolut unzerstörbar sind und die nicht in Teile zerlegt werden können. Jeder ist dem anderen gleich. Nehmen wir an, daß er 28 Bauklötze besitzt. Seine Mutter setzt ihn mit seinen 28 Bauklötzen am Tagesanfang in ein Zimmer. Am Ende des Tages ist sie neugierig und zählt die Bauklötze sehr sorgfältig und entdeckt ein phänomenales Gesetz – ganz egal, was er mit den Bauklötzen tut, es bleiben immer 28 übrig! Das geht einige Tage so weiter, bis eines Tages plötzlich nur 27 Bauklötze vorhanden sind, aber eine kurze Untersuchung ergibt, daß einer unter dem Teppich steckt – sie muß überall hinschauen, um sicherzugehen, daß sich die Zahl der Bauklötze nicht geändert hat. Eines Tages scheint sich jedoch die Anzahl zu ändern – es sind nur 26 Bauklötze vorhanden. Eine sorgfältige Suchaktion zeigt, daß das Fenster offen war und beim Hinausschauen werden die anderen zwei Klötze gefunden. An einem anderen Tag ergibt sorgfältiges Zählen, daß 30 Bauklötze vorhanden sind!

Das verursacht eine beträchtliche Verblüffung, bis man sich besinnt, daß Bruce zu Besuch war, der seine Bauklötze mitgebracht hatte und einige davon bei Dennis zurückließ. Nachdem sie die zusätzlichen Bauklötze entfernt hat, schließt sie das Fenster, läßt Bruce nicht ein und dann geht alles gut, bis sie einmal nachzählt und nur 25 Bauklötze findet. Jedoch befindet sich eine Kiste im Zimmer, eine Spielzeugkiste und die Mutter will diese öffnen. Aber der Knabe sagt: „Nein, meine Spielzeugkiste wird nicht geöffnet", und brüllt. Er läßt seine Mutter die Spielzeugkiste nicht öffnen. Da sie unerhört neugierig und recht erfinderisch ist, tüftelt sie einen Plan aus. Sie weiß, daß ein Bauklotz 85 Gramm wiegt, also wiegt sie die Kiste zu einem Zeitpunkt, an dem sie alle 28 Bauklötze sieht, und erhält 454 Gramm. Wenn sie das nächstemal prüft, wiegt sie wiederum die Kiste, subtrahiert 454 Gramm und dividiert durch 85. Sie entdeckt folgendes:

$$\begin{pmatrix}\text{Anzahl der gese-}\\ \text{henen Bauklötze}\end{pmatrix} + \frac{(\text{Gewicht der Kiste}) - 454\ \text{Gramm}}{85\ \text{Gramm}} = \text{konstant.} \qquad (4.1)$$

Es scheinen dann neue Abweichungen aufzutreten, aber die sorgfältige Untersuchung ergibt, daß das schmutzige Wasser in der Badewanne seinen Pegel ändert. Das Kind wirft Bauklötze in das Wasser, und sie kann diese nicht sehen, weil das Wasser so schmutzig ist. Aber sie kann herausfinden, wieviele Klötze sich in dem Wasser befinden, indem sie ihrer Gleichung ein weiteres Glied hinzufügt. Da die ursprüngliche Wasserhöhe 15,4 Zentimeter betrug und jeder Bauklotz die Wasseroberfläche um 0,64 Zentimeter anhebt, wäre diese neue Formel:

$$\begin{pmatrix}\text{Anzahl der gese-}\\ \text{henen Bauklötze}\end{pmatrix} + \frac{(\text{Gewicht der Kiste}) - 454\ \text{Gramm}}{85\ \text{Gramm}} + \frac{\text{Wasserhöhe} - 15{,}4\ \text{Zentimeter}}{0{,}64\ \text{Zentimeter}} = \text{konstant.} \qquad (4.2)$$

Während ihre Welt allmählich immer komplizierter wird, findet sie eine ganze Reihe von Termen, welche Wege zur Berechnung der Anzahl von Bauklötzen an Orten darstellen, die sie nicht in Augenschein nehmen darf. Als Resultat findet sie eine komplizierte Formel, eine Größe, welche *berechnet werden muß* und welche in ihrer Situation immer gleich bleibt.

Was ist hierbei die Analogie zur Energieerhaltung? Der bemerkenswerteste Aspekt, der von diesem Bild abstrahiert werden muß, ist, daß *es keine Bauklötze gibt.* Lassen wir die ersten Glieder von (4.1) und (4.2) weg, so finden wir uns bei der Berechnung mehr oder weniger abstrakter Dinge. Die Analogie liegt in den folgenden Punkten. Erstens ist es bei der Berechnung der Energie so, daß manchmal etwas von ihr das System verläßt und weggeht oder manchmal etwas hinzukommt. Um die Energieerhaltung zu verifizieren, müssen wir sorgfältig darauf achten, daß wir nichts hinzugeben oder weglassen. Zweitens besitzt die Energie eine große Anzahl *verschiedener Formen,* und für jede gibt es eine Formel. Es sind dies: Gravitationsenergie, kinetische Energie, Wärmeenergie, elastische Energie, elektrische Energie, chemische Energie, Strahlungsenergie, Kernenergie, Massenenergie. Wenn wir die Formel für jeden dieser Beiträge zusammenaddieren, so wird sie sich abgesehen von der hinzukommenden oder abgehenden Energie nicht ändern.

Es ist wichtig, einzusehen, daß wir in der heutigen Physik nicht wissen, was Energie *ist.* Wir haben kein Bild davon, daß Energie in kleinen Klumpen definierter Größe vorkommt. So ist es nicht. Jedoch gibt es Formeln zur Berechnung einer numerischen Größe, und wenn wir alles zusammenaddieren, ergibt es „28" – immer die gleiche Zahl. Es ist eine abstrakte Sache insofern, als es uns nichts über den Mechanismus oder die *Gründe* für die verschiedenen Formeln mitteilt.

4–2 Potentielle Gravitationsenergie

Die Energieerhaltung ist nur zu verstehen, wenn wir die Formeln für alle ihre Formen haben. Ich will die Formel der Gravitationsenergie nahe der Erdoberfläche diskutieren, und ich möchte diese Formel auf eine Weise ableiten, welche nichts mit der Geschichte zu tun hat, sondern die einfach eine Argumentation ist, welche für diese besondere Vorlesung erfunden wurde, um Ihnen eine Illustration der bemerkenswerten Tatsache zu geben, daß eine große Menge über die Natur aus einigen Fakten und geschlossener Beweisführung abgeleitet werden kann. Es ist eine Illustration der Art von Arbeit, in die theoretische Physiker verwickelt werden. Sie ist nach einem ausgezeichneten Argument des Herrn Carnot über den Wirkungsgrad von Dampfmaschinen* orientiert.

Betrachten wir gewichthebende Maschinen – Maschinen, welche die Eigenschaft besitzen, daß sie ein Gewicht heben, indem sie ein anderes senken. Lassen Sie uns eine Hypothese aufstellen: *So etwas wie eine immerwährende Bewegung* gibt es bei diesen gewichthebenden Maschinen *nicht.* (In der Tat ist es eine allgemeine Aussage des Gesetzes von der Energieerhaltung, daß es überhaupt keine immerwährende Bewegung gibt.) Wir müssen die immerwährende Bewegung sorgfältig definieren. Zuerst tun wir es für gewichthebende Maschinen. Wenn wir nach Heben und Senken einer Anzahl von Gewichten und nach Zurückstellen der Maschine in ihre Ausgangslage finden, daß wir im *Endeffekt ein Gewicht angehoben* haben, dann haben wir ein Perpetuum Mobile, weil wir das angehobene Gewicht verwenden können, um irgend etwas anderes anzutreiben. Das gilt, *falls* die Maschine, die das Gewicht angehoben hat, in ihren exakten *Anfangszustand* zurückversetzt wurde und falls sie vollkommen *abgeschlossen* ist – falls sie keine äußere Energie erhalten hat zum Anheben des Gewichtes – wie Bruces Bauklötze.

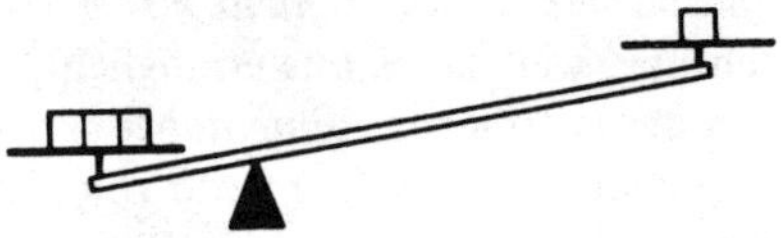

Fig. 4–1. Einfache Maschine zum Gewichtheben.

Eine sehr simple gewichthebende Maschine zeigt Fig. 4–1. Diese Maschine hebt Gewichte, welche drei Einheiten „stark" sind. Wir setzen drei Einheiten in eine Waagschale und eine Einheit in die andere. Um die Maschine jedoch zum funktionieren zu bringen, müssen wir ein wenig Gewicht aus der linken Schale abheben. Andererseits könnten wir ein Einheitsgewicht anheben durch Senken der drei Einheitsgewichte, wenn wir ein wenig mogeln und ein kleines Gewicht aus der anderen Schale abheben. Natürlich erkennen wir, daß wir bei irgendeiner *realisierten* gewichthebenden Maschine ein wenig hinzufügen müssen, um sie in Gang zu setzen. Dies vernachlässigen wir *für eine Weile.* Ideale Maschinen, obgleich sie nicht existieren, benötigen nichts Zusätzliches. Eine Maschine, welche wir tatsächlich benutzen, kann in einem Sinn *fast* reversibel sein: Wenn sie das Gewicht der drei anhebt durch Senken eines Gewichtes von eins, dann wird sie auch das Gewicht von eins durch Senken des Gewichtes von drei um nahezu den gleichen Betrag anheben.

Wir denken uns zwei Klassen von Maschinen: Jene, die *nicht reversibel* sind (darin sind alle realisierten Maschinen eingeschlossen), und jene, die *reversibel* sind. Diese sind natürlich nicht realisierbar, wie sorgfältig wir auch bei der Konstruktion der Kugellager, Hebel usw. sein mögen. Wir nehmen jedoch an, daß ein solches Ding existiert – eine reversible Maschine –, welches eine Gewichtseinheit (ein Kilogramm oder irgend eine andere Einheit) um eine Längeneinheit senkt und zur gleichen Zeit ein Gewicht von drei Einheiten hebt. Nennen wir diese reversible Maschine die Maschine A. Angenommen, diese besondere Maschine hebt das dreifache Einheitsgewicht um eine Entfernung X. Dann

* Uns kommt es hier nicht so sehr auf das Resultat (4.3) an, welches Sie tatsächlich vielleicht bereits kennen, sondern auf die Möglichkeit, es durch theoretische Überlegungen zu erhalten.

nehmen wir eine andere Maschine an, die Maschine *B*, welche nicht notwendigerweise reversibel ist, die aber ebenfalls ein Einheitsgewicht um eine Längeneinheit senkt, die jedoch das dreifache Einheitsgewicht um *Y* anhebt. Wir können nun beweisen, daß *Y* nicht höher ist als *X*; das heißt, es ist unmöglich, eine Maschine zu bauen, die ein Gewicht *höher* anhebt als es durch die reversible Maschine angehoben wird. Schauen wir, warum. Angenommen, *Y* wäre höher als *X*. Wir nehmen ein Einheitsgewicht und senken es mit Maschine *B* um eine Höheneinheit, und damit wird das dreifache Einheitsgewicht um die Entfernung *Y* gehoben. Dann können wir das Gewicht von *Y* nach *X* senken, wobei wir *freie Leistung* erhalten, und dann lassen wir die reversible Maschine *A* rückwärts laufen. Diese senkt das dreifach Einheitsgewicht um den Abstand *X* und hebt dabei das Einheitsgewicht um eine Höheneinheit. Damit ist das Einheitsgewicht dort, wo es sich zuvor befand, und beide Maschinen sind wieder betriebsbereit. Wir hätten also eine immerwährende Bewegung, wenn *Y* höher wäre als *X*, und das haben wir als nicht möglich vorausgesetzt. Mit diesen Annahmen leiten wir somit ab, daß *Y nicht höher* ist als *X*, somit ist von allen konstruierbaren Maschinen die reversible die beste.

Wir können ebenfalls sehen, daß alle reversiblen Maschinen *genau zur gleichen Höhe* anheben müssen. Angenommen, auch *B* wäre wirklich reversibel; die Argumentation, daß *Y* nicht höher ist als *X*, ist natürlich genauso gut wie vorher, aber wir können auch umgekehrt argumentieren, die Maschinen in der umgekehrten Reihenfolge verwenden und beweisen, daß *X nicht höher ist als Y*. Dies ist also eine sehr bemerkenswerte Beobachtung, weil sie es uns ermöglicht, die Höhe zu bestimmen, in die verschiedene Maschinen etwas anheben, *ohne dabei den inneren Mechanismus zu betrachten*. Wenn jemand eine enorm aufwendige Serie von Hebeln baut, die drei Einheiten um einen gewissen Abstand heben, indem sie eine Einheit um eine Höheneinheit senken, und wenn wir dies mit einem einfachen Hebel vergleichen, der das gleiche tut und grundsätzlich reversibel ist, dann wird dessen Maschine nicht höher heben, sondern vielleicht weniger hoch. Wenn seine Maschine reversibel ist, wissen wir auch genau, *wie* hoch sie heben wird. Um zusammenzufassen: Jede reversible Maschine, ohne Rücksicht auf ihre Funktionsweise, die ein Kilogramm um einen Meter senkt und drei Kilogramm hebt, wird diese immer um die gleiche Höhe *X* anheben. Das ist offensichtlich ein universelles Gesetz großer Nützlichkeit. Die nächste Frage ist natürlich, wie groß ist *X*?

Angenommen, wir haben eine reversible Maschine, welche um diese Höhe *X* im Verhältnis drei zu eins anhebt. Wir setzen drei Bälle in ein Gestell, welches sich nicht bewegt, wie in Fig. 4–2 gezeigt. Ein Ball wird in einer Position ein Meter über dem Boden gehalten. Die Maschine kann drei Bälle anheben und dabei einen um den Abstand 1 senken. Nun haben wir es so arrangiert, daß die Plattform, welche drei Bälle fassen kann, einen Boden und zwei Fächer besitzt, die einen genauen Abstand *X* voneinander haben. Weiterhin enthält das Gestell drei Bälle im Abstand *X* voneinander, (a). Zuerst rollen wir die Bälle horizontal vom Gestell in die Fächer, (b).

Wir nehmen an, daß hierzu keine Energie benötigt wird, weil wir auf gleicher Höhe bleiben. Dann arbeitet die reversible Maschine: Sie senkt den einzelnen Ball zum Boden und hebt dabei die Plattform um den Abstand *X*, (c). Nun haben wir das Gestell genial so angeordnet, daß sich die drei Bälle nun wieder auf gleicher Höhe wie die Plattform befinden. Also laden wir die Bälle in das Gestell, (d). Nachdem die Bälle umgeladen sind, können wir die Maschine in ihre Anfangsposition zurückbringen. Nun haben wir drei Bälle in den oberen drei Fächern und einen am Boden. Aber das eigenartige ist, daß wir *zwei* von ihnen sozusagen gar nicht angehoben haben, schließlich waren vorher Bälle in den Fächern 2 und 3. Der resultierende Effekt war es, *einen Ball* um einen Abstand 3*X* hochzuheben. Wenn 3*X* größer wird als ein Meter, dann können wir den Ball *herunter-*

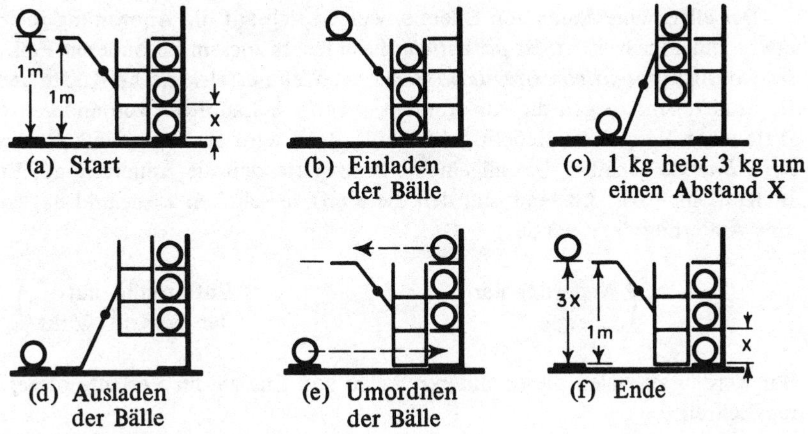

Fig. 4–2. Eine reversible Maschine.

lassen, um die Maschine in die Ausgangsposition zu bringen, (f), und wir können den Apparat wieder in Betrieb setzen. Also kann $3X$ nicht größer werden als ein Meter, weil wir andernfalls eine immerwährende Bewegung erzeugen könnten. Auf die gleiche Weise können wir beweisen, daß *ein Meter nicht größer werden kann als* $3X$, indem wir die gesamte Maschine in umgekehrter Richtung laufen lassen, da sie eine reversible Maschine ist. Also ist $3X$ *weder größer noch kleiner als ein Meter*, und somit entdecken wir allein durch Argumentation das Gesetz, daß $X = \frac{1}{3}$ Meter ist. Die Verallgemeinerung ist klar: Ein Kilogramm fällt beim Betrieb einer reversiblen Maschine um einen gewissen Betrag; dann kann die Maschine p Kilogramm um diesen Abstand dividiert durch p, anheben. Eine andere Darstellung des Resultates ist: Drei Kilogramm mal der Hubhöhe (welche in unserem Problem X war) ist gleich ein Kilogramm mal der Senkhöhe, die in unserem Fall ein Meter beträgt. Wenn wir alle Gewichte nehmen und sie mit den Höhen multiplizieren, in denen sie sich jetzt befinden, die Maschine arbeiten lassen und dann alle Gewichte wieder mit ihren Höhen multiplizieren, so wird *keine Änderung* vorhanden sein. (Wir müssen das Beispiel des einen Gewichtes, das wir bewegt haben, verallgemeinern auf den Fall, in dem wir ein Gewicht senken und mehrere heben – aber das ist leicht.)

Wir nennen die Summe der Gewichte mal den Höhen die *potentielle Gravitationsenergie* – die Energie, welche ein Objekt besitzt aufgrund seiner Anordnung im Raum, relativ zur Erde. Die Formel für die Gravitationsenergie ist also, solange wir nicht zu weit von der Erde entfernt sind (die Kraft wird kleiner, je höher wir gehen):

$$\begin{pmatrix}\text{Potentielle}\\ \text{Gravitationsenergie}\\ \text{eines Objektes}\end{pmatrix} = (\text{Gewicht}) \times (\text{Höhe}). \tag{4.3}$$

Dies ist eine sehr schöne Argumentation. Das einzige Problem ist, daß sie vielleicht nicht zutrifft. (Schließlich muß sich die Natur nicht nach unserer Argumentation richten.) Zum Beispiel mag immerwährende Bewegung vielleicht tatsächlich möglich sein. Einige der Annahmen können falsch sein, oder wir können bei der Beweisführung einen Fehler gemacht haben, also ist es immer notwendig, zu prüfen. *Es ergibt sich experimentell*, daß sie in der Tat richtig ist.

Der allgemeine Name von Energie, welche sich auf die Anordnung relativ zu irgend etwas anderem bezieht, ist *potentielle* Energie. In diesem besonderen Fall nennen wir sie natürlich *potentielle Gravitationsenergie.* Wenn es elektrische Kräfte anstatt Gravitationskräfte sind, gegen die wir arbeiten, wenn wir Ladungen von anderen Ladungen mit Hilfe einer Menge von Hebeln „abheben", dann wird der Energieinhalt *elektrische potentielle Energie* genannt. Das allgemeine Prinzip ist, daß die Änderung der Energie gleich ist Kraft mal dem Abstand, um den die Kraft verschoben wird, und das ist allgemein eine Änderung der Energie:

$$\begin{pmatrix}\text{Änderung der}\\ \text{Energie}\end{pmatrix} = (\text{Kraft}) \times \begin{pmatrix}\text{Entfernung, auf}\\ \text{der die Kraft wirkt}\end{pmatrix} . \qquad (4.4)$$

Wir werden zu vielen dieser anderen Arten von Energie im Verlaufe dieses Kurses zurückkehren.

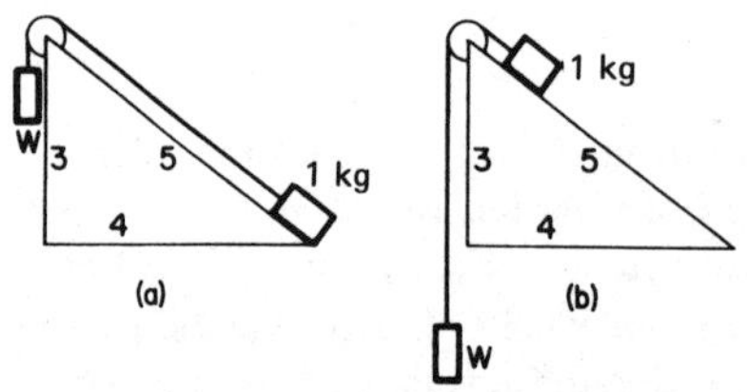

Fig. 4–3. Schiefe Ebene.

Das Prinzip der Energieerhaltung ist sehr nützlich, um abzuleiten, was sich in einer Anzahl von Umständen ereignet. In der Oberschule haben wir eine Menge Gesetze über Rollen und Hebel bei verschiedenen Anwendungen gelernt. Wir können nun sehen, daß diese „Gesetze" *alle das gleiche* sind und daß wir nicht 75 Regeln auswendig lernen mußten, um dies zu verstehen. Ein einfaches Beispiel ist die glatte schiefe Ebene, welche glücklicherweise ein drei-zu-vier-zu-fünf-Dreieck ist (Fig. 4–3). Wir hängen ein Ein-Kilogramm-Gewicht an die schiefe Ebene und verbinden es über eine Rolle mit einem Gewicht W. Wir wollen wissen, wie schwer W sein muß, um das eine Kilogramm auf der Ebene im Gleichgewicht zu halten. Wie können wir das herausfinden? Wenn wir sagen, es ist gerade im Gleichgewicht, so ist es reversibel und kann sich also nach oben oder unten bewegen, und wir können die folgende Situation betrachten. Im Anfangszustand (a) befindet sich das Ein-Kilogramm-Gewicht am Boden und das Gewicht W ist oben. Wenn W auf reversible Weise nach unten gerutscht ist, haben wir das Ein-Kilogramm-Gewicht oben und das Gewicht W um die geneigte Entfernung (b) oder fünf Meter entfernt von der Ebene, in welcher es vorher war. Wir haben das Ein-Kilogramm-Gewicht *nur drei Meter angehoben,* und wir haben das Gewicht W um *fünf Meter* gesenkt. Also ist $W = \frac{3}{5}$ eines Kilogrammes. Besinnen wir uns, daß dies aus der *Energieerhaltung* abgeleitet wurde und nicht aus den Kraftkomponenten. Clever sein ist jedoch relativ. Es kann auch auf eine Weise abgeleitet werden, welche noch brillianter ist, entdeckt durch Stevenius und in seinen Grabstein eingraviert. Fig. 4–4 erläutert, daß es $\frac{3}{5}$ eines Kilogramms sein müssen, weil die Kette nicht herumgeht. Es ist offensichtlich, daß der untere Teil der Kette sich selber ausbalanciert, so daß der Zug der fünf Gewichte auf der einen Seite gleich dem Zug der drei Gewichte auf der anderen sein muß, oder was auch immer die Seitenverhältnisse sind. Sie sehen durch Betrachtung dieses Diagramms, daß W gleich $\frac{3}{5}$ eines Kilogramms sein muß. (Wenn Sie eine Inschrift wie diese auf Ihrem Grabstein erhalten, dann sind Sie gut dran.)

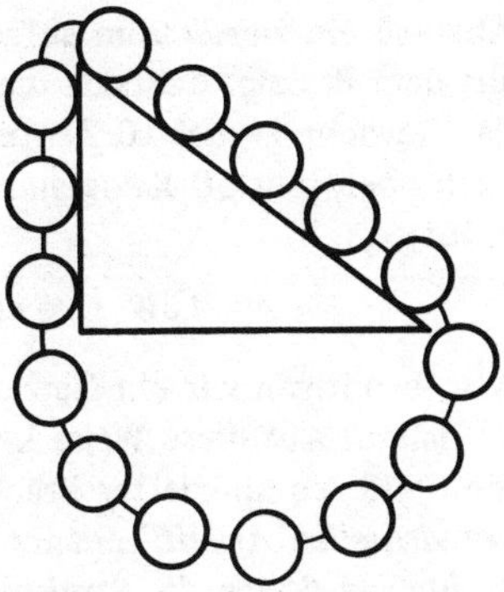

Fig. 4–4. Die Grabinschrift des Stevenius.

Lassen Sie uns nun das Energieprinzip mit einem komplizierteren Problem illustrieren, mit der in Fig. 4–5 gezeigten Schraubenwinde. Ein 50 Zentimeter langer Handgriff wird zur Drehung der Schraube verwendet, die 4 Gewindegänge pro Zentimeter besitzt. Wir wollen die Kraft wissen, die am Handgriff benötigt wird, um eine Tonne (1000 Kilogramm) anzuheben. Wenn wir die Tonne, sagen wir, um 2,5 Zentimeter anheben wollen, so müssen wir den Griff zehnmal herumdrehen. Wenn er einmal herumgeht, legt er etwa 315 Zentimeter zurück. Der Griff muß also 3150 Zentimeter zurücklegen, und wenn wir verschiedene Rollen usw. verwenden würden, würden wir unsere eine Tonne mit einem unbekannten kleineren Gewicht W heben, welches am Ende des Griffes angreift. Wir finden so, daß W etwa 0,8 Kilogramm beträgt. Das ist ein Resultat der Energieerhaltung.

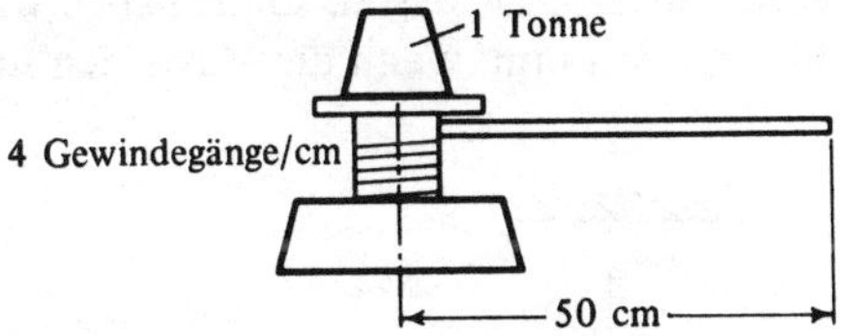

Fig. 4–5. Eine Schraubenwinde.

Nehmen wir nun das etwas kompliziertere Beispiel von Fig. 4–6. Eine Stange oder ein Balken, 2,5 Meter lang, wird an einem Ende gestützt. In der Mitte des Balkens ist ein Gewicht von 30 Kilogramm, und im Abstand 62,5 Zentimeter vom Auflagepunkt ist ein Gewicht von 50 Kilogramm. Welche Kraft muß am anderen Ende des Balkens angreifen, um ihn horizontal zu erhalten, wenn wir das Gewicht des Balkens vernachlässigen? Angenommen, wir verbinden das freie Ende über eine Rolle mit einem Gewicht. Wie groß muß das Gewicht W sein,

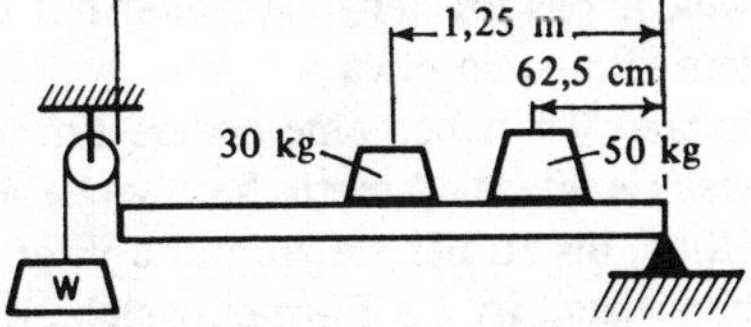

Fig. 4–6. Belasteter Balken, aufgehängt an einem Ende.

damit es Gleichgewicht hält? Wir stellen uns vor, daß das Gewicht um einen willkürlichen Betrag – einfacherweise nehmen wir 10 Zentimeter an – fällt, wie hoch steigen dabei die beiden Lastgewichte? Die Mitte steigt um 5 Zentimeter und der Punkt im

Abstand ein viertel vom aufgelegten Ende steigt um 2,5 Zentimeter. Also erhalten wir aus dem Prinzip, daß sich die Summe der Höhen mal den Gewichten nicht ändert, daß das Gewicht W mal 10 Zentimeter nach unten plus 30 Kilogramm mal 5 Zentimeter nach oben plus 50 Kilogramm mal 2,5 Zentimeter nach oben insgesamt Null ergeben muß:

$$-10W + (5)(30) + (2{,}5)(50) = 0, \qquad W = 27{,}5 \text{ kg}. \tag{4.5}$$

Also benötigen wir ein Gewicht von 27,5 Kilogramm, um den Balken im Gleichgewicht zu halten. Auf diese Weise können wir die Gesetze des „Gleichgewichtes" herleiten – die Statik komplizierter Brückenanordnungen usw. Dieses Verfahren wird *das Prinzip der virtuellen Arbeit* genannt, weil wir uns zur Anwendung dieses Argumentes *denken* mußten, daß sich die Struktur ein wenig bewegt – selbst wenn sie sich *nicht wirklich* bewegt oder sogar *unbeweglich* ist. Wir benutzen die sehr kleine gedachte Bewegung, um das Prinzip der Energieerhaltung anzuwenden.

4–3 Kinetische Energie

Zur Illustration einer anderen Art von Energie betrachten wir ein Pendel (Fig. 4–7). Wenn wir die Masse zur Seite ziehen und sie loslassen, so schwingt sie hin und her. Bei ihrer Bewegung von einem Ende zur Mitte verliert sie an Höhe. Wo geht die potentielle Energie hin? Die Gravitationsenergie verschwindet, wenn sie sich im unteren Punkt befindet; nichtsdestoweniger steigt sie wieder an. Die Gravitationsenergie muß in eine andere Form übergegangen sein. Offensichtlich ist sie durch ihre *Bewegung* in die Lage versetzt, wieder anzusteigen, somit haben wir die Umwandlung von Gravitationsenergie in eine andere Form, wenn die Masse den unteren Punkt erreicht.

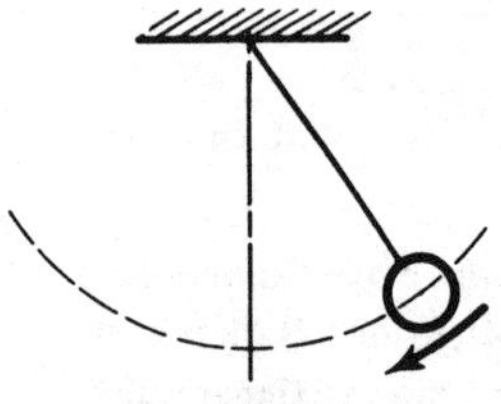

Fig. 4–7. Pendel.

Wir benötigen eine Formel für die Bewegungsenergie. Nun, besinnen wir uns auf unsere Argumente über reversible Maschinen, so können wir leicht sehen, daß in der Bewegung am unteren Punkt eine Energiemenge vorhanden sein muß, die den Anstieg bis zu einer gewissen Höhe ermöglicht, und diese hat nichts zu tun mit der *Mechanik*, durch welche das Pendel steigt, oder mit dem *Weg* beim Anstieg. Also haben wir eine Äquivalenzformel, so etwa wie jene, welche wir für die Bauklötze des Kindes aufgeschrieben haben. Wir haben eine andere Form zur Darstellung der Energie. Es ist leicht, zu sagen, was sie ist. Die kinetische Energie am unteren Punkt ist gleich dem Gewicht mal der Höhe, bis zu der sie aufgrund ihrer Geschwindigkeit steigen könnte: K.E $= WH$. Was wir benötigen, ist die Formel, welche uns die Höhe angibt durch eine Regel, die mit der Bewegung von Objekten zu tun hat. Wenn wir mit einer gewissen Geschwindigkeit starten, sagen wir direkt nach oben; so wird eine bestimmte Höhe erreicht; wir wissen noch nicht, wie hoch sie ist, aber sie hängt von der Geschwindigkeit ab – es gibt eine Formel dafür. Um die Formel für die kinetische Energie eines mit der Geschwindigkeit V bewegten

Objektes zu finden, müssen wir die erreichbare Höhe berechnen und mit dem Gewicht multiplizieren. Wir werden bald finden, daß wir dies folgendermaßen schreiben können:

$$\text{K.E.} = WV^2/2g. \tag{4.6}$$

Natürlich hat die Tatsache, daß Bewegung Energie besitzt, nichts mit der Tatsache zu tun, daß wir uns in einem Gravitationsfeld befinden. Es macht keinen Unterschied, *woher* die Bewegung kam. Dies ist eine allgemeine Formel für verschiedene Geschwindigkeiten. Beide, (4.3) und (4.6), sind angenäherte Formeln; die erste, weil sie für große Höhen inkorrekt ist (d. h. wenn die Höhen so groß sind, daß die Gravitation kleiner wird); die zweite wegen der relativistischen Korrektur bei großen Geschwindigkeiten. Wenn wir jedoch endlich die exakte Formel für die Energie erhalten, dann ist das Gesetz von der Energieerhaltung korrekt.

4–4 Andere Energieformen

Wir können auf diese Weise mit der Illustration der Existenz von Energie in anderen Formen fortfahren. Betrachten wir zuerst die elastische Energie. Wenn wir eine Feder ausdehnen, müssen wir eine Arbeit leisten, denn wenn sie ausgedehnt ist, können wir ein Gewicht mit ihr heben. Also besitzt sie in ihrem gedehnten Zustand die Fähigkeit, Arbeit zu leisten. Wenn wir die Summen der Gewichte mal den Höhen berechnen würden, so käme ein falsches Ergebnis heraus – wir müssen irgend etwas anderes addieren, um die Tatsache zu berücksichtigen, daß sich die Feder unter Spannung befindet. Elastische Energie ist der Ausdruck für eine Feder, die gedehnt wird. Wieviel Energie ist es? Wenn wir loslassen, wird die elastische Energie beim Passieren des Gleichgewichtspunktes in kinetische Energie umgewandelt, und sie pendelt hin und her zwischen Kompression oder Dehnung der Feder und kinetischer Energie. (Dabei kommt auch etwas Gravitationsenergie hinein und heraus, aber wir können dieses Experiment „seitwärts" ausführen, wenn wir wollen.) Sie bewegt sich, bis die Verluste – Aha! Wir haben uns die ganze Zeit durchgemogelt durch Hinzufügen kleiner Gewichte zur Bewegung der Dinge, oder wir haben gesagt, daß die Maschinen reversibel sind oder daß sie für immer weiterlaufen. Aber wir können sehen, daß die Dinge langsam zur Ruhe kommen. Wo ist die Energie, wenn die Feder zur Ruhe gekommen ist? Dies bringt eine *andere* Form von Energie zutage: *Wärmeenergie.*

In einer Feder oder einem Hebel existieren Kristalle, welche aus Mengen von Atomen aufgebaut sind, und mit großer Sorgfalt und Feinheit bei der Anordnung der Teile kann man versuchen, die Dinge so zu justieren, daß beim Rollen einer Sache auf einer anderen keines der Atome herumzappelt. Aber man muß sehr sorgfältig sein. Normalerweise, wenn Dinge rollen, gibt es aufgrund der Materialungleichmäßigkeiten Stoßen und Zappeln und die Atome drinnen beginnen herumzuzittern. So verlieren wir die Spur dieser Energie; wir finden, daß die Atome, nachdem sich die Bewegung verlangsamt, drinnen auf willkürliche und verwirrende Weise herumzittern. Es ist zwar noch immer kinetische Energie vorhanden, aber sie ist nicht mit sichbarer Bewegung assoziiert. Welch ein Traum! *Wie wissen wir*, daß noch immer kinetische Energie vorhanden ist? Es zeigt sich, daß Sie mit Thermometern herausfinden können, daß die Feder oder der Hebel tatsächlich *wärmer* sind und daß eine echte Zunahme der kinetischen Energie um einen definierten Betrag vorliegt. Wir nennen diese Form von Energie *Wärmeenergie*, aber wir wissen, daß es sich hier nicht wirklich um eine neue Form handelt, es ist lediglich kinetische Energie – innere Bewegung. (Eine der Schwierigkeiten mit all diesen in großem Maßstab ausgeführten Experimenten mit Materie ist, daß wir nicht wirklich die Erhaltung von Energie demonstrieren können und nicht wirklich reversible Maschinen bauen können, weil bei jeder Bewegung eines großen Klumpens eines Stoffes die Atome nicht vollkommen ungestört bleiben, und somit geht ein gewisser Betrag von willkürlicher Bewegung in das Atomsystem. Wir können ihn nicht sehen, aber wir können ihn mit Thermometern usw. messen.)

Es gibt viele andere Formen von Energie, welche wir natürlich jetzt nicht im einzelnen beschreiben können. Da ist die elektrische Energie, welche mit dem Herumschieben und Herumziehen von elektrischen Ladungen zu tun hat. Da ist die Strahlungsenergie, die Energie des Lichtes, welche uns als eine Form elektrischer Energie bekannt ist, weil Licht als Zittern im elektrischen Feld dargestellt werden kann. Da ist die chemische Energie, die Energie, welche bei chemischen Reaktionen freigesetzt wird. In der Tat ist elastische Energie bis zu einem gewissen Grad das gleiche wie chemische Energie, denn chemische Energie ist die Energie der Anziehung zwischen den Atomen, eines gegen das andere, und das ist auch elastische Energie. Unsere moderne Einsicht ist folgende: Chemische Energie hat zwei Teile: kinetische Energie der Elektronen in den Atomen (also ist ein Teil davon kinetisch) und elektrische Energie der Wechselwirkung zwischen Elektronen und Protonen – daher ist der Rest elektrischer Natur. Als nächstes kommen wir zur Kernenergie, der Energie, welche mit der Anordnung der Teilchen im Kern verknüpft ist. Wir haben die Formeln dafür, aber wir haben nicht die Elementargesetze. Wir wissen, daß sie weder elektrische noch Gravitations- und keine rein chemische Energie ist, aber wir wissen nicht, was sie ist. Sie scheint eine zusätzliche Form von Energie zu sein. Endlich gibt es im Zusammenhang mit der Relativitätstheorie eine Modifikation der Gesetze der kinetischen Energie (oder wie Sie es auch nennen wollen), so daß kinetische Energie mit einer anderen Sache verknüpft ist, mit der sogenannten *Massenenergie*. Ein Objekt besitzt Energie aufgrund seiner bloßen *Existenz*. Wenn ich ein Positron und ein Elektron habe, die stillstehen und nichts tun – ohne Beachtung der Gravitation, ohne Beachtung von irgend etwas – und sie treffen zusammen und verschwinden, so wird ein bestimmter Betrag von Strahlungsenergie freigesetzt, welcher berechnet werden kann. Alles, was wir wissen müssen, ist die Masse des Objektes. Sie ist unabhängig davon, was es ist; wir lassen zwei Dinge verschwinden und erhalten einen gewissen Energiebetrag. Die Formel wurde zuerst von Einstein gefunden; sie lautet $E = mc^2$.

Aus unserer Diskussion wird offensichtlich, daß das Gesetz der Energieerhaltung enorm nützlich ist bei der Durchführung von Analysen ohne Kenntnis all der Formeln, wie wir es an einigen Beispielen illustriert haben. Wenn wir alle Formeln für alle Energiearten hätten, könnten wir analysieren, wieviele Prozesse ablaufen sollten, ohne daß wir auf Einzelheiten eingehen müßten. Darum sind die Erhaltungsgesetze sehr interessant. Natürlich erhebt sich die Frage, welche anderen Erhaltungsgesetze es in der Physik gibt. Es gibt zwei andere Erhaltungsgesetze, welche zur Energieerhaltung analog sind. Eines davon wird Impulserhaltung genannt. Das andere ist die sogenannte Drehimpulserhaltung. Wir werden diese später näher kennenlernen. In der letzten Analyse verstehen wir die Erhaltungsgesetze nicht tiefer. Wir verstehen die Energieerhaltung nicht. Wir begreifen die Energie nicht als eine gewisse Anzahl kleiner Klümpchen. Sie mögen gehört haben, daß Photonen in kleinen Klümpchen auftreten und daß die Energie eines Photons gleich der Planckschen Konstanten mal der Frequenz ist. Das ist wahr, aber da die Lichtfrequenz alle Werte haben kann, gibt es kein Gesetz, welches besagt, daß Energie einen bestimmten Betrag haben muß. Im Gegensatz zu Dennis' Bauklötzen kann jeder Energiebetrag auftreten, wenigstens soweit wir es heute verstehen. Also begreifen wir die Energie im Moment nicht als Abzählen von irgend etwas, sondern nur als eine mathematische Größe, was eine abstrakte und recht seltsame Situation ist. In der Quantenmechanik zeigt sich, daß die Energieerhaltung mit einer anderen wichtigen Eigenschaft der Welt eng verwandt ist: Die *Dinge hängen nicht von der absoluten Zeit ab.* Wir können in einem gegebenen Augenblick ein Experiment ausprobieren und das gleiche Experiment später wiederholen, es wird sich exakt auf die gleiche Weise verhalten. Ob dies streng wahr ist oder nicht, wissen wir nicht. Wenn wir annehmen, daß es wahr *ist*, und die Prinzipien der Quantenmechanik dazu addieren, dann können wir das Prinzip der Energieerhaltung herleiten. Dies ist eine recht subtile und interessante Sache, sie ist nicht leicht zu erklären. Die anderen Erhaltungssätze sind auch miteinander verknüpft. Die Impulserhaltung ist in der Quantenmechanik mit dem Satz assoziiert, daß es keinen Unterschied macht, *wo* Sie ein Experiment ausführen, die Resultate werden immer die gleichen sein. So wie die Unabhängigkeit im Raum mit der Impulserhaltung zu tun hat, hat die Unabhängigkeit von der Zeit mit der Energieerhaltung zu tun; und endlich, wenn wir unsere Apparatur *drehen*, so macht auch dies keinen Unterschied, und so ist die Invarianz der Welt gegen die Winkelorientierung mit der Erhaltung des Drehimpulses verknüpft. Neben diesen gibt es drei andere Erhaltungsgesetze, die nach unserer heutigen Kenntnis exakt sind und welche viel einfacher zu begreifen sind, weil sie in ihrer Natur dem Zählen von Bauklötzen ähnlich sind.

Das erste der drei ist die *Erhaltung von Ladung,* und das bedeutet einfach, daß Sie die Zahl der positiven minus der negativen elektrischen Ladungen zählen, und diese Zahl ändert sich nicht. Sie können eine positive zusammen mit einer negativen wegschaffen, aber Sie erzeugen keinen Überschuß von positiven oder negativen. Zwei andere Gesetze sind analog zu diesem – eines wird die *Erhaltung der Baryonen* genannt. Es gibt eine Anzahl seltsamer Teilchen, das Neutron und das Proton sind Beispiele, die Baryonen genannt werden. Bei jeder Reaktion in der Natur ist die Anzahl der in einen Prozeß hineingehenden Baryonen* exakt gleich der Anzahl der herauskommenden Baryonen. Es gibt ein weiteres Gesetz, die *Erhaltung der Leptonen.* Wir können sagen, daß die Gruppe von Teilchen, welche Leptonen genannt werden, die folgende ist: Elektron, Mümeson und Neutrino. Es gibt ein Antielektron, welches ein Positron ist, d. h. ein –1-Lepton. Das Auszählen der gesamten Anzahl von Leptonen, die in einen Prozeß hineingehen und herauskommen ergibt, daß sie sich nicht ändert, wenigstens soweit wir z. Z. wissen.

Dies sind die sechs Erhaltungsgesetze, von denen drei subtil sind, mit Raum und Zeit verknüpft, drei jedoch einfach, in dem Sinn, daß etwas ausgezählt wird.

In bezug auf die Energieerhaltung müssen wir zur Kenntnis nehmen, daß die *verfügbare* Energie etwas anderes ist – da gibt es eine Menge herumzappelnder Atome im Wasser des Meeres, weil das Meer eine gewisse Temperatur besitzt, aber es ist unmöglich, alle in eine bestimmte Bewegung zusammenzutreiben, ohne dafür (kinetische) Energie von irgendwoher zu nehmen. Das heißt, obgleich wir als Tatsache wissen, daß die Energie erhalten bleibt, bleibt die für die menschliche Verwendung verfügbare Energie nicht so leicht erhalten. Die Gesetze, welche regeln, wieviel Energie zur Verfügung steht, werden die *Gesetze der Thermodynamik* genannt, und sie sind verknüpft mit einem Konzept, das Entropie für irreversible thermodynamische Prozesse genannt wird.

Abschließend eine Bemerkung zu der Frage, woher wir heute unsere Energie beziehen können. Unsere Energievorräte kommen aus der Sonne, aus Regen, Kohle, Uran und Wasserstoff. Die Sonne macht den Regen und auch die Kohle, so daß diese alle von der Sonne herrühren. Obgleich die Energie erhalten bleibt, scheint die Natur daran nicht interessiert zu sein; sie setzt eine Menge Energie aus der Sonne frei, aber nur ein Teil aus

---

* Antibaryonen werden als –1 Baryonen gezählt.

zwei Milliarden fällt auf die Erde. In der Natur gilt die Energieerhaltung, aber die Natur achtet nicht darauf, sie teilt sie in allen Richtungen in Mengen aus. Wir haben bereits Energie aus Uran gewonnen; wir können auch aus Wasserstoff Energie gewinnen, jedoch gegenwärtig nur in einem explosiven, gefährlichen Zustand. Wenn sie in thermonuklearen Reaktionen kontrolliert werden kann, so ergibt sich, daß die Energie, welche aus 10 Liter Wasser pro Sekunde erzielbar ist, gleich der gesamten in den USA erzeugten elektrischen Leistung ist. Mit 600 Liter fließendem Wasser pro Minute hätten wir genug Kraftstoff für den gesamten gegenwärtigen Energieverbrauch in den Vereinigten Staaten! Darum ist es Sache der Physiker, herauszufinden, wie wir uns vom Energiemangel befreien können. Es ist zu schaffen.

5 Zeit und Entfernung

5–1 Bewegung

In diesem Kapitel werden wir einige Aspekte der Begriffe von *Zeit* und *Entfernung* betrachten. Es wurde vorher betont, daß Physik, wie alle Wissenschaften, abhängig ist von *Beobachtungen*. Man könnte auch sagen, daß die Entwicklung der physikalischen Wissenschaften bis zur gegenwärtigen Form zu einem großen Teil abhängig war von der Betonung, die auf die Durchführung *quantitativer* Beobachtungen gelegt wurde. Nur mit quantitativen Beobachtungen kann man zu den quantitativen Beziehungen kommen, welche das Herz der Physik sind.

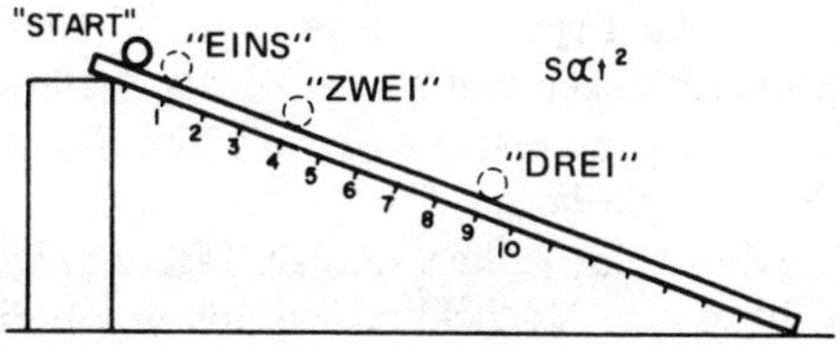

Fig. 5–1. Ein Ball rollt eine geneigte Schiene hinab.

Viele Leute möchten den Anfang der Physik zusammenlegen mit der vor 350 Jahren durch Galilei geleisteten Arbeit und ihn den ersten Physiker nennen. Bis zu dieser Zeit war das Studium der Bewegung philosophischer Natur, begründet durch Argumente, die im Kopf durchdacht werden können. Die meisten der Argumente waren durch Aristoteles und andere griechische Philosophen präsentiert worden, und sie wurden als „bewiesen" angesehen. Galilei war skeptisch und führte ein Experiment über Bewegung aus, welches im wesentlichen das folgende war: Er ließ einen Ball auf einer geneigten Schiene entlangrollen und beobachtete die Bewegung. Er hat jedoch nicht nur beobachtet; er hat gemessen, *wie weit* der Ball in *welcher Zeitdauer* rollte.

Wie eine Entfernung gemessen wird, war lange vor Galilei bekannt, aber es gab keine genauen Verfahren zur Zeitmessung, besonders für kurze Zeiten. Obgleich er später zufriedenstellendere Uhren konstruierte (die jedoch nicht wie die uns bekannten waren), hat Galilei bei seinen ersten Bewegungsexperimenten seinen Pulsschlag zur Abzählung gleicher Zeitintervalle verwendet. Tun wir das gleiche:

Wir zählen die Pulsschläge beim Herunterrollen des Balles auf der Schiene: „eins... zwei... drei... vier... fünf... sechs... sieben... acht...". Wir bitten einen Freund, bei jedem Pulsschlag die Position des Balles zu markieren; wir können dann die *Entfernung*, die der Ball vom Auslösepunkt in einem, zwei oder drei etc. gleichen Zeitintervallen zurückgelegt hat, messen. Galilei drückte das Ergebnis *seiner* Beobachtungen auf folgende Weise aus: Wenn der Ort des Balles nach 1, 2, 3, 4... Zeiteinheiten vom Augenblick des Loslassens markiert wird, so sind diese Markierungen vom Anfangspunkt im Verhältnis der Zahlen 1, 4, 9, 16... entfernt. Heute würden wir sagen, die Entfernung ist proportional dem Quadrat der Zeit:

$$D \propto t^2.$$

Das Studium von *Bewegung*, welches fundamental ist für die gesamte Physik, operiert mit den Fragen: Wo? und Wann?

5–2 Zeit

Betrachten wir zuerst, was wir mit Zeit meinen. Was *ist Zeit*? Es wäre schön, wenn wir eine gute Definition von Zeit finden könnten. Webster definiert „eine Zeit" als „eine Periode", und letztere als „eine Zeit", was nicht sehr nützlich zu sein scheint. Vielleicht sollten wir sagen: „Zeit ist das, was sich ereignet, wenn sich nichts anderes ereignet". Das bringt uns auch nicht viel weiter. Vielleicht ist es genausogut, wenn wir der Tatsache ins Auge sehen, daß Zeit eines der Dinge ist, welche wir wahrscheinlich nicht definieren können (im Wörterbuchsinn) und lediglich sagen, daß sie ist, als was wir sie bereits kennen: Sie ist, wie lange wir warten!

Was wirklich zählt, ist ohnehin nicht, wie wir Zeit *definieren*, sondern wie wir sie messen. Eine Möglichkeit der Zeitmessung ist die Verwendung eines Vorganges, der sich auf reguläre Weise immer wiederholt – etwas, das *periodisch* ist. Zum Beispiel ein Tag. Ein Tag scheint sich wieder und wieder zu ereignen. Aber wenn Sie beginnen, darüber nachzudenken, so mögen Sie wohl fragen: „Sind Tage periodisch, sind sie regulär? Besitzen alle Tage die gleiche Länge? " Man hat gewiß den Eindruck, daß die Tage im Sommer länger sind als im Winter. Natürlich scheinen einige Wintertage fürchterlich lang zu sein, wenn man Langeweile hat. Sie haben sicher schon jemand sagen hören „Oh, war das aber ein langer Tag".

Es scheint jedoch so, daß Tage im *Durchschnitt* ungefähr die gleiche Länge besitzen. Gibt es eine Möglichkeit, zu prüfen, ob die Tage die gleiche Länge besitzen – entweder von einem Tag zum nächsten oder wenigstens im Durchschnitt? Ein Weg ist der Vergleich mit irgendeinem anderen periodischen Phänomen. Lassen Sie uns sehen, wie ein solcher Vergleich mit einer Sanduhr durchgeführt werden kann. Mit einer Sanduhr können wir ein periodisches Ereignis „erzeugen", wenn wir jemand Tag und Nacht dabeistehen haben, der sie herumdreht, sobald das letzte Sandkorn ausgelaufen ist.

Wir könnten dann die Anzahl der Umdrehungen der Uhr von jedem Morgen bis zum nächsten zählen. Wir würden diesmal finden, daß die Zahl der „Stunden" (das sind die Umdrehungen der Uhr) nicht jeden „Tag" die gleiche ist. Wir sollten der Sonne oder der Uhr oder beiden mißtrauen. Nach einiger Überlegung könnte uns einfallen, die „Stunden" von Mittag zu Mittag zu zählen. (Mittag ist hier *nicht* als 12.00 Uhr definiert, sondern als der Zeitpunkt, an dem die Sonne sich in ihrem höchsten Punkt befindet.) Wir würden nun finden, daß die Anzahl der „Stunden" an jedem Tag die gleiche ist.

Wir haben nun etwas Vertrauen, daß beide, die „Stunde" und der „Tag", eine regelmäßige Periodizität besitzen, d. h. daß sie sukzessive gleiche Zeitintervalle markieren, obgleich wir nicht *bewiesen* haben, daß beide „wirklich" periodisch sind. Irgend jemand könnte fragen, ob da nicht ein allgewaltiges Wesen vorhanden sei, welches den Sandfluß in jeder Nacht verlangsamt und ihn während des Tages beschleunigt. Unser Experiment gibt uns natürlich keine Antwort auf eine solche Fragestellung. Alles was wir sagen können ist, daß wir finden, daß eine Regularität von einer Art zusammenpaßt mit einer Regularität von einer anderen Art. Wir können einfach sagen, daß wir unsere *Definition* der Zeit basieren auf der Wiederholung eines offensichtlich periodischen Ereignisses.

5–3 Kurze Zeiten

Wir sollten nun wahrnehmen, daß wir im Verlauf der Prüfung der Reproduzierbarkeit des Tages ein wichtiges Nebenprodukt erhalten haben. Wir haben eine Methode zur genaueren Messung von *Bruchteilen* des Tages gefunden. Wir haben einen Weg zur Auszählung der Zeit in kleineren Teilen gefunden. Können wir diesen Prozeß weiter fortsetzen und noch kleinere Zeitintervalle messen?

Galilei entschied, daß ein gegebenes Pendel immer in gleichen Zeitintervallen hin und her schwingt, solange die Größe des Ausschlages klein ist. Ein Test, bei dem die Anzahl der Schwingungen eines Pendel während einer „Stunde" verglichen werden, zeigt, daß dies in der Tat der Fall ist. Wir können auf diese Weise Bruchteile einer Stunde markieren. Wenn wir eine mechanische Vorrichtung verwenden, die die Schwingungen zählt – und sie in Gang hält –, so haben wir die Pendeluhr unserer Großväter.

Lassen Sie uns folgendes vereinbaren: Wenn unser Pendel 3600 mal in einer Stunde schwingt (und wenn 24 dieser Stunden auf einen Tag gehen), so nennen wir jede Periode des Pendels eine „Sekunde". Damit haben wir unsere ursprüngliche Zeiteinheit in etwa 10^5 Teile unterteilt. Wir können das gleiche Prinzip zur Unterteilung der Sekunde in kleinere und kleinere Teile anwenden. Wie Sie verstehen werden, ist es unpraktisch, mechanische Pendel zu bauen, welche beliebig schnell gehen, aber wir können jetzt *elektrische* Pendel bauen, Oszillatoren genannt, welche ein periodisches Ereignis mit sehr kurzer Schwingungsdauer liefern. In diesen elektronischen Oszillatoren ist es ein elektrischer Strom, welcher vor und zurück schwingt, auf eine Weise, die zur Schwingung der Masse eines Pendels analog ist.

Wir können eine Reihe solcher elektronischer Oszillatoren bauen, jeden mit einer Periode, welche zehnmal kleiner ist als die des vorhergehenden. Wir können jeden Oszillator gegen den nächst langsameren „eichen" durch Auszählen der Anzahl von Schwingungen, die er während einer Schwingung des langsameren Oszillators macht. Wenn die Schwingungsdauer unserer Uhr kleiner ist als ein Bruchteil einer Sekunde, so können wir die Schwingungen nicht mehr ohne Hilfe einer Vorrichtung zählen, welche unsere Beobachtungsmöglichkeiten erweitert. Eine derartige Vorrichtung ist der Elektronenstrahloszillograph, welcher wie eine Art Mikroskop für kurze Zeiten wirkt. Dieses Gerät schreibt auf einem Leuchtschirm den Kurvenverlauf von elektrischem Strom (oder Spannung) über der Zeit auf. Durch aufeinanderfolgende Verbindung des Oszillographen mit zwei unserer Oszillatoren in Serie, so daß er

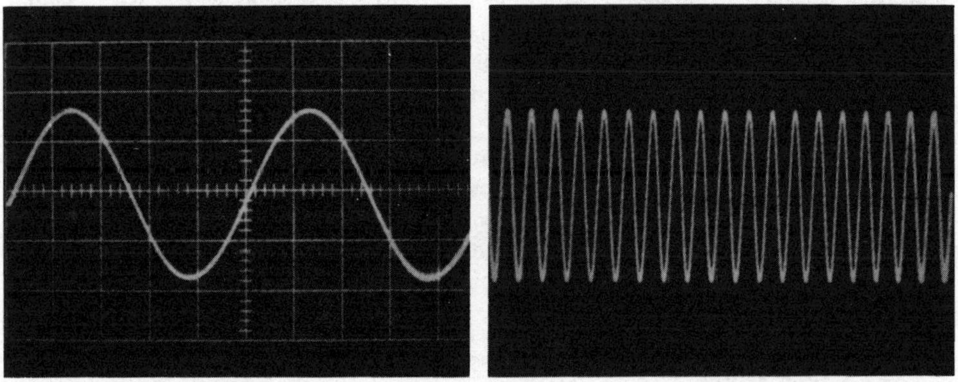

(a) (b)

Fig. 5–2. Zwei Ansichten eines Oszillographenschirms: (a) Der Oszillograph ist mit einem Oszillator verbunden, (b) der Oszillograph ist mit einem Oszillator verbunden, dessen Periode ein Zehntel der Periode des Oszillators in (a) beträgt.

zuerst den Strom des einen Oszillators und dann den Strom des anderen aufzeichnet, erhalten wir zwei Kurven wie die in Fig. 5–2 gezeigten. Wir können daraus leicht die Anzahl der Perioden des schnelleren Oszillators während einer Periode des langsameren Oszillators bestimmen.

Mit modernen elektronischen Techniken wurden Oszillatoren mit Perioden bis zu etwa 10^{-12} Sekunden gebaut, und sie wurden gegen unsere Grundeinheit der Zeit, die Sekunde, geeicht (durch Vergleichsmethoden, wie wir sie beschrieben haben). Mit der Entdeckung und Perfektionierung des „Lasers" oder Lichtverstärkers während der letzten Jahre wurde es möglich, Oszillatoren mit noch kürzeren Perioden als 10^{-12} Sekunden zu bauen, aber es war bisher noch nicht möglich, diese mit den beschriebenen Methoden zu eichen, obgleich es ohne Zweifel bald möglich sein wird.

Kürzere Zeiten als 10^{-12} Sekunden wurden gemessen, jedoch mit einer anderen Technik. Dabei wurde eine andere *Definition* von „Zeit" verwendet. Ein Weg bestand in der Beobachtung der *Entfernung* zwischen zwei Ereignissen auf einem bewegten Objekt. Wenn z. B. die Lampen eines fahrenden Automobils ein- und dann ausgeschaltet werden, so können wir bestimmen, *wie lange* die Lampen eingeschaltet waren, wenn wir wissen, *wo* sie ein- und ausgeschaltet wurden und wie schnell sich das Auto bewegte. Die Zeit ist die Entfernung, über die die Lampen eingeschaltet waren, dividiert durch die Geschwindigkeit.

Innerhalb der letzten Jahre wurde eine solche Technik zur Messung der Lebensdauer des π^0-Mesons verwendet. Durch mikroskopische Beobachtung der kleinen Spuren, welche durch π^0-Mesonen in einer fotografischen Emulsion erzeugt werden, sah man, daß ein π^0-Meson (von dem bekannt ist, daß es eine Geschwindigkeit nahe der Lichtgeschwindigkeit besitzt) im Durchschnitt eine Entfernung von etwa 10^{-7} Meter zurücklegt, ehe es zerfällt. Es existierte also nur etwa 10^{-16} Sekunden. Es sollte betont werden, daß wir hier eine etwas andere Definition von „Zeit" benutzt haben als vorher. Solange keine Widersprüche in unserem Verständnis auftreten, sind wir jedoch ziemlich zuversichtlich, daß unsere Definitionen hinreichen äquivalent sind.

Durch Erweiterung unserer Techniken – und wenn notwendig, unserer Definitionen – können wir auf die Zeitdauer noch schnellerer physikalischer Ereignisse schließen. Wir können reden von der Lebensdauer einer Kernschwingung. Wir können reden von der Lebensdauer der kürzlich entdeckten seltsamen Resonanzen (Teilchen), welche wir in Kapitel 2 erwähnt haben. Deren gesamte Lebensdauer umfaßt eine Zeitspanne von nur 10^{-24} Sekunden, ungefähr die Zeit, welche Licht (das sich mit der schnellsten bekannten Geschwindigkeit bewegt) benötigt, um den Kern von Wasserstoff (das kleinste bekannte Objekt) zu durchqueren.

Was ist mit noch kleineren Zeiten? Existiert „Zeit" in einem noch kleineren Maßstab? Hat es Sinn, von kleineren Zeiten zu sprechen, wenn wir nicht messen können – oder vielleicht auch nur sinnvoll darüber denken können –, was sich in einer kürzeren Zeit ereignet? Vielleicht nicht. Dies sind einige der offenen Fragen, welche Sie stellen werden und vielleicht in den nächsten zwanzig oder dreißig Jahren beantworten.

5–4 Lange Zeiten

Betrachten wir nun Zeiten, die länger sind als ein Tag. Die Messung längerer Zeiten ist leicht; wir zählen nur die Tage – solange jemand da ist, der die Zählung ausführt. Zuerst finden wir, daß es eine andere natürliche Periodizität gibt: Das Jahr, ungefähr 365 Tage. Wir haben auch entdeckt, daß die Natur manchmal einen Zähler für die Jahre in

Form der Baumringe oder der Sedimente auf dem Grund der Flüsse zur Verfügung stellt. In einigen Fällen können wir diese natürlichen Zeitmarken zu Bestimmung der Zeit verwenden, die seit einem früheren Ereignis vergangen ist.

Wenn wir die Jahre für die Messung langer Zeiten nicht zählen können, müssen wir uns nach anderen Meßmethoden umschauen. Eine der erfolgreichsten ist die Verwendung von radioaktivem Material als „Uhr". In diesem Fall haben wir keine periodische Erscheinung, wie für den Tag oder das Pendel, sondern eine neue Art von „Regularität". Wir finden, daß die Radioaktivität einer bestimmten Materialprobe immer um den gleichen *Bruchteil* für sukzessive gleiche Zunahmen seines Alters abnimmt. Wenn wir die beobachtete Radioaktivität als eine Funktion der Zeit (sagen wir in Tagen) auftragen, so erhalten wir eine Kurve wie die in Fig. 5–3 gezeigt. Wir beobachten, daß bei Abnahme der Radioaktivität auf einhalb in T Tagen (genannt die „Halbwertszeit"), die Abnahme auf einviertel in weiteren T Tagen zustande kommt usw. Ein beliebiges Zeitintervall t enthält t/T „Halbwertszeiten", und der nach dieser Zeit t verbleibende Bruchteil ist $(\frac{1}{2})^{t/T}$.

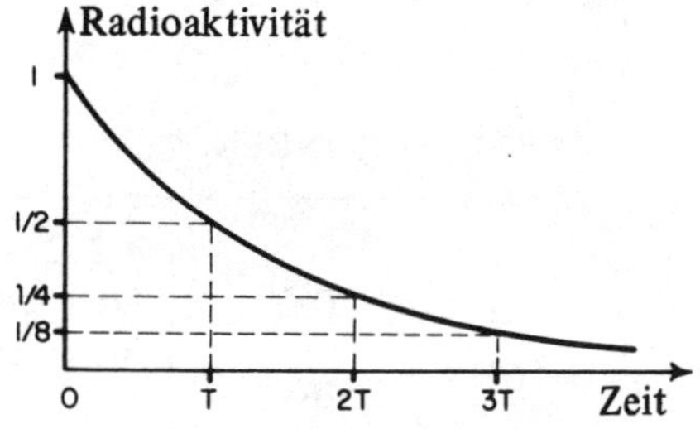

Fig. 5–3. Die Abnahme der Radioaktivität mit der Zeit. Die Aktivität nimmt während jeder „Halbwertszeit" T um die Hälfte ab.

Wenn wir wüßten, daß ein Stück Material, sagen wir ein Stück Holz, bei seiner Bildung einen Betrag A an radioaktivem Material enthielt, und wenn wir durch eine direkte Messung finden, daß es nun den Betrag B enthält, dann könnten wir das Alter t des Objektes berechnen durch Lösung der Gleichung

$$(\tfrac{1}{2})^{t/T} = B/A.$$

Es gibt glücklicherweise Fälle, in denen wir den Betrag der Radioaktivität kennen, welcher bei Bildung des Objektes vorhanden war. Wir wissen zum Beispiel, daß das Kohlendioxyd in der Luft einen gewissen kleinen Bruchteil des radioaktiven Kohlenstoffisotops C^{14} enthält (kontinuierlich erneuert durch die Wirkung kosmischer Strahlen). Wenn wir von einem Objekt den *gesamten* Betrag an Kohlenstoff bestimmen, so wissen wir, daß ein bestimmter Bruchteil dieses Betrages ursprünglich das radioaktive C^{14} war; wir kennen daher den Anfangsbetrag A, den wir in der oben stehenden Formel verwenden müssen. Kohlenstoff-14 hat eine Halbwertszeit von 5000 Jahren. Durch sorgfältige Messungen können wir den etwa nach 20 Halbwertszeiten verbleibenden Betrag bestimmen, und wir können somit organische Objekte „datieren", die vor 100 000 Jahren gewachsen sind.

Wir möchten wissen, und wir glauben zu wissen, was das Alter noch älterer Dinge ist. Vieles von unserem Wissen basiert auf den Messungen anderer radioaktiver Isotope, welche andere Halbwertszeiten besitzen. Wenn wir Messungen mit einem Isotop mit längerer Halbwertszeit durchführen, so können wir längere Zeiten messen. Uran z. B. besitzt ein Isotop, dessen Halbwertszeit 10^9 Jahre beträgt. Wenn ein Objekt vor 10^9 Jahren mit Uran gebildet wurde, enthält es heute nur noch die Hälfte des Urans.

Wenn Uran zerfällt, wandelt es sich um zu Blei. Betrachten wir ein Stück Gestein, welches vor einer langen Zeit durch einen chemischen Prozeß gebildet wurde. Blei, das in seiner chemischen Natur von Uran verschieden ist, würde in einem Teil des Stückes erscheinen und Uran in einem anderen Teil. Uran und Blei wären separat. Wenn wir das Stück Gestein heute betrachten, so finden wir dort, wo sich nur Uran befinden sollte, einen gewissen Bruchteil von Uran und einen gewissen Bruchteil von Blei. Durch Vergleich dieser Bruchteile können wir sagen, welcher Prozentsatz des Urans verschwand und sich in Blei umwandelte. Mit dieser Methode wurde das Alter bestimmter Gesteine zu mehreren Milliarden Jahren bestimmt. Eine Erweiterung dieser Methode, wobei keine besonderen Gesteine verwendet wurden, sondern das Uran und das Blei in den Ozeanen und Durchschnittswerte auf der Erde, wurde (innerhalb der letzten paar Jahre) zu der Feststellung verwendet, daß das Alter der Erde selbst ungefähr 5,5 Milliarden Jahre beträgt.

Es ist ermutigend, daß das Erdalter genausogroß gefunden wurde wie das mit Hilfe der Uranmethode bestimmte Alter der Meteoriten, welche auf der Erde landen. Es

JAHRE	SEKUNDEN	ZEITEN	MITTLERE LEBENSDAUER VON
		? ? ? ? ? ? ? ?	
	10^{18}	Alter des Weltalls	
		Alter der Erde	U^{238}
10^{9}			
	10^{15}		
		Erste Menschen	
10^{6}			
	10^{12}	Alter der Pyramiden	
			Ra^{226}
10^{3}			
		Alter der USA	
	10^{9}	Lebensdauer eines Menschen	H^{3}
1			
	10^{6}		
		Ein Tag	
	10^{3}	Licht läuft von der Sonne	
		zur Erde	Neutronen
	1	Ein Pulsschlag	
	10^{-3}	Periode von Schallwellen	
	10^{-6}	Periode von Radiowellen	Müonen
			$\pi^{\pm}$-Meson
	10^{-9}	Licht durchläuft 30 cm	
	10^{-12}	Periode der molekularen Rotation	
	10^{-15}	Periode von Atomschwingungen	
			π°-Mesonen
	10^{-18}	Licht durchquert ein Atom	
	10^{-21}		
		Periode von Kernschwingungen	
	10^{-24}	Licht durchquert einen Kern	Seltsamen
			Teilchen
		? ? ? ? ? ? ? ?	

scheint, daß die Erde aus Steinen gebildet wurde, welche im Weltall umhertreiben, und daß die Meteorite sehr wahrscheinlich etwas vom übriggebliebenen Material sind. Zu einem Zeitpunkt vor mehr als fünf Milliarden Jahren begann das Universum. Man ist jetzt davon überzeugt, daß wenigstens unser Teil des Universums seinen Ursprung vor etwa zehn oder zwölf Milliarden Jahren hatte. Wir wissen nicht, was sich davor ereignete. In der Tat können wir sehr wohl wieder fragen: Hat diese Frage einen Sinn? Hat eine frühere Zeit irgendeine Bedeutung?

5–5 Einheiten und Zeitnormale

Wir haben impliziert, daß es bequem ist, wenn wir mit einer Grundeinheit der Zeit, sagen wir einem Tag oder einer Sekunde, beginnen und alle anderen Zeiten als ein Vielfaches oder als Bruchteil dieser Einheiten darstellen. Was sollen wir als unsere elementare Zeiteinheit nehmen? Sollen wir den menschlichen Puls nehmen? Wenn wir Pulse vergleichen, so finden wir, daß diese beträchtlich schwanken. Beim Vergleich zweier Uhren finden wir, daß diese nicht so stark voneinander abweichen. Sie mögen also sagen: Fein, nehmen wir eine Uhr. Aber wessen Uhr? Da gibt es die Geschichte von dem Schweizer Jungen, der alle Uhren seiner Stadt am Mittag zur gleichen Zeit läuten lassen wollte. Also ging er herum und versuchte, jedermann von dem Wert dieser Maßnahme zu überzeugen. Jedermann dachte, es wäre eine großartige Idee – solange alle anderen Uhren zu der Zeit zu Mittag läuteten wie seine eigene! Es ist recht schwierig zu entscheiden, wessen Uhr wir als Norm nehmen sollten. Glücklicherweise teilen wir uns alle in eine Uhr – die Erde. Lange Zeit wurde die Periode der Erdrotation als die elementare Zeiteinheit verwendet. Als die Messungen präziser und immer präziser wurden, fand man jedoch, daß die Rotation der Erde nicht exakt periodisch ist, wenn sie mit den besten Uhren gemessen wird. Diese „besten" Uhren sind jene, von denen wir Grund zu der Annahme haben, daß sie ganz genau sind, weil sie miteinander übereinstimmen. Wir sind nun aus verschiedenen Gründen davon überzeugt, daß einige Tage länger sind als andere, einige Tage sind kürzer als andere und im Durchschnitt wird die Periode der Erde im Verlauf der Jahrhunderte ein wenig länger.

Bis vor kurzem hatte man nicht viel Besseres als die Periode der Erde gefunden, somit wurden alle Uhren auf die Länge des Tages bezogen und die Sekunde wurde definiert als 1/86400 eines Durchschnittstages. In jüngerer Zeit haben wir Erfahrungen mit natürlichen Oszillatoren gesammelt, von denen wir nun glauben, daß sie eine konstantere Zeitnormale liefern würden als die Erde. Sie basieren auch auf einem natürlichen Phänomen, welches für jedermann verfügbar ist. Es sind dies die sogenannten „Atomuhren". Ihre elementare innere Periode ist die einer Atomschwingung, welche sehr unempfindlich ist gegen die Temperatur oder andere äußere Einflüsse. Diese Uhren halten die Zeit mit einer Genauigkeit von einem Teil in 10^9 oder besser. Während der vergangenen zwei Jahre wurde eine verbesserte Atomuhr, welche mit der Schwingung des Wasserstoffatoms arbeitet, durch Professor Norman Ramsey an der Harvard Universität konstruiert und gebaut. Er ist davon überzeugt, daß diese Uhr um noch einen Faktor 100 genauer ist. Gegenwärtig durchgeführte Messungen werden zeigen, ob dies zutrifft oder nicht.

Da es möglich wurde, Uhren zu bauen, welche viel genauer sind als die astronomische Zeit, werden die Wissenschaftler wohl bald Übereinstimmung darüber erzielen, daß die Zeiteinheit nach einem der Atomuhren-Normale definiert wird.

5–6 Große Entfernungen

Wenden wir uns nun der Frage der *Entfernung* zu. Wie weit, oder wie groß, sind die Dinge? Jedermann weiß, daß die Messung einer Entfernung mit einem Stab und einer Abzählung beginnt. Oder man beginne mit einer Daumenbreite und zähle. Man beginnt mit einer Einheit und zählt. Wie mißt man kleinere Dinge? Wie unterteilt man Entfernung? Auf die gleiche Weise, in der wir Zeit unterteilt haben: Wir nehmen eine kleinere Einheit und zählen die Anzahl dieser Einheiten in der längeren Einheit. So können wir kleinere und kleinere Längen messen.

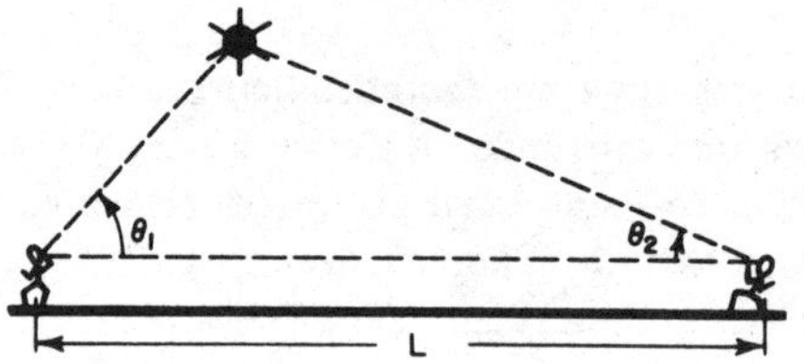

Fig. 5–4. Die Bestimmung der Höhe eines Sputnik durch Triangulation.

Aber wir meinen mit Entfernung nicht immer etwas, das man durch Abzählen mit einem Meterstab erhält. Es wäre schwierig, die horizontale Entfernung zwischen zwei Berggipfeln nur mit einem Meterstab zu messen. Wir haben durch Erfahrung gefunden, daß Entfernung auf andere Weise gemessen werden kann: durch Triangulation. Obgleich dies bedeutet, daß wir dabei in der Tat eine andere Definition von Entfernung verwenden, stimmen sie in den Fällen miteinander überein, wo beide angewandt werden können. Raum ist mehr oder weniger das, was Euklid angenommen hatte, so stimmen beide Arten der Definition von Entfernung überein. Daß sie auf der Erde übereinstimmen, gibt uns einiges Vertrauen, die Triangulation für noch größere Entfernungen zu verwenden. Zum Beispiel konnten wir die Höhe des ersten Sputnik durch Triangulation messen. Wir fanden, daß er etwa 5×10^5 Meter hoch war. Durch sorgfältigere Messungen kann die Entfernung zum Mond auf die gleiche Weise gemessen werden.

Zwei Fernrohre an verschiedenen Orten auf der Erde können uns die beiden benötigten Winkel liefern. Auf diese Weise wurde festgestellt, daß der Mond 4×10^8 Meter entfernt ist.

Wir können nicht das gleiche mit der Sonne machen, oder wenigstens hat es bisher noch niemand gekonnt. Die Genauigkeit, mit der man auf einen gegebenen Punkt auf der Sonne fokussieren kann und mit der man Winkel messen kann, ist nicht gut genug, um uns die Messung der Entfernung zur Sonne zu ermöglichen. Wie können wir dann die Entfernung zur Sonne messen? Wir müssen eine Erweiterung des Gedankens der Triangulation erfinden. Wir messen die relativen Entfernungen aller Planeten durch astronomische Beobachtung, wo sich die Planeten anscheinend befinden, und wir erhalten ein Bild des Solarsystems mit den richtigen *relativen* Entfernungen, aber ohne *absolute* Entfernung. Dann ist eine absolute Messung erforderlich; sie wurde auf einer Anzahl verschiedener Wege erhalten. Einer der Wege, welcher bis vor kurzem als der genaueste angenommen wurde, war die Messung der Entfernung von der Erde zu Eros, einem der kleinen Planetoiden, welcher hin und wieder an der Erde vorbeiwandert. Durch Triangulation dieses kleinen Objektes könnte man die eine erforderliche Messung des Skalenmaßstabes erhalten. Aufgrund der Kenntnis der relativen Entfernungen des Restes können wir dann z. B. die Entfernung von der Erde zur Sonne oder von der Erde zu Pluto messen.

Innerhalb des letzten Jahres hat unsere Kenntnis des Ausmaßes unseres Solarsystems eine große Verbesserung erfahren. Im Jet Propulsion-Laboratorium wurde die Entfernung von der Erde zur Venus sehr genau durch eine direkte Radarbeobachtung gemessen. Dies ist natürlich wieder eine andere Art von Entfernungsbestimmung. Wir sagen, wir kennen die Lichtgeschwindigkeit (und damit die Geschwindigkeit der Radarwellen), und setzen voraus, daß diese Geschwindigkeit überall zwischen Erde und Venus die gleiche ist. Wir senden Radiowellen aus und messen die Zeit, bis die reflektierte Welle zurückkehrt. Aus dieser *Zeit* schließen wir auf die *Entfernung* mit der Annahme, die Geschwindigkeit zu kennen. Wir haben in Wirklichkeit eine andere Definition von einer Entfernungsmessung.

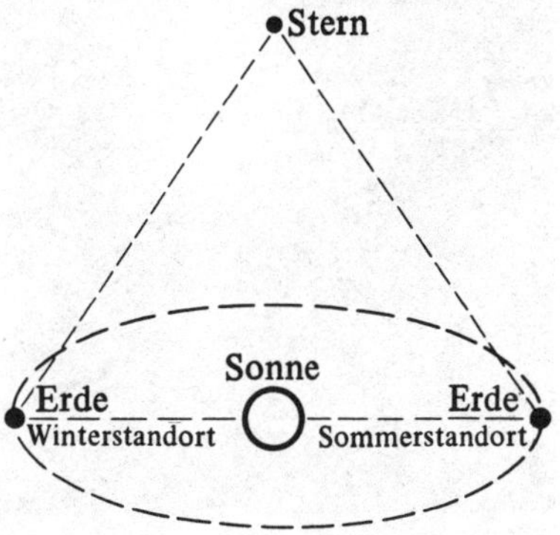

Fig. 5–5. Die Entfernung zu nahen Sternen kann durch Triangulation bestimmt werden, wobei der Durchmesser der Erdbahn als Basislinie verwendet wird.

Wie messen wir die Entfernung zu einem viel weiter entfernten Stern? Glücklicherweise können wir zu unserer Methode der Triangulation zurückkehren, weil uns die Erde bei ihrer Bewegung um die Sonne eine lange Basislinie für die Messung von Objekten außerhalb des Solarsystems liefert. Wenn wir ein Teleskop auf einen Stern im Sommer und im Winter fokussieren, so könnten wir hoffen, diese beiden Winkel genau genug zu bestimmen, um die Messung der Entfernung zu diesem Stern vornehmen zu können.

Was ist, wenn die Sterne für unsere Triangulation zu weit entfernt sind? Die Astronomen erfinden ständig neue Methoden zur Entfernungsmessung. Sie finden z. B., daß sie die Größe und die Helligkeit eines Sternes durch seine Farbe abschätzen können. Die Farbe und Helligkeit vieler naher Sterne – deren Entfernungen durch Triangulation bekannt sind – wurden gemessen und es wurde gefunden, daß in den meisten Fällen eine glatte Beziehung zwischen der Farbe und der absoluten Helligkeit der Sterne besteht. Wenn man nun die Farbe eines entfernten Sterns mißt, so kann man die Farbe-Helligkeits-Beziehung zur Bestimmung der absoluten Helligkeit des Sternes verwenden. Durch Messung der Helligkeit, mit der uns der Stern auf der Erde *erscheint* (oder vielleicht sollten wir sagen, wie *dämmerig* er uns erscheint), können wir berechnen, wie weit er entfernt ist. (Für eine gegebene absolute Helligkeit nimmt die scheinbare Helligkeit mit dem Quadrat der Entfernung ab.) Eine schöne Bestätigung der Zuverlässigkeit dieser Methode zur Messung stellarer Entfernungen wird durch die erhaltenen Resultate für Gruppen von Sternen geliefert, welche als Kugelhaufen bekannt sind. Ein Photo einer solchen Gruppe zeigt Fig. 5–6. Allein durch Betrachtung des Photos ist man überzeugt, daß diese Sterne alle zusammen liegen. Das gleiche Resultat erhält man durch Entfernungsmessung mit der Farb-Helligkeits-Methode.

Eine Untersuchung vieler Kugelhaufen gibt ein anderes wichtiges Stück Information. Man findet, daß in einem gewissen Teil des Weltalls eine hohe Konzentration dieser Haufen existiert und daß die meisten davon etwa die gleiche Entfernung von uns besitzen. Durch Verbindung dieser Information mit anderer Evidenz schließen wir, daß diese Kon-

Fig. 5–6. Ein Sternenhaufen in der Nähe des Zentrums unserer Galaxie. Die Entfernung der Sterne von der Erde beträgt 30 000 Lichtjahre oder etwa 3×10^{20} Meter.

Fig. 5–7. Eine spiralförmige Galaxie, wie die unsere. Mit der Annahme, daß ihr Durchmesser ähnlich dem unserer Galaxie ist, können wir aus ihrer scheinbaren Größe die Entfernung berechnen. Sie ist 30×10^6 Lichtjahre (3×10^{23} m) von der Erde entfernt.

ENTFERNUNGEN

LICHTJAHRE	METER	
		? ? ? ? ? ? ? ? ?
	10^{27}	
		Rand des Weltalls
10^{9}		
	10^{24}	
10^{6}		Zur nächst benachbarten Galaxie
	10^{21}	
		Zum Zentrum unserer Galaxie
10^{3}		
	10^{18}	
		Zum nächsten Stern
1		
	10^{15}	
		Bahnradius von Pluto
	10^{12}	
		Zur Sonne
	10^{9}	
		Zum Mond
	10^{6}	
		Höhe eines Sputnik
	10^{3}	
		Höhe eines Fernsehantennen-Turmes
	1	Höhe eines Kindes
	10^{-3}	
		Ein Salzkorn
	10^{-6}	
		Ein Virus
	10^{-9}	
		Radius eines Atoms
	10^{-12}	
	10^{-15}	Radius eines Kerns
		? ? ? ? ? ? ? ? ?

zentration von Haufen das Zentrum unserer Galaxie ist. Damit kennen wir die Entfernung zum Zentrum der Galaxie – etwa 10^{20} Meter.

Mit der Kenntnis der Größe unserer Galaxie haben wir einen Schlüssel zur Messung noch größerer Entfernungen – der Entfernung zu anderen Galaxien. Figur 5–7 ist ein Photo einer Galaxie, welche etwa die gleiche Gestalt wie die unsere besitzt. Wahrscheinlich hat sie auch die gleiche Größe. (Andere Evidenz unterstützt die Vorstellung, daß alle Galaxien etwa die gleiche Größe besitzen.) Wenn sie von gleicher Größe wie die unsere ist, so können wir ihre Entfernung angeben. Wir messen den von ihr im Himmel aufgespannten Winkel; wir kennen ihren Durchmesser und wir berechnen ihre Entfernung – wiederum Triangulation!

Photos von außerordentlich weit entfernten Galaxien wurden vor kurzem mit dem riesigen Palomar-Teleskop gemacht. Eines ist in Fig. 5–8 gezeigt. Man ist nun davon überzeugt, daß einige dieser Galaxien etwa auf halbem Wege zur Grenze des Weltalls liegen – 10^{26} Meter entfernt –, die größte Entfernung, welche wir uns denken können!

Fig. 5–8. Das am weitesten entfernte Objekt, 3C295 in BOOTES (markiert durch einen Pfeil), das bisher (1960) mit dem 200-Zoll-Teleskop gemessen wurde.

5–7 Kurze Entfernungen

Nun lassen Sie uns über kleinere Entfernungen nachdenken. Die Unterteilung des Meters ist leicht. Ohne große Schwierigkeit können wir eintausend gleiche Abstände markieren, die zusammen ein Meter ergeben. Mit etwas mehr Schwierigkeit, aber auf ähnliche Weise (durch Benutzung eines guten Mikroskopes) können wir durch eintausend gleiche Unterteilungen des Millimeters eine Mikron-Skala (Millionstel eines Meters) herstellen. Es ist schwierig, zu noch kleineren Skalen zu kommen, weil wir keine Objekte „sehen" können, die kleiner sind als die Wellenlänge des sichtbaren Lichtes (etwa 5×10^{-7} Meter).

Wir brauchen jedoch nicht bei dem stehenzubleiben, was wir sehen können. Mit einem Elektronenmikroskop können wir in diesem Prozeß fortfahren durch Herstellen von Photos in einem noch kleineren Maßstab, sagen wir bis zu 10^{-8} Meter (Fig. 5–9). Durch indirekte Messungen – durch eine Art Triangulation in einem mikroskopischen Maßstab – können wir fortfahren mit der Messung in kleineren und kleineren Maßstäben. Aus einer Beobachtung der Art, in der Licht von kurzer Wellenlänge (Röntgenstrahlen) von einem Muster mit bekannten Abmessungen reflektiert wird, bestimmen wir zuerst die Wellenlänge der Lichtschwingungen. Aus der Verteilung der Streuung des gleichen Lichtes durch einen Kristall können wir dann die relativen Positionen der Atome in dem Kristall bestimmen. Die dabei erhaltenen Resultate stimmen mit den atomaren Abständen überein, die ebenfalls mit chemischen Methoden bestimmt werden. Wir finden auf diese Weise, daß Atome einen Durchmesser von etwa 10^{-10} Meter besitzen.

Fig. 5–9. Elektronenmikroskopische Aufnahme eines Virusmoleküls. Die „große" Kugel dient zur Vergrößerungseichung. Sie hat einen bekannten Durchmesser von 2×10^{-7} Meter (2000 Å).

Es besteht eine große „Kluft" in den physikalischen Größen zwischen den typischen Atomdimensionen von etwa 10^{-10} Metern und den Kerndimensionen von 10^{-15} Metern, die 10^{-5} mal kleiner sind. Für nukleare Größen wird ein anderer Weg zur Messung von Größe bequem. Wir messen die *scheinbare Fläche* σ, genannt der effektive *Wirkungsquerschnitt*. Wenn wir wollen, können wir den Radius aus der Beziehung $\sigma = \pi r^2$ bestimmen, denn die Kerne sind nahezu kugelförmig.

Die Messung eines Kernquerschnittes kann erfolgen, indem man einen Strahl hochenergetischer Teilchen durch eine dünne Scheibe Material schickt und die Anzahl der Teilchen beobachtet, die nicht hindurchkommen. Diese hochenergetischen Teilchen werden geradewegs durch die dünne Elektronenwolke hindurchpflügen, und sie werden nur gestoppt oder abgelenkt, wenn sie auf das konzentrierte Gewicht eines Kernes treffen. Angenommen, wir haben ein 1 Zentimeter dickes Stück Material. Darin befinden sich etwa 10^8 Atomschichten. Aber die Kerne sind so klein, daß kaum Wahrscheinlichkeit dafür besteht, daß irgendein Kern hinter einem anderen liegt. Wir können uns *vorstellen*, daß eine stark vergrößerte Ansicht dieser Situation – in Richtung des Teilchenstrahles gesehen – etwa aussehen würde wie Fig. 5–10.

Die Chance, daß ein sehr kleines Teilchen auf seinem Weg einen Kern trifft, ist die gesamte durch die Profile der Kerne bedeckte Fläche dividiert durch die gesamte Fläche

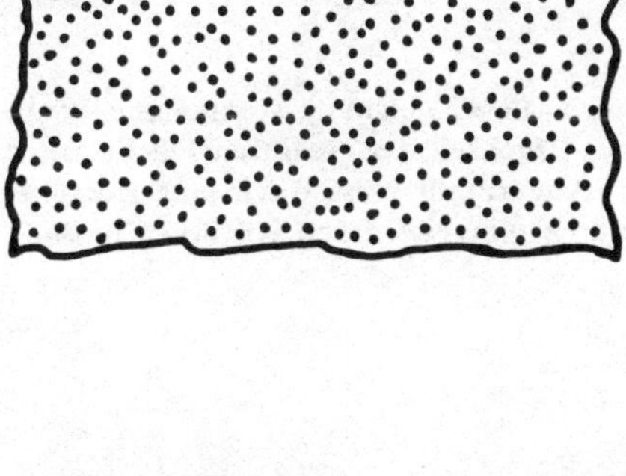

Fig. 5–10. Blick durch einen Kohleblock von 1 cm Dicke, wenn nur die Kerne beobachtet würden.

im Bild. Angenommen, wir wissen, daß in einer Fläche A unseres Materials N Atome (jedes natürlich mit einem Kern) enthalten sind. Dann ist die gesamte durch die Kerne „bedeckte" Fläche gleich $N\sigma/A$. Die Anzahl der Teilchen, die in unserem Strahl auf die Scheibe treffen, sei n_1, und die Anzahl, welche auf der anderen Seite austreten, sei n_2. Der nicht hindurchgekommene Bruchteil ist $(n_1 - n_2)/n_1$, und der sollte gerade gleich sein dem Bruchteil der bedeckten Fläche. Wir können den Kernradius erhalten aus der Gleichung*

$$\pi r^2 = \sigma = \frac{A}{N}\frac{n_1 - n_2}{n_1}.$$

Aus einem solchen Experiment finden wir, daß die Kernradien etwa 1 bis 6 mal 10^{-15} Meter betragen. Die Längeneinheit 10^{-15} Meter wird zu Ehren von Enrico Fermi (1901 –1958) das *Fermi* genannt.

Was finden wir, wenn wir zu kleineren Entfernungen gehen? Können wir kleinere Entfernungen messen? Solche Fragen können noch nicht beantwortet werden. Es wurde vermutet, daß das noch ungelöste Rätsel von Kernkräften nur aufgelöst werden kann durch eine Modifikation unserer Vorstellung des Raums oder des Messens in solch kleinen Dimensionen.

Man kann sich vorstellen, daß es ein guter Gedanke wäre, eine natürliche Länge als unsere Längeneinheit zu verwenden – sagen wir den Erdradius oder ein Bruchteil davon. Das Meter sollte ursprünglich eine solche Einheit sein, und es was definiert (als $(\pi/2) \times 10^{-7}$ mal dem Erdradius. Es ist weder bequem noch sehr genau, die Längeneinheit auf diese Weise zu bestimmen. Lange Zeit herrschte internationale Übereinstimmung darüber, daß das Meter definiert sein soll als der Abstand zwischen zwei Strichen auf einem Stab, der in einem speziellen Labor in Frankreich aufbewahrt wird. In jüngerer Vergangenheit wurde erkannt, daß diese Definition weder so präzise ist, wie notwendig wäre, noch so permanent und universell, wie zu wünschen ist. Gegenwärtig ist die Annahme einer neuen Definition in Vorbereitung, eine vereinbarte (willkürliche) Anzahl von Wellenlängen einer ausgewählten Spektrallinie.

Messungen von Entfernung und Zeit ergeben Resultate, welche vom Beobachter abhängen. Zwei Beobachter, welche sich gegeneinander bewegen, werden nicht die gleichen Entfernungen und Zeiten messen, wenn sie messen, was als das gleiche Ding erscheint. Entfernungen und Zeitintervalle haben verschiedene Größen, abhängig vom Koordinatensystem (oder „Bezugssystem"), in dem die Messungen ausgeführt werden. Wir werden dieses Thema in einem späteren Kapitel genauer untersuchen.

Vollkommen präzise Messungen von Entfernungen oder Zeiten sind aufgrund der Naturgesetze nicht möglich. Wir haben früher erwähnt, daß die Fehler bei einer Messung der Position eines Objektes wenigstens so groß sein müssen wie

$$\Delta x = h/\Delta p,$$

wobei h eine kleine Größe ist, genannt die „Plancksche Konstante", und Δp ist der Fehler in unserer Kenntnis des Impulses (Masse mal Geschwindigkeit) des Objektes, dessen

---

* Diese Gleichung stimmt nur, wenn die durch die Kerne bedeckte Fläche ein kleiner Bruchteil der gesamten Fläche ist, d. h. wenn $(n_1 - n_2)/n_1$ sehr viel kleiner ist als 1. Andernfalls müssen wir eine Korrektur anbringen, um zu berücksichtigen, daß einige Kerne teilweise durch vor ihnen befindliche Kerne verdeckt werden.

Position wir messen. Es wurde auch erwähnt, daß die Ungewißheit bei Positionsmessungen mit der Wellennatur von Teilchen verknüpft ist.

Die Relativität von Raum und Zeit impliziert, daß Zeitmessungen ebenfalls einen Minimalfehler besitzen, der gegeben ist durch

$$\Delta t = h/\Delta E,$$

wobei ΔE der Fehler in unserer Kenntnis der Energie des Prozesses ist, dessen Zeitdauer wir messen. Wenn wir *genauer* wissen wollen, *wann* sich etwas ereignet, dann werden wir weniger davon wissen, *was* sich ereignet, weil unsere Kenntnis der damit verbundenen Energie geringer sein wird. Die Zeitungewißheit ist ebenfalls mit der Wellennatur der Materie verknüpft.

6 Wahrscheinlichkeit

„Die wahre Logik dieser Welt liegt in der Wahrscheinlichkeitsrechnung."

– James Clerk Maxwell

6–1 Chance und Möglichkeit

„Chance" ist ein Wort, das im täglichen Leben häufig benutzt wird. Die Radio-Wettervorhersage für morgen könnte lauten: „Es existiert eine sechzigprozentige Chance dafür, daß es regnen wird". Sie können sagen „die Chance, daß ich hundert Jahre alt werde, ist gering". Auch Wissenschaftler benutzen das Wort Chance. Ein Seismologe kann an der Frage interessiert sein, „Wie groß ist die Chance, daß im nächsten Jahr in Südkalifornien ein Erdbeben von einer gewissen Größe vorkommt? " Ein Physiker kann fragen:„Was ist die Chance, daß ein bestimmter Geigerzähler innerhalb der nächsten zehn Sekunden zwanzig Impulse registriert? " Ein Politiker oder Staatsmann mag an der Frage: „Was ist die Chance, daß ein nuklearer Krieg während der nächsten zehn Jahre ausbrechen wird? " interessiert sein. Sie können an der Chance interessiert sein, daß Sie aus diesem Kapitel etwas lernen.

Mit *Chance* beschreiben wir so etwas wie eine Vermutung. Warum stellen wir Vermutungen an? Wir stellen Vermutungen an, wenn wir eine Entscheidung treffen wollen, aber unvollständige Informationen oder ungewisse Kenntnis haben. Wir wollen eine Vermutung bezüglich der Natur der Dinge anstellen oder bezüglich der Dinge, die sich wahrscheinlich ereignen werden. Häufig stellen wir eine Vermutung an, weil wir eine Entscheidung zu treffen haben. Zum Beispiel: Soll ich morgen meinen Regenmantel mitnehmen? Für welche Erdbewegung soll ich ein neues Gebäude konstruieren? Soll ich mir einen Atomschutzkeller bauen? Soll ich meinen Standpunkt bei internationalen Verhandlungen ändern? Soll ich heute ins Kolleg gehen?

Manchmal stellen wir Vermutungen an, weil wir mit unseren begrenzten Kenntnissen über eine Situation soviel aussagen wollen, wie wir *können*. In der Tat ist jede Verallgemeinerung eine Art Vermutung. Jede physikalische Theorie ist eine Art Mutmaßung. Es gibt gute Vermutungen und schlechte Vermutungen. Die Wahrscheinlichkeitstheorie ist ein System zur Erzielung besserer Vermutungen. Die Sprache der Wahrscheinlichkeit gestattet uns, quantitative Aussagen über eine Situation zu machen, die sehr veränderlich sein kann, die jedoch stets ein durchschnittliches Verhalten zeigt.

Betrachten wir das Werfen einer Münze. Wenn der Wurf – und die Münze – „ehrlich" sind, dann haben wir keine Möglichkeit, das Ergebnis eines speziellen Wurfes vorher zu wissen. Jedoch erwarten wir, daß bei einer großen Anzahl von Würfen gleiche Anzahlen von Vorder- und Rückseiten beobachten werden sollten. Wir sagen: „Die Wahrscheinlichkeit, daß ein Wurf die Vorderseite zeigt, ist 0,5".

Wir reden von Wahrscheinlichkeit nur im Hinblick auf Beobachtungen, die wir in der Zukunft erwarten. Mit der *„Wahrscheinlichkeit" eines besonderen Resultates einer Beobachtung bezeichnen wir unsere Abschätzung des wahrscheinlichsten Bruchteils einer Anzahl von wiederholten Beobachtungen, der das besondere Resultat ergibt*. Wenn wir uns eine N-fache Wiederholung einer Beobachtung vorstellen – z. B. eine Serie von Münzwürfen – und wenn wir mit N_A *unsere Abschätzung* für die wahrscheinlichste Anzahl von Beobachtungen bezeichnen, die das spezielle Resultat A liefern (angenommen die Vorderseite), dann meinen wir mit $P(A)$, der Wahrscheinlichkeit der Beobachtung von A, folgendes:

$$P(A) = N_A/N. \tag{6.1}$$

Unsere Definition erfordert verschiedene Anmerkungen. Erstens können wir von einer Wahrscheinlichkeit, daß sich irgend etwas ereignet, nur dann reden, wenn dieses Vorkommen ein mögliches Resultat irgendeiner *wiederholbaren* Beobachtung ist. Es wäre nicht sinnvoll, zu fragen: „Welche Wahrscheinlichkeit existiert, daß in jenem Haus ein Geist ist? ".

Sie können einwenden, daß keine Situation *exakt* reproduzierbar ist. Jede verschiedene Beobachtung muß wenigstens zu einer anderen Zeit oder an einem anderen Ort gemacht werden. Wir können lediglich sagen, daß für unsere Zwecke die „wiederholten" Beobachtungen als *äquivalent erscheinen* sollten. Wir sollten wenigstens annehmen, daß jede Beobachtung in einer äquivalent präparierten Situation gemacht wurde und insbesondere mit dem gleichen anfänglichen Grad an Unkenntnis. (Wenn wir beim Kartenspiel in die gegnerische Hand schielen, ist unsere Abschätzung bezüglich der Gewinnchancen verschieden von der, wenn wir es nicht tun!)

Wir müssen betonen, daß N und N_A in Gl. (6.1) *keine* Zahlen darstellen sollen, die auf tatsächlichen Beobachtungen basieren. N_A ist unsere beste *Abschätzung* dessen, was bei N *angenommenen* Beobachtungen geschehen *würde*. Also ist die Wahrscheinlichkeit abhängig von unserer Kenntnis und unserer Fähigkeit, Abschätzungen vorzunehmen. Also von unserem gesunden Menschenverstand! Glücklicherweise existiert ein gewisser Grad von Übereinstimmung des gesunden Menschenverstandes bei vielen Dingen, so daß verschiedene Leute die gleiche Abschätzung vornehmen. Wahrscheinlichkeiten müssen jedoch nicht „absolute" Zahlen sein. Da sie von unserer Unkenntnis abhängen, können sie sich ändern, wenn sich unser Wissen ändert.

Sie werden einen anderen eher „subjektiven" Aspekt unserer Definition der Wahrscheinlichkeit bemerkt haben. Wir haben N_A als „unsere Abschätzung der wahrscheinlichsten Anzahl..." bezeichnet. Wir meinen nicht, daß wir erwarten, *exakt* N_A zu beobachten, sondern daß wir eine Anzahl *nahe* bei N_A erwarten und daß diese Anzahl *wahrscheinlicher* ist als irgendeine andere benachbarte Zahl. Wenn wir eine Münze 30mal werfen, so sollten wir erwarten, daß die Anzahl der erzielten Vorderseiten wahrscheinlich nicht exakt 15, sondern eine Zahl nahe bei 15 ist, z. B. 12, 13, 14, 15, 16 oder 17. Wenn wir jedoch wählen *müßten*, würden wir entscheiden, daß 15mal die Vorderseite *wahrscheinlicher* ist als irgendeine andere Anzahl. Wir würden dies wie folgt schreiben: $P(\text{Vorderseite}) = 0{,}5$.

Warum haben wir 15 als wahrscheinlicher als irgendeine andere Anzahl gewählt? Wir müssen mit uns selbst in der folgenden Weise argumentiert haben: Wenn die wahrscheinlichste Anzahl der Vorderseiten bei insgesamt N Würfen gleich N_V ist, dann ist die wahrscheinlichste Anzahl N_R für die Rückseite gleich $(N - N_V)$. (Wir nehmen an, daß jeder Wurf *entweder* Vorderseite *oder* Rückseite ergibt und keine „anderen" Resultate!) Aber wenn die Münze „ehrlich" ist, existiert keine Präferenz für Vorder- oder Rückseite. Bis wir Grund zur Annahme haben, daß die Münze (oder der Wurf) unehrlich ist, müssen wir für Vorder- und Rückseite die gleichen Möglichkeiten ansetzen. Also muß gelten $N_V = N_R$. Daraus folgt, daß $N_R = N_V = N/2$ oder $P(V) = p(R) = 0{,}5$ ist.

Wir können unsere Argumentation verallgemeinern auf *irgendeine* Situation mit m verschiedenen, aber „äquivalenten" (d. h. gleich wahrscheinlichen) möglichen Resultaten einer Beobachtung. Wenn eine Beobachtung m verschiedene Resultate ergeben kann und wenn wir Grund zu der Annahme haben, daß jede davon ebenso wahrscheinlich ist wie die andere, dann ist die Wahrscheinlichkeit für ein *spezielles* Resultat A gegeben durch $P(A) = 1/m$.

Wenn sich sieben verschiedenfarbige Bälle in einer undurchsichtigen Kiste befinden und wir einen davon „willkürlich" (d. h. ohne hinzusehen) herausnehmen, so ist die Wahrscheinlichkeit dafür, einen Ball mit einer bestimmten Farbe zu ziehen, gleich $\frac{1}{7}$. Die Wahrscheinlichkeit, daß eine „blinde Wahl" aus einem Kartenspiel mit 52 Karten die Herz-Zehn ergibt, ist $\frac{1}{52}$. Die Wahrscheinlichkeit, mit zwei Würfeln eine doppelte Eins zu würfeln, ist $\frac{1}{36}$.

In Kapitel 5 haben wir die Größe eines Kerns durch seine wirksame Größe oder seinen „Querschnitt" beschrieben. Als wir dies taten, haben wir wirklich von Wahrscheinlichkeiten gesprochen. Wenn wir ein hochenergetisches Teilchen in ein Stück Material schießen, dann existiert eine gewisse Chance, daß es glatt durchläuft und eine gewisse Chance dafür, daß es einen Kern trifft. (Da der Kern so klein ist, daß wir ihn nicht *sehen* können, ist es unmöglich, direkt auf den Kern zu zielen. Wir müssen „blind schießen".) Wenn sich in unserem Stück n Atome befinden und der Kern eines jeden Atoms die Querschnittsfläche σ besitzt, dann ist die gesamte durch die Kerne „beschattete" Fläche gleich $n\sigma$. Bei einer großen Anzahl N willkürlicher Schüsse erwarten wir, daß sich die Anzahl N_C der Treffer irgendeines Kerns zu N verhält wie die beschattete Fläche zur Gesamtfläche des Materialstücks:

$$N_C/N = n\sigma/A. \tag{6.2}$$

Wir können daher sagen, daß die *Wahrscheinlichkeit* für die Kollision irgendeines Teilchens beim Durchgang durch das Material gegeben ist durch

$$P_C = \frac{n}{A}\,\sigma; \tag{6.3}$$

dabei ist n/A die Anzahl der Atome pro Flächeneinheit in unserem Material.

6–2 Schwankungen

Wir wollen nun unsere Vorstellungen über die Wahrscheinlichkeit anwenden auf die detailliertere Behandlung der Frage: „Wie viele Male *erwarte* ich die Vorderseite wirklich, wenn ich die Münze N mal werfe? " Ehe wir jedoch diese Frage beantworten, wollen wir sehen, was sich bei einem derartigen „Experiment" ereignet. Fig. 6–1 zeigt die Resultate, die bei einem Experiment mit $N = 30$ von den ersten drei „Serien" erhalten wurden. Die Reihenfolgen von „Vorderseite" und „Rückseite" sind in der beobachteten Folge aufgezeichnet. Im ersten und im zweiten Spiel wurde je 11 mal die Vorderseite erzielt. In drei Versuchen haben wir nicht einmal die Vorderseite 15 mal

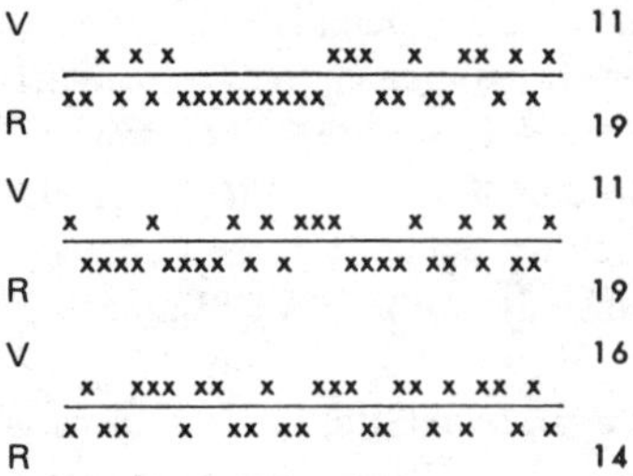

Fig. 6–1. Beobachtete Reihenfolgen von Vorder- und Rückseite bei drei Spielen zu je 30 Würfen.

erhalten. Sollten wir beginnen, der Münze zu mißtrauen? Oder war es falsch, anzunehmen, daß die wahrscheinlichste Anzahl für die „Vorderseite" bei einem derartigen Spiel gleich 15 ist? Siebenundneunzig weitere Spiele wurden ausgeführt, um eine Gesamtzahl von 100 Spielen mit je 30 Würfen zu erhalten. Die Resultate dieses Experiments sind in Tab. 6–1* aufgezeichnet.

Tabelle 6–1

Anzahl der Vorderseiten in aufeinanderfolgenden Spielen von je 30 Würfen einer Münze.

11	16	17	15	17	16	19	18	15	13	
11	17	17	12	20	23	11	16	17	14	
16	12	15	10	18	17	13	15	14	15	
16	12	11	22	12	20	12	15	16	12	
16	10	15	13	14	16	15	16	13	18	90 Würfe
14	14	13	16	15	19	21	14	12	15	
16	11	16	14	17	14	11	16	17	16	
19	15	14	12	18	15	14	21	11	16	
17	17	12	13	14	17	9	13	16	13	

Bei Betrachtung der Zahlen in Tab. 6–1 sehen wir, daß die meisten Resultate „nahe" bei 15 sind, d. h. sie liegen zwischen 12 und 18. Wir können ein besseres Gefühl für diese Resultate erhalten, wenn wir die *Verteilung* der Resultate graphisch darstellen. Wir zählen die Anzahl der Spiele, bei denen das Resultat k erzielt wurde und tragen diese Anzahl für jedes k auf. Eine solche Darstellung ist in Fig. 6–2 gezeigt. Das Resultat von 15 mal der Vorderseite wurde in 13 Spielen erzielt, gleichfalls in 13 Spielen wurde die Vorderseite 14 mal erzielt. Resultate von 16 und 17 wurden *mehr* als 13 mal erzielt. Müssen wir daraus folgern, daß die Vorderseite bevorzugt wird? War unsere „beste Abschätzung" nicht gut genug? Sollten wir nun darauf schließen, daß das „wahrscheinlichste" Resultat bei einer Serie von 30 Würfen wirklich 16 mal die Vorderseite ist? Aber warten Sie! In der Gesamtzahl der Spiele waren 3000 Würfe. Und insgesamt wurde die Vorderseite 1492 mal erzielt. Der Anteil der Würfe, die die Vorderseite ergaben, ist 0,497, nahezu gleich, jedoch eine Kleinigkeit *geringer* als einhalb. Wir sollten daher gewiß *nicht* annehmen, daß die Wahrscheinlichkeit für das Werfen der Vorderseite größer ist als 0,5! Die Tatsache, daß eine *besondere* Serie von Beobachtungen 16 mal die Vorderseite ergab, ist eine *Schwankung*. Wir erwarten trotzdem, daß die *wahrscheinlichste* Anzahl für die Vorderseite gleich 15 ist.

Wir können fragen: „Wie groß *ist* die Wahrscheinlichkeit dafür, daß ein Spiel von 30 Würfen 15 mal die Vorderseite oder 16 oder irgendeine andere Anzahl ergibt? " Wir haben gesagt, daß die Wahrscheinlichkeit, in einem Spiel von einem Wurf *eine* Vorderseite zu werfen, gleich 0,5 ist, und die Wahrscheinlichkeit, keine Vorderseite zu werfen, 0,5 ist. Bei einem Spiel von zwei Würfen gibt es *vier* mögliche Resultate: VV, VR, RV, RR. Da jede dieser Folgen gleich wahrscheinlich ist, folgern wir (a) die Wahrscheinlichkeit, die Vorderseite zweimal zu erhalten, ist $\frac{1}{4}$, (b) die Wahrscheinlichkeit, die Vorderseite

* Nach den ersten drei Spielen wurde das Experiment durch heftiges Schütteln von 30 Pfennigen in einem Kasten weitergeführt, wonach jeweils die Vorderseiten ausgezählt wurden.

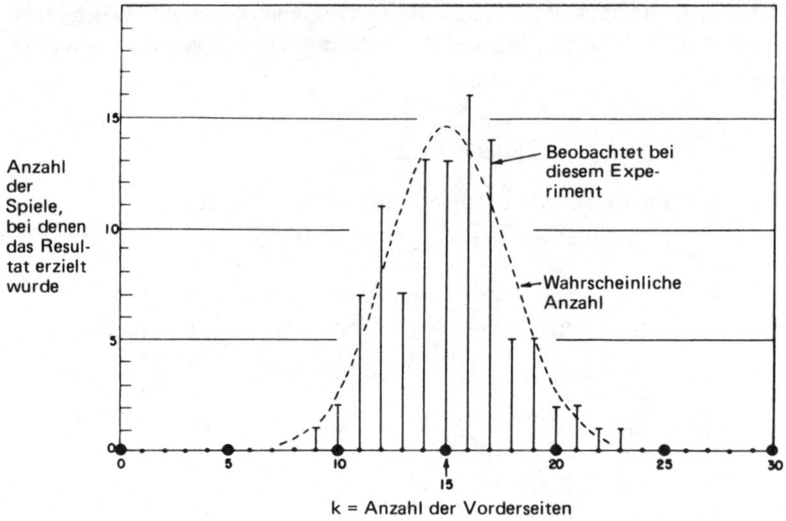

Fig. 6–2. Zusammenfassung der Resultate aus 100 Spielen mit je 30 Würfen. Die vertikalen Linien zeigen die Anzahl der Spiele, bei denen die Vorderseite k-mal auftrat. Die gestrichelte Kurve zeigt die erwarteten Anzahlen von Spielen mit dem Resultat k, welche mit einer Wahrscheinlichkeitsberechnung gewonnen wurden.

einmal zu werfen, ist $\frac{2}{4}$, (c) die Wahrscheinlichkeit für ein negatives Resultat ist $\frac{1}{4}$. Es gibt *zwei* Möglichkeiten, eine Vorderseite zu werfen, aber jeweils nur eine, um zweimal die Vorderseite oder ein negatives Resultat zu erhalten.

Betrachten wir nun ein Spiel mit drei Würfen. Der dritte Wurf ergibt mit gleicher Wahrscheinlichkeit Vorder- oder Rückseite. Es gibt nur eine Möglichkeit, die Vorderseite dreimal zu erhalten: Wir *müssen* bei den ersten zwei Würfen zweimal die Vorderseite erhalten haben und dann zuletzt noch einmal die Vorderseite. Es gibt jedoch *drei* Möglichkeiten, die Vorderseite zweimal zu werfen. Wir könnten die Rückseite geworfen haben, nachdem zweimal die Vorderseite erzielt wurde (eine Möglichkeit), oder wir könnten die Vorderseite werfen, nachdem in den ersten beiden Würfen nur einmal die Vorderseite erzielt wurde (zwei Möglichkeiten). Also sind für die Resultate 3-*V*, 2-*V*, 1-*V*, 0-*V* die Anzahlen der gleichwahrscheinlichen Würfe 1, 3, 3, 1; das sind insgesamt 8 verschiedene mögliche Kombinationen. Die Wahrscheinlichkeiten sind $\frac{1}{8}$, $\frac{3}{8}$, $\frac{3}{8}$ und $\frac{1}{8}$.

Die eben ausgeführten Argumentation kann in einem Diagramm wie in Fig. 6–3 ge-

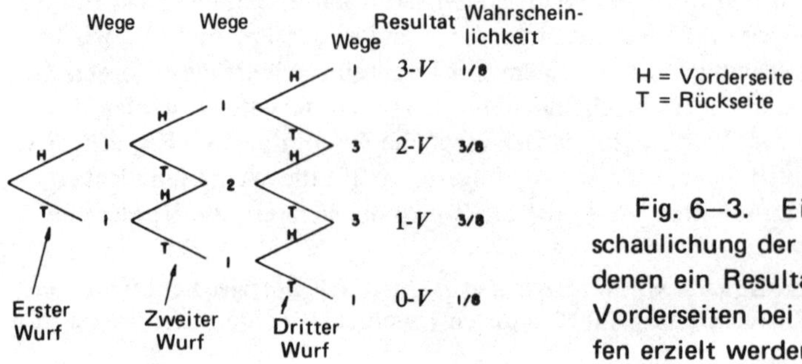

Fig. 6–3. Ein Diagramm zur Veranschaulichung der Anzahl von Wegen, auf denen ein Resultat von 0, 1, 2 oder 3 Vorderseiten bei einem Spiel von 3 Würfen erzielt werden kann.

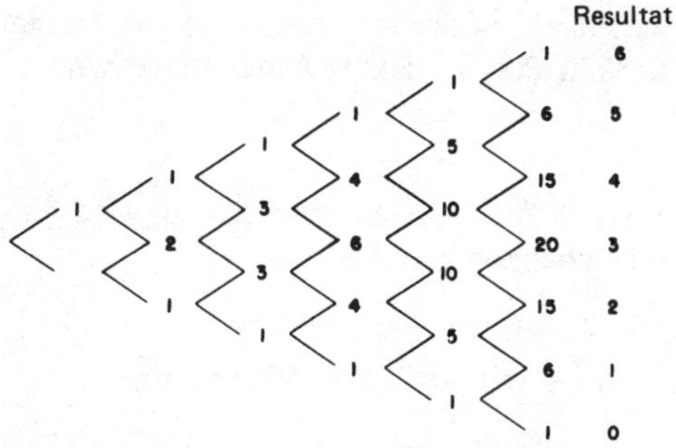

Fig. 6–4. Ein Diagramm wie das in Fig. 6–3 für ein Spiel mit 6 Würfen.

zeigt zusammengefaßt werden. Die Fortsetzung dieses Diagramms für Spiele mit größeren Anzahlen von Würfen ist einleuchtend. Fig. 6–4 zeigt ein derartiges Diagramm für ein Spiel mit 6 Würfen. Die Anzahl der „Wege" zu irgendeinem Punkt im Diagramm ist gleich der Anzahl der verschiedenen „Pfade" (Folgen von Vorder- und Rückseite) vom Anfangspunkt. Die Vertikalposition gibt die Gesamtzahl der erzielten Vorderseiten. Der Satz von Zahlen, der in einem derartigen Diagramm erscheint, ist bekannt als das *Pascalsche Dreieck*. Die Zahlen sind auch bekannt als die *Binomialkoeffizienten,* weil sie bei der Entwicklung von $(a + b)^n$ auftreten. Wenn wir n die Zahl der Würfe und k die dabei erzielten Vorderseiten nennen, dann sind die im Diagramm auftretenden Zahlen üblicherweise durch das Symbol $\binom{n}{k}$ bezeichnet. Wir wollen nebenbei bemerken, daß die Binomialkoeffizienten auch aus

$$\binom{n}{k} = \frac{n!}{k!(n-k)!} \tag{6.4}$$

berechnet werden können, wobei $n!$, genannt n-Fakultät, das Produkt $n(n-1)\,(n-2)\ldots(3)\,(2)\,(1)$ darstellt.

Wir sind nun in der Lage, die Wahrscheinlichkeit $P(k, n)$, bei n Würfen k-mal die Vorderseite zu erzielen, mit Hilfe unserer Definitionsgleichung (6.1) zu berechnen. Die Gesamtzahl der möglichen Folgen ist 2^n (da für jeden Wurf zwei Ergebnisse möglich sind), und die Anzahl der gleichwahrscheinlichen Möglichkeiten, k-mal die Vorderseite zu erzielen, ist $\binom{n}{k}$. Damit haben wir

$$P(k, n) = \frac{\binom{n}{k}}{2^n}\,. \tag{6.5}$$

Da $P(k, n)$ der Bruchteil der Spiele ist, bei dem wir k Vorderseiten erwarten, so werden wir bei 100 Spielen k-mal die Vorderseite in 100 $P(k, n)$ Spielen erwarten. Die gestrichelte Kurve in Fig. 6–2 verbindet die aus 100 $P(k, 30)$ berechneten Punkte. Wir sehen, daß wir *erwarten,* in 14 oder 15 Spielen die Vorderseite 15 mal zu erzielen. Jedoch wurde dieses Resultat bei 13 Spielen erzielt. Wir *erwarten* ein Resultat von 16 in 13 oder 14 Spielen, aber wir haben dieses Resultat in 16 Spielen erhalten. Solche Schwankungen sind „Teil des Spieles".

Die gerade benutzte Methode kann in der allgemeinsten Situation angewandt werden, in der es nur zwei mögliche Resultate einer einzelnen Beobachtung gibt. Bezeichnen wir die zwei Resultate mit W (für „Gewinn") und mit L (für „Niederlage"). Im allgemeinen Fall müssen die Wahrscheinlichkeiten für W oder L bei einem Einzelereignis nicht übereinstimmen. Nennen wir p die Wahrscheinlichkeit für W. Dann ist q, die Wahrscheinlichkeit für L, notwendigerweise $(1-p)$. In einem Satz von n Versuchen ist die Wahrscheinlichkeit $P(k, n)$, daß W k-mal erzielt wird,

$$P(k, n) = \binom{n}{k} p^k q^{n-k}. \tag{6.6}$$

Diese Wahrscheinlichkeitsfunktion wird die *Bernoulli-* oder auch die *Binomial*-Wahrscheinlichkeit genannt.

6–3 Die zufällige Wanderung

Es gibt ein weiteres interessantes Problem, für welches die Idee der Wahrscheinlichkeit erforderlich ist. Es ist das Problem der „zufälligen Wanderung". In seiner einfachsten Version stellen wir uns ein „Spiel" vor, bei dem der „Spieler" am Punkt $x = 0$ startet und bei jedem „Zug" *entweder* einen Schritt nach vorn (in Richtung $+x$) *oder* nach hinten (in Richtung $-x$) macht. Die Richtungswahl ist *zufällig*, z. B. bestimmt durch das Werfen einer Münze. Wie sollen wir die resultierende Bewegung beschreiben? In seiner allgemeinen Form ist dieses Problem verwandt mit der Bewegung von Atomen (oder anderer Teilchen) in einem Gas – genannt Brownsche Bewegung – und ebenso mit der Fehlerfortpflanzung bei Messungen. Sie werden sehen, daß das Problem der zufälligen Wanderung eng verwandt ist mit dem Problem des Münzwerfens, das wir bereits behandelt haben.

Zuerst betrachten wir einige Beispiele einer zufälligen Wanderung. Wir können den Fortschritt des Wanderers durch die effektive Entfernung D_N angeben, die er in N Schritten zurücklegt. In Fig. 6–5 zeigen wir drei Beispiele des Weges eines zufälligen Wanderers. (Wir haben für die zufällige Folge der Möglichkeiten die Resultate der Münzwürfe aus Fig. 6–1 verwendet.)

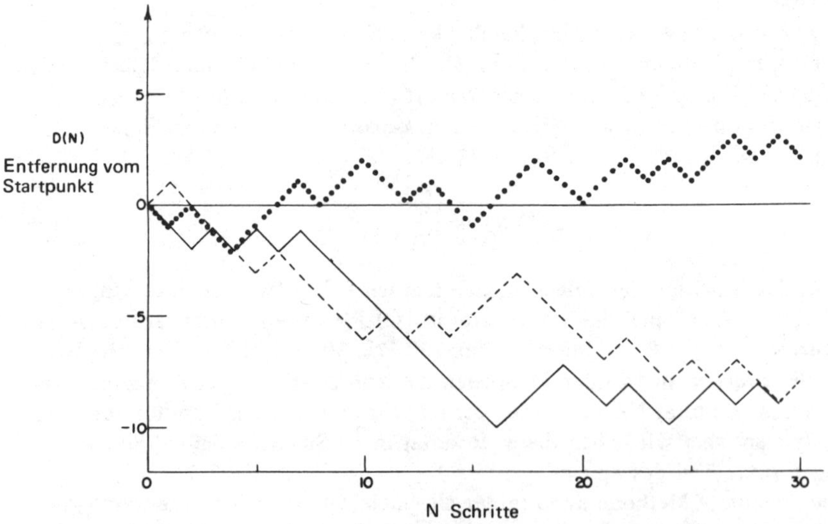

Fig. 6–5. Der Fortschritt bei einer zufälligen Wanderung. Die horizontale Koordinate N ist die Gesamtzahl der zurückgelegten Schritte; die vertikale Koordinate D (N) ist die effektiv zurückgelegte Entfernung vom Ausgangspunkt.

Was können wir über eine solche Bewegung aussagen? Wir können zuerst einmal fragen: „Wie weit kommt er im Durchschnitt? " Wir müssen *erwarten*, daß sein durchschnittlicher Fortschritt Null sein wird, weil er sich mit gleicher Wahrscheinlichkeit vorwärts oder rückwärts bewegt. Aber wir haben das Empfinden, daß er mit zunehmendem N weiter vom Anfangspunkt abgewichen ist. Wir können daher fragen, wie groß der *absolute Betrag* seiner durchschnittlich gewanderten Entfernung ist, d.h. was der Durchschnitt von $|D|$ ist. Es ist jedoch bequemer, ein anderes Maß des „Fortschritts" zu benutzen, das Quadrat der Entfernung: D^2 ist positiv sowohl für positive als auch für negative Bewegung, darum ist es ein sinnvolles *Maß* für solch willkürliches Wandern.

Wir können zeigen, daß der erwartete Wert für D_N^2 gleich N ist, der Anzahl der zurückgelegten Schritte. Mit „erwartetem Wert" meinen wir den wahrscheinlichsten Wert (unsere beste Abschätzung), welchen wir uns als das *erwartete* Durchschnittsverhalten bei *vielen wiederholten* Schrittfolgen vorstellen. Wir schreiben einen solchen Erwartungswert $\langle D_N^2 \rangle$ und bezeichnen ihn auch als das „mittlere Abstandsquadrat". Nach einem Schritt ist D^2 immer $+1$, somit haben wir gewiß $\langle D_1^2 \rangle = 1$. (Alle Entfernungen werden gemessen mit der Einheit eines Schrittes. Wir werden die Einheiten der Entfernung nicht weiterhin angeben.)

Der Erwartungswert von D_N^2 für $N > 1$ kann aus D_{N-1} erhalten werden. Wenn wir nach $(N-1)$ Schritten D_{N-1} haben, dann ist nach N Schritten $D_N = D_{N-1} + 1$ *oder* $D_N = D_{N-1} - 1$. Die Quadrate sind:

$$D_N^2 = \begin{cases} D_{N-1}^2 + 2D_{N-1} + 1, \\ \quad\quad \textit{oder} \\ D_{N-1}^2 - 2D_{N-1} + 1. \end{cases} \tag{6.7}$$

Bei einer Anzahl unabhängiger Serien erwarten wir jeden Wert eineinhalb mal, somit ist unsere durchschnittliche Erwartung gerade der Durchschnitt der beiden möglichen Werte. Der erwartete Wert für D_N ist dann $D_{N-1}^2 + 1$. *Allgemein* sollten wir für D_{N-1}^2 seinen „Erwartungswert" $\langle D_{N-1}^2 \rangle$ erwarten (per Definition). Also ist

$$\langle D_N^2 \rangle = \langle D_{N-1}^2 \rangle + 1. \tag{6.8}$$

Wir haben bereits gezeigt, daß $\langle D_1^2 \rangle = 1$; daraus folgt

$$D_N^2 = N, \tag{6.9}$$

ein besonders einfaches Resultat!

Wenn wir die Entfernung anstelle des Entfernungsquadrates zur Darstellung des „Fortschrittes vom Ausgangspunkt" bei einer zufälligen Wanderung verwenden wollen, dann können wir die „Wurzel des mittleren Abstandsquadrates" D_{rms}* nehmen:

$$D_{\text{rms}} = \sqrt{\langle D^2 \rangle} = \sqrt{N}. \tag{6.10}$$

Wir haben darauf hingewiesen, daß die zufällige Wanderung in ihrer Mathematik dem Spiel des Münzwerfens sehr ähnlich ist, das wir am Anfang dieses Kapitels behandelten. Wenn wir uns vorstellen, daß die Richtung eines jeden Schritts dem Auftreten von entweder Vorder- oder Rückseite beim Münzwurf entspricht, dann ist D gleich $N_V - N_R$, der Differenz zwischen der Anzahl der Vorder- und Rückseiten. Da $N_V + N_R = N$, die Gesamtzahl von Schritten (und Würfen), haben wir $D = 2N_V - N$. Wir haben bereits für die erwartete Verteilung von N_V (auch k genannt) einen Ausdruck abgeleitet und das

* rms = root-mean-square

Resultat Gl. (6.5) erhalten. Da N nur eine Konstante ist, haben wir die korrespondierende Verteilung für D. (Da für jede Vorderseite mehr als $N/2$ eine Rückseite „fehlt", haben wir den Faktor 2 zwischen N_V und D.) Die Kurven in Fig. 6–2 stellen die Verteilung der Entfernungen dar, welche wir in 30 willkürlichen Schritten erhalten würden (wobei $k = 15$ als $D = 0$ gelesen wird; $k = 16$ als $D = 2$ etc.).

Die Abweichung von N_V von seinem erwarteten Wert $N/2$ ist

$$N_V - \frac{N}{2} = \frac{D}{2}. \tag{6.11}$$

Der quadratische Mittelwert der Abweichung ist

$$\left(N_V - \frac{N}{2}\right)_{\text{rms}} = (\tfrac{1}{2})\sqrt{N}. \tag{6.12}$$

Von unserem Resultat für D_{rms} erwarten wir, daß die „typische" Entfernung bei 30 Schritten $\sqrt{30} = 5{,}5$ sein sollte, oder ein typisches k sollte etwa $5{,}5/2 = 2{,}8$ Einheiten von 15 liegen. Wir sehen, daß die „Breite" der Kurve in Fig. 6–2, gemessen von der Mitte, gerade etwa 3 Einheiten beträgt, und das ist in Übereinstimmung mit diesem Resultat.

Wir sind nun in der Lage, eine Frage zu erörtern, welche wir bisher vermieden haben. Wie sollen wir unterscheiden, ob eine Münze „ehrlich" oder ob sie „geladen" ist? Wir können nun darauf wenigstens eine Teilantwort geben. Für eine ehrliche Münze erwarten wir, daß der Bruchteil der Würfe, bei dem die Vorderseite erscheint, 0,5 ist, d. h.

$$\frac{\langle N_V \rangle}{N} = 0{,}5. \tag{6.13}$$

Wir erwarten *auch*, daß ein tatsächlich erzieltes N_V von $N/2$ um etwa $\sqrt{N}/2$ abweicht oder daß der *Bruchteil* um

$$\left(\frac{1}{N}\right)\frac{\sqrt{N}}{2} = \frac{1}{2\sqrt{N}}$$

abweicht. Je größer N ist, um so mehr erwarten wir, daß sich N_V/N dem Wert einhalb nähert.

In Fig. 6–6 haben wir den Bruchteil N_V/N für die Münzwürfe aufgetragen, über die schon früher in diesem Kapitel berichtet wurde. Wir sehen die Tendenz, daß sich für große N der Bruchteil der Vorderseiten dem Wert 0,5 nähert. Leider existiert für irgendeinen ausgewählten Wurf oder eine Serie von Würfen keine *Garantie*, daß die beobachtete Abweichung auch nur *nahe* bei der *erwarteten* Abweichung liegt.

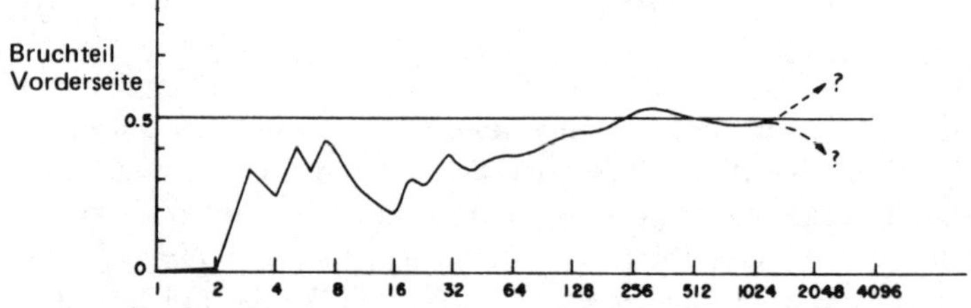

Fig. 6–6. Der Bruchteil der Würfe, der bei einer bestimmten Reihenfolge von N Würfen eines Pfennigs das Resultat Vorderseite erbrachte.

Es gibt immer eine endliche Chance dafür, daß eine große Schwankung – eine lange Serie von Vorder- oder Rückseiten – eine willkürlich große Abweichung ergibt. Wir können lediglich sagen: *Wenn* die Abweichung nahe beim erwarteten Wert $1/2\sqrt{N}$ liegt (sagen wir innerhalb eines Faktors 2 oder 3), so haben wir keinen Grund, die Ehrlichkeit der Münze anzuzweifeln. Wenn sie viel größer ist, so mögen Zweifel aufkommen, aber wir können nicht beweisen, daß die Münze geladen ist (oder daß der Werfer durchtrieben ist!).

Wir haben auch noch nicht erörtert, wie wir den Fall einer „Münze" oder eines ähnlichen „chancenbehafteten" Objektes behandeln müssen (sagen wir ein Stein, der immer in einer von zwei Positionen landet), von dem wir mit gutem Grund annehmen, daß eine unterschiedliche Wahrscheinlichkeit für Vorder- und Rückseite vorhanden sein *sollte*. Wir haben definiert $P(V) = \langle N_V \rangle / N$. Wie sollen wir wissen, was für N_V zu *erwarten* ist? In einigen Fällen ist es das beste, die Anzahl der erzielten Vorderseiten bei einer großen Anzahl von Würfen zu beobachten. Weil wir nichts Besseres haben, müssen wir $\langle N_V \rangle = N_V$ (beobachtet) setzen. (Wie könnten wir irgend etwas anderes erwarten?) Wir müssen uns jedoch klar sein, daß in einem solchen Fall ein anderes Experiment oder ein anderer Beobachter darauf schließen könnten, daß $P(V)$ verschieden wäre. Wir würden jedoch *erwarten*, daß die verschiedenen Antworten innerhalb der Abweichung $1/2\sqrt{N}$ (wenn $P(V)$ nahe bei einhalb liegt) übereinstimmen. Ein Experimentalphysiker sagt üblicherweise, daß eine „experimentell bestimmte" Wahrscheinlichkeit einen „Fehler" besitzt und schreibt

$$P(V) = \left(\frac{N_V}{N}\right) \pm \frac{1}{2\sqrt{N}}\,. \tag{6.14}$$

In einem solchen Ausdruck ist implizite enthalten, *daß* es eine „wahre" oder „korrekte" Wahrscheinlichkeit gibt, die berechnet werden *könnte*, wenn wir genug wüßten, und daß die Beobachtung aufgrund einer Schwankung „fehlerhaft" sein könnte. Jedoch gibt es keine Möglichkeit, solche Überlegungen logisch geschlossen zu formulieren. Es ist wahrscheinlich besser, einzusehen, daß der Wahrscheinlichkeitsbegriff in gewissem Sinne subjektiv ist, da er immer auf ungewisser Kenntnis basiert, und daß seine quantitative Bestimmung sich in dem Maße ändert, in dem wir mehr Information erhalten.

6–4 Eine Wahrscheinlichkeitsverteilung

Kehren wir nun zurück zur zufälligen Wanderung und betrachten eine Modifikation davon. Angenommen, daß zusätzlich zur zufälligen Wahl der *Richtung* (+ oder –) eines jeden Schritts ebenfalls die *Länge* jeden Schritts auf unvorhersehbare Weise variiert. Es sei die einzige Bedingung, daß die Schrittlänge im *Durchschnitt* eine Einheit beträgt. Dieser Fall stellt eher so etwas wie die thermische Bewegung eines Moleküls in einem Gas dar. Wenn wir die Länge eines Schrittes S nennen, dann kann S irgendeinen Wert besitzen, aber der häufigste Wert liegt „nahe" bei 1. Setzen wir also $\langle S^2 \rangle = 1$ oder, was das gleiche ist, $S_{\text{rms}} = 1$. Unsere Ableitung für $\langle D^2 \rangle$ erfolgt genau wie vorher, mit der Ausnahme, daß Gl. (6.8) nun geändert wird zu

$$\langle D_N^2 \rangle = \langle D_{N-1}^2 \rangle + \langle S^2 \rangle = \langle D_{N-1}^2 \rangle + 1. \tag{6.15}$$

Wie vorher haben wir

$$\langle D_N^2 \rangle = N. \tag{6.16}$$

Was würden wir nun für die Verteilung der Entfernungen D erwarten? Was ist z. B. die Wahrscheinlichkeit, daß nach 30 Schritten $D = 0$ ist? Die Antwort ist Null! Die Wahrscheinlichkeit ist Null, daß D ***irgendeinen besonderen*** Wert besitzt, weil keine Chance dafür existiert, daß die Summe der Rückwärtsschritte (mit unterschiedlichen Längen) genau gleich der Summe der Vorwärtsschritte ist. Wir können keine graphische Darstellung wie die in Fig. 6–2 angeben.

Wir können jedoch eine Darstellung ähnlich der in Fig. 6–2 erhalten, wenn wir nicht fragen, wie groß ist die Wahrscheinlichkeit, daß D genau gleich 0, 1 oder 2 ist, sondern wie groß die Wahrscheinlichkeit dafür ist, daß D *nahe* bei 0, 1 oder 2 liegt. Definieren wir $P(x, \Delta x)$ als die Wahrscheinlichkeit, daß D in einem Intervall Δx bei x (sagen wir von x bis $x + \Delta x$) liegt. Wir erwarten für kleine Δx, daß die Chance dafür, daß D in diesem Intervall landet, proportional zu Δx ist. Also können wir schreiben

$$P(x, \Delta x) = p(x)\,\Delta x. \tag{6.17}$$

Die Funktion $p(x)$ wird die *Wahrscheinlichkeitsdichte* genannt.

Die Form von $p(x)$ hängt ab von N, der Anzahl der zurückgelegten Schritte, und von der Verteilung der einzelnen Schrittlängen. Wir können hier nicht den Beweis demonstrieren, aber für große N ist $p(x)$ für alle vernünftigen Verteilungen der individuellen Schrittlängen das *gleiche* und hängt nur von N ab. In Fig. 6–7 haben wir $p(x)$ für drei Werte von N aufgetragen. Sie werden bemerken, daß die „Halbwertsbreiten" (typische Ausdehnung, gemessen von $x = 0$) dieser Kurven $\sqrt{N}$ ist. Wir haben gezeigt, daß es so sein sollte.

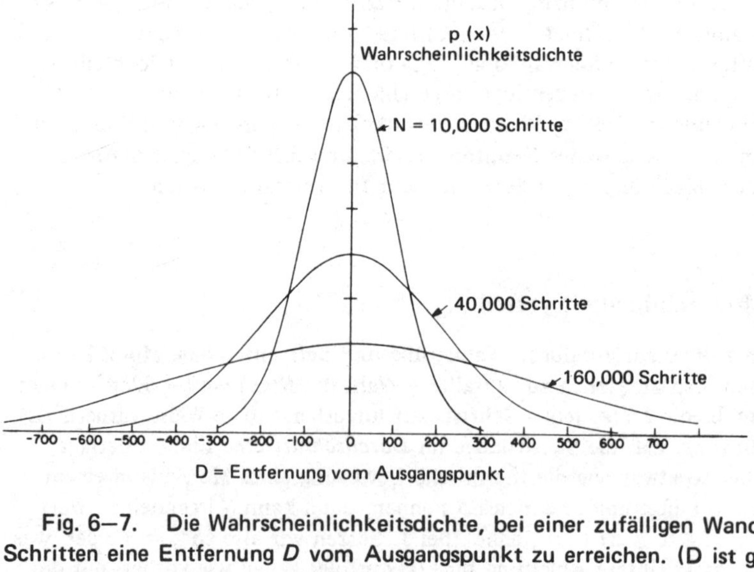

Fig. 6–7. Die Wahrscheinlichkeitsdichte, bei einer zufälligen Wanderung von N Schritten eine Entfernung D vom Ausgangspunkt zu erreichen. (D ist gemessen in Einheiten des quadratischen Mittelwertes).

Sie können auch sehen, daß der Wert von $p(x)$ in der Nähe von Null umgekehrt proportional zu $\sqrt{N}$ ist. Dies ist so, weil alle Kurven von ähnlicher Gestalt sind und ihre Flächen unter den Kurven alle gleich sein müssen. Da $p(x)\ \Delta x$ die Wahrscheinlichkeit ist, D in Δx zu finden, wenn Δx klein ist, können wir die Chance bestimmen, D *irgend-*

wo innerhalb eines willkürlichen Intervalls von x_1 bis x_2 zu finden. Wir teilen das Intervall in eine Anzahl

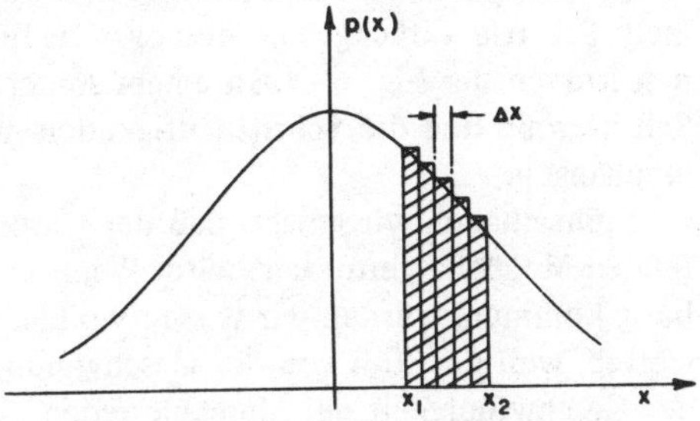

Fig. 6–8. Die Wahrscheinlichkeit, daß die bei einer zufälligen Wanderung zurückgelegte Entfernung D zwischen x_1 und x_2 liegt, ist die Fläche unter der Kurve $p(x)$ von x_1 bis x_2.

kleiner Abschnitte Δx auf und bestimmen die Summe der Glieder $p(x)\,\Delta x$ für jeden Abschnitt. Die Wahrscheinlichkeit, daß D irgendwo zwischen x_1 und x_2 liegt – wir schreiben sie $P(x_1 < D < x_2)$ – ist gleich der schraffierten Fläche in Fig. 6–8. Je kleiner wir die Abschnitte Δx wählen, um so genauer ist unser Resultat. Wir können daher schreiben

$$P(x_1 < D < x_2) = \sum p(x)\,\Delta x = \int_{x_1}^{x_2} p(x)\,dx. \qquad (6.18)$$

Die Fläche unter der gesamten Kurve ist die Wahrscheinlichkeit, daß D irgendwo liegt (d. h. *irgendeinen* Wert zwischen $x = -\infty$ und $x = +\infty$ besitzt). Diese Wahrscheinlichkeit ist gewiß 1. Wir müssen also haben, daß

$$\int_{-\infty}^{+\infty} p(x)\,dx = 1. \qquad (6.19)$$

Da die Kurven in Fig. 6–7 proportional mit $\sqrt{N}$ breiter werden, müssen ihre Höhen proportional zu $1/\sqrt{N}$ sein, damit die gesamte Fläche gleich 1 bleibt.

Der Wahrscheinlichkeitsdichtefunktion, die wir beschrieben haben, begegnet man normalerweise am häufigsten. Sie ist bekannt als die *normale* oder *Gaußsche* Wahrscheinlichkeitsdichte. Sie hat die mathematische Form

$$p(x) = \frac{1}{\sigma\sqrt{2\pi}}\, e^{-x^2/2\sigma^2}, \qquad (6.20)$$

wobei σ die *Standardabweichung* genannt wird. Sie ist in unserem Fall gegeben durch $\sigma = \sqrt{N}$. Wenn der quadratische Mittelwert der Schrittlänge von 1 verschieden ist, so ist $\sigma = \sqrt{N}\, S_{\text{rms}}$.

Wir haben vorher bemerkt, daß sich die Bewegung eines Teilchens in einem Gas wie eine zufällige Wanderung darstellen läßt. Angenommen, wir öffnen eine mit einer organischen Verbindung gefüllte Flasche und lassen etwas vom Dampf in die Luft entweichen. Wenn eine Luftbewegung vorhanden ist, wird die Luft den Dampf forttragen. Aber selbst bei *völliger Luftstille* wird sich der Dampf langsam ausbreiten – er wird diffundieren –, bis er den ganzen Raum durchdringt. Wir können ihn aufgrund seines Geruchs oder seiner Farbe bemerken. Die individuellen Moleküle des organischen Dampfes breiten sich in stillstehender Luft wegen der Molekularbewegung aus, die durch Zusammenstöße mit anderen Molekülen verursacht wird. Wenn wir die durchschnittliche „Schritt"-

Länge und die Anzahl der Schritte pro Sekunde kennen, so können wir die Wahrscheinlichkeit dafür finden, daß ein oder mehrere Moleküle in irgendeiner Entfernung von ihrem Ausgangspunkt nach irgendeiner Zeit gefunden werden. Mit zunehmender Zeit werden mehr Schritte zurückgelegt, und das Gas breitet sich aus wie bei den aufeinanderfolgenden Kurven der Fig. 6–7. In einem späteren Kapitel werden wir herausfinden, wie die Schrittgröße und die Schritthäufigkeiten mit der Temperatur und dem Gasdruck zusammenhängen.

Früher haben wir gesagt, daß der Gasdruck durch die auf die Gefäßwände auftreffenden Moleküle verursacht wird. Wenn wir später zu einer mehr quantitativen Beschreibung kommen, werden wir wissen wollen, wie schnell die Moleküle sind, wenn sie auftreffen, weil ihr Stoß von der Geschwindigkeit abhängt. Wir können jedoch nicht von *der* Geschwindigkeit der Moleküle reden. Man muß eine Wahrscheinlichkeitsbeschreibung anwenden. Ein Molekül kann irgendeine Geschwindigkeit besitzen, aber einige Geschwindigkeiten sind wahrscheinlicher als andere. Wir beschreiben diese Vorgänge durch folgende Aussage: Die Wahrscheinlichkeit, daß ein spezielles Molekül eine Geschwindigkeit zwischen v und $v + \Delta v$ besitzt, ist $p(v)\,\Delta v$, wobei $p(v)$, eine Wahrscheinlichkeitsdichte, eine bestimmte Funktion der Geschwindigkeit v ist. Wir werden später sehen, wie Maxwell durch Anwendung des gesunden Menschenverstandes und der Vorstellungen von Wahrscheinlichkeit einen mathematischen Ausdruck für $p(v)$ finden konnte. Die Form* der Funktion $p(v)$ ist in Fig. 6–9 gezeigt. Die Geschwindigkeiten können irgendeinen Wert besitzen, sie liegen jedoch am häufigsten beim wahrscheinlichsten oder Erwartungswert $\langle v \rangle$.

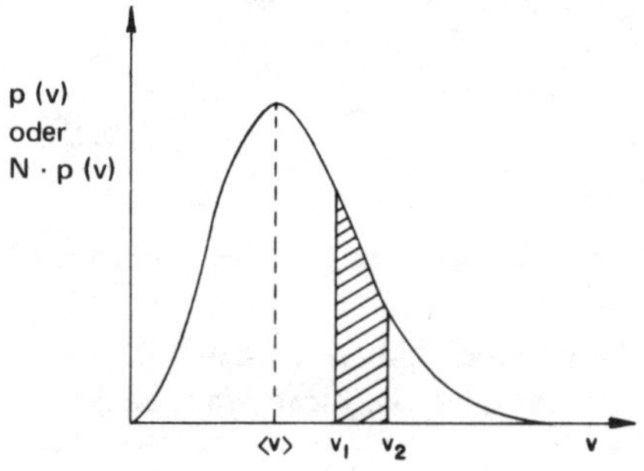

Fig. 6–9. Die Geschwindigkeitsverteilung der Moleküle in einem Gas.

Wir betrachten die Kurve in Fig. 6–9 häufig unter einem anderen Gesichtspunkt. Wenn wir die Moleküle in einem typischen Behälter (mit einem Volumen von etwa einem Liter) betrachten, so befindet sich darin eine sehr große Anzahl N von Molekülen ($N \approx 10^{22}$). Da $p(v)\,\Delta v$ die Wahrscheinlichkeit ist, daß *ein* Molekül seine Geschwindigkeit in Δv besitzt, meinen wir mit unserer Definition der Wahrscheinlichkeit, daß die *erwartete* Anzahl $\langle \Delta N \rangle$ mit einer Geschwindigkeit im Intervall Δv gegeben ist durch

$$\langle \Delta N \rangle = N p(v)\,\Delta v. \tag{6.21}$$

Wir nennen $Np(v)$ die „Geschwindigkeitsverteilung". Die Fläche zwischen zwei Geschwindigkeiten v_1 und v_2 unter der Kurve, z. B. die schraffierte Fläche in Fig. 6–9, stellt (für die Kurve $Np(v)$) die erwartete Anzahl von Molekülen mit Geschwindigkeiten

---

* Der Maxwellsche Ausdruck ist $p(v) = Cv^2 e^{-av^2}$, wobei a eine mit der Temperatur verknüpfte Konstante ist; C ist so gewählt, daß die gesamte Wahrscheinlichkeit Eins ist.

zwischen ν_1 und ν_2 dar. Da wir es bei Gasen üblicherweise mit großen Molekülzahlen zu tun haben, erwarten wir, daß die Abweichungen von den erwarteten Zahlen klein sind (wie $1/\sqrt{N}$). Somit reden wir häufig nicht von „erwarteten" Zahlen, sondern wir sagen statt dessen: „Die Anzahl von Molekülen mit Geschwindigkeiten zwischen ν_1 und ν_2 ist die Fläche unter der Kurve". Wir müssen uns jedoch daran erinnern, daß sich solche Aussagen immer auf *wahrscheinliche* Zahlen beziehen.

6–5 Das Unbestimmtheitsprinzip

Die Vorstellungen von Wahrscheinlichkeit sind gewiß nützlich zur Beschreibung des Verhaltens der 10^{22} oder so Moleküle in einer Gasprobe, denn es ist offensichtlich unpraktisch, auch nur zu versuchen, den Ort und die Geschwindigkeit eines jeden Moleküls zu registrieren. Als die Wahrscheinlichkeit zuerst auf solche Probleme angewandt wurde, betrachtete man sie als eine ***Bequemlichkeit*** – eine Methode zur Behandlung sehr komplexer Situationen. Wir wissen nun, daß die Vorstellungen über Wahrscheinlichkeit *wesentlich* sind für die Beschreibung atomarer Vorgänge. Nach der Quantenmechanik, der mathematischen Theorie der Teilchen, existiert immer eine Ungewißheit bei der *Angabe* von Positionen und Geschwindigkeiten. Wir können bestenfalls sagen, daß eine gewisse Wahrscheinlichkeit dafür existiert, daß irgendein Teilchen einen Ort nahe bei einer Koordinate x besitzt.

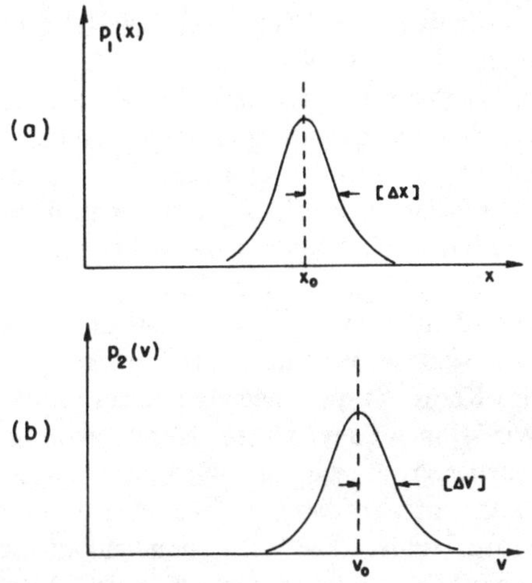

Fig. 6–10. Wahrscheinlichkeitsdichten für die Beobachtung des Ortes und der Geschwindigkeit eines Teilchens.

Wir können eine Wahrscheinlichkeitsdichte $p_1(x)$ angeben, so daß $p_1(x)\Delta x$ die Wahrscheinlichkeit dafür ist, daß sich das Teilchen zwischen x und $x + \Delta x$ befindet. Wenn das Teilchen hinreichend gut lokalisiert ist, sagen wir nahe bei x_1, so kann die Funktion $p_1(x)$ durch die Kurve in Fig. 6–10 (a) gegeben sein. Ähnlich müssen wir die Geschwindigkeit des Teilchens mit Hilfe einer Wahrscheinlichkeitsdichte $p_2(\nu)$ angegeben, wobei $p_2(\nu)\Delta\nu$ die Wahrscheinlichkeit ist, daß die Geschwindigkeit zwischen ν und $\nu + \Delta\nu$ ist.

Es ist eines der elementaren Resultate der Quantenmechanik, daß die beiden Funktionen $p_1(x)$ und $p_2(\nu)$ nicht unabhängig voneinander gewählt werden können. Insbesondere können beide nicht beliebig eng gemacht werden. Wenn wir die typische „Breite" der $p_1(x)$-Kurve $[\Delta x]$ nennen und die der $p_2(\nu)$-Kurve $[\Delta\nu]$ (wie in der Abbildung gezeigt), so verlangt die Natur, daß das *Produkt* der beiden Breiten mindestens so groß ist wie die Zahl h/m; dabei ist m die Teilchenmasse und h ist eine elementare physikalische Konstante, genannt das *Plancksche Wirkungsquantum*. Wir können diese fundamentale Beziehung schreiben als

$$[\Delta x] \cdot [\Delta v] \geq h/m. \tag{6.22}$$

Diese Gleichung ist eine Formulierung des *Heisenbergschen Unbestimmtheitsprinzips*, welches wir bereits erwähnt haben.

Da die rechte Seite von G. (6.22) eine Konstante ist, sagt diese Gleichung folgendes: Wenn wir versuchen, ein Teilchen „festzunageln", indem wir es zwingen, an einem bestimmten Ort zu sein, so wird es im Endeffekt eine große Geschwindigkeit besitzen. Oder wenn wir versuchen, es zu einer sehr langsamen Bewegung oder einer bestimmten Geschwindigkeit zu zwingen, dann „läuft es auseinander", so daß wir nicht genau wissen, wo es sich befindet. Teilchen verhalten sich sehr sonderbar!

Das Unbestimmtheitsprinzip beschreibt eine innere Verschwommenheit, die bei jedem Versuch der Naturbeschreibung existieren muß. Unsere präziseste Beschreibung der Natur *muß* durch *Wahrscheinlichkeiten* erfolgen. Es gibt Leute, die diese Art der Naturbeschreibung nicht mögen. Sie fühlen irgendwie, daß sie die Geschwindigkeit und Position gleichzeitig kennen könnten, wenn sie nur sagen könnten, was *wirklich* mit den Teilchen vor sich geht. In den Anfängen der Entwicklung der Quantenmechanik war Einstein sehr um dieses Problem besorgt. Er soll den Kopf geschüttelt und gesagt haben „Aber sicher wird Gott keine Würfel spielen, wenn er bestimmt, wie die Elektronen gehen sollten!" Er war über dieses Problem lange beunruhigt und hat sich wahrscheinlich nie richtig mit der Tatsache versöhnt, daß dies die beste Naturbeschreibung ist, die man geben kann. Es gibt noch immer einen oder zwei Physiker, die an diesem Problem arbeiten, die intuitiv der Überzeugung sind, daß es irgendwie möglich ist, die Welt auf andere Weise zu beschreiben, und daß diese ganze Ungewißheit der Dinge weggeräumt werden kann. Niemand war dabei bisher erfolgreich.

Die notwendige Ungewißheit bei unserer Angabe des Ortes eines Teilchens wird außerordentlich wichtig, wenn wir die Struktur von Atomen beschreiben wollen. Im Wasserstoffatom, welches einen Kern aus einem Proton besitzt und ein Elektron außerhalb des Kerns, ist die Ungewißheit des Ortes des Elektrons so groß wie das gesamte Atom! Wir können daher nie so richtig davon reden, daß sich das Elektron auf einer „Bahn" um das Proton bewegt. Wir können bestenfalls sagen, daß eine gewisse *Chance* $p(r)\Delta V$ dafür existiert, daß wir das Elektron in einem Volumenelement ΔV im Abstand r vom Proton finden. Die Wahrscheinlichkeitsdichte $p(r)$ wird durch die Quantenmechanik gegeben. Für ein ungestörtes Wasserstoffatom ist $p(r) = Ae^{-r^2/a^2}$, dies ist eine glockenförmige Funktion wie die in Fig. 6–8. Die Zahl a ist ein „typischer" Radius, bei dem die Funktion rapide abnimmt. Da nur eine kleine Wahrscheinlichkeit existiert, daß das Elektron in Abständen viel größer als a entfernt vom Kern gefunden wird, können wir uns a als den „Radius des Atoms" vorstellen, etwa 10^{-10} m.

Wir können ein Bild des Wasserstoffatoms entwerfen, wenn wir uns eine „Wolke" vorstellen, deren Dichte proportional der Wahrscheinlichkeitsdichte für die Beobachtung des Elektrons ist. Ein Beispiel einer solchen Wolke ist in Fig. 6–11 gezeigt. Somit ist unser bestes „Bild" eines Wasserstoffatoms ein Kern, umgeben von einer „Elektronenwolke" (obgleich wir *in Wirklichkeit* eine „Wahrscheinlichkeitswolke" meinen). Das Elektron befindet sich irgendwo, aber die Natur erlaubt uns nur, die *Chance* dafür zu kennen, daß es sich an irgendeinem speziellen Ort befindet.

Fig. 6–11. Eine Möglichkeit, sich das Wasserstoffatom vorzustellen. Die Dichte (Helligkeit) der Wolke stellt die Wahrscheinlichkeitsdichte für die Beobachtung des Elektrons dar.

Bei den Bemühungen, so viel wie möglich über die Natur zu lernen, hat die moderne Physik gefunden, daß gewisse Dinge nie mit Gewißheit bekannt sein können. Ein Großteil unserer Kenntnisse muß immer ungewiß bleiben. Das *äußerste*, was wir wissen können, ist in Wahrscheinlichkeiten ausgedrückt.

7 Die Gravitationstheorie

7–1 Planetenbewegungen

In diesem Kapitel werden wir eine der am weitesten reichenden Verallgemeinerungen des menschlichen Geistes diskutieren. Während wir den menschlichen Geist bewundern, sollten wir einen Augenblick in Ehrfurcht vor einer *Natur* verweilen, die mit derartiger Vollkommenheit und Allgemeinheit einem solch elegant simplen Prinzip wie dem Gesetz der Gravitation folgen kann. Was ist dieses Gesetz der Gravitation? Es besagt, daß jedes Objekt im Weltall jedes andere Objekt mit einer Kraft anzieht, welche für irgend zwei Körper proportional zu beiden Massen und umgekehrt proportional dem Quadrat der Entfernung zwischen ihnen ist. Diese Aussage kann mathematisch durch folgende Gleichung ausgedrückt werden:

$$F = G\frac{mm'}{r^2}.$$

Wenn wir die Tatsache hinzunehmen, daß ein Objekt auf eine Kraft reagiert durch Beschleunigung in Richtung der Kraft um einen Betrag, der umgekehrt proportional der Masse des Objektes ist, so haben wir alles Notwendige ausgesagt, denn ein hinreichend talentierter Mathematiker könnte dann alle Konsequenzen aus diesen beiden Prinzipien herleiten. Da von Ihnen jedoch nicht angenommen wird, daß sie schon hinreichend talentiert sind, werden wir die Konsequenzen eingehender diskutieren und Sie nicht einfach mit diesen beiden nackten Prinzipien allein lassen. Wir werden kurz die Entdekkungsgeschichte des Gravitationsgesetzes behandeln und einige seiner Konsequenzen diskutieren, seine historischen Wirkungen, die Rätsel, die durch ein solches Gesetz aufgegeben werden, und einige durch Einstein vorgenommene Verfeinerungen des Gesetzes; wir werden auch die Beziehungen dieses Gesetzes zu den anderen Gesetzen der Physik diskutieren. Das alles kann nicht in einem Kapitel geschehen, aber diese Themen werden zu gegebener Zeit in den folgenden Kapiteln behandelt.

Die Geschichte beginnt bei den Alten mit der Beobachtung der Planetenbewegungen unter den Sternen, woraus sie am Ende ableiten, daß die Planeten um die Sonne umlaufen. Diese Tatsache wurde später durch Kopernikus wiederentdeckt. Etwas mehr Arbeit war erforderlich für die Entdeckung, genau *wie* die Planeten die Sonne umlaufen, mit genau *welcher Bewegung*.

Zu Beginn des 15. Jahrhunderts gab es große Debatten darüber, ob sie wirklich die Sonne umlaufen oder nicht. Tycho Brahe hatte einen Gedanken, der sich von allen Vorschlägen der Alten unterschied: Sein Gedanke war es, daß diese Debatten über die Natur der Planetenbewegungen am besten beendet werden könnten, wenn die wirklichen Positionen der Planeten im Himmel hinreichend genau gemessen würden. Wenn die Messungen genau zeigten, wie sich die Planeten bewegen, dann würde es vielleicht möglich sein, den einen oder den anderen Gesichtspunkt zu bestätigen. Dies war ein gewaltiger Gedanke – daß es, um etwas herauszufinden, besser ist, einige sorgfältige Experimente auszuführen anstatt tiefe philosophische Überlegungen anzustellen. Bei Verfolgung dieses Gedankens hat Tycho Brahe die Planetenpositionen viele Jahre lang in seinem Observatorium auf der Insel Ven bei Kopenhagen studiert. Er stellte umfangreiche Tabellen auf, welche dann nach Tychos Tod durch den Mathematiker Kepler untersucht wurden. Kepler entdeckte aus den Daten einige wunderschöne und bemerkenswerte, aber simple Gesetze der Planetenbewegung.

7–2 Die Keplerschen Gesetze

Vor allem fand Kepler, daß jeder Planet die Sonne auf einer Kurve, *genannt Ellipse*, umläuft, wobei die Sonne im Brennpunkt der Ellipse steht. Eine Ellipse ist nicht einfach ein Oval, sondern sie ist eine sehr spezifische und präzise Kurve, welche mit zwei Stiften (in jedem Brennpunkt einen), einer Fadenschleife und einem Bleistift erhalten werden kann; mathematischer ausgedrückt ist sie der Ort aller der Punkte, deren Summe der Abstände von zwei festen Punkten (den Brennpunkten) konstant ist. Oder, wenn Sie so wollen, es ist ein verkürzter Kreis (Fig. 7–1).

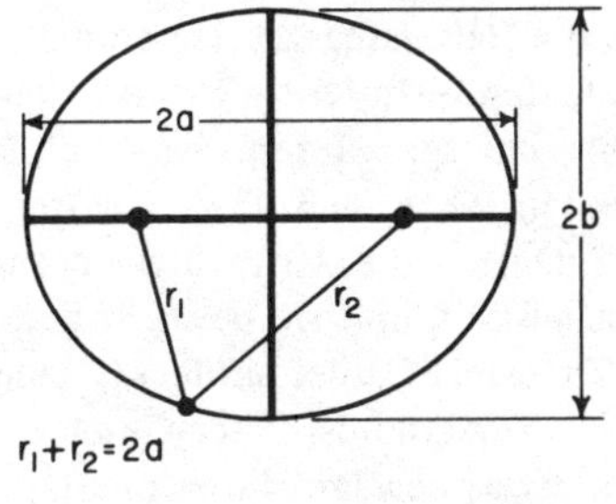

Fig. 7–1. Eine Ellipse.

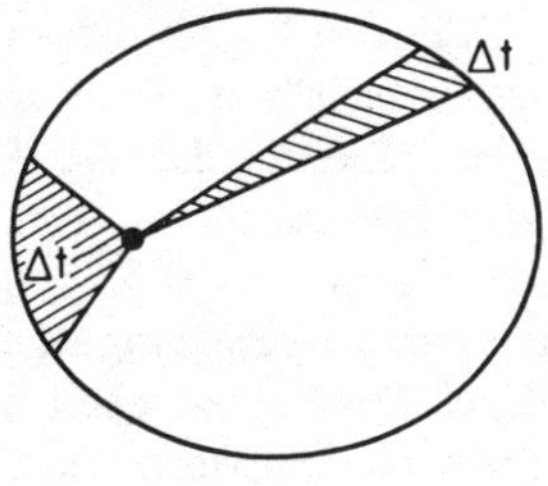

Fig. 7–2. Keplers Flächensatz.

Die zweite Keplersche Beobachtung war, daß die Planeten die Sonne nicht mit einer konstanten Geschwindigkeit umlaufen, sondern daß sie sich in Sonnennähe schneller bewegen und langsamer, wenn sie weiter von der Sonne entfernt sind. Dies erfolgt genau auf folgende Weise: Angenommen, ein Planet wird zu irgend zwei aufeinanderfolgenden Zeitpunkten beobachtet, sagen wir eine Woche auseinander, und der Radiusvektor* zum Planeten wird für jede beobachtete Position aufgezeichnet. Der vom Planeten während der Woche zurückgelegte Bogen und die beiden Radiusvektoren spannen eine bestimmte Fläche auf, die in Fig. 7–2 schraffierte Fläche. Wenn zwei ähnliche Beobachtungen im Abstand von einer Woche gemacht werden, wenn der Planet weiter von der Sonne entfernt ist (wo sich der Planet langsamer bewegt), so ist die auf gleiche Weise aufgespannte Fläche genauso groß wie im ersten Fall. Also ist in Übereinstimmung mit dem zweiten Keplerschen Gesetz die Bahngeschwindigkeit eines jeden Planeten so, daß der Radius gleiche Flächen in gleichen Zeiten „überstreicht".

Schließlich, viel später, entdeckte Kepler ein drittes Gesetz. Dieses Gesetz ist von ganz anderer Art als die beiden anderen, weil es sich nicht auf einen einzelnen Planeten bezieht, sondern einen Planeten mit einem anderen verknüpft. Dieses Gesetz sagt, daß beim Vergleich der Bahnperiode und der Bahngröße irgend zweier Planeten die Bahnperioden proportional der 3/2-Potenz der Bahngröße sind. Bei dieser Aussage ist die Periode das Zeitintervall, welches für einen kompletten Bahnumlauf benötigt wird, und die Bahngröße wird gemessen durch die Länge des größten Durchmessers der Ellipsenbahn, der

* Ein Radiusvektor ist eine Linie, gezeichnet von der Sonne zu irgendeinem Punkt auf der Planetenbahn.

technisch bekannt ist als Hauptachse. Einfacher ausgedrückt: Wenn die Planeten auf Kreisen umliefen, was sie nahezu tun, dann wäre die für den Kreisumlauf benötigte Zeit proportional der 3/2-Potenz des Durchmessers (oder des Radius). Damit lauten die drei Keplerschen Gesetze:

I. Jeder Planet bewegt sich um die Sonne auf einer Ellipse, in deren einem Brennpunkt die Sonne steht.
II. Der Radiusvektor von der Sonne zum Planeten überstreicht gleiche Flächen in gleichen Zeitintervallen.
III. Die Quadrate der Umlaufzeiten irgend zweier Planeten verhalten sich wie die Kuben der Hauptachsen ihrer Bahnen: $T \sim a^{3/2}$.

7–3 Die Entwicklung der Dynamik

Während Kepler diese Gesetze entdeckte, hat Galilei die Bewegungsgesetze studiert. Das Problem war: Was sorgt dafür, daß die Planeten umlaufen? (In jenen Tagen existierte eine Theorie, daß die Planeten durch unsichtbare Engel bewegt würden, die durch ihre Flügelbewegungen die Planeten vorwärts treiben. Sie werden sehen, daß diese Theorie nun abgeändert ist! Es zeigt sich, daß die unsichtbaren Engel für die Aufrechterhaltung der Planetenbewegung in einer anderen Richtung fliegen müssen, und sie besitzen keine Flügel. Davon abgesehen ist es eine irgendwie ähnliche Theorie!) Galilei entdeckte eine sehr bemerkenswerte Tatsache über Bewegung, die für das Verständnis dieser Gesetze wesentlich war. Das ist das *Trägheits*prinzip – wenn sich etwas bewegt, durch nichts berührt und vollkommen ungestört, so wird es immer weitergehen, mit konstanter Geschwindigkeit geradlinig dahintreibend. (*Warum* treibt es weiter dahin? Wir wissen es nicht, aber es ist so.)

Newton modifizierte diesen Gedanken durch die Aussage, daß die Bewegung eines Körpers nur durch Anwendung einer *Kraft* geändert werden kann. Wenn der Körper schneller wird, ist eine Kraft *in Bewegungsrichtung* ausgeübt worden. Wenn andererseits seine *Bewegungsrichtung verändert* wird, ist eine *seitwärts* gerichtete Kraft vorhanden. Newton hat somit den Gedanken hinzugefügt, daß zur Änderung der Geschwindigkeit *oder der Bewegungsrichtung* eines Körpers eine Kraft erforderlich ist. Wenn zum Beispiel ein Stein an einem Strick befestigt und im Kreis herumgewirbelt wird, so wird eine Kraft benötigt, um ihn auf dem Kreis zu halten. Wir müssen am Strick *ziehen*. In der Tat gilt das Gesetz, daß die durch die Kraft erzeugte Beschleunigung umgekehrt proportional der Masse ist, oder die Kraft ist proportional der Masse mal der Beschleunigung. Je massiver ein Ding ist, um so größer ist die zur Erzeugung einer bestimmten Beschleunigung erforderliche Kraft. (Die Masse kann gemessen werden durch Befestigung anderer Steine am gleichen Strick und durch Umlaufenlassen auf dem gleichen Kreis mit der gleichen Geschwindigkeit. Auf diese Weise ergibt sich, daß mehr oder weniger Kraft benötigt wird; das Objekt mit der größeren Masse benötigt mehr Kraft.) Die brillante Idee, die aus diesen Überlegungen hervorgeht, ist, daß keine *tangentielle* Kraft benötigt wird, um einen Planeten in seiner Bahn zu halten (die Engel müssen nicht in tangentieller Richtung fliegen), weil der Planet ohnehin in dieser Richtung dahinlaufen würde. Wenn überhaupt keine Störung vorhanden wäre, würde der Planet entlang einer *geraden Linie* weglaufen. Aber seine wirkliche Bewegung weicht von der Linie ab, entlang welcher der Körper gewandert wäre, wenn keine Kraft vorhanden sein würde. Die Abweichung ist im wesentlichen *rechtwinklig* zur Bewegung, nicht in der Bewegungsrichtung. Mit anderen Worten, wegen des Trägheitsprinzips ist die zur Steuerung der Bewegung eines Planeten um die Sonne benötigte Kraft nicht um die Sonne *herum* gerichtet, sondern zur Sonne *hin*. (Wenn es eine auf die Sonne gerichtete Kraft gibt, dann könnte natürlich die Sonne der Engel sein!)

7–4 Newtons Gravitationsgesetz

Aus seinem besseren Verständnis der Theorie der Bewegung hat es Newton richtig eingeschätzt, daß *die Sonne* der Sitz oder die Organisation der Kräfte sein könnte, welche die Bewegung der Planeten steuern. Newton bewies sich selbst (und vielleicht werden wir bald in der Lage sein, es zu beweisen), daß die Tatsache, daß gleiche Flächen in gleichen Zeiten überstrichen werden, ein präziser Wegweiser des Satzes ist, daß alle Abweichungen streng *radial* sind – daß der Flächensatz eine direkte Konsequenz der Idee ist, daß alle Kräfte exakt *zur Sonne hin* gerichtet sind.

Als nächstes ist es durch Analyse des dritten Keplerschen Gesetzes möglich, zu zeigen, daß mit zunehmender Entfernung der Planeten die Kräfte kleiner werden. Wenn zwei Planeten in verschiedenen Entfernungen von der Sonne miteinander verglichen werden, so zeigt die Analyse, daß die Kräfte umgekehrt proportional zu den Quadraten der entsprechenden Entfernungen sind. Mit Kombination der beiden Gesetze folgerte Newton, daß eine Kraft vorhanden sein muß, welche umgekehrt proportional dem Entfernungsquadrat entlang der Verbindungslinie der beiden Objekte wirkt.

Als ein Mann mit beachtlichem Empfinden für Verallgemeinerungen hat Newton natürlich angenommen, daß diese Beziehung allgemeinere Bedeutung besitzt als nur für die Sonne, welche die Planeten hält. Es war zum Beispiel bereits bekannt, daß um den Planeten Jupiter Monde umlaufen, genau wie der Mond um die Erde umläuft, und Newton hielt es für sicher, daß jeder Planet seinen Mond mit einer Kraft festhält. Er wußte bereits von der Kraft, die *uns* auf der Erde hält. Somit macht er den Ansatz, daß dies eine *universale Kraft* ist – *daß jedes Ding alle anderen Dinge anzieht*.

Das nächste Problem war, ob der Zug der Erde auf ihre Menschen der „gleiche" ist wie ihre Anziehung des Mondes, nämlich umgekehrt proportional dem Abstandsquadrat. Wenn ein Objekt an der Erdoberfläche nach Loslassen aus der Ruhelage in der ersten Sekunde 5 Meter fällt, wie weit fällt dann der Mond in der gleichen Zeit? Wir könnten sagen, daß der Mond überhaupt nicht fällt. Aber wenn keine Kraft auf den Mond einwirken würde, so liefe er geradlinig davon, jedoch bewegt er sich statt dessen auf einem Kreis. Also *fällt* er wirklich nach *innen* im Vergleich zu der Position, wo er sich befände, wenn überhaupt keine Kraft vorhanden wäre.

Aus dem Radius der Mondbahn (etwa 385 000 km) und der Zeit für einen Erdumlauf (angenähert 29 Tage) können wir berechnen, wie weit sich der Mond auf seiner Bahn in einer Sekunde bewegt, und daraus, um wieviel er in einer Sekunde fällt.* Diese Entfernung ergibt sich grob als 0,13 cm in einer Sekunde. Das stimmt sehr gut mit dem Gesetz des umgekehrten Abstandsquadrates überein, denn der Erdradius beträgt 6371 km, und wenn etwas im Abstand 6371 km vom Erdzentrum 5 Meter pro Sekunde fällt, dann sollte etwas im Abstand von 385 000 km oder etwas 60 mal soweit Entferntes nur 1/3600 von 5 m fallen. Und das ist in grober Näherung 0,13 cm. Newton, der seine Gravitationstheorie durch eine ähnliche Berechnung nachprüfen wollte, führte seine Berechnungen sehr sorgfältig aus und fand eine so große Abweichung, daß er seine Theorie als durch die Fakten widerlegt betrachtete. Er publizierte seine Resultate nicht. Nach sechs

---

* Das heißt, wie weit die Mondbahn unter die Tangente an den Punkt, an dem sich der Mond vor einer Sekunde befand, abgefallen ist.

Jahren zeigte eine neue Messung der Größe der Erde, daß die Astronomen eine falsche Entfernung des Mondes benutzt hatten. Als Newton davon hörte, führte er seine Berechnungen erneut mit den korrigierten Größen aus und erhielt wunderschöne Übereinstimmungen.

Diese Idee, daß der Mond „fällt", ist etwas verwirrend, weil er nicht *näherkommt,* wie man sehen kann. Die Idee ist hinreichend interessant, daß sie eine weitere Erklärung verdient: Der Mond fällt in dem Sinn, *daß er von der geraden Linie abfällt, die er bei Abwesenheit von Kräften beschreiben würde.* Nehmen wir ein Beispiel an der Erdoberfläche. Ein in der Nähe der Erdoberfläche losgelassenes Objekt wird in der ersten Sekunde 5 m fallen. Ein *horizontal* abgefeuertes Objekt wird ebenfalls 5 m fallen; selbst wenn es sich horizontal bewegt, fällt es die gleichen 5 m in der gleichen Zeit. Fig. 7–3 zeigt

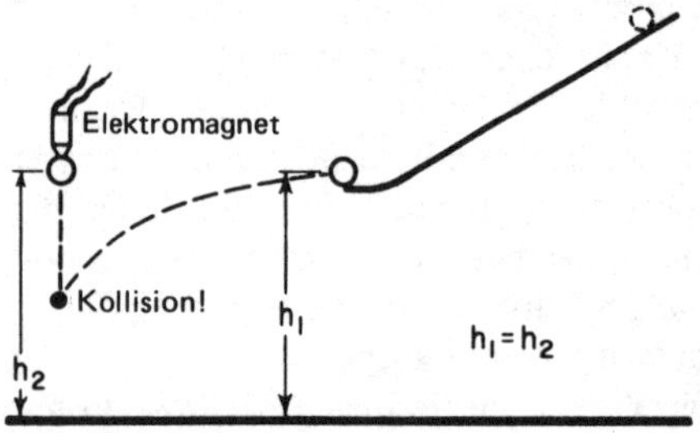

Fig. 7–3. Apparat zur Demonstration der Unabhängigkeit von vertikaler und horizontaler Bewegung.

einen Apparat zur Demonstration dieses Sachverhaltes. Auf der horizontalen Schiene ist ein Ball, welcher eine kleine Entfernung horizontal vorwärts getrieben wird. Auf der gleichen Höhe ist ein Ball, der vertikal fällt. Ein elektrischer Schalter ist so angeordnet, daß in dem Augenblick, in dem der erste Ball die Schiene verläßt, der zweite Ball losgelassen wird. Daß sie in der gleichen Tiefe zur gleichen Zeit anlangen, wird bestätigt durch den Umstand, daß sie in der Luft kollidieren. Ein Objekt, wie ein Geschoß, das horizontal abgefeuert wird, mag in einer Sekunde einen weiten Weg zurücklegen – vielleicht 600 m – aber es wird trotzdem 5 m fallen, wenn horizontal gezielt wird. Was ereignet sich, wenn wir das Geschoß schneller und schneller abschießen? Vergessen Sie nicht, daß die Erdoberfläche gekrümmt ist. Wenn wir es schnell genug abfeuern, dann kann es sich nach Durchfallen der 5 m auf der gleichen Höhe über der Erde befinden, die es vorher hatte. Wie ist das möglich? Es fällt, aber die Erde krümmt sich weg; es fällt also um die Erde „herum". Die Frage ist, wie weit es in einer Sekunde wandern muß, damit die Erde 5 m unter dem Horizont ist. In Fig. 7–4 sehen wir die Erde mit ihrem 6371 km

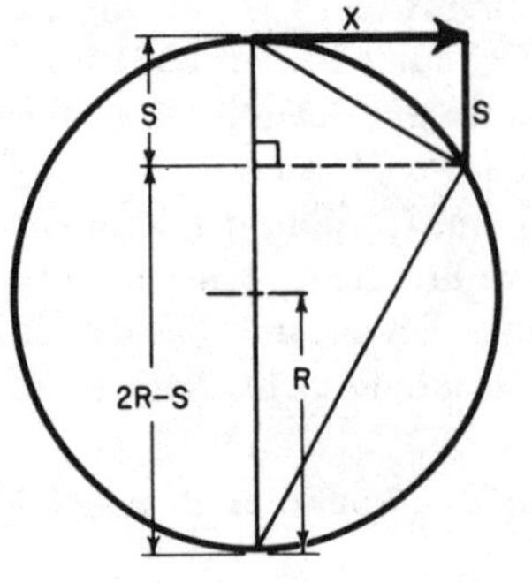

Fig. 7–4. Beschleunigung zum Mittelpunkt einer Kreisbahn. Aus der Geometrie ergibt sich $x/s = (2R - s)/x \approx 2R/x$, wobei R der Erdradius ist (6367 km); x ist die während einer Sekunde zurückgelegte „horizontale" Entfernung und s ist die in einer Sekunde „durchfallene" Entfernung (5 m).

Radius und die tangentielle, geradlinige Bahn, die das Geschoß beschreiben würde, wenn keine Kraft vorhanden wäre. Wenn wir nun eines dieser wundervollen Theoreme der Geometrie verwenden, welches sagt, daß unsere Tangente gleich dem geometrischen Mittel der beiden Teile des durch eine gleich große Sehne geteilten Durchmessers ist, so sehen wir, daß die zurückgelegte horizontale Entfernung das geometrische Mittel zwischen den durchfallenen 5 m und den 12 800 km Durchmesser der Erde ist. Die Quadratwurzel von $2 \cdot 0{,}005 \cdot 6400$ ist sehr nahe bei 8 km. Also sehen wir, daß ein Geschoß mit einer Geschwindigkeit 8 km pro Sekunde mit der gleichen Rate von 5 m pro Sekunde zur Erde fällt, aber es wird nie näher kommen, weil sich die Erde von ihm wegkrümmt. Auf diese Weise konnte sich Gagarin im Weltraum halten, als er 40 000 km mit etwa 8 km pro Sekunde um die Erde lief. (Er benötigte etwas mehr Zeit, weil er etwas höher war.)

Jede großartige Entdeckung eines neuen Gesetzes ist nur dann nützlich, wenn wir mehr herauskriegen als wir hineingesteckt haben. Nun, Newton *benutzte* das zweite und das dritte Keplersche Gesetz, um sein Gravitationsgesetz herzuleiten. Was hat er *vorhergesagt*? Erstens war seine Analyse der Mondbewegung eine Vorhersage, weil sie eine Verbindung zwischen dem Fallen eines Objektes auf der Erdoberfläche mit dem des Mondes herstellte. Zweitens ist es die Frage: *Ist die Bahn eine Ellipse*? Wir werden in einem späteren Kapitel sehen, wie es möglich ist, die Bewegung genau zu berechnen. Und in der Tat kann man beweisen, daß sie eine Ellipse* sein sollte. Also werden keine zusätzlichen Fakten zur Erklärung des *ersten* Keplerschen Gesetzes benötigt. Auf diese Weise machte Newton seine erste inhaltsreiche Vorhersage.

Das Gravitationsgesetz interpretiert viele vorher nicht verstandene Phänomene. Zum Beispiel werden durch die Anziehung des Mondes die Gezeiten verursacht – bis dahin war dies mysteriös. Der Mond zieht das unter ihm befindliche Wasser an und erzeugt die Gezeiten – schon früher hatten Menschen daran gedacht, jedoch waren sie nicht so gescheit wie Newton, und somit dachten sie, daß nur eine Tide während des Tages sein sollte. Die Argumentation war, daß der Mond das Wasser unter sich anzieht, dadurch das Hochwasser und das Niedrigwasser erzeugt, und da die Erde darunter rotiert, geht die Tide an einer Stelle alle 24 Stunden auf- und ab. Tatsächlich geht die Tide in 12 Stunden auf und ab. Eine andere Schule behauptete, daß die Flut auf der anderen Seite der Erde sein sollte, weil, so argumentierten sie, der Mond die Erde vom Wasser wegzieht! Diese Theorien sind beide falsch. Tatsächlich funktioniert es folgendermaßen: Die Anziehung des Mondes auf die Erde und auf das Wasser ist im Zentrum „ausgewogen". Aber das Wasser, welches näher am Mond ist, wird

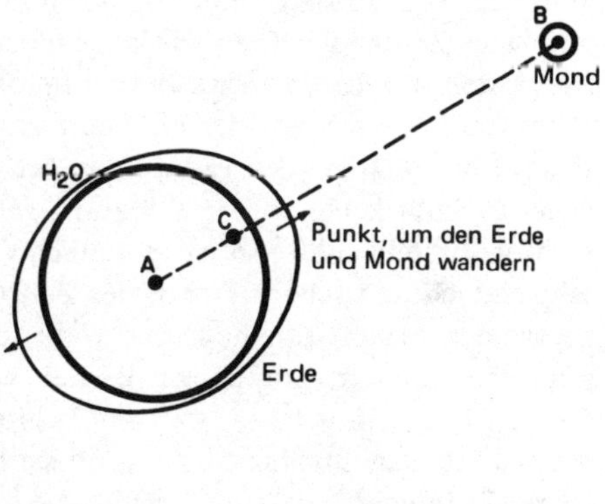

Fig. 7–5. Das Erde-Mond-System mit Gezeiten.

* Der Beweis wird in diesem Kurs nicht gegeben.

mehr und das weiter entfernte Wasser wird ***weniger*** als der Durchschnitt angezogen. Weiterhin kann das Wasser fließen, während die starre Erde das nicht kann. Das wahre Bild ist eine Kombination dieser beiden Dinge.

Was meinen wir mit „ausgewogen"? Was ist ausgewogen? Wenn der Mond die gesamte Erde zu sich zieht, warum fällt dann die Erde nicht direkt „hinauf" zum Mond? Weil sich die Erde des gleichen Tricks bedient wie der Mond, sie wandert auf einem Kreis um einen Punkt im Erdinnern, der jedoch nicht das Zentrum ist. Der Mond läuft nicht einfach um die Erde, die Erde und der Mond wandern beide um eine zentrale Position, jedes fällt in Richtung dieser gemeinsamen Position, wie in Fig. 7–5 gezeigt. Diese Bewegung um ein gemeinsames Zentrum ist es, was den Fall beider ausgleicht. So bewegt sich die Erde auch nicht auf einer geraden Linie; sie wandert auf einem Kreis. Das Wasser an der entfernten Seite ist „unausgewogen" weil die Anziehung des Mondes dort schwächer ist als im Erdzentrum, wo sie nur die „Zentrifugalkraft" ausgleicht. Das Resultat dieses Ungleichgewichtes ist, daß das Wasser vom Erdzentrum weg ansteigt. An der nahen Seite ist die Anziehung durch den Mond stärker, und das Ungleichgewicht ist in der entgegengesetzten Richtung, aber wiederum vom Erdzentrum *weggerichtet*. Das Gesamtresultat sind *zwei* Gezeitenbäuche.

7–5 Universale Gravitation

Was können wir noch verstehen, wenn wir die Gravitation verstehen? Jedermann weiß, daß die Erde rund ist. Warum ist die Erde rund? Das ist leicht; es wird durch die Gravitation verursacht. Man kann verstehen, daß die Erde rund ist, einfach, weil jedes Ding alle anderen anzieht, und so hat sie sich so weit zusammengezogen wie sie nur kann! Wenn wir noch weiter gehen, so ist die Erde keine *exakte* Kugel, weil sie rotiert, und dadurch kommen Zentrifugaleffekte zustande, welche dahin tendieren, der Gravitation in Äquatornähe entgegenzuwirken. Es zeigt sich, daß die Erde elliptisch sein sollte, und wir erhalten sogar die richtige Gestalt der Ellipse. Auf diese Weise können wir lediglich aus dem Gravitationsgesetz ableiten, daß die Sonne, der Mond und die Erde (nahezu) Kugeln sein sollten.

Was können wir noch mit dem Gravitationsgesetz unternehmen? Wenn wir die Jupitermonde betrachten, so können wir alles über die Art ihrer Bewegungen um den Planeten verstehen. Nebenbei bemerkt gab es einmal eine gewisse Schwierigkeit mit den Jupitermonden, die erwähnenswert ist. Diese Satelliten wurden sehr sorgfältig von Römer beobachtet, welcher bemerkte, daß die Monde manchmal nach ihrem Fahrplan zu früh und manchmal zu spät sind. (Man kann ihren Fahrplan bestimmen, indem man über eine sehr lange Zeit beobachtet, wie lange die Monde durchschnittlich für den Umlauf benötigen.) Nun waren sie *eher* da, wenn Jupiter besonders *nahe* der Erde war, und sie waren *verspätet*, wenn Jupiter *weiter* von der Erde entfernt war. Dies wäre sehr schwer aus der Gravitationstheorie zu erklären – es wäre in der Tat der Untergang dieser wundervollen Theorie, wenn es dafür keine andere Erklärung gäbe. Wenn ein Gesetz auch nur *an einem Ort* nicht gültig sein sollte, so ist es einfach falsch. Aber der Grund für diese Diskrepanz war sehr einfach und schön: Wegen der Zeit, die das Licht benötigt, um von Jupiter zur Erde zu wandern dauert es eine kleine Weile, ehe man die Jupitermonde *sehen* kann. Wenn Jupiter näher an der Erde ist, ist die Zeit etwas kürzer, und wenn er weiter entfernt ist, ist die Zeit länger. Das ist es, warum die Monde im Durchschnitt ein wenig vor- oder ein wenig nacheilen, abhängig davon, ob sie näher oder weiter von der Erde entfernt sind. Dieses Phänomen zeigte, daß sich das Licht nicht momentan ausbreitet, und es lieferte die erste Abschätzung der Lichtgeschwindigkeit. Das war 1656.

Wenn alle Planeten einander anziehen und schieben, dann ist die Kraft, welche – sagen wir – Jupiter auf seinem Umlauf um die Sonne steuert, nicht nur die von der Sonne wirkende Kraft; da existiert auch eine Anziehung, sagen wir, von Saturn. Diese Kraft ist nicht groß, weil die Sonne mehr Masse besitzt als Saturn, aber *etwas* Anziehung ist vorhanden, und somit sollte die Jupiterbahn keine perfekte Ellipse sein, und sie ist es nicht. Sie weicht ein klein wenig davon ab und „wobbelt" um die korrekte elliptische Bahn. Solch eine Bewegung ist ein wenig komplizierter. Versuche wurden unternommen, die Bewegung von Jupiter, Saturn und Uranus auf der Basis der Gravitation zu analysieren. Die Einwirkungen jedes dieser Planeten auf die anderen wurden berechnet, um zu sehen, ob die winzigen Abweichungen und Irregularitäten dieser Bewegungen vollständig durch dieses Gesetz erklärt werden oder nicht. Und siehe da, für Jupiter und Saturn war alles gut, aber Uranus war „sonderbar". Er verhielt sich sehr eigenartig. Er bewegte sich nicht auf einer perfekten Ellipse, aber das war verständlich wegen der Anziehungen durch Jupiter und Saturn. Aber selbst wenn diese Anziehungen berücksichtigt wurden, bewegte sich Uranus *noch immer nicht* richtig. Also waren die Gravitationsgesetze in Gefahr, umgeworfen zu werden, eine nicht auszuschließende Möglichkeit. Zwei Männer, Adams und Leverrier, kamen unabhängig voneinander in England und in Frankreich zu einer anderen Erklärung: Vielleicht ist da *noch ein* Planet, dunkel und unsichtbar, den die Menschen noch nicht gesehen hatten. Dieser Planet, N, könnte Uranus anziehen. Sie berechneten, wo ein solcher Planet sein müßte, um die beobachtete Störung zu erzeugen. Sie sandten den entsprechenden Observatorien Nachrichten mit dem Inhalt „Meine Herren, richten Sie ihr Teleskop auf den und den Punkt, und Sie werden einen neuen Planeten sehen". Ob einer sochen Aussage Glauben geschenkt wird, hängt häufig davon ab, mit wem man zusammenarbeitet. Sie beachteten Leverrier; sie sahen nach, und da war Planet N! Das andere Observatorium beeilte sich dann und beobachtete ihn während der nächsten Tage ebenfalls.

Diese Entdeckung zeigt, daß die Newtonschen Gesetze im Sonnensystem absolut gültig sind; aber reichen sie über die relativ kleinen Entfernungen der nächst benachbarten Planeten hinaus? Der erste Test hierzu ist in dieser Frage enthalten: *Ziehen* die *Sterne einander* an, wie es die Planeten tun? Wir besitzen sichere Beweise, daß dies bei *Doppelsternen* der Fall ist. Fig. 7–6 zeigt einen Doppelstern – zwei Sterne sehr nahe beieinander (im Bild ist auch ein dritter Stern zu sehen, so daß wir kontrollieren können, daß das Foto nicht verdreht wurde). Die zweite

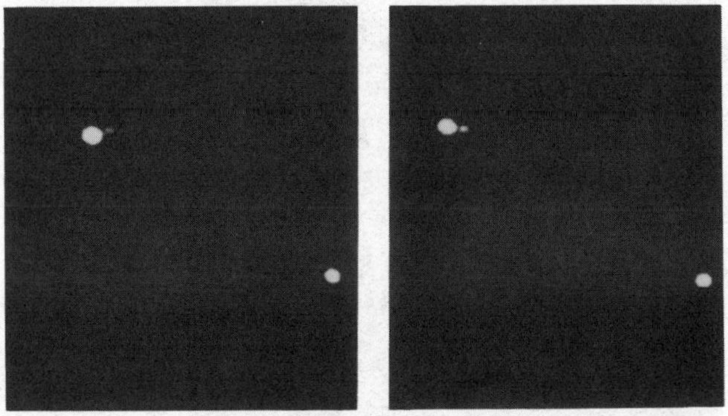

Fig. 7–6.
Ein Doppelsternsystem.

Aufnahme zeigt, wie die Sterne mehrere Jahre später aussehen. Wir sehen, daß die Achse des Paares relativ zum „fixierten" Stern rotiert ist, das heißt, die beiden Sterne umlaufen einander. Rotieren sie in Übereinstimmung mit den Newtonschen Gesetzen? Sorgfältige Messungen der relativen Positionen eines solchen Doppelsternsystems sind in Fig. 7–7 gezeigt. Wir sehen da eine wunderschöne Ellipse, die Messungen beginnen 1862 und gehen bis 1904 (bis jetzt müssen sie noch einmal herumgegangen sein). Alles stimmt mit den Newtonschen Gesetzen überein, ausgenommen, daß der Stern Sirius A *nicht im Brennpunkt steht*. Warum sollte das so sein? Weil sich die Ebene der Ellipse nicht in der „Ebene des Himmels" befindet. Wir betrachten die Bahnebene nicht unter einem rechten Winkel, und wenn die Ellipse unter schiefem Winkel betrachtet wird, bleibt sie eine Ellipse, aber der Brennpunkt befindet sich nicht mehr am gleichen Ort. Also können wir umeinander umlaufende Doppelsterne in Übereinstimmung mit den Forderungen des Gravitationsgesetzes analysieren.

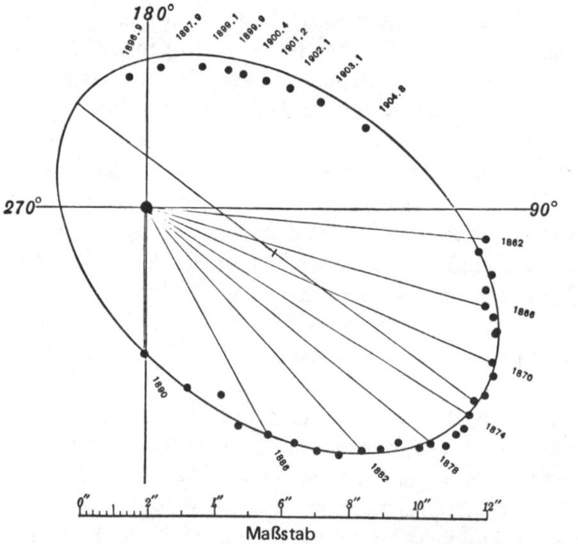

Fig. 7–7. Bahn von Sirius *B* relativ zu Sirius *A*.

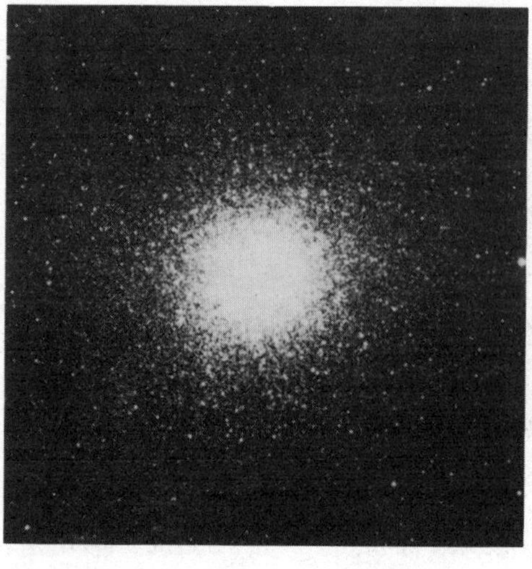

Fig. 7–8. Ein kugelförmiger Sternenhaufen.

Daß das Gravitationsgesetz für noch größere Entfernungen gilt, ist in Fig. 7–8 gezeigt. Wer darin keine Gravitation wirken sieht, der hat keine Seele. Diese Abbildung zeigt eines der wunderbarsten Dinge am Himmel – einen kugelförmigen Sternenhaufen. Alle die Punkte sind Sterne. Obgleich es so aussieht, als ob sie nahe dem Zentrum dicht gepackt seien, beruht dies auf der Unzulänglichkeit unserer Instrumente. In der Tat sind die Entfernungen selbst zwischen den Sternen im Zentrum sehr groß, und sie kollidieren sehr selten. Es befinden sich mehr Sterne innen als weiter außen, und je weiter man nach außen geht, um so weniger werden es. Offensichtlich ist eine Anziehung zwischen diesen Sternen vorhanden. Es ist klar, daß Gravitation bei diesen großen Dimensionen existiert, vielleicht der hunderttausendfachen Größe des Solarsystems. Gehen wir noch weiter und betrachten wir eine *gesamte Galaxie*, wie in Fig. 7–9 gezeigt. Die Gestalt dieser Galaxie deutet auf eine offensichtliche Tendenz zur Zusammenballung ihrer Masse. Natürlich können wir nicht beweisen, daß das Gesetz hier genau umgekehrt quadratisch ist; es ist jedoch bei diesen enormen Dimensionen noch immer eine Anziehung vorhanden, die das gesamte Ding zusammenhält. Man mag sagen „fein, das ist alles sehr gescheit, aber warum ist es nicht einfach eine Kugel?" Weil es *rotiert* und einen *Drehimpuls* besitzt, welcher bei der Kontraktion nicht abgegeben werden kann; es muß vorwiegend in einer Ebene kontrahieren. (Nebenbei, wenn Sie nach einem guten Problem Ausschau halten: Die genauen Details, wie die Arme gebildet werden und was die Formen dieser Galaxien bestimmt, sind bisher noch nicht ausgearbeitet worden.) Es ist jedoch klar, daß die Gestalt der Galaxie durch Gravitation bestimmt wird, selbst wenn die Kompliziertheit ihrer Struktur uns bisher noch nicht erlaubt hat, sie ganz zu analysieren. In einer Galaxie haben wir Dimensionen von vielleicht 50.000 bis 100.000 Lichtjahren. Die Entfernung der Erde von der Sonne beträgt $8\frac{1}{3}$ Licht*minuten*, also können Sie sehen, wie groß diese Dimensionen sind.

Fig. 7–9. Eine Galaxie.

Gravitation scheint auch in noch größeren Dimensionen zu existieren wie in Fig. 7–10 angedeutet, wo viele „kleine" Dinge zusammengehäuft sind. Das ist ein *Haufen von Galaxien*, genau wie ein Sternenhaufen. Also ziehen Galaxien einander auf solche Entfernungen an, da auch sie sich in Haufen zusammenballen. Vielleicht existiert Gravitation sogar über Entfernungen in der Größenordnung von *zigmillionen* Lichtjahren; soweit wir jetzt wissen, scheint Gravitation unendlich weit hinauszureichen mit dem umgekehrten Abstandsquadrat.

Fig. 7–10. Ein Haufen von Galaxien.

Wir können nicht nur die Nebel mit Hilfe des Gravitationsgesetzes verstehen, sondern wir erhalten sogar einige Vorstellungen über den Ursprung der Sterne. Wenn wir eine große Wolke aus Staub und Gas haben wie in Abbildung 7–11, dann könnte die gegenseitige Gravitationsanziehung der Staubteilchen die Bildung kleiner Klumpen bewirken. Kaum sichtbar sind in diesem Bild „kleine" schwarze Flecken, welche der Anfang von Ansammlungen von Staub und Gasen sein können, die durch ihre Gravitation Sterne zu bilden beginnen. Ob wir je die Bildung eines Sternes beobachtet haben oder nicht, ist noch umstritten. Fig. 7–12 zeigt den einen Beweis, welcher dies anscheinend bestätigt. Links ist ein Bild eines Gasbereiches mit einigen Sternen, das 1947 aufgenommen wurde; rechts ist ein nur sieben Jahre später aufgenommenes Bild, welches zwei neue helle Flek-

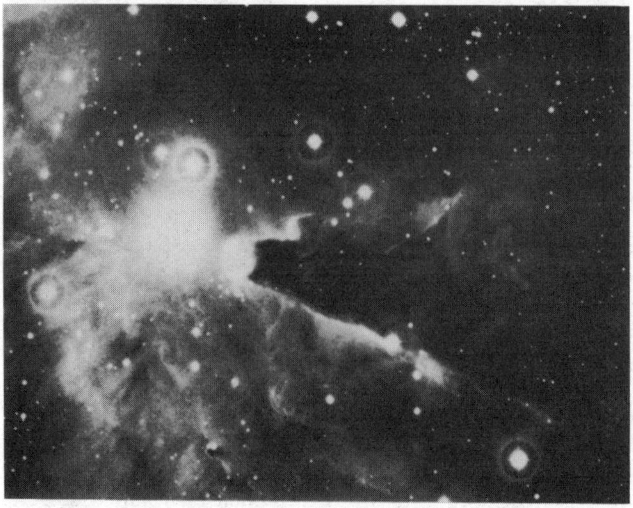

Fig. 7–11. Eine Interstellare Nebelwolke.

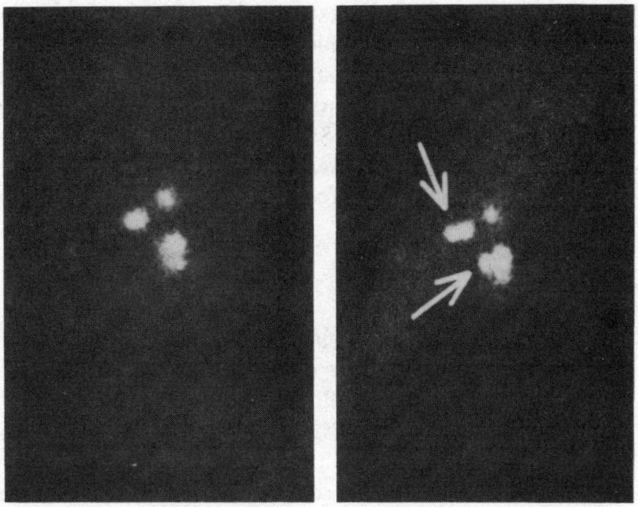

Fig. 7–12. Die Bildung neuer Sterne?

ke zeigt. Hat sich Gas angesammelt, hat die Gravitation stark genug gewirkt und es in eine große Kugel konzentriert, die groß genug ist, daß im Inneren die stellare Kernreaktion beginnt und es in einen Stern verwandelt? Vielleicht, und vielleicht auch nicht. Es ist unwahrscheinlich, daß wir in nur sieben Jahren so glücklich sein sollten, einen Stern bei seiner Umwandlung in eine sichtbare Gestalt zu sehen; noch viel weniger wahrscheinlich ist es, daß wir *zwei* sehen sollten!

7–6 Cavendishs Experiment

Gravitation wirkt also über enorme Entfernungen. Aber wenn eine Kraft zwischen *allen möglichen* Paaren von Objekten existiert, so sollten wir in der Lage sein, die Kraft zwischen unseren eigenen Objekten zu messen. Anstatt die Sterne bei ihrem Umlauf zu beobachten, können wir nicht eine Bleikugel und eine Murmel nehmen und beobachten, wie sich die Murmel auf die Bleikugel zu bewegt? Die Schwierigkeit dieses Experiments ist bei dieser simplen Ausführung die Winzigkeit oder Feinheit der Kraft. Es muß mit größter

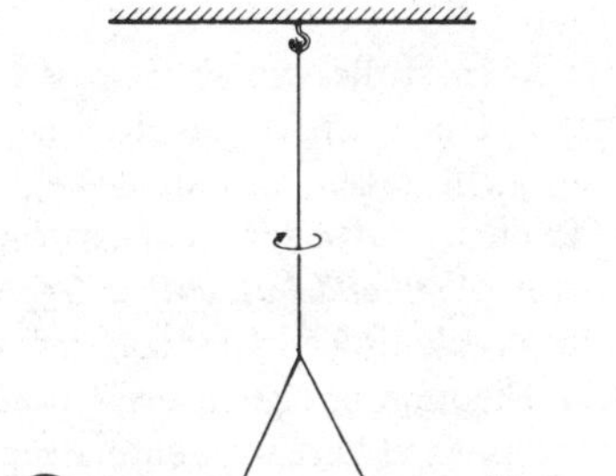

Fig. 7–13. Vereinfachte Darstellung der von Cavendish benutzten Apparatur zum Nachweis des Gesetzes der universalen Gravitation für kleine Objekte und zur Messung der Gravitationskonstanten *G*.

Sorgfalt ausgeführt werden, und das heißt Abdeckung des Apparates zur Vermeidung von Lufteinflüssen, Vermeidung elektrischer Aufladungen usw; dann kann die Kraft gemessen werden. Sie wurde zuerst von Cavendish mit einem Apparat gemessen, der in

Fig. 7–13 schematisch dargestellt ist. Damit wurde zunächst die direkte Kraft zwischen zwei großen, feststehenden Bleikugeln und zwei kleineren Bleikugeln demonstriert. Dabei sind die kleinen Kugeln an den Enden eines Armes befestigt, der seinerseits an einem sehr feinen Faden, genannt Torsionsfaden, aufgehängt ist. Durch Messung der Fadentorsion kann man die Stärke der Kraft messen, kann verifizieren, daß sie umgekehrt proportional dem Entfernungsquadrat ist, und bestimmen, wie stark sie ist. Auf diese Weise kann man den Koeffizienten G in der folgenden Formel genau bestimmen:

$$F = G\frac{mm'}{r^2}.$$

Alle Massen und Entfernungen sind bekannt. Sie sagen: „Wir wußten dies bereits für die Erde". Ja, aber die *Masse* der Erde war uns unbekannt. Indem wir G aus diesem Experiment kennen und mit Hilfe der bekannten Stärke der Erdanziehung können wir indirekt herausfinden, wie groß die Masse der Erde ist! Dieses Experiment wurde „Wägen der Erde" genannt. Cavendish behauptete, daß er die Erde wäge, aber er hat den Koeffizienten G des Gravitationsgesetzes gemessen. Dies ist die einzige Methode zur Bestimmung der Erdmasse. G ergibt sich zu

$$6{,}670 \times 10^{-11}\ \frac{\mathrm{N\,m^2}}{\mathrm{kg^2}}.$$

Man kann kaum die Wichtigkeit des Einflusses übertreiben, der durch diesen großen Erfolg der Gravitationstheorie auf die Geschichte der Wissenschaft ausgeübt wurde. Vergleichen Sie die Verwirrungen, das mangelnde Vertrauen und die unvollständige Kenntnis der früheren Zeiten (in denen es endlose Debatten und Paradoxe gab) mit der Klarheit und Schlichtheit dieses Gesetzes – dieses Faktum, daß alle die Monde, Planeten und Sterne sich nach einer so *simplen Regel* richten, und weiterhin, daß die Menschheit sie *verstehen* konnte und daraus herleitete, wie sich die Planeten bewegen sollten! Das ist die Ursache für den Erfolg der Wissenschaften in den folgenden Jahren, denn es erzeugte die Hoffnung, daß den anderen Phänomenen der Welt ebenfalls solche wunderschön simplen Gesetze zugrunde liegen.

7–7 Was ist Gravitation?

Aber ist dies ein so simples Gesetz? Was ist mit seiner Maschinerie? Alles, was wir getan haben, ist, zu beschreiben, *wie* sich die Erde um die Sonne bewegt, aber wir haben nicht gesagt, *was* sie bewegt. Newton hat darüber keine Hypothese aufgestellt; er war damit zufrieden, herauszufinden, *was* sie tut, ohne sich mit der Maschinerie zu befassen. *Niemand hat seither irgendeine Maschinerie angegeben*. Es ist charakteristisch für die physikalischen Gesetze, daß sie so abstrakt sind. Das Gesetz der Energieerhaltung ist ein Theorem bezüglich der Größen, die ohne Erwägung der Maschinerie berechnet und zusammenaddiert werden müssen. Ähnlich sind die großen Gesetze der Mechanik, quantitative, mathematische Gesetze, für die keine Maschinerie vorhanden ist. Warum können wir uns bei der Naturbeschreibung der Mathematik bedienen, ohne den dahinter befindlichen Mechanismus zu beschreiben? Niemand weiß es. Wir müssen fortfahren, weil wir auf diesem Wege noch mehr herausfinden.

Viele Mechanismen wurden für die Gravitation vorgeschlagen. Es ist interessant, einen davon zu betrachten, über den viele Leute von Zeit zu Zeit nachgedacht haben. Zuerst ist man sehr aufgeregt und glücklich, wenn man ihn „entdeckt", aber man findet bald, daß er inkorrekt ist. Er wurde 1750 zum erstenmal entdeckt. Angenommen, es bewegen sich viele Teilchen im Raum mit großen Geschwindigkeiten in alle Richtungen und sie werden beim Durchgang durch Materie nur geringfügig absorbiert. Wenn sie absorbiert *werden*, geben sie einen Impuls an die Erde. Da jedoch genausoviele in die eine Richtung wie in die andere Richtung gehen, heben sich die Impulse auf. Aber wenn die Sonne nahebei ist, werden die durch die Sonne zur Erde kommenden Teilchen teilweise absorbiert, also kommen weniger von der Sonne als von der anderen Seite. Somit spürt die Erde einen Gesamtimpuls in Richtung zur Sonne, und man benötigt nicht sehr lange, um zu sehen, daß dieser umgekehrt proportional dem Abstandsquadrat ist – wegen der Änderung des Raumwinkels zur Sonne mit der Entfernungsänderung. Was ist falsch mit dieser Maschinerie? Sie ist verknüpft mit einigen neuen Konsequenzen, welche *nicht wahr* sind. Dieser besondere Gedanke hat die folgende Schwierigkeit: Die Erde würde bei ihrer Bewegung um die Sonne an ihrer Vorderseite auf mehr Partikel auftreffen als an ihrer Rückseite (wenn Sie im Regen rennen, so ist der Regen in Ihrem Gesicht stärker als am Hinterkopf!). Darum würde mehr Impuls an die Vorderseite der Erde abgegeben und die Erde würde eine *Bewegungshinderung* spüren und würde auf ihrer Bahn langsamer werden. Man kann berechnen, wie lange es dauern würde, bis die Erde als Resultat dieses Widerstandes zur Ruhe kommen würde. Die Erde würde nicht mehr in ihrer Bahn verbleiben, also funktioniert dieser Mechanismus nicht. Keine Maschinerie wurde je erfunden, die die Gravitation „erklärt", ohne gleichzeitig irgend ein anderes Phänomen vorherzusagen, das *nicht* existiert.

Als nächstes wollen wir die mögliche Beziehung der Gravitation zu anderen Kräften diskutieren. Gegenwärtig gibt es keine Erklärung der Gravitation aus anderen Kräften. Sie ist keine Erscheinungsform der Elektrizität oder von irgend etwas Ähnlichem, also haben wir keine Erklärung dafür. Jedoch sind Gravitation und andere Kräfte sehr ähnlich, und es ist interessant, Analogien aufzuzeigen. Zum Beispiel sieht die elektrische Kraft zwischen zwei geladenen Objekten genauso aus wie das Gravitationsgesetz: Die elektrische Kraft ist gleich einer negativen Konstanten mal dem Produkt der Ladungen dividiert durch das Abstandsquadrat. Sie wirkt in entgegengesetzter Richtung – Gleiches stößt einander ab. Aber ist es nicht trotzdem sehr bemerkenswert, daß die beiden Gesetze die gleichen Funktionen der Entfernung sind? Vielleicht sind Gravitation und Elektrizität viel enger verwandt als wir denken. Viele Versuche wurden unternommen, sie zu vereinigen; die sogenannte einheitliche Feldtheorie ist nur ein eleganter Versuch der Vereinigung von Elektrizität und Gravitation; jedoch sind beim Vergleich von Gravitation und Elektrizität *die relativen Stärken* dieser Kräfte die interessanteste Sache. Jede Theorie, die beide enthält, muß auch herleiten, wie stark Gravitation ist.

Wenn wir in irgendwelchen natürlichen Einheiten die elektrische Abstoßung zweier Elektronen (die elementare Ladung der Natur) und die Anziehung zweier Elektronen auf Grund der Gravitation nehmen, so können wir den Quotienten der elektrischen Abstoßung über der Anziehung durch Gravitation messen. Der Quotient ist unabhängig von der Entfernung, und er ist eine elementare Konstante der Natur. Der Quotient ist in Fig. 7–14 gezeigt. Die Anziehung durch Gravitation relativ zur elektrischen Abstoßung zweier Elektronen ist Eins dividiert durch 4.17×10^{42}! Die Frage ist, woher kommt eine so große Zahl? Sie ist nicht zufällig, wie das Verhältnis des Erdvolumens zum Volumen eines Flohes. Wir haben zwei natürliche Aspekte des gleichen Dings, eines Elektrons, betrachtet. Diese phantastische Zahl ist eine Naturkonstante, also ist damit etwas sehr Tiefgehendes in der Natur verknüpft. Woher könnte so eine riesige Zahl kommen? Einige sagen, daß wir eines Tages die „Universalgleichung" finden werden, und davon wird

$$\frac{\text{Gravitationsanziehung}}{\text{Elektrische Abstoßung}} = 1/4.17 = 10^{42}$$

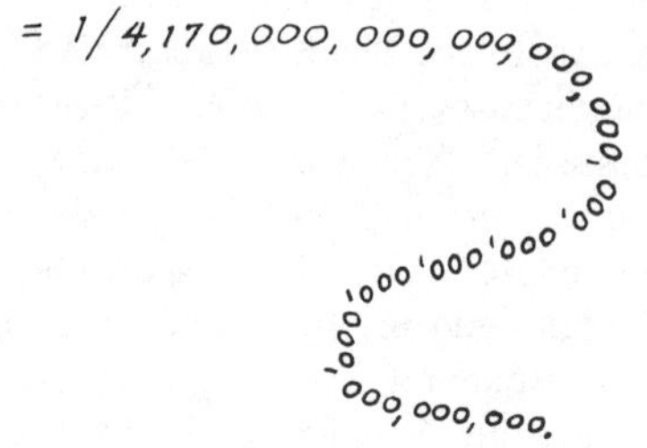

Fig. 7–14. Die relativen Stärken der elektrischen- und der Gravitations-Wechselwirkungen zwischen zwei Elektronen.

eine der Wurzeln diese Zahl sein. Es ist sehr schwierig, eine Gleichung zu finden, für die eine solch phantastische Zahl eine natürliche Wurzel ist. Andere Möglichkeiten wurden durchdacht; eine ist die Verknüpfung mit dem Alter des Weltalls. Zweifellos müssen wir *noch eine andere* große Zahl irgendwo finden. Aber meinen wir das Alter des Weltalls in *Jahren*? Nein, denn Jahre sind nicht „natürlich"; sie wurden durch Menschen geschaffen. Als ein Beispiel von etwas Natürlichem betrachten wir die Zeit, die das Licht zur Durchquerung eines Protons benötigt, 10^{-24} Sekunden. Wenn wir diese Zeit mit dem *Alter des Weltalls*, $2 \cdot 10^{10}$ Jahre, vergleichen, so ist die Antwort 10^{-42}. Sie hat etwa die gleiche Anzahl von Nullen, also wurde vorgeschlagen, daß die Gravitationskonstante mit dem Weltalter verbunden ist. Wenn das der Fall wäre, so müßte sich die Gravitationskonstante mit der Zeit ändern, weil mit zunehmendem Weltalter das Verhältnis des Weltalters zur Zeit für die Durchquerung eines Protons langsam ansteigt. Ist es möglich, daß sich die Gravitationskonstante mit der Zeit ändert? Natürlich wäre die Änderung so klein, daß es sehr schwierig ist, Gewißheit zu erlangen.

Ein denkbarer Test ist die Bestimmung des Einflusses der Änderung während der vergangenen 10^9 Jahre, das ist etwa das Alter vom frühesten Leben auf der Erde bis jetzt und ein Zehntel des Alters des Weltalls.

Während dieser Zeit würde die Gravitationskonstante um etwa 10 Prozent zugenommen haben. Bei Betrachtung der Struktur der Sonne – dem Verhältnis zwischen dem Gewicht ihres Materials und der Rate der im Inneren erzeugten Strahlungsenergie – können wir herleiten, daß bei 10 % stärkerer Gravitation die Sonne um viel mehr als 10 % heller wäre – um die *sechste Potenz* der Gravitationskonstante! Wenn wir berechnen, was sich mit der Erdbahn bei veränderter Gravitation ereignet, so finden wir, daß die Erde damals *näher* an der Sonne war. Insgesamt wäre die Erde etwa 100° C heißer, und das gesamte Wasser wäre nicht im Meer, sondern als Dampf in der Luft vorhanden gewesen. Also könnte im Meer kein Leben entstanden sein. Somit glauben wir *nicht*, daß sich die Gravitationskonstante mit dem Weltalter ändert. Aber solche Argumente wie das eben Vorgeführte sind nicht sehr überzeugend, und der Gegenstand ist nicht vollständig abgeschlossen.

Es ist eine Tatsache, daß die Kraft der Gravitation proportional zur *Masse* ist, einer Größe, die grundsätzlich ein Maß der *Trägheit* ist – davon, wie schwer es ist, etwas zu halten, das sich auf einem Kreis bewegt. Darum werden zwei Objekte, eines leicht und eines schwer, die auf Grund der Gravitation um ein größeres Objekt auf dem gleichen Kreis mit der gleichen Geschwindigkeit umlaufen, zusammenbleiben, weil sie zum Umlauf auf einem Kreis eine Kraft *benötigen*, die für eine größere Masse stärker ist. Das heißt, die Gravitation ist bei gegebener Masse *gerade im richtigen Verhältnis* stärker, so daß die beiden Objekte zusammen umlaufen. Wenn ein Objekt im anderen wäre, so würde es drinnen *bleiben*; es ist ein perfektes Gleichgewicht. Darum fanden Gagarin oder Titow in ihrem Raumschiff die Dinge schwerelos, wenn sie z. B. ein Stück Kreide losließen, so lief dies auf die gleiche Weise um die Erde wie das gesamte Raumschiff, und somit erscheint es vor ihnen im Raum aufgehängt. Es ist sehr interessant, daß diese Kraft mit großer Präzision *exakt* proportional der Masse ist, denn wenn es nicht so wäre, so müßte irgendein Effekt existieren, bei dem Trägheit und Gewicht verschieden sind. Die Abwesenheit eines derartigen Effektes wurde mit großer Genauigkeit in einem Experiment geprüft, das zuerst von Eötvös im Jahre 1909 und vor nicht zu langer Zeit von Dicke ausgeführt wurde. Für alle untersuchten Substanzen sind die Massen und Gewichte exakt proportional innerhalb eines Teiles in 1,000,000,000 oder weniger. Dies ist ein bemerkenswertes Experiment.

7–8 Gravitation und Relativität

Ein anderes Gebiet, das eine Diskussion verdient, ist die Einsteinsche Abänderung des Newtonschen Gravitationsgesetzes. Trotz all der Aufregung, die es verursachte, ist das Newtonsche Gravitationsgesetz nicht korrekt! Es wurde durch Einstein abgeändert, um die Relativitätstheorie zu berücksichtigen. Nach Newton ist der Gravitationseffekt momentan, d. h. wenn wir eine Masse bewegen, würden wir auf Grund der neuen Position dieser Masse sofort eine neue Kraft spüren; auf solche Weise könnten wir Signale mit unendlich großer Geschwindigkeit aussenden. Einstein argumentierte, daß wir *keine Signale schneller als mit Lichtgeschwindigkeit* aussenden können. Also muß das Gravitationsgesetz falsch sein. Durch Korrektur zur Berücksichtigung der Verzögerung haben wir ein neues Gesetz, genannt Einsteinsches Gesetz der Gravitation. Eine leicht verständliche Eigenschaft dieses neuen Gesetzes ist folgende: In der Einsteinschen Relativitätstheorie hat jedes Ding, das *Energie* besitzt, auch Masse – Masse in dem Sinn, daß sie der Gravitationswirkung unterliegt. Selbst Licht, welches eine Energie hat, besitzt eine „Masse". Wenn ein Lichtstrahl, der Energie enthält, die Sonne passiert, so erfährt er durch die Sonne eine Anziehung. Also wandert das Licht nicht geradlinig, es wird abgelenkt. Zum Beispiel sollten während der Sonnenfinsternis die um die Sonne befindlichen Sterne verschoben von den Positionen erscheinen, die sie besäßen, wenn die Sonne nicht da wäre, und das wurde beobachtet.

Lassen Sie uns endlich die Gravitation mit anderen Theorien vergleichen. In den letzten Jahren haben wir entdeckt, daß jede Masse aus kleinen Teilchen aufgebaut ist und daß es verschiedene Arten von Wechselwirkungen gibt wie Kernkräfte usw. Keine dieser nuklearen oder elektrischen Kräfte kann bis jetzt Gravitation erklären. Die quantenmechanischen Aspekte der Natur haben noch nicht zur Gravitation geführt. Wenn die Maßstäbe so klein sind, daß wir die Quanteneffekte benötigen, dann sind die Gravitationseffekte so schwach, daß sich noch keine Notwendigkeit zur Entwicklung der Quantentheorie der Gravitation ergeben hat. Andererseits wäre es für die Geschlossenheit unserer physikalischen Theorien wichtig, zu sehen, ob das durch Einstein abgeänderte Newtonsche Gesetz weiter geändert werden kann, so daß es mit dem Unbestimmtheitsprinzip übereinstimmt. Diese letzte Änderung wurde noch nicht vollendet.

8 Bewegung

8–1 Beschreibung von Bewegung

Um die Gesetze zu finden, welche die verschiedenen im Verlaufe der Zeit in den Körpern vorkommenden Änderungen regeln, müssen wir die Änderungen *beschreiben* und aufzeichnen können. Die einfachste beobachtbare Änderung in einem Körper ist die augenscheinliche zeitliche Änderung seiner Position, welche wir Bewegung nennen. Betrachten wir irgendein festes Objekt, an dem sich eine feste Markierung befindet (wir werden das einen Punkt nennen), die wir beobachten können. Wir diskutieren die Bewegung der kleinen Markierung, welche die Kühlerkappe eines Automobils oder die Mitte eines fallenden Balles sein könnte, und wir werden versuchen, die Tatsache zu beschreiben, daß sie sich bewegt und wie sie sich bewegt.

Diese Beispiele mögen trivial klingen, aber viele Subtilitäten sind mit der Beschreibung von Änderung verknüpft. Einige Änderungen sind schwieriger zu beschreiben als die Bewegung eines Punktes an einem festen Objekt, z. B. die Geschwindigkeit einer dahintreibenden Wolke, die sich sehr langsam bewegt, sich aber rapide bildet oder verdampft. Oder die Änderung der Gedanken einer Frau. Wir kennen keine einfache Methode zur Analysierung einer Sinnesänderung, da aber eine Wolke durch viele Moleküle dargestellt oder beschrieben werden kann, können wir vielleicht die Bewegung der Wolke im Prinzip durch Beschreibung der Bewegung aller ihrer einzelnen Moleküle liefern. Ähnlich haben vielleicht sogar die Sinnesänderungen eine Parallele in der Änderung der Atome im Gehirn, aber wir wissen darüber noch nichts.

In jedem Fall ist dies der Grund, warum wir mit der Bewegung von Punkten beginnen; vielleicht sollten wir sie uns als Atome vorstellen, aber es ist wahrscheinlich besser, am Anfang etwas ungenauer zu sein und sie sich einfach als eine Art kleiner Objekte vorzustellen – d. h. klein verglichen mit der zurückgelegten Entfernung. Zum Beispiel brauchen wir bei der Beschreibung der Bewegung eines Wagens, der 100 km zurücklegt, nicht zwischen der Vorderseite und der Rückseite des Wagens zu unterscheiden. Sicher gibt es da kleine Unterschiede, aber für grobe Zwecke sagen wir „der Wagen", und gleicherweise macht es keinen Unterschied, daß unsere Punkte keine absoluten Punkte sind; im Augenblick ist es nicht notwendig, sehr genau zu sein.

Auch vergessen wir bei bei unserem ersten Blick in dieses Gebiet die drei Dimensionen der Welt. Wir konzentrieren uns nur auf die Bewegung in einer Richtung, wie in einem Wagen auf einer geraden Straße. Wir werden zu den drei Dimensionen zurückkehren, nachdem wir gesehen haben, wie die Bewegung in einer Dimension beschrieben wird. Nun kann man sagen, „das sind alles irgendwelche Arten von Trivialitäten", und das sind sie in der Tat. Wie können wir eine solche eindimensionale Bewegung beschreiben – sagen wir, die eines Wagens? Nichts könnte einfacher sein. Unter vielen möglichen Wegen wäre einer der folgende. Um die Position des Wagens zu verschiedenen Zeiten zu bestimmen, messen wir seine Entfernung vom Startpunkt und notieren alle Beobachtungen. In Tabelle 8–1 stellt s die in Metern gemessene Entfernung des Wagens vom Startpunkt dar und t ist die Zeit (in Minuten). Die erste Zeile der Tabelle stellt die Entfernung Null und die Zeit Null dar – der Wagen ist noch nicht gestartet. Nach einer Minute hat er 366 m zurückgelegt. Nach zwei Minuten ist er weiter entfernt – beachten Sie, daß er während der zweiten Minute eine größere Entfernung zurückgelegt hat – er hat beschleunigt; aber irgend etwas hat sich zwischen drei und vier ereignet und noch

Tabelle 8–1

t (min)	s (m)
0	0
1	366
2	1220
3	2750
4	2900
5	2930
6	3960
7	5480
8	7160
9	7320

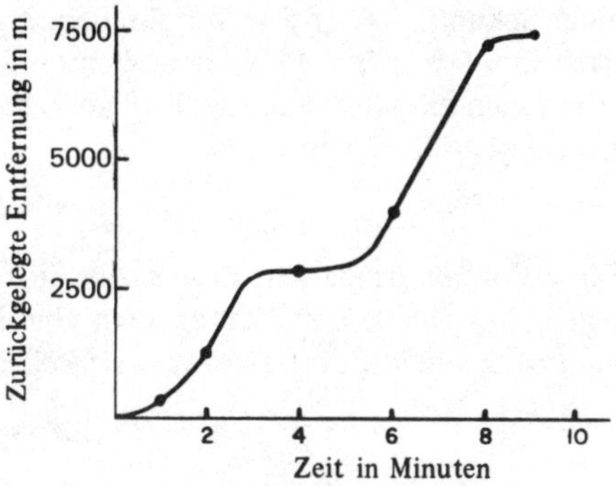

Fig. 8–1. Graphische Darstellung der Entfernung des Wagens über der Zeit.

mehr bei fünf – er hat vielleicht an einer Ampel angehalten? Dann nimmt die Geschwindigkeit wieder zu, und er ist am Ende von sechs Minuten 3960 m entfernt, 5480 m nach sieben Minuten und 7160 m nach acht Minuten; bei neun Minuten ist er nur bis 7320 m fortgeschritten, weil er in der letzten Minute durch einen Polizisten angehalten wurde.

Dies ist eine Möglichkeit zur Beschreibung der Bewegung. Eine andere Möglichkeit ist mit Hilfe einer Kurve. Wenn wir die Zeit in der Horizontalen auftragen und die Entfernung in der Vertikalen, so erhalten wir eine Kurve wie die in Fig. 8–1 gezeigte. Mit zunehmender Zeit wächst die Entfernung, zuerst sehr langsam und dann schneller, und bei vier Minuten für eine kleine Weile wiederum sehr langsam; dann wächst sie wiederum für einige Minuten, und endlich, bei neun Minuten, scheint die Zunahme aufgehört zu haben. Diese Beobachtungen können anhand der Kurve, ohne Tabelle, gemacht werden. Offensichtlich müßte man für eine komplette Beschreibung auch wissen, wo sich der Wagen zu den halben Minuten befindet. Aber wir nehmen an, daß die grafische Darstellung etwas Sinnvolles aussagt, daß der Wagen zu allen Zwischenzeiten eine Position besitzt.

Die Bewegung eines Autos ist kompliziert. Als ein anderes Beispiel nehmen wir nun etwas, das sich auf simplere Weise bewegt und dabei einfacheren Gesetzen folgt: ein fallender Ball. Tabelle 8–2 gibt für einen fallenden Ball die Zeit (in Sekunden) und die Entfernung (in Metern) an. Bei null Sekunden startet der Ball bei null Meter und nach

Tabelle 8–2

t (s)	s (m)
0	0
1	5
2	20
3	45
4	80
5	125
6	180

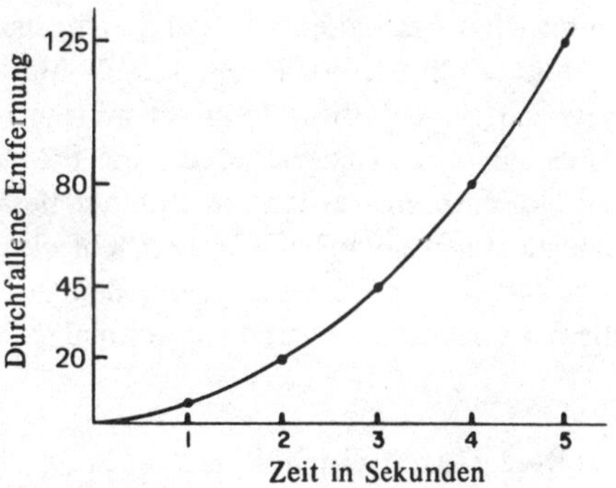

Fig. 8–2. Graphische Darstellung der Entfernung eines fallenden Körpers über der Zeit.

einer Sekunde hat er 5 m durchfallen. Nach zwei Sekunden hat er 20 m durchfallen, nach drei Sekunden 45 m usw. Wenn man die tabellierten Werte in einer Kurve aufträgt, erhält man die schöne in Fig. 8–2 gezeigte parabolische Kurve. Die Gleichung dieser Kurve kann geschrieben werden als

$$s = 5 \cdot t^2. \tag{8.1}$$

Diese Formel ermöglicht es uns, die Entfernungen zu jeder Zeit zu berechnen. Sie mögen sagen, daß für die erste Kurve auch eine Formel vorhanden sein müßte. In der Tat kann man eine solche Formel abstrakt schreiben als

$$s = f(t), \tag{8.2}$$

was bedeutet, daß s eine von der Zeit t abhängige Größe ist. Oder in mathematischer Formulierung: s ist eine Funktion von t. Da wir nicht wissen, welche die Funktion ist, gibt es keine Möglichkeit, sie in einer definitiven algebraischen Form zu schreiben.

Wir haben nun zwei Beispiele von Bewegungen kennengelernt, die mit simplen Vorstellungen adäquat beschrieben wurden, ohne Subtilitäten. Jedoch *gibt* es dabei Subtilitäten – mehrere. Zuerst einmal, was meinen wir mit *Zeit* und *Raum*? Es erweist sich, daß diese tiefen philosophischen Fragen in der Physik sehr sorgfältig analysiert werden müssen, und das ist nicht so leicht. Die Relativitätstheorie zeigt, daß unsere Ideen von Raum und Zeit nicht so simpel sind, wie man auf den ersten Blick glauben mag. Jedoch brauchen wir für unsere gegenwärtigen Zwecke, für die zunächst erforderliche Genauigkeit, nicht sehr sorgfältig zu sein mit einer präzisen Definition der Dinge. Vielleicht sagen Sie: „Das ist schrecklich – ich habe gelernt, daß wir in der Wissenschaft *alles* präzise definieren müssen." Wir können nicht *alles* präzise definieren! Wenn wir das versuchen, so gelangen wir zu der Gedankenlähmung, die über die Philosophen kommt, welche einander gegenüber sitzen und einer zum anderen sagt, „Sie wissen nicht, wovon Sie reden!" Der zweite sagt: „Was meinen Sie mit *wissen*? Was meinen Sie mit *reden*? Was meinen Sie mit *Sie*? " usw. Um konstruktiv zu reden, müssen wir nur darin übereinstimmen, daß wir in etwa von der gleichen Sache reden. Sie wissen so viel über die Zeit, wie wir hier benötigen, aber denken Sie daran, daß es da einige Subtilitäten gibt, die diskutiert werden müssen; wir werden sie später diskutieren.

Eine andere darin enthaltene und bereits erwähnte Feinheit ist, daß es möglich sein sollte, sich vorzustellen, daß der von uns beobachtete Punkt immer irgendwo lokalisiert ist. (Natürlich, wenn wir hinsehen, ist er da, aber es kann sein, daß er nicht mehr da ist, wenn wir wegschauen.) Es zeigt sich, daß auch diese Vorstellung bei der Bewegung der Atome falsch ist. Wir können keine Markierung für ein Atom finden und seine Bewegung beobachten. Um diese Feinheit müssen wir in der Quantenmechanik herumkommen. Aber wir müssen zuerst einmal die Probleme kennenlernen, ehe wir die Komplikationen einführen; *dann* werden wir in einer besseren Lage sein, im Hinblick auf das über das Thema frisch erworbene Wissen Korrekturen anzubringen. Darum werden wir hinsichtlich Zeit und Raum einen einfachen Standpunkt einnehmen. Wir wissen ganz grob, was diese Konzepte sind, und wer einmal gefahren ist, weiß, was Geschwindigkeit ist.

8–2 Geschwindigkeit

Selbst wenn wir ungefähr wissen, was „Geschwindigkeit" heißt, so gibt es doch noch einige sehr tiefgehende Subtilitäten; beachten Sie, daß die gelehrten Griechen nie in der Lage waren, Probleme adäquat zu beschreiben, in welchen Geschwindigkeit vorkommt.

Die Feinheit kommt, wenn wir versuchen, exakt zu begreifen, was mit „Geschwindigkeit" gemeint ist. Die Griechen wurden darüber sehr verwirrt, und ein neuer Zweig der Mathematik mußte entdeckt werden, der über die Geometrie und die Algebra der Griechen, Araber und Babylonier hinausreicht. Versuchen Sie zur Illustration der Schwierigkeit folgendes Problem durch reine Algebra zu lösen: Ein Ballon wird aufgeblasen, so daß das Volumen des Ballons um 100 cm^3 pro Sekunde zunimmt; mit welcher Geschwindigkeit vergrößert sich sein Radius, wenn das Volumen 1000 cm^3 beträgt? Die Griechen waren durch solche Probleme ein wenig verwirrt, wozu natürlich auch einige sehr verwirrende Griechen beigetragen haben. Um zu zeigen, daß es zu seiner Zeit bei der Argumentation über Geschwindigkeit Schwierigkeiten gab, hat Zeno eine große Anzahl von Paradoxien produziert, von denen wir eine zur Illustration des Punktes erwähnen, daß es offensichtliche Schwierigkeiten beim Nachdenken über Bewegung gibt. „Hört", sagte er, „das folgende Argument: Achilles läuft zehnmal so schnell wie die Schildkröte, trotzdem kann er die Schildkröte nie einholen. Angenommen, die Schildkröte startet bei einem Rennen mit 100 m Vorsprung vor Achilles. Wenn Achilles die 100 m bis zu dem Platz zurückgelegt hat, an dem sich die Schildkröte befand, hat die Schildkröte 10 m zurückgelegt, da sie $\frac{1}{10}$ so schnell läuft. Nun hat Achilles weitere 10 m zu laufen, um die Schildkröte einzuholen, aber am Ende dieser Strecke stellt er fest, daß die Schildkröte 1 m gelaufen ist; nachdem er 1 m weiter gelaufen ist, findet er die Schildkröte 10 cm vor sich, usw. *ad infinitum*. Also ist zu jedem Zeitpunkt die Schildkröte immer vor Achilles und Achilles kann die Schildkröte niemals einholen." Was ist daran falsch? Es ist, daß eine endliche Zeit in eine unendliche Anzahl von Stücken eingeteilt werden kann, genau wie die Länge einer Linie durch wiederholte Halbierungen in eine unendliche Anzahl von Stücken geteilt werden kann. Und damit, obgleich es (bei dieser Argumentation) eine unendliche Anzahl von Schritten bis zu dem Punkt ist, an dem Achilles die Schildkröte einholt, heißt es nicht, daß dabei eine unendlich lange *Zeit* benötigt wird. Wir können aus diesem Beispiel sehen, daß in der Tat einige Feinheiten bei der Argumentation über Geschwindigkeit auftreten.

Um die Feinheiten auf klarere Weise anzugeben, erinnern wir Sie an einen Witz, der Ihnen sicher bekannt ist. Eine Autofahrerin wird durch einen Polizisten geschnappt, der Polizist sagt zu ihr „Madame, Sie sind 100 km in der Stunde gefahren!" Sie sagt, „das ist unmöglich, ich bin erst 7 Minuten unterwegs, wie kann ich 100 km in der Stunde fahren, wenn ich keine Stunde unterwegs bin?"

Wie würden Sie ihr antworten, wenn Sie der Polizist wären? Natürlich, wenn Sie der Polizist wären, dann gäbe es keine Subtilitäten; es ist sehr einfach: Sie sagen, „erzählen Sie das dem Richter!" Aber lassen Sie uns annehmen, daß wir diesen Ausweg nicht haben und packen wir das Problem ehrlicher, intellektuell an und versuchen, der Dame zu erklären, was wir darunter verstehen, wenn wir sagen, sie sei 100 km in der Stunde gefahren. *Was* meinen wir nun? Wir sagen, „Was wir meinen, Madame, ist folgendes: Wenn Sie so weiter fahren würden, wie Sie es gerade getan haben, dann würden Sie in der nächsten Stunde 100 km zurücklegen." Sie könnte sagen, „aber ich hatte meinen Fuß vom Gaspedal genommen und der Wagen wurde langsamer, somit hätte ich beim Weiterfahren keine 100 km zurückgelegt." Oder betrachten wir den fallenden Ball und nehmen wir an, daß wir seine Geschwindigkeit nach drei Sekunden wissen sollten, wenn der Ball so wie bisher weiterfällt. Was heißt das – *beschleunigt* weiter, geht schneller? Nein – geht weiter mit der gleichen *Geschwindigkeit*. Aber das ist es, was wir definieren wollen! Denn wenn der Ball so wie bisher weiterfällt, wird er lediglich wie bisher weiterfallen. Darum müssen wir die Geschwindigkeit besser definieren. Was muß gleich bleiben? Die Dame kann auch folgendermaßen argumentieren: „Wenn ich eine Stunde lang so wie bisher weiterfahren würde, würde ich in die Mauer am unteren Ende der Straße fahren!" Es ist nicht so leicht, zu sagen, was wir meinen.

Viele Physiker denken, daß Messung die einzige Definition jeder Sache ist. Offensichtlich sollten wir dann das Instrument benutzen, das die Geschwindigkeit mißt – das Tachometer – und sagen, „sehen Sie, Madame, Ihr Tacho steht auf 100". Und dann sagt sie, „mein Tacho ist defekt und hat gar nichts angezeigt". Bedeutet das, daß der Wagen stillsteht? Wir wissen, daß es etwas zu messen gab, ehe wir das Tachometer gebaut haben. Nur dann können wir zum Beispiel sagen „das Tacho funktioniert nicht richtig" oder „das Tachometer ist kaputt". Das wäre ein nichtssagender Satz, wenn die Geschwindigkeit nicht unabhängig vom Tacho eine Bedeutung hätte. Also haben wir offensichtlich eine Idee im Sinn, die vom Tacho unabhängig ist und das Tacho ist nur für die Messung dieser Idee gedacht. Also sehen wir, ob wir eine bessere Definition der Idee geben können. Wir sagen, „ja, natürlich, ehe Sie eine Stunde weitergefahren wären, hätten Sie die Mauer erwischt, aber wenn Sie eine Sekunde so weitergefahren wären, hätten Sie 27 m zurückgelegt; meine Dame, Sie haben 27 m pro Sekunde zurückgelegt und wenn Sie weitergefahren wären, hätten Sie in der nächsten Sekunde noch einmal 27 m zurückgelegt, und die Wand da unten ist weiter entfernt als das." Sie sagt, „ja, aber es gibt kein Gesetz gegen die Bewegung mit 27 m pro Sekunde. Es gibt nur ein Gesetz gegen das Fahren mit 100 km pro Stunde." „Aber", antworten wir, „es ist das gleiche." Wenn es das gleiche *ist*, dann sollte es nicht notwendig sein, sich in dieser Umständlichkeit über 27 m pro Sekunde zu ergehen. In der Tat könnte sich ein fallender Ball nicht einmal eine Sekunde auf die gleiche Weise bewegen, wenn er seine Geschwindigkeit ändert, und wir werden die Geschwindigkeit irgendwie definieren müssen.

Nun scheinen wir auf das richtige Gleis zu gelangen; es geht etwa folgendermaßen: Wenn die Dame während 1/1000 einer Stunde weiterführe, so würde sie 1/1000 von 100 km zurücklegen. Mit anderen Worten, sie muß nicht die gesamte Stunde lang weiterfahren; sie hat diese Geschwindigkeit *einen Augenblick lang*. Das bedeutet nun folgendes: Wenn sie nur ein klein wenig weitergegangen wäre, so wäre die zusätzliche Entfernung, die sie zurücklegt, die gleiche, wie die eines Wagens, der mit einer *konstanten* Geschwindigkeit von 100 km pro Stunde fährt. Vielleicht ist die Idee von den 27 m pro Sekunde richtig; wir sehen, wie weit sie in der letzten Sekunde gefahren ist und dividieren durch 27 m. Wenn das Resultat 1 ist, dann war die Geschwindigkeit 100 km pro Stunde. Mit anderen Worten, wir können die Geschwindigkeit folgendermaßen bestimmen: Wir fragen, wie weit gehen wir in einer sehr kurzen Zeit? Wir dividieren diese Entfernung durch die Zeit, und das ergibt die Geschwindigkeit.

Aber die Zeit sollte so kurz als möglich sein, je kürzer, desto besser, denn während dieser Zeit könnte eine Veränderung eintreten. Wenn wir als Zeit für einen fallenden Körper eine Stunde wählen, so ist das unsinnig. Wenn wir eine Sekunde wählen, so ist das Resultat recht gut für ein Auto, weil dabei keine große Änderung der Geschwindigkeit zustande kommt, jedoch gilt dies nicht für einen fallenden Körper; damit die Geschwindigkeit genauer und genauer ermittelt wird, sollten wir daher kleinere und kleinere Zeitintervalle wählen. Wir sollten ein Millionstel einer Sekunde nehmen und diese Entfernung durch ein Millionstel einer Sekunde dividieren. Das Resultat gibt die Entfernung pro Sekunde, und das ist es, was wir mit Geschwindigkeit meinen; also können wir sie auf diese Weise definieren. Das ist eine zugkräftige Antwort für die Dame, oder besser, es ist die Definition, die wir benutzen werden.

Die vorangegangene Definition beinhaltet einen neuen Gedanken, einen Gedanken, der den Griechen nicht in allgemeiner Form zur Verfügung stand. Der Gedanke war die Wahl einer *infinitesimalen Entfernung* und der korrespondierenden *infinitesimalen Zeit,* die Bildung des Quotienten und die Verfolgung des Quotienten für kleiner und kleiner werdende Zeiten. Mit anderen Worten, man bilde einen Grenzwert der zurückgelegten Entfernung dividiert durch die dazu benötigte Zeit, für kleiner und kleiner werdende Zeiten, *ad infinitum*. Dieser Gedanke wurde unabhängig voneinander durch Newton und Leibniz entwickelt und ist der Beginn eines neuen Zweiges der Mathematik, genannt *Differentialrechnung*. Die Differentialrechnung wurde erfunden, um Bewegung zu beschreiben; ihre erste Anwendung erfolgte auf das Problem der Definition, was mit „100 km pro Stunde" gemeint ist.

Versuchen wir, Geschwindigkeit ein wenig besser zu definieren. Angenommen, der Wagen oder der Körper legt in einer kurzen Zeit ϵ die kurze Entfernung x zurück; dann ist die Geschwindigkeit v definiert als

$$v = x/\epsilon.$$

Das ist eine Approximation, die mit zunehmend kleinerem ϵ besser und besser wird. Wenn ein mathematischer Ausdruck gewünscht wird, so können wir sagen, daß die Geschwindigkeit für kleinere und kleinere ϵ gleich dem Grenzwert von x/ϵ ist, oder

$$v = \lim_{\epsilon \to 0} \frac{x}{\epsilon}. \tag{8.3}$$

Wir können mit der Dame im Automobil nicht das gleiche tun, weil die Tabelle unvollständig ist. Wir wissen nur, wo sie sich in Intervallen von je einer Minute befand. Wir können eine ungefähre Vorstellung erhalten, daß sie während der 7. Minute 1520 m pro Minute machte, aber wir wissen zum Zeitpunkt 7 Minuten nicht genau, ob sie schneller wurde und ob die Geschwindigkeit zu Beginn der 6. Minute 1490 m pro Minute war und sie nun 1550 m pro Minute oder irgend etwas anderes ist, weil wir nicht die genauen Details dazwischen kennen. Nur aus einer kompletten Tabelle mit einer unendlichen Anzahl von Eintragungen könnten wir die Geschwindigkeit nach einer solchen Tabelle wirklich berechen. Wenn wir andererseits eine komplette mathematische Formel haben, wie im Fall eines fallenden Körpers (Gl. 8.1), dann ist es möglich, die Geschwindigkeit zu berechnen, weil wir die Position zu jedem Zeitpunkt berechnen können.

Nehmen wir als Beispiel das Problem, die Geschwindigkeit des fallenden Balles zum Zeitpunkt 5 Sekunden zu bestimmen. Eine Möglichkeit ist es, aus Tabelle 8–2 abzulesen, was er in der 5. Sekunde getan hat. Er fiel $125 - 80 = 45$ m, also bewegt er sich mit 45 m pro Sekunde. Das ist jedoch falsch, weil sich die Geschwindigkeit ändert; im *Durchschnitt* ist sie in diesem Intervall 45 m pro Sekunde, aber der Ball wird schneller und bewegt sich wirklich schneller als mit 45 m pro Sekunde. Wir wollen *genau* herausfinden, *wie schnell*. Die mit diesem Prozeß verknüpfte Technik ist folgende: Wir wissen, wo sich der Ball nach 5 Sekunden befand. Nach 5,1 Sekunden ist die insgesamt zurückgelegte Entfernung $5 \cdot (5{,}1)^2 = 130$ m (s. Gl. 8.1). Nach 5 Sekunden war er bereits 125 m gefallen; in der letzten Zehntelsekunde ist er $130 - 125 = 5$ m gefallen. Da 5 m in 0,1 Sekunden so viel sind wie 50 m pro Sekunde, so ist das mehr oder weniger die Geschwindigkeit, aber sie ist es nicht genau. Ist es die Geschwindigkeit bei 5 oder 5,1 oder in der Mitte zwischen beiden bei 5,05 Sekunden oder wann *ist* es diese Geschwindigkeit ? Zwecklos – es war die Aufgabe, die Geschwindigkeit *bei 5 Sekunden* zu finden und wir haben sie nicht genau; wir müssen bessere Arbeit leisten. Also nehmen wir 1/1000 einer Sekunde zu den 5 Sekunden hinzu, oder 5,001 Sekunden und berechnen den gesamten Fall zu

$$s = 5 \cdot (5{,}001)^2 = 5(25{,}010001) = 125{,}050005 \text{ m}.$$

Während der letzten 0,001 Sekunden fiel der Ball 0,050005 m, und wenn wir dies durch 10^{-3} Sekunden dividieren, so erhalten wir die Geschwindigkeit zu 50,005 m pro Sekunde. Das ist näher, sehr nahe, aber es ist *noch immer nicht genau*. Es sollte nun klar sein, was wir unternehmen müssen, um die genaue Geschwindigkeit zu finden. Zur Durchführung der Mathematik formulieren wir das Problem ein wenig abstrakter: Wir wollen die Geschwindigkeit zur speziellen Zeit t_0 finden, welche in unserer ursprünglichen Aufgabe 5 Sekunden betrug. Nun ist die Entfernung bei t_0, die wir s_0 nennen wollen, $5 \cdot t_0^2$ oder in diesem Fall 125 m. Um die Geschwindigkeit zu finden, fragen wir, „Wo befindet sich der Körper zur Zeit t_0 + (ein klein wenig) oder $t_0 + \epsilon$?" Die neue Position ist $5(t_0 + \epsilon)^2 = 5t_0^2 + 10t_0\epsilon + 5\epsilon^2$. Also ist er weiter entfernt als vorher, weil er vorher nur bei $5t_0^2$ war. Diese Entfernung nennen wir s_0 + (ein klein wenig mehr) oder $s_0 + x$ (wenn x der kleine Zusatz ist). Wenn wir nun die Entfernung bei t_0 von der Entfernung bei $t_0 + \epsilon$ abziehen, so erhalten wir x, die zusätzliche Entfernung. Sie ist $x = 10t_0 \cdot \epsilon + 5 \cdot \epsilon^2$. Unsere erste Näherung der Geschwindigkeit ist:

$$v = \frac{x}{\epsilon} = 10t_0 + 5\epsilon. \tag{8.4}$$

Die wahre Geschwindigkeit ist der Wert dieses Quotienten x/ϵ, wenn ϵ vernachlässigbar klein wird. Mit anderen Worten, nach Bildung des Quotienten suchen wir den Grenzwert, wenn ϵ gegen Null geht. Die Gleichung reduziert sich dann auf

$$v\,(\text{zur Zeit } t_0) = 10t_0.$$

In unserem Problem ist $t_0 = 5$ s, also ist die Lösung $v = 10 \cdot 5 = 50$ m pro Sekunde. Ein paar Zeilen vorher, als wir nacheinander ϵ mit 0,1 und 0,001 Sekunde eingesetzt haben, erhielten wir für v einen Wert, der ein klein wenig größer war, aber nun sehen wir, daß die tatsächliche Geschwindigkeit genau 50 m pro Sekunde ist.

8–3 Geschwindigkeit als eine Ableitung

Die gerade ausgeführte Prozedur wird in der Mathematik so häufig verwendet, daß zur Vereinfachung unseren Größen ϵ und x spezielle Notierungen zugeordnet wurden. In dieser Notierung wird ϵ zu Δt und x wird Δs. Dieses Δt heißt „ein extra bißchen von t", und es wird impliziert, daß es kleiner und kleiner gemacht werden kann. Das Präfix Δ ist kein Multiplikator, ebensowenig wie $\sin\theta$ $s \cdot i \cdot n \cdot \theta$ heißt – es definiert lediglich ein Zeitinkrement und erinnert uns an seinen speziellen Charakter. Δs hat eine analoge Bedeutung für die Entfernung s. Da Δ kein Faktor ist, kann es auch aus dem Quotienten $\Delta s/\Delta t$ nicht herausgekürzt werden, um s/t zu erhalten, genausowenig wie das Verhältnis $\sin\theta/\sin 2\theta$ durch Kürzung auf 1/2 reduziert werden kann. In dieser Notierung ist die Geschwindigkeit gleich dem Grenzwert von $\Delta s/\Delta t$, wenn Δt klein wird, oder

$$v = \lim_{\Delta t \to 0} \frac{\Delta s}{\Delta t}. \tag{8.5}$$

Das ist wirklich der gleiche Ausdruck wie unser vorhergehender Ausdruck (8.3) mit ϵ und x, aber er hat den Vorteil, zu zeigen, daß sich etwas ändert, und er gibt an, was sich ändert.

Übrigens haben wir in guter Näherung ein anderes Gesetz, welches besagt, daß die Entfernungsänderung eines bewegten Punktes gleich der Geschwindigkeit mal dem Zeitintervall ist, oder $\Delta s = v \cdot \Delta t$. Diese Aussage gilt nur dann, wenn sich während dieses Zeitintervalles die Geschwindigkeit nicht ändert, und diese Bedingung trifft nur dann zu, wenn Δt im Grenzübergang nach Null geht. Physiker schreiben das gerne als $ds = v \cdot dt$, weil sie mit dt Situationen meinen, in denen Δt sehr klein ist; unter dieser Voraussetzung ist der Ausdruck zu einer guten Näherung gültig. Wenn Δt zu groß wird, dann könnte sich die Geschwindigkeit während des Intervalles ändern und die Annäherung würde weniger genau. Für eine gegen Null gehende Zeit dt gilt $ds = v \cdot dt$ genau. In dieser Notierung können wir (8.5) schreiben als

$$v = \lim_{\Delta t \to 0} \frac{\Delta s}{\Delta t} = \frac{ds}{dt}.$$

Die oben gefundene Größe ds/dt wird als „Ableitung von s nach t" bezeichnet (diese Ausdrucksweise hilft aufzuzeigen, was sich geändert hat). Und der komplizierte Prozeß, es zu finden, wird Auffinden der Ableitung oder Differentiation genannt. Die vorkommenden ds's und dt's, welche separat auftreten, werden *Differentiale* genannt. Um Sie mit den Worten vertraut zu machen: Wir sagen, daß wir die Ableitung der Funktion $5 \cdot t^2$ gefunden haben, oder die Ableitung von $5 \cdot t^2$ nach t ist $10t$. Wenn wir uns an die Worte gewöhnen, so werden die Ideen leichter verständlich. Zur Übung wollen wir die Ableitung einer komplizierteren Funktion suchen. Wir betrachten die Formel $s = A \cdot t^3 + B \cdot t + C$, welche die Bewegung eines Punktes beschreiben könnte. Die Buchstaben A, B und C sind konstante Zahlen, wie in der bekannten allgemeinen Form einer quadratischen Gleichung. Ausgehend von der Bewegungsgleichung, wollen wir die Geschwindigkeit zu irgendeinem Zeitpunkt bestimmen. Um die Geschwindigkeit auf elegantere Weise zu finden, ändern wir t zu $t + \Delta t$ und notieren, daß dann s geändert wird zu $s + \Delta s$; wir finden dann das Δs ausgedrückt durch Δt. Wir haben also

$$\begin{aligned} s + \Delta s &= A(t + \Delta t)^3 + B(t + \Delta t) + C \\ &= At^3 + Bt + C + 3At^2\,\Delta t + B\,\Delta t + 3At(\Delta t)^2 + A(\Delta t)^3, \end{aligned}$$

aber da

$$s = At^3 + Bt + C,$$

finden wir, daß

$$\Delta s = 3At^2\,\Delta t + B\,\Delta t + 3At(\Delta t)^2 + A(\Delta t)^3.$$

Aber wir suchen nicht Δs – wir suchen Δs dividiert durch Δt. Also dividieren wir die vorangegangene Gleichung durch Δt und erhalten

$$\frac{\Delta s}{\Delta t} = 3At^2 + B + 3At(\Delta t) + A(\Delta t)^2.$$

Wenn Δt gegen Null geht, wird der Grenzwert von $\Delta s/\Delta t$ gleich ds/dt und ist

$$\frac{ds}{dt} = 3At^2 + B.$$

Dies ist der elementare Prozeß der Differentialrechnung, das Differenzieren von Funktionen. Der Prozeß ist noch einfacher als er zu sein scheint. Beachten Sie, daß irgendwelche Glieder mit der zweiten oder höheren Potenz von Δt aus dieser Entwicklung fortgelassen werden können, weil sie im Grenzübergang Null werden. Nach ein wenig Übung wird der

Prozeß leichter, weil man weiß, was wegzulassen ist. Es gibt viele Regeln oder Formeln für das Differenzieren verschiedener Typen von Funktionen. Diese können auswendig gelernt oder Tabellen entnommen werden. Eine kurze Liste ist in Tabelle 8–3 enthalten.

Tabelle 8–3. Eine kurze Tabelle von Ableitungen

s, u, v, w sind beliebige Funktionen von *t*; *a, b, c* und *n* sind beliebige Konstanten

Funktion	Ableitung
$s = t^n$	$\dfrac{ds}{dt} = nt^{n-1}$
$s = cu$	$\dfrac{ds}{dt} = c\,\dfrac{du}{dt}$
$s = u + v + w + \cdots$	$\dfrac{ds}{dt} = \dfrac{du}{dt} + \dfrac{dv}{dt} + \dfrac{dw}{dt} + \cdots$
$s = c$	$\dfrac{ds}{dt} = 0$
$s = u^a v^b w^c \ldots$	$\dfrac{ds}{dt} = s\left(\dfrac{a}{u}\,\dfrac{du}{dt} + \dfrac{b}{v}\,\dfrac{dv}{dt} + \dfrac{c}{w}\,\dfrac{dw}{dt} + \cdots\right)$

8–4 Entfernung als ein Integral

Nun müssen wir das umgekehrte Problem diskutieren. Angenommen, wir haben an Stelle einer Tabelle von Entfernungen eine bei Null beginnende Tabelle der Geschwindigkeiten zu verschiedenen Zeiten. Für den fallenden Ball sind solche Geschwindigkeiten und Zeiten in Tabelle 8–4 gezeigt. Eine ähnliche Tabelle könnte für die Geschwindigkeit des Autos konstruiert werden, indem man die Tachoanzeige jede Minute oder jede halbe Minute registriert. Wenn wir zu jedem Zeitpunkt wissen, wie schnell sich der Wagen bewegt, können wir dann bestimmen, wie weit er geht? Dieses Problem ist umgekehrt zu dem gerade gelösten: die Geschwindigkeit ist vorgegeben, und wir fragen nach der Entfernung. Wie können wir die Entfernung finden, wenn wir die Geschwindigkeit kennen? Wenn die Geschwindigkeit des Wagens nicht konstant ist und die Dame für einen Augenblick mit 100 km pro Stunde fährt, dann verlangsamt, schneller wird usw., wie können wir feststellen, wie weit sie gekommen ist? Das ist leicht. Wir benutzen die gleiche Idee und drücken die Entfernung in infinitesimalen Größen aus. Lassen Sie uns sagen, „während der ersten Sekunde war ihre Geschwindigkeit die und die, und mit Hilfe der Formel $\Delta s = v \cdot \Delta t$ können wir berechnen, wie weit der Wagen in der ersten Sekunde mit der Geschwindigkeit gefahren ist." Nun ist ihre Geschwindigkeit in der zweiten Sekunde fast die gleiche, aber ein klein wenig verschieden; wir können berechnen, wie weit sie in der nächsten Sekunde kam, indem wir die neue Geschwindigkeit mit der Zeit multiplizieren. Wir verfahren ähnlich für jede Sekunde, bis zum Ende der Fahrt. Wir haben nun eine Anzahl kleiner Entfernungen, und die gesamte Entfernung ist die Summe aller dieser kleinen Stücke.

Tabelle 8–4
Die Geschwindigkeit eines fallenden Körpers

t (s)	v (m/s)
0	0
1	10
2	20
3	30
4	40

Das heißt, die Entfernung ist die Summe der Geschwindigkeiten mal der Zeit, oder $s = \Sigma v\,\Delta t$, wobei der griechische Buchstabe Σ (Sigma) die Addition angibt. Genauer ausgedrückt, es ist die Summe der Geschwindigkeit zu einer gegebenen Zeit, sagen wir zur i-ten Zeit, multipliziert mit Δt.

$$s = \sum_i v(t_i)\,\Delta t. \tag{8.6}$$

Die Regel für die Zeiten ist, daß $t_{i+1} = t_i + \Delta t$. Jedoch ist die mit dieser Methode erhaltene Entfernung nicht genau, weil sich die Geschwindigkeit während des Zeitintervalles Δt ändert. Wenn wir die Zeit klein genug wählen, so ist die Summe präzise, also wählen wir sie kleiner und kleiner, bis wir die gewünschte Geschwindigkeit erhalten. Das wahre s ist

$$s = \lim_{\Delta t \to 0} \sum_i v(t_i)\,\Delta t. \tag{8.7}$$

Die Mathematiker haben für diesen Grenzwert ein Symbol erfunden, analog dem Symbol für das Differential. Das Delta wird zu d, um uns daran zu erinnern, daß die Zeit so gering ist wie möglich; die Geschwindigkeit wird dann die Geschwindigkeit v zur Zeit t genannt, und die Addition wird geschrieben als eine Summe mit einem großen „s", $\int$ (nach dem lateinischen *summa*), welches verzerrt wurde und nun unglücklicherweise nur das Integralzeichen genannt wird. Damit schreiben wir

$$s = \int v(t)\,dt. \tag{8.8}$$

Dieser Prozeß des Addierens aller dieser Glieder wird Integration genannt, und es ist der umgekehrte Prozeß zur Differentiation. Die Ableitung dieses Integrals ist v, somit hebt ein Operator (d) den anderen ($\int$) auf. Man kann Formeln für Integrale dadurch erhalten, daß man die Formeln für die Ableitungen nimmt und diese rückwärts benutzt, weil sie sich ja umgekehrt zueinander verhalten. Auf diese Weise kann man seine eigene Tabelle von Integralen aufstellen, indem man alle Arten von Funktionen differenziert. Für jede Formel mit einem Differential können wir eine Integralformel erhalten, wenn wir sie umkehren.

Jede Funktion kann analytisch differenziert werden, d. h. der Prozeß kann algebraisch ausgeführt werden und führt zu einer definiten Funktion. Aber es ist nicht möglich, auf einfache Weise einen analytischen Wert für irgendein beliebiges Integral anzugeben. Man kann es z. B. berechnen durch Bilden der oben gezeigten Summe, und dann durch Wiederholung mit einem feineren Intervall Δt und wieder mit einem feineren Intervall, bis man es nahezu richtig hat. Allgemein ist es nicht möglich, für eine besondere Funktion den Wert des Integrals analytisch zu finden. Man kann immer versuchen, eine Funktion zu finden, welche nach Differenzieren irgendeine gewünschte Funktion ergibt; aber man muß sie nicht finden und sie braucht nicht in dem Sinn zu existieren, daß sie ausdrückbar ist durch Funktionen, die bereits bekannt sind.

8–5 Beschleunigung

Der nächste Schritt bei der Entwicklung der Bewegungsgleichung ist die Einführung einer neuen Idee, welche über den Begriff der Geschwindigkeit hinausreicht zu dem der *Änderung* von Geschwindigkeit, und wir fragen nun, „wie *ändert* sich die Geschwindigkeit? " In den vorangegangenen Kapiteln haben wir Fälle diskutiert, in welchen Kräfte Geschwindigkeitsänderungen produzieren. Sie haben vielleicht mit Begeisterung von einem Auto gehört, das aus dem Stand in genau 10 Sekunden auf 100 km pro Stunde kommt. Aus einer solchen Leistung können wir ersehen, wie schnell sich die Geschwindigkeit ändert, jedoch nur im Durchschnitt. Was wir nun diskutieren, ist die nächste Schwierigkeitsebene, d. h. wie schnell sich die Geschwindigkeit ändert. Mit anderen Worten, um wieviel Meter pro Sekunde ändert sich die Geschwindigkeit in der Sekunde, das sind wieviele Meter pro Sekunde pro Sekunde? Wir haben vorher die Formel für die Geschwindigkeit eines fallenden Körpers abgeleitet und $v = 10 \cdot t$ erhalten. Einige Werte dazu sind in Tabelle 8–4 aufgeführt. Und nun wollen wir herausfinden, um wieviel sich die Geschwindigkeit pro Sekunde ändert; diese Größe wird Beschleunigung genannt.

Beschleunigung ist definiert als die zeitliche Geschwindigkeitsänderung. Aus der vorangegangenen Diskussion wissen wir bereits, daß wir die Beschleunigung als die Ableitung dv/dt schreiben können, ebenso wie die Geschwindigkeit die Ableitung der Entfernung ist. Wenn wir nun die Formel $v = 10 \cdot t$ differenzieren, so erhalten wir für einen fallenden Körper

$$a = \frac{dv}{dt} = 10. \tag{8.9}$$

[Um das Glied $10 \cdot t$ zu differenzieren, können wir das für ein vorangegangenes Problem erhaltene Resultat verwenden, wo wir fanden, daß die Ableitung von $B \cdot t$ einfach B ist (eine Konstante). Also erhalten wir mit $B = 10$ sofort, daß die Ableitung von $10 \cdot t = 10$ ist.] Das bedeutet, daß sich die Geschwindigkeit eines fallenden Körpers immer um 10 m pro Sekunde pro Sekunde ändert. Wir sehen auch aus Tabelle 8–4, daß die Geschwindigkeit um 10 m/s pro Sekunde ansteigt. Das ist ein sehr simpler Fall, denn üblicherweise sind Beschleunigungen nicht konstant. Der Grund für die konstante Beschleunigung ist, daß die Kraft auf einen fallenden Körper konstant ist, und die Newtonschen Gesetze sagen, daß die Beschleunigung proportional der Kraft ist.

Als weiteres Beispiel wollen wir die Beschleunigung für das Problem finden, das wir bereits für die Geschwindigkeit gelöst haben. Beginnend mit

$$s = At^3 + Bt + C$$

erhielten wir mit $v = ds/dt$,

$$v = 3At^2 + B.$$

Da die Beschleunigung die Ableitung der Geschwindigkeit nach der Zeit ist, müssen wir den zweiten Ausdruck von oben differenzieren. Wir benutzen die Regel, daß die Ableitung der zwei Glieder rechts gleich der Summe der Ableitungen der einzelnen Glieder ist. Um das erste dieser Glieder zu differenzieren, folgen wir nicht wieder dem elementaren Prozeß, sondern erinnern uns stattdessen, daß wir bereits ein quadratisches Glied differenziert haben, als wir $5 \cdot t^2$ differenzierten. Das Resultat war die Verdoppelung des numerischen Koeffizienten und Änderung des t^2 in t; lassen Sie uns annehmen, daß diesmal das gleiche geschieht, und Sie können das Resultat selber prüfen. Die Ableitung von $3 \cdot A \cdot t^2$ ist dann $6 \cdot A \cdot t$. Als nächstes differenzieren wir B, ein konstantes Glied. Aber nach einer vorher angegebenen Regel ist die Ableitung von B Null; also trägt dieses Glied nicht zur Beschleunigung bei. Das Endresultat ist daher $a = dv/dt = 6 \cdot A \cdot t$.

Als Hinweis geben wir zwei nützliche Formeln an, welche durch Integration erhalten werden können. Wenn ein Körper aus der Ruhelage startet und sich mit konstanter Beschleunigung g bewegt, so ist seine Geschwindigkeit zu irgendeiner Zeit t gegeben durch

$$v = gt.$$

Die in der gleichen Zeit zurückgelegte Entfernung ist

$$s = \tfrac{1}{2}gt^2.$$

Beim Aufschreiben von Ableitungen werden verschiedene mathematische Bezeichnungsweisen verwendet. Da Geschwindigkeit ds/dt und Beschleunigung die zeitliche Ableitung der Geschwindigkeit ist, können wir auch schreiben

$$a = \frac{d}{dt}\left(\frac{ds}{dt}\right) = \frac{d^2s}{dt^2}, \qquad (8.10)$$

welches übliche Schreibarten einer zweiten Ableitung sind.

Wir haben ein anderes Gesetz, daß die Geschwindigkeit gleich dem Integral über die Beschleunigung ist. Das ist nur das umgekehrte von $a = dv/dt$; wir haben bereits gesehen, daß die Entfernung das Integral über die Geschwindigkeit ist, also kann die Entfernung durch zweifache Integration der Beschleunigung gefunden werden.

In der vorangegangenen Diskussion war die Bewegung nur in einer Dimension, und der vorhandene Platz gestattet nur eine kurze Diskussion der Bewegung in drei Dimensionen. Betrachten wir ein Teilchen P, welches sich auf irgendeine beliebige Weise in drei Dimensionen bewegt. Zu Beginn dieses Kapitels eröffneten wir unsere Diskussion des eindimensionalen Falles eines fahrenden Autos mit der Beobachtung der Entfernung des Autos von seinem Startpunkt zu verschiedenen Zeiten. Wir diskutierten dann Geschwindigkeit als Änderungen dieser Entfernungen mit der Zeit und Beschleunigung als Geschwindigkeitsänderungen. Wir können die dreidimensionale Bewegung analog behandeln. Es ist einfacher, die Bewegung an einem zweidimensionalen Diagramm zu illustrieren und dann die Vorstellungen auf drei Dimensionen zu erweitern. Wir geben ein rechtwinkliges Achsenpaar an und bestimmen die Position des Teilchens zu irgendeinem Zeitpunkt durch Messung seiner Entfernungen von den beiden Achsen. Daher wird jede Position in einer x-Entfernung und einer y-Entfernung ausgedrückt, und die Bewegung kann durch Aufstellung einer Tabelle beschrieben werden, in welcher diese beiden Entfernungen als Funktionen der Zeit angegeben sind. (Die Erweiterung dieses Prozesses auf drei Dimensionen erfordert nur eine zusätzliche Achse unter rechtem Winkel zu den ersten beiden und die Messung einer dritten Entfernung, der z-Entfernung. Die Entfernungen werden nun von Koordinaten-*Ebenen* anstatt von Linien gemessen.) Wie können wir die Geschwindigkeit bestimmen, nachdem wir eine Tabelle mit x- und y-Entfernungen aufgestellt haben? Zuerst finden wir die Geschwindigkeitskomponenten in jeder Richtung.

Der horizontale Teil der Geschwindigkeit, oder die x-Komponente, ist die Ableitung der x-Entfernung nach der Zeit oder

$$v_x = dx/dt. \tag{8.11}$$

Ähnlich ist der vertikale Teil der Geschwindigkeit oder die y-Komponente

$$v_y = dy/dt. \tag{8.12}$$

In der dritten Dimension ist

$$v_z = dz/dt. \tag{8.13}$$

Nun, wenn die Komponenten der Geschwindigkeit gegeben sind, wie können wir die Geschwindigkeit entlang des tatsächlichen Bewegungspfades finden? Für den zweidimensionalen Fall betrachten wir zwei sukzessive Positionen des Teilchens, die eine kurze Entfernung Δs und ein kurzes Zeitintervall $t_2\text{-}t_1 = \Delta t$ voneinander entfernt sind. In der Zeit Δt bewegt sich das Teilchen um eine horizontale Entfernung $\Delta x \sim v_x \Delta t$ und vertikal um die Entfernung $\Delta y \sim v_y \Delta t$. (Das Symbol „~" wird gelesen als „ist angenähert".) Die zurückgelegte Gesamtentfernung ist angenähert

$$\Delta s \sim \sqrt{(\Delta x)^2 + (\Delta y)^2}, \tag{8.14}$$

wie in Fig. 8–3 gezeigt. Die angenäherte Geschwindigkeit während dieses Intervalls kann durch Dividieren durch Δt und den Grenzübergang von Δt nach Null erhalten werden, genau wie zu Beginn des Kapitels. Dann erhalten wir die Geschwindigkeit als

$$v = \frac{ds}{dt} = \sqrt{(dx/dt)^2 + (dy/dt^2)} = \sqrt{v_x^2 + v_y^2}\,. \tag{8.15}$$

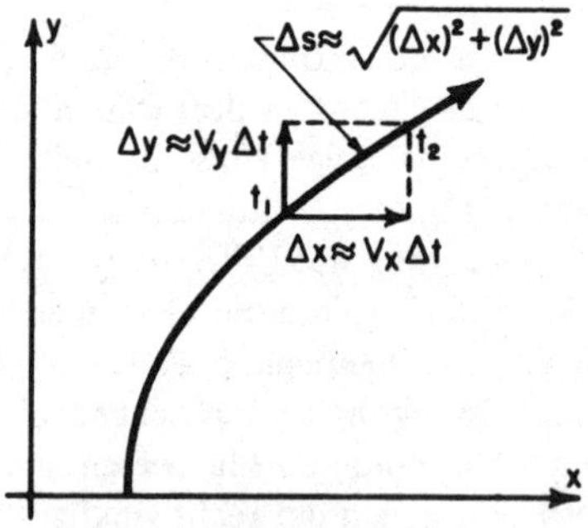

Fig. 8–3. Die Beschreibung der Bewegung eines Körpers in zwei Dimensionen und die Berechnung seiner Geschwindigkeit.

Das Resultat für drei Dimensionen ist

$$v = \sqrt{v_x^2 + v_y^2 + v_z^2}\,. \tag{8.16}$$

Auf dieselbe Art, in der wir Geschwindigkeiten definierten, können wir Beschleunigungen definieren: Wir haben eine x-Komponente a_x der Beschleunigung, welche die Ableitung von v_x, der x-Komponente der Geschwindigkeit ist (d. h. $a_x = d^2x/dt^2$, die zweite Ableitung von x nach t) usw.

Betrachten wir ein schönes Beispiel einer zusammengesetzten Bewegung in einer Ebene. Wir nehmen die Bewegung eines Balles, der sich horizontal mit einer konstanten Geschwindigkeit u bewegt und der zur gleichen Zeit mit einer konstanten Beschleunigung $-g$ vertikal nach unten geht; was ist die Bewegung? Wir können sagen $dx/dt = v_x = u$. Da die Geschwindigkeit v_x konstant ist, gilt

$$x = ut, \tag{8.17}$$

und da die nach unten gerichtete Beschleunigung $-g$ konstant ist, kann die vom Objekt durchfallene Entfernung geschrieben werden als

$$y = -\tfrac{1}{2}gt^2. \tag{8.18}$$

Was ist die Bahnkurve, d. h. was ist die Beziehung zwischen y und x? Aus Gl. (8.18) können wir t eliminieren, weil $t = x/u$ ist. Nach Ausführung dieser Substitution finden wir

$$y = -\frac{g}{2u^2}x^2. \tag{8.19}$$

Diese Beziehung zwischen y und x kann als die Bahngleichung des bewegten Balles angesehen werden. Durch Auftragung dieser Gleichung erhalten wir eine Kurve, die eine Parabel genannt wird; jeder frei fallende Körper, der in irgendeine Richtung abgeschossen wird, bewegt sich auf einer Parabel, wie in Fig. 8–4 gezeigt wird.

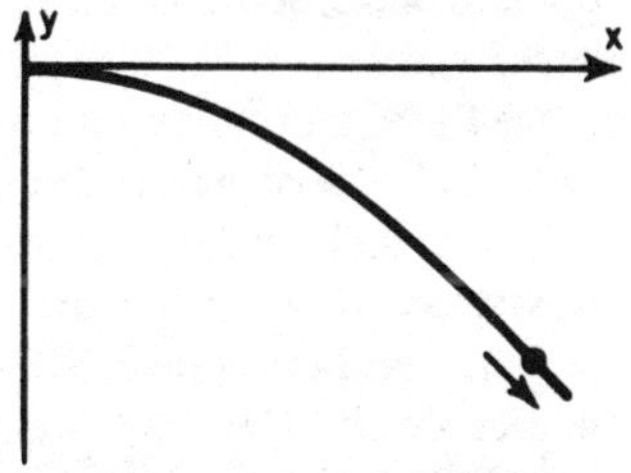

Fig. 8–4. Die von einem fallenden Körper mit einer horizontalen Anfangsgeschwindigkeit beschriebene Parabel.

9 Die Newtonschen Gesetze der Dynamik

9–1 Impuls und Kraft

Die Entdeckung der Gesetze der Dynamik oder der Bewegungsgesetze war ein dramatischer Augenblick in der Geschichte der Wissenschaft. Vor Newtons Zeit waren die Bewegungen der Dinge, wie die der Planeten, etwas Geheimnisvolles, aber nach Newton verstand man sie vollständig. Selbst die geringen Abweichungen von den Keplerschen Gesetzen, die auf Störungen der Planeten beruhen, konnten berechnet werden. Die Bewegungen von Pendeln, Oszillatoren aus Federn und Gewichten usw. konnten vollständig analysiert werden, nachdem die Newtonschen Gesetze formuliert waren. Ebenso ist es mit diesem Kapitel: Vor diesem Kapitel konnten wir nicht berechnen, wie sich eine Masse an einer Feder bewegt; noch weniger konnten wir die Störungen des Planeten Uranus aufgrund von Jupiter und Saturn berechnen. Nach diesem Kapitel *werden* wir nicht nur in der Lage sein, die Bewegung einer schwingenden Masse zu berechnen, sondern auch die Störungen von Uranus, die durch Jupiter und Saturn hervorgerufen werden!

Galilei machte einen großen Fortschritt zum Verständnis von Bewegung, als er das *Prinzip der Trägheit* entdeckte: Wenn man ein Objekt in Ruhe läßt, es nicht beeinflußt, dann bewegt es sich geradlinig weiter mit konstanter Geschwindigkeit, falls es ursprünglich bewegt war, oder es bleibt in Ruhe, falls es ursprünglich in Ruhe war. Natürlich scheint sich dies in der Natur nie so abzuspielen, denn wenn wir einen Block auf einem Tisch entlangstoßen, dann kommt er zur Ruhe, aber dies kommt daher, daß er *nicht* alleingelassen wurde – er reibt gegen den Tisch. Es erforderte eine gewisse Vorstellungskraft, die richtige Regel zu finden, und diese Vorstellungskraft wurde durch Galilei aufgebracht.

Als nächstes ist natürlich eine Regel erforderlich, die bestimmt, wie ein Objekt seine Geschwindigkeit *ändert*, wenn es durch irgend etwas beeinflußt *wird*. Das ist der Beitrag von Newton. Newton hat drei Gesetze aufgeschrieben: Das Erste Gesetz war einfach eine Umformulierung des Galileischen Trägheitsprinzips, das wir gerade beschrieben haben. Das Zweite Gesetz gab eine spezifische Methode zur Bestimmung, wie sich die Geschwindigkeit unter verschiedenen Einflüssen, genannt *Kräfte*, ändert.

Das Dritte Gesetz beschreibt in gewissem Umfang die Kräfte, und das werden wir zu einem anderen Zeitpunkt diskutieren. Hier behandeln wir nur das Zweite Gesetz, das behauptet, daß die Bewegung eines Objektes auf folgende Weise durch Kräfte geändert wird: *Die zeitliche Änderung einer Größe, genannt Impuls, ist proportional zur Kraft.* Wir werden dies in Kürze mathematisch ausdrücken, aber lassen Sie uns zunächst den Inhalt erklären.

Impuls ist nicht das gleiche wie *Geschwindigkeit*. Eine Menge Worte werden in der Physik verwendet und sie alle haben in der Physik eine präzise Bedeutung, obgleich sie in der Umgangssprache keine solch präzise Bedeutung zu haben brauchen. Impuls ist ein Beispiel dafür, und wir müssen ihn präzise definieren. Wenn wir mit unseren Armen einen Schub auf ein leichtes Objekt ausüben, dann bewegt es sich leicht; wenn wir mit der gleichen Intensität ein anderes, im üblichen Sinn viel schwereres Objekt schieben, dann bewegt es sich viel langsamer. Tatsächlich müssen wir statt der Worte „leicht" und „schwer" sagen *weniger massiv* und *massiver*, weil es einen Unterschied gibt zwischen dem *Gewicht* eines Objektes und seiner *Trägheit*. (Wie schwer es ist, ein Objekt zu bewegen, ist eine Sache, wieviel es wiegt, ist eine andere.) Gewicht und Trägheit sind einander *proportional*, und auf der Erdoberfläche werden sie häufig numerisch gleichgesetzt. Dies verursacht bei den Studenten eine gewisse Verwirrung. Auf dem Mars würden die Gewichte anders sein, aber die Kraft zur Überwindung der Trägheit wäre die gleiche.

Wir verwenden den Begriff *Masse* als ein quantitatives Maß für die Trägheit, und wir können z. B. die Masse bestimmen, indem wir ein Objekt auf einem Kreis mit einer bestimmten Geschwindigkeit herumschwingen und messen, wieviel Kraft notwendig ist, um es auf dem Kreis zu halten. Auf diese Weise finden wir eine bestimmte Größe für die Masse eines jeden Objektes. Nun ist der *Impuls* eines Objektes ein Produkt zweier Größen: seiner *Masse* und seiner *Geschwindigkeit*. Damit kann das Zweite Newtonsche Gesetz mathematisch wie folgt geschrieben werden:

$$F = \frac{d}{dt}(mv). \tag{9.1}$$

Nun müssen verschiedene Punkte beachtet werden. Beim Aufschreiben eines Gesetzes wie diesem verwenden wir viele intuitive Ideen, Folgerungen und Annahmen, die zuerst einmal angenähert zu unserem „Gesetz" kombiniert werden. Später kann es notwendig sein, zurückzukehren und genauer zu untersuchen, was jeder Ausdruck bedeutet. Aber wenn wir dies zu früh tun, werden wir verwirrt. Also nehmen wir zu Beginn verschiedenes als zutreffend an. Erstens, daß die Masse eines Objektes konstant ist; sie ist es nicht wirklich, aber wir werden mit der Newtonschen Approximation beginnen, daß die Masse *konstant* ist, daß sie zu allen Zeiten gleich ist, und weiterhin, daß beim Zusammenfügen zweier Objekte deren Massen *addiert* werden. Diese Vorstellungen wurden natürlich von Newton einbegriffen, als er seine Gleichung aufstellte; andernfalls wäre sie bedeutungslos. Nehmen wir z. B. an, daß sich die Masse umgekehrt proportional mit der Geschwindigkeit ändert; dann würde sich der Impuls *niemals ändern*. Also würde das Gesetz keine Bedeutung haben, solange wir nicht wissen, wie sich die Masse mit der Geschwindigkeit ändert. Zunächst sagen wir, *sie ändert sich nicht*.

Weiterhin gibt es einige Implikationen bezüglich der Kraft. In grober Näherung denken wir uns die Kraft als eine Art von Schub oder Zug, den wir mit unseren Muskeln ausüben. Aber nun, seit wir dieses Bewegungsgesetz haben, können wir sie genauer definieren. Am wichtigsten ist es, zu verstehen, daß sich diese Beziehung nicht nur auf Änderungen des *Betrages* des Impulses oder der Geschwindigkeit bezieht, sondern auch auf *Richtungsänderungen*. Wenn die Masse konstant ist, dann kann Gl. (9.1) auch wie folgt geschrieben werden:

$$F = m\frac{dv}{dt} = ma. \tag{9.2}$$

Die Beschleunigung a ist die zeitliche Änderung der Geschwindigkeit, und das Zweite Newtonsche Gesetz sagt mehr aus, als daß sich der Effekt bei einer gegebenen Kraft umgekehrt wie die Masse verhält; es besagt auch, daß die *Richtung* der Geschwindigkeitsänderung und die *Richtung* der Kraft gleich sind. Somit müssen wir verstehen, daß eine Geschwindigkeitsänderung oder eine Beschleunigung eine tiefere Bedeutung besitzen als es in der Umgangssprache ausgedrückt ist: Die Geschwindigkeit eines bewegten Objektes kann geändert werden durch Geschwindigkeitszunahme, Geschwindigkeitsabnahme (bei Verlangsamung sagen wir, es wird mit negativer Beschleunigung beschleunigt) oder durch Änderung seiner Bewegungsrichtung. Eine Beschleunigung rechtwinkelig zur Geschwindigkeit wurde in Kap. 7 diskutiert. Dabei sahen wir, daß ein mit der Geschwindigkeit v auf dem Radius R bewegtes Objekt von einer geradlinigen Bahn um eine Entfernung $\frac{1}{2}(v^2/R)t^2$ abweicht, wenn t sehr klein ist. Also ist die Formel für die Beschleunigung senkrecht zur Bewegung

$$a = v^2/R, \tag{9.3}$$

und eine Kraft unter rechtem Winkel zur Geschwindigkeit wird ein Objekt veranlassen, sich auf einer gekrümmten Bahn zu bewegen, wobei der Krümmungsradius bestimmt werden kann durch Division der Kraft durch die Masse, um die Beschleunigung zu erhalten. Daraus erhält man mit Hilfe von (9.3) den Krümmungsradius.

9–2 Schnelligkeit und Geschwindigkeit

Um unsere Sprache* präziser zu fassen, geben wir noch eine Definition für die Benutzung der Wörter *Schnelligkeit* und *Geschwindigkeit*. Normalerweise denken wir uns Schnelligkeit und Geschwindigkeit als das gleiche, und in der Umgangssprache sind sie das gleiche. Aber in der Physik nutzen wir zu unserem Vorteil die Tatsache, daß es *zwei* Worte gibt, und wir verwenden sie, um zwischen zwei Bedeutungen zu unterscheiden. Wir unterscheiden sorgfältig zwischen Geschwindigkeit, die einen Betrag und eine Richtung besitzt, und Schnelligkeit, die als Betrag der Geschwindigkeit (ohne eine Richtung) aufgefaßt wird. Wir können dies genauer formulieren durch die Beschreibung, wie sich die x-, y- und z-Koordinaten eines Objektes mit der Zeit ändern. Nehmen wir z. B. an, daß sich zu einem gegebenen Zeitpunkt ein Objekt so bewegt, wie es in Fig. 9–1 gezeigt ist. In einem sehr kleinen

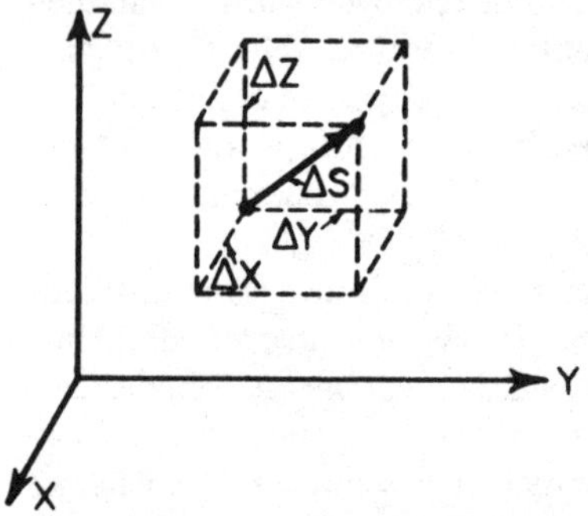

Fig. 9–1. Eine kleine Verrückung eines Objektes.

Zeitintervall Δt bewegt es sich um Δx in x-Richtung, um Δy in y-Richtung und um Δz in z-Richtung. Der gesamte Effekt dieser drei Koordinatenänderungen ist eine Verrückung Δs entlang der Diagonalen des Parallelepipeds, dessen Seiten Δx, Δy und Δz sind. Ausgedrückt durch die Geschwindigkeit ist die Verrückung Δx die x-Komponente der Geschwindigkeit mal Δt und ähnlich für Δy und Δz:

$$\Delta x = v_x \Delta t, \qquad \Delta y = v_y \Delta t, \qquad \Delta z = v_z \Delta t. \tag{9.4}$$

9–3 Komponenten von Geschwindigkeit, Beschleunigung und Kraft

In Gl. (9.4) haben wir die *Geschwindigkeit in Komponenten aufgelöst*, indem wir feststellten, wie schnell sich ein Objekt in der x-Richtung, der y-Richtung und der z-Richtung bewegt. Die Geschwindigkeit ist nach Betrag und Richtung vollständig angege-

* Anm. d. Übers.: gemeint ist hier das Amerikanische

ben, wenn wir die numerischen Beträge ihrer drei rechtwinkeligen Komponenten angeben:

$$v_x = dx/dt, \qquad v_y = dy/dt, \qquad v_z = dz/dt. \tag{9.5}$$

Andererseits ist die Geschwindigkeit des Objektes

$$ds/dt = |v| = \sqrt{v_x^2 + v_y^2 + v_z^2}. \tag{9.6}$$

Nun nehmen wir an, daß die Geschwindigkeit aufgrund einer Krafteinwirkung eine Richtungsänderung und eine Änderung des Betrages erfährt, wie in Fig. 9–2 gezeigt.

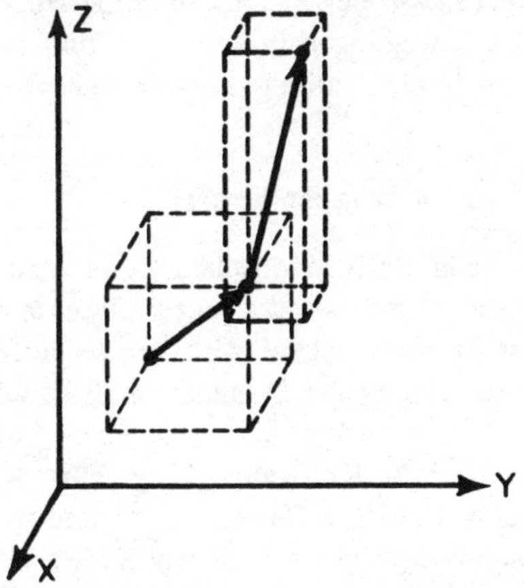

Fig. 9–2. Eine Geschwindigkeitsänderung, bei der sich sowohl der Betrag als auch die Richtung ändern.

Wir können diese offensichtlich komplexe Situation sehr einfach analysieren, wenn wir die Änderungen der x-, y- und z-Komponenten der Geschwindigkeit bestimmen. Die Geschwindigkeitsänderung in der x-Richtung während der Zeit Δt ist $\Delta v_x = a_x \Delta t$, wobei a_x die sogenannte x-Komponente der Beschleunigung ist. Ähnlich sehen wir, daß $\Delta v_y = a_y \Delta t$ und $\Delta v_z = a_z \Delta t$. Wir stellen hierbei fest, daß das Zweite Newtonsche Gesetz – das aussagt, daß die Kraft die gleiche Richtung wie die Beschleunigung besitzt – in Wirklichkeit drei Gesetze darstellt in dem Sinn, daß die Kraftkomponenten in x-, y- und z-Richtung jeweils gleich sind der Masse multipliziert mit der zeitlichen Änderung der entsprechenden Geschwindigkeitskomponente:

$$\begin{aligned} F_x &= m(dv_x/dt) = m(d^2x/dt^2) = ma_x, \\ F_y &= m(dv_y/dt) = m(d^2y/dt^2) = ma_y, \\ F_z &= m(dv_z/dt) = m(d^2z/dt^2) = ma_z. \end{aligned} \tag{9.7}$$

Ebenso wie die Geschwindigkeit und die Beschleunigung in Komponenten zerlegt wurden durch Projektion eines den Betrag und die Richtung darstellenden Linienelementes auf die drei Koordinatenachsen, wird auf die gleiche Weise eine Kraft in einer gegebenen Richtung dargestellt durch Komponenten in den x-, y- und z-Richtungen:

$$\begin{aligned} F_x &= F \cos(x, F), \\ F_y &= F \cos(y, F), \\ F_z &= F \cos(z, F), \end{aligned} \tag{9.8}$$

wobei F der Betrag der Kraft ist und (x, F) den Winkel zwischen der x-Achse und der Richtung von F darstellt usw.

Das Zweite Newtonsche Gesetz wird in seiner vollständigen Form durch Gl. (9.7) angegeben. Wenn wir die auf ein Objekt wirkende Kraft kennen und sie in die x-, y- und z-Komponenten auflösen, dann können wir die Bewegung des Objektes aus diesen Gleichungen finden. Betrachten wir ein einfaches Beispiel. Angenommen, es seien keine Kräfte in den y- und z-Richtungen vorhanden, die einzige Kraft sei in der x-Richtung, sagen wir vertikal. Gl. (9.7) sagt uns, daß eine Geschwindigkeitsänderung in vertikaler Richtung, nicht aber in horizontaler Richtung auftritt. Dies wurde mit einem speziellen Apparat in Kapitel 7 demonstriert (siehe Fig. 7–3). Ein fallender Körper bewegt sich horizontal ohne Änderung seiner (ursprünglichen) Horizontalbewegung, während er sich vertikal so bewegt, als sei seine Horizontalbewegung gleich Null. Mit anderen Worten, die Bewegungen in den x-, y- und z-Richtungen sind unabhängig voneinander, wenn die *Kräfte* nicht miteinander verknüpft sind.

9–4 Was ist Kraft?

Um die Newtonschen Gesetze zu benutzen, benötigen wir irgendeine Formel für die Kraft; diese Gesetze sagen: *Beachte die Kräfte.* Wenn ein Objekt beschleunigt wird, so ist irgendein Agens wirksam; stelle fest, welches es ist. Unser Programm für die Weiterentwicklung der Dynamik muß es sein, *die Gesetze für die Kraft zu finden.* Newton hat selbst einige Beispiele angegeben. Für den Fall der Gravitation hat er eine spezielle Formel für die Kraft angegeben. Für andere Kräfte hat er einen Teil der Information in seinem Dritten Gesetz angegeben, welches sich mit der Gleichheit von Aktion und Reaktion beschäftigt; wir werden es im nächsten Kapitel untersuchen.

Erweitern wir unser vorangegangenes Beispiel und fragen wir nach den Kräften auf Objekte an der Erdoberfläche. Nahe der Erdoberfläche ist die in vertikaler Richtung vorhandene Gravitationskraft proportional der Masse des Objektes und nahezu unabhängig von der Höhe, solange die Höhen klein sind im Vergleich zum Erdradius $R: F = G\,(mM)/R^2 = mg$, wobei $g = (GM)/R^2$ die *Gravitationsbeschleunigung* genannt wird. Also sagt das Gravitationsgesetz aus, daß das Gewicht proportional der Masse ist; die Kraft ist in vertikaler Richtung und ist gleich Masse multipliziert mit g. Wiederum finden wir, daß die Bewegung in horizontaler Richtung konstante Geschwindigkeit besitzt. Die interessante Bewegung ist in der vertikalen Richtung, und das Zweite Newtonsche Gesetz sagt uns

$$mg = m(d^2x/dt^2). \tag{9.9}$$

Nach Kürzung der Masse finden wir, daß die Beschleunigung in x-Richtung konstant und gleich g ist. Das ist natürlich das allgemein bekannte Gesetz des freien Falls, das zu den folgenden Gleichungen führt:

$$\begin{aligned} v_x &= v_0 + gt, \\ x &= x_0 + v_0 t + \tfrac{1}{2}gt^2. \end{aligned} \tag{9.10}$$

Als weiteres Beispiel wollen wir annehmen, daß wir eine Vorrichtung (Fig. 9–3) bauen konnten, die eine Kraft proportional zum Abstand, jedoch entgegengesetzt gerichtet, wirken läßt – eine Feder. Wenn wir die Gravitation vernachlässigen, die natürlich durch die Anfangsdehneng der Feder austariert wird, und wenn wir nur die *Überschuß*-Kräfte

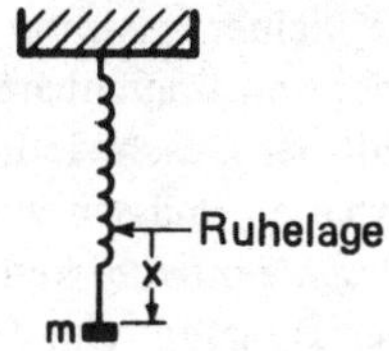

Fig. 9–3. Eine Masse an einer Feder.

betrachten, dann wird die Feder die Masse nach oben ziehen, wenn wir nach unten ziehen, während die Feder die Masse nach unten drückt, wenn wir nach oben ziehen. Diese Maschine wurde sorgfältig so konstruiert, daß die Kraft um so größer ist, je mehr wir nach oben ziehen, und zwar genau im Verhältnis zur Auslenkung von der Nullage. Ähnlich ist die nach oben gerichtete Federkraft proportional dazu, wie weit wir nach unten ziehen. Wenn wir die Dynamik dieser Maschine beobachten, so finden wir eine geradezu schöne Bewegung – auf, ab, auf, ab... Die Frage ist nun, ob die Newtonschen Gleichungen diese Bewegung genau beschreiben. Sehen wir, ob wir die Bewegung mit dieser periodischen Schwingung genau berechnen können, indem wir Newtons Gesetz (9.7) anwenden. In diesem Fall lautet die Gleichung:

$$-kx = m(dv_x/dt). \tag{9.11}$$

Hier haben wir eine Situation, in der sich die Geschwindigkeit in der x-Richtung proportional mit x ändert. Nichts wird gewonnen durch Beibehaltung der verschiedenen Konstanten, also stellen wir uns vor, daß entweder die Zeitskala geändert wurde oder daß ein Unglück mit den Konstanten geschehen ist, so daß wir $k/m = 1$ erhalten. Also versuchen wir, die folgende Gleichung zu lösen

$$dv_x/dt = -x. \tag{9.12}$$

Um fortzufahren, müssen wir v_x kennen, aber wir wissen natürlich, daß die Geschwindigkeit die zeitliche Änderung der Position ist.

9–5 Die Bedeutung der dynamischen Gleichungen

Nun wollen wir versuchen zu analysieren, was Gl. (9.12) aussagt. Angenommen, das Objekt besitzt zu einem gegebenen Zeitpunkt t eine Geschwindigkeit v_x und den Ort x. Welches sind die Geschwindigkeit und der Ort zu einem etwas späteren Zeitpunkt $t + \epsilon$? Wenn wir diese Frage beantworten können, ist unser Problem gelöst, denn wir können dann mit einer vorgegebenen Situation beginnen und berechnen, wie sie sich im nächsten Augenblick, im darauf folgenden Augenblick, im folgenden Augenblick usw. ändert. Auf diese Weise entwickeln wir schrittweise die Bewegung. In einem speziellen Beispiel wollen wir annehmen, daß wir zur Zeit $t = 0$ folgende Werte haben: $x = 1$ und $v_x = 0$. Warum bewegt sich überhaupt unser Objekt? Weil eine *Kraft* auf es einwirkt, wenn es sich an irgendeinem Ort befindet – mit Ausnahme von $x = 0$. Für $x > 0$ ist die Kraft nach oben gerichtet. Aufgrund des Bewegungsgesetzes beginnt daher die Geschwindigkeit mit dem Wert Null sich zu ändern. Nachdem es etwas Geschwindigkeit gewonnen hat, beginnt das Objekt, sich nach oben zu bewegen, usw. Nun können wir zu jedem Zeitpunkt t für sehr kleine ϵ den Ort zum Zeitpunkt $t + \epsilon$ in guter Näherung ausdrücken durch den Ort und die Geschwindigkeit zum Zeitpunkt t durch

$$x(t + \epsilon) = x(t) + \epsilon v_x(t). \tag{9.13}$$

Je kleiner ϵ ist, um so genauer ist dieser Ausdruck; er ist jedoch selbst dann noch immer von brauchbarer Genauigkeit, wenn ϵ nicht vernachlässigbar klein ist. Was ist nun mit der Geschwindigkeit? Um die Geschwindigkeit zum späteren Zeitpunkt $t + \epsilon$ zu erhalten, müssen wir wissen, wie sich die Geschwindigkeit ändert, d. h. wir müssen die ***Beschleunigung*** kennen. Und wie erhalten wir die Beschleunigung? Hier setzt das Gesetz der Dynamik ein. Das Gesetz der Dynamik teilt uns mit, was die Beschleunigung ist. Es sagt, die Beschleunigung ist $-x$.

$$v_x(t + \epsilon) = v_x(t) + \epsilon a_x(t) \tag{9.14}$$

$$= v_x(t) - \epsilon x(t). \tag{9.15}$$

Gl. (9.14) ist nur Kinematik; sie sagt, daß sich eine Geschwindigkeit aufgrund des Vorhandenseins einer Beschleunigung ändert. Aber Gl. (9.15) ist ***Dynamik***, weil sie die Beschleunigung in Beziehung setzt zur Kraft; sie sagt, daß wir zu diesem besonderen Zeitpunkt die Beschleunigung in diesem speziellen Problem ersetzen können durch $-x\,(t)$. Wenn wir also beide, x und v, zu einem gegebenen Zeitpunkt kennen, so kennen wir die Beschleunigung, und damit ist uns die neue Geschwindigkeit bekannt und wir kennen den neuen Ort – so funktioniert die Maschinerie. Die Geschwindigkeit ändert sich ein klein wenig aufgrund der Kraft, und die Position ändert sich etwas wegen der Geschwindigkeit.

9–6 Numerische Lösungen der Gleichungen

Nun wollen wir das Problem wirklich lösen. Angenommen, wir nehmen $\epsilon = 0{,}100$ s. Wenn wir nach Durchführung all dieser Arbeit herausfinden, daß dies nicht klein genug ist, so mag es notwendig sein, alles mit $\epsilon = 0{,}010$ s zu wiederholen. Beginnen wir mit unserem Anfangswert $x\,(0) = 1{,}00$, was ist $x\,(0{,}1)$? Es ist der alte Ort $x\,(0)$ plus der Geschwindigkeit (diese ist Null) multipliziert mit 0,10 s. Also ist $x\,(0{,}1)$ noch immer 1,00, weil noch keine Bewegung vorhanden ist. Aber die neue Geschwindigkeit bei 0,10 s ist die alte Geschwindigkeit $v\,(0) = 0$ plus ϵ mal der Beschleunigung. Die Beschleunigung ist $-x\,(0) = -1{,}00$. Damit ist

$$v(0.1) = 0.00 - 0.10 \times 1.00 = -0.10.$$

Nun wird bei 0,20 s

$$x(0.2) = x(0.1) + \epsilon v(0.1)$$
$$= 1.00 - 0.10 \times 0.10 = 0.99$$

und

$$v(0.2) = v(0.1) + \epsilon a(0.1)$$
$$= -0.10 - 0.10 \times 1.00 = -0.20.$$

Und auf diese Weise können wir Schritt um Schritt den Rest der Bewegung berechnen, und das ist es, was wir tun werden. Jedoch gibt es für die praktische Ausführung einige kleine Tricks, mit deren Hilfe wir die Genauigkeit der Rechnung steigern können. Wenn wir unsere Rechnung auf der gleichen Basis wie zu Beginn fortgesetzt hätten, würden wir die Bewegung nur recht grob bestimmt haben, weil $\epsilon = 0{,}100$ s recht grob ist. Somit würden wir zu einem kleineren Intervall, sagen wir $\epsilon = 0{,}01$, gehen müssen. Dann würde es eine beträchtliche Zahl von Berechnungen erfordern, um ein vernünftig großes gesamtes Zeitintervall zu erledigen. Also werden wir die Arbeit auf eine Weise organisieren, die für das gleiche grobe Intervall $\epsilon = 0{,}10$ s die Genauigkeit unserer Berechnung verbessert. Dies erreichen wir durch eine subtile Verbesserung der Rechentechnik.

Notieren wir, daß die neue Position gleich der alten Position plus ϵ mal der Geschwindigkeit ist. Aber die Geschwindigkeit *wann*? Die Geschwindigkeit zu Beginn des Zeitintervalls ist eine Geschwindigkeit und die Geschwindigkeit am Ende des Zeitintervalles ist eine andere. Unsere Verbesserung besteht in der Verwendung einer *mittleren* Geschwindigkeit. Wenn wir die Geschwindigkeit jetzt wissen, sich die Geschwindigkeit aber ändert, dann erhalten wir nicht die richtige Antwort, wenn wir die jetzt vorhandene Geschwindigkeit verwenden. Wir müssen eine Geschwindigkeit zwischen der „jetzt"- und der am Ende des Intervalls vorhandenen „dann"-Geschwindigkeit verwenden. Die gleiche Betrachtung trifft auch auf die Geschwindigkeit zu: Zur Berechnung der Geschwindigkeitsänderungen müssen wir eine Beschleunigung in der Mitte zwischen den beiden Zeiten benutzen, an denen die Geschwindigkeiten ermittelt werden sollen. Damit werden die Gleichungen, die wir wirklich benutzen werden, folgendermaßen aussehen: Der spätere Ort ist gleich der Anfangsposition plus ϵ mal der Geschwindigkeit *zum Zeitpunkt in der Mitte des Intervalls*. Ähnlich ist die Geschwindigkeit an diesem Mittelpunkt gleich der Geschwindigkeit zu einer Zeit ϵ eher (das ist in der Mitte des vorhergehenden Intervalles) plus ϵ mal der Beschleunigung zur Zeit t. Damit benutzen wir die Gleichungen

$$\begin{aligned} x(t+\epsilon) &= x(t) + \epsilon v(t+\epsilon/2), \\ v(t+\epsilon/2) &= v(t-\epsilon/2) + \epsilon a(t), \\ a(t) &= -x(t). \end{aligned} \tag{9.16}$$

Nur ein kleines Problem bleibt noch: Was ist $v(\epsilon/2)$? Zu Beginn war $v(0)$, nicht aber $v(-\epsilon/2)$ gegeben. Um unsere Berechnungen zu beginnen, benutzen wir die spezielle Gleichung $v(\epsilon/2) = v(0) + (\epsilon/2)\,a(0)$.

Nun sind wir bereit, unsere Berechnungen auszuführen. Zur Vereinfachung arrangieren wir unsere Arbeit in Tabellenform mit Spalten für die Zeit, die Geschwindigkeit und die Beschleunigung, wobei die Geschwindigkeit zwischen den Zeilen für die Positionen aufgeschrieben wird. Das Ganze ist in Tabelle 9–1 gezeigt. Eine derartige Tabelle ist einfach eine bequeme Methode zur Darstellung der numerischen Werte, die mit dem Gleichungssatz (9.16) berechnet wurden. Dabei müssen diese Gleichungen nie aufgeschrieben werden. Wir füllen einfach die verschiedenen Spalten, eine nach der anderen, in der Tabelle aus. Diese Tabelle gibt uns nun eine gute Vorstellung von der Bewegung: Sie beginnt mit der Ruhelage (d. i. die Auslenkung $x = 1{,}00$), gewinnt ein klein wenig nach oben (negativ) gerichtete Geschwindigkeit, wobei die Auslenkung etwas weniger wird. Die Beschleunigung ist dann etwas weniger, aber die Geschwindigkeit nimmt noch immer zu. Aber im Weitergehen nimmt die Geschwindigkeit weniger und weniger zu, bis wir beim Passieren von $x = 0$ etwa zur Zeit $t = 1{,}50$ s mit Sicherheit vorhersagen können, daß die Bewegung zur anderen Seite fortgesetzt wird. Die Position x wird negativ, und daher wird die Beschleunigung positiv. Damit wird die Geschwindigkeit verringert. Es ist interessant, diese Zahlen mit der Funktion $x = \cos t$ zu vergleichen; dies ist in Fig. 9–4 getan.

Die Übereinstimmung liegt innerhalb der dreistelligen Genauigkeit unserer Berechnung! Wir werden später sehen, daß $x = \cos t$ die exakte mathematische Lösung unserer Bewegungsgleichung ist; hier dient es als eindrucksvolle Illustration der Stärke der numerischen Analysis, daß eine derart einfache Berechnung solch präzise Resultate liefert.

t	x	v_x	a_x
0.0	1.000	0.000	−1.000
		−0.050	
0.1	0.995		−0.995
		−0.150	
0.2	0.980		−0.980
		−0.248	
0.3	0.955		−0.955
		−0.343	
0.4	0.921		−0.921
		−0.435	
0.5	0.877		−0.877
		−0.523	
0.6	0.825		−0.825
		−0.605	
0.7	0.764		−0.764
		−0.682	
0.8	0.696		−0.696
		−0.751	
0.9	0.621		−0.621
		−0.814	
1.0	0.540		−0.540
		−0.868	
1.1	0.453		−0.453
		−0.913	
1.2	0.362		−0.362
		−0.949	
1.3	0.267		−0.267
		−0.976	
1.4	0.169		−0.169
		−0.993	
1.5	0.070		−0.070
		−1.000	
1.6	−0.030		+0.030

Tabelle 9–1

Lösung von $dv_x/dt = -x$.

Intervall: $\epsilon = 0{,}10$ s

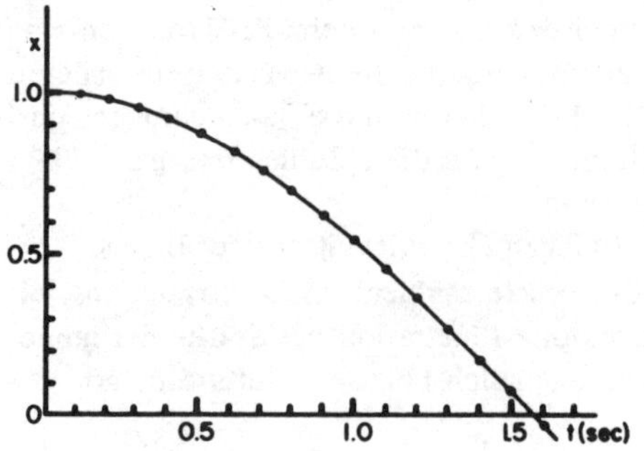

Fig. 9–4. Graphische Darstellung der Bewegung einer Masse an einer Feder.

9–7 Planetenbewegungen

Die oben durchgeführte Analyse ist sehr schön für die Bewegung einer schwingenden Feder. Aber können wir die Bewegung eines Planeten um die Sonne analysieren? Wir wollen sehen, ob wir für die Bahn eine Approximation der Ellipse herleiten können. Wir werden annehmen, daß die Sonne unendlich schwer ist, so daß wir ihre Bewegung nicht berücksichtigen müssen. Angenommen, ein Planet startet an einem bestimmten Ort und bewegt sich mit einer gewissen Geschwindigkeit; er bewegt sich um die Sonne auf einer Kurve. Wir werden mit Hilfe der Newtonschen Bewegungsgesetze und seines Gravitationsgesetzes versuchen, die Art der Kurve zu analysieren. Wie? Zu einem gegebenen Zeitpunkt befindet er sich an einem Ort im Raum. Wenn der radiale Abstand von der Sonne zu diesem Punkt r genannt wird, dann wissen wir, daß die aufgrund der Gravitation nach innen gerichtete Kraft gleich einer Konstante multipliziert mit dem Produkt der Sonnenmasse und der Planetenmasse dividiert durch das Quadrat des Abstandes ist. Wir müssen nun herausfinden, welche Beschleunigung durch diese Kraft erzeugt wird. Dazu benötigen wir die *Komponenten* der Beschleunigung entlang zweier Richtungen, die wir x und y nennen. Also bestimmen wir die Position des Planeten zu einem gegebenen Zeitpunkt durch Angabe von x und y (wir werden annehmen, daß z immer Null ist, weil keine Kraft in z-Richtung vorhanden ist und weil bei Abwesenheit einer Anfangsgeschwindigkeit v_z nichts vorhanden ist, das z einen anderen Wert als Null gibt). Die Kraft wirkt entlang der Verbindungsgeraden zwischen Planet und Sonne, wie in Fig. 9–5 gezeigt wird.

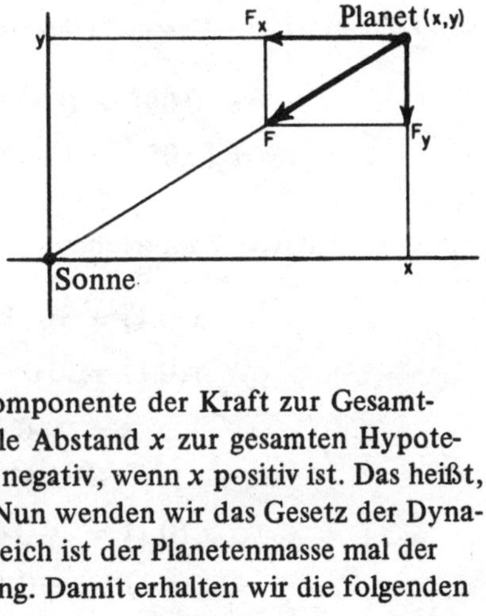

Fig. 9–5. Die Gravitationskraft auf einen Planeten.

Aus dieser Figur sehen wir, daß die Horizontalkomponente der Kraft zur Gesamtkraft im gleichen Verhältnis steht wie der horizontale Abstand x zur gesamten Hypotenuse r, weil beide Dreiecke ähnlich sind. Auch ist F_x negativ, wenn x positiv ist. Das heißt, $F_x/|F| = -x/r$ oder $F_x = -|F|x/r = -GMmx/r^3$. Nun wenden wir das Gesetz der Dynamik an, um zu finden, daß diese Kraftkomponente gleich ist der Planetenmasse mal der zeitlichen Geschwindigkeitsänderung in der x-Richtung. Damit erhalten wir die folgenden Gesetze:

$$\begin{aligned} m(dv_x/dt) &= -GMmx/r^3, \\ m(dv_y/dt) &= -GMmy/r^3, \\ r &= \sqrt{x^2+y^2}. \end{aligned} \tag{9.17}$$

Dies sind also die Gleichungen, die wir lösen müssen. Wiederum nehmen wir zur Vereinfachung der numerischen Arbeit an, daß die Zeiteinheit, oder die Masse der Sonne, so gewählt wurde (oder wir haben Glück gehabt), daß $GM \equiv 1$ ist. Für unser spezielles Beispiel setzen wir die Anfangsposition des Planeten auf $x = 0{,}500$ und $y = 0{,}000$. Die nur in y-Richtung vorhandene Anfangsgeschwindigkeit habe den Betrag 1,6300. Wie führen wir nun unsere Berechnung aus? Wir stellen wiederum eine Tabelle her mit Spalten für die Zeit, die x-Position, die x-Geschwindigkeit v_x und für die x-Beschleunigung a_x; weiterhin, durch eine Doppellinie abgetrennt, nehmen wir drei Spalten für Position, Geschwindigkeit und Beschleunigung in der y-Richtung. Um die Beschleunigung zu erhalten, benötigen wir Gl. (9.17). Sie sagt uns, daß die Beschleunigung in der x-Richtung $-x/r^3$ und in der y-Richtung $-y/r^3$ ist; r ist die Quadratwurzel aus $x^2 + y^2$. Bei gegebenen x und y müssen wir also durch ein wenig zusätzliche Berechnung der Wurzel aus dieser Quadratsumme r ermitteln und dann die beiden Beschleunigungen berechnen. Es ist auch nützlich, $1/r^3$ zu berechnen. Diese Arbeit kann leicht mit Hilfe einer Tabelle der Quadrate, Kuben und Kehrwerte ausgeführt werden; dann ist es nur notwendig, x mit $1/r^3$ zu multiplizieren, und dies kann mit Hilfe eines Rechenschiebers ausgeführt werden.

Unsere Berechnung wird mit den folgenden Schritten fortgesetzt, wobei wir die Zeitintervalle $\epsilon = 0{,}100$ verwenden: Die Anfangswerte bei $t = 0$ sind

$$\begin{aligned} x(0) &= 0.500 & y(0) &= 0.000 \\ v_x(0) &= 0.000 & v_y(0) &= +1.630\,. \end{aligned}$$

Daraus erhalten wir

$$\begin{aligned} r(0) &= 0.500 & 1/r^3(0) &= 8.000 \\ a_x &= -4.000 & a_y &= 0.000\,. \end{aligned}$$

Nun können wir die Geschwindigkeiten $v_x(0{,}05)$ und $v_y(0{,}05)$ berechnen:

$$\begin{aligned} v_x(0.05) &= 0.000 - 4.000 \times 0.050 = -0.200; \\ v_y(0.05) &= 1.630 + 0.000 \times 0.100 = 1.630. \end{aligned}$$

Nun beginnt unsere Hauptrechnung:

$$\begin{aligned} x(0.1) &= 0.500 - 0.20 \times 0.1 &&= 0.480 \\ y(0.1) &= 0.0 + 1.63 \times 0.1 &&= 0.163 \\ r &= \sqrt{0.480^2 + 0.163^2} &&= 0.507 \\ 1/r^3 &= 7.67 \\ a_x(0.1) &= -0.480 \times 7.67 &&= -3.68 \\ a_y(0.1) &= -0.163 \times 7.70 &&= -1.256 \\ v_x(0.15) &= -0.200 - 3.68 \times 0.1 &&= -0.568 \\ v_y(0.15) &= 1.630 - 1.26 \times 0.1 &&= 1.505 \\ x(0.2) &= 0.480 - 0.568 \times 0.1 &&= 0.423 \\ y(0.2) &= 0.163 + 1.50 \times 0.1 &&= 0.313 \\ &\text{etc.} \end{aligned}$$

Auf diese Weise erhalten wir die in Tabelle 9–2 angegebenen Werte. In etwa 20 Schritten haben wir den Planeten halb um die Sonne verfolgt! In Fig. 9–6 sind die x- und die y-Werte der Tabelle 9–2 aufgetragen. Die Punkte stellen die Positionen in der Folge von

Tabelle 9–2

Lösung von $dv_x/dt = -x/r^3$, $dv_y/dt = -y/r^3$; $r = \sqrt{x^2 + y^2}$.
Intervall: $\epsilon = 0.100$
Bahn $v_y = 1.63$ $v_x = 0$ $x = 0.5$ $y = 0$ at $t = 0$

t	x	v_x	a_x	y	v_y	a_y	r	$1/r^3$
0.0	0.500		−4.00	0.000		0.00	0.500	8.000
		−0.200			1.630			
0.1	0.480		−3.68	0.163		−1.25	0.507	7.675
		−0.568			1.505			
0.2	0.423		−2.91	0.313		−2.15	0.526	6.873
		−0.859			1.290			
0.3	0.337		−1.96	0.442		−2.57	0.556	5.824
		−1.055			1.033			
0.4	0.232		−1.11	0.545		−2.62	0.592	4.81
		−1.166			0.771			
0.5	0.115		−0.453	0.622		−2.45	0.633	3.942
		−1.211			0.526			
0.6	−0.006		+0.020	0.675		−2.20	0.675	3.252
		−1.209			0.306			
0.7	−0.127		+0.344	0.706		−1.91	0.717	2.712
		−1.175			0.115			
0.8	−0.245		+0.562	0.718		−1.64	0.758	2.296
		−1.119			−0.049			
0.9	−0.357		+0.705	0.713		−1.41	0.797	1.975
		−1.048			−0.190			
1.0	−0.462		+0.796	0.694		−1.20	0.834	1.723
		−0.968			−0.310			
1.1	−0.559		+0.858	0.663		−1.02	0.867	1.535
		−0.882			−0.412			
1.2	−0.647		+0.90	0.622		−0.86	0.897	1.385
		−0.792			−0.499			
1.3	−0.726		+0.92	0.572		−0.72	0.924	1.267
		−0.700			−0.570			
1.4	−0.796		+0.93	0.515		−0.60	0.948	1.173
		−0.607			−0.630			
1.5	−0.857		+0.94	0.452		−0.50	0.969	1.099
		−0.513			−0.680			
1.6	−0.908		+0.95	0.384		−0.40	0.986	1.043
		−0.418			−0.720			
1.7	−0.950		+0.95	0.312		−0.31	1.000	1.000
		−0.323			−0.751			
1.8	−0.982		+0.95	0.237		−0.23	1.010	0.970
		−0.228			−0.773			
1.9	−1.005		+0.95	0.160		−0.15	1.018	0.948
		−0.113			−0.778			
2.0	−1.018		+0.96	0.081		−0.08	1.021	0.939
		−0.037			−0.796			
2.1	−1.022		+0.95	0.001		0.00	1.022	0.936
		+0.058			−0.796			
2.2	−1.016		+0.96	−0.079		+0.07	1.019	0.945
					−0.789			
2.3								

Kreuzt die x-Achse bei 2,101 s, Periode = 4,20 s.
$v_x = 0$ bei 2,086 s.
Kreuzungspunkt auf x bei 1,022, Nebenachse = $\frac{(1{,}022 + 0{,}500)}{2} = 0{,}761$.
$v_y = 0{,}796$
Vorhergesagte Zeit $\pi(0{,}761)^2 = \pi(0{,}663) = 2{,}082$.

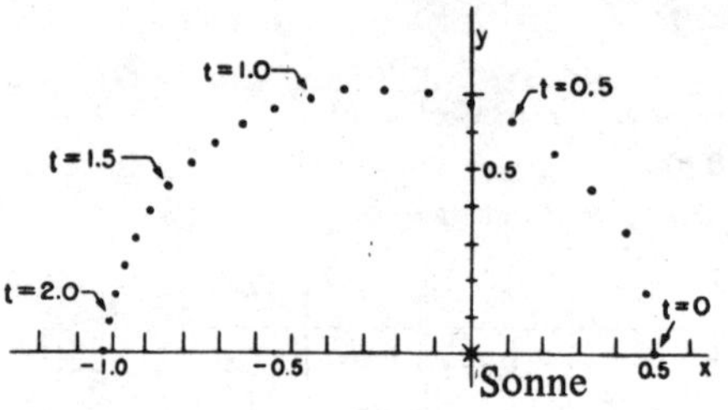

Fig. 9–6. Die berechnete Bewegung eines Planeten um die Sonne.

ein zehntel Zeiteinheiten dar. Wir sehen, daß sich der Planet zu Beginn schnell und am Ende langsam bewegt, und so wird die Gestalt der Kurve bestimmt. So sehen wir, daß wir *tatsächlich* die Planetenbewegung berechnen können!

Nun wollen wir sehen, wie wir die Bewegung von Neptun, Jupiter, Uranus oder die von irgendeinem anderen Planeten berechnen können. Wenn wir eine große Anzahl von Planeten haben und auch die Sonne sich bewegen lassen, können wir dann das gleiche tun? Natürlich können wir das. Wir berechnen die Kraft auf einen bestimmten Planeten, sagen wir Planet Nummer i, der die Position x_i, y_i, z_i besitzt ($i = 1$ mag die Sonne sein, $i = 2$ Merkur, $i = 3$ Venus usw.). Wir müssen die Position aller Planeten kennen. Die auf einen wirkende Kraft wird durch alle anderen Körper verursacht, die in den Positionen x_i, y_i, z_i lokalisiert sind. Damit sind die Gleichungen:

$$
\begin{aligned}
m_i \frac{dv_{ix}}{dt} &= \sum_{j=1}^{N} - \frac{Gm_im_j(x_i - x_j)}{r_{ij}^3}, \\
m_i \frac{dv_{iy}}{dt} &= \sum_{j=1}^{N} - \frac{Gm_im_j(y_i - y_j)}{r_{ij}^3}, \\
m_i \frac{dv_{iz}}{dt} &= \sum_{j=1}^{N} - \frac{Gm_im_j(z_i - z_j)}{r_{ij}^3}.
\end{aligned}
\tag{9.18}
$$

Weiterhin definieren wir r_{ij} als den Abstand zwischen den beiden Planeten i und j; dieser ist gegeben durch

$$
r_{ij} = \sqrt{(x_i - x_j)^2 + (y_i - y_j)^2 + (z_i - z_j)^2}. \tag{9.19}
$$

Das Zeichen Σ heißt Summe über alle Werte von j – über alle anderen Körper – mit Ausnahme von $j = i$. Also ist alles, was wir zu tun haben, mehr Spalten, *sehr viel mehr* Spalten, vorzusehen. Wir benötigen neun Spalten für die Jupiter-Bewegung, neun für die Bewegung von Saturn usw. Wenn wir dann alle Anfangspositionen und Geschwindigkeiten haben, können wir mit Gl. (9.18) die Beschleunigungen berechnen, indem wir zuerst mit Hilfe von Gl. (9.19) alle Entfernungen berechnen. Wie lange werden wir dazu benötigen? Wenn Sie es zu Hause tun, dann wird es sehr lange dauern! Aber in modernen Zeiten haben wir Maschinen, die die Berechunng sehr schnell ausführen; eine sehr gute Rechenmaschine mag 1 Mikrosekunde, d. i. ein Millionstel einer Sekunde, benötigen, um eine Addition auszuführen. Eine Multiplikation benötigt mehr Zeit, sagen wir 10 Mikrosekunden. In einem Rechenzyklus können so etwa 30 Multiplikationen vorkommen – abhängig von der Art des Problems –, so daß ein Zyklus 300 Mikrosekunden benötigt. Das bedeutet, daß 3000 Rechenzyklen pro Sekunde ausgeführt werden können. Um eine

Genauigkeit von, sagen wir, einem Teil in einer Milliarde zu erzielen, würden wir 4×10^5 Zyklen benötigen, entsprechend einem Planetenumlauf um die Sonne. Das entspricht einer Rechenzeit von 130 Sekunden oder etwa 2 Minuten. Damit werden also nur zwei Minuten benötigt, um Jupiter um die Sonnen herum zu folgen, mit all den Störungen durch alle Planeten, genau bis auf ein Teil in einer Milliarde! (Es zeigt sich, daß der Fehler ungefähr proportional dem Quadrat des Intervalls ϵ ist. Wenn wir das Intervall auf ein Tausendstel reduzieren, so wird die Rechnung millionenfach genauer. Also machen wir das Intervall 10 000 mal kleiner.)

So, wie wir sagten, begannen wir dieses Kapitel, ohne zu wissen, wie wir die Bewegung einer Masse an einer Feder berechnen sollten. Nun, mit der enormen Stärke der Newtonschen Gesetze bewaffnet, können wir nicht nur solche einfachen Bewegungen berechnen, sondern auch die außerordentlich komplizierten Planetenbewegungen bis zu einem von uns gewünschten Genauigkeitsgrad! Dazu benötigen wir nur eine Maschine, welche die Berechnungen bewältigen kann.

10 Die Impulserhaltung

10–1 Das Dritte Newtonsche Gesetz

Auf der Basis des Zweiten Newtonschen Bewegungsgesetzes, das die Beziehung zwischen der Beschleunigung eines Körpers und der auf ihn wirkenden Kraft angibt, kann prinzipiell jedes Problem der Mechanik gelöst werden. Zum Beispiel können wir zur Bestimmung der Bewegung einiger Teilchen die im letzten Kapitel entwickelte numerische Methode anwenden. Aber es gibt gute Gründe dafür, die Newtonschen Gesetze weiter zu studieren. Zunächst gibt es sehr einfache Fälle der Bewegung, die nicht nur mit numerischen Methoden, sondern auch durch direkte mathematische Analyse gelöst werden können. Obgleich wir z. B. wissen, daß die Beschleunigung eines fallenden Körpers 10 m/s² ist und wir daraus mit Hilfe numerischer Methoden die Bewegung berechnen könnten, ist es viel einfacher und zufriedenstellender, die Bewegung zu analysieren und die allgemeine Gleichung $s = s_0 + v_0 \cdot t + 5 \cdot t^2$ aufzufinden. Ebenso – obgleich wir die Position eines harmonischen Oszillators mit numerischen Methoden berechnen können – ist der analytische Nachweis möglich, daß die allgemeine Lösung eine einfache Kosinus-Funktion von t ist. Und damit ist es nicht notwendig, durch all die rechnerischen Schwierigkeiten hindurch zu steigen, wenn ein einfacher und genauerer Weg zum Resultat existiert. Obgleich die Bewegung eines Körpers um die Sonne – bestimmt durch Gravitation – Punkt für Punkt mit den numerischen Methoden von Kapitel 9 berechnet werden kann, wodurch die allgemeine Gestalt der Umlaufbahn sichtbar wird, ist es ebenso auch schön, die genaue Gestalt zu erhalten, welche die Analysis als eine perfekte Ellipse enthüllt.

Leider gibt es wirklich nur wenige Probleme, die durch Analysis exakt gelöst werden können. Wenn z. B. im Falle des harmonischen Oszillators die Federkraft nicht proportional der Auslenkung, sondern komplizierter ist, dann muß man auf die numerische Methode zurückkommen. Oder wenn zwei Körper die Sonne umlaufen, so daß die Gesamtzahl der Körper drei ist, dann kann analytisch keine einfache Formel für die Bewegung produziert werden und in der Praxis muß das Problem numerisch gelöst werden. Das ist das berühmte Drei-Körper-Problem, welches so lange das menschliche Vermögen zu seiner Analyse herausgefordert hat. Es ist sehr interessant, wie lange die Menschen benötigten, um die Tatsache wahrzunehmen, daß die Möglichkeiten der mathematischen Analysis vielleicht begrenzt sind und daß es notwendig sein könnte, numerische Methoden anzuwenden. Heutzutage wird eine große Zahl von Problemen, die nicht analytisch behandelt werden können, numerisch gelöst.

Das alte Drei-Körper-Problem, das für so schwierig gehalten wurde, wird routinemäßig genau auf die im letzten Kapitel beschriebene Weise gelöst – indem hinreichend viele Rechnungen ausgeführt werden. Jedoch gibt es auch Situationen, in denen beide Methoden versagen: Die einfachen Probleme können durch Analysis gelöst werden und die etwas komplizierteren Probleme mittels numerischer arithmetischer Methoden, aber die sehr komplizierten Probleme können mit keiner der beiden Methoden gelöst werden. Ein kompliziertes Problem ist z. B. der Zusammenstoß zweier Automobile oder selbst die Bewegung der Moleküle eines Gases. Es sind unzählige Teilchen in einem Kubikmillimeter Gas, und es wäre unsinnig, zu versuchen, Rechnungen mit so vielen Variablen durchzuführen (ungefähr 10^{17} – einhundert Millionen Milliarden). Probleme wie die Bewegung der Moleküle oder Atome eines Gases oder eines Eisenblockes oder die Bewegung der

Sterne in einem Sternenhaufen (anstelle von nur einem oder zwei Planeten beim Umlauf um die Sonne) können wir nicht direkt lösen, also müssen wir nach anderen Mitteln suchen.

In den Situationen, in denen wir den Details nicht folgen können, müssen wir einige allgemeine Eigenschaften kennen, d. h. allgemeine Theoreme oder Prinzipien, welche Konsequenzen der Newtonschen Gesetze sind. Eines dieser Prinzipien ist die Energieerhaltung, die in Kapitel 4 diskutiert wurde. Ein anderes ist das Prinzip der Impulserhaltung, der Gegenstand dieses Kapitels. Ein anderer Grund für das weitere Studium der Mechanik ist, daß es gewisse Bewegungsarten gibt, die sich bei vielen verschiedenen Situationen wiederholen. Also ist es zweckmäßig, diese Arten in einer speziellen Situation zu studieren. Zum Beispiel werden wir Stöße untersuchen; verschiedene Arten von Stößen haben vieles gemeinsam. Beim Fließen von Flüssigkeiten macht es nicht viel Unterschied, um welche Flüssigkeit es sich handelt. Die Gesetze des Fließens sind ähnlich. Andere Probleme, die wir untersuchen werden, sind Schwingungen und Oszillationen und insbesondere die eigentümlichen Phänomene mechanischer Wellen – Schall, Stabschwingungen usw.

Bei unserer Diskussion der Newtonschen Gesetze wurde erklärt, daß diese Gesetze eine Art Programm sind, das sagt, „gib acht auf die Kräfte" und daß uns Newton nur zwei Mitteilungen bezüglich der Natur der Kräfte machte. Im Falle der Gravitation gab er uns das vollständige Kraftgesetz. Für den Fall der sehr komplizierten Kräfte zwischen Atomen kannte er nicht das richtige Gesetz für die Kräfte; jedoch entdeckte er eine Regel, eine allgemeine Eigenschaft der Kräfte, die in seinem dritten Gesetz formuliert ist. Und das ist die gesamte Kenntnis, die Newton über die Natur der Kräfte besaß – das Gravitationsgesetz und dieses Prinzip, aber keine anderen Details.

Dieses Prinzip lautet, *Aktion ist gleich Reaktion.*

Darunter wird etwa folgendes verstanden: Angenommen, wir haben zwei kleine Körper, sagen wir Teilchen, und angenommen, das erste übe eine Kraft auf das zweite aus, es schiebe mit einer gewissen Kraft. Dann wird nach dem dritten Newtonschen Gesetz das zweite Teilchen gleichzeitig das erste mit einer gleichgroßen, aber entgegengesetzt gerichteten Kraft schieben; weiterhin wirken beide Kräfte entlang der gleichen Linie. Dies ist die Hypothese oder das Gesetz, das Newton vorschlug. Es scheint sehr akkurat zu sein, jedoch ist es nicht exakt (wir werden die Fehler später diskutieren). Im Augenblick akzeptieren wir es als richtig, daß actio gleich reactio ist. Wenn natürlich ein drittes Teilchen, nicht auf der gleichen Linie wie die beiden ersten, vorhanden ist, dann sagt das Gesetz *nicht*, daß die Gesamtkraft auf das erste Teilchen gleich ist der Gesamtkraft auf das zweite, weil z. B. das dritte Teilchen selber einen Zug auf beide anderen ausübt. Das Resultat ist, daß der Gesamteffekt auf die ersten beiden in einer anderen Richtung liegt, und die Kräfte auf die ersten beiden Teilchen sind allgemein weder gleich noch entgegengesetzt. Jedoch kann die Kraft auf jedes Teilchen in Komponenten aufgelöst werden, wobei je ein Anteil von jedem anderen wechselwirkenden Teilchen herrührt. Dann hat jedes Teilchen*paar* entsprechende Komponenten der gegenseitigen Wechselwirkung, die im Betrag gleich und in der Richtung entgegengesetzt sind.

10–2 Die Impulserhaltung

Welches sind nun die interessanten Konsequenzen der obigen Beziehung? Nehmen wir zur Vereinfachung an, wir haben zwei wechselwirkende Teilchen verschiedener Masse, numeriert mit 1 und 2. Die Kräfte zwischen ihnen seien gleich groß und entgegengesetzt; was sind die Konsequenzen daraus? Nach dem zweiten Newtonschen Gesetz ist die Kraft gleich der zeitlichen Änderung des Impulses. Also folgern wir, daß die zeitliche Änderung des Impulses p_1 von Teilchen 1 gleich der negativen zeitlichen Änderung des Impulses p_2 des Teilchens 2 ist, oder

$$dp_1/dt = -dp_2/dt. \qquad (10.1)$$

Wenn nun die *zeitliche Änderung* immer gleich und entgegengesetzt ist, so folgt daraus, daß die *gesamte Änderung* des Impulses von Teilchen 1 gleich und entgegengesetzt der *gesamten Änderung* des Impulses von Teilchen 2 ist; das bedeutet, daß wir nach *Addition* der Impulse von Teilchen 1 und Teilchen 2 für die zeitliche Änderung der Summe dieser beiden aufgrund der gegenseitigen Kräfte (genannt innere Kräfte) Null erhalten, d. h.

$$d(p_1 + p_2)/dt = 0. \qquad (10.2)$$

Dabei sind keine anderen Kräfte in diesem Problem angenommen worden. Wenn die zeitliche Änderung dieser Summe immer Null ist, dann ist dies nur ein anderer Ausdruck dafür, daß sich die Größe $(p_1 + p_2)$ nicht ändert. (Diese Größe wird auch als $m_1 \cdot v_1 + m_2 \cdot v_2$ geschrieben und wird der *Gesamtimpuls* der beiden Partikel genannt.) Wir haben nun das Resultat erhalten, daß sich der gesamte Impuls der beiden Teilchen nicht wegen irgendwelcher gegenseitiger Wechselwirkungen zwischen ihnen ändert. Diese Aussage formuliert das Gesetz der Impulserhaltung in diesem besonderen Beispiel. Wir folgern daraus, daß bei Vorhandensein irgendeiner noch so komplizierten Art von Kraft zwischen zwei Teilchen die Summe der gemessenen oder berechneten Impulse $m_1 \cdot v_1 + m_2 \cdot v_2$ sowohl vor als auch nach der Wirkung der Kraft gleich sein sollte, d. h. der Gesamtimpuls ist eine Konstante.

Wenn wir diese Schlußfolgerung auf drei oder mehr wechselwirkende Teilchen in komplizierten Umständen ausdehnen, so ist es evident, daß bezüglich der inneren Kräfte der Gesamtimpuls aller Teilchen konstant bleibt, weil eine Impulszunahme des einen aufgrund eines anderen genau durch die Impulsabnahme des zweiten kompensiert wird. Also sind alle inneren Kräfte ausgeglichen und können daher den Gesamtimpuls der Teilchen nicht ändern. Wenn keine Kräfte von außen (äußere Kräfte) vorhanden sind, dann existieren keine Kräfte, die den Gesamtimpuls ändern können; also ist der Gesamtimpuls eine Konstante.

Es lohnt sich, zu beschreiben, was sich ereignet, wenn Kräfte vorhanden sind, die *nicht* von den gegenseitigen Wechselwirkungen der betrachteten Teilchen herrühren: Angenommen, wir isolieren die wechselwirkenden Teilchen. Wenn nur gegenseitige Kräfte vorhanden sind, dann ändert sich, wie zuvor, der Gesamtimpuls der Teilchen nicht, so kompliziert die Kräfte auch sein mögen. Nehmen wir andererseits an, daß auch Kräfte von den Teilchen außerhalb der isolierten Gruppe herrühren. Irgendeine von Körpern von außen auf die inneren Körper ausgeübte Kraft nennen wir eine *äußere* Kraft. Wir werden später demonstrieren, daß die Summe aller äußeren Kräfte gleich ist der zeitlichen Änderung des Gesamtimpulses aller inneren Teilchen; ein sehr nützliches Theorem.

Die Erhaltung des Gesamtimpulses einer Anzahl wechselwirkender Teilchen kann ausgedrückt werden als

$$m_1 \cdot v_1 + m_2 \cdot v_2 + m_3 \cdot v_3 + \ldots = \text{konstant}, \qquad (10.3)$$

wenn keine äußeren Kräfte existieren. Hierbei sind die Massen und die entsprechenden Geschwindigkeiten der Teilchen numeriert mit 1, 2, 3, 4, ... Die allgemeine Aussage des zweiten Newtonschen Gesetzes für jedes Teilchen

$$f = \frac{d}{dt}(mv) \tag{10.4}$$

gilt für die *Komponenten* der Kraft und des Impulses in jeder Richtung; also ist die x-Komponente der Kraft auf ein Teilchen gleich der x-Komponente der zeitlichen Änderung des Impulses dieses Teilchens oder

$$f_x = \frac{d}{dt}(mv_x). \tag{10.5}$$

Für die y- und z-Richtung sind die Ausdrücke ähnlich. Also enthält Gleichung (10.3) tatsächlich drei Gleichungen, eine für jede Richtung.

Zusätzlich zum Gesetz der Impulserhaltung gibt es eine weitere interessante Konsequenz aus dem zweiten Newtonschen Gesetz, die wir später beweisen wollen und darum hier nur erwähnen. Dieses Prinzip ist, daß die Gesetze der Physik die gleiche Form haben, ob wir uns in Ruhe befinden oder ob wir uns mit konstanter Geschwindigkeit auf einer geraden Linie bewegen. Zum Beispiel wird ein ballspielendes Kind herausfinden, daß ein Ball in einem Flugzeug genauso springt wie auf der Erde. Selbst wenn sich das Flugzeug mit sehr großer Geschwindigkeit bewegt, solange es seine Geschwindigkeit nicht ändert, haben die Gesetze für das Kind das gleiche Aussehen wie im ruhenden Flugzeug. Dies ist das sogenannte *Relativitätsprinzip*. In der hier benutzten Form nennen wir es „Galileische Relativität", um es von der von Einstein ausgeführten sorgfältigeren Analyse zu unterscheiden, die wir später kennenlernen werden.

Wir haben gerade das Gesetz der Impulserhaltung aus den Newtonschen Gesetzen abgeleitet und könnten nun weitergehen, um die speziellen Gesetze zu finden, welche Stöße und Kollisionen beschreiben. Aber aus Gründen der Vielfalt und auch als Illustration einer Art von Beweisführung, die in der Physik in anderen Umständen verwendet werden kann – z. B. könnte man die Newtonschen Gesetze nicht kennen und einen anderen Weg beschreiten – werden wir die Gesetze der Stöße und Kollisionen von einem vollkommen anderen Gesichtspunkt aus diskutieren. Wir werden unsere Diskussion auf dem oben erwähnten Prinzip der Galileischen Relativität aufbauen und werden als Resultat das Gesetz der Impulserhaltung finden.

Wir beginnen mit der Annahme, daß die Natur genauso aussehen würde, wenn wir uns mit einer gewissen Geschwindigkeit bewegen und sie beobachten, wie wenn wir in Ruhe wären. Ehe wir Kollisionen diskutieren, bei denen zwei Körper kollidieren und danach zusammenhängen oder zusammentreffen und dann auseinanderprallen, wollen wir zuerst zwei Körper betrachten, die durch eine Feder oder irgend etwas anderes zusammengehalten werden und die plötzlich losgelassen werden und durch die Feder oder vielleicht durch eine kleine Explosion bewegt werden. Weiterhin betrachten wir Bewegung nur in einer Richtung. Erstens nehmen wir an, daß die beiden Objekte genau gleich sind, daß sie schöne, symmetrische Objekte sind und daß wir dann eine kleine Explosion zwischen ihnen haben. Nach der Explosion wird sich einer der Körper nach rechts mit der Geschwindigkeit v bewegen. Dann erscheint es vernünftig, daß sich der andere Körper nach links mit der Geschwindigkeit v bewegt, weil bei der Gleichheit der Körper weder rechts noch links bevorzugt sind und somit die Körper etwas ausführen, das symmetrisch ist. Dies ist eine Illustration der Denkungsweise, die für viele Probleme sehr nützlich ist, die jedoch nicht herausgearbeitet würde, wenn wir einfach mit den Formeln beginnen würden.

Das erste Resultat unseres Experimentes ist, daß gleiche Objekte gleiche Geschwindigkeiten besitzen. Aber nun setzen wir zwei Objekte aus verschiedenen Materialien, sagen wir Kupfer und Aluminium, voraus und machen die beiden *Massen* gleich. Wir werden nun annehmen, daß bei dem Experiment mit zwei gleichen Massen – selbst wenn die Objekte nicht identisch sind – die Geschwindigkeiten gleich sind. Irgend jemand könnte einwenden: „Aber man kann auch andersherum argumentieren, Sie mußten das nicht *annehmen*. Sie könnten gleiche Massen *definieren* als zwei Massen, die in diesem Experiment die gleichen Geschwindigkeiten annehmen". Wir folgen diesem Vorschlag und zünden eine kleine Explosion zwischen dem Kupfer und einem sehr großen Stück Aluminium, so schwer, daß das Kupfer weit weg fliegt und sich das Aluminium kaum bewegt. Das ist zuviel Aluminium, also verringern wir das Aluminium, bis ein ganz winziges Stück übrig bleibt. Wenn wir nun die Explosion zünden, so fliegt das Aluminium weg und das *Kupfer* bewegt sich fast nicht. Also ist dies nicht genug Aluminium. Offensichtlich gibt es zwischendrin eine richtige Menge; also justieren wir die Menge, bis die Geschwindigkeiten gleich sind. So weit so gut – drehen wir es herum und sagen wir, daß bei gleichen Geschwindigkeiten die Massen gleich sind. Dies scheint nur eine Definition zu sein und es erscheint bemerkenswert, daß wir physikalische Gesetze in einfache Definitionen umsetzen können. Jedoch *sind* dabei einige physikalische Gesetze im Spiel, und wenn wir dieses Definition gleicher Massen akzeptieren, finden wir sofort eines der Gesetze wie folgt.

Angenommen, wir wissen aus dem vorhergehenden Experiment, daß zwei Stücke Material A und B (aus Kupfer und Aluminium) die gleiche Masse besitzen, und wir vergleichen das Kupfer mit einem dritten Körper, sagen wir einem Stück Gold, auf die gleiche Weise wie vorher, wobei wir darauf achten, daß seine Masse gleich der Masse des Kupfers ist. Wenn wir nun das gleiche Experiment mit dem Aluminium und dem Gold ausführen, so gebietet die Logik nicht, daß *diese* Massen gleich sein müssen; jedoch zeigt das *Experiment*, daß sie es tatsächlich sind. Somit haben wir durch das Experiment ein neues Gesetz gefunden. Eine Formulierung dieses Gesetzes könnte sein: Wenn zwei Massen gleich einer dritten Masse sind (bestimmt durch gleiche Geschwindigkeiten in diesem Experiment), dann sind sie untereinander gleich. (Diese Aussage folgt ganz und gar *nicht* aus einer ähnlichen Aussage, die als ein Postulat bezüglich *mathematischer* Größen verwendet wird.) Aus diesem Beispiel können wir sehen, wie schnell wir Dinge folgern, wenn wir nicht aufpassen. Es ist *nicht* nur eine Definition, zu sagen, daß Massen gleich sind, wenn die Geschwindigkeiten gleich sind, weil die Aussage, daß Massen gleich sind, die mathematischen Gesetze der Gleichheit impliziert, was seinerseits etwas über ein Experiment vorhersagt.

In einem zweiten Beispiel nehmen wir an, daß A und B beim Experimentieren mit einer Explosionsstärke gleich groß gefunden wurden, wobei eine bestimmte Geschwindigkeit erzielt wurde. Wenn wir nun eine stärkere Explosion verwenden, wird es dann wahr oder nicht wahr sein, daß die nun erhaltenen Geschwindigkeiten gleich sind? Wiederum ist in der Logik nichts enthalten, das diese Frage entscheiden kann, aber das Experiment zeigt, daß es so *ist*. Also ist hier ein anderes Gesetz, welches wie folgt formuliert werden könnte: Wenn zwei Körper die gleiche Masse besitzen, gemessen durch Gleichheit der Geschwindigkeiten bei einer Geschwindigkeit, so werden sie gleiche Massen besitzen, wenn sie bei einer anderen Geschwindigkeit gemessen werden. Aus diesen Beispielen sehen wir, daß in dem, was eine Definition zu sein scheint, in der Tat Gesetze der Physik enthalten sind.

In der folgenden Entwicklung werden wir annehmen, es ist wahr, daß gleiche Massen gleiche und entgegengesetzte Geschwindigkeiten haben, wenn sich eine Explosion zwischen ihnen ereignet. Wir werden eine andere Annahme für den umgekehrten Fall machen: Wie werden sich zwei identische Objekte, die sich in entgegengesetzten Richtungen mit gleichen Geschwindigkeiten bewegen, nach einer Kollision bewegen, wenn sie kollidieren und durch irgendeine Art von Leim zusammenhalten? Das ist wiederum eine symmetrische Situation ohne Präferenz zwischen rechts und links; also nehmen wir an, daß sie stillstehen. Wir werden auch annehmen, daß irgend zwei Objekte gleicher Masse – selbst wenn die Objekte aus verschiedenen Materialien hergestellt sind –, die sich mit gleicher Geschwindigkeit in entgegengesetzter Richtung bewegen und kollidieren und zusammenhängen, nach der Kollision zur Ruhe kommen.

10–3 Der Impuls *bleibt* erhalten!

Wir können die obigen Annahmen experimentell verifizieren: erstens, daß sich bei Trennung zweier stationärer gleichgroßer Massen durch eine Explosion diese mit der gleichen Geschwindigkeit auseinanderbewegen und zweitens, daß zwei Objekte gleicher Masse, die gleichgroße Geschwindigkeit besitzen und kollidieren und zusammenhalten, zur Ruhe kommen. Das können wir mit Hilfe einer fabelhaften Erfindung tun, der sog. Luftkissenbahn*, welche die Reibung eliminiert, das Ding, welches Galilei ständig störte (Fig. 10–1.) Er konnte keine Experimente mit gleitenden Dingen ausführen, weil sie nicht frei

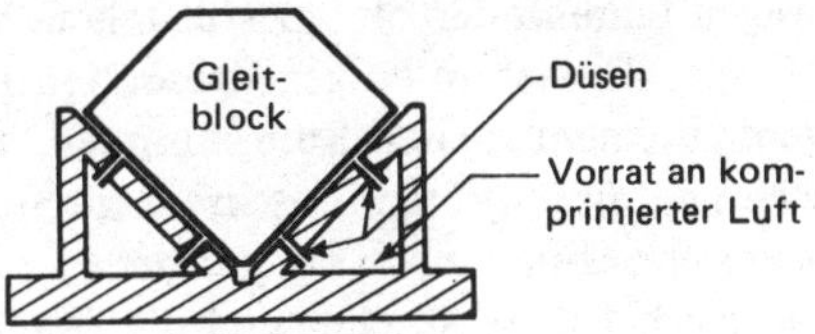

Fig. 10–1. Vorderansicht einer geraden Luftkissenbahn.

gleiten. Aber durch Zuhilfenahme eines Zaubertricks können wir heute die Reibung eliminieren. Unsere Objekte werden ohne Schwierigkeit mit einer konstanten Geschwindigkeit weiter und weiter gleiten, wie Galilei es vorhergesagt hat. Dies wird durch Auflegen der Objekte auf Luft erreicht. Weil Luft sehr geringe Reibung besitzt, kann ein Objekt mit praktisch konstanter Geschwindigkeit entlanggleiten, wenn keine Kraft auf es einwirkt. Zunächst nehmen wir zwei Gleitblöcke, die sorgfältig hergestellt wurden, so daß sie gleiche Gewichte oder Massen besitzen (tatsächlich wurde ihr Gewicht gemessen, aber wir wissen, daß dieses Gewicht proportional der Masse ist), und wir setzen ein kleines Zündplättchen in einem geschlossenen Zylinder zwischen die Blöcke (Fig. 10–2). Wir starten die Blöcke aus der Ruhelage in der Mitte der Bahn und treiben sie durch Zündung des Plättchens

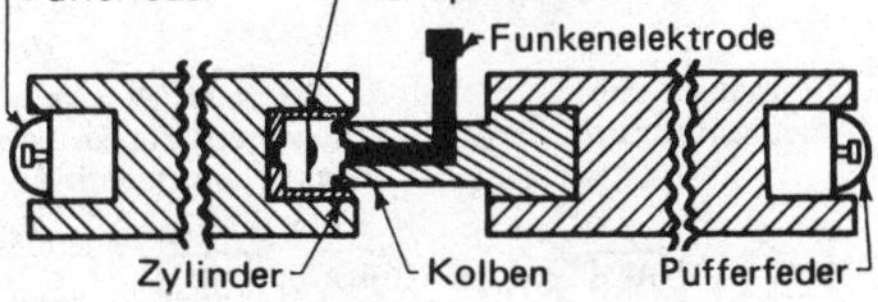

Fig. 10–2. Querschnitt durch Gleitblöcke mit der Anordnung für explosive Wechselwirkung.

* H. V. Neher und R. B. Leighton, Amer. Journ. of Phys., *31*, 255, (1963)

mit einem elektrischen Funken auseinander. Was sollte sich ereignen? Wenn die Geschwindigkeiten beim Auseinanderfliegen gleich sind, sollten sie zur gleichen Zeit an den Enden der Bahn ankommen. Bei Erreichen der Enden werden sie mit praktisch entgegengesetzter Geschwindigkeit zurückprallen und werden zusammentreffen und zur Ruhe kommen in der Mitte, wo sie starteten. Es ist ein guter Test; wenn er tatsächlich ausgeführt wird, ist das Resultat genau wie wir es beschrieben haben (Fig. 10–3).

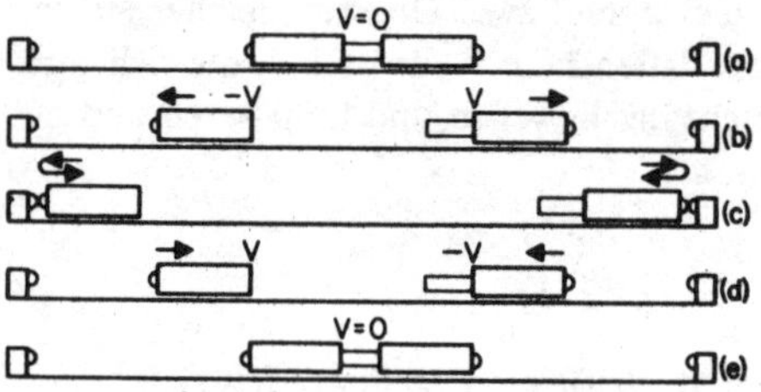

Fig. 10–3. Schematischer Ablauf des actio-reactio-Experimentes mit gleichen Massen.

Als nächstes wollen wir herausfinden, was sich in einer weniger einfachen Situation ereignet. Angenommen, wir haben zwei gleiche Massen, die eine bewegt sich mit der Geschwindigkeit v und die andere steht still, sie kollidieren und bleiben zusammen; was wird sich ereignen? Nach der Kollision bewegt sich eine Masse $2m$ mit einer unbekannten Geschwindigkeit. Welche Geschwindigkeit? Das ist das Problem. Um die Antwort zu finden, machen wir die Annahme, daß für uns die Physik die gleiche ist, ob wir in einem Wagen fahren oder ob wir stillstehen. Wir beginnen mit der Kenntnis, daß zwei gleiche Massen, die sich in entgegengesetzten Richtungen mit gleichen Geschwindigkeiten v bewegen, zu einem totalen Stop kommen, wenn sie kollidieren. Nun nehmen wir an, daß wir während dieses Ereignisses in einem Automobil mit der Geschwindigkeit $-v$ vorbeifahren. Wie sieht es nun aus? Da wir neben einer der beiden zusammenkommenden Massen herfahren, hat diese anscheinend die Geschwindigkeit Null. Die andere Masse jedoch, die in der anderen Richtung die Geschwindigkeit v hat, wird anscheinend auf uns mit einer Geschwindigkeit $2 \cdot v$ zukommen (Fig. 10–4). Endlich scheinen sich die kombinierten Massen nach der Kollision mit der Geschwindigkeit v vorbeizubewegen. Wir schließen daraus, daß ein Objekt mit der Geschwindigkeit $2 \cdot v$, das auf ein gleiches, aber stillstehendes Objekt trifft, im Endeffekt die Geschwindigkeit v annimmt; oder, was mathematisch genau das gleiche ist, daß ein Objekt, das mit der Geschwindigkeit v auf ein stillstehendes auftrifft und an diesem hängenbleibt, ein Objekt erzeugt, das sich mit der Geschwindigkeit $v/2$ bewegt. Es ist zu beachten, daß die Addition der Massen multipliziert mit den Anfangsgeschwindigkeiten, $m \cdot v + 0$, das gleiche Resultat ergibt wie Multiplikation der Masse und der Geschwindigkeit eines jeden Dinges danach, $2m$ mal $v/2$. Damit wissen wir, was passiert, wenn eine Masse der Geschwindigkeit v auf eine stillstehende auftrifft.

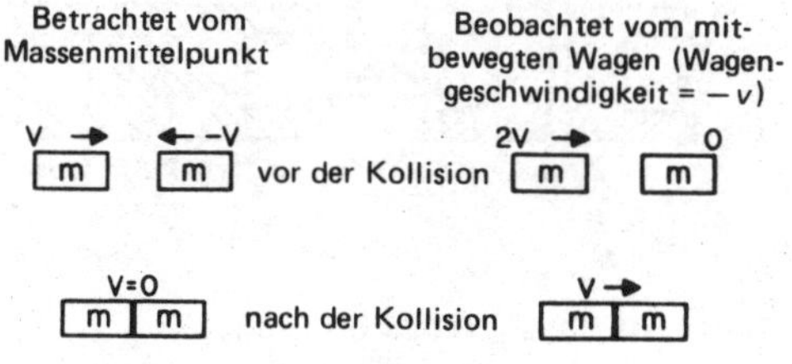

Fig. 10–4. Zwei Ansichten einer unelastischen Kollision zwischen gleich großen Massen.

Auf genau die gleiche Art können wir ableiten, was sich beim Aufeinandertreffen zweier gleicher Objekte, die *irgendwelche* zwei Geschwindigkeiten besitzen, ereignet.

Angenommen, wir haben zwei gleiche Körper mit den Geschwindigkeiten v_1 und v_2, die kollidieren und zusammenhängen bleiben. Was ist ihre Geschwindigkeit v nach der Kollision? Wiederum fahren wir mit einem Automobil nebenher, sagen wir mit der Geschwindigkeit v_2, so daß ein Körper in Ruhe zu sein scheint. Der andere scheint dann die Geschwindigkeit $v_1 - v_2$ zu besitzen und wir haben den gleichen Fall wie zuvor. Wenn alles beendet ist, werden sie in bezug auf das Auto die Geschwindigkeit $\frac{1}{2} \cdot (v_1 - v_2)$ haben. Was ist dann die vorhandene Bodengeschwindigkeit? Sie ist $v = \frac{1}{2}(v_1 - v_2) + v_2$ oder $\frac{1}{2} \cdot (v_1 + v_2)$ (Fig. 10–5). Wiederum bemerken wir, daß

$$mv_1 + mv_2 = 2m(v_1 + v_2)/2. \tag{10.6}$$

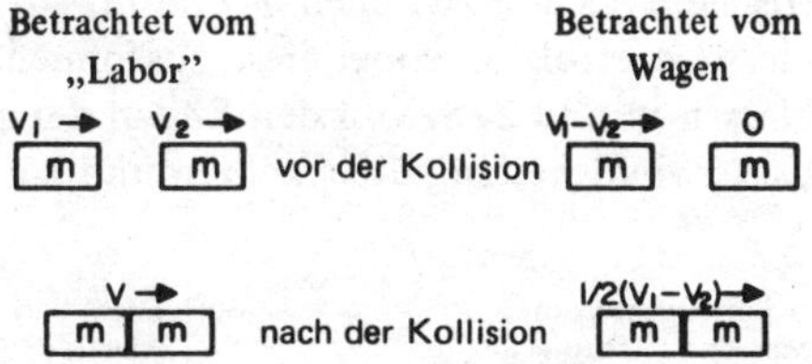

Fig. 10–5. Zwei Ansichten einer anderen unelastischen Kollision zwischen gleich großen Massen.

Also können wir bei Benutzung dieses Prinzips jede beliebige Art von Kollision analysieren, bei der zwei Körper gleicher Masse aufeinandertreffen und zusammenhängen bleiben. Obgleich wir in nur einer Dimension gearbeitet haben, können wir tatsächlich sehr viel mehr über wesentlich kompliziertere Kollisionen herausfinden durch die Vorstellung, daß wir uns in einem Auto in einer schiefen Richtung nebenher bewegen. Das Prinzip ist das gleiche, aber die Einzelheiten werden etwas komplizierter.

Um experimentell zu prüfen, ob sich ein mit der Geschwindigkeit v bewegtes Objekt nach der Kollision mit einem stillstehenden zu einem mit $v/2$ bewegten Objekt vereinigt, führen wir folgendes Experiment mit unserer Luftkissenbahn aus. Wir setzen in die Wanne drei gleich massive Objekte, von denen zwei zu Beginn mit unserer Explosionsvorrichtung verbunden sind. Das dritte ist sehr nahe daran, jedoch in einem kleinen Abstand davon, und es besitzt einen klebenden Puffer, so daß es an einem anderen Objekt, das auftrifft, hängen bleibt. Einen Augenblick nach der Kollision haben wir zwei Objekte der Masse m mit gleichgroßen und entgegengesetzt gerichteten Geschwindigkeiten v. Einen Augenblick danach wird eines davon mit dem dritten Objekt kollidieren, und die Masse $2 \cdot m$ wird sich, wie wir wissen, mit der Geschwindigkeit $v/2$ bewegen. Wie prüfen wir, ob es wirklich $v/2$ ist? Indem wir die Anfangspositionen der Massen auf der Bahn so wählen, daß die Abstände zu den Enden nicht gleich, sondern im Verhältnis 2 : 1 sind. Also sollte unsere erste Masse, die sich weiterhin mit der Geschwindigkeit v bewegt, in einer gegebenen Zeit die doppelte Entfernung zurücklegen wie die beiden zusammenhängenden Massen (wobei die kleine Entfernung, die das zweite Objekt vor der Kollision zurücklegte, berücksichtigt wird). Die Masse m und die Masse $2 \cdot m$ sollten die Enden zur gleichen Zeit erreichen und wenn wir den Versuch ausführen, finden wir, daß es so ist (Fig. 10–6).

Das nächste Problem, das wir lösen wollen, ist, was sich ereignet, wenn wir zwei verschiedene Massen haben. Nehmen wir eine Masse m und eine Masse $2 \cdot m$ und wenden wir unsere explosive Wechselwirkung an. Was wird sich dann ereignen? Wenn sich m als

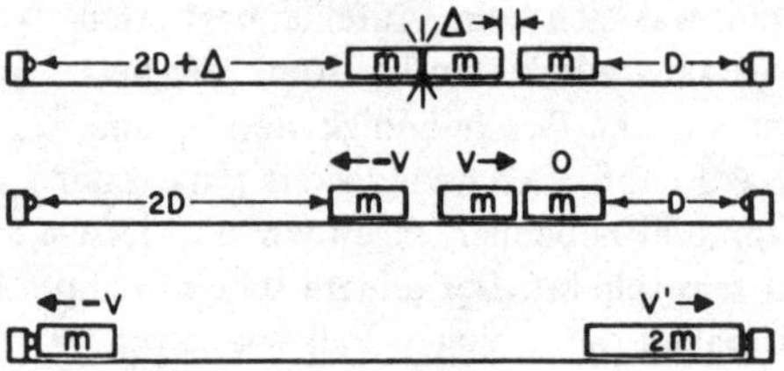

Fig. 10–6. Ein Experiment zur Bestätigung, daß eine Masse *m* mit der Geschwindigkeit *v* bei Kollision mit einer Masse *m* mit der Geschwindigkeit 0 die Masse 2*m* mit der Geschwindigkeit *v*/2 ergibt.

Resultat der Explosion mit der Geschwindigkeit v bewegt, mit welcher Geschwindigkeit bewegt sich dann $2 \cdot m$? Das gerade durchgeführte Experiment kann wiederholt werden ohne Abstand zwischen der zweiten und dritten Masse. Wir erhalten das gleiche Resultat; die reagierenden Massen m und $2 \cdot m$ erhalten die Geschwindigkeiten $-v$ und $v/2$. Also ergibt die direkte Reaktion zwischen m und $2 \cdot m$ das gleiche Resultat wie die symmetrische Reaktion zwischen m und m, auf die eine Kollision zwischen m und einer dritten Masse m erfolgte, wobei diese zusammenhängen bleiben. Weiterhin finden wir, daß die Massen m und $2 \cdot m$ von den Enden der Bahn mit (nahezu) exakt richtungsverkehrten Geschwindigkeiten zurückkehren und zum Stillstand kommen, wenn sie zusammenkleben.

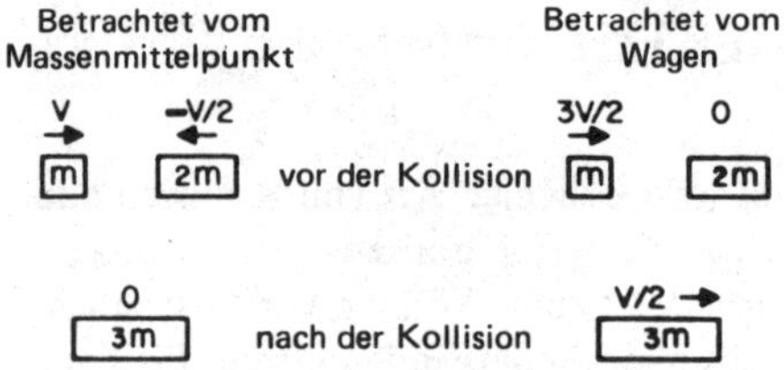

Fig. 10–7. Zwei Ansichten einer unelastischen Kollision zwischen *m* und 2*m*.

Nun kann unsere nächste Frage die folgende sein: Was wird sich ereignen, wenn eine Masse m mit der Geschwindigkeit v auf eine ruhende Masse $2 \cdot m$ auftrifft und kleben bleibt? Das ist bei Verwendung unseres Galileischen Relativitätsprinzips sehr leicht zu beantworten. Wir beobachten einfach die gerade beschriebene Kollision aus einem Wagen, der sich mit der Geschwindigkeit $-v/2$ bewegt (Fig. 10–7). Vom Wagen gesehen sind die Geschwindigkeiten

$$v'_1 = v - v\ (\text{Wagen}) = v + \frac{v}{2} = \frac{3}{2} \cdot v$$

und

$$v'_2 = -\frac{v}{2} - v\ (\text{Wagen}) = -\frac{v}{2} + \frac{v}{2} = 0.$$

Nach der Kollision erscheint es uns so, als ob sich die Masse $3 \cdot m$ mit der Geschwindigkeit $v/2$ bewegt. Damit haben wir die Antwort; das Verhältnis der Geschwindigkeiten vor und nach der Kollision ist 3 : 1. Wenn ein Objekt der Masse m mit einem stehenden Objekt der Masse $2 \cdot m$ zusammenstößt, dann bewegt sich das gesamte Ding – wenn es zusammenhängen bleibt – mit einer Geschwindigkeit von einem Drittel der Größe. Die generelle Regel ist wiederum, daß die Summe der Produkte der Massen und der Geschwindigkeiten gleich bleibt: $m \cdot v + 0 = 3 \cdot m \cdot v/3$. So stellen wir langsam, Schritt um Schritt, das Theorem der Impulserhaltung auf.

Nun haben wir eine gegen zwei. Bei Benutzung des gleichen Argumentes können wir das Resultat von eine gegen drei, zwei gegen drei usw. vorhersagen. Der Fall zwei gegen drei bei Start aus der Ruhelage ist in Fig. 10–8 gezeigt.

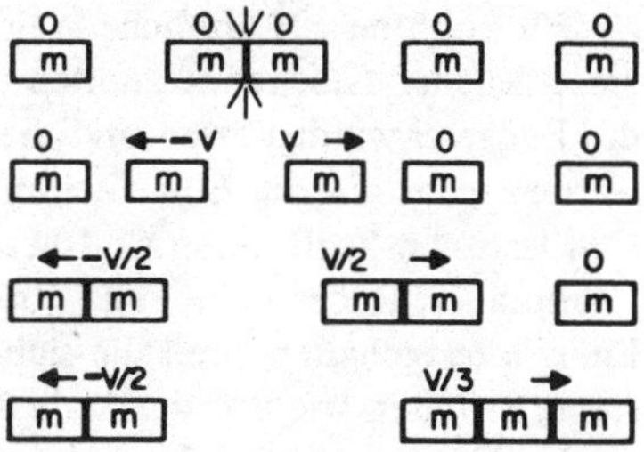

Fig. 10–8. Actio und reactio zwischen $2m$ und $3m$.

In jedem Fall finden wir, daß die Masse des ersten Objektes mal seiner Geschwindigkeit plus der Masse des zweiten Objektes mal seiner Geschwindigkeit gleich ist der gesamten Masse des Endobjektes mal seiner Geschwindigkeit. Dies sind also alles Beispiele der Impulserhaltung. Beginnend mit einfachen, symmetrischen Fällen, haben wir das Gesetz für kompliziertere Fälle demonstriert. Wir könnten es in der Tat für irgendein rationales Massenverhältnis tun. Weil jedes Verhältnis weitestgehend nahe einem rationalen Verhältnis ist, können wir jedes Verhältnis so präzise wie wir es wünschen behandeln.

10–4 Impuls und Energie

Alle vorausgegangenen Beispiele sind einfache Fälle, bei denen die Körper kollidieren und zusammenkleben oder zu Beginn zusammenhängend waren und später durch eine Explosion getrennt wurden. Jedoch gibt es Situationen, in denen die Körper *nicht* zusammenhängen, wie z. B. zwei Körper gleicher Massen, die mit gleichen Geschwindigkeiten kollidieren und dann zurückprallen. Für einen kurzen Augenblick sind sie in Kontakt und werden beide zusammengepreßt. Im Augenblick des maximalen Druckes haben sie beide die Geschwindigkeit Null, und die Energie wird in den elastischen Körpern wie in einer zusammengedrückten Feder gespeichert. Diese Energie kommt aus der kinetischen Energie, die die Körper vor der Kollision besaßen. Die kinetische Energie wird Null in dem Augenblick, in dem ihre Geschwindigkeit Null ist. Der Verlust an kinetischer Energie ist jedoch nur vorübergehend. Der komprimierte Zustand ist analog zum Zündplättchen, das seine Energie in einer Explosion freisetzt. Die Körper werden sofort in einer Art von Explosion entspannt und fliegen wieder auseinander; aber diesen Fall kennen wir bereits – die Körper fliegen mit gleichen Geschwindigkeiten auseinander, jedoch ist die Geschwindigkeit des Rückpralls im allgemeinen geringer als die Anfangsgeschwindigkeit, weil – abhängig von dem Material – nicht alle Energie für die Explosion zur Verfügung steht. Wenn das Material z. B. Kitt ist, wird keine kinetische Energie zurückgewonnen; aber wenn es etwas steifer ist, wird normalerweise etwas kinetische Energie zurückgewonnen. Bei der Kollision wird der Rest der kinetischen Energie in Wärme und Schwingungsenergie umgewandelt – die Körper sind warm und sie schwingen. Die Schwingungsenergie wird ebenfalls bald in Wärme umgewandelt. Es ist möglich, die kollidierenden Körper aus sehr elastischem Material wie z. B. Stahl herzustellen und mit sorgfältig konstruierten Puffern zu versehen, so daß die Kollision sehr wenig Wärme und Schwingungen erzeugt. Bei diesen Verhältnissen sind die Geschwindigkeiten des Rückpralls praktisch gleich den Anfangsgeschwindigkeiten; solch eine Kollision wird *elastisch* genannt.

Daß die Geschwindigkeit *vor* und *nach* einer elastischen Kollision gleich ist, hat nichts mit Impulserhaltung zu tun, sondern ist eine Sache der Erhaltung der *kinetischen Energie.* Daß die Geschwindigkeiten der zurückprallenden Körper nach einer symmetrischen Kollision *einander gleich* sind, ist jedoch eine Sache der Impulserhaltung.

Wir könnten auf ähnliche Weise Kollisionen zwischen Körpern verschiedener Massen, verschiedener Geschwindigkeiten und verschiedener Grade der Elastizität analysieren und die Endgeschwindigkeiten und die Verluste an kinetischer Energie bestimmen, aber wir werden nicht auf die Einzelheiten dieser Prozesse eingehen.

Elastische Kollisionen sind besonders interessant bei Systemen, die keine inneren „Zahnräder, Räder oder Teile" besitzen. Wenn dann eine Kollision auftritt, wird nirgends Energie festgehalten, weil die sich auseinanderbewegenden Objekte sich im gleichen Zustand befinden wie vor der Kollision. Darum sind zwischen sehr elementaren Objekten die Kollisionen immer elastisch oder nahezu elastisch. Zum Beispiel sagt man, daß die Kollisionen zwischen Atomen oder Molekülen in einem Gas vollkommen elastisch sind. Obgleich dies eine ausgezeichnete Approximation ist, sind selbst solche Kollisionen nicht *vollkommen* elastisch; andernfalls könnte man nicht verstehen, wie Energie in Form von Licht oder Wärmestrahlung aus einem Gas kommen kann. Hin und wieder wird bei einer Gaskollision ein niederenergetischer Infrarot-Strahl emittiert. Aber diese Erscheinung ist sehr selten, und die emittierte Energie ist sehr klein. Also werden für die meisten Zwecke Kollisionen der Moleküle in Gasen als völlig elastisch betrachtet.

Als ein interessantes Beispiel wollen wir eine *elastische Kollision* zwischen zwei Objekten *gleicher Masse* betrachten. Wenn sie mit der gleichen Geschwindigkeit aufeinandertreffen, würden sie aufgrund der Symmetrie mit der gleichen Geschwindigkeit auseinander gehen. Aber betrachten wir nun eine Situation, in der sich eines der beiden mit der Geschwindigkeit v bewegt und das andere in Ruhe ist. Was wird sich ereignen? Wir haben dies bereits behandelt. Wir beobachten die symmetrische Kollision aus einem Wagen, der sich wie eines der beiden Objekte bewegt, und finden, daß ein in Ruhe befindlicher Körper, der durch einen anderen Körper gleicher Masse elastisch gestoßen wird, die Geschwindigkeit des zu Anfang bewegten Körpers erhält und der ursprünglich bewegte Körper zur Ruhe kommt; die Körper tauschen einfach ihre Geschwindigkeiten aus. Dieses Verhalten kann leicht mit einer geeigneten Stoß-Apparatur demonstriert werden. Allgemeiner, wenn beide Körper mit verschiedenen Geschwindigkeiten bewegt sind, tauschen sie beim Stoß ihre Geschwindigkeiten aus.

Ein anderes Beispiel einer fast elastischen Wechselwirkung ist Magnetismus. Wenn wir ein Paar U-förmiger Magneten an unseren Gleitblöcken so anordnen, daß sie einander abstoßen und der eine langsam an den anderen herankommt, so schiebt er diesen weg – der nun reibungsfrei weitergleitet – und kommt dabei selbst zum Stillstand.

Das Prinzip der Impulserhaltung ist sehr nützlich, weil es die Lösung vieler Probleme ohne Kenntnis der Details ermöglicht. Wir haben die Einzelheiten der Gasbewegungen bei der Explosion des Zündplättchens nicht gekannt und konnten doch z. B. die Geschwindigkeiten, mit denen sich die Körper auseinanderbewegten, vorhersagen. Ein anderes interessantes Beispiel ist der Raketenantrieb. Eine Rakete mit großer Masse M stößt einen kleinen Teil der Masse m mit einer enormen Relativgeschwindigkeit V zur Rakete aus. Danach bewegt sich die Rakete – wenn sie ursprünglich stillgestanden hätte – mit einer kleinen Geschwindigkeit v. Bei Benutzung des Impulserhaltungsprinzips können wir diese Geschwindigkeit berechnen und erhalten

$$v = \frac{m}{M} \cdot V.$$

Solange Material ausgestoßen wird, gewinnt die Rakete an Geschwindigkeit. Der Raketenantrieb ist im wesentlichen das gleiche wie der Rückstoß einer Kanone: dabei wird keine Luft zum Gegendrücken benötigt.

10–5 Relativistischer Impuls

In modernen Zeiten hat das Gesetz der Impulserhaltung gewisse Modifikationen erfahren. Jedoch ist das Gesetz noch heute zutreffend, die Modifikationen liegen hauptsächlich in den Definitionen der Dinge. In der Relativitätstheorie zeigt sich, daß wir tatsächlich Impulserhaltung haben; die Teilchen besitzen Masse und der Impuls ist noch immer $m \cdot v$, Masse mal Geschwindigkeit. *Aber die Masse ändert sich mit der Geschwindigkeit*, also ändert sich auch der Impuls. Die Masse ändert sich mit der Geschwindigkeit in Übereinstimmung mit dem Gesetz

$$m = \frac{m_0}{\sqrt{1 - v^2/c^2}}, \tag{10.7}$$

wobei m_0 die Masse des Körpers in Ruhe und c die Lichtgeschwindigkeit ist. Aus der Formel ist leicht verständlich, daß ein vernachlässigbar kleiner Unterschied zwischen m und m_0 besteht, solange v nicht sehr groß ist. Für normale Geschwindigkeiten wird der Ausdruck für den Impuls auf die alte Formel reduziert.

Die Impulskomponenten für ein einzelnes Teilchen sind

$$p_x = \frac{m_0 v_x}{\sqrt{1 - v^2/c^2}}, \quad p_y = \frac{m_0 v_y}{\sqrt{1 - v^2/c^2}}, \quad p_z = \frac{m_0 v_z}{\sqrt{1 - v^2/c^2}}, \tag{10.8}$$

wobei $v^2 = v_x^2 + v_y^2 + y_z^2$. Wenn die x-Komponenten aller wechselwirkender Teilchen vor und nach einer Kollision addiert werden, sind die Summen gleich; d. h. der Impuls ist in der x-Richtung erhalten. Das gleiche gilt für irgendeine andere Richtung.

In Kapitel 4 haben wir gesehen, daß das Gesetz der Energieerhaltung nicht zutrifft, solange wir nicht erkennen, daß Energie in verschiedenen Formen auftritt, als elektrische Energie, mechanische Energie, Strahlungsenergie, Wärmeenergie usw. In einigen dieser Fälle, z. B. bei der Wärmeenergie, mag die Energie als „verborgen" bezeichnet werden. Dieses Beispiel könnte die Frage anregen: „Gibt es auch verborgene Formen des Impulses – vielleicht Wärmeimpuls? " Die Antwort ist, daß es aus den folgenden Gründen sehr schwer ist, Impuls zu verbergen.

Die statistischen Bewegungen der Atome eines Körpers sind ein Maß der Wärmeenergie, wenn die *Quadrate* der Geschwindigkeiten summiert werden. Diese Summe ist positiv, sie besitzt keine Richtungseigenschaft. Die Wärme ist vorhanden, ob sich der Körper in seiner Gesamtheit bewegt oder nicht, und die Energieerhaltung in Form der Wärme ist nicht sehr offensichtlich. Wenn man andererseits die *Geschwindigkeiten* – welche Richtungen besitzen – summiert und ein von Null verschiedenes Resultat erhält, so heißt das, daß eine Bewegung des gesamten Körpers in einer besonderen Richtung vorhanden ist, und ein derartiger Gesamtimpuls ist leicht zu beobachten. Also ist kein statistischer innerer verlorener Impuls vorhanden, weil der Körper nur dann einen Gesamtimpuls besitzt, wenn er sich insgesamt bewegt. Darum ist Impuls, als eine mechanische Größe, schwer zu verbergen. Nichtsdestoweniger *kann* Impuls verborgen werden – z. B. im elektromagnetischen Feld. Dieser Fall ist ein anderer Effekt der Relativität.

Eine der Newtonschen Annahmen war es, daß Fernwechselwirkungen momentan sind. Es zeigt sich, daß dies nicht der Fall ist; in Situationen, in denen elektrische Kräfte vorkommen, z. B. bei plötzlichen Bewegungen einer elektrischen Ladung an einem Ort, treten die Effekte auf eine andere Ladung an einem anderen Ort nicht momentan auf – es gibt eine kleine Verzögerung. In diesen Umständen, selbst bei Gleichheit der

Kräfte, bleibt der Impuls nicht erhalten; es werden in einer kurzen Zeitspanne Schwierigkeiten auftreten, weil die erste Ladung während einer Weile eine gewisse Reaktionskraft erfährt und damit einen Impuls erhält, aber die zweite Ladung hat noch nichts gefühlt und bis dahin noch keine Impulsänderung erfahren. Der Einfluß benötigt Zeit, um die dazwischenliegende Distanz zu durchlaufen, was er mit 300 000 km/s tut. In dieser winzigen Zeit ist der Impuls des Teilchens nicht erhalten. Natürlich wird, nachdem die zweite Ladung den Effekt der ersten gespürt hat und alles wieder ruhig ist, die Impulsgleichung zutreffend sein. Aber während dieses kleinen Zeitintervalles ist der Impuls nicht erhalten. Wir stellen dies dar, indem wir sagen, während dieses Intervalles existiert eine andere Art von Impuls zusätzlich zu dem $m \cdot v$ des Teilchens, und zwar Impuls im elektromagnetischen Feld. Wenn wir den Feldimpuls zum Teilchenimpuls addieren, dann bleibt der Impuls die ganze Zeit in jedem Augenblick erhalten. Die Tatsache, daß das elektromagnetische Feld Impuls und Energie enthalten kann, macht das Feld sehr gegenständlich, und so muß zum besseren Verständnis die ursprüngliche Vorstellung, daß nur die Kräfte zwischen den Teilchen vorhanden sind, geändert werden zu der Vorstellung, daß ein Teilchen ein Feld erzeugt und ein Feld auf ein anderes Teilchen wirkt. Das Feld selbst besitzt solche bekannten Eigenschaften wie Energie und Impuls, genau wie sie auch Teilchen haben können. Um ein anderes Beispiel zu nehmen: Ein elektromagnetisches Feld besitzt Wellen, die wir Licht nennen; es zeigt sich, daß auch Licht einen Impuls mit sich führt. Wenn Licht auf ein Objekt auftrifft, so überträgt es pro Sekunde einen gewissen Impuls; dies ist äquivalent zu einer Kraft, weil das beleuchtete Objekt einen gewissen Impuls pro Sekunde aufnimmt und damit seinen Impuls ändert, und diese Situation ist genau die gleiche, als wenn eine Kraft auf es wirken würde. Licht kann durch Bombardierung eines Objektes Druck ausüben; dieser Druck ist sehr klein, aber mit hinreichend empfindlicher Apparatur ist er meßbar.

In der Quantenmechanik ergibt sich nun, daß der Impuls eine andere Sache ist – er ist nicht mehr $m \cdot v$. Es ist schwer, genau zu definieren, was mit der Geschwindigkeit eines Teilchens gemeint ist, aber Impuls ist vorhanden. Der Unterschied in der Quantenmechanik ist der, daß bei der Darstellung von Teilchen als Teilchen der Impuls noch immer $m \cdot v$ ist, aber wenn die Teilchen als Wellen dargestellt werden, wird der Impuls gemessen durch die Anzahl von Wellen pro Zentimeter: Je größer diese Wellenzahl ist, um so größer ist der Impuls. Trotz der Unterschiede gilt das Gesetz der Impulserhaltung auch in der Quantenmechanik. Obwohl in der Quantenmechanik das Gesetz $f = m \cdot a$ falsch ist und alle Newtonschen Ableitungen der Impulserhaltung inkorrekt wären, bestätigt sich nichtsdestoweniger im Endeffekt dieses besondere Gesetz!

11 Vektoren

11–1 Symmetrie in der Physik

In diesem Kapitel führen wir einen Gegenstand ein, der in der Physik technisch bekannt ist als *Symmetrie physikalischer Gesetze.* Das Wort „Symmetrie" wird hier mit einer speziellen Bedeutung gebraucht und muß daher definiert werden. Wann ist ein Ding symmetrisch – wie können wir es definieren? Wenn wir ein symmetrisches Bild haben, so ist die eine Seite irgendwie gleich der anderen Seite. Professor Hermann Weyl hat diese Definition der Symmetrie aufgestellt: Ein Ding ist symmetrisch, wenn man es einer bestimmten Operation aussetzen kann und es danach als genau das gleiche erscheint wie vor der Operation. Betrachten wir z. B. eine Vase, die rechts-links-symmetrisch ist. Wenn wir sie um 180° um die vertikale Achse drehen, so ist ihr Anblick der gleiche wie vor der Drehung. Wir werden die Definition der Symmetrie in Weyls allgemeinerer Form adoptieren und in dieser Form werden wir die Symmetrie physikalischer Gesetze diskutieren.

Angenommen, wir bauen an einem bestimmten Ort eine komplexe Maschine mit einer Menge komplizierter Wechselwirkungen und herumspringenden Bällen mit Kräften zwischen ihnen usw. Nun bauen wir genau die gleiche Anlage an einem anderen Ort, Teil für Teil das gleiche, mit denselben Dimensionen und der gleichen Orientierung, jedes Ding das gleiche, nur seitlich um einen Abstand entfernt. Wenn wir dann die beiden Maschinen unter den gleichen Anfangsbedingungen in exakter Übereinstimmung starten, fragen wir: Wird sich eine Maschine genau gleich wie die andere verhalten? Wird sie allen Bewegungen in exakter Parallelität folgen? Natürlich kann die Antwort sehr wohl *nein* sein, weil bei Wahl eines falschen Ortes unsere Maschine sich innerhalb einer Wand befinden könnte und dabei aufgrund von Beeinflussungen durch diese Wand nicht funktionieren würde.

Alle unsere Vorstellungen in der Physik benötigen eine bestimmte Dosis gesunden Menschenverstandes bei ihren Anwendungen; sie sind nicht rein mathematische oder abstrakte Vorstellungen. Wir müssen verstehen, was wir damit meinen, wenn wir sagen, daß die Phänomene die gleichen sind, wenn wir die Anlage an eine neue Position rücken. Wir meinen, daß wir alles rücken, von dem wir annehmen, daß es wichtig ist; wenn das Phänomen nicht das gleiche ist, so vermuten wir, daß etwas Wichtiges nicht mit verrückt wurde, und wir schauen danach aus. Wenn wir es nie finden, dann behaupten wir, daß die Gesetze der Physik diese Symmetrie nicht besitzen. Andererseits können wir es finden – und wir erwarten es – wenn die Gesetze der Physik diese Symmetrie besitzen; bei näherem Umsehen können wir z.B. entdecken, daß die Wand die Anlage beeinflußt. Die Grundfrage ist, wenn wir die Dinge gut genug definieren, wenn alle wesentlichen Kräfte in der Apparatur eingeschlossen sind, wenn alle wichtigen Teile von einem Ort zum anderen gerückt wurden, werden die Gesetze die gleichen sein? Wird die Maschinerie auf die gleiche Weise funktionieren?

Es ist klar, daß wir die gesamte Ausrüstung und die *wesentlichen* Einflüsse verrücken wollen, nicht aber *alle Dinge* der Welt – Planeten, Sterne usw. Denn wenn wir dies tun, dann haben wir wiederum das gleiche Phänomen, aus dem trivialen Grund, daß wir genau wieder da sind, wo wir begonnen haben. Nein, wir können nicht *alle Dinge* verrücken. Aber in der Praxis ergibt es sich, daß bei vernünftiger Entscheidung darüber, was verrückt wird, die Maschinerie arbeitet. Mit anderen Worten, wenn wir nicht in eine Wand gehen, wenn wir den Ursprung der äußeren Kräfte kennen und es so einrichten, daß diese auch mit verrückt werden, dann *wird* die Maschinerie an einem Ort genau so funktionieren wie an einem anderen.

11–2 Translationen

Wir werden unsere Untersuchung nur auf die Mechanik beschränken, wofür wir nun hinreichende Kenntnis besitzen. In den vorangegangenen Kapiteln haben wir gesehen, daß die Gesetze der Mechanik für jedes Teilchen in einem Satz von drei Gleichungen zusammengefaßt werden können:

$$m(d^2x/dt^2) = F_x, \qquad m(d^2y/dt^2) = F_y, \qquad m(d^2z/dt^2) = F_z. \tag{11.1}$$

Dies bedeutet, daß eine Möglichkeit zur *Messung* von x, y, z entlang dreier zueinander senkrechter Achsen und der Kräfte entlang dieser Richtungen existiert, so daß diese Gesetze zutreffen. Die Messungen müssen von einem Anfangspunkt aus erfolgen, aber *wohin legen wir den* Anfangspunkt? Newton hat uns lediglich mitgeteilt, daß es einen Ort gibt, von dem aus wir messen können – vielleicht das Zentrum des Weltalls –, so daß diese Gesetze korrekt sind. Aber wir können sofort zeigen, daß wir das Zentrum nie finden können, weil es keinen Unterschied machen würde, wenn wir einen anderen Anfangspunkt verwenden. Mit anderen Worten, angenommen, wir haben zwei Leute – Max, der seinen Ursprung an einem Ort hat, und Moritz, mit einem parallelen System, dessen Ursprung irgendwo anders liegt (Fig. 11–1). Wenn nun Max den Ort des Punktes im Raum

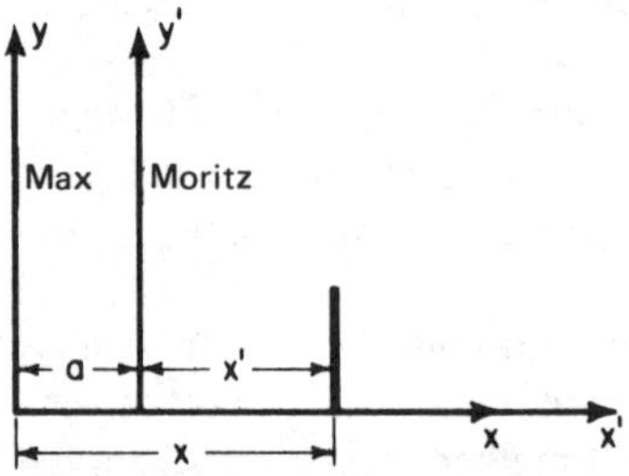

Fig. 11–1. Zwei parallele Koordinatensysteme.

mißt, so findet er ihn bei x, y und z (wir lassen z normalerweise weg, weil es in einer Skizze zu unübersichtlich zu zeichnen wäre). Moritz wird andererseits beim Ausmessen des gleichen Punktes ein anderes x (zur Unterscheidung nennen wir es x') und allgemein ein verschiedenes y finden, obgleich diese in unserem Beispiel numerisch gleich sind. Also haben wir

$$x' = x - a, \qquad y' = y, \qquad z' = z. \tag{11.2}$$

Um unsere Analyse zu vervollständigen, müssen wir wissen, was Moritz für die Kräfte erhält. Die Kraft soll entlang einer Geraden wirken, und wir bezeichnen als die Kraft in x-Richtung den Anteil, der gleich ist dem Betrag der gesamten Kraft multipliziert mit dem Kosinus ihres Winkels mit der x-Achse. Nun sehen wir, daß Moritz genau die gleiche Projektion benutzt wie Max sie benutzen würde. Also haben wir einen Satz von Gleichungen

$$F_{x'} = F_x, \qquad F_{y'} = F_y, \qquad F_{z'} = F_z. \tag{11.3}$$

Dies wären die Beziehungen zwischen den von Max und Moritz gesehenen Größen.

Die Frage ist, wenn Max die Newtonschen Gesetze kennt und wenn Moritz versucht, die Newtonschen Gesetze aufzuschreiben, werden sie auch für ihn korrekt sein? Macht es irgendeinen Unterschied, von welchem Anfangspunkt wir die Punkte messen? Mit anderen Worten, wenn wir annehmen, daß die Gleichungen (11.1) richtig und die Gleichungen (11.2) und (11.3) die Beziehungen der Messungen sind, ist es dann richtig oder nicht, daß

$$\begin{aligned} &\text{(a)} \quad m(d^2x'/dt^2) = F_{x'}, \\ &\text{(b)} \quad m(d^2y'/dt^2) = F_{y'}, \qquad (11.4) \\ &\text{(c)} \quad m(d^2z'/dt^2) = F_{z'}? \end{aligned}$$

Um diese Gleichungen zu prüfen, werden wir die Formel für x' zweimal differenzieren. Zunächst ist

$$\frac{dx'}{dt} = \frac{d}{dt}(x - a) = \frac{dx}{dt} - \frac{da}{dt}.$$

Nun werden wir annehmen, daß Moritzens Anfangspunkt relativ zu dem von Max fixiert ist (er bewegt sich nicht); also ist a konstant und $da/dt = 0$. Also finden wir

$$dx'/dt = dx/dt$$

und damit

$$d^2x'/dt^2 = d^2x/dt^2;$$

also wissen wir, daß sich Gl. (11.4a) ändert zu

$$m(d^2x/dt^2) = F_{x'}.$$

(Wir nehmen auch an, daß die von Max und Moritz gemessenen Massen gleich sind.) Also ist die Beschleunigung mal der Masse für beide das gleiche. Wir haben auch die Formel für $F_{x'}$ gefunden, denn wenn wir aus Gl. (11.1) substituieren, erhalten wir

$$F_{x'} = F_x.$$

Also erscheinen die von Moritz beobachteten Gesetze als die gleichen; auch er kann die Newtonschen Gesetze – mit anderen Koordinaten – aufschreiben, und sie werden richtig sein. Das bedeutet aber, daß es keinen eindeutigen Weg gibt, um den Anfangspunkt der Welt zu bestimmen, weil die Gesetze gleich erscheinen, von welcher Position sie auch beobachtet werden.

Dies gilt ebenfalls: Wenn sich eine Anlage mit einer gewissen Art von Maschinerie darin an einem Ort befindet, dann wird sich die gleiche Ausrüstung an einem anderen Ort auf die gleiche Weise verhalten. Warum? Weil eine Maschine, durch Moritz analysiert, genau dieselben Gleichungen besitzt wie die andere, durch Max analysierte. Da die *Gleichungen* dieselben sind, erscheint das *Phänomen* als das gleiche. Damit ist der Beweis, daß sich eine Anlage in einer neuen Position ebenso verhält wie in der alten Position, der gleiche wie der Beweis, daß sich die Gleichungen der Verschiebung im Raum reproduzieren. Daher sagen wir, daß *die Gesetze der Physik gegenüber Translationen symmetrisch sind*, symmetrisch in dem Sinn, daß sich die Gesetze nicht ändern, wenn wir eine Translation unserer Koordinaten vornehmen. Natürlich trifft es offensichtlich intuitiv zu, daß dies wahr ist, aber es ist interessant und unterhaltsam, die darin enthaltene Mathematik zu diskutieren.

11–3 Drehungen

Der oben behandelte Satz ist der erste einer Anzahl zunehmend komplizierterer Sätze über die Symmetrie eines physikalischen Gesetzes. Der nächste Satz ist, daß es keinen Unterschied machen sollte, in welcher *Richtung* wir die Achsen wählen. Mit anderen Worten, wenn wir eine Anlage an einem Ort bauen und ihre Funktion beobachten und wenn wir in der Nähe eine Anlage der gleichen Art, jedoch unter einem Winkel gegen die erste geneigt aufbauen, wird sie auf die gleiche Weise funktionieren? Offensichtlich wird das nicht der Fall sein, wenn es sich z. B. um eine Standuhr handelt. Wenn eine Pendeluhr aufrecht steht, so funktioniert sie sehr schön. Aber wenn sie geneigt wird, stößt das Pendel an das Gehäuse und nichts passiert. Das Theorem ist dann für den Fall einer Pendeluhr nicht zutreffend, solange wir nicht die Erde, die auf das Pendel einwirkt, einschließen. Also können wir eine Vorhersage über Pendeluhren machen, wenn wir von der Symmetrie des physikalischen Gesetzes unter Drehung überzeugt sind: Irgend etwas spielt beim Betrieb einer Pendeluhr eine Rolle, etwas außerhalb ihr, nach dem wir Ausschau halten sollten. Wir können auch vorhersagen, daß Pendeluhren nicht auf die gleiche Weise funktionieren, wenn sie an verschiedenen Orten relativ zu dieser mysteriösen Ursache von Asymmetrie, vielleicht der Erde, aufgestellt werden. Wir wissen in der Tat, daß eine Pendeluhr z. B. oben in einem künstlichen Satelliten auch nicht ticken würde, weil dort keine Kraft wirksam ist, und auf dem Mars würde sie mit einer anderen Geschwindigkeit gehen. Bei Pendeluhren *spielt* etwas mehr als nur die innere Maschinerie eine Rolle, etwas an der Außenwelt ist im Spiel. Wenn wir diesen Faktor erkannt haben, sehen wir, daß wir die Erde zusammen mit der Anlage drehen müssen. Natürlich müssen wir darüber nicht besorgt sein, dies ist leicht auszuführen; man wartet einfach einen oder zwei Momente und dabei dreht sich die Erde; dann tickt die Pendeluhr wieder in der neuen Position, so wie sie es vorher tat. Während wir uns im Raum drehen, ändern sich unsere absoluten Winkel ständig; diese Änderung scheint uns nicht sehr viel zu behindern, denn in der neuen Position scheinen wir die gleichen Bedingungen wie in der alten zu haben. Dies hat eine gewisse Tendenz, einen zu verwirren, weil es wahr ist, daß in der neuen Position die Gesetze die gleichen sind wie in der nicht gedrehten Position; aber es ist *nicht* wahr, daß ein Ding, welches wir drehen, die gleichen Gesetze befolgt wie im nichtgedrehten Zustand. Wenn wir hinreichend empfindliche Experimente ausführen, können wir nachweisen, daß die Erde *rotiert,* aber nicht, daß sie sich *gedreht hat.* Mit anderen Worten, wir können die Winkelposition nicht lokalisieren, aber wir können sagen, daß sich diese ändert.

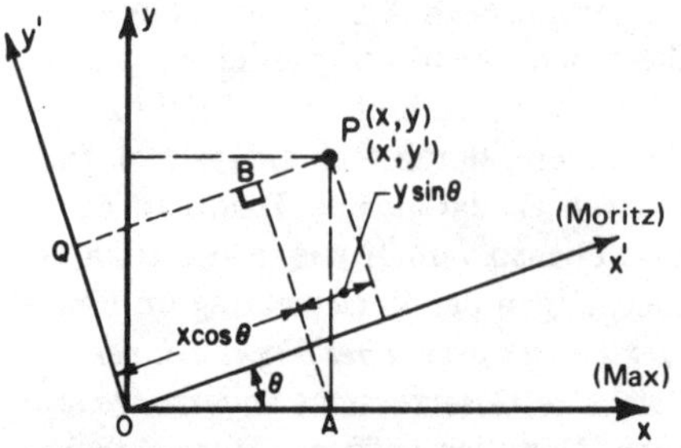

Fig. 11–2. Zwei Koordinatensysteme mit verschiedenen Winkelorientierungen.

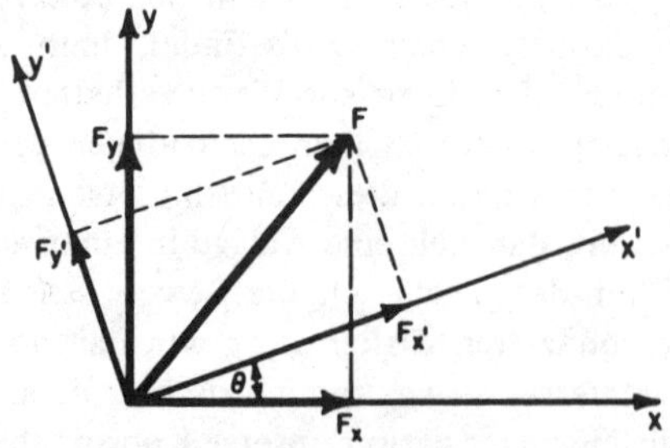

Fig. 11–3. Kraftkomponenten in den beiden Systemen.

Nun wollen wir den Einfluß der Winkelorientierung auf die physikalischen Gesetze diskutieren. Lassen Sie uns herausfinden, ob das gleiche Spiel mit Max und Moritz wiederum funktioniert. Diesmal werden wir zur Vermeidung unnötiger Komplikationen annehmen, daß Max und Moritz den gleichen Anfangspunkt benutzen (wir haben bereits gezeigt, daß die Achsen durch Translation zu einem anderen Punkt verschoben werden können). Angenommen, Moritzens Achsen würden relativ zu denen von Max um einen Winkel θ gedreht. Die beiden Koordinatensysteme sind in Fig. 11–2 gezeigt, welche auf zwei Dimensionen beschränkt ist. Betrachten wir einen Punkt P, der in Maxens System die Koordinaten (x, y) und in Moritzens System die Koordinaten (x', y') besitzt. Wir werden wie im vorhergehenden Fall damit beginnen, daß wir die Koordinaten x' und y' ausdrücken durch x, y und θ. Dazu fällen wir zuerst von P alle Senkrechten auf die vier Achsen und zeichnen AB senkrecht zu PQ. Die Betrachtung der Figur zeigt, daß x' als die Summe zweier Längen auf der x'-Achse geschrieben werden kann und y' als die Differenz zweier Längen entlang AB. Alle diese Längen werden in Gl. (11.5) durch x, y und θ ausgedrückt, zu denen wir eine Gleichung für die dritte Dimension addiert haben.

$$\begin{aligned} x' &= x\cos\theta + y\sin\theta, \\ y' &= y\cos\theta - x\sin\theta, \\ z' &= z. \end{aligned} \tag{11.5}$$

Der nächste Schritt ist es, die Beziehung der von den beiden Beobachtern gesehenen Kräfte zu analysieren, wobei wir der gleichen allgemeinen Methode folgen wie bisher. Nehmen wir an, daß eine Kraft F, die bereits untersucht wurde und deren von Max gesehenen Komponenten F_x und F_y sind, auf ein Teilchen mit der Masse m im Punkt P in Fig. 11–2 wirkt. Zur Vereinfachung verschieben wir die beiden Achsensysteme so, daß der Anfangspunkt in P liegt, wie in Fig. 11–3 gezeigt. Moritz sieht die Komponenten von F entlang seiner Achsen als $F_{x'}$ und $F_{y'}$. F_x besitzt Komponenten entlang sowohl der x'-Achse wie der y'-Achse, und F_y hat ebenfalls Komponenten entlang dieser Achsen. Um $F_{x'}$ in F_x und F_y auszudrücken, summieren wir diese Komponenten entlang der x'-Achse. Auf ähnliche Weise können wir $F_{y'}$ in F_x und F_y ausdrücken. Die Resultate sind

$$\begin{aligned} F_{x'} &= F_x\cos\theta + F_y\sin\theta, \\ F_{y'} &= F_y\cos\theta - F_x\sin\theta, \\ F_{z'} &= F_z. \end{aligned} \tag{11.6}$$

Es ist interessant, eine Art von Zufall zu beachten, der von extremer Wichtigkeit ist: Die Gl. (11.5) und (11.6) für die Koordinaten von P und für die Komponenten von F *sind von identischer Form.*

Wie zuvor wird angenommen, daß die Newtonschen Gesetze für Maxens System zutreffen und durch Gl. (11.1) ausgedrückt werden. Die Frage ist wiederum, ob Moritz die Newtonschen Gesetze anwenden kann – werden die Resultate korrekt sein für sein System mit gedrehten Achsen? Mit anderen Worten, wenn wir annehmen, daß Gl. (11.5) und (11.6) die Beziehung der Messungen wiedergeben, ist es richtig oder nicht, daß

$$\begin{aligned} m(d^2x'/dt^2) &= F_{x'}, \\ m(d^2y'/dt^2) &= F_{y'}, \\ m(d^2z'/dt^2) &= F_{z'}? \end{aligned} \tag{11.7}$$

Zur Prüfung dieser Gleichungen berechnen wir die linken und die rechten Glieder unabhängig voneinander und vergleichen die Resultate. Zur Berechnung der linken Seiten multiplizieren wir (11.5) mit m und differenzieren zweimal nach der Zeit, wobei wir den Winkel θ als konstant annehmen. Dies ergibt

$$\begin{aligned} m(d^2x'/dt^2) &= m(d^2x/dt^2)\cos\theta + m(d^2y/dt^2)\sin\theta, \\ m(d^2y'/dt^2) &= m(d^2y/dt^2)\cos\theta - m(d^2x/dt^2)\sin\theta, \\ m(d^2z'/dt^2) &= m(d^2z/dt^2). \end{aligned} \tag{11.8}$$

Wir berechnen die rechten Seiten von Gl. (11.7) durch Substitution von Gl. (11.1) in Gl. (11.6). Dies ergibt

$$\begin{aligned} F_{x'} &= m(d^2x/dt^2)\cos\theta + m(d^2y/dt^2)\sin\theta, \\ F_{y'} &= m(d^2y/dt^2)\cos\theta - m(d^2x/dt^2)\sin\theta, \\ F_{z'} &= m(d^2z/dt^2). \end{aligned} \tag{11.9}$$

Siehe da! Die rechten Seiten der Gl. (11.8) und (11.9) sind identisch. Also schließen wir, wenn die Newtonschen Gesetze für einen Satz von Achsen korrekt sind, so gelten sie auch für irgendeinen anderen Satz von Achsen. Dieses Resultat, das nun sowohl für Translation als auch für die Drehung von Achsen erzielt wurde, hat gewisse Konsequenten: Erstens, niemand kann für sich beanspruchen, daß seine besonderen Achsen eindeutig sind, aber sie können natürlich für gewisse besondere Probleme *bequemer* sein. Z. B. ist es handlich, die Gravitation entlang einer Achse zu haben, aber das ist physikalisch nicht notwendig. Zweitens bedeutet es, daß irgendeine Apparatur, die vollkommen abgeschlossen ist, mit allem krafterzeugenden Gerät komplett innerhalb der Anlage, genau so funktionieren würde, wenn sie um einen Winkel gedreht wird.

11–4 Vektoren

Nicht nur die Newtonschen Gesetze, sondern auch die anderen Gesetze der Physik, soweit wir es heutzutage wissen, besitzen die beiden Eigenschaften, die wir Invarianz (oder Symmetrie) unter Translation und Drehung der Achsen nennen. Diese Eigenschaften sind so wichtig, daß eine mathematische Technik entwickelt wurde, um sie bei der Niederschrift und der Anwendung physikalischer Gesetze auszunutzen.

Die vorangegangene Untersuchung war mit beträchtlicher, ermüdender, mathematischer Arbeit verknüpft. Um die Einzelheiten bei der Analyse solcher Fragen auf ein Minimum zu reduzieren, wurde ein leistungsfähiger mathematischer Apparat entwickelt. Dieses System, genannt *Vektoranalysis*, liefert den Titel dieses Kapitels; genaugenommen ist dies jedoch ein Kapitel über die Symmetrie physikalischer Gesetze. Durch die Methoden der vorangegangenen Untersuchung wurden wir in die Lage versetzt, alles zu tun, um die gesuchten Resultate zu erhalten, aber in der Praxis möchten wir diese Dinge leichter und schneller ausführen; also wenden wir die Vektortechnik an.

Wir begannen mit der Feststellung einiger Charakteristika von zwei Arten von Größen, die in der Physik wichtig sind. (Tatsächlich gibt es mehr als zwei, aber beginnen wir mit zwei.) Eine von diesen, wie die Anzahl von Kartoffeln in einem Sack, nennen wir eine gewöhnliche oder eine nichtorientierte Größe oder einen *Skalar*. Die Temperatur ist ein Beispiel einer solchen Größe. Andere Größen, die in der Physik wichtig sind, besitzen eine Orientierung, z. B. die Geschwindigkeit: Wir müssen darauf achten, in welche Richtung ein Körper geht, nicht nur auf seine Geschwindigkeit. Impuls und Kraft besitzen ebenfalls eine Richtung, genau wie die Verschiebung: Wenn jemand von einem Ort zu einem anderen geht, so können wir auf die zurückgelegte Entfernung achten. Aber wenn wir auch wissen wollen, *wohin* er gegangen ist, dann müssen wir eine Richtung angeben.

Alle Größen, die wie ein Schritt im Raum eine Richtung besitzen, werden *Vektoren* genannt.

Ein Vektor besteht aus drei Zahlen. Um einen Schritt im Raum darzustellen, sagen wir vom Anfangspunkt zu einem besonderen Punkt P, dessen Ort (x, y, z) ist, benötigen wir wirklich drei Zahlen, aber wir erfinden ein einziges mathematisches Symbol, $\mathbf{r}$, welches keinem der bisher benutzten mathematischen Symbole ähnlich ist.*) Es ist *nicht* eine einzelne Zahl, es repräsentiert *drei* Zahlen: x, y und z. Es bedeutet drei Zahlen, aber nicht nur *diese* drei Zahlen, weil bei Benutzung eines anderen Koordinatensystems die drei Zahlen in x', y' und z' geändert werden. Jedoch wollen wir unsere Mathematik einfach halten, und somit wollen wir die *gleiche Markierung* zur Darstellung der drei Zahlen (x, y, z) und der drei Zahlen (x', y', z') verwenden. Das heißt, wir benutzen dieselbe Markierung zur Darstellung des ersten Satzes von drei Zahlen für ein Koordinatensystem, aber für den zweiten Satz von drei Zahlen, wenn wir das andere Koordinatensystem verwenden. Dies hat den Vorteil, daß wir bei Änderung des Koordinatensystems die Buchstaben in unseren Gleichungen nicht ändern müssen. Wenn wir eine Gleichung in x, y, z schreiben und dann ein anderes System benutzen, müssen wir zu x', y', z' übergehen, aber wir werden einfach $\mathbf{r}$ schreiben, mit der Vereinbarung, daß es (x, y, z) bedeutet, wenn wir ein Achsensystem verwenden, oder (x', y', z'), wenn wir einen anderen Satz von Achsen benutzen usw. Die drei Zahlen, die diese Größe in einem gegebenen Koordinatensystem beschreiben, werden die *Komponenten* des Vektors in den Richtungen der Koordinatenachsen dieses Systems genannt. Das heißt, wir benutzen das gleiche Symbol für die drei Buchstaben, die dem *gleichen Objekt* entsprechen, das von *verschiedenen Achsen gesehen wird*. Gerade die Tatsache, daß wir sagen können „das gleiche Objekt", impliziert eine physikalische Intuition bezüglich der Realität eines Schrittes im Raum, der unabhängig ist von den von uns gemessenen Komponenten. Also wird das Symbol $\mathbf{r}$ das gleiche bedeuten, ohne Rücksicht darauf, wie wir die Achsen drehen.

Nun nehmen wir an, daß eine andere gerichtete physikalische Größe vorhanden ist, irgendeine andere Größe, die ebenfalls mit drei Zahlen assoziiert ist, wie die Kraft, und diese drei Zahlen werden durch eine bestimmte mathematische Regel in drei andere Zahlen geändert, wenn wir die Achsen ändern. Es muß dieselbe Regel sein, die (x, y, z) in (x', y', z') ändert. Mit anderen Worten, jede physikalische Größe, die mit drei Zahlen assoziiert ist, die sich wie die Komponenten eines Schrittes im Raum transformieren, ist ein Vektor. Eine Gleichung wie

$$\mathbf{F} = \mathbf{r}$$

würde damit in *jedem* Koordinatensystem richtig sein, wenn sie in einem richtig ist. Natürlich ist diese Gleichung gleichbedeutend mit den drei Gleichungen

$$F_x = x, \qquad F_y = y, \qquad F_z = z$$

oder mit

$$F_{x'} = x', \qquad F_{y'} = y', \qquad F_{z'} = z'.$$

---

* **Im Druck werden Vektoren halbfett dargestellt; in handschriftlicher Form wird ein Pfeil verwendet: $\vec{r}$.**

Die Tatsache, daß eine physikalische Beziehung als eine Vektorgleichung ausgedrückt werden kann, versichert uns, daß die Beziehung durch eine einfache Drehung des Koordinatensystems unverändert bleibt. Das ist der Grund dafür, daß Vektoren in der Physik so nützlich sind.

Nun wollen wir einige der Eigenschaften von Vektoren untersuchen. Als Beispiele von Vektoren können wir Geschwindigkeit, Impuls, Kraft und Beschleunigung erwähnen. Für viele Zwecke ist es einfacher, die Vektorgröße durch einen Pfeil darzustellen, der die Richtung anzeigt, in der sie wirkt. Warum können wir die Kraft durch einen Pfeil darstellen? Weil sie die gleichen mathematischen Transformationseigenschaften wie ein „Schritt im Raum" besitzt. Also stellen wir sie in einem Diagramm so dar, als ob sie ein Schritt wäre, wobei wir eine Skala so verwenden, daß eine Krafteinheit oder ein Newton einer bestimmten bequemen Länge entspricht. Wenn wir das getan haben, können alle Kräfte durch Längen dargestellt werden, weil eine Gleichung wie

$$\mathbf{F} = k\mathbf{r}$$

eine durchaus legitime Gleichung ist, in der k eine Konstante darstellt. Somit können wir Kräfte immer durch Linien darstellen, was sehr bequem ist, weil wir nach Zeichnung der Linie die Achsen nicht mehr benötigen. Natürlich können wir die Änderung der drei Komponenten bei Drehung der Achsen schnell berechnen, weil dies lediglich ein geometrisches Problem ist.

11–5 Vektoralgebra

Nun müssen wir die Gesetze oder die Regeln für die verschiedenen Verknüpfungen von Vektoren beschreiben. Die erste solche Verknüpfung ist die *Addition* zweier Vektoren: Angenommen, **a** ist ein Vektor, der in einem speziellen Koordinatensystem die drei Komponenten (a_x, a_y, a_z) besitzt, und **b** ist ein anderer Vektor, der die drei Komponenten (b_x, b_y, b_z) hat. Nun erfinden wir drei neue Zahlen $(a_x + b_x, a_y + b_y, a_z + b_z)$. Bilden diese einen Vektor? „Gut", können wir sagen, das sind drei Zahlen, und alle drei Zahlen bilden einen Vektor". Nein, *nicht* alle drei Zahlen bilden einen Vektor! Damit sie einen Vektor bilden, müssen nicht nur drei Zahlen vorhanden sein, sondern diese müssen mit einem Koordinatensystem so assoziiert sein, daß sich bei Drehung des Koordinatensystems diese drei Zahlen „umeinander drehen", „miteinander gemischt" werden, durch die präzisen Gesetze, die wir bereits beschrieben haben. Also ist die Frage: Wenn wir das Koordinatensystem so drehen, daß (a_x, a_y, a_z) in $(a_{x'}, a_{y'}, a_{z'})$ und (b_x, b_y, b_z) in $(b_{x'}, b_{y'}, b_{z'})$ übergeht, was wird dann aus $(a_x + b_x, a_y + b_y, a_z + b_z)$? Werden sie $(a_{x'} + b_{x'}, a_{y'} + b_{y'}, a_{z'} + b_{z'})$ oder werden sie es nicht? Die Antwort ist natürlich ja, weil die Grundtransformationen in Gl. (11.5) eine sogenannte *lineare* Transformation darstellen. Wenn wir diese Transformationen auf a_x und b_x anwenden, um $a_{x'} + b_{x'}$ zu erhalten, so finden wir, daß die Transformierte von $a_x + b_x$ in der Tat gleich $a_{x'} + b_{x'}$ ist. Wenn **a** und **b** in diesem Sinn „zusammenaddiert" werden, so bilden sie einen Vektor, den wir **c** nennen können. Wir würden dies schreiben als

$$\mathbf{c} = \mathbf{a} + \mathbf{b}.$$

Nun hat **c** die interessante Eigenschaft

$$\mathbf{c} = \mathbf{b} + \mathbf{a},$$

wie wir unmittelbar aus seinen Komponenten ersehen können. Damit ist also

$$\mathbf{a} + (\mathbf{b} + \mathbf{c}) = (\mathbf{a} + \mathbf{b}) + \mathbf{c}.$$

Wir können Vektoren in jeder Reihenfolge addieren.

Welche geometrische Bedeutung besitzt **a** + **b**? Angenommen, **a** und **b** seien durch Linien auf einem Stück Papier dargestellt, wie würde **c** aussehen? Dies ist in Fig. 11–4 gezeigt. Wir sehen, daß wir die Komponenten von **b** zu denen von **a** am bequemsten addieren können, wenn wir das die Komponenten von **b** darstellende Rechteck mit dem Rechteck, das die Komponenten von **a** darstellt, in der angezeigten Weise zusammenbringen. Da **b** genau in sein Rechteck „paßt" wie **a** in seines, ist dies das gleiche wie das Anlegen des „Schwanzes" von **b** an den „Kopf" von **a**; der Pfeil vom „Schwanz" von **a** bis zum „Kopf" von **b** ist der Vektor **c**. Wenn wir natürlich **a** zu **b** anders herum addieren wollen, würden wir den „Schwanz" von **a** an den „Kopf" von **b** anlegen, und aufgrund der geometrischen Eigenschaften von Parallelogrammen würden wir das gleiche Resultat für **c** erhalten. Es ist bemerkenswert, daß Vektoren auf diese Weise addiert werden können ohne Bezug auf irgendwelche Koordinatenachsen.

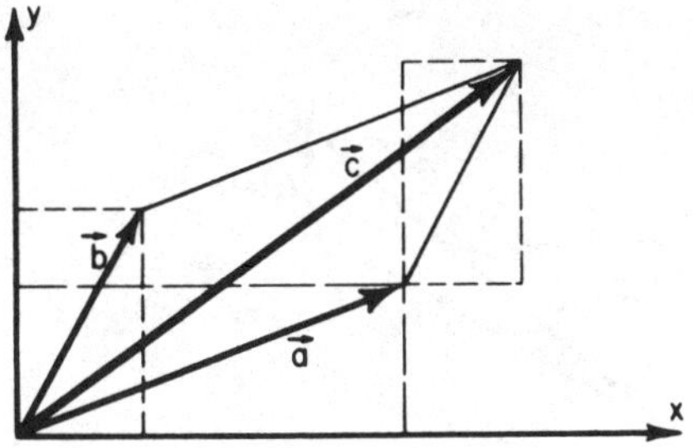

Fig. 11–4. Die Addition von Vektoren.

Angenommen, wir multiplizieren einen Vektor mit einer Zahl α, was bedeutet das? Wir *definieren* es als einen neuen Vektor, dessen Komponenten αa_x, αa_y, αa_z sind. Wir überlassen es dem Leser, zu beweisen, daß es ein Vektor *ist*.

Nun betrachten wir die Vektor-Subtraktion. Wir können die Subtraktion auf die gleiche Weise wie die Addition definieren, jedoch anstatt zu addieren, subtrahieren wir die Komponenten. Oder wir definieren die Subtraktion durch Definition eines negativen Vektors $-\mathbf{b} = -1\,\mathbf{b}$, und dann würden wir die Komponenten addieren. Es kommt auf das gleiche hinaus. Das Resultat ist in Fig. 11–5 gezeigt. Diese Abbildung zeigt $\mathbf{d} = \mathbf{a} - \mathbf{b} = \mathbf{a} + (-\mathbf{b})$; wir sehen auch, daß die Differenz **a** – **b** sehr leicht aus **a** und **b** mit Benutzung der äquivalenten Beziehung $\mathbf{a} = \mathbf{b} + \mathbf{d}$ gefunden werden kann. Damit ist die Differenz noch leichter zu finden als die Summe: Wir zeichnen einfach den Vektor von **b** nach **a**, um **a** – **b** zu erhalten!

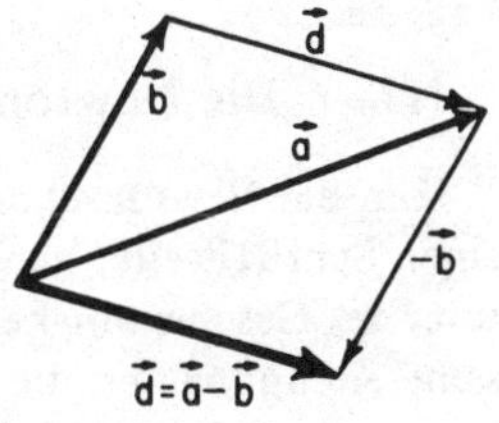

Fig. 11–5. Die Subtraktion von Vektoren.

Als nächstes diskutieren wir die Geschwindigkeit. Warum ist die Geschwindigkeit ein Vektor? Wenn die Position durch die drei Koordinaten (x, y, z) gegeben ist, was ist die Geschwindigkeit? Die Geschwindigkeit ist durch dx/dt, dy/dt und dz/dt gegeben. Ist das ein Vektor oder nicht? Wir können durch Differenzieren der Ausdrücke in Gl. (11.5) herausfinden, ob dx'/dt auf die richtige Weise *transformiert* wird. Wir sehen, daß die Komponenten dx/dt und dy/dt nach dem gleichen Gesetz wie x und y transformiert werden, und damit ist die Ableitung nach der Zeit ein Vektor. Somit *ist* die Geschwindigkeit ein Vektor. Wir können die Geschwindigkeit auf interessante Weise schreiben als

$$\mathbf{v} = d\mathbf{r}/dt.$$

Was die Geschwindigkeit ist und warum sie ein Vektor ist, kann auch mehr bildhaft verstanden werden: Wie weit bewegt sich ein Teilchen in einer kurzen Zeit Δt? Antwort: $\Delta\mathbf{r}$; wenn also ein Teilchen in einem Augenblick „hier" ist und in einem anderen Augenblick „dort", dann ist die Vektordifferenz der Positionen $\Delta\mathbf{r} = \mathbf{r}_2 - \mathbf{r}_1$ – dies ist in der Bewegungsrichtung, wie in Fig. 11–6 gezeigt – dividiert durch das Zeitintervall $\Delta t = t_2 - t_1$ gleich dem Vektor der „durchschnittlichen Geschwindigkeit".

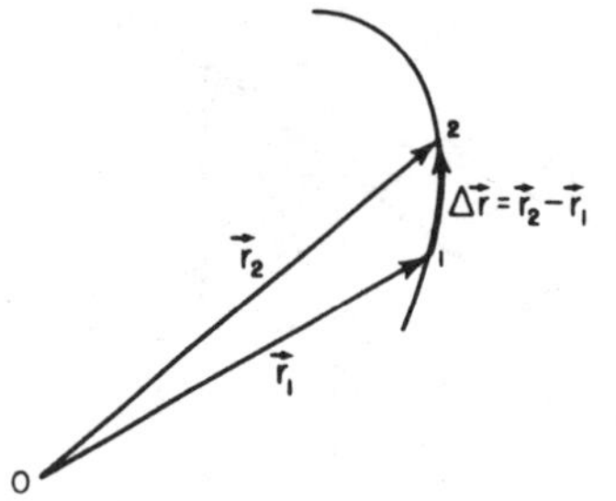

Fig. 11–6. Die Verrückung eines Teilchens in einem kurzen Zeitintervall $\Delta t = t_2 - t_1$.

Mit anderen Worten, wir verstehen unter der Vektorgeschwindigkeit den Grenzwert der Differenz zwischen den Radiusvektoren zur Zeit $t + \Delta t$ und zur Zeit t dividiert durch Δt, wobei Δt gegen 0 geht:

$$\mathbf{v} = \lim_{\Delta t \to 0} (\Delta\mathbf{r}/\Delta t) = d\mathbf{r}/dt. \tag{11.10}$$

Also ist die Geschwindigkeit ein Vektor, weil sie die Differenz zweier Vektoren ist. Dies ist auch die richtige Definition der Geschwindigkeit, weil ihre Komponenten dx/dt, dy/dt und dz/dt sind. In der Tat sehen wir aus diesem Argument, daß wir bei Differentiation *irgendeines* Vektors nach der Zeit einen neuen Vektor erzeugen. Damit haben wir verschiedene Möglichkeiten zur Erzeugung neuer Vektoren: (1) Multiplikation mit einer Konstanten, (2) Differentiation nach der Zeit, (3) Addition oder Subtraktion zweier Vektoren.

11–6 Die Newtonschen Gesetze in Vektorschreibweise

Um die Newtonschen Gesetze in Vektorform zu schreiben, müssen wir nur noch einen Schritt weiter gehen und den Beschleunigungsvektor definieren. Das ist die Ableitung des Geschwindigkeitsvektors nach der Zeit, und es ist leicht zu demonstrieren, daß seine Komponenten die zweiten Ableitungen von x, y und z nach t sind:

$$\mathbf{a} = \frac{d\mathbf{v}}{dt} = \left(\frac{d}{dt}\right)\left(\frac{d\mathbf{r}}{dt}\right) = \frac{d^2\mathbf{r}}{dt^2}, \tag{11.11}$$

$$a_x = \frac{dv_x}{dt} = \frac{d^2x}{dt^2}, \quad a_y = \frac{dv_y}{dt} = \frac{d^2y}{dt^2}, \quad a_z = \frac{dv_z}{dt} = \frac{d^2z}{dt^2}. \tag{11.12}$$

Mit dieser Definition können wir dann die Newtonschen Gesetze folgendermaßen schreiben:

$$m\mathbf{a} = \mathbf{F} \tag{11.13}$$

oder

$$m(d^2\mathbf{r}/dt^2) = \mathbf{F}. \tag{11.14}$$

Der Beweis der Invarianz der Newtonschen Gesetze unter Drehung der Koordinaten geht folgendermaßen: Man beweise, daß **a** ein Vektor ist; dies haben wir gerade getan. Man beweise, daß **F** ein Vektor ist; wir *nehmen dies an.* Wenn also die Kraft ein Vektor ist, dann hat – da wir wissen, daß die Beschleunigung ein Vektor ist – Gl. (11.13) das gleiche Aussehen in jedem Koordinatensystem. Schreiben wir sie in einer Form, die die x, y und z nicht explizite enthält, so hat dies den Vorteil, daß wir von nun an nicht jedesmal *drei* Gesetze schreiben nüssen, wenn wir die Newtonschen Gleichungen oder die anderen Gesetze der Physik aufschreiben. Wir schreiben etwas, das wie *ein* Gesetz aussieht, aber das wirklich drei Gesetze für einen besonderen Satz von Achsen darstellt, weil eine Vektorgleichung die Aussage enthält, daß *jede der Komponenten gleich ist.*

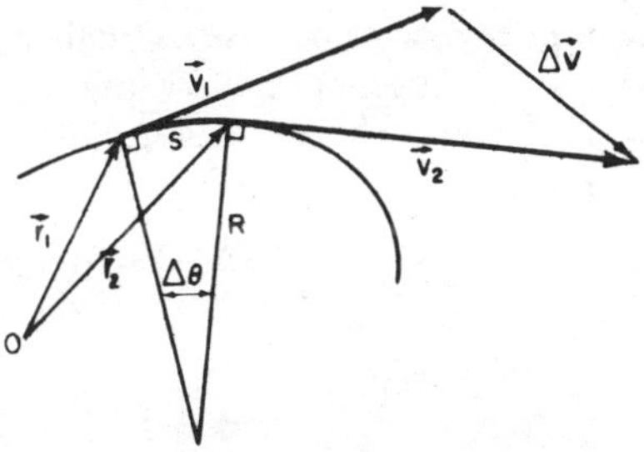

Fig. 11–7. Eine gekrümmte Bahn.

Die Tatsache, daß die Beschleunigung die zeitliche Änderung der Geschwindigkeit ist, hilft uns bei der Berechnung der Beschleunigung in einigen komplizierten Umständen. Nehmen wir z. B. an, daß sich ein Teilchen auf einer komplizierten Bahn (Fig. 11–7) bewegt und daß es zu einem gegebenen Zeitpunkt t_1 eine gewisse Geschwindigkeit $\mathbf{v}_1$ und zu einem ein klein wenig späteren Zeitpunkt t_2 die Geschwindigkeit $\mathbf{v}_2$ hat. Was ist die Beschleunigung? Antwort: Die Beschleunigung ist die Differenz der beiden Geschwindigkeiten dividiert durch das kleine Zeitintervall; also benötigen wir die Differenz der beiden Geschwindigkeiten. Wie erhalten wir die Differenz der Geschwindigkeiten? Um zwei Vektoren zu subtrahieren, zeichnen wir den Vektor zwischen $\mathbf{v}_1$ und $\mathbf{v}_2$; d. h. wir zeichnen $\Delta\mathbf{v}$ als die Differenz der beiden Vektoren, richtig? *Nein*! Das funktioniert nur, wenn sich der *Angriffspunkt* der Vektoren am gleichen Ort befindet!
Es hat keinen Sinn, wenn wir die Vektoren irgendwo hinschieben und dann eine Verbindungslinie zeichnen, also achtgeben! Wir müssen ein neues Diagramm zeichnen, um die Vektoren zu subtrahieren. In Fig. 11–8 sind $\mathbf{v}_1$ und $\mathbf{v}_2$ beide parallel und gleich groß wie jene in Fig. 11–7 gezeichnet, und wir können nun die Beschleunigung disku-

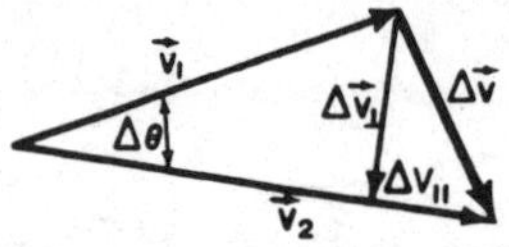

Fig. 11–8. Diagramm zur Berechnung der Beschleunigungen.

tieren. Natürlich ist die Beschleunigung einfach $\Delta\mathbf{v}/\Delta t$. Es ist interessant, zu bemerken, daß wir die Geschwindigkeitsdifferenz aus zwei Teilen zusammensetzen können; wir können uns vorstellen, daß die Beschleunigung *zwei Komponenten* besitzt, $\Delta\mathbf{v}_{\|}$ in Richtung der Tangente an die Bahn und $\Delta\mathbf{v}_{\perp}$ unter einem rechten Winkel zur Bahn. Dies ist in Fig. 11–8 gezeigt. Die tangentielle Beschleunigung ist natürlich lediglich die Änderung der *Länge* des Vektors, d. h. die Änderung der *Geschwindigkeit* v:

$$a_{\|} = dv/dt. \tag{11.15}$$

Die andere Komponente der Beschleunigung, unter rechtem Winkel zur Kurve, ist bei Verwendung der Figuren 11–7 und 11–8 leicht zu berechnen. In der kurzen Zeit Δt sei die Änderung des Winkels zwischen $\mathbf{v}_1$ und $\mathbf{v}_2$ der kleine Winkel $\Delta\theta$. Wenn der Betrag der Geschwindigkeit v genannt wird, so ist natürlich

$$\Delta v_{\perp} = v\,\Delta\theta$$

und die Beschleunigung wird

$$a_{\perp} = v\,(\Delta\theta/\Delta t).$$

Nun müssen wir noch $\Delta\theta/\Delta t$ haben, das folgendermaßen gefunden wird: Wenn in einem gegebenen Augenblick die Kurve als ein Kreis mit einem gewissen Radius R angenähert wird, dann ist für eine Zeit Δt die Entfernung s natürlich $v\Delta t$, wobei v die Geschwindigkeit ist.

$$\Delta\theta = v\,(\Delta t/R), \qquad \text{oder} \qquad \Delta\theta/\Delta t = v/R.$$

Also finden wir

$$a = v^2/R, \tag{11.16}$$

wie wir vorher gesehen haben.

11–7 Das Skalarprodukt von Vektoren

Nun wollen wir die Eigenschaften von Vektoren ein wenig weiter untersuchen. Es ist leicht einzusehen, daß die *Länge* eines Schrittes im Raum die gleiche in allen Koordinatensystemen ist. Das heißt, wenn ein bestimmter Schritt $\mathbf{r}$ durch x, y, z in einem Koordinatensystem repräsentiert wird und durch x', y', z' in einem anderen Koordinatensystem, dann würde die Entfernung $r = |\mathbf{r}|$ in beiden sicher gleich sein. Nun ist

$$r = \sqrt{x^2 + y^2 + z^2}$$

und auch

$$r' = \sqrt{x'^2 + y'^2 + z'^2}.$$

Also wollen wir verifizieren, daß diese beiden Größen einander gleich sind. Es ist viel einfacher, sich nicht mit der Wurzelberechnung zu beschäftigen; reden wir also vom

Quadrat der Entfernung, d. h. finden wir heraus, ob

$$x^2 + y^2 + z^2 = x'^2 + y'^2 + z'^2. \quad (11.17)$$

Es täte gut daran zu stimmen – und wenn wir Gl. (11.5) substituieren, so finden wir tatsächlich, daß es so ist. Damit sehen wir, daß es andere Arten von Gleichungen gibt, die für irgend zwei Koordinatensysteme richtig sind.

Etwas Neues spielt hier mit. Wir können eine neue Größe aufstellen, eine Funktion von x, y und z, genannt eine *Skalarfunktion*. Das ist eine Größe, die keine Richtung besitzt, die jedoch in beiden Systemen gleich groß ist. Aus einem Vektor können wir einen Skalar machen. Wir müssen dafür eine allgemeine Regel finden. Für den gerade betrachteten Fall ist die Regel klar: Man addiere die Quadratsumme der Komponenten. Lassen Sie uns nun eine neue Sache definieren, die wir $\mathbf{a} \cdot \mathbf{a}$ nennen. Dies ist kein Vektor, sondern ein Skalar; es ist eine Zahl, die in allen Koordinatensystemen gleich groß ist, und sie ist definiert als die Summe der Quadrate der drei Vektorkomponenten:

$$\mathbf{a} \cdot \mathbf{a} = a_x^2 + a_y^2 + a_z^2. \quad (11.18)$$

Nun sagen Sie, „Aber mit welchen Achsen? ”. Es ist unabhängig von den Achsen, die Antwort ist die gleiche für *jeden* Satz von Achsen. Damit haben wir eine neue *Art* einer Größe, eine neue *Invariante* oder einen *Skalar* durch „Quadrieren" eines Vektors erzeugt. Wenn wir nun die folgende Größe für irgend zwei Vektoren $\mathbf{a}$ und $\mathbf{b}$ definieren

$$\mathbf{a} \cdot \mathbf{b} = a_x b_x + a_y b_y + a_z b_z, \quad (11.19)$$

so finden wir, daß diese Größe, berechnet im gestrichenen und ungestrichenen System, ebenfalls gleich bleibt. Zum Beweis wird festgestellt, daß es für $\mathbf{a} \cdot \mathbf{a}$, $\mathbf{b} \cdot \mathbf{b}$ und $\mathbf{c} \cdot \mathbf{c}$ gilt, wobei $\mathbf{c} = \mathbf{a} + \mathbf{b}$. Daher ist die Summe der Quadrate $(a_x + b_x)^2 + (a_x + b_y)^2 + (a_z + b_z)^2$ invariant:

$$(a_x + b_x)^2 + (a_y + b_y)^2 + (a_z + b_z)^2 = (a_{x'} + b_{x'})^2 + (a_{y'} + b_{y'})^2 + (a_{z'} + b_{z'})^2. \quad (11.20)$$

Wenn beide Seiten dieser Gleichung explizite ausgedrückt werden, so erscheinen sowohl gemischte Glieder der Art wie in Gl. (11.19) als auch der Summe der Quadrate der Komponenten von $\mathbf{a}$ und $\mathbf{b}$. Die Invarianz von Gliedern der Form von Gl. (11.18) läßt dann auch die gemischten Glieder (11.19) invariant.

Die Größe $\mathbf{a} \cdot \mathbf{b}$ wird das *Skalarprodukt* der beiden Vektoren $\mathbf{a}$ und $\mathbf{b}$ genannt und besitzt viele interessante und nützliche Eigenschaften. Z. B. wird leicht bewiesen, daß

$$\mathbf{a} \cdot (\mathbf{b} + \mathbf{c}) = \mathbf{a} \cdot \mathbf{b} + \mathbf{a} \cdot \mathbf{c}. \quad (11.21)$$

Auch gibt es eine einfache geometrische Methode zur Berechnung von $\mathbf{a} \cdot \mathbf{b}$, ohne daß die Komponenten von $\mathbf{a}$ und $\mathbf{b}$ berechnet werden müssen: $\mathbf{a} \cdot \mathbf{b}$ ist das Produkt der Länge von $\mathbf{a}$ und der Länge von $\mathbf{b}$ mal dem Kosinus des Winkels zwischen ihnen. Warum? Angenommen, wir wählen ein spezielles Koordinatensystem, in dem die x-Achse entlang $\mathbf{a}$ liegt; unter diesen Umständen ist die einzige Komponente von $\mathbf{a}$ gleich a_x, und dies ist natürlich die gesamte Länge von $\mathbf{a}$. Damit reduziert sich Gl. (11.19) für diesen Fall zu

$\mathbf{a} \cdot \mathbf{b} = a_x b_x$, und dies ist die Länge von **a** mal der Komponente von **b** in Richtung **a**, das ist $b \cos \theta$:

$$\mathbf{a} \cdot \mathbf{b} = ab \cos \theta.$$

Somit haben wir für dieses spezielle Koordinatensystem bewiesen, daß $\mathbf{a} \cdot \mathbf{b}$ gleich der Länge von **a** mal der Länge von **b** mal $\cos \theta$ ist. Aber *wenn das für ein Koordinatensystem gilt, dann gilt es für alle*, weil $\mathbf{a} \cdot \mathbf{b}$ unabhängig vom Koordinatensystem ist; das ist unsere Argumentation.

Wozu dient das Skalarprodukt? Gibt es in der Physik Fälle, in denen wir es benötigen? Jawohl, wir benötigen es immerfort. Z. B. wurde in Kapitel 4 die kinetische Energie $(\frac{1}{2}) \cdot mv^2$ genannt, aber wenn sich das Objekt im Raum bewegt, sollte es das Geschwindigkeitsquadrat in der x-Richtung, y-Richtung und der z-Richtung sein. Also ist die Formel für die kinetische Energie nach der Vektoranalysis

$$\text{K.E.} = \tfrac{1}{2}m(\mathbf{v} \cdot \mathbf{v}) = \tfrac{1}{2}m(v_x^2 + v_y^2 + v_z^2). \tag{11.22}$$

Energie besitzt keine Richtung. Impuls hat eine Richtung; er ist ein Vektor, gleich der Masse mal dem Geschwindigkeitsvektor.

Ein anderes Beispiel eines Skalarproduktes ist die durch eine Kraft geleistete Arbeit, wenn irgend etwas von einem Platz zum anderen geschoben wird. Wir haben bisher die Arbeit nicht definiert, aber es ist das Äquivalent zur Energieänderung, das Gewicht wird angehoben, wenn eine Kraft **F** auf dem Wege s wirksam ist:

$$\text{Arbeit} = \mathbf{F} \cdot \mathrm{s}. \tag{11.23}$$

Es ist manchmal sehr bequem, von der Komponente eines Vektors in einer gewissen Richtung zu reden (sagen wir in vertikaler Richtung, weil dies die Richtung der Gravitation ist). Für solche Zwecke ist es nützlich, etwas zu erfinden, das wir einen *Einheitsvektor* in der Richtung nennen, in welcher wir unsere Untersuchung anstellen wollen. Unter einem Einheitsvektor verstehen wir einen, dessen Skalarprodukt mit sich selbst den Wert Eins ergibt. Nennen wir diesen Einheitsvektor **i**, dann ist $\mathbf{i} \cdot \mathbf{i} = 1$. Wenn wir die Komponente eines Vektors in der Richtung von **i** haben wollen, sehen wir, daß das Skalarprodukt $\mathbf{a} \cdot \mathbf{i}$ gleich $\mathbf{a} \cos \theta$ ist, d. h. die Komponente von **a** in der Richtung von **i**. Das ist ein hübscher Weg, die Komponente zu erhalten; in der Tat gestattet er uns, *alle* Komponenten zu erhalten und eine eher amüsante Formel zu schreiben. Angenommen, wir definieren in einem gegebenen Koordinatensystem x, y und z drei Vektoren: **i**, ein Einheitsvektor in x-Richtung, **j**, ein Einheitsvektor in y-Richtung und **k**, ein Einheitsvektor in z-Richtung. Zuerst notieren wir, daß $\mathbf{i} \cdot \mathbf{i} = 1$. Was ist $\mathbf{i} \cdot \mathbf{j}$? Wenn zwei Vektoren einen rechten Winkel miteinander bilden, so ist ihr Skalarprodukt Null. Also sind

$$\begin{array}{lll} \mathbf{i} \cdot \mathbf{i} = 1 & & \\ \mathbf{i} \cdot \mathbf{j} = 0 & \mathbf{j} \cdot \mathbf{j} = 1 & \\ \mathbf{i} \cdot \mathbf{k} = 0 & \mathbf{j} \cdot \mathbf{k} = 0 & \mathbf{k} \cdot \mathbf{k} = 1 \end{array} \tag{11.24}$$

Nun kann mit diesen Definitionen irgendein beliebiger Vektor folgendermaßen geschrieben werden:

$$\mathbf{a} = a_x\mathbf{i} + a_y\mathbf{j} + a_z\mathbf{k}. \tag{11.25}$$

Mit dieser Methode können wir von den Komponenten eines Vektors zum Vektor selbst gelangen.

Die Diskussion von Vektoren ist noch keineswegs vollständig. Jedoch, anstatt jetzt noch weiter auf dieses Thema einzugehen, werden wir erst lernen, einige der diskutierten Gedanken auf physikalische Situationen anzuwenden. Wenn wir dann dieses Grundmaterial richtig gemeistert haben, werden wir es leichter finden, in dieses Gebiet tiefer einzudringen, ohne zu verwirrt zu werden. Wir werden später entdecken, daß es nützlich ist, eine andere Art von Produkt zweier Vektoren zu definieren, das Vektorprodukt genannt wird. Es wird $\mathbf{a} \times \mathbf{b}$ geschrieben. Jedoch werden wir die Diskussion solcher Angelegenheiten in einem späteren Kapitel vornehmen.

12 Eigenschaften der Kraft

12–1 Was ist eine Kraft?

Obgleich es interessant und zweckmäßig ist, die physikalischen Gesetze nur deswegen zu studieren, weil sie uns helfen, die Natur zu verstehen und zu nutzen, sollten wir hin und wieder verweilen und denken: „Was bedeuten sie wirklich? " Die Bedeutung irgendeiner Aussage ist ein Gegenstand, der seit undenklichen Zeiten Philosophen interessiert und beunruhigt hat, und die Bedeutung physikalischer Gesetze ist noch interessanter, weil allgemein geglaubt wird, daß diese Gesetze irgendeine Art echten Wissens repräsentieren. Die Bedeutung von Wissen ist ein tiefgründiges Problem in der Philosophie und es ist immer wichtig zu fragen: „Was bedeutet das? "

Lassen Sie uns fragen: „Was ist die Bedeutung des physikalischen Gesetzes von Newton, das wir als $F = m \cdot a$ schreiben? Was ist die Bedeutung von Kraft, Masse und Beschleunigung? " Gut, wir können intuitiv die Bedeutung von Masse erfühlen, und wir können die Beschleunigung *definieren*, wenn wir die Bedeutung von Position und Zeit kennen. Wir werden diese Bedeutungen nicht diskutieren, sondern uns auf den neuen Begriff „Kraft" konzentrieren. Die Antwort ist genau so einfach: „Wenn sich ein Körper beschleunigt bewegt, so wirkt auf ihn eine Kraft ein." Das ist die Aussage der Newtonschen Gesetze, die denkbar präziseste und schönste Definition von Kraft könnte also einfach sein, zu sagen, daß Kraft die Masse eines Objektes mal seiner Beschleunigung ist. Angenommen, wir haben ein Gesetz, welches aussagt, daß die Impulserhaltung gilt, wenn die Summe aller äußeren Kräfte Null ist; dann erhebt sich die Frage: „Was *bedeutet* es, wenn die Summe aller äußeren Kräfte Null ist? " Eine angenehme Definition dieser Aussage wäre: „Wenn der Gesamtimpuls konstant ist, dann ist die Summe der äußeren Kräfte Null." Daran muß etwas falsch sein, denn damit ist nichts Neues ausgesagt. Wenn wir ein Grundgesetz entdeckt haben, welches behauptet, daß die Kraft gleich der Masse mal Beschleunigung ist, und wenn wir dann *definieren*, daß die Kraft gleich Masse mal Beschleunigung ist, so haben wir nichts Neues herausgefunden. Wir könnten Kraft auch so definieren, daß ein bewegter Körper ohne eine auf ihn wirkende Kraft seine Bewegung entlang einer Geraden mit konstanter Geschwindigkeit beibehält. Wenn wir dann einen Körper beobachten, der sich *nicht* auf einer geraden Linie mit konstanter Geschwindigkeit bewegt, dann könnten wir sagen, daß eine Kraft auf ihn einwirkt. Nun können solche Dinge bestimmt nicht der Inhalt der Physik sein, weil sie Definitionen sind, die sich im Kreise bewegen. Jedoch scheint die obenstehende Newtonsche Aussage die präziseste Definition der Kraft zu sein, und eine dem Mathematiker angenehme dazu; nichtsdestoweniger ist sie vollkommen nutzlos, weil keinerlei Vorhersagen aus einer Definition gemacht werden können. Man kann den ganzen Tag lang in einem Sessel sitzen und Worte willkürlich definieren, aber es ist eine ganz andere Sache, herauszufinden, was sich ereignet, wenn zwei Bälle aneinanderstoßen oder wenn eine Masse an einer Feder aufgehängt wird. Die Art, wie sich Körper *verhalten*, ist vollständig unabhängig von irgendeiner Wahl von Definitionen.

Wenn wir z. B. sagen würden, daß ein sich selbst überlassenes Objekt seine Position beibehält und sich nicht bewegt, und wenn wir dann etwas dahintreiben sehen, so könnten wir sagen, daß dies durch eine „Schmaft" verursacht sein muß (eine Schmaft ist die zeitliche Änderung der Position). Nun haben wir ein wundervolles neues Gesetz: Alles steht still, ausgenommen, wenn eine Schmaft wirksam ist. Sie sehen, dies würde analog der obenstehenden Definition der Kraft sein, und es würde keine Information enthalten.

Der wahre Inhalt der Newtonschen Gesetze ist dieser: daß die Kraft zusätzlich zum Gesetz $F = m \cdot a$ einige ***unabhängige Eigenschaften*** haben soll; aber die ***spezifischen*** unabhängigen Eigenschaften, die die Kraft besitzt, wurden weder von Newton noch von irgend jemand anderem vollständig beschrieben, und darum ist das physikalische Gesetz $F = m \cdot a$ ein unvollständiges Gesetz. Es impliziert, wenn wir die Masse mal der Beschleunigung studieren und dieses Produkt Kraft nennen (z. B. wenn wir die Eigenschaften der Kraft studieren), dann werden wir finden, daß Kräfte eine gewisse Einfachheit besitzen. Das Gesetz ist ein gutes Programm zum analysieren der Natur, es ist eine Andeutung, daß die Kräfte simpel sind.

Das erste Beispiel solcher Kräfte war das komplette Gravitationsgesetz, das durch Newton angegeben wurde. Durch Angabe dieses Gesetzes hat er die Frage beantwortet: „Was ist die Kraft?" Wenn nichts als Gravitation existieren würde, wäre die Kombination dieses Gesetzes und des Kraftgesetzes (zweites Bewegungsgesetz) eine vollständige Theorie. Aber es gibt viel mehr als Gravitation, und wir wollen die Newtonschen Gesetze auf viele verschiedene Situationen anwenden. Um weiter fortzufahren, müssen wir daher einiges über die Eigenschaften von Kraft berichten.

Zum Beispiel wird bei der Behandlung von Kraft immer die stillschweigende Voraussetzung gemacht, daß die Kraft gleich Null ist, solange kein physikalischer Körper anwesend ist, und daß bei Vorhandensein einer von Null verschiedenen Kraft irgend etwas in der Nachbarschaft gefunden wird, das eine Ursache der Kraft ist. Diese Voraussetzung ist vollkommen verschieden vom Fall der „Schmaft", die wir oben eingeführt haben. Eine der wichtigsten Eigenschaften der Kraft ist, daß sie einen materiellen Ursprung hat und das ist *nicht* nur eine Definition.

Newton gab auch eine Regel über die Kraft an: daß die Kräfte zwischen wechselwirkenden Körpern gleichgroß und entgegengesetzt sind – actio gleich reactio. Es zeigt sich, daß diese Regel nicht genau richtig ist. In der Tat ist das Gesetz $F = m \cdot a$ nicht ganz richtig; wenn es eine Definition wäre, müßten wir sagen, es sei *immer* genau richtig, aber das ist es nicht.

Der Leser könnte einwenden: „Ich mag diesen Eindruck nicht, ich möchte jedes Ding genau definiert haben; es heißt in einigen Büchern, daß jede Wissenschaft ein exaktes Lehrfach ist, in dem *jedes* Ding definiert ist". Wenn Sie auf einer präzisen Definition der Kraft bestehen, werden Sie diese nie erhalten! Erstens, weil das zweite Newtonsche Gesetz nicht exakt ist, und zweitens, weil zum Verständnis physikalischer Gesetze verstanden werden muß, daß sie alle eine Art Näherung sind.

Jeder einfache Gedanke ist angenähert; zur Illustration betrachten wir ein Objekt, ... was *ist* ein Objekt? Philosophen sagen immer: „Gut, nimm z. B. einfach einen Stuhl". In dem Augenblick, in dem sie das sagen, weiß man, daß sie nicht mehr wissen, wovon sie reden. Was *ist* ein Stuhl? Nun, ein Stuhl hat eine bestimmte Masse... eine bestimmte?, wie bestimmt? Die Atome verdampfen davon von Zeit zu Zeit – nicht viele Atome, aber einige – Schmutz fällt darauf und wird in der Farbe gelöst; also ist es die präzise Definition eines Stuhles, genau zu sagen, welche Atome Stuhl und welche Atome Luft oder welche Atome Schmutz sind oder welche Atome Farbe sind, die zum Stuhl gehört, unmöglich. Also kann die Masse eines Stuhles nur angenähert definiert werden. Ebenso ist es unmöglich, die Masse eines einzelnen Objektes zu definieren, weil es keine einzelne, alleingelassenen Objekte in der Natur gibt. Jedes Objekt ist eine Mischung von Dingen. Darum können wir damit nur umgehen als mit einer Serie von Approximationen und Idealisierungen.

Der Trick sind die Idealisierungen. In einer ausgezeichneten Approximation von vielleicht einem Teil in 10^{10} ändert sich die Zahl der Atome im Stuhl während einer Minute nicht, und wenn wir nicht zu präzise sind, können wir einen Stuhl idealisieren als ein bestimmtes Ding; auf die gleiche Weise werden wir von den Eigenschaften der Kraft lernen, auf eine ideale Art – wenn wir nicht zu präzise sind. Man mag unzufrieden sein mit der genäherten Betrachtung der Natur, die die Physik zu erhalten versucht (es wird immer versucht, die Genauigkeit der Näherung zu erhöhen), und man kann eine mathematische Definition bevorzugen; aber mathematische Definitionen können in der realen Welt nie funktionieren. Eine mathematische Definition wird gut sein für die Mathematik, in welcher die gesamte Logik vollständig verfolgt werden kann, aber die physikalische Welt ist komplex, das haben wir in einer Anzahl von Beispielen angedeutet, wie in dem von den Meereswellen und dem eines Glases Wein. Wenn wir versuchen, Stücke daraus zu isolieren, um über eine Masse zu reden, den Wein und das Glas, wie können wir wissen, welches was ist, wenn das eine im anderen gelöst ist? Die Kräfte an einem einzelnen Ding sind bereits mit Approximationen verknüpft, und wenn wir ein System zur Erklärung der realen Welt haben, dann muß dieses System, wenigsten in unseren Tagen, irgendwelche Approximationen enthalten.

Dieses System ähnelt keineswegs dem der Mathematik, in welcher jedes Ding definiert werden kann, und dann *wissen* wir nicht, wovon wir reden. In der Tat ist es das Herrliche der Mathematik, *daß wir nicht sagen müssen, wovon wir reden.* Das Herrliche liegt darin, daß die Geestze, die Argumente und die Logik unabhängig davon sind, was „es" ist. Wenn wir irgendeinen anderen Satz von Objekten haben, der das gleiche System von Axiomen befolgt wie die Euklidsche Geometrie, und wenn wir dann neue Definitionen machen und diese mit der korrekten Logik verfolgen, so werden alle Folgerungen korrekt sein, und es macht keinen Unterschied, was der Gegenstand war. In der Natur aber, wenn wir eine Linie zeichnen oder eine Linie mit Hilfe eines Lichtstrahles und eines Theodoliten – wie wir es in der Geodäsie tun – festlegen, messen wir dann eine Linie im Sinn von Euklid? Nein, wir machen eine Approximation; das Fadenkreuz besitzt eine gewisse Dicke, aber eine geometrische Linie hat keine Dicke, und somit ist es eine physikalische und keine mathematische Frage, ob die Euklidsche Geometrie für die Geodäsie verwendet werden kann. Jedoch, von einem experimentellen Standpunkt, nicht von einem mathematischen Standpunkt, müssen wir wissen, ob die Gesetze von Euklid auf die Art von Geometrie zutreffen, die wir bei der Landvermessung verwenden. Also machen wir die Hypothese, daß es so ist, und es funktioniert sehr schön; aber es ist nicht präzise, weil unsere Vermessungslinien keine wirklichen geometrischen Linien sind. Ob diese Linien von Euklid, die wirklich abstrakt sind, für die Linien der Erfahrung zutreffen oder nicht, ist eine Frage der Erfahrung; es ist keine Frage, die durch reine Überlegung beantwortet werden kann.

Ebenso können wir nicht einfach $F = m \cdot a$ eine Definition nennen und alles rein mathematisch ableiten und die Mechanik zu einer mathematischen Theorie machen, wenn die Mechanik eine Beschreibung der Natur ist. Durch Aufstellen angemessener Postulate ist es immer möglich, ein mathematisches System aufzustellen, genau wie es Euklid tat; aber wir können keine Mathematik der Welt aufstellen, weil wir früher oder später herausfinden müssen, ob die Axiome für die Objekte der Natur gelten. Somit werden wir unmittelbar konfrontiert mit diesen komplizierten und „schmutzigen" Objekten der Natur, jedoch mit Approximationen, deren Genauigkeit stets zunimmt.

12–2 Reibung

Die vorangegangenen Betrachtungen zeigen, daß ein wahres Verständnis der Newtonschen Gesetze eine Diskussion von Kräften erfordert, und es ist der Zweck dieses Kapitels, eine derartige Diskussion einzuführen als eine Art Vervollständigung der Newtonschen Gesetze. Wir haben bereits die Definitionen von Beschleunigung und der damit verknüpften Vorstellungen untersucht, aber nun müssen wir die Eigenschaften der Kraft studieren, und dieses Kapitel wird im Gegensatz zu den vorhergehenden Kapiteln nicht sehr präzise sein, weil Kräfte sehr kompliziert sind.

Um mit einer bestimmten Kraft zu beginnen, betrachten wir den Widerstand, den ein Flugzeug bei seinem Flug durch die Luft erfährt. Welches ist das Gesetz für diese Kraft? (Sicher gibt es ein Gesetz für jede Kraft, wir *müssen* ein Gesetz haben!) Man kann sich schwer vorstellen, daß das Gesetz für diese Kraft einfach ist. Versuchen wir, uns vorzustellen, was den Widerstand beim Flug durch die Luft erzeugt – die über die Flügel rauschende Luft, die Wirbel am hinteren Ende, die um den Rumpf auftretenden Änderungen und viele andere Komplikationen. Es leuchtet ein, daß wir kein einfaches Gesetz finden werden. Andererseits ist es eine bemerkenswerte Tatsache, daß die Widerstandskraft auf das Flugzeug ungefähr gleich einer Konstanten mal dem Geschwindigkeitsquadrat ist: $F \sim c \cdot v^2$.

Welcher Art ist ein solches Gesetz, ist es analog $F = m \cdot a$? Keineswegs, weil dieses Gesetz zuerst einmal eine empirische Sache ist, die durch Versuche im Windkanal erhalten wurde. Sie sagen „Fein, $F = m \cdot a$ könnte ebenfalls empirisch sein". Das ist nicht die Ursache dafür, daß ein Unterschied vorhanden ist. Der Unterschied ist nicht, daß es empirisch ist, sondern daß – nach unserem Verständnis der Natur – dieses Gesetz das Resultat einer enormen Kompliziertheit von Ereignissen und grundsätzlich keine einfache Sache ist. Wenn wir es weiter studieren und dabei mit zunehmender Genauigkeit messen, so wird dieses Gesetz immer *noch* komplizierter werden und nicht *weniger*. Anders ausgedrückt, wenn wir das Gesetz des Widerstandes des Flugzeuges näher und näher untersuchen, so finden wir, daß es „falscher" und „falscher" ist, und je eingehender wir es studieren und je genauer wir messen, um so komplizierter wird die Wahrheit. In diesem Sinn betrachten wir es nicht als Resultat eines einfachen fundamentalen Prozesses, der mit unserer ursprünglichen Vermutung übereinstimmt. Wenn z. B. die Geschwindigkeit sehr klein ist, so klein, daß ein normales Flugzeug nicht fliegen kann (so als wenn das Flugzeug langsam durch die Luft gezogen wird), dann ändert sich das Gesetz, und der Reibungswiderstand ist eher linear von der Geschwindigkeit abhängig. Nehmen wir ein anderes Beispiel, der Reibungswiderstand eines Balles oder einer Blase oder von irgendetwas, das sich langsam durch eine viskose Flüssigkeit wie Honig bewegt, ist proportional der Geschwindigkeit.

Aber bei schnellen Bewegungen, bei denen die Flüssigkeit herumwirbelt (Honig tut das nicht, aber Wasser und Luft tun es), wird der Widerstand mehr annähernd proportional dem Geschwindigkeitsquadrat ($F = c \cdot v^2$), und wenn die Geschwindigkeit weiter zunimmt, dann beginnt selbst dieses Gesetz falsch zu werden. Leute, die sagen, „Gut, der Koeffizient ändert sich ein wenig", gehen dem Problem aus dem Wege. Zweitens gibt es andere schwere Komplikationen: Kann diese Kraft auf das Flugzeug aufgeteilt oder analysiert werden als eine Kraft auf die Flügel, eine Kraft auf die Vorderseite usw? In der Tat kann dies getan werden, wenn wir uns mit den Drehmomenten hier und dort befassen, aber dann müssen wir besondere Gesetze für die Kraft auf die Flügel usw. haben. Es ist eine erstaunliche Tatsache, daß die Kraft auf einen Flügel vom anderen Flügel abhängt. Mit anderen Worten, wenn wir das Flugzeug auseinandernehmen und nur einen Flügel in die Luft hängen, dann ist die Kraft nicht die gleiche, als wenn der Rest des Flugzeuges vorhanden wäre. Natürlich ist der Grund dafür, daß etwas vom Wind, der auf die Vorderseite auftrifft, um die Flügel herumgeht und die Kraft auf die Flügel ändert. Es erscheint als ein Wunder, daß es ein so einfaches, grobes, empirisches Gesetz gibt, das für die Konstruktion von Flugzeugen verwendet werden kann. Aber dieses Gesetz ist nicht in der gleichen Klasse wie die *Grundgesetze* der Physik, und sein weiteres Studium macht es zunehmend komplizierter. Eine Untersuchung der Abhängigkeit des Koeffizienten c von der Gestalt der Vorderseite des Flugzeuges ist, milde gesagt, frustrierend. Es gibt kein einfaches Gesetz zur Bestimmung des Koeffizienten aus der Gestalt des Flugzeuges. Im Gegensatz dazu ist das Gravitationsgesetz einfach, und eingehendere Untersuchungen weisen nur auf seine größere Einfachheit.

Wir haben gerade zwei Fälle von Reibung diskutiert, die aus schneller Bewegung in Luft und aus langsamer Bewegung in Honig resultierten. Es gibt eine andere Art von Reiburg, genannt trockene Reibung oder Gleitreibung, welche beim Gleiten eines festen Körpers auf einem anderen auftritt. In diesem Fall wird eine Kraft benötigt, um die Bewegung aufrechtzuerhalten. Diese wird Reibungskraft genannt, und deren Ursache ist ebenfalls eine sehr komplizierte Sache. Beide Kontaktoberflächen sind in atomaren Dimensionen unregelmäßig. Da gibt es viele Kontaktpunkte, an denen die Atome anscheinend zusammenhängen, und wenn der Gleitkörper entlanggezogen wird, schnappen die Atome auseinander und Schwingungen entstehen; irgend so etwas muß sich ereignen. Früher stellte man sich den Mechanismus dieser Reibung als sehr einfach vor, in der Weise, daß die Oberfläche lediglich voller Unregelmäßigkeiten wären und die Reibung durch Anheben des Gleiters über die Schwellen entstände. Aber so kann es nicht sein, weil bei diesem Prozeß keine Energie verlorengeht, während in der Tat Leistung verbraucht wird. Der Mechanismus des Leistungsverlustes ist, daß beim Herüberschnappen des Gleiters über die Schwellen diese Schwellen deformiert werden und dann Wellen und atomare Bewegungen erzeugt werden, und nach einer Weile wird in beiden Körpern Wärme erzeugt. Nun ist es wiederum empirisch sehr bemerkenswert, daß diese Reibung angenähert durch ein einfaches Gesetz beschrieben werden kann. Dieses Gesetz besagt, daß die benötigte Kraft zur Überwindung der Reibung und zur Bewegung eines Objektes auf einem anderen abhängt von der Normalkraft (d. i. senkrecht zur Oberfläche) zwischen den beiden Oberflächen, die sich in Kontakt befinden. In ziemlich guter Näherung ist die Reibungskraft proportional dieser Normalkraft und besitzt einen mehr oder weniger konstanten Koeffizienten; es ist

$$F = \mu N, \tag{12.1}$$

wobei μ der sogenannte *Reibungskoeffizient* (Fig. 12–1) ist. Obgleich dieser Koeffizient nicht genau konstant ist, gibt die Formel eine gute empirische Regel zur genäherten Bestimmung

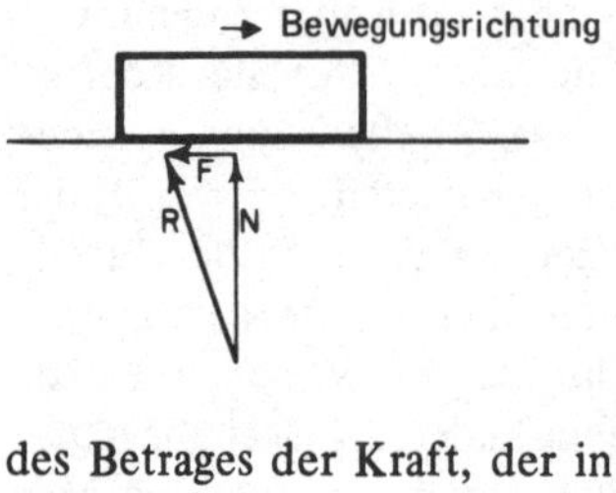

Fig. 12–1. Die Beziehung zwischen der Reibungskraft und der Normalkraft für gleitende Reibung.

des Betrages der Kraft, der in gewissen praktischen oder technischen Umständen benötigt wird. Wenn die Normalkraft oder die Geschwindigkeit der Bewegung zu groß werden, versagt das Gesetz wegen der entwickelten übermäßigen Wärme. Es ist wichtig, zur Kenntnis zu nehmen, daß jedes dieser empirischen Gesetze seine Gültigkeitsbereiche hat, außerhalb deren sie nicht funktionieren.

Daß die Formel $F = \mu \cdot N$ angenähert richtig ist, kann durch ein einfaches Experiment demonstriert werden. Wir stellen eine unter einem kleinen Winkel θ geneigte Ebene auf und stellen einen Block mit dem Gewicht W auf die Ebene. Wir vergrößern dann den Neigungswinkel, bis der Block gerade beginnt, unter seinem eigenen Gewicht zu gleiten. Die Komponente des Gewichtes entlang der Ebene ist $W \cdot \sin\theta$, und dies muß gleich sein der Reibungskraft F, wenn der Block gleichmäßig gleitet. Die Gewichtskomponente normal zur Ebene ist $W \cdot \cos\theta$, und das ist die Normalkraft N. Mit diesen Werten wird die Formel $W \cdot \sin\theta = \mu \cdot W \cdot \cos\theta$, und daraus erhalten wir $\mu = \sin\theta/\cos\theta = \tan\theta$. Wenn dieses Gesetz genau richtig wäre, würde ein Objekt bei einer definierten Neigung beginnen, zu gleiten. Wenn der gleiche Block mit zusätzlichem Gewicht belastet wird, dann werden trotz der Zunahme von W alle Kräfte in der Formel in gleichem Maße vergrößert, und W fällt heraus. Wenn μ konstant bleibt, wird der belastete Block wiederum bei der gleichen Neigung gleiten. Wird der Winkel θ durch Probieren mit dem ursprünglichen Gewicht bestimmt, so findet man, daß der Block mit dem größeren Gewicht bei etwa dem gleichen Winkel gleitet. Das trifft selbst dann noch zu, wenn ein Gewicht das Vielfache des anderen ist, und somit ziehen wir den Schluß, daß der Reibungskoeffizient unabhängig vom Gewicht ist.

Bei der Durchführung dieses Experimentes wird beobachtet, daß bei Neigung der Ebene unter dem richtigen Winkel θ der Block nicht stetig, sondern in einer unterbrochenen Bewegung gleitet. An einem Platz mag er halten, und an einem anderen mag er sich beschleunigt bewegen. Dieses Verhalten zeigt, daß der Reibungskoeffizient nur grob genähert eine Konstante ist und auf der Ebene von einem Ort zum anderen variiert. Das gleiche unruhige Verhalten wird beobachtet, ob der Block belastet ist oder nicht. Solche Variationen werden verursacht durch verschiedene Grade von Glätte oder Härte der Ebene und vielleicht durch Schmutz, Oxyde oder andere fremde Substanzen. Die in den Tabellen angegebenen angeblichen Werte von μ für „Stahl auf Stahl", „Kupfer auf Kupfer" und dgl. sind alle falsch, weil sie die oben erwähnten Faktoren, die wirklich μ bestimmen, vernachlässigen. Die Reibung wird niemals verursacht durch „Kupfer auf Kupfer" etc., sondern durch die Verunreinigungen, die am Kupfer hängen.

Bei Experimenten der oben beschriebenen Art ist die Reibung nahezu unabhängig von der Geschwindigkeit. Viele Leute glauben, daß die Reibung, die überwunden werden muß, um etwas in Bewegung zu setzen (Haftreibung) größer ist als die Kraft, die erforderlich ist, um es im Gleiten zu halten (gleitende Reibung). Aber mit trockenen Metallen ist es schwer, irgendeinen Unterschied zu zeigen. Die Meinung stammt wahrscheinlich aus Erfahrungen, bei denen kleine Mengen Öl oder Schmiermittel vorhanden sind oder wo z. B. Blöcke durch Federn oder andere flexible Materialien gestützt werden, so daß sie als verbunden erscheinen.

Es ist sehr schwierig, akkurate quantitative Experimente über Reibung auszuführen, und die Gesetze der Reibung sind noch nicht sehr gut analysiert – trotz des enormen technischen Wertes einer genauen Analyse. Obgleich das Gesetz $F = \mu \cdot N$ ziemlich genau ist, wenn die Oberflächen standardisiert sind, ist der Grund für diese Form des Gesetzes nicht wirklich bekannt. Zu zeigen, daß der Koeffizient μ nahezu unabhängig von der Geschwindigkeit ist, erfordert einige diffizile Experimente, weil die augenscheinliche Reibung sehr reduziert ist, wenn die untere Oberfläche sehr schnell vibriert. Wenn das Experiment bei großer Geschwindigkeit ausgeführt wird, muß darauf geachtet werden, daß die Objekte nicht relativ zueinander vibrieren, da die auftretenden Abnahmen der Reibung bei großer Geschwindigkeit häufig durch Schwingungen verursacht werden. In jedem Fall ist dieses Reibungsgesetz wiederum eines dieser semiempirischen Gesetze, die wir nicht vollständig begreifen, und im Hinblick auf all die Arbeit, die hineingesteckt wurde, ist es überraschend, daß kein tieferes Verständnis dieses Phänomens erzielt wurde. Zum gegenwärtigen Zeitpunkt ist es in der Tat unmöglich, den Reibungskoeffizienten zwischen zwei Substanzen auch nur abzuschätzen.

Es wurde darauf hingewiesen, daß Versuche zur Messung von μ durch Gleiten reiner Substanzen wie Kupfer auf Kupfer falsche Resultate ergeben, weil die in Kontakt befindlichen Oberflächen kein reines Kupfer, sondern Mischungen von Oxyd und anderen Verunreinigungen sind. Wenn wir versuchen, absolut reines Kupfer zu erhalten, wenn wir dessen Oberflächen reinigen und polieren, das Material in einem Vakuum entgasen und jede denkbare Vorsicht walten lassen, dann erhalten wir noch immer nicht μ! Denn wenn wir nun den Apparat selbst bis zur vertikalen Position neigen, wird der Gleiter nicht herunterfallen – die beiden Kupferstücke halten zusammen! Der Koeffizient μ, der normalerweise kleiner als Eins für vernünftig harte Oberflächen ist, wird ein vielfaches von Eins! Der Grund für dieses unerwartete Verhalten ist, daß die in Kontakt befindlichen Atome alle von der gleichen Art sind; es existiert für die Atome keine Möglichkeit, zu „wissen", daß sie sich in verschiedenen Stücken von Kupfer befinden. Wenn dazwischen andere Atome vorhanden sind in den Oxyden und Fetten und komplizierteren dünnen Oberflächenschichten von Verunreinigungen, „wissen" die Atome, wann sie nicht am gleichen Teil sind. Wenn wir beachten, daß es Kräfte zwischen Atomen sind, die das Kupfer als einen festen Körper zusammenhalten, so sollte es klar werden, daß es unmöglich ist, den richtigen Reibungskoeffizienten für reine Metalle zu erhalten.

Das gleiche Phänomen kann in einem einfachen hausgemachten Experiment mit einer flachen Glasplatte und einem Glasbecher beobachtet werden. Wenn der Becher auf die Platte gesetzt und mit Hilfe einer Schnurschlinge entlang gezogen wird, gleitet er ziemlich gut und man kann den Reibungskoeffizienten fühlen; er ist ein klein wenig ungleichmäßig, aber er ist ein Koeffizient. Wenn wir nun die Glasplatte und die Unterseite des Bechers benetzen und wiederum ziehen, so finden wir, daß er fester auf der Glasplatte haftet. Und wenn wir genau hinsehen, werden wir Kratzer entdecken, weil das Wasser in der Lage ist, das Fett und die anderen Verunreinigungen von der Oberfläche abzuheben, und dann haben wir wirklich einen Glas-auf-Glas-Kontakt; dieser Kontakt ist so gut, daß er festhält und der Trennung so stark widersteht, daß das Glas auseinandergerissen wird, d. h. er verursacht Kratzer.

12–3 Molekulare Kräfte

Als nächstes diskutieren wir die Eigenschaften von molekularen Kräften. Das sind Kräfte zwischen den Atomen, und sie sind die letzte Ursache der Reibung. Molekulare Kräfte wurden auf der Basis der klassischen Physik nie zufriedenstellend erklärt; zu ihrem vollen Verständnis wird die Quantenmechanik benötigt. Empirisch wird jedoch die Kraft zwischen Atomen schematisch illustriert durch Fig. 12–2, wo die Kraft F zwischen zwei Atomen als Funktion des Abstandes r zwischen ihnen aufgetragen ist. Es gibt verschiedene Fälle: Im Wassermolekül z. B. sitzen die negativen Ladungen mehr am Sauerstoff, und die mittleren Positionen der negativen Ladungen und der positiven Ladungen befinden sich nicht an der gleichen Stelle; dadurch fühlt ein anderes nahe benachbartes Molekül eine relativ große Kraft, die eine Dipol-Dipol-Kraft genannt wird. Jedoch sind bei vielen Systemen die Ladungen viel besser balanciert, besonders für Sauerstoffgas, das vollkommen symme-

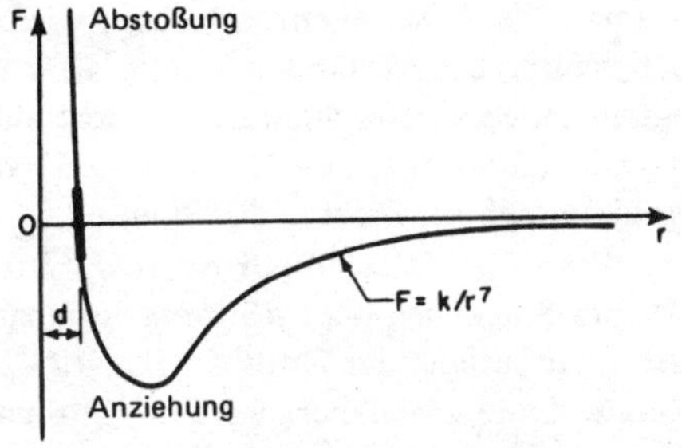

Fig. 12–2. Die Kraft zwischen zwei Atomen als Funktion ihres gegenseitigen Abstandes.

trisch ist. Obgleich in diesem Fall die Minus- und die Plus-Ladungen über das Molekül verteilt sind, ist die Verteilung derart, daß das Zentrum der Minus-Ladungen und das Zentrum der Plus-Ladungen übereinstimmen. Ein Molekül, in dem diese Zentren nicht übereinstimmen, wird ein polares Molekül genannt, und die Ladung mal Abstand der Zentren wird das Dipol-Moment genannt. Ein nichtpolares Molekül ist eines, in welchem die Ladungszentren zusammenfallen. Für alle nichtpolaren Moleküle, in denen alle elektrischen Kräfte neutralisiert sind, ergibt sich trotzdem, daß die Kraft in einer großen Entfernung eine Anziehung ist und sich umgekehrt proportional der siebten Potenz der Entfernung oder $F = k/r^7$ verhält. Dabei ist k eine Konstante, die von den Molekülen abhängt. Warum dies so ist, werden wir nur verstehen, wenn wir die Quantenmechanik verstehen. Bei Vorhandensein von Dipolen sind die Kräfte größer. Wenn Atome oder Moleküle zu nahe aneinander kommen, stoßen sie einander mit sehr großen Kräften ab; das ist es, was uns davor bewahrt, durch den Fußboden zu fallen!

Diese Molekularkräfte können auf recht direkte Weise demonstriert werden: einmal mit Hilfe des Reibungsexperimentes mit dem gleitenden Glasbecher und ein anderes Mal mit zwei sorgfältig geschliffenen und sich überlappenden Oberflächen, die sehr genau plan sind, so daß die Oberflächen sehr nahe zusammengebracht werden können. Ein Beispiel solcher Oberflächen sind die Johansson-Blöcke (End-Maßstäbe), die in Mechanikerwerkstätten als Normale für genaue Längenmessungen dienen. Wenn ein solcher Block auf einen anderen sehr sorgfältig aufgeschoben und der obere angehoben wird, dann bleibt der andere daran hängen und wird durch die molekularen Kräfte ebenfalls angehoben. Damit wird die direkte Anziehung zwischen den Atomen eines Blockes und den Atomen des anderen Blockes demonstriert.

Nichtsdestoweniger sind diese molekularen Anziehungskräfte noch immer nicht elementar in dem Sinn, in dem Gravitation elementar ist; ihre Ursachen sind die ungeheuer komplizierten Wechselwirkungen aller Elektronen und Kerne in einem Molekül mit allen Elektronen und Kernen in einem anderen. Jede einfach aussehende Formel, die wir erhalten, repräsentiert eine Summe von Kompliziertheiten, also haben wir noch immer nicht das elementare Phänomen.

Da die molekularen Kräfte bei großen Abständen anziehend und bei kurzen Abständen abstoßend wirken, wie in Fig. 12–2 gezeigt, können wir Festkörper herstellen, in denen alle Atome zusammengehalten werden durch ihre Anziehungen und auseinandergehalten werden durch die Abstoßung, die wirksam wird, wenn sie zu nahe benachbart sind. Bei einem bestimmten Abstand d (wo die Kurve in Fig. 12–2 die Achse schneidet) sind die Kräfte Null, was bedeutet, daß sie alle ausbalanciert sind, so daß die Moleküle diesen Abstand voneinander halten. Wenn die Moleküle näher zusammengeschoben werden als bis zum Abstand d, dann stoßen sie alle einander ab. Das ist dargestellt durch den über der r-Achse liegenden Teil der grafischen Darstellung. Um die Moleküle nur ein wenig näher zusammenzuschieben, wird eine große Kraft benötigt, weil die molekulare Abstoßung bei Abständen kleiner als d schnell sehr groß wird. Wenn die Moleküle leicht auseinandergezogen werden, so wirkt eine leichte Anziehung, die mit zunehmender Separation abnimmt. Wenn sie hinreichend stark auseinandergezogen werden, so werden sie vollkommen separiert – die Bindung ist zerbrochen.

Wenn die Moleküle nur ein *sehr kleines* Stückchen nähergerückt oder nur ein *sehr kleines* Stückchen über d hinaus auseinandergezogen werden, so ist der entsprechende Abstand entlang der Kurve in Fig. 12–2 ebenfalls sehr klein und kann dann durch eine gerade Linie angenähert werden. Also gilt unter vielen Umständen, in denen die Auslenkung nicht zu groß ist, *die Kraft ist proportional der Auslenkung*. Dieses Prinzip ist bekannt als Hookesches Gesetz oder Gesetz der Elastizität, welches aussagt, daß die Kraft in einem Körper, welche bei Deformation versucht, den Körper in seinen Ausgangszustand zurückzuversetzen, proportional der Deformation ist. Dieses Gesetz gilt natürlich nur für relativ kleine Deformationen; wenn diese zu groß werden, wird der Körper je nach der Deformation auseinandergerissen oder zerquetscht. Die Größe der Kraft, für die das Hookesche Gesetz gilt, ist materialabhängig; z. B. ist die Kraft für Teig oder Kitt sehr klein, aber für Stahl ist sie relativ groß. Hookes Gesetz kann schön demonstriert werden mit einer langen Zylinderfeder aus Stahl, die senkrecht aufgehängt wird. Ein angemessenes Gewicht, das am unteren Ende der Feder aufgehängt wird, erzeugt eine kleine Verdrehung entlang der gesamten Drahtlänge, und diese resultiert in einer kleinen vertikalen Auslenkung in jeder Windung. Diese addieren sich zu einer großen Auslenkung, wenn viele Windungen vorhanden sind. Wenn die gesamte, sagen wir durch ein 100-Gramm-Gewicht erzeugte Verlängerung gemessen wird, dann findet man, daß jedes zusätzliche 100-Gramm-Gewicht eine zusätzliche Verlängerung erzeugt, die nahezu gleich der Auslenkung für die ersten 100 Gramm ist. Dieses konstante Verhältnis von Kraft zur Auslenkung beginnt sich zu ändern, wenn die Feder überspannt wird; dann gilt das Hookesche Gesetz nicht mehr.

12–4 Elementarkräfte. Felder

Wir werden nun die einzigen verbleibenden Kräfte diskutieren, die elementar sind. Wir nennen sie elementar in dem Sinn, daß ihre Gesetze elementar einfach sind. Wir werden als erste die elektrische Kraft diskutieren. Körper besitzen elektrische Ladungen, die einfach aus Elektronen oder Protonen bestehen. Wenn irgend zwei Körper elektrisch geladen sind, dann existiert eine elektrische Kraft zwischen ihnen. Wenn die Beträge der Ladungen q_1 und q_2 sind, dann ändert sich die Kraft umgekehrt mit dem Quadrat der Entfernung zwischen den Ladungen oder $F =$ (konst.) $q_1 \cdot q_2/r^2$. Für Ladungen mit verschiedenen Vorzeichen ist dieses Gesetz wie das Gravitationsgesetz, aber für Ladungen *gleichen* Vorzeichens ist die Kraft abstoßend und das Vorzeichen (die Richtung) ist umgekehrt. Die Ladungen q_1 und q_2 können selbst entweder positiv oder negativ sein, und bei irgendeiner spezifischen Anwendung der Formel wird die Richtung der Kraft richtig angegeben, wenn die q mit den richtigen Plus- oder Minus-Vorzeichen versehen sind. Die Kraft wirkt entlang der Verbindungslinie zwischen den beiden Ladungen. Die Konstante in der Formel hängt natürlich von der Wahl der Einheiten für die Kraft, die Ladung und die Entfernung ab. In der heutigen Praxis wird die Ladung in Coulomb gemessen, die Entfernung in Meter und die Kraft in Newton. Um die Kraft richtig in Newton zu erhalten, hat die Konstante (die aus historischen Gründen geschrieben wird als $1/4\,\pi \cdot \epsilon_0$) den numerischen Wert

$$\epsilon_0 = 8{,}854 \times 10^{-12} \quad \mathrm{C^2/N \cdot m^2}$$

oder

$$1/4\pi\epsilon_0 = 8{,}99 \times 10^9 \ \mathrm{Nm^2/C^2}.$$

Damit lautet das Kraftgesetz für statische Ladungen

$$\mathbf{F} = q_1 q_2 \mathbf{r}/4\pi\epsilon_0 r^3. \tag{12.2}$$

In der Natur ist die wichtigste Ladung die eines einzelnen Elektrons, welche den Wert $1{,}6 \cdot 10^{-19}$ Coulomb hat. Bei der Beschäftigung mit elektrischen Kräften zwischen elementaren Teilchen, eher als bei großen Ladungen, bevorzugen viele Leute die Kombination $(q_{\mathrm{el}})^2/4\pi\epsilon_0$, wobei q_{el} als die Elektronenladung definiert ist. Diese Kombination tritt häufig auf, und zur Vereinfachung der Berechnungen wurde sie durch das Symbol e^2 definiert; sein numerischer Wert im MKS-System ergibt sich zu $(1{,}52 \cdot 10^{-14})^2$. Der Vorteil, die Konstante in dieser Form zu benutzen, ist, daß die Kraft zwischen zwei Elektronen einfach als e^2/r^2, ohne alle die individuellen Konstanten, geschrieben werden kann. Dabei ist die Kraft in Newton und r in Metern ausgedrückt. Elektrische Kräfte sind viel komplizierter als es diese einfache Formel anzeigt, weil die Formel die Kraft zwischen zwei Objekten nur angibt, wenn die Objekte stillstehen. Wir werden den allgemeineren Fall in Kürze betrachten.

Beim Analysieren der Kräfte von mehr elementarer Art (nicht solcher Kräfte wie Reibung, sondern die elektrische Kraft oder die Gravitationskraft) wurde ein interessantes und sehr wichtiges Konzept entwickelt. Da sich auf den ersten Blick die Kräfte als viel komplizierter erweisen als die Gesetze mit dem umgekehrten Abstandsquadrat es anzeigen und da diese Gesetze nur richtig sind, wenn die wechselwirkenden Körper stillstehen, benötigt man eine verbesserte Methode, um die sehr komplizierten Kräfte zu behandeln, die sich ergeben, wenn die Körper beginnen, sich auf komplizierte Weise zu bewegen. Die Erfahrung hat gezeigt, daß eine Methode, bekannt als der Begriff eines „Feldes", von großem Nutzen für die Analyse von Kräften dieser Art ist. Um diesen Gedanken für die elektrische Kraft zu illustrieren, nehmen wir an, wir haben zwei elektrische Ladungen q_1 und q_2, die sich an den Punkten P und R befinden. Dann ist die Kraft zwischen den Ladungen gegeben durch

$$\mathbf{F} = q_1 q_2 \mathbf{r}/r^3. \tag{12.3}$$

Um diese Kraft mittels des Feldbegriffes zu analysieren, sagen wir, daß die Ladung q_1 in P einen solchen „Zustand" in R erzeugt, daß die Ladung q_2 in R die Kraft „spürt". Das ist eine Möglichkeit der Beschreibung, die vielleicht fremd ist; wir sagen, daß die Kraft **F** auf q_2 in R in zwei Teilen ausgedrückt werden kann. Es ist q_2 multipliziert mit einer Größe **E**, die vorhanden wäre, ob q_2 vorhanden wäre oder nicht (vorausgesetzt, wir halten alle anderen Ladungen an ihren richtigen Plätzen). Wir sagen, **E** ist der durch q_1 erzeugte „Zustand" und **F** ist die Reaktion von q_2 auf **E**. **E** wird ein *elektrisches Feld* genannt, es ist ein Vektor. Die Formel für das elektrische Feld **E**, das in R durch die Ladung q_1 in P erzeugt wird, ist die Ladung q_1 mal der Konstanten $1/4\pi\epsilon_0$ dividiert durch r^2 (r ist der Abstand zwischen P und R). Dieses Feld wirkt in der Richtung des Radiusvektors (der Radiusvektor **r** dividiert durch seine eigene Länge). Also ist der Ausdruck für **E**:

$$\mathbf{E} = q_1 \mathbf{r}/4\pi\epsilon_0 r^3. \tag{12.4}$$

Wir schreiben dann

$$\mathbf{F} = q_2\,\mathbf{E}, \tag{12.5}$$

wodurch die Kraft, das Feld und die Ladung im Feld ausgedrückt sind. Wozu dient das alles? Es hat den Zweck, die Analyse in zwei Teile aufzuteilen. Ein Teil sagt, daß irgend etwas ein Feld *erzeugt*. Der andere Teil sagt, daß das Feld auf etwas *einwirkt*. Dadurch, daß sie uns ermöglicht, die beiden Teile unabhängig voneinander zu betrachten, vereinfacht diese Aufteilung der Analyse die Berechnung eines Problems in vielen Situationen. Wenn viele Ladungen vorhanden sind, bestimmen wir zuerst das durch alle Ladungen in R erzeugte gesamte elektrische Feld, und dann finden wir für die uns bekannte Ladung, die in R lokalisiert ist, die auf sie wirkende Kraft.

Im Fall der Gravitation tun wir genau das gleiche. Hier, wo die Kraft $\mathbf{F} = -G \cdot m_1 \cdot m_2 \cdot \mathbf{r}/r^3$ ist, können wir folgendermaßen eine analoge Analyse durchführen: Die Kraft auf einem Körper in einem Gravitationsfeld ist die Masse dieses Körpers mal dem Feld $\mathbf{C}$. Die Kraft auf m_2 ist die Masse m_2 mal dem durch m_1 erzeugten Feld $\mathbf{C}$, d. h. $\mathbf{F} = m_2 \cdot \mathbf{C}$. Danach ist das durch einen Körper der Masse m_1 erzeugte Feld $\mathbf{C}$ gleich $-G \cdot m_1 \cdot \mathbf{r}/r^3$, und es ist radial orientiert, wie im elektrischen Fall.

Trotz des ersten Anscheins ist diese Separation eines Teiles vom andern keine Trivialität. Es wäre trivial, nur eine andere Schreibweise für das gleiche Ding, wenn die Kraftgesetze simpel wären. Aber die Gesetze der Kraft sind so kompliziert, daß sich zeigt, daß die Felder eine Realität besitzen, die fast unabhängig ist von den Objekten, die sie erzeugen. Man kann z. B. eine Ladung schütteln und einen Effekt, ein Feld, in einer Entfernung davon erzeugen; wenn man dann die Bewegung der Ladung stoppt, gibt das Feld die gesamte Vergangenheit wieder, weil die Wechselwirkung zwischen zwei Teilchen nicht momentan stattfindet. Es ist wünschenswert, sich auf irgendeine Weise daran zu erinnern, was sich vorher ereignet hat. Wenn die Kraft auf eine Ladung davon abhängt, wo sich gestern eine andere Ladung befand, was sie tut, dann benötigen wir eine Maschinerie, welche die Ereignisse von gestern registriert, und das ist die Eigenschaft eines Feldes. Wenn also die Kräfte komplizierter werden, wird das Feld zunehmend realer, und diese Technik wird weniger und weniger eine künstliche Aufteilung.

Beim Analysieren von Kräften durch Verwendung von Feldern benötigen wir zwei Arten von Gesetzen bezüglich der Felder. Die erste ist die Reaktion auf ein Feld, und das gibt die Bewegungsgleichungen. Z. B. ist das Gesetz der Reaktion einer Masse auf ein Gravitationsfeld, daß die Kraft gleich der Masse mal dem Gravitationsfeld ist; oder wenn sich auch noch eine Ladung auf dem Körper befindet, dann ist die Reaktion der Ladung auf das elektrische Feld gleich der Ladung mal dem elektrischen Feld. Der zweite Teil der Analyse der Natur in solchen Situationen ist die Formulierung der Gesetze, welche die Stärke des Feldes bestimmen, und wie es hergestellt wird.

Diese Gesetze werden mitunter *Feldgleichungen* genannt. Wir werden darüber zu geeigneter Zeit mehr erfahren, jedoch werden wir jetzt einige Dinge über sie notieren.

Erstens ist die bemerkenswerteste Tatsache, welche exakt richtig ist und die leicht zu verstehen ist, die, daß das gesamte durch eine Anzahl von Quellen verursachte Feld gleich der Vektorsumme der durch die erste Quelle, die zweite Quelle usw. erzeugten elektrischen Felder ist. Anders ausgedrückt, wenn eine Vielzahl von Ladungen ein Feld erzeugt und wenn eine allein das Feld $\mathbf{E}_1$, eine andere $\mathbf{E}_2$ usw. erzeugt, dann addieren wir lediglich die Vektoren, um das gesamte Feld zu erhalten. Dieses Prinzip kann ausgedrückt werden als

$$\mathbf{E} = \mathbf{E}_1 + \mathbf{E}_2 + \mathbf{E}_3 + \cdots \tag{12.6}$$

oder im Hinblick auf die oben angegebene Definition

$$\mathbf{E} = \sum_i \frac{q_i \mathbf{r}_i}{4\pi\epsilon_0 r_i^3}. \tag{12.7}$$

Können die gleichen Methoden auf die Gravitation angewandt werden? Die Kraft zwischen zwei Massen m_1 und m_2 wird durch Newton ausgedrückt als $\mathbf{F} = G \cdot m_1 \cdot m_2 \cdot \mathbf{r}/r^3$. Aber in Übereinstimmung mit dem Feldkonzept können wir sagen, daß m_1 ein Feld C im umgebenden Raum erzeugt, so daß die Kraft auf m_2 gegeben ist durch

$$\mathbf{F} = m_2 \mathbf{C}. \tag{12.8}$$

In vollkommener Analogie zu dem elektrischen Fall gilt

$$\mathbf{C} = -G m_i \mathbf{r}_i / r_i^3, \tag{12.9}$$

und das durch viele Massen erzeugte Gravitationsfeld ist

$$\mathbf{C} = \mathbf{C}_1 + \mathbf{C}_2 + \mathbf{C}_3 + \cdots \tag{12.10}$$

In Kapitel 7 haben wir bei der Behandlung der Planetenbewegung im wesentlichen dieses Prinzip angewandt. Wir haben einfach alle Kraftvektoren addiert, um die resultierende Kraft auf einen Planeten zu erhalten. Wenn wir die Masse des betreffenden Planeten herausdividieren, so erhalten wir Gleichung (12.10).

Die Gleichungen (12.6) und (12.10) drücken aus, was als *Prinzip der Superposition von Feldern bekannt* ist. Dieses Prinzip besagt, daß das gesamte Feld aller Quellen gleich der Summe der Felder der einzelnen Quellen ist. Soweit wir heute wissen, ist dies für die Elektrizität ein absolut garantiertes Gesetz, welches selbst dann gilt, wenn das Kraftgesetz wegen der Bewegungen der Ladungen kompliziert ist. Es gibt zwar scheinbare Verletzungen dieses Gesetzes, aber die sorgfältigere Analyse hat immer ergeben, daß diese durch Nichtberücksichtigung bestimmter bewegter Ladungen zustande kamen. Obgleich jedoch das Prinzip der Superposition für elektrische Kräfte genau zutrifft, ist es nicht exakt für die Gravitation, wenn das Feld zu stark ist und nach der Einsteinschen Gravitationstheorie die Newtonsche Gleichung (12.10) nur angenähert gilt.

Eng verwandt mit der elektrischen Kraft ist eine andere Art, genannt magnetische Kraft, und auch diese wird mit einem Feld analysiert. Einige der qualitativen Beziehungen zwischen elektrischen und magnetischen Kräften können durch ein Experiment mit einer Elektronenstrahlröhre (Fig. 12–3) illustriert werden. An einem Ende einer solchen

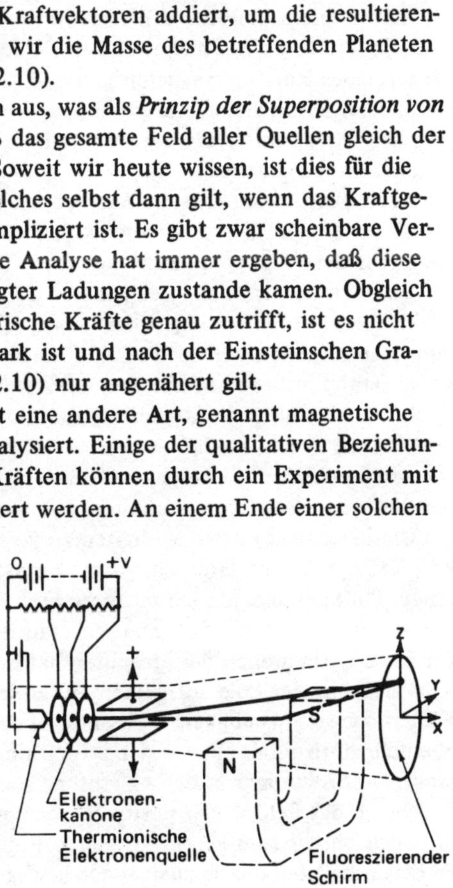

Fig. 12–3. Eine Elektronenstrahlröhre.

Röhre ist eine Quelle, die einen Strom von Elektronen emittiert. Innerhalb der Röhre sind Vorrichtungen zur Beschleunigung der Elektronen auf eine hohe Geschwindigkeit, und einige davon werden in einem engen Strahl auf einen fluoreszierenden Schirm am anderen Ende der Röhre geschickt. Ein Lichtpunkt leuchtet im Zentrum des Schirmes, wo die Elektronen auftreffen, und dies ermöglicht uns, den Elektronenweg zu verfolgen. Auf dem Weg zum Schirm gehen die Elektronen durch einen engen Raum zwischen einem Paar paralleler Matallplatten, die, sagen wir, horizontal angeordnet sind. Eine Spannung kann an die Platten angelegt werden, so daß nach Belieben jeweils eine der Platten negativ gemacht werden kann. Wenn eine Spannung anliegt, befindet sich zwischen den Platten ein elektrisches Feld.

Der erste Teil des Experimentes besteht im Anlegen einer negativen Spannung an die untere Platte. Das bedeutet, daß zusätzliche Elektronen auf die untere Platte gebracht worden sind. Da gleichartige Ladungen einander abstoßen, wandert der Lichtpunkt auf dem Schirm sofort nach oben. (Wir könnten das auch anders ausdrücken und sagen, daß die Elektronen das Feld „spüren" und darauf reagieren, indem sie nach oben laufen.) Als nächstes wird die Spannung umgepolt, wodurch die *obere* Platte negativ wird. Nun springt der Lichtfleck auf dem Schirm unter das Zentrum, wodurch gezeigt wird, daß die Elektronen des Strahls durch die Elektronen auf der oberen Platte abgestoßen werden. (Oder wir könnten wiederum sagen, daß die Elektronen auf das Feld „reagiert" haben, das nun in der entgegengesetzten Richtung liegt.)

Zum zweiten Teil des Experimentes wird die Spannung von den Platten abgeklemmt und die Wirkung eines magnetischen Feldes auf den Elektronenstrahl geprüft. Dies wird mittels eines Hufeisenmagneten getan, dessen Pole weit genug auseinander liegen, so daß sie die Röhre umfassen. Angenommen, wir halten den Magneten unter die Röhre in der gleichen Orientierung wie der Buchstabe U, wobei die Pole nach oben weisen und ein Teil der Röhre dazwischen liegt. Wir bemerken, daß der Lichtfleck abgelenkt wird, sagen wir nach oben, wenn sich der Magnet der Röhre von unten nähert. Also erscheint es so, als ob der Magnet den Elektronenstrahl abstößt. Jedoch ist dies nicht so einfach, denn wenn wir den Magneten umdrehen, ohne die Pole zu vertauschen, und uns nun der Röhre von oben nähern, dann bewegt sich der Fleck noch immer nach *oben*, so daß der Elektronenstrahl *nicht* abgestoßen wird; vielmehr scheint er diesmal angezogen zu werden. Nun beginnen wir noch einmal, indem wir den Magneten in seine ursprüngliche U-Orientierung bringen und ihn wie vorher unter die Röhre halten. Ja, der Fleck wird noch immer nach oben abgelenkt; aber nun drehen wir den Magneten um 180° um seine vertikale Achse, so daß er sich noch immer in der U-Position befindet, jedoch mit vertauschten Polen. Siehe da, der Fleck springt nun nach unten und bleibt unten, selbst wenn wir den Magneten umdrehen und ihn wie vorher von oben dem Rohr nähern.

Um dieses eigenartige Verhalten zu verstehen, benötigen wir eine neue Kombination von Kräften. Wir erklären das folgendermaßen: Quer über dem Magneten existiert von einem Pol zum anderen ein *magnetisches Feld*. Dieses Feld hat eine Richtung, die immer von einem besonderen Pol (den wir markieren könnten) weg und zum anderen hingerichtet ist. Das Umdrehen des Magneten hat die Richtung des Feldes nicht geändert, aber Vertauschung der Pole auf beiden Seiten hat seine Richtung verkehrt. Wenn z. B. die Elektronengeschwindigkeit horizontal in der x-Richtung wäre und das magnetische Feld ebenfalls horizontal, aber in der y-Richtung, dann würde die magnetische Kraft *auf die bewegten Elektronen* in der z-Richtung sein, d. i. nach oben oder nach unten, abhängig davon, ob das Feld in der positiven oder in der negativen y-Richtung war.

Obgleich wir zum gegenwärtigen Zeitpunkt nicht das genaue Gesetz für die Kraft zwischen beliebig relativ zueinander bewegten Ladungen angeben, weil es zu kompliziert ist, werden wir einen Teil davon angeben: Das vollständige Gesetz der Kräfte, *wenn die Felder bekannt sind*. Die Kraft auf ein bewegtes Objekt ist abhängig von seiner Bewegung; wenn beim Stillstehen eines Objektes an einem Ort eine Kraft vorhanden ist, so wird diese proportional zur Ladung genommen, dabei ist der Koeffizient das sogenannte *elektrische Feld*. Wenn sich das Objekt bewegt, kann die Kraft anders sein, und die Korrektur, das neue „Stück" Kraft, erweist sich als genau *linear abhängig von der Geschwindigkeit*, aber unter *rechtem Winkel* gegen **v** und gegen eine andere Vektorgröße, welche wir die magnetische Induktion **B** nennen. Wenn die Komponenten des elektrischen Feldes **E** und der magnetischen Induktion **B** gegeben sind als (E_x, E_y, E_z) und (B_x, B_y, B_z) und wenn die Geschwindigkeit **v** die Komponenten (v_x, v_y, v_z) besitzt, dann hat die gesamte elektrische und magnetische Kraft auf eine bewegte Ladung q die Komponenten

$$\begin{aligned} F_x &= q(E_x + v_yB_z - v_zB_y), \\ F_y &= q(E_y + v_zB_x - v_xB_z), \\ F_z &= q(E_z + v_xB_y - v_yB_x). \end{aligned} \tag{12.11}$$

Wenn z. B. das magnetische Feld nur die Komponente B_y besitzt und die Geschwindigkeit nur die Komponente v_x, ist das übriggebliebene Glied der magnetischen Kraft nur in z-Richtung, rechtwinklig zu sowohl **B** wie auch **v**.

12–5 Scheinkräfte

Die nächste Art von Kraft, die wir diskutieren werden, nennen wir eine Scheinkraft. In Kapitel 11 haben wir die Beziehungen zwischen zwei Leuten, Max und Moritz, diskutiert, die verschiedene Koordinatensysteme verwenden. Nehmen wir an, daß die von Max und von Moritz gemessenen Positionen eines Teilchens x und x' seien; dann sind die Gesetze die folgenden

$$x = x' + s, \qquad y = y', \qquad z = z',$$

wobei s die Verschiebung von Moritzens System relativ zu dem von Max ist. Wenn wir annehmen, daß die Bewegungsgesetze für Max korrekt sind, wie sehen sie dann für Moritz aus? Wir finden zuerst, daß

$$dx/dt = dx'/dt + ds/dt.$$

Vorher behandelten wir den Fall, in dem s konstant war, und wir fanden dabei, daß s keinen Unterschied in den Bewegungsgesetzen hervorrief, weil $ds/dt = 0$. Im Endeffekt waren die Gesetze der Physik in beiden Systemen die gleichen. Aber wir können als anderen Fall $s = u \cdot t$ nehmen, wobei u eine gleichmäßige Geschwindigkeit entlang einer geraden Linie ist. Dann ist s nicht konstant, und ds/dt ist nicht Null, sondern u, eine Konstante. Aber die Beschleunigung d^2x/dt^2 ist noch immer die gleiche wie d^2x'/dt^2, weil $du/dt = 0$ ist. Damit ist das von uns in Kapitel 10 benutzte Gesetz bewiesen, daß bei Bewegung entlang einer geraden Linie mit gleichmäßiger Geschwindigkeit die Gesetze der Physik für uns genau das gleiche Aussehen haben, als ob wir stillstehen. Das ist die Galileische Transformation. Aber wir wollen den interessanten Fall mit einem komplizierteren s diskutieren, sagen wir für $s = at^2/2$. Dann ist $ds/dt = a \cdot t$ und $d^2s/dt^2 = a$, eine gleichmäßige Beschleunigung; oder in einem noch komplizierteren Fall könnte die Beschleunigung eine Funktion der Zeit sein. Das bedeutet, obgleich für Max das Kraftgesetz folgendes Aussehen hat

$$m \frac{d^2x}{dt^2} = F_x,$$

erscheint die Kraft für Moritz als

$$m \frac{d^2x'}{dt^2} = F_{x'} - ma.$$

Weil also Moritzens Koordinatensystem gegen Maxens beschleunigt ist, erscheint das zusätzliche Glied $m \cdot a$, und Moritz muß seine Kräfte um dieses Glied korrigieren, um die Newtonschen Gesetze funktionieren zu lassen. Mit anderen Worten, hier tritt eine neue, mysteriöse Kraft unbekannten Ursprungs auf, die natürlich dadurch entsteht, daß Moritz das falsche Koordinatensystem hat. Dies ist ein Beispiel einer Scheinkraft, andere Beispiele treten auf bei *rotierenden* Koordinatensystemen.

Ein anderes Beispiel einer Scheinkraft ist die, die häufig „Zentrifugalkraft" genannt wird. Ein Beobachter in einem rotierenden Koordinatensystem, z.B. in einem rotierenden Kasten, wird eine mysteriöse nicht durch irgendeine bekannte Ursache erklärbare Kraft finden, die die Dinge nach außen an die Wand schleudert. Diese Kräfte entspringen einfach der Tatsache, daß der Beobachter nicht das Newtonsche Koordinatensystem hat, welches das einfachste Koordinatensystem ist.

Scheinkräfte können durch ein interessantes Experiment illustriert werden, bei dem wir einen mit Wasser gefüllten Becher beschleunigt über einen Tisch schieben. Natürlich wirkt die Gravitation auf das Wasser nach unten, aber wegen der horizontalen Beschleunigung existiert auch eine Scheinkraft, die horizontal entgegengesetzt der Beschleunigung wirkt. Die Resultierende aus Gravitation und Scheinkraft macht einen Winkel mit der Vertikalen, und während der Beschleunigung ist die Wasseroberfläche senkrecht zur resultierenden Kraft, d. h. unter einem Winkel gegen den Tisch geneigt, wobei das Wasser auf der rückwärtigen Seite des Bechers höher steht. Wenn der Schub auf den Becher stoppt und der Becher infolge der Reibung bremst, wird die Scheinkraft umgedreht und das Wasser steht auf der vorwärts gerichteten Seite des Bechers höher (Fig. 12–4).

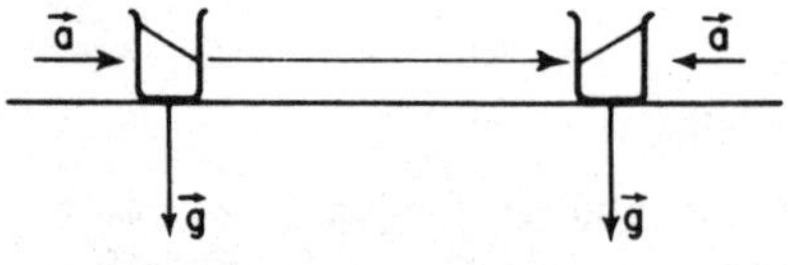

Fig. 12–4. Illustration einer Scheinkraft.

Eine sehr wichtige Eigenschaft der Scheinkräfte ist, daß sie immer proportional den Massen sind; das gleiche gilt für die Gravitation. Daher existiert die Möglichkeit, daß *die Gravitation selber eine Scheinkraft ist.* Ist es nicht möglich, daß vielleicht die Gravitation lediglich zur Ursache hat, daß wir nicht das richtige Koordinatensystem haben? Schließlich können wir eine Kraft immer proportional zur Masse erhalten, wenn wir uns vorstellen, daß ein Körper beschleunigt ist. Zum Beispiel findet ein Mann in einer abgeschlossenen, auf der Erde stillstehenden Kiste, daß er am Boden der Kiste mit einer gewissen Kraft festgehalten wird, die proportional seiner Masse ist. Aber wenn die Erde nicht vorhanden wäre und die Kiste stillstände, würde der Mann in der Kiste schweben. Wenn andererseits bei Abwesenheit der Erde irgend etwas die Kiste mit einer Beschleunigung *g anziehen* würde, dann würde der Mann in der Kiste bei seiner Analysierung der Physik eine Scheinkraft finden, die ihn genau wie die Gravitation auf den Boden zieht.

Einstein hat seine berühmte Hypothese aufgestellt, daß Beschleunigungen eine Imitation von Gravitation ergeben., daß die Beschleunigungskräfte (die Scheinkräfte) *nicht unterschieden* werden können von denen der Gravitation; es ist unmöglich, von einer gegebenen Kraft anzugeben, welcher Anteil von der Gravitation herrührt und welcher Anteil Scheinkräfte sind.

Es mag richtig scheinen, die Gravitation als eine Scheinkraft zu betrachten, zu sagen, daß wir alle unten gehalten werden, weil wir nach oben beschleunigt sind, aber was ist mit den Menschen in Madagaskar, auf der anderen Seite der Erde – werden diese auch beschleunigt? Einstein fand, daß Gravitation als eine Scheinkraft jeweils nur an einem Punkt betrachtet werden kann, und er kam bei seinen Betrachtungen zu der Ansicht, daß die *Geometrie der Welt* komplizierter ist als die gewöhnliche Euklidsche Geometrie. Die hier gegebene Diskussion ist nur qualitativ, und es ist nicht beabsichtigt, mehr als den allgemeinen Gedanken zu vermitteln. Um eine grobe Vorstellung davon zu vermitteln, wie Gravitation das Resultat von Scheinkräften sein könnte, geben wir eine Illustration, die rein geometrisch ist und die nicht die wahre Situation darstellt. Angenommen, wir lebten in zwei Dimensionen und wüßten nichts von der dritten. Wir denken, daß wir uns auf einer Ebenen befinden, aber angenommen, wir sind wirklich auf der Oberfläche einer Kugel. Und angenommen, wir schießen ein Objekt am Boden entlang, ohne daß Kräfte auf es einwirken. Wohin wird es gehen? Es scheint sich auf einer geraden Linie zu bewegen, aber es muß auf der Oberfläche der Kugel verbleiben, wo die kürzeste Entfernung zwischen zwei Punkten auf einem Großkreis liegt; also wandert es auf einem Großkreis. Wenn wir auf gleiche Weise ein anderes Objekt in entgegengesetzter Richtung abschießen, so wandert dies auf einem anderen Großkreis. Weil wir glauben, daß wir auf einer Ebene sind, erwarten wir, daß die beiden Objekte linear mit der Zeit auseinanderstreben, aber die sorgfältige Beobachtung zeigt, daß sie nach hinreichend weiter Entfernung wieder näher zusammenkommen, geradeso, als ob sie einander anzögen. Aber sie ziehen einander *nicht* an – da ist etwas „unheimlich" mit dieser Geometrie. Diese besondere Illustration beschreibt nicht genau die Art, auf welche Euklids Geometrie „unheimlich" ist, aber sie zeigt, daß es bei hinreichender Verzerrung der Geometrie möglich ist, daß alle Gravitation auf eine gewisse Weise mit Scheinkräften verknüpft ist; das ist der allgemeine Gedanke der Einsteinschen Theorie der Gravitation.

12–6 Kernkräfte

Wir beenden dieses Kapitel mit einer kurzen Diskussion der einzigen anderen bekannten Kräfte, die *Kernkräfte* genannt werden. Diese Kräfte wirken innerhalb der Atomkerne, und obgleich sie viel diskutiert werden, hat niemals jemand die Kräfte zwischen zwei Kernen berechnet, und in der Tat existiert bis jetzt kein bekanntes Gesetz für Kernkräfte. Diese Kräfte haben eine sehr kleine Reichweite, die ungefähr geradesogroß ist wie die Abmessung des Kerns, vielleicht 10^{-13} cm. Bei so kleinen Teilchen und solch kleiner Entfernung sind nur die quantenmechanischen Gesetze gültig, nicht die Newtonschen Gesetze. Bei der Kernanalyse denken wir nicht mehr in Kräften, und in der Tat können wir den Kraftbegriff ersetzen durch einen Begriff der Wechselwirkungsenergie zweier Teilchen, ein Thema, das später diskutiert wird. Jede Formel, die für Kernkräfte geschrieben werden kann, ist eine sehr grobe Approximation, die viele Komplikationen wegläßt; eine könnte etwa wie folgt sein: Kräfte innerhalb eines Kerns ändern sich nicht umgekehrt mit dem Entfernungsquadrat, sondern klingen über einen gewissen Abstand r exponentiell ab, wie es ausgedrückt wird durch $F = (1/r^2) \exp(-r/r_0)$. Dabei ist der Abstand r_0 in der Größenordnung von 10^{-13} cm. Mit anderen Worten, die Kräfte verschwinden, sobald die Teilchen einen größeren Abstand voneinander haben, aber sie sind innerhalb des 10^{-13}-cm-Bereiches sehr stark. Soweit sie bis heute verstanden werden, sind die Gesetze der Kernkraft sehr kompliziert; wir verstehen sie nicht auf irgendeine einfache Weise, und das Gesamtproblem, die elementare Maschinerie hinter den Kernkräften zu analysieren, ist ungelöst. Lösungsversuche führten zur Entdeckung zahlreicher fremder Teilchen, der π-Mesonen z. B., aber der Ursprung dieser Kräfte bleibt verborgen.

13 Arbeit und potentielle Energie (A)

13.–1 Die Energie eines fallenden Körpers

In Kapitel 4 haben wir die Energieerhaltung diskutiert. Bei dieser Diskussion haben wir die Newtonschen Gesetze nicht benutzt. Aber es ist natürlich von großem Interesse, zu zeigen, wie es zustande kommt, daß die Energie tatsächlich in Übereinstimmung mit diesen Gesetzen erhalten bleibt. Aus Gründen der Übersichtlichkeit werden wir mit dem einfachst möglichen Beispiel beginnen und dann schwerere und schwerere Beispiele entwickeln.

Das einfachste Beispiel der Energieerhaltung ist ein vertikal fallendes Objekt, eines, das sich nur in vertikaler Richtung bewegt. Ein Objekt, welches seine Höhe allein unter dem Einfluß der Gravitation ändert, hat aufgrund seiner Fallbewegung die kinetische Energie T (oder K.E.) und eine potentielle Energie mgh, abgekürzt U oder P.E. Die Summe beider ist konstant:

$$\underset{\text{K.E.}}{\tfrac{1}{2}\cdot m\cdot v^2} + \underset{\text{P.E.}}{mgh} = \text{konstant}$$

oder

$$T + U = \text{konstant}. \tag{13.1}$$

Nun möchten wir zeigen, daß diese Aussage wahr ist. Was meinen wir damit: Zeigen, daß es wahr ist? Mit dem zweiten Newtonschen Gesetz können wir leicht sagen, wie sich das Objekt bewegt, und es ist leicht herauszufinden, wie sich die Geschwindigkeit mit der Zeit ändert. Sie wächst proportional mit der Zeit, und die Höhe ändert sich mit dem Quadrat der Zeit. Wenn wir also die Höhe von einem Nullpunkt aus messen, an dem sich das Objekt in Ruhe befindet, so ist es kein Wunder, daß die Höhe gleich dem Geschwindigkeitsquadrat mal einer Anzahl von Konstanten ist. Jedoch wollen wir dies ein wenig näher betrachten.

Wir finden *direkt* aus dem zweiten Newtonschen Gesetz, wie sich die kinetische Energie ändern sollte, indem wir die Ableitung der kinetischen Energie nach der Zeit bilden und dann das Newtonsche Gesetz anwenden. Wenn wir $(\frac{1}{2})\cdot m\cdot v^2$ nach der Zeit differenzieren, erhalten wir

$$\frac{dT}{dt} = \frac{d}{dt}\left(\tfrac{1}{2}mv^2\right) = \tfrac{1}{2}m2v\,\frac{dv}{dt} = mv\,\frac{dv}{dt}, \tag{13.2}$$

weil m als konstant angenommen wird. Aber aus dem zweiten Newtonschen Gesetz folgt $m\cdot(dv/dt) = F$, so daß

$$dT/dt = Fv. \tag{13.3}$$

Für den allgemeinen Fall ergibt sich $\mathbf{F}\cdot\mathbf{v}$, aber in unserem eindimensionalen Fall lassen wir es als Kraft mal Geschwindigkeit.

Nun ist in unserem einfachen Beispiel die Kraft konstant, gleich $-mg$, eine vertikale Kraft (das Minuszeichen zeigt, daß sie nach unten gerichtet ist), und die Geschwindigkeit ist natürlich die zeitliche Änderung der vertikalen Position oder der Höhe h. Also ist die zeitliche Änderung der kinetischen Energie gleich $-mg(dh/dt)$. Und diese Größe,

Wunder über Wunder, ist die zeitliche Änderung von etwas anderem! Es ist die zeitliche Änderung von *mgh*! Also sind im Verlaufe der Zeit die Änderungen der kinetischen Energie und der Größe *mgh* gleichgroß und entgegengesetzt, so daß die Summe beider Größen konstant bleibt; q.e.d.

Wir haben mit dem zweiten Newtonschen Bewegungsgesetz gezeigt, daß die Energie für konstante Kräfte erhalten bleibt, wenn wir die potentielle Energie *mgh* zur kinetischen Energie $(\frac{1}{2}) \cdot m \cdot v^2$ addieren. Nun wollen wir das näher betrachten und sehen, ob dies verallgemeinert und damit unser Verständnis verbessert werden kann. Funktioniert es nur für einen frei fallenden Körper oder gilt es allgemeiner? Wir erwarten gemäß unserer Diskussion der Energieerhaltung, daß es für ein Objekt zutrifft, das sich unter dem Einfluß der Gravitation von einem Punkt zum anderen auf irgendeiner Art von reibungsfreier Kurve bewegt (Fig. 13–1). Wenn das Objekt eine gewisse Höhe *h* von der Ausgangshöhe *H* gewonnen hat, dann sollte die gleiche Formel wiederum richtig sein, selbst wenn die Geschwindigkeit nun in einer anderen als der vertikalen Richtung ist.

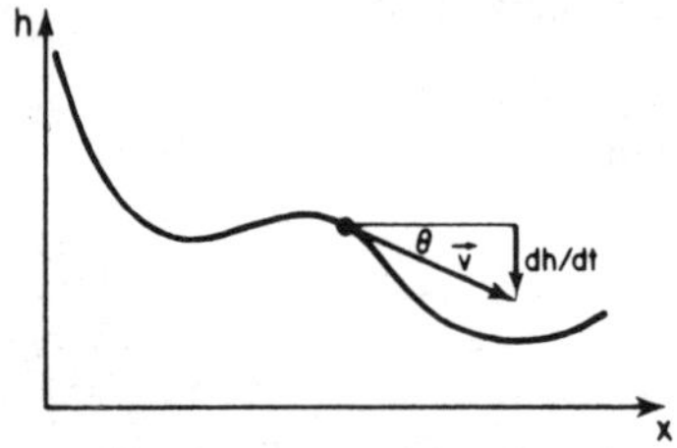

Fig. 13–1. Ein Objekt, das sich unter dem Einfluß der Gravitation auf einer reibungsfreien Kurve bewegt.

Wir wollen nun verstehen, *warum* das Gesetz noch immer richtig ist. Folgen wir also der gleichen Analyse und finden wir die zeitliche Änderung der kinetischen Energie. Diese ist wiederum $mv(dv/dt)$, aber $m\,dv/dt$ ist die zeitliche Änderung des Impulses, d. h. *die Kraft in Bewegungsrichtung* – die Tangentialkraft F_t. Also ist

$$\frac{dT}{dt} = mv\,\frac{dv}{dt} = F_t v.$$

Nun ist die Geschwindigkeit die zeitliche Entfernungsänderung entlang der Kurve, ds/dt, und die Tangentialkraft F_t ist nicht mg, sondern sie ist kleiner um das Verhältnis der Entfernung ds entlang des Weges zur vertikalen Entfernung dh. Mit anderen Worten,

$$F_t = -mg \sin\theta = -mg\,\frac{dh}{ds},$$

also ist

$$F_t\,\frac{ds}{dt} = -mg\left(\frac{dh}{ds}\right)\left(\frac{ds}{dt}\right) = -mg\,\frac{dh}{dt},$$

weil sich die ds herauskürzen. Also erhalten wir $-mg(dh/dt)$, und dies ist gleich der zeitlichen Änderung von mgh, wie vorher.

Um genau zu verstehen, wie die Energieerhaltung allgemein in der Mechanik vor sich geht, werden wir nun eine Anzahl von Konzepten diskutieren, die uns bei der Analyse weiterhelfen.

Erstens diskutieren wir die zeitliche Änderung der kinetischen Energie für den allgemeinen Fall in drei Dimensionen. Die kinetische Energie in drei Dimensionen ist

$$T = \tfrac{1}{2}m(v_x^2 + v_y^2 + v_z^2).$$

Wenn wir dies nach der Zeit differenzieren, erhalten wir drei erschreckende Glieder:

$$\frac{dT}{dt} = m\left(v_x \frac{dv_x}{dt} + v_y \frac{dv_y}{dt} + v_z \frac{dv_z}{dt}\right). \tag{13.4}$$

Aber $m\ (dv_x/dt)$ ist die auf ein Objekt in der x-Richtung wirkende Kraft F_x. Also ist die rechte Seite der Gleichung (13.4) $F_x \cdot v_x + F_y v_y + F_z v_z$. Wir besinnen uns auf unsere Vektoranalysis und erkennen dies als $\mathbf{F} \cdot \mathbf{v}$; daher ist

$$dT/dt = \mathbf{F} \cdot \mathbf{v}. \tag{13.5}$$

Dieses Resultat kann schneller folgendermaßen abgeleitet werden: Wenn $\mathbf{a}$ und $\mathbf{b}$ zwei Vektoren sind, die beide von der Zeit abhängen, dann ist die Ableitung von $\mathbf{a} \cdot \mathbf{b}$ allgemein

$$d(\mathbf{a} \cdot \mathbf{b})/dt = \mathbf{a} \cdot d\mathbf{b}/dt + (d\mathbf{a}/dt) \cdot \mathbf{b}. \tag{13.6}$$

Dann wenden wir dies in der Form $\vec{a} = \vec{b} = \vec{v}$ an:

$$\frac{d(\frac{1}{2}mv^2)}{dt} = \frac{d(\frac{1}{2}m\mathbf{v} \cdot \mathbf{v})}{dt} = m\frac{d\mathbf{v}}{dt} \cdot \mathbf{v} = \mathbf{F} \cdot \mathbf{v} = \mathbf{F} \cdot \frac{d\mathbf{s}}{dt}. \tag{13.7}$$

Weil die Begriffe der kinetischen Energie und der Energie allgemein so wichtig sind, wurden den wichtigen Gliedern in Gleichungen wie diesen verschiedene Namen gegeben. $(\frac{1}{2})\ m \cdot v^2$ wird, wie wir wissen, *kinetische Energie* genannt. $\vec{F} \cdot \vec{v}$ wird *Leistung* genannt: Die auf ein Objekt wirkende Kraft mal der Geschwindigkeit des Objektes (Skalarprodukt) ist die durch die Kraft an das Objekt abgegebene Leistung. Wir haben damit ein wunderbares Theorem: *Die zeitliche Änderung der kinetischen Energie eines Objektes ist gleich der durch die einwirkenden Kräfte aufgebrachten Leistung.*

Um die Energieerhaltung zu untersuchen, wollen wir dies jedoch noch näher analysieren. Bestimmen wir die Änderung der kinetischen Energie in einer sehr kleinen Zeit dt. Wenn wir beide Seiten von Gleichung (13.7) mit dt multiplizieren, finden wir, daß die differentielle Änderung der kinetischen Energie gleich dem Skalarprodukt der Kraft mal der zurückgelegten differentiellen Entfernung ist:

$$dT = \mathbf{F} \cdot d\mathbf{s}. \tag{13.8}$$

Wenn wir nun integrieren, erhalten wir

$$\Delta T = \int_1^2 \mathbf{F} \cdot d\mathbf{s}. \tag{13.9}$$

Was bedeutet das? Es bedeutet folgendes: Wenn ein Objekt auf *irgendeine Weise* durch eine Kraft auf einer gekrümmten Kurve bewegt wird, dann ist die Änderung der K.E. bei der Bewegung von einem Punkt zum anderen entlang der Kurve gleich dem Integral über die Kraftkomponente entlang der Kurve mal der differentiellen Verschiebung ds. Dieses Integral besitzt auch einen Namen; es wird *die durch die Kraft am Objekt gelei-*

stete Arbeit genannt. Wir sehen sofort, daß *Leistung gleich Arbeit pro Sekunde* ist. Wir sehen auch, daß es nur die Komponente der Kraft in *Bewegungsrichtung* ist, die zur geleisteten Arbeit beiträgt. In unserem einfachen Beispiel waren die Kräfte nur vertikal und hatten nur eine einzelne Komponente, sagen wir F_z, gleich $-mg$. Unabhängig von der Art, wie sich ein Objekt bewegt – z. B. kann es in einer Parabel fallen – bleibt von $\vec{F} \cdot d\vec{s}$, das geschrieben werden kann als $F_x dx + F_y dy + F_z dz$, nichts übrig als $F_z dz = -mgdz$, weil die anderen Kraftkomponenten Null sind. Darum ist in unserem einfachen Fall

$$\int_1^2 \mathbf{F} \cdot d\mathbf{s} = \int_{z_1}^{z_2} -mg\, dz = -mg(z_2 - z_1), \tag{13.10}$$

und so finden wir wiederum, daß nur die *vertikale Höhe*, aus der das Objekt fällt, für die potentielle Energie zählt.

Ein Wort über Einheiten. Da Kräfte in Newton gemessen werden und wir diese mit einer Entfernung multiplizieren, um Arbeit zu erhalten, wird die Arbeit in *Newton · Meter* (N · m) gemessen. Aber die Leute mögen nicht Newton-Meter sagen, sie sagen lieber, *Joule* (J). Ein Newton-Meter wird ein Joule genannt; Arbeit wird in Joule gemessen. Leistung ist dann Joule pro Sekunde, und das wird auch ein *Watt* (W) genannt. Wenn wir Watt mit der Zeit multiplizieren, ist das Resultat die geleistete Arbeit. Die durch das Elektrizitätswerk in unseren Häusern geleistete technische Arbeit ist gleich den Watts mal der Zeit. Auf diese Weise erhalten wir Dinge wie Kilowattstunden, 1000 Watt mal 3600 Sekunden oder $3{,}6 \cdot 10^6$ Joule.

Nun nehmen wir ein anderes Beispiel für das Gesetz der Energieerhaltung. Betrachten wir ein Objekt, das zu Anfang kinetische Energie besitzt und sich sehr schnell bewegt und auf dem Boden mit Reibung entlanggleitet. Es kommt zur Ruhe. Zu Beginn ist die kinetische Energie *nicht* Null, aber am Ende *ist* sie Null; durch die Kräfte ist eine Arbeit geleistet worden, weil bei Vorhandensein von Reibung immer eine Kraftkomponente entgegengesetzt der Bewegungsrichtung vorhanden ist und somit Energie stetig verlorengeht. Aber nun wollen wir eine an einem Drehgelenk reibungsfrei aufgehängte Masse betrachten, die in einem Gravitationsfeld in einer vertikalen Ebene schwingt. Was sich hier ereignet, ist anders, weil bei der Aufwärtsbewegung der Masse die Kraft nach unten gerichtet ist, und wenn sie herunterkommt, ist die Kraft ebenfalls nach unten gerichtet. Also hat $\mathbf{F} \cdot d\mathbf{s}$ bei der Aufwärtsbewegung ein Vorzeichen und bei der Bewegung nach unten ein anderes Vorzeichen. An jedem korrespondierenden Punkt des Weges nach oben und nach unten sind die Werte von $\mathbf{F} \cdot d\mathbf{s}$ genau gleichgroß, aber mit entgegengesetzten Vorzeichen, so daß das Ergebnis des Integrals für diesen Fall Null ist. Also ist die kinetische Energie, mit der das Objekt auf dem Boden eintrifft, die gleiche, die es beim Verlassen hatte. Das ist das Prinzip der Energieerhaltung. (Es ist zu bemerken, daß die Energieerhaltung auf den ersten Blick nicht zu gelten scheint, wenn Reibungskräfte vorhanden sind. Wir müssen eine andere *Form der Energie* finden. Es zeigt sich, daß in einem Objekt *Wärme* erzeugt wird, wenn es gegen ein anderes reibt, aber im Augenblick wissen wir das angeblich nicht.)

13–2 Durch Gravitation geleistete Arbeit

Das nächste zu diskutierende Problem ist viel schwieriger als das vorhergehende; es hat mit dem Fall zu tun, in dem die Kräfte nicht konstant oder einfach vertikal sind, wie in dem vorher ausgearbeiteten Falle. Wir wollen z. B. einen Planeten betrachten, der sich um die Sonne bewegt, oder einen Satelliten in der Umgebung der Erde.

Fig. 13–2. Eine kleine Masse m fällt unter dem Einfluß der Gravitation in Richtung einer großen Masse M.

Wir werden zuerst die Bewegung eines Objektes betrachten, das an einem Punkt 1 startet und *direkt* in Richtung Sonne oder Erde fällt (Fig. 13–2). Wird unter diesen Umständen ein Gesetz der Energieerhaltung existieren? Der einzige Unterschied ist, daß sich in diesem Fall die Kraft fortlaufend *ändert*, sie ist nicht einfach eine Konstante. Wie wir wissen, ist die Kraft GM/r^2 mal der Masse m, wobei m die bewegte Masse ist. Nun wird die kinetische Energie mit zunehmender durchfallener Distanz ganz bestimmt zunehmen, wenn ein Körper in Richtung Erde fällt, so wie es der Fall ist, wenn wir uns nicht um die Änderung der Kraft mit der Höhe kümmern. Es ist die Frage, ob es möglich ist, eine andere Formel für die potentielle Energie zu finden, die verschieden ist von mgh, eine andere Funktion des Abstandes von der Erde, so daß die Energieerhaltung noch immer gilt.

Dieser eindimensionale Fall ist leicht zu behandeln, weil wir wissen, daß die Änderung der kinetischen Energie gleich dem Integral über $-GMm/r^2$ mal der Verschiebung dr von einem Ende der Bewegung zum anderen ist:

$$T_2 - T_1 = -\int_1^2 GMm\,\frac{dr}{r^2}\cdot \tag{13.11}$$

In diesem Fall werden keine Kosinus benötigt, weil die Kraft und die Verrückung in der gleichen Richtung sind. Es ist leicht, dr/r^2 zu integrieren; das Resultat ist $-1/r$, also wird Gleichung (13.11)

$$T_2 - T_1 = +GMm\left(\frac{1}{r_2} - \frac{1}{r_1}\right)\cdot \tag{13.12}$$

Damit haben wir eine andere Formel für die potentielle Energie. Gleichung (13.12) sagt uns, daß die Größe ($\frac{1}{2}mv^2 - GMm/r$), berechnet am Punkt 1, Punkt 2 oder an irgendeinem anderen Ort, einen konstanten Wert besitzt.

Wir haben nun die Formel für die potentielle Energie in einem Gravitationsfeld für vertikale Bewegung. Nun haben wir ein interessantes Problem. Können wir ein *Perpetuum mobile* mit Hilfe eines Gravitationsfeldes erzeugen? Das Gravitationsfeld besitzt an verschiedenen Orten verschiedene Richtungen und verschiedene Stärken. Könnten wir bei Verwendung einer fixierten, reibungsfreien Bahn so etwas wie folgendes tun: Start an einem Punkt und Anheben eines Objektes zu einem anderen Punkt, dann wird es auf einem Bogen zu einem dritten Punkt bewegt, dann wird es eine bestimmte Entfernung heruntergesetzt, dann wird es auf einer bestimmten Neigung bewegt und auf einem anderen Weg herausgezogen, so daß beim Zurückbringen an den Anfangspunkt eine bestimmte Arbeit durch die Gravitationskraft geleistet wurde und die kinetische Energie des Objektes vergrößert ist?

Können wir die Kurve so konstruieren, daß es beim Zurückkommen ein wenig schneller bewegt ist als zuvor und es um und um und um läuft und uns ein Perpetuum mobile liefert? Da es kein Perpetuum mobile gibt, müßten wir feststellen, daß auch dies unmöglich ist. Wir müßten folgenden Satz entdecken: Da keine Reibung vorhanden ist, sollte das Objekt weder mit größerer noch mit kleinerer Geschwindigkeit zurückkommen – es sollte auf jedem geschlossenen Weg um und um laufen können. Anders ausgedrückt, für Gravitationskräfte sollte ***die gesamte beim Umlauf eines geschlossenen Weges geleistete Arbeit Null*** sein, weil wir andernfalls beim Umlaufen Energie gewinnen würden. (Wenn sich eine Arbeit kleiner als Null ergibt, so daß beim Umlauf in einer Richtung die Geschwindigkeit reduziert wird, dann gehen wir einfach anders herum, weil die Kräfte natürlich nur von der Position, nicht aber von der Richtung abhängen. Wenn ein Weg plus ist, sollte der andere Weg minus sein. Solange die Arbeit nicht Null ist, erhalten wir ein Perpetuum mobile durch Umlauf auf einem der beiden Wege.)

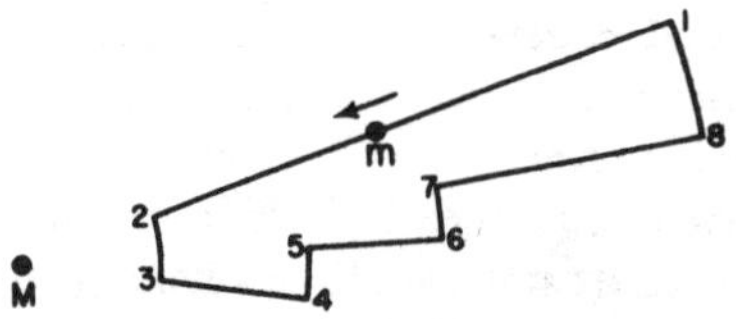

Fig. 13–3. Ein geschlossener Weg in einem Gravitationsfeld.

Ist die Arbeit wirklich Null? Lassen Sie uns demonstrieren, daß es so ist. Zuerst werden wir mehr oder weniger erklären, warum sie Null ist, und dann werden wir dies ein wenig besser mathematisch untersuchen. Angenommen, wir benutzen einen einfachen Weg, wie den in Fig. 13–3 gezeigten, auf dem eine kleine Masse von Punkt 1 nach Punkt 2 geführt wird und dann auf einem Kreis nach 3 zurück nach 4, dann nach 5, 6, 7 und 8 und endlich zurück nach 1. Alle diese Linien sind entweder nur radial oder zirkular, mit M als Zentrum. Welche Arbeit wird geleistet, um m auf diesem Weg herumzuführen? Zwischen den Punkten 1 und 2 ist sie GMm mal der Differenz von $1/r$ zwischen diesen Punkten:

$$W_{12} = \int_1^2 \mathbf{F}\cdot d\mathbf{s} = \int_1^2 -GMm\,\frac{dr}{r^2} = -GMm\left(\frac{1}{r_2} - \frac{1}{r_1}\right).$$

Von 2 nach 3 ist die Kraft genau unter rechtem Winkel zur Bahn, so daß $W_{23} \equiv 0$. Die Arbeit von 3 nach 4 ist

$$W_{34} = \int_3^4 \mathbf{F}\cdot d\mathbf{s} = -GMm\left(\frac{1}{r_4} - \frac{1}{r_3}\right).$$

Auf die gleiche Weise finden wir, daß $W_{45} = 0$, $W_{56} = -GMm(1/r_6 - 1/r_5)$, $W_{67} = 0$, $W_{78} = -GMm(1/r_8 - 1/r_7)$ und $W_{81} = 0$ ist.

Also ist

$$W = GMm\left(\frac{1}{r_1} - \frac{1}{r_2} + \frac{1}{r_3} - \frac{1}{r_4} + \frac{1}{r_5} - \frac{1}{r_6} + \frac{1}{r_7} - \frac{1}{r_8}\right).$$

Aber wir bemerken, daß $r_2 = r_3$, $r_4 = r_5$, $r_6 = r_7$ und $r_8 = r_1$. Darum ist $W = 0$.

Natürlich können wir uns fragen, ob diese Bahn zu trivial ist. Was ist, wenn wir eine *reale* Bahn benutzen? Versuchen wir es an einer realen Bahn. Zunächst einmal könnten

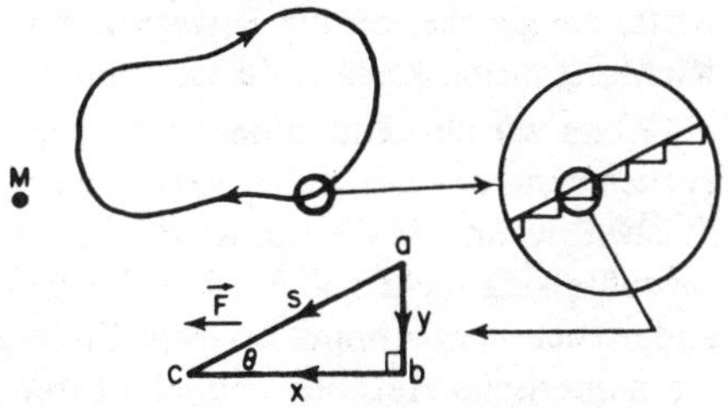

Fig. 13–4.. Ein „glatter" geschlossener Weg; es wird ein vergrößertes Teilstück gezeigt, das durch eine Reihe radialer und dazu senkrechter Schritte angenähert wird, und eine vergrößerte Ansicht eines Schrittes.

wir uns davon überzeugen, daß eine reale Kurve immer hinreichend angenähert werden kann durch eine Serie von Sägezahn-Buckeln wie jene in Fig. 13–4 und daß darum, usw. – q.e.d. Aber ohne eine kleine Betrachtung ist es nicht unmittelbar offensichtlich, daß die geleistete Arbeit beim Umlaufen selbst eines kleinen Dreiecks Null ist. Vergrößern wir eines der Dreiecke, wie in Fig. 13–4 gezeigt. Ist die von *a* nach *b* und von *b* nach *c* auf dem Dreieck geleistete Arbeit die gleiche wie die auf dem direkten Wege von *a* nach *c*? Angenommen, die Kraft wirkt in einer bestimmten Richtung; nehmen wir zum Beispiel das Dreieck so, daß die Seite *bc* in dieser Richtung ist. Wir setzen auch voraus, daß das Dreieck so klein ist, daß die Kraft im wesentlichen über das gesamte Dreieck konstant ist. Wie groß ist die von *a* nach *c* geleistete Arbeit? Sie ist

$$W_{ac} = \int_a^c \mathbf{F} \cdot d\mathbf{s} = Fs\cos\theta,$$

weil die Kraft konstant ist. Nun berechnen wir die Arbeit auf dem Weg über die beiden anderen Seiten des Dreiecks. An der vertikalen Seite *ab* ist die Kraft senkrecht zu *ds*, so daß hier die Arbeit Null ist. An der horizontalen Seite *bc* ist

$$W_{bc} = \int_b^c \mathbf{F} \cdot d\mathbf{s} = Fx.$$

Damit sehen wir, daß die auf dem Weg über die Seiten des Dreiecks geleistete Arbeit die gleiche ist wie auf dem Weg über die Hypotenuse, weil $s \cdot \cos\theta$ gleich x ist. Wir haben vorher bewiesen, daß die Antwort Null ist für irgendeinen Weg, der aus einer Anzahl von Buckeln wie denen in Fig. 13–3 zusammengesetzt ist und daß wir die gleiche Arbeit leisten müssen, wenn wir die Ecken schneiden anstatt entlang der Buckel zu gehen (solange die Buckel klein genug sind, und wir können sie immer klein machen); also gilt: *Die auf irgendeinem geschlossenen Weg im Gravitationsfeld gleistete Arbeit ist Null.*

Das ist ein sehr bemerkenswertes Resultat. Es sagt uns etwas, das wir vorher über die Planetenbewegung nicht wußten. Es sagt uns, daß sich ein Planet um die Sonne auf eine solche Weise bewegt (keine anderen Objekte vorhanden, keine anderen Kräfte), daß das Geschwindigkeitsquadrat an irgendeinem Punkt minus einer Konstanten dividiert durch den Radius an diesem Punkt für alle Punkte der Bahn immer den gleichen Wert hat. Zum Beispiel, je näher der Planet der Sonne ist, um so schneller bewegt er sich, aber um wieviel schneller? Um den folgenden Betrag: Wenn wir, anstatt ihn um die Sonne laufen zu lassen, die Richtung (aber nicht den Betrag) der Geschwindigkeit des Planeten ändern, ihn sich radial bewegen lassen, und ihn dann von einem speziellen Radius bis zum ursprünglichen Radius fallen lassen, dann wäre die neue Geschwindigkeit die gleiche, die er auf seiner wahren Bahn hatte, weil dies nur ein weiteres Beispiel eines komplizierten Weges ist. Solange wir zum gleichen Abstand zurückkommen, wird die kinetische Energie die gleiche sein. Daher ist die kinetische Energie, mit der der Planet an einem Punkt eintrifft, die gleiche, ob die Bewegung nun die echte ungestörte ist oder ob sie in ihrer Richtung durch Kanäle, durch reibungsfreie Zwänge, geändert wird.

Wenn wir also eine numerische Analyse der Bewegung des Planeten auf seiner Bahn vornehmen (was wir früher getan haben), so können wir prüfen, ob wir merkliche Fehler machen, wenn wir die konstante Größe, die Energie, bei jedem Schritt berechnen. Und sie sollte sich nicht ändern. Für die Bahnen in Tabelle 9–2 ändert sich die Energie*, sie ändert sich vom Anfang bis zum Ende um einige 1,5 %. Warum? Entweder weil wir für die numerische Methode endliche Intervalle verwenden oder ansonsten weil wir in der Rechnung irgendwo einen kleinen Fehler gemacht haben.

Betrachten wir die Energie für einen anderen Fall: das Problem einer Masse an einer Feder. Wenn wir die Masse aus ihrer Gleichgewichtslage auslenken, so ist die Rückstellkraft proportional der Auslenkung. Können wir unter diesen Umständen ein Gesetz für die Energieerhaltung ausarbeiten? Ja, denn die durch eine derartige Kraft geleistete Arbeit ist

$$W = \int_0^x F\,dx = \int_0^x -kx\,dx = -\tfrac{1}{2}kx^2. \tag{13.13}$$

Somit ist die kinetische Energie der schwingenden Masse plus $\frac{1}{2}kx^2$ eine Konstante. Sehen wir, wie das funktioniert. Wir ziehen die Masse nach unten; sie steht still, und so ist ihre Geschwindigkeit Null. Aber x ist nicht Null, x hat sein Maximum, also ist da eine Energie, das ist natürlich die potentielle Energie. Nun lassen wir die Masse los, und Dinge beginnen sich zu ereignen (die Einzelheiten werden nicht diskutiert). Aber in jedem Augenblick muß die kinetische Energie plus der potentiellen Energie eine Konstante sein. Wenn die Masse z. B. auf ihrem Weg durch die ursprüngliche Gleichgewichtslage geht, hat die Position x den Wert Null. Aber das ist, wenn sie ihr größtes v^2 hat, und wenn sie mehr x^2 hat, wird das v^2 kleiner usw. So bleibt bei der Auf- und Ab-Bewegung der Masse die Balance von x^2 und v^2 erhalten. Somit haben wir nun eine andere Regel, daß die potentielle Energie einer Feder $\frac{1}{2}k\cdot x^2$ ist, wenn die Kraft durch $-kx$ gegeben ist.

13–3 Summierung der Energie

Nun gehen wir über zur allgemeineren Betrachtung dessen, was sich bei Vorhandensein einer großen Anzahl von Objekten ereignet. Angenommen, wir haben das komplizierte Problem vieler Objekte, die wir mit $i = 1, 2, 3\ldots$ bezeichnen und die alle durch Gravitation einander anziehen. Was ereignet sich dann? Wir werden beweisen, daß die Gesamtsumme der kinetischen Energien aller Teilchen plus der Summe der gegenseitigen potentiellen Energien ($-GMm/r_{ij}$) aller *Paare* von Teilchen eine Konstante ist:

$$\sum_i \tfrac{1}{2} m_i v_i^2 + \sum_{\text{Paare } ij} -\frac{Gm_i m_j}{r_{ij}} = \text{KONSTANT.} \tag{13.14}$$

Wie beweisen wir dies? Wir differenzieren jede Seite nach der Zeit und erhalten Null. Wenn wir $(\frac{1}{2})\cdot m_i\cdot v_i^2$ differenzieren, so finden wir Ableitungen der Geschwindigkeit, welche Kräfte sind, genau wie in Gleichung (13.5). Wir ersetzen diese Kräfte durch das

---

* Die Energie ist $(\frac{1}{2})(v_x^2 + v_y^2) - 1/r$ in den Einheiten von Tabelle 9–2.

Kraftgesetz, das wir vom Newtonschen Gravitationsgesetz kennen, und dann sehen wir, daß das Übriggebliebene das gleiche ist wie die Ableitung nach der Zeit von

$$\sum_{\text{Paare}} -\frac{Gm_i m_j}{r_{ij}}\,.$$

Die zeitliche Ableitung der kinetischen Energie ist

$$\begin{aligned}\frac{d}{dt}\sum_i \tfrac{1}{2}m_i v_i^2 &= \sum_i m_i \mathbf{v}_i \cdot \frac{d\mathbf{v}_i}{dt}\\ &= \sum_i \mathbf{F}_i \cdot \mathbf{v}_i \qquad (13.15)\\ &= \sum_i \left(\sum_j -\frac{Gm_i m_j \mathbf{r}_{ij}}{r_{ij}^3}\right)\cdot \mathbf{v}_i.\end{aligned}$$

Die zeitliche Ableitung der potentiellen Energie ist

$$\frac{d}{dt}\sum_{\text{Paare}} -\frac{Gm_i m_j}{r_{ij}} = \sum_{\text{Paare}} \left(\frac{+\,Gm_i m_j}{r_{ij}^2}\right)\left(\frac{dr_{ij}}{dt}\right).$$

Aber

$$r_{ij} = \sqrt{(x_i - x_j)^2 + (y_i - y_j)^2 + (z_i - z_j)^2},$$

somit ist

$$\begin{aligned}\frac{dr_{ij}}{dt} = \frac{1}{2r_{ij}}\Bigg[&2(x_i - x_j)\left(\frac{dx_i}{dt} - \frac{dx_j}{dt}\right)\\ &+2(y_i - y_j)\left(\frac{dy_i}{dt} - \frac{dy_j}{dt}\right)\\ &+2(z_i - z_j)\left(\frac{dz_i}{dt} - \frac{dz_j}{dt}\right)\Bigg]\\ = \mathbf{r}_{ij}&\cdot\frac{\mathbf{v}_i - \mathbf{v}_j}{r_{ij}}\\ = \mathbf{r}_{ij}&\cdot\frac{\mathbf{v}_i}{r_{ij}} + \mathbf{r}_{ji}\cdot\frac{\mathbf{v}_j}{r_{ji}},\end{aligned}$$

weil $\mathbf{r}_{ij} = -\mathbf{r}_{ji}$, während $r_{ij} = r_{ji}$. Damit ist

$$\frac{d}{dt}\sum_{\text{Paare}} -\frac{Gm_i m_j}{r_{ij}} = \sum_{\text{Paare}}\left[\frac{Gm_i m_j \mathbf{r}_{ij}}{r_{ij}^3}\cdot\mathbf{v}_i + \frac{Gm_i m_j \mathbf{r}_{ji}}{r_{ji}^3}\cdot\mathbf{v}_j\right]. \qquad (13.16)$$

Nun müssen wir sorgfältig feststellen, was $\sum_i\left\{\sum_j\right\}$ und $\sum_{\text{Paare}}$ bedeutet. In Gleichung (13.15) bedeutet $\sum_i\left\{\sum_j\right\}$, daß i hintereinander alle Werte $i = 1, 2, 3\ldots$ annimmt und für jeden Wert von i der Index j alle Werte mit Ausnahme von i erhält. Wenn also $i = 3$ ist, dann hat j die Werte $1, 2, 4\ldots$

Andererseits bedeutet $\sum_{\text{Paare}}$ in Gleichung (13.16), daß die gegebenen Werte von i und j nur einmal auftreten. Also trägt das Teilchenpaar 1 und 3 nur mit einem Glied zur Summe bei. Um das zu verfolgen, können wir vereinbaren, daß i alle Werte 1, 2, 3. . . annimmt und daß für jedes i das j nur Werte *größer* als i annimmt. Ist also i gleich 3, dann kann j nur die Werte 4, 5, 6. . . besitzen. Aber wir bemerken, daß für jeden i, j-Wert zwei Beiträge zur Summe vorhanden sind. Einer ist verknüpft mit $\mathbf{v}_i$ und der andere mit $\mathbf{v}_j$, und diese Glieder haben die gleiche Gestalt wie jene der Gleichung (13.14), wo *alle* Werte von i und j (ausgenommen i gleich j) in der Summe vorkommen. Damit sehen wir nach dem Vergleich von Glied um Glied, daß die Gleichungen (13.16) und (13.15) genau die gleichen sind, jedoch mit entgegengesetztem Vorzeichen, so daß die zeitliche Ableitung der kinetischen Energie plus der potentiellen Energie in der Tat Null ist. Damit sehen wir, daß für viele Objekte gilt: *Die kinetische Energie ist gleich der Summe der Beiträge jedes einzelnen Objektes.* Die potentielle Energie ist ebenfalls einfach, sie ist auch nur eine Summe von Beiträgen der Energien zwischen allen Paaren. Wir können folgendermaßen verstehen, *warum* es die Energie eines jeden Paares sein sollte: Angenommen, wir wollen die gesamte Arbeit finden, die geleistet werden muß, um die Objekte in gewisse Abstände voneinander zu bringen. Wir können dies in verschiedenen Schritten tun, wobei wir eines nach dem anderen aus Unendlich, wo keine Kraft existiert, heranbringen. Zunächst bringen wir Nummer 1, wobei keine Arbeit erforderlich ist, weil noch keine anderen Objekte vorhanden sind, die eine Kraft ausüben können. Als nächstes bringen wir Nummer 2 heran, was Arbeit erfordert, nämlich $W_{12} = -G \cdot m_1 \cdot m_2 / r_{12}$. Nun, und das ist ein wichtiger Punkt, nehmen wir an, daß wir das nächste Objekt nach Position 3 bringen. In jedem Augenblick kann die Kraft auf Nummer 3 geschrieben werden als die Summe zweier Kräfte – die durch Nummer 1 ausgeübte Kraft und die durch Nummer 2. Darum ist *die geleistete Arbeit die Summe der von beiden geleisteten Arbeiten.* Weil $\mathbf{F}_3$ in die Summe zweier Kräfte aufgelöst werden kann,

$$\mathbf{F}_3 = \mathbf{F}_{13} + \mathbf{F}_{23},$$

ist die Arbeit

$$\int \mathbf{F}_3 \cdot d\mathbf{s} = \int \mathbf{F}_{13} \cdot d\mathbf{s} + \int \mathbf{F}_{23} \cdot d\mathbf{s} = W_{13} + W_{23}.$$

Das heißt, die geleistete Arbeit ist die Summe aus den geleisteten Arbeiten gegen die erste Kraft und gegen die zweite Kraft, so als ob jede unabhängig von der anderen wirkt. Wenn wir so weiter verfahren, sehen wir, daß die gesamte zur Zusammenstellung der gegebenen Konfiguration von Objekten erforderliche Arbeit genau dem in Gleichung (13.14) als potentielle Energie gegebenen Wert entspricht. Weil die Gravitation das Prinzip der Superposition von Kräften befolgt, können wir die potentielle Energie als eine Summe über jedes Teilchenpaar schreiben.

13–4 Das Gravitationsfeld großer Objekte

Nun werden wir die Felder berechnen, die wir in einigen physikalischen Situationen antreffen, in denen *Massenverteilungen* vorliegen. Wir haben bisher nur Teilchen, nicht aber Massenverteilungen betrachtet, also ist es interessant, die Kräfte zu berechnen, wenn diese durch mehr als nur ein Teilchen erzeugt werden. Zuerst bestimmen wir die durch eine unendlich große Massenebene erzeugte Gravitationskraft auf eine Masse. Die durch diese Massenebene auf eine Einheitsmasse in Punkt P ausgeübte Kraft (Fig. 13–5) ist na-

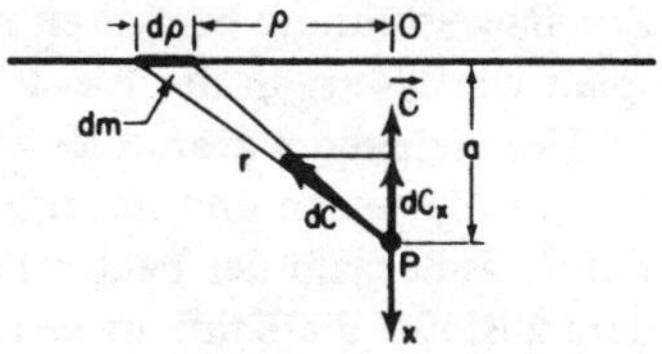

Fig. 13–5. Die Gravitationskraft F auf einen Massenpunkt, erzeugt durch eine unendliche Massenebene.

türlich zur Massenebene gerichtet. Der Abstand des Punktes von der Ebene sei a und die Masse pro Flächeneinheit dieser großen Ebene sei μ. Wir nehmen μ als konstant an; es ist eine homogene Massenebene. Wie groß ist das kleine Feld $d\mathbf{C}$, das durch die Masse dm, befindlich zwischen ρ und $\rho + d\rho$ von 0 (dem zu P nächsten Punkt auf der Ebene) erzeugt wird? Antwort: $d\mathbf{C} = G(dm\mathbf{r}/r^3)$. Aber dieses Feld ist entlang r gerichtet, und wir wissen, daß nur die x-Komponente davon übrig bleibt, wenn wir alle die kleinen Vektoren $d\mathbf{C}$ addieren, um $\mathbf{C}$ zu erhalten. Die x-Komponente von $d\mathbf{C}$ ist

$$dC_x = G\,\frac{dmr_x}{r^3} = G\,\frac{dma}{r^3}.$$

Nun erzeugen alle Massen dm im gleichen Abstand von P das gleiche dC_x, so daß wir sofort für dm die gesamte Masse im *Ring* zwischen ρ und $\rho + d\rho$ schreiben können: $dm = \mu \cdot 2\pi\rho\, d\rho$ ($2\pi\rho\, d\rho$ ist die Fläche des Ringes mit dem Radius ρ und der Breite $d\rho$, wenn $d\rho << \rho$). Also ist

$$dC_x = G\mu 2\pi\rho\,\frac{d\rho a}{r^3}.$$

Wegen $r^2 = \rho^2 + a^2$ ist $\rho d\rho = r dr$. Also ist

$$C_x = 2\pi G\mu a \int_a^\infty \frac{dr}{r^2} = 2\pi G\mu a\left(\frac{1}{a} - \frac{1}{\infty}\right) = 2\pi G\mu. \qquad (13.17)$$

Also ist die Kraft unabhängig vom Abstand a! Warum? Haben wir einen Fehler gemacht? Man könnte denken, daß die Kraft um so kleiner wird, je weiter wir weggehen. Aber nein! Wenn wir nahe sind, zieht der größere Teil der Masse unter einem unvorteilhaften Winkel; wenn wir weiter entfernt sind, ist mehr Masse vorteilhafter angeordnet, um einen Zug zur Ebene hin auszuüben. Bei jedem Abstand liegt die effektive Masse in einem gewissen Kegel. Sind wir weiter weg, so ist die Kraft im umgekehrten Quadrat kleiner, aber im gleichen Kegel, im gleichen Winkel, befindet sich dann *mehr Masse*, die genau im Abstandsquadrat größer ist! Dieser Beweis kann streng ausgeführt werden, indem man nur davon Notiz nimmt, daß der differentielle Beitrag durch einen gegebenen Kegel in der Tat unabhängig vom Abstand ist wegen des reziproken Verhaltens der Stärke der Kraft von einer gegebenen Masse und der in den Kegel eingeschlossenen Masse mit der Entfernung. Die Kraft ist natürlich konstant, weil sie auf der anderen Seite der Massenebene ihr Vorzeichen ändert.

Wir haben damit auch ein elektrisches Problem gelöst: Wenn wir eine elektrisch geladene Platte mit der Ladung σ pro Flächeneinheit haben, dann ist das elektrische Feld an einem Punkt außerhalb der Platte gleich $\sigma/2\epsilon_0$ in Richtung nach außen, wenn die Platte positiv geladen ist. Die Richtung ist zur Platte, wenn diese negativ geladen ist.

Zur Beweisführung bemerken wir lediglich, daß G bei der Gravitation die gleiche Rolle spielt wie $1/4\pi\epsilon_0$ in der Elektrizität.

Nun nehmen wir an, daß wir zwei Platten im Abstand D mit der positiven Ladung $+\sigma$ auf der einen und der negativen Ladung $-\sigma$ auf der anderen haben. Was ist das Feld? Außerhalb der beiden Platten ist es Null. Warum? Weil eine anzieht und die andere abstößt; die Kraft ist *unabhängig vom Abstand*, so daß sich die beiden ausbalancieren! Auch ist die Kraft *zwischen* den beiden Platten ganz klar doppelt so groß wie die von einer Platte, nämlich $E = \sigma/\epsilon_0$, in Richtung von der positiven Platte zur negativen.

Nun kommen wir zu einem sehr interessanten und wichtigen Problem, dessen Lösung wir die ganze Zeit vorausgesetzt haben: Die durch die Erde erzeugte Kraft an einem Punkt an der Oberfläche oder außerhalb ist die gleiche, als wenn die gesamte Erdmasse im Zentrum lokalisiert wäre. Die Gültigkeit dieser Annahme ist nicht offensichtlich, denn wenn wir nahe sind, ist einiges von der Masse nahe bei uns und einiges weiter entfernt. Wenn wir die Effekte alle zusammenaddieren, so erscheint es als ein Wunder, daß die effektive Kraft genau die gleiche ist, die wir erhalten würden, wenn wir die gesamte Masse in die Mitte setzen!

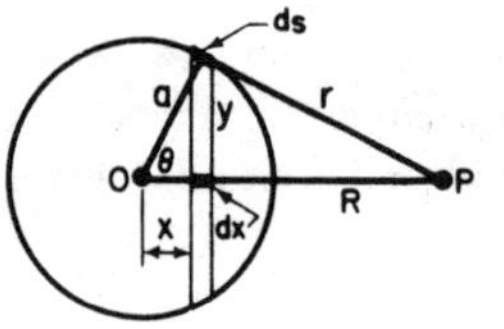

Fig. 13–6. Eine dünne Kugelschale aus Masse oder Ladung.

Wir demonstrieren nun die Gültigkeit dieses Wunders. Um das zu tun, werden wir jedoch eine dünne homogene Schale anstatt der gesamten Erde betrachten. Die gesamte Masse der Schale sei m. Wir berechnen die *potentielle Energie* eines Teilchens der Masse m' in einem Abstand R von der Kugel (Fig. 13–6) und zeigen, daß die potentielle Energie die gleiche ist, als wenn die Masse m ein Punkt im Zentrum wäre. (Es ist leichter mit der potentiellen Energie als mit mit dem Feld zu arbeiten, weil wir uns nicht um Winkel kümmern müssen, wir addieren lediglich die potentiellen Energien aller Massenanteile.) Wenn x der Abstand eines ebenen Schnittes vom Zentrum ist, dann besitzt die gesamte Masse in einer Scheibe dx die gleiche Entfernung r von P, und die potentielle Energie aufgrund dieses Ringes ist $-G\cdot m'dm/r$. Welche Masse befindet sich in der kleinen Scheibe dx? Es ist

$$dm = 2\pi y\mu\, ds = \frac{2\pi y\mu\, dx}{\sin\theta} = \frac{2\pi y\mu\, dxa}{y} = 2\pi a\mu\, dx,$$

wobei $\mu = m/4\pi a^2$ die Flächendichte der Masse der Kugelschale ist. (Es ist eine allgemeine Regel, daß die Fläche einer Kugelzone proportional ihrer axialen Breite ist.) Also ist die potentielle Energie aufgrund von dm

$$dW = -\frac{Gm'\, dm}{r} = -\frac{Gm' 2\pi a\mu\, dx}{r}.$$

Aber wir sehen, daß

$$r^2 = y^2 + (R - x)^2 = y^2 + x^2 + R^2 - 2Rx$$
$$= a^2 + R^2 - 2Rx.$$

Also ist

$$2r\,dr = -2R\,dx$$

oder

$$\frac{dx}{r} = -\frac{dr}{R}.$$

Damit ist

$$dW = \frac{Gm'2\pi a\mu\,dr}{R},$$

und somit

$$W = \frac{Gm'2\pi a\mu}{R}\int_{R-a}^{R+a} dr$$
$$= -\frac{Gm'2\pi a\mu}{R}2a = -\frac{Gm'(4\pi a^2\mu)}{R}$$
$$= -\frac{Gm'm}{R}. \tag{13.18}$$

Also ist für eine dünne Kugelschale die potentielle Energie in bezug auf eine Masse m' außerhalb der Schale die gleiche, als wenn die Masse der Schale in ihrem Zentrum konzentriert wäre. Die Erde kann man sich als eine Serie von Kugelschalen vorstellen, von denen jede eine Energie beiträgt, die nur von ihrer Masse und dem Abstand vom Zentrum abhängt. Durch Addition aller erhalten wir die *gesamte Masse*, und somit wirkt die Erde so, als wenn das gesamte Material im Zentrum wäre!

Aber beachten wir, was sich ereignet, wenn sich unser Punkt *innerhalb* der Kugelschale befindet. Bei der Durchführung der gleichen Berechnung, aber mit P im Innern, erhalten wir noch immer die Differenz der beiden r, jedoch nun in der Form $a + R - (a-R) = 2R$ oder zweimal den Abstand vom Zentrum. Mit anderen Worten, W wird $W = -G \cdot m' \cdot m/a$, und das ist *unabhängig* von R und unabhängig von der Position; d. h. es ist die gleiche Energie ohne Rücksicht darauf, *wo* wir uns im Innern befinden. Daher keine Kraft; keine Arbeit wird geleistet, wenn wir uns im Innern bewegen. Wenn die potentielle Energie ohne Rücksicht auf die Position eines Objektes innerhalb der Schale konstant ist, dann kann auch keine Kraft auf es einwirken. Also existiert innerhalb der Schale keine Kraft, nur außerhalb wird eine Kraft ausgeübt, und diese Kraft ist die gleiche, als wenn die gesamte Masse im Zentrum wäre.

14 Arbeit und potentielle Energie (Ende)

14–1 Arbeit

Im vorangegangenen Kapitel haben wir viele neue Gedanken und Resultate präsentiert, die in der Physik eine zentrale Rolle spielen. Diese Gedanken sind so wichtig, daß es angemessen scheint, ein ganzes Kapitel für ihre nähere Untersuchung anzuwenden. In diesem Kapitel werden wir nicht die „Beweise" wiederholen oder die spezifischen Tricks, mit denen die Resultate erhalten wurden, sondern wir werden uns an Stelle dessen auf die Diskussion der Gedanken selbst konzentrieren.

Beim Lernen irgendeines Stoffes technischer Natur, bei dem Mathematik eine Rolle spielt, ist man mit der Aufgabe konfrontiert, ein großes Gebilde von Fakten und Ideen zu verstehen und im Gedächtnis zu speichern, das zusammengehalten wird durch bestimmte Beziehungen zwischen ihnen, die „bewiesen" werden können oder von denen „gezeigt" werden kann, daß sie existieren. Es ist leicht, den Beweis selber mit den dadurch aufgestellten Beziehungen zu verwechseln. Natürlich ist es wichtig, die Beziehung zu lernen und zu behalten, nicht den Beweis. In jeder besonderen Situation können wir entweder sagen, „es kann gezeigt werden, daß" das und das wahr ist, oder wir können es zeigen. In fast allen Fällen wird der Beweis zuerst in einer solchen Form zusammengebraut, daß er schnell und leicht auf die Tafel oder auf Papier geschrieben werden kann und daß er so glatt wie möglich aussieht. Infolgedessen kann der Beweis täuschend simpel aussehen, obgleich der Autor in der Tat stundenlang verschiedene Wege zur Berechnung des gleichen Dings erarbeitet hat, bis er den schönsten Weg fand, um zeigen zu können, daß es in der kürzesten Zeit gezeigt werden kann! Die Sache, die man sich von einem Beweis merken muß, ist nicht der Beweis selbst, sondern, *daß gezeigt werden kann,* daß das und das wahr ist. Natürlich, wenn der Beweis mit einer mathematischen Prozedur oder mit „Tricks" verknüpft ist, die man vorher nicht gesehen hat, sollte nicht dem Trick genaue Beachtung gezeigt werden, sondern dem damit verknüpften mathematischen Gedanken.

Es ist gewiß, daß bei all den Demonstrationen in einem Lehrprogramm wie diesem nicht eine ist, die sich der Autor aus der Zeit seines Anfängerstudiums in Physik gemerkt hat. Ganz im Gegenteil: Er merkt sich einfach, daß das und das wahr ist. Um zu erklären, wie es gezeigt werden kann, erfindet er eine Demonstration in dem Augenblick, in dem sie benötigt wird. Jeder, der einen Stoff wirklich beherrscht, sollte ähnlich vorgehen können, aber es nützt nichts, sich die Beweise zu merken; darum vermeiden wir in diesem Kapitel die Beweise der verschiedenen vorher aufgestellten Behauptungen und fassen lediglich die Resultate zusammen.

Der erste Gedanke, der verdaut werden muß, ist: *Arbeit wird durch eine Kraft geleistet.* Das physikalische Wort „Arbeit" ist nicht das Wort im normalen Sinn von „Arbeiter der Welt, vereinigt Euch!", sondern es ist ein anderer Gedanke, Physikalische Arbeit wird ausgedrückt als $\int \mathbf{F} \cdot d\mathbf{s}$, genannt „das Linienintegral von F Punkt ds", was bedeutet, daß *nur die Komponente der Kraft in Richtung der Verschiebung eine Arbeit leistet,* wenn z. B. die Kraft in einer Richtung wirkt und das Objekt, an dem die Kraft arbeitet, in einer bestimmten Richtung verschoben wird. Wenn die Kraft z. B. konstant und die Verschiebung eine endliche Entfernung Δs wäre, dann ist die bei der Bewegung der konstanten Kraft um diesen Abstand geleistete Arbeit nur die Kraftkomponente entlang Δs mal Δs. Die Regel lautet „Kraft mal Weg", aber wir meinen wirklich nur die Kraftkomponente in Richtung der Verschiebung mal Δs oder, und das ist äquivalent, die Komponente der Verschiebung in der Kraftrichtung mal **F**. Es ist einleuchtend, daß durch eine Kraft, welche unter rechtem Winkel gegen die Verrückung angreift, keinerlei Arbeit geleistet wird.

Wenn nun der Verschiebungsvektor $\Delta \mathbf{s}$ in seine Komponenten aufgelöst wird, wenn mit anderen Worten die Verschiebung $\Delta \mathbf{s}$ ist und wir sie betrachten wollen als eine Verschiebungskomponente Δx in x-Richtung, Δy in y-Richtung und Δz in z-Richtung, dann kann die beim Transport eines Objektes von einem Ort zum anderen geleistete Arbeit in drei Teilen berechnet werden, indem man die Arbeit entlang x, y und z berechnet. Die Arbeit entlang x wird nur durch die Kraftkomponente F_x geleistet usw. Also ist die Arbeit $F_x \cdot \Delta x + F_y \cdot \Delta y + F_z \cdot \Delta z$. Wenn die Kraft nicht konstant ist und wir eine Bewegung entlang einer komplizierten Kurve haben, dann müssen wir den Weg in eine Menge kleiner $\Delta \mathbf{s}$ auflösen, die Arbeiten entlang jedes $\Delta \mathbf{s}$ addieren und den Grenzübergang für $\Delta \mathbf{s}$ gegen Null machen. Das ist die Bedeutung des „Linienintegrals".

Alles, was wir gerade gesagt haben, ist in der Formel $W = \int \mathbf{F} \cdot d\mathbf{s}$ enthalten. Es ist ganz gut, zu sagen, daß dies eine wunderbare Formel ist, aber es ist eine andere Sache, zu verstehen, was sie bedeutet oder was einige ihrer Konsequenzen sind.

Das Wort „Arbeit" hat in der Physik eine so verschiedene Bedeutung im Vergleich zu dem Wort, das im normalen Sprachgebrauch benutzt wird, daß sehr sorgfältig beachtet werden muß, daß es einige besondere Umstände gibt, in denen es nicht als das gleiche erscheint. Wenn z. B. jemand ein Hundert-Pfund-Gewicht eine Weile über dem Boden hält, so leistet er nach der physikalischen Definition der Arbeit keine Arbeit. Nichtsdestoweniger weiß jeder, daß er beginnt zu schwitzen, zu zittern und schwerer zu atmen, so als ob er eine Treppe hinaufrennt. Jedoch *wird* das Hinaufrennen auf einer Treppe als Leistung einer Arbeit betrachtet (beim *Herunterlaufen* einer Treppe erhält man aus der Natur eine Arbeit, so sagt es die Physik), aber wenn man ein Objekt nur hält, wird keine Arbeit geleistet. Offensichtlich unterscheidet sich die physikalische Definition von der physiologischen Definition, aus Gründen, die wir kurz untersuchen werden.

Es ist eine Tatsache, daß jemand beim Halten eines Gewichtes eine „physiologische" Arbeit leisten muß. Warum sollte er schwitzen?

Warum sollte es für ihn notwendig sein, Nahrung zu konsumieren, um ein Gewicht hochzuhalten? Warum arbeitet die Maschinerie in ihm mit Vollgas, nur um das Gewicht hochzuhalten? In der Tat könnte das Gewicht ohne Aufwand obengehalten werden, indem man es auf einen Tisch setzt; dann kann der Tisch, still und ruhig, ohne Energiezufuhr, das gleiche Objekt in der gleichen Höhe halten! Die physiologische Situation ist etwa folgende. Es gibt zwei Arten von Muskeln im menschlichen Körper und in anderen Tieren: eine Art, genannt *gestreifter oder Skelett*-Muskel, ist der Muskeltyp, den wir z. B. in unseren Armen haben, er ist unter unserer willkürlichen Kontrolle; die andere Art, genannt *glatter* Muskel, ist wie der Muskel der inneren Organe oder wie in der Muschel der größere Schließmuskel. Die glatten Muskeln arbeiten sehr langsam, aber sie können einen Schließzustand halten; wenn die Muschel versucht, ihre Schale zu einer gewissen Position zu schließen, dann wird sie diese Position beibehalten, selbst wenn eine große Kraft versucht, das zu ändern. Sie wird die Position unter Belastung stundenlang halten, ohne dabei müde zu werden, weil es sehr ähnlich ist wie ein Tisch, der ein Gewicht hält. Sie „steht" in einer gewissen Position, und dabei blockieren die Moleküle, ohne daß Arbeit geleistet wird, ohne daß sich die Muschel dabei anstrengt. Die Tatsache, daß wir uns anstrengen müssen, um ein Gewicht hochzuhalten, ist einfach in der Konstruktion des gestreiften Muskels begründet. Was sich ereignet ist, daß beim Eintreffen eines Nervenimpulses an einer Muskelfaser diese ein wenig zuckt und sich dann entspannt, so daß beim

Hochhalten eines Objektes enorme Salven von Nervenimpulsen in den Muskel kommen und eine große Zahl von Zuckungen das Gewicht hält, während die anderen Fasern entspannen. Natürlich merken wir das: Wenn wir ein schweres Gewicht halten und dabei müde werden, beginnen wir zu zittern. Der Grund dafür ist, daß die Salven unregelmäßig kommen und der Muskel müde ist und nicht schnell genug reagiert. Warum solch eine unzulängliche Konstruktion? Wir wissen nicht genau warum, aber die Evolution hat keinen *schnellen* glatten Muskel entwickeln können. Der glatte Muskel wäre für das Hochhalten von Gewichten viel brauchbarer, weil Sie dann nur dazustehen brauchten und er wäre blockiert; dabei würde keine Arbeit geleistet und es würde keine Energie benötigt. Es hat jedoch den Nachteil, daß es sehr langsam arbeitet.

Kehren wir nun zurück zur Physik, so können wir fragen, *warum* wir die geleistete Arbeit berechnen wollen. Die Antwort darauf ist, daß es interessant und nützlich ist, es zu tun, weil die durch die Resultierende aller auf ein Teilchen wirkenden Kräfte geleistete Arbeit genau gleich der Änderung der kinetischen Energie dieses Teilchens ist. Das heißt, wenn ein Objekt verschoben wird, gewinnt es Geschwindigkeit und

$$\Delta(v^2) = \frac{2}{m}\mathbf{F}\cdot\mathbf{\Delta s}\,.$$

14–2 Zwangsbewegung

Eine andere interessante Eigenschaft von Kräften und Arbeit ist diese: Angenommen, wir haben eine schiefe Ebene oder eine gekrümmte Schiene und ein Teilchen, das sich auf der Schiene reibungsfrei bewegen muß. Oder wir können ein Pendel mit einem Faden und einem Gewicht haben; der Faden zwingt das Gewicht, sich auf einem Kreis um den Aufhängepunkt zu bewegen. Der Aufhängepunkt kann verändert werden durch einen Stift, an den der Faden anstößt, so daß sich das Gewicht auf zwei Kreisen mit verschiedenen Radien bewegt. Dies sind Beispiele dessen, was wir einen *festen, reibungsrfeien Zwang* nennen.

Bei der Bewegung mit einem festen, reibungsfreien Zwang wird durch den Zwang keine Arbeit geleistet, weil die Zwangskräfte immer unter rechtem Winkel zur Bewegung sind. Mit den „Zwangskräften" meinen wir die Kräfte, die immer durch den Zwang selber auf das Objekt ausgeübt werden – die Kontaktkraft mit der Schiene oder die Spannung im Faden.

Die Kräfte, die bei der Bewegung eines Teilchens auf einer schiefen Ebene unter dem Einfluß der Gravitation vorkommen, sind ziemlich kompliziert, weil eine Zwangskraft, eine Gravitationskraft usw. vorhanden ist. Aber wenn wir unsere Berechnung der Bewegung auf der Energieerhaltung und *der Gravitationskraft allein* aufbauen, so erhalten wir das richtige Resultat. Dies scheint seltsam zu sein, weil dies nicht ganz der richtige Weg ist – wir sollten die *resultierende* Kraft benutzen. Nichtsdestoweniger erweist es sich, daß allein die durch die Gravitationskraft geleistete Arbeit die Änderung der kinetischen Energie ist, weil die durch den Zwangsanteil der Kraft geleistete Arbeit Null ist. (Fig. 14–1).

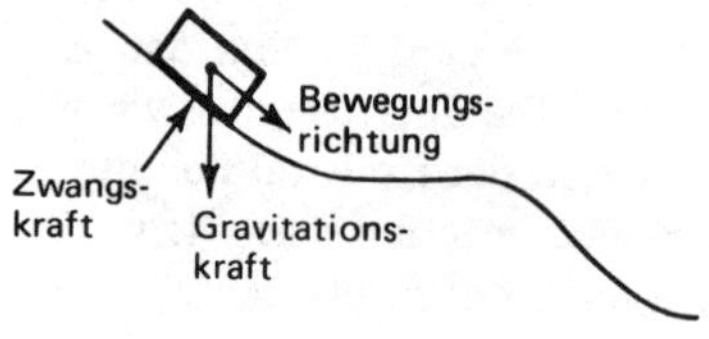

Fig. 14–1. Kräfte auf einen gleitenden Körper (keine Reibung).

Die wichtige Besonderheit ist hier folgende: Wenn eine Kraft dargestellt werden kann als die Summe zweier oder mehrerer „Teile", dann ist die durch die resultierende Kraft geleistete Arbeit bei der Bewegung entlang einer gewissen Kurve gleich der Summe der durch die verschiedenen „Kraftkomponenten" geleisteten Arbeiten. Wenn wir also die Kraft als die Vektorsumme verschiedener Effekte darstellen können, Gravitationskraft plus Zwangskräfte etc., oder die x-Komponente aller Kräfte und die y-Komponente aller Kräfte oder eine Aufteilung auf irgendeine andere Weise, dann ist die durch die effektive Gesamtkraft geleistete Arbeit gleich der Summe der Arbeiten, die durch all die Teilkräfte geleistet wurden.

14–3 Konservative Kräfte

In der Natur gibt es bestimmte Kräfte, z. B. die der Gravitation, die eine sehr bemerkenswerte Eigenschaft besitzen, die wir „konservativ" nennen (das hat nichts mit politischen Ideen zu tun, es ist wiederum eines jener „verrückten Wörter"). Wenn wir berechnen, wieviel Arbeit durch eine Kraft bei Bewegen eines Objektes entlang eines gekrümmten Weges von einem Punkt zum anderen geleistet wird, so hängt die Arbeit allgemein von der Kurve ab, aber in speziellen Fällen tut sie das nicht. Wenn sie nicht von der Kurve abhängt, sagen wir, daß die Kraft eine konservative Kraft ist. Mit anderen Worten, wenn das Integral über die Kraft mal dem Abstand von Position 1 nach Position 2 in Fig. 14–2 entlang der Kurve A und dann entlang B berechnet wird, so erhalten wir die gleiche Anzahl von Joule. Und wenn das für dieses Punktepaar *auf jeder Kurve* gilt, und wenn der gleiche Satz *unabhängig vom benutzten Punktepaar* gilt, dann sagen wir, die Kraft ist konservativ. Unter solchen Umständen kann das Arbeitsintegral auf dem Weg von 1 bis 2 auf einfache Weise bestimmt werden, und wir können eine Formel für das Resultat angeben.

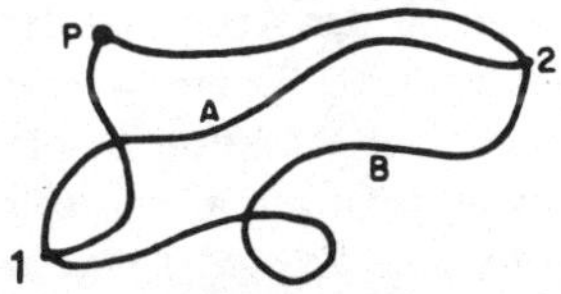

Fig. 14–2. Mögliche Wege zwischen zwei Punkten in einem Kraftfeld.

Normalerweise ist dies nicht so leicht, weil wir auch die Kurve spezifizieren müssen, aber wenn wir einen Fall haben, in dem die Arbeit nicht von der Kurve abhängt, dann hängt die Arbeit natürlich nur von den *Positionen* 1 und 2 ab.

Zur Demonstration dieses Gedankens betrachten wir folgendes. Wir nehmen einen „Normal"-Punkt P an einem willkürlichen Ort (Fig. 14–2). Dann kann das Linienintegral der Arbeit von 1 nach 2, das wir berechnen wollen, bestimmt werden als die von 1 nach P plus der von P nach 2 geleisteten Arbeit, weil die Kräfte konservativ sind und die Arbeit nicht von der Kurve abhängt. Nun ist die auf dem Wege vom Ort P nach einem bestimmten Ort im Raum geleistete Arbeit eine Funktion dieses Ortes im Raum. Natürlich hängt sie wirklich auch von P ab, aber wir halten den willkürlichen Punkt P für die Dauer der Analyse fest. Wenn das getan wird, dann ist die Arbeit von Punkt P nach Punkt 2 irgend eine Funktion der Endposition von 2. Sie hängt davon ab, wo sich 2 befindet; wenn wir zu einem anderen Punkt gehen, erhalten wir ein anderes Resultat.

Wir werden dies Funktion der Position $-U(x, y, z)$ nennen, und wenn wir uns auf einen besonderen Punkt 2 beziehen, dessen Koordinaten (x_2, y_2, z_2) sind, dann werden wir $U(2)$ als eine Abkürzung für $U(x_2, y_2, z_2)$ schreiben. Die auf dem Wege von Punkt

1 nach Punkt P geleistete Arbeit kann auch für den entgegengesetzten Weg entlang des Integrals geschrieben werden, wobei alle ds verkehrt sind. Das heißt, die auf dem Weg von 1 nach P geleistete Arbeit ist *minus* der von P nach 1 geleisteten Arbeit:

$$\int_1^P \mathbf{F}\cdot d\mathbf{s} = \int_P^1 \mathbf{F}\cdot(-d\mathbf{s}) = -\int_P^1 \mathbf{F}\cdot d\mathbf{s}.$$

Somit ist die von P nach 1 geleistete Arbeit $-U(1)$ und die Arbeit von P nach 2 ist $-U(2)$. Also ist das Integral von 1 nach 2 gleich $-U(2)$ plus $[-U(1)$ rückwärts$]$ oder $+\,U(1) - U(2)$:

$$U(1) = -\int_P^1 \mathbf{F}\cdot d\mathbf{s}, \qquad U(2) = -\int_P^2 \mathbf{F}\cdot d\mathbf{s},$$

$$\int_1^2 \mathbf{F}\cdot d\mathbf{s} = U(1) - U(2). \tag{14.1}$$

Die Größe $U(1) - U(2)$ wird die Änderung der potentiellen Energie genannt, und wir nennen U die potentielle Energie. Wenn sich das Objekt in Position 2 befindet, werden wir sagen, es hat die potentielle Energie $U(2)$, und in Position 1 hat es die potentielle Energie $U(1)$. Wenn es sich in Position P befindet, hat es die potentielle Energie Null. Wenn wir einen anderen Punkt, sagen wir Q, an Stelle von P benutzt hätten, so würde sich ergeben haben (und wir überlassen Ihnen den Beweis), daß *die potentielle Energie nur um eine additive Konstante verändert wird.* Da die Energieerhaltung nur von *Änderungen* abhängt, macht es keinen Unterschied, wenn wir eine Konstante zur potentiellen Energie addieren. Also ist der Punkt P willkürlich.

Nun haben wir die folgenden zwei Sätze: (1) Die durch eine Kraft geleistete Arbeit ist gleich der Änderung der kinetischen Energie des Teilchens, aber (2) mathematisch ausgedrückt, für eine konservative Kraft ist die geleistete Arbeit gleich minus der Änderung einer Funktion U, die wir die potentielle Energie nennen. Als Konsequenz dieser beiden gelangen wir zu folgendem Satz: *Wenn nur konservative Kräfte wirken, ist die kinetische Energie T plus der potentiellen Energie U konstant:*

$$T + U = \text{Konstant.} \tag{14.2}$$

Diskutieren wir nun die Formeln für die potentielle Energie für eine Anzahl von Fällen. Wenn wir ein Gravitationsfeld haben, das gleichförmig ist, wenn wir nicht zu Höhen gehen, die vergleichbar sind mit dem Erdradius, dann ist die Kraft eine konstante vertikale Kraft und die geleistete Arbeit ist einfach die Kraft mal dem vertikalen Abstand. Also ist

$$U(z) = mgz, \tag{14.3}$$

und der Punkt P, welcher der potentiellen Energie Null entspricht, liegt in einem Punkt in der Ebene $z = 0$. Wir könnten auch gesagt haben, daß die potentielle Energie gleich $m\cdot g(z - 6)$ ist, wenn wir das gewollt hätten – alle Resultate würden natürlich die gleichen sein, ausgenommen, daß der Wert der potentiellen Energie bei $z = 0$ gleich $-m\cdot g\cdot 6$ wäre. Es macht keinen Unterschied, weil nur *Differenzen* der potentiellen Energie zählen.

Die zum Zusammendrücken einer linearen Feder um einen Betrag x benötigte Energie ist

$$U(x) = \tfrac{1}{2}kx^2, \tag{14.4}$$

und der Nullpunkt der potentiellen Energie ist im Punkt $x = 0$, der Gleichgewichtslage der Feder. Wiederum könnten wir jede gewünschte Konstante addieren.

Die potentielle Energie der Gravitation für die Punktmassen M und m in einem Abstand r voneinander ist

$$U(r) = -GMm/r. \tag{14.5}$$

Hier wurde die Konstante so gewählt, daß die potentielle Energie in Unendlich Null ist. Natürlich gilt die gleiche Formel für elektrische Ladungen, weil es das gleiche Gesetz ist:

$$U(r) = q_1q_2/4\pi\epsilon_0 r. \tag{14.6}$$

Nun lassen Sie uns eine dieser Formeln richtig anwenden, um zu sehen, ob wir verstehen, was sie bedeutet. *Frage*: Wie schnell müssen wir eine Rakete von der Erde abschießen, damit sie die Erde verläßt? Antwort: Die kinetische plus der potentiellen Energie muß eine Konstante sein; wenn sie die Erde „verläßt", wird sie Millionen von Kilometern entfernt sein, und wenn sie nur gerade eben in der Lage ist, die Erde zu verlassen, so können wir annehmen, daß sie sich da draußen mit der Geschwindigkeit Null bewegt, sie bewegt sich nur gerade eben. Es sei a der Erdradius und M ihre Masse. Dann ist die kinetische Energie plus der potentiellen Energie am Anfang gegeben durch $(\frac{1}{2})m\cdot v^2 - G\cdot m\cdot M/a$. Am Ende der Bewegung müssen die beiden Energien gleich sein. Die kinetische Energie am Ende der Bewegung ist Null, weil angenommen wird, daß die Rakete gerade mit Nullgeschwindigkeit dahintreibt. Und die potentielle Energie ist $G\cdot m\cdot M$ dividiert durch Unendlich, was Null ergibt. Somit ist auf einer Seite alles Null, und das sagt uns, daß das Geschwindigkeitsquadrat gleich $2GM/a$ sein muß. Aber GM/a^2 ist die sogenannte Gravitationsbeschleunigung g, somit ist

$$v^2 = 2ga.$$

Mit welcher Geschwindigkeit muß ein Satellit fliegen, um die Erde zu umlaufen? Wir haben dies schon längst ausgearbeitet und gefunden, daß $v^2 = GM/a$. Damit also die Erde *verlassen* werden kann, wird $\sqrt{2}$ mal die Geschwindigkeit benötigt, die zum *Umlauf* um die Erde nahe der Oberfläche erforderlich ist. Mit anderen Worten, wir benötigen *zweimal soviel Energie* (weil die Energie mit dem Quadrat der Geschwindigkeit geht) zum Verlassen der Erde wie zum Erdumlauf. Also war das erste, was historisch mit Satelliten unternommen wurde, einen dazu zu bringen, daß er um die Erde umläuft. Dazu wird eine Geschwindigkeit von 8 km pro Sekunde benötigt. Als nächstes wurde ein Satellit für dauernd von der Erde weggeschickt; dafür wurde die doppelte Energie benötigt, oder etwa 11 km pro Sekunde.

Nun fahren wir fort in unserer Diskussion der Eigenschaften der potentiellen Energie. Betrachten wir die Wechselwirkung zweier Moleküle oder zweier Atome, z. B. zweier Sauerstoffatome. Wenn sie sehr weit auseinander sind, ändert sich die Anziehungskraft mit der reziproken siebten Potenz des Abstandes, und wenn sie sehr nahe benachbart sind, ist die Kraft zwischen ihnen eine sehr große Abstoßung. Wenn wir die reziproke siebte Potenz integrieren, um die geleistete Arbeit zu erhalten, so finden wir, daß sich die potentielle Energie U, welche eine Funktion der radialen Entfernungen zwischen den beiden Sauerstoffatomen ist, umgekehrt mit der sechsten Potenz des Abstandes bei großen Abständen verhält.

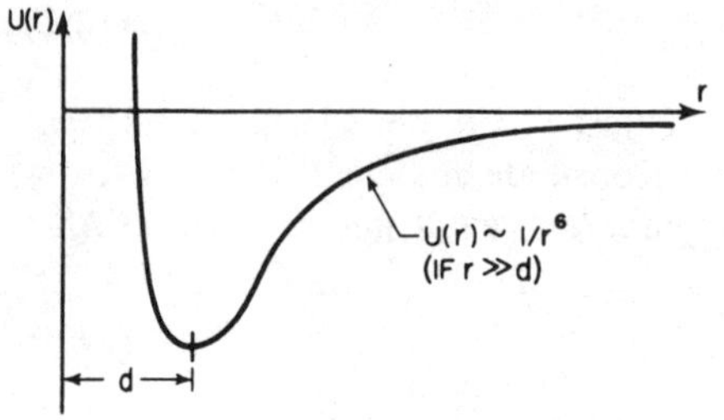

Fig. 14–3. Die potentielle Energie zwischen zwei Atomen als Funktion des Abstandes zwischen den Atomen.

Wenn wir den Verlauf der potentiellen Energie $U(r)$ wie in Fig. 14–3 auftragen, beginnen wir bei großem r mit einer reziprok proportionalen sechsten Potenz, aber wenn wir hinreichend nahe kommen, erreichen wir einen Punkt d, an dem die potentielle Energie ein Minimum ist. Das Minimum der potentiellen Energie bei $r = d$ bedeutet folgendes: Wenn wir bei d starten und einen kleinen Abstand, einen sehr kleinen Abstand, zurücklegen, dann ist die gleistete Arbeit, welche gleich der Änderung der potentiellen Energie auf diesem Wege ist, nahezu Null, weil sich im unteren Bereich der Kurve die potentielle Energie sehr wenig ändert. Also existiert an diesem Punkt keine Kraft und somit ist dies der Gleichgewichtspunkt. Daß dies der Gleichgewichtspunkt ist, kann auch daraus ersehen werden, daß Arbeit benötigt wird, um von d aus in beide Richtungen zu gehen. Wenn die beiden Sauerstoffatome zur Ruhe gekommen sind, so daß durch die Kraft zwischen ihnen keine zusätzliche Energie mehr freigesetzt werden kann, dann befinden sie sich im niedrigsten Energiezustand und werden sich im Abstand d befinden. So sieht ein Sauerstoffmolekül aus, wenn es kalt ist. Wenn wir es aufheizen, dann zappeln die Atome und bewegen sich weiter auseinander. Und wir können sie in der Tat auseinanderbrechen, aber um dies zu schaffen, wird eine bestimmte Arbeit oder Energie benötigt, welche die Differenz der potentiellen Energie zwischen $r = d$ und $r = \infty$ ist. Wenn wir versuchen, die Atome sehr nahe zusammenzudrücken, so wächst die Energie sehr rapide, weil sie einander abstoßen.

Der Grund dafür, daß wir dies herausarbeiten, ist, daß der Begriff der *Kraft* für die Quantenmechanik nicht besonders geeignet ist; dort ist der Begriff der *Energie* der natürlichste. Wir finden, daß das Energiekonzept bestehen bleibt, obgleich sich Kräfte und Geschwindigkeiten „auflösen" und verschwinden, wenn wir die komplizierteren Kräfte zwischen der Kernmaterie und zwischen Molekülen usw. betrachten. Darum finden wir Kurven der potentiellen Energie in Büchern über Quantenmechanik, aber sehr selten sehen wir jemals eine Kurve der Kraft zwischen zwei Molekülen, weil die Leute, die diese Analyse durchführen, zu diesem Zeitpunkt in Begriffen der Energie eher als in Kraft denken.

Als nächstes bemerken wir folgendes: Wenn verschiedene konservative Kräfte auf ein Objekt zur gleichen Zeit einwirken, dann ist die potentielle Energie des Objektes gleich der Summe der potentiellen Energien aller einzelnen Kräfte. Das ist der gleiche Satz, der vorher erwähnt wurde, denn wenn die Kraft als eine Vektorsumme von Kräften dargestellt werden kann, dann ist die durch die Gesamtkraft geleistete Arbeit gleich der Summe der Arbeiten, die durch die Teilkräfte geleistet wurden, und daher kann sie zerlegt werden in die Änderungen all der separaten potentiellen Energien. Somit ist die gesamte potentielle Energie die Summe all der kleinen Anteile.

Wir könnten dies verallgemeinern für den Fall eines Systems mit vielen wechselwirkenden Objekten, wie z. B. Jupiter, Saturn, Uranus usw. oder wie Sauerstoff, Stickstoff, Kohlenstoff etc., welche alle paarweise durch Kräfte aufeinander wirken, die alle konservativ sind. Unter diesen Umständen ist die kinetische Energie des gesamten Systems lediglich die Summe der kinetischen Energien all der besonderen Atome oder Planeten oder was auch immer, und die potentielle Energie des Systems ist die Summe über die Teilchenpaare der potentiellen Energien der gegenseitigen Wechselwirkung der einzelnen Paare, so als ob die anderen nicht vorhanden wären. (Dies gilt nicht für Molekularkräfte, und die Formel ist etwas komplizierter; es gilt bestimmt für die Newtonsche Gravitation, und es gilt als eine Näherung für Molekularkräfte. Für Molekularkräfte gibt es eine potentielle Energie, aber sie ist mitunter eine kompliziertere Funktion der Positionen der Atome als nur einfach eine Summe von Gliedern von Paaren.) Im speziellen Fall der Gravitation ist daher die potentielle Energie die Summe über alle Paare i und j von $-G \cdot m_i \cdot m_j/r_{ij}$, wie es durch Gleichung (13.14) angezeigt wurde. Gleichung (13.14) drückt mathematisch den folgenden Satz aus: Die gesamte kinetische Energie plus der gesamten potentiellen Energie ändert sich nicht mit der Zeit. Wenn wir die gesamte kinetische Energie und die gesamte potentielle Energie der verschiedenen Planeten – so wie sie umherziehen, sich drehen usw. – berechnen, so finden wir, daß die Summe konstant bleibt.

14–4 Nichtkonservative Kräfte

Wir haben eine beträchtliche Zeit auf die Diskussion konservativer Kräfte verwendet; was ist mit nichtkonservativen Kräften? Wir werden dies genauer betrachten als es üblich ist und feststellen, daß es keine nichtkonservativen Kräfte gibt! In der Tat scheinen alle Elementarkräfte der Natur konservativ zu sein. Dies ist keine Konsequenz der Newtonschen Gesetze. Soweit Newton selber wußte, könnten die Kräfte nichtkonservativ sein, wie es scheinbar die Reibung ist. Wenn wir sagen, die Reibung ist es *scheinbar*, dann vertreten wir den modernen Gesichtspunkt, nach dem entdeckt wurde, daß alle die tiefen Kräfte, die Kräfte zwischen den Teilchen auf der elementarsten Basis, konservativ sind.

Wenn wir z. B. ein System wie den großen kugelförmigen Sternhaufen, von dem wir ein Bild gesehen haben, mit den Tausenden von wechselwirkenden Sternen auflösen, dann ist die Formel für die gesamte potentielle Energie einfach ein Glied plus ein anderes Glied usw., summiert über alle Sternenpaare.

Und die kinetische Energie ist die Summe der kinetischen Energien all der individuellen Sterne. Aber der kugelförmige Haufen als Gesamtheit driftet ebenfalls im Weltraum, und wenn wir uns weit genug von ihm entfernt befinden und die Einzelheiten nicht sehen, so könnten wir ihn uns als einziges Objekt vorstellen. Wenn dann Kräfte auf ihn einwirken, könnten ihn einige dieser Kräfte als Gesamtheit vorwärts bewegen, und wir würden das Zentrum des gesamten Dings bewegt sehen. Andererseits könnten einige der Kräfte sozusagen „verschwendet" werden für die Vergrößerung der kinetischen oder der potentiellen Energie der „Teilchen" im Inneren. Nehmen wir z. B. an, daß die Wirkung dieser Kräfte den gesamten Haufen ausdehnt und die Teilchen schneller bewegt. Die Gesamtenergie des ganzen Dinges bleibt wirklich erhalten, aber von der Außenwelt betrachtet, mit unseren groben Augen, welche das Wirrwarr der Bewegungen innen nicht sehen können, und mit der Vorstellung von der kinetischen Energie des gesamten Objektes, so als ob es ein einziges Teilchen wäre, würde es scheinen, als ob die Energie nicht erhalten bleibt, aber das beruht auf unserer Fehleinschätzung dessen, was wir sehen. Und es zeigt sich, daß dies der Fall ist: Die Gesamtenergie der Welt, kinetische plus potentielle, ist bei hinreichend naher Betrachtung eine Konstante.

Wenn wir die Materie im feinsten Detail auf der atomaren Ebene studieren, so ist es nicht immer *leicht*, die gesamte Energie eines Dings in zwei Teile zu zerlegen, kinetische

Energie und potentielle Energie; und eine derartige Teilung ist nicht immer notwendig. Sie ist *fast immer* möglich, lassen Sie uns also sagen, daß sie es immer *ist* und daß die potentielle plus kinetische Energie der Welt konstant ist. Somit ist die gesamte potentielle plus kinetische Energie im Inneren der Welt konstant, und wenn die „Welt" ein Stück isolierter Materie ist, dann bleibt die Energie konstant, wenn keine äußeren Kräfte vorhanden sind. Aber wie wir gesehen haben, kann einiges der kinetischen und der potentiellen Energie im Inneren sein (z. B. die inneren molekularen Bewegungen) in dem Sinn, daß wir es nicht bemerken. Wir wissen, daß im Inneren eines Glases Wasser alles herumzappelt, all die Teile sind zu jeder Zeit in Bewegung, so daß im Inneren eine bestimmte kinetische Energie vorhanden ist, die wir normalerweise nicht beachten. Wir nehmen keine Notiz von der Bewegung der Atome, welche Wärme erzeugt, und so nennen wir sie nicht kinetische Energie, aber Wärme ist in erster Linie kinetische Energie. Innere potentielle Energie kann auch z. B. in Form chemischer Energie auftreten: Wenn wir Benzin verbrennen, so wird Energie freigesetzt, weil die potentiellen Energien der Atome in der neuen Atomanordnung geringer sind als in der alten. Streng genommen ist es nicht möglich, Wärme als reine kinetische Energie zu behandeln, weil ein wenig von der potentiellen hinzukommt (und vice versa für chemische Energie), also legen wir die beiden zusammen und sagen, daß die gesamte kinetische und potentielle Energie in einem Objekt teilweise Wärme, teilweise chemische Energie usw. ist. Ohnehin werden alle diese verschiedenen Formen innerer Energie manchmal als „verlorene" Energie im oben beschriebenen Sinn betrachtet; dies wird verständlicher gemacht, wenn wir die Thermodynamik behandeln. Ein anderes Beispiel: Bei Vorhandensein von Reibung ist es nicht wahr, daß kinetische Energie verlorengeht, selbst wenn ein gleitendes Objekt stoppt und es so erscheint, als ob die kinetische Energie verlorenginge. Die kinetische Energie ist natürlich deswegen verlorengegangen, weil die inneren Atome mit einer größeren Energie zappeln als zuvor, und obgleich wir das nicht sehen, können wir es durch Bestimmung der Temperatur messen. Wenn wir natürlich die Wärmeenergie nicht beachten, dann erscheint das Theroem von der Energieerhaltung als falsch.

Eine andere Situation, in der die Energieerhaltung nicht zu gelten scheint, entsteht, wenn wir nur ein Teil eines Systems studieren. Natürlich erscheint das Theorem der Energieerhaltung als nicht wahr, wenn etwas mit etwas anderem an der Außenseite in Wechselwirkung steht und wir versäumen, diese Wechselwirkung zu berücksichtigen.

In der klassischen Physik kam die potentielle Energie nur bei der Gravitation und in der Elektrizität vor, aber nun haben wir auch Kernenergie und andere Energien. Zum Beispeil würde Licht in der klassischen Theorie mit einer anderen Energieform zusammenhängen, aber wenn wir wollen, können wir uns auch vorstellen, daß die Lichtenergie die kinetische Energie eines Photons ist, und dann würde unsere Formel (14.2) noch immer richtig sein.

14–5 Potentiale und Felder

Wir werden nun einige der Ideen diskutieren, die mit potentieller Energie und mit der Vorstellung von einem *Feld* zusammenhängen. Angenommen, wir haben zwei große Objekte A und B und ein drittes, sehr kleines, das durch Gravitation von den beiden anderen mit einer resultierenden Kraft **F** angezogen wird. Wir haben bereits in Kapitel 12 notiert, daß die Gravitationskraft auf ein Teilchen geschrieben werden kann als seine Masse m mal einem anderen Vektor **C**, der nur von der Position des Teilchens abhängt:

$$\mathbf{F} = m\mathbf{C}.$$

Wir können demnach die Gravitation analysieren, indem wir uns vorstellen, daß ein gewisser Vektor **C** an jeder Position im Raum vorhanden ist, der auf eine dorthin gebrachte Masse „einwirkt", der jedoch vorhanden ist, ob wir nun tatsächlich eine Masse zur Verfügung stellen, auf die er „einwirkt", oder nicht. **C** besitzt drei Komponenten, und jede dieser Komponenten ist eine Funktion von (x, y, z), eine Funktion der Position im Raum. So etwas nennen wir ein *Feld*, und wir sagen, daß die Objekte A und B das Feld *erzeugen*, d. h. sie „machen" den Vektor **C**. Wenn ein Objekt in ein Feld gebracht wird, dann ist die darauf wirkende Kraft gleich seiner Masse mal dem Wert des Feldvektors an dem Punkt, an den das Objekt gebracht wurde.

Wir können das gleiche mit der potentiellen Energie tun. Da die potentielle Energie, das Integral über (Kraft) · (d**s**), geschrieben werden kann als m mal dem Integral über das (Feld) · (d**s**) (einfach eine Skalenänderung), sehen wir, daß die potentielle Energie $U(x, y, z)$ eines Objektes im Punkt (x, y, z) im Raum geschrieben werden kann als m mal einer anderen Funktion, welche wir das *Potential* Ψ nennen. Das Integral $\int \mathbf{C} \cdot d\mathbf{s} = -\Psi$, genau wie $\int \mathbf{F} \cdot d\mathbf{s} = -U$; beide sind gleich, bis auf einen Eichfaktor:

$$U = -\int \mathbf{F} \cdot d\mathbf{s} = -m \int \mathbf{C} \cdot d\mathbf{s} = m\Psi. \tag{14.7}$$

Wenn wir diese Funktion $\Psi(x, y, z)$ für jeden Punkt im Raum haben, so können wir sofort die potentielle Energie für ein Objekt an irgendeinem Punkt im Raum berechnen, nämlich $U(x, y, z) = m \cdot \Psi(x, y, z)$ – ein recht triviales Geschäft, wie es scheint. Aber es ist nicht wirklich trivial, weil es mitunter viel schöner ist, das Feld durch Angabe des Wertes von Ψ für alle Punkte zu beschreiben, anstatt **C** anzugeben. Anstatt drei komplizierte Komponenten einer Vektorfunktion schreiben zu müssen, können wir die Skalarfunktion Ψ angeben. Wenn das Feld durch eine Anzahl von Massen erzeugt wird, ist es weiterhin viel leichter, Ψ zu berechnen, als irgendeine gegebene Komponente von **C**, weil wir dabei wegen der Skalareigenschaft des Potentials einfach addieren, ohne uns um die Richtung zu kümmern. Auch kann das Feld **C** leicht aus Ψ erhalten werden, wie wir bald sehen werden. Angenommen, wir haben die Punktmassen $m_1, m_2 \ldots$ an den Punkten $1, 2, \ldots$ und wir wollen das Potential Ψ an einem willkürlichen Punkt p wissen. Dies ist einfach die Summe der Potentiale P der einzelnen Massen, eine nach der anderen genommen:

$$\Psi(p) = \sum_i -\frac{Gm_i}{r_{ip}}, \qquad i = 1, 2, \ldots \tag{14.8}$$

Im letzten Kapitel haben wir die Formel, daß das Potential die Summe der Potentiale aller verschiedener Objekte ist, angewandt, um das Potential einer Kugelschale aus Materie zu berechnen, wobei wir alle Beiträge von allen Teilen der Schale zum Potential an einem Punkt summiert haben. Das Resultat der Berechnung ist in Fig. 14–4 grafisch dargestellt. Es ist negativ, besitzt den Wert Null für $r = \infty$ und ändert sich mit $1/r$ her-

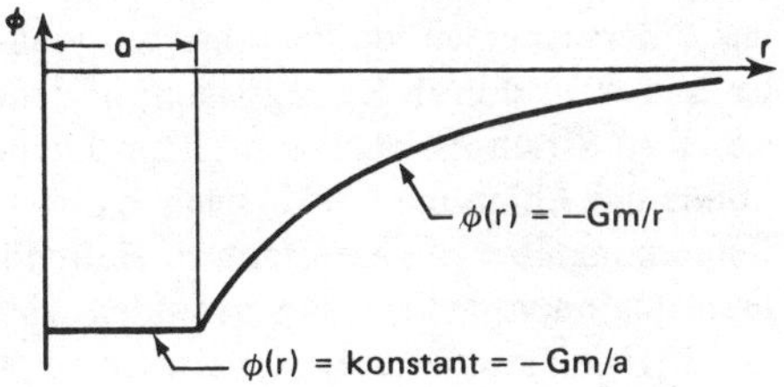

Fig. 14–4. Das Potential einer Kugelschale vom Radius *a*.

unter bis zum Radius a und ist innerhalb der Schale konstant. Außerhalb der Schale ist das Potential $-G \cdot m/r$, wobei m die Masse der Schale ist, und das ist das gleiche, das es sein würde, wenn die gesamte Masse im Zentrum lokalisiert wäre. Aber es ist nicht *überall* genau das gleiche, denn innerhalb der Schale ist das Potential $-G \cdot m/a$, und dies ist konstant! *Wenn das Potential konstant ist, so ist kein Feld vorhanden*, oder wenn die potentielle Energie konstant ist, so existiert keine Kraft, weil für die Verschiebung eines Objektes von einem Punkt zum anderen innerhalb der Kugel die durch die Kraft geleistete Arbeit exakt Null ist. Warum? Weil die bei der Verschiebung des Objektes von einem Punkt zum anderen geleistete Arbeit gleich der negativen Änderung der potentiellen Energie ist (oder das korrespondierende Feldintegral ist die Änderung des Potentials). Aber die potentielle Energie ist die *gleiche* an irgend zwei inneren Punkten, also ist der Unterschied der potentiellen Energie Null, und somit wird bei der Bewegung zwischen irgend zwei Punkten innerhalb der Schale keine Arbeit geleistet. Die Arbeit in alle Richtungen der Verschiebung kann nur dann Null sein, wenn überhaupt keine Kraft vorhanden ist.

Dies gibt uns einen Hinweis, wie wir die Kraft oder das Feld erhalten können, wenn die potentielle Energie gegeben ist. Angenommen, die potentielle Energie eines Objektes am Ort (x, y, z) ist bekannt und wir wollen wissen, wie groß die auf das Objekt wirkende Kraft ist. Es genügt nicht, das Potential nur an diesem einen Punkt zu kennen, wie wir sehen werden; das Potential an den Nachbarpunkten muß ebenfalls bekannt sein. Warum? Wie können wir die x-Komponente der Kraft berechnen? (Wenn wir dies können, so werden wir natürlich auch die y- und z-Komponente finden, und dann werden wir die gesamte Kraft kennen.) Wenn wir das Objekt um einen kleinen Abstand Δx verschieben, so ist die durch die Kraft am Objekt geleistete Arbeit die x-Komponente der Kraft mal Δx, wenn Δx hinreichend klein ist. Und dies sollte gleich der Änderung der potentiellen Energie sein.

$$\Delta W = -\Delta U = F_x \Delta x. \tag{14.9}$$

Wir haben lediglich die Formel $\int \mathbf{F} \cdot d\mathbf{s} = -\Delta U$ verwendet, jedoch für einen *sehr kurzen* Weg.

Wenn wir nun durch Δx dividieren, so finden wir die Kraft zu

$$F_x = -\Delta U/\Delta x. \tag{14.10}$$

Natürlich ist dies nicht exakt. Was wir wirklich wollen, ist der Limes von (14.10) für kleiner und kleiner werdende Δx, weil es nur im Grenzübergang zu infinitessimalem Δx *exakt* richtig ist. Wir erkennen dies als die Ableitung von U nach x und wären daher geneigt, $-dU/dx$ zu schreiben. Aber U hängt von x, y und z ab, und die Mathematiker haben ein anderes Symbol erfunden, um uns zu ermahnen, sorgfältig zu sein, wenn wir eine solche Funktion differenzieren. Es erinnert uns, daß *nur x veränderlich* ist und nicht y und z. Anstelle von d machen sie einfach eine „umgedrehte Sechs", oder ∂. (Ein ∂ hätte am Anfang der Differentialrechnung verwendet werden sollen, weil wir immer das d herauskürzen wollen, aber wir wollen nie ein ∂ herauskürzen.) So schreiben sie $\partial U/\partial x$ und weiterhin in Zwangslagen, in denen sie *besonders* sorgfältig sein wollen, setzen sie einen Strich daneben mit einem kleinen yz am unteren Ende ($\partial U/\partial x|_{yz}$). Dies heißt „bilde die Ableitung von U nach x und halte y und z konstant". Meistens lassen wir die Bemerkung über das konstant zu Haltende weg, weil es normalerweise aus dem Zusammenhang hervorgeht, also verwenden wir normalerweise den Strich mit dem y und z nicht. Jedoch verwenden wir *immer* ein ∂ anstatt des d, als eine Warnung, daß es sich hier um eine Ableitung mit anderen konstant gehaltenen Variablen handelt. Dies wird eine *partielle Ableitung* genannt; es ist eine Ableitung, in der wir nur x variieren.

Damit finden wir, daß die Kraft in x-Richtung gleich ist der negativen partiellen Ableitung von U nach x:

$$F_x = -\partial U/\partial x. \tag{14.11}$$

Auf ähnliche Weise kann die Kraft in der y-Richtung gefunden werden durch Differenzieren von U nach y, wobei x und z konstant gehalten werden. Und die dritte Komponente ist natürlich die Ableitung nach z mit x und y konstant:

$$F_y = -\partial U/\partial y, \qquad F_z = -\partial U/\partial z. \tag{14.12}$$

Das ist der Weg, auf dem aus der potentiellen Energie die Kraft erhalten wird. Wir erhalten das *Feld* auf genau die gleiche Weise aus dem *Potential:*

$$C_x = -\partial\Psi/\partial x, \qquad C_y = -\partial\Psi/\partial y, \qquad C_z = -\partial\Psi/\partial z. \tag{14.13}$$

Nebenbei werden wir hier eine andere Nomenklatur erwähnen, die wir für eine ganze Weile noch nicht benutzen werden: Da **C** ein Vektor ist, der x-, y- und z-Komponenten besitzt, sind die mit $\partial/\partial x$, $\partial/\partial y$ und $\partial/\partial z$ symbolisierten Größen, welche die x-, y- und z-Komponenten erzeugen, so etwas wie Vektoren. Die Mathematiker haben ein herrliches neues Symbol ∇ erfunden, genannt „grad" oder „gradient", das keine Größe, sondern ein *Operator* ist, der aus einem Skalar einen Vektor macht. Er hat die folgenden „Komponenten": Die x-Komponente dieses „grad" ist $\partial/\partial x$, die y-Komponente $\partial/\partial y$ und die z-Komponente $\partial/\partial z$, und dann haben wir das Vergnügen, unsere Formel auf diese Weise zu schreiben

$$\mathbf{F} = -\nabla U, \qquad \mathbf{C} = -\nabla\Psi. \tag{14.14}$$

Die Verwendung von ∇ gibt uns eine schnelle Möglichkeit zur Prüfung, ob wir eine echte Vektorgleichung haben oder nicht. Aber Gleichung (14.14) bedeutet genau das gleiche wie die Gleichungen (14.11) und (14.12); es ist nur eine andere Art, sie zu schreiben, und da wir nicht jedesmal drei Gleichungen schreiben wollen, schreiben wir an Stelle dessen einfach ∇U.

Ein weiteres Beispiel von Feldern und Potentialen hat mit dem elektrischen Fall zu tun. In der Elektrizität ist die Kraft auf ein stationäres Objekt die Ladung mal dem elektrischen Feld: $\mathbf{F} = q \cdot \mathbf{E}$. (Allgemein besitzt die x-Komponente der Kraft in einem elektrischen Problem natürlich einen Teil, der vom magnetischen Feld abhängt. Aus Gleichung (12.10) ist leicht zu zeigen, daß die durch ein magnetisches Feld verursachte Kraft auf ein Teilchen immer einen rechten Winkel mit seiner Geschwindigkeit und auch einen rechten Winkel mit dem Feld bildet. Da die magnetische Kraft auf eine bewegte Ladung mit der Geschwindigkeit einen rechten Winkel bildet, wird durch den Magnetismus an einer bewegten Ladung *keine Arbeit geleistet*, weil die Bewegung unter rechtem Winkel zur Kraft vor sich geht. Darum können wir bei der Berechnung der Theoreme der kinetischen Energie in elektrischen und magnetischen Feldern den Beitrag durch das magnetische Feld vernachlässigen, weil dieser die kinetische Energie nicht ändert.) Nehmen wir an, daß nur ein elektrisches Feld vorhanden ist. Dann können wir die Energie oder die geleistete Arbeit auf die gleiche Weise wie bei der Gravitation berechnen und eine Größe Φ ermitteln, welche das negative Integral von $\mathbf{E} \cdot d\mathbf{s}$ von dem willkürlichen festen Punkt zu dem Punkt ist, an dem wir die Berechnung ausführen. Dann ist die potentielle Energie in einem elektrischen Feld einfach Ladung mal dieser Größe Φ:

$$\phi(\mathbf{r}) = -\mathbf{E} : d\mathbf{s},$$
$$U = q\phi.$$

Betrachten wir als ein Beispiel den Fall zweier paralleler Metallplatten, jede mit einer Oberflächenladung von $\pm\sigma$ pro Flächeneinheit. Man nennt das Plattenkondensator. Wir haben vorher gefunden, daß außerhalb der Platten die Kraft gleich Null ist und daß zwischen ihnen ein konstantes elektrisches Feld existiert, das von plus nach minus gerichtet ist und den Betrag σ/ϵ_0 besitzt (Abb. 14–5). Wir wollen wissen, welche Arbeit beim

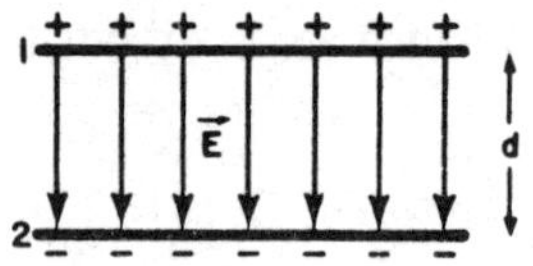

Fig. 14–5. Das Feld zwischen parallelen Platten.

Transport einer Ladung von einer Platte zur anderen geleistet wurde. Die Arbeit wäre das Integral über **(Kraft)** · (ds); dies kann geschrieben werden als Ladung mal Potentialwert auf Platte 1 minus der auf Platte 2:

$$W = \int_1^2 \mathbf{F} \cdot d\mathbf{s} = q(\phi_1 - \phi_2).$$

Dieses Integral können wir wirklich berechnen, weil die Kraft konstant ist, und wenn wir den Plattenabstand d nennen, dann ist das Integral leicht:

$$\int_1^2 \mathbf{F} \cdot d\mathbf{s} = \frac{q\sigma}{\epsilon_0} \int_1^2 dx = \frac{q\sigma d}{\epsilon_0}.$$

Die Differenz des Potentials $\Delta\Phi = \sigma d/\epsilon_0$ wird *Spannungsdifferenz* genannt und Φ wird in Volt gemessen. Wenn wir sagen, ein Plattenpaar ist mit einer gewissen Spannung geladen, dann meinen wir, daß die elektrische Potentialdifferenz zwischen den beiden Platten so und soviel Volt beträgt. Für einen Plattenkondensator mit der Oberflächenladung $\pm\sigma$ beträgt die Spannung oder Potentialdifferenz der Plattenpaares $\sigma d/\epsilon_0$.

15 Die spezielle Relativitätstheorie

15–1 Das Relativitätsprinzip

Mehr als 200 Jahre lang wurden die durch Newton formulierten Bewegungsgesetze als korrekte Naturbeschreibung akzeptiert, und als zum erstenmal ein Fehler an diesen Gesetzen entdeckt wurde, wurde auch gleich eine Korrekturmöglichkeit entdeckt. Beide, der Fehler und die Korrektur, wurden durch Einstein im Jahre 1905 entdeckt.

Das zweite Newtonsche Gesetz, welches wir durch die Gleichung

$$F = d(mv)/dt,$$

ausgedrückt haben, wurde mit der stillschweigenden Voraussetzung angegeben, daß m eine Konstante ist. Aber wir wissen nun, daß dies nicht zutrifft, sondern die Masse eines Körpers mit seiner Geschwindigkeit zunimmt. In Einsteins korrigierter Formel hat m den Wert

$$m = \frac{m_0}{\sqrt{1 - v^2/c^2}}, \tag{15.1}$$

wobei die „Ruhmasse" m_0 die Masse des nicht bewegten Körpers darstellt und c die Lichtgeschwindigkeit ist, etwa $3 \cdot 10^5$ km/s.

Für jene, die gerade genug lernen wollen, um Aufgaben lösen zu können, ist dies alles über die Relativitätstheorie – sie ändert die Newtonschen Gesetze durch Einführung eines Korrekturfaktors zur Masse. Aus der Formel ist leicht zu sehen, daß diese Massenzunahme unter normalen Umständen sehr klein ist.

Selbst wenn die Geschwindigkeit so groß ist wie die eines Satelliten, der mit 8 km/s die Erde umläuft, ist $v/c = 8/300\,000$: Einsetzen dieses Wertes in die Formel zeigt, daß die Massenkorrektur nur ein Teil in 2 oder 3 Milliarden beträgt, und dies kann fast nicht beobachtet werden. Die Richtigkeit der Formel wurde in der Tat ausführlich bestätigt durch die Beobachtung vieler Arten von Teilchen, die sich mit Geschwindigkeiten bis praktisch hin zur Lichtgeschwindigkeit bewegen. Jedoch, da der Effekt normalerweise so klein ist, scheint es bemerkenswert, daß er theoretisch entdeckt wurde, ehe er experimentell entdeckt wurde. Empirisch, bei hinreichend hohen Geschwindigkeiten, ist der Effekt sehr groß, aber er wurde nicht auf diesem Wege entdeckt. Darum ist es interessant, zu sehen, wie ein Gesetz, das eine so feine Modifikation (zu jener Zeit, als es zuerst entdeckt wurde) beinhaltet, durch eine Kombination von Experimenten und physikalischer Argumentation ans Licht gebracht wurde. Beiträge zur Entdeckung wurden durch eine Anzahl von Leuten geleistet, das Endresultat dieser Arbeiten war die Einsteinsche Entdeckung.

Tatsächlich gibt es zwei Einsteinsche Theorien der Relativität. Dieses Kapitel befaßt sich mit der Speziellen Relativitätstheorie, die aus dem Jahre 1905 datiert. 1915 veröffentlichte Einstein eine zusätzliche Theorie, genannt die Allgemeine Relativitätstheorie. Diese spätere Theorie behandelt die Erweiterung der Speziellen Theorie auf den Fall des Gravitationsgesetzes; wir werden hier die Allgemeine Theorie nicht diskutieren.

Das Relativitätsprinzip wurde zuerst durch Newton in einem seiner Folgesätze zu den Bewegungsgesetzen formuliert: „Die Bewegungen von Körpern in einem gegebenen Raum sind untereinander die gleichen, ob sich der Raum in Ruhe befindet oder ob er sich konstant auf einer geraden Linie bewegt". Das bedeutet z. B., daß in einem mit konstanter Geschwindigkeit dahintreibenden Raumschiff alle Experimente und Phänomene genau so erscheinen, als wenn sich das Schiff nicht bewegt. Dabei ist natürlich angenommen, daß man nicht nach draußen schaut. Dies ist die Bedeutung des Relativitätsprinzips. Es ist eine genügend einfache Idee, und die einzige Frage ist, ob es *wahr* ist, daß bei allen Experimenten, die innerhalb eines bewegten Systems ausgeführt werden, die Gesetze der Physik als die gleichen erscheinen wie im ruhenden System. Untersuchen wir zuerst, ob die Newtonschen Gesetze als die gleichen im bewegten System erscheinen.

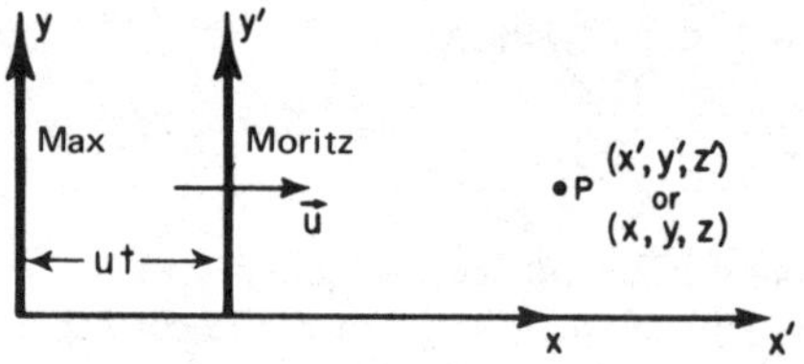

Fig. 15–1. Zwei Koordinatensysteme in gleichförmiger relativer Bewegung entlang ihrer x-Achsen.

Angenommen, Moritz bewegt sich in der x-Richtung mit einer konstanten Geschwindigkeit u, und er mißt die Position eines bestimmten Punktes, wie in Fig. 15–1 gezeigt. Er bezeichnet den „x-Abstand" des Punktes in seinem Koordinatensystem mit x'. Max ist in Ruhe; er mißt die Position des gleichen Punktes und bezeichnet die x-Koordinate in seinem System mit x. Die Beziehung der Koordinaten in den beiden Systemen wird anhand des Diagramms klar. Nach der Zeit t hat sich der Anfangspunkt von Moritz um den Abstand $u \cdot t$ bewegt, und wenn die beiden Systeme ursprünglich übereingestimmt haben, ist

$$\begin{aligned} x' &= x - ut, \\ y' &= y, \\ z' &= z, \\ t' &= t. \end{aligned} \tag{15.2}$$

Wenn wir diese Koordinatentransformation in die Newtonschen Gesetze substituieren, so finden wir, daß diese Gesetze in die gleichen Gesetze im gestrichenen transformieren; d. h. die Newtonschen Gesetze haben die gleiche Form in einem bewegten System wie in einem ruhenden System, und daher ist es unmöglich, anhand mechanischer Experimente zu bestimmen, ob sich das System bewegt oder nicht.

Das Relativitätsprinzip wird in der Mechanik seit langer Zeit verwendet. Es wurde durch verschiedene Leute angewandt, besonders aber durch Huygens, um die Regel für den Stoß von Billardbällen zu finden – auf ganz ähnliche Weise, wie wir es in Kapitel 10 zur Diskussion der Impulserhaltung angewandt haben. Im vergangenen Jahrhundert wurde das Interesse daran als Resultat der Untersuchungen der Phänomene von Elektrizität, Magnetismus und Licht verstärkt. Eine lange Serie sorgfältiger Untersuchungen dieser Phänomene durch viele Leute fand ihren Höhepunkt in den Maxwellschen Gleichungen des elektromagnetischen Feldes, welche die Elektrizität, den Magnetismus und das Licht in einem einheitlichen System beschreiben. Jedoch schien es so, als ob die Maxwellschen Gleichungen das Relativitätsprinzip *nicht* befolgen würden. Das heißt, wenn wir die Maxwellschen Gleichungen durch die Substitution der Gleichungen 15.2

transformieren, *so bleibt ihre Form nicht die gleiche*; darum sollten in einem bewegten Raumschiff die elektrischen und die optischen Phänomene von denen in einem ruhenden Schiff verschieden sein. Also könnte man diese optischen Phänomene zur Bestimmung der Geschwindigkeit des Raumschiffes verwenden; besonders könnte die absolute Geschwindigkeit des Schiffes durch geeignete optische oder elektrische Messungen bestimmt werden. Eine der Konsequenzen der Maxwellschen Gleichungen ist, daß bei einer solchen Störung im Feld, so daß Licht erzeugt wird, sich diese elektromagnetischen Wellen nach allen Richtungen mit der gleichen Geschwindigkeit c, oder $3 \cdot 10^5$ km/s gleichmäßig ausbreiten. Eine andere Konsequenz der Gleichungen ist, daß sich das emittierte Licht mit der gleichen Geschwindigkeit c durch den Raum bewegt, auch wenn die Quelle der Störung bewegt ist. Dies ist in Analogie zum Schall, wo die Geschwindigkeit der Schallwellen ebenfalls unabhängig von der Bewegung der Quelle ist.

Diese Unabhängigkeit von der Bewegung der Quelle im Fall des Lichtes bringt ein interessantes Problem zutage:

Angenommen, wir befinden uns in einem Wagen, der sich mit der Geschwindigkeit u bewegt, und Licht kommt mit der Geschwindigkeit c von hinten und überholt den Wagen. Die Differentiation der ersten Gleichung in (15.2) ergibt

$$dx'/dt = dx/dt - u,$$

und das bedeutet, daß aufgrund der Galileischen Transformation die effektive Geschwindigkeit des vorbeilaufenden Lichtes $c - u$ sein sollte und nicht c. Wenn sich der Wagen mit 200 000 km/s bewegt und das Licht 300 000 km/s hat, dann sollte das Licht offensichtlich mit 100 000 km/s vom Wagen weglaufen. In jedem Fall könnte man durch Messung der Geschwindigkeit des den Wagen überholenden Lichtes (wenn die Galileische Transformation für Licht korrekt ist) die Geschwindigkeit des Wagens messen. Eine Anzahl von Experimenten, die auf dieser allgemeinen Vorstellung basierten, wurde ausgeführt, um die Erdgeschwindigkeit zu messen. Aber alle versagten – sie ergaben *überhaupt keine Geschwindigkeit*. Wir werden eines dieser Experimente im Detail diskutieren, um genau zu zeigen, was getan wurde und was auftrat; irgend etwas *war* natürlich los, irgend etwas war falsch mit den Gleichungen der Physik. Was könnte es sein?

15–2 Die Lorentz-Transformation

Als das Versagen der Gleichungen der Physik im oben geschilderten Fall zutage trat, war der erste Gedanke, daß die Schwierigkeiten in den Maxwellschen Gleichungen der Elektrodynamik zu finden seien, die zu der Zeit gerade erst zwanzig Jahre alt waren. Es schien fast offensichtlich, daß diese Gleichungen falsch sein mußten, also waren sie auf eine solche Weise zu ändern, daß unter der Galileischen Transformation das Relativitätsprinzip erfüllt würde. Als dies versucht wurde, führten die neuen Glieder, die in die Gleichungen eingeführt werden mußten, zur Vorhersage neuer elektrischer Phänomene, welche bei den experimentellen Untersuchungen überhaupt nicht existierten. Also mußte dieser Versuch aufgegeben werden. Dann wurde es langsam klar, daß die Maxwellschen Gesetze der Elektrodynamik korrekt waren und die Schwierigkeiten woanders gesucht werden mußten.

Inzwischen beobachtete H. A. Lorentz eine bemerkenswerte und eigenartige Sache. Als er die folgenden Substitutionen in die Maxwellschen Gleichungen einführte

$$
\begin{aligned}
x' &= \frac{x - ut}{\sqrt{1 - u^2/c^2}}, \\
y' &= y, \\
z' &= z, \\
t' &= \frac{t - ux/c^2}{\sqrt{1 - u^2/c^2}},
\end{aligned}
\tag{15.3}
$$

zeigte sich, daß die Maxwellschen Gleichungen die gleiche Form beibehalten, wenn diese Transformation auf sie angewandt wird! Die Gleichungen (15.3) sind bekannt als eine *Lorentz-Transformation*. Einstein folgte einer ursprünglich durch Poincaré gemachten Empfehlung und schlug vor, daß *alle physikalischen Gesetze* von solcher Art sein sollten, daß sie *unter einer Lorentz-Transformation unverändert bleiben*. Mit anderen Worten, wir sollten die Gesetze der Mechanik und nicht die Gesetze der Elektrodynamik ändern. Wie müssen wir die Newtonschen Gesetze ändern, damit *sie* unter einer Lorentz-Transformation unverändert bleiben? Wenn dieses Ziel abgesteckt ist, müssen wir dann die Newtonschen Gleichungen auf eine solche Weise umschreiben, daß die von uns gestellten Bedingungen erfüllt werden. Es zeigte sich, daß es nur notwendig ist, die Masse m in den Newtonschen Gleichungen durch die Gleichung (15.1) gezeigte Form zu ersetzen. Wenn diese Änderung durchgeführt wird, werden die Newtonschen Gesetze und die Gesetze der Elektrodynamik miteinander harmonieren. Wenn wir dann die Lorentz-Transformation beim Vergleich von Moritzens und Maxens Messungen anwenden, werden wir nie herausfinden können, ob sich einer bewegt, weil die Form aller Gleichungen in beiden Koordinatensystemen die gleiche ist!

Es ist interessant, zu diskutieren, was es bedeutet, wenn wir die alte Transformation zwischen den Koordinaten und der Zeit durch eine neue ersetzen, weil die alte (Galileische) selbstverständlich erscheint und die neue (Lorentz) eigenartig aussieht. Wir wollen wissen, ob es logisch und experimentell möglich ist, daß die neue und nicht die alte Transformation korrekt sein kann. Um das herauszufinden, ist es nicht genug, die Gesetze der Mechanik zu studieren, sondern wir müssen, wie es Einstein getan hat, unsere Vorstellungen von *Raum* und *Zeit* analysieren, um diese Transformationen zu verstehen. Wir müssen diese Ideen und ihre Folgerungen für die Mechanik in einiger Breite diskutieren. Also sagen wir zu Beginn, daß sich die Mühe lohnt, da die Resultate mit den Experimenten überstimmen.

15–3 Das Michelson-Morley-Experiment

Wie oben erwähnt, wurden Versuche zur Bestimmung der absoluten Geschwindigkeit der Erde durch den hypothetischen „Äther" unternommen, der angeblich den gesamten Raum erfüllt. Das berühmteste dieser Experimente wurde durch Michelson und Morley 1887 ausgeführt. Erst 18 Jahre später wurden die negativen Resultate des Experimentes endlich durch Einstein erklärt.

Das Michelson-Morley-Experiment wurde mit einer Apparatur, wie in Fig. 15–2 schematisch dargestellt, ausgeführt. Sie besteht im wesentlichen aus einer Lichtquelle A,

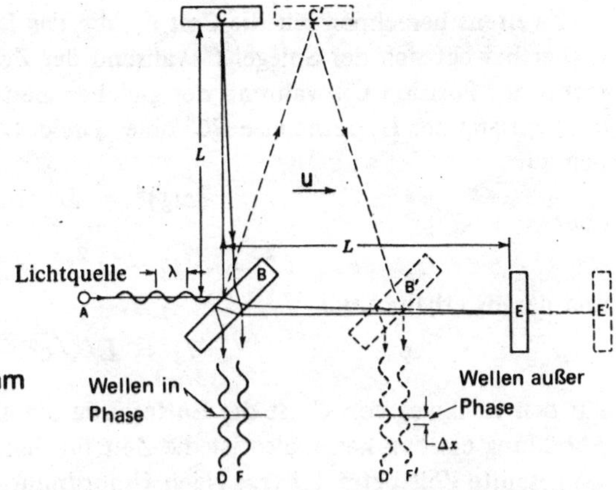

Fig. 15–2. Schematisches Diagramm des Michelson-Morley-Experimentes.

einer halbdurchlässig versilberten Glasplatte B und zwei Spiegeln C und E. Alle Teile sind auf einer soliden Grundplatte montiert. Die Spiegel sind in gleichen Abständen L von B angeordnet. Die Platte B teilt den einfallenden Lichtstrahl, und die beiden resultierenden Strahlen wandern in Richtungen senkrecht zueinander zu den Spiegeln, von wo sie nach B zurückreflektiert werden. Beim Eintreffen in B werden die beiden Strahlen wieder vereinigt als zwei überlagerte Strahlen D und F. Wenn die Zeit, die das Licht zum Durchmessen der Strecke von B nach E und zurück benötigt, die gleiche ist, wie von D nach C und zurück, dann sind die überlagerten Strahlen in Phase und verstärken einander. Wenn die beiden Zeiten jedoch ein klein wenig differieren, dann sind die Strahlen ein wenig aus der Phase und werden interferieren. Wenn sich die Apparatur im Äther „in Ruhe" befindet, dann sollten die Zeiten genau gleich sein, aber wenn sie sich mit der Geschwindigkeit u nach rechts bewegt, so sollte eine Zeitdifferenz auftreten. Wollen wir sehen, warum.

Zuerst berechnen wir die vom Licht benötigte Zeit, um von B nach E und zurück zu gelangen. Sagen wir, daß die Zeit von B zum Spiegel E gleich t_1 ist, und die Zeit zur Rückkehr sei t_2. Während das Licht von B zum Spiegel wandert, bewegt sich die Anordnung um $u \cdot t_1$, also muß das Licht eine Strecke $L + u \cdot t_1$ mit der Geschwindigkeit c zurücklegen. Wir können diese Entfernung auch als $c \cdot t_1$ ausdrücken, also haben wir

$$ct_1 = L + ut_1 \quad \text{oder} \quad t_1 = L/(c - u).$$

(Dieses Resultat ist auch von dem Gesichtspunkt verständlich, daß die Geschwindigkeit des Lichtes relativ zur Apparatur $c - u$ ist, also ist die Zeit die Länge L dividiert durch $c - u$.) Auf ähnliche Weise wird die Zeit t_2 berechnet. Während dieser Zeit bewegt sich die Platte B um die Entfernung $u \cdot t_2$, also ist der Rückweg des Lichtes $L - u \cdot t_2$. Dann haben wir

$$ct_2 = L - ut_2, \quad \text{oder} \quad t_2 = L/(c + u).$$

Dann ist die gesamte Zeit

$$t_1 + t_2 = 2Lc/(c^2 - u^2).$$

Zur Erleichterung späterer Zeitvergleiche schreiben wir dies als

$$t_1 + t_2 = \frac{2L/c}{1 - u^2/c^2}. \tag{15.4}$$

Zweitens berechnen wir die Zeit t_3, die das Licht von B zum Spiegel C benötigt. Wie vorher bewegt sich der Spiegel C während der Zeit t_3 um die Entfernung $u \cdot t_3$ nach rechts zur Position C'; während der gleichen Zeit wandert das Licht eine Entfernung $c \cdot t_3$ entlang der Hypothenuse BC' eines Dreiecks. Für dieses rechtwinklige Dreieck haben wir

$$(ct_3)^2 = L^2 + (ut_3)^2$$

oder

$$L^2 = c^2t_3^2 - u^2t_3^2 = (c^2 - u^2)t_3^2,$$

und daraus erhalten wir

$$t_3 = L/\sqrt{c^2 - u^2}.$$

Für den Rückweg von C' ist die Entfernung die gleiche wie man aus der Symmetrie der Abbildung ersehen kann; also ist die Zeit für den Rückweg ebenfalls die gleiche, und die gesamte Zeit beträgt $2 \cdot t_3$. Nach Umordnung des Ausdruckes können wir dafür schreiben

$$2t_3 = \frac{2L}{\sqrt{c^2 - u^2}} = \frac{2L/c}{\sqrt{1 - u^2/c^2}}. \tag{15.5}$$

Wir sind nun in der Lage, die von beiden Strahlen benötigten Zeiten zu vergleichen. In den Ausdrücken (15.4) und (15.5) sind die Zähler identisch und repräsentieren die Zeit, die bei ruhender Apparatur benötigt würde. In den Nennern wird das Glied u^2/c^2 klein, solange die Größe von u nicht vergleichbar ist mit c. Die Nenner repräsentieren die durch die Bewegung der Anordnung verursachten Änderungen der Zeiten. Und siehe da, diese Änderungen sind *nicht die gleichen* – die Zeit für den Weg nach C und zurück ist ein wenig geringer als die Zeit nach E und zurück, selbst wenn die Spiegel die gleiche Entfernung von B besitzen. Also ist alles, was wir tun, diese Differenz präzise zu messen.

Hier erhebt sich ein sekundärer technischer Gesichtspunkt – angenommen, die beiden Längen L sind nicht exakt gleich? In der Tat können wir sie nicht genau gleichgroß machen. In diesem Fall drehen wir einfach die Anordnung um 90°, so daß BC in die Bewegungsrichtung weist und BE senkrecht zur Bewegung ist. Irgendeine kleine Längendifferenz wird dann unwichtig, und wir achten lediglich beim Drehen der Apparatur auf eine *Verschiebung* der Interferenzstreifen.

Bei der Durchführung des Experimentes haben Michelson und Morley die Apparatur so orientiert, das die Linie BE nahezu parallel zur Bewegung der Erde auf ihrer Bahn war (zu bestimmten Zeiten während des Tages und der Nacht). Diese Bahngeschwindigkeit ist etwa 30 km/s, und irgendein „Äther-Wind" sollte wenigstens zu irgendeiner Zeit am Tage oder zur Nacht und zu irgendeiner Zeit während des Jahres so groß sein. Die Apparatur war genügend empfindlich, um einen derartigen Effekt zu beobachten, aber es wurde keine Zeitdifferenz gefunden – die Geschwindigkeit der Erde durch den Äther konnte nicht nachgewiesen werden. Das Resultat des Experimentes war Null.

Das Resultat des Michelson-Morley-Experimentes war sehr rätselhaft und beunruhigend. Die erste fruchtbare Idee, einen Weg aus dieser Sackgasse zu finden, kam von Lorentz. Er vermutete, daß materielle Körper sich zusammenziehen, wenn sie sich bewegen und daß diese Verkürzung nur in der Bewegungsrichtung ist. Weiterhin, wenn L_0 die Länge für den ruhenden Körper ist, dann ist bei Bewegung mit der Geschwindigkeit u parallel zu seiner Länge die neue Länge, die wir $L_{||}$ (L-parallel) nennen, gegeben durch

$$L_{||} = L_0 \sqrt{1 - u^2/c^2}. \tag{15.6}$$

Wenn diese Änderung beim Michelson-Morley-Interferometer berücksichtigt wird, so ändert sich die Entfernung von B nach C nicht, aber die Entfernung von B nach E wird verkürzt auf $L\sqrt{1-u^2/c^2}$. Also wird Gleichung (15.5) nicht verändert, aber das L aus Gleichung (15.4) muß in Übereinstimmung mit Gleichung (15.6) geändert werden. Wenn wir dies tun, erhalten wir

$$t_1 + t_2 = \frac{(2L/c)\sqrt{1-u^2/c^2}}{1-u^2/c^2} = \frac{2L/c}{\sqrt{1-u^2/c^2}}. \tag{15.7}$$

Beim Vergleich dieses Resultates mit Gleichung (15.5) sehen wir, daß $t_1 + t_2 = 2 \cdot t_3$. Wenn der Apparat sich also auf die gerade beschriebene Weise zusammenzieht, haben wir einen Weg zum Verständnis, warum das Michelson-Morley-Experiment keinen Effekt zutage bringt. Obgleich die Kontraktionshypothese das negative Resultat des Experimentes erfolgreich beschrieb, wurde eingewandt, daß sie erfunden wurde mit der ausdrücklichen Absicht, die Schwierigkeit hinwegzudiskutieren, und daß sie zu künstlich sei. Jedoch traten bei vielen anderen Experimenten zur Entdeckung des Ätherwindes ähnliche Schwierigkeiten auf, bis es so schien, als ob sich die Natur in einer „Verschwörung" zum Scheitern der Menschheit befand, indem sie jeweils ein neues Phänomen zur Aufhebung jedes Phänomens schuf, von dem man dachte, daß es eine Messung von u ermöglicht.

Wie Poincaré bemerkt, wurde im Endeffekt erkannt, daß *eine vollkommene Verschwörung selbst ein Naturgesetz* ist. Poincaré machte dann die Annahme, daß ein solches Naturgesetz *existiert*, daß es unmöglich ist, einen Ätherwind durch *irgendein* Experiment zu entdecken; d. h. es gibt keinen Weg zur Bestimmung der absoluten Geschwindigkeit.

15–4 Die Transformation der Zeit

Bei der Prüfung, ob die Kontraktionsvorstellung mit den Fakten aus anderen Experimenten in Übereinstimmung ist, zeigt sich, daß alles korrekt ist, unter der Voraussetzung, daß die *Zeiten* ebenfalls auf die in der vierten Gleichung des Satzes (15.3) ausgedrückten Weise geändert werden. Dies ist so, weil die für den Weg von B nach C und zurück berechnete Zeit t_3 nicht die gleiche ist, wenn sie von einem Mann berechnet wird, der das Experiment in einem bewegten Raumschiff ausführt, und wenn sie von einem ruhenden Beobachter berechnet wird, der das Raumschiff beobachtet. Für den Mann im Raumschiff ist die Zeit einfach $2 \cdot L/c$, aber für den anderen Beobachter ist sie $(2 \cdot L/c)/\sqrt{1-u^2/c^2}$ (Gleichung 15.5) Mit anderen Worten, wenn der Außenseiter den Mann im Raumschiff beim Anzünden einer Zigarre sieht, so erscheinen alle Aktionen langsamer als normal, während sich für den Mann drinnen alles normal abspielt. Also müssen nicht nur die Längen kürzer werden, sondern auch Zeitmeßinstrumente („Uhren") müssen offensichtlich langsamer werden. Das heißt, wenn die Uhr im Raumschiff die Länge einer Sekunde registriert, so wie sie durch den Mann im Schiff gesehen wird, dann sind das $1/\sqrt{1-u^2/c^2}$ für den Mann außen.

Dieses Langsamerwerden der Uhren in einem bewegten System ist ein sehr merkwürdiges Phänomen und verdient eine Erklärung. Um es zu verstehen, müssen wir die Maschinerie der Uhr beobachten und sehen, was sich ereignet, wenn sie bewegt wird. Da dies recht schwierig ist, werden wir eine sehr einfache Art Uhr nehmen. Die von uns gewählte Uhr ist von einer verrückten Art, aber sie funktioniert im Prinzip: es ist ein Stab (Meterstab) mit einem Spiegel an jedem Ende, und wenn wir ein Lichtsignal zwischen den Spiegeln losschicken, dann geht das Licht hoch und runter, es macht jedesmal klick, wenn es unten ankommt, wie eine normal tickende Uhr. Wir bauen zwei solcher Uhren von genau gleicher Länge und synchronisieren sie, indem wir sie zusammen starten lassen; dann stimmen sie danach immer überein, weil sie gleichlang sind und Licht sich immer mit der Geschwindigkeit c bewegt. Wir geben eine der Uhren dem Mann im Raumschiff mit auf die Reise, und der montiert den Stab senkrecht zur Bewegungsrichtung des Schiffes; dann wird sich die Länge des Stabes nicht ändern. Wie wissen wir, daß sich die Längen senkrecht zur Bewegungsrichtung nicht ändern? Die Männer können sich einigen, daß jeder am y-Meterstab des anderen eine Marke anbringt, wenn sie aneinander vorbeikommen. Aufgrund der Symmetrie müssen die beiden Markierungen auf den gleichen y- und y'-Koordinaten liegen, weil andernfalls – wenn sie zum Vergleich der Resultate zusammenkommen – eine Markierung über oder unter der anderen liegt und wir somit bestimmen könnten, wer tatsächlich in Bewegung war.

Nun wollen wir sehen, was sich mit der bewegten Uhr ereignet. Ehe sie der Mann an Bord nahm, gab er zu, daß es eine schöne Normaluhr sei, und wenn er im Raumschiff davonzieht, wird er nichts Eigenartiges bemerken. Könnte er das, so würde er wissen, daß er sich bewegt – wenn sich irgend etwas aufgrund der Bewegung ändert, so könnte er sagen, daß er sich bewegt. Aber das Relativitätsprinzip sagt, das ist unmöglich in einem gleichmäßig bewegten System, also hat sich nichts geändert, Andererseits sieht der externe Beobachter beim Vorbeiziehen der Uhr, daß das Licht auf seinem Weg von Spiegel zu Spiegel „wirklich" einen Zick-Zack-Pfad beschreibt, weil der Stab immer seitwärts bewegt ist. Wir haben eine solche Zick-Zack-Bewegung im Zusammenhang mit dem Michelson-Morley-Experiment bereits analysiert. Wenn sich der Stab in Fig. 15–3 innerhalb einer bestimmten Zeit um eine zu u proportionale Entfernung nach vorne bewegt, so ist die innerhalb dieser Zeit vom Licht zurückgelegte Entfernung proportional zu c, und damit ist die vertikale Entfernung proportional zu $\sqrt{c^2 - u^2}$.

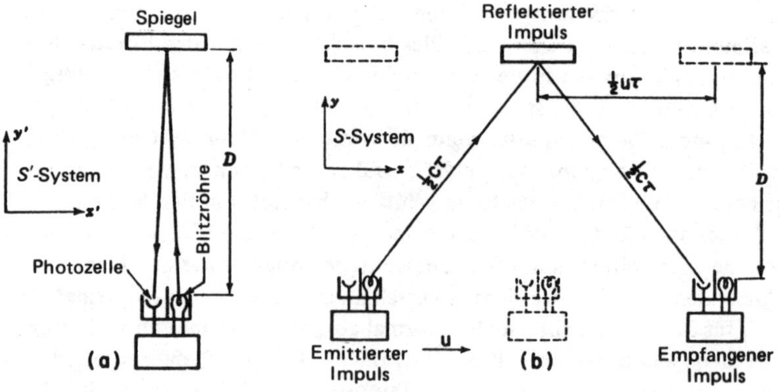

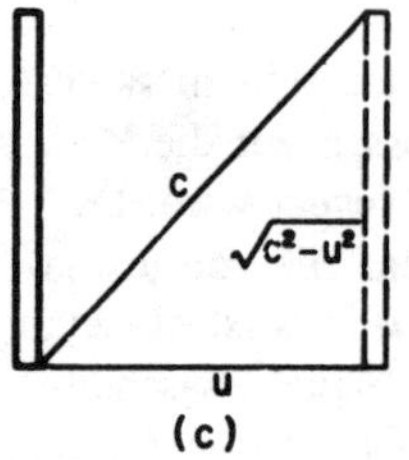

Fig. 15–3. (a) Eine im S'-System ruhende „Lichtuhr". (b) Die gleiche Uhr, in Bewegung durch das S-System. (c) Illustration des diagonalen Weges des Lichsstrahles in einer bewegten „Lichtuhr".

Das heißt, das Licht braucht in der bewegten Uhr eine *längere Zeit* als in der ruhenden Uhr, um von einem Ende zum anderen zu gehen. Also ist in der bewegten Uhr die effektive Zeit zwischen den Klicks länger, im gleichen Verhältnis wie es die Hypotenuse des Dreiecks anzeigt (das ist die Herkunft der Quadratwurzel-Ausdrücke in unseren Gleichungen). Aus der Abbildung ist ebenfalls ersichtlich, daß die bewegte Uhr um so langsamer zu laufen scheint, je größer u ist. Nicht nur diese besondere Art von Uhr geht langsamer, sondern, wenn die Relativitätstheorie korrekt ist, dann geht auch jede andere Uhr, die nach irgendeinem anderen Prinzip funktioniert, im gleichen Verhältnis langsamer – wir können dies ohne weitere Untersuchung sagen. Warum ist dies so?

Zur Beantwortung der oben gestellten Frage nehmen wir an, daß wir zwei andere Uhren haben, die genau gleich aufgebaut sind, mit Rädern und Zahnrädern, oder vielleicht auf dem radioaktiven Zerfall basierend oder nach irgendeinem anderen Funktionsprinzip. Dann justieren wir die Uhren so, daß sie beide präzise synchron mit unseren ersten Uhren laufen. Wenn das Licht in der ersten Uhr hoch und runter geht und seine Ankunft mit einem Klick anzeigt, so haben die neuen Modelle ebenfalls eine Art von Zyklus durchlaufen, was sie gleichzeitig durch eine doppelt koinzidierendes Lichtsignal oder einen Gong oder ein anderes Signal anzeigen. Eine dieser Uhren wird zusammen mit der Uhr erster Art in das Raumschiff genommen. Vielleicht wird *diese* Uhr nicht langsamer laufen und die gleiche Zeit anzeigen wie ihr ruhendes Pendant und somit nicht mit der anderen mitbewegten Uhr übereinstimmen. Aber nein, wenn sich das ereignen würde, so könnte der Mann im Schiff die Abweichung zwischen seinen zwei Uhren verwenden, um die Geschwindigkeit seines Schiffes zu bestimmen. Und das haben wir als unmöglich angenommen. *Wir brauchen nichts von der Maschinerie der neuen Uhr zu wissen*, die diesen Effekt verursachen könnte – wir wissen einfach, was auch immer die Ursache sein mag, sie wird anscheinend langsamer gehen, genau wie die erste.

Wenn *alle* bewegten Uhren langsamer gehen, wenn keine Meßmethode der Zeit etwas anderes als eine langsamere Rate ergibt, so müssen wir lediglich in einem gewissen Sinn sagen, daß die *Zeit selber* in einem Raumschiff langsamer erscheint. Alle vorkommenden Phänomene – des Mannes Pulsschlag, sein Denkprozeß, die zum Anzünden einer Zigarre benötigte Zeit, wie lange es dauert aufzuwachsen und älter zu werden – alle diese Dinge müssen im gleichen Verhältnis langsamer werden, weil er nicht feststellen kann, daß er sich bewegt. Die Biologen und Mediziner sagen manchmal, daß es nicht gewiß ist, daß die zur Entwicklung von Krebs benötigte Zeit im Raumschiff länger ist, aber vom Standpunkt des modernen Physikers ist es nahezu Gewißheit; andernfalls könnte man die Entstehungsdauer des Krebses verwenden, um die Geschwindigkeit des Schiffes zu bestimmen!

Ein sehr interessantes Beispiel der Verlangsamung der Zeit mit der Bewegung wird durch die Mü-Mesonen (Müonen) geliefert; dies sind Teilchen, welche nach einer durchschnittlichen Lebensdauer von $2{,}2 \cdot 10^{-6}$ Sekunden spontan zerfallen. Sie kommen in den kosmischen Strahlen zur Erde, aber sie können auch künstlich im Labor hergestellt werden. Einige von ihnen zerfallen mitten in der Luft, aber der Rest zerfällt nur, nachdem sie mit einem Stück Material in Berührung gekommen sind und stoppen. Es ist klar, daß ein Müon während seiner kurzen Lebensdauer selbst bei Lichtgeschwindigkeit nicht viel mehr als 600 Meter wandern kann. Aber obgleich die Müonen an der Oberseite der Atmosphäre, in 10 km Höhe, erzeugt werden, können sie tatsächlich im Labor hier unten in den kosmischen Strahlen gefunden werden. Wie kann das sein? Die Antwort ist, daß sich verschiedene Müonen mit verschiedenen Geschwindigkeiten bewegen, wobei einige nahezu Lichtgeschwindigkeit besitzen. Während sie, von ihrer eigenen Warte betrachtet, nur etwa 2 μs existieren, leben sie von unserem Gesichtspunkt aus betrachtet wesentlich länger – lange genug, um die Erde zu erreichen. Der Faktor, in dem die Zeit zunimmt, wurde bereits als $1/\sqrt{1-u^2/c^2}$ angegeben. Die durchschnittliche Lebensdauer wurde für Müonen verschiedener Geschwindigkeiten sehr genau gemessen, und die Werte sind in enger Übereinstimmung mit der Formel.

Wir wissen nicht, warum das Meson zerfällt oder was seine Maschinerie ist, aber wir wissen, daß sein Verhalten das Relativitätsprinzip befriedigt. Das ist die Nützlichkeit des Relativitätsprinzips – es gestattet uns, selbst über Dinge Vorhersagen zu machen, von denen wir anderweitig nicht viel wissen. Zum Beispiel können wir, ehe wir irgendeine Vorstellung darüber haben, warum das Meson zerfällt, trotzdem vorhersagen, daß, wenn es sich mit 9/10 der Lichtgeschwindigkeit bewegt, seine effektive Lebensdauer $2{,}2\cdot 10^{-6}/\sqrt{1-9^2/10^2}$ s ist; und unsere Vorhersage funktioniert, das ist das Gute daran.

15–5 Die Lorentz-Kontraktion

Kehren wir nun zur Lorentz-Transformation (15.3) zurück und versuchen wir, ein besseres Verständnis der Beziehung zwischen den (x, y, z, t)- und den (x', y', z', t')-Koordinatensystemen zu erhalten, die wir das S- und das S'-System nennen wollen oder die Max- und Moritz-Systeme. Wir haben bereits notiert, daß die erste Gleichung auf dem Lorentz-Vorschlag der Kontraktion entlang der x-Richtung basiert; wie können wir beweisen, daß eine Kontraktion stattfindet? Beim Michelson-Morley-Experiment können wir nun aufgrund des Relativitätsprinzips verstehen, daß der ***transversale*** Arm BC seine Länge nicht ändern kann; jedoch verlangt das Null-Resultat des Experimentes, daß die *Zeiten* gleich sein müssen. Damit das Experiment ein Null-Resultat liefert, muß der longitudinale Arm BE kürzer erscheinen um die Quadratwurzel $\sqrt{1-u^2/c^2}$. Was bedeutet diese Kontraktion, ausgedrückt in den von Max und Moritz gemachten Messungen? Angenommen, daß Moritz, der sich mit dem S-System in x-Richtung bewegt, die x'-Koordinate eines Punktes mit einem Meterstab mißt. Er legt den Stab x' mal an, also denkt er, daß die Entfernung x' Meter beträgt. Vom Gesichtspunkt von Max im S-System benützt Moritz jedoch einen verkürzten Maßstab, so daß die „wahre" gemessene Entfernung $x'\sqrt{1-u^2/c^2}$ Meter beträgt. Wenn sich das S'-System um ut vom S-System entfernt hat, so würde der S-Beobachter sagen, daß sich der gleiche Punkt, gemessen in seinen Koordinaten, in der Entfernung $x = x'\sqrt{1-u^2/c^2} + ut$ befindet, oder

$$x' = \frac{x - ut}{\sqrt{1-u^2/c^2}},$$

welches die erste Gleichung der Lorentz-Transformation ist.

15–6 Gleichzeitigkeit

Auf analoge Weise wird wegen der Differenz der Zeitskalen in der vierten Gleichung der Lorentz-Transformation der Ausdruck im Nenner eingeführt. Das interessanteste Glied ist ux/c^2 im Zähler, weil dies vollkommen neu und unerwartet ist. Was bedeutet das? Wenn wir die Situation sorgfältig betrachten, sehen wir, daß Ereignisse an zwei verschiedenen Orten, die durch Moritz in S' als gleichzeitig beobachtet werden, sich *nicht* zur gleichen Zeit ereignen, wenn sie durch Max in S beobachtet werden. Wenn ein Ereignis am Punkt x_1 zur Zeit t_0 vorkommt und das andere Ereignis bei x_2 und t_0 (zur gleichen Zeit), so finden wir, daß die zwei korrespondierenden Zeiten t_1'

und t_2' um den folgenden Betrag differieren:

$$t_2' - t_1' = \frac{u(x_1 - x_2)/c^2}{\sqrt{1 - u^2/c^2}}.$$

Dieser Umstand wird „Versagen der Gleichzeitigkeit in einer Entfernung" genannt. Um diesen Gedanken zu verdeutlichen, betrachten wir das folgende Experiment.

Angenommen, ein Mann im bewegten Raumschiff (System S') hat eine Uhr an jedem Ende des Schiffes angebracht und ist daran interessiert, daß beide Uhren synchron laufen. Wie können die Uhren synchronisiert werden? Dazu gibt es viele Wege. Ein Weg, der mit sehr wenig Berechnung verbunden ist, besteht zuerst in der genauen Bestimmung des Mittelpunktes zwischen beiden Uhren. Dann senden wir von diesem Ort ein Lichtsignal aus, das in beiden Richtungen mit der gleichen Geschwindigkeit läuft und somit offensichtlich an beiden Uhren zu gleichen Zeit eintrifft. Dieses gleichzeitige Eintreffen des Signals kann zur Synchronisation der Uhren verwendet werden. Dann nehmen wir an, daß der Mann in S' seine Uhren mit dieser Methode synchronisiert. Sehen wir, ob ein Beobachter im System S zustimmt, daß die beiden Uhren synchron sind. Der Mann in S' hat ein Recht, anzunehmen, daß sie es sind, weil er nicht weiß, daß er sich bewegt. Aber der Mann in S argumentiert, daß sich das Schiff vorwärts bewegt, und darum läuft die vordere Uhr vom Lichtsignal weg, also muß das Licht mehr als die Hälfte des Weges gehen, um auf die gleiche Höhe zu kommen; die hintere Uhr eilte dem Licht entgegen, also war diese Entfernung kürzer. Also erreichte das Licht die hintere Uhr eher, obgleich der Mann in S' dachte, daß die Signale gleichzeitig einträfen. Wir sehen somit, wenn der Mann in einem Raumschiff denkt, daß die Zeiten an zwei Orten übereinstimmen, dann müssen gleiche Werte von t' in seinem Koordinatensystem *unterschiedlichen* Werten von t im anderen Koordinatensystem entsprechen!

15–7 Vierervektoren

Sehen wir, was wir noch in der Lorentz-Transformation entdecken können. Es ist interessant, festzustellen, daß die Transformation zwischen den x und den t in der Form analog der Transformation der x und y ist, die wir in Kapitel 11 für eine Drehung von Koordinaten untersucht haben. Wir erhielten dabei

$$\begin{aligned} x' &= x\cos\theta + y\sin\theta, \\ y' &= y\cos\theta - x\sin\theta, \end{aligned} \tag{15.8}$$

wobei die neuen x' die alten x und y vermischt, und das neue y' vermischt ebenfalls die alten x und y; ähnlich finden wir bei der Lorentz-Transformation ein neues x', das eine Mischung von x und t ist, und ein neues t', das eine Mischung von t und x ist. Also ist die Lorentz-Transformation analog einer Drehung, nur ist es eine „Drehung" in *Raum und Zeit*, was als ein fremdartiges Konzept erscheint. Eine Prüfung der Analogie zur Drehung kann durchgeführt werden durch Berechnung der Größe

$$x'^2 + y'^2 + z'^2 - c^2t'^2 = x^2 + y^2 + z^2 - c^2t^2. \tag{15.9}$$

In dieser Gleichung stellen die ersten drei Glieder auf jeder Seite in dreidimensionaler Geometrie die Quadrate der Entfernung zwischen einem Punkt und dem Anfangspunkt dar (Oberfläche einer Kugel), welche ohne Rücksicht auf eine Drehung der Koordinaten konstant (invariant) bleibt. Ähnlich zeigt Gleichung (15.9), daß es eine gewisse Kombination gibt, in der die Zeit enthalten ist, die bei einer Lorentz-Transformation invariant ist. Daher ist die Analogie zu einer Drehung vollständig und von solcher Art, daß Vektoren (d. h. Größen, welche „Komponenten" besitzen, die auf gleiche Weise wie die Koordinaten und die Zeit transformierbar sind) auch im Zusammenhang mit der Relativität nützlich sind.

Daher erwarten wir eine Erweiterung der Vorstellung von Vektoren (von denen wir bisher angenommen haben, daß sie nur Raumkomponenten besitzen), so daß sie eine Zeitkomponente enthalten. Das heißt, wir erwarten, daß es Vektoren mit vier Komponenten gibt, von denen drei wie die Komponenten eines normalen Vektors sind, und mit diesen ist eine vierte Komponente assoziiert, welche das Analogon des Zeitteiles ist.

Dieses Konzept wird in den nächsten Kapiteln weiter untersucht werden, wobei wir finden werden, daß bei Anwendung der in diesem Abschnitt entwickelten Ideen auf den Impuls die Transformation drei Raumanteile angibt, die wie die normalen Impulskomponenten sind, und eine vierte Komponente, den Zeitanteil, welcher die *Energie* ist.

15–8 Relativistische Dynamik

Wir sind nun vorbereitet, um allgemeiner zu untersuchen, welche Form die Gesetze der Mechanik unter der Lorentz-Transformation erhalten. [Wir haben bisher erklärt, wie sich Länge und Zeit ändern, aber nicht, wie wir die modifizierte Formel für m (Gleichung 15.1) erhalten. Wir werden dies im nächsten Abschnitt tun.] Um die Konsequenzen der Einsteinschen Änderung von m für die Newtonsche Mechanik zu sehen, beginnen wir mit dem Newtonschen Gesetz, daß die Kraft die zeitliche Änderung des Impulses ist, oder

$$\mathbf{F} = d(m\mathbf{v})/dt.$$

Der Impuls ist noch immer mv, aber wenn wir das neue m verwenden, wird er

$$\mathbf{p} = m\mathbf{v} = \frac{m_0\mathbf{v}}{\sqrt{1 - v^2/c^2}}. \tag{15.10}$$

Das ist die Einsteinsche Modifikation der Newtonschen Gesetze. Unter dieser Modifikation wird, wenn actio und reactio noch immer gleich sind (was sie vielleicht nicht im einzelnen sind, wohl aber auf die Dauer), die Impulserhaltung genauso wie vorher gelten, aber die Größe, die erhalten bleibt, ist nicht das alte mv mit seiner konstanten Masse, sondern an Stelle dessen die in (15.10) gezeigte Größe, welche die geänderte Masse enthält. Wenn diese Änderung in der Formel für den Impuls vorgenommen wird, funktioniert die Impulserhaltung noch immer.

Nun lassen Sie uns sehen, wie sich der Impuls mit der Geschwindigkeit ändert. In der Newtonschen Mechanik ist er proportional der Geschwindigkeit und nach (15.10) über einen beträchtlichen, aber im Vergleich zu c kleinen Geschwindigkeitsbereich in der relativistischen Mechanik nahezu der gleiche, weil der Ausdruck unter der Quadratwurzel nur wenig von 1 verschieden ist. Aber wenn v fast gleich c ist, dann geht der Ausdruck nach Null, und der Impuls geht daher nach Unendlich.

Was passiert, wenn eine konstante Kraft lange Zeit auf einen Körper einwirkt? In der Newtonschen Mechanik wird der Körper schneller, bis er schneller wird als Licht. Aber das ist in der relativistischen Mechanik unmöglich. In der Relativität nimmt nicht die Geschwindigkeit zu, sondern der Impuls, der kontinuierlich zunehmen kann, weil die Masse zunimmt. Nach einer Weile wird praktisch keine Beschleunigung im Sinn einer Geschwindigkeitsänderung vorhanden sein, aber der Impuls nimmt weiter zu. Immer wenn eine Kraft eine sehr kleine Geschwindigkeitsänderung eines Körpers hervorruft, dann sagen wir natürlich, daß der Körper eine beträchtliche Trägheit besitzt, und genau das ist es, was unsere Formel für die relativistische Masse sagt (s. Gleichung 15.10) – sie sagt, daß die Trägheit sehr groß ist, wenn v fast so groß ist wie c. Ein Beispiel dieses Effektes: Zur Ablenkung der Hochgeschwindigkeits-Elektronen im Synchrotron, das hier in Caltech verwendet wird, benötigen wir ein magnetisches Feld, das 2000mal stärker ist, als man es auf der Basis der Newtonschen Gesetze erwarten würde. Mit anderen Worten, die Masse dieser Elektronen im Synchrotron ist 2000mal so groß wie ihre normale Masse, und sie ist so groß wie die eines Protons! Daß $m = 2000 \cdot m_0$ ist, bedeutet, daß $1 - u^2/c^2 = 1/4\,000\,000$ sein muß, und dies bedeutet, daß sich v^2/c^2 von 1 nur um einen Teil in 4 000 000 unterscheidet oder daß sich v von c um einen Teil in 8 000 000 unterscheidet. Also kommen die Elektronen sehr nahe an die Lichtgeschwindigkeit heran. Wenn die Elektronen und Licht beide vom Synchrotron starten (etwa 214 Meter entfernt) und zum Bridge-Laboratorium losrennen, wer würde eher ankommen? Natürlich das Licht, weil Licht immer schneller läuft.* Um wieviel eher? Das ist schwer zu sagen – statt dessen sagen wir, um welche Entfernung das Licht vorne liegt: es ist etwa $\frac{1}{2500}$ eines Zentimeters oder $\frac{1}{4}$ der Dicke eines Stückes Papier! Wenn die Elektronen so schnell gehen, so ist ihre Masse enorm groß, aber ihre Geschwindigkeit kann nie größer als die Lichtgeschwindigkeit werden.

Nun wollen wir einige weitere Konsequenzen der relativistischen Massenänderung betrachten. Betrachten wir die Bewegung der Moleküle in einem kleinen Gastank. Wenn das Gas erhitzt wird, so vergrößert sich die Geschwindigkeit der Moleküle, und damit wird auch ihre Masse vergrößert und das Gas ist schwerer. Eine Näherungsformel zur Angabe der Massenzunahme kann bei kleinen Geschwindigkeiten durch Entwicklung von $m_0/\sqrt{1 - v^2/c^2} = m_0(1 - v^2/c^2)^{-1\,2}$ in eine Potenzreihe gefunden werden. Wir erhalten

$$m_0(1 - v^2/c^2)^{-1/2} = m_0(1 + \tfrac{1}{2}v^2/c^2 + \tfrac{3}{8}v^4/c^4 + \cdots).$$

Wir sehen aus dieser Formel deutlich, daß die Reihe schnell konvergiert, wenn v klein ist, und die höheren Glieder sind vernachlässigbar. Somit können wir schreiben

$$m \cong m_0 + \tfrac{1}{2}m_0v^2\left(\frac{1}{c^2}\right), \tag{15.11}$$

worin das zweite Glied auf der rechten Seite die Massenzunahme aufgrund der Molekulargeschwindigkeit ausdrückt. Wenn die Temperatur wächst, so wächst v^2 proportional, also können wir sagen, daß die Massenzunahme proportional der Temperaturzunahme ist. Aber da $\frac{1}{2} \cdot m_0 v^2$ die kinetische Energie im altmodischen Newtonschen Sinn ist, können wir auch sagen, daß die Massenzunahme des gesamten Gaskörpers gleich der Zunahme der kinetischne Energie dividiert durch c^2 ist, oder $\Delta m = \Delta(\text{K.E.})/c^2$.

*** Die Elektronen würden das Rennen gegen *sichtbares* Licht tatsächlich gewinnen, wegen des Brechungsindexes der Luft. Ein Gammastrahl würde schneller laufen.**

15–9 Äquivalenz von Masse und Energie

Die oben beschriebene Beobachtung führte Einstein zu der Vermutung, daß die Masse eines Körpers einfacher als durch Formel (15.1) ausgedrückt werden kann, wenn wir sagen, daß die Masse gleich dem gesamten Energieinhalt dividiert durch c^2 sei. Wenn Gleichung (15.11) mit c^2 multipliziert wird, ist das Resultat

$$mc^2 = m_0c^2 + \tfrac{1}{2}m_0v^2 + \cdots \tag{15.12}$$

Hierbei stellt das Glied der linken Seite die gesamte Energie eines Körpers dar, und wir erkennen das letzte Glied als die normale kinetische Energie. Einstein interpretierte das große konstante Glied m_0c^2 als einen Teil der gesamten Energie des Körpers, als eine innere Energie, bekannt als die „Ruhenergie".

Verfolgen wir die Konsequenzen aus der Annahme (mit Einstein), daß *die Energie eines Körpers immer gleich mc^2* ist. Als interessantes Resultat werden wir die Formel (15.1) für die Änderung der Masse mit der Geschwindigkeit finden, die wir bis jetzt nur angenommen haben. Wir beginnen mit dem Körper in Ruhe, wenn seine Energie m_0c^2 ist. Dann lassen wir eine Kraft auf den Körper einwirken, welche ihn bewegt und ihm kinetische Energie gibt; da die Energie zugenommen hat, ist auch die Masse größer geworden – dies ist in der ursprünglichen Annahme enthalten. Solange Kraft vorhanden ist, werden Energie und Masse zunehmen. Wir haben bereits gesehen (Kapitel 13), daß die zeitliche Änderung der Energie gleich der Kraft mal der Geschwindigkeit ist, oder

$$\frac{dE}{dt} = \mathbf{F}\cdot\mathbf{v}. \tag{15.13}$$

Wir haben auch (Kapitel 9, Gleichung 9.1), daß $F = d(mv)/dt$ ist. Wenn diese Beziehungen mit der Definition von E zusammengefügt werden, so wird Gleichung (15.13)

$$\frac{d(mc^2)}{dt} = \mathbf{v}\cdot\frac{d(m\mathbf{v})}{dt}. \tag{15.14}$$

Wir wollen diese Gleichung nach m auflösen. Um dies zu tun, wenden wir zuerst den mathematischen Trick an, beide Seiten mit $2m$ zu multiplizieren, wodurch die Gleichung geändert wird zu

$$c^2(2m)\frac{dm}{dt} = 2mv\frac{d(mv)}{dt}. \tag{15.15}$$

Wir müssen die Ableitungen wegschaffen, was durch Integration beider Seiten erreicht werden kann. Die Größe $(2m)\,dm/dt$ kann identifiziert werden als die Ableitung von m^2 nach der Zeit; und $(2mv)\cdot d(mv/dt)$ ist die zeitliche Ableitung von $(mv)^2$. Also ist die Gleichung (15.15) das gleiche wie

$$c^2\frac{d(m^2)}{dt} = \frac{d(m^2v^2)}{dt}. \tag{15.16}$$

Wenn die Ableitungen zweier Größen gleich sind, dann unterscheiden sich die Größen allenfalls um eine Konstante, sagen wir C. Dies ermöglicht es uns, zu schreiben

$$m^2c^2 = m^2v^2 + C. \tag{15.17}$$

Wir müssen die Konstante C mehr explizite definieren. Da die Gleichung (15.17) für alle Geschwindigkeiten gelten muß, können wir den speziellen Fall $v = 0$ wählen und sagen, daß in diesem Fall die Masse m_0 ist. Die Substitution dieser Werte in Gleichung (15.17) ergibt

$$m_0^2 c^2 = 0 + C.$$

Nun können wir diesen Wert für C in Gleichung (15.17) einsetzen und erhalten

$$m^2 c^2 = m^2 v^2 + m_0^2 c^2. \qquad (15.18)$$

Die Division durch c^2 und Neuordnung der Glieder ergibt

$$m^2(1 - v^2/c^2) = m_0^2,$$

woraus wir erhalten

$$m = m_0/\sqrt{1 - v^2/c^2}. \qquad (15.19)$$

Dies ist die Formel (15.1), und das ist genau das, was für die Übereinstimmung zwischen Masse und Energie in Gleichung (15.2) notwendig ist.

Normalerweise repräsentieren diese Energieänderungen extrem kleine Massenänderungen, weil wir meist nicht viel Energie aus einer gegebenen Menge Material erzeugen können; aber für eine Atombombe des explosiven Energieäquivalentes von 20 Kilotonnen TNT kann z. B. gezeigt werden, daß der Staub nach der Explosion wegen der freigesetzten Energiemenge in Übereinstimmung mit der Beziehung $\Delta E = \Delta(mc^2)$ um 1 Gramm leichter ist als die Ausgangsmasse des reagierenden Materials. Diese Theorie der Äquivalenz von Masse und Energie wurde wunderschön durch Experimente verifiziert, in denen Masse zerstört wird – total in Energie umgewandelt wird: Ein Elektron und ein Positron kommen in Ruhe zusammen, jedes mit einer Ruhmasse m_0. Wenn sie zusammenkommen, zerfallen sie, und zwei Gammastrahlen werden emittiert, jeder mit der gemessenen Energie von $m_0 c^2$. Dieses Experiment liefert eine direkte Bestimmung der Energie, die mit der Existenz der Ruhmasse eines Teilchens assoziiert ist.

16 Relativistische Energie und Impuls

16–1 Die Relativität und die Philosophen

In diesem Kapitel werden wir weiterhin das Relativitätsprinzip von Einstein und Poincaré diskutieren, wie es unsere Vorstellungen von Physik und andere Bereiche menschlichen Denkens beeinflußt.

Poincaré machte die folgende Aussage über das Relativitätsprinzip: „Nach dem Relativitätsprinzip müssen die Gesetze der physikalischen Phänomene für einen ruhenden Beobachter die gleichen sein wie für einen Beobachter, welcher relativ zu ihm eine konstante translatorische Bewegung besitzt, so daß wir weder eine Möglichkeit haben, noch jemals eine haben werden, zu unterscheiden, ob wir in einer solchen Bewegung fortgetragen werden oder nicht."

Als dieser Gedanke über die Welt hereinbrach, verursachte er große Aufregung unter den Philosophen, besonders unter den „Cocktail-Party-Philosophen", welche sagen: „Oh, es ist sehr einfach, Einsteins Theorie sagt, alles ist relativ!" In der Tat wird eine überraschend große Anzahl von Philosophen, nicht nur jene, welche man auf Cocktail-Parties trifft (anstatt sie in Verlegenheit zu bringen, nennen wir sie einfach „Cocktail-Party-Philosophen"), sagen: „Daß alles relativ ist, ist eine Konsequenz von Einstein, und es hat tiefgründige Einflüsse auf unsere Vorstellungen". Zusätzlich sagen sie: „Es wurde in der Physik nachgewiesen, daß Phänomene von ihrem Bezugssystem abhängen". Wir hören das sehr häufig, aber es ist schwierig herauszufinden, was es bedeutet. Wahrscheinlich waren die Bezugssysteme, auf welche ursprünglich Bezug genommen wurde, die Koordinatensysteme, welche wir bei der Analyse der Relativitätstheorie benutzen. So soll die Tatsache, daß „die Dinge von ihrem Bezugssystem abhängen", angeblich einen tiefgründigen Einfluß auf die moderne Denkungsart gehabt haben. Man kann sich sehr wohl darüber wundern, warum; schließlich ist die Idee, daß die Dinge vom Gesichtspunkt eines jeden abhängen, so simpel, daß es gewiß nicht erforderlich gewesen sein kann, all die Mühe mit der physikalischen Relativitätstheorie aufzuwenden, um das zu entdecken. Daß alles, was man sieht, vom eigenen Bezugssystem abhängt, ist gewiß jedermann bekannt, der herumläuft, weil er einen sich nähernden Fußgänger zuerst von vorn und dann von hinten sieht; da ist nichts Tiefergehendes in der meisten Philosophie, von welcher gesagt wird, daß sie von der Relativitätstheorie herrührt, als in der Bemerkung, daß „eine Person von vorn anders aussieht als von hinten". Die alte Geschichte von dem Elefanten, der von mehreren Blinden auf verschiedene Art beschrieben wird, ist vielleicht ein weiteres Beispiel von der Relativitätstheorie aus der Warte des Philosophen.

Aber bestimmt müssen tiefergehende Dinge in der Relativitätstheorie enthalten sein als nur diese simple Bemerkung, daß „eine Person von vorn anders aussieht als von hinten". Natürlich ist die Relativität tiefergehend als dies, weil wir *mit ihr klare Vorhersagen machen können*. Es wäre gewiß recht bemerkenswert, wenn wir das Verhalten der Natur allein aus einer so simplen Beobachtung vorhersagen könnten.

Es existiert eine andere Schule von Philosophen, denen sehr ungemütlich ist wegen der Relativitätstheorie, welche erklärt, daß wir unsere absolute Geschwindigkeit nicht bestimmen können, ohne irgend etwas in der Außenwelt zu beobachten. Sie würden sagen: „Es ist offensichtlich, daß man seine Geschwindigkeit nicht bestimmen kann, ohne nach draußen zu sehen. Es ist selbstverständlich, daß es *sinnlos* ist, von der Geschwindigkeit eines Dings zu reden, ohne nach draußen zu blicken; die Physiker sind recht einfältig, etwas anderes gedacht zu haben, aber es dämmert ihnen nun, daß dies der Fall ist. Wenn nur wir Philosophen gemerkt hätten, welcher Art die Probleme waren, die die Physiker hatten, so hätten wir unmittelbar durch Geistesarbeit feststellen können, daß es unmöglich ist, zu sagen, wie schnell man sich bewegt, ohne nach draußen zu sehen, und wir hätten einen enormen Beitrag zur Physik leisten können". Diese Philosophen gibt es immer, sie ringen an der Peripherie, um uns etwas zu sagen, aber sie verstehen nie wirklich die Subtilitäten und Tiefen des Problems.

Unsere Unfähigkeit, absolute Bewegung nachzuweisen, ist ein Resultat des *Experimentes* und nicht ein Resultat reinen Denkens, wie wir leicht demonstrieren können. Zuerst einmal glaubte Newton, daß es richtig ist, daß man nicht sagen kann, wie schnell man sich mit konstanter Geschwindigkeit auf einer geraden Linie bewegt. In der Tat formulierte Newton das Relativitätsprinzip als erster, und ein Zitat im letzten Kapitel war eine Aussage Newtons. Warum haben die Philosophen dann nicht zu Newtons Zeit all diesen Lärm gemacht über „alles ist relativ"? Weil erst mit der Entwicklung der Maxwellschen Theorie der Elektrodynamik physikalische Gesetze vorhanden waren, welche andeuten, daß man seine Geschwindigkeit messen *könnte*, ohne dabei die Außenwelt zu beobachten; bald wurde *experimentell* gefunden, daß man dies *nicht* kann.

Ist es nun absolut, definitiv, philosophisch *notwendig*, daß man nicht in der Lage sein soll, zu sagen, wie schnell man sich bewegt, ohne nach draußen zu blicken? Eine der Konsequenzen der Relativität war die Entwicklung einer Philosophie, welche sagte: „Du kannst nur definieren, was Du messen kannst! Da es selbstverständlich ist, daß man eine Geschwindigkeit nicht messen kann, ohne das zu sehen, relativ zu dem man mißt, ist klar, daß die absolute Geschwindigkeit keine *Bedeutung* hat. Die Physiker sollten eingesehen haben, daß sie nur von dem reden können, was meßbar ist". Aber *das ist das ganze Problem*: ob man absolute Geschwindigkeit *definieren* kann oder nicht ist das gleiche, wie das Problem, ob man *in einem Experiment* ohne Beobachtung der Außenwelt *nachweisen kann*, ob man sich bewegt oder nicht. Mit anderen Worten, ob ein Ding meßbar ist oder nicht, kann nicht *a priori* allein durch Überlegung entschieden werden, sondern das ist etwas, das nur durch das Experiment entschieden werden kann. Wenn ihnen mitgeteilt wird, daß die Lichtgeschwindigkeit 300 000 km/s beträgt, so wird man wenige Philosophen finden, welche unerschüttert behaupten, wenn sich Licht mit 300 000 km/s in einem Wagen bewegt und der Wagen die Geschwindigkeit 160 000 km/s hat, so sei es selbstverständlich, daß sich das Licht auch an einem ruhenden Beobachter mit 300 000 km/s vorbeibewegt. Das ist für sie eine schockierende Tatsache; genau diejenigen, welche behaupten, daß ihnen dies einleuchtet, finden, wenn ihnen spezifische Fakten mitgeteilt werden, daß es nicht einleuchtend ist.

Endlich gibt es sogar eine Philosophie, welche sagt, daß man überhaupt *keine* Bewegung nachweisen kann, außer durch Beobachtung der Außenwelt. Das ist in der Physik einfach nicht wahr. Wahr ist, daß man keine *gleichförmige* Bewegung auf einer *geraden Linie* wahrnehmen kann, aber wenn der gesamte Raum *rotieren* würde, so würden wir dies gewiß bemerken, denn jedermann würde an die Wand geschleudert – es wären alle Arten von „Zentrifugal"-Effekten vorhanden. Daß sich die Erde um ihre Achse dreht, kann festgestellt werden, ohne die Sterne zu beobachten, z. B. mit Hilfe des sogenannten Foucault-Pendels. Daher ist es nicht wahr, daß „alles relativ ist"; es ist nur die *gleichförmige Geschwindigkeit*, welche nicht ohne Beobachtung der Außenwelt nachgewiesen werden kann. Gleichförmige *Rotation* um eine feste Achse *kann* nachgewiesen werden. Wenn dies einem Philosophen mitgeteilt wird, so ist der sehr beunruhigt, daß er dies nicht richtig verstanden hat. weil es ihm unmöglich erscheint, daß man Rotation um eine Achse ohne Beobachtung der Außenwelt nachweisen kann. Wenn der Philosoph von der guten Sorte ist, so kommt er vielleicht nach einer Weile zurück und sagt: „Ich verstehe. Wir haben tatsächlich nicht so etwas wie absolute Rotation; wir drehen uns wirklich *relativ zu den Sternen*, sehen Sie. Und somit muß ein durch die Sterne auf ein Objekt ausgeübter Einfluß die Zentrifugalkraft verursachen".

Nach allem, was wir wissen, ist dies wahr; wir sind zur Zeit nicht in der Lage, zu sagen, ob es Zentrifugalkräfte gäbe, wenn keine Sterne und Nebel vorhanden wären. Bisher konnten wir kein Experiment ausführen, bei dem wir alle Nebel wegschaffen und dann unsere Rotation messen, also wissen wir es einfach nicht. Wir müssen zugeben, daß der Philosoph recht haben kann. Er kommt daher beglückt zurück und sagt: „Es ist absolut notwendig, daß sich die Welt im Endeffekt als folgendermaßen erweist: *absolute* Rotation bedeutet nichts; sie ist nur *relativ* zu den Nebeln". Dann sagen wir zu ihm: „Nun, mein Freund, ist es offensichtlich oder nicht, daß gleichförmige Geschwindigkeit auf einer geraden Linie, *relativ zu den Nebeln*, keine Effekte in einem Wagen produzieren sollte? " Da die Bewegung nun nicht mehr absolut ist, sondern eine Bewegung *relativ zu den Nebeln*, wird es eine mysteriöse Frage und eine Frage, welche nur durch das Experiment beantwortet werden kann.

Welches *sind* dann die philosophischen Einflüsse auf die Relativitätstheorie? Wenn wir uns auf Einflüsse in dem Sinn beschränken, *welche Art neuer Ideen und Empfehlungen* dem Physiker durch das Relativitätsprinzip gebracht werden, so könnten wir einige davon wie folgt beschreiben. Die erste Entdeckung ist im wesentlichen, daß selbst solche Ideen, welche lange Zeit vertreten und sehr genau verifiziert wurden, falsch sein könnten. Es war natürlich eine schockierende Entdeckung, daß die Newtonschen Gesetze falsch sind, nach all den Jahren, in denen sie genau zu sein schienen. Es ist klar, daß nicht die Experimente falsch waren, sie wurden nur über einen begrenzten Geschwindigkeitsbereich ausgeführt, so daß sich die relativistischen Effekte nicht bemerkbar machten. Aber nichtsdestoweniger haben wir nun eine viel bescheidenere Meinung von unseren physikalischen Gesetzen – alles *kann* falsch sein.

Zweitens, wenn wir einen Satz „sonderbarer" Ideen haben, wie die, daß die Zeit langsamer vergeht, wenn man sich bewegt usw., so ist es eine irrelevante Frage, ob wir sie mögen oder *nicht*. Die einzig relevante Frage ist, ob die Ideen mit den *experimentell* gefundenen Ergebnissen übereinstimmen. Mit anderen Worten, die „sonderbaren" Ideen müssen nur mit dem *Experiment* übereinstimmen, und der einzige Grund dafür, daß wir das Verhalten von Uhren usw. diskutieren müssen, ist die Demonstration, daß der Begriff von der Zeitdilatation, obgleich er sonderbar ist, mit unserer Art der Zeitmessung *vereinbar* ist.

Zuletzt ist da eine dritte Empfehlung, welche etwas mehr technischer Natur ist, die sich aber bei unserem Studium physikalischer Gesetze als enorm nützlich erwiesen hat, und das ist *die Betrachtung der Symmetrie der Gesetze*, oder spezifischer, das Auffinden der möglichen Transformationen, welche die Form der Gesetze unverändert lassen. Als wir die Vektortheorie diskutierten, haben wir gesehen, daß die Grundgesetze der Bewegung nicht geändert werden, wenn wir das Koordinatensystem drehen, und nun lernen wir, daß sie nicht verändert werden, wenn wir die Raum- und Zeitvariablen auf eine besondere Weise ändern, welche durch die Lorentz-Transformation gegeben ist. Also hat sich dieser Gedanke der Untersuchung der Muster oder Operationen, unter welchen sich die Grundgesetze nicht ändern, als sehr nützlich erwiesen.

16–2 Das Zwillingsparadoxon

Zur Fortsetzung unserer Diskussion der Lorentz-Transformation und relativistischer Effekte betrachten wir ein berühmtes sogenanntes Paradoxon von Peter und Paul, welche Zwillinge sein sollen, die zur gleichen Zeit geboren wurden. Wenn sie alt genug sind, um ein Raumschiff zu steuern, fliegt Paul mit sehr großer Geschwindigkeit davon. Weil Peter, der am Boden zurückbleibt, den Paul so schnell dahinziehen sieht, gehen von Peters Warte aus betrachtet anscheinand Pauls sämtliche Uhren langsamer, ist sein Pulsschlag langsamer, sind seine Gedanken langsamer, ist alles langsamer. Natürlich bemerkt Paul nichts Ungewöhnliches, aber wenn er für eine Weile hin und her reist und dann zurückkommt, wird er jünger sein als Peter, der Mann am Boden! Das ist tatsächlich richtig; es ist eine der Konsequenzen der Relativitätstheorie, die klar demonstriert wurde. Genau wie die Mü-Mesonen länger existieren, wenn sie in Bewegung sind, wird Paul länger leben, wenn er sich bewegt. Dies wird ein „Paradoxon" nur von den Leuten genannt, welche davon überzeugt sind, daß das Relativitätsprinzip bedeutet, daß *alle Bewegung* relativ ist; sie sagen: „Heh, heh, heh, können wir nicht von Pauls Gesichtspunkt aus sagen, daß sich Peter bewegt und dieser daher langsamer altern sollte? Wegen der Symmetrie ist es das einzig mögliche Resultat, daß beide das gleiche Alter haben sollten, wenn sie zusammentreffen". Aber um wieder zusammenzukommen und den Vergleich zu ziehen, muß Paul entweder am Ende seiner Reise halten und einen Uhrenvergleich anstellen, oder einfacher, er muß zurückkommen, und derjenige der zurückkommt, muß der Mann sein, welcher sich bewegt hat, und er weiß das, weil er umkehren mußte. Beim Umkehren ereigneten sich in seinem Raumschiff alle Arten von ungewöhnlichen Dingen – die Raketen gingen los, Dinge wurden gegen eine Wand gepreßt usw. – während Peter nichts gespürt hat.

Daher wird die Regel so formuliert, daß *der Mann, welcher die Beschleunigungen gespürt hat,* welcher Dinge gegen die Wand fallen sah usw., derjenige ist, welcher der jüngere sein wird; dies ist der Unterschied zwischen ihnen in einem „absoluten" Sinn, und das ist bestimmt richtig. Als wir die Tatsache diskutierten, daß bewegte Mü-Mesonen länger leben, haben wir als Beispiel ihre geradlinige Bewegung in der Atmosphäre verwendet. Aber wir können Mü-Mesonen auch in einem Laboratorium herstellen und sie mit einem Magneten auf einer Kurve laufen lassen, und selbst bei dieser beschleunigten Bewegung existieren sie genau soviel länger, wie bei Bewegung auf einer geraden Linie. Obwohl noch niemand ausdrücklich ein Experiment zur Beseitigung des Paradoxons ausführte, könnte man ein ruhendes Mü-Meson mit einem vergleichen, das auf einem Kreis umläuft, und es würde zweifellos ergeben, daß das auf dem Kreis umgelaufene Meson länger existierte. Obgleich wir noch kein Experiment mit Verwendung eines vollständigen Kreises ausgeführt haben, ist dies natürlich nicht notwendig, weil alles richtig zusammenpaßt. Dies mag jene nicht befriedigen, welche darauf bestehen, daß jedes einzelne Faktum direkt demonstriert wird, aber wir machen eine zuversichtliche Vorhersage über das Resultat des Experimentes, bei welchem Paul auf einem vollständigen Kreis umläuft.

16–3 Die Transformation von Geschwindigkeiten

Der Hauptunterschied zwischen der Relativität von Einstein und der von Newton ist, daß die Transformationsgesetze, welche die Koordinaten und Zeiten zwischen relativ bewegten Systemen verknüpfen, unterschiedlich sind. Das genaue Transformationsgesetz, das von Lorentz, ist

$$x' = \frac{x - ut}{\sqrt{1 - u^2/c^2}},$$
$$y' = y, \qquad z' = z, \tag{16.1}$$
$$t' = \frac{t - ux/c^2}{\sqrt{1 - u^2/c^2}}.$$

Diese Gleichungen entsprechen dem relativ einfachen Fall, in welchem die relative Bewegung der beiden Beobachter entlang ihrer gemeinsamen x-Achse erfolgt. Natürlich sind andere Bewegungsrichtungen möglich, aber die allgemeinste Lorentz-Transformation ist ziemlich kompliziert, mit allen vier Größen zusammengemixt. Wir werden weiterhin diese einfachere Form verwenden, weil sie alle wesentlichen Eigenschaften der Relativität enthält.

Lassen Sie uns nun weitere Konsequenzen dieser Transformation diskutieren. Zuerst ist es interessant, diese Gleichungen rückwärts zu lösen. Das heißt, hier ist ein Satz linearer Gleichungen, vier Gleichungen mit vier Unbekannten, und diese können umgekehrt aufgelöst werden, nach x, y, z, t ausgedrückt durch x', y', z', t'. Das Resultat ist sehr interessant, weil es uns zeigt, wie ein „ruhendes" Koordinatensystem vom Gesichtspunkt eines „bewegten" aussieht. Natürlich, da die Bewegungen relativ und mit gleichförmiger Geschwindigkeit erfolgen, kann der „bewegte" Mann – so er will – sagen, daß es wirklich der andere ist, welcher sich bewegt, und er selber sei in Ruhe. Und da er sich in der entgegengesetzten Richtung bewegt, sollte er die gleiche Transformation, aber mit entgegengesetztem Vorzeichen der Geschwindigkeit erhalten. Genau das finden wir, somit ist dies übereinstimmend. Wäre dies nicht der Fall, so hätten wir wirklich Grund zur Besorgnis!

$$x = \frac{x' + ut'}{\sqrt{1 - u^2/c^2}},$$
$$y = y', \qquad z = z', \tag{16.2}$$
$$t = \frac{t' + ux'/c^2}{\sqrt{1 - u^2/c^2}}.$$

Als nächstes diskutieren wir das interessante Problem der Addition von Geschwindigkeiten in der Relativitätstheorie. Wir besinnen uns, daß es eines der ursprünglichen Rätsel war, daß sich Licht mit 300 000 km/s in allen Systemen bewegt, selbst wenn sie in relativer Bewegung sind. Das ist ein spezieller Fall des allgemeineren Problems, welches im folgenden exemplifiziert wird. Angenommen, ein Objekt bewegt sich in einem Raumschiff mit 160 000 km/s und das Raumschiff selber bewegt sich mit 160 000 km/s; wie schnell bewegt sich das Objekt im Raumschiff vom Gesichtspunkt eines außerhalb befindlichen Beobachters? Wir könnten vielleicht sagen, 320 000 km/s, was schneller als die Lichtgeschwindigkeit ist. Dies ist sehr aufregend, weil es sich nicht schneller als mit Lichtgeschwindigkeit bewegen darf! Das allgemeine Problem ist wie folgt.

Lassen Sie uns annehmen, daß sich das Objekt im Schiff, vom Mann im Schiff gesehen, mit der Geschwindigkeit v bewegt und daß das Raumschiff die Geschwindigkeit u relativ zum Boden besitzt. Wir wollen wissen, mit welcher Geschwindigkeit v_x sich dieses Objekt bewegt, wenn es von einem Beobachter am Boden gesehen wird. Dies ist natürlich noch immer ein Spezialfall, in welchem die Bewegung in der x-Richtung abläuft. Es gibt auch eine Transformation für Geschwindigkeiten in der y-Richtung oder für irgendeinen Winkel; diese können, wenn notwendig, ausgearbeitet werden. Im Raumschiff ist die Geschwindigkeit $v_{x'}$, dies bedeutet, daß die Verschiebung x' gleich der Geschwindigkeit mal der Zeit ist:

$$x' = v_{x'}t'. \tag{16.3}$$

Nun müssen wir nur berechnen, was der Ort und die Zeit in bezug auf den Beobachter am Boden sind für ein Objekt, welches die Beziehung (16.2) zwischen x' und t' besitzt. Also setzen wir einfach (16.3) in (16.2) ein und erhalten

$$x = \frac{v_{x'}t' + ut'}{\sqrt{1 - u^2/c^2}}. \tag{16.4}$$

Aber hier finden wir x ausgedrückt in t'. Um die vom Beobachter am Boden gesehene Geschwindigkeit zu erhalten, müssen wir *seine Entfernung* durch *seine Zeit* dividieren, nicht durch *des anderen Mannes Zeit*! Also müssen wir die *Zeit* berechnen, wie sie von der Außenwelt gesehen wird; diese ist

$$t = \frac{t' + u(v_{x'}t')/c^2}{\sqrt{1 - u^2/c^2}}. \tag{16.5}$$

Nun müssen wir das Verhältnis von x zu t finden; es ist

$$v_x = \frac{x}{t} = \frac{u + v_{x'}}{1 + uv_{x'}/c^2}, \tag{16.6}$$

wobei sich die Quadratwurzeln herausgekürzt haben. Das ist das von uns gesuchte Gesetz; die resultierende Geschwindigkeit, das „Summieren" zweier Geschwindigkeiten, ist nicht einfach die algebraische Summe zweier Geschwindigkeiten (wir wissen, daß dies nicht sein kann, oder wir geraten in Schwierigkeiten), sie ist „korrigiert" um $1 + uv/c^2$.

Nun lassen Sie uns sehen, was sich ereignet. Angenommen, Sie bewegen sich in dem Raumschiff mit halber Lichtgeschwindigkeit und das Raumschiff bewegt sich selbst mit halber Lichtgeschwindigkeit. Also ist u gleich $\frac{1}{2}c$ und v ist $\frac{1}{2}c$, aber im Nenner ist uv ein Viertel, somit ist

$$v = \frac{\frac{1}{2}c + \frac{1}{2}c}{1 + \frac{1}{4}} = \frac{4c}{5}.$$

Also ergibt in der Relativitätstheorie „einhalb" und „einhalb" nicht „eins", sondern nur „4/5". Natürlich können wir geringere Geschwindigkeiten sehr einfach auf die herkömmliche Weise addieren, weil wir den Faktor $(1 + uv/c^2)$ fortlassen können, solange die Größen klein sind gegen die Lichtgeschwindigkeit; aber die Dinge sind ganz anders und sehr interessant bei großen Geschwindigkeiten.

Lassen Sie uns einen Grenzfall nehmen. Nur zum Spaß nehmen wir an, daß der Mann im Raumschiff *Licht* beobachtet hat. Mit anderen Worten, $v = c$, und trotzdem bewegt sich das Raumschiff. Wie sieht das der Bodenbeobachter? Die Antwort ist

$$v = \frac{u + c}{1 + uc/c^2} = c\,\frac{u + c}{u + c} = c.$$

Wenn sich also im Raumschiff etwas mit Lichtgeschwindigkeit bewegt, so wird es von einem Beobachter am Boden ebenfalls mit Lichtgeschwindigkeit gesehen! Das ist gut, denn dafür wurde die Einsteinsche Relativitätstheorie entwickelt – also *soll* sie *nur ja* funktionieren!

Natürlich gibt es Fälle, in welchen die Bewegung nicht in Richtung der gleichförmigen Translation ist. Zum Beispiel kann sich ein Objekt im Raumschiff gerade mit der Geschwindigkeit v'_y nach „oben" in bezug auf das Schiff bewegen und das Schiff bewegt sich „horizontal". Nun gehen wir einfach die Sache ganauso durch, nur benutzen wir die y anstelle der x mit dem Resultat

$$y = y' = v_{y'}t',$$

somit ist, wenn $v'_x = 0$,

$$v_y = \frac{y}{t} = v_{y'}\sqrt{1 - u^2/c^2}. \tag{16.7}$$

Also ist eine seitwärts gerichtete Geschwindigkeit nicht mehr v'_y, sondern $v'_y\sqrt{1 - u^2/c^2}$. Wir fanden dieses Resultat durch Substitution und Kombination der Transformationsgleichungen, aber wir können das Resultat auch direkt aus dem Relativitätsprinzip ersehen, aus folgendem Grund (es ist immer gut, noch einmal nachzusehen, ob wir den Grund erkennen): Wir haben bereits (Fig. 15–3) diskutiert, wie eine mögliche Uhr funktionieren könnte, wenn sie sich bewegt; das Licht scheint sich mit der Geschwindigkeit c unter einem Winkel im ruhenden System zu bewegen, während es im bewegten System einfach vertikal mit der gleichen Geschwindigkeit wandert. Wir fanden, daß die *vertikale Komponente* der Geschwindigkeit im ruhenden System im Vergleich zu Licht kleiner ist um den Faktor $\sqrt{1 - u^2/c^2}$ (siehe Gl. 15.3). Aber nun nehmen wir an, daß wir ein materielles Teilchen in dieser gleichen „Uhr" hin und her gehen lassen, jedoch mit einem ganzzahligen Bruchteil $1/n$ der Lichtgeschwindigkeit (Fig. 16–1). Wenn dann das Teilchen einmal hin und her gewandert ist, wird das Licht das gleiche genau n mal getan haben. Das heißt, jedes „Klick" der „Teilchen"-Uhr wird mit jedem n-ten „Klick" der Lichtuhr zusammenfallen. *Dies muß auch gelten, wenn sich das gesamte System bewegt,* weil das physikalische Phänomen der Koinzidenz in jedem Bezugssystem eine Koinzidenz ist. Darum, weil die Geschwindigkeit c_y

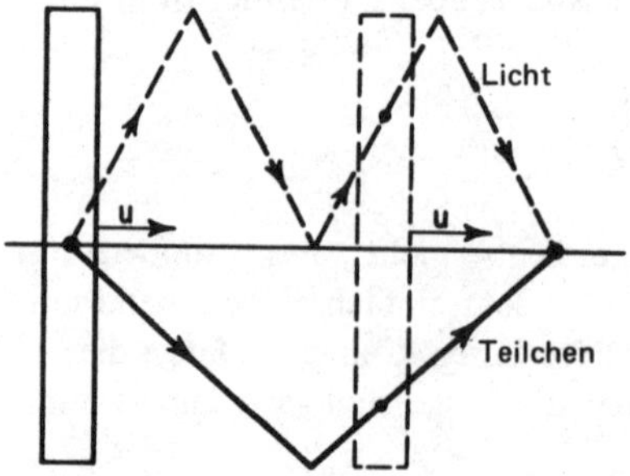

Fig. 16–1. Die von einem Lichtstrahl und einem Teilchen in einer bewegten Uhr beschriebenen Bahnen.

geringer als die Lichtgeschwindigkeit ist, muß die Geschwindigkeit v_y des Teilchens um das gleiche Quadratwurzel-Verhältnis langsamer sein als die korrespondierende Geschwindigkeit! Das ist der Grund dafür, daß die Quadratwurzel in jeder vertikalen Geschwindigkeit erscheint.

16–4 Die relativistische Masse

Wir haben im letzten Kapitel gesehen, daß die Masse eines Objektes mit der Geschwindigkeit zunimmt, aber dazu wurde in dem Sinn keine Demonstration geliefert, daß wir keine Argumente brachten, die analog sind zu denen über die Art, wie Uhren funktionieren müssen. Jedoch *können* wir als Konsequenz der Relativitätstheorie plus einiger anderer vernünftiger Annahmen zeigen, daß sich die Masse auf diese Weise ändern muß. (Wenn wir bedeutungsvolle Deduktionen vornehmen wollen, so müssen wir sagen, „einige andere Annahmen", weil wir nichts beweisen können, bis wir einige Gesetze haben, von denen wir annehmen, daß sie richtig sind.) Um nicht die Transformationsgesetze der Kraft untersuchen zu müssen, werden wir einen *Zusammenstoß* analysieren, wobei wir nichts über die Kraftgesetze wissen müssen, ausgenommen daß wir Impuls- und Energieerhaltung annehmen werden. Auch werden wir annehmen, daß der Impuls eines bewegten Teilchens ein Vektor ist, welcher immer die Richtung der Geschwindigkeit besitzt. Jedoch werden wir nicht annehmen, daß der Impuls gleich einer *Konstanten* mal der Geschwindigkeit ist, wie es Newton tat, sondern lediglich, daß er eine *Funktion* der Geschwindigkeit ist. Wir schreiben also den Impulsvektor als einen gewissen Koeffizienten mal der Vektorgeschwindigkeit:

$$\mathbf{p} = m_v \mathbf{v}. \tag{16.8}$$

Wir verwenden den Index v am Koeffizienten, um uns daran zu erinnern, daß er eine Funktion der Geschwindigkeit ist, und einigen uns, diesen Koeffizienten m_v die „Masse" zu nennen. Natürlich ist dies bei kleiner Geschwindigkeit die gleiche Masse, welche wir in den Experimenten bei langsamen Bewegungen messen, an die wir gewöhnt sind. Nun werden wir zu demonstrieren versuchen, daß die Formel für m_v gleich $m_0/\sqrt{1 - v^2/c^2}$ sein muß, indem wir aus dem Relativitätsprinzip argumentieren, daß die Gesetze der Physik in jedem Koordinatensystem die gleichen sein müssen.

Angenommen, wir haben zwei Teilchen, z. B. zwei Protonen, welche absolut gleich sind, und sie bewegen sich mit genau gleichen Geschwindigkeiten aufeinander zu. Ihr Gesamtimpuls ist Null. Was kann sich nun ereignen? Nach dem Stoß müssen ihre Bewegungsrichtungen genau einander entgegengesetzt sein, weil in dem Fall, daß sie nicht genau entgegengesetzt sind, ein von Null verschiedener Gesamtvektorimpuls vorhanden wäre und der Impuls somit nicht erhalten bliebe. Ebenso müssen sie die gleichen Geschwindigkeiten besitzen, weil sie genau ähnliche Objekte sind; in der Tat müssen sie die gleiche Geschwindigkeit besitzen, mit der sie starteten, weil wir annehmen, daß bei diesen Stößen die Energie erhalten bleibt. So wird das Diagramm eines elastischen Stoßes, eines reversiblen Stoßes, aussehen wie Fig. 16–2a: alle Pfeile haben die gleiche Länge, alle Geschwindigkeiten sind gleich. Wir werden annehmen, daß solche Stöße immer arrangiert werden können, daß jeder beliebige Winkel θ vorkommen kann und daß irgendeine Geschwindigkeit bei solchen Stößen verwendet werden kann. Als nächstes beachten wir, daß dieser gleiche Stoß durch Drehung der Achsen verschieden betrachtet werden kann, und nur zur

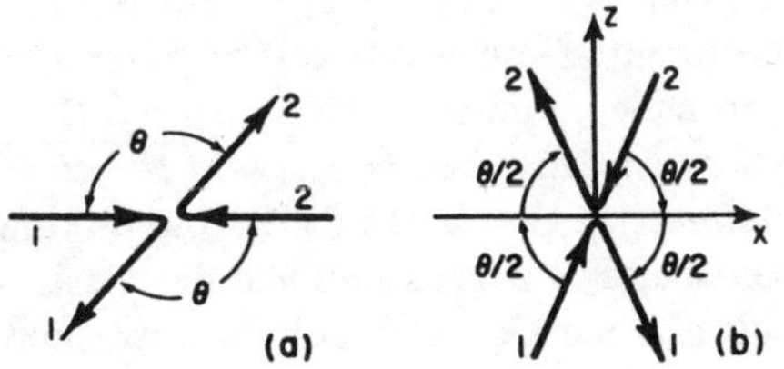

Fig. 16–2. Zwei Ansichten eines elastischen Stoßes zwischen gleichen Objekten gleicher Geschwindigkeit in entgegengesetzten Richtungen.

Vereinfachung *werden* wir die Achsen so drehen, daß die Horizontale eine gleichmäßige Teilung schafft, wie in Fig. 16–2b. Es ist der gleiche Stoß, neu gezeichnet, nur mit den Achsen gedreht.

Hier ist nun der richtige Trick: Betrachten wir diesen Stoß vom Gesichtspunkt eines Beobachters, der in einem Wagen mit einer Geschwindigkeit vorbeifährt, die gleich der Horizontalkomponente der Geschwindigkeit eines Teilchens ist. Wie sieht dann dieser Stoß aus? Es sieht so aus, als ob Teilchen 1 direkt nach oben geht, weil es seine horizontale Komponente verloren hat, und es geht wieder direkt nach unten, ebenfalls weil es diese Komponente nicht besitzt. Das heißt, der Stoß erscheint wie in Fig. 16–3a gezeigt. Teilchen 2 jedoch bewegte sich in der anderen Richtung, und während wir vorbeifahren, scheint es mit ungeheurer Geschwindigkeit unter einem kleineren Winkel vorbeizufliegen, aber wir wissen, daß die Winkel vor und nach dem Stoß die *gleichen* sind. Bezeichnen wir die Horizontalkomponente der Geschwindigkeit von Teilchen 2 mit u und die vertikale Geschwindigkeit von Teilchen 2 mit w.

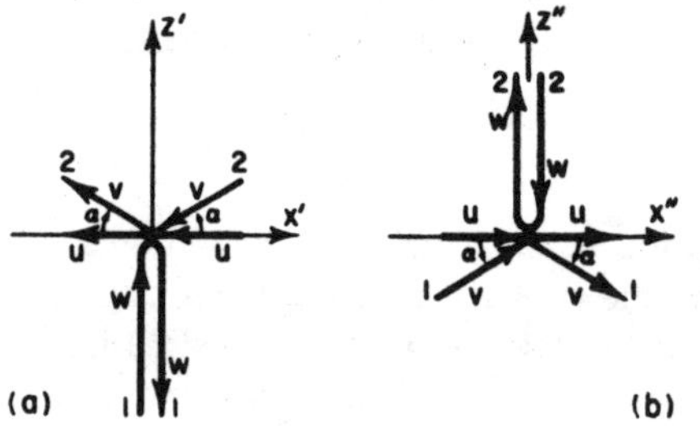

Fig. 16–3. Zwei weitere Ansichten des Stoßes, vom fahrenden Wagen aus betrachtet.

Nun ist die Frage, was ist die vertikale Geschwindigkeit $u \tan \alpha$? Wenn wir dies wüßten, so könnten wir unter Verwendung der Impulserhaltung in der vertikalen Richtung den richtigen Ausdruck für den Impuls erhalten. Offensichtlich bleibt die Horizontalkomponente des Impulses erhalten: sie ist vor und nach dem Stoß für beide Teilchen gleich, und für Teilchen 1 ist sie Null. Also müssen wir das Erhaltungsgesetz nur für die nach oben gerichtete Geschwindigkeit $u \tan \alpha$ anwenden. Aber wir *können* die nach oben gerichtete Geschwindigkeit erhalten, indem wir einfach den gleichen Stoß aus anderer Richtung betrachten! Wenn wir den Stoß von Fig. 16–3a von einem auf der linken Seite mit der Geschwindigkeit u fahrenden Wagen beobachten, so sehen wir den gleichen Stoß, nur „umgedreht", wie in Fig. 16–3b gezeigt. Nun ist Teilchen 2 dasjenige, welches mit der Geschwindigkeit w hoch und runter geht, und Teilchen 1 hat die horizontale Geschwindigkeit u gewonnen. Natürlich *wissen* wir, was die Geschwindigkeit $u \tan \alpha$ ist: es ist $w\sqrt{1 - u^2/c^2}$ (siehe Gl. 16.7). Wir wissen, die Änderung des vertikalen Impulses des vertikal bewegten Teilchens ist

$$\Delta p = 2m_w w$$

(2, weil es sich hoch und wieder runter bewegt). Das schräg bewegte Teilchen hat eine bestimmte Geschwindigkeit v, deren Komponenten wir zu u und $w\sqrt{1 - u^2/c^2}$ gefunden haben, und seine Masse ist m_v. Die Änderung des *vertikalen* Impulses dieses Teilchens ist daher $\Delta p' = 2m_v w\sqrt{1 - u^2/c^2}$, weil in Übereinstimmung mit unserem angenommenen Gesetz (16.8) die Impulskomponente immer die Masse dem Geschwindigkeitsbetrag entsprechend mal der Geschwindigkeit in der betreffenden Richtung ist. Damit also der Gesamtimpuls Null ist, muß sich der vertikale Impuls herauskürzen, und das

Verhältnis der sich mit der Geschwindigkeit v bewegenden Masse zu der mit der Geschwindigkeit w bewegten Masse muß daher sein

$$\frac{m_w}{m_v} = \sqrt{1 - u^2/c^2}. \tag{16.9}$$

Nehmen wir den Grenzfall, daß w infinitesimal klein ist. Wenn w in der Tat sehr klein ist, so ist es klar, daß v und u praktisch gleichgroß sind. In diesem Fall gilt $m_w \to m_0$ und $m_v \to m_u$. Das große Resultat ist

$$m_u = \frac{m_0}{\sqrt{1 - u^2/c^2}}. \tag{16.10}$$

Es ist eine interessante Übung, nun zu prüfen, ob Gl. (16.9) in der Tat für willkürliche Werte von w gilt oder nicht, wenn wir annehmen, daß Gl. (16.10) die richtige Formel für die Masse ist. Beachten Sie, daß die in Gl. (16.9) benötigte Geschwindigkeit v aus dem rechtwinkeligen Dreieck berechnet werden kann:

$$v^2 = u^2 + w^2(1 - u^2/c^2).$$

Es ist automatisch richtig, obwohl wir es nur für den Grenzfall kleiner w verwendet haben.

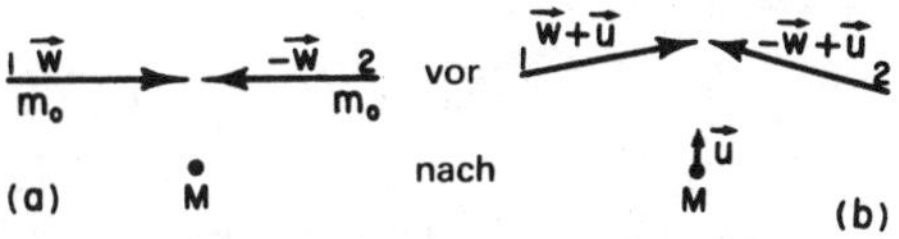

Fig. 16–4. Zwei Ansichten eines inelastischen Stoßes zwischen zwei gleich massiven Objekten.

Lassen Sie uns nun akzeptieren, daß der Impuls erhalten bleibt und daß die Masse gemäß (16.10) von der Geschwindigkeit abhängt. Wir gehen weiter, um herauszufinden, was wir noch schlußfolgern können. Betrachten wir, was normalerweise ein *inelastischer Stoß* genannt wird. Zur Vereinfachung nehmen wir zwei Objekte der gleichen Art an, welche sich mit gleichgroßen, aber entgegengesetzten Geschwindigkeiten bewegen, aufeinanderstoßen und zusammenhängen bleiben, wobei sie ein neues, stationäres Objekt bilden, wie es in Fig. 16–4a gezeigt ist. Die Masse m jedes Objektes entspricht der Geschwindigkeit w und ist, wie wir wissen, $m_0/\sqrt{1 - w^2/c^2}$. Wenn wir die Impulserhaltung und das Relativitätsprinzip voraussetzen, so können wir einen interessanten Sachverhalt über die Masse des neu gebildeten Objektes demonstrieren. Wir stellen uns eine infinitesimale Geschwindigkeit u unter rechtem Winkel zu w vor (wir können es auch mit endlichen Werten von u tun, aber es ist leichter verständlich mit einer infinitesimalen Geschwindigkeit); dann betrachten wir den gleichen Stoß aus einem mit der Geschwindigkeit $-u$ bewegten Fahrstuhl.

Was wir sehen, ist in Fig. 16–4b abgebildet. Das zusammengesetzte Objekt hat eine unbekannte Masse M. Nun bewegt sich Objekt 1 mit einer nach oben gerichteten Komponente der Geschwindigkeit u und einer Horizontalkomponente, welche praktisch gleich w ist; Objekt 2 macht es ebenso. Nach dem Stoß haben wir die mit der Geschwindigkeit u nach oben bewegte Masse M; diese Geschwindigkeit ist sehr klein im Vergleich zur Lichtgeschwindigkeit, und sie ist auch klein im Vergleich zu w. Der Impuls muß erhalten bleiben, also lassen Sie uns den Impuls in der nach oben weisenden Richtung vor und nach dem Stoß abschätzen. Vor dem Stoß haben wir $p \sim 2m_w u$, und nach dem

Stoß ist der Impuls offensichtlich $p' = M_u u$, aber M_u ist im wesentlichen das gleiche wie M_0, weil u so klein ist. Diese Impulse müssen wegen der Impulserhaltung gleich sein, und daher ist

$$M_0 = 2m_w. \qquad (16.11)$$

Die Masse des Objektes, welches gebildet wird, wenn zwei gleiche Massen zusammenstoßen, muß zweimal die Masse der Objekte sein, welche zusammenkommen. Sie mögen sagen: „Ja, natürlich, das ist die Massenerhaltung", aber nicht so leicht „ja, natürlich", weil *diese Massen vermehrt sind* im Vergleich zu den Massen, welche sie sein würden, wenn sie stillstehen, sie tragen jedoch zum gesamten M nicht die Masse bei, welche sie in der Ruhelage besitzen, sondern *mehr.* So erstaunlich dies auch erscheinen mag, damit die Impulserhaltung beim Zusammentreffen zweier Objekte gilt, muß die Masse, die sie bilden, größer sein als die Ruhmassen der Objekte, selbst wenn die Objekte nach dem Stoß zur Ruhe kommen.

16–5 Die relativistische Energie

Im letzten Kapitel haben wir demonstriert, daß die Änderung der kinetischen Energie eines Objektes aufgrund der gesamten durch die Kräfte geleisteten Arbeit als Resultat der Abhängigkeit der Masse von der Geschwindigkeit und den Newtonschen Gesetzen herauskommt als

$$\Delta T = (m_u - m_0)c^2 = \frac{m_0 c^2}{\sqrt{1 - u^2/c^2}} - m_0 c^2. \qquad (16.12)$$

Wir sind sogar noch weiter gegangen und haben vermutet, daß die Gesamtenergie gleich der Gesamtmasse mal c^2 ist. Nun setzen wir diese Diskussion fort.

Angenommen, unsere zwei gleich massiven Objekte, welche kollidieren, können noch immer in M „gesehen" werden. Z. B. ein Proton und ein Neutron „hängen zusammen", aber sie bewegen sich noch immer im Innern von M. Dann, obgleich wir zunächst erwarten würden, daß die Masse M gleich $2m_0$ wäre, haben wir nicht $2m_0$, sondern $2m_w$ erhalten. Da wir $2m_w$ hineingegeben haben, aber die Ruhmassen der Dinge im Innern $2m_0$ sind, ist die *Überschußmasse* des zusammengesetzten Objektes gleich der eingebrachten kinetischen Energie. Das bedeutet natürlich, daß *Energie Trägheit besitzt.* Im letzten Kapitel haben wir das Erwärmen von Gas diskutiert und gezeigt, daß sich – weil sich die Gasmoleküle bewegen und bewegte Dinge schwerer sind – bei Energiezufuhr zu dem Gas seine Moleküle schneller bewegen und somit das Gas schwerer wird. Aber dieses Argument ist in der Tat ganz allgemein, und unsere Diskussion des inelastischen Stoßes zeigt, daß die Masse vorhanden ist, ob es *kinetische* Energie ist oder nicht. Mit anderen Worten, wenn zwei Teilchen zusammenkommen und potentielle oder irgendeine andere Form von Energie erzeugen (wenn die Teilchen beim Hinaufklettern eines Berges verlangsamt werden, beim Arbeiten gegen innere Kräfte, oder was es auch sei), dann ist es noch immer wahr, daß die Masse die gesamte Energie ist, welche hineingesteckt wurde.

So sehen wir, daß die Massenerhaltung, welche wir oben hergeleitet haben, der Energieerhaltung äquivalent ist, und darum ist in der Relativitätstheorie kein Platz für echt inelastische Stöße, wie in der Newtonschen Mechanik. Nach der Newtonschen Mechanik ist es richtig, daß zwei kollidierende Dinge ein Objekt der Masse $2m_0$ formen, welches sich auf keine Weise von einem Objekt unterscheidet, welches entsteht, wenn beide Dinge langsam zusammengefügt werden. Natürlich wissen wir von der Energieerhaltung, daß es mehr kinetische Energie enthält, aber das beeinflußt nach den Newtonschen Gesetzen die Masse nicht. Aber nun sehen wir, daß dies unmöglich ist; wegen der mit dem Stoß verknüpften kinetischen Energie ist das resultierende Objekt *schwerer*; es ist daher ein *anderes* Objekt. Wenn wir die Objekte sachte zusammenfügen, so bilden sie ein Objekt der Masse $2m_0$; wenn wir sie mit Kraft zusammensetzen, so bilden sie ein Objekt mit größerer Masse. Wenn die Masse verschieden ist, so können wir *aussagen*, daß es ein verschiedenes Objekt ist. Somit muß die Energieerhaltung notwendigerweise mit der Impulserhaltung in der Relativitätstheorie zusammengehen.

Dies hat interessante Konsequenzen. Nehmen wir z. B. an, wir haben ein Objekt, dessen Masse mit M gemessen wird, und angenommen, es passiert etwas, so daß es in zwei gleiche Stücke mit der Geschwindigkeit w und jeweils der Masse m_W zerfällt. Nun nehmen wir an, daß diese Stücke auf genug Material auftreffen, um verlangsamt zu werden, bis sie stoppen; dann werden sie die Masse m_0 besitzen. Wieviel Energie haben sie an das Material abgegeben, wenn sie zur Ruhe gekommen sind? Jedes Stück wird den Betrag $(m_W - m_0)c^2$ abgegeben haben – aufgrund des vorher bewiesenen Theorems. Diese Energie verbleibt in irgendeiner Form im Material, als Wärme, potentielle Energie oder was auch immer. Nun ist $2m_W = M$, somit ist die freigesetzte Energie $E = (M - 2m_0)c^2$. Diese Gleichung wurde z. B. zur Abschätzung der durch Kernspaltung in der Atombombe freigesetzten Energie verwendet. (Obgleich die Bruchstücke nicht exakt gleich sind, sind sie es doch in etwa). Die Masse des Uranatoms war bekannt (sie wurde früher gemessen), und die Atome, in die es zerfällt, Jod, Xenon usw., alle ihre Massen waren bekannt. Mit Massen meinen wir nicht die Massen der bewegten Atome, wir meinen die Massen der *in Ruhe* befindlichen Atome. Mit anderen Worten, M und m_0 sind bekannt. Somit kann man durch Subtraktion dieser beiden Zahlen berechnen, wieviel Energie freigesetzt wird, wenn M in „Hälften" aufgespaltet werden kann. Aus diesem Grund wurde der arme Einstein in allen Zeitungen der „Vater" der Atombombe genannt. Natürlich bedeutet all dies, daß er uns vorhersagen konnte, wieviel Energie freigesetzt würde, wenn wir ihm sagten, welcher Prozeß ablief. Die bei der Spaltung eines Uranatoms freigesetzte Energie wurde etwa sechs Monate vor dem ersten direkten Test abgeschätzt, und sobald die Energie wirklich freigesetzt wurde, hat sie irgend jemand direkt gemessen (und hätte Einsteins Formel nicht funktioniert, so würde man sie trotzdem gemessen haben). Und vom Zeitpunkt der Messung an benötigten sie die Formel nicht mehr. Natürlich sollten wir Einstein nicht herabsetzen, sondern wir sollten eher die Presse kritisieren und manche populären Beschreibungen von Ursache und Wirkung in der Geschichte der Physik und Technologie. Das Problem, wie man das Ding dazu bringt, sich effektiv und rapide zu ereignen, ist eine ganz andere Sache.

Das Resultat ist ebenso wichtig für die Chemie. Wenn wir z. B. das Kohlenstoffdioxydmolekül wägen und seine Masse mit der von Kohlenstoff und Sauerstoff vergleichen, so könnten wir herausfinden, wieviel Energie bei der Bildung von Kohlendioxyd aus Kohlenstoff und Sauerstoff freigesetzt wird. Hier ist die einzige Schwierigkeit, daß die Massendifferenzen so klein sind, daß es technisch sehr schwer durchführbar ist.

Wenden wir uns nun der Frage zu, ob wir m_0c^2 zur kinetischen Energie addieren und von nun an sagen sollten, daß die gesamte Energie eines Objektes mc^2 ist. Zuerst, wenn wir noch immer die Komponenten mit der Ruhmasse m_0 in M *sehen* können, können wir sagen, daß etwas von der Masse M des zusammengesetzten Objektes die mechanische Ruhmasse der Teile ist, ein Teil davon ist die kinetische Energie der Anteile und ein Teil davon ist die potentielle Energie der Anteile. Aber wir haben in der Natur Teilchen verschiedener Arten entdeckt, welche Reaktionen genau wie den oben behandelten unterliegen, in denen wir aber selbst mit allen Anstrengungen dieser Welt *nicht die inneren*

Teile sehen können. Wenn z. B. das K-Meson in zwei Pionen zerfällt, so tut es dies in Übereinstimmung mit dem Gesetz (16.11), aber die Vorstellung, daß ein K aus zwei π besteht, ist eine nutzlose Idee, weil es auch in drei π zerfällt!

Darum haben wir eine *neue Idee*: Wir brauchen nicht zu wissen, wie die Dinge innen aufgebaut sind; wir können es nicht und wir brauchen innerhalb eines Teilchens nicht zu identifizieren, welcher Anteil der Energie die Ruhenergie der Teile ist, in welche es zerfallen wird. Es ist nicht bequem, und oft auch nicht möglich, die gesamte Energie mc^2 eines Objektes zu unterteilen in die Ruhenergie der inneren Teile, die kinetische Energie und die potentielle Energie der Teile; statt dessen reden wir einfach von der *Gesamtenergie* des Teilchens. Wir „verschieben den Anfangspunkt" der Energie durch Addition einer Konstanten m_0c^2 zu allem, und wir sagen, daß die Gesamtenergie eines Teilchens gleich seiner bewegten Masse mal c^2 ist, und wenn das Objekt ruht, so ist die Energie seine Ruhmasse mal c^2.

Zuletzt finden wir, daß die Geschwindigkeit v, der Impuls P und die Gesamtenergie E auf eine recht simple Weise verknüpft sind. Daß die bewegte Masse bei der Geschwindigkeit v gleich m_0 dividiert durch $\sqrt{1 - v^2/c^2}$ ist, wird überraschenderweise sehr selten benutzt. Statt dessen werden die folgenden Beziehungen leicht bewiesen, und sie erweisen sich als sehr nützlich:

$$E^2 - P^2c^2 = M_0^2c^4 \tag{16.13}$$

und

$$Pc = Ev/c. \tag{16.14}$$

17 Raum-Zeit

17–1 Die Geometrie von Raum-Zeit

Die Relativitätstheorie zeigt uns, daß die Beziehungen zwischen Orten und Zeiten, gemessen in einem Koordinatensystem und in einem anderen, nicht jene sind, welche wir auf der Basis unserer intuitiven Vorstellungen erwarten würden. Es ist sehr wichtig, daß wir die durch die Lorentz-Transformation angegebenen Beziehungen von Raum und Zeit vollständig verstehen, und darum werden wir dieses Thema in diesem Kapitel eingehender betrachten.

Die Lorentz-Transformation zwischen den von einem „stillstehenden" Beobachter gemessenen Orten und Zeiten (x, y, z, t) und den korrespondierenden Koordinaten und der Zeit (x', y', z', t'), gemessen in einem mit der Geschwindigkeit u bewegten Raumschiff, ist

$$\begin{aligned} x' &= \frac{x - ut}{\sqrt{1 - u^2/c^2}}, \\ y' &= y, \\ z' &= z, \\ t' &= \frac{t - ux/c^2}{\sqrt{1 - u^2/c^2}}. \end{aligned} \tag{17.1}$$

Lassen Sie uns diese Gleichungen vergleichen mit Gl. (11.5), welche ebenfalls Messungen in zwei Systemen miteinander verknüpft, von denen eines relativ gegen das andere *gedreht* ist:

$$\begin{aligned} x' &= x \cos\theta + y \sin\theta, \\ y' &= y \cos\theta - x \sin\theta, \\ z' &= z. \end{aligned} \tag{17.2}$$

In diesem besonderen Fall messen Max und Moritz mit Achsen, welche einen Winkel θ zwischen der x'- und der x-Achse bilden. In jedem Fall sehen wir, daß die „gestrichenen" Größen „Mischungen" der „ungestrichenen" sind: die neue x'-Achse ist eine Mischung von x und y, und das neue y' ist ebenfalls eine Mischung von x und y.

Eine Analogie ist nützlich: Wenn wir ein Objekt ansehen, so gibt es da offensichtlich etwas, was wir die „scheinbare Breite", etwas anderes, was wir die „Tiefe" nennen könnten. Aber die beiden Vorstellungen, Breite und Tiefe, sind keine *fundamentalen* Eigenschaften des Objektes, denn wenn wir zur Seite treten und das gleiche Ding unter einem anderen Winkel sehen, so erhalten wir eine andere Breite und eine andere Tiefe, und wir können einige Formeln entwickeln zur Berechnung der neuen aus den alten und den damit verknüpften Winkeln. Gleichungen (17.2) sind diese Formeln. Man kann sagen, daß eine gegebene „Tiefe" eine Art „Mischung" aller Tiefen und Breiten ist. Wenn es unmöglich wäre, sich jemals zu bewegen, und wir ein gegebenes Objekt immer vom gleichen Ort aus sähen, dann wäre das ganze Geschäft irrelevant – wir würden immer die „wahre" Breite und die „wahre" Tiefe sehen und diese würden anscheinend verschiedene Eigenschaften besitzen, weil eines als aufgespannter optischer Winkel erscheint und das andere mit dem Fokussieren der Augen oder sogar mit Intuition verknüpft ist; sie erschienen als sehr verschiedene Dinge und würden nie verwechselt werden. Weil wir herumlaufen *können*, nehmen wir wahr, daß Breite und Tiefe irgendwie nur zwei verschiedene Aspekte des gleichen Dings sind.

Können wir die Lorentz-Transformationen nicht auf die gleiche Weise betrachten? Hier haben wir ebenfalls eine Mischung – von Positionen und der Zeit. Ein Unterschied zwischen einer Raummessung und einer Zeitmessung erzeugt eine neue Raummessung. Mit anderen Worten, in die Raummessung eines Mannes ist ein wenig von der Zeit mit hineingemixt, wie sie von dem anderen beobachtet wird. Unsere Analogie gestattet uns, diesen Gedanken zu entwickeln: Die „Realität" eines von uns gesehenen Objektes ist irgendwie größer (grob und intuitiv gesprochen) als seine „Breite" und „Tiefe", weil *diese* davon abhängen, *wie* wir es betrachten; wenn wir eine neue Position beziehen, so berechnet unser Gehirn sofort aufs neue die Breite und Tiefe. Aber wenn wir uns mit großer Geschwindigkeit bewegen, berechnet unser Gehirn die Koordinaten und die Zeit nicht sofort aufs neue, weil wir keine effektive Erfahrung bei nahezu Lichtgeschwindigkeit gehabt haben, um die Tatsache richtig wahrzunehmen, daß Zeit und Raum ebenfalls von gleicher Natur sind.Es ist, als ob wir immer in einer Position feststehen, in der wir nur die Breite von etwas sehen, ohne daß wir unsere Köpfe merklich in die eine oder die andere Richtung drehen können; wenn wir es könnten, so würden wir, wie wir jetzt verstehen, etwas von des anderen Mannes Zeit sehen – wir würden sozusagen ein wenig „zurück" sehen.

Also versuchen wir, uns die Objekte in einer neuen Art von Welt vorzustellen, in der Raum und Zeit gemischt sind, in dem gleichen Sinn, in dem die Objekte unserer normalen Raum-Welt real sind und aus verschiedenen Richtungen betrachtet werden können. Wir werden dann überdenken, daß Objekte, welche Raum beanspruchen und während einer gewissen Zeitdauer existieren, eine Art von „Klecks" in einer neuen Art von Welt ausfüllen und daß wir diesen „Klecks" aus verschiedenen Perspektiven betrachten, wenn wir uns mit verschiedenen Geschwindigkeiten bewegen. Diese neue Welt, diese geometrische Gesamtheit, in welcher die „Kleckse" durch Besetzung von Position und Inanspruchnahme einer bestimmten Zeit existieren, wird *Raum-Zeit* genannt. Ein gegebener Punkt (x, y, z, t) in Raum-Zeit wird ein *Ereignis* genannt. Denken Sie sich z. B., daß wir die x-Positionen horizontal auftragen, y und z in zwei anderen Richtungen, beide unter „rechten Winkeln" und „rechtwinkelig" zum Papier (!) und die Zeit senkrecht dazu. Wie sieht nun ein bewegtes Teilchen in einem solchen Diagramm aus? Wenn das Teilchen stillsteht, dann hat es ein bestimmtes x, und beim Fortschreiten der Zeit hat es das gleiche x, das gleiche x, das gleiche x; also ist seine „Bahn" eine Linie, welche parallel zur t-Achse verläuft (Fig. 17–1a). Wenn es andererseits nach außen treibt, so nimmt x mit der Zeit zu (Fig. 17–1b). Ein Teilchen, welches

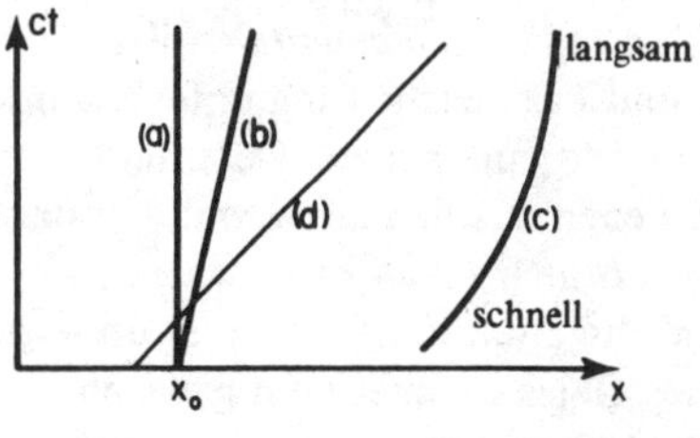

Fig. 17–1. Drei Teilchenbahnen in Raum-Zeit: (a) ein ruhendes Teilchen in $x = x_0$; (b) ein Teilchen, welches in $x = x_0$ beginnt und sich mit konstanter Geschwindigkeit bewegt; (c) ein Teilchen, welches mit großer Geschwindigkeit beginnt und langsamer wird.

beispielsweise nach außen zu treiben beginnt und dann langsamer wird, sollte eine Bewegung ähnlich der in Fig. 17–1c gezeigten ausführen. Mit anderen Worten, ein Teilchen, das nicht zerfällt, wird in Raum-Zeit durch eine Linie dargestellt. Ein zerfallendes Teilchen würde durch eine Gabelung dargestellt, weil es sich in zwei andere Dinge verwandelt, welche von diesem Punkt ausgehen.

Was ist mit Licht? Licht bewegt sich mit der Geschwindigkeit c, und das würde durch eine Linie mit einer bestimmten Neigung dargestellt (Fig. 17–1d).

Wenn sich nun nach unserer neuen Vorstellung ein gegebenes Ereignis für ein Teilchen einstellt, sagen wir es zerfällt plötzlich an einem gewissen Raum-Zeit-Punkt in zwei neue, welche irgendwelche neuen Bahnen beschreiben, und dieses interessante Ereignis tritt bei einem bestimmten Wert von x und einem bestimmten t auf, dann würden wir erwarten, daß wir – wenn dies irgendeinen Sinn hat – nur ein neues Achsenpaar nehmen und dies drehen müssen, und dies gibt uns das neue t und das neue x in einem neuen System, wie in Fig. 17–2a gezeigt. Aber das ist falsch, weil Gl. (17.1) nicht *genau* die gleiche mathematische Transformation wie Gl. (17.2) ist. Beachten Sie z. B. den Unterschied der Vorzeichen zwischen den beiden und die Tatsache, daß eine in cos θ und sin θ ausgedrückt ist, während die andere nur algebraische Größen enthält. (Natürlich ist es nicht unmöglich, daß die algebraischen Größen in Kosinus und Sinus geschrieben werden könnten, aber tatsächlich geht das nicht.) Aber trotzdem *sind* beide Ausdrücke einander sehr ähnlich. Wie wir sehen werden, ist es wegen dieses Unterschiedes der Vorzeichen nicht möglich, sich Raum-Zeit als eine reelle, normale Geometrie vorzustellen. In der Tat, obgleich wir diesen Punkt nicht besonders betonen werden, ergibt es sich, daß ein Mann, welcher sich bewegt, einen Satz von Achsen verwenden muß, welche gleichmäßig gegen den Lichtstrahl geneigt sind, dabei benutzt es eine spezielle Art von Projekten parallel zu den x'- und t'-Achsen für sein x' und t', wie in Fig. 17–2b gezeigt wird. Wir werden die Geometrie nicht behandeln, weil es nicht viel hilft; es ist leichter, mit den Gleichungen zu arbeiten.

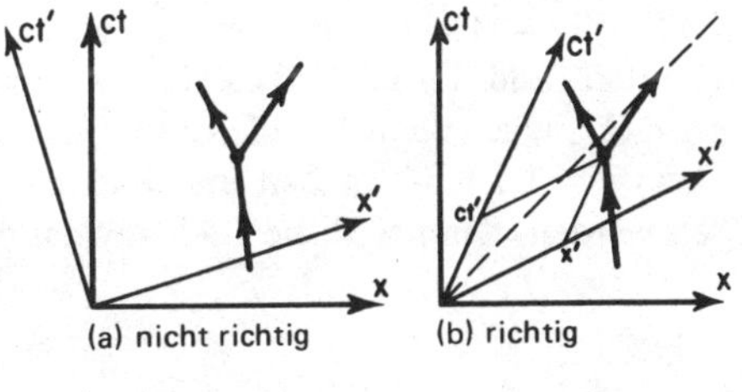

Fig. 17–2. Zwei Ansichten eines zerfallenden Teilchens.

17–2 Raum-Zeit-Intervalle

Obgleich die Geometric von Raum-Zeit nicht euklidisch im gewöhnlichen Sinne ist, *gibt* es eine Geometrie, welche sehr ähnlich, aber in gewissen Hinsichten eigentümlich ist. Wenn diese Vorstellung von Geometrie richtig ist, so sollte es Funktionen von Koordinaten und Zeit geben, welche unabhängig vom Koordinatensystem sind. Wenn wir z.B. bei normalen Drehungen zwei Punkte nehmen, zur Vereinfachung den einen im Anfangspunkt und den anderen irgendwo anders, so würden beide Systeme den gleichen Anfangspunkt besitzen und die Entfernung davon zum anderen Punkt ist in beiden gleich. Das ist eine Eigenschaft, welche unabhängig von der besonderen Art der Messung ist. Das Quadrat der Entfernung ist $x^2 + y^2 + z^2$. Was ist nun mit Raum-Zeit? Es ist nicht schwierig, zu demonstrieren, daß wir hier ebenfalls etwas haben, das sich nicht ändert; die Kombination $c^2t^2 - x^2 - y^2 - z^2$ ist vor und nach der Transformation die gleiche:

$$c^2t'^2 - x'^2 - y'^2 - z'^2 = c^2t^2 - x^2 - y^2 - z^2. \tag{17.3}$$

Diese Größe ist daher etwas, das wie die Entfernung in einem Sinn „real" ist; sie wird das *Intervall* zwischen zwei Raum-Zeit-Punkten genannt, wobei in diesem Fall einer der Punkte im Anfangspunkt liegt. (Es ist natürlich tatsächlich das quadrierte Intervall, genau wie $x^2 + y^2 + z^2$ das Quadrat der Entfernung ist.) Wir geben ihm einen anderen Namen, weil es in einer anderen Geometrie ist, die interessante Sache ist nur, daß einige Vorzeichen vertauscht sind und ein c darin enthalten ist.

Schaffen wir das c weg; dies ist eine Absurdität, wenn wir einen wunderschönen Raum haben mit x und y, welche vertauscht werden können. Eine der Verwirrungen, welche durch jemand ohne Erfahrung verursacht werden könnten, wäre die Messung von Breiten durch den am Auge aufgespannten Winkel und die Messungen von Tiefen auf andere Weise, wie die zur Fokussierung benötigte Anspannung der Muskeln, so daß die Tiefen in Fuß gemessen würden und die Breiten in Meter. Dann würde man einen enorm komplizierten Schlamassel von Gleichungen bei der Durchführung von Transformationen wie (17.2) erhalten, und man könnte nicht die Klarheit und Unkompliziertheit der Sache sehen, aus dem einfachen technischen Grunde, daß die gleiche Sache in zwei verschiedenen Einheiten gemessen wird. Nun sagt uns die Natur in Gl. (17.1) und (17.3), daß Zeit und Raum äquivalent sind; Zeit wird Raum; *sie müssen in denselben Einheiten gemessen werden*. Welche Entfernung ist eine „Sekunde"? Aus (17.3) ist leicht herauszufinden, was es ist. Es sind 3×10^8 Meter, *die Entfernung, welche Licht in einer Sekunde zurücklegt*. Mit anderen Worten, wenn wir alle Entfernungen und Zeiten in den gleichen Einheiten, in Sekunden, messen, dann wäre unsere Entfernungseinheit 3×10^8 Meter und die Gleichungen wären einfacher. Oder ein anderer Weg, auf dem wir die Einheiten gleich machen könnten, wäre, die Zeit in Meter zu messen. Was ist ein Meter Zeit? Ein Meter Zeit ist die Zeit, welche Licht zum Durcheilen von einem Meter Länge benötigt, und das ist $(1/3) \times 10^{-8}$ s oder ein 3,3-Milliardstel einer Sekunde! Anders ausgedrückt, wir wollen für alle unsere Gleichungen ein Einheitensystem verwenden, in welchem $c = 1$ ist. Wenn Zeit und Raum wie empfohlen in den gleichen Einheiten gemessen werden, dann sind die Gleichungen offensichtlich sehr vereinfacht. Sie sind

$$\begin{aligned} x' &= \frac{x - ut}{\sqrt{1 - u^2}}, \\ y' &= y, \qquad z' = z, \\ t' &= \frac{t - ux}{\sqrt{1 - u^2}}. \end{aligned} \tag{17.4}$$

$$t'^2 - x'^2 - y'^2 - z'^2 = t^2 - x^2 - y^2 - z^2. \tag{17.5}$$

Wenn wir je unsicher oder „ängstlich" sind, daß wir unsere Gleichungen nie wieder richtig erhalten, nachdem wir dieses System mit $c = 1$ verwenden, so ist die Antwort darauf genau entgegengesetzt. Es ist viel leichter, sie sich ohne die c darin zu merken, und es ist immer leicht, die c durch Dimensionsbetrachtung wieder einzusetzen. In $\sqrt{1 - u^2}$ können wir z. B. kein Geschwindigkeitsquadrat, welches Einheiten besitzt, von der reinen Zahl 1 subtrahieren. Also müssen wir u^2 durch c^2 dividieren, um dies ohne Einheiten zu erhalten, und so funktioniert das.

Der Unterschied zwischen Raum-Zeit und dem normalen Raum und der Charakter eines Intervalles in Beziehung zur Entfernung ist sehr interessant. Nach der Formel (17.5) würde für einen Punkt, welcher in einem gegebenen Koordinatensystem die Zeit Null hätte und nur Raum besäße, das Quadrat des Intervalls negativ sein, und wir hätten ein imaginäres Intervall, die Quadratwurzel einer negativen Zahl. Intervalle können nach der Theorie entweder reell oder imaginär sein. Das Quadrat eines Intervalls kann entweder positiv oder negativ sein, anders als die Entfernung, welche ein positives Quadrat bestizt. Wenn ein Intervall imaginär ist, so sagen wir, daß die beiden Punkte ein *raumartiges Intervall* zwischen sich besitzen (anstelle eines imaginären), weil das Intervall mehr wie Raum als wie Zeit ist. Wenn sich andererseits zwei Objekte am gleichen Ort in einem gegebenen Koordinatensystem befinden, nur in der Zeit verschieden, dann ist das Quadrat der Zeit positiv und die Entfernungen sind Null und das Quadrat des Intervalls ist positiv; das wird ein *zeitartiges Intervall* genannt. In unserem Diagramm von Raum-Zeit würden wir also eine Darstellung etwa wie die folgende haben: Unter 45° befinden sich zwei Linien (in vier Dimensionen sind diese tatsächlich „Kegel", genannt Lichtkegel) und die Punkte auf diesen Linien sind alle im Nullintervall vom Anfangspunkt. Wohin das Licht von einem gegebenen Punkt auch geht, es ist immer durch ein Nullintervall vom Anfangspunkt separiert, wie wir aus Gl. (17.5) sehen können. Nebenbei bemerkt haben wir gerade bewiesen, daß Licht, wenn es sich in einem System mit der Geschwindigkeit c bewegt, sich auch in einem anderen mit der Geschwindigkeit c bewegt, denn bei Gleichheit des Intervalls in beiden Systemen (z. B. Null in einem und Null im anderen) ist die Aussage, daß die Lichtausbreitungsgeschwindigkeit invariant ist, die gleiche wie die Aussage, daß das Intervall Null ist.

17–3 Vergangenheit, Gegenwart und Zukunft

Der einen gegebenen Raum-Zeit-Punkt umgebende Raum-Zeit-Bereich kann in drei Regionen aufgeteilt werden, wie in Fig. 17–3 gezeigt. In einer Region haben wir raumartige Intervalle und in zwei Regionen zeitartige Intervalle. Physikalisch besitzen diese drei Regionen, in welche die Raum-Zeit um einen gegebenen Punkt aufgeteilt ist, eine interessante Beziehung zu diesem Punkt: Ein physikalisches Objekt oder ein Signal kann von einem Punkt in Region 2 durch Bewegung mit einer Geschwindigkeit geringer als die Lichtgeschwindigkeit zum Ereignis O gelangen.

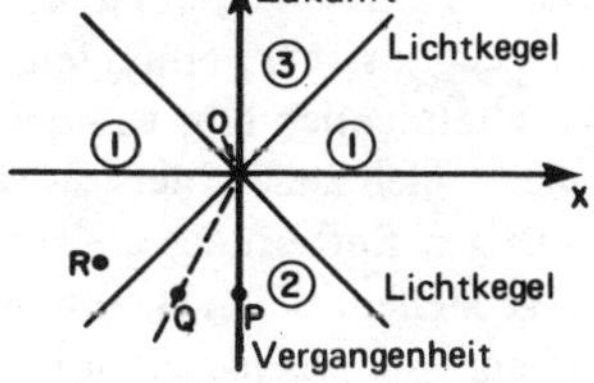

Fig. 17–3. Die einen Punkt im Ursprung umgebende Raum-Zeit-Region.

Daher können Ereignisse in dieser Region den Punkt O beeinflussen, können auf ihn einen Einfluß aus der Vergangenheit ausüben. Ein Objekt in P auf der negativen t-Achse befindet sich in bezug auf O genau in der „Vergangenheit"; es ist der gleiche Raumpunkt wie O, nur früher. Was sich dann hier ereignete, beeinflußt O jetzt. (Leider ist das im Leben so.) Ein anderes Objekt in Q kann durch Bewegung mit einer gewissen Geschwindigkeit geringer als c nach O gelangen. Wenn sich also dieses Objekt in einem Raumschiff befände und sich bewegen würde, so wäre es wiederum in der Vergangenheit des gleichen Raumpunktes. Das heißt, in einem anderen Koordinatensystem könnte die Zeitachse sowohl durch Q als auch durch O gehen. Somit sind alle Punkte der Region 2 in der „Vergangenheit" von O, und was sich in dieser Region ereignet, *kann O* beeinflussen. Daher wird Region 2 mitunter die *einflußnehmende Vergangenheit* oder beeinflussende Vergangenheit genannt; es ist der Ort aller Ereignisse, welche den Punkt O auf irgendeine Weise beeinflussen können.

Region 3 ist andererseits eine Region, welche wir *von O aus* beeinflussen können, wir können Dinge „treffen", indem wir „Geschosse" mit Geschwindigkeiten geringer als c abschießen. Somit ist dies die Welt, deren Zukunft durch uns beeinflußt werden kann, und wir können dies die *beeinflußte Zukunft* nennen. Nun ist es eine interessante Sache mit dem Rest der Raum-Zeit, der Region 1, daß wir sie weder jetzt *von O aus* beeinflussen können noch kann sie uns jetzt *in O* beeinflussen, weil sich nichts schneller als mit Lichtgeschwindigkeit bewegen kann. Natürlich, was sich in R ereignet, *kann* uns *später* beeinflussen; d. h. wenn die Sonne „gerade jetzt" explodiert, so dauert es acht Minuten, ehe wir dies erfahren, und es kann uns auf keinen Fall vorher beeinflussen.

Was wir mit „gerade jetzt" meinen, ist eine mysteriöse Sache, welche wir nicht definieren und welche wir nicht beeinflussen können, aber sie kann uns später beeinflussen oder wir könnten sie beeinflußt haben, wenn wir etwas hinreichend zurück in der Vergangenheit getan hätten. Wenn wir den Stern Alpha Centauri betrachten, so sehen wir ihn, wie er vor vier Jahren war; wir könnten uns fragen, wie er wohl „jetzt" aussieht. „Jetzt" bedeutet zur gleichen Zeit, von unserem speziellen Koordinatensystem aus betrachtet. Wir können Alpha Centauri nur durch das Licht sehen, welches aus unserer Vergangehneit gekommen ist, bis zu vier Jahren zurückliegend, aber wir wissen nicht, wie er sich „jetzt" verhält; es dauert vier Jahre, ehe das, was er „jetzt" tut, uns beeinflussen kann. Alpha Centauri „jetzt" ist eine Vorstellung oder ein Konzept unseres Geistes; es ist nicht etwas im Augenblick wirklich Definierbares, weil wir warten müssen, um es zu beobachten; wir können es gerade „jetzt" nicht einmal definieren. Weiterhin ist das „Jetzt" abhängig vom Koordinatensystem. Wenn sich z. B. Alpha Centauri bewegte, so würde ein Beobachter dort nicht mit uns übereinstimmen, weil er seine Achsen unter einem Winkel anlegt, und sein „Jetzt" wäre eine *andere* Zeit. Wir haben bereits über die Tatsache gesprochen, daß Gleichzeitigkeit keine eindeutige Sache ist.

Es gibt Wahrsager oder Leute, welche uns erzählen, daß sie die Zukunft vorhersagen können, und es gibt viele wunderbare Geschichten über den Mann, der plötzlich entdeckt, daß er die beeinflußte Zukunft kennt. Nun, es gibt zahlreiche Paradoxien, welche dadurch entstehen; denn wenn wir wissen, daß irgend etwas passieren wird, dann können wir es sicher vermeiden, indem wir die richtige Sache zur richtigen Zeit tun usw. Aber tatsächlich gibt es keinen Wahrsager, welcher uns nur die *Gegenwart* sagen kann! Es gibt niemanden, der uns sagen kann, was sich wirklich gerade jetzt in irgendeiner vernünftigen Entfernung ereignet, weil dies unbeobachtbar ist. Wir könnten uns folgende Frage stellen, deren Beantwortung wir dem Leser überlassen: Würde ein Paradoxon entstehen, wenn es plötzlich möglich würde, Dinge zu wissen, welche sich in den raumartigen Intervallen der Region 1 befinden?

17–4 Mehr über Vierervektoren

Lassen Sie uns nun zu unserer Betrachtung der Analogie zwischen der Lorentz-Transformation und Drehungen der Raumachsen zurückkehren. Wir haben gesehen, daß es zweckmäßig ist, andere Größen zusammenzufassen, welche dieselben Transformationseigenschaften wie die Koordinaten besitzen, um sogenannte *Vektoren* zu bilden, gerichtete Linien. Im Fall normaler Drehungen gibt es viele Größen, welche auf die gleiche Weise wie x, y und z unter Rotation transformiert werden: Die Geschwindigkeit besitzt z. B. drei Komponenten, eine x-, y- und z-Komponente; wenn diese in einem anderen Koordinatensystem betrachtet werden, so ist keine der Komponenten die gleiche, sondern sie sind alle zu neuen Werten transformiert. Aber irgendwie besitzt die Geschwindigkeit „selbst" eine größere Realität, als sie irgendeine ihrer besonderen Komponenten besitzt, und wir stellen sie durch eine gerichtete Linie dar.

Wir fragen daher: Ist es wahr oder nicht, daß es Größen gibt, welche auf die gleiche Weise transformierbar sind oder in Beziehung stehen wie x, y, z und t in einem bewegten und in einem nichtbewegten System? Nach unserer Erfahrung mit Vektoren wissen wir, daß drei der Größen, wie x, y und z, die drei Komponenten eines normalen Raumvektors darstellen würden, aber die vierte Größe würde aussehen wie ein normaler Skalar unter Drehung des Raumes, weil sie sich nicht ändert, solange wir nicht in ein bewegtes Koordinatensystem gehen. Ist es dann möglich, mit einigen unserer bekannten „Dreiervektoren" ein viertes Objekt, welches wir die „Zeitkomponente" nennen könnten, auf eine solche Weise zu vereinigen, daß die vier Objekte zusammen auf die gleiche Weise „drehen" wie Ort und Zeit in Raum-Zeit? Wir werden nun zeigen, daß es in der Tat wenigstens ein solches Ding gibt (tatsächlich gibt es viele): *Die drei Komponenten des Impulses und die Energie als die Zeitkomponente transformieren zusammen* als ein sogenannter „Vierervektor". Bei der Demonstration dieses Sachverhaltes werden wir, da es sehr unbequem ist, die c überall zu schreiben, den gleichen Trick bezüglich der Einheiten von Energie, Masse und Impuls anwenden, wie wir ihn bei Gl. (17.4) angewandt haben. Energie und Masse unterscheiden sich z. B. nur durch einen Faktor c^2, welcher lediglich eine Frage der Einheiten ist, somit können wir sagen, Energie *ist* die Masse. Anstatt daß wir das c^2 schreiben nüssen, setzen wir $E = m$, und wenn dann irgendwelche Schwierigkeiten auftreten würden, so würden wir natürlich die richtigen Mengen von c einsetzen, so daß sich die Einheiten in der letzten Gleichung richtig ergeben, aber nicht in den Zwischengleichungen.

Damit sind unsere Gleichungen für Energie und Impuls

$$\begin{aligned} E &= m = m_0/\sqrt{1 - v^2}, \\ \mathbf{p} &= m\mathbf{v} = m_0\mathbf{v}/\sqrt{1 - v^2}. \end{aligned} \tag{17.6}$$

Ebenfalls in diesen Einheiten haben wir

$$E^2 - p^2 = m_0^2. \tag{17.7}$$

Wenn wir z. B. die Energie in Elektronenvolt messen, was bedeutet dann eine Masse von 1 Elektronenvolt? Es bedeutet die Masse, deren Ruhenergie 1 Elektronenvolt beträgt, d. i. $m_0 c^2$ ist ein Elektronenvolt. Die Ruhmasse eines Elektrons beträgt z. B. $0{,}511 \times 10^6$ eV.

Wie würden nun Impuls und Energie in einem neuen Koordinatensystem aussehen? Um das herauszufinden, müssen wir Gl. (17.6) transformieren, was wir tun können, weil wir wissen, wie die Geschwindigkeit transformiert wird. Angenommen, die von uns gemessene Geschwindigkeit eines Objektes ist v, aber wir betrachten das gleiche Objekt aus der Perspektive eines Raumschiffes, welches sich mit einer Geschwindigkeit u bewegt, und in diesem System verwenden wir zur Bezeichnung der korrespondierenden Größe einen Index. Zur Vereinfachung der Dinge nehmen wir zuerst den Fall, daß die Geschwindigkeit v

in der Richtung von u liegt. (Später erledigen wir den allgemeineren Fall.) Was ist v', die aus dem Raumschiff beobachtete Geschwindigkeit? Es ist die zusammengesetzte Geschwindigkeit, die „Differenz" zwischen v und u. Mit dem vorher abgeleiteten Gesetz erhalten wir

$$v' = \frac{v - u}{1 - uv}. \tag{17.8}$$

Nun lassen Sie uns die neue Energie E' berechnen, die Energie, wie sie der Mann im Raumschiff sehen würde. Er würde natürlich die gleiche Ruhmasse verwenden, aber er hätte v' als die Geschwindigkeit. Wir müssen v' quadrieren, dies von 1 subtrahieren, die Quadratwurzel ziehen und den Kehrwert bilden:

$$v'^2 = \frac{v^2 - 2uv + u^2}{1 - 2uv + u^2v^2},$$

$$1 - v'^2 = \frac{1 - 2uv + u^2v^2 - v^2 + 2uv - u^2}{1 - 2uv + u^2v^2}$$

$$= \frac{1 - v^2 - u^2 + u^2v^2}{1 - 2uv + u^2v^2}$$

$$= \frac{(1 - v^2)(1 - u^2)}{(1 - uv)^2}.$$

Somit erhalten wir

$$\frac{1}{\sqrt{1 - v'^2}} = \frac{1 - uv}{\sqrt{1 - v^2}\sqrt{1 - u^2}}. \tag{17.9}$$

Die Energie E' ist dann einfach m_0 mal dem obenstehenden Ausdruck. Aber wir wollen die Energie ausdrücken durch die nicht indizierten Größen von Energie und Impuls, und wir bemerken, daß

$$E' = \frac{m_0 - m_0uv}{\sqrt{1 - v^2}\sqrt{1 - u^2}} = \frac{(m_0/\sqrt{1 - v^2}) - (m_0v/\sqrt{1 - v^2})\,u}{\sqrt{1 - u^2}},$$

oder

$$E' = \frac{E - up_x}{\sqrt{1 - u^2}}, \tag{17.10}$$

das wir als genau die gleiche Form erkennen wie

$$t' = \frac{t - ux}{\sqrt{1 - u^2}}.$$

Als nächstes müssen wir den neuen Impuls p'_x finden. Dies ist genau die Energie E mal v' und das ist ebenfalls einfach in E und p auszudrücken:

$$p'_x = E'v' = \frac{m_0(1 - uv)}{\sqrt{1 - v^2}\sqrt{1 - u^2}} \cdot \frac{v - u}{(1 - uv)} = \frac{m_0v - m_0u}{\sqrt{1 - v^2}\sqrt{1 - u^2}}.$$

Damit haben wir

$$p'_x = \frac{p_x - uE}{\sqrt{1-u^2}}, \tag{17.11}$$

was wir als von genau gleicher Form erkennen wie

$$x' = \frac{x - ut}{\sqrt{1-u^2}}.$$

Also sind die Transformationen für die neue Energie und den neuen Impuls, ausgedrückt durch die alte Energie und den alten Impuls, genau die gleichen wie die Transformationen für t', ausgedrückt durch t und x, und x', ausgedrückt durch x und t: jedesmal wenn wir t in Gl. (17.4) sehen, substituieren wir E, und jedesmal wenn wir x sehen, substituieren wir p_x. Dann werden die Gl. (17.4) dieselben wie Gl. (17.10) und (17.11). Dies würde, wenn alles richtig funktioniert, eine zusätzliche Regel implizieren, daß $p'_y = p_y$ und $p'_z = p_z$. Um dies zu beweisen, wäre es erforderlich zurückzugehen und den Fall der Auf- und Ab-Bewegung zu studieren. Tatsächlich haben wir im letzten Kapitel den Fall auf Auf- und Ab-Bewegung untersucht. Wir haben einen komplizierten Stoß analysiert und bemerkt, daß sich der transversale Impuls bei Beobachtung von einem bewegten System aus tatsächlich *nicht* ändert; somit haben wir bereits verifiziert, daß $p'_y = p_y$ und $p'_z = p_z$. Die vollständige Transformation ist dann also

$$\begin{aligned} p'_x &= \frac{p_x - uE}{\sqrt{1-u^2}}, \\ p'_y &= p_y, \\ p'_z &= p_z \\ E' &= \frac{E - up_x}{\sqrt{1-u^2}}. \end{aligned} \tag{17.12}$$

Damit haben wir in diesen Transformationen vier Größen entdeckt, welche sich wie x, y, z und t transformieren; wir nennen sie den *Impulsvierervektor* oder Viererimpuls. Da der Impuls ein Vierervektor ist, kann er im Raum-Zeit-Diagramm eines bewegten Teilchens als ein „Pfeil" tangential zur Bahn dargestellt werden, wie in Fig. 17–4 gezeigt wird. Dieser Pfeil besitzt eine Zeitkomponente, welche gleich der Energie ist, und seine Raumkomponenten stellen seinen Dreiervektorimpuls dar; dieser Pfeil ist „realistischer" als sowohl die Energie wie der Impuls, weil diese gerade davon abhängen, wie wir das Diagramm betrachten.

Fig. 17–4. Der Impulsvierervektor eines Teilchens.

17–5 Vierervektor-Algebra

Die Schreibweise für Vierervektoren ist anders als die für Dreiervektoren. Im Fall der Dreiervektoren würden wir, wenn wir vom normalen Dreiervektorimpuls reden, ihn p schreiben. Wenn wir spezifischer sein wollten, so könnten wir sagen, daß er drei Komponenten besitzt, welche für die betreffenden Achsen p_x, p_y und p_z sind, oder wir könnten uns einfach auf eine allgemeine Komponente p_i beziehen und sagen, daß i entweder x, y oder z sein kann und daß dies die drei Komponenten sind; d. h. wir stellen uns vor, daß i eine der drei Richtungen x, y oder z ist. Die für Vierervektoren verwendete Schreibweise ist dazu analog: Wir schreiben p_μ für den Vierervektor, und μ steht für die *vier* möglichen Richtungen t, x, y oder z.

Wir könnten natürlich jede Schreibweise verwenden, welche wir wollen; lachen Sie nicht über die Schreibweisen; erfinden Sie sie, sie sind mächtig. Tatsächlich ist die Mathematik zu einem großen Teil die Entdeckung besserer Schreibweisen. Die gesamte Vorstellung von einem Vierervektor ist in der Tat eine Verbesserung in der Schreibweise, so daß die Transformationen leicht im Gedächtnis behalten werden können. A_μ ist dann ein allgemeiner Vierervektor, aber für den speziellen Fall des Impulses wird p_t identifiziert als die Energie, p_x ist der Impuls in der x-Richtung, p_y ist der Impuls in der y-Richtung und p_z ist der in z-Richtung. Bei der Addition von Vierervektoren addieren wir die korrespondierenden Komponenten.

Wenn es eine Gleichung zwischen Vierervektoren gibt, dann gilt die Gleichung für *jede Komponente*. Wenn z. B. das Erhaltungsgesetz für den Dreiervektorimpuls bei Teilchenstößen gelten soll – wenn die Summe der Impulse für eine große Anzahl wechselwirkender oder stoßender Teilchen konstant sein soll –, so muß dies bedeuten, daß die Summen aller Impulse für alle Teilchen in der x-Richtung, in der y-Richtung und in der z-Richtung jeweils Konstante sein müssen. Dieses Gesetz allein wäre in der Relativität nicht gültig, wiel es *unvollständig* ist; es ist als ob wir von nur zwei Komponenten eines Dreiervektors reden. Es ist unvollständig, weil wir bei Drehung der Achsen die verschiedenen Komponenten mixen, und daher müssen wir in unser Gesetz alle drei Komponenten einbeziehen. Also müssen wir in der Relativitätstheorie unser Impulserhaltungsgesetz durch Einbeziehung der *Zeit*komponente vervollständigen. Diese muß *absolut notwendigerweise* mit den anderen drei zusammengehen, andernfalls kann keine relativistische Invarianz vorhanden sein. Die *Energieerhaltung* ist die vierte Gleichung, welche zusammen mit der Impulserhaltung eine gültige Vierervektorbeziehung in der Geometrie von Raum und Zeit bildet. Damit ist das Gesetz der Erhaltung von Energie und Impuls in der vierdimensionalen Schreibweise

$$\sum_{\substack{\text{Teilchen}\\ \text{hinein}}} p_\mu = \sum_{\substack{\text{Teilchen}\\ \text{heraus}}} p_\mu, \tag{17.13}$$

oder in einer etwas anderen Schreibweise

$$\sum_i p_{i\mu} = \sum_j p_{j\mu}, \tag{17.14}$$

wobei sich $i = 1, 2, \ldots$ auf die zum Stoß gehenden Teilchen bezieht, und $j = 1, 2, \ldots$ bezieht sich auf die gestoßenen Teilchen, und $\mu = x, y, z$ oder t. Sie fragen, „In welchen Achsen? " Es macht keinen Unterschied. Das Gesetz gilt für jede Komponente bei Verwendung *irgendwelcher* Achsen.

In der Vektoranalysis haben wir noch etwas diskutiert, das Skalarprodukt zweier Vektoren. Betrachten wir nun die dazu korrespondierende Sache in Raum-Zeit. Bei der normalen Drehung haben wir eine unveränderliche Größe $x^2 + y^2 + z^2$ entdeckt. In vier Dimensionen finden wir als die entsprechende Größe $t^2 - x^2 - y^2 - z^2$ (Gl. 17.3). Wie können wir dies schreiben? Eine Möglichkeit wäre es, eine Art vierdimensionales Ding mit einem quadratischen Punkt dazwischen zu schreiben, wie $A_\mu \diamond B_\mu$; eine der tatsächlich benutzten Schreibweisen ist

$$\sum_\mu{}' A_\mu A_\mu = A_t^2 - A_x^2 - A_y^2 - A_z^2. \tag{17.15}$$

Der Strich am Σ bedeutet, daß das erste Glied, das „Zeit"-Glied, positiv ist, aber die anderen drei Glieder haben negative Vorzeichen. Dieser Ausdruck ist also der gleiche in allen Koordinatensystemen, und wir können ihn das Quadrat der Länge des Vierervektors nennen. Was ist z. B. das Quadrat der Länge des Vierervektorimpulses eines einzelnen Teilchens? Es ist gleich $p_t^2 - p_x^2 - p_y^2 - p_z^2$, oder mit anderen Worten $E^2 - p^2$, weil wir wissen, daß p_t gleich E ist. Was ist $E^2 - p^2$? Es muß etwas sein, das in jedem Koordinatensystem das gleiche ist. Insbesondere muß es das gleiche sein für ein Koordinatensystem, welches sich mit dem Teilchen bewegt, in welchem also das Teilchen stillsteht. Wenn das Teilchen stillsteht, so würde es keinen Impuls besitzen. Also ist es in diesem Koordinatensystem allein seine Energie, welche die gleiche ist wie seine Ruhmasse. Also ist $E^2 - p^2 = m_0^2$. Somit sehen wir, daß das Quadrat der Länge dieses Vektors, der Vierervektorimpuls, gleich m_0^2 ist.

Vom Quadrat eines Vektors können wir weitergehen und das „Punkt-Produkt" erfinden oder das Produkt, welches ein Skalar ist: Wenn a_μ ein Vierervektor ist und b_μ ist ein anderer Vierervektor, so ist ihr Skalarprodukt

$$\sum{}' a_\mu b_\mu = a_t b_t - a_x b_x - a_y b_y - a_z b_z. \tag{17.16}$$

Es ist in allen Koordinatensystemen das gleiche.

Zuletzt erwähnen wir bestimmte Dinge, deren Ruhmasse m_0 Null ist. Ein Photon von Licht beispielsweise. Ein Photon ist wie ein Teilchen, insofern als es eine Energie und einen Impuls mit sich führt. Die Energie eines Photons ist eine bestimmte Konstante, genannt die Plancksche Konstante, mal der Frequenz des Photons: $E = h\nu$. So ein Photon führt auch einen Impuls mit sich, und der Impuls eines Photons (oder irgendeines anderen Teilchens) ist h dividiert durch die Wellenlänge: $p = h/\lambda$. Aber für ein Photon existiert eine definierte Beziehung zwischen der Frequenz und der Wellenlänge: $\nu = c/\lambda$. (Die Anzahl von Wellen pro Sekunde mal der Wellenlänge ist die Entfernung, welche Licht in einer Sekunde zurücklegt, und das ist natürlich c.) Somit sehen wir sofort, daß die Energie eines Photons gleich dem Impuls mal c sein muß, oder wenn $c = 1$, sind *Energie und Impuls gleich*. Das heißt, die Ruhmasse ist Null. Betrachten wir das noch einmal; das ist sehr eigenartig. Wenn es ein Teilchen mit der Ruhmasse Null ist, was passiert dann, wenn es zur Ruhe kommt? *Es kommt nie zur Ruhe*! Es geht immer mit der Geschwindigkeit c. Die normale Formel für die Energie ist $m_0/\sqrt{1 - v^2}$. Können wir nun sagen, daß $m_0 = 0$ und $v = 1$ sind, so daß die Energie Null ist? Wir *können nicht* sagen, daß sie Null ist; das Photon kann wirklich (und tut es auch) Energie besitzen, obgleich es keine Ruhmasse hat, aber diese besitzt es durch immerwährende Bewegung mit Lichtgeschwindigkeit!

Wir wissen auch, daß der Impuls irgendeines Teilchens gleich ist seiner Gesamtenergie mal seiner Geschwindigkeit: Wenn $c = 1$, so ist $p = vE$, oder in normalen Einheiten, $p = vE/c^2$. Für irgendein mit Lichtgeschwindigkeit bewegtes Teilchen ist $p = E$, wenn $c = 1$. Die Formeln für die Energie eines Photons, von einem bewegten System gesehen, sind natürlich durch Gl. (17.12) gegeben, aber für den Impuls müssen wir die Energie mal c substituieren (oder in diesem Fall mal 1). Die verschiedenen Energien nach der Transformation bedeuten, daß es verschiedene Frequenzen gibt. Dies wird der Dopplereffekt genannt, und man kann dies leicht aus Gl. (17.12) berechnen, wobei auch $E = p$ und $E = h\nu$ verwendet wird.

Es ist, wie Minkowski gesagt hat: „Raum für sich selbst und Zeit für sich selbst werden in bloße Schatten versinken, und nur eine Art von Vereinigung zwischen ihnen wird überleben".

18 Drehung in zwei Dimensionen

18–1 Der Massenmittelpunkt

In den vorangegangenen Kapiteln haben wir die Mechanik von Punkten oder kleinen Teilchen untersucht, deren innere Struktur uns nicht interessierte. In den nächsten Kapiteln werden wir die Anwendung der Newtonschen Gesetze auf kompliziertere Dinge untersuchen. Wenn die Welt komplizierter wird, so wird sie auch interessanter, und wir werden finden, daß die Phänomene, welche mit der Mechanik eines komplizierteren Objektes als einem bloßen Punkt assoziiert sind, wirklich sehr eindrucksvoll sind. Natürlich sind diese Phänomene mit weiter nichts verknüpft als mit Kombinationen der Newtonschen Gesetze, aber es ist mitunter schwer zu glauben, daß nur $F = m \cdot a$ an der Arbeit ist.

Die komplizierteren Dinge, welche wir behandeln, können von verschiedener Art sein: fließendes Wasser, umherwirbelnde Galaxien usw. Das einfachste „komplizierte" Objekt, welches zu Beginn analysiert wird, ist ein sogenannter *starrer Körper*, ein festes Objekt, welches sich dreht, wenn es sich herumbewegt. Jedoch kann selbst ein solch einfaches Objekt eine sehr komplizierte Bewegung beschreiben, und wir werden darum zuerst die einfachsten Aspekte einer derartigen Bewegung untersuchen, wobei ein ausgedehnter Körper um eine *feste Achse* rotiert. Ein gegebener Punkt eines solchen Körpers bewegt sich dann in einer Ebene senkrecht zu dieser Achse. Eine solche Drehung eines Körpers um eine feste Achse wird *ebene Drehung* oder Drehung in zwei Dimensionen genannt. Wir werden später die Resultate auf drei Dimensionen verallgemeinern, aber dabei werden wir finden, daß – anders als im Fall der gewöhnlichen Punktmechanik – Drehungen subtil und schwer zu verstehen sind, falls wir keine feste Grundlage in zwei Dimensionen gefunden haben.

Der erste interessante Satz betreffend die Bewegung komplizierter Objekte kann in Funktion beobachtet werden, wenn wir ein Objekt in die Luft werfen, das aus einer Menge von Blöcken und Speichen besteht, welche durch Fäden zusammengehalten werden. Natürlich wissen wir, daß es sich auf einer Parabel bewegt, weil wir dies für ein Teilchen untersucht haben. Aber nun ist unser Objekt *nicht* nur ein Teilchen, es wabbelt und zappelt usw. Trotzdem bewegt es sich auf einer Parabel; man kann das sehen. *Was* bewegt sich auf einer Parabel? Bestimmt nicht der Punkt an der Ecke des Blockes, weil dieser herumzappelt; es ist auch nicht das Ende des Holzstabes oder die Mitte des Holzstabes oder die Mitte des Blockes. Aber *irgend etwas* bewegt sich auf einer Parabel, es gibt ein effektives „Zentrum", welches sich auf einer Parabel bewegt. So besteht unser erster Satz über komplizierte Objekte darin, zu demonstrieren, daß es eine mittlere Position *gibt*, welche mathematisch definierbar, aber nicht notwendigerweise ein materieller Punkt ist, die sich auf einer Parabel bewegt. Das wird der Massenmittelpunktssatz genannt, und sein Beweis ist wie folgt.

Wir können jedes Objekt betrachten als aus Mengen kleiner Teilchen, den Atomen, aufgebaut, mit verschiedenen Kräften zwischen ihnen. Lassen wir i einen Index darstellen, welcher eines der Teilchen identifiziert. (Es gibt Millionen davon, also geht i bis 10^{23} oder so etwa.) Dann ist die Kraft auf das i-te Teilchen natürlich die Masse mal der Beschleunigung dieses Teilchens:

$$\mathbf{F}_i = m_i(d^2\mathbf{r}_i/dt^2). \tag{18.1}$$

In den nächsten paar Kapiteln werden unsere bewegten Objekte solche sein, in denen alle Teile mit Geschwindigkeiten bewegt sind, die sehr viel geringer als die Lichtgeschwindigkeit sind, und wir werden die nichtrelativistische Näherung für alle Größen verwenden. Unter diesen Umständen ist die Masse konstant, somit gilt

$$\mathbf{F}_i = d^2(m_i\mathbf{r}_i)/dt^2. \tag{18.2}$$

Wenn wir nun die Kraft auf alle Teilchen addieren, d. h. wenn wir die Summe aller $\mathbf{F}_i$ für alle die verschiedenen Indizes bilden, so erhalten wir die gesamte Kraft **F**. Auf der anderen Seite der Gleichung erhalten wir die gleiche Sache, so als ob wir vor der Differentiation addiert hätten:

$$\sum_i \mathbf{F}_i = \mathbf{F} = \frac{d^2(\sum_i m_i\mathbf{r}_i)}{dt^2}. \tag{18.3}$$

Somit ist die gesamte Kraft gleich den zusammenaddierten zweiten Ableitungen der Massen mal ihren Positionen.

Nun ist die gesamte Kraft auf alle Teilchen die gleiche wie die *äußere* Kraft. Warum? Obwohl alle Arten von Kräften auf die Teilchen einwirken wegen der Fäden, des Zappelns, der Anziehungen und Abstoßungen und der atomaren Kräfte und was auch immer, ist in dieser Situation unsere Rettung das dritte Newtonsche Gesetz. Zwischen zwei Teilchen sind Aktion und Reaktion gleichgroß. Wenn wir also alle die Gleichungen zusammenaddieren, so werden sich die Kräfte zwischen irgend zwei Teilchen in der Summe herausheben; daher sind nur die Kräfte das Netto-Resultat, welche von anderen Teilchen herrühren, die nicht im Objekt eingeschlossen sind, über das wir summieren. Wenn also Gl. (18.3) die Summe über eine bestimmte Anzahl von Teilchen ist, welche zusammen das „Objekt" genannt werden, dann ist die *äußere* Kraft auf das gesamte Objekt gleich der Summe *aller* Kräfte auf alle seine Teilchenbestandteile.

Nun wäre es schön, wenn wir Gl. (18.3) als die gesamte Masse mal einer Beschleunigung schreiben könnten. Wir können es. Sagen wir M ist die Summe aller Massen, d. h. die gesamte Masse. Wenn wir dann einen gewissen Vektor **R** *definieren* als

$$\mathbf{R} = \sum_i m_i\mathbf{r}_i/M, \tag{18.4}$$

so wird Gleichung (18.3) einfach

$$\mathbf{F} = d^2(M\mathbf{R})/dt^2 = M(d^2\mathbf{R}/dt^2), \tag{18.5}$$

da M eine Konstante ist. So finden wir, daß die äußere Kraft gleich der gesamten Masse mal der Beschleunigung eines imaginären Punktes am Ort **R** ist. Dieser Punkt wird der *Massenmittelpunkt* des Körpers genannt. Es ist ein Punkt irgendwo in der „Mitte" des Objektes, eine Art von durchschnittlichem **r**, in welchem die verschiedenen $\mathbf{r}_i$ Gewichte oder Einflüsse besitzen, die proportional ihren Massen sind.

Wir werden diesen wichtigen Satz in einem der nächsten Kapitel genauer diskutieren, und darum beschränken wir unsere Bemerkungen auf zwei Punkte: Erstens, wenn die äußeren Kräfte Null sind, wenn das Objekt im leeren Raum dahintreiben würde, so könnte es herumwirbeln, wackeln, sich verdrehen und alle Arten von Dingen tun. Aber der *Massenmittelpunkt*, diese künstlich erfundene Position irgendwo in der Mitte, *wird sich mit konstanter Geschwindigkeit bewegen*. Insbesondere wird er, wenn er sich zu Beginn in Ruhe befand, auch in Ruhe bleiben. Wenn wir also eine Art von Kiste haben, vielleicht ein Raumschiff mit Menschen darin, und wenn wir den Ort des Massenmittelpunktes berechnen und finden, daß er stillsteht, dann bleibt der Massenmittelpunkt auch weiterhin stillstehen, wenn keine äußeren Kräfte auf die Kiste einwirken. Natürlich kann sich das Raumschiff ein wenig im Raum bewegen, aber das kommt daher, daß die Leute drinnen hin und her gehen; wenn man nach vorn geht, so geht das Raumschiff zurück, so daß die durchschnittliche Position aller Massen genau am gleichen Ort bleibt.

Ist der Raketenantrieb darum absolut unmöglich, weil man den Massenmittelpunkt nicht bewegen kann? Nein, aber wir finden natürlich, daß zum Antrieb eines interessanten Teils der Rakete ein uninteressanter weggeworfen werden muß. Mit anderen Worten, wenn wir mit einer Rakete bei der Geschwindigkeit Null starten und am hinteren Ende etwas Gas ausspucken, dann geht dieser kleine Klumpen Gas in eine Richtung, während das Schiff in die andere geht, aber der Massenmittelpunkt befindet sich noch immer genau dort, wo er vorher war. Also bewegen wir einfach den für uns interessanten Teil gegen den Teil, an dem wir nicht interessiert sind.

Der zweite Punkt bezüglich des Massenmittelpunktes und der Grund dafür, daß wir ihn zu diesem Zeitpunkt in unsere Diskussion eingeführt haben, ist, daß er von den „inneren" Bewegungen eines Objektes getrennt behandelt und darum bei unserer Diskussion der Drehung ignoriert werden kann.

18–2 Die Drehung eines starren Körpers

Nun wollen wir Drehungen diskutieren. Natürlich dreht sich ein gewöhnliches Objekt nicht einfach, es zappelt, zittert und biegt sich. Zur Vereinfachung der Materie diskutieren wir die Bewegung eines nicht existierenden idealen Objektes, welches wir einen *starren Körper* nennen. Das bedeutet ein Objekt, in welchem die Kräfte zwischen den Atomen so stark und von einer solchen Natur sind, daß es durch die geringen zu seiner Bewegung erforderlichen Kräfte nicht verbogen wird. Seine Form bleibt im wesentlichen die gleiche, wenn es sich bewegt. Wenn wir die Bewegung eines solchen Körpers untersuchen wollen und uns einigen, die Bewegung seines Massenmittelpunktes zu ignorieren, so bleibt ihm nur noch die *Drehung* übrig. Wir müssen dies beschreiben. Wie? Angenommen, es gibt irgendeine Linie in dem Körper, welche fest stehenbleibt (vielleicht geht sie durch den Massenmittelpunkt, vielleicht auch nicht), und der Körper dreht sich um diese Linie als Achse. Wie können wir die Drehung definieren? Das ist leicht genug, denn wenn wir irgendwo am Objekt mit Ausnahme der Achse einen Punkt markieren, so können wir immer genau feststellen, wo sich das Objekt befindet, solange wir nur wissen, wohin der Punkt gewandert ist. Das einzige, was wir zur Beschreibung der Position dieses Punktes benötigen, ist ein *Winkel.* Also besteht die Drehung aus der Untersuchung der Änderung des Winkels mit der Zeit.

Um die Drehung zu studieren, beobachten wir den Winkel, um welchen sich ein Körper bewegt hat. Natürlich beziehen wir uns nicht auf irgendeinen besonderen *inneren* Winkel im Objekt; es ist nicht so, daß wir irgendeinen Winkel *an* das Objekt zeichnen. Wir sprechen von der *Winkeländerung der Position* des gesamten Dinges von einem Zeitpunkt zum anderen.

Lassen Sie uns zuerst die Kinematik der Drehungen untersuchen. Der Winkel wird sich mit der Zeit ändern, und genau wie wir über Position und Geschwindigkeit in einer Dimension gesprochen haben, können wir über Winkelposition und Winkelgeschwindigkeit bei der ebenen Drehung sprechen. Tatsächlich gibt es eine sehr interessante Beziehung zwischen der Drehung in zwei Dimensionen und eindimensionaler Verrückung, bei der fast jede Größe ihr Analogon besitzt. Zuerst haben wir den Winkel θ, welcher definiert, wie weit sich der Körper ***herum*** bewegt hat; dieser ersetzt die Entfernung y, welche definiert, wie weit er sich ***voran*** bewegt hat. Auf die gleiche Weise haben wir die Geschwindigkeit der Drehung, $\omega = d\theta/dt$, welche angibt, um wieviel sich der Winkel pro Sekunde ändert, genau wie $v = ds/dt$ beschreibt, wie schnell sich ein Ding bewegt oder wie weit es sich in einer Sekunde bewegt. Wenn der Winkel in Radianten gemessen wird, dann ist die Winkelgeschwindigkeit soundsoviele Radianten pro Sekunde. Je größer die Winkelgeschwindigkeit, je schneller sich das Objekt dreht, um so schneller ändert sich der Winkel. Wir können weitergehen: Wir können die Winkelgeschwindigkeit nach der Zeit differenzieren, und wir nennen $\alpha = d\omega/dt = d^2\theta/dt^2$ die Winkelbeschleunigung. Dies wäre das Analogon zur normalen Beschleunigung.

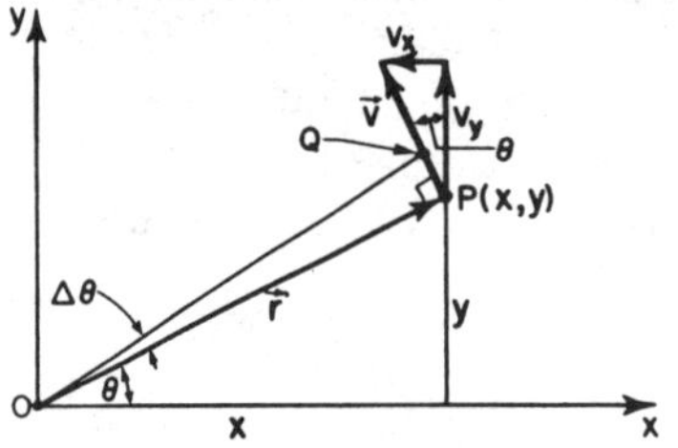

Fig. 18–1. Die Kinematik der Drehung in zwei Dimensionen.

Nun müssen wir natürlich die Dynamik der Drehung in Beziehung setzen zu den Gesetzen der Dynamik der Teilchen, aus welchen das Objekt aufgebaut ist, also müssen wir herausfinden, wie sich ein besonderes Teilchen bewegt, wenn die Winkelgeschwindigkeit soundso ist. Um dies zu tun, lassen Sie uns auf die übliche Weise (Fig. 18–1) ein bestimmtes Teilchen nehmen, das sich in der Entfernung r von der Achse befindet und zu einem gegebenen Zeitpunkt an einem bestimmten Ort $P(x, y)$ lokalisiert ist. Wenn sich nach einem Augenblick Δt später der Winkel des gesamten Objektes um $\Delta\theta$ geändert hat, dann ist das Teilchen mitgeführt worden. Es befindet sich um den gleichen Radius von O entfernt wie vorher, aber es ist nach Q geführt worden. Als erstes möchten wir wissen, um wieviel sich die Entfernung x ändert und um wieviel die Entfernung y. Bezeichnen wir OP als r, dann ist wegen der Winkeldefinition die Länge PQ gleich $r\Delta\theta$. Die Änderung in x ist dann einfach die Projektion von $r\Delta\theta$ in die x-Richtung:

$$\Delta x = -PQ \sin\theta = -r\,\Delta\theta \cdot (y/r) = -y\,\Delta\theta. \tag{18.6}$$

Ähnlich gilt

$$\Delta y = +x\,\Delta\theta. \tag{18.7}$$

Wenn sich das Objekt mit einer gegebenen Winkelgeschwindigkeit ω dreht, so finden wir nach Division beider Seiten von (18.6) und (18.7) durch Δt, daß die Geschwindigkeit des Teilchens gegeben ist durch

$$v_x = -\omega y \qquad \text{und} \qquad v_y = +\omega x. \tag{18.8}$$

Wenn wir natürlich den Betrag der Geschwindigkeit finden wollen, so schreiben wir natürlich einfach

$$v = \sqrt{v_x^2 + v_y^2} = \sqrt{\omega^2 y^2 + \omega^2 x^2} = \omega\sqrt{x^2 + y^2} = \omega r. \tag{18.9}$$

Es sollte nicht mysteriös sein, daß der Wert des Betrages dieser Geschwindigkeit ωr ist; in der Tat sollte es selbstverständlich sein, daß wegen der zurückgelegten Entfernung $r\Delta\theta$ die pro Sekunde zurückgelegte Entfernung gleich $r(\Delta\theta/\Delta t)$ oder $r\omega$ ist.

Lassen Sie uns nun weitergehen und die ***Dynamik*** der Drehbewegung betrachten. Hier muß ein neues Konzept, die ***Kraft***, eingeführt werden. Lassen Sie uns erkunden, ob wir etwas erfinden können, das wir das ***Drehmoment*** (lateinisch: torquere; englisch: torque) nennen werden, das die gleiche Beziehung zur Drehbewegung hat wie die Kraft zur linearen Bewegung. Eine Kraft ist das, was benötigt wird, um lineare Bewegung zu erzeugen, und das, was etwas zur Drehung bringt, ist eine „Drehkraft" oder eine „Verdrehungskraft", d. i. ein Drehmoment. Qualitativ ist ein Drehmoment eine „Verdrehung"; was ist ein Drehmoment quantitativ? Wir kommen zur quantitativen Theorie des Drehmomentes durch Betrachtung der beim Drehen eines Objektes geleisteten ***Arbeit***, denn es ist eine sehr schöne Methode zur Definition einer Kraft, zu sagen, wieviel Arbeit sie leistet, wenn sie über eine gewisse Entfernung wirksam ist. Wir werden versuchen, die Analogie zwischen linearen und Winkelgrößen beizubehalten, indem wir die Arbeit, welche wir bei geringer Verdrehung gegen die auf ein Objekt wirkenden Kräfte leisten, mit dem *Drehmoment* mal dem *Winkel* gleichsetzen, um den es sich bewegt hat. Mit anderen Worten, die Definition des Drehmomentes wird so gewählt, daß der Satz über die Arbeit ein klares Analogon besitzt: Kraft mal Abstand ist Arbeit, und Drehmoment mal Winkel wird Arbeit. Das sagt uns, was das Drehmoment ist. Betrachten wir z. B. einen starren Körper mit verschiedenen auf ihn wirkenden Kräften und eine Achse, um welche sich der Körper dreht. Konzentrieren wir uns zuerst auf eine Kraft und nehmen wir an, daß diese Kraft auf einen gewissen Punkt (x, y) einwirkt. Wieviel Arbeit würde geleistet, wenn wir das Objekt um einen sehr kleinen Winkel drehen? Das ist leicht. Die geleistete Arbeit ist

$$\Delta W = F_x\,\Delta x + F_y\,\Delta y. \tag{18.10}$$

Wir müssen nur die Gl. (18.6) und (18.7) für Δx und Δy einsetzen und erhalten

$$\Delta W = (xF_y - yF_x)\,\Delta\theta. \tag{18.11}$$

Das heißt, der Betrag der von uns geleisteten Arbeit ist in der Tat gleich dem Winkel, um welchen wir das Objekt gedreht haben, multipliziert mit einer sonderbar aussehenden Kombination von Kraft und Abstand. Diese „sonderbare Kombination" ist es, die wir das Drehmoment nennen. Also, durch Definition der Arbeitsänderung als das Drehmoment mal dem Winkel haben wir nun die Formel für das Drehmoment, ausgedrückt durch die Kraft. (Offensichtlich ist das Drehmoment kein vollkommen neuer Gedanke unabhängig von der Newtonschen Mechanik – das Drehmoment muß eine bestimmte durch die Kraft ausgedrückte Definition besitzen).

Wenn mehrere Kräfte wirksam sind, so ist die geleistete Arbeit natürlich die Summe der durch alle Kräfte geleisteten Arbeit, somit ist ΔW eine ganze Serie von Gliedern, welche addiert sind, und *die alle proportional zu $\Delta\theta$ sind.* Wir können $\Delta\theta$ herausnehmen und somit sagen, daß die Änderung der Arbeit gleich der Summe aller Drehmomente, erzeugt durch die verschiedenen wirkenden Kräfte, mal $\Delta\theta$ ist. Diese Summe nennen wir das gesamte Drehmoment τ. Also werden Drehmomente nach den normalen Gesetzen der Algebra addiert, aber wir werden später sehen, daß dies nur so ist, weil wir in einer Ebene arbeiten. Es ist wie die eindimensionale Kinematik, in welcher die Kräfte einfach algebraisch addiert werden, jedoch nur, weil alle die gleiche Richtung besitzen.

In drei Dimensionen ist es komplizierter. Also gilt für die zweidimensionale Drehung

$$\tau_i = x_i F_{yi} - y_i F_{xi} \tag{18.12}$$

und

$$\tau = \sum \tau_i. \tag{18.13}$$

Es muß betont werden, daß das Drehmoment auf eine bestimmte Achse bezogen ist. Wenn eine andere Achse gewählt wird, so daß alle x_i und y_i geändert werden, so ändert sich (normalerweise) auch der Wert des Drehmomentes.

Nun verharren wir einen Augenblick, um zu notieren, daß unsere vorangegangene Einführung des Drehmomentes über den Gedanken der Arbeit ein sehr wichtiges Resultat für ein Objekt in Gleichgewicht liefert: Wenn alle auf ein Objekt einwirkenden Kräfte ausbalanciert sind sowohl für Translation wie auch für Drehung, so ist nicht nur die effektive *Kraft* Null, sondern die Gesamtheit aller *Drehmomente* ist ebenfalls Null, weil an einem im Gleichgewicht befindlichen Objekt *für eine kleine Verrückung durch die Kräfte keine Arbeit geleistet wird*. Darum, weil $\Delta W = \tau\Delta\theta = 0$, muß die Summe aller Drehmomente Null sein. Also gibt es zwei Bedingungen für das Gleichgewicht: Daß die Summe der Kräfte Null ist und daß die Summe der Drehmomente Null ist. Beweisen Sie, daß es genügt, sich zu vergewissern, daß die Summe der Drehmomente um *irgendeine* Achse (in zwei Dimensionen) Null ist.

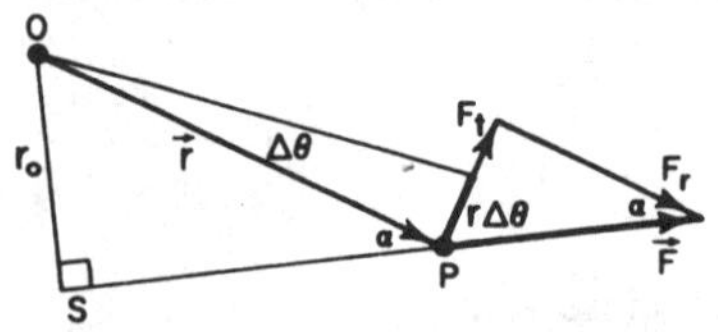

Fig. 18–2. Das durch eine Kraft erzeugte Drehmoment.

Nun wollen wir eine einzelne Kraft betrachten und versuchen, geometrisch herauszufinden, was dieses eigenartige Ding $xF_y - yF_x$ ist. In Fig. 18–2 sehen wir eine Kraft **F**, welche an einen Punkt **r** angreift. Wenn sich das Objekt um einen kleinen Winkel $\Delta\theta$ dreht, so ist die geleistete Arbeit natürlich gleich der Kraftkomponente in Richtung der Verschiebung mal der Verschiebung. Mit anderen Worten, es ist nur die Tangentialkomponente der Kraft, welche zählt, und diese muß mit der Entfernung $r\Delta\theta$ multipliziert werden. Damit sehen wir, daß das Drehmoment ebenfalls gleich der Tangentialkomponente der Kraft (senkrecht zum Radius) mal dem Radius ist. Das hat nach unserer gewöhnlichen Vorstellung vom Drehmoment einen Sinn, weil eine nur radiale Kraft keine „Verdrehung" des Körpers hervorruft; es ist einleuchtend, daß die Verdrehung nur mit dem Teil der Kraft verknüpft sein sollte, welcher nicht vom Zentrum nach außen zieht, und das ist die Tangentialkomponente. Weiterhin ist es klar, daß eine gegebene Kraft an einem langen Arm wirksamer ist als nahe der Achse. Wenn wir den Fall nehmen, in dem wir direkt *auf* die Achse drücken, so erhalten wir in der Tat überhaupt keine Verdrehung! Also ist es sinnvoll, daß der Betrag der Verdrehung oder das Drehmoment proportional sowohl zur radialen Entfernung wie zur Tangentialkomponente der Kraft ist.

Es gibt noch eine dritte Formel für das Drehmoment, welche sehr interessant ist. Wir haben gerade gesehen, daß das Drehmoment die Kraft mal dem Radius mal dem Sinus des Winkels α ist (Fig. 18–2). Aber wenn wir die Angriffslinie der Kraft verlängern und die Linie *OS*, die senkrechte Entfernung zur Angriffslinie der Kraft (den *Hebelarm* der Kraft) zeichnen, so merken wir, daß dieser Hebelarm im gleichen Verhältnis kürzer als *r* ist, wie die Tangentialkraft kleiner ist als die gesamte Kraft. Daher kann die Formel für das Drehmoment auch geschrieben werden als der Betrag der Kraft mal der Länge des Hebelarms.

Das Drehmoment wird auch häufig das *Moment* der Kraft genannt. Der Ursprung dieses Ausdruckes ist unbekannt, aber er könnte mit der Tatsache zusammenhängen, daß „Moment" aus dem lateinischen *movimentum* abgeleitet ist und daß die Fähigkeit der Kraft, ein Objekt zu bewegen (durch Angreifen der Kraft an einem Hebel oder einem Brecheisen), mit der Länge des Hebelarms zunimmt. In der Mathematik bedeutet „Moment" soviel wie gewogen mit der Entfernung von der Achse.

18–3 Der Drehimpuls

Obwohl wir bisher nur den speziellen Fall eines starren Körpers betrachtet haben, sind die Eigenschaften von Drehmomenten und deren mathematischen Beziehungen auch dann interessant, wenn ein Objekt nicht starr ist. In der Tat können wir einen sehr bemerkenswerten Satz beweisen: Genau wie die äußere Kraft die zeitliche Änderung einer Größe p ist, welche wir den Gesamtimpuls einer Anordnung von Teilchen nennen, so ist das äußere Drehmoment die zeitliche Änderung einer Größe L, welche wir den *Drehimpuls* der Gruppe von Teilchen nennen.

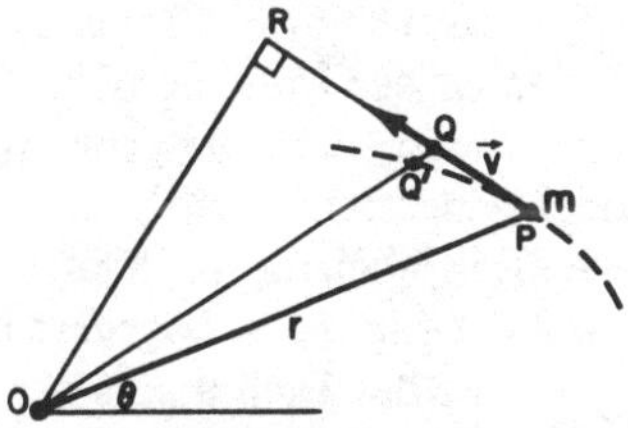

Fig. 18–3. Ein Teilchen bewegt sich um eine Achse 0.

Um dies zu beweisen, werden wir ein System von Teilchen annehmen, auf welches einige Kräfte einwirken, und herausfinden, was mit dem System als Resultat der durch die Kräfte erzeugten Drehmomente geschieht. Zuerst betrachten wir natürlich nur *ein* Teilchen. In Fig. 18–3 ist ein Teilchen der Masse m und eine Achse O; das Teilchen muß nicht notwendigerweise auf einem Kreis um O umlaufen, es kann sich auf einer Ellipse bewegen, wie ein um die Sonne laufender Planet, oder auf einer anderen Kurve. Es bewegt sich irgendwie, es wirken Kräfte darauf ein und es beschleunigt nach unserer üblichen Formel, daß die x-Komponente der Kraft die Masse mal der x-Komponente der Beschleunigung ist usw. Aber lassen Sie uns sehen, was das *Drehmoment* tut. Das Drehmoment ist gleich $xF_y - yF_x$, und die Kraft in der x- oder y-Richtung ist die Masse mal der Beschleunigung in der x- oder y-Richtung:

$$\begin{aligned}\tau &= xF_y - yF_x\\ &= xm(d^2y/dt^2) - ym(d^2x/dt^2).\end{aligned} \tag{18.14}$$

Obwohl dies nicht die Ableitung irgendeiner einfachen Größe zu sein scheint, ist es in der Tat die Ableitung der Größe $xm(dy/dt) - ym(dx/dt)$:

$$\begin{aligned}\frac{d}{dt}\left[xm\left(\frac{dy}{dt}\right) - ym\left(\frac{dx}{dt}\right)\right] &= xm\left(\frac{d^2y}{dt^2}\right) + \left(\frac{dx}{dt}\right)m\left(\frac{dy}{dt}\right)\\ &- ym\left(\frac{d^2x}{dt^2}\right) - \left(\frac{dy}{dt}\right)m\left(\frac{dx}{dt}\right) = xm\left(\frac{d^2y}{dt^2}\right) - ym\left(\frac{d^2x}{dt^2}\right).\end{aligned} \tag{18.15}$$

Also ist es richtig, daß das Drehmoment die zeitliche Änderung von etwas ist! Also geben wir acht auf das „Etwas", wir geben ihm einen Namen: wir nennen es L, den Drehimpuls:

$$\begin{aligned}L &= xm(dy/dt) - ym(dx/dt)\\ &= xp_y - yp_x.\end{aligned} \tag{18.16}$$

Obwohl unsere gegenwärtige Diskussion nichtrelativistisch ist, bleibt die zweite oben angegebene Form von L relativistisch korrekt. Somit haben wir gefunden, daß es bei der Drehbewegung auch ein Analogon zum Impuls gibt und daß dieses Analogon, der Drehimpuls, durch einen Ausdruck gegeben ist, in dem die Komponenten des linearen Impulses enthalten sind, genau wie in der Formel für das Drehmoment die Kraftkomponenten enthalten sind! Wenn wir also den Drehimpuls eines Teilchens um eine Achse ermitteln wollen, so nehmen wir nur die Tangentialkomponente des Impulses und multiplizieren sie mit dem Radius. Mit anderen Worten, für den Drehimupls zählt nicht, wie schnell es sich vom Anfangspunkt *entfernt*, sondern wie schnell es sich um den Anfangspunkt *herum* bewegt. Nur die Tangentialkomponente des Impulses zählt für den Drehimpuls. Weiterhin ist der Drehimpuls um so größer, je weiter die Linie des Impulses nach außen ist. Und ebenso, weil die geometrischen Fakten die gleichen sind, ob die Größe nun mit p oder F bezeichnet wird, ist es zutreffend, daß es einen Hebelarm gibt (*nicht* der gleiche wie der Hebelarm der Kraft auf das Teilchen!), welcher ermittelt wird durch Verlängerung der Linie des *Impulses* und Auffinden des senkrechten Abstandes davon zur Achse. Daher ist der Drehimpuls der Betrag des Impulses mal dem Impuls-Hebelarm. Damit haben wir drei Formeln für den Drehimpuls, genau wie wir drei Formeln für das Drehmoment haben:

$$\begin{aligned}L &= xp_y - yp_x\\ &= rp_{\text{tang}}\\ &= p \cdot \text{Hebelarm}.\end{aligned} \tag{18.17}$$

Wie das Drehmoment, so hängt auch der Drehimpuls von der Position der Achse ab, in bezug auf welche er berechnet wird.

Ehe wir fortschreiten zur Behandlung von mehr als nur einem Teilchen, lassen Sie uns die obenstehenden Resultate auf einen Planeten anwenden, der um die Sonne läuft. In welcher Richtung wirkt die Kraft?

Die Kraft ist zur Sonne gerichtet. Was ist dann das Drehmoment des Objektes? Natürlich hängt dies davon ab, welche Achse wir wählen, aber wir erhalten ein sehr einfaches Resultat, wenn wir sie an der Sonne selbst haben, denn das Drehmoment ist die Kraft mal dem Hebelarm oder die Kraftkomponente senkrecht zu r mal r. Aber hier ist keine Tangentialkraft vorhanden, also existiert kein Drehmoment um die Sonne! Darum muß der Drehimpuls beim Umlauf um die Sonne konstant bleiben. Wir wollen sehen, was dies bedeutet. Die Tangentialkomponente der Geschwindigkeit mal der Masse mal dem Radius ist konstant, weil dies der Drehimpuls ist, und die zeitliche Änderung des Drehimpulses ist das Drehmoment, und in diesem Fall ist das Drehmoment Null. Weil die Masse ebenfalls konstant ist, bedeutet dies natürlich, daß die Tangentialgeschwindigkeit mal dem Radius konstant ist. Aber das ist etwas, was wir für die Planetenbewegung bereits wissen. Angenommen, wir betrachten ein kleines Zeitintervall Δt. Wie weit wird sich der Planet auf seinem Weg von P nach Q (Fig. 18–3) bewegen? Welche *Fläche* wird er überstreichen? Wenn wir die im Vergleich zur viel größeren Fläche OPQ sehr winzige Fläche $QQ'P$ vernachlässigen, so ist es einfach die Hälfte der Grundlinie PQ mal der Höhe OR. Mit anderen Worten, die in der Zeiteinheit überstrichene Fläche ist gleich der Geschwindigkeit mal dem Hebelarm der Geschwindigkeit (mal einhalb). Somit ist die zeitliche Änderung der Fläche proportional dem Drehimpuls, welcher konstant ist. Also ist das Keplersche Gesetz über gleiche Flächen in gleichen Zeiten eine wörtliche Beschreibung des Gesetzes der Drehimpulserhaltung, wenn durch die Kraft kein Drehmoment erzeugt wird.

18–4 Die Erhaltung des Drehimpulses

Nun fahren wir fort und betrachten, was sich ereignet, wenn eine große Anzahl von Teilchen vorhanden ist, wenn ein Objekt aus vielen Teilen hergestellt ist, mit vielen wechselwirkenden Kräften zwischen ihnen und von außen einwirkenden Kräften. Natürlich wissen wir bereits, daß in bezug auf irgendeine gegebene feste Achse das Drehmoment auf das i-te Teilchen (das ist die Kraft auf das i-te Teilchen mal dem Hebelarm dieser Kraft) gleich ist der zeitlichen Änderung des Drehimpulses dieses Teilchens und daß der Drehimpuls des i-ten Teilchens sein Impuls mal seinem Impuls-Hebelarm ist. Angenommen, wir addieren nun alle Drehmomente τ_i aller Teilchen und nennen dies das gesamte Drehmoment τ. Dann ist dies die zeitliche Änderung der Summe der Drehimpulse L_i aller Teilchen, und dies definiert eine neue Größe, welche wir den Gesamtdrehimpuls L nennen. Genau wie der gesamte *Impuls* eines Objektes die Summe der Impulse aller Teile ist, so ist der Drehimpuls die Summe der Drehimpulse aller Teile. Dann ist die zeitliche Änderung des gesamten L gleich dem gesamten Drehmoment:

$$\tau = \sum \tau_i = \sum \frac{dL_i}{dt} = \frac{dL}{dt}. \qquad (18.18)$$

Nun könnte es so scheinen, als ob das gesamte Drehmoment eine komplizierte Sache ist. Es müssen alle diese inneren Kräfte und alle die äußeren Kräfte berücksichtigt werden. Aber wenn wir das Newtonsche Gesetz von Aktion und Reaktion nehmen und nicht nur einfach sagen, daß actio gleich reactio ist, sondern auch, daß sie *entlang der gleichen Linie einander genau entgegengesetzt gerichtet sind* (Newton mag dies tatsächlich gesagt haben oder auch nicht, aber er hat es stillschweigend vorausgesetzt), dann sind die beiden *Drehmomente* der wechselwirkenden Objekte gleichgroß und entgegengesetzt gerichtet, weil die Hebelarme für irgendeine Achse gleichgroß sind. Daher heben sich die inneren Drehmomente paarweise auf, und so haben wir den bemerkenswerten Satz, daß *die zeitliche Änderung des gesamten Drehmomentes um irgendeine Achse gleich dem äußeren Drehmoment in bezug auf diese Achse ist!*

$$\tau = \sum \tau_i = \tau_{\text{ext}} = dL/dt. \qquad (18.19)$$

Damit haben wir einen sehr wirkungsvollen Satz über die Bewegung von großen Ansammlungen von Teilchen, welcher es uns ermöglicht, die Kollektivbewegung zu untersuchen, ohne daß die detaillierte innere Maschinerie betrachtet werden muß. Dieser Satz gilt für jede Anordnung von Objekten, ob sie einen starren Körper bilden oder nicht.

Ein äußerst wichtiger Fall des oben stehenden Satzes ist das *Gesetz der Drehimpulserhaltung*: Wenn keine äußeren Drehmomente auf ein System von Teilchen einwirken, so bleibt der Drehimpuls konstant.

Ein spezieller Fall von großer Wichtigkeit ist der eines starren Körpers, d. h. eines Objektes mit fester Gestalt, welches sich dreht. Betrachten wir ein Objekt, welches in seinen geometrischen Dimensionen fest ist und das sich um eine feste Achse dreht. Die verschiedenen Teile des Objektes haben während allen Zeiten die gleiche Beziehung zueinander. Versuchen wir nun, den gesamten Drehimpuls dieses Objektes zu bestimmen. Wenn die Masse eines seiner Teilchen m_i ist und seine Position oder sein Ort befindet sich in (x_i, y_i), dann ist es die Aufgabe, den Drehimpuls dieses Teilchens zu finden, weil der gesamte Drehimpuls die Summe der Drehimpulse aller Teilchen des Körpers ist. Für ein sich drehendes Objekt ist der Drehimpuls natürlich die Masse mal der Geschwindigkeit mal der Entfernung von der Achse, und die Geschwindigkeit ist gleich der Winkelgeschwindigkeit mal der Entfernung von der Achse:

$$L_i = m_i v_i r_i = m_i r_i^2 \omega, \tag{18.20}$$

oder nach Summation über alle die Teilchen i erhalten wir

$$L = I\omega, \tag{18.21}$$

wobei

$$I = \sum_i m_i r_i^2. \tag{18.22}$$

Dies ist das Analogon des Gesetzes, daß der Impuls gleich Masse mal Geschwindigkeit ist. Die Geschwindigkeit wird ersetzt durch die Winkelgeschwindigkeit, und wir sehen, daß die Masse durch etwas Neues ersetzt wird, was wir das *Trägheitsmoment I* nennen. Gl. (18.21) und (18.22) besagen, daß ein Körper gegen Drehung eine Trägheit besitzt, die nicht nur von den Massen abhängt, sondern auch davon, *wie weit sie von der Achse entfernt sind*. Wenn wir zwei Objekte der gleichen Masse haben, so wird die Trägheit größer, wenn wir die Massen von der Achse weiter entfernt anbringen. Dies wird leicht mit dem in Fig. 18–4 gezeigten Apparat demonstriert, mit dem ein Gewicht M daran gehindert wird, schnell zu fallen, weil es die große, mit Gewichten versehene Stange drehen muß. Zuerst sind die Massen m nahe der Achse, und M beschleunigt mit einem bestimmten Betrag. Aber wenn wir das Trägheitsmoment ändern, indem die beiden Massen m sehr viel weiter von der Achse entfernt angebracht werden, so sehen wir, daß M viel weniger schnell als vorher beschleunigt wird, weil der Körper eine viel größere Trägheit gegen Drehung besitzt. Das Trägheitsmoment ist die Trägheit gegen Drehung, und es ist die Summe der Beiträge aller Massen mal dem *Quadrat* ihrer Entfernungen von der Achse.

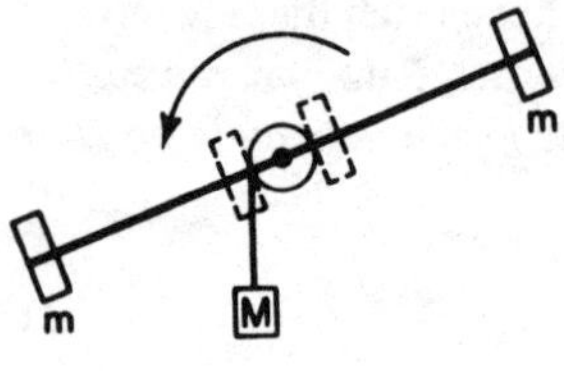

Fig. 18–4. Die „Trägheit gegen Drehung" hängt ab vom Hebelarm der Massen.

Es gibt einen wichtigen Unterschied zwischen Masse und Trägheitsmoment, welcher sehr dramatisch ist. Die Masse eines Objektes ändert sich nicht, aber sein Trägheitsmoment *kann* geändert werden. Wenn wir mit ausgestreckten Armen auf einem reibungsfreien Drehschemel stehen und Gewichte in unseren Händen halten, wobei wir uns langsam drehen, so können wir unser Trägheitsmoment ändern, indem wir unsere Arme anziehen, aber unsere Masse ändert sich nicht. Wenn wir dies tun, so ereignen sich wegen des Gesetzes der Drehimpulserhaltung alle Arten von wunderbaren Dingen: Wenn das äußere Drehmoment Null ist, so bleibt der Drehimpuls, das Trägheitsmoment mal Omega, konstant. Anfänglich haben wir uns bei einem großen Trägheitsmoment I_1 mit einer kleinen Winkelgeschwindigkeit ω_1 gedreht und der Drehimpuls war $I_1 \omega_1$. Dann haben wir unser Trägheitsmoment durch Einziehen der Arme auf den kleineren Wert I_2 geändert. Dabei wurde das Produkt $I\omega$, welches gleichgroß bleiben muß, weil der gesamte Drehimpuls gleich bleibt, zu $I_2 \omega_2$. Somit ist $I_2 \omega_2 = I_1 \omega_1$. Das heißt, wenn wir das Trägheitsmoment *reduzieren*, so muß die Winkelgeschwindigkeit *zunehmen*.

19 Massenmittelpunkt; Trägheitsgesetz

19–1 Eigenschaften des Massenmittelpunktes

Im vorangegangenen Kapitel haben wir gefunden, daß, wenn sehr viele Kräfte auf eine komplizierte Masse von Teilchen einwirken (dabei können die Teilchen einen starren oder einen nichtstarren Körper oder eine Wolke von Sternen oder irgend etwas anderes bilden) und wir die Summe aller dieser Kräfte bestimmen (natürlich der äußeren Kräfte, die inneren Kräfte kompensieren sich gegenseitig) und den Körper als eine Gesamtheit betrachten und sagen, er besitzt eine gesamte Masse M, ein gewisser Punkt „innerhalb" des Körpers existiert, welcher *Massenmittelpunkt* genannt wird. Eine resultierende äußere Kraft erzeugt eine Beschleunigung dieses Punktes genau so, als ob die gesamte Masse in ihm konzentriert wäre. Lassen Sie uns nun den Massenmittelpunkt etwas genauer diskutieren.

Der Ort des Massenmittelpunktes (abgekürzt CM) wird durch diese Gleichung angegeben:

$$\mathbf{R}_{\mathrm{CM}} = \frac{\sum m_i \mathbf{r}_i}{\sum m_i}. \tag{19.1}$$

Das ist natürlich eine Vektorgleichung, welche wirklich drei Gleichungen darstellt, eine für jede der drei Richtungen. Wir werden nur die x-Richtung betrachten; denn wenn wir diese verstehen, so verstehen wir auch die beiden anderen. Was bedeutet $X_{\mathrm{CM}} = \Sigma\, m_i x_i / \Sigma\, m_i$? Nehmen wir für einen Augenblick an, daß das Objekt in kleine Teile unterteilt ist, welche alle die gleiche Masse m besitzen; dann ist die gesamte Masse einfach die Anzahl N der Teile mal der Masse eines Teiles, sagen wir ein Gramm oder irgendeine andere Einheit. Dann sagt diese Gleichung einfach, daß wir alle x addieren und dann durch die Anzahl der Dinge dividieren, welche wir addiert haben: $X_{\mathrm{CM}} = m\,\Sigma\, x_i/mN = \Sigma\, x_i/N$. Mit anderen Worten, X_{CM} ist das Mittel aller x, wenn die Massen gleichgroß sind. Aber angenommen, eine davon wäre zweimal so schwer wie die anderen. Dann erschiene dieses x in der Summe zweimal. Das ist leicht zu verstehen, denn wir können uns diese Doppelmasse als zweigeteilt vorstellen; dann müssen wir natürlich bei der Mittelwertbildung dieser x zweimal zählen, weil sich dort zwei befinden. Also ist X die mittlere Position aller Massen in der x-Richtung, wobei jede Masse mehrmals, proportional zur Masse, gezählt wird, so als ob sie in „kleine Gramme" unterteilt wäre. Daraus ist leicht zu beweisen, daß X irgendwo zwischen dem größten und dem kleinsten x sein muß und somit innerhalb der Umhüllenden des gesamten Körpers liegt. Es muß nicht im *Material* des Körpers liegen, denn der Körper könnte ein Kreis sein – wie ein Reifen – und der Massenmittelpunkt befindet sich im Mittelpunkt des Reifens, nicht im Reifen selbst.

Wenn ein Objekt irgendwie symmetrisch ist (Z. B. ein Rechteck), so daß es eine Symmetrieebene besitzt, dann liegt der Massenmittelpunkt natürlich irgendwo in der Symmetrieebene. Im Fall des Rechtecks gibt es zwei Ebenen, und das bestimmt ihn eindeutig. Aber wenn es nur ein irgendwie symmetrisches Objekt ist, dann befindet sich der Massenmittelpunkt irgendwo auf der Symmetrieachse, weil unter diesen Umständen ebenso viele positive wie negative x vorhanden sind.

Ein anderer interessanter und sehr eigenartiger Satz ist der folgende. Denken wir uns ein Objekt, bestehend aus den beiden Teilen A und B (Fig. 19–1). Dann kann der Mas-

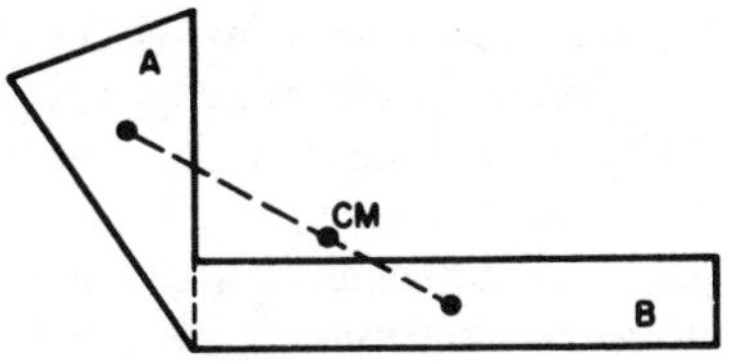

Fig. 19–1. Der Massenmittelpunkt (CM) eines zusammengesetzten Körpers liegt auf der Verbindungslinie der Massenmittelpunkte beider Bestandteile des Körpers.

senmittelpunkt des gesamten Objektes folgendermaßen berechnet werden. Zuerst bestimmen wir den Massenmittelpunkt von Teil A und dann den von B. Auch bestimmen wir die gesamten Massen M_A und M_B jedes Teiles. Dann betrachten wir ein neues Problem, in welchem sich eine *Punkt*masse M_A im Massenmittelpunkt des Objektes A befindet, und eine andere *Punkt*masse M_B befindet sich im Massenmittelpunkt des Objektes B. Der Massenmittelpunkt dieser beiden Punktmassen zusammen ist dann der Massenmittelpunkt des gesamten Objektes. Mit anderen Worten, wenn die Massenmittelpunkte der verschiedenen Teile eines Objektes bereits bekannt sind, so müssen wir nicht wieder von vorn anfangen, um den Massenmittelpunkt des gesamten Objektes zu bestimmen; wir müssen nur die Teile zusammensetzen und jedes wie eine Punktmasse am Ort seines Massenmittelpunktes behandeln. Wir wollen sehen, warum das so ist. Angenommen, wir wollen den Massenmittelpunkt eines gesamten Objektes berechnen; einige seiner Teilchen gehören zum Objekt A und die anderen zum Objekt B. Die gesamte Summe $\Sigma\, m_i x_i$ kann dann in zwei Teile aufgeteilt werden – in die Summe $\Sigma_A m_i x_i$ für Objekt A und die Summe $\Sigma_B m_i x_i$ für ein Objekt B. Wenn wir nun den Massenmittelpunkt für Objekt A allein berechnen würden, so hätten wir genau die erste dieser Summen; und wir wissen, daß diese gleich $M_A X_A$ ist, die gesamte Masse aller Teilchen in A mal der Position des Massenmittelpunktes von A, weil dies der Massenmittelpunktsatz ist, angewandt auf Objekt A. Auf die gleiche Weise, indem wir Objekt B nur ansehen, erhalten wir $M_B X_B$ und die Addition beider ergibt natürlich MX:

$$
\begin{aligned}
MX_{\mathrm{CM}} &= \sum_A m_i x_i + \sum_B m_i x_i \\
&= M_A X_A + M_B X_B. \qquad (19.2)
\end{aligned}
$$

M ist offensichtlich die Summe von M_A und M_B, somit sehen wir, daß Gl. (19.2) interpretiert werden kann als ein spezielles Beispiel der Massenmittelpunktformel für zwei punktförmige Objekte, eines mit der Masse M_A in X_A und ein anderes mit der Masse M_B in X_B.

Der Satz über die Bewegung des Massenmittelpunktes ist sehr interessant; er spielte eine wichtige Rolle bei der Entwicklung unseres Verständnisses der Physik. Setzen wir voraus, daß das Newtonsche Gesetz für die kleinen Bestandteile eines viel größeren Objektes gilt. Dann zeigt dieser Satz, daß das Newtonsche Gesetz auch für das größere Objekt gilt, selbst wenn wir die Details dieses Objektes nicht untersuchen, sondern nur die gesamte auf es wirkende Kraft und seine Masse. Mit anderen Worten, das Newtonsche Gesetz besitzt die seltsame Eigenschaft, daß es bei Gültigkeit in einem bestimmten kleinen Maßstab auch in einem größeren Maßstab gilt. Wenn wir einen Baseball nicht als ein enorm kompliziertes Ding betrachten, welches aus Myriaden von wechselwirkenden Teilchen aufgebaut ist, sondern nur die Bewegung seines Massenmittelpunktes und die äußeren Kräfte auf den Ball untersuchen, so finden wir $\mathbf{F} = m\mathbf{a}$, wobei $\mathbf{F}$ die äußere Kraft auf den Baseball, m seine Masse, und $\mathbf{a}$ die Beschleunigung seines Massenmittelpunktes ist. Also ist $\mathbf{F} = m\mathbf{a}$ ein Gesetz, das sich in einem größeren Maßstab wiederholt. (Es sollte ein zutreffendes Wort, vielleicht aus dem Griechischen, zur Beschreibung eines Gesetzes vorhanden sein, welches das gleiche Gesetz in einem größeren Maßstab reproduziert.)

Natürlich könnte man vermuten, daß die ersten Gesetze, welche durch Menschen entdeckt wurden, jene sind, welche sich in einem größeren Maßstab reproduzieren. Warum? Weil der wirkliche Maßstab der fundamentalen Getriebe und Räder des Universums von atomaren Dimensionen ist, welche so viel kleiner sind als unsere Beobachtungen, daß wir uns bei unseren normalen Beobachtungen nirgendwo auch nur in der Nähe dieses Maßstabes befinden. Also müssen die ersten Dinge, welche wir entdecken würden, für Objekte gelten, die keine spezielle Größe relativ zum atomaren Maßstab besitzen. Würden sich die Gesetze für kleine Teilchen nicht in einem größeren Maßstab reproduzieren, so würden wir diese Gesetze nicht so leicht entdecken. Was ist mit dem umgekehrten Problem? Müssen die Gesetze in einem kleineren Maßstab die gleichen sein wie jene in einem größeren Maßstab? Natürlich ist es in der Natur nicht notwendigerweise so, daß die Gesetze im atomaren Maßstab die gleichen sein müssen wie in einem größeren Maßstab. Angenommen, die richtigen Bewegungsgesetze für Atome wären durch eine sonderbare Gleichung gegeben, welche *nicht* die Eigenschaft besitzt, sich beim Übergang zu einem größeren Maßstab zu reproduzieren. Statt dessen hat sie die Eigenschaft, daß wir sie beim Übergang zu einem größeren und größeren Maßstab durch *einen bestimmten Ausdruck annähern* können, so daß sich *dieser* bei weiterer und weiterer Entwicklung in einem größeren und größeren Maßstab reproduziert. Das ist möglich und tatsächlich funktioniert es so. Die Newtonschen Gesetze sind das „Schwanzende" der atomaren Gesetze, extrapoliert auf einen sehr großen Maßstab. Die wirklichen Gesetze der Teilchenbewegung in einem sehr kleinen Maßstab sind sehr eigenartig, aber wenn wir sie in großen Anzahlen betrachten und sie zusammensetzen, so approximieren sie, aber sie approximieren *nur* die Newtonschen Gesetze. Die Newtonschen Gesetze ermöglichen es uns dann, zu größeren und größeren Maßstäben zu gehen, und es erscheint immer als das gleiche Gesetz. Tatsächlich wird es genauer und genauer, je größer der Maßstab wird. Dieser selbstreproduzierende Faktor der Newtonschen Gesetze ist daher kein fundamentaler Charakter der Natur, sondern ein wichtiges historisches Merkmal. Wir würden die Grundgesetze der atomaren Teilchen niemals auf den ersten Blick entdecken, weil die ersten Beobachtungen viel zu grob sind. In der Tat zeigt sich, daß die atomaren Grundgesetze, welche wir Quantenmechanik nennen, sehr verschieden sind von den Newtonschen Gesetzen und schwer zu verstehen, weil alle unsere direkten Erfahrungen an Makro-Objekten gewonnen wurden und sich die mikrodimensionalen Atome nicht wie die Dinge im Makro-Maßstab verhalten. Somit können wir weder „ein Atom verhält sich wie ein um die Sonnen umlaufender Planet" noch so ähnlich sagen. Es ist wie *nichts,* mit dem wir vertraut sind, weil es *nichts Ähnliches* gibt. Wenn wir die Quantenmechanik auf größere und größere Dinge anwenden, so reproduzieren sich die Gesetze über das Verhalten vieler zusammengefaßter Atome nicht, sondern sie produzieren *neue Gesetze,* welche die Newtonschen Gesetze sind. Diese fahren fort, sich selbst zu reproduzieren, von der Mikro-Mikro-Gramm-Größe (dies sind noch immer Milliarden und Milliarden von Atomen) bis zur Größe der Erde und darüber.

Kehren wir nun zurück zum Massenmittelpunkt. Der Massenmittelpunkt wird mitunter der Schwerpunkt genannt, aus dem Grunde, daß die Gravitation in vielen Fällen als gleichförmig betrachtet werden kann. Angenommen, wir haben hinreichend kleine Dimensionen, so daß die Gravitationskraft nicht nur proportional zur Masse ist, sondern überall parallel zu einer festen Linie verläuft. Dann betrachten wir ein Objekt, in welchem die Gravitationskräfte auf jedes seiner Massenbestandteile wirken. Es sei m_i die Masse eines Teiles. Dann ist die darauf wirkende Gravitationskraft gleich m_i mal g. Nun ist die Frage, wo wir mit einer einzelnen Kraft angreifen können, um die Gravitationskraft des Ganzen zu balancieren, so daß sich das gesamte Objekt, wenn es ein starrer Körper ist, nicht dreht? Die Antwort ist, daß diese Kraft durch den Massenmittelpunkt gehen muß, und wir zeigen dies auf die folgende Weise. Damit sich der Körper nicht dreht, muß das durch alle Kräfte erzeugte Drehmoment Null sein, weil bei Vorhandensein eines Drehmomentes eine Änderung des Drehimpulses und damit eine Drehung erzeugt wird. Also müssen wir die Gesamtheit aller Drehmomente auf alle Teilchen berechnen und sehen, welches Drehmoment in bezug auf eine gegebene Achse vorhanden ist; es sollte Null sein, wenn diese Achse durch den Massenmittelpunkt geht. Wenn wir nun x in horizontaler und y in vertikaler Richtung messen, so wissen wir, daß die Drehmomente gleich den Kräften in y-Richtung mal dem Hebelarm x sind (d. i. die Kraft mal dem Hebelarm, um welche wir das Drehmoment messen wollen). Nun ist das gesamte Drehmoment die Summe

$$\tau = \sum m_i g x_i = g \sum m_i x_i . \tag{19.3}$$

Wenn das gesamte Drehmoment Null sein soll, muß die Summe $\Sigma\, m_i x_i$ Null sein. Aber $\Sigma\, m_i x_i = MX$, d. i. die gesamte Masse mal dem Abstand des Massenmittelpunktes von der Achse. Daher ist der x-Abstand des Massenmittelpunktes von der Achse Null.

Natürlich haben wir das Resultat nur für den x-Abstand geprüft, aber wenn wir den wahren Massenmittelpunkt nehmen, so wird das Objekt in jeder Position ausbalanciert, weil wir bei einer 90°-Drehung die y anstelle der x haben würden. Mit anderen Worten, wenn ein Objekt in seinem Massenmittelpunkt aufgehängt wird, so wirkt wegen eines parallelen Gravitationsfeldes kein Drehmoment darauf. Wenn das Objekt so groß ist, daß die Nichtparallelität der Gravitationskräfte bemerkbar wird, dann ist das Zentrum, in welchem die Balancierkraft angreifen muß, nicht einfach zu beschreiben; es weicht etwas vom Massenmittelpunkt ab. Das ist der Grund dafür, daß man unterscheiden muß zwischen dem Massenmittelpunkt und dem Schwerpunkt. Die Tatsache, daß sich ein genau im Massenmittelpunkt aufgehängtes Objekt in allen Positionen im stabilen Gleichgewicht befindet, hat eine weitere interessante Konsequenz. Wenn wir anstelle der Gravitation eine Scheinkraft aufgrund der Beschleunigung haben, so können wir genau die gleiche mathematische Prozedur anwenden, um die Aufhängeposition zu finden, in der durch die Trägheitskraft der Beschleunigung keine Drehmomente erzeugt werden. Angenommen, das Objekt wird irgendwie innerhalb einer Kiste gehalten und die Kiste und alles darin Enthaltene wird beschleunigt. Wir wissen, daß aus der Perspektive eines ruhenden Beobachters aufgrund der Trägheit eine effektive Kraft vorhanden ist. Das heißt, damit das Objekt zusammen mit der Kiste bewegt wird, müssen wir es anschieben, um es zu beschleunigen, und diese Kraft wird „balanciert" durch die „Trägheitskraft", welche eine Scheinkraft ist, gleich der Masse mal der Beschleunigung der Kiste. Für den Mann in der Kiste ist dies die gleiche Situation, als ob sich das Objekt in einem homogenen Gravitationsfeld befindet, dessen „g"-Wert gleich der Beschleunigung a ist. Daher erzeugt die aufgrund der Beschleunigung eines Objektes vorhandene Trägheit in bezug auf den Schwerpunkt kein Drehmoment.

Diese Tatsache hat eine sehr interessante Konsequenz. In einem nicht beschleunigten Inertialsystem ist das Drehmoment immer gleich der zeitlichen Änderung des Drehimpulses. Aber für eine Achse durch den Massenmittelpunkt eines *beschleunigten* Objektes *gilt auch*, daß das Drehmoment gleich der zeitlichen Änderung des Drehimpulses ist. Selbst wenn der Massenmittelpunkt beschleunigt ist, können wir eine spezielle Achse durch den Massenmittelpunkt wählen, so daß gilt, daß das Drehmoment gleich der zeitlichen Änderung des Drehimpulses um diese Achse ist. Somit ist der Satz, daß das Drehmoment gleich der zeitlichen Änderung des Drehimpulses ist, in zwei allgemeinen Fällen gültig: 1) eine feste Achse im Inertialsystem, 2) eine Achse durch den Massenmittelpunkt selbst wenn das Objekt beschleunigt ist.

19–2 Bestimmung des Massenmittelpunktes

Die mathematische Technik zur Berechnung des Massenmittelpunktes gehört in den Bereich einer mathematischen Vorlesung, und solche Probleme liefern gute Übungen für die Integralrechnung. Wenn man jedoch die Integralrechnung beherrscht und wissen will, wie man Massenmittelpunkte bestimmt, ist es schön, dafür gewisse Tricks zu kennen. Einer dieser Tricks macht Gebrauch vom sogenannten Satz von Pappus. Er funktioniert folgendermaßen: Wenn wir irgendeine geschlossene Fläche in einer Ebene nehmen und einen Körper dadurch erzeugen, daß wir diese so durch den Raum bewegen, daß jeder Punkt ständig senkrecht zur Flächenebene bewegt wird, so besitzt der so erzeugte Körper ein Volumen gleich der Fläche des Querschnittes mal der Entfernung, um welche der Massenmittelpunkt bewegt wurde! Bestimmt ist dies richtig, wenn wir die Fläche auf einer geraden Linie senkrecht zu sich selbst bewegen, aber wenn wir sie auf einem Kreis oder auf irgend einer anderen Kurve bewegen, dann erzeugt sie ein recht eigenartiges Volumen. Für einen gekrümmten Weg läuft die Außenseite weiter herum und die Innenseite weniger, und diese Effekte kompensieren sich gegenseitig. Wenn wir also den Massenmittelpunkt einer ebenen Platte homogener Dichte bestimmen wollen, so können wir uns darauf besinnen, daß das Volumen, welches durch Rotieren dieser Platte um eine Achse entsteht, gleich der durch den Massenmittelpunkt zurückgelegten Entfernung mal der Fläche der Platte ist.

Wenn wir z. B. den Massenmittelpunkt der Masse eines rechtwinkeligen Dreiecks der Basis D und der Höhe H (Fig. 19–2) finden wollen, so können wir diese Aufgabe auf die folgende Weise lösen. Wir denken uns eine Achse entlang H und drehen das Dreieck um diese Achse um volle 360 Grad. Dadurch wird ein Kegel erzeugt. Die dabei von der x-Koordinate des Massenmittelpunktes zurückgelegte Entfernung ist $2\pi x$. Die bewegte Fläche ist die Fläche $\frac{1}{2}HD$ des Dreiecks. Also ist die x-Entfernung des Massenmittelpunktes mal der Fläche des Dreiecks gleich dem umrandeten Volumen, und dies ist natürlich $\pi D^2 H/3$. Also ist $(2\pi x)\,(\frac{1}{2}HD) = \frac{1}{3}\pi D^2 H$ oder $x = D/3$. Ähnlich finden wir bei Drehung um die andere Achse oder durch Symmetriebetrachtung, daß $y = H/3$. In der Tat ist der Massenmittelpunkt einer gleichförmigen Dreieckfläche der Schnittpunkt der drei Halbierenden, das sind die Linien von den Ecken zu den Mittelpunkten der gegenüberliegenden Seiten. Dieser Punkt liegt in 1/3 der Länge jeder Halbierenden. *Hinweis:* Zerteile das Dreieck in eine Anzahl kleiner Teile, jedes parallel zur Grundlinie. Beachte, daß die Halbierende jedes dieser Teile halbiert, somit muß der Massenmittelpunkt auf dieser Linie liegen.

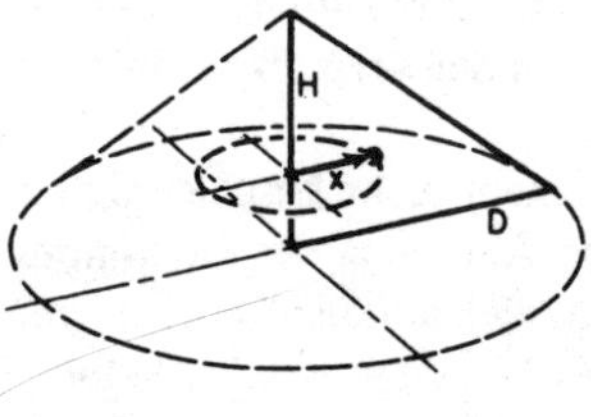

Fig. 19–2. Ein rechtwinkeliges Dreieck und der durch Drehung dieses Dreiecks erzeugte Kegel.

Nun versuchen wir eine kompliziertere Figur. Angenommen, wir wollen die Position des Massenmittelpunktes einer homogenen halbkreisförmigen Scheibe bestimmen – einer halbierten Kreisscheibe. Wo liegt der Massenmittelpunkt? Bei einer kompletten Kreisscheibe befindet er sich natürlich in der Mitte, aber bei einer halbkreisförmigen Scheibe ist es schwieriger. Es sei r der Radius der Scheibe und x der Abstand des Massenmittelpunktes von der geraden Kante der Scheibe. Beim Drehen der Scheibe um diese Kante erzeugen wir eine Kugel. Dann hat sich der Massenmittelpunkt um $2\pi x$ bewegt, die Fläche ist $\pi r^2/2$ (weil es nur ein Halbkreis ist). Das erzeugte Volumen ist natürlich $4\pi r^3/3$, und daraus erhalten wir

$$(2\pi x)(\tfrac{1}{2}\pi r^2) = 4\pi r^3/3,$$

oder

$$x = 4r/3\pi.$$

Es gibt einen weiteren Satz von Pappus, einen Spezialfall des oben behandelten und daher gleichermaßen richtig. Angenommen, wir haben anstelle der festen halbkreisförmigen Scheibe ein halbkreisförmiges Stück Draht mit homogener Dichte des Drahtes, und wir wollen seinen Massenmittelpunkt bestimmen. In diesem Fall befindet sich in der Fläche keine Masse, nur im Draht. Dann ergibt sich, daß die *Fläche*, welche ebenso wie vorher beim Drehen einer ebenen gekrümmten Linie überstrichen wird, gleich der durch den Massenmittelpunkt zurückgelegten Entfernung mal der *Länge* der Linie ist. (Die Linie kann man sich vorstellen als eine sehr dünne Fläche, und darauf kann der vorher behandelte Satz angewandt werden.)

19–3 Bestimmung des Trägheitsmomentes

Lassen Sie uns nun die Bestimmung des *Trägheitsmomentes* verschiedener Objekte diskutieren. Die Formel für das Trägheitsmoment eines Objektes um die z-Achse ist

$$I = \sum m_i(x_i^2 + y_i^2)$$

oder

$$I = \int (x^2 + y^2)\,dm = \int (x^2 + y^2)\rho\,dv. \tag{19.4}$$

Das heißt, wie müssen über die Massen summieren, wobei jede mit dem Quadrat ihrer Entfernung $(x_i^2 + y_i^2)$ von der Achse multipliziert ist. Beachten Sie, daß dies keine dreidimensionale Entfernung ist, es ist nur die zweidimensionale Entfernung zum Quadrat, selbst für ein dreidimensionales Objekt. Wir werden uns hauptsächlich auf zweidimensionale Objekte beschränken, aber die Formel für die Drehung um die z-Achse ist in drei Dimensionen genau die gleiche.

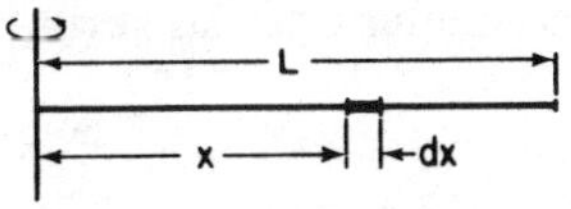

Fig. 19–3. Ein gerader Stab der Länge L, welcher um eine Achse durch ein Stabende rotiert.

Als ein einfaches Beispiel betrachten wir einen Stab, welcher sich um eine Achse senkrecht durch ein Ende dreht (Fig. 19–3). Nun müssen wir alle Massen mal ihren x-Entfernungsquadraten summieren (die y sind in diesem Fall alle Null). Was wir mit der „Summe" meinen, ist natürlich das Intergral über x^2 mal den kleinen Massenelementen. Wenn wir den Stab in kleine Elemente der Länge dx unterteilen, so sind die korrespondierenden Massenelemente proportional zu dx, und wenn dx die gesamte Länge des Stabes wäre, so wäre seine Masse M. Daher ist

$$dm = M\,dx/L$$

und somit

$$I = \int_0^L x^2 \frac{M\,dx}{L} = \frac{M}{L}\int_0^L x^2\,dx = \frac{ML^2}{3}. \tag{19.5}$$

Die Dimensionen des Trägheitsmomentes sind immer Masse mal Längenquadrat, somit ist der Faktor 1/3 alles, was wir zu bestimmen hatten.

Wie groß wird nun I, wenn die Rotationsachse durch die Mitte des Stabes geht? Wir können wiederum das Integral berechnen, wobei x von $-\frac{1}{2}L$ bis $+\frac{1}{2}L$ reicht. Aber lassen Sie uns ein paar Dinge über das Trägheitsmoment notieren. Wir können uns den Stab als zwei Stäbe denken, jeden mit der Masse $M/2$ und mit $L/2$; die Trägheitsmomente der beiden kleinen Stäbe sind gleich, und beide sind durch die Formel (19.5) gegeben. Somit ist das gesuchte Trägheitsmoment

$$I = \frac{2(M/2)(L/2)^2}{3} = \frac{ML^2}{12}. \tag{19.6}$$

Daher ist es viel leichter, einen Stab um seine Mitte zu drehen, als ihn um ein Ende herumzuschwingen.

Natürlich könnten wir fortfahren mit der Berechnung der Trägheitsmomente verschiedener anderer interessanter Körper. Aber wenn auch solche Berechnungen in gewissem Umfang wichtige Übung in der Integralrechnung liefern, sind sie als solche für uns nicht von grundsätzlichem Interesse. Es gibt jedoch einen interessanten Satz, welcher sehr nützlich ist. Angenommen, wir haben ein Objekt und wollen sein Trägheitsmoment um irgendeine Achse bestimmen. Das heißt, wir suchen die Trägheit gegen seine Bewegung um diese Achse. Wenn wir nun das Objekt an Drehpunkten im Massenmittelpunkt so aufhängen, daß es sich nicht dreht, wenn es um die Achse rotiert (weil aufgrund von Trägheitseffekten kein Drehmoment wirksam wird und es sich daher nicht dreht, wenn wir es bewegen), dann sind die zur Rotation benötigten Kräfte die gleichen, als ob alle Massen im Massenmittelpunkt vereinigt wären, und das Trägheitsmoment wäre einfach $I_1 = MR^2_{\text{CM}}$, wobei R_{CM} die Entfernung von der Achse zum Massenmittelpunkt ist. Aber das ist natürlich nicht die richtige Formel für das Trägheitsmoment eines Objektes, welches sich beim Umlauf auch dreht, weil sich nicht nur sein Massenmittelpunkt auf einem Kreis bewegt und einen Beitrag I_1 zum Trägheitsmoment leistet; wir müssen es auch um seinen Massenmittelpunkt drehen. Somit ist es nicht unvernünftig, daß wir zu I_1 das Trägheitsmoment I_c um den Massenmittelpunkt addieren müssen. Also ist das folgende eine gute Vermutung für das gesamte Trägheitsmoment in bezug auf irgendeine Achse:

$$I = I_c + MR^2_{\text{CM}}. \tag{19.7}$$

Dieser Satz wird der *Parallel-Achsen-Satz* (Anm.: Steinerscher Satz) genannt, und er kann leicht bewiesen werden. Das Trägheitsmoment um irgendeine Achse ist die Masse mal der Summe der x_i und der y_i, jedes quadriert: $I = \Sigma\,(x_i^2 + y_i^2)m_i$. Wir werden uns nun auf die x konzentrieren, aber für die y gilt dies natürlich genau so. Nun ist x der Abstand einer speziellen Punktmasse vom Anfangspunkt, aber betrachten wir, wie es aussehen würde, wenn wir x' vom Massenmittelpunkt anstelle x vom Anfangspunkt messen würden. Wir schreiben also

$$x_i = x'_i + X_{\text{CM}}.$$

Dann quadrieren wir dies und erhalten

$$x_i^2 = x_i'^2 + 2X_{\text{CM}}x'_i + X_{\text{CM}}^2.$$

Wenn dies mit m_i multipliziert und überall i summiert wird, was entsteht dann? Wir nehmen die Konstanten vor das Summenzeichen und erhalten

$$I_x = \sum m_i x_i'^2 + 2X_{\text{CM}} \sum m_i x'_i + X_{\text{CM}}^2 \sum m_i.$$

Die dritte Summe ist leicht: sie ist einfach MX_{CM}^2. In der zweiten Summe sind zwei Anteile, einer davon ist $\Sigma\, m_i x'_i$, die gesamte Masse mal der x'-Koordinate des Massenmittelpunktes. Aber dies liefert keinen Beitrag, weil x' vom Massenmittelpunkt aus *gemessen* wird und in diesen Achsen die mittlere Position aller Teilchen, mit dem Massen-Gewichts-Faktor versehen, Null ist. Die erste Summe ist natürlich der x-Anteil von I_C. Damit kommen wir zur Gleichung (19.7), genau wie wir es vermuteten.

Lassen Sie uns (19.7) an einem Beispiel prüfen. Sehen wir, ob sie für einen Stab funktioniert. Für eine Achse durch das Stabende muß das Trägheitsmoment $mL^2/3$ sein; wir haben das berechnet. Der Massenmittelpunkt eines Stabes befindet sich natürlich in der Mitte des Stabes, im Abstand $L/2$. Darum sollten wir finden, daß $ML^2/3 = ML^2/12 + M(L/2)^2$. Da ein Viertel plus ein Zwölftel gleich ein Drittel ist, haben wir keinen grundsätzlichen Fehler gemacht.

Nebenbei bemerkt war es nicht notwendig, ein Integral zu verwenden, um das Trägheitsmoment (19.5) zu finden. Wenn wir einfach annehmen, daß es ML^2 mal einem unbekannten Koeffizienten γ ist und dann das Argument bezüglich der beiden Hälften verwenden, um aus (19.6) das Resultat $\frac{1}{4}\gamma$ zu erhalten, so könnten wir mit Hilfe unseres Argumentes bezüglich der Verschiebung der Achsen beweisen, daß $\gamma = \frac{1}{4}\gamma + \frac{1}{4}$, also muß γ gleich $1/3$ sein. Es gibt immer einen anderen Weg!

Bei Anwendung des Steinerschen Satzes ist es natürlich wichtig, daran zu denken, daß die Achse für I_C *parallel sein muß* zu der Achse, in bezug auf welche das Trägheitsmoment gesucht wird.

Eine weitere Eigenschaft des Trägheitsmomentes ist erwähnenswert, weil sie oft hilfreich ist bei der Bestimmung des Trägheitsmomentes bestimmter Arten von Objekten. Diese Eigenschaft ist folgende: Wenn man eine *ebene Figur* und einen Satz Koordinatenachsen mit dem Anfangspunkt in der Ebene und der z-Achse senkrecht zur Ebene hat, dann ist das Trägheitsmoment dieser Figur in bezug auf die z-Achse gleich der Summe der Trägheitsmomente um die x- und y-Achsen. Dies wird leicht bewiesen, indem man beachtet, daß

$$I_x = \sum m_i(y_i^2 + z_i^2) = \sum m_i y_i^2$$

(weil $z_i = 0$). Ähnlich ist

$$I_y = \sum m_i(x_i^2 + z_i^2) = \sum m_i x_i^2,$$

aber

$$I_z = \sum m_i(x_i^2 + y_i^2) = \sum m_i x_i^2 + \sum m_i y_i^2$$
$$= I_x + I_y.$$

Ein Beispiel: Das Trägheitsmoment einer homogenen Platte der Masse M, der Breite w und der Länge L in bezug auf eine Achse senkrecht durch die Mitte der Platte ist einfach

$$I = M(w^2 + L^2)/12,$$

weil ihr Trägheitsmoment um eine Achse in der Ebene und parallel zur Länge gleich $Mw^2/12$ ist, genau wie für einen Stab der Länge w. Das Trägheitsmoment um die andere Achse in der Ebene ist $ML^2/12$, genau wie für einen Stab der Länge L.

Fassen wir zusammen: Das Trägheitsmoment eines Objektes um eine gegebene Achse, welche wir die z-Achse nennen, hat die folgenden Eigenschaften:

(1) Das Trägheitsmoment ist

$$I_z = \sum_i m_i(x_i^2 + y_i^2) = \int (x^2 + y^2)\, dm.$$

(2) Wenn das Objekt aus einer Anzahl von Teilen aufgebaut ist, deren Trägheitsmomente bekannt sind, so ist das gesamte Trägheitsmoment die Summe der Trägheitsmomente der Teile.

(3) Das Trägheitsmoment um irgendeine gegebene Achse ist gleich dem Trägheitsmoment um eine dazu parallele Achse durch den Massenmittelpunkt plus der gesamten Masse mal dem Quadrat des Abstandes von der Achse zum Massenmittelpunkt.

(4) Wenn das Objekt eine ebene Figur ist, so ist das Trägheitsmoment um eine Achse senkrecht zur Ebene gleich der Summe der Trägheitsmomente um irgend zwei zueinander senkrechte Achsen, welche in der Ebene liegen und sich an der senkrechten Achse schneiden.

Die Trägheitsmomente einer Anzahl von Grundformen mit homogener Massendichte sind in Tabelle 19–1 zusammengestellt. Die Trägheitsmomente einiger anderer Objekte, welche aus Tabelle 19–1 bei Verwendung der obenstehenden Eigenschaften abgeleitet werden können, sind in Tabelle 19–2 angegeben.

Tabelle 19–1

Objekt	z-Achse	I_z
Dünner Stab, Länge L	⊥ zum Stab durch die Stabmitte	$ML^2/12$
Dünner konzentrischer Kreisring, Radien r_1 und r_2	⊥ zum Ring durch den Mittelpunkt	$M(r_1^2 + r_2^2)/2$
Kugel, Radius r	durch das Kugelzentrum	$2Mr^2/5$

Tabelle 19–2

Objekt	z-Achse	I_z
Rechteckige Platte, Seiten a, b	‖ b durch den Mittelpunkt	$Ma^2/12$
Rechteckige Platte, Seiten a, b	‖ zur Platte, durch den Mittelpunkt	$M(a^2 + b^2)/12$
Dünner Kreisring, Radien r_1, r_2	ein Durchmesser	$M(r_1^2 + r_2^2)/4$
Quader, Kanten a, b und c	‖ c durch das Zentrum	$M(a^2 + b^2)/12$
Zylinder, Radius r, Länge L	‖ L, entlang der Achse	$Mr^2/2$
Zylinder, Radius r, Länge L	⊥ L, durch die Mitte	$M(r^2/4 + L^2/12)$

19–4 Kinetische Energie der Drehbewegung

Nun fahren wir fort, die Dynamik zu diskutieren. Bei der Analogie zwischen linearer Bewegung und Drehbewegung, wie in Kap. 18 diskutiert, haben wir den Satz von der Arbeit verwendet, aber wir haben nicht über die kinetische Energie gesprochen. Was ist die kinetische Energie eines starren Körpers, der um irgendeine Achse mit der Winkelgeschwindigkeit ω rotiert? Wir können die richtige Antwort bei Verwendung unserer Analogien sofort erraten. Das Trägheitsmoment entspricht der Masse, die Winkelgeschwindigkeit entspricht der Geschwindigkeit, und somit sollte die kinetische Energie $\frac{1}{2} I\omega^2$ sein. Sie ist es in der Tat, wie wir nun demonstrieren. Angenommen, das Objekt dreht sich um eine Achse, so daß jeder Punkt eine Geschwindigkeit ωr_i besitzt, wobei r_i der Radius von jedem Punkt zur Achse ist. Wenn m_i die Masse dieses Punktes ist, so ist die gesamte kinetische Energie des ganzen Objektes die Summe der kinetischen Energien all der kleinen Teile:

$$T = \tfrac{1}{2}\sum m_i v_i^2 = \tfrac{1}{2}\sum m_i(r_i\omega)^2.$$

Nun ist ω^2 eine Konstante, die gleiche für alle Punkte. Damit ist

$$T = \tfrac{1}{2}\omega^2 \sum m_i r_i^2 = \tfrac{1}{2}I\omega^2. \tag{19.8}$$

Am Ende von Kap. 18 haben wir darauf hingewiesen, daß es im Zusammenhang mit einem Objekt, das nicht starr ist, sondern sich von einem starren Zustand mit einem definierten Trägheitsmoment in einen anderen starren Zustand ändert, einige interessante Phänomene gibt. In unserem Beispiel des Drehschemels hatten wir bei ausgestreckten Armen ein gewisses Trägheitsmoment I_1 und eine gewisse Winkelgeschwindigkeit ω_1. Mit angezogenen Armen hatten wir ein anderes Trägheitsmoment I_2 und eine andere Winkelgeschwindigkeit ω_2, aber wir waren wiederum „starr". Der Drehimpuls blieb konstant, weil auf die vertikale Achse des Drehschemels kein Drehmoment ausgeübt wurde. Das bedeutet, daß $I_1\omega_1 = I_2\omega_2$. Was ist nun mit der Energie? Das ist eine interessante Frage. Mit angezogenen Armen drehen wir uns schneller, aber unser Trägheitsmoment ist geringer, und es sieht so aus, als ob die Energien gleich sind. Aber sie sind es nicht, weil das, was sich kompensiert, $I\omega$ ist und nicht $I\omega^2$. Wenn wir also die kinetische Energie vorher und nachher vergleichen, so ist die kinetische Energie vorher $\frac{1}{2}I_1\omega_1^2 = \frac{1}{2}L\omega_1$, wobei $L = I_1\omega_1 = I_2\omega_2$ der Drehimpuls ist. Mit der gleichen Argumentation haben wir hinterher $T = \frac{1}{2}L\omega_2$, und weil $\omega_2 > \omega_1$, ist die kinetische Energie der Drehung größer als sie vorher war. Also hätten wir bei ausgestreckten Armen eine bestimmte Energie, und als wir sie angezogen hatten, drehten wir uns schneller und besaßen mehr kinetische Energie. Was ist aus unserem Energieerhaltungssatz geworden? Irgend jemand muß Arbeit geleistet haben. Wir haben Arbeit geleistet! Wann haben wir eine Arbeit geleistet? Wenn wir ein Gewicht horizontal bewegen, so leisten wir keine Arbeit. Wenn wir ein Ding ausgestreckt halten und es dann anziehen, so leisten wir keine Arbeit. Aber das gilt, wenn wir uns nicht drehen! *Wenn* wir uns drehen, so wirkt eine Zentrifugalkraft auf die Gewichte. Sie versuchen, nach außen fortzufliegen; wenn wir uns also drehen, so müssen wir die Gewichte gegen die Zentrifugalkraft nach innen ziehen. Also muß unsere Arbeit gegen die Zentrifugalkraft übereinstimmen mit der Differenz der Rotationsenergie, und natürlich tut sie das. Das ist es, woher die zusätzliche Energie kommt.

Es gibt noch eine andere interessante Eigenschaft, welche wir nur beschreiben können als eine Angelegenheit von allgemeinem Interesse. Diese Eigenschaft ist ein wenig fortgeschrittener, aber sie ist erwähnenswert, weil sie sehr eigenartig ist und viele interessante Effekte zustande bringt.

Betrachten wir wiederum das Drehschemelexperiment. Betrachten wir den Körper und die Arme separat aus der Perspektive des sich drehenden Mannes. Nachdem die Gewichte angezogen sind, dreht sich das gesamte Objekt schneller, aber beachten Sie, daß der *mittlere Teil des Körpers nicht verändert wurde*, jedoch dreht er sich nach dem Ereignis schneller als zuvor. Wenn wir also einen Kreis um den inneren Körper ziehen und nur Objekte innerhalb des Kreises betrachten, so *ändert* sich *deren* Drehimpuls; sie gehen schneller. Somit muß auf den Körper ein Drehmoment ausgeübt werden, während wir unsere Arme anziehen. Durch die Zentrifugalkraft kann kein Drehmoment ausgeübt werden, weil diese radial gerichtet ist. Das bedeutet, daß bei den in einem drehenden System entwickelten Kräften die Zentrifugalkraft nicht die ganze Geschichte ist, es ist *eine andere Kraft vorhanden*. Diese andere Kraft wird *Corioliskraft* genannt. Sie besitzt die sehr sonderbare Eigenschaft, daß sie das seitwärts zu schieben scheint, was wir in einem drehenden System bewegen. Wie die Zentrifugalkraft ist sie eine Scheinkraft. Aber wenn wir in einem System leben, das sich dreht, und etwas radial bewegen, so müssen wir es auch seitwärts schieben, um es radial zu bewegen. Dieser Seitwärtsschub ist es, der unseren Körper dreht.

Nun lassen Sie uns eine Formel entwickeln, um zu zeigen, wie diese Corioliskraft wirklich funktioniert. Angenommen, Max sitzt in einem Karussell, welches ihm als stationär erscheint. Aber aus der Perspektive von Moritz, der auf dem Boden steht und der die richtigen Gesetze der Mechanik kennt, dreht sich das Karussell. Angenommen, wir haben eine radiale Linie auf dem Karussell markiert und Max bewegt eine Masse radial entlang dieser Linie. Wir wollen demonstrieren, daß dazu eine seitwärts gerichtete Kraft erforderlich ist. Wir können dies dadurch tun, daß wir den Drehimpuls der Masse betrachten. Diese Masse dreht sich immer mit der gleichen Winkelgeschwindigkeit ω, somit ist der Drehimpuls

$$L = mv_{\text{tang}}r = m\omega r \cdot r = m\omega r^2.$$

Wenn also die Masse nahe der Mitte ist, so besitzt sie einen relativ kleinen Drehimpuls, aber wenn wir sie zu einer neuen Position weiter außen bewegen, wenn wir r vergrößern, so erhält m einen größeren Drehimpuls, also *muß ein Drehmoment ausgeübt werden*, um sie entlang des Radius zu bewegen. (Um in einem Karussell auf einem Radius zu laufen, muß man sich überlehnen und seitwärts drücken. Versuchen Sie es einmal.) Das benötigte Drehmoment ist die zeitliche Änderung von L, wenn m entlang des Radius bewegt wird. Wenn sich m nur entlang des Radius bewegt, so bleibt Omega konstant. Somit ist das Drehmoment

$$\tau = F_c r = \frac{dL}{dt} = \frac{d(m\omega r^2)}{dt} = 2m\omega r \frac{dr}{dt},$$

wobei F_c die Corioliskraft ist. Wir wollen wissen, welche seitwärts gerichtete ***Kraft*** durch Max aufgebracht werden muß, um die Masse m mit der Geschwindigkeit $v_r = dr/dt$ nach außen zu bewegen. Diese ist $F_c = \tau/r = 2m\omega v_r$.

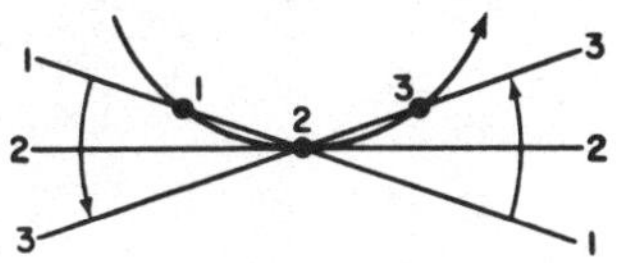

Fig. 19–4. Drei aufeinanderfolgende Ansichten eines radial bewegten Punktes auf einem rotierenden Drehschemel.

Nun, da wir eine Formel für die Corioliskraft haben, betrachten wir die Situation ein wenig sorgfältiger, um zu sehen, ob wir den Ursprung dieser Kraft von einem fundamentaleren Gesichtspunkt verstehen können. Wir beachten, daß die Corioliskraft für jeden Radius dieselbe und offensichtlich selbst am Nullpunkt vorhanden ist! Aber es ist besonders leicht, sie am Nullpunkt zu verstehen, einfach durch Betrachtung dessen, was sich im Inertialsystem von Moritz ereignet, der am Boden steht. Fig. 19–4 zeigt drei sukzessive Ansichten von m, genau wie sie bei $t = 0$ am Nullpunkt vorbeizieht. Wegen der Rotation des Karussells sehen wir, daß sich m nicht auf einer geraden Linie bewegt, sondern auf einer *gekrümmten Bahn*, welche einen Karusselldurchmesser bei $r = 0$ berührt. Damit sich m auf einer Kurve bewegt, muß zu seiner Beschleunigung im absoluten Raum eine Kraft vorhanden sein. Dies ist die Corioliskraft.

Dies ist nicht der einzige Fall, in dem die Corioliskraft auftritt. Wir können zeigen, daß auch für ein mit konstanter Geschwindigkeit auf dem Umfang eines Kreises bewegtes Objekt eine Corioliskraft existiert. Warum? Max sieht eine Geschwindigkeit v_M entlang des Kreises. Moritz andererseits sieht m auf dem Kreis umlaufen mit $v_j = v_M + \omega r$, weil m ja auch durch das Karussell befördert wird. Damit wissen wir, was die Kraft wirklich ist: die gesamte Zentripetalkraft aufgrund der Geschwindigkeit v_j, oder mv_j^2/r. Nun besitzt diese Zentripetalkraft von Maxens Perspektive aus betrachtet drei Anteile. Wir können sie folgendermaßen schreiben:

$$F_r = -\frac{mv_J^2}{r} = -\frac{mv_M^2}{r} - 2mv_M\omega - m\omega^2 r.$$

Nun ist F_r die Kraft, welche von Max gesehen würde. Versuchen wir, sie zu verstehen. Würde Max das erste Glied begreifen? „Ja" würde er sagen, „selbst wenn ich mich nicht drehen würde, so wäre eine Zentripetalkraft vorhanden, wenn ich auf einem Kreis mit der Geschwindigkeit v_M umlaufe". Dies ist einfach die Zentripetalkraft, welche Max erwarten würde, sie hat mit der Drehung nichts zu tun. Zusätzlich weiß Max genau, daß eine andere Zentripetalkraft vorhanden ist, welche selbst für Objekte existiert, die auf seinem Karussell stillstehen. Dies ist das dritte Glied. Aber da ist noch zusätzlich das zweite Glied, dies ist wiederum $2m\omega v$. Die Corioliskraft F_c war tangential, als die Geschwindigkeit radial war, und nun ist sie radial, wenn die Geschwindigkeit tangential ist.

In der Tat haben beide Ausdrücke entgegengesetzte Vorzeichen. Die Kraft ist relativ zur Geschwindigkeit immer in der gleichen Richtung, ohne Rücksicht auf die Richtung der Geschwindigkeit. Die Kraft ist rechtwinkelig zur Geschwindigkeit, sie hat den Betrag $2m\omega v$.

20 Drehbewegung im Raum

20–1 Drehmomente in drei Dimensionen

In diesem Kapitel werden wir eine der bemerkenswertesten und amüsantesten Konsequenzen der Mechanik diskutieren, das Verhalten eines rotierenden Rades. Um dies zu tun, müssen wir zuerst die mathematische Formulierung der Drehbewegung, die Prinzipien von Drehimpuls, Drehmoment usw., auf den dreidimensionalen Raum erweitern. Wir werden diese Gleichungen nicht in ihrer vollen Allgemeinheit *verwenden* und alle ihre Konsequenzen untersuchen, weil dies viele Jahre in Anspruch nehmen würde und wir uns bald anderen Dingen zuwenden müssen. In einem Einführungskursus können wir nur die Grundgesetze präsentieren und diese auf einige Situationen von speziellem Interesse anwenden.

Zuerst stellen wir fest, daß unsere Ableitungen in zwei Dimensionen bei Drehung eines starren Körpers oder eines anderen Systems in drei Dimensionen noch immer gelten. Das heißt, es ist noch immer richtig, daß $xF_y - yF_x$ das Drehmoment „in der xy-Ebene" oder das Drehmoment „um die z-Achse" ist. Es zeigt sich auch, daß dieses Drehmoment noch immer gleich der zeitlichen Änderung von $xp_y - yp_x$ ist, denn wenn wir noch einmal zur Ableitung der Gl. (18.15) aus den Newtonschen Gesetzen zurückkehren, so sehen wir, daß wir nicht voraussetzen mußten, daß die Bewegung in einer Ebene abläuft; wenn wir $xp_y - yp_x$ differenzieren, so erhalten wir $xF_y - yF_x$, also ist dieser Satz noch immer gültig. Wir nennen die Größe $xp_y - yp_x$ den zur xy-Ebene gehörenden Drehimpuls oder den Drehimpuls um die z-Achse. Da dies richtig ist, können wir irgendein anderes Achsenpaar nehmen und eine andere Gleichung erhalten. Z. B. können wir die yz-Ebene nehmen, und wegen der Symmetrie ist klar, daß wir nach Substitution von y für x und z für y für das Drehmoment den Ausdruck $yF_z - zF_y$ finden würden, und $yp_z - zp_y$ wäre der mit der yz-Ebene assoziierte Drehimpuls. Natürlich haben wir noch eine andere Ebene, die zx-Ebene. Und für diese würden wir finden, daß $zF_x - xF_z = d/dt\ (zp_x - xp_z)$ ist.

Daß diese drei Gleichungen für die Bewegung eines einzelnen Teilchens hergeleitet werden können, ist einleuchtend. Weiterhin, wenn wir solche Dinge wie $xp_y - yp_x$ für viele Teilchen addieren und dies den gesamten Drehimpuls nennen, so erhalten wir drei Arten davon für die drei Ebenen xy, yz und zx. Würden wir das gleiche mit den Kräften tun, so würden wir ebenso vom Drehmoment in den Ebenen xy, yz und zx reden. Somit erhielten wir Gesetze darüber, daß das äußere Drehmoment, welches mit irgendeiner Ebene assoziiert ist, gleich der zeitlichen Änderung des mit dieser Ebene assoziierten Drehimpulses ist. Dies ist lediglich die Verallgemeinerung dessen, was wir für zwei Dimensionen notiert haben.

Aber nun kann man sagen „Ah, aber es gibt mehr Ebenen; können wir nicht eine andere Ebene unter einem Winkel nehmen und das Drehmoment in dieser Ebene aus den Kräften berechnen? Da wir einen weiteren Satz Gleichungen für jede solche Ebene schreiben müßten, hätten wir eine Menge Gleichungen!" Wenn wir den Ausdruck $x'F_{y'} - y'F_{x'}$ für eine andere Ebene durch Messung der x', $F_{y'}$ usw. ausarbeiten, ergibt sich interessanterweise, daß das Resultat als eine *Kombination* der drei Ausdrücke für die xy-, yz- und zx-Ebenen geschrieben werden kann. Das ist nichts Neues. Mit anderen Worten, wenn wir die drei Drehmomente in den xy-, yz- und zx-Ebenen kennen, so kann das Drehmoment in irgendeiner anderen Ebene, und entsprechend der Drehimpuls, als eine

Kombination aus ihnen geschrieben werden: sechs Prozent von einer und zweiundneunzig Prozent der anderen usw. Diese Eigenschaft werden wir nun analysieren.

Angenommen, Max hat in bezug auf die xyz-Achsen alle seine Drehmomente und seine Drehimpulse in seinen Ebenen bestimmt. Aber Moritz hat die Achsen x', y', z' in einer anderen Richtung. Um die Sache etwas einfacher zu gestalten, werden wir annehmen, daß nur die x- und die y-Achsen gedreht wurden. Moritzens x' und y' sind neu, aber sein z' ist das gleiche. Er besitzt also neue Ebenen, sagen wir für yz und zx. Darum hat er neue Drehmomente und Drehimpulse, die er bestimmen würde. Z. B. ist sein Drehmoment in der $x'y'$-Ebene gleich $x'F_{y'}-y'F_{x'}$ usw. Wir müssen nun die Beziehung zwischen den alten und den neuen Drehmomenten finden, so daß wir eine Verbindung von einem Satz von Achsen zu dem anderen schaffen können. Jemand kann sagen, „Das sieht genau so aus, wie das, was wir mit Vektoren getan haben". Und das ist in der Tat genau das, was wir zu tun beabsichtigen. Dann kann er sagen, „Fein, ist denn das Drehmoment nicht einfach ein Vektor? " Es *ist* ein Vektor, aber wir wissen das nicht unmittelbar, ohne eine Analyse. Wir nehmen die Analyse in den folgenden Schritten vor. Wir werden nicht jeden Schritt im einzelnen diskutieren, weil wir nur zeigen wollen, wie es funktioniert. Die von Max berechneten Drehmomente sind

$$\begin{aligned}\tau_{xy} &= xF_y - yF_x,\\ \tau_{yz} &= yF_z - zF_y,\\ \tau_{zx} &= zF_x - xF_z.\end{aligned} \tag{20.1}$$

Wir schweifen an diesem Punkt ab und bemerken, daß man in Fällen wie diesem falsche Vorzeichen für eine Größe erhalten kann, wenn man das Koordinatensystem nicht richtig benutzt. Warum schreiben wir nicht $\tau_{yz} = zF_y - yF_z$? Die Schwierigkeit beruht auf der Tatsache, daß ein Koordinatensystem entweder im Uhrzeigersinn oder gegen den Uhrzeigersinn sein kann. Nachdem ein Vorzeichen, sagen wir für τ_{xy} (willkürlich) gewählt wurde, können die korrekten Ausdrücke für die beiden anderen Größen immer gefunden werden durch Vertauschen der Buchstaben x, y, z in einer der Reihenfolgen

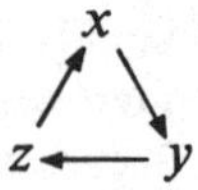

oder

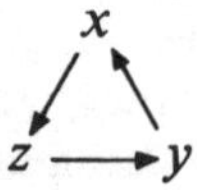

Moritz berechnet nun die Drehmomente in seinem System:

$$\begin{aligned}\tau_{x'y'} &= x'F_{y'} - y'F_{x'},\\ \tau_{y'z'} &= y'F_{z'} - z'F_{y'},\\ \tau_{z'x'} &= z'F_{x'} - x'F_{z'}.\end{aligned} \tag{20.2}$$

Nun nehmen wir an, daß ein Koordinatensystem um einen festen Winkel θ gedreht wurde, so daß die z- und z'-Achsen die gleichen sind. (Dieser Winkel hat nichts zu tun mit rotierenden Objekten oder dem, was im Koordinatensystem vor sich geht. Er ist nur die Beziehung zwischen den von einem Mann verwendeten Achsen und den Achsen, welche vom anderen benutzt werden, und er wird als konstant angenommen.) Also ist die Beziehung der Koordinaten der beiden Systeme

$$\begin{aligned} x' &= x\cos\theta + y\sin\theta,\\ y' &= y\cos\theta - x\sin\theta,\\ z' &= z. \end{aligned} \tag{20.3}$$

Weil die Kraft ein Vektor ist, wird sie in das neue System auf dem gleichen Wege transformiert wie x, y und z, denn ein Ding ist ein Vektor, wenn und nur wenn die verschiedenen Komponenten auf dieselbe Weise transformiert werden wie x, y und z. Also erhalten wir

$$\begin{aligned} F_{x'} &= F_x\cos\theta + F_y\sin\theta,\\ F_{y'} &= F_y\cos\theta - F_x\sin\theta,\\ F_{z'} &= F_z. \end{aligned} \tag{20.4}$$

Nun können wir herausfinden, wie sich das Drehmoment transformiert, einfach durch Substitution der Ausdrücke (20.3) für x', y' und z' und (20.4) für $F_{x'}$, $F_{y'}$ und $F_{z'}$ in die Gleichungen (20.2). Damit erhalten wir eine recht lange Kette von Gliedern für $\tau_{x'y'}$, und es zeigt sich (zuerst einmal überraschend), daß diese gleich $xF_y - yF_x$ sind. Dies erkennen wir als das Drehmoment in der xy-Ebene:

$$\begin{aligned} \tau_{x'y'} &= (x\cos\theta + y\sin\theta)(F_y\cos\theta - F_x\sin\theta)\\ &\quad -(y\cos\theta - x\sin\theta)(F_x\cos\theta + F_y\sin\theta)\\ &= xF_y(\cos^2\theta + \sin^2\theta) - yF_x(\sin^2\theta + \cos^2\theta)\\ &\quad +xF_x(-\sin\theta\cos\theta + \sin\theta\cos\theta)\\ &\quad +yF_y(\sin\theta\cos\theta - \sin\theta\cos\theta)\\ &= xF_y - yF_x = \tau_{xy}. \end{aligned} \tag{20.5}$$

Dieses Resultat ist klar, denn wenn wir unsere Achsen nur *in der Ebene* drehen, so ist die Drehung um z in dieser Ebene nicht anders als sie es vorher war, weil es in der gleichen Ebene ist! Interessanter ist der Ausdruck für $\tau_{x'y'}$, weil dies in einer neuen Ebene ist. Wir tun nun mit der $y'z'$-Ebene genau das gleiche und erhalten das folgende Resultat:

$$\begin{aligned} \tau_{y'z'} &= (y\cos\theta - x\sin\theta)F_z\\ &\quad -z(F_y\cos\theta - F_x\sin\theta)\\ &= (yF_z - zF_y)\cos\theta + (zF_x - xF_z)\sin\theta\\ &= \tau_{yz}\cos\theta + \tau_{zx}\sin\theta. \end{aligned} \tag{20.6}$$

Zuletzt erhalten wir für $z'x'$:

$$\begin{aligned} \tau_{z'x'} &= z(F_x\cos\theta + F_y\sin\theta)\\ &\quad -(x\cos\theta + y\sin\theta)F_z\\ &= (zF_x - xF_z)\cos\theta - (yF_z - zF_y)\sin\theta\\ &= \tau_{zx}\cos\theta - \tau_{yz}\sin\theta. \end{aligned} \tag{20.7}$$

Wir haben eine Regel zum Auffinden der Drehmomente für die neuen Achsen aus den Drehmomenten in den alten Achsen gesucht, und nun haben wir diese Regel. Wie können wir uns diese Regel merken? Wenn wir (20.5), (20.6) und (20.7) sorgfältig betrachten, so sehen wir, daß zwischen diesen Gleichungen und den Gleichungen für x, y und z eine enge Beziehung existiert. Wenn wir irgendwie τ_{xy} die *z-Komponente* von etwas nennen könnten – nennen wir es die z-Komponente von τ – dann wäre es fein; wir würden (20.5) als eine Vektor-Transformation auffassen, weil die z-Komponente unverändert bleibt, und das sollte sie ja auch sein. Wenn wir dann auf ähnliche Weise die x-Komponente unseres neu erfundenen Vektors mit der yz-Ebene assoziieren, und mit der zx-Ebene die y-Komponente, dann lauten diese Transformationsausdrücke

$$\begin{aligned} \tau_{z'} &= \tau_z, \\ \tau_{x'} &= \tau_x \cos\theta + \tau_y \sin\theta, \\ \tau_{y'} &= \tau_y \cos\theta - \tau_x \sin\theta, \end{aligned} \tag{20.8}$$

dies ist genau die Regel für Vektoren!

Also haben wir bewiesen, daß die Kombination $xF_y - xF_x$ mit dem identifiziert werden kann, was wir normalerweise die z-Komponente eines gewissen künstlich erfundenen Vektors nennen. Obgleich ein Drehmoment eine Drehung in einer Ebene ist und keinen *a priori* Vektorcharakter besitzt, verhält es sich mathematisch wie ein Vektor. Dieser Vektor ist rechtwinkelig zur Ebene der Drehung, und seine Länge ist proportional dem Betrag der Verdrehung. Die drei Komponenten einer solchen Größe werden wie richtige Vektoren transformiert.

Also stellen wir Drehmomente durch Vektoren dar; jeder Ebene, in welcher das Drehmoment wirken soll, ordnen wir mit Hilfe einer Regel eine Linie unter rechtem Winkel zu. Aber „unter rechtem Winkel" macht keine Angabe über das Vorzeichen. Um das Vorzeichen richtig zu erhalten, müssen wir eine Regel übernehmen, welche uns für eine gewisse Orientierung des Drehmomentes in der xy-Ebene sagt, daß die zugeordnete Achse in der z-Richtung nach „oben" weist. Das heißt, irgend jemand muß für uns „rechts" und „links" definieren. Angenommen, das Koordinatensystem ist x, y, z in einem System im Uhrzeigersinn. Dann ist die Regel folgende: Wenn wir uns die Verdrehung wie die Drehung einer Schraube mit Rechtsgewinde vorstellen, dann ist die Richtung des Vektors, den wir mit dieser Verdrehung assoziieren, diejenige, in welche die Vorwärtsbewegung der Schraube weist.

Warum ist das Drehmoment ein Vektor? Es ist ein glückliches Wunder, daß wir eine einzelne Achse einer Ebene und damit dem Drehmoment einen Vektor zuordnen können; es ist eine spezielle Eigenschaft des dreidimensionalen Raums. In zwei Dimensionen ist das Drehmoment ein gewöhnlicher Skalar, und dem braucht keine Richtung zugeordnet zu sein. In drei Dimensionen ist es ein Vektor. Wenn wir vier Dimensionen hätten, so wären wir in großen Schwierigkeiten, weil (wenn wir z. B. die Zeit als die vierte Dimension hätten) wir nicht nur Ebenen wie xy, yz und zx hätten, sondern auch tx-, ty- und tz-Ebenen. Es gäbe *sechs* davon, und man kann nicht sechs Größen als einen Vektor in vier Dimensionen darstellen.

Wir werden noch lange Zeit in drei Dimensionen leben, somit ist es gut, davon Kenntnis zu nehmen, daß die vorangegangene mathematische Behandlung nicht von der Tatsache abhängig ist, daß x die Position und F die Kraft war; sie war nur abhängig von den Transformationsgesetzen für Vektoren. Daher macht es keinen Unterschied, wenn wir anstelle von x die x-Komponente irgend eines anderen Vektors verwenden. Mit anderen Worten, wenn wir $a_x b_y - a_y b_x$ berechnen würden, wobei **a** und **b** Vektoren sind, und dies die z-Komponente einer neuen Größe c nennen, so ist diese neue Größe ein Vektor **c**. Wir benötigen eine mathematische Nomenklatur für die Beziehung des neuen Vektors mit seinen drei Komponenten zu den Vektoren **a** und **b**. Die dafür entwickelte Nomenklatur ist **c** = **a** × **b**. Wir haben also zusätzlich zum Skalarprodukt der Vektoranalysis eine neue Art von Produkt, genannt das *Vektorprodukt*. Wenn wir also schreiben **c** = **a** × **b**, so ist dies das gleiche, als wenn wir schreiben

$$\begin{aligned} c_x &= a_y b_z - a_z b_y, \\ c_y &= a_z b_x - a_x b_z, \\ c_z &= a_x b_y - a_y b_x. \end{aligned} \tag{20.9}$$

Wenn wir die Reihenfolge von **a** und **b** vertauschen, wenn wir **a b** und **b a** nennen, so haben wir das Vorzeichen von **c** vertauscht, weil dann c_z gleich $b_x a_y - b_y a_x$ wäre. Somit verhält sich das Vektorprodukt nicht wie die normale Multiplikation, bei der $ab = ba$ ist; für das Vektorprodukt gilt **b** × **a** = – **a** × **b**. Damit könenn wir sofort beweisen, daß für **a** = **b** das Vektorprodukt Null ist. Daher ist **a** × **a** = 0.

Das Vektorprodukt ist sehr wichtig für die Darstellung der Eigenschaften der Drehung, und es ist wichtig, daß wir die geometrische Beziehung der drei Vektoren **a**, **b** und **c** verstehen. Natürlich ist diese Beziehung der Komponenten durch Gl. (20.9) gegeben, und damit kann man die geometrische Beziehung bestimmen. Zuerst einmal ist der Vektor **c** senkrecht zu beiden, **a** und **b**. (Versuchen Sie, **c**·**a** zu berechnen, und sehen Sie, ob das nicht Null wird.) Zweitens ist der Betrag von **c** gleich dem Betrag von **a** mal dem Betrag von **b** mal dem Sinus des Winkels zwischen den beiden. In welche Richtung zeigt **c**? Stellen Sie sich vor, wir drehen **a** in die Richtung von **b** bei einem Winkel kleiner als 180°; eine auf dem gleichen Wege betätigte Schraube mit Rechtsgewinde wird in die Richtung von **c** bewegt. Die Tatsache, daß wir *Rechts*schraube sagen anstatt *Links*schraube, ist eine Vereinbarung, und es ist eine permanente Erinnerung daran, daß (wenn **a** und **b** „ehrliche" Vektoren im normalen Sinn sind) die neue Art von „Vektor", welche wir mit **a** × **b** erzeugt haben, künstlich oder in ihrem Charakter etwas verschieden von **a** und **b** ist, weil sie mit Hilfe einer speziellen Regel erzeugt wurde. Wenn **a** und **b** gewöhnliche Vektoren genannt werden, so haben wir für sie einen speziellen Namen, sie werden *polare Vektoren* genannt. Beispiele solcher Vektoren sind die Koordinate **r**, Kraft **F**, Impuls **p**, Geschwindigkeit **v**, elektrische Feldstärke **E** usw; diese sind normale polare Vektoren. Vektoren, welche durch ein Vektorprodukt definiert sind, werden *axiale Vektoren* oder *Pseudovektoren* genannt. Beispiele von Pseudovektoren sind natürlich das Drehmoment $\boldsymbol{\tau}$ und der Drehimpuls **L**. Es zeigt sich auch, daß die Winkelgeschwindigkeit $\boldsymbol{\omega}$ ein Pseudovektor ist, genau wie die magnetische Induktion **B**.

Um die mathematischen Eigenschaften von Vektoren vollständig zu erfassen, sollten wir alle Regeln für ihre Multiplikation in Form von Skalar- und Vektorprodukten kennen. Bei unseren Anwendungen benötigen wir im Augenblick sehr wenige davon, aber aus Gründen der Vollständigkeit werden wir alle Regeln für die Vektormultiplikation notieren, so daß wir die Resultate später verwenden können. Sie sind

$$
\begin{aligned}
&\text{(a)} & \mathbf{a} \times (\mathbf{b} + \mathbf{c}) &= \mathbf{a} \times \mathbf{b} + \mathbf{a} \times \mathbf{c}, \\
&\text{(b)} & (\alpha\mathbf{a}) \times \mathbf{b} &= \alpha(\mathbf{a} \times \mathbf{b}), \\
&\text{(c)} & \mathbf{a} \cdot (\mathbf{b} \times \mathbf{c}) &= (\mathbf{a} \times \mathbf{b}) \cdot \mathbf{c}, \\
&\text{(d)} & \mathbf{a} \times (\mathbf{b} \times \mathbf{c}) &= \mathbf{b}(\mathbf{a} \cdot \mathbf{c}) - \mathbf{c}(\mathbf{a} \cdot \mathbf{b}), \\
&\text{(e)} & \mathbf{a} \times \mathbf{a} &= 0, \\
&\text{(f)} & \mathbf{a} \cdot (\mathbf{a} \times \mathbf{b}) &= 0.
\end{aligned}
\tag{20.10}
$$

20–2 Die Gleichungen der Drehbewegung bei Anwendung des Vektorproduktes

Nun fragen wir uns, ob irgendwelche Gleichungen der Physik unter Anwendung des Vektorproduktes geschrieben werden können. Die Antwort ist natürlich, daß viele Gleichungen so geschrieben werden können. Z. B. sehen wir sofort, daß das Drehmoment gleich dem Kreuzprodukt des Positionsvektors und der Kraft ist:

$$\boldsymbol{\tau} = \mathbf{r} \times \mathbf{F}. \tag{20.11}$$

Dies ist eine vektorielle Zusammenfassung der drei Gleichungen $\tau_x = yF_z - zF_y$ usw. Ebenso ist der Drehimpulsvektor, wenn nur ein Teilchen vorhanden ist, gleich der Entfernung vom Anfangspunkt multipliziert mit dem Vektorimpuls:

$$\mathbf{L} = \mathbf{r} \times \mathbf{p}. \tag{20.12}$$

Für die dreidimensionale Drehbewegung lautet das zum Newtonsche Gesetz $\mathbf{F} = d\mathbf{p}/dt$ analoge Gesetz der Dynamik folgendermaßen: Der Drehmomentvektor ist gleich der Ableitung des Drehimpulsvektors nach der Zeit, oder

$$\boldsymbol{\tau} = d\mathbf{L}/dt. \tag{20.13}$$

Wenn wir (20.13) über viele Teilchen summieren, so ist das äußere Drehmoment auf ein System gleich der zeitlichen Änderung des gesamten Drehimpulses:

$$\boldsymbol{\tau}_{\text{ext}} = d\mathbf{L}_{\text{tot}}/dt. \tag{20.14}$$

Ein anderer Satz lautet: Wenn das gesamte äußere Drehmoment Null ist, dann ist der gesamte vektorielle Drehimpuls des Systems eine Konstante. Dies wird das Gesetz von der *Drehimpulserhaltung* genannt. Wenn auf ein gegebenes System kein Drehmoment einwirkt, so kann sich sein Drehimpuls nicht ändern.

Was ist mit der Winkelgeschwindigkeit? Ist sie ein Vektor? Wir haben bereits die Drehung eines festen Objektes um eine feste Achse besprochen, aber für einen Augenblick nehmen wir an, daß wir ein Objekt gleichzeitig um *zwei* Achsen drehen. Es könnte sich in einer Kiste um eine Achse drehen, während sich die Kiste um eine andere Achse dreht. Das Gesamtergebnis einer solchen kombinierten Bewegung ist, daß sich das Objekt einfach um eine neue Achse dreht!

Das Wunderbare an dieser neuen Achse ist, daß sie folgendermaßen bestimmt werden kann. Wenn die Drehgeschwindigkeit in der xy-Ebene als ein Vektor in z-Richtung mit seiner Länge proportional zur Drehgeschwindigkeit gezeichnet werden kann und wenn ein anderer Vektor in der zx-Ebene in y-Richtung gezeichnet wird und wenn wir diese beiden vektoriell addieren, so gibt der Betrag des Resultates an, wie schnell sich das Objekt dreht, und die Richtung gibt nach der Parallelogrammregel die Ebene an. Das heißt einfach, die Winkelgeschwindigkeit *ist* ein Vektor; die Beträge der Drehungen in den drei Ebenen zeichnen wir als Projektionen unter rechten Winkeln auf diese Ebenen.*

Als eine einfache Anwendung des Vektors der Winkelgeschwindigkeit wollen wir die Leistung bestimmen, welche durch ein Drehmoment an einem starren Körper aufgebracht wird. Die Leistung ist natürlich die zeitliche Änderung der Arbeit; in drei Dimensionen ergibt sich die Leistung zu $P = \boldsymbol{\tau} \cdot \boldsymbol{\omega}$.

Alle Formeln, welche wir für die ebene Drehung geschrieben haben, können auf drei Dimensionen verallgemeinert werden. Wenn sich z. B. ein starrer Körper um eine bestimmte Achse mit der Winkelgeschwindigkeit $\boldsymbol{\omega}$ dreht, so können wir fragen, „was ist die Geschwindigkeit eines Punktes mit einer bestimmten radialen Position $\mathbf{r}$? " Wir überlassen es dem Leser als Übung, zu zeigen, daß die Geschwindigkeit eines Teilchens in einem starren Körper gegeben ist durch $\mathbf{v} = \boldsymbol{\omega} \times \mathbf{r}$, wobei $\boldsymbol{\omega}$ die Winkelgeschwindigkeit und $\mathbf{r}$ die Position ist. Als weiteres Beispiel des Vektorproduktes hatten wir die Formel für die Corioliskraft. Diese kann bei Verwendung des Vektorproduktes geschrieben werden als $\mathbf{F}_c = 2m\mathbf{v} \times \boldsymbol{\omega}$. Das heißt, wenn sich ein Teilchen mit der Geschwindigkeit $\mathbf{v}$ in einem mit der Winkelgeschwindigkeit $\boldsymbol{\omega}$ rotierenden Koordinatensystem bewegt und wenn wir im rotierenden Koordinatensystem operieren, dann müssen wir die Scheinkraft $\mathbf{F}_c$ hinzuaddieren.

20–3 Der Kreisel

Kehren wir nun zurück zum Gesetz der Drehimpulserhaltung. Dieses Gesetz kann mit einem schnell rotierenden Rad oder einem Kreisel folgendermaßen demonstriert werden (siehe Fig. 20–1). Wenn wir in einem Drehstuhl sitzen und das rotierende Rad mit seiner Achse horizontal halten, so besitzt das Rad einen Drehimpuls um die horizontale Achse. Der Drehimpuls um eine *vertikale* Achse kann sich wegen der (reibungsfreien) Aufhängung des Stuhles nicht ändern; wenn wir also die Achse des Rades in die Verti-

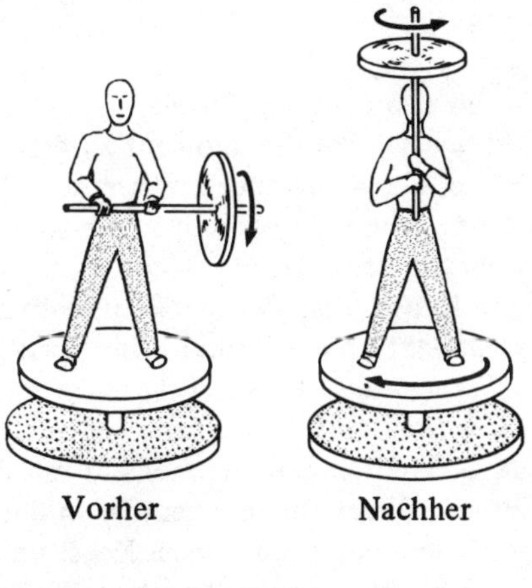

Fig. 20–1. *Vorher:* Die Achse ist horizontal; der Impuls um die vertikale Achse = 0. *Nachher:* Die Achse ist vertikal; der Impuls um die vertikale Achse ist noch immer Null; Mann und Stuhl drehen sich entgegengesetzt zur Drehrichtung des Rades.

* Daß dies zutreffend ist, kann durch Zusammenfassung der Verschiebung der Teilchen des Körpers während eines infinetisimalen Zeitintervalls Δt abgeleitet werden. Dies ist nicht selbstverständlich, es wird den Interessierten zum Nachweis überlassen.

kale drehen, dann besitzt das Rad einen Drehimpuls um die vertikale Achse, weil es sich nun um diese Achse dreht. Aber das *System* (Rad, wir selbst und Stuhl) *kann keine* vertikale Komponente besitzen, also müssen der Stuhl und wir uns in die zur Drehung des Rades entgegengesetzten Richtung drehen, um diese zu kompensieren.

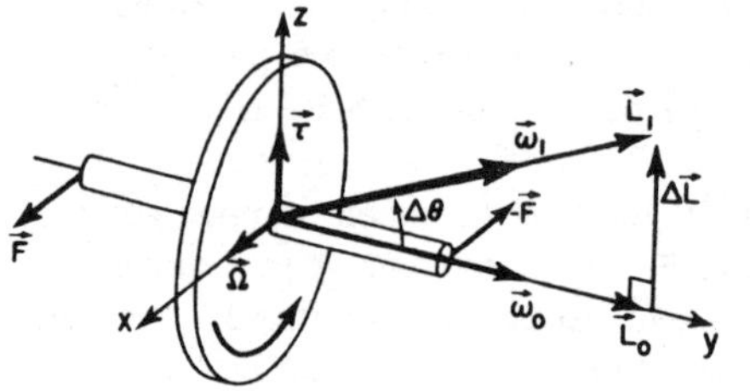

Fig. 20–2. Ein Kreisel.

Zuerst einmal lassen Sie uns das eben Beschriebene genauer analysieren. Was überraschend ist und was wir verstehen müssen, ist die Ursache der Kräfte, welche uns und den Stuhl in Drehung versetzen, wenn wir die Achse des Kreisels in die Vertikale drehen. Fig. 20–2 zeigt das schnell um die y-Achse rotierende Rad. Daher ist seine Winkelgeschwindigkeit um diese Achse, und es zeigt sich, daß sein Drehimpuls ebenfalls in diese Richtung weist. Nun nehmen wir an, daß wir das Rad um die x-Achse mit einer kleinen Winkelgeschwindigkeit Ω drehen wollen; welche Kräfte sind dazu notwendig? Nach kurzen Zeit Δt hat sich die Achse in eine neue Position gedreht, geneigt um einen Winkel $\Delta\theta$ gegen die Horizontale. Da der Hauptanteil des Drehimpulses von der Rotation um die Achse herrührt (sehr wenig wird durch die langsame Drehbewegung beigetragen), sehen wir, daß sich der Drehimpulsvektor geändert hat. Was ist die Änderung des Drehimpulses? Der *Betrag* des Drehimpulses ändert sich nicht, aber seine *Richtung* ändert sich um einen Betrag $\Delta\theta$. Der Betrag des Vektors $\Delta\mathbf{L}$ ist daher $\Delta L = L_0\Delta\theta$, somit ist das Drehmoment, die zeitliche Änderung des Drehimpulses, gleich $\tau = \Delta L/\Delta t = L_0\Delta\theta/\Delta t = L_0\Omega$. Bei Berücksichtigung der Orientierungen der verschiedenen Größen sehen wir, daß

$$\boldsymbol{\tau} = \boldsymbol{\Omega} \times \mathbf{L}_0. \tag{20.15}$$

Wenn also $\boldsymbol{\Omega}$ und $\mathbf{L}_0$ beide horizontal sind, wie in der Figur gezeigt, so ist $\boldsymbol{\tau}$ *vertikal*. Um ein solches Drehmoment zu erzeugen, müssen horizontale Kräfte $\mathbf{F}$ und $-\mathbf{F}$ an den Enden der Achse angesetzt werden. Wie werden diese Kräfte angelegt? Durch unsere Hände, wenn wir versuchen, die Achse des Rades in die vertikale Richtung zu drehen. Aber das dritte Newtonsche Gesetz verlangt, daß gleichgroße und entgegengesetzt gerichtete Kräfte (und gleichgroße und entgegengesetzte *Drehmomente*) auf *uns* wirken. Dies verursacht unsere Drehung in der entgegengesetzten Richtung um die vertikale Achse z.

Dieses Resultat kann für einen schnell rotierenden Kreisel verallgemeinert werden. Im vertrauten Fall des rotierenden Kinderkreisels erzeugt die im Schwerpunkt angreifende Gravitation ein Drehmoment um den Kontaktpunkt mit dem Boden (siehe Fig. 20–3). Dieses Drehmoment ist in der horizontalen Richtung, es veranlaßt den Kreisel, mit seiner Achse auf einem Kegel um die Vertikale zu präzessieren. Wenn $\boldsymbol{\Omega}$ die (vertikale) Winkelgeschwindigkeit der Präzession ist, so finden wir wiederum, daß

$$\boldsymbol{\tau} = d\mathbf{L}/dt = \boldsymbol{\Omega} \times \mathbf{L}_0.$$

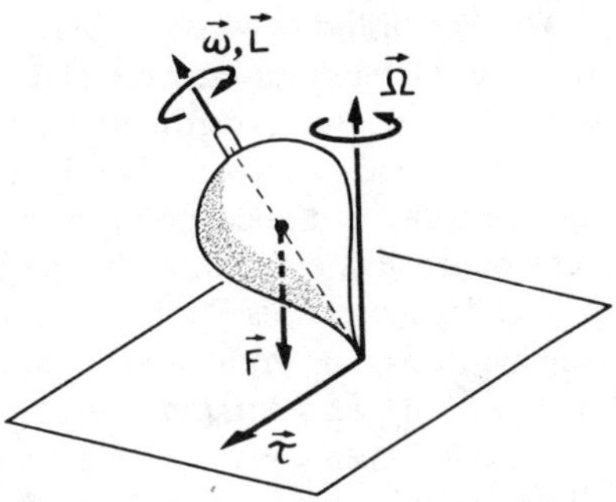

Fig. 20–3. Ein schnell rotierender Kreisel. Man beachte, daß die Richtung des Drehmomentes auch die Richtung der Präzession ist.

Also ist bei Anlegung eines Drehmomentes an einen schnell rotierenden Kreisel die Richtung der Präzessionsbewegung in der Richtung des Drehmomentes oder rechtwinkelig zu den das Drehmoment erzeugenden Kräften.

Wir können nun behaupten, die Präzession von Kreiseln zu verstehen, und wir verstehen sie in der Tat – mathematisch. Jedoch ist dies eine mathematische Sache, welche in einem Sinn als ein „Wunder" erscheint. Es zeigt sich auf unserem Weg zu weiter und weiter fortgeschrittener Physik, daß viele simple Dinge mathematisch schneller abgeleitet werden können als sie in einem grundsätzlichen oder einfachen Sinn wirklich verstanden werden. Dies ist eine sonderbare Eigenschaft, und bei unserem Vordringen in fortgeschrittenere Arbeiten gibt es Umstände, in welchen die Mathematik Resultate produziert, welche *niemand* auf irgendeine direkte Weise wirklich verstehen konnte. Ein Beispiel ist die Diracsche Gleichung; sie erscheint in einer sehr einfachen und schönen Form, aber ihre Konsequenzen sind schwer zu verstehen. In unserem besonderen Fall erscheint die Präzession eines Kreisels wie eine Art Wunder, verknüpft mit rechten Winkeln und Kreisen, mit Drehungen und Rechtsschrauben. Wir sollten versuchen, dies auf eine mehr physikalische Art zu verstehen.

Wie können wir das Drehmoment mit Hilfe der realen Kräfte und der Beschleunigungen erklären? Wir nehmen davon Kenntnis, daß sich bei dem präzessierenden Rad die am Rad umlaufenden Teilchen nicht wirklich in einer Ebene bewegen, weil das Rad präzessiert (siehe Fig. 20–4). Wie wir früher erklärt haben (Fig. 19–4), bewegen sich die Teilchen, welche die Präzessionsachse kreuzen, auf *gekrümmten Bahnen*, und dies erfordert die Anwendung einer lateralen Kraft. Diese wird durch unseren Druck auf die Achse aufgebracht, der durch die Speichen auf den Reifen übertragen wird. „Moment", sagt jemand, „was ist mit den Teilchen, welche auf der anderen Seite zurücklaufen? ". Es braucht nicht lange, um zu entscheiden, daß auf dieser Seite eine Kraft in *entgegengesetzter Richtung* vorhanden sein muß. Die effektive Kraft, die wir aufwenden müssen, ist daher Null. Die *Kräfte* kompensieren sich, aber eine von ihnen muß auf der einen Seite und die andere an der anderen Seite des Rades angreifen. Wir könnten diese Kräfte direkt ansetzen, aber weil das Rad ein festes Objekt ist, können wir dies durch Ausübung eines Druckes auf die Achse tun, denn die Kräfte können durch die Speichen übertragen werden.

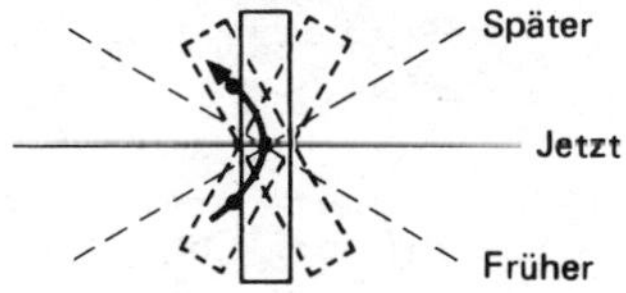

Fig. 20–4. Die Bewegung der Teilchen des rotierenden Rades von Fig. 20–2, mit drehender Achse auf gekrümmten Bahnen.

Was wir bisher bewiesen haben ist, daß das präzessierende Rad das Drehmoment aufgrund der Gravitation oder ein anderes angreifendes Drehmoment kompensieren kann. Aber alles was wir gezeigt haben ist, daß dies *eine* Lösung einer Gleichung ist. Das heißt, wenn das Drehmoment gegeben ist und *wenn wir die Rotation richtig starten*, dann wird das Rad ruhig und gleichmäßig präzessieren. Aber wir haben nicht bewiesen (und es ist nicht wahr), daß eine gleichförmige Präzession die *allgemeinste* Bewegung ist, welche ein rotierender Körper als Resultat eines gegebenen Drehmomentes ausführen kann. Die allgemeine Bewegung enthält auch ein „Wobbeln" um die mittlere Präzession. Diese „Wobbel"bewegung wird *Nutation* genannt.

Manche Leute sagen, daß bei Anwendung eines Drehmomentes auf einen Kreisel dieser dreht und präzessiert und daß das Drehmoment die Präzession *erzeugt*. Es ist sehr sonderbar, daß ein plötzlich losgelassener Kreisel nicht unter der Wirkung der Gravitation *fällt*, sondern sich anstelle dessen seitwärts bewegt! Warum ist es so, daß die *nach unten* gerichtete Kraft der Gravitation, die wir *kennen* und *fühlen*, den Kreisel *seitwärts* bewegt? Alle Formeln in der Welt wie (20.15) sagen es uns nicht, denn (20.15) ist eine spezielle Gleichung, sie ist nur gültig, nachdem der Kreisel hübsch präzessiert. Was sich im einzelnen wirklich ereignet, ist folgendes: Wenn wir die Achse starr festhalten, so daß sie keinesfalls präzessieren kann (aber der Kreisel rotiert), dann ist kein Drehmoment wirksam, nicht einmal ein Drehmoment der Gravitation, weil dies durch unsere Finger kompensiert wird. Aber wenn wir plötzlich loslassen, dann wird durch die Gravitation sofort ein Drehmoment ausgeübt. Jedermann bei vollem Verstand würde denken, daß der Kreisel fallen wird, und das tut er auch, wie man bei nicht zu schnell rotierendem Kreisel sieht.

Der Kreisel fällt, genau wie wir es erwarten würden. Aber sobald er fällt, dreht er sich, und wenn sich dieses Drehen fortsetzen soll, wäre ein Drehmoment erforderlich. Bei Abwesenheit eines Drehmomentes in dieser Richtung beginnt der Kreisel in der Richtung entgegengesetzt zur abwesenden Kraft zu „fallen". Dies gibt dem Kreisel eine Bewegungskomponente um die vertikale Achse, wie sie bei konstanter Präzession vorhanden wäre. Aber die wahre Bewegung „übertrifft" die Geschwindigkeit bei konstanter Präzession, und die Achse steigt tatsächlich wieder bis zu der Höhe, von welcher sie startete. Die durch das Ende dre Achse beschriebene Bahn ist eine Zykloide (die Bahn, welche durch einen Stein beschrieben wird, der im Profil eines Autoreifens steckt). Normalerweise ist diese Bewegung zu schnell, als daß sie mit dem Auge verfolgt werden könnte, und sie wird aufgrund der Reibung in den Kugellagern der Kardanischen Aufhängung schnell gedämpft. Nur die konstante Präzessionsbewegung bleibt (Fig. 20–5). Je langsamer sich das Rad dreht, um so deutlicher ist die Nutation.

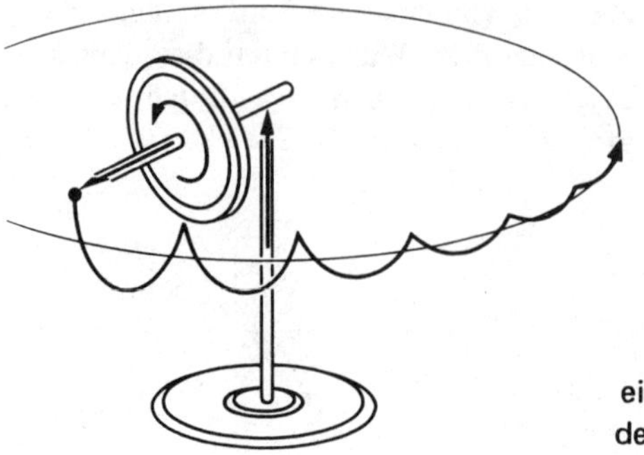

Fig. 20–5. Die tatsächliche Bewegung einer Kreiselachse im Schwerefeld kurz nach dem Loslassen der vorher festgehaltenen Achse.

Wenn die Bewegung abgeklungen ist, ist die Achse des Kreisels ein klein wenig tiefer als sie beim Start war. Warum? (Dies sind die komplizierteren Einzelheiten, aber wir bringen sie, weil wir dem Leser nicht die Vorstellung vermitteln wollen, daß der Kreisel ein absolutes Wunder ist. Er *ist* eine wunderbare Sache, aber er ist kein Wunder.) Wenn wir die Achse genau horizontal halten und sie dann plötzlich loslassen würden, dann sagt uns die einfache Präzessionsgleichung, daß sie präzessiert, daß sie in einer horizontalen Ebene umläuft. Aber das ist unmöglich! Obgleich wir es vorher vernachlässigt haben, ist es zutreffend, daß das Rad *irgendein* Trägheitsmoment um die Präzessionsachse besitzt, und wenn es sich um diese Achse bewegt, und sei es langsam, so besitzt es eine kleine Winkelgeschwindigkeit um diese Achse. Woher kommt das? Wenn die Aufhängepunkte perfekt sind, dann existiert kein Drehmoment um die vertikale Achse. Wie *kommt es* dann zur Präzession, wenn keine Änderung des Drehimpulses vorhanden ist? Die Antwort ist, daß die zykloidale Bewegung des Endes der Achse abklingt bis zur mittleren gleichförmigen Bewegung des Zentrums des äquivalenten Rollkreises. Das heißt, sie sinkt ein wenig zu tief. Und weil sie zu tief ist, besitzt der Drehimpuls der Rotation nun eine kleine vertikale Komponente, und das ist genau das, was für die Präzession benötigt wird. Also sehen Sie, daß das Ende der Achse ein klein wenig nach unten sinken muß, damit es umlaufen kann. Es muß der Gravitation ein klein wenig nachgeben: durch Drehung seiner Achse um ein klein wenig nach unten unterhält er die Rotation um die vertikale Achse. Das ist also die Weise, wie ein Kreisel funktioniert.

20–4 Der Drehimpuls eines festen Körpers

Ehe wir das Sachgebiet der Drehbewegung in drei Dimensionen verlassen, werden wir wenigstens einige Effekte qualitativ diskutieren, die bei dreidimensionalen Drehungen auftreten und die nicht selbstverständlich sind. Der Haupteffekt ist, daß im allgemeinen der Drehimpuls eines starren Körpers *nicht notwendigerweise* die gleiche Richtung besitzt wie die Winkelgeschwindigkeit. Betrachten wir ein Rad, welches schief auf einer Achse montiert ist, jedoch mit der Achse durch den Schwerpunkt (Fig. 20–6). Wenn wir das Rad um die Achse drehen, so weiß jeder, daß es im Kugellager rüttelt, weil das Rad schief montiert ist. Qualitativ wissen wir, daß im rotierenden System Zentrifugalkräfte auf das Rad wirken, welche versuchen, seine Masse so weit als möglich von der Achse wegzubringen. Dies tendiert dahin, die Ebene des Rades so auszurichten, daß sie senkrecht zur Achse steht. Um dem zu widerstehen, wird durch die Kugellager ein Drehmoment ausgeübt. Wenn durch die Kugellager ein Drehmoment ausgeübt wird, so muß eine zeitliche Änderung des Drehimpulses vorhanden sein. Wie kann eine zeitliche Änderung des Drehimpulses auftreten, wenn wir das Rad nur um seine Achse drehen? Angenommen, wir zerlegen die Winkelgeschwindigkeit ω in die Komponenten ω_1 und ω_2 senkrecht und parallel zur Ebene des Rades. Was ist der Drehimpuls? Die Trägheitsmomente um diese beiden Achsen sind *verschieden*, somit besitzen die Komponenten des

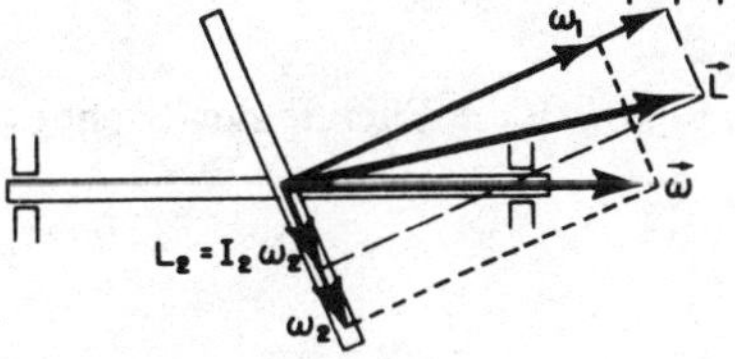

Fig. 20–6. Der Drehimpuls eines rotierenden Körpers ist nicht notwendigerweise parallel zur Winkelgeschwindigkeit.

Drehimpulses – diese sind (nur für diese speziellen Achsen) gleich dem Trägheitsmoment mal der entsprechenden Komponente der Winkelgeschwindigkeit – ein *anderes Verhältnis* als die Komponenten der Winkelgeschwindigkeit. Also besitzt der Vektor des Drehimpulses eine Richtung im Raum, die *nicht* mit der Richtung der Achse übereinstimmt. Wenn wir das Objekt drehen, so müssen wir den Drehimpulsvektor im Raum drehen, also müssen wir auf die Achse Drehmomente ausüben.

Obgleich sie viel zu kompliziert ist, um hier bewiesen zu werden, gibt es eine sehr wichtige und interessante Eigenschaft des Trägheitsmomentes, welche leicht zu beschreiben und anzuwenden ist; sie dient als Basis für unsere obenstehende Analyse. Diese Eigenschaft ist folgende: Irgendein starrer Körper, selbst ein unregelmäßiger wie eine Kartoffel, besitzt drei gegeneinander senkrechte Achsen durch den Massenmittelpunkt, so daß das Trägheitsmoment um eine dieser Achsen den größtmöglichen Wert für eine Achse durch den Massenmittelpunkt hat. Das Trägheitsmoment um eine andere dieser Achsen besitzt den *kleinst*möglichen Wert, und das Trägheitsmoment um die dritte Achse liegt zwischen diesen beiden (oder ist gleich einem davon). Diese Achsen werden die *Hauptträgheitsachsen* des Körpers genannt, und sie besitzen die wichtige Eigenschaft, daß der Drehimpuls bei Rotation des Körpers um eine von ihnen die gleiche Richtung besitzt wie die Winkelgeschwindigkeit. Für einen Körper mit Symmetrieachsen sind die Hautträgheitsachsen entlang den Symmetrieachsen.

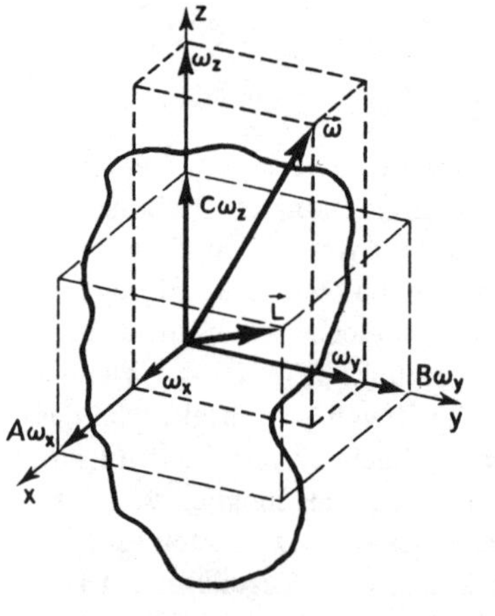

Fig. 20–7. Die Winkelgeschwindigkeit und der Drehimpuls eines starren Körpers ($A > B > C$).

Wenn wir die x-, y- und z-Achsen entlang den Hauptträgheitsachsen wählen und die korrespondierenden Trägheitsmomente A, B und C nennen, so können wir den Drehimpuls und die kinetische Energie der Rotation für eine Winkelgeschwindigkeit $\boldsymbol{\omega}$ des Körpers leicht berechnen. Wenn wir $\boldsymbol{\omega}$ in die Komponenten ω_x, ω_y und ω_z entlang der x-, y- und z-Achsen zerlegen und auch die Einheitsvektoren **i**, **j**, **k** entlang x, y, z verwenden, so können wir den Drehimpuls schreiben als

$$\mathbf{L} = A\omega_x\mathbf{i} + B\omega_y\mathbf{j} + C\omega_z\mathbf{k}. \tag{20.16}$$

Die kinetische Energie der Drehbewegung ist

$$\begin{aligned} \text{KE} &= \tfrac{1}{2}(A\omega_x^2 + B\omega_y^2 + C\omega_z^2) \\ &= \tfrac{1}{2}\mathbf{L}\cdot\boldsymbol{\omega}. \end{aligned} \tag{20.17}$$

21 Der harmonische Oszillator

21–1 Lineare Differentialgleichungen

Beim Studium der Physik wird der Stoff üblicherweise aufgeteilt in eine Reihe von Sachgebieten, z. B. in Mechanik, Elektrizität, Optik usw., und man studiert ein Sachgebiet nach dem anderen. Diese Vorlesung hat sich z. B. bisher hauptsächlich mit Mechanik befaßt. Aber etwas Seltsames ereignet sich immer wieder: Die Gleichungen, die in den verschiedenen Gebieten der Physik und sogar in anderen Wissenschaften auftauchen, sind fast genau die gleichen, so daß viele Phänomene in diesen verschiedenen Gebieten Analogien besitzen. Nehmen wir das einfachste Beispiel: Die Ausbreitung von Schallwellen ist auf vielfache Weise analog der Ausbreitung von Lichtwellen. Wenn wir die Akustik genau studieren, so entdecken wir, daß dabei ein Großteil der Arbeit die gleiche ist, wie wenn wir die Optik eingehend studieren würden. So kann das Studium eines Phänomens auf einem Gebiet eine Erweiterung unseres Wissens auf einem anderen Gebiet ermöglichen. Es ist am besten, wenn man zu Beginn versteht, daß solche Erweiterungen möglich sind, andernfalls würde man nicht verstehen, warum ein großer Aufwand an Zeit und Energie für ein klein erscheinendes Teilgebiet der Mechanik getrieben wird.

Der harmonische Oszillator, den wir jetzt untersuchen werden, hat enge Analogien in vielen anderen Gebieten. Obgleich wir mit einem mechanischen Beispiel eines Gewichtes an einer Feder beginnen, oder mit einem Pendel mit kleiner Auslenkung oder mit bestimmten anderen mechanischen Einrichtungen, so studieren wir doch wirklich eine bestimmte *Differentialgleichung*. Diese Gleichung taucht immer wieder in der Physik und in anderen Wissenschaften auf, sie ist in der Tat ein Teil so vieler Phänomene, daß sich ihr Studium sehr wohl lohnt. Einige der in dieser Gleichung enthaltenen Phänomene sind die Schwingungen einer Masse an einer Feder; die Schwingungen einer in einem elektrischen Kreis hin- und her-fließenden Ladung; die Schwingungen einer schallerzeugenden Stimmgabel; die analogen Schwingungen der Elektronen in einem Atom, die Licht erzeugen; die Gleichungen für den Betrieb eines Regelsystems, z. B. ein Thermostat bei der Temperatureinstellung; komplizierte Wechselwirkungen bei chemischen Reaktionen; das Wachstum eines Bakterienstammes in Wechselwirkung mit der Nahrungsversorgung und den von den Bakterien produzierten Giften; Füchse die Hasen fressen die Gras fressen usw. Alle diese Phänomene folgen Gleichungen, die einander sehr ähnlich sind. Und das ist der Grund dafür, daß wir den mechanischen Oszillator so im einzelnen untersuchen. Die Gleichungen werden *lineare Differentialgleichungen mit konstanten Koeffizienten* genannt. Eine lineare Differentialgleichung mit konstanten Koeffizienten ist eine Differentialgleichung, die aus einer Summe von verschiedenen Gliedern besteht, wobei jedes Glied eine Ableitung der abhängigen Veränderlichen nach der unabhängigen Veränderlichen ist, multipliziert mit irgendeiner Konstanten. Die Gleichung

$$a_n\, d^n x/dt^n + a_{n-1}\, d^{n-1}x/dt^{n-1} + \cdots + a_1\, dx/dt + a_0 x = f(t) \qquad (21.1)$$

wird eine lineare Differentialgleichung n-ter Ordnung mit konstanten Koeffizienten genannt (alle a_i sind konstant).

21–2 Der harmonische Oszillator

Vielleicht das einfachste mechanische System, dessen Bewegung nach einer linearen Differentialgleichung mit konstanten Koeffizienten erfolgt, ist eine Masse an einer Feder: zuerst dehnt sich die Feder, um die Schwerewirkung zu kompensieren; nachdem sie balanciert ist, untersuchen wir die vertikale Auslenkung der Masse von ihrer Gleichgewichtslage (Fig. 21–1). Wir nennen die nach oben gerichtete Auslenkung x, und wir wollen auch voraussetzen, daß die Feder genau linear ist, daß also die Rückstellkraft der Feder genau proportional der Federdehnung ist. Das heißt, die Kraft ist $-k \cdot x$ (das negative Vorzeichen zeigt, daß sie zurückzieht). Also muß die Masse multipliziert mit der Geschwindigkeit gleich $-kx$ sein:

$$m\,d^2x/dt^2 = -kx. \tag{21.2}$$

Zur Vereinfachung nehmen wir an (oder wir ändern unsere Zeiteinheit), daß $k/m = 1$ ist. Wir untersuchen zuerst die Gleichung

$$d^2x/dt^2 = -x. \tag{21.3}$$

Später kommen wir auf Gleichung (21.2) zurück, wobei k und m explizite gegeben sind.

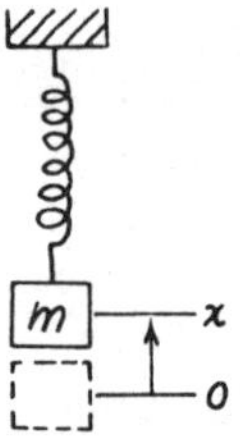

Fig. 21–1. Eine Masse an einer Feder: ein einfaches Beispiel eines harmonischen Oszillators.

Wir haben Gleichung (21.3) bereits im einzelnen numerisch analysiert; als wir zuerst die Mechanik einführten, haben wir diese Gleichung (s. Gleichung 9.12) gelöst, um die Bewegung zu finden. Durch numerische Integration haben wir eine Kurve (Fig. 9–4) gefunden, die zeigte, daß bei anfänglich ausgelenkter, aber in Ruhe befindlicher m diese herunterkommt und durch die Nullage geht; wir haben dies dann nicht weiter verfolgt, aber wir wissen natürlich, daß die Masse einfach weiter auf und ab geht: sie *schwingt*. Als wir die Bewegung numerisch gelöst haben, fanden wir, daß sie bei $t = 1{,}570$ durch die Gleichgewichtslage geht.

Die Dauer einer gesamten Periode ist vielmal so groß oder $t_0 = 6{,}28$ „sec". Dies wurde numerisch ermittelt, bevor wir viel von Differential- und Integralrechnung wußten. Wir nehmen an, daß die mathematische Fakultät mittlerweile eine Funktion zutage gefördert hat, die nach zweimaliger Differentiation gleich minus ihrer selbst ist. (Es gibt natürlich Methoden, diese Funktion auf direkte Weise zu erhalten, aber diese sind komplizierter, als wenn man die Antwort bereits weiß.) Die Funktion ist $x = \cos t$. Wenn wir sie differenzieren, erhalten wir $dx/dt = -\sin t$ und $d^2x/dt^2 = -\cos t = -x$. Die Funktion $x = \cos t$ beginnt bei $t = 0$ mit $x = 1$ und der Anfangsgeschwindigkeit Null; das war die Situation, mit der wir unsere numerische Analyse begannen. Da wir nun wissen, daß x gleich $\cos t$ ist, können wir einen ***exakten*** Wert für die Zeit berechnen, zu der die Masse den Punkt $x = 0$ passiert. Die Antwort ist $t = \pi/2$ oder 1,57108. Wir haben wegen der Fehler der numerischen Analyse in der letzten Dezimale einen Fehler gemacht, aber wir waren nahe dran!

Nun fahren wir fort mit dem ursprünglichen Problem; wir setzen die Zeiteinheiten in richtigen Sekunden an. Was ist dann die Lösung? Zunächst können wir denken, daß wir die Konstanten k und m einführen können, indem wir $\cos t$ mit irgend etwas multiplizieren. Also versuchen wir die Gleichung $x = A \cos t$ und finden damit $dx/dt = -A \sin t$ und $d^2x/dt^2 = -A \cos t = -x$. Damit entdecken wir zu unserem Schrecken, daß wir bei der Lösung von Gleichung (21.2) keinen Erfolg hatten; wir haben wiederum Gleichung (21.3) erhalten! Dieser Umstand illustriert eine der wichtigsten Eigenschaften linearer Differentialgleichungen: ***Wenn wir eine Lösung der Gleichung mit einer Konstanten multiplizieren, dann ist dies wieder eine Lösung.*** Der mathematische Grund dafür ist klar. Wenn x eine Lösung ist und wenn wir beide Seiten der Gleichung mit, sagen wir A, multiplizieren, dann sehen wir, daß alle Ableitungen ebenfalls mit A multipliziert sind, und darum ist Ax eine genau so gute Lösung wie es x war. Die Physik dazu ist folgende: Wenn wir ein Gewicht an einer Feder haben und die Feder zweimal so weit dehnen, dann sind die Kraft und die resultierende Beschleunigung verdoppelt; die in einer bestimmten Zeit erzielte Geschwindigkeit ist zweimal so groß und der in einer bestimmten Zeit zurückgelegte Weg ist zweimal so groß, aber sie *muß* den doppelten Abstand zurücklegen, um zum Ursprung zurückzukommen, weil sie ja zweimal so weit ausgezogen wurde. Also wird die *gleiche Zeit* benötigt, um zum Ursprung zurückzukommen, unabhängig von der ursprünglichen Auslenkung. Mit anderen Worten, für eine lineare Gleichung hat die Bewegung den gleichen *Zeitverlauf*, ohne Rücksicht darauf, wie „stark" sie ist.

Was wir getan haben, war also falsch. Es lehrte uns nur, daß wir die Lösung mit irgend etwas multiplizieren können und damit dieselbe, nicht aber eine andere Gleichung befriedigen. Nachdem wir ein wenig probiert haben, eine Gleichung mit einer anderen Konstanten multipliziert mit x zu erhalten, finden wir, daß wir die *Zeit*skala ändern müssen. Mit anderen Worten, Gleichung (21.2) hat eine Lösung der Form

$$x = \cos \omega_0 t. \tag{21.4}$$

(Es ist wichtig, zu verstehen, daß in vorliegendem Fall ω_0 nicht die Winkelgeschwindigkeit eines rotierenden Körpers ist, aber alle Buchstaben würden nicht reichen, wenn es uns nicht erlaubt wäre, den gleichen Buchstaben für mehr als ein Ding zu verwenden.) Der Grund für den Index „0" am ω ist, daß wir in Kürze noch mehr Omegas haben werden; Wir wollen uns daran erinnern, daß sich ω_0 auf die natürliche Bewegung des Oszillators bezieht. Nun versuchen wir Gleichung (21.4), und diesmal sind wir erfolgreicher, weil $dx/dt = -\omega_0 \sin \omega_0 t$ und $d^2x/dt^2 = -\omega_0^2 \cos \omega_0 t = -\omega_0^2 x$. Damit haben wir endlich die Gleichung gelöst, die wir wirklich lösen wollten. Die Gleichung $d^2x/dt^2 = -\omega_0^2 x$ ist die gleiche wie Gleichung (21.2), wenn $\omega_0^2 = k/m$.

Als nächstes müssen wir die physikalische Bedeutung von ω_0 untersuchen. Wir wissen, daß sich die Kosinusfunktion wiederholt, wenn der Winkel 2π beträgt. Somit wird $x = \cos \omega_0 \cdot t$ seine Bewegung wiederholen, sie wird durch eine vollständige Periode gehen, wenn sich der „Winkel" um 2π ändert. Die Größe $\omega_0 \cdot t$ wird häufig die *Phase* der Bewegung genannt. Damit $\omega_0 \cdot t$ um 2π verändert wird, muß sich die Zeit um t_0, um die sogenannte *Periode* einer kompletten Schwingung ändern. Natürlich muß t_0 so beschaffen sein, daß $\omega_0 \cdot t_0 = 2\pi$. Also muß $\omega_0 t_0$ einen Umlauf des Winkels betragen, und dann wird sich alles wiederholen – wenn t um t_0 vergrößert wird, addieren wir 2π zur Phase. Damit ist

$$t_0 = 2\pi/\omega_0 = 2\pi\sqrt{m/k}. \tag{21.5}$$

Wenn wir also eine größere Masse hätten, würde sie länger brauchen, um an der Feder vor und zurück zu schwingen. Weil sie eine größere Trägheit besitzt und die Kräfte die gleichen sind, dauert es länger, die Masse zu bewegen. Oder wenn die Feder stärker ist, wird sie schneller bewegt, und das ist richtig: Die Periode ist kürzer, wenn die Feder stärker ist.

Es ist auzumerken, daß die Schwingungsdauer einer Masse an einer Feder in keiner Weise davon abhängt, *wie* sie angeregt wird, wie weit wir sie nach unten gezogen haben. Die *Periode* ist bestimmt, aber die Amplitude der Schwingung ist *nicht* durch die Bewegungsgleichung (21.2) bestimmt. Die Amplitude wird in der Tat dadurch bestimmt, wie wir loslassen, durch die sogenannten *Anfangsbedingungen* oder die Startbedingungen.

Wir haben bisher die allgemeinste Lösung von Gleichung (21.2) noch nicht ganz gefunden. Es existieren andere Lösungen. Es sollte klar sein, warum: Weil alle Fälle, die durch $x = a \cos \omega_0 \cdot t$ gelöst werden, mit einer Anfangsauslenkung und keiner Anfangsgeschwindigkeit beginnen. Aber es ist z. B. möglich, daß die Masse von $x = 0$ startet, wobei wir ihr einen impulsiven Stoß geben können, so daß sie bei $t = 0$ eine gewisse Geschwindigkeit hat. Eine solche Lösung wird nicht durch einen Kosinus repräsentiert, sie wird durch einen Sinus dargestellt. Um es anders zu formulieren, wenn $x = \cos \omega_0 \cdot t$ eine Lösung ist, ist es dann nicht unmittelbar einleuchtend, daß wir zu einem Zeitpunkt (den wir „$t = 0$" nennen würden) den Raum betreten können und dabei sehen, wie die Masse den Punkt $x = 0$ passiert und sie ihre Bewegung fortsetzt? Darum kann $x = \cos \omega_0 \cdot t$ nicht die allgemeinste Lösung sein; es muß möglich sein, den Anfangspunkt der Zeit sozusagen zu verschieben. Als ein Beispiel könnten wir die Lösung in der Form $x = a \cos \omega_0 (t - t_1)$ schreiben, wobei t_1 eine Konstante ist. Dies entspricht auch einer Verschiebung des zeitlichen Anfangspunktes nach einem neuen Punkt. Weiterhin können wir folgende Entwicklung verwenden

$$\cos(\omega_0 t + \Delta) = \cos \omega_0 t \cos \Delta - \sin \omega_0 t \sin \Delta,$$

und schreiben

$$x = A \cos \omega_0 t + B \sin \omega_0 t,$$

wobei $A = a \cdot \cos \Delta$ und $B = -a \sin \Delta$. Jede dieser Formen ist eine mögliche Darstellung der kompletten, allgemeinen Lösung von (21.2): Das heißt, jede Lösung der Differentialgleichung $d^2x/dt^2 = - m_0^2 \cdot x$, die in der Welt existiert, kann geschrieben werden als

$$\text{(a)} \quad x = a \cos \omega_0 (t - t_1),$$

oder

$$\text{(b)} \quad x = a \cos(\omega_0 t + \Delta), \tag{21.6}$$

oder

$$\text{(c)} \quad x = A \cos \omega_0 t + B \sin \omega_0 t.$$

Einige der Größen in (21.6) besitzen Namen: ω_0 wird *Kreisfrequenz* genannt; das ist die Anzahl von Radianten, um die sich die Phase pro Sekunde ändert. Das wird durch die Differentialgleichung bestimmt. Die anderen Konstanten werden nicht durch die Gleichung bestimmt, sondern durch die Art des Bewegungsanfanges. Von diesen Konstanten ist a ein Maß für die maximale Auslenkung der Masse, genannt die *Amplitude* der Schwingung. Die Konstante Δ wird mitunter die *Phase* der Schwingung genannt, jedoch ist das ein wenig verwirrend, weil andere Leute $\omega_0 \cdot t + \Delta$ die Phase nennen und sagen, daß sich die Phase mit der Zeit ändert. Wir könnten sagen, daß Δ eine *Phasenverschiebung* von einem definierten Nullpunkt ist. Wir wollen das anders ausdrücken. Verschiedene Δ entsprechen Bewegungen in verschiedenen Phasen. Das ist richtig, aber ob wir Δ *die* Phase nennen wollen oder nicht, ist eine andere Frage.

21–3 Harmonische Bewegung und Kreisbewegung

Das Vorkommen der Kosinusse in der Lösung der Gleichung (21.2) deutet darauf hin, daß eine Beziehung zu Kreisen vorhanden sein könnte. Das ist natürlich auf eine Art künstlich, weil kein Kreis wirklich in die lineare Bewegung verwickelt ist – es geht einfach auf und ab. Wir können darauf hinweisen, daß wir diese Differentialgleichung tatsächlich bereits gelöst haben, als wir die Mechanik der Kreisbewegungen behandelten. Wenn sich ein Teilchen auf einem Kreis mit konstanter Geschwindigkeit v bewegt, so bewegt sich der Radiusvektor vom Kreismittelpunkt zum Teilchen um einen Winkel, der proportional der Zeit ist. Wenn wir diesen Winkel $\theta = vt/R$ nennen (Fig. 21–2), dann

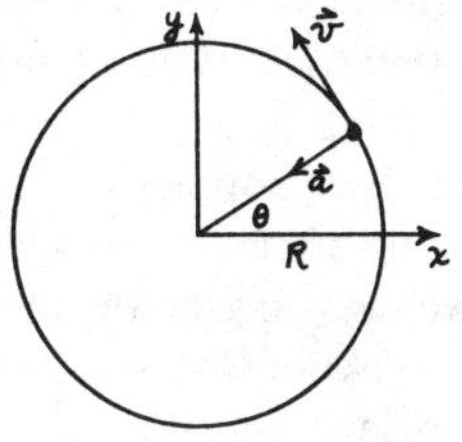

Fig. 21–2. Ein Teilchen, das sich mit konstanter Geschwindigkeit auf einem Kreis bewegt.

ist $d\theta/dt = \omega_0 = v/R$. Wir wissen, daß eine Beschleunigung $a = v^2/R = \omega_0^2 R$ zum Mittelpunkt existiert. Nun wissen wir auch, daß die Position x zu einem gegebenen Zeitpunkt der Radius des Kreises multipliziert mit $\cos\theta$ ist und daß y der Radius multipliziert mit $\sin\theta$ ist:

$$x = R\cos\theta, \qquad y = R\sin\theta.$$

Was ist nun mit der Beschleunigung? Wie groß ist die x-Komponente d^2x/dt^2 der Beschleunigung? Wir haben dies bereits geometrisch ausgearbeitet; es ist der Betrag der Beschleunigung multipliziert mit dem Kosinus des Projektionswinkels, mit einem negativen Vorzeichen, weil die Beschleunigung zum Zentrum orientiert ist.

$$a_x = -a\cos\theta = -\omega^2 R\cos\theta = -\omega^2 x. \qquad (21.7)$$

Mit anderen Worten, wenn sich ein Teilchen auf einem Kreis bewegt, so besitzt die horizontale Komponente seiner Bewegung eine Beschleunigung, die der horizontalen Auslenkung vom Mittelpunkt proportional ist. Natürlich haben wir auch die Lösung für die Bewegung auf einem Kreis: $x = R\cos\omega_0 \cdot t$. Gleichung (21.7) hängt nicht vom Kreisradius ab; für irgendeinen Kreisradius findet man für ein gegebenes ω_0 dieselbe Gleichung.

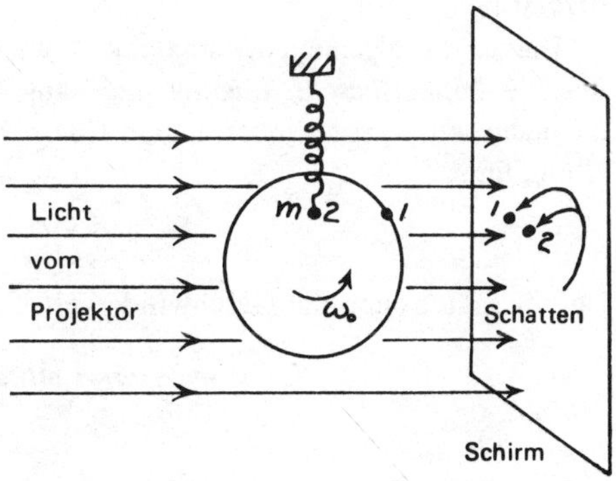

Fig. 21–3. Demonstration der Äquivalenz zwischen einfacher harmonischer Bewegung und gleichförmiger Kreisbewegung.

Somit erwarten wir aus mehreren Gründen, daß die Auslenkung einer Masse an einer Feder proportional $\cos \omega_0 \cdot t$ sein wird und daß dies genau die gleiche Bewegung ist, die wir sehen würden, wenn wir die x-Komponente der Position eines mit der Winkelgeschwindigkeit ω_0 auf einem Kreise rotierenden Objektes betrachten. Zur Überprüfung dieses Sachverhaltes kann man ein Experiment konstruieren, um zu zeigen, daß die auf- und ab-Bewegung einer Masse an einer Feder die gleiche ist wie die eines auf einem Kreis umlaufenden Punktes. In Fig. 21–3 projiziert eine Lichtbogenlampe die Schatten eines Zapfens an einer Welle und einer vertikal schwingenden Masse nebeneinander auf einen Schirm. Wenn wir die Masse zur rechten Zeit am richtigen Ort loslassen und wenn die Geschwindigkeit der Welle sorgfältig eingestellt wird, so daß die Frequenzen übereinstimmen, dann sollten beide einander genau folgen. Man kann auch die früher erhaltene numerische Lösung mit der Kosinusfunktion vergleichen und sehen, ob das gut übereinstimmt.

Hier können wir darauf hinweisen, daß wir wegen der engen mathematischen Beziehung zwischen der gleichförmigen Kreisbewegung und der auf- und ab-Bewegung die Schwingungsbewegung auf einfachere Art analysieren können, wenn wir sie uns als die Projektion eines auf einem Kreis umlaufenden Objektes vorstellen. Mit anderen Worten, obgleich uns die Entfernung y im Oszillator-Problem nichts bedeutet, können wir trotzdem die Gleichung (21.2) mit einer anderen Gleichung, die y verwendet, ergänzen und beide zusammenfügen. Wenn wir das tun, können wir unseren eindimensionalen Oszillator durch *Kreisbewegungen* analysieren; das ist wesentlich leichter als das Lösen einer Differentialgleichung. Der Trick, mit dem dies getan wird, besteht in der Verwendung komplexer Zahlen. Dieses Verfahren wird im nächsten Kapitel beschrieben.

21–4 Anfangsbedingungen

Wir wollen nun sehen, wodurch die Konstanten A und B oder a und Δ bestimmt sind. Natürlich sind diese dadurch bestimmt, wie wir die Bewegung erregen. Wenn wir die Bewegungen mit einer kleinen Auslenkung erregen, dann gibt dies einen Typ von Schwingungen; wenn wir mit einer Anfangsauslenkung und einem zusätzlichen Stoß nach oben beginnen, ehe wir loslassen, dann folgt eine andere Bewegung. Die Konstanten A und B oder a und Δ oder irgendeine andere Formulierung dafür sind natürlich durch die Art des Bewegungsbeginnes und nicht durch irgendwelche anderen Eigenschaften bestimmt. Sie werden *Anfangsbedingungen* genannt. Wir wollen die Anfangsbedingungen mit den Konstanten verknüpfen. Obgleich dies mit irgendeiner der Gleichungen (21.6) getan werden kann, ist es am leichtesten, wenn Gleichung (21.6c) verwendet wird. Angenommen, wir starten bei $t = 0$ mit einer Anfangsauslenkung x_0 und einer Geschwindigkeit v_0.

Dies ist die allgemeinste Möglichkeit, wie wir die Bewegung beginnen können. (Wir können die *Anfangsbeschleunigung* nicht angeben, weil diese durch die Feder bestimmt ist, nachdem wir x_0 vorgegeben haben.) Berechnen wir A und B. Wir beginnen mit der Gleichung für x

$$x = A \cos \omega_0 t + B \sin \omega_0 t.$$

Da wir später auch die Geschwindigkeit benötigen, differenzieren wir x und erhalten

$$v = -\omega_0 A \sin \omega_0 t + \omega_0 B \cos \omega_0 t.$$

Diese Ausdrücke gelten für alle t, aber wir besitzen spezielle Kenntnis über x und v bei $t = 0$. Wenn wir somit $t = 0$ in diese Gleichung einsetzen, erhalten wir links x_0 und v_0, weil dies die Werte von x und v bei $t = 0$ sind. Wir wissen auch, daß der Kosinus von Null Eins ist und daß der sinus von Null gleich Null ist. Damit erhalten wir

$$x_0 = A \cdot 1 + B \cdot 0 = A$$

und

$$v_0 = -\omega_0 A \cdot 0 + \omega_0 B \cdot 1 = \omega_0 B.$$

Also finden wir in diesem speziellen Fall, daß

$$A = x_0, \qquad B = v_0/\omega_0.$$

Aus diesen Werten für A und B erhalten wir a und Δ, wenn wir dies wollen.

Das ist das Ende unserer Lösung, aber es gibt etwas physikalisch Interessantes zu prüfen, und das ist die Erhaltung der Energie. Da keine Reibungsverluste vorhanden sind, muß die Energie erhalten bleiben. Benutzen wir die Gleichung

$$x = a\cos(\omega_0 t + \Delta),$$

dann wird

$$v = -\omega_0 a \sin(\omega_0 t + \Delta).$$

Wir wollen nun die kinetische Energie T und die potentielle Energie U finden. Zu irgendeinem Zeitpunkt ist die potentielle Energie $(\frac{1}{2})kx^2$, wobei x die Auslenkung und k die Federkonstante ist. Wenn wir x aus dem Ausdruck von oben substituieren, so erhalten wir

$$U = \tfrac{1}{2}kx^2 = \tfrac{1}{2}ka^2\cos^2(\omega_0 t + \Delta).$$

Natürlich ist die potentielle Energie nicht konstant; auch wird die potentielle Energie niemals negativ, in der Feder ist immer etwas Energie vorhanden, aber die Größe der Energie variiert wie x. Andererseits ist die kinetische Energie $(\frac{1}{2})mv^2$, und nach Substitution für v erhalten wir

$$T = \tfrac{1}{2}mv^2 = \tfrac{1}{2}m\omega_0^2a^2\sin^2(\omega_0 t + \Delta).$$

Die kinetische Energie ist Null, wenn x seinen Maximalwert hat, weil dann keine Geschwindigkeit mehr vorhanden ist; andererseits ist die Geschwindigkeit beim Hindurchgehen durch die Nullage von x ein Maximum, weil dort die Bewegung am schnellsten ist. Diese Änderung der kinetischen Energie ist genau entgegengesetzt der der potentiellen Energie. Aber die gesamte Energie müßte konstant sein. Mit $k = m \cdot \omega_0^2$ erhalten wir

$$T + U = \tfrac{1}{2}m\omega_0^2a^2[\cos^2(\omega_0 t + \Delta) + \sin^2(\omega_0 t + \Delta)] = \tfrac{1}{2}m\omega_0^2a^2.$$

Die Energie ist abhängig vom Quadrat der Amplitude; wenn wir die doppelte Amplitude haben, erhalten wir eine Schwingung mit der vierfachen Energie. Die *durchschnittliche* potentielle Energie ist die Hälfte des Maximums, also die Hälfte der Gesamtenergie. Genauso ist die durchschnittliche kinetische Energie die Hälfte der Gesamtenergie.

21–5 Erzwungene Schwingungen

Als nächstes diskutieren wir den ***erzwungenen harmonischen Oszillator***, das ist ein Oszillator, auf den eine äußere Kraft einwirkt. Die Gleichung wird dann:

$$m\,d^2x/dt^2 = -kx + F(t). \tag{21.8}$$

Wir wollen sehen, was sich unter diesen Umständen ereignet. Die antreibende äußere Kraft kann verschiedene Arten von funktionalen Abhängigkeiten von der Zeit besitzen; die erste, die wir analysieren werden, ist sehr einfach – wir nehmen an, daß die Kraft periodisch ist:

$$F(t) = F_0 \cos \omega t. \tag{21.9}$$

Es ist jedoch zu beachten, daß ω nicht notwendigerweise gleich ω_0 ist: Wir haben ω unter unserer Kontrolle; die Krafteinwirkung kann bei verschiedenen Frequenzen erfolgen. Also versuchen wir, die Gleichung (21.8) mit unserer speziellen Kraft (21.9) zu lösen. Was ist die Lösung von (21.8)? Eine spezielle Lösung (wir werden später allgemeinere Fälle lösen) ist

$$x = C \cos \omega t, \tag{21.10}$$

worin die Konstante zu bestimmen ist. Mit anderen Worten, wir können annehmen, daß die Masse bei der Vor- und Rückwärts-Bewegung genau im Schritt mit der Kraft ist. Wir können es auf jeden Fall versuchen. Also setzen wir (21.10) in (21.9) ein und erhalten

$$-m\omega^2 C \cos \omega t = -m\omega_0^2 C \cos^2 \omega t + F_0 \cos \omega t. \tag{21.11}$$

Zwecks besseren Verständnisses der Gleichungen haben wir auch $k = m \cdot \omega_0^2$ gesetzt. Da der Kosinus in allen Gliedern vorkommt, können wir ihn herausdividieren, und das zeigt uns, daß (21.10) in der Tat eine Lösung ist. vorausgesetzt, daß wir das richtige C verwenden. Die Antwort für C ist:

$$C = F_0/m(\omega_0^2 - \omega^2). \tag{21.12}$$

Das heißt, m schwingt mit der gleichen Frequenz wie die Kraft, aber mit einer Amplitude, die von der Frequenz der Kraft und der natürlichen Frequenz des Oszillators abhängt. Das bedeutet zunächst, daß die Auslenkung und die Kraft die gleiche Richtung haben, wenn ω klein im Vergleich mit ω_0 ist. Andererseits, wenn wir sie schnell hin und her schütteln, sagt uns (21.12), daß C negativ ist, wenn ω größer ist als die natürliche Frequenz ω_0 des Oszillators. (Wir werden ω_0 die natürliche Frequenz des harmonischen Oszillators nennen und ω die erregende Frequenz.) Bei sehr hohen Frequenzen kann der Nenner sehr groß werden, und dann ist nicht viel Amplitude vorhanden.

Natürlich ist die gefundene Lösung nur dann die Lösung, wenn alles gerade richtig gestartet wurde, andernfalls existiert ein Teil, der gewöhnlich nach einer Weile abklingt. Dieser andere Teil wird ein durch $F(t)$ verursachter *Einschwingzustand* genannt, während (21.10) und (21.12) die Lösungen für den *eingeschwungenen* Zustand sind.

Nach unserer Formel (21.12) sollte noch eine bemerkenswerte Sache auftreten: Wenn ω fast genausogroß ist wie ω_0, dann sollte C nach Unendlich gehen. Wenn wir also die Frequenz der Kraft so justieren, daß sie „im Takt" mit der natürlichen Frequenz ist, dann sollten wir eine riesengroße Auslenkung erhalten. Das ist jedermann bekannt, der ein Kind auf einer Schaukel angeschoben hat. Es geht nicht sehr gut, wenn man mit geschlossenen Augen bei einer gewissen Geschwindigkeit willkürlich anschiebt. Wenn wir jedoch den richtigen Takt finden, dann schwingt die Schaukel sehr hoch, aber mit dem falschen Takt wird es nicht gehen, dann schieben wir vielleicht manchmal, wenn wir ziehen sollten, usw.

Wenn wir ω genau gleich ω_0 machen, so sollte die Schwingung eine unendlich große Amplitude besitzen. Natürlich ist dies unmöglich. Der Grund dafür, daß dies nicht geschieht, ist, daß irgend etwas mit der Gleichung schiefgeht. Es gibt da einige andere Reibungsglieder und andere Kräfte, die zwar nicht in (21.8), wohl aber in der realen Welt vorhanden sind. Also geht die Amplitude aus irgendwelchen Gründen nicht nach Unendlich; es kann sein, daß die Feder zerreißt!

22 Algebra

22–1 Addition und Multiplikation

Bei unserem Studium schwingender Systeme werden wir eine der bemerkenswertesten, fast verblüffenden, Formeln der gesamten Mathematik anwenden. Vom Standpunkt des Physikers könnten wir diese Formel in etwa zwei Minuten behandeln, und wir wären damit fertig. Aber Wissenschaft ist genausogut für den intellektuellen Genuß wie für die praktische Anwendung. Anstatt also nur ein paar Minuten mit diesem erstaunlichen Juwel zu verbringen, versehen wir es mit einer angemessenen Fassung in der großartigen Konstruktion von dem Zweig der Mathematik, der elementare Algebra genannt wird.

Nun können Sie fragen, „Was hat Mathematik in einer Vorlesung über Physik zu tun? " Wir haben verschiedene mögliche Entschuldigungen: Erstens natürlich, Mathematik ist ein wichtiges Werkzeug; aber das gäbe uns nur einen Grund dafür, diese Formel in zwei Minuten zu behandeln. Andererseits entdecken wir in der theoretischen Physik, daß alle unsere Gesetze in mathematischer Form ausgedrückt werden können und daß dies eine gewisse Einfachheit und Schönheit besitzt. Letztlich ist es zum Verständnis der Natur notwendig, ein tieferes Verständnis mathematischer Beziehungen zu haben. Aber der wahre Grund ist, daß das Thema Freude bereitet, und obgleich wir Menschen die Natur auf verschiedene Arten unterteilen und verschiedene Vorlesungen in verschiedenen Fakultäten halten, ist eine solche Unterteilung eigentlich künstlich, und wir sollten unser intellektuelles Vergnügen dort wahrnehmen, wo wir es finden.

Ein weiter Grund, die Algebra hier näher zu betrachten, selbst wenn die meisten von uns Algebra auf der Oberschule gelernt haben, ist, daß das unsere erste Bekanntschaft mit diesem Stoff war; alle Gleichungen waren unbekannt, und es war eine harte Arbeit, genau wie es die Physik jetzt ist. Hin und wieder ist es ein großes Vergnügen, zurückzuschauen, um zu ermessen, wieviel Boden gewonnen wurde und wie die Landkarte oder der Plan der gesamten Sache ausschaut. Vielleicht wird eines Tages jemand aus dem Fachbereich Mathematik eine entsprechende Vorlesung über Mechanik halten, im zu zeigen, was wir eigentlich im Physikkursus zu erlernen versucht haben!

Der Gegenstand der Algebra wird nicht genau vom Standpunkt des Mathematikers entwickelt, weil die Mathematiker hauptsächlich daran interessiert sind, wie verschiedene mathematische Fakten demonstriert werden und wieviele Annahmen unbedingt erforderlich sind und was nicht notwendig ist. Sie sind nicht so sehr am Resultat dessen interessiert, was sie beweisen. Wir können z. B. den Satz von Pythagoras sehr interessant finden, daß die Summe der Quadrate der Seiten eines rechtwinkligen Dreiecks gleich dem Quadrat der Hypotenuse ist; das ist eine interessante Tatsache, eine merkwürdig einfache Sache, die gewürdigt werden kann, ohne die Frage ihres Beweises oder der benötigten Axiome zu diskutieren. In diesem Sinne werden wir das System der elementaren Algebra qualitativ beschreiben. Wir sagen *elementare* Algebra, weil ein Zweig der Mathematik existiert, der *moderne* Algebra genannt wird. In ihm gelten einige der Regeln wie z. B. $a \cdot b = b \cdot a$ nicht mehr, jedoch wird er noch immer Algebra genannt. Aber wir werden das nicht diskutieren.

Wir beginnen mit der Diskussion dieses Themas in der Mitte. Wir nehmen an, daß wir bereits wissen, was ganze Zahlen sind und was Null ist und was es bedeutet, eine Zahl um eine Einheit zu vergrößern. Sie können sagen, „das ist nicht in der Mitte!" Aber vom mathematischen Standpunkt ist es die Mitte, weil wir noch weiter zurückgehen und die Theorie der Mengen beschreiben könnten, um einige dieser Eigenschaften von ganzen Zahlen *herzuleiten*. Aber wir gehen nicht in diese Richtung der mathematischen Philosophie und der mathematischen Logik, sondern in die andere Richtung, von der Annahme aus, daß wir wissen, was ganze Zahlen sind, und daß wir wissen, wie man zählt.

Wenn wir mit einer bestimmten ganzen Zahl a beginnen und wenn wir hintereinander b mal eine Einheit zählen, dann kommen wir zu $a + b$, und dies definiert die *Addition* von ganzen Zahlen.

Nachdem wir die Addition definiert haben, können wir folgendes betrachten: Wenn wir mit nichts beginnen und dazu a addieren, und zwar b mal hintereinander, dann nennen wir das Resultat *Multiplikation* von ganzen Zahlen; wir nennen es *b mal a*.

Nun können wir auch eine *Folge von Multiplikationen* haben: Wenn wir mit 1 beginnen und dann b mal hintereinander mit a multiplizieren, so nennen wir dies *zur Potenz erheben*: a^b.

Nun kann leicht gezeigt werden, daß als Konsequenz dieser Definitionen alle folgenden Beziehungen gelten:

$$
\begin{array}{llll}
\text{(a)} & a + b = b + a & \text{(b)} & a + (b + c) = (a + b) + c \\
\text{(c)} & ab = ba & \text{(d)} & a(b + c) = ab + ac \\
\text{(e)} & (ab)c = a(bc) & \text{(f)} & (ab)^c = a^c b^c \\
\text{(g)} & a^b a^c = a^{(b+c)} & \text{(h)} & (a^b)^c = a^{(bc)} \\
\text{(i)} & a + 0 = a & \text{(j)} & a \cdot 1 = a \\
\text{(k)} & a^1 = a & &
\end{array}
\tag{22.1}
$$

Diese Resultate sind allgemein bekannt und wir werden sie nicht weiter behandeln, wir zählen sie einfach auf. Natürlich haben 0 und 1 spezielle Eigenschaften; z. B. ist $a + 0 = a$, a mal $1 = a$, und a zur ersten Potenz erhoben ist a.

Bei dieser Diskussion müssen wir auch einige andere Eigenschaften wie Kontinuität und Ordnung voraussetzen. Diese sind schwer zu definieren; wir überlassen dies der strengen Theorie. Weiterhin ist es gewiß wahr, daß wir zu viele „Regeln" notiert haben; einige davon sind aus den anderen ableitbar, aber wir werden uns um diese Dinge nicht kümmern.

22–2 Die inversen Operationen

Zusätzlich zu den direkten Operationen der Addition, Multiplikation und Potenzierung haben wir auch die *inversen* Operationen, die wie folgt definiert sind. Angenommen, a und c sind vorgegeben und wir wollen Werte für b finden, die Gleichungen wie die folgenden befriedigen: $a + b = c$; $ab = c$; $b^a = c$. Wenn $a + b = c$, so ist b definiert als $c - a$; dies wird *Subtraktion* genannt. Die Division genannte Operation ist ebenfalls klar: Wenn $ab = c$, dann definiert $b = c/a$ die Division – eine Lösung der Gleichung $ab = c$ „rückwärts". Wenn wir nun eine Potenz $b^a = c$ haben und uns fragen, „was ist b? ", so ist dies die a-te *Wurzel* aus c: $b = \sqrt[a]{c}$. Wenn wir uns z. B. fragen, „welche ganze Zahl, zur dritten Potenz erhoben, ist gleich 8? ", dann wird die Antwort die *Kubikwurzel* aus 8 genannt; es ist 2. Weil b^a und a^b nicht gleichgroß sind, gibt es im Zusammenhang mit Potenzen *zwei* Umkehrungsaufgaben. Die andere Umkehrungsaufgabe würde sein, „bis zu welcher Potenz müssen wir 2 erheben, um 8 zu erhalten? " Das wird *logarithmieren* genannt. Wenn $a^b = c$, dann schreiben wir $b = \log_a c$. Die Tatsache, daß dies im Vergleich zu anderen eine umständliche Bezeichnung ist, bedeutet nicht, daß es weniger elementar – wenigstens im Hinblick auf ganze Zahlen – als andere Prozesse ist. Obgleich in der Algebra auf der Schule die Logarithmen relativ spät behandelt werden, sind sie in der Praxis natürlich genauso einfach wie Wurzeln; sie sind nur eine andere Art Lösung einer algebraischen Gleichung. Die direkten und die Umkehrungsoperationen sind wie folgt zusammengefaßt:

(a)	Addition $a + b = c$	(a')	Subtraktion $b = c - a$	
(b)	Multiplikation $ab = c$	(b')	Division $b = c/a$	(22.2)
(c)	Potenz $b^a = c$	(c')	Wurzel $b = \sqrt[a]{c}$	
(d)	Potenz $a^b = c$	(d')	Logarithmus $b = \log_a c$	

Nun kommt ein neuer Gedanke. Diese Beziehungen oder Regeln sind zutreffend für ganze Zahlen, weil sie aus den Definitionen der Addition, Multiplikation und Potenzierung folgen. *Wir werden diskutieren, ob es möglich ist oder nicht, die Klasse der Objekte, die a, b und c repräsentieren, so zu erweitern, daß sie die gleichen Regeln befolgen,* obgleich die Prozesse für $a + b$ usw. nicht durch beispielsweise die direkte Addition von 1 oder durch sukzessive Multiplikation mit ganzen Zahlen definierbar sind.

22–3 Abstraktion und Verallgemeinerung

Wenn wir versuchen, einfache algebraische Gleichungen mit Hilfe aller dieser Definitionen zu lösen, dann entdecken wir bald einige unlösbare Probleme, wie z. B. das folgende. Angenommen, wir versuchen die Gleichung $b = 3 - 5$ zu lösen. Das heißt nach unserer Definition der Subtraktion, daß wir eine Zahl finden müssen, die zu 5 addiert 3 ergibt. Eine solche Zahl existiert natürlich *nicht*, weil wir nur positive ganze Zahlen betrachten; dies ist ein unlösbares Problem. Jedoch ist der Plan, der große Gedanke, der folgende: *Abstraktion und Verallgemeinerung.* Aus der gesamten Struktur der Algebra, aus Regeln plus ganzen Zahlen, abstrahieren wir die ursprünglichen Definitionen der Addition und Multiplikation, aber wir behalten die Regeln (22.1) und (22.2) bei und setzen von diesen voraus, daß sie für eine größere Klasse von Zahlen *allgemein* gültig sind, selbst wenn sie ursprünglich an einer kleineren Klasse abgeleitet wurden. Also, anstatt die ganzen Zahlen symbolisch anzuwenden, um die Regeln zu definieren, benutzen wir die Regeln als die Definition der Symbole, wodurch dann eine allgemeinere Art von Zahl dargestellt wird. Zum Beispiel können wir allein mit Hilfe der Regeln zeigen, daß $3 - 5 = 0 - 2$ ist. In der Tat können wir zeigen, daß man *alle* Subtraktionen durchführen kann, vorausgesetzt, daß wir einen ganzen Satz neuer Zahlen definieren: $0 - 1$, $0 - 2$, $0 - 3$, $0 - 4$ usw., welche *negative ganze Zahlen* genannt werden. Dann können wir alle anderen Regeln verwenden, wie $a(b + c) = ab + ac$ usw., um herauszufinden, welche Regeln für die Multiplikation negativer Zahlen gelten. Wir werden entdecken, daß alle Regeln für negative sowohl als auch für positive ganze Zahlen gelten.

Damit haben wir den Geltungsbereich der Regeln vergrößert, jedoch haben die Symbole eine andere Bedeutung.

Man kann z. B. nicht sagen, daß –2 mal 5 wirklich heißt, 5 mal hintereinander –2 zu addieren. Das bedeutet nichts. Aber nichtsdestoweniger wird in Übereinstimmung mit den Regeln alles richtig sein.

Ein interessantes Problem taucht beim Potenzieren auf. Angenommen, wir wollen herausfinden, was $a^{(3-5)}$ bedeutet. Wir wissen lediglich, daß 3 – 5 eine Lösung dieser Aufgabe ist: $(3-5)+5=3$. Wenn wir das wissen, wissen wir, daß $a^{(3-5)}\,a^5 = a^3$ ist. Darum ist aufgrund der Definition der Division $a^{(3-5)} = a^3/a^5$. Mit ein klein wenig mehr Arbeit kann dies reduziert werden zu $1/a^2$. So finden wir, daß die negativen Potenzen die Kehrwerte der positiven Potenzen sind. Aber $1/a^2$ ist ein bedeutungsloses Symbol, denn wenn a eine positive oder negative ganze Zahl ist, ist deren Quadrat größer als 1, und wir wissen noch nicht, was wir damit meinen, wenn 1 durch eine Zahl größer als 1 dividiert wird!

Vorwärts! Der große Plan ist es, den Prozeß der Verallgemeinerung fortzusetzen; immer wenn wir wieder eine Aufgabe finden, die wir nicht lösen können, erweitern wir den Bereich der Zahlen. Betrachten wir die Division: Wir können keine ganze Zahl finden, positiv oder negativ, die gleich ist dem Resultat der Division 3/5. Aber wenn wir annehmen, daß alle gebrochenen Zahlen ebenfalls die Regeln erfüllen, dann können wir vom Multiplizieren und Addieren von Brüchen reden, und alles funktioniert so gut wie vorher.

Nehmen wir ein weiteres Beispiel von Potenzen: Was ist $a^{3/5}$? Wir wissen nur, daß $(3/5)\cdot 5 = 3$ ist, weil dies die Definition von 3/5 war. Also wissen wir auch, daß $(a^{3/5})^5 = a^{(3/5)\cdot(5)} = a^3$ ist, weil dies eine der Regeln ist. Dann finden wir mit der Definition der Wurzeln, daß $a^{(3/5)} = \sqrt[5]{a^3}$.

Auf diese Weise können wir dann definieren, was wir meinen, wenn wir Brüche in die verschiedenen Symbole einsetzen, indem wir die Regeln selber als Hilfe bei der Bestimmung der Definition einsetzen – es ist nicht willkürlich. Es ist eine bemerkenswerte Tatsache, daß alle Regeln sowohl für positive und negative ganze Zahlen als auch für gebrochene Zahlen gelten!

Wir fahren fort mit dem Prozeß der Verallgemeinerung. Gibt es irgendwelche anderen Gleichungen, die wir nicht lösen können? Ja, die gibt es. Es ist z. B. unmöglich, diese Gleichung zu lösen: $b = 2^{1/2} = \sqrt{2}$. Es ist unmöglich, eine rationale Zahl (eine gebrochene Zahl) zu finden, deren Quadrat gleich 2 ist. In diesen modernen Tagen ist es sehr leicht für uns, diese Frage zu beantworten.

Wir kennen das Dezimalsystem und somit haben wir keine Schwierigkeit, die Bedeutung einer unendlichen Dezimalen als eine Art Approximation der Quadratwurzel von 2 zu verstehen. Historisch gesehen hat dieser Gedanke den Griechen große Schwierigkeiten bereitet. Um wirklich *genau* zu definieren, was hier gemeint ist, ist es notwendig, daß wir etwas Substanz von Kontinuität und Ordnung hinzufügen, und genau dies ist gerade an dieser Stelle der schwierigste Schritt im Prozeß der Verallgemeinerung. Er wurde formell und streng durch Dedekind ausgeführt. Aber auch ohne uns um die mathematische Exaktheit der Sache zu kümmern ist sehr leicht zu verstehen, daß wir damit meinen, daß wir eine ganze Folge von Näherungsbrüchen, von vollständigen Brüchen (weil jede Dezimale, wenn irgendwo abgebrochen wird, natürlich rational ist) suchen, welche das gesuchte Resultat näher und näher approximieren. Das ist gut genug für das, was wir diskutieren wollen, und es ermöglicht uns die Beschäftigung mit irrationalen Zahlen und bei genügendem Aufwand die Berechnung von Dingen wie die Quadratwurzel aus 2 bis zu jeder gewünschten Genauigkeit.

22–4 Die Approximation von Irrationalzahlen

Das nächste Problem kommt mit dem, was mit irrationalen Potenzen geschieht. Angenommen, wir wollen z. B. $10^{\sqrt{2}}$ definieren. Im Prinzip ist die Antwort einfach genug. Wenn wir die Quadratwurzel von 2 bis zu einer gewissen Anzahl von Dezimalstellen approximieren, dann ist die Potenz rational, und wir können die genäherte Wurzel ziehen, wobei wir die oben erwähnte Methode benutzen. Damit erhalten wir eine *Approximation* für $10^{\sqrt{2}}$. Dann können wir das gleiche mit mehr Dezimalstellen wiederholen (es ist wiederum rational), die Wurzel ziehen, diesmal eine viel größere Wurzel, weil der Bruch einen viel größeren Nenner hat, und diesmal eine bessere Approximation erhalten. Natürlich erhalten wir dabei so große Wurzelausdrücke, daß die Arbeit ziemlich schwierig wird. Wie werden wir mit diesem Problem fertig?

Bei den Berechnungen von Quadratwurzeln, Kubikwurzeln und anderen kleinen Wurzeln ist ein arithmetischer Prozeß verfügbar, mit dem wir eine Dezimalstelle nach der anderen erhalten können. Aber der Arbeitsaufwand zur Berechnung irrationaler Potenzen und der Logarithmen, die damit zusammenhängen (das Umkehrungsproblem), ist so groß, daß es dafür keinen einfachen arithmetischen Prozeß gibt, den wir benutzen könnten. Darum wurden Tabellen aufgestellt, welche uns die Berechnung dieser Potenzen ermöglichen. Dies sind die sogenannten Logarithmentafeln oder die Potenztafeln, je nach der Art, wie die Tafeln aufgestellt wurden. Es ist nur eine Frage der Zeitersparnis; wenn wir irgendeine Zahl zur irrationalen Potenz erheben müssen, so lesen wir das Ergebnis ab, anstatt es berechnen zu müssen. Natürlich ist eine solche Berechnung nur ein technisches Problem, aber ein interessantes und von großem historischem Wert. Zunächst einmal haben wir nicht nur das Problem $x = 10^{\sqrt{2}}$ zu lösen, sondern wir müssen auch $10^x = 2$ oder $x = \log_{10} 2$ lösen. Das ist kein Problem, bei dem wir eine neue Art von Zahl für das Resultat definieren müssen; es ist einfach ein Rechenproblem. Die Antwort ist einfach eine irrationale Zahl, eine nicht endende Dezimalzahl, und nicht eine neue Art von Zahl.

Diskutieren wir nun, wie die Lösungen solcher Gleichungen berechnet werden. Der allgemeine Gedanke ist wirklich sehr einfach. Wenn wir 10^1, $10^{4/10}$, $10^{1/100}$, $10^{4/1000}$ usw. berechnen könnten und diese miteinander multiplizieren, dann würden wir $10^{1,414\ldots}$ oder $10^{\sqrt{2}}$ erhalten, und dies ist der Grundgedanke, wie die Dinge funktionieren. Aber anstatt $10^{1/10}$ usw. zu berechnen, werden wir $10^{1/2}$, $10^{1/4}$ usw. berechnen. Ehe wir beginnen, sollten wir erklären, warum wir soviel mit 10 anstatt mit irgendeiner anderen Zahl arbeiten. Natürlich verstehen wir, daß die Logarithmentafeln von großem praktischem Nutzen sind (neben dem mathematischen Problem des Wurzelziehens), da für irgendeine Basis gilt

$$\log_b (ac) = \log_b a + \log_b c. \tag{22.3}$$

Wir sind alle damit vertraut, daß wir diese Beziehung auf praktische Weise für die Multiplikation von Zahlen verwenden können, wenn wir eine Logarithmentafel besitzen. Die einzige Frage ist, mit welcher Basis b wir rechnen sollen? Es macht keinen Unterschied, welche Basis benutzt wird; wir können immer das gleiche Prinzip verwenden, und wenn wir Logarithmen irgendeiner speziellen Basis verwenden, so können wir die Logarithmen für irgendeine andere Basis einfach durch eine Skalenänderung finden, durch einen multiplikativen Faktor. Wenn wir Gleichung (22.3) mit 61 multiplizieren, so ist das Ergebnis genauso richtig, und wenn wir eine Logarithmentafel mit der Basis b haben und irgend jemand anders diese gesamte Tafel mit 61 multipliziert, dann würde kein wesentlicher Unterschied existieren. Angenommen, wir kennen die Logarithmen aller Zahlen zur Basis b. Mit anderen Worten, wir können die Gleichung $b^a = c$ für irgendein c lösen, weil wir eine Tafel haben. Wie finden wir den Logarithmus der gleichen Zahl c in bezug auf eine andere Basis, sagen wir die Basis x? Wir wollen $x^{a'} = c$ lösen. Dies ist leicht, weil wir immer schreiben können $x = b^t$, und dadurch ist t definiert, wenn x und b bekannt sind. Es ist $t = \log_b x$. Wenn wir dies substituieren und für a' lösen, dann sehen wir, daß $(b^t)^{a'} = b^{ta'} = c$ ist. Mit anderen Worten, ta' ist der Logarithmus von c zur Basis b. Damit ist $a' = a/t$. Also sind die Logarithmen zur Basis x gerade $1/t$ (das ist eine Konstante) multipliziert mit den Logarithmen zur Basis b. Darum ist jede Logarithmentafel jeder anderen Logarithmentafel äquivalent, wenn wir sie mit einer Konstante multiplizieren, und die Konstante ist $1/\log_b x$. Dies ermöglicht uns die Wahl einer besonderen Basis, und aus Bequemlichkeit nehmen wir die Basis 10. (Die Frage kann aufkommen, ob es eine natürliche Basis gibt, eine Basis, in der die Dinge irgendwie einfacher sind. Wir werden später versuchen, darauf eine Antwort zu finden. Im Augenblick werden wir die Basis 10 verwenden.)

Nun wollen wir sehen, wie Logarithmen berechnet werden. Wir beginnen mit der Berechnung sukzessiver Quadratwurzeln von 10 durch probieren. Die Resultate sind in Tabelle 22–1 gezeigt. Die Exponenten von 10 sind in der ersten Spalte aufgetragen und das Resultat, 10^s, ist in der dritten Spalte angegeben. Also ist $10^1 = 10$. Die halbe Potenz von 10 können wir leicht bestimmen, es ist die Quadratwurzel von 10, und es gibt einen bekannten einfachen Prozeß zur Bestimmung der Quadratwurzel irgendeiner Zahl.*

Tabelle 22–1

Sukzessive Quadratwurzeln aus Zehn

Potenz s	$1024\,s$	10^s	$(10^s - 1)/s$
1	1024	10.00000	9.00
1/2	512	3.16228	4.32
1/4	256	1.77828	3.113
1/8	128	1.33352	2.668
1/16	64	1.15478	2.476
1/32	32	1.074607	2.3874
1/64	16	1.036633	2.3445
1/128	8	1.018152	2.3234 [211]
1/256	4	1.0090350	2.3130 [104]
1/512	2	1.0045073	2.3077 [53]
1/1024	1	1.0022511	2.3051 [26]
			↓ [26]
$\Delta/1024$ ($\Delta \to 0$)	Δ	$1 + .0022486\Delta$ ←	2.3025

* Es gibt eine definitive arithmetische Prozedur, aber der leichteste Weg, die Quadratwurzel einer Zahl N zu finden, ist die Wahl einer nahe benachbarten Zahl a, Bestimmung von N/a und damit die Bestimmung des Mittelwertes $a' = (1/2)\,[a + N/a]$, welcher wiederum als die nächste Wahl für a eingesetzt wird. Die Konvergenz ist sehr schnell – die Anzahl der signifikanten Stellen verdoppelt sich bei jedem Schritt.

Bei Verwendung dieses Prozesses finden wir die erste Quadratwurzel zu 3,16228. Wozu ist dies gut? Es sagt uns bereits etwas, es sagt uns, wie $10^{0,5}$ berechnet wird, und somit kennen wir wenigstens *einen* Logarithmus; wenn wir den Logarithmus von 3,16228 benötigen, so wissen wir, daß die Antwort nahe bei 0,50000 liegt. Aber wir müssen ein wenig mehr leisten als dies; wir benötigen eindeutig mehr Information. So ziehen wir wiederum die Quadratwurzel und erhalten $10^{1/4}$, das ist 1,77828. Nun haben wir die Logarithmen von mehr Zahlen als wir vorher hatten; 1,250 ist der Logarithmus von 17,78 und, nebenbei bemerkt, wenn uns jemand nach $10^{0,75}$ fragt, können wir es erhalten, weil das $10^{(0,5+0,25)}$ ist; es ist daher das Produkt der zweiten und dritten Zahlen. Wenn wir genug Zahlen in der Spalte *s* haben, so daß wir fast jede Zahl darstellen können, dann können wir durch Multiplikation der richtigen Dinge in Spalte 3 irgendeine Potenz von 10 erhalten; dies ist unser Vorhaben. So haben wir 10 sukzessive Quadratwurzeln von 10 bestimmt, und das ist die Hauptarbeit, die mit den Berechnungen zusammenhängt.

Warum fahren wir nicht weiter fort, um eine größere und größere Genauigkeit zu erzielen? Weil wir beginnen, etwas zu bemerken. Wenn wir 10 zu einer sehr kleinen Potenz erheben, dann erhalten wir 1 plus einen kleinen Betrag. Der Grund hierfür ist klar. Weil wir die 1000ste Potenz von $10^{1/1000}$ nehmen müssen, um auf 10 zurückzukommen, werden wir zweckmäßigerweise nicht mit einer zu großen Zahl beginnen; sie muß nahe bei 1 liegen. Was wir bemerken ist, daß die kleinen Zahlen, die zu 1 addiert werden, so auszusehen beginnen, als ob sie einfach jedesmal durch 2 dividiert werden. Wie wir sehen, wird 1815 zu 903, dann 450, 225 usw. Somit wird es klar, daß wir – zu einer ausgezeichneten Näherung – für eine andere Wurzel 1,00112 mal irgend etwas anderes erhalten, und anstatt alle Quadratwurzeln tatsächlich zu *ziehen, raten* wir den Grenzwert. Was werden wir erhalten, wenn wir einen kleinen Bruchteil Δ von 1024 wegnehmen und Δ gegen Null geht? Natürlich wird es eine Zahl nahe bei 0,0022511 Δ sein. Es wird jedoch nicht ganz genau 0,0022511 Δ sein – wir erhalten mit folgendem Trick einen besseren Wert: Wir subtrahieren die 1 und dividieren dann durch den Exponenten *s*. Dies sollte alle Überschüsse des gleichen Wertes kompensieren. Wir sehen, daß sie sehr nahe gleich groß sind. Am Anfang der Tabelle sind sie nicht gleich, aber beim Fortschreiten in der Tabelle nähern sie sich einem konstanten Wert. Welches ist der Wert? Wiederum beobachten wir den Verlauf der Folge, wie sie sich mit *s* verändert hat. Sie ändert sich um 211, um 104, um 53, um 26. Diese Änderungen sind offensichtlich nahezu jeweils die Hälfte der vorhergehenden. Wenn wir also weiter fortschreiten würden, müßten die Änderungen mehr oder weniger 13, 7, 3, 2 und 1, oder insgesamt 26, betragen. Also verbleiben nur 26, und damit finden wir, daß die ganze Zahl 2,3025 sein sollte. (Tatsächlich ist, wie wir später sehen werden, die *genaue* Zahl 2,3026. Aber um realistisch zu bleiben, ändern wir in der Arithmetik nichts.) Aus der Tafel können wir nun jede Potenz von 10 durch Zusammensetzen der Exponenten aus 1024steln berechnen.

Wir wollen nun einen Logarithmus wirklich berechnen, weil der dazu benutzte Prozeß derjenige ist, aus dem die Logarithmentafeln tatsächlich kommen. Die Prozedur ist in Tabelle 22–2 gezeigt, die numerischen Werte zeigt Tabelle 22–1 (Spalte 2 und 3).

Angenommen, wir suchen den Logarithmus von 2. Das heißt, wir wollen wissen, zu welcher Potenz wir 10 erheben müssen, um 2 zu erhalten. Können wir 10 zur Potenz 1/2 erheben? Nein, das ist zu groß. Mit anderen Worten, wir sehen, daß die Antwort größer als 1/4, aber kleiner als 1/2 ist. Nehmen wir den Faktor $10^{1/4}$ heraus; wir dividieren 2 durch 1,778... und erhalten 1,124... usw., und nun wissen wir, daß wir 0,250000 vom Logarithmus weggenommen haben. Nun benötigen wir von der Zahl 1,124... den Logarithmus. Wenn wir fertig sind, werden wir die 1/4 oder 256/1024 wieder addieren. Nun suchen wir aus der Tafel die nächste Zahl unter 1,124..., und dies ist 1,074607.

Tabelle 22–2

Berechnung eines Logarithmus: $\log_{10} 2$

$$2 \div 1.77828 = 1.124682$$
$$1.124682 \div 1.074607 = 1.046598, \text{etc.}$$
$$\therefore 2 = (1.77828)(1.074607)(1.036633)(1.090350)(1.000573)$$
$$= 10\left[\frac{1}{1024}(256 + 32 + 16 + 4 + 0.254\right] = 10\left[\frac{308.254}{1024}\right]$$
$$= 10^{0.30103} \qquad \left(\frac{573}{2249} = 0.254\right)$$
$$\therefore \log_{10} 2 = 0.30103$$

Wir dividieren daher durch 1,074607 und erhalten 1,046598. Daraus entdecken wir, daß 2 als folgendes Produkt von Zahlen dargestellt werden kann, die in Tabelle 22–1 enthalten sind:

$$2 = (1.77828)(1.074607)(1.036633)(1.0090350)(1.000573).$$

Dabei ist natürlich ein Faktor 1,000573 übriggeblieben, der außerhalb des Bereiches unserer Tabelle liegt. Um den Logarithmus dieses Faktors zu erhalten, benutzen wir unser Resultat $10^{\Delta/1024} \approx 1 + 2{,}3025\ \Delta/1024$. Wir erhalten $\Delta = 0{,}254$. Somit ist unsere Antwort 10 zur Potenz (256 + 32 + 16 + 4 + 0,254)/1024. Nach Addition erhalten wir 308,254/1024 und nach Division 0,30103. Somit wissen wir, daß $\log_{10} 2 = 0{,}30103$ ist; dies ist auf fünf Stellen genau!

Auf diese Weise wurden die Logarithmen ursprünglich durch Herrn Briggs aus Halifax im Jahre 1620 berechnet. Er sagte: „Ich habe nacheinander 54 Quadratwurzeln von 10 berechnet". Wir wissen, daß er tatsächlich nur die ersten 27 berechnet hat, weil die weiteren durch diesen Trick mit Δ erhalten werden können. Seine Arbeit umfaßte die Berechnung der Quadratwurzel von 10 siebenundzwanzigmal, was nicht viel mehr ist als die zehnmal, wie wir es getan haben. Jedoch hat er mehr Arbeit geleistet, weil er auf sechzehn Dezimalstellen genau gerechnet und dann für die Publikation auf vierzehn Stellen abgerundet hat, so daß keine Abrundungsfehler auftraten. Er stellte mit dieser Methode Logarithmentafeln mit vierzehn Dezimalstellen her, was ziemlich ermüdend ist. Aber während der nächsten dreihundert Jahre wurden alle Logarithmentafeln aus Briggs Tabellen durch Reduzierung der Dezimalstellen entliehen. Erst in den modernen Zeiten der organisierten Arbeit und der Rechenautomaten wurden neue Tabellen unabhängig berechnet. Heute gibt es viel wirkungsvollere Methoden der Berechnungen von Logarithmen, bei denen bestimmte Reihenentwicklungen benutzt werden.

Beim obigen Prozeß haben wir etwas Interessantes entdeckt, und das ist, daß wir für sehr kleine Potenzen ϵ leicht 10^{ϵ} berechnen können. Wir haben durch reine numerische Analysis entdeckt, daß $10^{\epsilon} = 1 + 2{,}3025\epsilon$ ist. Natürlich heißt dies auch, daß $10^{n/2{,}3025} = 1 + n$, wenn n sehr klein ist. Nun sind Logarithmen zu irgendeiner anderen Basis einfache Vielfache der Logarithmen zur Basis 10. Die Basis 10 wurde nur benutzt, weil wir 10 Finger haben und die Arithmetik dazu leicht ist. Aber wenn wir nach einer mathematisch natürlichen Basis fragen, nach einer, die nichts zu tun hat mit der Anzahl der Finger an menschlichen Wesen, dann könnten wir versuchen, unsere *Skala* der Logarithmen auf eine bequeme und natürliche Art zu ändern. Die Methode, die die Leute gewählt haben, ist, die Logarithmen durch Multiplikation aller Logarithmen zur Basis 10 mit 2,3025 neu zu definieren. Dies entspricht dann der Verwendung einer anderen Basis, der sogenannten ***natürlichen*** Basis oder der Basis e. Es ist anzumerken, daß $\log_e(1 + n) \approx n$ oder $e^n = 1 + n$, für $n \to 0$.

Es ist leicht genug herauszufinden, was e ist: $e = 10^{1/2,3025}$ oder $10^{0,434294\ldots}$, eine irrationale Potenz. Unsere Tabelle der sukzessiven Quadratwurzeln von 10 kann nicht nur zur Berechnung der Logarithmen benutzt werden, sondern auch für irgendeine Potenz von 10. Also wollen wir sie zur Berechnung dieser natürlichen Basis e verwenden. Zur Vereinfachung transformieren wir 0,434294... in 444,73/1024. Nun ist 444,73 gleich $256 + 128 + 32 + 16 + 2 + 0{,}73$. Daher ist e, weil es ein Exponent einer Summe ist, das Produkt der folgenden Zahlen

$$(1.77828)(1.33352)(1.074607)(1.036633)(1.018152)(1.009035)(1.001643) = 2.7184.$$

(Das einzige Problem ist die letzte Zahl, 0,73, welche nicht in der Tafel enthalten ist. Aber wir wissen, daß für kleine Δ die Antwort $1 + 2{,}3025\,\Delta$ ist.) Wenn wir alle diese miteinander multiplizieren, erhalten wir 2,7184 (es sollte 2,7183 sein, aber es ist gut genug). Die Benutzung solcher Tabellen ist dann also der Weg, alle irrationalen Potenzen und die Logarithmen irrationaler Zahlen zu berechnen. Das erledigt die Irrationalen.

22–5 Komplexe Zahlen

Nun zeigt es sich, daß wir nach all der Arbeit *noch immer* nicht jede Gleichung lösen können! Was ist z. B. die Quadratwurzel von -1? Angenommen, wir müssen $x^2 = -1$ finden. Weder das Quadrat einer rationalen noch einer irrationalen Zahl, *von nichts*, das wir bisher entdeckt haben, ist gleich -1. So müssen wir unsere Zahlen zu einer noch weiteren Klasse verallgemeinern. Angenommen, die spezifische Lösung von $x^2 = -1$ wird irgend etwas genannt, wir werden sie i nennen; i hat per Definition die Eigenschaft, daß sein Quadrat -1 ist.

Das ist ungefähr alles, was wir darüber sagen werden; natürlich gibt es mehr als eine Wurzel der Gleichung $x^2 = -1$. Jemand könnte schreiben i, aber jemand anders könnte sagen „Nein, ich bevorzuge $-i$. Mein i ist minus Ihr i". Es ist genausogut eine Lösung, und weil die einzige Definition von i ist, daß $i^2 = -1$, muß es richtig sein, daß irgendeine Gleichung, die wir schreiben, genauso richtig ist, wenn das Vorzeichen von i überall geändert wird. Das wird das Aufstellen des *Konjugiert Komplexen* genannt. Nun stellen wir in Übereinstimmung mit allen unseren Regeln Zahlen auf durch sukzessive Additionen von i-s und durch Multiplikation der i mit Zahlen und Addition anderer Zahlen usw. Auf diese Weise finden wir, daß Zahlen in der Form $p + iq$ geschrieben werden können, wobei p und q sogenannte ***reelle*** Zahlen sind, das sind Zahlen, die wir bis jetzt definiert haben. Die Zahl i wird die *imaginäre Einheit* genannt. Irgendein echtes Vielfaches von i wird eine *reine Imaginärzahl* genannt. Die allgemeinste Zahl a ist von der Form $p + iq$ und wird eine *komplexe Zahl* genannt. Die Dinge werden nicht schlimmer, wenn wir z. B. zwei solcher Zahlen, sagen wir $(r + is)(p + iq)$ multiplizieren. Dann erhalten wir mit unseren Regeln

$$
\begin{aligned}
(r + is)(p + iq) &= rp + r(iq) + (is)p + (is)(iq) \\
&= rp + i(rq) + i(sp) + (ii)(sq) \\
&= (rp - sq) + i(rq + sp), \qquad (22.4)
\end{aligned}
$$

weil $i \cdot i = i^2 = -1$ ist. Damit haben alle Zahlen, die nun zu den Regeln (22.1) gehören, diese mathematische Form.

Nun sagen Sie, „das kann ewig so weitergehen! Wir haben die Potenzen der Imaginärzahlen und den gesamten Rest definiert, und wenn wir fertig sind, kommt jemand anderes daher mit einer anderen Gleichung, die nicht gelöst werden kann, z. B. mit $x^6 + 3x^2 = -2$. Dann müssen wir aufs neue verallgemeinern!" Aber es zeigt sich, daß *mit dieser einen zusätzlichen Entdeckung*, mit nur der Quadratwurzel aus -1, *jede algebraische Gleichung gelöst werden kann*! Das ist eine phantastische Tatsache, deren Beweis wir dem mathematischen Fachbereich überlassen müssen. Die Beweise sind sehr schön und sehr interessant, aber gewiß nicht selbstverständlich. Tatsächlich ist die nächstliegende Annahme die, daß wir wieder und wieder und wieder erfinden müssen. Aber das größte aller Wunder ist, daß wir das nicht müssen. Dies ist die letzte Entdeckung. Nach dieser Entdeckung komplexer Zahlen finden wir, daß die Regeln noch immer für die komplexen Zahlen gültig sind, und wir sind am Ende mit der Erfindung neuer Dinge. Wir können mit einer begrenzten Anzahl dieser Symbole die komplexen Potenzen jeder komplexen Zahl finden, wir können jede algebraisch ausgedrückte Gleichung lösen. Wir finden keine neuen Zahlen. Die Quadratwurzel von i hat z. B. ein bestimmtes Resultat, es ist nichts Neues; und i^i ist etwas. Wir wollen das jetzt diskutieren.

Wir haben bereits die Multiplikation diskutiert, und die Addition ist auch leicht. Wenn wir zwei komplexe Zahlen addieren, $(p + iq) + (r + is)$, dann ist die Antwort $(p + r) + i(q + s)$. Nun können wir komplexe Zahlen addieren und multiplizieren. Aber das wahre Problem ist natürlich die Berechnung *komplexer Potenzen von komplexen Zahlen*. Es zeigt sich, daß das Problem nicht schwieriger ist als die Berechnung komplexer Potenzen von reellen Zahlen. So wollen wir uns nun auf das Problem konzentrieren, komplexe Potenzen von 10 zu berechnen, nicht nur eine irrationale Potenz, sondern $10^{(r+is)}$. Natürlich müssen wir immer unsere Regeln (22.1) und (22.2) benutzen. Somit ist

$$10^{(r+is)} = 10^r 10^{is}. \qquad (22.5)$$

Aber wir wissen bereits, wie 10^r berechnet wird, und wir können immer irgend etwas mit irgend etwas anderem multiplizieren, daher ist es unsere Aufgabe, 10^{is} zu berechnen. Nennen wir es irgendeine komplexe Zahl: $x + iy$. Aufgabe: Finde x und y für ein gegebenes s. Wenn

$$10^{is} = x + iy,$$

dann muß die konjugiert Komplexe dieser Gleichung ebenfalls richtig sein, also gilt

$$10^{-is} = x - iy.$$

(Wir sehen dabei, daß durch die Anwendung unserer Regeln eine Anzahl von Dingen reduziert werden kann, ohne irgend etwas zu berechnen.) Wir leiten etwas anderes Interessantes ab, indem wir diese miteinander multiplizieren:

$$10^{is}10^{-is} = 10^0 = 1 = (x + iy)(x - iy) = x^2 + y^2. \qquad (22.6)$$

Somit haben wir y, wenn wir x gefunden haben.

Nun ist es das Problem, *wie* eine imaginäre Potenz von 10 berechnet wird. Welche Richtlinie gilt hier? Wir können über unsere Regeln vorgehen, bis wir nicht mehr weiterkommen. Aber hier ist eine vernünftige Richtlinie: Wenn wir sie für irgendein besonderes s berechnen können, dann können wir es für den gesamten Rest tun. Wenn wir 10^{is} für irgendein s kennen und es dann für das doppelt so große s haben wollen, so können wir die Zahlen quadrieren usw. Aber wie können wir 10^{is} für auch nur einen speziellen Wert von s finden? Um dies zu tun, machen wir eine zusätzliche Annahme, die nicht ganz in den Rahmen der anderen Regeln fällt, die jedoch zu einem vernünftigen Resultat führt und uns gestattet, fortzuschreiten: Wenn die Potenz klein ist, werden wir annehmen, daß das „Gesetz" $10^{\epsilon} = 1 + 2{,}3025\epsilon$ für sehr kleine ϵ gültig ist. Es soll jedoch nicht nur für reelle ϵ, *sondern auch für komplexe* ϵ gelten. Also beginnen wir mit der Annahme, daß dieses Gesetz allgemein gültig ist, und dies sagt uns, daß $10^{is} = 1 + 2{,}3025 \cdot (is)$ ist, denn $s \to 0$. Also setzen wir voraus, daß wir für sehr kleine s, sagen wir 1/1024, eine recht gute Näherung für 10^{is} haben.

Nun stellen wir eine Tabelle auf, mit der wir *alle* imaginären Potenzen von 10 berechnen können, d. h. mit der wir x und y berechnen können. Dies wird wie folgt getan. Die erste Potenz, mit der wir beginnen, ist die 1/1024ste Potenz, von welcher wir annehmen, daß sie sehr nahe bei $1 + 2{,}3025\ i/1024$ liegt. Damit beginnen wir mit

$$10^{i/1024} = 1.00000 + 0.0022486i, \tag{22.7}$$

und wenn wir diese Zahl fortlaufend mit sich selber multiplizieren, können wir zu einer höheren imaginären Potenz gelangen. Wir können in der Tat die bei der Herstellung unserer Logarithmentafel verwendete Prozedur einfach umkehren und das Quadrat, die vierte Potenz, die achte Potenz usw. von (22.7) berechnen. Auf diese Weise entstehen die Werte der Tabelle 22–3. Wir bemerken die interessante Tatsache, daß die x-Zahlen zuerst positiv sind und dann negativ werden. In einem Moment werden wir dies näher betrachten. Aber zuerst können wir neugierig sein, für welche Zahl s der Realteil von 10^{is} *Null* wird. Der y-Wert würde i sein, und somit ist $10^{is} = i$ oder $is = \log_{10} i$. Als Beispiel für die Benutzung dieser Tabelle wollen wir nun aus Tabelle 22–3 den $\log_{10} i$ finden, genau wie wir vorher $\log_{10} 2$ berechnet haben.

Tabelle 22–3

Sukzessive Quadrate von

$10^{i/1024} = 1 + 0{,}0022486i$

Potenz is	$1024s$	10^{is}
$i/1024$	1	1.00000 + 0.00225i*
$i/512$	2	1.00000 + 0.00450i
$i/256$	4	0.99996 + 0.00900i
$i/128$	8	0.99984 + 0.01800i
$i/64$	16	0.99936 + 0.03599i
$i/32$	32	0.99742 + 0.07193i
$i/16$	64	0.98967 + 0.14349i
$i/8$	128	0.95885 + 0.28402i
$i/4$	256	0.83872 + 0.54467i
$i/2$	512	0.40679 + 0.91365i
$i/1$	1024	−0.66928 + 0.74332i

* Müßte 0.0022486i sein

Welche Zahlen der Tabelle 22–3 müssen wir miteinander multiplizieren, um ein rein imaginäres Resultat zu erhalten? Nach einigem Probieren entdecken wir, daß x am meisten reduziert wird, wenn wir „512" mit „128" multiplizieren. Das ergibt 0,13056 + 0,99144 i.

Dann entdecken wir, daß wir dies mit einer Zahl multiplizieren sollten, deren Imaginärteil ungefähr gleich dem Realteil ist, den wir entfernen wollen. Also wählen wir „64", deren y-Wert gleich 0,14349 ist, weil dies am nächsten bei 0,13056 liegt. Dies ergibt $-0{,}01350 + 0{,}99993i$. Nun sind wir ein wenig darüber hinaus geraten und müssen durch $0{,}99996 + 0{,}00900i$ *dividieren*. Wie tun wir das? Durch Änderung des Vorzeichens von i und Multiplikation mit $0{,}99996 - 0{,}00900i$ (das geht, wenn $x^2 + y^2 = 1$ ist). Wenn wir auf diese Weise fortfahren, finden wir die gesamte Potenz, zu der 10 erhoben werden muß, um i zu ergeben: $i(512 + 128 + 64 - 4 - 2 + 0{,}20)/1024$ oder 698,20 $i/1024$. Wenn wir 10 zu dieser Potenz erheben, können wir i erhalten. Daher ist $\log_{10} i = 0{,}68226i$.

22–6 Imaginäre Exponenten

Um die Bestimmung komplex imaginärer Potenzen weiter zu untersuchen, betrachten wir die Potenzen von 10 für *sukzessive Exponenten*, ohne jedesmal den Exponenten zu verdoppeln, um Tabelle 22–3 weiterzuverfolgen und zu sehen, was sich mit diesen Minuszeichen ereignet. Das ist in Tabelle 22–4 gezeigt, in der wir $10^{i/8}$ nehmen und fortgesetzt multiplizieren. Wir sehen, daß x abnimmt, durch Null geht, fast bis -1 kommt (wenn wir zwischen $p = 10$ und $p = 11$ gehen könnten, würde es offensichtlich -1 erreichen) und dann wieder zurückkommt. Auch der y-Wert geht hin und her.

Tabelle 22–4

Sukzessive Potenzen von $10^{i/8}$

p = Potenz · $8i$	$10^{ip/8}$
0	$1.00000 + 0.00000i$
1	$0.95882 + 0.28402i$
2	$0.83867 + 0.54465i$
3	$0.64944 + 0.76042i$
4	$0.40672 + 0.91356i$
5	$0.13050 + 0.99146i$
6	$-0.15647 + 0.98770i$
7	$-0.43055 + 0.90260i$
8	$-0.66917 + 0.74315i$
9	$-0.85268 + 0.52249i$
10	$-0.96596 + 0.25880i$
11	$-0.99969 - 0.02620i$
12	$-0.95104 - 0.30905i$
14	$-0.62928 - 0.77717i$
16	$-0.10447 - 0.99453i$
18	$+0.45454 - 0.89098i$
20	$+0.86648 - 0.49967i$
22	$+0.99884 + 0.05287i$
24	$+0.80890 + 0.58836i$

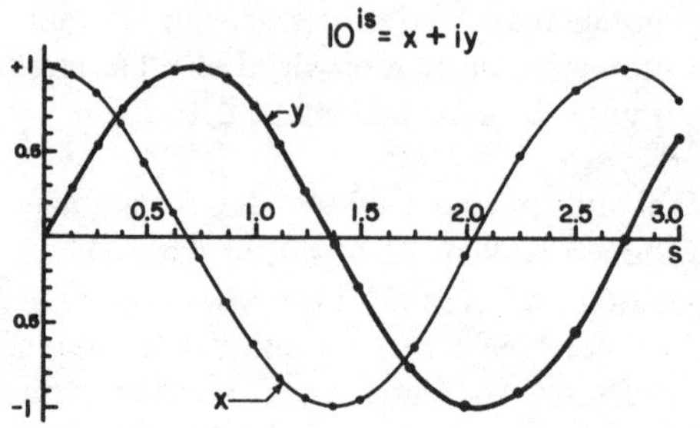

Fig. 22–1.

In Fig. 22–1 stellen die Punkte jene Zahlen dar, die in Tabelle 22–4 enthalten sind, und die ausgezogenen Linien dienen der visuellen Hilfe. Also sehen wir, daß die Zahlen x und y oszillieren; 10^{is} *wiederholt sich*, es ist *periodisch* und daher leicht genug zu erklären. Wenn eine gewisse Potenz gleich i ist, dann wird die vierte Potenz davon das *Quadrat* von i^2. Das ist wiederum + 1 und daher, da $10^{0,68i}$ gleich i ist, wird die vierte Potenz davon $10^{2,72i}$, das ist gleich + 1. Somit können wir z. B. $10^{3,00i}$ schreiben als $10^{2,72i}$ mal $10^{0,28i}$. Mit anderen Worten, sie hat eine Periode, sie wiederholt sich. Natürlich erkennen wir, wie diese Kurven aussehen! Sie sind wie der Sinus und Kosinus, und wir werden sie für eine Weile den algebraischen Sinus und den algebraischen Kosinus nennen. Jedoch wollen wir sie auf unsere natürliche Basis anstatt auf die Basis 10 beziehen. Dies ändert lediglich die horizontale Skala. Also bezeichnen wir 2,3025 s mit t und schreiben $10^{is} = e^{it}$, wobei t eine reelle Zahl ist. Nun ist $e^{it} = x + iy$, und wir schreiben dies als den algebraischen Kosinus von t plus i mal dem algebraischen Sinus von t. Damit ist

$$e^{it} = \underline{\cos}\, t + i\, \underline{\sin}\, t. \tag{22.8}$$

Welches sind die Eigenschaften von $\underline{\cos}\, t$ und $\underline{\sin}\, t$? Erstens wissen wir z. B., daß $x^2 + y^2$ gleich 1 sein muß; dies haben wir bereits früher bewiesen, und es ist genauso gültig für die Basis e wie für die Basis 10. Somit ist $\underline{\cos}^2 t + \underline{\sin}^2 t = 1$. Wir wissen weiterhin, daß, für kleine t, $e^{it} = 1 + it$ ist, und darum wird dabei $\underline{\cos}\, t$ nahezu 1 und $\underline{\sin}\, t$ etwa t. Und somit zeigt sich, daß *alle die verschiedenen Eigenschaften dieser bemerkenswerten Funktionen, die aus den imaginären Potenzen folgen, dieselben sind wie der Sinus und Kosinus der Trigonometrie.*

Ist die Periode die gleiche? Das wollen wir herausfinden. Welche Potenz von e ist gleich i? Welches ist der Logarithmus von i zur Basis e? Wir haben dies früher ausgearbeitet; bezogen auf die Basis 10 erhielten wir 0,68226 i, aber wenn wir unsere logarithmische Skala auf e ändern, müssen wir mit 2,3025 multiplizieren, und wenn wir dies tun, erhalten wir 1,5709. Dies wird „algebraisches $\pi/2$" genannt. Aber wir sehen, daß sich dies nur um eine Ziffer in der letzten Dezimale vom regulären $\pi/2$ unterscheidet. Das ist natürlich das Resultat von Fehlern in unserer Arithmetik! Somit haben wir zwei neue Funktionen auf rein algebraische Weise erzeugt, den Kosinus und den Sinus, welche zur Algebra und nur zur Algebra gehören. Wir wachen am Ende auf und entdecken die Funktionen, welche von Natur aus zur Geometrie gehören. Also gibt es im Endeffekt eine Verbindung zwischen Algebra und Geometrie.

Wir fassen zusammen. Die bemerkenswerteste Formel der Mathematik ist:

$$e^{i\theta} = \cos\theta + i\sin\theta. \tag{22.9}$$

Das ist unser Juwel.

Wir können die Geometrie zur Algebra in Beziehung setzen durch die Darstellung komplexer Zahlen in einer Ebene; die horizontale Position eines Punktes ist x, seine vertikale Position ist y (Fig. 22–2). Wir stellen jede komplexe Zahl $x + iy$ dar. Wenn der radiale Abstand zu diesem Punkt r und der Winkel θ ist, dann wird das algebraische Gesetz $x + iy$ in der Form $re^{i\theta}$ geschrieben, wobei die geometrischen Beziehungen zwischen x, y, r und θ wie gezeigt sind. Das also ist die Vereinigung von Algebra und Geometrie.

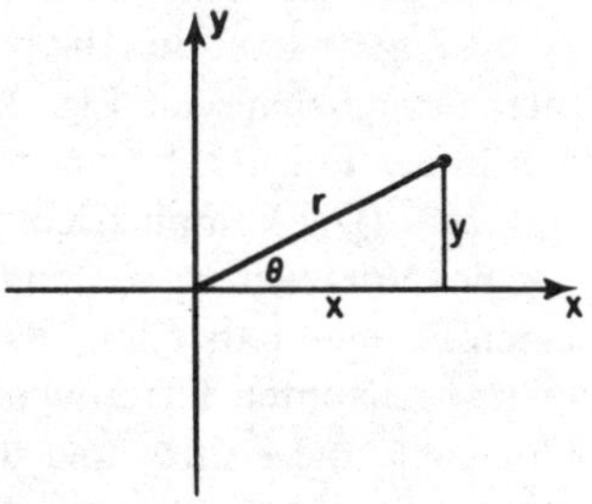

Fig. 22–2. $x + iy = re^{i\theta}$.

Als wir mit diesem Kapitel begannen, bewaffnet mit nur den grundlegenden Begriffen von ganzen Zahlen und des Zählens, hatten wir wenig Ahnung von der Macht des Prozesses der Abstraktion und Verallgemeinerung. Unter Benutzung des Satzes algebraischer „Gesetze" oder der Eigenschaften von Zahlen (Gleichung 22.1) und der Definitionen der Umkehrungsoperationen (22.2) haben wir hier selbst nicht nur Zahlen herstellen können, sondern auch nützliche Dinge wie Logarithmentabellen, Potenzen und trigonometrische Funktionen (denn das sind die imaginären Potenzen von reellen Zahlen), alles einfach durch die Berechnung von zehn aufeinanderfolgenden Quadratwurzeln aus zehn!

23 Resonanz

23–1 Komplexe Zahlen und harmonische Bewegung

In diesem Kapitel werden wir mit unserer Diskussion des harmonischen Oszillators und insbesondere des erzwungenen harmonischen Oszillators unter Anwendung einer neuen Technik bei der Analyse fortfahren. Im vorhergehenden Kapitel haben wir komplexe Zahlen eingeführt, welche aus reellen und imaginären Anteilen bestehen und die in einem Diagramm dargestellt werden können, dessen Ordinate den Imaginärteil und dessen Abszisse den Realteil darstellt. Wenn a eine komplexe Zahl ist, so können wir schreiben $a = a_r + ia_i$, wobei der Index r den Realteil und der Index i den Imaginärteil anzeigt. Unter Bezugnahme auf Fig. 23–1 sehen wir, daß wir eine komplexe Zahl $a = x + iy$ auch in der Form $x + iy = re^{i\theta}$ schreiben können, wobei $r^2 = x^2 + y^2 = (x + iy). (x - iy) = aa^*$. (Die komplex Konjugierte von a, geschrieben a^*, erhält man durch Umkehrung des Vorzeichens von i in a.) Somit werden wir eine komplexe Zahl in einer der beiden Formen darstellen, als einen Real- plus Imaginärteil oder als einen Betrag r und einen sogenannten Phasenwinkel θ. Für vorgegebene r und θ sind x und y offensichtlich $r \cos\theta$ und $r \sin\theta$, und umgedreht folgt aus einer komplexen Zahl $x + iy$, daß $r = \sqrt{x^2 + y^2}$ und $\tan\theta = y/x$, das Verhältnis des Imaginärteils zum Realteil.

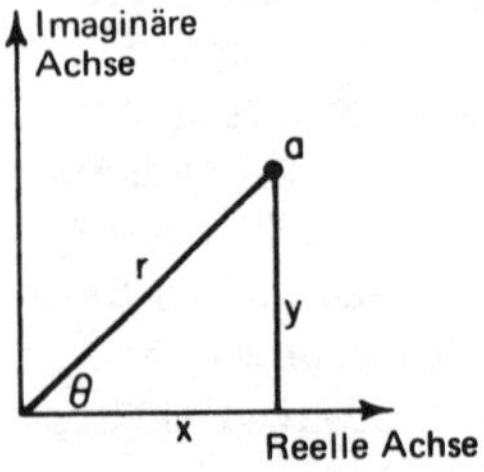

Fig. 23–1. Eine komplexe Zahl kann durch einen Punkt in der „komplexen Ebene" dargestellt werden.

Wir werden komplexe Zahlen bei unserer Analyse physikalischer Phänomene mit Hilfe des folgenden Tricks verwenden. Wir haben Beispiele von Dingen, die schwingen; die Schwingung kann eine antreibende Kraft haben, die gleich einer bestimmten Konstanten multipliziert mit $\cos\omega t$ ist. Nun kann eine solche Kraft, $F = F_0 \cos\omega t$, geschrieben werden als der Realteil einer komplexen Zahl $F = F_0 e^{i\omega t}$, weil $e^{i\omega t} = \cos\omega t + i \sin\omega t$. Der Grund dafür, daß wir dies tun, ist, daß es leichter ist mit einer Exponentialfunktion zu arbeiten als mit dem Kosinus. So besteht der ganze Trick darin, unsere Schwingungsfunktionen als Realteile komplexer Funktionen darzustellen. Die komplexe Zahl F, die wir so definiert haben, ist keine richtige physikalische Kraft, weil keine Kraft in der Physik wirklich komplex ist; echte Kräfte besitzen keinen Imaginärteil, nur einen Realteil. Wir werden jedoch von der „Kraft" $F_0 e^{i\omega t}$ sprechen, wobei natürlich die wahre Kraft der *Realteil* dieses Ausdruckes ist.

Nehmen wir ein anderes Beispiel. Angenommen, wir wollen eine Kraft darstellen, die eine Kosinuswelle mit einer Phasenverzögerung Δ ist. Dies ist natürlich der Realteil von $F_0 e^{i(\omega t - \Delta)}$, aber so, wie Exponentialausdrücke nun einmal sind, können wir dies schreiben als $e^{i(\omega t - \Delta)} = e^{i\omega t} e^{-i\Delta}$. Damit sehen wir, daß die Algebra von Exponentialausdrücken viel leichter ist als die der Sinusse und Kosinusse; das ist der Grund dafür, daß wir die Anwendung komplexer Zahlen vorziehen. Wir werden häufig schreiben:

$$F = F_0 e^{-i\Delta} e^{i\omega t} = \hat{F} e^{i\omega t}. \tag{23.1}$$

Wir schreiben das Zeichen (^) über dem F, um uns daran zu erinnern, daß diese Größe eine komplexe Zahl ist: hier ist die Zahl

$$\hat{F} = F_0 e^{-i\Delta}.$$

Lösen wir nun eine Gleichung mit Hilfe komplexer Zahlen, um festzustellen, ob wir eine Aufgabe für irgendeinen konkreten Fall lösen können. Zum Beispiel wollen wir versuchen

$$\frac{d^2x}{dt^2} + \frac{kx}{m} = \frac{F}{m} = \frac{F_0}{m} \cos \omega t \tag{23.2}$$

zu lösen, wobei F die Kraft ist, die den Oszillator treibt, und x ist die Auslenkung. Nun wollen wir, so abwegig es auch erscheinen mag, nur aus einer mathematischen Überlegung annehmen, daß x und F tatsächlich komplexe Zahlen sind. Damit besitzen x und F jeweils einen Realteil und einen Imaginärteil multipliziert mit i. Wenn wir nun eine Lösung von (23.2) mit komplexen Zahlen hätten und wenn wir diese komplexen Zahlen in die Gleichung einsetzen würden, dann erhielten wir

$$\frac{d^2(x_r + ix_i)}{dt^2} + \frac{k(x_r + ix_i)}{m} = \frac{F_r + iF_i}{m}$$

oder

$$\frac{d^2x_r}{dt^2} + \frac{kx_r}{m} + i\left(\frac{d^2x_i}{dt^2} + \frac{kx_i}{m}\right) = \frac{F_r}{m} + \frac{iF_i}{m}.$$

Da nun zwei komplexe Zahlen gleich sind, wenn ihre Realteile *und* ihre komplexen Teile gleich sind, leiten wir daraus ab, daß *der Realteil von x die Gleichung mit dem Realteil der Kraft befriedigt.* Wir müssen jedoch betonen, daß diese Aufteilung in Realteil und Imaginärteil allgemein *nicht* gültig ist; sie gilt nur für *lineare Gleichungen*, das sind Gleichungen, in denen x in jedem Glied nur zur ersten oder zur nullten Potenz erscheint. Wenn z. B. in der Gleichung ein Glied der Form λx^2 existiert und wenn wir $x_r + ix_i$ einsetzen, würden wir $\lambda(x_r + ix_i)^2$ erhalten; aber wenn dies in Realteil und Imaginärteil aufgeteilt wird, folgt $\lambda(x_r^2 - x_i^2)$ als Realteil und $2i\lambda x_r x_i$ als Imaginärteil. Somit sehen wir, daß der Realteil der Gleichung nicht nur λx_r^2, sondern auch $-\lambda x_i^2$ enthält. In diesem Fall erhalten wir eine andere Gleichung als die, die wir lösen wollten, mit x_i hineingemischt, dem vollkommen künstlichen Ding, das wir bei unserer Analyse einführten.

Versuchen wir nun unsere neue Methode am Problem des erzwungenen Oszillators, das wir bereits lösen können. Wir wollen Gleichung (23.2) wie vorher lösen, aber wir sagen, daß wir versuchen

$$\frac{d^2x}{dt^2} + \frac{kx}{m} = \hat{F} e^{i\omega t} \tag{23.3}$$

zu lösen, wobei $\hat{F}e^{i\omega t}$ eine komplexe Zahl ist. Natürlich ist auch x komplex, aber erinnern wir uns an die Regel: Nimm den Realteil, um festzustellen, was wirklich passiert. Also versuchen wir, (23.3) für die erzwungene Lösung zu lösen; wir werden andere Lösungen später diskutieren. Die erzwungene Lösung hat die gleiche Frequenz wie die wirkende Kraft und eine Schwingungsamplitude und eine Phase, somit kann sie durch eine komplexe Zahl $\hat{x}$ dargestellt werden, deren Betrag die Auslenkung von x angibt und deren Phase die Zeitverzögerung auf die gleiche Weise wie bei der Kraft wiedergibt. Nun ist es eine herrliche Eigenschaft einer Exponentialfunktion, daß $d(\hat{x}e^{i\omega t})/dt = i\omega\hat{x}e^{i\omega t}$. Wenn wir eine Exponentialfunktion differenzieren, so bringen wir den Exponenten als einfachen Multiplikator herunter. Die zweite Ableitung tut das gleiche; sie bringt ein anderes $i\omega$ herunter, und somit ist es sehr einfach, die Gleichung für x unmittelbar, durch Inspektion, aufzuschreiben: Immer wenn wir eine Differentiation ausführen, multiplizieren wir einfach mit $i\omega$. (Die Differentiation ist nun genauso einfach wie die Multiplikation! Dieser Gedanke der Verwendung von Exponentialausdrücken in linearen Differentialgleichungen ist fast so großartig wie die Erfindung der Logarithmen, wobei die Multiplikation durch Addition ersetzt wird. Hier wird die Differentiation durch Multiplikation ersetzt.) Damit wird unsere Gleichung

$$(i\omega)^2\hat{x} + (k\hat{x}/m) = \hat{F}/m. \tag{23.4}$$

(Wir haben den gemeinsamen Faktor $e^{i\omega t}$ herausgekürzt.) Sehen Sie, wie einfach es ist! Differentialgleichungen werden unmittelbar, durch Betrachtung, in einfache algebraische Gleichungen umgewandelt. Wir erhalten eigentlich nur durch Betrachtung als Lösung, daß

$$\hat{x} = \frac{\hat{F}/m}{(k/m) - \omega^2},$$

weil $(i\omega)^2 = -\omega^2$. Dies kann etwas vereinfacht werden durch die Substitution $k/m = \omega_0^2$, wodurch folgt, daß

$$\hat{x} = \hat{F}/m(\omega_0^2 - \omega^2). \tag{23.5}$$

Natürlich ist dies die Lösung, die wir vorher hatten; denn weil $m(\omega_0^2 - \omega^2)$ eine reelle Zahl ist, sind die Phasenwinkel von $\hat{F}$ und $\hat{x}$ die gleichen (oder vielleicht um 180° auseinander, wenn $\omega^2 > \omega_0^2$), wie vorher angekündigt. Der Betrag von $\hat{x}$, der ein Maß für die Maximalamplitude ist, ist mit der Größe von $\hat{F}$ über den Faktor $1/m(\omega_0^2 - \omega^2)$ verknüpft, und dieser Faktor wird sehr groß, wenn ω nahezu gleich ω_0 ist. Somit erhalten wir eine sehr starke Reaktion, wenn wir die richtige Frequenz ω anlegen (wenn wir ein Pendel an einem Ende eines Fadens gerade mit der richtigen Frequenz erregen, können wir es sehr stark zum Schwingen bringen).

23–2 Der erzwungene Oszillator mit Dämpfung

So also analysieren wir Schwingungsbewegungen mit der eleganteren mathematischen Technik. Aber die Eleganz der Technik kommt überhaupt nicht zum Vorschein bei einem solchen Problem, das leicht mit anderen Methoden gelöst werden kann. Sie kommt nur zum Vorschein, wenn man sie auf schwierigere Probleme anwendet. Lassen Sie uns darum ein weiteres, schwierigeres Problem lösen, welches dem vorhergehenden Problem außerdem eine relativ realistische Eigenschaft hinzufügt. Gleichung (23.5) sagt uns, daß ein unendlich großer Ausschlag vorkäme, wenn die Frequenz ω genau gleich ω_0 wäre. Natürlich erhält man keinen solchen unendlich großen Ausschlag, weil einige andere

Dinge, wie Reibung (welche wir bisher vernachlässigt haben) den Ausschlag begrenzen. Addieren wir daher zur Gleichung (23.2) ein Reibungsglied.

Normalerweise ist ein derartiges Problem sehr schwierig wegen des Charakters und der Kompliziertheit des Reibungsgliedes. Es gibt jedoch viele Umstände, in denen die *Reibungskraft proportional der Geschwindigkeit* ist, mit der sich das Objekt bewegt. Ein Beispiel einer solchen Reibung ist die Reibung eines langsam bewegten Objektes in Öl oder einer dicken Flüssigkeit. Keine Kraft ist vorhanden, wenn es nur stillsteht, aber je schneller es sich bewegt, um so schneller muß das Öl am Objekt vorbeiziehen, und um so größer ist der Widerstand. Also werden wir annehmen, daß zusätzlich zu den Gliedern in (23.2) ein weiteres Glied existiert, eine Widerstandskraft proportional zur Geschwindigkeit: $F_f = -c\,dx/dt$. Es wird sich bei unserer mathematischen Analyse als bequem erweisen, die Konstante c als m mal γ zu schreiben, um die Gleichung etwas zu vereinfachen. Dies ist genau der gleiche Trick, den wir verwenden, wenn wir k durch $m\omega_0^2$ ersetzen, um die Algebra zu vereinfachen. Damit wird unsere Gleichung

$$m(d^2x/dt^2) + c(dx/dt) + kx = F, \tag{23.6}$$

oder wir schreiben $c = m\gamma$ und $k = m\omega_0^2$ und dividieren die Masse m heraus

$$(d^2x/dt^2) + \gamma(dx/dt) + \omega_0^2 x = F/m. \tag{23.6a}$$

Nun haben wir die Gleichung in der für die Lösung bequemsten Form. Wenn γ sehr klein ist, bedeutet dies sehr geringe Reibung; wenn γ sehr groß ist, dann ist eine sehr große Reibung vorhanden. Wie lösen wir nun diese neue lineare Differentialgleichung? Angenommen, die erregende Kraft ist gleich $F_0 \cos(\omega t + \Delta)$; wir könnten dies in (23.6a) einsetzen und die Lösung versuchen, aber statt dessen werden wir sie nach unserer neuen Methode lösen. Also schreiben wir F als den Realteil von $\hat{F}e^{i\omega t}$ und x als den Realteil von $\hat{x}e^{i\omega t}$ und substituieren diese in Gleichung (23.6a). Es ist nicht einmal notwendig, diese Substitution wirklich auszuführen, denn wir können durch Inspektion sehen, daß die Gleichung folgende Gestalt erhält

$$[(i\omega)^2\hat{x} + \gamma(i\omega)\hat{x} + \omega_0^2\hat{x}]e^{i\omega t} = (\hat{F}/m)e^{i\omega t}. \tag{23.7}$$

[In der Tat, wenn wir versuchen würden, Gl. (23.6a) auf unserem alten direkten Wege zu lösen, würden wir so richtig das Wunder der „komplexen" Methode schätzen lernen.] Wenn wir beide Seiten durch $e^{i\omega t}$ dividieren, so erhalten wir den Ausschlag $\hat{x}$ für eine gegebene Kraft $\hat{F}$; er ist

$$\hat{x} = \hat{F}/m(\omega_0^2 - \omega^2 + i\gamma\omega). \tag{23.8}$$

Also ist x wiederum gegeben durch F multipliziert mit einem bestimmten Faktor. Es gibt keinen technischen Namen für diesen Faktor, keinen besonderen Buchstaben, aber wir können ihn für Diskussionszwecke R nennen:

$$R = \frac{1}{m(\omega_0^2 - \omega^2 + i\gamma\omega)}$$

und

$$\hat{x} = \hat{F}R. \tag{23.9}$$

(Obwohl die Buchstaben γ und ω_0 allgemein verwendet werden, besitzt dieses R keinen besonderen Namen.) Dieser Faktor R kann entweder geschrieben werden als $p + iq$ oder als ein gewisser Betrag ρ mal $e^{i\theta}$. Sehen wir, was es bedeutet, wenn er als Betrag mal $e^{i\theta}$ geschrieben wird. Nun ist $\hat{F} = F_0 e^{i\Delta}$ und die wirkende Kraft F ist der Realteil von $F_0 e^{i\Delta} e^{i\omega t}$, das ist $F_0 \cos(\omega t + \Delta)$. Weiterhin wissen wir von Gleichung (23.9), daß $\hat{x}$ gleich $\hat{F}R$ ist. Wenn wir also $R = \rho e^{i\theta}$ als eine andere Bezeichnung für R schreiben, erhalten wir

$$\hat{x} = R\hat{F} = \rho e^{i\theta} F_0 e^{i\Delta} = \rho F_0 e^{i(\theta + \Delta)}.$$

Noch weiter zurückgehend, sehen wir schließlich, daß das physikalische x – welches der Realteil des komplexen $\hat{x}$ ist – gleich ist dem Realteil von $\rho F_0 e^{i(\theta+\Delta)} e^{i\omega t}$. Aber ρ und F_0 sind reell, und der Realteil von $e^{i(\theta+\Delta+\omega t)}$ ist einfach $\cos(\omega t + \Delta + \theta)$. Damit ist

$$x = \rho F_0 \cos(\omega t + \Delta + \theta). \tag{23.10}$$

Dies sagt uns, daß die Amplitude des Ausschlages gleich ist dem Betrag der Kraft multipliziert mit einem gewissen Faktor ρ; dies gibt uns die „Größe" der Schwingung. Es sagt uns jedoch auch, daß x nicht in Phase mit der Kraft schwingt, welche die Phase Δ besitzt, sondern x hat eine zusätzliche Verschiebung θ. Also repräsentieren ρ und θ die Größe und die Phasenverschiebung des Ausschlages.

Nun wollen wir ρ bestimmen. Wenn wir eine komplexe Zahl haben, so ist das Quadrat des Betrages gleich der Zahl multipliziert mit seiner konjugiert Komplexen; also ist

$$\begin{aligned}\rho^2 &= \frac{1}{m^2(\omega_0^2 - \omega^2 + i\gamma\omega)(\omega_0^2 - \omega^2 - i\gamma\omega)} \\ &= \frac{1}{m^2[(\omega^2 - \omega_0^2)^2 + \gamma^2\omega^2]}.\end{aligned} \tag{23.11}$$

Zusätzlich ist der Phasenwinkel θ leicht zu finden, denn wenn wir schreiben

$$1/R = 1/\rho e^{i\theta} = (1/\rho)e^{-i\theta} = m(\omega_0^2 - \omega^2 + i\gamma\omega),$$

sehen wir, daß

$$\tan\theta = -\gamma\omega/(\omega_0^2 - \omega^2). \tag{23.12}$$

Es ist negativ, weil $\tan(-\theta) = -\tan\theta$. Ein negativer Wert von θ resultiert für alle ω, und dies entspricht dem Nachhinken der Auslenkung x hinter der Kraft F.

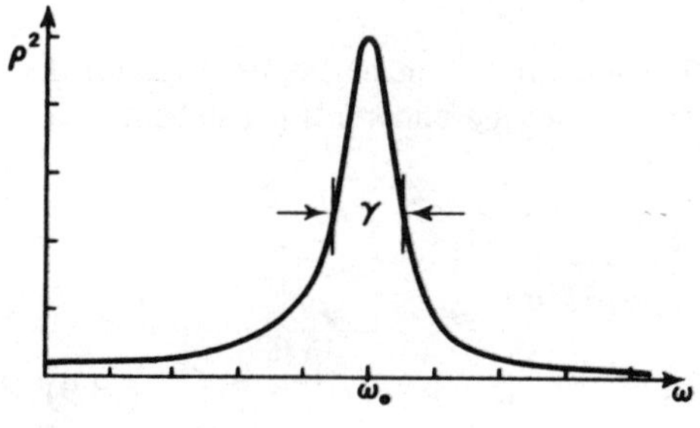

Fig. 23–2. Darstellung von ρ^2 über ω.

Fig. 23–2 zeigt ρ^2 als Funktion der Frequenz (ρ^2 ist physikalisch interessanter als ρ, weil ρ^2 proportional dem Quadrat der Amplitude oder mehr oder weniger der *Energie* ist, die im Oszillator durch die Kraft entwickelt wird.) Wir sehen, für kleine γ ist $1/(\omega_0^2 - \omega^2)^2$ das wichtigste Glied, und der Ausschlag tendiert nach Unendlich, wenn $\omega = \omega_0$ ist. Nun ist „Unendlich" nicht wirklich unendlich, weil für $\omega = \omega_0$ noch immer $1/\gamma^2\omega^2$ vorhanden ist. Die Phasenverschiebung hat den in Fig. 23–3 gezeigten Verlauf.

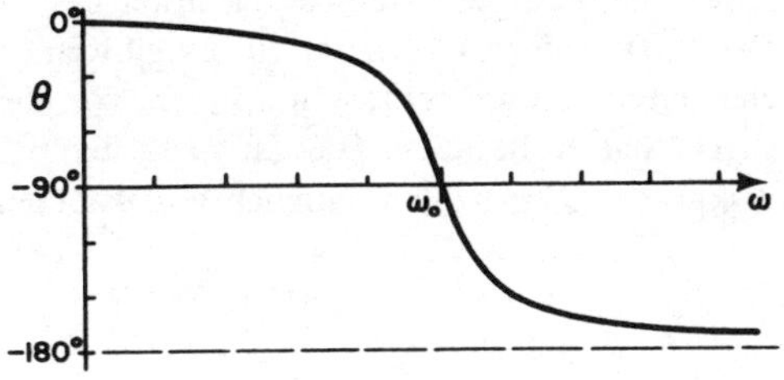

Fig. 23–3. Darstellung von θ über ω.

Unter bestimmten Umständen erhalten wir eine etwas andere Formel als (23.8), die ebenfalls eine „Resonanz"-Formel genannt wird, und man könnte denken, daß sie ein anderes Phänomen repräsentiert, aber das ist nicht so. Der Grund dafür ist, daß für sehr kleine γ der interessanteste Teil der Kurve bei $\omega = \omega_0$ liegt und wir (23.8) durch eine Näherungsformel ersetzen können, die sehr genau ist, wenn γ klein und ω nahe bei ω_0 ist. Wenn ω nahezu gleich ω_0 und $\gamma\omega$ etwa gleich $\gamma\omega_0$ ist, wird $\omega_0^2 - \omega^2 = (\omega_0 - \omega)(\omega_0 + \omega)$ nahezu gleich $2\omega_0(\omega_0 - \omega)$. Einsetzen dieser Ausdrücke in (23.8) ergibt, daß $\omega_0^2 - \omega^2 + i\gamma\omega \approx 2\omega_0(\omega_0 - \omega + i\gamma/2)$, so daß

$$\hat{x} \approx \hat{F}/2m\omega_0(\omega_0 - \omega + i\gamma/2) \quad \text{wenn} \quad \gamma \ll \omega_0 \quad \text{und} \quad \omega \approx \omega_0. \tag{23.13}$$

Es ist leicht, die entsprechende Formel für ρ^2 zu finden. Sie ist

$$\rho^2 \approx 1/4m^2\omega_0^2\,[(\omega_0 - \omega)^2 + \gamma^2/4].$$

Wir überlassen es dem Leser, folgendes zu zeigen: Wenn wir die maximale Höhe der Kurve $\rho^2(\omega)$ eine Einheit nennen und nach der Breite $\Delta\omega$ der Kurve bei der Hälfte der maximalen Höhe fragen, dann ist die volle Breite auf der Hälfte des Maximums gleich $\Delta\omega = \gamma$, vorausgesetzt γ ist klein. Die Resonanz wird schärfer und schärfer, wenn die Reibungseffekte kleiner und kleiner werden.

Als anderes Maß der Breite verwenden manche Leute eine Größe Q, welche definiert ist als $Q = \omega_0/\gamma$. Je schmaler die Resonanz ist, um so größer ist Q : $Q = 1000$ heißt eine Resonanz, deren Breite nur ein Tausendstel der Frequenzskala ist. Das Q der in Fig. 23–2 gezeigten Resonanzkurve ist 5.

Die Wichtigkeit des Resonanzphänomens ist, daß es in vielen anderen Umständen auftritt, und darum werden wir im Rest dieses Kapitels einige dieser Umstände beschreiben.

23–3 Elektrische Resonanz

Die einfachsten und am weitesten verbreiteten technischen Anwendungen der Resonanz sind in der Elektrizität. In der elektrischen Welt gibt es eine Anzahl von Objekten, die miteinander zu elektrischen Kreisen verbunden werden können. Diese *passiven*

Schaltelemente, wie sie häufig genannt werden, existieren in drei Haupttypen, obgleich jedes ein wenig von den anderen zwei mit hineingemixt hat. Ehe wir sie eingehender beschreiben, wollen wir feststellen, daß die ganze Idee unseres mechanischen Oszillators als eine Masse am Ende einer Feder nur eine Näherung ist. Die gesamte Masse ist nicht nur in der „Masse"; ein Teil der Masse ist in der Trägheit der Feder. Ähnlich ist nicht die ganze Feder in der „Feder"; die Masse besitzt selber ein wenig Elastizität, und obwohl es so erscheinen mag, ist sie nicht *vollkommen* steif, und bei der auf- und ab-Bewegung federt die Masse ein klein wenig unter der Einwirkung der sie ziehenden Feder. Das gleiche trifft in der Elektrizität zu. Es gibt eine Näherung, in welcher wir Dinge in „Schaltelementen" zusammenfassen können, von denen angenommen wird, daß sie reine, ideale Eigenschaften besitzen. Dies ist nicht der richtige Zeitpunkt, um hier diese Näherung zu diskutieren. Wir wollen lediglich voraussetzen, daß sie zutrifft.

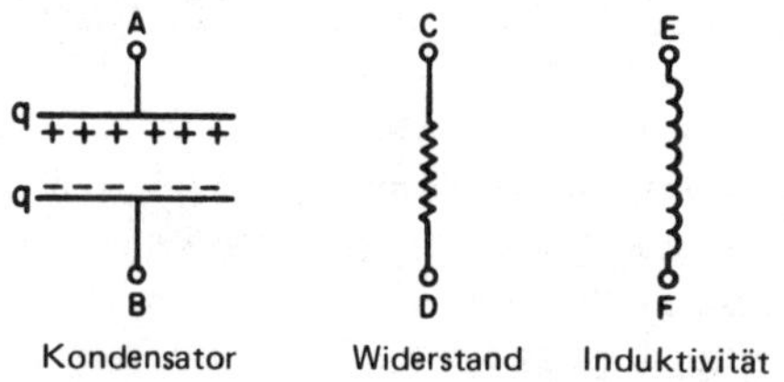

Fig. 23–4. Die drei passiven Schaltelemente.

Die drei Haupttypen von Schaltelementen sind die folgenden. Das erste wird *Kondensator* genannt (Fig. 23–4); ein Beispiel sind zwei planparallele metallische Platten, die durch ein isolierendes Material um einen sehr kleinen Abstand voneinander getrennt werden. Wenn die Platten geladen sind, dann ist zwischen ihnen eine gewisse Spannungsdifferenz, das ist ein gewisser Potentialunterschied. Die gleiche Potentialdifferenz erscheint zwischen den Klemmen A und B, denn wenn entlang des Verbindungsdrahtes irgendeine Differenz vorhanden wäre, würde Elektrizität abfließen. Also existiert zwischen den Platten eine gewisse Potentialdifferenz V, wenn sie eine Ladung q bzw. $-q$ besitzen. Zwischen den Platten besteht ein bestimmtes elektrisches Feld; wir haben dafür sogar eine Formel gefunden (Kapitel 13 und 14):

$$V = \sigma d/\epsilon_0 = qd/\epsilon_0 A, \tag{23.14}$$

dabei ist d der Plattenabstand und A ist die Fläche der Platten. Es ist anzumerken, daß die Potentialdifferenz eine lineare Funktion der Ladung ist. Wenn wir keine parallelen Platten, sondern isolierte Elektroden von irgendeiner anderen Form haben, so ist die Potentialdifferenz noch immer genau proportional der Ladung, aber dann kann die Proportionalitätskonstante nicht mehr so leicht berechnet werden. Jedoch ist alles, was wir wissen müssen, daß die Potentialdifferenz am Kondensator *proportional der Ladung* ist: $V = q/C$. Die Proportionalitätskonstante ist $1/C$, wobei C die *Kapazität* des Objektes ist.

Die zweite Art von Schaltelement wird *Widerstand* genannt; er bietet dem Fluß des elektrischen Stromes einen Widerstand. Es zeigt sich, daß metallische Drähte und viele andere Substanzen dem Fluß von Elektrizität auf diese Weise widerstehen: Wenn eine Spannungsdifferenz an einem Stück einer Substanz vorhanden ist, fließt ein elektrischer Strom $I = dq/dt$, der proportional der elektrischen Potentialdifferenz ist:

$$V = RI = R\, dq/dt. \tag{23.15}$$

Die Proportionalitätskonstante wird der *Widerstand R* genannt. Diese Beziehung ist Ihnen vielleicht bereits bekannt: Es ist das Ohmsche Gesetz.

Wenn wir uns die Ladung q an einem Kondensator als Analogie zum Ausschlag x eines mechanischen Systems vorstellen, dann sehen wir, daß der Strom $I = dq/dt$ analog der Geschwindigkeit ist, $1/C$ ist analog der Federkonstante k und R ist analog dem Widerstandskoeffizienten γ. Nun ist es sehr interessant, daß ein anderes Schaltelement existiert, welches das Analogon zur *Masse* ist! Das ist eine Spule, in der beim Durchfließen eines Stromes ein magnetisches Feld erzeugt wird. Ein *sich änderndes* magnetisches Feld erzeugt in der Spule eine Spannung, die proportional dI/dt ist (so funktioniert in der Tat ein Transformator). Das magnetische Feld ist proportional dem Strom, und die (sogenannte) induzierte Spannung in einer solchen Spule ist proportional der zeitlichen Änderung des Stromes:

$$V = L\,dI/dt = L\,d^2q/dt^2. \tag{23.16}$$

Der Koeffizient L ist die *Selbstinduktivität*; er ist analog zur Masse in einem mechanischen Schwingungskreis.

Fig. 23–5. Ein elektrischer Schwingungskreis mit Widerstand, Induktivität und Kapazität.

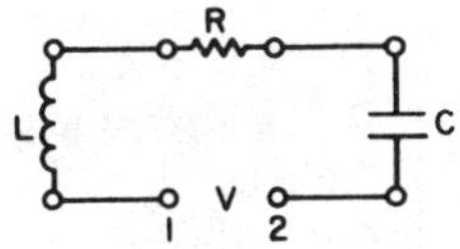

Angenommen, wir bauen einen Kreis, in dem die drei Schaltelemente miteinander in Serie verbunden sind (Fig. 23–5); dann ist die Spannung zwischen 1 und 2 gleich der beim Transport einer Ladung durch den gesamten Kreis geleisteten Arbeit. Sie besteht aus einer Summe verschiedener Anteile: an der Induktivität ist $V_L = L\,d^2q/dt^2$; am Widerstand ist $V_R = R\,dq/dt$; am Kondensator ist $V_C = q/C$. Ihre Summe ist gleich der angelegten Spannung V:

$$L\,d^2q/dt^2 + R\,dq/dt + q/C = V(t). \tag{23.17}$$

Nun sehen wir, daß diese Gleichung genau die gleiche ist wie die mechanische Gleichung (23.6), und sie kann natürlich auf genau die gleiche Weise gelöst werden. Wir nehmen an, daß $V(t)$ periodisch ist: wir betreiben den Kreis über einen Generator mit einer rein sinusförmigen Schwingung. Dann können wir $V(t)$ als ein komplexes $\hat{V}$ schreiben, wobei wir wissen, daß dies mit $e^{i\omega t}$ multipliziert werden muß und daß der Realteil genommen werden muß, um das richtige V zu finden. Gleichermaßen kann die Ladung q analysiert werden, und dann schreiben wir in genau der gleichen Weise wie in Gleichung (23.8) die entsprechende Gleichung: die zweite Ableitung von $\hat{q}$ ist $(i\omega)^2 q$; die erste Ableitung ist $(i\omega)q$. Damit wird Gleichung (23.17) transformiert in

$$\left[L(i\omega)^2 + R(i\omega) + \frac{1}{C}\right]\hat{q} = \hat{V}$$

oder

$$q = \frac{\hat{V}}{L(i\omega)^2 + R(i\omega) + \dfrac{1}{C}},$$

welches in folgender Form geschrieben werden kann

$$\hat{q} = \hat{V}/L(\omega_0^2 - \omega^2 + i\gamma\omega), \tag{23.18}$$

wobei $\omega_0^2 = 1/LC$ und $\gamma = R/L$. Es ist genau der gleiche Nenner, den wir im mechanischen Fall hatten, mit genau den gleichen Resonanzeigenschaften! Die Übereinstimmung zwischen den elektrischen und mechanischen Fällen ist in Tabelle 23–1 dargestellt.

Tabelle 23–1

Allgemeine Eigenschaft	Mechanische Eigenschaft	Elektrische Eigenschaft
unabh. Variable	Zeit (t)	Zeit (t)
abh. Variable	Position (x)	Ladung (q)
Trägheit	Masse (m)	Induktivität (L)
Widerstand	Dämpfungskoeff. ($c = \gamma m$)	Widerstand ($R = \gamma L$)
Starre	Federkonstante (k)	Kapazität^{-1} ($1/C$)
Resonanzfrequenz	$\omega_0^2 = k/m$	$\omega_0^2 = 1/LC$
Periode	$t_0 = 2\pi\sqrt{m/k}$	$t_0 = 2\pi\sqrt{LC}$
Güteziffer	$Q = \omega_0/\gamma$	$Q = \omega_0 L/R$

Wir müssen einen kleinen technischen Punkt erwähnen. In der elektrischen Literatur wird eine andere Bezeichnung verwendet. (Von einem Gebiet zum anderen ist der Gegenstand zwar nicht wirklich verschieden, aber es werden häufig verschiedene Bezeichnungen verwendet.) Erstens wird von den Elektroingenieuren normalerweise j an Stelle von i für $\sqrt{-1}$ benutzt. (Schließlich muß i der Strom sein!). Weiterhin wollen die Ingenieure eher eine Beziehung zwischen $\hat{V}$ und $\hat{I}$ als zwischen $\hat{V}$ und $\hat{q}$, einfach weil ihnen das geläufiger ist. Darum, weil $\hat{I} = d\hat{q}/dt = i\omega\hat{q}$, können wir $\hat{I}/i\omega$ für $\hat{q}$ einsetzen und erhalten

$$\hat{V} = (i\omega L + R + 1/i\omega C)\hat{I} = \hat{Z}\hat{I}. \tag{23.19}$$

Eine andere Möglichkeit ist, die Gleichung (23.17) so umzuschreiben, daß sie vertrauter aussieht; man sieht sie häufig geschrieben in der Form

$$L\,dI/dt + RI + (1/C)\int^t I\,dt = V(t). \tag{23.20}$$

In jedem Fall finden wir die Beziehung (23.19) zwischen Spannung $\hat{V}$ und Strom $\hat{I}$, welche genau die gleiche ist wie (23.18), dividiert durch $i\omega$, und damit erhält man Gleichung (23.19). Die Größe $R + i\omega L + 1/i\omega C$ ist eine komplexe Zahl, sie wird so häufig von den Elektroingenieuren verwendet, daß sie einen Namen besitzt: Sie wird die *komplexe Impedanz* $\hat{Z}$ genannt. Damit können wir schreiben $\hat{V} = \hat{Z}\hat{I}$. Der Grund dafür, daß die Ingenieure dies gerne tun, ist, daß sie etwas gelernt haben als sie jung waren: $V = RI$ für Widerstände, als sie nur Widerstände und Gleichstrom kannten. Nun, da sie gebildeter sind und Wechselstromkreise haben, wollen sie, daß die Gleichung genauso aussieht. Darum schreiben sie $\hat{V} = \hat{Z}\hat{I}$; der einzige Unterschied ist, daß der Widerstand durch eine kompliziertere Sache, durch eine komplexe Größe, ersetzt wird. Also bestehen sie darauf, daß sie nicht benutzen können, was sonst jedermann in der Welt für imaginäre Zahlen verwendet, sie müssen dafür j benutzen; es ist ein Wunder, daß sie nicht darauf bestehen, daß der Buchstabe Z ein R sein soll! (Dann geraten sie in Schwierigkeiten, wenn sie von Stromdichten reden, wofür sie auch j benutzen. Die Schwierigkeiten der Wissenschaft sind in großem Maße die Schwierigkeiten der Bezeichnungen, der Einheiten und all der anderen Künstlichkeiten, die durch Menschen, nicht von der Natur erfunden werden.)

23–4 Resonanz in der Natur

Obwohl wir den elektrischen Fall im Detail diskutiert haben, könnten wir auch aus vielen Gebieten Fall um Fall bringen und genau zeigen, wie die Resonanzgleichung die gleiche ist. Es gibt viele Umstände in der Natur, in denen etwas „schwingt" und in welchen das Resonanzphänomen auftritt. Wir haben das in einem früheren Kapitel gesagt, lassen Sie es uns nun demonstrieren. Wenn wir in unserem Arbeitszimmer herumlaufen und Bücher aus den Regalen ziehen und sie durchblättern, um ein Beispiel einer Kurve zu finden, die der Fig. 23–2 entspricht und die von der selben Gleichung herrührt, was finden wir? Um nur den weiten Bereich zu demonstrieren, den die kleinstmögliche Stichprobe erbringt, sind nur fünf oder sechs Bücher erforderlich, um eine ganze Reihe von Phänomenen zu finden, die Resonanz zeigen.

Die ersten beiden sind aus der Mechanik, das erste in einem großen Maßstab: die Atmosphäre der gesamten Erde. Wenn die Atmosphäre, von der wir annahmen, daß sie die Erde an allen Seiten gleichmäßig umgibt, durch den Mond nach einer Seite geschoben oder elliptisch zusammengedrückt wird, und wenn wir dann loslassen könnten, so würde sie hin und her schwappeln; sie ist ein Oszillator. Dieser Oszillator wird *angetrieben* durch den Mond, welcher um die Erde rotiert; jede Komponente der Kraft, sagen wir in der x-Richtung, hat eine Kosinuskomponente, und so ist die Reaktion der Atmosphäre der Erde auf die Gezeitenanziehung des Mondes die eines Oszillators. Die erwartete Reaktion der Atmosphäre ist in Fig. 23–6, Kurve b, gezeigt. (Kurve a ist eine andere theoretische Kurve aus dem zitierten Buch, aus dem dies ohne Zusammenhang entnommen wurde). Nun kann man denken, daß wir nur einen Punkt dieser Resonanzkurve haben, weil wir nur die eine Frequenz entsprechend der Rotation der Erde unter dem Mond haben. Die Periode dieser Rotation beträgt 12,42 Stunden – 12 Stunden für die Erde (die Tide ist ein Doppelbuckel) plus ein wenig mehr, weil der Mond herumläuft. Aber aus der *Größe* der atmosphärischen Tiden und der *Phase*, der Größe der Verzögerung, können wir beides ρ und θ, erhalten.

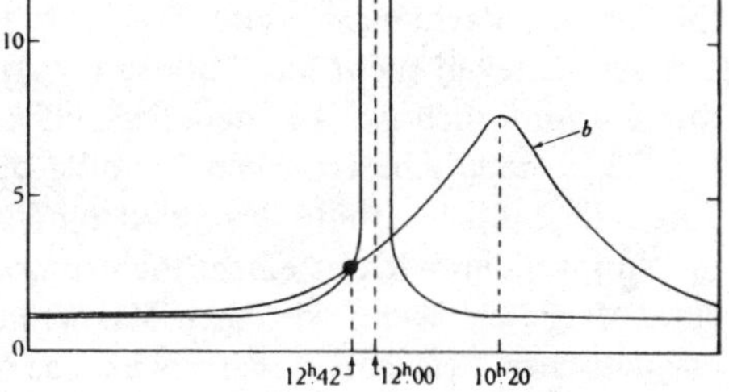

Fig. 23–6. Reaktion der Atmosphäre auf externe Anregung. a ist die erforderliche Reaktion, wenn die atmosphärische S_2-Tide von der Gravitation herrührt. Die maximale Verstärkung ist 100 : 1. b wurde abgeleitet aus der beobachteten Vergrößerung und Phase der M_2-Tide. [Munk und MacDonald, „Rotation of the Earth", Cambridge University Press (1960)].

Daraus können wir ω_0 und γ erhalten und auf diese Weise die gesamte Kurve zeichnen! Dies ist ein Beispiel sehr armseliger Wissenschaft. Aus zwei Zahlen erhalten wir zwei Zahlen, und aus diesen zwei Zahlen zeichnen wir eine schöne Kurve, welche natürlich genau durch den Punkt geht, der die Kurve bestimmte! Sie hat keinen Nutzen, *wenn wir nicht etwas Zusätzliches messen können*, und im Fall der Geophysik ist das oft sehr schwierig. Aber in diesem besonderen Fall gibt es noch etwas anderes, wovon wir theoretisch zeigen können, daß es den gleichen Zeitverlauf haben muß wie die natürliche Frequenz ω_0: Wenn irgend jemand die Atmosphäre stören würde, würde sie mit der Frequenz ω_0 schwingen. Nun *gab es* eine solche plötzliche Störung im Jahre 1883; damals explodierte der Vulkan Krakatau, und dabei flog die halbe Insel in die Luft. Dies verursachte eine so ungeheuere Explosion in der Atmosphäre, daß die Schwingungsperiode der Atmosphäre gemessen werden konnte. Sie ergab sich zu 10 $\frac{1}{2}$ Stunden. Das ω_0 aus Fig. 23–6 ist 10 Stunden und 20 Minuten. Somit haben wir wenigstens eine Kontrolle über die Realitäten unseres Verständnisses der atmosphärischen Tiden.

Als nächstes gehen wir zum kleinen Maßstab von mechanischen Schwingungen. Diesmal nehmen wir einen Natriumchloridkristall, in welchem Natrium- und Chlorionen benachbart sind, so wie wir es in einem früheren Kapitel beschrieben haben. Diese Ionen sind elektrisch geladen, abwechselnd plus und minus. Nun ist dabei eine interessante Schwingung möglich. Angenommen, wir könnten alle positiven Ladungen nach rechts treiben, alle negativen Ladungen nach links und dann loslassen; sie würden hin und her schwingen, das Natriumgitter gegen das Chlorgitter. Wie können wir so etwas jemals erregen? Das ist leicht, denn wenn wir ein elektrisches Feld an den Kristall anlegen, wird es die Plusladung in eine Richtung schieben und die Minusladung in die andere! Somit können wir vielleicht mit einem externen elektrischen Feld den Kristall zum Schwingen bringen. Die benötigte Frequenz des elektrischen Feldes ist jedoch so groß, daß sie der *infraroten Strahlung* entspricht! Also versuchen wir, durch Messung der Absorption von Infrarotlicht in Natriumchlorid eine Resonanzkurve zu finden. Eine solche Kurve ist in Fig. 23–7 gezeigt. Die Abszisse ist nicht in Frequenzen, sondern in Wellenlängen angegeben, aber dies ist natürlich nur eine technische Angelegenheit, weil für eine Welle eine definierte Beziehung zwischen Frequenz und Wellenlänge existiert. Also ist die Abszisse wirklich eine Frequenzskala, und eine bestimmte Frequenz entspricht der Resonanzfrequenz.

Aber was ist mit der Breite? Was bestimmt die Breite?

Es gibt viele Fälle, in denen die beobachtete Breite nicht der theoretischen natürlichen Breite γ entspricht. Zwei Gründe sind es, warum eine breitere Kurve als die theoretische vorliegen kann. Wenn die Objekte nicht alle die gleiche Frequenz besitzen, wie es bei einem in bestimmten Bereichen verspannten Kristall vorkommen kann, so daß in diesen Bereichen die Schwingungsfrequenz ein klein wenig anders als in den anderen Bereichen ist, dann haben wir viele überlagerte Resonanzkurven; daraus resultiert eine scheinbar breitere Kurve. Die andere Art Breite ist einfach diese: Vielleicht können wir die Frequenz nicht präzise genug messen – wenn wir den Spektrometerspalt weit öffnen, so daß wir (obwohl wir dachten, nur eine Frequenz zu haben) einen Bereich $\Delta\omega$ erhalten, dann haben wir vielleicht nicht das Auflösungsvermögen, welches zur Beobachtung einer engen Kurve erforderlich ist. Aus dem Stegreif kann nicht gesagt werden, ob die Breite in Fig. 23–7 natürliche Ursachen hat oder ob sie durch Inhomogenitäten im Kristall oder durch die endliche Breite des Spektrometerspaltes verursacht wird.

Nun wenden wir uns einem mehr esoterischen Beispiel zu, und das ist das Pendeln eines Magneten. Wenn wir einen Magneten mit Nord- und Südpol in einem konstanten magnetischen Feld haben, dann wird das N-Ende des Magneten in eine Richtung gezo-

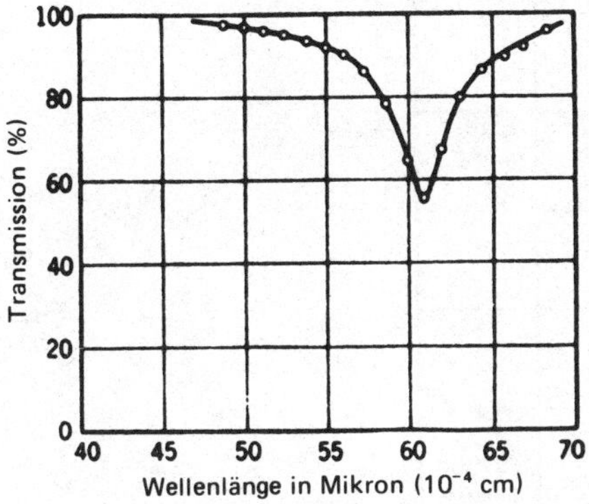

Fig. 23–7. Transmission infraroter Strahlung durch einen dünnen (0,17 μ) Natriumchlorid-Film. [Nach R. B. Barnes, Z. Physik **75**, 723 (1932). Kittel, Introduction to Solid State Physics, Wiley, 1956]. deutsch: Einführung in die Festkörperphysik, (3. Aufl.) Wiley-R. Oldenbourg 1973.

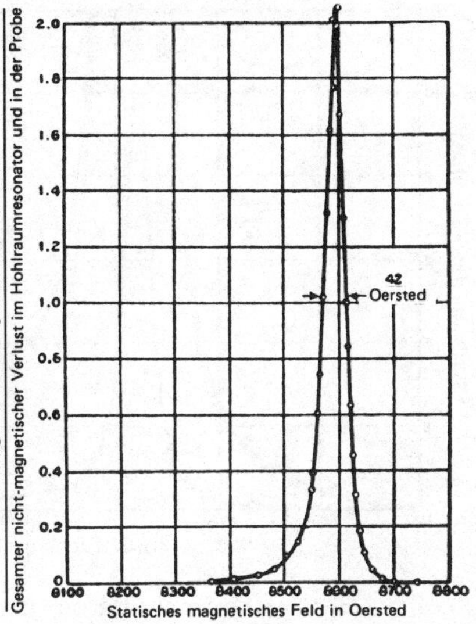

Fig. 23–8. Magnetische Energieverluste in einer paramagnetischen organischen Verbindung als Funktion der angelegten magnetischen Feldstärke. [Holden et al., *Phys. Rev.* **75**, 1614 (1949)].

gen werden und das S-Ende in die andere Richtung, und allgemein wird dabei ein Drehmoment auf den Magneten wirken; also wird er wie eine Kompaßnadel um seine Ruhelage pendeln. Jedoch sind die Magnete, von denen wir reden, *Atome*. Diese Atome besitzen einen Drehimpuls, das Drehmoment erzeugt keine simple Bewegung in Feldrichtung, sondern natürlich eine *Präzession*. Nun „schwingt", von der Seite betrachtet, jede Komponente, und wir können dieses Schwingen stören oder anregen und eine Absorption messen. Die Kurve in Fig. 23–8 stellt eine solche typische Resonanzkurve dar. Was hierbei getan wurde, ist technisch ein klein wenig anders.

Die Frequenz des lateralen Feldes, das benutzt wird, um dieses Schwingen anzuregen, wird immer gleich gehalten, während wir erwartet haben würden, daß die Experimentatoren sie variiert hätten und dann die Kurve aufnahmen. Sie könnten es so gemacht haben, aber es war für sie technisch leichter, die Frequenz ω fest zu erhalten und die Stärke des konstanten magnetischen Feldes zu ändern, was einer Änderung von ω_0 in unserer Formel entspricht. Sie haben die Resonanzkurve gegen ω_0 aufgetragen. In jedem Fall ist dies eine typische Resonanzkurve mit bestimmtem ω_0 und γ.

Nun gehen wir noch weiter. Unser nächstes Beispiel befaßt sich mit Atomkernen. Die Bewegungen der Protonen und Neutronen im Kern sind auf gewisse Weise periodisch, und wir können das mit dem folgenden Experiment demonstrieren. Wir bombardieren ein Lithiumatom mit Protonen und entdecken, daß eine bestimmte Reaktion, welche γ-Strahlen erzeugt, ein sehr scharfes, typisches Resonanzmaximum aufweist. Wir bemerken jedoch in Fig. 23–9 einen Unterschied gegenüber anderen Fällen: die horizontale Achse ist keine Frequenz, sie ist eine *Energie*! Der Grund dafür ist, daß das, was wir uns klassisch als Energie vorstellen, in der Quantenmechanik wirklich mit einer Frequenz einer Wellenamplitude in Beziehung steht. Wenn wir etwas analysieren, das in der einfachen

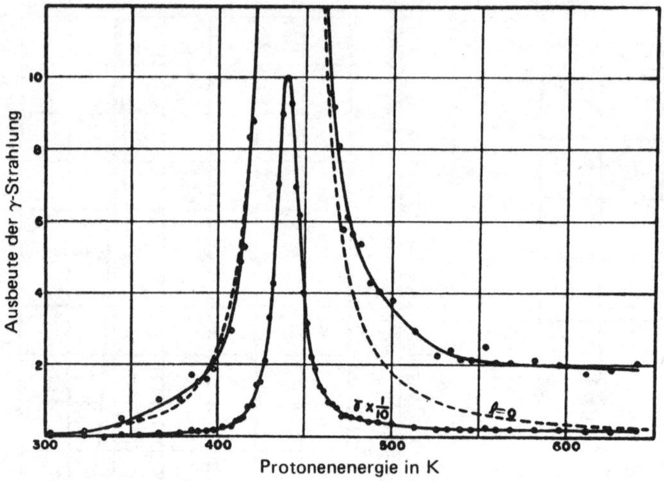

Fig. 23–9. Die Intensität der Lithium-Gammastrahlung als Funktion der Energie der bombardierenden Protonen. Die gestrichelte Kurve ist theoretisch berechnet für Protonen mit einem Drehimpuls $\ell = 0$. [Bonner und Evans, *Phys. Rev.* **73**, 666 (1948)].

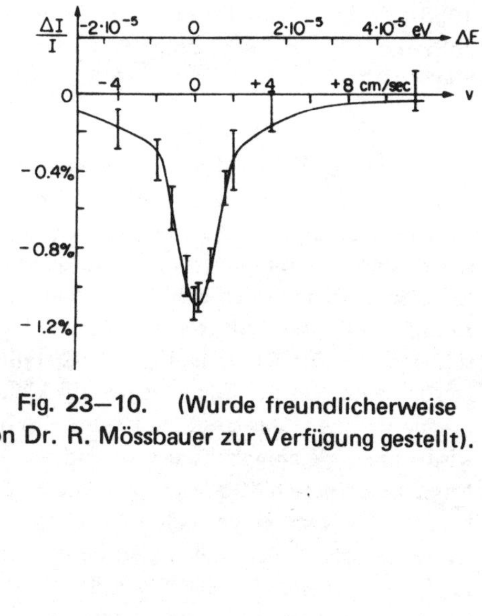

Fig. 23–10. (Wurde freundlicherweise von Dr. R. Mössbauer zur Verfügung gestellt).

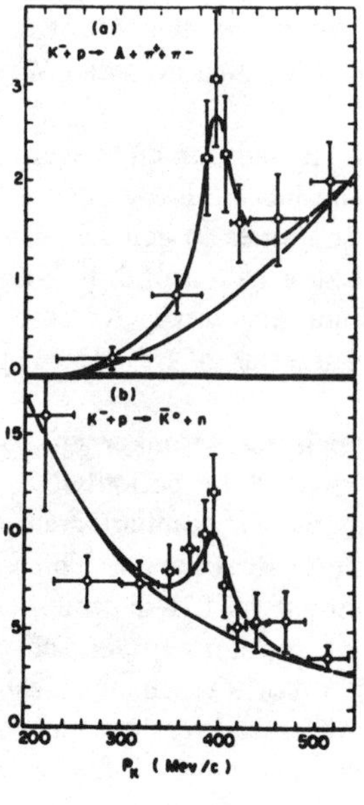

Fig. 23–11. Impulsabhängigkeit des Wirkungsquerschnittes für die Reaktion (a) $K^- + p \to \Lambda + \pi^+ + \pi^-$ und (b) $K^- + p \to K^0 + n$. Die unteren Kurven in (a) und (b) stellen den vermutlichen nichtresonierenden Untergrund dar, während die oberen Kurven zusätzlich die überlagerte Resonanz enthalten. [Ferro-Luzzi et al., *Phys. Rev.*, Lett. **8**, 28 (1962)].

makrodimensionalen Physik mit einer Frequenz zu tun hat, so erhalten wir bei quantenmechanischem Experimentieren mit atomarer Materie die korrespondierende Kurve als eine Funktion der Energie. In der Tat ist diese Kurve sinngemäß eine Demonstration dieser Beziehung. Sie zeigt, daß Frequenz und Energie irgendeine tiefe Beziehung besitzen, was natürlich der Fall ist.

Nun wenden wir uns einem anderen Beispiel zu, in welchem ebenfalls ein nukleares Energieniveau vorkommt, das aber viel, viel schmaler ist. Das ω_0 in Fig. 23–10 entspricht einer Energie von 100 000 Elektronenvolt, während die Breite γ etwa 10^{-5} Elektronenvolt beträgt; mit anderen Worten, dies hat ein Q von 10^{10} ! Als diese Kurve gemessen wurde, war dies das größte Q irgendeines Oszillators, das jemals gemessen wurde. Es wurde von Dr. Mössbauer gemessen, und es war die Grundlage für seinen Nobelpreis. Die horizontale Skala ist hier die Geschwindigkeit, weil die Technik zur Messung der geringfügig verschiedenen Frequenzen auf der Verwendung des Doppel-Effektes beruhte, wobei die Quelle relativ zum Absorber bewegt wird. Man kann sehen, wie delikat das Experiment ist, wenn wir verstehen, daß dabei die Geschwindigkeit ein paar Zentimeter pro Sekunde beträgt! Im Maßstab der Figur entspricht die Frequenz Null einem Punkt, der 10^{10} Zentimeter nach links liegt – etwas neben dem Papier!

Zuletzt betrachten wir ein Heft der *Physical Review*, sagen wir das vom 1. Januar 1962; werden wir eine Resonanzkurve finden? Jedes Heft enthält eine Resonanzkurve und Fig. 23–11 ist die Resonanzkurve dieses Heftes. Diese Resonanzkurve erweist sich als sehr interessant. Es ist die Resonanz, die bei einer gewissen Reaktion zwischen Elementarteilchen gefunden wird, einer Reaktion, bei der ein K^- und ein Proton wechselwirken. Die Resonanz wird nachgewiesen durch Beobachtung der Anzahl einiger Arten von Teilchen, die herauskommen. Abhängig von dem, was und wieviele herauskommen, erhält man verschiedene Kurven, jedoch von der gleichen Gestalt und mit dem Maximum bei der gleichen Energie. Auf diese Weise bestimmen wir, daß eine Resonanz bei einer gewissen Energie für das K^--Meson auftritt. Das bedeutet vermutlich, daß es eine Art Zustand oder Bedingung gibt, die dieser Resonanz entspricht, welche durch Zusammenfügung eines K^- und eines Protons zustande kommt. Dies ist ein neues Teilchen oder eine Resonanz. Wir wissen heute nicht, ob wir einen solchen Buckel ein „Teilchen" oder einfach eine Resonanz nennen sollen. Wenn eine sehr *scharfe* Resonanz vorliegt, entspricht dies einer sehr *bestimmten Energie,* genau als ob ein Teilchen dieser Energie in der Natur existiert. Wenn die Resonanz breiter wird, dann wissen wir nicht, ob wir sagen sollen, daß ein Teilchen vorhanden ist, welches nicht lange existiert, oder ob eine Resonanz in der Reaktionswahrscheinlichkeit vorliegt. Im zweiten Kapitel wurde dieses Argument über die Teilchen gebracht, aber als das zweite Kapitel geschrieben wurde, ist diese Resonanz nicht bekannt gewesen. Somit müßte unsere Tabelle jetzt ein weiteres Teilchen enthalten!

24 Einschwingvorgänge

24–1 Die Energie eines Oszillators

Obwohl dieses Kapitel „Einschwingvorgänge" betitelt ist, sind bestimmte Teile davon auf eine Art ein Teil des letzten Kapitels über erzwungene Schwingungen. Eines der Merkmale einer erzwungenen Schwingung, welches bisher nicht diskutiert wurde, ist die *Energie* in der Schwingung. Lassen Sie uns nun diese Energie betrachten.

Wieviel kinetische Energie ist in einem mechanischen Oszillator? Sie ist proportional zum Geschwindigkeitsquadrat. Nun kommen wir zu einem wichtigen Punkt. Betrachten wir eine willkürliche Größe A, welche die Geschwindigkeit oder irgend etwas anderes darstellt, das wir diskutieren wollen. Wenn wir eine komplexe Zahl $A = \hat{A}e^{i\omega t}$ schreiben, so ist das wahre und ehrliche A in der physikalischen Welt nur der *Realteil*; darum ist es, wenn wir aus irgendeinem Grund das *Quadrat* von A benötigen, nicht richtig, die komplexe Zahl zu quadrieren und daraus den Realteil zu nehmen, weil der Realteil des Quadrates einer komplexen Zahl nicht einfach das Quadrat des Realteils ist, sondern auch der *Imaginärteil* darin enthalten ist. Wenn wir also die Energie finden wollen, so müssen wir für eine Weile die komplexe Schreibweise verlassen, um zu sehen, wie es im Inneren funktioniert.

Nun ist das wahre physikalische A der Realteil von $A_0e^{i(\omega t+\Delta)}$, das ist $A = A_0 \cos (\omega t + \Delta)$, wobei die komplexe Zahl $\hat{A}$ geschrieben wird als $A_0e^{i\Delta}$. Nun ist das Quadrat dieser realen physikalischen Größe $A^2 = A_0^2 \cos^2 (\omega t + \Delta)$. Das Quadrat der Größe geht also auf und ab von einem Maximum bis Null, wie das Quadrat des Kosinus. Das Quadrat des Kosinus hat ein Maximum von 1 und ein Minimum von 0, und sein Mittelwert ist 1/2.

In vielen Umständen sind wir nicht an der Energie während eines spezifischen Zeitpunktes während der Schwingung interessiert; bei einer großen Zahl von Anwendungen wollen wir lediglich den Durchschnitt von A^2 wissen, den *Mittelwert* des Quadrates von A während einer Zeitdauer, die groß ist im Vergleich zur Schwingungsdauer. Unter diesen Umständen kann der Mittelwert des Kosinusquadrates verwendet werden, somit haben wir folgenden Lehrsatz: Wenn A durch eine komplexe Zahl dargestellt wird, dann ist der Mittelwert von A^2 gleich $(1/2)\, A_0^2$. Nun ist A_0^2 das Quadrat des Betrages des komplexen $\hat{A}$. (Dies kann auf viele Arten geschrieben werden – einige Leute schreiben es $|\hat{A}|^2$; andere schreiben es $\hat{A}\hat{A}^*$, $\hat{A}$ mal seinem konjugiert Komplexen.) Wir werden diesen Lehrsatz mehrfach anwenden.

Nun betrachten wir die Energie eines erzwungenen Oszillators. Die Gleichung für den erzwungenen Oszillator ist

$$m\, d^2x/dt^2 + \gamma m\, dx/dt + m\omega_0^2 x = F(t). \tag{24.1}$$

In unserem Problem ist $F(t)$ natürlich eine Kosinusfunktion von t. Nun wollen wir folgendes untersuchen: Wieviel Arbeit wird durch die äußere Kraft F geleistet? Die durch die Kraft pro Sekunde geleistete Arbeit, die Leistung, ist die Kraft mal der Geschwindigkeit. (Wir wissen, daß die differentielle Arbeit in einer Zeit dt gleich $F\,dx$ ist, und die Leistung ist $F\,dx/dt$.) Damit ist

$$P = F\frac{dx}{dt} = m\left[\left(\frac{dx}{dt}\right)\left(\frac{d^2x}{dt^2}\right) + \omega_0^2 x\left(\frac{dx}{dt}\right)\right] + \gamma m\left(\frac{dx}{dt}\right)^2. \tag{24.2}$$

Aber die ersten zwei Glieder der rechten Seite können auch wie folgt geschrieben werden: $d/dt\ [\frac{1}{2}m(dx/dt)^2 + \frac{1}{2}m\omega_0^2x^2]$, wie direkt durch Differenzieren verifiziert wird. Das Glied in der Klammer ist eine reine Ableitung zweier Glieder, die leicht zu verstehen sind – eines ist die kinetische Energie der Bewegung, das andere ist die potentielle Energie der Feder. Nennen wir diese Größe die ***gespeicherte Energie***, d. i. die in der Schwingung gespeicherte Energie. Angenommen, wir suchen die durchschnittliche Leistung über viele Perioden, wenn der Oszillator erregt ist und eine lange Zeit in Betrieb war. Über längere Zeitdauern ändert sich die gespeicherte Energie nicht – ihre Ableitung ergibt im Durchschnitt Null. Mit anderen Worten, wenn wir die Leistung über längere Zeit mitteln, so wird *im Endeffekt alle Energie im Widerstandsglied* $\gamma m(dx/dt)^2$ *erscheinen*. Es wird *etwas* Energie in der Schwingung gespeichert, aber das ändert sich nicht mit der Zeit, wenn wir über viele Perioden mitteln. Darum ist die mittlere Leistung $\langle P\rangle$

$$\langle P\rangle = \langle \gamma m(dx/dt)^2\rangle. \tag{24.3}$$

Bei Anwendung unserer Schreibweise komplexer Zahlen und unseres Lehrsatzes, daß $\langle A^2\rangle = \frac{1}{2}A_0^2$, können wir diese mittlere Leistung finden. Wenn $x = \hat{x}\,e^{i\omega t}$, dann erhalten wir $dx/dt = i\omega\hat{x}e^{i\omega t}$. Darum kann unter diesen Umständen die mittlere Leistung geschrieben werden als

$$\langle P\rangle = \tfrac{1}{2}\gamma m\omega^2x_0^2. \tag{24.4}$$

In der Schreibweise für elektrische Kreise wird dx/dt ersetzt durch den Strom I (I ist dq/dt, wobei q dem x entspricht), und $m\gamma$ entspricht dem Widerstand R. Damit ist die Rate des Energieverlustes – die durch die Erregung aufgebrauchte Leistung – gleich dem Widerstand des Kreises multipliziert mit dem quadratischen Mittelwert des Stromes:

$$\langle P\rangle = R\langle I^2\rangle = R\cdot\tfrac{1}{2}I_0^2. \tag{24.5}$$

Diese Energie erwärmt natürlich den Widerstand; sie wird mitunter der Wärmeverlust oder die Joulesche Wärme genannt.

Ein anderer interessanter Diskussionsgegenstand ist, wieviel Energie *gespeichert* wird. Das ist nicht das gleiche wie die Leistung; denn obwohl zuerst Leistung benutzt wird, um etwas Energie zu speichern, wird danach das System ständig Leistung absorbieren, insoweit als irgendwelche Wärme- (Widerstands-) Verluste vorhanden sind. Zu jedem Zeitpunkt gibt es eine bestimmte Menge gespeicherte Energie, also wollen wir auch die mittlere gespeicherte Energie $\langle E\rangle$ berechnen. Wir haben bereits den Mittelwert von $(dx/dt)^2$ berechnet, somit finden wir

$$\begin{aligned}\langle E\rangle &= \tfrac{1}{2}m\langle(dx/dt)^2\rangle + \tfrac{1}{2}m\omega_0^2\langle x^2\rangle\\ &= \tfrac{1}{2}m(\omega^2 + \omega_0^2)\tfrac{1}{2}x_0^2.\end{aligned} \tag{24.6}$$

Wenn nun ein Oszillator sehr effektiv und wenn ω nahe bei ω_0 ist, so daß $|\hat{x}|$ groß ist, dann ist die gespeicherte Energie sehr groß – wir können eine große gespeicherte Energie von einer relativ kleinen Kraft erhalten. Die Kraft leistet eine beträchtliche Arbeit, um die Schwingung zu erregen, aber um sie dann aufrechtzuerhalten, muß die Kraft lediglich die Reibung überwinden. Der Oszillator kann eine große Energie besitzen, wenn die Reibung sehr klein ist, und selbst wenn er sehr stark schwingt, geht wenig Energie verloren. Der Wirkungsgrad eines Oszillators kann gemessen werden durch den Vergleich der gespeicherten Energie mit der Arbeit, welche die Kraft pro Schwingung leistet.

Wie vergleicht sich die gespeicherte Energie mit der während einer Schwingung geleisteten Arbeit? Dies wird das Q des Systems genannt, und Q ist definiert als 2π mal die mittlere gespeicherte Energie dividiert durch die pro Schwingung geleistete Arbeit. (Wenn wir die Arbeit pro *Radian* anstatt pro Schwingung ausdrücken, dann verschwindet das 2π.)

$$Q = 2\pi \frac{\frac{1}{2}m(\omega^2 + \omega_0^2) \cdot \langle x^2 \rangle}{\gamma m \omega^2 \langle x^2 \rangle \cdot 2\pi/\omega} = \frac{\omega^2 + \omega_0^2}{2\gamma\omega}. \tag{24.7}$$

Q ist keine sehr nützliche Zahl, solange sie nicht sehr groß ist. Wenn sie relativ groß ist, so ist sie ein Maß dafür, wie gut der Oszillator ist. Man hat versucht, Q auf die einfachste und praktischste Weise zu definieren; verschiedene Definitionen unterscheiden sich ein wenig, aber wenn Q sehr groß ist, stimmen alle Definitionen überein. Die am allgemeinsten akzeptierte Definition ist Gl. (24.7), welche von ω abhängt. Für einen guten Oszillator, nahe der Resonanz, können wir (24.7) ein wenig vereinfachen durch Einsetzen von $\omega = \omega_0$, und damit erhalten wir $Q = \omega_0/\gamma$; dies ist die vorher benutzte Definition von Q.

Was ist Q für einen elektrischen Kreis? Um das herauszufinden, müssen wir lediglich L für m, R für $m\gamma$ und $1/C$ für $m\omega_0^2$ einsetzen (siehe Tabelle 23–1). Das Q bei Resonanz ist $L\omega/R$, wobei ω die Resonanzfrequenz ist. Wenn wir einen Kreis mit einem großen Q haben, so bedeutet dies, daß die in der Schwingung gespeicherte Energiemenge sehr groß ist im Vergleich mit der Arbeit pro Schwingung, welche von der die Schwingungen erzeugenden Maschinerie geleistet wird.

24–2 Gedämpfte Schwingungen

Wir wenden uns nun dem Hauptgegenstand unserer Diskussion zu, den Einschwingvorgängen. Mit einem *Einschwingvorgang* wird eine Lösung der Differentialgleichung gemeint, wenn keine Kraft vorhanden ist, aber wenn sich das System auch nicht einfach in Ruhe befindet. (Natürlich, wenn das System ruhig im Nullpunkt steht ohne Einwirkung von Kräften, dann ist das ein schönes Problem – es bleibt da!) Angenommen, die Schwingung startet auf andere Weise: sagen wir, eine Kraft hat eine Weile eingewirkt und dann stellen wir die Kraft ab. Was passiert dann? Lassen Sie uns zuerst eine grobe Vorstellung davon erhalten, was sich bei einem System mit sehr großem Q ereignet. Solange eine Kraft wirkt, bleibt die gespeicherte Energie immer gleich, und eine bestimmte Arbeit wird geleistet, um sie aufrechtzuerhalten. Nun nehmen wir an, daß die Kraft abgestellt und keine Arbeit mehr geleistet wird; dann verzehren die energieverschleißenden Verluste nicht mehr die Energie der Versorgung – es existiert *kein* Erreger mehr. Die Verluste müssen sozusagen die gespeicherte Energie aufzehren. Nehmen wir an, daß $Q/2\pi = 1000$. Dann ist die pro Schwingung geleistete Arbeit gleich 1/1000 der gespeicherten Energie. Ist es nicht vernünftig, daß das System, weil es ohne Erregerkraft schwingt, pro Schwingung ein Tausendstel seiner Energie E, die normalerweise von außen zugeführt würde, verliert und daß es weiterhin schwingt, wobei jeweils 1/1000 seiner Energie pro Schwingung verlorengeht? Wir nehmen also für ein System mit relativ großem Q an, daß die folgende Gleichung ungefähr richtig ist (wir werden es später exakt durchführen und dabei wird sich zeigen, daß es richtig *war*!):

$$dE/dt = -\omega E/Q. \tag{24.8}$$

Dies ist grob, weil es nur für große Q zutrifft. Pro Radian verliert das System einen Bruchteil $1/Q$ der gespeicherten Energie E. Damit wird sich in der Zeit dt die Energie um einen Betrag $\omega\, dt/Q$ ändern, weil $\omega\, dt$ die Anzahl von Radianen ist, welche mit der Zeit dt assoziiert sind. Was ist die Frequenz? Angenommen, das System bewegt sich schön, es sei kaum eine Kraft erforderlich, so daß es, nachdem wir loslassen, von selbst mit etwa der gleichen Frequenz weiterschwingt. Wir werden vermuten, daß ω die Resonanzfrequenz ω_0 ist. Dann leiten wir aus Gl. (24.8) ab, daß sich die gespeicherte Energie ändert wie

$$E = E_0 e^{-\omega_0 t/Q} = E_0 e^{-\gamma t}. \qquad (24.9)$$

Dies wäre ein Maß für die *Energie* zu jedem Zeitpunkt. Was würde ungefähr die Formel für die Amplitude der Schwingung als Funktion der Zeit sein? Die gleiche? Nein! Die Energie in, sagen wir, einer Feder verhält sich wie das *Quadrat* der Auslenkung; die kinetische Energie verhält sich wie das *Quadrat* der Geschwindigkeit; also verhält sich die Gesamtenergie wie das *Quadrat* der Auslenkung. Daher wird die Auslenkung, die Schwingungsamplitude, wegen ihres quadratischen Verlaufes halb so schnell abnehmen. Mit anderen Worten, wir vermuten, daß die Lösung für die gedämpfte Einschwingbewegung eine Schwingung mit einer Frequenz nahe der Resonanzfrequenz ω_0 ist, wobei die Amplitude der sinusförmigen Schwingung mit $e^{-\gamma t/2}$ abnimmt:

$$x = A_0 e^{-\gamma t/2} \cos \omega_0 t. \qquad (24.10)$$

Diese Gleichung und Figur 24–1 geben uns eine Vorstellung von dem, was wir erwarten sollten; nun lassen Sie uns versuchen, die Bewegung *genau* zu analysieren, indem wir die Differentialgleichung der Bewegung selbst lösen.

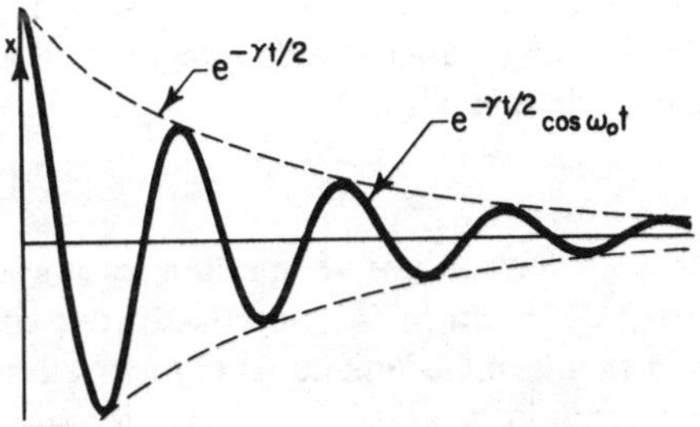

Fig. 24–1. Eine gedämpfte Kosinusschwingung.

Wenn wir mit Gl. (24.1) ohne äußere Kraft beginnen, wie lösen wir sie? Als Physiker brauchen wir uns weniger um die *Methoden* zu kümmern als um das, was die Lösung *ist*. Bewaffnet mit unserer früheren Erfahrung versuchen wir als Lösung eine Exponentialkurve $x = Ae^{i\alpha t}$. (Warum versuchen wir dies? Es ist das leichteste, was differenziert werden kann!) Wir setzen dies in Gleichung (24.1) ein (mit $F(t) = 0$) und verwenden die Regel, daß wir jedesmal, wenn wir x nach der Zeit differenzieren, mit $i\alpha$ multiplizieren. Somit ist es tatsächlich sehr einfach zu substituieren. Also erhält unsere Gleichung die Form

$$(-\alpha^2 + i\gamma\alpha + \omega_0^2)Ae^{i\alpha t} = 0. \qquad (24.11)$$

Das Resultat muß zu *allen Zeiten* Null sein; dies ist unmöglich, solange nicht a) $A = 0$ (dies ist jedoch keine Lösung, es steht still) oder b)

$$-\alpha^2 + i\alpha\gamma + \omega_0^2 = 0. \tag{24.12}$$

Wenn wir dies lösen können und ein α finden, dann werden wir eine Lösung haben, in welcher A nicht Null zu sein braucht!

$$\alpha = i\gamma/2 \pm \sqrt{\omega_0^2 - \gamma^2/4}. \tag{24.13}$$

Für eine Weile werden wir annehmen, daß γ recht klein ist im Vergleich zu ω_0, so daß $\omega_0^2 - \gamma^2/4$ definitiv positiv ist, und daraus kann die Quadratwurzel ohne Schwierigkeiten gezogen werden. Das einzige Unbequeme ist, daß wir *zwei* Lösungen erhalten! Damit wird

$$\alpha_1 = i\gamma/2 + \sqrt{\omega_0^2 - \gamma^2/4} = i\gamma/2 + \omega_\gamma \tag{24.14}$$

und

$$\alpha_2 = i\gamma/2 - \sqrt{\omega_0^2 - \gamma^2/4} = i\gamma/2 - \omega_\gamma. \tag{24.15}$$

Betrachten wir die erste, nehmen wir an, daß wir nicht bemerkt haben, daß die Quadratwurzel zwei mögliche Werte hat. Dann wissen wir, eine Lösung für x ist $x_1 = Ae^{i\alpha_1 t}$, wobei A jede beliebige Konstante ist. Bei der Substitution von α_1 werden wir aus Gründen der Vereinfachung schreiben $\sqrt{\omega_0^2 - \gamma^2/4} = \omega_\gamma$. Damit wird $i\alpha_1 = -\gamma/2 + i\omega_\gamma$, und somit erhalten wir $x = Ae^{i(-\gamma/2 + i\omega_\gamma)t}$ oder, was wegen der wunderbaren Eigenschaften eines Exponentialausdruckes das gleiche ist,

$$x_1 = Ae^{-\gamma t/2} e^{i\omega_\gamma t}. \tag{24.16}$$

Zuerst erkennen wir dies als eine Schwingung mit einer Frequenz ω_γ, welche nicht *exakt* die Frequenz ω_0 ist, aber sie ist für ein gutes System recht nahe bei ω_0. Zweitens nimmt die Schwingungsamplitude exponentiell ab! Wenn wir z. B. den Realteil von (24.16) nehmen, erhalten wir

$$x_1 = Ae^{-\gamma t/2} \cos \omega_\gamma t. \tag{24.17}$$

Dies ist der von uns vermuteten Lösung (24.10) sehr ähnlich, ausgenommen, daß die Frequenz wirklich ω_γ ist. Dies ist der einzige Fehler, also ist es das gleiche – wir haben den richtigen Gedanken. Aber *nicht* alles ist richtig! Was nicht richtig ist, ist, *daß es eine weitere Lösung gibt.*

Die andere Lösung ist α_2, und wir sehen, daß der Unterschied nur die Vertauschung des Vorzeichens von ω_γ ist:

$$x_2 = Be^{-\gamma t/2} e^{-i\omega_\gamma t}. \tag{24.18}$$

Was bedeutet dies? Wir werden bald beweisen, daß, wenn x_1 und x_2 jede eine mögliche Lösung von Gl. (24.1) für $F = 0$ sind, dann auch $x_1 + x_2$ eine Lösung derselben Gleichung ist! Somit hat die allgemeine Lösung x die mathematische Form

$$x = e^{-\gamma t/2}(Ae^{i\omega_\gamma t} + Be^{-i\omega_\gamma t}). \tag{24.19}$$

Nun könnten wir uns fragen, warum wir uns damit abmühen, diese andere Lösung anzugeben, wo wir doch so glücklich allein mit der ersten waren. Wozu dient diese zusätzliche Lösung, denn wir wissen natürlich, daß wir nur den Realteil nehmen sollten? ***Wir*** wissen, daß wir den Realteil nehmen müssen, aber wie wußten die ***Mathematiker***, daß wir nur den Realteil wollten? Wenn wir eine von Null verschiedene Erregerkraft $F(t)$ haben, so setzen wir eine ***künstliche*** Kraft mit ein, und der ***Imaginärteil*** der Gleichung wird sozusagen auf eine bestimmte Weise erregt. Aber wenn wir $F(t) \equiv 0$ setzen, so ist unsere Vereinbarung, daß x nur der Realteil von dem sein soll, was wir auch immer aufschreiben, rein unsere eigene Sache, und die mathematischen Gleichungen wissen davon noch nichts. Die physikalische Welt ***hat*** eine reelle Lösung, aber die Antwort, mit der wir vorher so glücklich waren, ist nicht reell, sie ist ***komplex***. Die ***Gleichung*** weiß nicht, daß wir willkürlich den Realteil nehmen, also muß sie uns sozusagen einen konjugiert komplexen Lösungstyp vorlegen, so daß wir durch deren Zusammensetzung eine ***wirklich reelle*** Lösung erhalten; das ist es, was α_2 für uns tut. Damit x reell ist, muß $Be^{-i\omega_\gamma t}$ das konjugiert Komplexe zu $Ae^{i\omega_\gamma t}$ sein, damit die Imaginärteile verschwinden. Auf diese Weise ergibt sich, daß B das konjugiert Komplexe zu A ist, und unsere reelle Lösung ist

$$x = e^{-\gamma t/2}(Ae^{i\omega_\gamma t} + A^* e^{-i\omega_\gamma t}). \tag{24.20}$$

Somit ist unsere reelle Lösung eine Schwingung mit einer *Phasenverschiebung* und einer Dämpfung – genau wie angekündigt.

24–3 Elektrische Einschwingvorgänge

Nun wollen wir sehen, ob das obenstehende wirklich funktioniert. Wir bauen den in Fig. 24–2 gezeigten elektrischen Kreis, in welchem wir die Spannung an der Induktivität L mit einem Oszillographen beobachten, nachdem die Spannung plötzlich durch Schließen des Schalters S angelegt wurde. Er ist ein Schwingkreis, und er erzeugt einen Einschwingvorgang. Dies entspricht einem Umstand, in welchem wir plötzlich eine Kraft ansetzen und das System zu schwingen beginnt. Es ist das elektrische Analogon zu einem gedämpften mechanischen Oszillator, und wir beobachten die Schwingung mit einem Oszillographen, mit dem wir die Kurven sehen sollten, welche wir versucht haben

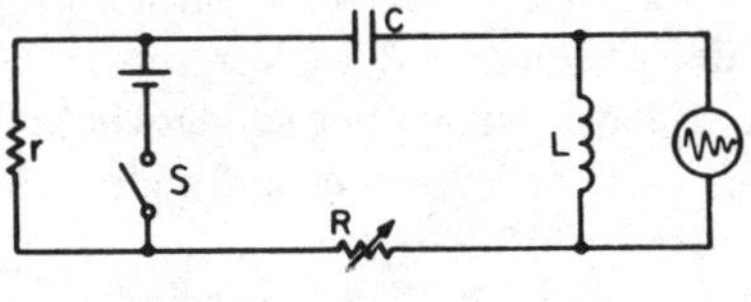

Fig. 24–2. Ein elektrischer Kreis zur Demonstration von Einschwingvorgängen.

zu analysieren. (Die horizontale Bewegung des Oszillographen wird mit einer gleichförmigen Geschwindigkeit betrieben, während die vertikale Bewegung die Spannung an der Induktivität ist. Der Rest des Schaltkreises ist lediglich ein technisches Detail. Wir wollen das Experiment viele, viele Male wiederholen, weil die Wahrnehmungsdauer beim Sehen nicht groß genug ist, um nur eine Spur auf dem Schirm zu beobachten. Somit wiederholen wir das Experiment wieder und wieder durch Schließen des Schalters 60mal pro Sekunde; jedesmal wenn wir den Schalter schließen, starten wir die horizontale Ablenkung des Oszillographen, und damit wird die Kurve wieder und wieder nachgezeichnet.) In den Fig. 23–3 bis 24–6 sehen wir Beispiele von gedämpften Schwingungen, welche auf einem Oszillographenschirm photographiert wurden. Fig. 24–3 zeigt eine ge-

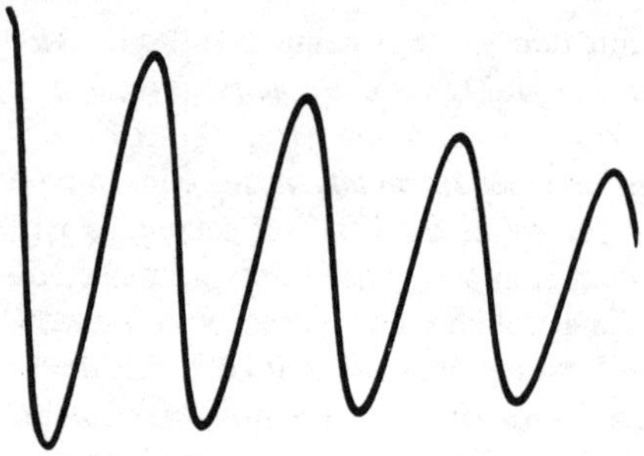

Fig. 24–3

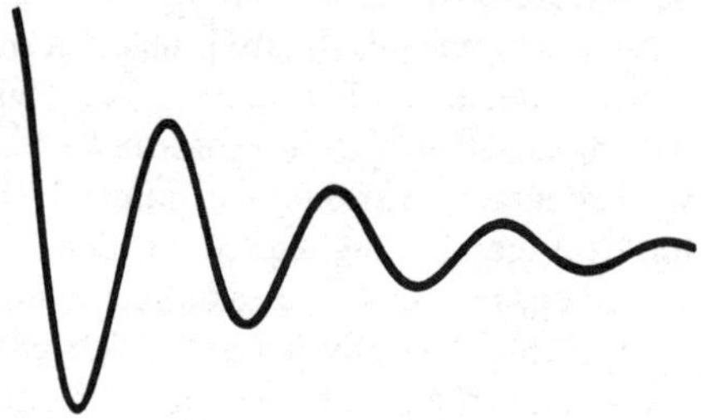

Fig. 24–4

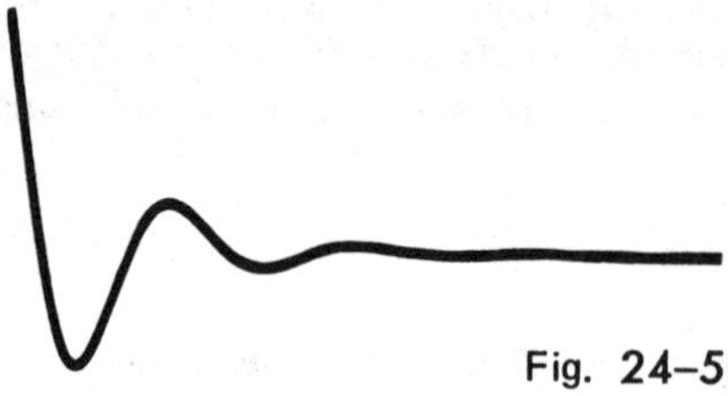

Fig. 24–5

Fig. 24–6

dämpfte Schwingung in einem Kreis, der ein großes Q, also ein kleines γ besitzt. Sie klingt nicht sehr schnell ab; sie schwingt beim Abklingen viele Male.

Aber sehen wir, was sich bei abnehmendem Q ereignet, wenn also die Schwingung schneller abklingt. Wir können Q reduzieren, indem wir den Widerstand R des Kreises erhöhen. Wenn wir den Widerstand im Kreis erhöhen, wird es schneller abklingen (Fig. 24–4). Wenn wir dann den Widerstand noch weiter vergrößern, klingt die Schwingung noch schneller ab (Fig. 24–5). Aber wenn wir ihn über einen gewissen Wert vergrößern, können wir gar keine Schwingung mehr beobachten! Die Frage ist: Ist dies so, weil unsere Augen nicht gut genug sind? Wenn wir den Widerstand noch weiter erhöhen, erhalten wir eine Kurve wie die in Fig. 24–6, welche anscheinend keine Schwingung mit Ausnahme von vielleicht einer erzeugt. Nun, wie können wir dies durch Mathematik erklären?

Der Widerstand ist natürlich proportional dem γ-Glied des mechanischen Systems. Hier ist γ gleich R/L. Vergrößern wir nun das γ in den Lösungen (24.14) und (24.15), mit denen wir vorher so glücklich waren, so entsteht ein Chaos, wenn $\gamma/2$ größer wird als ω_0; wir müssen es auf andere Weise schreiben, als

$$i\gamma/2 + i\sqrt{\gamma^2/4 - \omega_0^2} \qquad \text{und} \qquad i\gamma/2 - i\sqrt{\gamma^2/4 - \omega_0^2}.$$

Dies sind nun die beiden Lösungen, und wenn wir der gleichen Linie mathematischer Überlegung folgen wie vorher, so finden wir wiederum zwei Lösungen: $e^{i\alpha_1 t}$ und $e^{i\alpha_2 t}$. Wenn wir nun für α_1 substituieren, so erhalten wir

$$x = Ae^{-(\gamma/2+\sqrt{\gamma^2/4-\omega_0^2})t},$$

einen schönen exponentiellen Abfall ohne Schwingungen. Ähnlich ist die andere Lösung

$$x = Be^{-(\gamma/2-\sqrt{\gamma^2/4-\omega_0^2})t}.$$

Es ist anzumerken, daß die Quadratwurzel nie größer werden kann als $\gamma/2$, weil selbst für $\omega_0 = 0$ das eine Glied nur gleich dem anderen ist. Aber ω_0^2 wird von $\gamma^2/4$ subtrahiert, so daß die Quadratwurzel kleiner ist als $\gamma/2$, und das Glied in der Klammer ist daher immer eine positive Zahl. Gott sei Dank! Warum? Wenn sie negativ wäre, würden wir e zu einem ***positiven*** Exponenten multipliziert mit t erhalten, was bedeuten würde, daß der Ausdruck explodiert! Durch Einsetzen größerer und größerer Widerstände in den Kreis wissen wir, daß er nicht explodieren kann – ganz im Gegenteil. So haben wir nun zwei Lösungen, jede eine abklingende Exponentialfunktion, aber eine besitzt eine größere „Abklingrate" als die andere. Die allgemeine Lösung ist natürlich eine Kombination dieser beiden; die Koeffizienten in der Kombination hängen davon ab, wie die Bewegung beginnt – welche die Anfangsbedingungen des Problems sind. Bei der besonderen Weise, in der dieser Kreis angeregt wird, ist A negativ und B positiv, somit erhalten wir die Differenz von zwei Exponentialkurven.

Nun wollen wir diskutieren, wie wir die beiden Koeffizienten A und B (oder A und A^*) finden, wenn wir wissen, wie die Bewegung beginnt.

Angenommen, wir wissen bei $t = 0$, daß $x = x_0$ und $dx/dt = v_0$. Wenn wir $t = 0$, $x = x_0$ und $dx/dt = v_0$ in die Ausdrücke

$$x = e^{-\gamma t/2}(Ae^{i\omega_\gamma t} + A^* e^{-i\omega_\gamma t}),$$
$$dx/dt = e^{-\gamma t/2}[(-\gamma/2 + i\omega_\gamma)Ae^{i\omega_\gamma t} + (-\gamma/2 - i\omega_\gamma)A^* e^{-i\omega_\gamma t}]$$

einsetzen, so erhalten wir mit $e^0 = e^{i0} = 1$

$$\begin{aligned} x_0 &= A + A^* = 2A_R, \\ v_0 &= (-\gamma/2)(A + A^*) + i\omega_\gamma(A - A^*) \\ &= -\gamma x_0/2 + i\omega_\gamma(2iA_I), \end{aligned}$$

wobei $A = A_R + iA_I$ und $A^* = A_R - iA_I$. Also finden wir

$$A_R = x_0/2$$

und

$$A_I = (v_0 + \gamma x_0/2)/2\omega_\gamma. \tag{24.21}$$

Damit sind A und A^* vollständig bestimmt, und damit ist auch die gesamte Kurve der Einschwinglösung durch die Anfangsbedingungen ausgedrückt. Nebenbei bemerkt können wir die Lösung auf andere Weise schreiben, wenn wir beachten, daß

$$e^{i\theta} + e^{-i\theta} = 2\cos\theta \quad \text{und} \quad e^{i\theta} - e^{-i\theta} = 2i\sin\theta.$$

Wir können dann die komplette Lösung schreiben als

$$x = e^{-\gamma t/2}\left[x_0 \cos\omega_\gamma t + \frac{v_0 + \gamma x_0/2}{\omega_\gamma}\sin\omega_\gamma t\right], \tag{24.22}$$

wobei $\omega_\gamma = +\sqrt{\omega_0^2\ \gamma^2/4}$. Dies ist der mathematische Ausdruck für die Art des Abklingens einer Schwingung. Wir werden keinen direkten Gebrauch davon machen, aber es sind einige Punkte hervorzuheben, die in allgemeineren Fällen zutreffen.

Erstens wird das Verhalten eines solchen Systems bei Abwesenheit einer äußeren Kraft ausgedrückt durch eine Summe oder eine Überlagerung von reinen Exponentialausdrücken der Zeit (welche wir $e^{i\alpha t}$ geschrieben haben). Dies ist eine gute Lösung, welche unter solchen Umständen versucht werden kann. Die Werte für α können allgemein komplex sein, wobei die Imaginärteile die Dämpfung repräsentieren. Endlich erscheint die in Kap. 22 diskutierte enge mathematische Beziehung zwischen der Sinus- und der Exponentialfunktion sehr häufig physikalisch als eine Änderung vom Schwingungs- zum Exponentialverhalten, wenn irgendein physikalischer Parameter (in diesem Fall der Widerstand, γ) einen kritischen Wert überschreitet.

25 Lineare Systeme und Übersicht

25–1 Lineare Differentialgleichungen

In diesem Kapitel diskutieren wir gewisse Aspekte von schwingenden Systemen, die etwas allgemeiner sind als nur in den speziellen Systemen, welche wir bisher diskutiert haben. Für unser spezielles System ist die Differentialgleichung, welche wir bisher gelöst haben,

$$m \frac{d^2x}{dt^2} + \gamma m \frac{dx}{dt} + m\omega_0^2 x = F(t). \tag{25.1}$$

Nun besitzt diese spezielle Kombination von „Operationen" an der Variablen x die interessante Eigenschaft, daß bei Substitution von $(x + y)$ für x die gleiche Summe von Operationen für x und für y erhalten wird; oder wenn wir x mit a multiplizieren, erhalten wir a mal die gleiche Kombination. Das ist leicht zu beweisen. Als eine „Kurzschrift", weil es ermüdend ist, alle diese Buchstaben in (25.1) zu schreiben, wollen wir das Symbol $\underline{L}(x)$ verwenden. Wenn wir dieses Symbol sehen, dann bedeutet es die linke Seite von (25.1), mit x eingesetzt. Mit diesen Abkürzungen bedeutet $\underline{L}(x + y)$

$$\underline{L}(x + y) = m \frac{d^2(x + y)}{dt^2} + \gamma m \frac{d(x + y)}{dt} + m\omega_0^2(x + y). \tag{25.2}$$

(Wir unterstreichen das $\underline{L}$, um uns daran zu erinnern, daß es keine gewöhnliche Funktion ist.) Dies wird mitunter *Operatorschreibweise* genannt. Aber es ist egal, wie wir es nennen, es ist nur eine „Kurzschrift".

Unsere erste Aussage war, daß

$$\underline{L}(x + y) = \underline{L}(x) + \underline{L}(y), \tag{25.3}$$

dies folgt natürlich aus der Tatsache, daß $a(x + y) = ax + ay$, $d(x + y)/dt = dx/dt + dy/dt$ usw.

Unsere zweite Aussage für ein konstantes a war

$$\underline{L}(ax) = a\underline{L}(x). \tag{25.4}$$

[Tatsächlich sind (25.3) und (25.4) sehr eng verwandt. Denn wenn $(x + x)$ in (25.3) eingesetzt wird, dann ist dies das gleiche wie $a = 2$ in (25.4), usw.]

In komplizierteren Systemen können mehr Ableitungen und mehr Glieder in $\underline{L}$ existieren; die Frage von Interesse ist, ob die Gleichungen (25.3) und (25.4) erhalten bleiben oder nicht. Wenn sie es bleiben, dann nennen wir ein solches Problem ein *lineares* Problem. In diesem Kapitel diskutieren wir einige Eigenschaften, die existieren, weil das System linear ist. Wir tun dies, um die Allgemeinheit einiger der Resultate zu verstehen, welche wir bei unserer speziellen Untersuchung einer speziellen Gleichung erhalten haben.

Nun lassen Sie uns einige Eigenschaften linearer Differentialgleichungen untersuchen, die wir bereits mit der speziellen Gleichung (25.1) illustriert haben, die wir so eingehend untersucht haben. Die erste interessante Eigenschaft ist diese: Angenommen, wir müssen die Differentialgleichung für einen Einschwingvorgang, für die freie Schwingung ohne Erregerkraft, lösen. Das heißt, wir wollen folgende Gleichung lösen

$$\underline{L}(x) = 0. \tag{25.5}$$

Angenommen, wir haben mit legalen oder illegalen Mitteln eine spezielle Lösung gefunden, die wir x_1 nennen. Das heißt, wir haben ein x_1, für welches $\underline{L}(x_1) = 0$. Nun stellen wir fest, daß ax_1 ebenfalls eine Lösung derselben Gleichung ist; wir können diese spezielle Lösung mit irgendeiner Konstanten multiplizieren und erhalten eine neue Lösung. Mit anderen Worten, wenn wir eine Bewegung einer bestimmten „Größe" hätten, dann ist eine Bewegung der doppelten „Größe" ebenfalls eine Lösung.
Beweis: $\underline{L}(ax_1) = a\underline{L}(x_1) = a \cdot 0 = 0$.

Als nächstes nehmen wir an, daß wir so oder so nicht nur *eine* Lösung x_1, sondern auch eine andere Lösung x_2 gefunden haben. (Denken Sie daran, daß wir mit der Substitution $x = e^{i\alpha t}$ zum Auffinden von Einschwingvorgängen *zwei* Werte für α gefunden haben, d. h. zwei Lösungen x_1 und x_2.) Nun wollen wir zeigen, daß die Kombination $(x_1 + x_2)$ ebenfalls eine Lösung ist. Mit anderen Worten, wenn wir $x = x_1 + x_2$ setzen, dann ist x wiederum eine Lösung der Gleichung. Warum? Weil mit $\underline{L}(x_1) = 0$ und $\underline{L}(x_2) = 0$ auch gilt $\underline{L}(x_1 + x_2) = \underline{L}(x_1) + \underline{L}(x_2) = 0 + 0 = 0$. Wenn wir also eine Anzahl von Lösungen für die Bewegung eines linearen Systems gefunden haben, dann können wir diese addieren.

Verknüpfen wir diese beiden Vorstellungen, so sehen wir natürlich, daß auch sechs Lösungen der einen Sorte addiert zu zwei der anderen ebenfalls eine Lösung ergibt: Wenn x_1 eine Lösung ist, dann ist es auch αx_1. Daher ist irgendeine Summe dieser beiden Lösungen, z. B. $(\alpha x_1 + \beta x_2)$, ebenfalls eine Lösung. Wenn wir in der Lage sind, drei Lösungen zu finden, dann ist irgendeine Kombination dieser drei Lösungen ebenfalls eine Lösung usw. Es zeigt sich, daß die Anzahl der sogenannten *unabhängigen Lösungen**, welche wir für unser Oszillatorproblem erhalten haben, nur *zwei* ist. Die Anzahl der unabhängigen Lösungen, die man findet, hängt im allgemeinen Fall von der sogenannten *Zahl der Freiheitsgrade* ab. Wir werden dies jetzt nicht im einzelnen diskutieren, aber wenn wir eine Differentialgleichung zweiter Ordnung haben, dann existieren nur zwei unabhängige Lösungen, und wir haben beide gefunden; damit haben wir die allgemeinste Lösung.

Wir wollen uns nun einem anderen Lehrsatz zuwenden, der gilt, wenn das System durch eine äußere Kraft erregt wird. Angenommen, die Gleichung sei

$$\underline{L}(x) = F(t), \tag{25.6}$$

und angenommen, daß wir eine spezielle Lösung davon gefunden haben. Sagen wir, die Lösung von Max sei x_j, und $\underline{L}(x_j) = F(t)$. Angenommen, wir wollen noch eine andere Lösung finden; angenommen, wir addieren zu Maxens Lösung eine Lösung der freien Schwingungsgleichung (25.5), sagen wir x_1. Dann erhalten wir mit (25.3)

$$\underline{L}(x_J + x_1) = \underline{L}(x_J) + \underline{L}(x_1) = F(t) + 0 = F(t). \tag{25.7}$$

Also können wir zur „erzwungenen" Lösung irgendeine „freie" Lösung addieren und haben noch immer eine Lösung. Die freie Lösung wird eine *Einschwinglösung* genannt.

* Lösungen, die nicht als Linearkombinationen voneinander dargestellt werden können, werden unabhängig genannt.

Wenn zunächst keine und dann plötzlich eine Erregerkraft wirksam ist, so erhalten wir nicht sofort die Lösung für den eingeschwungenen Zustand, welche wir mit der Sinuswellen-Lösung gefunden haben. Für eine Weile wird ein Einschwingvorgang existieren, der früher oder später abklingt, wenn wir lange genug warten. Die „erzwungene" Lösung klingt nicht ab, da sie durch die Kraft erhalten bleibt. Im Endeffekt, für lange Zeitdauern, ist die Lösung eindeutig, aber zu Beginn sind die Bewegungen aufgrund verschiedener Umstände verschieden, abhängig von den Startbedingungen des Systems.

25–2 Superposition von Lösungen

Nun kommen wir zu einem anderen interessanten Lehrsatz. Angenommen, wir haben eine bestimmte spezielle Erregerkraft F_a (sagen wir eine periodische mit einem gewissen $\omega = \omega_a$, aber unsere Folgerung wird für jede funktionale Form von F_a zutreffen) und wir haben die erzwungene Bewegung gelöst (mit oder ohne Einschwingvorgang; es macht keinen Unterschied). Nehmen wir nun an, daß eine andere Kraft F_b angreift, und wir lösen das gleiche Problem für diese andere Kraft. Dann nehmen wir an, daß jemand daherkommt und sagt, „Ich habe ein neues Problem, welches Sie lösen sollen; ich habe die Kraft $F_a + F_b$". Können wir das lösen? Natürlich können wir es, weil die Lösung die Summe der beiden Lösungen x_a und x_b für die separat genommenen Kräfte ist – ein in der Tat sehr bemerkenswerter Umstand. Bei Anwendung von (25.3) sehen wir, daß

$$\underline{L}(x_a + x_b) = \underline{L}(x_a) + \underline{L}(x_b) = F_a(t) + F_b(t). \tag{25.8}$$

Dies ist ein Beispiel des sogenannten *Superpositionsprinzips* für lineare Systeme, und es ist sehr wichtig. Es bedeutet folgendes: Wenn wir eine komplizierte Kraft haben, die auf bequeme Weise in eine Summe von Teilkräften zerlegt werden kann, die in dem Sinn einfach sind, daß für jede der Teilkräfte die Gleichung gelöst werden kann, dann ist die Lösung für die *gesamte* Kraft gegeben, weil wir einfach die Teile der *Lösung* wieder zusammenaddieren, genau wie die gesamte *Kraft* aus den Einzelteilen zusammengesetzt ist (Fig. 25–1).

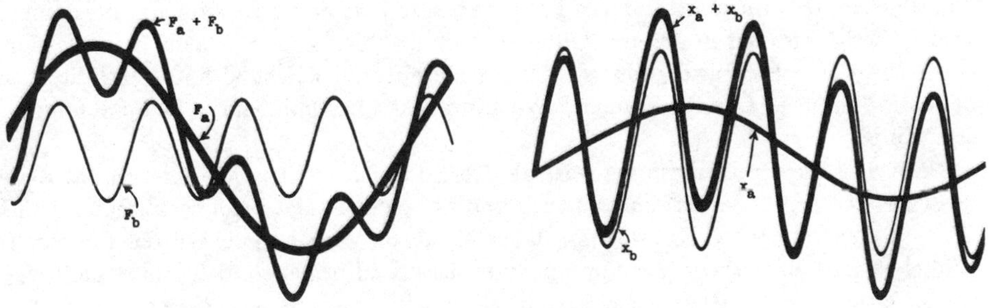

Fig. 25–1. Ein Beispiel des Superpositionsprinzips für lineare Systeme.

Nehmen wir ein anderes Beispiel des Superpositionsprinzips. In Kapitel 12 haben wir gesagt, daß es eine der großen Tatsachen der Gesetze der Elektrizität ist, wenn wir eine bestimmte Verteilung der Ladungen q_a haben und das durch diese Ladungen an einem bestimmten Ort P erzeugte elektrische Feld $\mathbf{E}_a$ berechnen und wenn wir andererseits eine andere Ladungsverteilung q_b haben und das durch diese am entsprechenden Ort erzeugte Feld $\mathbf{E}_b$ berechnen, wenn dann beide Ladungsverteilungen zur gleichen Zeit vorhanden sind, so ist das Feld $\mathbf{E}$ in P die *Summe* von $\mathbf{E}_a$ plus $\mathbf{E}_b$. Mit anderen Worten, wenn wir das durch eine bestimmte Ladung verursachte Feld kennen, dann ist das durch viele Ladungen erzeugte Feld einfach die Vektorsumme der Felder dieser einzeln genommenen Ladungen. Das ist genau analog dem oben angeführten Lehrsatz, welcher sagt, wenn wir das Resultat zweier gegebener Kräfte jeweils einzeln kennen und wenn die Kraft als die Summe dieser beiden betrachtet wird, dann ist die Wirkung die Summe der entsprechenden einzelnen Wirkungen.

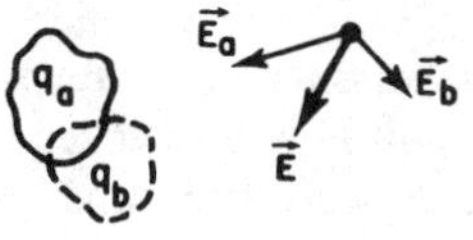

Fig. 25–2. Das Superpositionsprinzip in der Elektrostatik.

Der Grund dafür, daß dies in der Elektrizität zutrifft, ist, daß die großen Gesetze der Elektrizität, die Maxwellschen Gleichungen, welche das elektrische Feld bestimmen, lineare Differentialgleichungen sind, d. h. sie besitzen die Eigenschaft (25.3). Die das Feld erzeugende *Ladung* entspricht der Kraft, und die Gleichung, welche das elektrische Feld abhängig von den Ladungen beschreibt, ist linear.

Als weiteres interessantes Beispiel dieses Lehrsatzes lassen Sie uns fragen, wie es möglich ist, auf einen bestimmten Rundfunksender „abzustimmen", während gleichzeitig alle Radiostationen senden. Der Sender überträgt im Grunde genommen ein oszillierendes elektrisches Feld sehr hoher Frequenz, welches auf unsere Radioantenne einwirkt. Es ist richtig, daß die Amplitude der Schwingung des Feldes verändert wird, moduliert wird, um das Signal der Sprache zu übertragen. Aber das ist sehr langsam und wir werden uns darüber nicht den Kopf zerbrechen. Wenn man hört „diese Station sendet mit einer Frequenz von 780 KHz", dann wird dadurch angezeigt, daß 780 000 Schwingungen pro Sekunde die Frequenz des elektrischen Feldes der Sendeantenne ist, und dieses Feld bewegt die Elektronen mit dieser Frequenz in unserer Antenne auf und ab.

Nun können wir zum gleichen Zeitpunkt in der gleichen Stadt einen anderen Radiosender haben, der mit einer anderen Frequenz, sagen wir mit 550 KHz strahlt; dann werden die Elektronen in unserer Antenne ebenfalls mit dieser Frequenz bewegt. Nun ist die Frage, wie kommt es, daß wir die Signale mit 780 KHz und 550 KHz, die in unser Radio kommen, trennen können? Wir hören ganz bestimmt nicht beide Sender gleichzeitig.

Nach dem Superpositionsprinzip ist die Reaktion des elektrischen Kreises des Radios (dessen erster Teil linear ist) auf die aufgrund des elektrischen Feldes wirkenden Kräfte $F_a + F_b$ gleich $x_a + x_b$. Es erscheint daher so, als ob wir sie nie entwirren würden. Tatsächlich scheint das Prinzip der Superpostion darauf zu bestehen, daß wir es nicht *vermeiden* können, beide in unserem System zu haben. Aber erinnern Sie sich daran, daß der Frequenzgang eines Resonanzkreises, das ist der Betrag von x pro Einheit von F aufgetragen als Funktion der Frequenz, wie Fig. 25–3 aussieht. Wenn es ein Kreis mit großem Q wäre, dann würde der Frequenzgang ein sehr scharfes Maximum besitzen. Angenommen, die beiden Stationen sind in ihrer Stärke vergleichbar, d. h. die beiden *Kräfte* sind von der gleichen Größenordnung. Die *Reaktion*, die man erhält, ist die Summe von x_a und x_b. Aber in Fig. 25–3 ist x_a enorm groß, während x_b klein ist. Obwohl also beide Signale gleiche Stärken besitzen, werden sie beim Durchgang durch den scharfen Resonanzkreis im Radio, der auf ω_a (die Frequenz des einen Senders) abgestimmt ist, so beeinflußt, daß die Reaktion auf diesen Sender viel größer ist als auf den anderen. Daher besteht die gesamte Reaktion beim Empfang beider Signale fast ausschließlich aus ω_a, und wir haben den Sender ausgewählt, den wir wünschen.

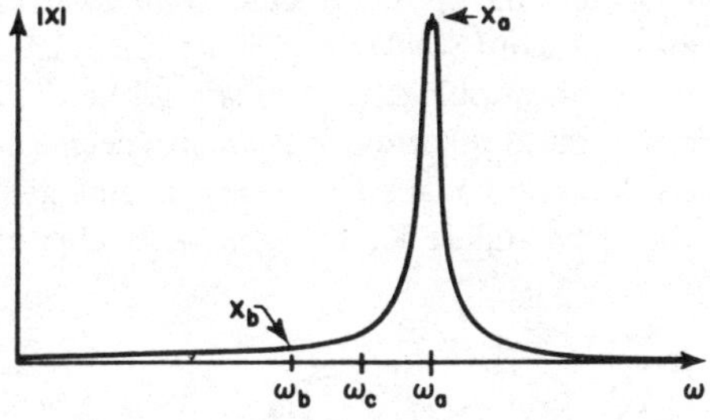

Fig. 25–3. Eine scharf abgestimmte Resonanzkurve.

Was ist nun mit der Abstimmung? Wie stimmen wir ab? Wir ändern ω_0 durch Veränderung des L oder des C des Kreises, weil die Frequenz des Kreises von der Kombination von L und C abhängt. Im besonderen sind die meisten Radios so gebaut, daß man die Kapazität ändern kann. Wenn wir das Radio nachstimmen, so können wir eine neue Stelle auf der Skala einstellen, wobei die natürliche Frequenz des Kreises nach, sagen wir, ω_c verschoben wird. In diesem Fall hören wir keine der beiden Stationen; wir empfangen Stille, falls keine andere Station auf ω_c sendet. Wenn wir die Kapazität weiter ändern, bis die Resonanzkurve bei ω_b ist, dann empfangen wir natürlich die andere Station. So arbeitet die Abstimmung beim Radio; es ist wiederum das Prinzip der Superposition, kombiniert mit einem Resonanzverhalten*.

Um diese Diskussion zu beenden, beschreiben wir qualitativ, was sich ereignet, wenn wir weiter fortfahren mit der Analyse linearer Probleme für eine gegebene Kraft, wenn die Kraft sehr kompliziert ist. Unter den vielen möglichen Prozeduren gibt es zwei besonders geeignete praktische Methoden, mit denen wir das Problem lösen können. Eine ist diese: Angenommen, wir können es für spezielle bekannte Kräfte lösen, z. B. für Sinuswellen verschiedener Frequenzen. Wir wissen, daß es ein Kinderspiel ist, es für Sinuswellen zu lösen. So haben wir also die sogenannten „Kinderspiel"-Fälle. Nun stellt sich die Frage, ob unsere sehr komplizierte Kraft als die Summe von zwei oder mehr „Kinderspiel"-Kräften repräsentiert werden kann. In Fig. 25–1 hatten wir bereits eine recht komplizierte Kurve, die wir durch die Addition weiterer Sinuswellen natürlich noch komplizierter gestalten können. So ist es bestimmt möglich, sehr komplizierte Kurven zu erhalten. Und die Umkehrung trifft auch *zu*: *Praktisch jede Kurve* kann erhalten werden durch Addition *unendlicher Anzahlen* von Sinuswellen mit verschiedenen Wellenlängen (oder Frequenzen), von denen für jede die Antwort bekannt ist. Wir müssen nur wissen, wieviel von jeder Sinuswelle angesetzt werden muß, um ein gegebenes F darzustellen. Unsere Antwort, x, ist die entsprechende Summe der F-Sinuswellen, wobei jede mit ihrem effektiven Verhältnis von x zu F multipliziert ist. Diese Lösungsmethode wird die

---

* In modernen Überlagerungsempfängern sind die Vorgänge komplizierter. Die Verstärker sind alle auf eine feste Frequenz abgestimmt (die sogenannte Zwischenfrequenz), und ein Oszillator mit variabler abstimmbarer Frequenz wird mit dem Eingangssignal in einem *nichtlinearen* Kreis kombiniert, um eine neue Frequenz (die Differenz zwischen Signal- und Oszillatorfrequenz) zu erzeugen, welche gleich der Zwischenfrequenz ist. Diese wird dann verstärkt. Dies wird in Kapitel 50 diskutiert.

Methode der *Fourier-Transformation* oder *Fourier-Analyse* genannt. Wir führen eine solche Analyse jetzt nicht aus; wir wollen lediglich die darin enthaltenen Ideen beschreiben.

Ein anderer Weg zur Lösung unseres komplizierten Problems ist sehr interessant. Angenommen, daß es mit einer enormen geistigen Anstrengung möglich wäre, unser Problem für eine spezielle Kraft, und zwar für einen *Impuls*, zu lösen. Die Kraft wird schnell an- und dann wieder abgestellt; dann ist alles vorbei. Tatsächlich ist es nur erforderlich, für einen Impuls einer Einheitsstärke die Lösung zu finden; jede andere Stärke kann durch Multiplikation mit einem angemessenen Faktor erhalten werden. Wir wissen, daß die Reaktion x auf einen Impuls eine gedämpfte Schwingung ist. Was kann man aber über eine andere Kraft sagen, z. B. über eine Kraft wie jene in Fig. 25–4?

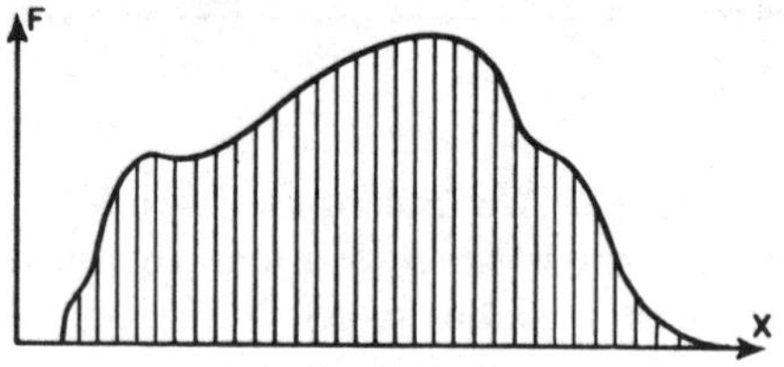

Fig. 25–4. Eine komplizierte Kraft kann wie eine Folge scharfer Impulse behandelt werden.

Eine solche Kraft kann verglichen werden mit einer Serie von Hammerschlägen. Zuerst ist keine Kraft vorhanden und plötzlich ist eine stete Kraft da – Impuls, Impuls, Impuls, Impuls, ..., und dann ist alles vorüber. Mit anderen Worten, wir stellen uns eine kontinuierliche Kraft als eine Serie von Impulsen vor, alle nahe beieinander. Nun kennen wir das Resultat für einen Impuls, somit wird das Resultat für eine ganze Serie von Impulsen eine ganze Serie von gedämpften Schwingungen: es ist die Kurve für den ersten Impuls, und danach (ein klein wenig später) addieren wir die Kurve für den zweiten Impuls, und dann die Kurve für den dritten Impuls usw. Auf diese Weise können wir mathematisch die komplette Lösung für willkürliche Funktionen darstellen, wenn wir die Antwort für einen Impuls kennen. Die Antwort für irgendeine andere Kraft wird einfach durch Integration erhalten. Dies wird die Methode der *Greenschen Funktionen* genannt. Eine Greensche Funktion ist eine Reaktion auf einen Impuls, und die Methode, eine beliebige Kraft durch Zusammensetzen der Reaktion auf Impulse zu analysieren, wird die Methode der Greenschen Funktionen genannt.

Die diesen beiden Methoden zugrundeliegenden physikalischen Prinzipien sind so einfach, mit nur der linearen Gleichung verknüpft, daß sie leicht verständlich sind. Aber die damit verknüpften *mathematischen* Probleme, die komplizierten Integrationen usw., sind ein wenig zu fortgeschritten, als daß wir sie schon jetzt in Angriff nehmen könnten. Sie werden sehr wahrscheinlich darauf eines Tages zurückkommen, wenn Sie mehr Erfahrung in der Mathematik haben. Aber der *Gedanke* ist in der Tat sehr einfach.

Endlich wollen wir einige Bemerkungen darüber machen, warum *lineare* Systeme so wichtig sind. Die Antwort ist einfach: Weil wir sie lösen können! Also lösen wir in den meisten Fällen lineare Probleme. Zweitens, und dies ist am wichtigsten, zeigt sich, daß die *Grundgesetze der Physik häufig linear sind.* Die Maxwellschen Gleichungen für die Gesetze der Elektrizität sind z. B. linear. Die großen Gesetze der Quantenmechanik erweisen sich, soweit wir wissen, als lineare Gleichungen. *Das* ist der Grund dafür, daß wir soviel Zeit für lineare Gleichungen aufwenden: Weil wir, wenn wir lineare Gleichungen verstehen, im Prinzip in der Lage sind, eine Menge Dinge zu verstehen.

Wir erwähnen eine andere Situation, in der lineare Gleichungen gefunden werden. Für kleine Auslenkungen können viele Funktionen linear *approximiert* werden. Zum Beispiel ist die exakte Gleichung für die Bewegung eines mathematischen Pendels

$$d^2\theta/dt^2 = -(g/L)\sin\theta. \qquad (25.9)$$

Diese Gleichung kann mit Hilfe elliptischer Funktionen gelöst werden, aber die leichteste Lösungsmethode ist die numerische, die in Kapitel 9 für die Newtonschen Bewegungsgesetze gezeigt wurde. Eine nichtlineare Gleichung kann normalerweise nicht anders als *nur* numerisch gelöst werden. Nun ist für kleine θ der Wert von $\sin\theta$ praktisch gleich θ, und somit haben wir eine lineare Gleichung. Es zeigt sich, daß es viele Situationen gibt, in denen kleine Effekte linear sind: in diesem Beispiel die Bewegung des Pendels auf kleinen Kreisbögen. Als ein anderes Beispiel, wenn wir eine Feder ein klein wenig ziehen, so ist die Kraft proportional der Dehnung. Wenn wir sehr kräftig ziehen, zerreißen wir die Feder, und dabei ist die Kraft eine vollkommen verschiedene Funktion von der Entfernung! Lineare Gleichungen sind wichtig. Sie sind in der Tat *so* wichtig, daß wir in der Physik und in den Ingenieurwissenschaften vielleicht während 50% unserer Zeit lineare Gleichungen lösen.

25–3 Schwingungen in linearen Systemen

Geben wir nun eine Übersicht über die Dinge, die wir in den letzten Kapiteln behandelt haben. Es ist sehr leicht möglich, daß die Physik der Oszillatoren unübersichtlich wird aufgrund der Mathematik. Die Physik ist in der Tat sehr einfach, und wenn wir für einen Augenblick die Mathematik vergessen, so werden wir sehen, daß wir fast alles verstehen können, was sich in einem schwingenden System ereignet. Erstens, wenn wir die Feder und das Gewicht haben, ist es leicht zu verstehen, warum das System schwingt – es ist eine Konsequenz der Trägheit. Wir ziehen die Masse nach unten und die Kraft zieht sie zurück nach oben; wenn die Masse durch die Nullage geht – dies ist der Ort, an dem sie sein möchte – kann sie nicht plötzlich halten; wegen ihres Impulses bewegt sie sich weiter und schwingt zur anderen Seite, und vor und zurück. Wenn also keine Reibung vorhanden wäre, würden wir sicher eine Schwingungsbewegung *erwarten*, und wir erhalten tatsächlich eine. Aber wenn auch nur ein klein wenig Reibung vorhanden ist, dann wird bei der Rückkehr die Auslenkung nicht ganz so groß sein wie beim ersten Mal.

Was passiert nun weiter, Schwingung für Schwingung? Das hängt ab von der Art und der Größe der Reibung. Angenommen, wir könnten eine Art von Reibungskraft zusammenbasteln, die immer, wenn sich die Schwingungsamplitude ändert, im gleichen Verhältnis zu den anderen Kräften steht, zur Trägheit und der Federkraft. Mit anderen Worten, für kleinere Schwingungen sollte die Reibung kleiner sein als für große Schwingungen. Gewöhnliche Reibung besitzt diese Eigenschaft nicht, daher muß sehr sorgfältig eine spezielle Art von Reibung erfunden werden, die direkt proportional zur Geschwindigkeit ist – so daß sie für große Schwingungen stärker ist und für kleinere Schwingungen schwächer. Wenn wir diese Art von Reibung haben, dann wird sich am Ende jeder sukzessiven Schwingung das System im gleichen Zustand befinden wie beim Start – nur ein wenig kleiner. Alle Kräfte sind kleiner im gleichen Verhältnis: Die Federkraft ist reduziert, die Trägheitseffekte sind geringer, weil die Beschleunigung nun geringer ist, und auch die Reibung ist aufgrund unserer sorgfältigen Konstruktion geringer. Wenn wir tatsächlich diese Art von Reibung haben, so finden wir, daß jede Schwingung genau die gleiche wie die vorhergehende ist, jedoch in der Amplitude kleiner. Wenn bei der ersten Schwingung die Amplitude auf, sagen wir, 90% ihres Wertes beim Start fällt, geht sie bei der nächsten auf 90% von 90% zurück usw.: ***Die Größen der Amplituden werden bei jeder Schwingung um den gleichen Bruchteil reduziert.*** Eine Exponentialfunktion ist eine Kurve, die genau dies tut. Sie ändert sich um den gleichen Faktor in jedem gleichen Zeitintervall. Wenn die Amplitude einer Schwingung, bezogen auf die vorhergehende, a genannt wird, dann ist die Amplitude der nächsten a^2 und die der nächsten a^3. Somit ist die Amplitude eine Konstante, erhoben zu einer Potenz, die gleich der Anzahl der zurückgelegten Schwingungen ist:

$$A = A_0 a^n. \tag{25.10}$$

Natürlich ist $n \sim t$, und damit ist offensichtlich, daß die allgemeine Lösung eine Art einer Schwingung ist, sin ωt oder cos ωt, multipliziert mit einer Amplitude, die sich mehr oder weniger wie b^t verhält. Aber b kann geschrieben werden als e^{-c}, wenn b positiv und kleiner als 1 ist. Daher kommt es, daß die Lösung die Form e^{-ct} cos ωt hat. Es ist sehr einfach.

Was passiert, wenn die Reibung nicht so künstlich ist? Zum Beispiel bei normalem Reiben auf einem Tisch, wobei die Reibungskraft einen gewissen konstanten Betrag hat, welcher unabhängig ist von der Größe der Schwingung, die ihre Richtung mit jeder Halbschwingung ändert? Dann ist die Gleichung nicht mehr linear, sie ist dann schwer zu lösen, nur mit Hilfe der numerischen Methode nach Kapitel 9 oder durch getrennte Behandlung jeder Halbschwingung. Die numerische Methode ist die erfolgreichste aller Methoden; sie kann jede Gleichung lösen. Nur wenn wir einfache Probleme haben, können wir die mathematische Analysis benutzen.

Die mathematische Analysis ist nicht die große Sache, als die sie gepriesen wird; sie löst nur die einfachsten Gleichungen. Sobald die Gleichungen ein klein wenig komplizierter werden – nur eine Kleinigkeit – können sie nicht analytisch gelöst werden. Aber die numerische Methode, die am Beginn dieses Kurses angekündigt wurde, kann jede physikalisch interessante Gleichung lösen.

Als nächstes, was ist mit der Resonanzkurve? Warum gibt es eine Resonanz?

Erstens, denken wir für einen Augenblick, daß es keine Reibung gibt und daß wir ein schwingungsfähiges Gebilde haben. Wenn wir das Pendel in der richtigen Weise jedesmal anstoßen, wenn es vorbeikommt, dann würde es natürlich wie verrückt loslegen. Aber wenn wir unsere Augen schließen und es nicht beobachten, und wenn wir es in willkürlichen gleichen Intervallen anstoßen, was passiert dann? Manchmal werden wir das Pendel in der falschen Richtung anstoßen. Wenn wir natürlich gerade die richtige Zeit erwischen, kommt jeder Stoß zur richtigen Zeit, und das Pendel schwingt weiter und weiter und weiter aus. Somit erhalten wir ohne Reibung eine Kurve, die wie die ausgezogene Kurve in Fig. 25–5 für verschiedene Frequenzen aussieht. Qualitativ verstehen wir die Resonanzkurve; um die genaue Gestalt der Kurve zu erhalten, ist es vielleicht genausogut, die Mathematik auszuführen. Die Kurve geht mit $\omega \to \omega_0$ nach Unendlich, wobei ω_0 die natürliche Frequenz des Oszillators ist.

Nun nehmen wir an, daß ein klein wenig Reibung existiert. Wenn dann die Auslenkung des Oszillators klein ist, hat die Reibung keinen großen Einfluß; die Resonanzkurve ist die gleiche, ausgenommen, wenn wir nahe der Resonanz sind. Anstatt in der Nähe der Resonanz nach Unendlich zu gehen, wird die Kurve nur bis zu einem Wert ansteigen, an dem die Arbeit durch unsere Stöße ausreicht, um den aufgrund der Reibung vor-

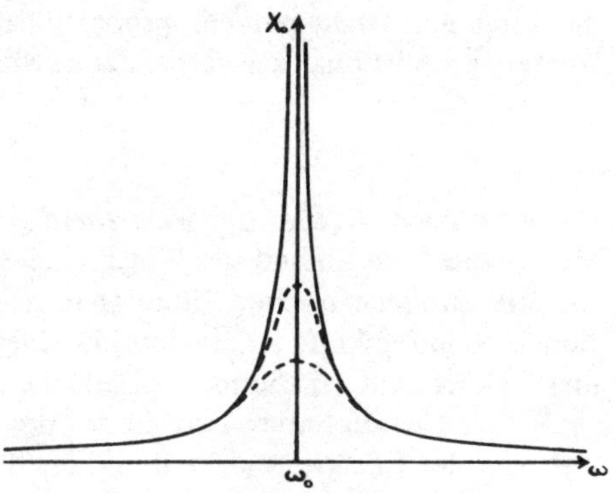

Fig. 25–5 Resonanzkurven bei verschiedenen Beträgen von Reibung.

handenen Energieverlust pro Schwingung zu kompensieren. Also ist der obere Teil unserer Kurve abgerundet – sie geht nicht nach Unendlich. Wenn mehr Reibung vorhanden ist, wird der obere Teil der Kurve noch weiter abgerundet. Nun kann jemand sagen, „Ich dachte, die Breiten der Kurven hängen von der Reibung ab". Das kommt daher, daß die Kurve normalerweise so aufgetragen wird, daß die Höhe der Kurve eine Einheit genannt wird. Jedoch wird der mathematische Ausdruck einfacher verständlich, wenn wir alle Kurven in der gleichen Skala auftragen; dann wird die Reibung nur die Spitzen reduzieren! Wenn weniger Reibung vorhanden ist, steigen wir höher in die kleine Spitze, ehe die Reibung sie abrundet, und somit erscheint sie als relativ schmal. Je höher die Spitze der Kurve, je schmaler ist die Breite auf der halben Gipfelhöhe.

Zuletzt nehmen wir den Fall sehr großer Reibung. Es zeigt sich, daß das System im Falle zu großer Reibung überhaupt nicht mehr schwingt. Die Energie in der Feder ist gerade in der Lage, diese gegen die Reibungskraft zu bewegen, und so kriecht sie langsam zurück in die Gleichgewichtslage.

25–4 Analogien in der Physik

Als nächster Aspekt dieser Übersicht wäre zu bemerken, daß Massen und Federn nicht die einzigen linearen Systeme sind; es gibt andere. Insbesondere gibt es elektrische Systeme, genannt lineare Kreise, in denen wir eine vollständige Analogie zu den mechanischen Systemen finden. Wir haben nicht genau gelernt, *warum* jedes der Objekte in einem elektrischen Kreis auf seine Weise funktioniert – dies muß zu diesem Zeitpunkt nicht bekannt sein; wir können als eine experimentell verifizierbare Tatsache behaupten, daß sie sich wie angegeben verhalten.

Zum Beispiel lassen Sie uns die einfachst mögliche Anordnung nehmen. Wir haben ein Stück Draht, der lediglich ein Widerstand ist, und wir legen an ihn eine Potentialdifferenz V. Nun bedeutet das V: Wenn wir eine Ladung q durch den Draht von einer Klemme zur anderen transportieren, dann wird die Arbeit Vq geleistet. Je größer die Spannungsdifferenz, um so mehr Arbeit würde geleistet, wenn die Ladung, wie wir sagen, vom Ende mit höherem Potential zum Ende mit niederem Potential „fällt". Also setzen Ladungen Energie frei, wenn sie von einem Ende zum anderen gehen. Nun fliegen die Ladungen nicht einfach direkt von einem Ende zum anderen; die Atome im Draht bieten dem Strom einen Widerstand und dieser Widerstand befolgt für fast alle gewöhnlichen Substanzen das folgende Gesetz: Wenn ein Strom I fließt, d. h. wenn soundsoviele Ladungen pro Sekunde herunterpurzeln, dann ist die Anzahl pro Sekunde, die durch den Draht purzeln, proportional der Stärke unseres Schubs – mit anderen Worten, proportional der vorhandenen Spannung:

$$V = IR = R(dq/dt). \tag{25.11}$$

Der Koeffizient R wird der ***Widerstand*** genannt, und die Gleichung nennt man das Ohmsche Gesetz. Die Einheit des Widerstandes ist das Ohm; sie ist gleich ein Volt pro ein Ampere. In mechanischen Situationen ist es schwierig, so eine geschwindigkeitsproportionale Reibungskraft zu erhalten; in einem elektrischen System ist es sehr leicht, und dieses Gesetz gilt für die meisten Metalle sehr genau.

Wir sind häufig interessiert an der pro Sekunde geleisteten Arbeit, dem Leistungsverlust oder der Energie, welche durch die durch den Draht taumelnden Elektronen freigesetzt wird. Wenn eine Ladung q durch eine Spannung V transportiert wird, so ist die geleistete Arbeit qV, und somit wird die pro Sekunde geleistete Arbeit $V(dq/dt)$. Dies ist das gleiche wie VI oder auch $IR \cdot I = I^2R$. Dies wird der ***Wärmeverlust*** genannt, das ist die Wärmemenge, die aufgrund der Energieerhaltung im Widerstand pro Sekunde erzeugt wird. Diese Wärme ist es, die normale Glühlampen zum Funktionieren bringt.

Natürlich gibt es andere interessante Eigenschaften mechanischer Systeme, wie die Masse (Trägheit), und es zeigt sich, daß auch für die Trägheit ein elektrisches Analogon existiert. Es ist möglich, eine sogenannte ***Induktionsspule*** herzustellen, welche die Eigenschaft der ***Induktivität*** besitzt, so daß ein einmal durch die Spule fließender Strom ***nicht zur Ruhe kommen will.*** Eine Spannung wird benötigt, um den Strom zu ändern! Wenn der Strom konstant ist, dann liegt an der Induktionsspule keine Spannung. Gleichstromkreise erfahren nichts über die Induktivität; nur wenn wir den Strom ***ändern***, zeigen sich die Effekte der Induktivität. Die Gleichung lautet

$$V = L(dI/dt) = L(d^2q/dt^2), \tag{25.12}$$

und die Einheit der Induktivität, genannt das ***Henry***, ist so, daß ein Volt an einer Induktivität von einem Henry eine Stromänderung von einem Ampere pro Sekunde erzeugt. Gleichung (25.12) ist das Analogon des Newtonschen Gesetzes in der Elektrizität, wenn wir so wollen: V entspricht F, L entspricht m und I entspricht der Geschwindigkeit! Alle daraus folgenden Gleichungen für die beiden Systeme haben die gleichen Ableitungen, weil wir in allen Gleichungen die Buchstaben durch die entsprechenden analogen Buchstaben ersetzen können, und dann haben wir dieselbe Gleichung; jede von uns abgeleitete Größe hat ein Analogon in beiden Systemen.

Welches elektrische Ding entspricht nun der mechanischen Feder, bei der eine Kraft proportional der Dehnung ist? Wenn wir mit $F = kx$ beginnen und $F \to V$ und $x \to q$ ersetzen, so erhalten wir $V = \alpha q$. Es zeigt sich, daß es ein solches Ding ***gibt***; in der Tat ist dies das einzige der drei Schaltelemente, das wir richtig verstehen können, weil wir ein paralleles Plattenpaar untersucht haben und dabei entdeckten, daß bei gleichen Ladungsmengen auf den Platten – wobei die eine Platte die positive und die andere die negative Ladung trägt – das elektrische Feld zwischen den Platten proportional der Ladungsmenge ist. Somit ist die zum Transport einer Einheitsladung über den Spalt von einer Platte zur anderen benötigte Arbeit genau proportional der Ladung. Diese Arbeit ist die ***Definition*** der Spannungsdifferenz, und sie ist das Linienintegral des elektrischen Feldes von einer Platte zur anderen. Aus historischen Gründen wird die Proportionalitätskonstante nicht C, sondern $1/C$ genannt. Sie hätte C genannt werden können, aber sie wurde es nicht. Somit haben wir

$$V = q/C. \tag{25.13}$$

Die Einheit der Kapazität C ist das Farad; eine Ladung von einem Coulomb auf jeder Platte eines Ein-Farad-Kondensators erzeugt eine Spannungsdifferenz von einem Volt.

Das sind unsere Analogien, und die dem Schwingkreis entsprechende Gleichung wird nach direkter Substitution von L für m und von q für x usw. die folgende:

$$m(d^2x/dt^2) + \gamma m(dx/dt) + kx = F, \tag{25.14}$$

$$L(d^2q/dt^2) + R(dq/dt) + q/C = V. \tag{25.15}$$

Nun kann alles, was wir über (25.14) gelernt haben, auf (25.15) übertragen werden. Jede *Konsequenz* ist die gleiche; so sehr, daß wir etwas Brillantes tun können.

Angenommen, wir haben ein recht kompliziertes mechanisches System, nicht nur eine Masse an einer Feder, sondern etliche Massen an etlichen Federn, die alle miteinander zusammenhängen. Was werden wir tun? Es lösen? Vielleicht; aber bedenken Sie, daß wir einen *elektrischen* Kreis herstellen können, der dieselben Gleichungen besitzt wie das System, das wir zu analysieren versuchen! Wenn wir z. B. eine Masse an einer Feder analysieren wollen, warum können wir nicht einen elektrischen Kreis bauen, in dem wir eine Induktivität proportional der Masse, einen Widerstand proportional dem entsprechenden $m\gamma$, $1/C$ proportional k, alle im gleichen Verhältnis, verwenden? Dann wird der elektrische Kreis natürlich genau analog dem mechanischen sein, und zwar in dem Sinn, daß alles, was q als Reaktion auf V tut (die Größe von V wird entsprechend der wirkenden Kraft gewählt), das gleiche ist, das x als Reaktion auf die Kraft tun würde! Wenn wir also eine komplizierte Sache mit einer Reihe miteinander verknüpfter Elemente haben, können wir eine Anzahl von Widerständen, Induktivitäten und Kondensatoren zusammenschalten, um das komplizierte mechanische System zu *simulieren*. Worin besteht der Vorteil dabei?

Ein Problem ist genauso schwer (oder so leicht) wie das andere, weil sie genau äquivalent sind. Es ist nicht der Vorteil, daß es irgendwie einfacher ist, die *mathematischen Gleichungen* zu lösen, nachdem wir entdeckt haben, daß es sich um einen elektrischen Kreis handelt (obwohl dies die von Elektroingenieuren benutzte Methode ist!). Der wahre Grund, das Analogon zu verwenden, ist, daß es leichter ist, einen elektrischen Kreis *herzustellen* und in diesem System *Änderungen* vorzunehmen.

Angenommen, wir haben ein Automobil konstruiert und wollen wissen, wie sehr es beim Fahren über eine gewisse Art holpriger Straße erschüttert wird. Wir bauen einen elektrischen Kreis mit Induktivitäten zur Repräsentation der Trägheit der Räder, Federkonstanten als Kapazitäten zur Darstellung der Radfedern und Widerständen, welche die Stoßdämpfer darstellen, usw. für die anderen Fahrzeugteile. Dann benötigen wir eine holprige Straße. Fein, wir legen die *Spannung* eines Generators an und simulieren eine sounddso holprige Straße, und dann beobachtet man, wie das linke Rad stößt, indem die Ladung eines Kondensators gemessen wird. Nach dieser Messung (sie ist leicht auszuführen) entdecken wir, daß es viel zu sehr stößt. Benötigen wir größere oder kleinere Stoßdämpfer? Werden wir bei einer so komplizierten Sache wie bei einem Automobil tatsächlich die Stoßdämpfer ändern und dann wieder alles lösen? Nein!, wir drehen ganz einfach an einem Knopf; Knopf Nummer zehn ist Stoßdämpfer Nummer drei, also setzen wir einen größeren Stoßdämpfer ein. Die Stöße werden stärker – also versuchen wir es mit weniger. Die Stöße sind noch immer stärker; somit ändern wir die Federkonstante (Knopf Nr. 17), und wir justieren alle diese Dinge ***elektrisch***, mit lediglich einer Drehung eines Knopfes.

Dies wird ein *Analogrechner* genannt. Es ist eine Einrichtung, die das Problem, das wir lösen wollen, durch Aufstellen eines anderen Problems simuliert, welches dieselben Gleichungen hat, jedoch aus anderen Umständen in der Natur resultiert und leichter aufgebaut, gemessen, justiert und zu vernichten ist!

25–5 Serien- und Parallelimpedanzen

Zuletzt gibt es eine wichtige Sache, die nicht ganz in den Rahmen der Übersicht paßt. Sie hat mit einem elektrischen Kreis zu tun, der mehr als ein Schaltelement besitzt. Wenn wir z. B. eine Induktionsspule, einen Widerstand und einen Kondensator wie in Fig. 24–2 gezeigt miteinander verbinden, dann geht die Ladung durch alle drei, so daß der Strom in einer so einfachen Anordnung an jedem Punkt entlang des Drahtes der gleiche ist. Der Strom in jedem Element ist der gleiche, und somit ist die Spannung an R gleich IR, die Spannung an L ist $L(dI/dt)$ usw. Der gesamte Spannungsabfall ist damit die Summe dieser, und das führt zu Gleichung (25.15). Bei Verwendung komplexer Zahlen haben wir festgestellt, daß wir die Gleichung für die stationäre Bewegung als Resultat einer sinusförmigen Kraft lösen können. Wir haben so gefunden, daß $\hat{V} = \hat{Z}\hat{I}$. Nun wird $\hat{Z}$ die ***Impedanz*** dieses speziellen Kreises genannt. Sie gibt für eine angelegte sinusförmige Spannung $\hat{V}$ den Strom $\hat{I}$ an.

Nun nehmen wir einen komplizierteren Kreis mit zwei Elementen, von denen jedes eine gewisse Impedanz, $\hat{Z}_1$ und $\hat{Z}_2$, besitzt. Wenn wir diese in Serie schalten (Fig. 25–6a) und eine Spannung anlegen, was ereignet sich dann? Es ist nun ein wenig komplizierter, aber wenn $\hat{I}$ der Strom durch $\hat{Z}_1$ ist, dann ist die Spannungsdifferenz an $\hat{Z}_1$ gleich $\hat{V}_1 = \hat{I}\hat{Z}_1$, und die Spannungsdifferenz an $\hat{Z}_2$ ist $\hat{V}_2 = \hat{I}\hat{Z}_2$. ***Der gleiche Strom geht durch beide.*** Damit ist die gesamte Spannung die Summe der Spannungen an beiden Teilen; sie ist $\hat{V} = \hat{V}_1 + \hat{V}_2 = (\hat{Z}_1 + \hat{Z}_2)\,\hat{I}$. Dies bedeutet, daß die Spannung am Gesamtkreis geschrieben werden kann $\hat{V} = \hat{I}\hat{Z}_S$, wobei $\hat{Z}_S$ der Serienschaltung die Summe der beiden $\hat{Z}$ der beiden separaten Elemente ist:

$$\hat{Z}_s = \hat{Z}_1 + \hat{Z}_2. \tag{25.16}$$

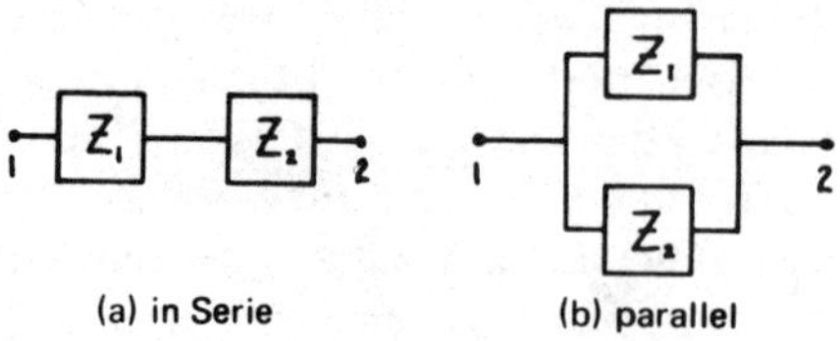

Fig. 25–6. Zwei Impedanzen, verbunden in Serie und parallel.

Das ist nicht die einzige Art, wie Elemente miteinander verbunden werden können. Wir können sie auch in der sogenannten *Parallelschaltung* (Fig. 25–6b) miteinander verbinden. Nun sehen wir, daß eine an die Klemmen angelegte Spannung an beiden Elementen die gleiche ist, wenn die Verbindungsdrähte ideale Leiter sind. Diese gleiche Spannung wird in beiden Elementen unabhängig voneinander Ströme erzeugen. Also wird der

Strom durch $\hat{Z}_1$ gleich $\hat{I}_1 = \hat{V}/\hat{Z}_1$ und der Strom durch $\hat{Z}_2$ wird $\hat{I}_2 = \hat{V}/\hat{Z}_2$. Es ist die *gleiche Spannung*. Nun ist der gesamte Strom, der an die Klemmen abgegeben wird, die *Summe* der Ströme in beiden Teilen: $\hat{I} = \hat{V}/\hat{Z}_1 + \hat{V}/\hat{Z}_2$. Das kann wie folgt geschrieben werden

$$\hat{V} = \frac{\hat{I}}{(\hat{1}/\hat{Z}_1) + (\hat{1}/\hat{Z}_2)} = \hat{I}\hat{Z}_p.$$

Damit ist

$$1/\hat{Z}_p = 1/\hat{Z}_1 + 1/\hat{Z}_2. \tag{25.17}$$

Kompliziertere Kreise können manchmal vereinfacht werden, indem die Impedanzen von Teilkreisen zusammengefaßt werden und dann nach den obenstehenden Regeln der Gesamtkreis, Schritt für Schritt, bestimmt wird. Wenn wir irgendeinen Kreis haben, in dem viele Impedanzen auf irgendwelche Weisen miteinander verbunden sind, und wenn wir die Spannungen in der Form kleiner Generatoren darstellen, die keine Impedanz besitzen (wenn eine Ladung hindurchgeht, addiert der Generator eine Spannung V), dann gelten die folgenden Prinzipien: (1) An irgendeinem Knoten ist die Summe der Ströme gleich Null. Der in einen Knoten hineinfließende Strom muß gleich dem abfließenden sein. (2) Wenn eine Ladung um eine Schleife bis zum Anfangspunkt transportiert wird, so ist die effektiv geleistete Arbeit gleich Null. Diese Regeln werden die *Kirchhoffschen Gesetze* für elektrische Kreise genannt. Ihre systematische Anwendung auf komplizierte Kreise vereinfacht häufig die Analyse solcher Kreise. Wir erwähnen sie hier im Zusammenhang mit den Gleichungen (25.16) und (25.17) für den Fall, daß Sie bei Ihrer Labortätigkeit bereits mit solchen Kreisen Bekanntschaft gemacht haben. Sie werden im nächsten Jahr genauer diskutiert werden.

26 Optik: Das Prinzip der kürzesten Zeit

26–1 Licht

Dies ist das erste einer Reihe von Kapiteln über das Thema *elektromagnetische Strahlung*. Licht, mit dessen Hilfe wir sehen, ist nur ein kleiner Ausschnitt eines weiten Spektrums ein und derselben Erscheinung, wobei sich die verschiedenen Teile dieses Spektrums durch unterschiedliche Werte einer bestimmten Größe unterscheiden, die sich ändert. Diese veränderliche Größe könnte man als „Wellenlänge" bezeichnen. Wenn sie sich im sichtbaren Spektrum ändert, wechselt das Licht augenscheinlich die Farbe von Rot bis Violett. Wenn wir das Spektrum systematisch untersuchen, und zwar von den langen Wellenlängen bis hin zu den kurzen, würden wir mit denen beginnen, die gewöhnlich als *Radiowellen* bezeichnet werden. Radiowellen können technisch in einem weiten Wellenlängenbereich erzeugt werden, wobei einige sogar länger sind als jene, die bei den gewöhnlichen Rundfunkübertragungen benutzt werden; reguläre Rundfunksendungen haben Wellenlängen, die etwa 500 Metern entsprechen. Dann gibt es die sogenannten „Kurzwellen", d. h. Radarwellen, Millimeterwellen usw. Es gibt keine wirklichen Begrenzungen zwischen dem einen und dem anderen Wellenlängenbereich, da uns die Natur keine scharfen Kanten beschert hat. Die mit einem bestimmten Namen für die Wellen verknüpften Zahlen sind nur angenähert und natürlich ebenso die Namen, die wir den verschiedenen Bereichen geben.

Nach einem langen Weg abwärts durch die Millimeterwellen kommen wir dann ins sogenannte *Infrarot* und von da an ins sichtbare Spektrum. Geht man nun in die andere Richtung, gelangt man in einen Bereich, der das *Ultraviolett* genannt wird. Dort, wo das Ultraviolett endet, beginnen die Röntgenstrahlen, aber wir können nicht genau definieren, wo dies ist; es ist ungefähr bei 10^{-8} m oder $10^{-2}\,\mu$. Dieses sind „weiche" Röntgenstrahlen; dann kommen die gewöhnlichen Röntgenstrahlen und die sehr harten Röntgenstrahlen; dann die γ-Strahlen usw., zu immer kleineren Werten dieser Dimension Wellenlänge.

Innerhalb dieses weiten Wellenlängenbereiches gibt es drei oder mehr Näherungsbereiche, die besonders interessant sind. In einem von diesen existiert eine Bedingung, in welcher die beteiligten Wellenlängen sehr klein sind verglichen mit den Dimensionen der zu ihrer Untersuchung verfügbaren Apparaturen; ferner sind die Photonenenergien, unter Anwendung der Quantentheorie, klein verglichen mit der Energieempfindlichkeit der Apparaturen. Unter diesen Bedingungen können wir eine grobe erste Näherung mit der als *geometrischer Optik* bezeichneten Methode machen. Wenn andererseits die Wellenlängen mit den Dimensionen der Apparatur vergleichbar sind, was mit Radiowellen leichter als mit sichtbarem Licht zu verwirklichen ist, und wenn die Photonenenergien immer noch vernachlässigbar klein sind, dann kann eine sehr brauchbare Näherung durch Untersuchung des Verhaltens der Wellen weiterhin bei Vernachlässigung der Quantenmechanik gemacht werden. Diese Methode basiert auf der *klassischen Theorie der elektromagnetischen Strahlung,* die in einem späteren Kapitel diskutiert wird. Wenn wir als nächstes zu den sehr kurzen Wellenlängen gehen, wo wir den Wellencharakter vernachlässigen können, die Photonen aber eine sehr *große* Energie verglichen mit der Empfindlichkeit unserer Apparatur haben, werden die Verhältnisse wieder einfach. Dies ist das einfache *Photonen*bild, welches wir nur sehr knapp beschreiben wollen. Das vollständige Bild, welches den gesamten Zusammenhang in einem Modell vereinigt, wird uns noch lange nicht zugänglich sein.

In diesem Kapitel ist unsere Diskussion auf den Bereich der geometrischen Optik beschränkt, in welchem wir die Wellenlängen und den Photonencharakter des Lichtes vergessen, was alles zur rechten Zeit erklärt werden soll. Wir beschäftigen uns nicht einmal mit der Frage, was das Licht *ist,* sondern finden nur heraus, *wie es sich* im großen und ganzen *benimmt* – verglichen mit Dimensionen von Interesse. All dies muß gesagt werden, um die Tatsache zu betonen, daß das, worüber wir reden werden, nur eine sehr grobe Näherung ist; dies ist eines der Kapitel, die wir wieder „verlernen" müssen. Wir werden es aber sehr schnell verlernen, da wir praktisch sofort zu einer genaueren Methode übergehen werden.

Obwohl die geometrische Optik nur eine Näherung ist, ist sie technisch von sehr großer Bedeutung und historisch von großem Interesse. Wir werden dieses Thema mehr als einige andere historisch behandeln, um eine gewisse Vorstellung von der Entwicklung einer physikalischen Theorie oder einer physikalischen Idee zu geben.

Zunächst ist das Licht natürlich jedem wohlvertraut und ist seit unvordenklichen Zeiten wohlvertraut gewesen. Ein Problem ist nun, durch welchen Vorgang wir Licht *sehen?* Es hat viele Theorien gegeben, aber es lief schließlich darauf hinaus, daß es irgend etwas gibt, was in das Auge eindringt – was von den Objekten aus in das Auge hineinspringt. Wir haben diese Vorstellung so lange gehört, daß wir sie akzeptieren, und es ist fast unmöglich, sich vorzustellen, daß sehr intelligente Leute entgegengesetzte Theorien vorgeschlagen haben – daß zum Beispiel etwas aus dem Auge herauskommt und nach dem Objekt tastet. Einige andere wichtige Beobachtungen sind die, daß Licht, wenn es von einem Ort zu einem anderen geht, dies *geradlinig* macht, wenn sich nichts im Wege befindet, und daß die Strahlen anscheinend einander nicht stören. Das heißt, daß das Licht den Raum in allen Richtungen durchquert, aber das Licht, das unsere Blickrichtung kreuzt, beeinflußt nicht das Licht, welches von irgendeinem Objekt zu uns gelangt. Dies war einst ein sehr starkes Argument gegen die Korpuskulartheorie; es wurde von Huygens gebraucht. Wenn Licht einer großen Zahl dahinschwirrender Pfeile gleicht, wie könnten dann andere Pfeile so leicht durch sie hindurchdringen? Solche philosophischen Argumente haben wenig Gewicht. Man könnte immer sagen, daß Licht aus Pfeilen besteht, die sich gegenseitig durchdringen!

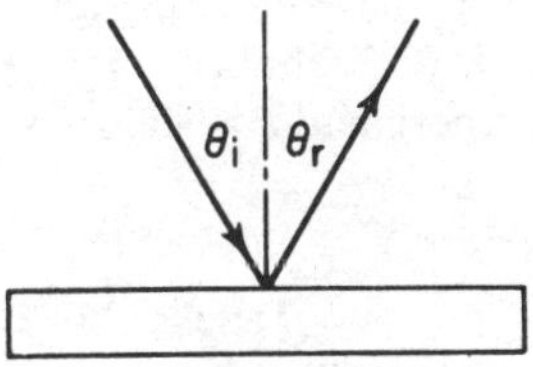

Fig. 26–1. Der Einfallswinkel ist gleich dem Ausfallwinkel.

26–2 Reflexion und Brechung

Die obige Diskussion zeigt genug von der grundlegenden *Idee* der geometrischen Optik – nun müssen wir ein bißchen weiter in die quantitativen Eigenschaften eindringen. Bis jetzt haben wir nur Licht, das sich in geraden Linien zwischen zwei Punkten bewegt; nun wollen wir das Verhalten des Lichts studieren, wenn es auf verschiedene Materialien trifft. Das einfachste Objekt ist ein Spiegel, und das Gesetz für einen Spiegel sagt, daß das Licht sich nicht weiter in einer geraden Linie ausbreitet, wenn es auf den Spiegel trifft, sondern von dem Spiegel in eine neue gerade Linie abspringt, die sich ändert, wenn wir den Winkel des Spiegels ändern. Die Frage für die Vorfahren war: Wie lautet die Beziehung zwischen den beiden beteiligten Winkeln? Dies ist eine sehr einfache Beziehung, die vor langer Zeit entdeckt wurde. Das auf einen Spiegel einfallende Licht bewegt sich in der Weise, daß die beiden Winkel, zwischen jedem der Strahlen und dem Spiegel, gleich sind. Aus irgendeinem Grunde ist es üblich, die Winkel von der Normalen auf der Spiegeloberfläche zu messen. Folglich lautet das sogenannte Reflexionsgesetz

$$\theta_i = \theta_r. \tag{26.1}$$

Dieser Lehrsatz ist einfach genug, aber ein schwierigeres Problem begegnet uns, wenn Licht von einem Medium in ein anderes übertritt, z. B. aus der Luft ins Wasser; hier sehen wir ebenfalls, daß es sich nicht in einer geraden Linie bewegt. Im Wasser hat der Strahl eine Neigung gegenüber dem Weg in der Luft; wenn wir den Winkel θ_i so ändern, daß er näher zur Senkrechten einfällt, ist der Winkel des „Bruchs" nicht so groß. Wenn wir aber den Lichtstrahl stark neigen, wird der Abweichungswinkel sehr groß.

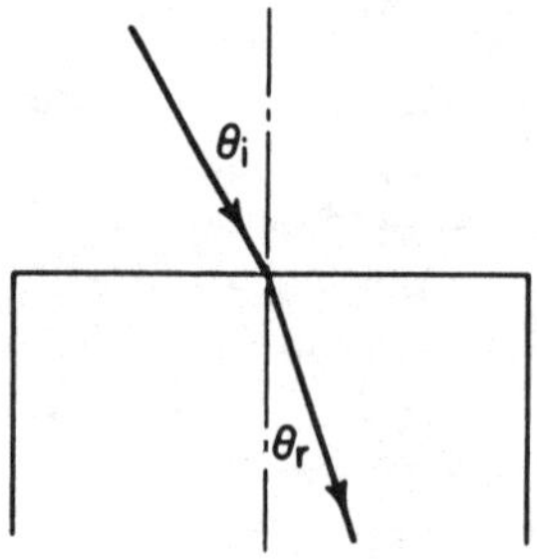

Fig. 26–2. Ein Lichtstrahl wird gebrochen, wenn er von einem Medium in ein anderes übertritt.

Die Frage ist: Wie lautet die Beziehung zwischen beiden Winkeln? Dies gab auch den Vorfahren lange Zeit ein Rätsel auf, und hier fanden sie nie die Antwort! Es ist jedoch eine der wenigen Stellen in der gesamten altgriechischen Physik, wo man irgendwelche experimentellen Ergebnisse verzeichnet finden kann. Claudius Ptolemäus machte eine Liste der Winkel in Wasser für eine Anzahl verschiedener Winkel in Luft. Tabelle 26–1 zeigt die Winkel in Luft, in Grad, und die entsprechenden im Wasser gemessenen Winkel. (Gewöhnlich wird gesagt, daß die griechischen Wissenschaftler niemals irgendwelche Experimente ausführten. Aber es wäre unmöglich, diese Wertetabelle zu erhalten,

Tabelle 26–1

Winkel in Luft	Winkel in Wasser
10°	8°
20°	15-1/2°
30°	22-1/2°
40°	28°
50°	35°
60°	40-1/2°
70°	45°
80°	50°

Tabelle 26–2

Winkel in Luft	Winkel in Wasser
10°	7-1/2°
20°	15°
30°	22°
40°	29°
50°	35°
60°	40°
70°	48°
80°	49-1/2°

ohne das richtige Gesetz zu kennen, es sei denn durch Experimente. Es sollte jedoch erwähnt werden, daß diese Werte nicht unabhängige sorgfältige Messungen für jeden Winkel sind, sondern nur einige von wenigen Messungen interpolierte Zahlen darstellen, denn sie passen alle exakt auf eine Parabel.)

Dies ist also einer der wesentlichen Schritte bei der Entdeckung eines physikalischen Gesetzes: Zuerst beobachten wir einen Effekt, dann messen wir ihn und schreiben ihn in eine Tabelle; dann versuchen wir das *Gesetz* zu finden, durch das eine Größe mit der anderen verknüpft werden kann. Die obige numerische Tabelle wurde 140 n. Chr. aufgestellt, aber es dauerte bis 1621, bis schließlich jemand das Gesetz fand, das die beiden Winkel verknüpft! Das Gesetz, das von Willebrord Snellius, einem holländischen Mathematiker, gefunden wurde, lautet wie folgt: Wenn θ_i der Winkel in Luft und θ_r der Winkel im Wasser ist, dann kommt heraus, daß der Sinus von θ_i gleich irgendeiner Konstanten multipliziert mit dem Sinus von θ_r ist:

$$\sin\theta_i = n \sin\theta_r. \tag{26.2}$$

Für Wasser beträgt die Zahl n ungefähr 1,33. Gleichung (26.2) wird das *Gesetz von Snellius* genannt; es ermöglicht uns, *vorherzusagen*, wie das Licht gebrochen wird, wenn es aus der Luft ins Wasser dringt. Tabelle 26–2 zeigt die Winkel in Luft und in Wasser gemäß dem Gesetz von Snellius. Man beachte die bemerkenswerte Übereinstimmung mit der Liste von Ptolemäus.

26–3 Das Fermatsche Prinzip der kürzesten Zeit

Nun wollen wir in der weiteren Entwicklung der Wissenschaft mehr als eben nur eine Formel. Zuerst haben wir eine Beobachtung, dann haben wir Zahlen, die wir messen, dann haben wir ein Gesetz, welches alle Zahlen zusammenfaßt. Aber der wirkliche *Triumph* der Wissenschaft besteht darin, daß wir *einen solchen Gedankenweg finden können,* daß das Gesetz *einleuchtend* erscheint.

Der erste Gedankenweg, der das Gesetz über das Verhalten des Lichts einleuchtend darstellte, wurde von Fermat etwa um 1650 gefunden, und er wird als *Prinzip der kürzesten Zeit* oder als *Fermatsches Prinzip* bezeichnet. Seine Idee ist diese: Von allen möglichen Wegen, die das Licht nehmen könnte, um von einem Punkt zu einem anderen zu gelangen, nimmt es den Weg, der die *kürzeste Zeit* erfordert.

Wir wollen zuerst zeigen, daß dies richtig ist für den Fall des Spiegels, daß dies einfache Prinzip beides, das Gesetz der geradlinigen Ausbreitung und das Spiegelgesetz, enthält. So wächst unser Verständnis! Wir wollen versuchen, die Lösung für das folgende Problem zu finden. In Fig. 26–3 werden zwei Punkte A und B und ein ebener Spiegel MM' gezeigt. Welches ist der Weg, um von A in der kürzesten Zeit

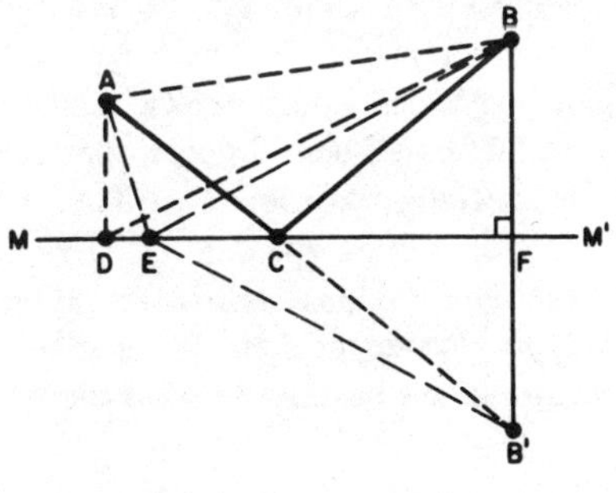

Fig. 26–3. Darstellung des Prinzips der kürzesten Zeit.

nach B zu gelangen? Die Antwort ist, direkt von A nach B zu gehen! Wenn wir aber die zusätzliche Forderung einführen, daß das Licht den *Spiegel treffen* und in der kürzesten Zeit zurückkommen muß, ist die Antwort nicht so leicht. Eine Möglichkeit wäre, auf dem Weg ADB so schnell wie möglich zum Spiegel und dann nach B zu gehen. Natürlich haben wir dann einen langen Weg DB. Wenn wir etwas nach rechts, nach E, gehen, vergrößern wir etwas die erste Entfernung, *verkleinern* aber stark die zweite und so die gesamte Weglänge, und deshalb ist die Laufzeit geringer. Wie können wir den Punkt C finden, für den die Zeit am kürzesten ist? Wir können ihn sehr elegant durch einen geometrischen Trick finden.

Wir konstruieren auf der anderen Seite von MM' einen künstlichen Punkt B', der in der gleichen Entfernung unterhalb der Ebene MM' wie der Punkt B oberhalb der Ebene liegt. Dann ziehen wir die Linie EB'. Weil BFM ein rechter Winkel und $BF = FB'$ ist, ist nun EB gleich EB'. Deshalb ist die Summe der beiden Entfernungen $AE + EB$, die proportional zur benötigten Zeit ist, wenn sich das Licht mit konstanter Geschwindigkeit bewegt, auch die Summe der beiden Strecken $AE + EB'$. Daher heißt jetzt das Problem: Wann ist die Summe dieser beiden Strecken am kleinsten? Die Antwort ist leicht: Wenn die Linie durch den Punkt C als *gerade Linie* von A nach B' geht! Mit anderen Worten, wir müssen den Punkt finden, wo wir in Richtung auf den künstlichen Punkt gehen, und das wird der richtige sein. Wenn nun ACB' eine gerade Linie ist, ist der Winkel BCF gleich dem Winkel $B'CF$ und deshalb gleich dem Winkel ACM. So ist die Aussage, daß der Einfallswinkel gleich dem Reflexionswinkel ist, gleichbedeutend mit der Aussage, daß das Licht sich in der Weise zum Spiegel bewegt, daß es in der *kürzesten Zeit* zum Punkt B zurückkommt. Ursprünglich wurde die Darstellung, das Licht bewege sich in der Weise, daß es zum Spiegel und zu dem anderen Punkt auf dem kürzesten *Weg* gelangt, von Heron von Alexandrien gegeben; es ist also keine moderne Theorie. Dies war es, was Fermat inspirierte, sich zu sagen, daß die Brechung vielleicht auf einer ähnlichen Grundlage arbeitet. Aber bei der Brechung benutzt das Licht augenscheinlich nicht den Weg der kürzesten *Entfernung*, so versuchte es Fermat mit der Idee, daß es den der kürzesten *Zeit* nimmt.

Bevor wir dazu übergehen, die Brechung zu untersuchen, sollten wir eine weitere Bemerkung über den Spiegel machen. Wenn wir eine Lichtquelle im Punkt B haben und sie Licht zum Spiegel aussendet, dann sehen wir, daß das Licht, das nach A vom Punkt B geht, nach A in genau der gleichen Weise gelangt, wie es bei Vorhandensein eines Objektes in B' *ohne* Spiegel nach A gelangt wäre. Natürlich empfängt das Auge nur das Licht, welches physikalisch eindringt; wenn wir also ein Objekt in B und einen Spiegel haben, der das Licht in genau der gleichen Weise in das Auge eindringen läßt, als wenn es bei Vorhandensein des Objektes in B' in das Auge gekommen wäre, dann deutet das Auge-Gehirn-System dies, angenommen, es weiß nicht zuviel, als Vorhandensein eines Objekts in B'.

So ist die Illusion, daß es ein Objekt hinter dem Spiegel gibt, nur auf die Tatsache zurückzuführen, daß das ins Auge eindringende Licht physikalisch gesehen in genau der gleichen Weise eindringt, wie wenn dort hinten ein Objekt *gewesen* wäre (abgesehen vom Staub auf dem Spiegel oder unserer Kenntnis von der Existenz des Spiegels usw., was im Gehirn korrigiert wird).

Nun wollen wir demonstrieren, daß das Prinzip der kürzesten Zeit das Brechungsgesetz von Snellius ergibt. Wir müssen jedoch eine Annahme über die Lichtgeschwindigkeit im Wasser machen. Wir werden annehmen, daß die Lichtgeschwindigkeit im Wasser um einen bestimmten Faktor n niedriger als die Lichtgeschwindigkeit in Luft ist.

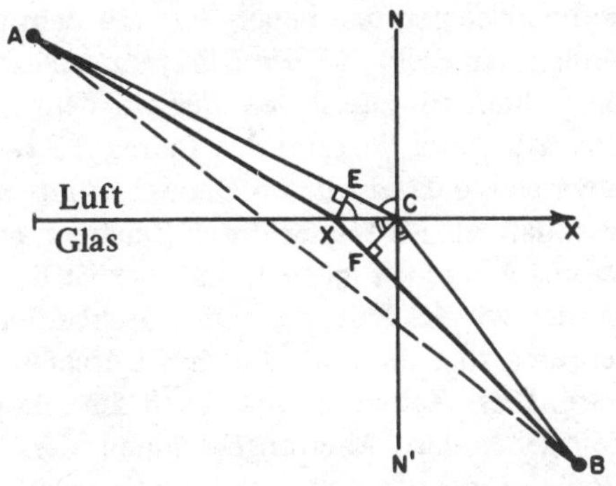

Fig. 26–4. Darstellung des Fermatschen Prinzips bei der Brechung.

In Fig. 26–4 ist es wieder unser Problem, in ***der kürzesten Zeit*** von A nach B zu kommen. Um zu illustrieren, daß es nicht das beste ist, einfach in einer geraden Linie zu gehen, wollen wir uns vorstellen, daß ein hübsches Mädchen aus einem Boot gefallen ist und im Wasser bei Punkt B um Hilfe schreit. Die durch X markierte Linie ist die Uferlinie. Wir sind bei Punkt A auf dem Land, und wir sehen das Unglück, und wir können laufen und können auch schwimmen. Aber wir können schneller laufen als schwimmen. Was sollen wir tun? Bewegen wir uns in einer geraden Linie? (Ja, ohne Zweifel!) Wenn wir jedoch etwas mehr Verstand gebrauchen würden, würden wir bemerken, daß es günstig wäre, eine etwas größere Entfernung auf dem Land zurückzulegen, um die Entfernung im Wasser zu verkleinern, da wir uns im Wasser so viel langsamer bewegen. (Bei Verfolgung dieser Schlußweise würden wir sagen, das richtige Handeln wäre ein sorgfältiges *Berechnen* dessen, was getan werden sollte!) Wenigstens wollen wir versuchen, zu zeigen, daß die abschließende Lösung dieses Problems der Weg ACB ist und daß dieser Weg von allen möglichen Wegen die kürzeste Zeit benötigt. Wenn es der kürzeste Weg ist, heißt das, daß es länger dauern wird, wenn wir irgendeinen anderen nehmen.

Falls wir also die benötigte Zeit über der Lage des Punktes X auftragen sollten, würden wir eine Kurve etwa wie die in Fig. 26–5 erhalten, wo der Punkt C der kürzesten aller möglichen Zeiten entspricht. Dies bedeutet, daß in erster Näherung *keine* wesentliche *Änderung* der Zeit auftritt, wenn wir den Punkt X in die Nähe von C verschieben, da die Steigung im Minimum der Kurve Null ist. So wird unser Weg zum Auffinden des Gesetzes aus der Überlegung bestehen, daß wir den Punkt um einen sehr kleinen Betrag verschieben, und aus der Forderung, daß dabei im wesentlichen keine Änderung der Zeit auftritt. (Natürlich gibt es eine infinitesimale Änderung von einer *zweiten* Ordnung; wir sollten ein positives Ansteigen für Verschiebungen in beiden Richtungen von C erhalten.) So betrachten wir einen nahegelegenen Punkt X und berechnen, wie lange es dauern würde, von A nach B über die zwei Wege zu gelangen,

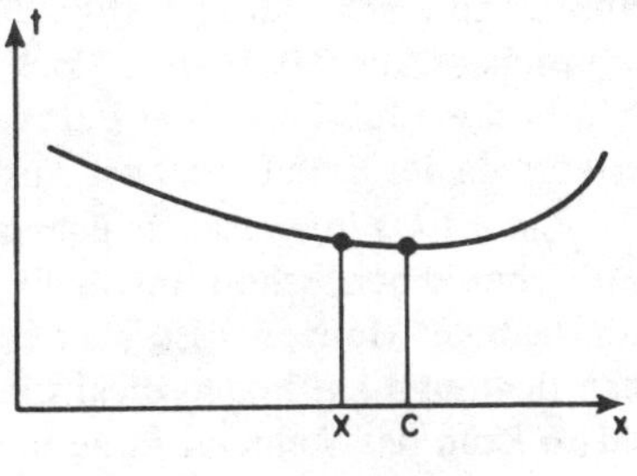

Fig. 26–5. Die minimale Zeit entspricht dem Punkt C, aber nahe gelegene Punkte entsprechen fast derselben Zeit.

und vergleichen den neuen Weg mit dem alten. Das ist sehr leicht auszuführen. Wir wollen natürlich, daß die Differenz nahezu Null ist, wenn die Entfernung XC klein ist. Betrachten wir zuerst den Weg auf dem Land. Wenn wir ein Lot XE zeichnen, sehen wir, daß dieser Weg um den Betrag EC verkürzt ist. Wir wollen sagen, daß wir dadurch gewinnen, daß wir diesen Extraabschnitt nicht gehen müssen. Andererseits stellen wir fest, daß wir im Wasser durch Zeichnen eines entsprechenden Lots CF den Extraabschnitt XF gehen müssen, und dies ist das, was wir verlieren. Oder ***zeitlich*** gesehen gewinnen wir die Zeit, die zum Durchlaufen der Entfernung EC verbraucht worden wäre, verlieren aber die Zeit, die zum Durchlaufen der Entfernung XF verbraucht worden wäre. Diese Zeiten müssen gleich sein, da es in erster Näherung keine Änderung der Zeit geben darf. Aber angenommen, die Geschwindigkeit im Wasser ist $1/n$ mal so groß wie in Luft, dann müssen wir erhalten

$$EC = n \cdot XF. \tag{26.3}$$

Deshalb sehen wir, wenn wir den richtigen Punkt haben, daß $XC \sin EXC = n \cdot XC \sin XCF$ gilt oder daß wir bei Streichung der gemeinsamen Hypothenusenlänge XC und unter Beachtung von

$$EXC = ECN = \theta_i \quad \text{und} \quad XCF = BCN' = \theta_r,$$

jetzt

$$\sin \theta_i = n \sin \theta_r. \tag{26.4}$$

erhalten.

So sehen wir, daß das Licht, um in der kürzesten Zeit von einem Punkt zu einem anderen zu gelangen, wenn das Verhältnis der Geschwindigkeit n ist, unter solch einem Winkel eindringen sollte, daß das Verhältnis der Sinusse der Winkel θ_i und θ_r das Verhältnis der Geschwindigkeiten in den beiden Medien ist.

26–4 Anwendungen des Fermatschen Prinzips

Nun wollen wir einige der interessantesten Folgerungen aus dem Prinzip der kürzesten Zeit betrachten. Die erste ist das Prinzip der Umkehrbarkeit. Wenn wir, um von A nach B zu gehen, den Weg der minimalen Zeit gefunden haben, wird in umgekehrter Richtung (angenommen, das Licht breitet sich in jede Richtung mit derselben Geschwindigkeit aus) die kürzeste Zeit zum selben Weg gehören, und deshalb kann Licht, wenn es in eine Richtung geschickt werden kann, auch in die andere Richtung geschickt werden.

Ein interessantes Beispiel ist ein Glasblock mit planparallelen Flächen, der unter einem Winkel in einen Lichtstrahl gestellt wird. Beim Durchqueren des Blocks von einem Punkt A zu einem Punkt B (Fig. 26–6) geht Licht nicht geradlinig hindurch, sondern es vermindert die Zeit in dem Block dadurch, daß der Winkel im Block weniger spitz ist, obwohl es ein bißchen in der Luft verliert. Der Strahl wird einfach parallel zu sich selbst versetzt, da der Einfall- und der Ausfallwinkel gleich sind.

Ein drittes interessantes Phänomen ist die Tatsache, daß die Sonne, wenn wir sie untergehen sehen, schon unterhalb des Horizonts ist! Es sieht nicht so aus, als ob sie unterhalb des Horizonts ist, aber es stimmt (Fig. 26–7). Die Atmosphäre der Erde ist oben dünn und am Boden dick. Licht bewegt sich langsamer in Luft als im Vakuum, und so kann das Sonnenlicht zu dem Punkt S unterhalb des Horizonts schneller gelan-

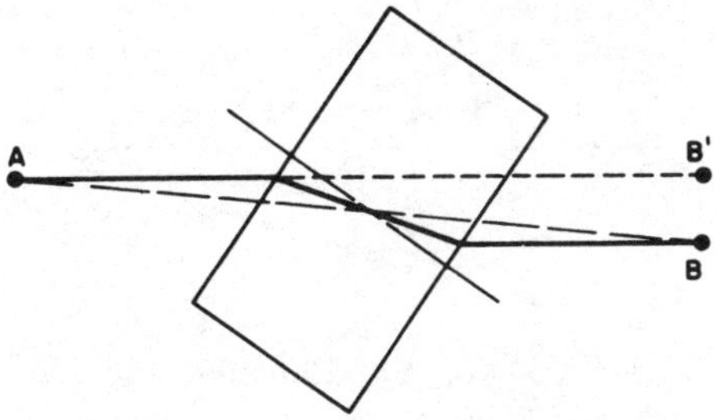

Fig. 26–6. Ein Lichtstrahl wird beim Durchqueren eines transparenten Blocks versetzt.

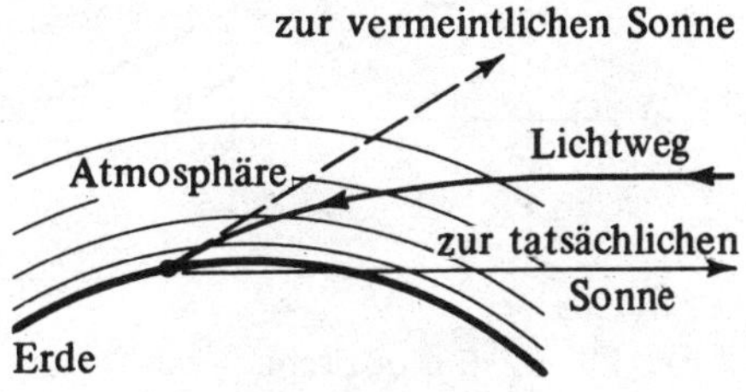

Fig. 26–7. In der Nähe des Horizonts steht die vermeintliche Sonne um etwa 1/2 Grad höher als die tatsächliche Sonne.

gen, wenn es, statt genau in einer geraden Linie zu gehen, die dichten Regionen, wo es langsam vorankommt, dadurch meidet, daß es sie unter einem spitzeren Winkel durchquert. Wenn sie unterzugehen scheint, ist sie tatsächlich schon lange unter dem Horizont. Ein anderes Beispiel für dieses Phänomen ist die Luftspiegelung, die man oft beim Fahren auf heißen Straßen sieht. Man sieht „Wasser" auf der Straße, aber wenn man dort ankommt, ist es so trocken wie in der Wüste! Das Phänomen ist das folgende. Was wir wirklich sehen, ist das „reflektierte" Himmelslicht auf der Straße: Licht vom Himmel, das sich in Richtung auf die Straße bewegt, wie in Fig. 26–8 gezeigt, kann in das Auge gelangen. Warum? Die Luft ist genau über der Straße sehr heiß, weiter oben aber kälter. Heißere Luft ist stärker ausgedehnt und dünner als kältere Luft, und dies vermindert die Lichtgeschwindigkeit weniger. Man kann auch sagen, daß Licht sich schneller in der heißen Region ausbreitet als in der kalten. Deshalb hat das Licht, statt sich für den geradlinigen Weg zu entscheiden, auch einen Weg der kürzesten Zeit, auf dem es in die Region geht, wo es für eine Weile schneller vorankommt, um Zeit zu sparen. So kann es sich entlang einer Kurve bewegen.

Fig. 26–8. Eine Luftspiegelung.

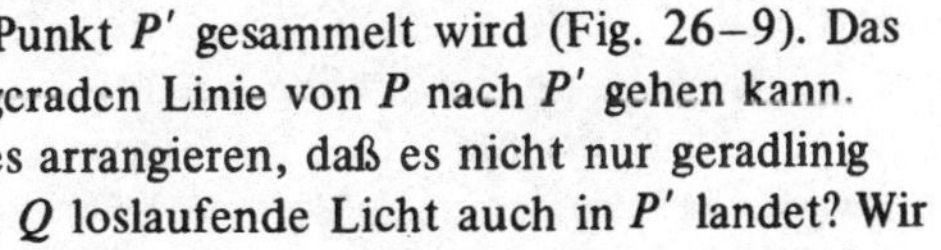

Als ein weiteres wichtiges Beispiel für das Prinzip der kürzesten Zeit sei angenommen, daß wir eine Situation konstruieren wollen, in der alles Licht, das von einem Punkt P kommt, wieder in einem anderen Punkt P' gesammelt wird (Fig. 26–9). Das bedeutet natürlich, daß das Licht in einer geraden Linie von P nach P' gehen kann. Das ist in Ordnung. Aber wie können wir es arrangieren, daß es nicht nur geradlinig läuft, sondern auch so, daß das von P nach Q loslaufende Licht auch in P' landet? Wir wollen alles Licht in etwas, was wir einen ***Brennpunkt*** nennen, zurückbringen. Wie? Wenn das Licht immer den Weg der schnellsten Ankunft nimmt, dann sollte es sicherlich nicht über all diese anderen Wege gehen wollen. Die einzige Lösung, das Licht völlig zufriedenzustellen, wenn es mehrere angrenzende Wege nimmt, ist, die Zeiten *exakt gleich* zu machen! Sonst würde es den einen der schnellsten Ankunft wählen. Deshalb besteht die Aufgabe, ein fokussierendes System zu machen, nur im Aufbauen einer Anordnung, so daß das Licht beim Durchlaufen *aller* verschiedenen Wege dieselbe Zeit benötigt.

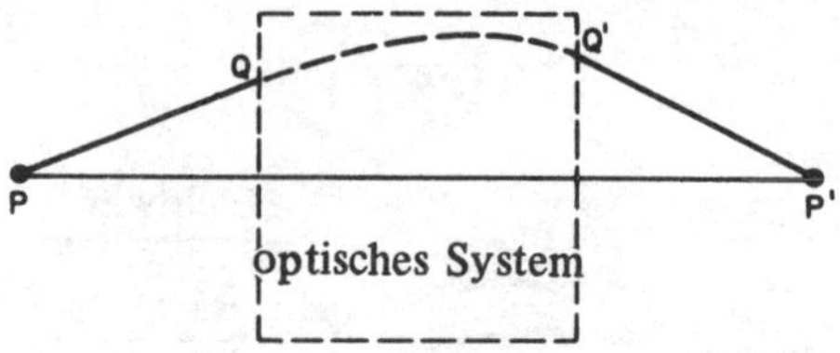

Fig. 26–9. Ein optischer „schwarzer Kasten".

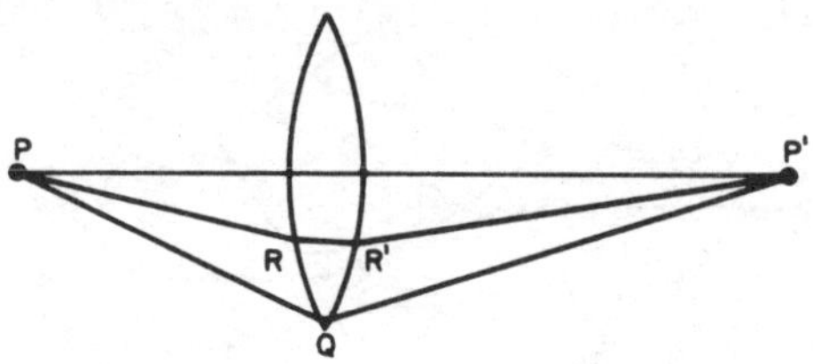

Fig. 26–10. Ein fokussierendes optisches System.

Das läßt sich leicht ausführen. Angenommen, wir hätten ein Stück Glas, in welchem das Licht sich langsamer ausbreitet als in Luft (Fig. 26–10). Man betrachte nun einen Strahl, der in Luft entlang des Weges *PQP'* läuft. Dies ist ein längerer Weg als direkt von *P* nach *P'* und benötigt ohne Zweifel längere Zeit. Aber wenn wir ein Glasstück von gerade der richtigen Dicke (wir werden später herausfinden wie dick) hineinstellen würden, könnte es genau den Zeitüberschuß kompensieren, den das Licht bei Ausbreitung unter einem Winkel benötigen würde! Unter diesen Umständen können wir es einrichten, daß die Zeit, die das Licht beim geradlinigen Durchqueren benötigt, dieselbe ist wie die Zeit, die auf der Strecke *PQP'* gebraucht wird. Desgleichen, wenn wir einen Strahl *PRR'P'* nehmen, der teilweise geneigt ist; er ist nicht so lang wie *PQP'* und wir brauchen nicht so viel wie bei der geraden Linie zu kompensieren, aber etwas müssen wir kompensieren. Wir gelangen so zu einem Stück Glas, das wie in Fig. 26–10 aussieht. Bei dieser Form wird alles Licht, das von *P* kommt, nach *P'* gelangen. Dies ist uns natürlich wohlbekannt, und wir nennen solch eine Anordnung eine Sammel*linse*. Im nächsten Kapitel werden wir dann wirklich berechnen, welche Form die Linse haben muß, um einen vollkommenen Brennpunkt zu erzeugen.

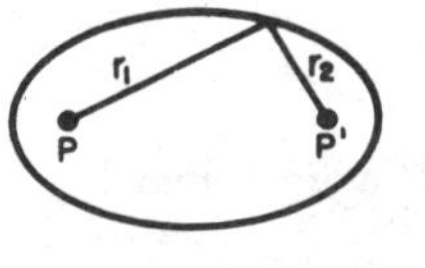

Fig. 26–11. Ein elliptischer Spiegel.

Nehmen wir ein anderes Beispiel: Angenommen, wir wollen einige Spiegel so anordnen, daß das Licht von *P* immer nach *P'* geht (Fig. 26–11). Auf jedem Weg geht es zu irgendeinem Spiegel und kommt zurück, und alle Zeiten müssen gleich sein. Hier bewegt sich das Licht immer in Luft, so sind die Zeit und der Abstand zueinander proportional. Deshalb ist die Aussage, daß alle Zeiten gleich sind, dasselbe wie die Aussage, daß die gesamte Entfernung gleich ist. So muß die Summe der beiden Abstände r_1 und r_2 eine Konstante sein. Eine *Ellipse* ist die Kurve, die die Eigenschaft hat, daß die Summe der Entfernungen von zwei Punkten für jeden Punkt auf der Ellipse eine Konstante ist; so können wir sicher sein, daß das Licht von einem Brennpunkt zum anderen kommen wird.

Dasselbe Prinzip dient zum Sammeln des Lichts eines Sterns. Das große 200-Zoll-Palomar-Teleskop ist nach dem folgenden Prinzip gebaut. Man stelle sich einen Stern vor, Milliarden von Meilen entfernt; wir würden gerne alles hereinkommende Licht dazu bringen, sich in einem Brennpunkt zu sammeln. Natürlich können wir die Strahlen, die ganz bis zum Stern hinaufgehen, nicht zeichnen, aber wir wollen doch prüfen, ob die Zeiten gleich

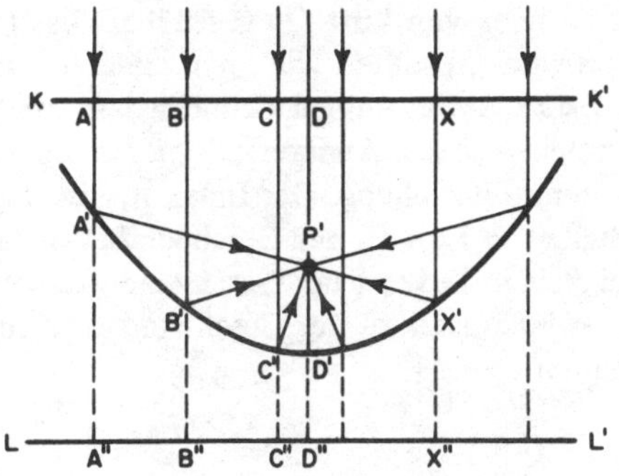

Fig. 26–12. Ein Parabolspiegel.

sind. Wir wissen natürlich, wenn die verschiedenen Strahlen in irgendeiner Ebene KK', die senkrecht zu den Strahlen liegt, angekommen sind, so sind alle Zeiten in dieser Ebene gleich (Fig. 26–12). Die Strahlen müssen dann in gleichen Zeiten zum Spiegel herunter laufen und zu P' gelangen. Das heißt, wir müssen eine Kurve finden, die die Eigenschaft hat, daß die Summe der Entfernungen $XX' + X'P'$ eine Konstante ist, ganz gleich, wo X gewählt wird. Ein leichter Weg, dieses zu finden, ist das Verlängern der Linie XX' bis hinunter zu einer Ebene LL'. Wenn wir jetzt unsere Kurve so legen, daß $A'A'' = A'P'$, $B'B'' = B'P'$, $C'C'' = C'P'$ usw., haben wir unsere Kurve, da dann natürlich $AA' + A'P' = AA' + A'A''$ konstant sein wird. So ist unsere Kurve der Ort aller Punkte mit gleichem Abstand zu einer Linie und zu einem Punkt. Solch eine Kurve wird als ***Parabel*** bezeichnet; der Spiegel wird in Form einer Parabel gefertigt.

Die obigen Beispiele veranschaulichen das Prinzip, nach dem solche optischen Geräte ausgelegt werden können. Die genauen Kurven können berechnet werden, indem das Prinzip angewendet wird, daß zur vollkommenen Fokussierung die Laufzeiten für alle Lichtstrahlen exakt gleich wie auch kleiner sein müssen als für irgendeinen anderen benachbarten Weg.

Wir werden diese fokussierenden optischen Geräte im nächsten Kapitel weiter besprechen; nun wollen wir über die weitere Entwicklung der Theorie diskutieren. Wenn ein neues theoretisches Prinzip entdeckt wird, wie das Prinzip der kürzesten Zeit, könnte unsere erste Regung sein zu sagen: „Nun, das ist sehr hübsch; es ist entzückend; aber die Frage ist, hilft es überhaupt, die Physik zu verstehen?“ Jemand könnte sagen: „Ja, sehen Sie, wieviele Dinge wir jetzt verstehen!“ Ein anderer sagt: „Sehr gut, aber ich kann Spiegel auch verstehen. Ich brauche eine Kurve, so daß jede Tangentialebene gleiche Winkel für die zwei Strahlen ergibt. Ich kann auch eine Linse konstruieren, da jeder ankommende Strahl unter einem Winkel gebrochen wird, der durch das Gesetz von Snellius gegeben ist.“ Offensichtlich ist die Aussage der kürzesten Zeit und die Aussage, daß Winkel bei der Reflexion gleich sind und daß die Sinusse der Winkel bei der Brechung proportional sind, dasselbe. Ist es also bloß eine philosophische Frage oder eine Frage der Schönheit? Man kann Argumente für beide Seiten finden.

Die Bedeutung eines weitreichenden Prinzips besteht jedoch darin, daß *es neue Dinge vorhersagt.*

Man kann leicht zeigen, daß es eine Reihe von neuen Dingen gibt, die vom Fermatschen Prinzip vorhergesagt wurden.

Zuerst nehme man an, daß *drei* Medien vorliegen, Glas, Wasser und Luft, und wir ein Brechungsexperiment ausführen und den Index n eines Mediums gegenüber dem anderen messen. Wir wollen den Index von Luft (1) gegenüber Wasser (2) n_{12} nennen;

den Index von Luft (1) gegenüber Glas (3) n_{13}. Wenn wir Wasser gegenüber Glas messen würden, sollten wir einen anderen Index finden, den wir n_{23} nennen werden. Aber *a priori* gibt es keinen Grund, wieso irgendeine Verbindung zwischen n_{12}, n_{13} und n_{23} bestehen sollte. Andererseits *gibt* es entsprechend der Idee der kürzesten Zeit eine bestimmte Beziehung. Der Index n_{12} ist das Verhältnis von zwei Größen, der Geschwindigkeit in Luft zu der Geschwindigkeit im Wasser; n_{13} ist das Verhältnis der Geschwindigkeit in Luft zu der Geschwindigkeit im Glas; n_{23} ist das Verhältnis der Geschwindigkeit im Wasser zu der Geschwindigkeit im Glas. Daher streichen wir die Luft und erhalten

$$n_{23} = \frac{v_2}{v_3} = \frac{v_1/v_3}{v_1/v_2} = \frac{n_{13}}{n_{12}}. \qquad (26.5)$$

Mit anderen Worten, wir *sagen voraus,* daß der Index für ein neues Paar von Materialien aus den Indizes der einzelnen Materialien, beide gegenüber Luft oder gegenüber Vakuum, erhalten werden kann. Wenn wir also die Lichtgeschwindigkeit in allen Materialien messen und dadurch eine einzelne Zahl für jedes Material erhalten, nämlich seinen Index gegenüber Vakuum, der n_i genannt wird (n_1 ist die Geschwindigkeit in Luft bezogen auf die Geschwindigkeit im Vakuum usw.), dann ist unsere Formel einfach. Der Index für beliebige zwei Materialien i und j ist

$$n_{ij} = \frac{v_i}{v_j} = \frac{n_j}{n_i}. \qquad (26.6)$$

Wenn wir nur das Gesetz von Snellius benutzen, gibt es keine Grundlage für eine Voraussage dieser Art.* Aber natürlich funktioniert diese Voraussage. Die Beziehung (26.5) war sehr früh bekannt und war ein starkes Argument für das Prinzip der kürzesten Zeit.

Ein anderes Argument für das Prinzip der kürzesten Zeit, eine andere Voraussage, ist, daß die Lichtgeschwindigkeit, wenn wir sie im Wasser *messen,* geringer sein wird als in Luft. Dies ist eine Voraussage völlig anderer Art. Es ist eine brillante Voraussage, weil alles, was wir bis jetzt gemessen haben, *Winkel* sind; hier haben wir eine theoretische Voraussage, die sehr verschieden von den Beobachtungen ist, aus denen Fermat die Idee von der kürzesten Zeit ableitete. Es stellt sich tatsächlich heraus, daß die Geschwindigkeit im Wasser geringer *ist* als die Geschwindigkeit in Luft, und zwar gerade in dem Verhältnis, welches nötig ist, um den richtigen Index zu erhalten!

26–5 Eine genauere Formulierung des Fermatschen Prinzips

In Wirklichkeit müssen wir die Aussage des Prinzips der kürzesten Zeit ein bißchen genauer formulieren. Es wurde oben nicht korrekt angegeben. Es wird *ungenau* das Prinzip der kürzesten Zeit genannt, und wir sind mit der ungenauen Beschreibung aus Bequemlichkeit fortgefahren, aber jetzt müssen wir sehen, wie die korrekte Darstellung ist. Angenommen, wir hätten einen Spiegel wie in Fig. 26–3. Was veranlaßt das Licht zu denken, daß es zum Spiegel gehen muß? Der Weg der *kürzesten* Zeit ist eindeutig *AB*. So könnten manche Leute sagen: „Manchmal ist es eine maximale Zeit". Es ist *nicht* eine maximale Zeit, weil ein gekrümmter Weg sicherlich eine noch längere Zeit erfordern

* Obwohl sie abgeleitet werden kann, wenn die zusätzliche Annahme gemacht wird, daß das Hinzufügen einer Schicht von einer Substanz auf die Oberfläche einer anderen den möglichen Brechungswinkel im Material nicht ändert.

würde! Die korrekte Aussage ist die folgende: Ein Strahl, der sich auf einem bestimmten speziellen Weg bewegt, hat die Eigenschaft, daß es bei einer kleinen Änderung (sagen wir einer einprozentigen Verschiebung) des Strahles in einer x-beliebigen Weise, sagen wir des Ortes, wo er auf den Spiegel trifft, oder der Kurvenform oder sonst irgend etwas, in erster Näherung *keine* Zeitänderung gibt; es gibt nur eine Zeitänderung in *zweiter* Näherung. Mit anderen Worten ist das Prinzip derart, daß das Licht einen Weg in der Weise nimmt, daß es nahebei viele andere Wege gibt, die fast exakt *dieselbe* Zeit benötigen.

Das folgende zeigt eine andere Schwierigkeit mit dem Prinzip der kürzesten Zeit, und zwar eine, die jene Leute, die diese Art von Theorie nicht leiden können, niemals verdauen konnten. Mit der Theorie von Snellius können wir Licht „verstehen". Licht breitet sich aus, sieht eine Oberfläche, bricht sich, weil es etwas an der Oberfläche tut. Der Gedanke der Kausalität, daß etwas von einem Punkt zum anderen geht und zu einem nächsten usw., ist leicht zu verstehen. Das Prinzip der kürzesten Zeit ist jedoch ein vollständig anderes philosophisches Prinzip der Arbeitsweise der Natur. Anstatt zu behaupten, daß es sich um einen kausalen Zusammenhang handelt, daß, wenn wir eine Sache tun, eine andere passiert usw., sagt dieses: Wir legen eine Situation fest, und das *Licht* entscheidet, welches die kürzeste Zeit oder die extreme Zeit ist und wählt diesen Weg. Aber *was* tut es, *wie* findet es dies heraus? *Riecht* es die nahegelegenen Wege und vergleicht sie miteinander? Die Antwort ist, ja, das tut es, sozusagen. Das ist eine Eigenschaft, die natürlich in der geometrischen Optik nicht bekannt ist und die mit der Idee der *Wellenlänge* zusammenhängt; die Wellenlänge sagt uns ungefähr, wie weit entfernt das Licht den Weg „riechen" muß, um ihn zu prüfen. Es ist schwierig, diesen Sachverhalt mit Licht in einem großen Maßstab zu demonstrieren, weil die Wellenlängen so schrecklich kurz sind. Aber bei Radiowellen, sagen wir bei 3-cm-Wellen, sind die Entfernungen, über die die Radiowellen prüfen, größer. Wenn wir einen Sender für Radiowellen, einen Empfänger und einen Spalt wie in Fig. 26–13 haben, gehen die Strahlen natürlich von S nach D, weil es eine gerade Linie ist, und wenn wir den Spalt zuschieben, ist alles in Ordnung – sie gehen immer noch. Aber wenn wir jetzt den Empfänger seitwärts nach D' schieben, werden die Wellen nicht durch den weiten Spalt von S nach D' gehen, weil sie einige Wege in der Nähe prüfen und sagen: „Nein, mein Freund, diese gehören alle zu verschiedenen Zeiten." Wenn wir andererseits durch Zuschieben des Spaltes zu einem sehr schmalen Schlitz *verhindern*, daß die Strahlung die Wege prüft, dann steht nur ein Weg zur Verfügung und die Strahlung nimmt ihn! Bei einem schmalen Spalt erreicht mehr Strahlung D' als bei einem weiten Spalt.

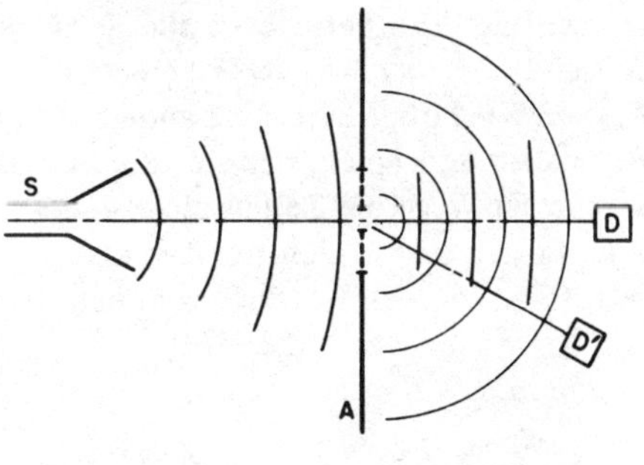

Fig. 26–13. Der Durchgang von Radiowellen durch einen schmalen Spalt.

Dasselbe kann man mit Licht ausführen, aber es ist schwer, es in großem Maßstab zu demonstrieren. Der Effekt kann unter den folgenden einfachen Bedingungen beobachtet werden. Man suche ein kleines helles Licht, sagen wir eine Klarglasbirne in einer

weit entfernten Straßenlaterne oder den Reflex von der Sonne in einer gekrümmten Autostoßstange. Dann halte man zwei Finger vor ein Auge, um so durch den Spalt zu gucken, und drücke das Licht sehr langsam zu Null. Man wird beobachten, daß das Bild des Lichtes, welches vorher ein kleiner Punkt war, ganz gedehnt wird und sich sogar zu einer langen Linie streckt. Der Grund ist, daß die Finger sehr dicht zusammen sind und daß das Licht, welches entlang einer geraden Linie kommen sollte, über einen Winkelbereich verteilt wird, so daß es, wenn es in das Auge gelangt, aus verschiedenen Richtungen hereinkommt. Wenn man sehr sorgfältig ist, wird man außerdem auch Seitenmaxima, nämlich eine Schar von Streifen entlang den Kanten bemerken. Die ganze Erscheinung ist außerdem farbig. Dies alles wird zur rechten Zeit erklärt werden, im Moment ist es aber eine Demonstration, daß das Licht sich nicht immer in geraden Linien ausbreitet, und zwar eine, die sehr leicht auszuführen ist.

26–6 Wie es passiert

Zum Schluß geben wir einen sehr groben Überblick über das, was tatsächlich passiert, wie die ganze Sache wirklich abläuft, und zwar von dem heute als korrekt angesehenen, quantendynamisch genauen Standpunkt, aber natürlich nur qualitativ beschrieben. Wenn wir dem Licht von A nach B in Fig. 26–3 folgen, stellen wir fest, daß das Licht überhaupt nicht die Form von Wellen zu haben scheint. Stattdessen scheinen die Strahlen aus Photonen zu bestehen, und sie erzeugen tatsächlich Klicks in einem Photonenzähler, wenn wir einen benutzen. Die Helligkeit des Lichtes ist zur mittleren Zahl der Photonen, die pro Sekunde hereinkommen, proportional, und was wir berechnen ist die *Chance,* daß ein Photon von A nach B gelangt, sagen wir, indem es den Spiegel trifft. Das *Gesetz* für diese Chance ist das folgende, sehr ungewöhnlich anmutende. Man nehme irgendeinen Weg und bestimme die Zeit für diesen Weg; dann schreibe man eine komplexe Zahl oder zeichne einen kleinen komplexen Vektor $\rho e^{i\theta}$, ***dessen Winkel θ proportional zur Zeit ist.*** Die Zahl der Umdrehungen pro Sekunde ist die Frequenz des Lichtes. Nun nehme man einen anderen Weg; er hat z. B. eine andere Zeit, so daß der Vektor dafür um einen anderen Winkel gedreht ist – der Winkel bleibt immer proportional zur Zeit. Man nehme ***alle*** verfügbaren Wege und addiere für jeden einen kleinen Vektor hinzu; dann lautet die Antwort, daß die Chance einer Ankunft des Photons proportional zum Quadrat der Länge des resultierenden Vektors vom Anfang bis zum Ende ist!

Nun wollen wir zeigen, wie hieraus das Prinzip von der kürzesten Zeit für den Spiegel folgt. Wir betrachten alle Strahlen, alle möglichen Wege ADB, AEB, ACB usw. in Fig. 26–3. Der Weg ADB liefert einen gewissen kleinen Beitrag, aber der nächste Weg AEB benötigt eine ganz andere Zeit, also ist sein Winkel θ durchaus verschieden. Wir wollen annehmen, daß der Punkt C der kleinsten Zeit entspricht, wo sich bei Änderung der Wege die Zeiten nicht ändern. So ändern sich die Zeiten eine Zeitlang, dann fangen sie an, sich weniger und weniger zu ändern, wenn wir uns Punkt C nähern (Fig. 26–14). Folglich kommen die Pfeile, die wir addieren müssen, für kurze Zeit

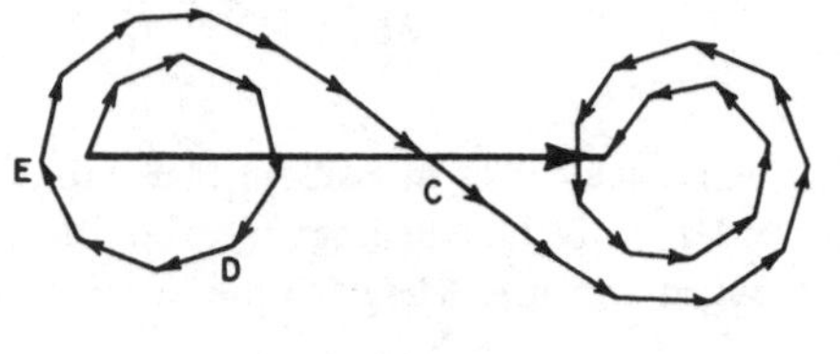

Fig. 26–14. Die Aufsummierung der Wahrscheinlichkeitsamplituden für viele benachbarte Wege.

nahe *C* unter fast genau demselben Winkel, und dann beginnt die Zeit wieder allmählich größer zu werden und die Phasen gehen in der anderen Richtung herum usw. Schließlich haben wir einen ganz engen Knoten. Die gesamte Wahrscheinlichkeit ist die Entfernung von einem Ende zum anderen im Quadrat. *Diese zusammengesetzte Wahrscheinlichkeit tritt fast ganz in dem Gebiet auf, in dem alle Pfeile in dieselbe Richtung zeigen* (oder dieselbe Phase haben). Alle Beiträge der Wege, die sehr *verschiedene* Zeiten haben, wenn wir den Weg ändern, heben sich gegenseitig auf, indem sie in verschiedene Richtungen zeigen. Das ist der Grund, warum der Spiegel, wenn wir seine äußersten Teile abdecken, noch fast ebenso reflektiert, da wir nichts anderes getan haben, als ein Stück in den Spiralenden aus dem Diagramm herauszunehmen, und das ergibt nur eine sehr kleine Änderung des Lichtes. Dies ist so die Beziehung zwischen dem fundamentalen Photonenbild mit einer Ankunftswahrscheinlichkeit, die von einer Anhäufung von Pfeilen abhängt, und dem Prinzip der kürzesten Zeit.

27 Geometrische Optik

27–1 Einleitung

In diesem Kapitel werden wir einige elementare Anwendungen der Ideen des vorhergehenden Kapitels auf eine Anzahl praktischer Geräte diskutieren, indem wir die als *geometrische Optik* bezeichnete Näherung benutzen. Dies ist eine sehr nützliche Näherung bei der praktischen Auslegung vieler optischer Systeme und Instrumente. Die geometrische Optik ist entweder sehr einfach oder sie ist sehr kompliziert. Damit meinen wir, daß wir sie entweder nur oberflächlich studieren, so daß wir Instrumente im groben auslegen können, indem wir Gesetze anwenden, die so einfach sind, daß wir uns hier kaum mit ihnen beschäftigen müssen, da sie praktisch Lehrstoff der höheren Schule sind. Wenn wir andererseits etwas über die kleinen Linsenfehler und ähnliche Details wissen wollen, wird die Sache zu kompliziert, um sie hier zu diskutieren! Wenn jemand ein tatsächliches, detailliertes Problem der Linsenkonstruktion einschließlich der Untersuchungen von Aberrationen hat, dann sei ihm geraten, über dieses Thema zu lesen oder einfach die Strahlen durch die verschiedenen Oberflächen zu verfolgen (wie man dies macht, sagt das Buch), das Brechungsgesetz von einer Seite zur anderen anzuwenden und festzustellen, wo sie herauskommen und ob sie ein zufriedenstellendes Bild ergeben. Man hat gesagt, daß dies zu mühsam sei, aber heute, mit Rechenmaschinen, ist es der richtige Weg. Man kann das Problem aufstellen und die Rechnung für einen Strahl nach dem anderen sehr leicht ausführen. So ist die Sache schließlich wirklich ganz einfach und benützt keine neuen Prinzipien. Weiterhin stellt sich heraus, daß die Gesetze der elementaren wie auch der fortgeschrittenen Optik selten charakteristisch für andere Gebiete sind, so daß es keinen besonderen Grund gibt, das Thema sehr weit zu verfolgen, mit einer wichtigen Ausnahme.

Die fortgeschrittenste und abstrakteste Theorie der geometrischen Optik wurde von Hamilton ausgearbeitet, und es zeigt sich, daß diese sehr wichtige Anwendungen in der Mechanik hat. Sie ist tatsächlich wichtiger in der Mechanik, als sie es in der Optik ist, und so überlassen wir Hamiltons Theorie dem Gebiet der fortgeschrittenen analytischen Mechanik, welches am Ende des Grundstudiums oder danach behandelt wird. Da wir nun also einsehen, daß die geometrische Optik sehr wenig beisteuert, außer für ihren eigenen Bereich, setzen wir nun die Diskussion der elementaren Eigenschaften einfacher optischer Systeme auf der Grundlage der im letzten Kapitel aufgeführten Prinzipien fort.

Um fortzufahren, müssen wir eine geometrische Formel haben, die wie folgt lautet: Wenn wir ein Dreieck mit einer kleinen Höhe h und einer langen Basis d haben, dann ist die Diagonale s (wir werden sie gebrauchen, um die Zeitdifferenz zwischen zwei verschiedenen Wegen zu finden) länger als die Basis (Fig. 27–1). Wieviel länger? Die Differenz $\Delta = s - d$ kann auf verschiedene Arten bestimmt werden. Ein Weg ist dieser. Wir sehen, daß $s^2 - d^2 = h^2$ oder $(s-d)(s+d) = h^2$ ist. Aber $s - d = \Delta$ und $s + d \sim 2s$. Folglich ist

$$\Delta \sim h^2/2s. \tag{27.1}$$

Dies ist die ganze Geometrie, die wir benötigen, um die Abbildung durch gekrümmte Flächen zu diskutieren!

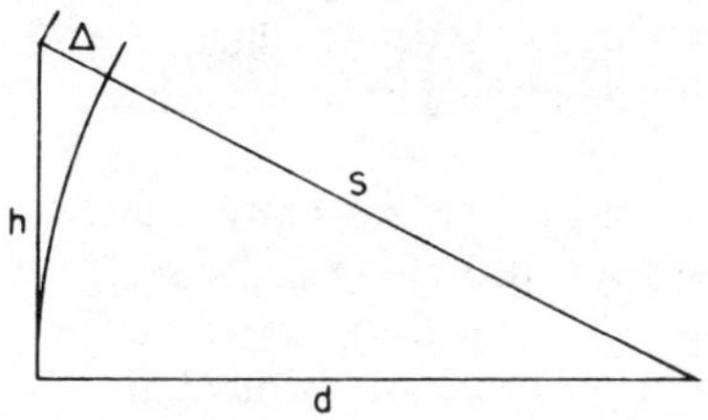

Fig. 27–1

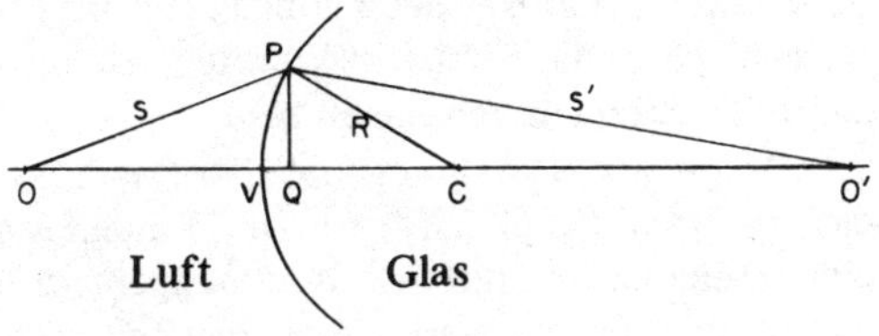

Fig. 27–2. Fokussierung durch eine einzelne brechende Fläche.

27–2 Die Brennweite einer sphärischen Fläche

Der erste und einfachste Fall, den wir diskutieren, ist eine einzelne brechende Fläche, die zwei Medien mit verschiedenen Brechungsindizes trennt (Fig. 27–2). Wir überlassen den Fall beliebiger Brechungsindizes dem Leser, da *Ideen* immer das weitaus wichtigste sind, nicht die spezielle Situation, und das Problem ist einfach genug, um es auf jeden Fall zu lösen. So wollen wir annehmen, daß die Geschwindigkeit links 1 und rechts $1/n$ ist, wobei n der Brechungsindex ist. Das Licht breitet sich im Glas um einen Faktor n langsamer aus.

Nun stelle man sich vor, daß wir einen Punkt bei O in einer Entfernung s von der Oberfläche des Glases und einen anderen Punkt O' in einer Entfernung s' innerhalb des Glases haben, und wir wollen die gekrümmte Fläche in solch einer Weise anlegen, daß jeder Strahl von O, der die Oberfläche an irgendeinem Punkt P trifft, so gebrochen wird, daß er sich zum Punkt O' weiterbewegt. Damit dies der Fall ist, müssen wir die Oberfläche derart gestalten, daß die Zeit, die das Licht benötigt, um von O nach P zu gelangen, was der Entfernung OP geteilt durch die Lichtgeschwindigkeit entspricht (die Geschwindigkeit ist hier die Einheit), plus $n \cdot O'P$, welches die Zeit ist, die von P nach O' gebraucht wird, gleich einer vom Punkt P unabhängigen Konstanten ist. Diese Bedingung liefert uns eine Gleichung zur Bestimmung der Oberfläche. Die Antwort lautet, daß die Oberfläche eine sehr komplizierte Kurve vierten Grades ist, und der Leser mag sich mit dem Versuch unterhalten, diese mit analytischer Geometrie zu berechnen. Einfacher ist es, einen Spezialfall zu versuchen, der $s \to \infty$ entspricht, weil dann die Kurve eine Kurve zweiten Grades und durchschaubarer ist. Es ist interessant, diese Kurve mit der Parabel zu vergleichen, die wir für einen fokussierenden Spiegel fanden, wenn das Licht aus dem Unendlichen kommt.

Also kann die geeignete Oberfläche nicht einfach hergestellt werden – um Licht von einem Punkt in einen anderen zu fokussieren, ist eine komplizierte Oberfläche erforderlich. In der Praxis stellt sich heraus, daß wir normalerweise nicht versuchen, solch komplizierte Oberfläche herzustellen, sondern einen Kompromiß schließen. Anstatt zu versuchen, *alle* Strahlen in einem Brennpunkt zu sammeln, richten wir es so ein, daß nur die Strahlen, die ziemlich nahe der Achse OO' liegen, zu einem Fokus kommen. Die weiter entfernten können leider abweichen, wenn sie wollen, weil die ideale Oberfläche kompliziert ist und wir statt dessen eine Kugeloberfläche mit der richtigen Krümmung nahe der Achse benutzen. Es ist so viel einfacher eine Kugel herzustellen als andere Oberflächen, daß es für uns günstiger ist, herauszufinden, was mit den Strahlen, die die Kugeloberfläche treffen, geschieht, wenn man annimmt, daß nur die Strahlen nahe der Achse vollkommen fokussiert werden. Diese Strahlen, die sich nahe der Achse befinden, werden manchmal *paraxiale Strahlen* genannt, und was wir untersuchen, sind die Bedingungen für die Fokussierung von paraxialen Strahlen. Wir werden später die Fehler diskutieren, die durch die Tatsache eingeführt werden, daß nicht alle Strahlen achsennah sind.

Wenn wir also annehmen, daß P nahe der Achse ist, ziehen wir das Lot PQ so, daß die Höhe PQ gleich h ist. Im Moment stellen wir uns vor, daß die Oberfläche eine Ebene ist, die durch P hindurchgeht. In diesem Fall würde die Zeit, um von O nach P zu gehen, länger sein als die Zeit von O nach Q, und ebenso würde die Zeit von P nach O' länger sein als die Zeit von Q nach O'. Aber darum muß das Glas gekrümmt sein, da die gesamte Überschußzeit durch die Verzögerung beim Weg von V nach Q kompensiert werden muß! Nun ist der Zeit*überschuß* entlang der Strecke OP gleich $h^2/2s$ und der Zeitüberschuß auf der anderen Strecke gleich $nh^2/2s'$. Diese Überschußzeit, der die Verzögerung längs des Weges entsprechen muß, unterscheidet sich von dem, was sie im Vakuum betragen hätte, weil ein Medium vorhanden ist. Mit anderen Worten ist die Zeit, um von V nach Q zu gehen nicht so, als wenn der Weg gerade durch die Luft ginge, sondern sie ist um den Faktor n kürzer, so daß der Überschuß an Verzögerung bei dieser Entfernung dann gleich $(n-1)\,VQ$ ist. Und wie groß ist nun VQ? Wenn der Punkt C der Mittelpunkt der Kugel und wenn ihr Radius gleich R ist, sehen wir an Hand derselben Formel, daß die Entfernung VQ gleich $h^2/2R$ ist. Deshalb stellen wir fest, daß das Gesetz, welches die Entfernungen s und s' verbindet und das uns den Radius R der Oberfläche, den wir brauchen, gibt, gleich

$$(h^2/2s) + (nh^2/2s') = (n-1)h^2/2R \tag{27.2}$$

oder

$$(1/s) + (n/s') = (n-1)/R. \tag{27.3}$$

ist.

Wenn wir eine Position O und eine andere Position O' haben und das Licht von O nach O' fokussieren wollen, berechnen wir den erforderlichen Krümmungsradius R der Oberfläche mit dieser Formel.

Nun stellt sich interessanterweise heraus, daß dieselbe Linse mit derselben Krümmung R bei anderen Entfernungen fokussiert, nämlich für jedes Paar von Entfernungen, so daß die Summe der beiden Kehrwerte, einer mit n multipliziert, eine Konstante bildet. So wird eine gegebene Linse (solange wir uns auf paraxiale Strahlen beschränken) nicht nur von O nach O', sondern zwischen einer unendlichen Anzahl von anderen Punktpaaren fokussieren, solange diese Punktpaare die für eine Linse charakteristische Beziehung erfüllen, daß $1/s + n/s'$ eine Konstante ist.

Ein besonders interessanter Fall ist es, wenn $s \to \infty$ strebt. Wir können aus der Formel ersehen, daß, wenn man ein s vergrößert, das andere abnimmt. Mit anderen Worten, wenn Punkt O herausgeht, kommt Punkt O' herein und umgekehrt. Wenn Punkt O nach Unendlich geht, fährt Punkt O' mit dem Hereinkommen fort, bis er eine bestimmte Entfernung innerhalb des Materials erreicht, welche die *Brennweite* f' genannt wird. Wenn parallele Strahlen hereinkommen, werden sie die Achse in einer Entfernung f' treffen. Ebenso könnten wir uns dies anders herum vorstellen. (Man erinnere sich an das Gesetz der Umkehrbarkeit: Wenn Licht von O nach O' geht, wird es natürlich auch von O' nach O gehen.) Wenn wir eine Lichtquelle innerhalb des Glases hätten, würden wir deshalb vielleicht gerne wissen wollen, wo der Brennpunkt ist. Wenn das Licht im Glas im Unendlichen wäre (dasselbe Problem), wo insbesondere würde es sich in einem Brennpunkt außerhalb sammeln? Diese Entfernung wird f genannt. Natürlich können wir es auch anders herum machen. Wenn wir eine Lichtquelle bei f hätten und das Licht durch die Oberfläche gehen würde, würde es als paralleler Strahl herauskommen. Wir können leicht herausfinden, was f und f' sind:

$$n/f' = (n - 1)/R \quad \text{oder} \quad f' = Rn/(n - 1), \tag{27.4}$$

$$1/f = (n - 1)/R \quad \text{oder} \quad f = R/(n - 1). \tag{27.5}$$

Wir sehen einen interessanten Sachverhalt: Wenn wir jede Brennweite durch den entsprechenden Brechungsindex dividieren, bekommen wir dasselbe Ergebnis! Tatsächlich ist dieses Theorem allgemein gültig. Es trifft für jedes Linsensystem zu, egal wie kompliziert, folglich ist es interessant, sich dies zu merken. Wir haben hier nicht bewiesen, daß es allgemein gültig ist – wir haben es nur für eine einzelne Oberfläche aufgeschrieben, aber es ist tatsächlich allgemein richtig, daß die beiden Brennweiten eines Systems in dieser Weise verknüpft sind. Manchmal wird Gl. (27.3) in der Form geschrieben

$$1/s + n/s' = 1/f. \tag{27.6}$$

Dies ist brauchbarer als (27.3), da wir f leichter messen können als die Krümmung und den Brechungsindex der Linse: Wenn wir nicht an der Konstruktion einer Linse oder an dem Wissen, wie sie dazu wurde, interessiert sind, sondern sie einfach vom Lager nehmen, ist die interessante Größe f und nicht das n, die 1 und das R!

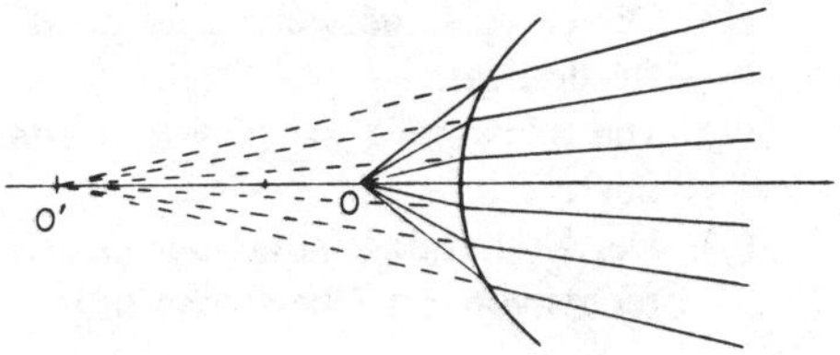

Fig. 27–3. Ein virtuelles Bild.

Eine interessante Situation tritt nun ein, wenn s kleiner als f wird. Was passiert dann? Wenn $s < f$ ist, dann ist $(1/s) > (1/f)$ und daher s' negativ; unsere Gleichung sagt, daß sich das Licht nur bei negativem Wert von s' sammelt, was immer das auch bedeutet! Es bedeutet etwas sehr Interessantes und sehr Konkretes. Mit anderen Worten ist es noch eine brauchbare Formel, auch wenn die Zahlen negativ sind. Was es bedeutet, wird in Fig. 27–3 gezeigt. Wenn wir die Strahlen zeichnen, die von O aus divergieren, werden sie tatsächlich an der Oberfläche gebrochen, und sie werden nicht in einen Brennpunkt kommen, da O so nahe liegt, daß sie sich „jenseits von parallel" befinden. Jedoch divergieren sie, wie wenn sie von einem Punkt O' *außerhalb* des Glases gekommen wären. Dies ist ein scheinbares Bild, manchmal als *virtuelles* Bild bezeichnet. Das Bild O' in Fig. 27–2 wird ein *reelles Bild* genannt. Wenn das Licht wirklich zu einem Punkt kommt, ist es ein reelles Bild. Aber wenn das Licht *von* einem Punkt zu kommen *scheint*, von einem fiktiven Punkt, verschieden von dem ursprünglichen Punkt, ist es ein virtuelles Bild. Wenn s' negativ wird, bedeutet dies also, daß O' auf der anderen Seite der Oberfläche liegt, und alles ist in bester Ordnung.

Man betrachte nun den interessanten Fall, daß R gleich Unendlich ist; dann haben wir $(1/s) + (n/s') = 0$. Mit anderen Worten ist $s' = -ns$, das bedeutet, wenn wir von einem dichten Medium in ein dünnes Medium gucken und einen Punkt in dem dünnen Medium sehen, so scheint er um den Faktor n tiefer zu sein. Ebenso können wir dieselbe Gleichung anders herum benutzen, so daß, wenn wir in eine ebene Oberfläche zu einem Objekt gucken, das in einer gewissen Entfernung innerhalb des dichten Mediums liegt, es so scheinen wird, als ob das Licht aus nicht so weiter Entfernung kommt (Fig. 27–4). Wenn wir von oben auf den Grund eines Swimmingpools gucken, sieht er nicht so tief aus wie er wirklich ist, und zwar um den Faktor 3/4, der der Kehrwert des Brechungsindexes vom Wasser ist.

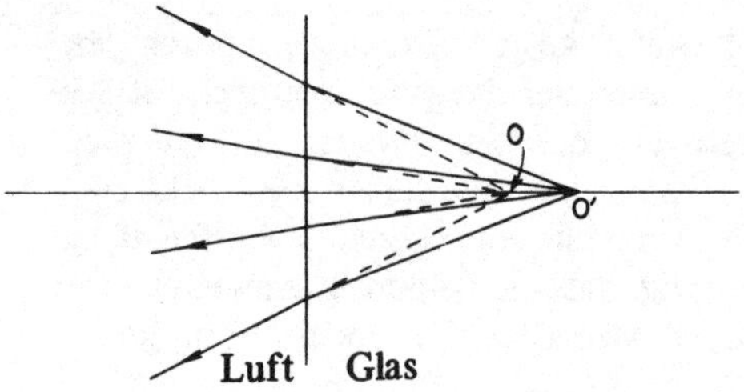

Fig. 27–4. Eine ebene Oberfläche bildet das Licht von O' nach O zurück ab.

Wir könnten natürlich fortfahren und den sphärischen Spiegel diskutieren. Aber wenn jemand die entsprechenden Ideen versteht, sollte er in der Lage sein, dies selbst auszuarbeiten. Deshalb überlassen wir es dem Leser, die Formel für den sphärischen Spiegel auszuarbeiten, aber wir betonen, daß es gut ist, gewisse Vereinbarungen hinsichtlich der auftretenden Entfernungen zu übernehmen:

(1) Die Gegenstandsweite s ist positiv, wenn der Punkt O links von der Oberfläche liegt.
(2) Die Bildweite s' ist positiv, wenn der Punkt O' rechts von der Oberfläche liegt.
(3) Der Krümmungsradius der Oberfläche ist positiv, wenn der Mittelpunkt rechts von der Oberfläche liegt.

In Fig. 27–2 z. B. sind s, s' und R alle positiv; in Fig. 27–3 sind s und R positiv, aber s' ist negativ. Wenn wir eine Konkavfläche benutzt hätten, würde unsere Formel (27.3) immer noch das richtige Ergebnis bringen, wenn wir nur R zu einer negativen Größe machen.

Beim Ausarbeiten der entsprechenden Formel für einen Spiegel wird man, bei Benützung der obigen Vereinbarungen, finden, daß die richtige Formel für einen Spiegel herauskommt, wenn man überall in der Formel (27.3) $n = -1$ setzt (als ob das Material hinter dem Spiegel einen Index -1 hätte)!

Obwohl die Ableitung der Formel (27.3) bei Zugrundelegung der kürzesten Zeit einfach und elegant ist, kann man natürlich dieselbe Formel durch Anwendung des Gesetzes von Snellius ableiten, wenn man sich daran erinnert, daß die Winkel so klein sind, daß die Sinusse der Winkel durch die Winkel selbst ersetzt werden können.

27–3 Die Brennweite einer Linse

Nun fahren wir fort, um eine andere, eine sehr praktische Situation zu betrachten. Die meisten Linsen, die wir benutzen, haben zwei Oberflächen, nicht nur eine. Wie wirkt sich das aus? Angenommen, wir haben zwei Oberflächen verschiedener Krümmung, wobei Glas den Raum zwischen ihnen ausfüllt (Fig. 27–5). Wir wollen das Problem der Fokussierung von einem Punkt O zu einem anderen Punkt O' studieren. Wie können wir das machen? Die Antwort ist diese: Zuerst benutze man die Formel (27.3) für die erste Oberfläche, wobei man die zweite Oberfläche vergißt. Dies wird uns sagen, daß das Licht, welches von O divergiert, scheinbar bei irgendeinem anderen Punkt, sagen wir O', konvergiert oder divergiert, je nachdem wie das Vorzeichen ist. Betrachten wir jetzt ein neues Problem. Wir haben eine andere Oberfläche zwischen Glas und Luft, in der Strahlen zu einem bestimmten Punkt O' hin konvergieren. Wo werden sie tatsächlich zusammenlaufen? Wir gebrauchen wieder dieselbe Formel! Wir finden heraus, daß sie bei O'' konvergieren. So können wir, falls notwendig, durch 75 Oberflächen gehen, indem wir nacheinander dieselbe Formel von einer zur nächsten benutzen!

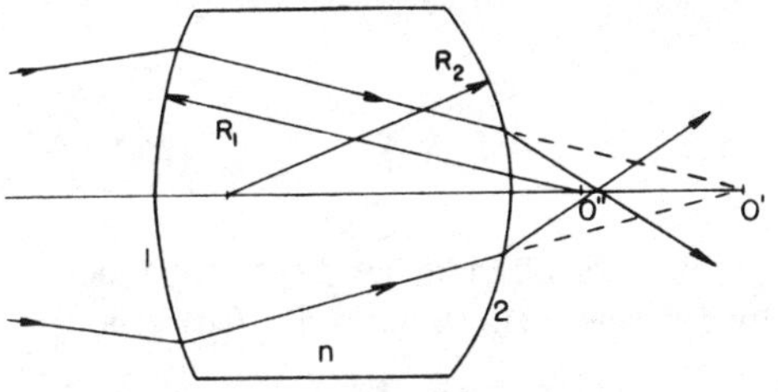

Fig. 27–5. Abbildung durch eine Linse mit zwei Oberflächen.

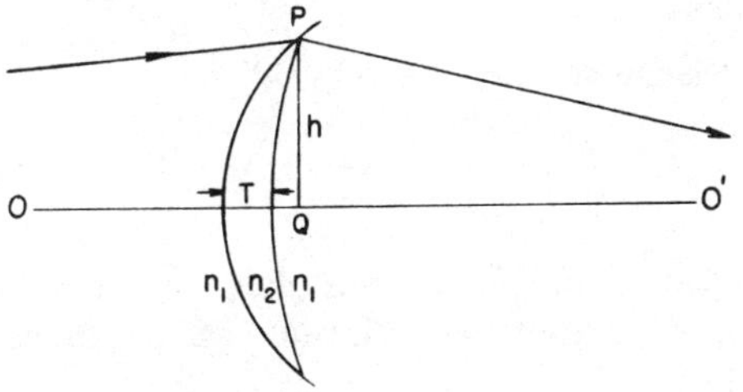

Fig. 27–6. Eine dünne Linse mit zwei positiven Radien.

Es gibt einige ziemlich ausgezeichnete Formeln, die uns beträchtliche Energien in den paar Momenten in unserem Leben ersparen würden, in denen wir das Licht durch fünf Oberflächen verfolgen möchten, aber es ist einfacher, das Licht eben mal durch fünf Oberflächen zu verfolgen, wenn das Problem sich stellt, als sich eine ganze Menge Formeln einzuprägen; denn es kann sein, daß wir es überhaupt niemals durch irgendeine Oberfläche verfolgen müssen!

In jedem Fall besteht das Prinzip darin, daß wir, wenn wir durch eine Oberfläche gehen, eine neue Position, einen neuen Brennpunkt finden und dann diesen Punkt als Startpunkt für die nächste Oberfläche nehmen usw. Da wir bei der zweiten Oberfläche von n nach 1 gehen und nicht von 1 nach n und da es in vielen Systemen mehrere Glassorten gibt, so daß dort Indizes n_1, n_2, ... auftauchen, benötigen wir, um dieses tatsächlich durchzuführen, wirklich eine Verallgemeinerung der Formel (27.3) für den Fall, wo es zwei verschiedene Indizes n_1 und n_2 und nicht nur n gibt. Dann ist es nicht schwierig zu beweisen, daß die allgemeine Form von (27.3) wie folgt lautet

$$(n_1/s) + (n_2/s') = (n_2 - n_1)/R. \tag{27.7}$$

Besonders einfach ist der Spezialfall, in dem die zwei Oberflächen sehr dicht beieinander liegen – so dicht, daß wir kleine Fehler, die auf die Dicke zurückzuführen sind, vernachlässigen dürfen. Wenn wir die Linse wie in Fig. 27–6 gezeigt zeichnen, können wir uns diese Frage stellen: Wie muß die Linse beschaffen sein, um Licht von O nach O' zu fokussieren? Man stelle sich vor, daß das Licht genau auf die Kante der Linse beim Punkt P trifft. Dann ist die Überschußzeit, wenn man von O nach O' geht, gleich $(n_1h^2/2s) + (n_1h^2/2s')$, wenn man für einen Moment das Vorhandensein der Dicke T des Glases mit dem Index n_2 vernachlässigt. Um jetzt die Zeit für den direkten Weg der Zeit des Weges OPO' anzupassen, müssen wir ein Stück Glas nehmen, dessen Dicke T in der Mitte so ist, daß die beim Durchlaufen dieser Dicke eintretende Verzögerung groß genug ist, um die obige Überschußzeit zu kompensieren. Deshalb muß die Dicke der Linse in der Mitte durch die folgende Beziehung gegeben sein

$$(n_1h^2/2s) + (n_1h^2/2s') = (n_2 - n_1)T. \tag{27.8}$$

Wir können T auch in Abhängigkeit von den Radien R_1 und R_2 der beiden Oberflächen ausdrücken. Bei Beachtung unserer Vereinbarung (3) finden wir so für $R_1 < R_2$ (eine Konvexlinse)

$$T = (h^2/2R_1) - (h^2/2R_2). \tag{27.9}$$

Deshalb erhalten wir schließlich

$$(n_1/s) + (n_1/s') = (n_2 - n_1)(1/R_1 - 1/R_2). \tag{27.10}$$

Wiederum bemerken wir, daß, wenn einer der Punkte im Unendlichen liegt, der andere an einer Stelle sein wird, die wir die Brennweite f nennen. Die Brennweite f ist gegeben durch

$$1/f = (n - 1)(1/R_1 - 1/R_2), \tag{27.11}$$

wobei $n = n_2/n_1$ ist.

Wenn wir jetzt den umgekehrten Fall nehmen, wo s ins Unendliche geht, so sehen wir, daß s' bei der Brennweite f' liegt. Diesmal sind die Brennweiten gleich. (Dies ist ein weiterer Spezialfall des allgemeinen Gesetzes, daß das Verhältnis der zwei Brennweiten gleich dem Verhältnis der Brechungsindizes in den beiden Medien ist, in welchen die Strahlen gebündelt werden. In diesem speziellen optischen System sind die Indizes am Anfang und am Ende dieselben, so daß die beiden Brennweiten gleich sind.)

Wenn wir für einen Augenblick die tatsächliche Formel für die Brennweite vergessen, könnten wir, wenn wir eine Linse kaufen würden, die jemand mit bestimmten Krümmungsradien und einem bestimmten Index entworfen hat, die Brennweite z. B. dadurch messen, daß wir nachgucken, wo ein Punkt in dem Unendlichen fokussiert wird. Sobald wir die Brennweite haben, würde es besser sein, unsere Gleichung direkt in Abhängigkeit von der Brennweite zu schreiben, und die Formel lautet dann

$$(1/s) + (1/s') = 1/f. \tag{27.12}$$

Betrachten wir nun, wie die Formel arbeitet und was sie unter verschiedenen Umständen besagt. Als erstes besagt sie, daß, wenn s oder s' Unendlich ist, das andere gleich f ist. Das bedeutet, daß paralleles Licht in einer Entfernung f fokussiert wird, und hierdurch wird f in der Tat *definiert.* Ein anderer, interessanter Sachverhalt, den sie aussagt, besteht darin, daß sich beide Punkte in derselben Richtung bewegen. Wenn sich einer nach rechts bewegt, tut es der andere auch. Weiterhin besagt sie, daß s und s' gleich sind, wenn sie beide gleich $2f$ sind. Mit anderen Worten, wenn wir eine symmetrische Situation wollen, finden wir, daß beide in der Entfernung $2f$ fokussiert werden.

27–4 Vergrößerung

Bis jetzt haben wir den Fokussierungsvorgang nur für Punkte auf der Achse besprochen. Nun wollen wir auch die Abbildung von solchen Objekten besprechen, die sich nicht genau auf der Achse, sondern in kleinem Abstand von ihr befinden, so daß wir die Eigenschaften der *Vergrößerung* verstehen können. Wenn wir eine Linse so aufbauen, daß Licht von einem kleinen Glühfaden in einen „Punkt“ auf einer Leinwand fokussiert wird, so stellen wir fest, daß wir auf der Leinwand ein „Bild“ desselben Glühfadens erhalten, abgesehen von einer gegenüber dem echten Glühfaden kleineren oder größeren Ausdehnung. Dies muß bedeuten, daß das Licht von *jedem einzelnen Punkt* des Glühfadens fokussiert wird. Um dies etwas besser zu verstehen, wollen wir das System einer dünnen Linse, das in Fig. 27–7 schematisch gezeigt ist, analysieren. Wir kennen die folgenden Tatsachen:

(1) Jeder Strahl, der auf einer Seite parallel hereinkommt, setzt sich auf der anderen Seite in Richtung auf einen bestimmten ausgezeichneten Punkt im Abstand f von der Linse fort, der der Brennpunkt genannt wird.

(2) Jeder Strahl, der auf einer Seite die Linse vom Brennpunkt aus erreicht, kommt auf der anderen Seite parallel zur Achse heraus.

Dies ist alles, was wir benötigen, um die Formel (27.12) wie folgt mit geometrischen Mitteln aufzustellen: Angenommen, wir haben ein Objekt in irgendeiner Entfernung x vom Brennpunkt; die Höhe des Objektes sei y. Dann wissen wir, daß einer der Strahlen, nämlich PQ, so gebrochen wird, daß er durch den Brennpunkt R auf der anderen Seite hindurchgeht. Wenn nun die Linse den Punkt P überhaupt abbildet, so können wir herausfinden, wo, wenn wir nur feststellen, wo irgendein anderer Strahl entlanggeht, da der Bildpunkt dort sein wird, wo die beiden sich wieder treffen. Wir brauchen nur unseren Scharfsinn zu bemühen, um die genaue Richtung *eines* anderen Strahles herauszufinden.

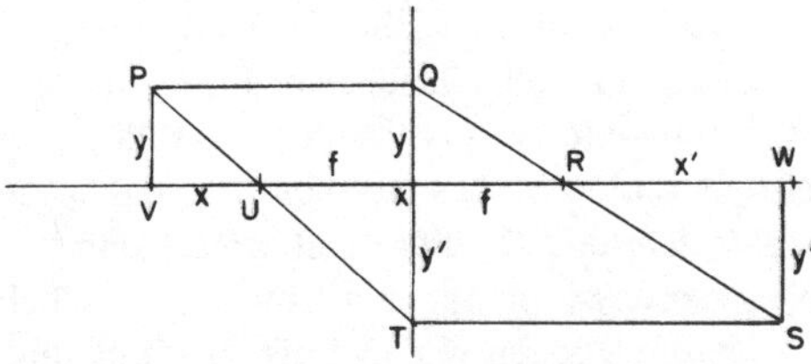

Fig. 27–7. Die Geometrie der Abbildung bei einer dünnen Linse.

Wir erinnern uns jedoch, daß ein paralleler Strahl durch den Brennpunkt geht und *umgekehrt:* Ein Strahl, der durch den Brennpunkt geht, wird parallel herauskommen! Deshalb zeichnen wir den Strahl PT durch U. (Es ist richtig, daß die wirklichen Strahlen, die die Abbildung machen, wesentlich mehr begrenzt sein können als die zwei, die wir gezeichnet haben; sie sind jedoch schwieriger zu zeichnen, und so wollen wir glauben, daß wir diesen Strahl realisieren können.) Da er parallel herauskommen würde, zeichnen wir TS parallel zu XW. Der Schnittpunkt S ist der Punkt, den wir brauchen. Dies wird den genauen Ort und die genaue Höhe bestimmen. Nennen wir die Höhe y' und den Abstand vom Brennpunkt x'. Jetzt können wir eine Linsenformel ableiten. Indem wir die ähnlichen Dreiecke PVU und TXU benutzen, finden wir

$$\frac{y'}{f} = \frac{y}{x}. \tag{27.13}$$

In ähnlicher Weise erhalten wir aus den Dreiecken *SWR* und *QXR*

$$\frac{y'}{x'} = \frac{y}{f}. \tag{27.14}$$

Wenn wir beide nach y'/y auflösen, finden wir

$$\frac{y'}{y} = \frac{x'}{f} = \frac{f}{x}. \tag{27.15}$$

Gleichung (27.15) ist die bekannte Linsenformel; in ihr steckt alles, was man über Linsen wissen muß: Sie gibt uns die Vergrößerung y'/y in Abhängigkeit von den Entfernungen und den Brennweiten. Sie verknüpft auch die beiden Entfernungen x und x' mit f,

$$xx' = f^2, \tag{27.16}$$

was eine wesentlich angenehmere Form als Gl. (27.12) ist, um damit zu arbeiten. Wir überlassen es dem Leser zu zeigen, daß Gl. (27.12) dieselbe ist wie Gl. (27.16), wenn wir $s = x + f$ und $s' = x' + f$ nennen.

27–5 Linsensysteme

Ohne es tatsächlich abzuleiten, werden wir kurz das allgemeine Ergebnis, wenn wir eine Anzahl von Linsen haben, beschreiben. Wenn wir ein System aus mehreren Linsen haben, wie können wir es möglicherweise analysieren? Das ist einfach. Wir beginnen mit irgendeinem Objekt und berechnen mit Hilfe der Formel (27.16) oder (27.12) oder irgendeiner anderen entsprechenden Formel oder durch Zeichnen von Diagrammen für die erste Linse dessen Bild. So finden wir ein Bild. Dann nehmen wir dieses Bild als Ausgangspunkt für die nächste Linse und benutzen die zweite Linse, ganz egal wie deren Brennweite ist, um wieder ein Bild zu finden. Wir verfolgen dies einfach durch die Reihe der Linsen. Das ist alles, was dabei zu tun ist. Da es im Prinzip nichts Neues enthält, werden wir uns nicht weiter damit befassen. Es gibt jedoch ein sehr interessantes Gesamtergebnis für den Einfluß einer beliebigen Linsenfolge auf Licht, das im selben Medium, sagen wir in Luft, beginnt und endet. Jedes optische Instrument – ein Fernrohr oder ein Mikroskop mit einer beliebigen Anzahl von Linsen und Spiegeln – hat die folgenden Eigenschaften: Es gibt zwei Flächen, die die *Hauptebenen* des Systems genannt werden (diese Ebenen sind oft ziemlich dicht bei der ersten Oberfläche der ersten Linse und bei der letzten Oberfläche der letzten Linse), welche die folgenden Eigenschaften haben: (1) Wenn von der ersten Seite Licht parallel in das System hineingeht, kommt es in einem bestimmten Brennpunkt heraus, der in einer Entfernung von der *zweiten* Hauptebene liegt, die der Brennweite entspricht, gerade so, als ob das System eine dünne Linse wäre, die in dieser Ebene liegt. (2) Wenn paralleles Licht in der umgekehrten Richtung kommt, gelangt es in derselben Entfernung f von der *ersten* Hauptebene in einen Brennpunkt, wiederum als wenn dort eine dünne Linse stehen würde. (Siehe Fig. 27–8.)

Wenn wir natürlich die Entfernungen x und x' und y und y' wie vorher messen, ist die Formel (27.16), die wir für die dünne Linse hingeschrieben haben, absolut allgemeingültig, vorausgesetzt, daß wir die Brennweite von den Hauptebenen und nicht vom

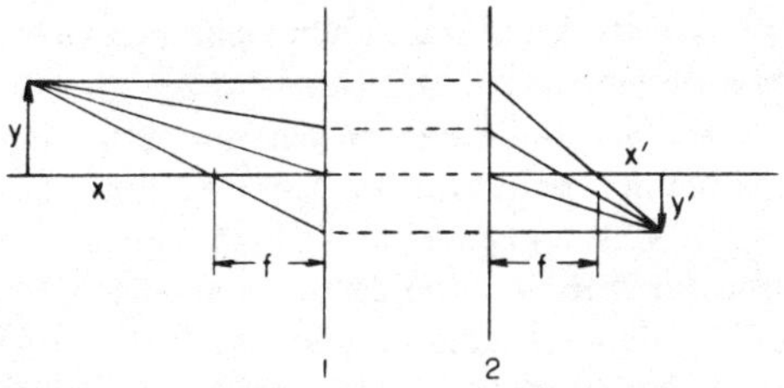

Fig. 27–8. Darstellung der Hauptebenen eines optischen Systems.

Mittelpunkt der Linse aus messen. Zufällig fallen bei einer dünnen Linse die Hauptebenen zusammen. Es ist geradeso, als ob wir eine dünne Linse nähmen, sie längs der Mitte aufschneiden und trennen und dabei nicht bemerken würden, daß sie getrennt worden ist. Jeder Strahl, der einfällt, springt sofort auf der anderen Seite der zweiten Ebene bei demselben Punkt heraus, wo er in die erste Ebene eingedrungen ist! Die Hauptebenen und die Brennweite können entweder durch ein Experiment oder durch Berechnung bestimmt werden, und dann ist die Gesamtzahl aller Eigenschaften des optischen Systems bekannt. Es ist sehr interessant, daß das Ergebnis nicht kompliziert ist, wenn wir mit solch einem großen, komplizierten optischen System ganz fertig sind.

27–6 Aberrationen

Bevor wir uns daran berauschen, wie wundervoll Linsen sind, müssen wir schnell hinzufügen, daß es da auch ernsthafte Einschränkungen gibt, weil wir uns genau gesagt auf paraxiale Strahlen, die Strahlen nahe der Achse beschränkt haben. Eine wirkliche Linse mit einer endlichen Größe wird im allgemeinen *Aberrationen* aufweisen. Zum Beispiel geht ein Strahl, der sich auf der Achse befindet, natürlich durch den Brennpunkt hindurch; ein Strahl, der sehr dicht an der Achse ist, wird noch sehr gut in den Brennpunkt kommen. Aber wenn wir weiter nach außerhalb gehen, beginnt der Strahl vom Brennpunkt abzuweichen, vielleicht indem er zu kurz fällt, und ein Strahl, der ganz oben am Rand einfällt, kommt herunter und verfehlt den Brennpunkt um einen ganz erheblichen Abstand. So erhalten wir statt eines Punktbildes einen verwischten Fleck. Dieser Effekt wird *sphärische Aberration* genannt, da es eine Eigenschaft der sphärischen Oberfläche ist, die wir anstelle der richtigen Form benutzen. Dem könnte für jede spezielle Objektentfernung durch Neubildung der Form der Linsenoberfläche abgeholfen werden oder vielleicht durch Gebrauch mehrerer Linsen, die so angeordnet sind, daß die Aberrationen der einzelnen Linsen dazu neigen, sich gegenseitig aufzuheben.

Linsen haben einen weiteren Fehler: Im Glas hat Licht verschiedener Farbe unterschiedliche Geschwindigkeiten oder verschiedene Brechungsindizes, und deshalb ist die Brennweite einer gegebenen Linse unterschiedlich für verschiedene Farben. Wenn wir also einen weißen Punkt abbilden, wird das Bild farbig sein, denn wenn wir Rot im Brennpunkt sammeln, ist Blau außerhalb des Brennpunktes oder umgekehrt. Diese Eigenschaft wird *chromatische Aberration* genannt.

Es gibt da noch weitere Fehler. Falls das Objekt außerhalb der Achse liegt, ist der Brennpunkt tatsächlich nicht mehr vollkommen, wenn er weit genug außerhalb der Achse zu liegen kommt. Die einfachste Art dieses nachzuprüfen besteht darin, eine Linse zu fokussieren und sie dann so zu neigen, daß die Strahlen mit einem großen Winkel zur Achse einfallen. Dann wird das dargestellte Bild gewöhnlich ganz verformt sein, und es gibt keine Stelle, wo es gut fokussiert ist. So gibt es mehrere Arten von Linsenfehlern, die der

Optikkonstrukteur durch den Gebrauch vieler Linsen, die ihre Fehler gegenseitig kompensieren sollen, aufzuheben versucht.

Wie sorgfältig müssen wir sein, um Aberrationen zu beseitigen? Ist es möglich, ein vollkommen perfektes optisches System herzustellen? Nehmen wir an, wir hätten ein optisches System gebaut, das Licht genau zu einem Punkt bringen soll. Können wir jetzt, wenn wir vom Standpunkt der schnellsten Ankunft aus argumentieren, eine Bedingung dafür finden, wie vollkommen das System sein muß? Das System wird eine Art von Eingang haben, der für das Licht geöffnet ist. Wenn wir den entferntesten Strahl von der Achse nehmen, der in den Brennpunkt kommen kann (natürlich, wenn das System vollkommen ist), sind die Zeiten für alle Strahlen genau gleich. Aber nichts ist vollkommen, und so lautet die Frage, wie falsch kann die Zeit für diesen Strahl sein, ohne daß sich eine weitere Korrektur lohnt?

Das hängt davon ab, wie vollkommen wir das Bild machen wollen. Aber nehmen wir an, wir wollen das Bild so fehlerfrei wie nur möglich machen. Dann haben wir natürlich den Eindruck, daß wir es so einrichten müssen, daß jeder Strahl möglichst dieselbe Zeit benötigt. Aber es stellt sich heraus, daß dies nicht richtig ist, daß jenseits eines bestimmten Punktes wir etwas zu tun versuchen, was zu fein ist, weil die Theorie der geometrischen Optik nicht funktioniert!

Erinnern wir uns, daß das Prinzip der schnellsten Ankunft im Gegensatz zum Prinzip der Energieerhaltung oder dem Prinzip der Impulserhaltung keine exakte Formulierung ist. Das Prinzip der schnellsten Ankunft ist nur eine *Näherung*, und es ist interessant zu wissen, wie groß Fehler sein dürfen, um noch keinen sichtbaren Unterschied zu machen. Die Antwort lautet: Wenn wir es so eingerichtet haben, daß zwischen dem äußersten Strahl – dem schlechtesten Strahl, dem, der am weitesten außerhalb ist – und dem zentralen Strahl der Zeitunterschied geringer ist als etwa die Periode, die einer Schwingung des Lichts entspricht, dann bringt es keinen Nutzen, weiter zu verbessern. Licht ist etwas Oszillierendes mit einer bestimmten Frequenz, die mit der Wellenlänge verknüpft ist, und wenn wir es eingerichtet haben, daß die Zeitdifferenz für verschiedene Strahlen kleiner ist als eine Periode, bringt es nichts, noch weiter zu gehen.

27–7 Auflösungsvermögen

Eine andere interessante Frage – eine sehr wichtige technische Frage bei allen optischen Instrumenten – ist, welches *Auflösungsvermögen* sie haben. Wenn wir ein Mikroskop bauen, wollen wir die Objekte sehen, die wir uns anschauen. Das bedeutet z. B., wenn wir eine Bakterie mit einem Fleck an jedem Ende anschauen, wollen wir *sehen,* daß es zwei Punkte gibt, wenn wir sie vergrößern. Man könnte denken, daß alles, was wir zu tun haben, darin besteht, genügend Vergrößerung zu erhalten – wir können immer eine weitere Linse hinzufügen, und wir können immer wieder und wieder vergrößern, und mit der Schlauheit der Konstrukteure können alle sphärischen und chromatischen Aberrationen korrigiert werden, und es gibt keinen Grund, warum wir nicht mit der Vergrößerung des Bildes fortfahren können. Die Grenzen eines Mikroskops bestehen nicht darin, daß es unmöglich wäre, eine Linse zu bauen, die mehr als 2.000-fach vergrößert. Wir können ein Linsensystem bauen, das 10.000-fach vergrößert, aber wegen der Grenzen der geometrischen Optik, wegen der Tatsache, daß die schnellste Ankunft nicht präzise ist, könnten wir *dennoch* zwei Punkte nicht sehen, die zu dicht zusammenliegen.

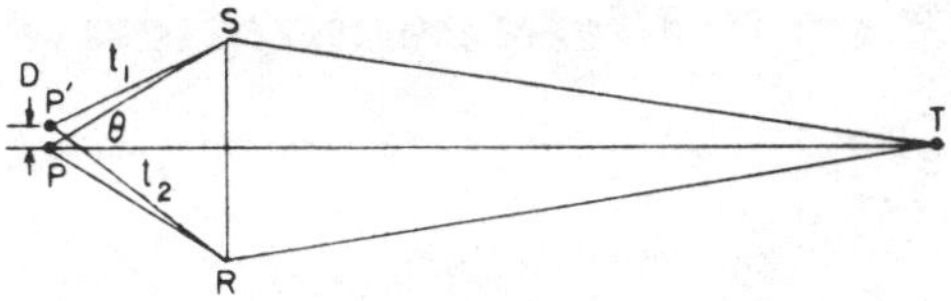

Fig. 27–9. Das Auflösungsvermögen eines optischen Systems.

Das Gesetz, das bestimmt, wie weit zwei Punkte voneinander entfernt sein müssen, damit sie im Bild als getrennte Punkte erscheinen, kann in sehr hübscher Weise im Zusammenhang mit der Zeit für verschiedene Strahlen formuliert werden. Angenommen, wir kümmern uns jetzt nicht um die Aberrationen und stellen uns vor, daß alle Strahlen für einen bestimmten Punkt P (Fig. 27–9) vom Objekt bis zum Bild T genau dieselbe Zeit brauchen. (Dies ist nicht richtig, weil es kein vollkommenes System ist, aber das ist ein anderes Problem.) Nun nehmen wir einen anderen nahe gelegenen Punkt P' und fragen, ob sein Bild sich von T unterscheiden wird. Mit anderen Worten, ob wir die Differenz zwischen ihnen feststellen können. Entsprechend der geometrischen Optik würden natürlich zwei Punktbilder entstehen, aber was wir sähen, würde ziemlich verwischt sein, und wir könnten vielleicht nicht erkennen, daß es dort zwei Punkte gibt. Die Bedingung, daß der zweite Punkt an einem vom ersten deutlich verschiedenen Ort fokussiert wird, besteht darin, daß die zwei Zeiten für die äußersten Strahlen $P'ST$ und $P'RT$ an jeder Seite der großen Linsenöffnung für die beiden möglichen Objektpunkte zu einem gegebenen Bildpunkt *nicht* gleich sein dürfen. Warum? Da, wenn die Zeiten gleich wären, beide natürlich auf denselben Punkt *fokussiert* würden. Deshalb werden die Zeiten nicht gleich sein. Aber um wieviel müssen sie sich unterscheiden, um sagen zu können, daß beide *nicht* in einen gemeinsamen Brennpunkt kommen, so daß wir die zwei Bildpunkte unterscheiden können? Das allgemeine Gesetz für die Auflösung eines jeden optischen Instrumentes ist dieses: Zwei verschiedene Punktquellen können nur aufgelöst werden, wenn eine Quelle in solch einen Punkt fokussiert wird, daß die Zeiten für die äußersten Strahlen, die diesen Punkt von der anderen Quelle erreichen, verglichen mit deren eigenem Bildpunkt sich um mehr als eine Periode unterscheiden. Es ist notwendig, daß der Zeitunterschied zwischen dem oberen und dem unteren Strahl zu dem *falschen* Brennpunkt einen gewissen Betrag übersteigt, nämlich ungefähr die Schwingungsperiode des Lichts:

$$t_2 - t_1 > 1/\nu, \tag{27.17}$$

wobei ν die Frequenz des Lichts ist (Zahl der Schwingungen pro Sekunde; ebenso Geschwindigkeit geteilt durch Wellenlänge). Wenn der Abstand der Trennung der beiden Punkte D und der Öffnungswinkel der Linse θ genannt wird, dann kann man zeigen, daß (27.17) genau der Behauptung entspricht, daß D größer als $\lambda/n \sin\theta$ ist, wobei n der Brechungsindex bei P und λ die Wellenlänge ist. Die kleinsten Dinge, die wir sehen können, entsprechen deshalb ungefähr der Lichtwellenlänge. Für Fernrohre* existiert eine entsprechende Formel, welche uns die kleinste Winkeldifferenz zwischen zwei Sternen angibt, die gerade noch unterschieden werden können.

* Der Winkel ist ungefähr λ/D, wobei D der Linsendurchmesser ist. Können Sie sehen warum?

28 Elektromagnetische Strahlung

28–1 Elektromagnetismus

Die dramatischsten Augenblicke in der Entwicklung der Physik sind jene, in welchen große Synthesen stattfinden, wo Phänomene, die vorher verschiedenartig erschienen waren, plötzlich nur als unterschiedliche Betrachtungsweisen ein und derselben Sache erkannt werden. Die Geschichte der Physik ist die Geschichte solcher Synthesen, und die Grundlage des Erfolgs der physikalischen Wissenschaft besteht hauptsächlich darin, daß wir zu Synthesen *fähig sind.*

Den vielleicht dramatischsten Augenblick in der Entwicklung der Physik im 19. Jahrhundert erlebte J. C. Maxwell eines Tages, etwa um 1860, als er die Gesetze der Elektrizität und des Magnetismus mit den Gesetzen über das Verhalten des Lichts verknüpfte. Als Ergebnis wurden die Eigenschaften des Lichts teilweise geklärt – dieses alten und schwierigen Stoffes, der so wichtig und geheimnisvoll ist, daß es notwendig schien, dafür bei der Niederschrift der Genesis eine besondere Schöpfung anzusetzen. Maxwell konnte nach Beendigung seiner Entdeckung sagen: „Laßt irgendwo Elektrizität und Magnetismus sein, dann ist dort Licht!"

Für diesen Höhepunkt gab es eine lange Vorbereitung der schrittweisen Entdeckung und Entfaltung der Gesetze der Elektrizität und des Magnetismus. Diese Geschichte werden wir für eine detaillierte Untersuchung im nächsten Jahr aufbewahren. Aber kurz gesagt ist die Geschichte wie folgt. Die allmählich entdeckten Eigenschaften der Elektrizität und des Magnetismus, der elektrischen Anziehungs- und Abstoßungskräfte und der magnetischen Kräfte zeigten, daß, obwohl diese Kräfte ziemlich kompliziert sind, sie alle mit dem Kehrwert der Entfernung zum Quadrat abnehmen. Wir wissen z. B., daß das einfache Coulombsche Gesetz für stationäre Ladungen aussagt, daß sich das elektrische Kraftfeld mit dem Kehrwert der Entfernung zum Quadrat ändert. Als Folge davon hat bei einer genügend großen Entfernung ein Ladungssystem auf ein anderes einen sehr kleinen Einfluß. Maxwell bemerkte, daß die Gleichungen oder Gesetze, die bis zu dieser Zeit entdeckt worden waren, sich gegenseitig widersprachen, wenn er versuchte, sie alle zu kombinieren, und er mußte einen weiteren Term zu seinen Gleichungen hinzufügen, damit sich das ganze System in Einklang befand. Mit diesem neuen Term entstand eine verblüffende Vorhersage, die besagte, daß ein Teil der elektrischen und magnetischen Felder sehr viel langsamer mit dem Abstand abfiel als mit dem inversen Quadrat, nämlich mit dem Kehrwert der ersten Potenz der Entfernung! Und ihm wurde so klar, daß elektrische Ströme an einem Ort andere weit entfernte Ladungen beeinflussen können, und er sagte die grundlegenden Effekte voraus, die uns heute wohlvertraut sind – Rundfunksendungen, Radar usw.

Es erscheint als Wunder, daß jemand, der in Europa spricht, allein durch elektrische Wirkungen tausende von Meilen entfernt in Los Angeles gehört werden kann. Wie ist dies möglich? Es geht, weil die Felder sich nicht mit dem inversen Quadrat, sondern nur mit der inversen ersten Potenz der Entfernung ändern. Schließlich wurde dann sogar das Licht selbst als elektrische und magnetische Wirkungen erkannt, die sich über riesige Entfernung ausbreiten und durch eine fast unvorstellbar schnelle Schwingung der Elektronen in den Atomen erzeugt werden. Alle diese Phänomene fassen wir unter dem Wort *Strahlung* zusammen oder genauer *elektromagnetische Strahlung,* weil es noch ein oder zwei andere Arten von Strahlung gibt. Fast immer wird mit Strahlung elektromagnetische Strahlung gemeint.

Und so ist das ganze Universum verknüpft. Die atomaren Bewegungen eines entfernten Sterns haben noch genügend Einfluß bei dieser großen Entfernung, um die Elektronen in unserem Auge in Bewegung zu setzen, und so wissen wir von den Sternen. Wenn dieses Gesetz nicht existierte, würden wir im wahrsten Sinne des Wortes im Dunkeln tappen, was die äußere Welt betrifft! Und die elektrischen Schwankungen in einer fünf Milliarden Lichtjahre entfernten Galaxie – welches das am weitesten entfernte Objekt ist, das wir bis jetzt gefunden haben – können noch in einer bezeichnenden und meßbaren Weise die Ströme in der großen „Schale" vorne in einem Radioteleskop beeinflussen. Und daher kommt es, daß wir die Sterne und die Galaxien sehen.

Dieses bemerkenswerte Phänomen werden wir in diesem Kapitel diskutieren. Bei Beginn dieses Kurses über Physik haben wir ein grobes Bild der Welt entworfen, jetzt aber sind wir besser vorbereitet, einige jener Gedanken zu verstehen, und so werden wir nun erneut einige Teile davon im Detail betrachten. Wir beginnen mit einer Beschreibung der Stellung der Physik am Ende des 19. Jahrhunderts. Alles, was damals über die grundlegenden Gesetze bekannt war, kann wie folgt zusammengefaßt werden.

Zunächst gab es Kraftgesetze: Eine Kraft war das Gravitationsgesetz, welches wir mehrere Male hingeschrieben haben; die Kraft auf ein Objekt der Masse m infolge einer anderen Masse M ist gegeben durch

$$F = GmM\mathbf{e}_r/r^2, \tag{28.1}$$

wobei $\mathbf{e}_r$ ein von m nach M gerichteter Einheitsvektor und r die Entfernung zwischen beiden ist.

Weiterhin sind die Gesetze der Elektrizität und des Magnetismus, wie sie am Ende des 19. Jahrhunderts bekannt waren, die folgenden: Die elektrischen Kräfte, die auf eine Ladung q wirken, können durch zwei Felder, mit $\mathbf{E}$ und $\mathbf{B}$ bezeichnet, und durch die Geschwindigkeit $\mathbf{v}$ der Ladung q beschrieben werden gemäß der Gleichung

$$\mathbf{F} = q(\mathbf{E} + \mathbf{v} \times \mathbf{B}). \tag{28.2}$$

Um dieses Gesetz zu vervollständigen, müssen wir erklären, wie die Formeln für $\mathbf{E}$ und $\mathbf{B}$ bei einem gegebenen Sachverhalt lauten: Wenn mehrere Ladungen vorhanden sind, sind $\mathbf{E}$ und $\mathbf{B}$ jeweils die Summe von Beiträgen, je eines von jeder einzelnen Ladung. Wenn wir also die von einer einzelnen Ladung erzeugten $\mathbf{E}$- und $\mathbf{B}$-Werte finden können, brauchen wir nur alle Effekte aller Ladungen in dem Universum zu addieren, um die totalen $\mathbf{E}$- und $\mathbf{B}$-Werte zu erhalten! Dies ist das Überlagerungsprinzip.

Wie lautet die Formel für das elektrische und magnetische Feld, das von einer einzelnen Ladung erzeugt wird? Es zeigt sich, daß dies sehr kompliziert ist, und eingehendes Studium und viel Spitzfindigkeit sind erforderlich, um es zu verstehen. Aber das ist nicht der wesentliche Punkt. Wir schreiben jetzt das Gesetz nur hin, um dem Leser sozusagen einen Eindruck von der Schönheit der Natur zu vermitteln, d. h. daß es *möglich* ist, das gesamte fundamentale Wissen auf einer Seite zusammenzufassen mit Bezeichnungen, mit denen er jetzt vertraut ist. Dieses Gesetz für die Felder einer einzelnen Ladung ist, soweit wir wissen, vollständig und genau (außer für die Quantenmechanik), aber es sieht ziemlich kompliziert aus. Wir werden jetzt nicht alle Teile untersuchen; wir schreiben es nur hin, um einen Eindruck zu geben, um zu zeigen, daß es hingeschrieben werden kann, und damit wir vorzeitig ungefähr sehen können, wie es aussieht. Tatsächlich ist die ***brauchbarste*** Schreibweise der korrekten Gesetze der Elektrizität und des Magnetismus nicht die, wie wir sie jetzt schreiben werden, sondern die mit den sogenannten ***Feldgleichungen,*** die wir nächstes Jahr kennenlernen werden. Aber die mathematischen Bezeichnungen in diesen sind anders und neu, und so schreiben wir das Gesetz in einer für die Rechnung unbequemen Form, aber mit Bezeichnungen, die wir jetzt kennen.

Das elektrische Feld **E** ist gegeben durch

$$\mathbf{E} = \frac{-q}{4\pi\epsilon_0}\left[\frac{\mathbf{e}_{r'}}{r'^2} + \frac{r'}{c}\frac{d}{dt}\left(\frac{\mathbf{e}_{r'}}{r'^2}\right) + \frac{1}{c^2}\frac{d^2}{dt^2}\mathbf{e}_{r'}\right]. \tag{28.3}$$

Was sagen uns die verschiedenen Terme? Man nehme den ersten Term $\mathbf{E} = -q\mathbf{e}_{r'}/4\pi\epsilon_0 r'^2$. Das ist natürlich das Coulombsche Gesetz, das wir schon kennen: q ist die Ladung, die das Feld erzeugt; $\mathbf{e}_{r'}$ ist der Einheitsvektor in Richtung auf den Punkt P, wo **E** gemessen wird, r ist der Abstand von P nach q. Aber das Coulombsche Gesetz ist falsch. Die Entdeckungen des 19. Jahrhunderts zeigten, daß Wirkungen sich nicht schneller als mit einer bestimmten, fundamentalen Geschwindigkeit c ausbreiten können, die wir jetzt die Lichtgeschwindigkeit nennen. Es ist nicht richtig, daß der erste Term das Coulombsche Gesetz ist, nicht nur, weil es nicht möglich ist, zu wissen, wo die Ladung ***jetzt*** ist und in welcher Entfernung sie sich ***jetzt*** befindet, sondern auch, weil das einzige, was das Feld an einem gegebenen Ort und zu einer gegebenen Zeit beeinflussen kann, das Verhalten der Ladungen in der ***Vergangenheit*** ist. Wie ***weit zurück*** in der Vergangenheit? Die Zeitverzögerung oder die sogenannte ***retardierte Zeit*** ist die Zeit, die benötigt wird, um mit der Geschwindigkeit c von der Ladung zu dem Feldpunkt P zu gelangen. Die Verzögerung ist r'/c.

Um so diese Zeitverzögerung anzurechnen, setzen wir einen kleinen Strich über das r, der bedeutet, wie weit weg es *war,* als die Information, die jetzt bei P ankommt, q verließ. Für einen Moment nehmen wir an, daß die Ladung ein Licht trägt und daß das Licht nur mit der Geschwindigkeit c nach P kommen könnte. Wenn wir dann zur Ladung q blicken, würden wir natürlich nicht sehen, wo sie jetzt ist, sondern wo sie einige Zeit vorher war. Was in unserer Formel erscheint, ist die ***scheinbare*** Richtung $\theta_{r'}$ – die Richtung, wo sie war – die sogenannte ***retardierte*** Richtung – und die ***retardierte*** Entfernung r'. Das wäre leicht genug zu verstehen, aber es ist ebenfalls falsch. Der gesamte Sachverhalt ist sehr viel komplizierter.

Es gibt noch weitere Terme. Der nächste Term sieht so aus, als wenn die Natur die Tatsache, daß der Effekt retardiert ist, zu berücksichtigen versucht, wenn wir es mal sehr grob ausdrücken dürfen. Er deutet an, daß wir das verzögerte Coulomb-Feld ausrechnen und eine Korrektur hinzufügen sollten, welche die Änderungsgeschwindigkeit multipliziert mit der Zeitverzögerung ist. Die Natur scheint zu versuchen, zu raten, wohin sich das Feld im jetzigen Moment entwickeln wird, indem sie die Änderungsgeschwindigkeit nimmt und mit der verzögerten Zeit multipliziert. Aber wir sind noch nicht durch. Es gibt einen dritten Term – bezüglich t die zweite Ableitung des Einheitsvektors in der Richtung der Ladung. Jetzt *ist* die Formel abgeschlossen und das ist alles hinsichtlich des elektrischen Feldes einer sich beliebig bewegenden Ladung.

Das Magnetfeld ist gegeben durch

$$\mathbf{B} = -\mathbf{e}_{r'} \times \mathbf{E}/c. \tag{28.4}$$

Wir haben dieses nur niedergeschrieben, um die Schönheit der Natur zu demonstrieren oder in einer gewissen Weise das Leistungsvermögen der Mathematik. Wir behaupten nicht zu verstehen, *warum* es möglich ist, soviel auf solch kleinem Raum zu schreiben, aber (28.3) und (28.4) enthalten den Mechanismus, nach dem elektrische Generatoren arbeiten, wie Licht wirkt und alle Phänomene der Elektrizität und des Magnetismus. Um die Geschichte zu beenden, müssen wir natürlich etwas über das Verhalten der beteiligten Materialien wissen – über die Eigenschaften der Materie – die nicht durch (28.3) ausreichend beschrieben werden.

Um unsere Beschreibung der Welt des 19. Jahrhunderts zu beenden, müssen wir eine andere große Synthese erwähnen, die in diesem Jahrhundert stattfand, eine, mit der Maxwell auch eine Menge zu tun hatte und die die Synthese der Phänomene der Wärme und der Mechanik war. Wir werden diesen Punkt bald untersuchen.

Was im 20. Jahrhundert beigesteuert werden mußte, war, daß die Gesetze der Newtonschen Mechanik alle als falsch erkannt wurden und die Quantenmechanik eingeführt werden mußte, um sie zu korrigieren. Die Newtonschen Gesetze sind näherungsweise richtig, wenn die Ausmaße der Gegenstände genügend groß sind. Diese quantenmechanischen Gesetze sind erst kürzlich mit den Gesetzen der Elektrizität zu einem System von Gesetzen verknüpft worden, das *Quanten-Elektrodynamik* genannt wird. Außerdem wurde eine Anzahl neuer Phänomene entdeckt, wovon das erste die Radioaktivität war, 1898 von Becquerel entdeckt – er schlich sich damit gerade noch ins 19. Jahrhundert ein. Diesem Phänomen der Radioaktivität wurde nachgegangen, um uns Kenntnisse über den Atomkern und neue Arten von Kräften zu verschaffen, die nicht von der Schwerkraft und der Elektrizität herrühren, sondern neue Teilchen mit verschiedenen Wechselwirkungen darstellen, ein Problem, das bis jetzt noch nicht gelöst worden ist.

Für jene Puristen, die mehr wissen (die Professoren, die dies zufällig lesen), sollten wir hinzufügen, daß es nicht ganz zutrifft, wenn wir behaupten, daß (28.3) eine vollständige Darstellung der Kenntnis der Elektrodynamik ist. Es gab ein Problem, das Ende des 19. Jahrhunderts nicht ganz gelöst war. Wenn wir versuchen, das Feld von allen Ladungen, *einschließlich der Ladung selbst, auf die das Feld wirken soll,* zu berechnen, bekommen wir Schwierigkeiten, wenn wir z. B. versuchen, die Entfernung einer Ladung zu sich selbst zu finden, und wenn wir etwas durch diese Entfernung, die Null ist, teilen. Das Problem, wie der Teil dieses Feldes zu behandeln ist, der durch die Ladung direkt erzeugt wird, auf die das Feld wirken soll, ist bis heute noch nicht gelöst. So belassen wir es dabei; wir haben noch keine vollständige Lösung für dieses Rätsel, und so wollen wir, solange wir können, diesem Rätsel aus dem Wege gehen.

28–2 Strahlung

Das also ist die Zusammenfassung des Weltbildes. Wir wollen es jetzt benutzen, um das als Strahlung bezeichnete Phänomen zu besprechen. Um diese Phänomene zu diskutieren, müssen wir aus Gl. (28.3) nur den Teil nehmen, der sich mit dem Kehrwert der Entfernung und nicht mit dessen Quadrat ändert. Es stellt sich heraus, daß dieser Teil, wenn wir ihn schließlich finden, so einfach in seiner Form ist, daß es gerechtfertigt ist, Optik und Elektrodynamik auf elementare Art zu studieren, indem man ihn als „das Gesetz" des elektrischen Feldes nimmt, das von einer weit entfernten bestimmten Ladung erzeugt wird. Wir werden es für eine Zeit als vorgegebenes Gesetz benutzen, das wir im nächsten Jahr im Detail kennenlernen werden.

Von den Termen, die in (28.3) erscheinen, geht der erste offenbar mit dem Kehrwert der Entfernung zum Quadrat und der zweite ist nur eine Korrektur für die Verzögerung, und so ist leicht zu zeigen, daß beide sich mit dem Kehrwert der Entfernung zum Quadrat ändern. Alle Effekte, an denen wir interessiert sind, kommen aus dem dritten Term, der letzten Endes nicht sehr kompliziert ist. Was dieser Term besagt, ist folgendes: Man blicke auf die Ladung und beachte die Richtung des Einheitsvektors (wir können dessen Ende auf die Fläche einer Einheitskugel projizieren). Da die Ladung sich bewegt, wackelt der Einheitsvektor, und ***die Beschleunigung dieses Einheitsvektors ist es, was wir suchen.*** Das ist alles. Folglich ist

$$\mathbf{E} = \frac{-q}{4\pi\epsilon_0 c^2} \frac{d^2\mathbf{e}_{r'}}{dt^2} \tag{28.5}$$

eine Formulierung der Strahlungsgesetze, weil dieses der einzige wichtige Term ist, wenn wir uns weit genug entfernen, so daß die Felder sich mit dem Kehrwert der Entfernung ändern. (Die Teile, die mit dem Quadrat gehen, sind so weit abgefallen, daß wir an ihnen nicht interessiert sind.)

Nun können wir mit dem Studium von (28.5) ein bißchen weitergehen, um zu sehen, was gemeint ist. Angenommen, eine Ladung bewegt sich in x-beliebiger Weise und wir beobachten sie aus einiger Entfernung. Wir stellen uns im Moment vor, daß sie gewissermaßen „beleuchtet" ist (obwohl es das Licht ist, was wir zu erklären versuchen; wir stellen sie uns als kleinen weißen Punkt vor. Dann würden wir diesen weißen Punkt herumlaufen sehen. Aber wegen der Zeitverzögerung, über die wir gesprochen haben, sehen wir nicht *genau,* wie er *jetzt* gerade herumläuft. Was zählt ist, wie er sich *vorher* bewegt hat. Der Einheitsvektor $\mathbf{e}_{r'}$ ist zum scheinbaren Ort der Ladung gerichtet. Natürlich bewegt sich das Ende von $\mathbf{e}_{r'}$ mit einer leichten Krümmung, so daß die Beschleunigung zwei Komponenten aufweist. Eine ist der transversale Teil, da sein Ende auf und ab geht, und der andere ist der radiale Teil, weil er auf einer Kugel bleibt. Es kann leicht gezeigt werden, daß letzterer viel kleiner ist und sich mit dem Kehrwert des Quadrates von r ändert, wenn r sehr groß ist. Dies ist leicht einzusehen, denn wenn wir uns vorstellen, daß wir eine gegebene Quelle weiter und weiter entfernen, dann sieht das Gezappel von $\mathbf{e}_{r'}$ mit dem Kehrwert der Entfernung kleiner und kleiner aus, aber die radiale Komponente der Beschleunigung ändert sich viel schneller als mit dem Kehrwert der Entfernung. So ist die Projektion der Bewegung auf eine Fläche im Einheitsabstand alles, was wir in praktischen Fällen zu tun haben. Deshalb finden wir die folgende Regel: Wir stellen uns vor, daß wir auf die sich bewegende Ladung gucken und daß alles, was wir sehen, verzögert ist – wie ein Maler, der eine Szene auf eine Leinwand in einem Einheitsabstand zu malen versucht. Ein echter Maler berücksichtigt natürlich nicht die Tatsache, daß sich Licht mit einer bestimmten Geschwindigkeit ausbreitet, sondern malt die Welt so, wie er sie sieht. Wir wollen sehen, wie sein Bild aussehen würde. So sehen wir einen die Ladung darstellenden Fleck, der sich im Bild herumbewegt. Die Beschleunigung dieses Fleckes ist proportional zum elektrischen Feld. Das ist alles – alles was wir brauchen.

Folglich ist Gl. (28.5) die vollständige und korrekte Strahlungsformel; sogar Relativitätseffekte sind voll darin enthalten. Wir wollen sie jedoch oft auf einen noch einfacheren Fall anwenden, bei dem sich die Ladungen nur eine kleine Entfernung mit einer relativ geringen Geschwindigkeit bewegen. Da sie sich langsam bewegen, entfernen sie sich keine merkliche Strecke von ihrem Ausgangspunkt, so daß die Verzögerungszeit praktisch konstant ist. Dann ist das Gesetz noch einfacher, da die Verzögerungszeit festgelegt ist. Folglich stellen wir uns vor, daß die Ladung eine sehr kleine Bewegung in einer effektiv konstanten Entfernung ausführt. Die Verzögerung beträgt r/c in der Entfernung r. Dann wird unsere Regel zu folgendem: Wenn sich das geladene

Objekt mit einer sehr kleinen Amplitude bewegt und es seitlich um die Entfernung $x(t)$ verschoben wird, dann ist der Winkel, um den der Einheitsvektor $\mathbf{e}_{r'}$ verschoben wird, x/r, und da r praktisch konstant ist, ist die x-Komponente von $d^2\mathbf{e}_{r'}/dt^2$ einfach die Beschleunigung von x selbst zu einer früheren Zeit, und so bekommen wir schließlich das gewünschte Gesetz, welches lautet

$$E_x(t) = \frac{-q}{4\pi\epsilon_0 c^2 r}\, a_x\left(t - \frac{r}{c}\right). \tag{28.6}$$

Nur die Komponente von a_x senkrecht zur Blickrichtung ist wichtig. Wir wollen sehen, warum das so ist. Offensichtlich wackelt der Einheitsvektor, wenn sich die Ladung gerade auf uns zu und von uns weg bewegt, überhaupt nicht in dieser Richtung, und er hat keine Beschleunigung. Folglich ist es nur die seitliche Bewegung, die wichtig ist, allein die Beschleunigung, die wir auf die Leinwand projiziert sehen.

28–3 Der Dipol-Strahler

Als unser fundamentales „Gesetz" der elektromagnetischen Strahlung wollen wir annehmen, daß (28.6) richtig ist, d. h. daß das elektrische Feld, das durch eine beschleunigte Ladung erzeugt wird, die sich nicht relativistisch in einer großen Entfernung r bewegt, sich dieser Form annähert. Das elektrische Feld ändert sich mit dem Kehrwert von r und ist der Beschleunigung der Ladung proportional, die auf die „ebene Ansicht" projiziert ist, und diese Beschleunigung ist nicht die heutige Beschleunigung, sondern die Beschleunigung, die sie zu einer früheren Zeit hatte, wobei die Verzögerung eine Zeit, r/c, ist. In dem verbleibenden Rest dieses Kapitels werden wir dies Gesetz diskutieren, damit wir es physikalisch besser verstehen können, weil wir es brauchen werden, um alle die Phänomene des Lichts und der Rundfunkausbreitung, wie z. B. Reflexion, Brechung, Überlagerung, Beugung und Streuung zu verstehen. Es ist das zentrale Gesetz und ist alles, was wir brauchen. Der ganze Rest von Gl. (28.3) wurde nur hingeschrieben, um die Grundlage zu geben, so daß wir verstehen können, wo (28.6) gilt und wie es dazu kommt.

Wir werden (28.3) im nächsten Jahr weiter besprechen. In der Zwischenzeit wollen wir es als richtig übernehmen, aber nicht nur auf einer theoretischen Grundlage. Wir können uns eine Anzahl von Experimenten ausdenken, die das Wesen des Gesetzes veranschaulichen. Hierfür brauchen wir eine beschleunigte Ladung. Es sollte eine einzelne Ladung sein, aber wenn wir eine große Menge Ladungen veranlassen können, sich zusammen zu bewegen, alle in derselben Weise, so wissen wir, daß das Feld die Summe der Wirkungen aller einzelnen Ladungen sein wird; wir zählen sie nur zusammen. Als Beispiel betrachte man zwei Leitungsstücke, die, wie in Fig. 28–1 gezeigt, an einen Generator angeschlossen sind. Der Gedanke ist der, daß der Generator eine Potentialdifferenz oder ein Feld erzeugt, das zu einem Zeitpunkt Elektronen vom Abschnitt A abzieht und in B hineindrückt und dann, eine infinitesimale Zeit später, den

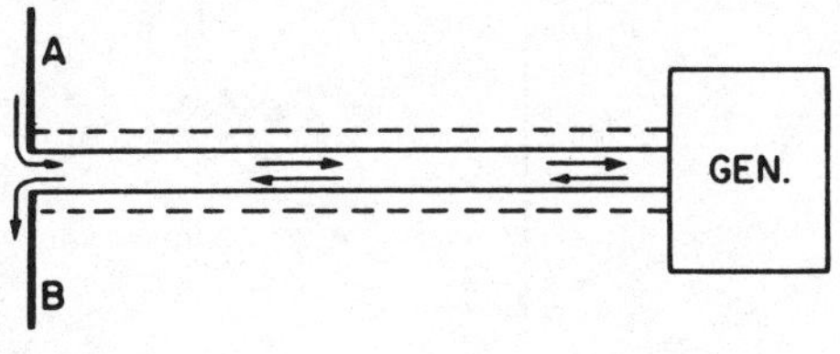

Fig. 28–1. Ein Hochfrequenzsignal-Generator treibt Ladungen auf zwei Leitungen auf und ab.

Effekt umkehrt und die Elektronen von B abzieht und sie nach A zurückpumpt! So werden in diesen beiden Leitungen Ladungen, in einem Augenblick sagen wir, in Leitung A aufwärts und in Leitung B aufwärts beschleunigt, und einen Augenblick später werden sie in Leitung A abwärts und in Leitung B abwärts beschleunigt. Die Tatsache, daß wir zwei Leitungen und einen Generator gebrauchen, beruht nur darauf, daß dies eine Ausführungsmöglichkeit ist. Das eigentliche Ergebnis ist, daß wir einfach eine Ladung haben, die auf und ab beschleunigt wird, als wenn A und B eine einzige Leitung wären. Eine Leitung, die sehr kurz ist verglichen mit der Strecke, die Licht während einer Schwingungsperiode zurücklegt, wird als *elektrischer Dipol-Oszillator* bezeichnet. Folglich haben wir den Fall, daß wir unser Gesetz, das uns sagt, daß diese Ladung ein elektrisches Feld erzeugt, anwenden müssen, und so benötigen wir ein Instrument, um ein elektrisches Feld nachzuweisen, und das Instrument, welches wir gebrauchen, ist dasselbe – ein Paar von Leitungen wie A und B! Wenn ein elektrisches Feld an solch ein Gerät angelegt wird, wird es eine Kraft erzeugen, die die Elektronen auf beiden Leitungen nach oben oder auf beiden Leitungen nach unten ziehen wird. Dies Signal wird mit Hilfe eines Gleichrichters, der zwischen A und B eingebaut ist, empfangen, und ein dünner, feiner Draht führt die Information in einen Verstärker, wo sie so verstärkt wird, daß wir die Tonfrequenz, mit der die Radiofrequenz moduliert wird, hören können. Wenn diese Sonde ein elektrisches Feld fühlt, wird ein lautes Geräusch aus dem Lautsprecher kommen, und wenn es kein anregendes elektrisches Feld gibt, wird es kein Geräusch geben.

Da der Raum, in dem wir die Wellen messen, andere Objekte enthält, wird unser elektrisches Feld in diesen anderen Gegenständen Elektronen in Bewegung versetzen; das elektrische Feld läßt diese anderen Ladungen auf und ab gehen, und indem sie auf und ab schwingen, erzeugen diese ebenso eine Wirkung in unserer Sonde. Folglich müssen wir für ein erfolgreiches Experiment die Gegenstände ziemlich nahe zusammenhalten, so daß die Einflüsse von den Wänden und uns selbst – die reflektierten Wellen – relativ klein sind. So wird sich herausstellen, daß die Phänomene nicht genau und vollkommen mit Gl. (28.6) in Einklang zu stehen scheinen, aber nahe genug daran sind, daß wir das Gesetz gut verstehen können.

Jetzt schalten wir den Generator ein und hören das Tonsignal. Wir finden ein starkes Feld, wenn der Detektor D bei Punkt 1 parallel zu dem Generator G steht (Fig. 28–2). Wir finden denselben Feldbetrag auch bei jedem anderen Azimutwinkel um die Achse von G, weil diese Anordnung keine gerichteten Wirkungen hat. Andererseits beträgt das

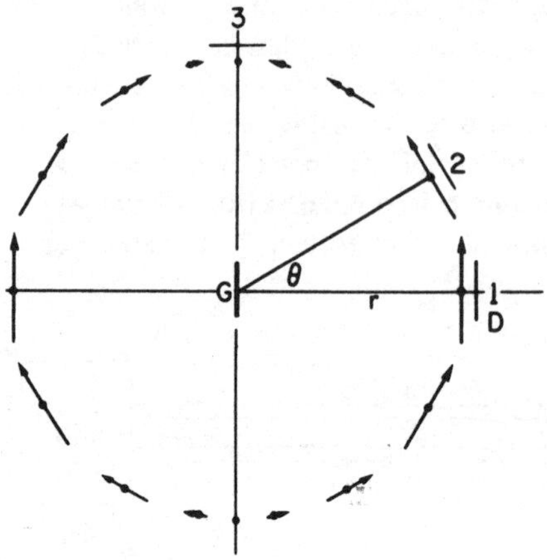

Fig. 28–2. Das momentane elektrische Feld auf einer Kugel um eine lokalisierte, linear schwingende Ladung.

Feld Null, wenn sich der Detektor bei 3 befindet. Das ist völlig in Ordnung, da unsere Formel besagt, daß das Feld gleich der Beschleunigung der Ladung *senkrecht* zur Blickrichtung *projiziert* sein sollte. Wenn wir daher auf *G* herabschauen, bewegt sich die Ladung nach *D* hin und davon fort, und es gibt keinen Effekt. Damit ist die erste Regel, daß es keinen Effekt gibt, wenn sich die Ladung direkt auf uns zu bewegt, überprüft. Zweitens besagt die Formel, daß das elektrische Feld senkrecht auf *r* in der Ebene von *G* und *r* liegen sollte; wenn wir also *D* nach 1 bringen, ihn aber um 90° drehen, sollten wir kein Signal erhalten. Und dies ist genau das, was wir finden: das elektrische Feld ist in der Tat vertikal und nicht horizontal. Wenn wir *D* zu einem dazwischenliegenden Winkel bewegen, sehen wir, daß das stärkste Signal erscheint, wenn er wie gezeigt orientiert ist, denn obwohl *G* vertikal ist, erzeugt er kein Feld, das einfach parallel zu sich selbst ist – es ist die *Projektion der Beschleunigung senkrecht zur Blickrichtung,* die zählt. Das Signal ist infolge der Projektion bei 2 schwächer als bei 1.

28–4 Interferenz

Als nächstes könnten wir prüfen, was geschieht, wenn wir zwei Quellen nebeneinander mit einigen Zentimetern Abstand haben (Fig. 28–3). Das Gesetz sagt, daß die zwei Quellen ihre Wirkungen bei Punkt 1 addieren sollten, wenn beide Quellen an demselben Generator angeschlossen sind und sich beide in derselben Weise auf und ab bewegen, so daß das gesamte elektrische Feld gleich der Summe der beiden ist und zweimal so stark ist wie vorher.

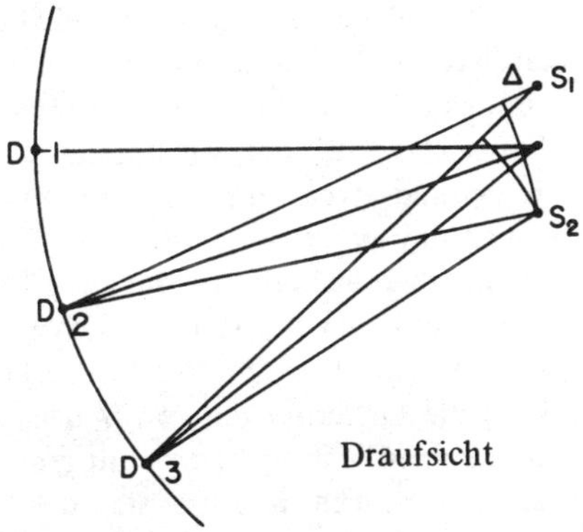

Fig. 28–3. Darstellung der Interferenz von Quellen.

Nun kommt eine interessante Möglichkeit. Angenommen, wir lassen die Ladungen in S_1 und S_2 beide auf und ab beschleunigen, verzögern aber den Zeitablauf in S_2, so daß sie um 180° phasenverschoben sind. Dann wird zu jedem Zeitpunkt das bei S_1 erzeugte Feld in eine Richtung zeigen und das bei S_2 erzeugte Feld in die entgegengesetzte Richtung, und deshalb sollten wir *keine* Wirkung im Punkt 1 erhalten. Die Schwingungsphase ist mit Hilfe einer Leitung, die das Signal nach S_2 führt, auf elegante Weise einstellbar. Durch Änderung der Länge dieser Leitung verändern wir die Zeit, die das Signal braucht, um S_2 zu erreichen, und folglich verändern wir die Phase dieser Schwingung. Durch Einstellung dieser Länge können wir tatsächlich eine Stelle finden, wo kein Signal mehr übrigbleibt, trotz der Tatsache, daß sich beide, S_1 und S_2, bewegen! Die Tatsache, daß sie sich beide bewegen, kann überprüft werden, weil wir dann, wenn wir eine ausschalten, die Bewegung der anderen sehen können. So können die beiden zusammen *Null* erzeugen, wenn alles genau einjustiert ist.

Es ist jetzt sehr interessant zu zeigen, daß die Addition der zwei Felder in der Tat eine *Vektor*addition ist. Wir haben dies eben für die Auf- und Abbewegung geprüft, aber jetzt wollen wir zwei nichtparallele Richtungen untersuchen. Zuerst bringen wir S_1 und S_2 in die gleiche Phase; das bedeutet, daß sie sich wieder zusammen bewegen. Aber jetzt drehen wir S_1 um 90°, wie in Fig. 28–4 gezeigt. Wir sollten nun in Punkt 1 die Summe beider Wirkungen haben, von denen eine vertikal und die andere horizontal ist. Das elektrische Feld ist die Vektorsumme dieser beiden Signale in Phase – sie sind beide zur selben Zeit stark und gehen zusammen durch Null; das Gesamtfeld sollte ein Signal R unter 45° sein. Wenn wir D drehen, um den maximalen Ton zu erhalten, sollte er bei 45° liegen und nicht senkrecht. Und wenn wir ihn im rechten Winkel zu dieser Richtung einstellen, sollten wir Null erhalten, was leicht zu messen ist. In der Tat beobachten wir genau dies Verhalten!

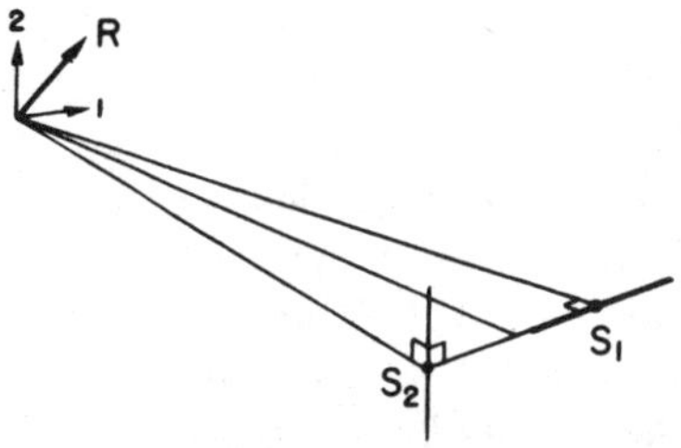

Fig. 28–4. Darstellung des Vektorcharakters der Kombination von Quellen.

Wie steht es jetzt mit der Zeitverzögerung? Wie können wir zeigen, daß das Signal retardiert ist? Wir könnten mit einem großen Aufwand an Geräten die Zeit messen, zu der es ankommt, aber es gibt einen anderen, sehr einfachen Weg. Zurückblickend auf Fig. 28–3 nehmen wir an, daß S_1 und S_2 in Phase sind. Sie schwingen beide zusammen und erzeugen gleiche elektrische Felder in Punkt 1. Aber angenommen, wir begeben uns zu einem bestimmten Platz 2, der dichter bei S_2 und weiter weg von S_1 liegt. In Übereinstimmung mit dem Prinzip, daß die Beschleunigung um den Betrag r/c retardiert sein sollte, falls die Verzögerungen nicht gleich sind, werden die Signale dann nicht länger in Phase sein. Deshalb sollte es möglich sein, eine Stellung zu finden, bei der die Entfernungen von D nach S_1 und S_2 sich um irgendeinen Betrag Δ derart unterscheiden, daß es kein resultierendes Signal gibt. Das bedeutet, daß die Entfernung Δ die Strecke sein muß, die sich das Licht während einer halben Schwingung des Generators ausbreitet. Wir können noch weiter gehen und einen Punkt finden, bei dem die Differenz um einen ganzen Schwingungszyklus größer ist; das soll heißen, daß das Signal von der ersten Antenne den Punkt 3 mit einer Zeitverzögerung erreicht, die gerade um die Zeitlänge größer ist als die der zweiten Antenne, die der elektrische Strom benötigt, um eine Schwingung auszuführen, und deshalb sind die bei 3 erzeugten elektrischen Felder wieder in Phase. Bei Punkt 3 ist das Signal wieder stark.

Dies beschließt unsere Diskussion der experimentellen Überprüfung einiger wichtiger Gesichtspunkte von Gl. (28.6). Wir haben natürlich nicht wirklich die $1/r$ Abhängigkeit der elektrischen Feldstärke oder die Tatsache, daß es auch ein Magnetfeld gibt, das mit dem elektrischen Feld einhergeht, geprüft. Dies würde spitzfindiger Techniken bedürfen und unser Verständnis in diesem Augenblick kaum fördern. Auf jeden Fall haben wir jene Gesichtspunkte geprüft, die für unsere späteren Anwendungen von größter Wichtigkeit sind, und wir werden darauf zurückkommen, um im nächsten Jahr einige der anderen Eigenschaften der elektromagnetischen Wellen zu studieren.

29 Interferenz

29–1 Elektromagnetische Wellen

In diesem Kapitel werden wir den Gegenstand des vorherigen Kapitels mathematischer diskutieren. Wir haben qualitativ gezeigt, daß es Maxima und Minima im Strahlungsfeld zweier Quellen gibt, und unsere Aufgabe ist jetzt, das Feld im mathematischen Detail und nicht nur qualitativ zu beschreiben.

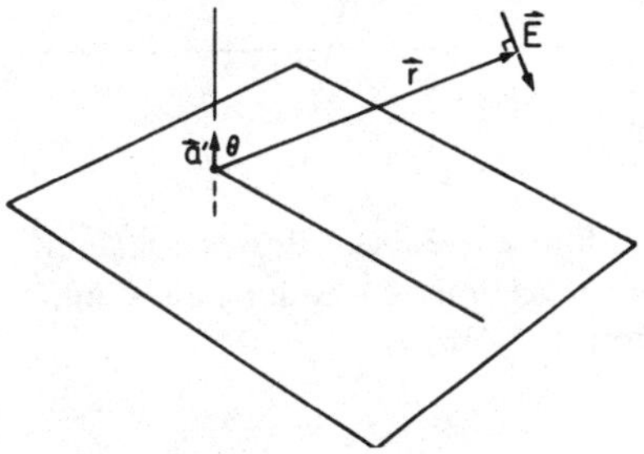

Fig. 29–1. Das elektrische Feld **E**, das von einer positiven Ladung erzeugt wird, deren retardierte Beschleunigung a' ist.

Wir haben schon die Bedeutung der Formel (28.6) recht zufriedenstellend physikalisch analysiert, aber es gibt einige Punkte, die dabei mathematisch ausgeführt werden müssen. An erster Stelle steht das Feld, wenn eine Ladung längs einer Geraden auf und ab bei einer Bewegung mit sehr kleiner Amplitude beschleunigt wird, unter irgendeinem Winkel θ zur Bewegungsachse in einer Richtung senkrecht zur Blickrichtung und in der Ebene, die beide, die Beschleunigung und die Blickrichtung, enthält (Fig. 29–1). Wenn die Entfernung r genannt wird, dann hat das elektrische Feld zur Zeit t die Größe

$$E(t) = \frac{-qa(t - r/c)\sin\theta}{4\pi\epsilon_0 c^2 r}, \tag{29.1}$$

wobei $a(t - r/c)$ die Beschleunigung zur Zeit $(t - r/c)$, genannt die *retardierte* Beschleunigung, ist.

Nun würde es interessant sein, ein Bild des Feldes bei verschiedenen Bedingungen zu zeichnen. Die Größe, die interessiert, ist natürlich der Faktor $a(t - r/c)$, und um das zu verstehen, können wir den einfachsten Fall, $\theta = 90°$, nehmen und das Feld grafisch auftragen. Was wir vorher betrachtet hatten, war, daß wir an einer Stelle stehen und fragen, wie sich dort das Feld mit der Zeit ändert. Aber jetzt werden wir statt dessen sehen, wie das Feld an verschiedenen Orten des Raumes zu einer gegebenen Zeit aussieht. Was wir also wollen, ist ein „Schnappschuß"-Bild, das uns angibt, wie das Feld an verschiedenen Orten aussieht. Natürlich hängt es von der Beschleunigung der Ladung ab. Angenommen, die Ladung hatte zuerst irgendeine bestimmte Bewegung: Sie stand ursprünglich still und wurde plötzlich in irgendeiner Weise, wie in Fig. 29–2 gezeigt, beschleunigt und dann angehalten. Ein bißchen später messen wir dann das Feld an einem anderen Ort. Dann können wir feststellen, daß das Feld wie in Fig. 29–3 gezeigt erscheinen wird. In jedem Punkt ist das Feld durch die Beschleunigung der Ladung zu einer früheren Zeit bestimmt, um einen Betrag früher, der die

Verzögerung r/c ist. Das Feld in immer weiter entfernten Punkten wird durch die Beschleunigung zu immer früheren Zeiten bestimmt. So ist die Kurve in Fig. 29–3 gewissermaßen in Wirklichkeit eine „umgekehrte" Auftragung der Beschleunigung als Funktion der Zeit; die Entfernung ist mit der Zeit über einen konstanten Maßstabsfaktor c verknüpft, den wir oft als Eins ansetzen. Dies ist leicht einzusehen, wenn wir das mathematische Verhalten von $a(t-r/c)$ betrachten. Wenn wir eine kleine Zeit Δt hinzufügen, erhalten wir ganz offenbar denselben Wert für $a(t-r/c)$ wie der, den wir erhalten hätten, wenn wir eine kleine Strecke abgezogen hätten: $\Delta r = -c\,\Delta t$.

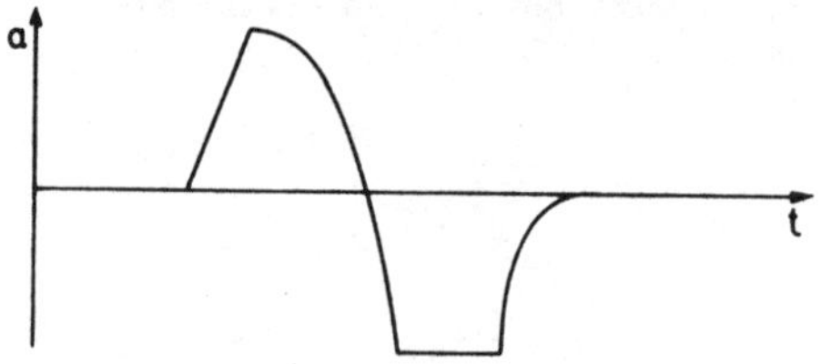

Fig. 29–2. Die Beschleunigung einer bestimmten Ladung als Funktion der Zeit.

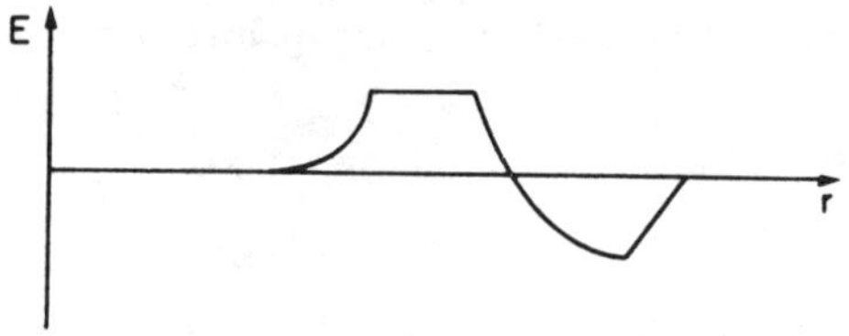

Fig. 29–3. Das elektrische Feld als Funktion des Ortes zu einem späteren Zeitpunkt. (Die $1/r$-Abhängigkeit wird vernachlässigt.)

Anders ausgedrückt: Wenn wir eine kleine Zeit Δt hinzufügen, so können wir $a(t-r/c)$ durch *Hinzufügen* einer kleinen Strecke $\Delta r = c\,\Delta t$ auf seinen früheren Wert bringen. Das bedeutet, wenn die Zeit weiterläuft, *bewegt sich das Feld von der Quelle weg wie eine Welle.* Das ist der Grund, warum wir manchmal sagen, daß sich Licht in Wellen ausbreitet. Es ist gleichbedeutend mit der Aussage, daß das Feld verzögert ist, oder der Aussage, daß das elektrische Feld sich nach außen bewegt, wenn die Zeit voranschreitet.

Ein interessanter Spezialfall ist gegeben, wenn die Ladung q sich oszillierend auf und ab bewegt. Der Fall, den wir experimentell im letzten Kapitel untersucht haben, war einer, bei dem die Auslenkung x zu irgendeiner Zeit t gleich einer bestimmten Konstanten x_0, der Maximalamplitude der Schwingung, multipliziert mit $\cos\omega t$ war. Dann ist die Beschleunigung

$$a = -\omega^2 x_0 \cos\omega t = a_0 \cos\omega t, \tag{29.2}$$

wobei a_0 die maximale Beschleunigung $-\omega^2 x_0$ ist. Nach Einsetzen dieser Formel in (29.1) finden wir

$$E = -q\sin\theta\,\frac{a_0\cos\omega(t-r/c)}{4\pi\epsilon_0 rc^2}. \tag{29.3}$$

Indem wir den Winkel θ und die konstanten Faktoren außer acht lassen, wollen wir jetzt sehen, wie dies als Funktion des Ortes und als Funktion der Zeit aussieht.

29–2 Strahlungsenergie

Zuerst einmal ändert sich das Feld zu irgendeinem bestimmten Zeitpunkt oder an irgendeinem bestimmten Ort mit dem Kehrwert der Entfernung r, wie wir schon früher erwähnten. Nun müssen wir klarstellen, daß der *Energie*inhalt einer Welle oder die

Energiewirkungen, die solch ein elektrisches Feld zeigen kann, proportional zum *Quadrat* des Feldes sind. Wenn wir nämlich zum Beispiel irgendeine Art von Ladung oder einen Oszillator in dem elektrischen Feld haben und das Feld auf den Oszillator einwirken lassen, versetzt dies ihn in Bewegung. Wenn es ein linearer Oszillator ist, sind die Beschleunigung, die Geschwindigkeit und die durch das elektrische Feld, das auf die Ladung einwirkt, erzeugte Verschiebung alle proportional zum Feld. So ist die kinetische Energie, die in der Ladung aufgebaut wird, proportional zum *Quadrat* des Feldes. Wir werden also annehmen, daß die Energie, die ein Feld an ein System abgeben kann, irgendwie proportional zum Quadrat des Feldes ist.

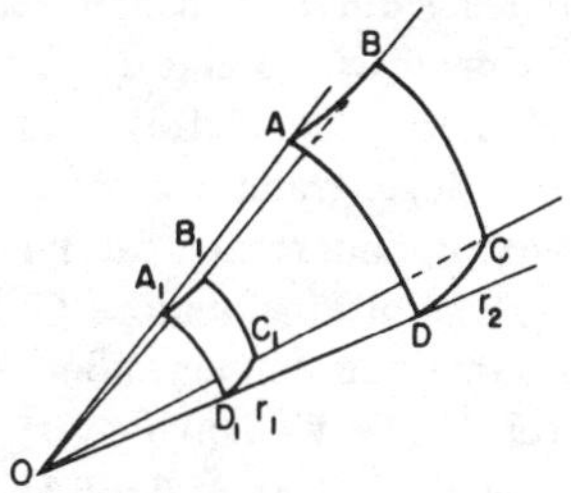

Fig. 29–4. Die innerhalb des Kegels *OABCD* fließende Energie ist unabhängig vom Abstand *r*, in dem sie gemessen wird.

Dies bedeutet, daß die Energie, die die Quelle liefern kann, abfällt, wenn wir uns weiter entfernen; tatsächlich ändert sie sich mit dem *Kehrwert der Entfernung zum Quadrat.* Aber dies hat eine sehr einfache Erklärung: Wenn wir in einem bestimmten Kegel in einer Entfernung r_1 (Fig. 29–4) die gesamte Energie der Welle, die wir erhalten können, auffangen wollen und dasselbe in einer anderen Entfernung r_2 tun, dann finden wir, daß der Energiebetrag pro Einheitsfläche an irgendeinem Ort mit dem reziproken Quadrat von r geht, die Fläche der Schnittfläche des Kegels aber *direkt* mit dem Quadrat von r geht. Folglich ist die Energie, die wir der Welle innerhalb eines gegebenen Kegelwinkels entnehmen können, dieselbe, ganz gleich, wie weit entfernt wir sind! Insbesondere ist die gesamte Energie, die wir der ganzen Welle entnehmen könnten, indem wir absorbierende Oszillatoren rund herum aufstellen, ein bestimmter fester Betrag. So ist die Tatsache, daß die Amplitude von E sich mit $1/r$ ändert, gleichbedeutend damit, daß es einen Energiefluß gibt, der niemals verlorengeht, eine Energie, die weiter und weiter fließt, wobei sie sich über eine immer größere Wirkungsfläche ausbreitet. Folglich sehen wir, daß eine Ladung, nachdem sie oszilliert hat, etwas Energie verloren hat, die sie niemals zurückerlangt; die Energie fährt fort, sich weiter und weiter ohne Verminderung auszubreiten. Wenn wir also weit genug entfernt sind, so daß unsere grundlegende Näherung gut genug ist, kann die Ladung nicht die Energie zurückgewinnen, die, wie wir sagen, abgestrahlt worden ist. Natürlich existiert die Energie noch irgendwo und steht zur Verfügung, um mit anderen Systemen eingefangen zu werden. Wir werden diesen Energie-„Verlust" im Kapitel 32 weiter untersuchen.

Jetzt wollen wir sorgfältiger betrachten, wie sich die Welle (29.3) als Funktion der Zeit an einem gegebenen Ort und als Funktion des Ortes zu einer gegebenen Zeit ändert. Wiederum lassen wir die $1/r$-Abhängigkeit und die Konstanten außer acht.

29–3 Sinusförmige Wellen

Zuerst wollen wir den Ort r festhalten und das Feld als Funktion der Zeit beobachten. Es ist periodisch mit einer Winkelfrequenz ω. Die Kreisfrequenz ω kann als *Änderungsgeschwindigkeit der Phase mit der Zeit* definiert werden (Bogengrade pro

Sekunde). Wir haben bereits einen solchen Sachverhalt untersucht, so daß wir mittlerweile damit recht vertraut sein sollten. Die *Periode* ist die Zeit, die für eine Schwingung, einen vollständigen Zyklus, benötigt wird, und auch diese haben wir schon ausgearbeitet; sie beträgt $2\pi/\omega$, weil ω multipliziert mit der Periode ein Zyklus des Kosinus ist.

Jetzt führen wir eine neue Größe ein, die sehr oft in der Physik benutzt wird. Diese hat mit der umgekehrten Situation zu tun, bei der wir t festhalten und die Welle als Funktion des Abstandes r betrachten. Natürlich bemerken wir, daß die Welle (29.3) als Funktion von r ebenfalls periodisch ist. Das bedeutet, daß wir, abgesehen von $1/r$, was wir ignorieren, sehen, daß E schwingt, wenn wir den Ort wechseln. In Analogie zu ω können wir so eine Größe definieren, die *Wellenzahl* genannt und mit k symbolisiert wird. Diese wird definiert als *die Änderungsgeschwindigkeit der Phase mit der Entfernung* (Bogengrade pro Meter). Das heißt, wenn wir uns bei festgehaltener Zeit im Raum bewegen, ändert sich die Phase.

Es gibt eine weitere Größe, die der Periode entspricht, und wir könnten sie die Raumperiode nennen, aber sie wird gewöhnlich die Wellenlänge genannt, symbolisiert durch λ. Die Wellenlänge ist die Entfernung, die von einem vollständigen Zyklus eingenommen wird. Es ist dann leicht einzusehen, daß die Wellenlänge $2\pi/k$ ist, weil k multipliziert mit der Wellenlänge die Anzahl von Bogengraden ergeben würde, um die sich das ganze Ding ändert und die das Produkt der Änderungsgeschwindigkeit der Bogengrade pro Meter multipliziert mit der Zahl der Meter ist, und wir müssen eine 2π-Änderung für einen Zyklus machen. So ist $k\lambda = 2\pi$ exakt gleichbedeutend mit $\omega t_0 = 2\pi$.

Nun gibt es bei unserer speziellen Welle eine bestimmte Beziehung zwischen der Frequenz und der Wellenlänge, die obigen Definitionen von k und ω sind aber tatsächlich ganz allgemein. Das heißt: die Wellenlänge und die Frequenz sind möglicherweise bei anderen physikalischen Gegebenheiten nicht in derselben Weise verknüpft. Jedoch ist in unserem Fall die Änderungsgeschwindigkeit der Phase mit der Entfernung leicht zu bestimmen, denn wenn wir $\phi = \omega(t - r/c)$ als Phase bezeichnen und nach der Entfernung r differenzieren (partiell), ist die Änderungsgeschwindigkeit $\partial\phi/\partial r$ wie folgt

$$\left|\frac{\partial\phi}{\partial r}\right| = k = \frac{\omega}{c}. \tag{29.4}$$

Es gibt viele Wege, denselben Sachverhalt darzustellen, wie z. B.

$$\lambda = ct_0 \quad (29.5) \qquad \lambda\nu = c \quad (29.7)$$

$$\omega = ck \quad (29.6) \qquad \omega\lambda = 2\pi c \quad (29.8)$$

Warum ist die Wellenlänge gleich c multipliziert mit der Periode? Das ist natürlich sehr einfach, denn wenn wir stillsitzen und darauf warten, daß eine Periode verstreicht, werden sich die Wellen, die mit der Geschwindigkeit c wandern, eine Entfernung ct_0 bewegen und sich natürlich gerade um eine Wellenlänge vorbei bewegt haben.

In einer anderen physikalischen Situation als der des Lichts ist k nicht notwendigerweise in dieser einfachen Art mit ω verknüpft. Wenn wir die Entfernung entlang einer Achse x nennen, dann wird die Formel für eine Kosinuswelle, die sich in Richtung x mit einer Wellenzahl k und einer Kreisfrequenz ω bewegt, im allgemeinen als $\cos(\omega t - kx)$ geschrieben.

Da wir nun den Begriff der Wellenlänge eingeführt haben, wollen wir etwas mehr über die Anwendungsfälle sagen, bei denen (29.1) eine legitime Formel ist. Wir rufen uns ins Gedächtnis zurück, daß das Feld aus mehreren Teilen besteht, von denen sich einer mit dem Kehrwert von r, ein anderer mit dem Kehrwert von r^2 ändert; andere ändern sich sogar noch schneller. Es wäre wertvoll zu wissen, unter welchen Umständen der $1/r$-Teil des Feldes der allerwichtigste Teil ist und die anderen Teile relativ klein sind. Natürlich lautet die Antwort, „wenn wir ‚weit genug' weggehen", weil Terme, die sich mit dem Kehrwert des Quadrates ändern, schließlich vernachlässigbar werden, verglichen mit dem $1/r$-Term. Wie weit ist „weit genug"? Die Antwort lautet qualitativ, daß die anderen Terme um die Größenordnung λ/r kleiner sind als der $1/r$-Term. Folglich ist (29.1), solange wir uns jenseits von einigen Wellenlängen befinden, eine ausgezeichnete Näherung für das Feld. Manchmal wird der Bereich jenseits einiger Wellenlängen „Wellenzone" genannt.

29–4 Zwei Dipol-Strahler

Als nächstes wollen wir die bei der Verbindung der Wirkungen zweier Oszillatoren beteiligte Mathematik besprechen, um das resultierende Feld in einem gegebenen Punkt zu finden. Dies ist sehr einfach in den wenigen Fällen, die wir im vorherigen Kapitel betrachtet haben. Wir werden die Effekte zunächst qualitativ und dann mehr quantitativ beschreiben. Wir wollen den einfachen Fall annehmen, bei dem die Oszillatoren mit ihren Zentren in derselben horizontalen Ebene wie die Empfänger liegen und die Richtung der Vibration senkrecht dazu ist.

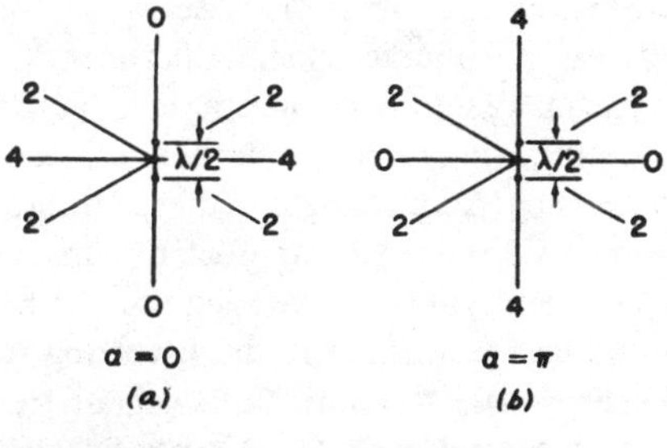

Fig. 29–5. Die Intensität in verschiedenen Richtungen von zwei Dipol-Oszillatoren, die einen Abstand von einer halben Wellenlänge haben. Links: in Phase ($\alpha = 0$). Rechts: eine Phasenverschiebung von einer halben Periode ($\alpha = \pi$).

Fig. 29–5 (a) stellt die Draufsicht zweier solcher Oszillatoren dar und in diesem speziellen Beispiel haben sie in einer N-S-Richtung (Nord-Süd-Richtung) einen Abstand von einer halben Wellenlänge und schwingen zusammen mit derselben Phase, die wir die Nullphase nennen. Nun würden wir gern die Strahlungsintensität in verschiedenen Richtungen kennen. Mit der Intensität meinen wir den Energiebetrag, den das Feld im Zeitmittel pro Sekunde an uns vorbeiträgt, der proportional zum Quadrat des Feldes ist. So ist die Größe, die wir betrachten müssen, wenn wir wissen wollen, wie hell das Licht ist, das Quadrat des elektrischen Feldes, nicht das elektrische Feld selbst. (Das elektrische Feld sagt uns die Stärke der Kraft, die von einer festen Ladung gespürt wird, aber der Energiebetrag in Watt pro Quadratmeter ist proportional zum Quadrat des elektrischen Feldes. Wir werden die Proportionalitätskonstante im nächsten Kapitel ableiten.) Wenn wir von der W-Seite auf das Feld gucken, tragen beide Oszillatoren gleich groß und phasengleich bei, so daß das elektrische Feld zweimal so stark ist, wie es von einem einzelnen Oszillator sein würde. Deshalb *ist die Intensität viermal so stark wie sie sein würde, wenn es nur einen Oszillator gäbe.*

Die Zahlen in Fig. 29–5 zeigen, wie stark die Intensität in diesem Fall sein würde, verglichen mit dem Fall, wenn es nur einen einzelnen Oszillator von einer Einheitsstärke gäbe. Da sie einen Abstand von einer halben Wellenlänge haben, stellt sich nun in N- oder S-Richtung längs der Verbindungslinie der Oszillatoren heraus, daß die Wirkung eines Oszillators um genau eine halbe Schwingung gegenüber dem anderen außer Phase ist, und deshalb addieren sich die Felder zu Null. Bei einem ganz bestimmten Zwischenwinkel (in der Tat bei 30°) beträgt die Intensität 2, und sie fällt ab, 4, 2, 0 usw. Wir müssen lernen, wie diese Zahlen bei anderen Winkeln zu finden sind. Es ist eine Frage der Addition zweier Schwingungen mit verschiedenen Phasen.

Wir wollen schnell einige andere interessante Fälle betrachten. Angenommen, die Oszillatoren haben wieder einen Abstand von einer halben Wellenlänge, aber die Phase α des einen ist um eine halbe Periode gegenüber dem anderen in seiner Schwingung zurückversetzt (Fig. 29–5 b). Jetzt ist die Intensität in W-Richtung Null, da der eine Oszillator gerade „schiebt", wenn der andere „zieht". Aber in N-Richtung kommt das Signal von dem nahe gelegenen zu einer bestimmten Zeit und das des anderen eine halbe Periode später. Aber dieser war *ursprünglich* in seinem Zeitablauf um eine halbe Periode zurück, und darum ist er jetzt genau *zeitgleich* mit dem ersten und die Intensität in dieser Richtung beträgt so vier Einheiten. Die Intensität in der Richtung bei 30° beträgt noch 2, wie wir später beweisen können.

Jetzt kommen wir zu einem interessanten Fall, der einen möglicherweise nützlichen Aspekt aufzeigt. Wir wollen erwähnen, daß einer der Gründe, weswegen Phasenbeziehungen von Oszillatoren interessant sind, das Ausrichten von Rundfunksendern ist. Wenn wir z. B. ein Antennensystem bauen und ein Rundfunksignal nach, sagen wir, Hawaii senden wollen, bauen wir die Antennen wie in Fig. 29–5 (a) auf und senden mit unseren beiden Antennen in Phase, weil Hawaii westlich von uns liegt. Dann entscheiden wir, daß wir morgen nach Alberta in Kanada senden werden. Da dies im Norden und nicht im Westen liegt, müssen wir lediglich die Phase einer unserer Antennen umkehren und können nach Norden senden. So können wir Antennensysteme mit verschiedenen Anordnungen bauen. Unsere ist eine der einfachsten Möglichkeiten; wir können sie sehr viel komplizierter machen, und durch Änderung der Phasen der verschiedenen Antennen können wir die Strahlen in verschiedene Richtungen senden und so die meiste Energie in die Richtung schicken, in die wir ausstrahlen wollen, ohne überhaupt die Antenne zu bewegen! In beiden vorherigen Fällen verschwenden wir jedoch, während wir nach Alberta übertragen, eine Menge Energie an die Osterinsel, und die Frage wäre interessant, ob es möglich wäre, sie nur in *eine* Richtung zu senden. Auf den ersten Blick könnten wir denken, daß das Ergebnis mit einem Antennenpaar dieser Art immer symmetrisch sein wird. So wollen wir einen Fall betrachten, der sich als unsymmetrisch erweist, um die mögliche Vielfalt zu demonstrieren.

Wenn die Antennen um eine viertel Wellenlänge getrennt sind und wenn die nördliche eine viertel Periode zeitlich hinter der südlichen ist, was geschieht dann (Fig. 29–6)? In W-Richtung bekommen wir 2, wie wir später sehen werden. In S-Richtung erhalten wir *Null,* da das Signal von S zu einer bestimmten Zeit ankommt; das von N kommt *zeitlich* um 90° später, aber es liegt in seiner eingebauten Phasenlage schon um 90° zurück, deshalb kommt es insgesamt um 180° phasenverschoben an und es gibt keine Wirkung. Andererseits kommt das N-Signal in N-Richtung zeitlich um 90° früher als das S-Signal an, weil es eine viertel Wellenlänge kürzer ist. Aber seine Phase ist so festgelegt, daß es zeitlich um 90° *hinterher* schwingt, was gerade die Verzugsdifferenz kompensiert, und deshalb erscheinen die beiden Signale *zusammen* in Phase und machen die Feldstärke zweimal so groß und die Energie viermal so stark.

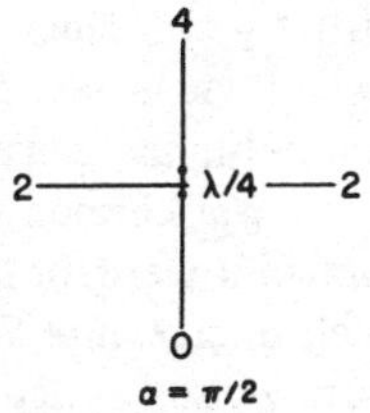

Fig. 29–6. Ein Dipolantennenpaar, das maximale Leistung in eine Richtung abgibt.

So können wir mit etwas Geschicklichkeit bei der räumlichen und phasenmäßigen Ausrichtung unserer Antennen die gesamte Energie in eine Richtung schicken. Aber noch ist sie über einen großen Winkelbereich verteilt. Können wir es so einrichten, daß sie noch schärfer in eine bestimmte Richtung gebündelt wird? Wir wollen wieder den Fall Hawaii betrachten, wo wir den Strahl nach Osten und Westen schicken, er aber über einen ziemlichen Winkel ausgebreitet ist, weil wir sogar bei 30° noch die halbe Intensität erhalten – wir verschenken diese Leistung. Können wir es besser machen? Wir wollen eine Situation annehmen, bei der der Abstand zehn Wellenlängen beträgt (Fig. 29–7), was der Situation, mit der wir im vorherigen Kapitel experimentiert haben, mit Abständen von mehreren Wellenlängen statt eines kleinen Bruchteils einer Wellenlänge, auf jeden Fall vergleichbarer ist. Hier sieht das Bild ganz anders aus.

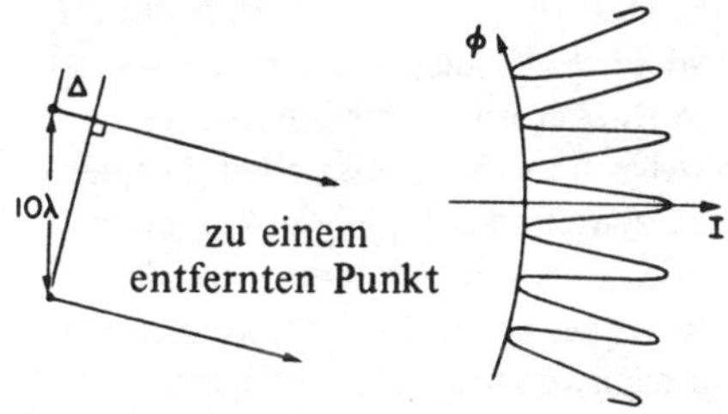

Fig. 29–7. Die Intensitätsverteilung für zwei Dipole, die um 10λ auseinander liegen.

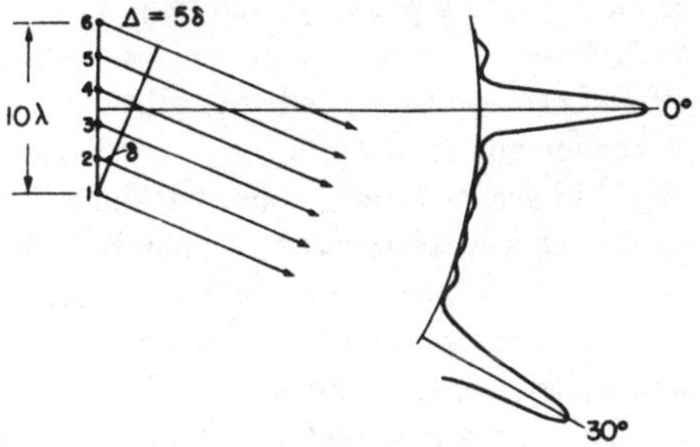

Fig. 29–8. Ein Sechs-Dipol-Antennenfeld und ein Teil seiner Intensitätsverteilung.

Wenn die Oszillatoren zehn Wellenlängen auseinander liegen (wir nehmen den phasengleichen Fall, um es leicht zu machen), sehen wir, daß sie in der O-W-Richtung in Phase sind und wir eine starke Intensität bekommen, viermal so groß wie das, was wir erhalten würden, wenn es nur einen von ihnen gäbe. Andererseits unterscheiden sich bei einem sehr kleinen danebenliegenden Winkel die Ankunftszeiten um 180° und die Intensität ist Null. Um genau zu sein, sie werden sich dann außer Phase befinden, wenn wir eine Linie von jedem Oszillator zu einem entfernten Punkt zeichnen und die Differenz Δ der beiden Entfernungen λ/2, eine halbe Schwingung ist. So taucht dieser erste Nullpunkt auf, wenn dies eintritt. (Die Darstellung ist nicht maßstabsgerecht gezeichnet; sie ist nur eine grobe Skizze.) Dies bedeutet, daß wir tatsächlich einen sehr scharfen Strahl in der gewünschten Richtung haben, denn wenn wir uns nur ein bißchen darüber hinausbewegen, verlieren wir unsere gesamte Intensität. Wenn wir daran denken würden, ein Rundfunkübertragungssystem zu bauen, und die Entfernung Δ verdoppelten, würden wir – unglücklicherweise, was die praktische Anwendung betrifft – um einen ganzen Zyklus phasenverschoben sein, was dasselbe bedeutet, als wenn wir wieder genau *in* Phase wären! So erhalten wir eine ganze Folge von Maxima und Minima, genau wie wir sie in Kapitel 28 mit den $2\frac{1}{2}\,\lambda$ Abständen fanden.

Wie können wir es nun erreichen, alle diese Extra-Maxima, oder „Zipfel", wie sie genannt werden, loszuwerden? Wir könnten die unerwünschten Zipfel auf eine ziemlich interessante Weise loswerden. Angenommen, wir würden einen weiteren Antennensatz zwischen den beiden, die wir schon haben, aufbauen. Das heißt, daß die äußeren weiterhin $10\,\lambda$ auseinander sind, daß wir aber zwischen sie, sagen wir, alle $2\,\lambda$ eine weitere Antenne gestellt haben und sie alle in Phase betreiben. Es gibt jetzt sechs Antennen, und wenn wir nach der Intensität in der O-W-Richtung sehen würden, würde sie mit sechs Antennen natürlich viel größer als mit einer sein. Das Feld würde sechsmal und die Intensität (das Quadrat des Feldes) 36-mal so groß sein. Wir bekommen 36 Intensitätseinheiten in dieser Richtung. Wenn wir uns jetzt benachbarte Punkte ansehen, finden wir grob gesehen wie vorher Null, aber wenn wir dahin weitergehen, wo wir vorher einen großen „Höcker" fanden, bekommen wir jetzt einen viel kleineren „Höcker". Wir wollen versuchen, zu verstehen warum.

Der Grund ist folgender: Obwohl wir erwarten könnten, einen großen Höcker zu erhalten, wenn die Entfernung Δ genau gleich der Wellenlänge ist, sind die Dipole 1 und 6 dann in Wahrheit in Phase und arbeiten zusammen bei dem Versuch, etwas Leistung in diese Richtung zu bekommen. Aber Nummer 3 und 4 sind um etwa 1/2 Wellenlänge gegenüber 1 und 6 phasenverschoben, und obwohl 1 und 6 zusammen schieben, schieben auch 3 und 4 zusammen, aber mit umgekehrter Phase. Deshalb gibt es in dieser Richtung sehr wenig Intensität – aber es gibt welche; sie wird nicht exakt ausbalanciert. Dieses Verhalten gilt auch weiterhin; wir erhalten sehr kleine Höcker und haben den starken Strahl in der Richtung, in der wir ihn uns wünschen. Aber bei diesem speziellen Beispiel wird noch etwas passieren: Da nämlich die Entfernung zwischen aufeinanderfolgenden Dipolen 2λ beträgt, ist es möglich, einen Winkel zu finden, wo der Abstand δ zwischen *aufeinanderfolgenden Dipolen* genau eine Wellenlänge beträgt, so daß die Wirkungen von ihnen allen wieder in Phase sind. Jeder ist relativ zum nächsten um 360° verzögert, so daß sie alle wieder phasengleich werden und wir einen weiteren starken Strahl in dieser Richtung haben! In der Praxis ist dies leicht zu vermeiden, da es möglich ist, die Dipole enger als eine Wellenlänge anzuordnen. Falls wir mehr Antennen, um weniger als eine Wellenlänge getrennt, einbauen, kann dies dann nicht passieren. Aber die Tatsache, daß dies bei bestimmten Winkeln passieren *kann*, falls der Abstand größer als eine Wellenlänge ist, ist ein sehr interessantes und nützliches Phänomen bei anderen Anwendungen – nicht bei Rundfunkübertragungen, aber bei *Beugungsgittern*.

29–5 Die Mathematik der Interferenz

Jetzt haben wir unsere qualitative Untersuchung der Phänomene der Dipolstrahler beendet, und wir müssen lernen, wie sie quantitativ zu analysieren sind. Um die Wirkung zweier Quellen unter einem speziellen Winkel im allgemeinsten Fall zu finden, bei dem die zwei Oszillatoren irgendeine innere relative Phase α gegeneinander haben und die Amplituden A_1 und A_2 nicht gleich sind, stellen wir fest, daß wir zwei Kosinusse, die die gleiche Frequenz, aber verschiedene Phasen haben, addieren müssen. Es ist sehr leicht, diese Phasendifferenz zu finden; sie ist durch eine Verzögerung, die auf die Abstandsdifferenz zurückzuführen ist, und die innere, eingebaute Schwingungsphase gegeben. Mathematisch müssen wir die Summe R zweier Wellen finden: $R = A_1 \cos(\omega t + \phi_1) + A_2 \cos(\omega t + \phi_2)$. Wie führen wir dies aus?

Es ist wirklich sehr einfach, und wir nehmen an, daß wir schon wissen, wie es auszuführen ist. Jedoch werden wir das Vorgehen im einzelnen skizzieren. Zunächst können wir es einfach ausrechnen, wenn wir in der Mathematik gewitzt sind und genug über Kosinus und Sinus wissen. Der einfachste derartige Fall ist der, bei dem A_1 und A_2 gleich sind, sagen wir, beide gleich A. Unter diesen Umständen z. B. (wir könnten dies die trigonometrische Lösungsmethode des Problems nennen) haben wir

$$R = A[\cos(\omega t + \phi_1) + \cos(\omega t + \phi_2)]. \tag{29.9}$$

Einst haben wir in unserem Trigonometrie-Kursus die Regel gelernt, daß

$$\cos A + \cos B = 2\cos\tfrac{1}{2}(A + B)\cos\tfrac{1}{2}(A - B). \tag{29.10}$$

Wenn wir dies wissen, dann können wir R sofort wie folgt schreiben

$$R = 2A\cos\tfrac{1}{2}(\phi_1 - \phi_2)\cos(\omega t + \tfrac{1}{2}\phi_1 + \tfrac{1}{2}\phi_2). \tag{29.11}$$

So stellen wir fest, daß wir eine periodische Welle mit einer neuen Phase und einer neuen Amplitude haben. Allgemein *wird* das Ergebnis eine periodische Welle mit einer neuen Amplitude A_R sein, die wir die resultierende Amplitude nennen können und die mit derselben Frequenz, aber mit einer Phasendifferenz ϕ_R, genannt die resultierende Phase, schwingt. Angesichts dessen hat unser spezieller Fall das folgende Ergebnis: daß nämlich die resultierende Amplitude gleich

$$A_R = 2A.\cos\tfrac{1}{2}(\phi_1 - \phi_2), \tag{29.12}$$

und die resultierende Phase der Mittelwert beider Phasen ist, und unser Problem haben wir vollständig gelöst.

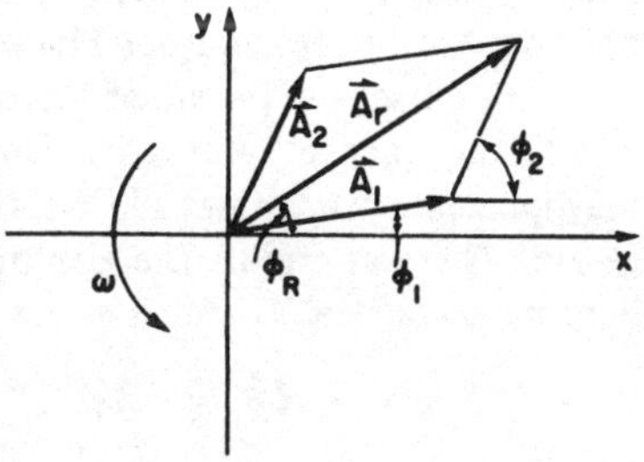

Fig. 29–9. Eine geometrische Methode der Verbindung zweier Kosinuswellen. Das gesamte Diagramm ist so gedacht, daß es sich mit der Kreisfrequenz ω gegen den Uhrzeigersinn dreht.

Nehmen wir jetzt an, wir wüßten nicht mehr, daß die Summe zweier Kosinusse das Zweifache des Kosinus der halben Summe multipliziert mit dem Kosinus der halben Differenz ist. Dann können wir eine andere Methode der Analyse anwenden, die mehr geometrisch ist. Jede Kosinusfunktion von ωt kann als die horizontale Projektion eines *rotierenden Vektors* betrachtet werden. Angenommen, es gäbe einen Vektor $\mathbf{A}_1$ der Länge A_1, der mit der Zeit rotiert, so daß sein Winkel mit der horizontalen Achse $\omega t + \phi_1$ ist. (Wir werden sehr bald ωt weglassen und sehen, daß das keinen Unterschied ergibt.) Angenommen, wir machen einen Schnappschuß zur Zeit $t = 0$, obwohl das Bild in Wirklichkeit mit der Winkelgeschwindigkeit ω rotiert (Fig. 29–9). Die Projektion von A_1 auf die horizontale Achse ist genau $A_1\cos(\omega t + \phi_1)$. Zur Zeit $t = 0$ könnte die zweite Welle durch einen anderen Vektor $\mathbf{A}_2$ der Länge A_2 bei einem Winkel ϕ_2 und ebenso rotierend dargestellt werden. Sie rotieren beide mit derselben Winkelgeschwindigkeit ω, und deshalb ist die *relative* Lage der beiden konstant. Das System dreht sich wie ein starrer Körper. Die horizontale Projektion von $\mathbf{A}_2$ ist $A_2 \cos(\omega t + \phi_2)$. Wir wissen aber von der Theorie der Vektoren, wenn wir zwei Vektoren in der gewöhnlichen Weise nach der Parallelogramm-Regel addieren und den resultierenden Vektor $\mathbf{A}_R$ zeichnen, so ist die x-Komponente der Resultanten die Summe der x-Komponenten der anderen beiden Vektoren. Das löst unser Problem. Es läßt sich leicht prüfen, daß dies das korrekte Ergebnis für den oben behandelten Spezialfall ergibt, bei dem $A_1 = A_2 = A$ gilt. In diesem Fall sehen wir aus Fig. 29–9, daß $\mathbf{A}_R$ in der Mitte zwischen $\mathbf{A}_1$ und $\mathbf{A}_2$ liegt und einen Winkel $\frac{1}{2}(\phi_2 - \phi_1)$ mit jedem bildet. Deshalb sehen wir, daß $A_R = 2A \cos \frac{1}{2}(\phi_2 - \phi_1)$ wie vorher ist. Wie wir auch aus dem Dreieck ersehen, ist die Phase des Vektors $\mathbf{A}_R$, wenn er rotiert, der gemittelte Winkel von $\mathbf{A}_1$ und $\mathbf{A}_2$, wenn die beiden Amplituden gleich sind. Es ist klar, daß wir auch den Fall, bei dem die Amplituden nicht gleich sind, genauso leicht lösen können. Wir können dies die *geometrische* Lösungsmethode des Problems nennen.

Es gibt noch einen weiteren Lösungsweg des Problems, und das ist der *analytische* Weg. Das bedeutet, daß wir, anstatt tatsächlich ein Bild wie Fig. 29–9 zeichnen zu müssen, etwas niederschreiben können, was dasselbe wie das Bild sagt: Statt die Vektoren zu zeichnen, schreiben wir eine *komplexe Zahl* als Darstellung für jeden Vektor. Die Realteile der komplexen Zahlen sind die tatsächlichen physikalischen Größen. So könnten die Wellen in unserem speziellen Fall in dieser Weise geschrieben werden: $A_1 e^{i(\omega t + \phi_1)}$ [der Realteil hiervon ist $A_1 \cos(\omega t + \phi_1)$] und $A_2 e^{i(\omega t + \phi_2)}$. Nun können wir beide addieren:

$$R = A_1 e^{i(\omega t + \phi_1)} + A_2 e^{i(\omega t + \phi_2)} = (A_1 e^{i\phi_1} + A_2 e^{i\phi_2}) e^{i\omega t} \tag{29.13}$$

oder

$$\hat{R} = A_1 e^{i\phi_1} + A_2 e^{i\phi_2} = A_R e^{i\phi_R}. \tag{29.14}$$

Dies löst das Problem, welches wir lösen wollen, weil es das Ergebnis als komplexe Zahl der Größe A_R und der Phase ϕ_R darstellt.

Um zu sehen, wie diese Methode arbeitet, wollen wir die Amplitude A_R finden, welche die „Länge“ von $\hat{R}$ ist. Um die „Länge“ einer komplexen Größe zu erhalten, multiplizieren wir immer die Größe mit ihrer konjugiert komplexen Zahl, was die Länge zum Quadrat ergibt. Die konjugiert komplexe Zahl ist derselbe Ausdruck, aber mit dem umgekehrten Vorzeichen der i's. So haben wir

$$A_R^2 = (A_1 e^{i\phi_1} + A_2 e^{i\phi_2})(A_1 e^{-i\phi_1} + A_2 e^{-i\phi_2}). \tag{29.15}$$

Wenn wir dieses ausmultiplizieren, erhalten wir $A_1^2 + A_2^2$ (hier heben sich die Exponentialterme auf) und haben für den gemischten Term

$$A_1 A_2 (e^{i(\phi_1 - \phi_2)} + e^{i(\phi_2 - \phi_1)}).$$

Nun ist

$$e^{i\theta} + e^{-i\theta} = \cos\theta + i \sin\theta + \cos\theta - i \sin\theta.$$

Das bedeutet $e^{i\theta} + e^{-i\theta} = 2\cos\theta$. Unser endgültiges Ergebnis lautet daher

$$A_R^2 = A_1^2 + A_2^2 + 2A_1 A_2 \cos(\phi_2 - \phi_1). \tag{29.16}$$

Wie wir sehen, stimmt dies mit der Länge von A_R in Fig. 29–9 überein, wo wir die Gesetze der Trigonometrie benutzt haben.

So hat die Summe der beiden Wirkungen die Intensität A_1^2, die wir von einer von ihnen allein erhalten würden, plus der Intensität A_2^2, die wir von der anderen allein erhalten würden, plus einer Korrektur. Diese Korrektur nennen wir den *Interferenz-Effekt.* Er ist wirklich nur die Differenz zwischen dem, was wir einfach bei Addition der Intensitäten erhalten, und dem, was tatsächlich passiert. Wir nennen es Interferenz, ob es nun positiv oder negativ ist. (Interferenz deutet in der Alltagssprache gewöhnlich Opposition oder Behinderung an, aber in der Physik benutzen wir die Sprache oft nicht in der Weise, in der sie ursprünglich gebildet wurde!) Wenn der Interferenzterm positiv ist, nennen wir diesen Fall *konstruktive* Interferenz, obwohl es für jeden anderen als einen Physiker schrecklich klingen mag! Der umgekehrte Fall wird *destruktive* Interferenz genannt.

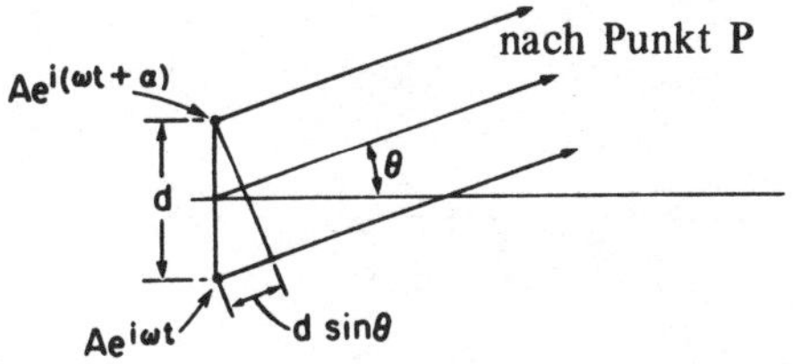

Fig. 29–10. Zwei Oszillatoren gleicher Amplitude mit einer Phasendifferenz α zwischen ihnen.

Nun wollen wir sehen, wie unsere allgemeine Formel (29.16) für den Fall zweier Oszillatoren auf die speziellen Situationen, die wir qualitativ diskutiert haben, anzuwenden ist. Um diese allgemeine Formel anzuwenden, ist es nur nötig, herauszufinden, welche Phasendifferenz $\phi_1 - \phi_2$ zwischen den bei einem gegebenen Punkt ankommenden Signalen vorhanden ist. (Dies hängt natürlich nur von der Phasendifferenz und nicht von der Phase selbst ab.) So wollen wir den Fall betrachten, bei dem die zwei Oszillatoren mit gleicher Amplitude durch irgendeinen Abstand d getrennt sind und eine innere relative Phase α haben. (Wenn einer die Phase Null hat, so ist die Phase des anderen α.) Dann fragen wir, wie groß die Intensität unter irgendeiner Azimut-Richtung θ zur O-W-Linie ist. [Man beachte, daß dies *nicht* dasselbe θ ist, das in (29.1) erscheint. Wir schwanken zwischen dem Gebrauch eines unkonventionellen Symbols wie ϑ oder dem konventionellen Symbol θ (Fig. 29–10).] Die Phasenbeziehung wird durch die Feststellung gefunden, daß der Wegunterschied von P zu den zwei Oszillatoren $d \sin\theta$ ist, so daß dessen Beitrag zur Phasendifferenz die Anzahl von Wellenlängen in $d \sin\theta$ multipliziert mit 2π ist. (Die Fortgeschritteneren möchten vielleicht die Wellenzahl k, die die Änderungsgeschwindigkeit der Phase mit der Entfernung ist, mit $d \sin\theta$ multiplizieren; es ist genau dasselbe.) Die Phasendifferenz, die von der Abstandsdifferenz herrührt, ist folglich $2\pi d \sin\theta/\lambda$, aber es gibt eine zusätzliche Phase α, die vom Zeitablauf herrührt. So würde die Phasendifferenz bei der Ankunft wie folgt lauten

$$\phi_2 - \phi_1 = \alpha + 2\pi d \sin\theta/\lambda. \tag{29.17}$$

Dies berücksichtigt alle Fälle. So müssen wir nur diesen Ausdruck in (29.16) für den Fall $A_1 = A_2$ einsetzen, und dann können wir alle unterschiedlichen Ergebnisse für zwei Antennen gleicher Intensität berechnen.

Nun wollen wir sehen, was in unseren verschiedenen Fällen passiert. Zum Beispiel ist der uns bekannte Grund dafür, daß bei 30° in Fig. 29–5 die Intensität 2 beträgt, der folgende: Die beiden Oszillatoren haben einen Abstand von $\frac{1}{2}\lambda$, so gilt bei 30°

$d \sin \theta = \lambda/4$. Folglich ist $\phi_2 - \phi_1 = 2\pi\lambda/4\lambda = \pi/2$, und so ist der Interferenzterm gleich Null. (Wir addieren zwei Vektoren unter 90°.) Das Ergebnis ist die Hypotenuse eines rechtwinkligen Dreiecks mit einem 45°-Winkel, was das $\sqrt{2}$-fache der Einheitsamplitude ist; wenn wir dies quadrieren, erhalten wir die zweifache Intensität eines Oszillators allein. Alle anderen Fälle können in derselben Weise ausgerechnet werden.

30 Beugung

30–1 Die resultierende Amplitude n gleicher Oszillatoren

Dieses Kapitel ist eine direkte Fortsetzung des vorhergehenden, obwohl der Name von *Interferenz* in *Beugung* geändert wurde. Niemand hat jemals vermocht, den Unterschied zwischen Interferenz und Beugung befriedigend zu definieren. Es ist einfach eine Frage der Gewohnheit, und es gibt keinen spezifischen, wichtigen physikalischen Unterschied zwischen ihnen. Am besten können wir es ganz grob wohl so ausdrücken: Wenn sich nur wenige Quellen, sagen wir zwei, überlagern, dann wird das Ergebnis gewöhnlich Interferenz genannt, wenn es aber eine große Anzahl von ihnen gibt, wird anscheinend das Wort Beugung häufiger gebraucht. So werden wir uns nicht darum kümmern, ob es sich um Interferenz oder Beugung handelt, sondern fahren direkt dort fort, wo wir mitten im Thema im letzten Kapitel aufgehört haben.

So werden wir jetzt die Situation diskutieren, bei der es n Oszillatoren im gleichen Abstand gibt, alle mit gleicher Amplitude, aber unterschiedlicher Phase zueinander, entweder weil sie mit verschiedenen Phasen betrieben werden oder weil wir unter solch einem Winkel auf sie blicken, daß es eine Differenz in der Zeitverzögerung gibt. Aus dem einen oder anderen Grund müssen wir etwas wie dies addieren:

$$R = A[\cos \omega t + \cos(\omega t + \phi) + \cos(\omega t + 2\phi) + \cdots + \cos(\omega t + (n-1)\phi)], \tag{30.1}$$

wobei ϕ die Phasendifferenz zwischen einem Oszillator und dem nächsten, aus einer bestimmten Richtung gesehen, ist. Insbesondere gilt $\phi = \alpha + 2\pi d \sin\theta/\lambda$. Jetzt müssen wir alle Terme aufaddieren. Wir werden dies geometrisch ausführen. Der erste hat die Länge A und die Phase Null. Der nächste mit ebenfalls der Länge A hat eine Phase gleich ϕ. Der nächste hat wiederum die Länge A und eine Phase gleich 2ϕ usw. So gehen wir offenbar auf einem gleichwinkligen Polygon mit n Seiten herum (Fig. 30–1).

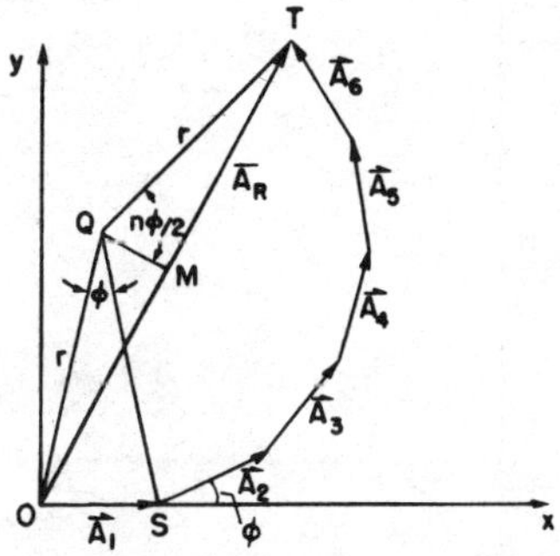

Fig. 30–1. Die resultierende Amplitude von $n = 6$ Quellen mit gleichem Abstand mit schrittweisen Phasendifferenzen ϕ.

Nun liegen natürlich die Scheitelpunkte alle auf einem Kreis, und wir können die resultierende Amplitude sehr einfach finden, wenn wir den Radius dieses Kreises finden. Angenommen, Q ist der Mittelpunkt des Kreises, dann wissen wir, daß der Winkel OQS gerade einen Phasenwinkel ϕ bedeutet. (Dies ist so, weil der Radius QS dieselbe geometrische Beziehung zu $\mathbf{A}_2$ wie QO zu $\mathbf{A}_1$ hat, folglich bilden sie einen Winkel ϕ

zwischen sich.) Deshalb muß der Radius r so sein, daß $A = 2r \sin \phi/2$ gilt, was r festlegt. Aber der große Winkel OQT ist gleich $n\phi$, und folglich finden wir, daß $A_R = 2r \sin n\phi/2$. Wenn wir diese beiden Ergebnisse kombinieren, um r zu eliminieren, erhalten wir

$$A_R = A \frac{\sin n\phi/2}{\sin \phi/2}. \tag{30.2}$$

Die resultierende Intensität ist folglich

$$I = I_0 \frac{\sin^2 n\phi/2}{\sin^2 \phi/2}. \tag{30.3}$$

Jetzt wollen wir diesen Ausdruck analysieren und einige seiner Konsequenzen untersuchen. Zunächst können wir ihn für $n = 1$ prüfen. Das ergibt $I = I_0$. Als nächstes prüfen wir ihn für $n = 2$: Wenn wir $\sin \phi = 2 \sin \phi/2 \cos \phi/2$ schreiben, finden wir, daß $A_R = 2A \cos \phi/2$ ist, was mit (29.12) übereinstimmt.

Nun war der Gedanke, der uns dazu führte, die Addition mehrerer Quellen zu betrachten, der, daß wir eine wesentlich größere Intensität in einer Richtung erhalten könnten als in einer anderen und daß die nahegelegenen Maxima, die vorhanden gewesen wären, falls es nur zwei Quellen gegeben hätte, in ihrer Stärke absinken. Um diesen Effekt zu sehen, tragen wir die Kurve, die aus (30.3) resultiert, auf, indem wir n als sehr groß ansetzen und das Gebiet nahe $\phi = 0$ zeichnen. Zuerst haben wir 0/0, wenn ϕ genau 0 ist, wenn ϕ aber infinitesimal ist, ist das Verhältnis der beiden Sinusse zum Quadrat einfach gleich n^2, da der Sinus und der Winkel näherungsweise gleich sind. Folglich ist die Intensität des Kurvenmaximums gleich n^2 multipliziert mit der Intensität eines Oszillators. Das ist leicht einzusehen, denn wenn sie alle in Phase sind, haben die kleinen Vektoren keinen relativen Winkel und alle diese n summieren sich, so daß die Amplitude n mal n und die Intensität n^2 mal stärker ist.

Wenn die Phase ϕ wächst, beginnt das Verhältnis der beiden Sinusse kleiner zu werden, und der erste Nullpunkt wird erreicht, wenn $n\phi/2 = \pi$ ist, da $\sin \pi = 0$ ist. Mit anderen Worten entspricht $\phi = 2\pi/n$ dem ersten Minimum in der Kurve (Fig. 30–2). Durch die Pfeile in Fig. 30–1 ausgedrückt, erscheint das erste Minimum, wenn

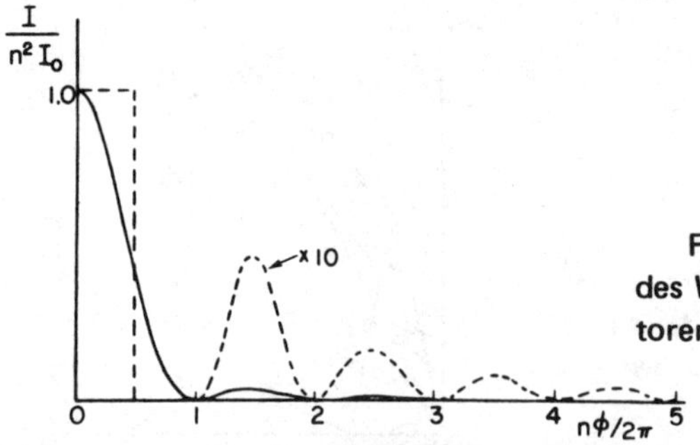

Fig. 30–2. Die Intensität als Funktion des Winkels bei einer großen Zahl von Oszillatoren gleicher Stärke.

alle Pfeile zurück zum Startpunkt führen; das bedeutet, daß der gesamte zusammengefaßte Winkel aller Pfeile, die gesamte Phasendifferenz zwischen dem ersten und dem letzten Oszillator, gleich 2π sein muß, um den Kreis zu vervollständigen.

Jetzt gehen wir zum nächsten Maximum und möchten gern sehen, daß es wirklich viel kleiner als das erste ist, wie wir gehofft haben. Wir werden nicht genau zur Lage des Maximums gehen, weil sich beide, der Zähler und der Nenner von (30.3), ändern, aber $\sin\phi/2$ ändert sich sehr langsam verglichen mit $\sin n\phi/2$, wenn n groß ist, so daß wir, falls $\sin\phi/2 = 1$, sehr nahe beim Maximum sind. Das nächste Maximum von $\sin^2 n\phi/2$ kommt bei $n\phi/2 = 3\pi/2$ oder $\phi = 3\pi/n$. Dies entspricht dem, daß die Pfeile den Kreis eineinhalb mal umlaufen haben. Wenn wir $\phi = 3\pi/n$ in die Formel einsetzen, um die Größe des Maximums zu bestimmen, finden wir, daß im Zähler $\sin^2 3\pi/2 = 1$ ist (deshalb haben wir diesen Winkel ausgesucht), und im Nenner haben wir $\sin^2 3\pi/2n$. Wenn n jetzt genügend groß ist, dann ist dieser Winkel sehr klein und der Sinus ist gleich dem Winkel; so können wir bei allen praktischen Anwendungen $\sin 3\pi/2n = 3\pi/2n$ schreiben. Folglich finden wir, daß die Intensität in diesem Maximum gleich $I = I_0(4n^2/9\pi^2)$ ist. Aber n^2I_0 war die maximale Intensität, und folglich haben wir das $4/9\pi^2$-fache der maximalen Intensität, was ungefähr 0.047, weniger als 5 Prozent, der maximalen Intensität ist! Natürlich gibt es weiter außerhalb abfallende Intensitäten. So haben wir ein sehr scharfes Hauptmaximum mit sehr schwachen Nebenmaxima an den Seiten.

Es ist möglich, zu zeigen, daß die Fläche der ganzen Kurve, einschließlich aller kleinen Unebenheiten, gleich $2\pi nI_0$ oder das Zweifache der Fläche des eingezeichneten Rechtecks in Fig. 30–2 ist.

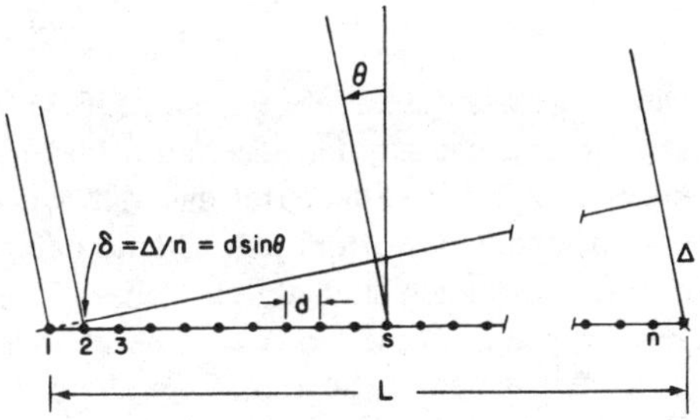

Fig. 30–3. Eine lineare Anordnung von n gleichen Oszillatoren betrieben mit den Phasen $\alpha_s = s\alpha$.

Wir wollen jetzt weiter betrachten, wie wir Gl. (30.3) bei verschiedenen Fällen anwenden können, und wollen versuchen, zu verstehen, was passiert. Wir wollen annehmen, daß unsere Quellen sich alle auf einer Linie, wie in Fig. 30–3 gezeichnet, befinden. Es gibt n davon, alle im Abstand d, und wir werden annehmen, daß die innere relative Phase von einer zur anderen α ist. Wenn wir dann in einer gegebenen Richtung θ zur Normalen beobachten, gibt es eine zusätzliche Phase $2\pi d \sin\phi/\lambda$ wegen der Zeitverzögerung zwischen jeweils zwei aufeinander folgenden, worüber wir vorher schon gesprochen hatten. Folglich ist

$$\begin{aligned}\phi &= \alpha + 2\pi d \sin\theta/\lambda \\ &= \alpha + kd\sin\theta.\end{aligned} \tag{30.4}$$

Zuerst nehmen wir den Fall $\alpha = 0$. Das heißt, alle Oszillatoren sind in Phase, und wir möchten wissen, was die Intensität als Funktion des Winkels θ ist. Um dies herauszufinden, müssen wir bloß $\phi = kd\sin\theta$ in Formel (30.3) einsetzen und sehen, was geschieht. Zuerst einmal gibt es ein Maximum, wenn $\phi = 0$. Das bedeutet, daß es, wenn alle Oszillatoren phasengleich sind, eine starke Intensität in der Richtung $\theta = 0$ gibt. Andererseits ist es eine interessante Frage, wo das erste Minimum ist. Dies tritt auf, wenn $\phi = 2\pi/n$ ist. Mit anderen Worten, wir erhalten, wenn $2\pi d\sin\phi/\lambda = 2\pi/n$ ist, das erste Minimum der Kurve. Wenn wir die 2π's loswerden, so daß es ein bißchen durchsichtiger wird, besagt dies, daß

$$nd\sin\theta = \lambda. \tag{30.5}$$

Nun wollen wir physikalisch verstehen, warum wir ein Minimum an dieser Stelle erhalten. nd ist die gesamte Länge L der Anordnung. Gemäß Fig. 30–3 sehen wir, daß $nd \sin\theta = L \sin\theta = \Delta$ ist. (30.5) besagt, daß wir ein Minimum erhalten, wenn Δ gleich *einer Wellenlänge* ist. Warum bekommen wir nun ein Minimum, wenn $\Delta = \lambda$ ist? Weil die Beiträge der verschiedenen Oszillatoren hinsichtlich ihrer Phasen dann gleichmäßig von 0° bis 360° verteilt sind. Die Pfeile (Fig. 30–1) beschreiben einen ganzen Kreis – wir addieren gleiche Vektoren in allen Richtungen, und eine derartige Summe ist Null. Wenn wir also einen solchen Winkel haben, daß $\Delta = \lambda$ ist, erhalten wir ein Minimum. Das ist das erste Minimum.

Es gibt eine andere wichtige Eigenschaft der Formel (30.3), die besagt, daß es keinen Unterschied für die Formel ausmacht, wenn der Winkel ϕ um irgendein Vielfaches von 2π vergrößert wird. Folglich werden wir andere starke Maxima bei $\phi = 2\pi$, 4π, 6π usw. erhalten. In der Nähe jedes dieser großen Maxima wird der Kurvenverlauf von Fig. 30–2 wiederholt. Wir können uns fragen, was der geometrische Umstand ist, der zu diesen anderen großen Maxima führt. Die Bedingung ist $\phi = 2\pi m$, wobei m irgendeine ganze Zahl ist. Das heißt, $2\pi d \sin\theta/\lambda = 2\pi m$. Nach Kürzen durch 2π sehen wir, daß

$$d \sin\theta = m\lambda. \tag{30.6}$$

Dies sieht wie die andere Formel, (30.5), aus. Nein, jene Formel lautete $nd \sin\theta = \lambda$. Der Unterschied ist, daß wir hier *individuelle Quellen* betrachten müssen, und wenn wir sagen $d \sin\theta = m\lambda$, bedeutet das, daß wir einen solchen Winkel θ haben, daß $\delta = m\lambda$ ist. Mit anderen Worten, jede Quelle liefert jetzt einen bestimmten Beitrag und die aufeinanderfolgenden sind um ein ganzes Vielfaches von 360° phasenverschoben und tragen deshalb *in Phase* bei, weil eine Phasenverschiebung von 360° dasselbe wie Phasengleichheit bedeutet. So tragen sie alle phasengleich bei und erzeugen ein ebenso gutes Maximum wie das für $m = 0$, das wir vorher diskutiert haben. Die Nebenmaxima, die gesamte Kurvenform ist genau gleich der in der Nähe von $\phi = 0$, mit genau denselben Minima auf jeder Seite usw. Folglich wird solch ein Anordnung Strahlen in verschiedene Richtungen senden – wobei jeder Strahl ein starkes Hauptmaximum und eine bestimmte Zahl von schwachen „Seitenzipfeln" hat. Die verschiedenen starken Strahlen werden als Strahl nullter Ordnung, Strahl erster Ordnung usw. bezeichnet, entsprechend dem Wert von m. m wird die *Ordnung* des Strahls genannt.

Wir machen auf die Tatsache aufmerksam, daß Gl. (30.6) keine Lösung außer $m = 0$ haben kann, wenn d kleiner als λ ist, so daß es, falls der Abstand zu klein ist, nur einen möglichen Strahl gibt, den Strahl erster Ordnung, bei $\theta = 0$ gelegen. (Natürlich gibt es auch einen Strahl in der entgegengesetzten Richtung.) Um weitere große Maxima zu erhalten, müssen wir den Abstand d der Anordnung größer als eine Wellenlänge machen.

30–2 Das Beugungsgitter

Bei der technischen Arbeit mit Antennen und Leitungen läßt es sich einrichten, daß alle Phasen der kleinen Oszillatoren oder Antennen gleich sind. Die Frage ist, ob und wie wir etwas Ähnliches mit Licht tun können. Wir können zur heutigen Zeit buchstäblich keine kleinen Radiostationen mit optischen Frequenzen machen und sie mit infinitesimalen Leitungen zusammensetzen und sie alle mit einer gegebenen Phase betreiben. Aber es gibt einen sehr einfachen Weg, etwas zu machen, was auf dasselbe hinausläuft.

Angenommen, wir hätten eine große Zahl von parallelen Drähten, alle mit dem gleichen Abstand *d*, und eine Radiofrequenzquelle in großer Entfernung, praktisch im Unendlichen, die ein elektrisches Feld erzeugt, welches bei jedem der Drähte mit der gleichen Phsae ankommt. (Sie ist so weit entfernt, daß die Zeitverzögerung für alle Drähte dieselbe ist.) (Man kann sich Fälle mit gekrümmten Anordnungen überlegen, aber wir wollen eine ebene Anordnung nehmen.) Dann wird das äußere elektrische Feld die Elektronen in jedem Draht auf und ab treiben. Das bedeutet, daß das Feld, welches von der ursprünglichen Quelle kommt, die Elektronen auf und ab schwingen läßt, und während der Bewegung stellen diese *neue Generatoren* dar. Dieses Phänomen wird Streuung genannt: Eine Lichtwelle von irgendeiner Quelle kann eine Elektronenbewegung in einem Materialstück induzieren und diese Bewegungen erzeugen ihre eigenen Wellen. Deshalb ist es nur notwendig, eine große Zahl von Drähten mit gleichem Abstand aufzubauen und mit einer weit entfernten Radiofrequenzquelle zu betreiben, und schon haben wir die gewünschte Situation ohne viel spezielle Verdrahtung. Wenn der Einfall in der Normalrichtung erfolgt, werden die Phasen gleich sein und wir werden genau den Fall erhalten, den wir diskutiert haben. Wenn deshalb der Drahtabstand größer als die Wellenlänge ist, werden wir eine starke Streuintensität in der Normalrichtung und in bestimmte, durch (30.6) gegebene andere Richtungen erhalten.

Dies kann auch mit Licht gemacht werden! Statt der Drähte benutzen wir ein flaches Glasstück und machen solche Kerben hinein, daß jede dieser Kerben ein bißchen anders als der Rest des Glases streut. Wenn wir dann Licht auf das Glas scheinen lassen, wird jede der Kerben eine Quelle darstellen, und wenn wir die Linien sehr fein anordnen, aber nicht enger als eine Wellenlänge (was technisch sowieso fast unmöglich ist), dann würden wir ein wunderbares Phänomen erwarten: Das Licht wird nicht nur gradlinig hindurchlaufen, sondern es wird auch einen starken Strahl in einem endlichen Winkel geben, der von dem Abstand der Kerben abhängt! Solche Objekte sind tatsächlich gemacht worden und sind im allgemeinen Gebrauch – sie werden *Beugungsgitter* genannt.

In einer seiner Ausführungsformen besteht ein Beugungsgitter aus nichts als aus einer Planglasscheibe, durchsichtig und farblos, mit Ritzen darauf. Es gibt oft mehrere hundert Ritzen auf einem Millimeter, *sehr* sorgfältig angeordnet, um gleichen Abstand zu haben. Die Wirkung eines solchen Gitters kann beobachtet werden, indem man einen Projektor aufbaut, der eine schmale senkrechte Lichtlinie (das Bild eines Spaltes) auf einen Schirm wirft. Wenn wir das Gitter mit seinen Ritzen senkrecht in den Strahl stellen, sehen wir, daß die Linie noch vorhanden ist, aber zusätzlich haben wir auf jeder Seite einen *anderen* starken Lichtfleck, der *farbig* ist. Dies ist natürlich das Spaltbild, das über einen weiten Winkelbereich verbreitet wird, weil der Winkel θ in (30.6) von λ abhängt, und Licht verschiedener Farbe entspricht wie wir wissen verschiedenen Frequenzen und deshalb verschiedenen Wellenlängen. Die längste sichtbare Wellenlänge ist Rot, und da $d \sin\theta = \lambda$ ist, erfordert dies ein größeres θ. Und wir finden tatsächlich, daß Rot sich unter einem größeren Winkel außerhalb des zentralen Bildes befindet! Es sollte auch auf der anderen Seite einen Strahl geben, und tatsächlich sehen wir einen auf dem Schirm. Außerdem könnte es eine andere Lösung von (30.6) mit $m = 2$ geben. Wir sehen, daß dort irgend etwas Verschwommenes vorhanden ist – sehr schwach –, und es gibt sogar andere Strahlen weiter außen.

Wir haben gerade erörtert, daß alle diese Strahlen dieselbe Stärke haben sollten, aber wir sehen, daß dies in Wirklichkeit nicht der Fall ist, und tatsächlich sind nicht einmal die ersten auf der rechten und der linken Seite gleich! Der Grund liegt darin, daß das Gitter sorgfältig hergestellt wurde, um gerade dies zu tun. Wie? Wenn das Gitter aus sehr feinen Ritzen mit infinitesimaler Ausdehnung und gleichmäßigen Abständen besteht, dann würden tatsächlich alle Intensitäten gleich sein. Aber in der Tat hätten wir, obwohl wir den einfachsten Fall genommen haben, ebenso eine Anordnung von Antennen*paaren* betrachten können, bei der jeder Teil eines Paares eine bestimmte Stärke und irgendeine relative Phase hat. In diesem Fall ist es möglich, Intensitäten zu bekommen, die in verschiedenen Ordnungen verschieden sind. Ein Gitter wird oft mit kleinen „Sägezahn"-Schnitten anstatt mit kleinen symmetrischen Ritzen hergestellt. Durch sorgfältige Anordnung der „Sägezähne" kann mehr Licht in eine bestimmte Ordnung des Spektrums als in die anderen geschickt werden. In der Praxis würden wir gern bei einem Gitter soviel Licht wie möglich in einer der Ordnungen haben wollen. Dies mag als komplizierter Punkt erscheinen, der da vorgebracht wird, aber es ist sehr schlau, so zu verfahren, weil es das Gitter nützlicher macht.

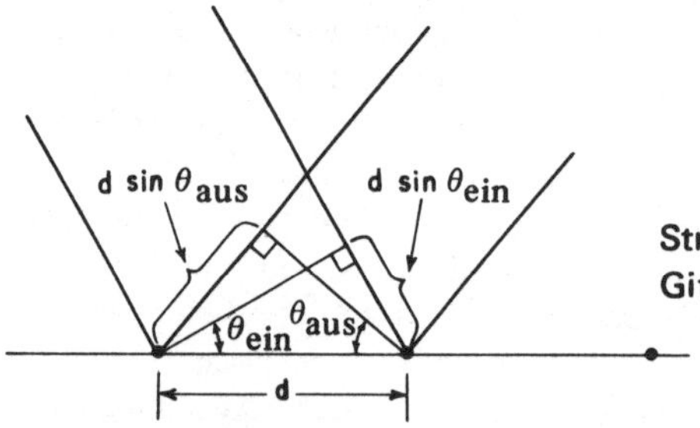

Fig. 30–4. Der Wegunterschied für gestreute Strahlen von benachbarten Gitterstrichen eines Gitters ist $d \sin\theta_{\text{aus}} - d \sin\theta_{\text{ein}}$.

Bis jetzt haben wir den Fall angenommen, bei dem alle Phasen der Quellen gleich sind. Aber wir haben auch eine Formel für ϕ, wenn sich die Phasen von einer zur nächsten um einen Winkel α unterscheiden. Das erfordert eine Verdrahtung unserer Antennen mit einer kleinen Phasenverschiebung zwischen jeder von ihnen. Können wir dies mit Licht tun? Ja, wir können es sehr einfach ausführen, denn nehmen wir an, es gäbe eine Lichtquelle im Unendlichen, *unter einem Winkel* derart, daß das Licht unter einem Winkel θ_{ein} einfällt, und sagen wir, daß wir den gestreuten Strahl untersuchen wollen, der sich unter einem Winkel θ_{aus} davonbewegt. θ_{aus} ist derselbe Winkel θ, den wir vorher hatten, aber θ_{ein} ist bloß ein Mittel, um zu erreichen, daß die Phase jeder Quelle verschieden ist: Das Licht, das von der entfernten, treibenden Quelle kommt, trifft zuerst eine Ritze, dann die nächste, dann die nächste usw., mit einer Phasenverschiebung von einer zur anderen, die, wie wir sehen, $\alpha = -d \sin\theta_{\text{ein}}/\lambda$ ist. So haben wir die Formel für ein Gitter, bei dem Licht ein- und ausfällt unter dem Winkel:

$$\phi = 2\pi d \sin\theta_{\text{aus}}/\lambda - 2\pi d \sin\theta_{\text{ein}}/\lambda. \qquad (30.7)$$

Wir wollen versuchen herauszufinden, wo wir unter diesen Umständen starke Intensität erhalten. Die Bedingung für starke Intensitäten ist natürlich, daß ϕ ein Vielfaches von 2π sein sollte. Es gibt eine Reihe interessanter Punkte, die erwähnt werden sollten.

Ein Fall von ziemlich großem Interesse ist der, der $m = 0$ entspricht, wobei d kleiner als λ ist; tatsächlich ist dies die einzige Lösung. In diesem Fall sehen wir, daß $\sin\theta_{\text{aus}} = \sin\theta_{\text{ein}}$ ist, was bedeutet, daß das Licht aus *derselben Richtung* kommt wie das Licht, welches das Gitter angeregt hat. Wir könnten meinen, daß das Licht „geradewegs hindurchgeht". Nein, es ist *anderes Licht*, von dem wir sprechen. Das Licht, welches geradewegs hindurchgeht, kommt von der ursprünglichen Quelle; worüber wir sprechen, ist das neue Licht, ***das durch Streuung erzeugt wird.*** Es stellt sich heraus, daß das gestreute Licht in dieselbe Richtung wie das ursprüngliche Licht geht, und es kann tatsächlich damit interferieren – ein Gesichtspunkt, den wir später untersuchen wollen.

Es gibt eine weitere Lösung für genau diesen Fall. Für einen gegebenen θ_{ein} kann θ_{aus} der *Ergänzungswinkel* von θ_{ein} sein. So erhalten wir nicht nur einen Strahl in derselben Richtung wie die des einfallenden Strahles, sondern auch einen in einer anderen Richtung, welcher, wenn wir es sorgfältig betrachten, so liegt, daß der ***Einfallswinkel gleich dem Streuwinkel ist.*** Diesen nennen wir den ***reflektierten Strahl.***

So beginnen wir den grundlegenden Mechanismus der Reflexion zu verstehen: Das einfallende Licht erzeugt Bewegungen der Atome in dem Reflektor, und der Reflektor erzeugt dann wiederum eine ***neue Welle,*** und eine der Lösungen für die Richtung der Streuung, die ***einzige*** Lösung, falls der Abstand zwischen den Streuzentren klein verglichen mit einer Wellenlänge ist, ist diejenige, daß der Winkel, unter dem das Licht herauskommt, gleich dem Winkel ist, unter dem es einfällt!

Als nächstes diskutieren wir den Spezialfall, wo $d \to 0$ geht. Das heißt, daß wir sozusagen nur ein festes Materialstück haben, aber von endlicher Länge. Zusätzlich wollen wir die Phasenverschiebung von einem Streuzentrum zum nächsten zu Null werden lassen. Mit anderen Worten schieben wir mehr und mehr Antennen zwischen die anderen, so daß jede der Phasendifferenzen kleiner wird, aber die Anzahl der Antennen derart anwächst, daß die gesamte Phasendifferenz zwischen dem einen und dem anderen Ende der Linie konstant ist. Wir wollen sehen, was mit (30.3) geschieht, wenn wir die Phasendifferenz $n\phi$ von einem Ende zum anderen konstant halten (sagen wir $n\phi = \Phi$), indem wir die Anzahl gegen Unendlich und die Phasendifferenz ϕ eines jeden Streuzentrums gegen Null gehen lassen. Aber nun ist ϕ so klein, daß $\sin\phi = \phi$ gilt, und wenn wir außerdem $n^2 I_0$ als I_m, die maximale Intensität im Zentrum des Strahls erkennen, finden wir

$$I = 4I_m \sin^2 \tfrac{1}{2}\Phi/\Phi^2. \tag{30.8}$$

Dies ist der Grenzfall, der in Fig. 30–2 gezeigt wird.

Unter solchen Umständen finden wir dieselbe allgemeine Darstellungsweise wie für endliche Abstände mit $d > \lambda$; alle Seitenzipfel sind praktisch dieselben wie vorher, aber es gibt keine Maxima höherer Ordnung. Wenn die Streuzentren alle in Phase sind, bekommen wir ein Maximum in der Richtung $\theta_{aus} = 0$ und ein Minimum, wenn die Strecke Δ gleich λ ist, genau wie für endliches d und n. So können wir sogar eine *kontinuierliche* Verteilung von Streuzentren oder Oszillatoren analysieren, indem wir Integrale statt Summen verwenden.

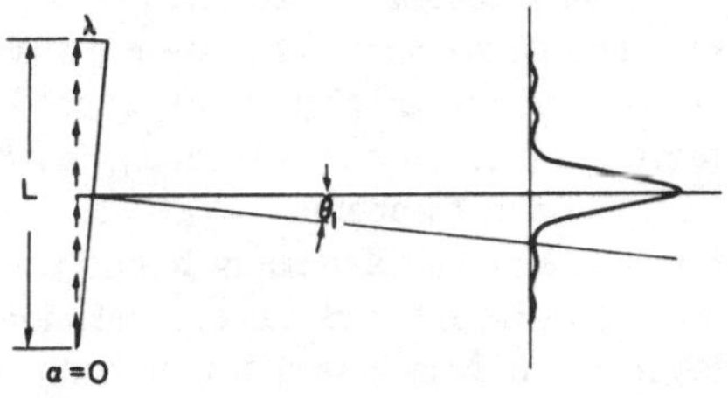

Fig. 30–5. Die Intensitätsverteilung einer kontinuierlichen Linie von Oszillatoren hat ein einzelnes starkes Maximum und viele schwache „Seitenzipfel".

Als Beispiel nehmen wir an, daß es eine lange Linie von Oszillatoren gäbe, wobei die Ladung längs der Richtung der Linie oszilliert (Fig. 30–5). Bei solch einer Anordnung befindet sich die größte Intensität senkrecht zur Linie. Es gibt ein kleines bißchen Intensität oberhalb und unterhalb der Äquatorialebene, aber sie ist sehr gering. Mit diesem Ergebnis können wir eine kompliziertere Situation behandeln. Angenommen, wir hätten eine Gruppe solcher Linien, wobei jede nur einen Strahl in einer Ebene senkrecht zur Linie erzeugt. Das Auffinden der Intensität in verschiedenen Richtungen von einer Serie langer Drähte statt infinitesimaler Drähte ist dasselbe Problem, wie wir es bei infinitesimalen Drähten hatten, solange wir uns in der Mittelebene senkrecht zu den Drähten befanden; wir addieren einfach den Beitrag jedes der langen Drähte. Das ist der Grund, warum wir, obwohl wir tatsächlich nur winzige Antennen untersucht haben, ebensogut ein Gitter mit langen schmalen Einschnitten benutzt haben könnten. Jeder der langen Einschnitte erzeugt nur eine Wirkung in seiner eigenen Richtung, nicht ober- und unterhalb, aber sie sind alle zu jedem nächsten horizontal angeordnet und erzeugen so auf diese Weise Interferenz.

So können wir kompliziertere Fälle aufbauen, wenn wir verschiedene Verteilungen von Streuzentren in Linien, Ebenen oder im Raum haben. Als erstes haben wir Streuzentren in einer Linie betrachtet und haben diese Untersuchung gerade auf Streifen ausgedehnt; wir können dies ausarbeiten, wenn wir einfach die notwendigen Summierungen ausführen, indem wir die Beiträge von den individuellen Streuzentren addieren. Das Prinzip ist immer dasselbe.

30–3 Das Auflösungsvermögen eines Gitters

Wir sind jetzt in der Lage, eine Anzahl interessanter Phänomene zu verstehen. Zum Beispiel betrachte man die Verwendung eines Gitters zur Wellenlängentrennung. Wir haben beobachtet, daß das gesamte Spektrum auf dem Schirm ausgebreitet wurde, und folglich kann ein Gitter als Instrument zur Trennung des Lichts in seine verschiedenen Wellenlängen benutzt werden. Eine der interessanten Fragen ist die: Angenommen, es gäbe zwei Quellen mit wenig verschiedener Frequenz oder wenig unterschiedlicher Wellenlänge, wie dicht zusammen könnten die Wellenlängen liegen, so daß das Gitter nicht in der Lage wäre zu sagen, daß es dort wirklich zwei verschiedene Wellenlängen gäbe? Das Rot und das Blau würden klar getrennt sein. Aber wenn eine Welle rot und die andere ein bißchen roter ist, wie nah beieinander können sie sein? Dies wird das *Auflösungsvermögen* des Gitters genannt, und ein Weg, das Problem zu untersuchen, ist der folgende. Angenommen, wir hätten zufällig für Licht einer bestimmten Farbe unter einem bestimmten Winkel das Maximum des gestreuten Strahls.

Wenn wir die Wellenlänge ändern, ändert sich die Phase $2\pi d \sin\theta/\lambda$, und so tritt das Maximum natürlich unter einem anderen Winkel auf. Das ist der Grund, warum Rot und Blau auseinandergezogen sind. Wie unterschiedlich muß der Winkel sein, um für uns sichtbar zu werden? Wenn die zwei Maxima genau eines auf dem anderen liegen, können wir sie natürlich nicht sehen. Wenn ein Maximum weit genug vom anderen entfernt ist, dann können wir sehen, daß es einen Doppelbuckel in der Lichtverteilung gibt. Um den Doppelbuckel gerade eben ausmachen zu können, wird gewöhnlich das folgende einfache Kriterium benutzt, das als *Rayleighkriterium* bezeichnet wird (Fig. 30–6). Es besagt, daß das erste Minimum des einen Buckels im Maximum des andern liegen sollte. Nun läßt sich sehr einfach ausrechnen, wie groß die Wellenlängendifferenz ist, wenn ein Minimum im anderen Maximum liegt. Am besten tut man dies geometrisch.

Um ein Maximum für die Wellenlänge λ' zu erhalten, muß die Strecke Δ (Fig. 30–3) $n\lambda'$ betragen, und wenn wir den Strahl der m-ten Ordnung betrachten, ist sie $mn\lambda'$. Mit anderen Worten ist $2\pi d \sin\theta/\lambda' = 2\pi m$, so daß $nd \sin\theta$, was gleich Δ ist,

Fig. 30–6. Darstellung des Rayleighkriteriums. Das Maximum der einen Verteilung fällt auf das Minimum der anderen.

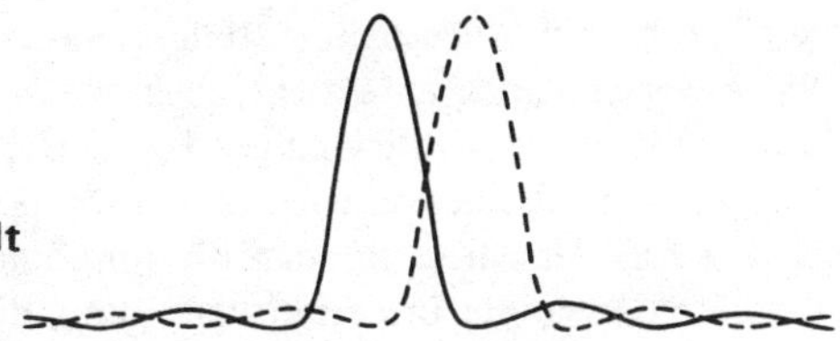

gleich λ' multipliziert mit n oder $mn\lambda'$ ist. Für den anderen Strahl mit der Wellenlänge λ wollen wir ein *Minimum* bei diesem Winkel haben. Das heißt, wir möchten, daß Δ genau eine Wellenlänge λ mehr als $mn\lambda$ beträgt. Das heißt $\Delta = mn\lambda + \lambda = mn\lambda'$. Wenn $\lambda' = \lambda + \Delta\lambda$ ist, finden wir folglich

$$\Delta\lambda/\lambda = 1/mn. \tag{30.9}$$

Das Verhältnis $\lambda/\Delta\lambda$ wird das *Auflösungsvermögen* des Gitters genannt; wir sehen, daß es gleich der gesamten Linienzahl im Gitter multipliziert mit der Ordnung ist. Es ist nicht schwierig zu beweisen, daß diese Formel der Formel äquivalent ist, daß der Frequenzfehler gleich der reziproken Zeitdifferenz zwischen den extremen Wegen ist, die interferieren dürfen:*

$$\Delta\nu = 1/T.$$

Tatsächlich ist dies der beste Weg es zu behalten, weil die allgemeine Formel nicht nur für Gitter gilt, sondern für alle anderen Instrumente, während die spezielle Formel (30.9) von der Tatsache abhängt, daß wir ein Gitter benutzen.

30–4 Die Parabolantenne

Wir wollen jetzt ein anderes Problem des Auflösungsvermögens betrachten. Es hat mit der Antenne eines Radioteleskops zu tun, das für die Bestimmung der Position von Radioquellen am Himmel benutzt wird, d. h. dafür, wie groß ihr Winkelbereich ist. Wenn wir natürlich irgendeine alte Antenne benutzen und Signale finden, würden wir nicht wissen, aus welcher Richtung sie kommen. Wir sind sehr daran interessiert zu wissen, ob die Quelle an einem Ort oder einem anderen ist. Ein Weg, es herauszufinden, ist der, eine ganze Reihe von Dipoldrähten mit gleichem Abstand in der australischen Landschaft auszulegen. Dann nehmen wir alle Drähte dieser Antennen und schließen sie an denselben Empfänger an, derart, daß alle Verzögerungen in den Anschlußleitungen gleich sind. Folglich erhält der Empfänger die Signale von allen Dipolen in Phase. Das heißt, daß er alle Wellen von jedem Dipol mit derselben Phase addiert. Was geschieht nun? Wenn sich die Quelle direkt über der Anordnung befindet, im Unendlichen oder jedenfalls ungefähr, dann werden ihre Radiowellen alle Antennen mit gleicher Phase anregen und so werden sie alle den Empfänger zusammen versorgen.

Nun nehmen wir an, daß die Radioquelle sich unter einem kleinen Winkel θ zur Vertikalen befindet. Dann empfangen die verschiedenen Antennen die Signale ein bißchen phasenverschoben. Der Empfänger addiert alle diese phasenverschobenen Signale, und so erhalten wir nichts, falls der Winkel θ zu groß ist. Wie groß kann der Winkel

---

* In unserem Fall ist $T = \Delta/c = mn\lambda/c$, wobei c die Lichtgeschwindigkeit ist. Die Frequenz ist $\nu = c/\lambda$, so daß $\Delta\nu = c\Delta\lambda/\lambda^2$ gilt.

sein? ***Antwort:*** Wir erhalten Null, wenn der Winkel $\Delta/L = \theta$ (Fig. 30–3) einer 360°-Phasenverschiebung entspricht, d. h. wenn Δ die Wellenlänge λ ist. Dies ist so, weil die Vektorbeiträge ein vollständiges Polygon mit der Resultierenden Null bilden. Der kleinste Winkel, der von einer Antennenanordnung der Länge L aufgelöst werden kann, ist $\theta = \lambda/L$. Man beachte, daß die Empfangsverteilung einer Antenne wie dieser genau dieselbe ist wie die Intensitätsverteilung, die wir erhalten würden, wenn wir den Empfänger herumdrehen und ihn in einen Sender verwandeln würden. Dies ist ein Beispiel für das sogenannte ***Prinzip der Umkehrbarkeit.*** Es stellt sich tatsächlich heraus, daß allgemein für jede Anordnung von Antennen, Winkeln usw. folgendes richtig ist: Wenn wir zunächst berechnen, wie groß die relativen Intensitäten in verschiedenen Richtungen wären, falls statt des Empfängers ein Sender vorhanden wäre, dann entspricht die relative Richtungsempfindlichkeit eines Empfängers mit gleicher Außenverdrahtung, gleicher Antennenanordnung, der relativen Strahlungsintensität eines Senders.

Einige Radioantennen werden in anderer Weise hergestellt. Statt eine große Menge von Dipolen in einer langen Reihe mit einer Menge von Anschlußleitungen zu haben, können wir sie nicht in einer Linie, sondern in einer Kurve anordnen und den Empfänger in einen bestimmten Punkt stellen, wo er die gestreuten Wellen empfangen kann. Diese Kurve wird klugerweise so ausgelegt, daß, wenn die Radiowellen von oben kommen und die Drähte streuen und eine neue Welle erzeugen, die Drähte so angeordnet sind, daß die gestreuten Wellen den Empfänger alle zur selben Zeit erreichen (Fig. 26–12). Mit anderen Worten, die Kurve ist eine ***Parabel,*** und wenn die Quelle exakt auf ihrer Achse liegt, erhalten wir eine starke Intensität im Brennpunkt. In diesem Fall verstehen wir sehr deutlich, was das Auflösungsvermögen eines solchen Instrumentes ist. Die Anordnung von Antennen auf einer Parabel ist kein wesentlicher Punkt. Es ist nur ein angenehmer Weg, alle Signale ohne relative Verzögerung und ohne Anschlußdrähte in den selben Punkt zu bekommen. Der Winkel, den ein solches Instrument auflösen kann, ist weiterhin $\theta = \lambda/L$, wobei L der Abstand der ersten von der letzten Antenne ist. Dies hängt nicht von den Abständen der Antennen ab, und sie können sehr dicht zusammenliegen oder tatsächlich alle ein Stück Metall sein. Nun beschreiben wir natürlich einen Teleskop-Spiegel. Wir haben das Auflösungsvermögen eines Teleskops herausgefunden!

Manchmal wird das Auflösungsvermögen als $\theta = 1.22\lambda/L$ geschrieben, wobei L der Durchmesser des Teleskops ist. Der Grund, warum es nicht genau λ/L ist, ist dieser: Als wir ausgerechnet hatten, daß $\theta = \lambda/L$ ist, haben wir angenommen, daß alle Dipolreihen gleiche Stärke hätten, aber wenn wir ein kreisförmiges Teleskop haben, wie Teleskope gewöhnlich angeordnet sind, dann kommt kein so großes Signal von den Außenkanten, weil es nicht wie ein Quadrat ist, bei dem wir dieselbe Intensität entlang einer ganzen Seite erhalten. Wir bekommen etwas weniger, weil wir nur einen Teil des Teleskops dort benutzen; folglich können wir begreifen, daß der effektive Durchmesser ein bißchen kleiner als der wahre Durchmesser ist, und das besagt der Faktor 1,22. Auf jeden Fall scheint es ein bißchen pedantisch zu sein, solche Genauigkeit in die Formel des Auflösungsvermögens hineinzustecken.*

* Das ist so, weil das Rayleighsche Kriterium eigentlich nur eine grobe Näherung ist. Es sagt uns, wo es sehr schwer zu werden beginnt, zu entscheiden, ob das Bild durch einen oder durch zwei Sterne erzeugt wurde. Wenn genügend sorgfältige Messungen der genauen Intensitätsverteilung des gebeugten Bildflecks gemacht werden können, kann die Tatsache, daß zwei Quellen den Fleck erzeugen, tatsächlich selbst dann bewiesen werden, wenn θ kleiner als λ/L ist.

30–5 Farbige Schichten; Kristalle

Das Vorstehende waren also einige der Interferenzeffekte, die man bei der Addition verschiedener Wellen erhält. Aber es gibt eine Reihe anderer Beispiele, und obwohl wir noch nicht den grundlegenden Mechanismus verstehen, werden wir es eines Tages tun, und selbst jetzt können wir verstehen, wie die Interferenz zustande kommt. Zum Beispiel wird etwas Licht reflektiert, wenn eine Welle eine Oberfläche eines Materials mit dem Index n trifft, sagen wir bei senkrechtem Einfall. Wir sind im Augenblick nicht in der Lage, die *Ursache* für die Reflexion richtig zu verstehen; wir werden sie später diskutieren. Aber angenommen, wir wissen, daß etwas Licht sowohl beim Eintritt als auch beim Verlassen des brechenden Mediums reflektiert wird. Wenn wir dann die Reflexion einer Lichtquelle in einer dünnen Schicht betrachten, sehen wir die Summe zweier Wellen; wenn die Dicken klein genug sind, werden diese zwei Wellen Interferenz erzeugen, entweder konstruktiv oder destruktiv, in Abhängigkeit vom Vorzeichen der Phase. Es könnte z. B. sein, daß wir für rotes Licht eine verstärkte Reflexion erhalten, für blaues Licht aber, welches eine andere Wellenlänge hat, vielleicht eine destruktive Interferenz bekommen, so daß wir eine kräftige rote Reflexion sehen. Wenn wir die Dicke ändern, d. h. wenn wir eine Stelle, wo die Schicht dicker ist, betrachten, kann es umgekehrt sein, Rot interferierend und Blau nicht, so daß es ein kräftiges Blau oder Grün oder Gelb oder was auch immer ergibt. So sehen wir *Farben,* wenn wir auf dünne Schichten blicken, und die Farben ändern sich, wenn wir unter verschiedenen Blickwinkeln gucken, denn wir können verstehen, daß die Zeitabläufe bei verschiedenen Winkeln verschieden sind. Folglich verstehen wir plötzlich hunderttausend weitere Situationen mit Farben, die wir auf Ölschichten, Seifenblasen usw. unter verschiedenen Winkeln sehen. Aber das Prinzip ist immer dasselbe: Wir addieren nur Wellen mit verschiedenen Phasen.

Als weitere wichtige Anwendung der Beugung können wir folgendes erwähnen. Wir haben ein Gitter benutzt und haben das gebeugte Bild auf dem Schirm gesehen. Wenn wir monochromatisches Licht benutzt hätten, wäre es an einem gewissen speziellen Ort gewesen. Dann gab es auch verschiedene Bilder höherer Ordnung. Aus der Lage der Bilder könnten wir, falls wir die Wellenlänge des Lichts kennen, ersehen, welchen Abstand die Linien auf dem Gitter haben. Aus dem Intensitätsunterschied der verschiedenen Bilder konnten wir die Form der Gitterritzen herausfinden, ob das Gitter aus Drähten, Sägezahnriefen oder was auch immer gemacht war, *ohne sie sehen zu können.* Dieses Prinzip wird benutzt, um die Lage der *Atome in einem Kristall* festzustellen. Die einzige Schwierigkeit ist, daß ein Kristall dreidimensional ist; es ist eine sich wiederholende dreidimensionale Anordnung von Atomen. Wir können kein gewöhnliches Licht benutzen, weil wir irgend etwas nehmen müssen, dessen Wellenlänge kleiner als der Zwischenraum zwischen den Atomen ist, oder wir erzielen keinen Effekt; folglich müssen wir Strahlung sehr kurzer Wellenlänge benutzen, d. h. Röntgenstrahlen. So können wir durch Einstrahlung von Röntgenstrahlen in einen Kristall und durch Beobachtung, wie intensiv die Reflexion in den verschiedenen Ordnungen ist, die Anordnung der Atome im Inneren bestimmen, ohne sie jemals mit den Augen sehen zu können! Auf diese Weise kennen wir die Anordnung der Atome in verschiedenen Substanzen, was uns erlaubte, jene Bilder im ersten Kapitel zu zeichnen, die die Anordnung der Atome im Salz usw. zeigen. Wir werden später auf diesen Punkt zurückkommen und ihn genauer diskutieren, und deshalb sagen wir im Moment nichts weiter über diese höchst bemerkenswerte Idee.

30–6 Beugung an undurchsichtigen Schirmen

Jetzt kommen wir zu einer sehr interessanten Situation. Angenommen, wir haben ein undurchsichtiges Stück Papier mit Löchern darin und auf einer Seite davon ein Licht. Wir möchten wissen, wie die Intensität auf der anderen Seite ist. Die meisten Leute würden sagen, daß das Licht durch die Löcher hindurchscheint und auf der anderen Seite eine Wirkung erzeugt. Es wird sich herausstellen, daß man die richtige Antwort in einer ausgezeichneten Näherung erhält, wenn man annimmt, daß es Quellen gibt, die in gleichmäßiger Dichte über die offenen Löcher verteilt sind, und daß die Phasen dieser Quellen dieselben sind, wie sie ohne das undurchsichtige Material gewesen wären. Natürlich gibt es in Wirklichkeit *keine* Quellen in den Löchern, tatsächlich ist dies der einzige Ort, wo es *bestimmt* keine Quellen gibt. Trotzdem erhalten wir das richtige Beugungsbild, wenn wir die Löcher als die einzigen Orte ansehen, wo Quellen *vorhanden sind;* das ist eine ziemlich eigentümliche Tatsache. Wir werden später erklären, warum dies richtig ist, aber im Moment wollen wir einfach annehmen, daß es so ist.

In der Beugungstheorie gibt es eine weitere Beugungsart, die wir kurz diskutieren sollten. Sie wird gewöhnlich in einem Grundkursus nicht so früh wie hier diskutiert, weil einfach die zur Addition dieser kleinen Vektoren benutzten mathematischen Formeln ein bißchen schwierig sind. Andererseits ist es genau dasselbe, was wir die ganze Zeit getan haben. Alle Interferenzphänomene sind die gleichen; es ist nichts weiter Fortgeschrittenes dabei, nur die Umstände sind komplizierter, und es ist schwieriger, die Vektoren aufzuaddieren, das ist alles.

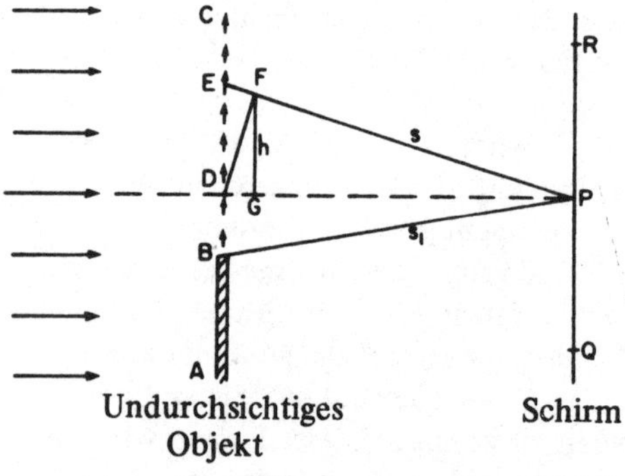

Fig. 30–7. Eine entfernte Lichtquelle wirft einen Schatten eines undurchsichtigen Objektes auf einen Schirm.

Angenommen, wir haben Licht, das aus dem Unendlichen kommt und einen Schatten eines Objektes wirft. Fig. 30–7 zeigt einen Schirm, auf dem der Schatten eines Objektes AB durch eine im Vergleich zu einer Wellenlänge sehr weit entfernte Lichtquelle erzeugt wird. Nun würden wir erwarten, daß außerhalb des Schattens die Intensität überall hell und innerhalb überall dunkel ist. Wenn wir die Intensität als Funktion des Ortes nahe der Schattenkante auftragen, steigt die Intensität tatsächlich an, schießt dann über das Ziel hinaus und schwankt hin und her und oszilliert in einer sehr seltsamen Art nahe der Kante (Fig. 30–8). Wir werden jetzt den Grund hierfür besprechen. Wenn wir das Theorem benutzen, das wir noch nicht bewiesen haben, dann können wir das tatsächliche Problem durch eine Anzahl effektiver Quellen, die gleichmäßig über den offenen Raum jenseits des Objektes verteilt sind, ersetzen.

Wir stellen uns eine große Zahl von sehr dicht beieinander liegenden Antennen vor und möchten die Intensität in irgendeinem Punkt P wissen. Das sieht genau so aus,

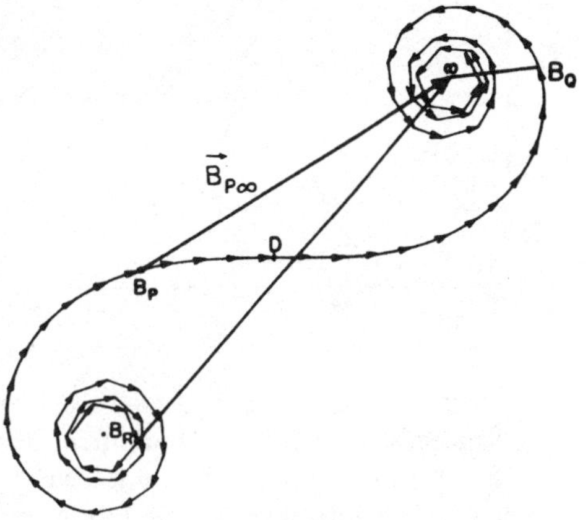

Fig. 30–8. Die Addition der Amplituden für viele phasengleiche Oszillatoren, deren Phasenverzögerungen sich mit dem Quadrat der Entfernung vom Punkt *D* der vorausgehenden Figur ändern.

wie das, was wir getan haben. Nicht ganz, da unser Schirm nicht im Unendlichen liegt. Wir wollen die Intensität nicht im Unendlichen, sondern in einem endlichen Punkt wissen. Um die Intensität an irgendeinem bestimmten Ort zu berechnen, müssen wir die Beiträge von allen Antennen addieren. Zuerst gibt es eine Antenne bei *D* genau gegenüber *P*; wenn wir ein bißchen im Winkel hochgehen, sagen wir um eine Höhe *h*, dann gibt es ein Anwachsen der Verzögerung (es gibt auch eine Änderung der Amplitude wegen der Änderung der Entfernung, aber dies ist ein sehr kleiner Effekt, wenn wir überhaupt weit weg sind, und ist sehr viel weniger wichtig als die Phasendifferenz). Nun ist die Wegdifferenz *EP–DP* gleich $h^2/2s$, so daß die Phasendifferenz proportional zum *Quadrat* der Strecke ist, die wir von *D* weggehen, während bei unserer früheren Untersuchung *s* Unendlich und die Phasendifferenz *linear* proportional zu *h* war. Wenn die Phasen linear proportional sind, addiert sich jeder Vektor mit einem konstanten Winkel zum nächsten Vektor. Was wir jetzt brauchen ist eine Kurve, die durch Addition einer Menge von infinitesimalen Vektoren mit der Forderung gebildet wird, daß die Winkel, die sie machen, nicht linear anwachsen sollen, sondern mit dem *Quadrat* der Länge der Kurve. Die Konstruktion dieser Kurve erfordert leicht fortgeschrittene Mathematik, aber wir können sie immer konstruieren, indem wir die Pfeile tatsächlich zeichnen und die Winkel messen. In jedem Fall erhalten wir die wundervolle Kurve (Cornu-Spirale genannt), die in Fig. 30–8 gezeigt wird. Wie verwenden wir nun diese Kurve?

Wenn wir die Intensität, sagen wir in Punkt *P* wollen, addieren wir eine Menge von Beiträgen verschiedener Phasen von Punkt *D* aufwärts bis ins Unendliche und von *D* abwärts nur zum Punkt B_P. So beginnen wir bei B_P in Fig. 30–8 und zeichnen eine Reihe von Pfeilen mit stetig zunehmendem Winkel. Deshalb verläuft der Gesamtbetrag oberhalb des Punktes B_P immer entlang der Spirale. Wenn wir die Integration an irgendeinem Ort beenden müßten, würde die gesamte Amplitude ein Vektor von *B* zu diesem Punkt sein; in diesem speziellen Problem gehen wir ins Unendliche, und so ist die Gesamtantwort der Vektor $\mathbf{B}_{P\infty}$. Nun hängt der Ort auf der Kurve, der dem Punkt B_P auf dem Objekt entspricht, davon ab, wo der Punkt *P* liegt, da der Punkt *D*, der gebeugte Punkt, immer mit der Lage des Punktes *P* verknüpft ist. So wird, je nachdem wo *P* oberhalb von *B* liegt, der Anfangspunkt der verschiedenen Stellen im unteren linken Teil der Kurve liegen und der resultierende Vektor $\mathbf{B}_{P\infty}$ viele Maxima und Minima haben (Fig. 30–9).

Andererseits, wenn wir bei *Q* auf der anderen Seite von *P* sind, dann benützen wir nur ein Ende der Spirale und nicht das andere Ende. Mit anderen Worten begin-

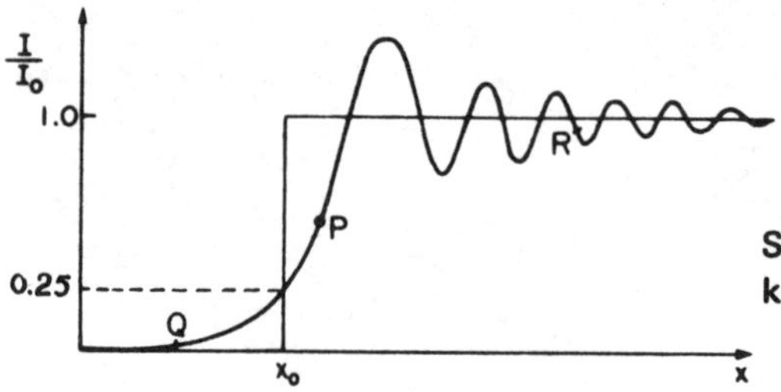

Fig. 30–9. Die Intensität nahe der Schattenkante. Die geometrische Schattenkante ist bei x_0.

nen wir nicht einmal bei D, sondern bei B_Q, so daß wir auf dieser Seite eine kontinuierlich abfallende Intensität erhalten, wenn Q weiter in den Schatten eindringt.

Ein Punkt, den wir sofort mit Leichtigkeit berechnen können, um zu zeigen, daß wir es wirklich verstehen, ist die Intensität genau gegenüber der Kante. Die Intensität beträgt hier 1/4 der des einfallenden Lichtes. Grund: Genau an der Kante (dann liegt der Endpunkt B des Pfeils bei D in Fig. 30–8) haben wir die Hälfte der Kurve, die wir hätten, wenn wir uns weit in dem hellen Gebiet befänden. Wenn unser Punkt R weit im Licht liegt, gehen wir von einem Ende der Kurve zum anderen, d. h. einen ganzen Einheitsvektor; wenn wir aber an der Kante des Schattens sind, haben wir nur die halbe Amplitude – 1/4 der Intensität.

In diesem Kapitel haben wir die Intensität bestimmt, die in verschiedenen Richtungen von verschiedenen Verteilungen von Quellen erzeugt wird. Als abschließendes Beispiel werden wir eine Formel ableiten, die wir für das nächste Kapitel über die Theorie des Brechungsindex benötigen werden. Bis zu diesem Punkt haben die relativen Intensitäten für unsere Zwecke ausgereicht, aber diesmal werden wir die vollständige Formel für das Feld bei der folgenden Situation finden.

30–7 Das Feld einer Ebene aus schwingenden Ladungen

Angenommen, wir haben eine Ebene voller Quellen, die alle zusammen oszillieren, wobei ihre Bewegung in der Ebene liegt und sie alle dieselbe Amplitude und Phase haben. Wie sieht das Feld in einer endlichen, aber sehr großen Entfernung von der Ebene aus? (Wir können natürlich nicht sehr nahe herangehen, da wir nicht die richtigen Formeln für das Feld in der Nähe der Quellen haben.) Wenn wir die Ladungsebene als die XY-Ebene ansetzen, dann wollen wir das Feld im Punkt P weit außen auf der Z-Achse finden (Fig. 30–10). Wir nehmen an, daß es η Ladungen pro Einheitsfläche der Ebene gibt und daß jede von ihnen eine Ladung q besitzt. Alle Ladungen bewegen sich gemäß einer einfachen harmonischen Schwingung mit gleicher Richtung, Amplitude und Phase. Die

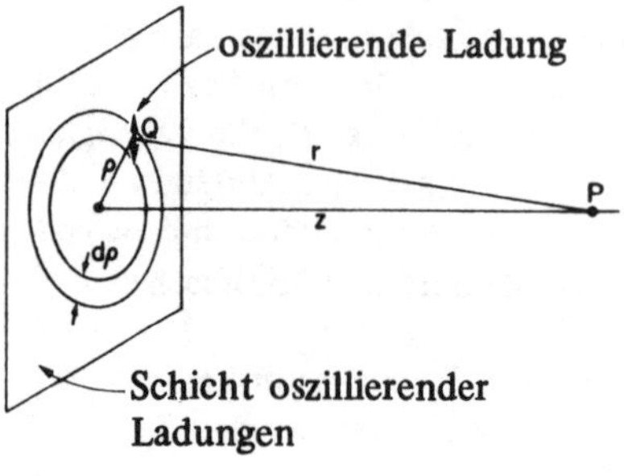

Fig. 30–10. Strahlungsfeld einer Schicht von oszillierenden Ladungen.

Schwingung jeder Ladung soll, *bezogen auf ihre eigene mittlere Lage*, $x_0 \cos \omega t$ betragen. Oder die Schwingung kann, wenn wir die komplexe Schreibweise benutzen und uns erinnern, daß der Realteil die tatsächliche Bewegung darstellt, durch $x_0 e^{i\omega t}$ beschrieben werden.

Wir finden jetzt das Feld aller Ladungen im Punkt P, wenn wir dort das Feld von jeder Ladung q finden und dann die Beiträge aller Ladungen addieren. Wir wissen, daß das Strahlungsfeld proportional zur Beschleunigung der Ladung ist, die $-\omega^2 x_0 e^{i\omega t}$ beträgt (und für jede Ladung die gleiche ist). Das gewünschte elektrische Feld im Punkt P, das von einer Ladung im Punkt Q herrührt, ist proportional zur Beschleunigung der Ladung q, aber wir müssen uns erinnern, daß das Feld im Punkt P zur Zeit t durch die Beschleunigung der Ladung zur früheren Zeit $t' = t - r/c$ gegeben ist, wobei r/c die Zeit ist, die die Wellen für die Strecke r von Q nach P benötigen. Deshalb ist das Feld bei P proportional zu

$$-\omega^2 x_0 e^{i\omega(t-r/c)}. \tag{30.10}$$

Bei Benutzung dieses Wertes für die Beschleunigung, von P aus gesehen, in unserer Formel für das elektrische Feld in großer Entfernung von einer strahlenden Ladung erhalten wir

$$\begin{pmatrix}\text{Elektrisches Feld bei } P\\ \text{von der Ladung bei } Q\end{pmatrix} = \frac{q}{4\pi\epsilon_0 c^2}\,\frac{\omega^2 x_0 e^{i\omega(t-r/c)}}{r} \quad \text{(näherungsweise).} \tag{30.11}$$

Nun ist diese Formel nicht ganz richtig, da wir *nicht* die Beschleunigung der Ladung hätten benutzen sollen, sondern *ihre Komponente* senkrecht zur Linie QP. Wir werden jedoch annehmen, daß der Punkt P, verglichen mit der Entfernung des Punktes Q von der Achse (die Strecke r in Fig. 30–9), für die Änderungen, die wir berücksichtigen müssen, so weit weg ist, daß wir den Kosinusfaktor weglassen können (der sowieso fast gleich 1 wäre).

Um das Gesamtfeld bei P zu erhalten, addieren wir jetzt alle Beiträge aller Ladungen in der Ebene. Wir sollten natürlich eine *Vektor*summe ansetzen. Aber da die Richtung des elektrischen Feldes fast dieselbe für alle Ladungen ist, können wir unter Beibehaltung der Näherung, die wir schon gemacht haben, einfach die Feldstärken addieren. Bei unserer Näherung hängt das Feld bei P nur von dem Abstand r ab, und so erzeugen alle Ladungen mit demselben r gleiche Felder. So addieren wir zuerst die Felder jener Ladungen auf einem Ring der Breite $d\rho$ und vom Radius ρ. Indem wir dann über alle ρ integrieren, werden wir das Gesamtfeld erhalten.

Die Anzahl der Ladungen in dem Ring ist das Produkt der Oberfläche des Ringes $2\pi\rho\, d\rho$ und η, der Anzahl der Ladungen pro Einheitsfläche. Wir haben folglich

$$\text{Gesamtfeld bei } P = \int \frac{q}{4\pi\epsilon_0 c^2}\,\frac{\omega^2 x_0 e^{i\omega(t-r/c)}}{r}\cdot \eta \cdot 2\pi\rho\, d\rho. \tag{30.12}$$

Wir wollen dieses Integral von $\rho = 0$ bis $\rho = \infty$ berechnen. Die Variable t muß natürlich während der Integration festgehalten werden, so daß die einzigen veränderlichen Größen ρ und r sind. Indem wir alle konstanten Faktoren *einschließlich des Faktors* $e^{i\omega t}$ im Moment weglassen, wird das gewünschte Integral zu

$$\int_{\rho=0}^{\rho=\infty} \frac{e^{-i\omega r/c}}{r}\,\rho\, d\rho. \tag{30.13}$$

Um dieses Integral auszurechnen, müssen wir die Beziehung zwischen r und ρ benutzen:

$$r^2 = \rho^2 + z^2. \tag{30.14}$$

Da z unabhängig von ρ ist, wenn wir das Differential dieser Gleichung bilden, erhalten wir

$$2r\,dr = 2\rho\,d\rho,$$

was erfreulich ist, da wir in unserem Integral $\rho\,d\rho$ durch $r\,dr$ ersetzen können und dieses r dasjenige im Nenner wegkürzt. Das gewünschte Integral wird dann zu dem einfacheren

$$\int_{r=z}^{r=\infty} e^{-i\omega r/c}\,dr. \tag{30.15}$$

Eine Exponentialfunktion zu integrieren ist sehr einfach. Wir dividieren durch die Koeffizienten von r im Exponenten und berechnen die Exponentialfunktion bis zu den Grenzen. Aber die Grenzen von r sind nicht dieselben wie die von ρ. Wenn $\rho = 0$ ist, haben wir $r = z$, und so liegen die Grenzen von r bei z und Unendlich. Wir erhalten für das Integral

$$-\frac{c}{i\omega}\left[e^{-i\infty} - e^{-(i\omega/c)z}\right], \tag{30.16}$$

wobei wir ∞ für $(r/c)\,\infty$ geschrieben haben, da sie beide eben eine sehr große Zahl bedeuten!

Nun ist $e^{-i\infty}$ eine seltsame Größe. Ihr Realteil ist z. B. $\cos(-\infty)$, was mathematisch gesprochen vollkommen unbestimmt ist (obwohl wir erwarten würden, daß es irgendwo – oder überall (?) – zwischen $+1$ und -1 ist!). Aber in einer *physikalischen* Situation kann es etwas ganz Vernünftiges bedeuten und kann gewöhnlich einfach als Null angenommen werden. Um zu sehen, daß dies in unserem Fall so ist, gehen wir zurück und betrachten wieder das ursprüngliche Integral (30.15).

Wir können (30.15) als Summe vieler kleiner komplexer Zahlen verstehen, alle von der Größe Δr und mit dem Winkel $\theta = -\omega r/c$ in der komplexen Zahlenebene. Wir können versuchen, die Summe durch eine grafische Methode zu bestimmen. In Fig. 30–11 haben wir die ersten fünf Abschnitte der Summe gezeichnet. Jeder Kurvenabschnitt hat die Länge Δr und ist mit dem Winkel $\Delta\theta = -\omega\Delta r/c$ zum vorhergehenden Abschnitt gezeichnet. Die Summe dieser ersten fünf Abschnitte wird durch den Pfeil vom Ausgangspunkt zum Ende des fünften Segmentes dargestellt. Wenn wir mit der Aufsummierung der Abschnitte fortfahren, werden wir ein Polygon erhalten, bis wir zum Ausgangspunkt (ungefähr) zurückkehren und dann ein weiteres Mal beginnen. Bei der Addition von weiteren Abschnitten gehen wir dann immer wieder herum, wobei wir nahe an einer Kreisbahn verbleiben, deren Radius, wie leicht zu zeigen ist, c/ω beträgt. Wir können jetzt sehen, warum das Integral keine genaue Antwort gibt!

Aber jetzt müssen wir zur *Physik* dieser Situation zurückkommen. Bei jeder realen Situation *kann* die Ladungsebene *nicht* unendlich ausgedehnt sein, sondern muß irgendwo aufhören. Wenn sie plötzlich aufhören würde und eine genau kreisrunde Form hätte, würde unser Integral irgendeinen Wert auf dem Kreis in Fig. 30–11 haben. Wenn wir jedoch die Zahl der Ladungen in der Ebene graduell in irgendeiner großen Entfernung vom Mittelpunkt auslaufen lassen (oder plötzlich aufhalten, aber in einer

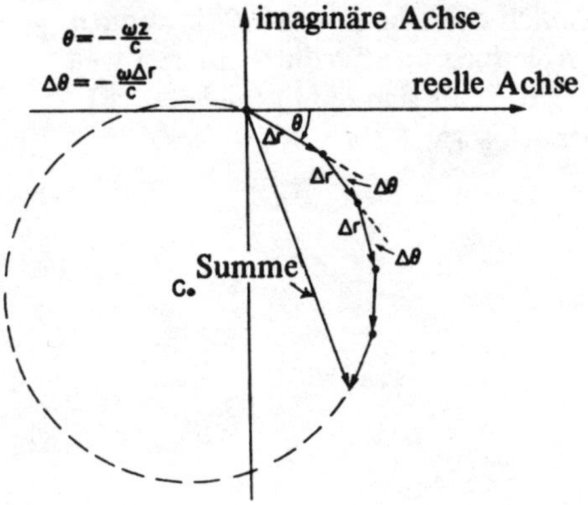

Fig. 30–11. Grafische Lösung von $\int_z^\infty e^{-i\omega r/c} dr$.

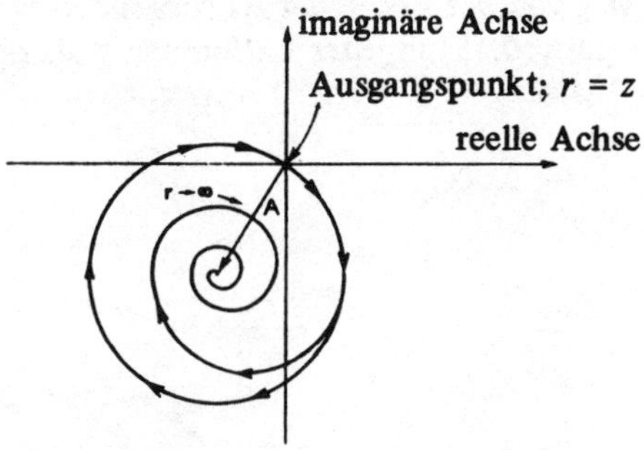

Fig. 30–12. Grafische Lösung von $\int_z^\infty \eta e^{-i\omega r/c} dr$.

unregelmäßigen Form, so daß für größere ρ der vollständige Ring der Breite $d\rho$ nicht mehr beiträgt), dann würde der Koeffizient η in dem exakten Integral auf Null absinken. Da wir kleinere Abschnitte hinzufügen, aber weiterhin um denselben Winkel drehen, würde die grafische Darstellung unseres Integrals dann zu einer Kurve werden, die eine Spirale ist. Die Spirale würde schließlich im Mittelpunkt unseres ursprünglichen Kreises enden, wie in Fig. 30–12 gezeichnet. Das *physikalisch* korrekte Integral ist die komplexe Zahl A in der Figur, die durch das Zwischenstück vom Anfangspunkt zum Mittelpunkt des Kreises dargestellt wird, was gerade gleich

$$\frac{c}{i\omega} e^{-i\omega z/c}, \tag{30.17}$$

ist, was Sie selbst ausrechnen können. Dies ist dasselbe Ergebnis, das wir aus Gl. (30.16) erhalten würden, wenn wir $e^{-i\infty} = 0$ setzten.

(Es gibt noch einen anderen Grund, warum der Beitrag zum Integral für große Werte von r abklingt, und das ist der Faktor, den wir bei der Projektion der Beschleunigung auf die Ebene senkrecht zur Linie PQ weggelassen haben.)

Natürlich sind wir nur an physikalischen Situationen interessiert, und so werden wir $e^{-i\infty}$ gleich Null setzen. Wenn wir zu unserer ursprünglichen Formel (30.12) für das Feld zurückkehren und alle Faktoren, die in dem Integral enthalten sind, wieder übernehmen, erhalten wir das Ergebnis

$$\text{Gesamtfeld bei } P = -\frac{\eta q}{2\epsilon_0 c} i\omega x_0 e^{i\omega(t-z/c)} \tag{30.18}$$

(wobei wir uns erinnern, daß $1/i = -i$ ist).

Es ist interessant zu bemerken, daß $(i\omega x_0 e^{i\omega t})$ gerade gleich der *Geschwindigkeit* der Ladungen ist, so daß wir die Gleichung für das Feld auch schreiben können als

$$\text{Gesamtfeld bei } P = -\frac{\eta q}{2\epsilon_0 c} [\text{Geschwindigkeit der Ladungen}]_{\text{bei } t-z/c}, \tag{30.19}$$

was ein bißchen seltsam ist, weil die Verzögerung gerade um die Strecke z auftritt, welche die kürzeste Entfernung von P zur Ladungsebene ist. Aber das ist die Form, wie es herauskommt – glücklicherweise eine ziemlich einfache Formel. (Wir können nebenbei folgendes hinzufügen: Obwohl unsere Ableitung nur für Entfernungen weit weg von der Ebene der schwingenden Ladungen gilt, stellt sich die Formel (30.18) oder (30.19) in jeder Entfernung z als richtig heraus, sogar für $z < \lambda$.)

31 Der Ursprung des Brechungsindex

31–1 Der Brechungsindex

Wir haben früher gesagt, daß das Licht sich im Wasser langsamer als in Luft ausbreitet und in Luft ein bißchen langsamer als im Vakuum. Dieser Effekt wird durch den Brechungsindex n beschrieben. Jetzt möchten wir gern verstehen, wie solch eine langsamere Geschwindigkeit entstehen kann. Insbesondere sollten wir versuchen, die Beziehung zu einigen physikalischen Annahmen oder Behauptungen zu finden, die wir früher gemacht haben, nämlich:

(a) Daß das gesamte elektrische Feld in jeder physikalischen Situation immer durch die Summe der Felder von allen Ladungen im Universum dargestellt wird.

(b) Daß das Feld von einer einzelnen Ladung durch seine Beschleunigung gegeben ist, die *immer* mit einer Verzögerung mit der Geschwindigkeit c berechnet wird (für das *Strahlungs*feld).

Aber für ein Stück Glas könnte man sagen: „Oh nein, man sollte all dies ändern. Man sollte sagen, daß es mit der Geschwindigkeit c/n verzögert wird." Jedoch ist dies nicht richtig, und wir müssen verstehen, warum nicht.

Es *ist* näherungsweise richtig, daß Licht oder jede elektrische Welle mit der Geschwindigkeit c/n durch ein Material, dessen Brechungsindex n ist, zu eilen *scheint*, aber die Felder werden weiterhin durch die Bewegungen *aller* Ladungen – einschließlich der Ladungen, die sich im Material bewegen – erzeugt, und diese Grundbeiträge des Feldes bewegen sich mit der Fundamental-Geschwindigkeit c. Unser Problem ist, zu verstehen, wie diese *scheinbar* langsamere Geschwindigkeit zustande kommt.

Wir werden versuchen, den Effekt an einem sehr leichten Beispiel zu verstehen. Eine Quelle, die wir die *„äußere* Quelle" nennen werden, wird in einer großen Entfernung von einer dünnen Platte aus transparentem Material, sagen wir Glas, aufgestellt. Wir fragen nach dem Feld in einer großen Entfernung auf der anderen Seite der Platte. Die Situation wird durch das Diagramm der Fig. 31–1 dargestellt, wobei man sich S und P sehr weit von der Platte entfernt vorstellen muß. Den Prinzipien entsprechend, die wir aufgestellt haben, ist ein elektrisches Feld immer, wenn es weit von allen bewegten Ladungen entfernt ist, eine (Vektor-) Summe der Felder, die durch die äußere Quelle (bei S) erzeugt werden, *und* der Felder, die durch *jede* der Ladungen in der Glasplatte, ***jedes mit seiner passenden Verzögerung bei der Geschwindigkeit c,*** erzeugt werden. Man erinnere sich, daß der Beitrag einer jeden Ladung nicht durch die Anwesenheit

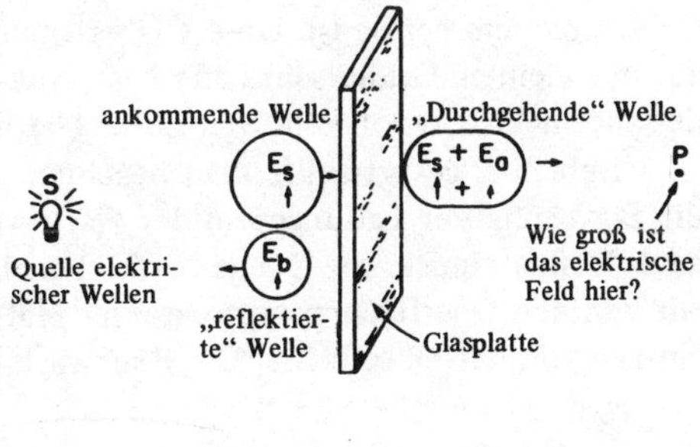

Fig. 31–1. Elektrische Wellen, die durch eine Schicht von transparentem Material hindurchgehen.

der anderen Ladungen geändert wird. Dies sind grundlegende Prinzipien. Das Feld bei *P* kann folglich so geschrieben werden:

$$\mathbf{E} = \sum_{\text{alle Ladungen}} \mathbf{E}_{\text{jede Ladung}} \tag{31.1}$$

oder

$$\mathbf{E} = \mathbf{E}_s + \sum_{\text{alle anderen Ladungen}} \mathbf{E}_{\text{jede Ladung}}, \tag{31.2}$$

wobei $\mathbf{E}_S$ das Feld ist, das von der Quelle allein herrührt und das genau das Feld bei *P* sein würde, ***wenn kein Material vorhanden wäre.*** Wir erwarten, daß das Feld bei *P* von $\mathbf{E}_S$ verschieden ist, wenn es irgendwelche anderen bewegten Ladungen gibt.

Warum sollten sich Ladungen in dem Glas bewegen? Wir wissen, daß alle Materialien aus Atomen bestehen, die Elektronen enthalten. Wenn das elektrische Feld *der Quelle* auf diese Atome einwirkt, treibt es die Elektronen auf und ab, weil es eine Kraft auf die Elektronen ausübt. Und bewegte Ladungen erzeugen ein Feld – sie bilden neue Strahler. Diese neuen Strahler sind mit der Quelle *S* verknüpft, weil sie durch das Feld der Quelle angetrieben werden. Das Gesamtfeld ist nicht nur das Feld der Quelle *S*, sondern es wird durch den zusätzlichen Beitrag der anderen bewegten Ladungen verändert. Das bedeutet, daß das Feld nicht dasselbe ist wie das, welches dort war, bevor es das Glas gab, sondern es ist abgeändert, und es stellt sich heraus, daß es derart abgeändert ist, daß sich das Feld innerhalb des Glases mit einer anderen Geschwindigkeit zu bewegen scheint. Das ist der Gedanke, den wir gern quantitativ ausarbeiten möchten.

Nun ist dies im exakten Fall ganz schön kompliziert, denn obwohl wir gesagt haben, daß alle die anderen bewegten Ladungen durch das Quellenfeld angetrieben werden, ist dies nicht ganz richtig. Wenn wir an eine bestimmte Ladung denken, fühlt sie nicht nur die Quelle, sondern wie jedes andere Ding in der Welt fühlt sie *alle* Ladungen, die sich bewegen. Sie fühlt insbesondere die Ladungen, die sich irgendwo sonst im Glas bewegen. So ist das Gesamtfeld, das auf eine ***bestimmte Ladung*** einwirkt, eine Kombination der Felder der anderen Ladungen, ***deren Bewegungen davon abhängen, was diese bestimmte Ladung gerade tut!*** Sie können sehen, daß ein kompliziertes Gleichungssystem benötigt würde, um die vollständige und genaue Formel zu erhalten. Es ist so kompliziert, daß wir dieses Problem bis zum nächsten Jahr zurückstellen.

Stattdessen werden wir einen sehr einfachen Fall behandeln, um alle die physikalischen Prinzipien sehr deutlich zu verstehen. Wir nehmen eine Situation, bei der die Effekte der anderen Atome sehr klein im Vergleich zu den Effekten der Quelle sind. Mit anderen Worten nehmen wir ein Material, bei dem das Gesamtfeld nicht sehr stark durch die Bewegung der anderen Ladungen verändert wird. Das entspricht einem Material, bei dem der Brechungsindex sehr nahe 1 ist, was z. B. der Fall sein wird, wenn die Dichte der Atome sehr gering ist. Unsere Überlegung wird für jeden Fall gelten, bei dem der Index aus irgendeinem Grund sehr nahe 1 ist. Auf diese Weise werden wir die Schwierigkeiten der allgemeinsten, vollständigen Lösung vermeiden.

Nebenbei gesagt sollte man beachten, daß es einen weiteren Effekt gibt, der durch die Bewegung der Ladungen in der Platte verursacht wird. Diese Ladungen werden auch Wellen zurück zur Quelle *S* strahlen. Dies zurückgehende Feld ist das Licht, das wir von den Oberflächen transparenter Materialien reflektiert sehen. Es kommt nicht einfach von der Oberfläche. Die Rückwärtsstrahlung kommt von überall im Innern, aber es stellt sich heraus, daß der Gesamteffekt einer Reflexion von den Oberflächen entspricht. Diese Reflexionseffekte liegen im Moment außerhalb unserer Näherung, weil wir uns auf eine Berechnung für ein Material mit einem Index so nahe bei 1 beschränken werden, daß nur sehr wenig Licht reflektiert wird.

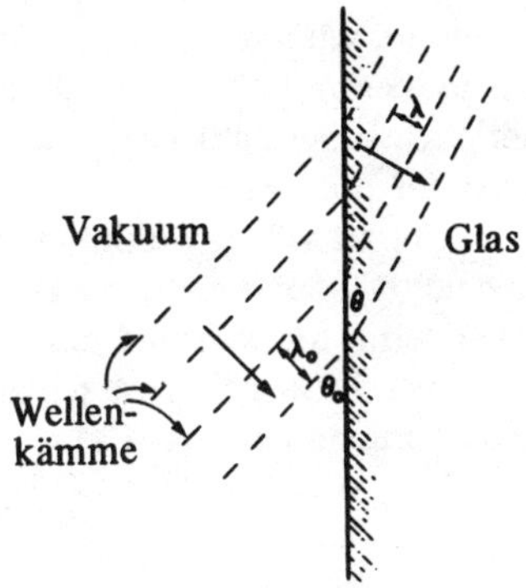

Fig. 31–2. Beziehung zwischen Brechung und Geschwindigkeitsänderung.

Bevor wir mit unserer Untersuchung, wie der Brechungsindex zustande kommt, fortfahren, sollten wir uns darüber klar sein, daß es für das Verständnis der Brechung nur erforderlich ist, zu verstehen, warum die beobachtbare Wellen*geschwindigkeit* in verschiedenen Materialien verschieden ist. Die *Brechung* von Lichtstrahlen kommt gerade deshalb zustande, *weil* die effektive Geschwindigkeit der Wellen in den Materialien verschieden ist. Um Sie daran zu erinnern, wie dies zustande kommt, haben wir in Fig. 31–2 mehrere aufeinanderfolgende Kämme einer elektrischen Welle gezeichnet, die aus dem Vakuum auf die Oberfläche eines Glasblockes auftrifft. Der Pfeil senkrecht zu den Wellenkämmen zeigt die Ausbreitungsrichtung der Welle an. Nun müssen alle Schwingungen in der Welle dieselbe *Frequenz* haben. (Wir haben gesehen, daß die angeregten Schwingungen dieselbe Frequenz wie die anregende Quelle haben.) Das bedeutet auch, daß die Wellenkämme der Wellen auf beiden Seiten der Oberfläche *dieselben Abstände entlang der Oberfläche* haben müssen, weil sie zusammen laufen müssen, so daß eine auf der Grenzfläche sitzende Ladung nur eine Frequenz spüren wird. Die *kürzeste* Entfernung zwischen Wellenkämmen ist jedoch die Wellenlänge, die die Geschwindigkeit geteilt durch die Frequenz ist. Auf der Vakuumseite beträgt sie $\lambda_0 = 2\pi c/\omega$, und auf der anderen Seite ist sie $\lambda = 2\pi v/\omega$ oder $2\pi c/\omega n$, wenn $v = c/n$ die Wellengeschwindigkeit ist. Aus der Zeichnung können wir ersehen, daß die einzige Möglichkeit, sich an der Grenzfläche gerade richtig „anzupassen", für die Wellen darin besteht, daß sie sich im Material unter einem anderen Winkel zur Oberfläche ausbreiten. Aus der Geometrie der Figur können Sie ersehen, daß wir für eine „Anpassung" $\lambda_0/\sin\theta_0 = \lambda/\sin\theta$ haben müssen oder $\sin\theta_0/\sin\theta = n$, was das Gesetz von Snellius ist. Wir werden für den Rest unserer Diskussion nur überlegen, warum Licht im Material mit dem Index n eine Effektivgeschwindigkeit c/n hat, und uns in diesem Kapitel nicht länger um die Brechung der Lichtrichtung kümmern.

Wir gehen jetzt zurück zu der in Fig. 31–1 gezeigten Situation. Wir sehen, daß wir folgendes tun müssen: Wir müssen das Feld berechnen, welches bei P durch alle schwingenden Ladungen in der Glasplatte erzeugt wird. Wir werden diesen Teil des Feldes E_a nennen, und er ist gerade die Summe, die als zweiter Term in Gl. (31.2) geschrieben ist. Wenn wir ihn zum Term E_s addieren, der von der Quelle herrührt, werden wir das Gesamtfeld bei P haben.

Dies ist wahrscheinlich die komplizierteste Geschichte, die wir dieses Jahr ausführen, aber sie ist nur dadurch kompliziert, daß es viele Teile gibt, die zusammengefügt werden müssen; jeder einzelne Teil ist jedoch sehr einfach. Anders als bei anderen Ableitungen, wo wir sagen: „Vergiß die Ableitung, betrachte nur das Ergebnis!“, brauchen wir in diesem Fall das Ergebnis nicht so sehr wie die Ableitung. Mit anderen Worten, der Sachverhalt, auf den es ankommt, ist der physikalische Mechanismus zur Erzeugung des Indexes.

Um zu sehen, wohin wir gehen, wollen wir zuerst herausfinden, wie das „Korrekturfeld“ E_a sein müßte, wenn das Gesamtfeld bei P wie Strahlung von der Quelle aussehen wird, die während des Durchquerens der dünnen Platte verlangsamt wird. Wenn die Platte keinen Einfluß darauf hätte, würde das Feld einer Welle, die nach rechts läuft (entlang der z-Achse),

$$E_s = E_0 \cos \omega(t - z/c) \tag{31.3}$$

lauten, oder wenn wir die Exponentialschreibweise benutzen,

$$E_s = E_0 e^{i\omega(t-z/c)}. \tag{31.4}$$

Was würde nun geschehen, wenn die Welle beim Durchqueren der Platte langsamer liefe? Wir wollen die Dicke der Platte Δz nennen. Wenn die Platte nicht vorhanden wäre, würde die Welle die Strecke Δz in der Zeit $\Delta z/c$ durcheilen. Aber wenn es scheint, daß sie mit der Geschwindigkeit c/n läuft, dann sollte sie die längere Zeit $n\Delta z/c$ benötigen, oder die *zusätzliche* Zeit $\Delta t = (n - 1)\Delta z/c$. Danach würde sie sich weiterhin wieder mit der Geschwindigkeit c ausbreiten. Wir können die extra Verzögerung bei Durchqueren der Platte berücksichitgen, indem wir die Zeit t in Gl. (31.4) durch $(t - \Delta t)$ oder durch $[t - (n - 1)\Delta z/c]$ ersetzen. So sollte die Welle nach Einsetzen der Platte wie folgt geschrieben werden

$$E_{\text{hinter der Platte}} = E_0 e^{i\omega[t-(n-1)\Delta z/c-z/c]}. \tag{31.5}$$

Wir können diese Gleichung auch schreiben als

$$E_{\text{hinter der Platte}} = e^{-i\omega(n-1)\Delta z/c} E_0 e^{i\omega(t-z/c)}, \tag{31.6}$$

was bedeutet, daß die Welle hinter der Platte aus der Welle, die ohne Platte vorhanden wäre, d. h. aus E_s, durch Multiplikation mit dem Faktor $e^{-i\omega(n-1)\Delta z/c}$ zu erhalten ist. Nun wissen wir, daß die Multiplikation einer oszillierenden Funktion $e^{i\omega t}$ mit dem Faktor $e^{i\theta}$ nur besagt, daß wir die Schwingungsphase um den Winkel θ ändern, was natürlich das ausmacht, was die extra Verzögerung beim Durchqueren der Dicke Δz bewirkt hat. Es hat die Phase um den Betrag $\omega(n - 1)\,\Delta z/c$ verzögert (verzögert wegen des Minus-Vorzeichens im Exponenten).

Wir haben früher gesagt, daß die Platte ein Feld E_a zum ursprünglichen Feld $E_s = E_0 e^{i\omega(t-z/c)}$ *hinzuaddieren* sollte, aber wir haben stattdessen gefunden, daß die Wirkung der Platte in der *Multiplikation* des Feldes mit einem Faktor, der seine Phase verschiebt, besteht. Dies ist jedoch alles in Ordnung, weil wir dasselbe Ergebnis durch Hinzufügen einer passenden komplexen Zahl erhalten können. Für den Fall, daß Δz klein ist, ist es besonders einfach, die richtige zu addierende Zahl zu finden, denn wie

Sie sich erinnern werden, ist e^x nahezu gleich $(1 + x)$, wenn x eine kleine Zahl ist. Wir können deshalb schreiben

$$e^{-i\omega(n-1)\Delta z/c} = 1 - i\omega(n-1)\,\Delta z/c. \tag{31.7}$$

Wenn wir die Gleichheit in Gl. (31.6) benutzen, haben wir

$$E_{\text{hinter der Platte}} = \underbrace{E_0 e^{i\omega(t-z/c)}}_{E_s} - \underbrace{\frac{i\omega(n-1)\,\Delta z}{c}\,E_0 e^{i\omega(t-z/c)}}_{E_a}. \tag{31.8}$$

Der erste Term ist einfach das Feld von der Quelle und der zweite Term muß dann eben gleich E_a sein, dem Feld, das rechts von der Platte durch die oszillierenden Ladungen der Platte erzeugt wird – hier in Termen des Brechungsindex n ausgedrückt und natürlich abhängend von der Stärke der Welle von der Quelle.

Was wir getan haben, kann man sich leicht vergegenwärtigen, wenn man auf das Diagramm der komplexen Zahlen in Fig. 31–3 schaut. Wir zeichnen zuerst E_s (wir haben Werte für z und t gewählt, so daß E_s sich als horizontal ergibt, aber dies ist nicht notwendig). Die Verzögerung, die von der Verlangsamung in der Platte herrührt, würde die Phase dieser Zahl verzögern, das bedeutet, sie würde E_s um einen negativen Winkel verdrehen. Aber dies ist gleichbedeutend zur Addition des kleinen Vektors E_a unter einem etwa rechten Winkel zu E_s. Das ist aber gerade das, was der Faktor $-i$ in dem zweiten Term von Gl. (31.8) bedeutet. Es besagt, wenn E_s reell ist, so ist E_a negativ imaginär, oder E_s und E_a stehen im allgemeinen rechtwinklig zueinander.

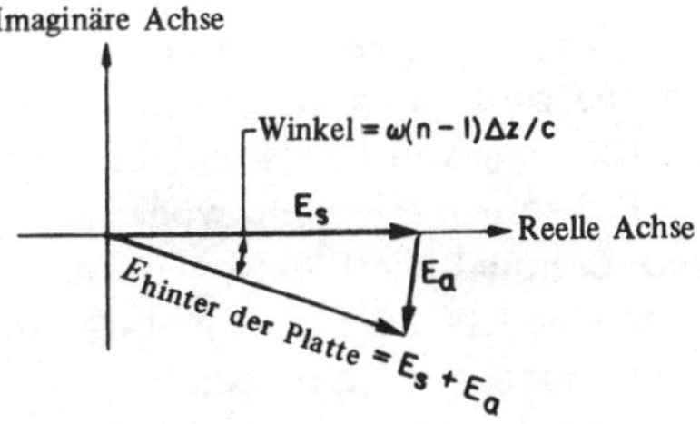

Fig. 31–3. Diagramm für die hindurchgelassene Welle bei bestimmtem t und z.

31–2 Das vom Material erzeugte Feld

Wir müssen jetzt fragen: Ist das Feld E_a, das wir im zweiten Term von Gl. (31.8) erhielten, von der Art, die wir von oszillierenden Ladungen in der Platte erwarten würden? Wenn wir zeigen können, daß dies so ist, dann haben wir berechnet, was der Index n sein sollte! [Da n die einzige nicht fundamentale Zahl in Gl. (31.8) ist.] Wir wenden uns jetzt der Berechnung zu, was für ein Feld E_a die Ladungen in dem Material erzeugen werden. (Um Ihnen zu helfen, die vielen Symbole im Sinn zu behalten, die wir bis jetzt benutzt haben und für den Rest unserer Rechnung benutzen werden, haben wir sie alle in Tabelle 31–1 zusammengestellt.)

Tabelle 31–1

Bei den Rechnungen benutzte Symbole

E_S	=	Feld von der Quelle
E_a	=	Feld, das von Ladungen in der Platte erzeugt wird
Δz	=	Dicke der Platte
z	=	Senkrechte Entfernung von der Platte
n	=	Brechungsindex
ω	=	Frequenz (Winkel-) der Strahlung
N	=	Anzahl der Ladungen pro Einheitsvolumen in der Platte
η	=	Anzahl der Ladungen pro Einheitsfläche auf der Platte
q_e	=	Ladung eines Elektrons
m	=	Masse eines Elektrons
ω_0	=	Resonanzfrequenz eines in einem Atom gebundenen Elektrons.

Wenn die Quelle S (von Fig. 31–1) weit nach links entfernt ist, dann wird das Feld E_S überall auf der Platte dieselbe Phase haben, und so können wir in der Nähe der Platte schreiben

$$E_s = E_0 e^{i\omega(t-z/c)}. \tag{31.9}$$

Direkt an der Platte, wo $z = 0$ ist, haben wir

$$E_s = E_0 e^{i\omega t} \text{ (an der Platte).} \tag{31.10}$$

Jedes der Elektronen in den Atomen der Platte wird dieses elektrische Feld fühlen und wird durch die elektrische Kraft qE auf und ab getrieben werden (wir nehmen die Richtung von E_0 als senkrecht an). Um herauszufinden, welche Bewegung wir für die Elektronen erwarten, wollen wir annehmen, daß die Atome kleine Oszillatoren sind, d. h. daß die Elektronen elastisch in den Atomen befestigt sind, was bedeutet, wenn eine Kraft auf ein Elektron einwirkt, wird die Verschiebung aus ihrer Normallage proportional zur Kraft sein.

Man könnte denken, daß dies ein ulkiges Atommodell ist, wenn man davon gehört hat, daß die Elektronen auf Kreisbahnen herumschwirren. Aber das ist nur ein stark vereinfachtes Bild. Das korrekte Bild eines Atoms, das durch die Theorie der Wellenmechanik gegeben wird, besagt, daß die Elektronen, *soweit es Probleme mit Beteiligung von Licht betrifft,* sich so benehmen, als ob sie durch Federn gehalten werden. Folglich werden wir annehmen, daß die Elektronen eine linear zurücktreibende Kraft besitzen, die zusammen mit ihrer Masse m bewirkt, daß sie sich wie kleine Oszillatoren mit einer Resonanzfrequenz ω_0 benehmen. Wir haben solche Oszillatoren schon untersucht und wissen, daß die Gleichung ihrer Bewegung in dieser Weise geschrieben wird:

$$m\left(\frac{d^2x}{dt^2} + \omega_0^2 x\right) = F, \tag{31.11}$$

wobei F die treibende Kraft ist.

Bei unserem Problem kommt die treibende Kraft aus dem elektrischen Feld der Welle von der Quelle, und so sollten wir

$$F = q_e E_s = q_e E_0 e^{i\omega t}, \tag{31.12}$$

benutzen, wobei q_e die elektrische Ladung des Elektrons ist und wir für E_s den Ausdruck $E_s = E_0 e^{i\omega t}$ aus (31.10) verwenden. Unsere Gleichung für die Bewegung des Elektrons ist dann

$$m\left(\frac{d^2x}{dt^2} + \omega_0^2 x\right) = q_e E_0 e^{i\omega t}. \tag{31.13}$$

Wir haben diese Gleichung bereits gelöst und wissen, daß die Lösung lautet

$$x = x_0 e^{i\omega t}, \tag{31.14}$$

wobei wir durch Einsetzen in (31.13) finden, daß

$$x_0 = \frac{q_e E_0}{m(\omega_0^2 - \omega^2)}, \tag{31.15}$$

so daß

$$x = \frac{q_e E_0}{m(\omega_0^2 - \omega^2)}\, e^{i\omega t}. \tag{31.16}$$

Wir haben, was wir wissen wollten – die Bewegung der Elektronen in der Platte. Und es ist dasselbe für jedes Elektron, abgesehen davon, daß die Hauptlage (die „Nullage" der Bewegung) natürlich für jedes Elektron verschieden ist.

Nun sind wir bereit, das Feld E_a zu finden, das diese Atome im Punkt P erzeugen, weil wir schon ausgerechnet haben (am Ende des Kapitels 30), was für ein Feld durch eine Schicht Ladungen, die sich alle zusammen bewegen, erzeugt wird. Wenn wir auf Gl. (30.19) zurückgreifen, sehen wir, daß das Feld E_a bei P einfach eine negative Konstante multipliziert mit der Geschwindigkeit der Ladungen ist, die zeitlich um den Betrag z/c verzögert ist. Wenn wir x in Gl. (31.16) differenzieren, um die Geschwindigkeit zu erhalten, und die Verzögerung einfügen [oder einfach x_0 aus (31.15) in (30.18) einsetzen], führt dies zu

$$E_a = -\frac{\eta q_e}{2\epsilon_0 c}\left[i\omega\, \frac{q_e E_0}{m(\omega_0^2 - \omega^2)}\, e^{i\omega(t - z/c)}\right]. \tag{31.17}$$

Genau wie wir erwartet haben, erzeugt die angeregte Bewegung der Elektronen eine neue Welle, die nach rechts läuft (das besagt der Faktor $e^{i\omega(t - z/c)}$), und die Amplitude dieser Welle ist proportional zur Anzahl der Atome pro Einheitsfläche in der Platte (der Faktor η) und ebenso proportional zur Stärke des Quellenfeldes (der Faktor E_0). Dann gibt es einige Faktoren, die von den atomaren Eigenschaften abhängen (q_e, m und ω_0), wie wir es erwarten sollten.

Der wichtigste Umstand ist jedoch der, daß diese Formel (31.17) für E_a dem Ausdruck für E_a sehr stark ähnelt, den wir in Gl. (31.8) erhielten, indem wir sagten, daß die Ausgangswelle beim Durchqueren des Materials mit einem Brechungsindex n verzögert wird.

Die beiden Ausdrücke werden in der Tat gleich sein, wenn

$$(n - 1)\,\Delta z = \frac{\eta q_e^2}{2\epsilon_0 m(\omega_0^2 - \omega^2)}. \tag{31.18}$$

Man beachte, daß beide Seiten proportional zu Δz sind, da η, die Anzahl von Atomen *pro Einheitsfläche,* gleich $N\,\Delta z$ ist, wobei N die Anzahl von Atomen *pro Einheitsvolumen* der Platte ist. Wenn wir $N\,\Delta z$ durch η ersetzen und das Δz herauskürzen, erhalten wir unser Hauptergebnis, eine Formel für den Brechungsindex, ausgedrückt durch die Eigenschaften der Atome des Materials – und die Frequenz des Lichts:

$$n = 1 + \frac{N q_e^2}{2\epsilon_0 m(\omega_0^2 - \omega^2)}. \tag{31.19}$$

Diese Gleichung gibt die „Erklärung" für den Brechungsindex, die wir erhalten wollten.

31–3 Dispersion

Man beachte, daß wir in dem obigen Vorgang etwas sehr Interessantes erhalten haben. Denn wir haben nicht nur eine Zahl für den Brechungsindex, die aus den elementaren atomaren Größen berechnet werden kann, sondern wir haben auch gelernt, wie sich der Brechungsindex mit der Frequenz ω des Lichts ändern sollte. Dies ist etwas, was wir niemals aus der einfachen Feststellung verstehen würden, daß „sich Licht in einem transparenten Material langsamer ausbreitet". Wir haben natürlich noch das Problem, zu wissen, wieviele Atome pro Einheitsvolumen es gibt und was ihre natürliche Frequenz ω_0 ist. Wir wissen dies jetzt noch nicht, weil es für alle verschiedenen Materialien verschieden ist und wir dafür jetzt keine allgemeine Theorie erhalten können. Die Formulierung einer allgemeinen Theorie der Eigenschaften verschiedener Substanzen – ihrer natürlichen Frequenzen usw. – ist nur mit atomarer Quantenmechanik möglich. Ferner haben unterschiedliche Materialien unterschiedliche Eigenschaften und unterschiedliche Indizes, und so können wir überhaupt nicht erwarten, eine allgemeine Formel für den Index zu erhalten, die für alle Substanzen gilt.

Jedoch werden wir die Formel, die wir erhalten haben, für verschiedene mögliche Fälle diskutieren. Zunächst entsprechen bei den meisten gewöhnlichen Gasen (z. B. Luft, den meisten farblosen Gasen, Wasserstoff, Helium usw.) die natürlichen Frequenzen der Elektronenoszillatoren dem ultravioletten Licht. Diese Frequenzen sind höher als die Frequenzen des sichtbaren Lichts, d. h. ω_0 ist viel größer als das ω des sichtbaren Lichts, und in erster Näherung können wir ω^2 im Vergleich zu ω_0^2 vernachlässigen. Dann finden wir, daß der Index fast konstant ist. So ist der Index für ein Gas praktisch konstant. Dies ist auch richtig für die meisten anderen durchsichtigen Substanzen wie Glas. Wenn wir unseren Ausdruck etwas näher betrachten, entdecken wir jedoch, daß, wenn ω ansteigt und etwas mehr vom Nenner abzieht, auch der Index ansteigt. Folglich steigt n langsam mit der Frequenz an. Der Index ist für blaues Licht größer als für rotes Licht. Das ist der Grund, warum ein Prisma das Licht im Blauen stärker als im Roten bricht.

Das Phänomen, daß der Index von der Frequenz abhängt, wird das Phänomen der *Dispersion* genannt, weil es der Grund für die Tatsache ist, daß das Licht durch ein Prisma in ein Spektrum „zerstreut (dispergiert)" wird. Die Gleichung für den Brechungsindex als Funktion der Frequenz wird *Dispersionsrelation* genannt. Folglich haben wir eine Dispersionsrelation gefunden. (In den letzten Jahren haben „Dispersionsrelationen" eine neue Anwendung in der Theorie der Elementarteilchen gefunden.)

Unsere Dispersionsrelation läßt andere interessante Effekte vermuten. Wenn wir eine natürliche Frequenz ω_0 haben, die im sichtbaren Spektrum liegt, oder wenn wir den Brechungsindex eines Materials wie Glas im Ultravioletten messen, wobei ω nahe ω_0 liegt, sehen wir, daß der Index bei Frequenzen sehr nahe der natürlichen Frequenz enorm groß werden kann, weil der Nenner gegen Null gehen kann. Als nächstes sei angenommen, daß ω größer als ω_0 ist. Dies würde z. B. passieren, wenn wir ein Material wie etwa Glas nehmen und mit Röntgenstrahlen bestrahlen. Da tatsächlich viele Materialien, die für sichtbares Licht undurchsichtig sind, wie z. B. Graphit, für Röntgenstrahlen durchsichtig sind, können wir auch über den Brechungsindex von Kohlenstoff für Röntgenstrahlen sprechen. Alle natürlichen Frequenzen der Kohlenstoffatome würden viel niedriger liegen als die Frequenz, die wir bei Röntgenstrahlen benutzen, da Röntgenstrahlung eine sehr hohe Frequenz hat. Der Brechungsindex ist der durch unsere Dispersionsrelation gegebene, wenn wir ω_0 gleich Null setzen (wir vernachlässigen ω_0^2 im Vergleich zu ω^2).

Eine ähnliche Situation wäre gegeben, wenn wir Radiowellen (oder Licht) auf ein Gas von freien Elektronen schicken. In der oberen Atmosphäre werden Elektronen durch ultraviolettes Licht von der Sonne von ihren Atomen freigesetzt und sind dort als freie Elektronen vorhanden. Für freie Elektronen gilt $\omega_0 = 0$ (es gibt keine elastisch zurücktreibende Kraft). Wenn wir $\omega_0 = 0$ in unserer Dispersionsrelation einsetzen, erhalten wir die korrekte Formel für den Brechungsindex für Radiowellen in der Stratosphäre, wobei N jetzt die Dichte der freien Elektronen (Anzahl pro Einheitsvolumen) in der Stratosphäre bestimmt. Aber wir wollen wieder die Gleichung betrachten; wenn wir Röntgenstrahlen auf Materie oder Radiowellen (oder beliebige elektrische Wellen) auf freie Elektronen schicken, wird der Term $(\omega_0^2 - \omega^2)$ *negativ* und wir erhalten das Ergebnis, daß *n weniger als Eins* ist. Das bedeutet, daß die effektive Wellengeschwindigkeit in der Substanz *größer* ist als *c!* Kann das stimmen?

Es ist richtig. Obwohl gesagt wird, daß man Signale niemals schneller als mit Lichtgeschwindigkeit senden kann, ist es trotzdem richtig, daß der Brechungsindex von Materialien bei einer bestimmten Frequenz entweder größer oder kleiner als 1 sein kann. Dies bedeutet einfach, daß die *Phasenverschiebung*, die durch das gestreute Licht erzeugt wird, entweder positiv oder negativ sein kann. Es kann jedoch gezeigt werden, daß die Geschwindigkeit, mit der man ein *Signal* senden kann, nicht durch den Index bei einer Frequenz bestimmt wird, sondern davon abhängt, wie der Index bei *vielen* Frequenzen aussieht. Was uns der Index sagt, ist die Geschwindigkeit, mit der *Knoten* (oder Kämme) der Welle laufen. Der *Knoten* einer Welle ist selbst kein Signal. Bei einer vollkommenen Welle, die keine Modulation irgendeiner Art hat, d. h. die eine gleichförmige Schwingung darstellt, kann man nicht richtig sagen, wann sie „startet", und so kann man sie nicht für ein Zeitsignal benutzen. Um ein *Signal* zu senden, muß man die Welle irgendwie ändern, einen Einschnitt in sie machen, sie ein bißchen stärker oder schwächer machen. Das bedeutet, daß man mehr als eine Frequenz in der Welle haben muß, und es kann gezeigt werden, daß die Geschwindigkeit, mit der *Signale* laufen, nicht vom Index allein abhängt, sondern davon, wie der Index sich mit der Frequenz ändert. Dieses Thema müssen wir auch verschieben (bis zum Kapitel 48). Dann werden wir für Sie die tatsächliche Geschwindigkeit von *Signalen* durch solch ein Glasstück berechnen, und Sie werden sehen, daß sie nicht schneller sein wird als die Lichtgeschwindigkeit, obwohl die Knoten, die mathematische Punkte darstellen, schneller als mit Lichtgeschwindigkeit laufen.

Sie werden feststellen – um doch einen kleinen Hinweis zu geben, wie das passiert –, daß die tatsächliche Schwierigkeit mit der Tatsache zu tun hat, daß die Reaktionen der Ladungen dem Feld entgegengesetzt sind, d. h. daß das Vorzeichen umgekehrt worden ist. Folglich ist in unserem Ausdruck für x (Gl. 31.16) die Verschiebung der Ladung in der zum anregenden Feld entgegengesetzten Richtung, weil $(\omega_0^2 - \omega^2)$ negativ für kleine ω_0 ist. Die Formel besagt, wenn das Feld in eine Richtung zieht, bewegt sich die Ladung in die entgegengesetzte Richtung.

Wie kommt es, daß die Ladung in die entgegengesetzte Richtung geht? Sie startet gewiß nicht in der entgegengesetzten Richtung, wenn das Feld das erstemal angeschaltet wird. Wenn die Bewegung zum erstenmal startet, gibt es eine Übergangsbewegung, die nach einer Weile nachläßt, und *dann* erst ist die Phase der Schwingung der Ladung entgegengesetzt zum treibenden Feld. Und dann kann die *Phase* des hindurchgelassenen Feldes bezüglich der Welle von der Quelle *vorgeschoben* erscheinen. Diesen *Phasenvorschub* meinen wir, wenn wir sagen, daß die „Phasengeschwindigkeit" oder die Geschwindigkeit der Knoten größer als c ist. In Fig. 31–4 geben wir eine schematische Vorstellung, wie die Wellen für den Fall aussehen könnten, daß die Welle plötzlich angeschaltet wird (um ein Signal zu erzeugen). Sie werden aus dem Diagramm ersehen, daß das *Signal* (d. h. der *Anfang* der Welle) für eine Welle, die mit einem Phasenvorschub endet, *nicht* früher ankommt.

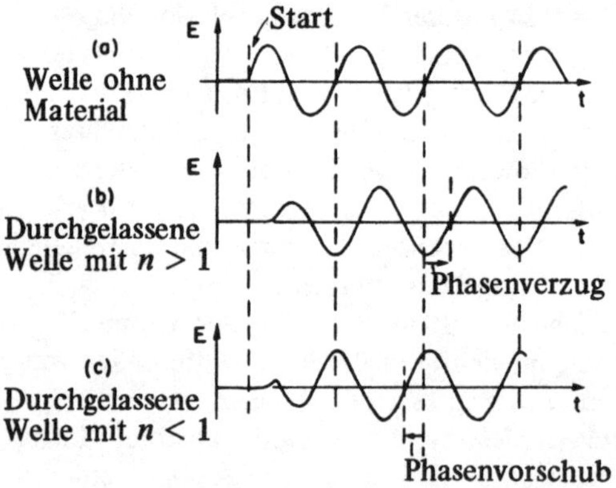

Fig. 31–4. Wellen-„Signale".

Wir wollen jetzt wieder unsere Dispersionsrelation betrachten. Wir sollten bemerken, daß unsere Analyse des Brechungsindex ein Ergebnis bringt, das etwas einfacher ist, als man es tatsächlich in der Natur finden würde. Um ganz genau zu sein, müssen wir einige Verfeinerungen hinzufügen. Zuerst sollten wir erwarten, daß unser Modell des atomaren Oszillators irgendeine dämpfende Kraft hat (sonst würde es, einmal gestartet, ewig oszillieren, und das erwarten wir nicht). Wir haben früher (Gl. 23.8) die Bewegung eines gedämpften Oszillators berechnet, und das Ergebnis ist, daß der Nenner in Gl. 31.16 und deshalb in 31.19 von $(\omega_0^2 - \omega^2)$ nach $(\omega_0^2 - \omega^2 + i\gamma\omega)$ abgeändert wird, wobei γ der Dämpfungskoeffizient ist.

Wir brauchen eine zweite Änderung, um die Tatsache zu berücksichtigen, daß es bei einer bestimmten Atomsorte mehrere Resonanzfrequenzen gibt. Es ist leicht, unsere Dispersionsrelation in Ordnung zu bringen, wenn wir uns vorstellen, daß es mehrere verschiedene Arten von Oszillatoren gibt, daß aber jeder Oszillator getrennt schwingt, und folglich addieren wir einfach die Beiträge aller Oszillatoren. Wir wollen sagen, daß es N_k Elektronen pro Einheitsvolumen gibt, deren natürliche Frequenz ω_k und deren Dämpfungsfaktor γ_k ist. Wir erhalten dann für unsere Dispersionsrelation

$$n = 1 + \frac{q_e^2}{2\epsilon_0 m} \sum_k \frac{N_k}{\omega_k^2 - \omega^2 + i\gamma_k\omega}. \tag{31.20}$$

Schließlich haben wir einen vollständigen Ausdruck, welcher den Brechungsindex beschreibt, der für viele Substanzen beobachtet wird.* Der durch diese Formel beschriebene Index ändert sich mit der Frequenz etwa wie es in Fig. 31–5 gezeigt wird.

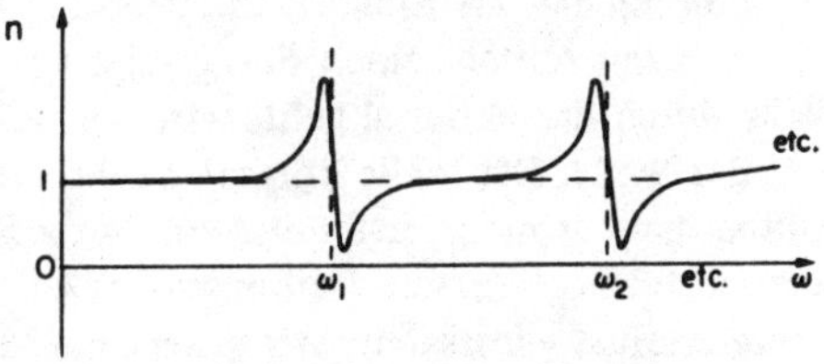

Fig. 31–5. Der Brechungsindex als Funktion der Frequenz.

Sie werden bemerken, daß die Steigung der Kurve positiv ist, solange ω nicht zu nahe an einer der Resonanzfrequenzen liegt. Solch eine positive Steigung wird „normale“ Dispersion genannt (weil sie zweifelsohne dem häufigsten Auftreten entspricht). Sehr nahe der Resonanzfrequenz gibt es jedoch einen kleinen Bereich für ω, bei dem die Steigung negativ ist. Solch eine negative Steigung wird oft als „anomale“ (gemeint ist abnormale) Dispersion bezeichnet, weil sie ungewöhnlich erschien, als sie das erstemal beobachtet wurde, lange bevor überhaupt irgend jemand wußte, daß es solche Dinge wie Elektronen gibt. Aus unserer Sicht sind beide Steigungen ganz „normal“.

31–4 Absorption

Vielleicht haben Sie etwas ein wenig Befremdendes bei der letzten Form (Gl. 31.20) bemerkt, die wir für unsere Dispersionsrelation erhalten hatten. Wegen des Terms $i\gamma$, den wir einsetzten, um die Dämpfung zu berücksichtigen, ist der Brechungsindex jetzt eine *komplexe Zahl!* Was bedeutet *dieses?* Durch Ausrechnen des Real- und Imaginärteils von n könnten wir schreiben

$$n = n' - in'', \tag{31.21}$$

wobei n' und n'' reelle Zahlen sind. (Wir benutzen das Minusvorzeichen vor dem in'', weil sich dann n'' als positive Zahl herausstellt, was Sie selbst zeigen können.)

Wir können sehen, was ein solcher komplexer Index bedeutet, wenn wir zurückgehen zu Gl. 31.6, welche die Gleichung der Welle ist, nachdem sie durch eine Mate-

* Obwohl in der Quantenmechanik Gl. (31.20) auch gilt, ist ihre Interpretation tatsächlich etwas anders. In der Quantenmechanik hat sogar ein Atom mit einem Elektron, wie Wasserstoff, mehrere Resonanzfrequenzen. Deshalb ist N_k nicht wirklich die Anzahl von Elektronen mit der Frequenz ω_k, sondern wird statt dessen durch Nf_k ersetzt, wobei N die Anzahl von Atomen pro Einheitsvolumen ist, und f_k (die Oszillatorstärke genannt) ist ein Faktor, der sagt, wie stark das Atom seine einzelnen Resonanzfrequenzen ω_k zeigt.

rialschicht mit einem Index n geht. Wenn wir unser komplexes n in diese Gleichung einsetzen und sie ein bißchen umordnen, erhalten wir

$$E_{\text{hinter der Platte}} = \underbrace{e^{-\omega n''\Delta z/c}}_{\text{A}} \; \underbrace{e^{-i\omega(n'-1)\Delta z/c}\, E_0 e^{i\omega(t-z/c)}}_{\text{B}} \tag{31.22}$$

Die letzten Faktoren, in Gl. (31.22) mit B bezeichnet, haben genau die Form, die wir vorher hatten, und beschreiben wieder eine Welle, deren Phase um den Winkel $\omega(n' - 1)$ $\Delta z/c$ beim Durchqueren des Materials verzögert worden ist. Der erste Term (A) ist neu und ist ein Exponentialfaktor mit einem *reellen* Exponenten, weil es zwei i's gab, die sich aufhoben. Außerdem ist der Exponent negativ, und so ist der Faktor eine reelle Zahl, die kleiner als Eins ist. Sie beschreibt einen *Abfall* der Stärke des Feldes um, wie wir erwarten sollten, einen Betrag, der um so größer ist, je größer Δz ist. Wenn die Welle durch das Material geht, wird sie geschwächt. Das Material „absorbiert" einen Teil der Welle. Die Welle kommt an der anderen Seite mit weniger Energie heraus. Wir sollten darüber nicht erstaunt sein, da die Dämpfung, die wir für die Oszillatoren einsetzten, tatsächlich eine Reibungskraft ist, von der man erwarten muß, daß sie einen Energieverlust verursacht. Wir sehen, daß der Imaginärteil n'' eines komplexen Brechungsindex eine Absorption (oder „Dämpfung") der Welle darstellt. In der Tat wird n'' manchmal als „Absorptionsindex" bezeichnet.

Wir können auch darauf hinweisen, daß ein Imaginärteil beim Index n einem Abbiegen des Pfeils E_a in Fig. 31–3 zum Ursprung entspricht. Es ist klar, warum dann das hindurchgelassene Feld vermindert wird.

Normalerweise ist die Lichtabsorption, wie z. B. in Glas, sehr klein. Dies muß aus Gl. (31.20) erwartet werden, weil der Imaginärteil des Nenners $i\gamma_k\omega$ viel kleiner als der Term $(\omega_k^2 - \omega^2)$ ist. Aber wenn die Lichtfrequenz ω sehr nahe bei ω_k liegt, dann kann der Resonanzterm $(\omega_k^2 - \omega^2)$ verglichen mit $i\gamma_k\omega$ klein werden und der Index wird fast vollständig imaginär. Die Absorption des Lichts wird der dominierende Effekt. Es ist genau dieser Effekt, der die dunklen Linien im Lichtspektrum ergibt, welches wir von der Sonne erhalten. Das Licht von der Sonnenoberfläche hat die Sonnenatmosphäre durchquert (ebenso wie die der Erde), und das Licht ist bei den Resonanzfrequenzen der Atome in der Sonnenatmosphäre stark absorbiert worden.

Die Beobachtung solcher Spektrallinien im Sonnenlicht erlaubt uns, die Resonanzfrequenzen der Atome anzugeben und daher die chemische Zusammensetzung der Sonnenatmosphäre. Dieselbe Art von Beobachtungen gibt uns Auskunft über die Stoffe in den Sternen. Durch solche Messungen wissen wir, daß die chemischen Elemente in der Sonne und in den Sternen dieselben sind wie die, die wir auf der Erde finden.

31–5 Die von einer elektrischen Welle transportierte Energie

Wir haben gesehen, daß der Imaginärteil des Indexes Absorption bedeutet. Jetzt werden wir diese Kenntnis nutzen, um herauszufinden, wieviel Energie von einer Lichtwelle transportiert wird. Wir haben früher einen Grund genannt, warum die vom Licht transportierte Energie proportional zu $\overline{E^2}$, dem Zeitmittel des elektrischen Feldes in der Welle zum Quadrat, ist. Die entsprechend der Absorption verursachte Verminderung von E muß einen Energieverlust bedeuten, der in irgendeine Dämpfung der Elektronen gehen wird und der, wie wir vermuten können, letztlich als Wärme im Material enden wird.

Wenn wir das Licht betrachten, das auf einer Einheitsfläche der Platte in Fig. 31–1, sagen wir auf einem Quadratzentimeter, ankommt, dann können wir die folgende Energiegleichung schreiben (wenn wir annehmen, daß Energie erhalten bleibt, was wir *tun*!):

Einfallende Energie pro sec = auslaufende Energie pro sec + geleistete Arbeit pro sec. (31.23)

Für den ersten Term können wir $\alpha\overline{E_s^2}$ schreiben, wobei α die bis jetzt unbekannte Proportionalitätskonstante ist, welche den Mittelwert von E^2 mit der transportierten Energie verknüpft. Beim zweiten Term müssen wir den Teil der strahlenden Atome des Materials einbeziehen, folglich sollten wir $\alpha\overline{(E_s + E_a)^2}$ oder (nach Ausrechnung des Quadrates) $\alpha(\overline{E_s^2} + 2\overline{E_sE_a} + \overline{E_a^2})$ benutzen.

Alle unsere Rechnungen sind für eine dünne Materialschicht gemacht worden, deren Index nicht sehr weit von 1 entfernt ist, so daß E_a immer sehr viel kleiner als E_s sein würde (nur um die Rechnungen einfacher zu machen). Bei Beibehaltung unserer Näherungen sollten wir deshalb den Term $\overline{E_a^2}$ fortlassen, weil er sehr viel kleiner als $\overline{E_sE_a}$ ist. Sie können sagen: „Dann sollte man auch $\overline{E_sE_a}$ weglassen, weil es viel kleiner als $\overline{E_s^2}$ ist.“ Es ist richtig, daß $\overline{E_sE_a}$ viel kleiner als $\overline{E_s^2}$ ist, aber wir müssen $\overline{E_sE_a}$ behalten, oder unsere Näherung wird genau die sein, die zutreffen würde, falls wir die Anwesenheit des Materials vollständig vernachlässigen würden! Eine Möglichkeit zu prüfen, ob unsere Rechnungen folgerichtig sind, ist die, daß wir immer Terme beibehalten, die proportional zu $-N\,\Delta z$, der Dichte der Atome in dem Material, sind, aber Terme weglassen, die proportional zu $(N\,\Delta z)^2$ oder irgendwelchen höheren Potenzen von $N\,\Delta z$ sind. Unsere Näherung sollte „Näherung geringer Dichte“ genannt werden.

In demselben Sinne könnten wir anmerken, daß unsere Energiegleichung die Energie in der reflektierten Welle vernachlässigt hat. Aber das ist in Ordnung, weil dieser Term auch proportional zu $(N\,\Delta z)^2$ ist, da die Amplitude der reflektierten Welle proportional zu $N\,\Delta z$ ist.

Für den letzten Term in Gl. (31.23) möchten wir die Rate ausrechnen, mit der die einfallende Welle an den Elektronen Arbeit leistet. Wir wissen, daß Arbeit gleich Kraft mal Entfernung ist, so daß die Rate der Arbeit (auch Leistung genannt) Kraft mal Geschwindigkeit ist. Es ist tatsächlich $\mathbf{F}\cdot\mathbf{V}$, aber wir brauchen uns nicht um das Punktprodukt zu kümmern, wenn die Geschwindigkeit und die Kraft jedes Atoms in dieselbe Richtung zeigen, wie es hier der Fall ist (ausgenommen ein mögliches Minuszeichen). So nehmen wir $\overline{q_eE_sv}$ als mittlere Arbeitsgeschwindigkeit für jedes Atom. Da es $N\,\Delta z$ Atome in der Einheitsfläche gibt, sollte der letzte Term in Gl. (31.23) $N\,\Delta z q_e\overline{E_sv}$ sein. Nun sieht unsere Energiegleichung wie folgt aus

$$\alpha\overline{E_s^2} = \alpha\overline{E_s^2} + 2\alpha\overline{E_sE_a} + N\,\Delta z\,q_e\,\overline{E_sv}. \tag{31.24}$$

Die $\overline{E_s^2}$-Terme heben sich auf und so haben wir

$$2\alpha\overline{E_sE_a} = N\,\Delta z\,q_e\,\overline{E_sv}. \tag{31.25}$$

Wir gehen jetzt zu Gl. (30.19) zurück, die uns sagt, daß für z

$$E_a = \frac{N\,\Delta z q_e}{2\epsilon_0 c}\,v(\text{verz. um } z/c) \tag{31.26}$$

gilt (wenn wir uns erinnern, daß $\eta = N\Delta z$ ist). Wenn wir Gl. (31.26) in die linke Seite von (31.25) einsetzen, erhalten wir

$$2\alpha\,\frac{N\,\Delta z q_e}{2\epsilon_0 c}\,\overline{E_s(\text{bei } z)\cdot v(\text{verz. um } z/c)}.$$

E_s (bei z) ist jedoch E_s (bei den Atomen) um z/c verzögert. Da der Mittelwert unabhängig von der Zeit ist, ist er nun derselbe wie bei der Verzögerung um z/c oder gleich $\overline{E_s \text{ (bei den Atomen)} \cdot v}$, demselben Mittelwert, der auf der rechten Seite von (31.25) erscheint. Beide Seiten sind deshalb gleich, wenn

$$\frac{\alpha}{\epsilon_0 c} = 1, \qquad \text{oder} \qquad \alpha = \epsilon_0 c. \tag{31.27}$$

Wir haben entdeckt, wenn Energie erhalten sein soll, so muß die in einer elektrischen Welle pro Einheitsfläche und pro Einheitszeit transportierte Energie (oder was wir die *Intensität* genannt haben) durch $\epsilon_0 c\overline{E^2}$ gegeben sein. Wenn wir die Intensität $\overline{S}$ nennen, haben wir

$$\overline{S} = \left\{\begin{matrix}\text{Intensität}\\ \text{oder}\\ \text{Energie/Fläche/Zeit}\end{matrix}\right\} = \epsilon_0 c\overline{E^2}, \tag{31.28}$$

wobei der *Querstrich* die *Zeitmittelung* bedeutet. Wir haben einen zusätzlichen Zusammenhang aus unserer Theorie des Brechungsindex erhalten!

31–6 Beugung des Lichts durch einen Schirm

Es ist jetzt der richtige Zeitpunkt, einen etwas anderen Fall anzupacken, den wir mit dem Formalismus dieses Kapitels behandeln können. Im letzten Kapitel haben wir gesagt, wenn man einen undurchsichtigen Schirm hat und das Licht durch mehrere Löcher kommen kann, so könnte die Intensitätsverteilung – das Beugungsmuster – durch die Vorstellung erhalten werden, daß die Löcher durch Quellen (Oszillatoren) ersetzt werden, die gleichmäßig über das Loch verteilt sind. Mit anderen Worten, die gebeugte Welle ist dieselbe, als wenn das Loch eine neue Quelle wäre. Wir müssen den Grund dafür erklären, weil das Loch natürlich gerade dort ist, wo es *keine* Quellen gibt und wo es *keine* beschleunigten Ladungen gibt.

Wir wollen erst einmal fragen: „Was *ist* ein undurchsichtiger Schirm?“ Angenommen, wir haben einen vollständig undurchsichtigen Schirm zwischen einer Quelle S und einem Beobachter P wie in Fig. 31–6 (a). Wenn der Schirm „undurchsichtig“ ist, gibt es bei P kein Feld. Warum gibt es dort kein Feld?

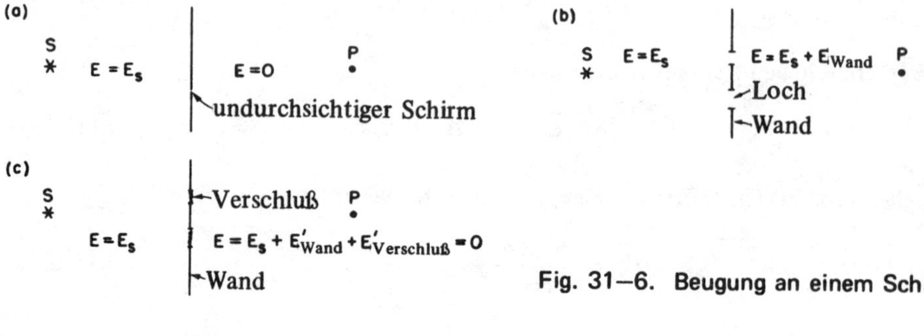

Fig. 31–6. Beugung an einem Schirm.

Den grundlegenden Prinzipien entsprechend sollten wir das Feld bei P als das verzögerte Feld E_s der Quelle erhalten, zuzüglich des Feldes von den Ladungen rundherum. Aber wie wir oben gesehen haben, werden die Ladungen in dem Schirm durch das Feld E_s in Bewegung versetzt, und diese Bewegungen erzeugen ein neues Feld, welches, wenn der Schirm undurchsichtig ist, *genau* das Feld E_s auf der Rückseite des Schirms *aufheben* muß. Sie sagen: „Was für ein Wunder, daß es sich *exakt* ausgleicht! Angenommen, es wäre nicht genau richtig!" Wenn es nicht genau richtig wäre (man erinnere sich, daß dieser undurchsichtige Schirm eine gewisse Dicke hat), würde das Feld im rückwärtigen Teil des Schirms nicht genau Null sein. Wenn es folglich nicht Null wäre, würde es einige andere Ladungen im Material des Schirms in Bewegung versetzen und so ein etwas stärkeres Feld machen, um zu versuchen, das Gesamtfeld auszubalancieren. Wenn wir so den Schirm ausreichend dick machen, gibt es kein restliches Feld, weil es genügend Gelegenheit gibt, die Sache letzten Endes zur Ruhe zu bringen. Ausgedrückt durch unsere obigen Formeln würden wir sagen, daß der Schirm einen großen und imaginären Index hat, so daß die Welle exponentiell absorbiert wird, wenn sie hindurchgeht. Sie wissen natürlich, daß eine genügend dünne Schicht des undurchsichtigsten Materials, sogar Gold, durchsichtig ist.

Wir wollen jetzt sehen, was mit einem undurchsichtigen Schirm passiert, der Löcher wie in Fig. 31–6 (b) hat. Was erwarten wir für das Feld bei P? Das Feld bei P kann als Summe zweier Teile dargestellt werden – dem Feld von der Quelle S plus dem Feld von der Wand, d. h. von den Bewegungen der Ladungen in den Wänden. Wir könnten erwarten, daß die Bewegungen der Ladungen in den Wänden kompliziert sind, aber wir können in ziemlich einfacher Weise herausfinden, *was für Felder sie erzeugen.*

Angenommen, wir würden denselben Schirm nehmen, würden aber die Löcher wie in Teil (c) der Figur gezeigt schließen. Wir stellen uns vor, daß die Verschlüsse aus genau demselben Material wie die Wand sind. Beachten Sie, daß die Verschlüsse dort sind, wo die Löcher im Fall (b) waren. Nun wollen wir das Feld bei P berechnen. Das Feld bei P ist sicherlich Null im Fall (c), aber es ist *auch* gleich dem Feld von der Quelle plus dem Feld von allen Bewegungen der Atome in den Wänden und den Verschlüssen. Wir können die folgenden Gleichungen schreiben:

$$\textit{Fall (b)}: \quad E_{\text{bei } P} = E_s + E_{\text{Wand}}$$
$$\textit{Fall (c)}: \quad E'_{\text{bei } P} = 0 = E_s + E_{\text{Wand}} + E'_{\text{Verschluß}},$$

wobei die Striche sich auf den Fall beziehen, bei dem die Verschlüsse an ihrem Platz sind, aber E_s ist natürlich in beiden Fällen dasselbe. Wenn wir nun die beiden Gleichungen subtrahieren, erhalten wir

$$E_{\text{bei } P} = (E_{\text{Wand}} - E'_{\text{Wand}}) - E'_{\text{Verschluß}}.$$

Wenn jetzt die Löcher nicht zu klein sind (sagen wir, viele Wellenlängen im Querschnitt), würden wir nicht erwarten, daß das Vorhandensein der Verschlüsse die Felder ändert, die bei den Wänden ankommen, außer vielleicht ein bißchen entlang den Kanten der Löcher. Wenn wir diesen kleinen Effekt vernachlässigen, können wir $E_{\text{Wand}} = E'_{\text{Wand}}$ setzen und erhalten

$$E_{\text{bei } P} = -E'_{\text{Verschluß}}.$$

Wir erhalten das Ergebnis, daß das Feld bei P, *wenn Löcher* in dem Schirm (Fall b) *sind,* dasselbe ist (außer dem Vorzeichen) wie das Feld, das durch *jenen Teil* einer vollständig undurchsichtigen Wand erzeugt wird, der *dort ist, wo die Löcher sind!* (Das

Vorzeichen ist nicht allzu interessant, da wir gewöhnlich an der Intensität interessiert sind, welche zum Quadrat des Felds proportional ist.)

Es erscheint als verblüffendes Eins-vor-eins-zurück-Argument. Es ist jedoch nicht nur richtig (näherungsweise für nicht zu kleine Löcher), sondern nützlich, und ist die Rechtfertigung für die gewöhnliche Beugungstheorie.

Das Feld $E'_{\text{Verschluß}}$ wird in jedem speziellen Fall berechnet, indem wir uns erinnern, daß die Bewegung der Ladungen *überall* in dem Schirm gerade die ist, die das Feld E_s auf der Rückseite des Schirms aufheben wird. Wenn wir erstmal diese Bewegungen kennen, addieren wir die Strahlungsfelder bei P, die gerade von den Ladungen in den Verschlüssen herrühren.

Wir bemerken nochmals, daß diese Beugungstheorie nur eine Näherung ist und nur gut sein wird, wenn die Löcher nicht zu klein sind. Für Löcher, die zu klein sind, wird der $E'_{\text{Verschluß}}$-Term klein sein, und die Differenz zwischen E'_{Wand} und E_{Wand} (die Differenz, die wir als Null angesetzt haben) kann dem kleinen $E'_{\text{Verschluß}}$-Term vergleichbar oder größer als dieser sein, und unsere Näherung wird nicht länger gelten.

32 Strahlungsdämpfung. Lichtstreuung

32–1 Strahlungswiderstand

Im letzten Kapitel haben wir gelernt, daß Energie weggetragen wird, wenn ein System oszilliert, und wir haben eine Formel für die Energie abgeleitet, die von einem oszillierenden System abgestrahlt wird. Wenn wir das elektrische Feld kennen, dann ist der Mittelwert des Feldes zum Quadrat mal $\epsilon_0 c$ der Energiebetrag, der pro Quadratmeter pro Sekunde durch eine Fläche senkrecht zur Ausbreitungsrichtung der Strahlung hindurchgeht:

$$S = \epsilon_0 c \langle E^2 \rangle. \tag{32.1}$$

Jede oszillierende Ladung strahlt Energie ab; z. B. strahlt eine betriebene Antenne Energie ab. Wenn das System Energie abstrahlt, dann müssen wir, um für die Energieerhaltung zu sorgen, feststellen, daß Leistung durch die Drähte geschickt wird, die in die Antenne führen. Das heißt, daß die Antenne der Versorgungselektronik gegenüber wie ein *Widerstand* oder wie eine Stelle wirkt, bei der Energie „verloren"gehen kann (die Energie ist nicht wirklich verloren, sie wird tatsächlich ausgestrahlt, aber für den elektronischen Stromkreis ist die Energie verloren). In einem gewöhnlichen Widerstand geht die „verlorene" Energie in Wärme über; in diesem Fall geht die „verlorene" Energie hinaus in den Raum. Aber vom Standpunkt der Stromkreistheorie, ohne zu berücksichtigen, *wohin* die Energie geht, ist der Nettoeffekt für den Stromkreis derselbe – die Energie ist für diesen Stromkreis „verloren". Deshalb erscheint die Antenne dem Generator so, als ob sie einen Widerstand hätte, auch wenn sie aus gutem Kupfer gemacht sein mag. Tatsächlich wird sie, wenn sie gut gebaut ist, als fast reiner Widerstand mit sehr kleiner Induktivität oder Kapazität erscheinen, weil wir soviel Energie wie möglich von der Antenne abstrahlen möchten. Dieser Widerstand, den eine Antenne zeigt, wird der *Strahlungswiderstand* genannt.

Wenn ein Strom I in die Antenne fließt, dann ist die mittlere Rate, mit der Leistung in die Antenne geliefert wird, der Mittelwert des Stroms zum Quadrat multipliziert mit dem Widerstand. Die Rate, mit der Leistung durch die Antenne *abgestrahlt* wird, ist natürlich proportional zum Strom in der Antenne zum Quadrat, weil alle Felder proportional zu den Strömen sind, und die freigesetzte Energie ist proportional zu dem Quadrat des Feldes. Der Proportionalitätskoeffizient zwischen der abgestrahlten Leistung und $\langle I^2 \rangle$ ist der Strahlungswiderstand.

Eine interessante Frage ist, woher rührt der Strahlungswiderstand? Wir wollen ein einfaches Beispiel nehmen: Sagen wir, daß Ströme in einer Antenne auf und ab getrieben werden. Wir stellen fest, daß wir Arbeit hineinstecken müssen, wenn die Antenne Energie abstrahlen soll. Wenn wir einen geladenen Körper nehmen und ihn auf und ab beschleunigen, strahlt er Energie ab; wenn er nicht geladen wäre, würde er keine Energie abstrahlen. Es ist eine Sache, aus der Energieerhaltung zu berechnen, daß Energie verlorengegangen ist, aber es ist etwas anderes, die Frage zu beantworten, *gegen welche Kraft* leisten wir Arbeit? Das ist eine interessante und sehr schwierige Frage, die für Elektronen niemals vollständig und befriedigend beantwortet worden ist, obwohl es für Antennen geschehen ist. Was geschieht, ist das folgende: In einer Antenne wirken die Felder, die durch die bewegten Ladungen in einem Teil der Antenne erzeugt werden, zurück auf die bewegten Ladungen in einem anderen Teil der Antenne. Wir können diese Kräfte berechnen und herausfinden, wieviel Arbeit sie leisten und so das richtige Gesetz für den Strahlungswiderstand finden. Wenn wir sagen, „wir können ausrechnen", ist das nicht ganz richtig, *wir* können es nicht, weil wir noch nicht die Gesetze der Elektrizität bei kurzen Entfernungen studiert haben; nur bei großen Entfernungen wissen wir, wie groß das elektrische Feld ist. Wir haben die Formel (28.3) gesehen, aber gegenwärtig ist es für *uns* zu kompliziert, die Felder innerhalb der Wellenzone zu berechnen. Da die Energieerhaltung gilt, können wir natürlich das Ergebnis richtig ausrechnen ohne die Felder bei kurzen Entfernungen zu kennen. (Wenn man dieses Argument anders herum benutzt, so stellt sich tatsächlich heraus, daß man die Formel für die Kräfte bei kleinen Entfernungen nur durch Kenntnis des Feldes in sehr großen Entfernungen herausfinden kann, indem man die Gesetze der Energieerhaltung benutzt, aber wir werden hier nicht darauf eingehen.)

Das Problem im Fall eines einzelnen Elektrons ist dieses: Wenn es nur eine Ladung gibt, worauf kann die Kraft wirken? Es ist in der alten klassischen Theorie vorgeschlagen worden, daß die Ladung ein kleiner Ball sei und daß ein Teil der Ladung auf den anderen Teil wirke. Wegen der Verzögerung in der Wirkung quer durch das winzige Elektron ist die Kraft nicht exakt in Phase mit der Bewegung. Das heißt, wenn wir ein stillstehendes Elektron haben, wissen wir, daß „Aktion gleich Reaktion" bedeutet. So sind die verschiedenen inneren Kräfte gleich, und es gibt keine resultierende Kraft. Aber wenn das Elektron beschleunigt wird, dann ist wegen der Zeitverzögerung über den Querschnitt die Kraft, die von hinten nach vorn wirkt, nicht genau dieselbe wie die, die von vorn nach hinten wirkt, wegen der Verzögerung der Wirkung. Diese Verzögerung im Zeitablauf verursacht den Fehlausgleich, so daß als resultierende Wirkung sich die Sache an den eigenen Schnürsenkeln zurückhält! Dieses Modell für den Ursprung des Widerstands bei der Beschleunigung, den Strahlungswiderstand einer bewegten Ladung, ist in viele Schwierigkeiten geraten, weil unsere jetzige Ansicht über das Elektron ist, daß es sich *nicht* um einen „kleinen Ball" handelt; dieses Problem ist niemals gelöst worden. Trotzdem können wir natürlich genau ausrechnen, wie groß die resultierende Strahlungswiderstandskraft sein muß, d. h. wieviel Verluste es geben muß, wenn wir eine Ladung beschleunigen, obwohl wir nicht genau den Mechanismus kennen, wie diese Kraft arbeitet.

32–2 Die Geschwindigkeit der Strahlungsenergie

Jetzt werden wir die gesamte Energie berechnen, die von einer beschleunigten Ladung abgestrahlt wird. Um die Diskussion allgemein zu halten, werden wir den Fall einer beliebig, aber nicht-relativistisch beschleunigten Ladung nehmen. Zu einem Zeitpunkt, wenn die Beschleunigung, sagen wir, senkrecht ist, wissen wir, daß das erzeugte elektrische Feld gleich der Ladung multipliziert mit der Projektion der retardierten Beschleunigung dividiert durch die Entfernung ist. So kennen wir das elektrische Feld in jedem Punkt, und wir kennen deshalb das Quadrat des elektrischen Feldes und folglich die Energie $\epsilon_0 cE^2$, die durch eine Einheitsfläche pro Sekunde weggeht.

Die Größe $\epsilon_0 c$ erscheint ziemlich oft in Ausdrücken, die sich auf Radiowellenausbreitung beziehen. Ihr reziproker Wert wird die *Impedanz des Vakuums* genannt, und sie ist eine leicht zu merkende Zahl: Sie hat den Wert $1/\epsilon_0 c = 377$ Ohm. So ist die Leistung in Watt pro Quadratmeter gleich dem Feldmittel zum Quadrat dividiert durch 377.

Wenn wir unseren Ausdruck (29.1) für das elektrische Feld benutzen, finden wir, daß

$$S = \frac{q^2 a'^2 \sin^2\theta}{16\pi^2\epsilon_0 r^2 c^3} \tag{32.2}$$

die Leistung pro Quadratmeter ist, die in die Richtung θ abgestrahlt wird. Wir bemerken, daß sie mit dem Kehrwert der Entfernung zum Quadrat geht, wie wir früher gesagt haben. Angenommen, wir wollten nun die in alle Richtungen abgestrahlte Gesamtenergie haben; dann müssen wir (32.2) über alle Richtungen integrieren. Zuerst multiplizieren wir mit der Fläche, um den Betrag zu finden, der in dem kleinen Winkel $d\theta$ fließt (Fig. 32–1). Wir brauchen die Fläche eines Kreissegments. Der Weg, dies herauszufinden, ist der: Wenn r der Radius ist, dann ist die Breite des Winkelsegments $r\,d\theta$, und der Umfang ist $2\pi r \sin\theta$, da $r \sin\theta$ der Radius des Kreises ist.

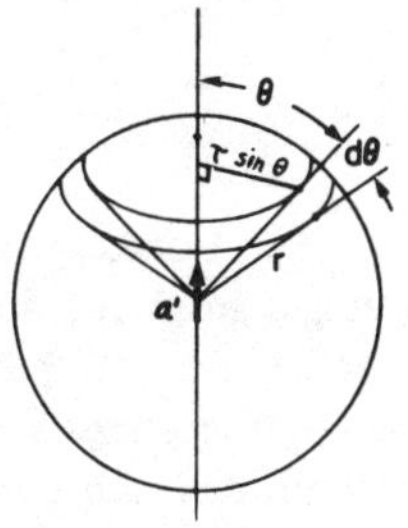

Fig. 32–1. Die Fläche eines Kreissegmentes ist $2\pi r \sin\theta \cdot r\,d\theta$.

Folglich ist die Fläche eines kleinen Kugelausschnitts $2\pi r \sin\theta$ mal $r\,d\theta$:

$$dA = 2\pi r^2 \sin\theta\, d\theta. \tag{32.3}$$

Nach Multiplikation des Flusses [(32.2), Leistung pro Quadratmeter] mit der in dem kleinen Winkel $d\theta$ eingeschlossenen Fläche in Quadratmetern finden wir den Energiebetrag, der in dieser Richtung zwischen θ und $\theta + d\theta$ frei wird; dann integrieren wir das über alle Winkel θ von 0 bis 180°:

$$P = \int S\,dA = \frac{q^2 a'^2}{8\pi\epsilon_0 c^3} \int_0^\pi \sin^3\theta\, d\theta. \tag{32.4}$$

Wenn wir $\sin^3\theta = (1 - \cos^2\theta)\sin\theta$ schreiben, ist es nicht schwierig zu zeigen, daß $\int_0^\pi \sin^3\theta\, d\theta = 4/3$ ist. Bei Nutzung dieser Tatsache finden wir schließlich

$$P = \frac{q^2 a'^2}{6\pi\epsilon_0 c^3}. \tag{32.5}$$

Dieser Ausdruck ist einige Bemerkungen wert. Zuerst würde, da der Vektor $\mathbf{a}'$ eine bestimmte Richtung hatte, die Größe a'^2 in (32.5) das Quadrat des Vektors $\mathbf{a}'$ sein, d. h. $\mathbf{a}' \cdot \mathbf{a}'$, die Länge des Vektors zum Quadrat. Zweitens wurde der Fluß (32.2) unter Verwendung der retardierten Beschleunigung berechnet, d. h. mit der Beschleunigung zu einer Zeit, bei der die nun durch die Kugel fließende Energie abgestrahlt wurde. Wir würden gerne sagen, daß diese Energie tatsächlich zu dieser früheren Zeit frei wurde. Dies ist nicht ganz richtig; es ist nur eine angenäherte Vorstellung. Die genaue Zeit, zu der die Energie frei wurde, kann nicht präzise definiert werden. Alles, was wir wirklich genau ausrechnen können, ist, was bei einer vollständigen Bewegung, einer Schwingung oder dergleichen, wobei die Beschleunigung letztlich aufhört, passiert. Dann finden wir heraus, daß der gesamte Energiefluß pro Zyklus die gemittelte Beschleunigung zum Quadrat für einen vollständigen Zyklus ist. Dies ist es, was tatsächlich in (32.5) erscheinen sollte. Oder, wenn es sich um eine Bewegung mit einer Beschleunigung handelt, die am Anfang und am Ende Null ist, dann ist die gesamte Energie, die ausgeströmt ist, das Zeitintegral von (32.5).

Um die Konsequenzen der Formel (32.5) darzustellen, wenn wir ein schwingendes System haben, wollen wir sehen, was geschieht, wenn die Verschiebung x der Ladung oszilliert, so daß die Beschleunigung a gleich $-\omega^2 x_0 e^{i\omega t}$ ist. Der Mittelwert des Beschleunigungsquadrates über einen Zyklus (man erinnere sich, daß wir sehr vorsichtig sein müssen, wenn wir Größen in komplexer Schreibweise quadrieren – es ist in Wirklichkeit der Kosinus, und der Mittelwert von $\cos^2\omega t$ ist einhalb) ist folglich $\langle a'^2\rangle = \frac{1}{2}\omega^4 x_0^2$. Deshalb gilt

$$P = \frac{q^2\omega^4 x_0^2}{12\pi\epsilon_0 c^3}. \tag{32.6}$$

Die Formeln, die wir jetzt diskutieren, sind relativ fortgeschritten und mehr oder weniger modern; sie stammen aus dem Beginn des zwanzigsten Jahrhunderts und sind sehr berühmt. Wegen ihres historischen Werts ist es wichtig für uns, über sie in älteren Büchern lesen zu können. Tatsächlich benutzten die älteren Bücher noch ein Einheitensystem, das sich von unserem jetzigen MKS-System unterscheidet. Jedoch können alle diese Schwierigkeiten in den Endformeln, die sich auf Elektronen beziehen, durch die folgende Regel beseitigt werden: Die Größe $q_e^2/4\pi\epsilon_0$, bei der q_e die elektrische Ladung (in Coulomb) ist, wurde historisch als e^2 geschrieben. Es läßt sich sehr einfach berechnen, daß e im MKS-System zahlenmäßig gleich 1.5188×10^{-14} ist, weil wir wissen, daß in Zahlen $q_e = 1.60206 \times 10^{-19}$ und $1/4\pi\epsilon_0 = 8.98748 \times 10^9$ ist. Deshalb werden wir oft die folgende bequeme Abkürzung benutzen

$$e^2 = \frac{q_e^2}{4\pi\epsilon_0}. \tag{32.7}$$

Wenn wir den obigen Zahlenwert von e in den älteren Formeln benutzen und sie so behandeln, als wenn sie in MKS-Einheiten geschrieben wären, werden wir die richtigen Zahlenergebnisse erhalten. Zum Beispiel ist die ältere Form von (32.5) $P = \frac{2}{3}e^2a^2/c^3$. Wiederum ist die potentielle Energie eines Protons und eines Elektrons mit dem Abstand r gleich $q_e^2/4\pi\epsilon_0 r$ oder e^2/r, mit $e = 1.5188 \times 10^{-14}$ MKS.

32–3 Strahlungsdämpfung

Nun würde die Tatsache, daß ein Oszillator eine gewisse Energie verliert, folgendes bedeuten: Wenn wir eine Ladung am Ende einer Feder (oder ein Elektron in einem Atom) hätten, die eine natürliche Frequenz ω_0 hat, und wir diese in Schwingung versetzen und sie weiter laufen lassen, so würde sie nicht ewig oszillieren, selbst wenn sie im leeren Raum Millionen von Meilen von allem entfernt wäre.

Es gibt kein Öl, keinen Widerstand im gewöhnlichen Sinne; keine „Viskosität". Aber trotzdem wird sie nicht, wie wir vielleicht früher gesagt hätten, „für immer" oszillieren, denn wenn sie geladen ist, strahlt sie Energie ab und die Schwingung wird deshalb langsam abklingen. Wie langsam? Wie groß ist das Q eines solchen Oszillators, das durch elektromagnetische Effekte, den sogenannten Strahlungswiderstand oder die Strahlungsdämpfung des Oszillators, erzeugt wurde? Das Q eines jeden oszillierenden Systems ist der gesamte Energieinhalt des Oszillators zu jeder Zeit, dividiert durch den Energieverlust pro Bogengrad:

$$Q = \frac{W}{dW/d\phi}.$$

Oder (in anderer Schreibweise), da

$$Q = \frac{\omega W}{dW/dt}. \tag{32.8}$$

Wenn dies uns bei gegebenem Q sagt, wie die Energie des Oszillators versiegt, dann ist $dW/dt = -(\omega/Q)W$, was die Lösung $W = W_0 e^{-\omega t/Q}$ hat, wenn W_0 die Anfangsenergie ist (bei $t = 0$).

Um das Q für einen Strahler zu finden, gehen wir zurück zu (32.8) und benutzen (32.6) für dW/dt.

Was nehmen wir jetzt für die Energie W des Oszillators? Die kinetische Energie des Oszillators ist $\frac{1}{2}mv^2$, und die *mittlere* kinetische Energie ist $m\omega^2 x_0^2/4$. Aber wir erinnern uns, daß bei der Gesamtenergie des Oszillators im Mittel die Hälfte kinetische und die Hälfte potentielle Energie ist, und so verdoppeln wir unser Ergebnis und finden für die Gesamtenergie des Oszillators

$$W = \tfrac{1}{2}m\omega^2 x_0^2. \tag{32.9}$$

Was nehmen wir für die Frequenz in unseren Formeln? Wir nehmen die natürliche Frequenz ω_0, weil bei allen praktischen Anwendungen dies die Frequenz ist, mit der unser Atom strahlt, und für m nehmen wir die Elektronenmasse m_e. Wenn wir dann die notwendigen Divisionen und Kürzungen ausführen, wird die Formel zu

$$\frac{1}{Q} = \frac{4\pi e^2}{3\lambda m_e c^2}. \tag{32.10}$$

(Um sie besser und in einer mehr historischen Form zu sehen, schreiben wir sie mit Benutzung unserer Abkürzung $q_e^2/4\pi\epsilon_0 = e^2$, und der Faktor ω_0/c, der übrigblieb, ist als $2\pi/\lambda$ geschrieben worden.) Da Q dimensionslos ist, muß die Kombination $e^2/m_e c^2$ eine Eigenschaft allein der Elektronenladung und -Masse sein, eine dem Elektron eigene Eigenschaft, und sie muß eine *Länge* sein. Man hat ihr einen Namen gegeben: *klassischer Elektronen-Radius,* weil frühere Atommodelle, die erfunden wurden, um den Strahlungswiderstand auf der Grundlage der Kraft, die von einem Teil des Elektrons auf die anderen Teile wirkt, zu erklären, alle ein Elektron brauchten, dessen Dimensionen von dieser allgemeinen Größenordnung waren. Diese Größe hat jedoch nicht mehr die Bedeutung, daß wir etwa glauben, daß das Elektron wirklich solch einen Radius *hat.* Zahlenmäßig beträgt die Größe des Radius

$$r_0 = \frac{e^2}{m_e c^2} = 2.82 \times 10^{-15}\,\text{m}. \tag{32.11}$$

Nun wollen wir tatsächlich das Q eines Atoms berechnen, das Licht emittiert – sagen wir eines Natriumatoms. Für ein Natriumatom beträgt die Wellenlänge ungefähr

6.000 Angström im gelben Teil des sichtbaren Spektrums, und dies ist eine typische Wellenlänge. Folglich ist

$$Q = \frac{3\lambda}{4\pi r_0} \approx 5 \times 10^7, \tag{32.12}$$

so daß das Q eines Atoms von der Größenordnung 10^8 ist. Dies bedeutet, daß ein Atomoszillator 10^8 Bogengrade oder ungefähr 10^7 Schwingungen oszillieren wird, bevor seine Energie auf den Faktor $1/e$ gefallen ist. Die Frequenz $\nu = c/\lambda$ der Lichtschwingung, die 6.000 Angström entspricht, ist von der Größenordnung 10^{15} Schwingungen pro sec und deshalb ist die Lebensdauer, die Zeit, die die Energie eines strahlenden Atoms benötigt, um auf $1/e$ abzusinken, von der Größenordnung 10^{-8} sec. Unter gewöhnlichen Umständen brauchen frei emittierende Atome ungefähr so lange zum Abstrahlen. Dieses gilt nur für Atome, die sich im leeren Raum befinden und nicht in irgendeiner Weise gestört werden. Wenn das Elektron in einem Festkörper ist und andere Atome oder andere Elektronen treffen muß, dann gibt es zusätzlichen Widerstand und eine andere Dämpfung.

Der effektive Widerstandsterm γ im Widerstandsgesetz für den Oszillator kann aus der Beziehung $1/Q = \gamma/\omega_0$ gefunden werden, und wir erinnern uns, daß die Größe von γ bestimmt, wie breit die Resonanzkurve ist (Fig. 23–2). Folglich haben wir gerade die *Breite der Spektrallinien* für frei strahlende Atome ausgerechnet! Da $\lambda = 2\pi c/\omega$ ist, finden wir, daß

$$\begin{aligned}\Delta\lambda &= 2\pi c\,\Delta\omega/\omega^2 = 2\pi c\gamma/\omega_0^2 = 2\pi c/Q\omega_0 \\ &= \lambda/Q = 4\pi r_0/3 = 1.18 \times 10^{-14}\,\text{m}.\end{aligned} \tag{32.13}$$

32–4 Unabhängige Quellen

Zur Vorbereitung unseres zweiten Themas, der Lichtstreuung, müssen wir jetzt einen bestimmten Gesichtspunkt des Interferenzphänomens diskutieren, den wir früher bei der Besprechung vernachlässigt hatten. Dies ist die Frage, wann Interferenz *nicht* auftritt. Wenn wir zwei Quellen S_1 und S_2 mit Amplituden A_1 und A_2 haben und eine Beobachtung in einer bestimmten Richtung machen, in der die Ankunftsphasen der beiden Signale ϕ_1 und ϕ_2 sind (eine Kombination der tatsächlichen Schwingungszeit und der verzögerten Zeit in Abhängigkeit von dem Beobachtungspunkt), dann kann die Energie, die wir erhalten, gefunden werden durch Zusammensetzen der zwei komplexen Zahlenvektoren A_1 und A_2, einer unter dem Winkel ϕ_1 und der andere mit dem Winkel ϕ_2 (wie wir es im Kapitel 30 taten), und wir finden, daß die resultierende Energie proportional ist zu

$$A_R^2 = A_1^2 + A_2^2 + 2A_1A_2\cos(\phi_1 - \phi_2). \tag{32.14}$$

Wenn nun der gemischte Term $2A_1A_2\cos(\phi_1 - \phi_2)$ nicht vorhanden wäre, würde die Gesamtenergie, die in einer gegebenen Richtung empfangen wird, einfach die Summe der Energien $A_1^2 + A_2^2$ sein, die von jeder Quelle separat freigelassen würde, und dies ist es, was wir gewöhnlich erwarten. Das heißt, die vereinigte Lichtintensität, die von zwei Quellen aus auf irgend etwas scheint, ist die Summe der Intensitäten der zwei Lichter. Wenn wir andererseits die Dinge genau richtig eingerichtet und einen gemischten Term haben, ist es keine solche Summe, weil es auch ein bißchen Interferenz gibt. In Fällen, bei denen dieser Term nicht von Bedeutung ist, würden wir sagen, daß die Interferenz offenbar verlorenging. Natürlich ist sie in der Natur überall vorhanden, aber wir sind nicht in der Lage, sie zu beobachten.

Wir wollen einige Beispiele betrachten. Zuerst sei angenommen, daß die beiden Quellen 7.000.000.000 Wellenlängen auseinander sind, was kein unmöglicher Fall ist. Dann gibt es in einer gegebenen Richtung einen ganz bestimmten Wert dieser Phasendifferenzen. Wenn wir andererseits aber nur um Haaresbreite in eine Richtung gehen, nur wenige Wellenlängen, was überhaupt keine Entfernung ist (unser Auge hat schon ein Loch, das so groß ist, daß wir die Effekte über einen verglichen mit einer Wellenlänge sehr weiten Bereich mitteln), dann ändern wir die relative Phase, und der Kosinus ändert sich sehr schnell. Wenn wir den *Mittelwert* der Intensität über ein kleines Gebiet nehmen, dann mittelt sich der Kosinus, der plus, minus, plus, minus wird, zu Null.

Wenn wir so über Gebiete mitteln, in denen die Phase sich sehr schnell mit der Lage ändert, erhalten wir keine Interferenz.

Ein anderes Beispiel. Angenommen, die zwei Quellen sind zwei unabhängige Radiooszillatoren – nicht ein einziger Oszillator, der durch zwei Drähte versorgt wird, was garantiert, daß die Phasen zusammengehalten werden, sondern zwei unabhängige Quellen – und sie werden nicht *genau* mit derselben Frequenz betrieben (es ist sehr schwer, sie genau mit der gleichen Frequenz zu betreiben, ohne sie tatsächlich zusammen zu verdrahten). In diesem Fall haben wir, was wir zwei *unabhängige* Quellen nennen. Da die Frequenzen natürlich nicht exakt gleich sind, obwohl sie in Phase begannen, beginnt eine von ihnen ein bißchen vor die andere zu eilen, und sehr bald sind sie phasenverschoben, und dann bekommt sie einen noch größeren Vorsprung und bald sind sie wieder phasengleich. So verschiebt sich die Phasendifferenz allmählich mit der Zeit; wenn aber unsere Beobachtung so grob ist, daß wir diese kleine Zeit nicht sehen können, wenn wir über eine viel größere Zeit mitteln, dann mittelt sich, obwohl die Intensität ansteigt und fällt, was wir beim Schall „Schwebungen" nennen, dieser Term wieder aus, wenn dieses Ansteigen und Abfallen zu schnell für unsere Meßausrüstung ist, um ihm zu folgen.

Mit anderen Worten erhalten wir in jeder Situation, in der sich die Phasenverschiebung herausmittelt, keine Interferenz!

Man findet viele Bücher, die behaupten, daß zwei verschiedene Lichtquellen niemals interferieren. Dies ist keine Behauptung der Physik, sondern lediglich eine Aussage über den Empfindlichkeitsgrad der Experimentiertechnik zu der Zeit, in der das Buch geschrieben wurde. Was in einer Lichtquelle geschieht, ist, daß zuerst ein Atom strahlt, dann ein anderes Atom strahlt und so fort, und wir haben gerade gesehen, daß die Atome einen Wellenzug nur ungefähr 10^{-8} sec lang abstrahlen; nach 10^{-8} sec hat wahrscheinlich irgendein Atom übernommen, dann übernimmt ein anderes Atom usw. So können die Phasen tatsächlich nur ungefähr 10^{-8} sec lang dieselben bleiben. Wenn wir deshalb über viel mehr als 10^{-8} sec mitteln, sehen wir keine Interferenz von zwei verschiedenen Quellen, weil sie ihre Phasen nicht länger als 10^{-8} sec halten können. Mit Photozellen ist eine äußerst schnelle Messung möglich, und man kann zeigen, daß es eine Interferenz gibt, die sich mit der Zeit auf und ab ändert, in etwa 10^{-8} sec. Aber die meisten Meßgeräte sehen natürlich nicht solche winzigen Zeitintervalle und sehen folglich keine Interferenz. Mit dem Auge, das eine Mittelungszeit von einer zehntel Sekunde hat, gibt es überhaupt keine Chance, Interferenz zwischen zwei verschiedenen gewöhnlichen Quellen zu sehen.

Kürzlich ist es gelungen, Lichtquellen zu bauen, die diesen Effekt umgehen, indem sie alle Atome veranlassen, *zusammen* zur gleichen Zeit zu emittieren. Das Gerät, das dieses schafft, ist ein sehr kompliziertes Ding und muß auf quantenmechanische Weise verstanden werden. Es wird *Laser* genannt, und es ist möglich, mit einem Laser eine Quelle herzustellen, bei der die Interferenzfrequenz, die Zeit, während der die Phase konstant gehalten wird, sehr viel länger als 10^{-8} sec ist. Sie kann von der Größe einer hundertstel, einer zehntel oder sogar einer Sekunde sein, und so kann mit gewöhnlichen Photozellen die Frequenz zwischen zwei verschiedenen Lasern aufnehmen. Man kann das Pulsieren der Schwingungen zwischen zwei Laserquellen leicht messen. Ohne Zweifel wird bald irgend jemand in der Lage sein, zwei Quellen, die auf eine Wand leuchten, vorzuführen, bei denen die Schwebungen so langsam sind, daß man die Wand hell und dunkel werden *sieht!*

Ein anderer Fall, bei dem sich die Interferenz ausmittelt, ist der, bei dem wir statt nur *zweier* Quellen *viele* haben. In diesem Fall würden wir den Ausdruck für A_R^2 als Summe einer ganzen Menge von Amplituden, komplexen Zahlen, zum Quadrat schreiben, und wir würden das Quadrat jeder einzelnen erhalten, alle zusammen addiert, plus Mischterm zwischen jedem Paar, und wenn die Umstände so liegen, daß letztere sich ausmitteln, dann wird es keine Interferenzeffekte geben. Es kann sein, daß die verschiedenen Quellen an so willkürlichen Orten lokalisiert sind, daß, obwohl die Phasendifferenz zwischen A_2 und A_3 auch bestimmt ist, sie sehr verschieden von der zwischen A_1 und A_2 usw. ist. So würden wir eine ganze Menge von Kosinussen erhalten, viele plus, viele minus, die sich alle ausmitteln.

So kommt es, daß wir in vielen Fällen nicht die Effekte der Interferenz sehen, sondern nur eine kollektive, totale Intensität gleich der Summe aller Intensitäten.

32–5 Lichtstreuung

Das oben Gesagte führt uns zu einem Effekt, der in der Luft als Folge der regellosen Positionen der Atome auftritt. Als wir den Brechungsindex diskutierten, sahen wir, daß ein einfallender Lichtstrahl die Atome wieder zum Strahlen bringt. Das elektrische Feld des einfallenden Strahls treibt die Elektronen auf und ab, und sie strahlen wegen ihrer Beschleunigung. Diese gestreute Strahlung verbindet sich zu einem Strahl in derselben Richtung wie die des einfallenden Strahls, aber von etwas anderer Phase, und dies ist der Ursprung des Brechungsindex.

Aber was können wir über den Betrag von zurückgestrahltem Licht in irgendeiner anderen Richtung sagen? Wenn die Atome sehr schön in einem netten Muster angeordnet sind, kann man gewöhnlich einfach zeigen, daß wir nichts in anderen Richtungen erhalten, weil wir eine Menge von Vektoren mit sich dauernd ändernden Phasen addieren und das Ergebnis zu Null wird. Aber wenn die Objekte *willkürlich* angeordnet sind, dann ist die Gesamtintensität in jeder Richtung die *Summe* der Intensitäten, die von jedem Atom gestreut werden, wie wir es gerade besprochen haben. Außerdem sind die Atome in einem Gas in echter Bewegung, so daß, obwohl die relative Phase zweier Atome im Moment einen bestimmten Betrag hat, sie später ganz anders sein wird, und deshalb wird sich *jeder* Kosinusterm ausmitteln. Um herauszufinden, wieviel Licht in eine gegebene Richtung von einem Gas gestreut wird, brauchen wir bloß die Effekte *eines Atoms* zu untersuchen und die Intensität, die es abstrahlt, mit der Anzahl der Atome zu multiplizieren.

Früher haben wir festgestellt, daß das Phänomen dieser Art der Lichtstreuung der Ursprung des Himmelsblaus ist. Das Sonnenlicht geht durch die Luft, und wenn wir neben die Sonne gucken – sagen wir mit 90° zum Strahl – sehen wir blaues Licht; was wir jetzt berechnen müssen ist, *wieviel* Licht wir sehen und *warum es blau ist.*

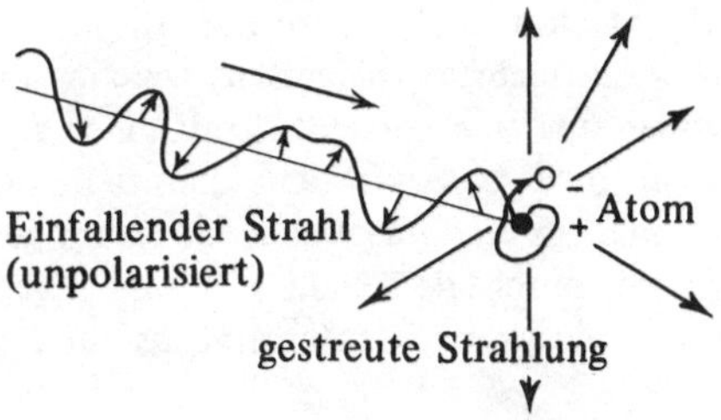

Fig. 32–2. Ein Strahlungsbündel fällt auf ein Atom und veranlaßt die Ladungen (Elektronen) in dem Atom, sich zu bewegen. Die bewegten Elektronen wiederum strahlen in verschiedene Richtungen.

Wenn der einfallende Strahl das elektrische Feld $\mathbf{E} = \mathbf{E}_0 e^{i\omega t}$ an dem Punkt hat, wo sich das Atom befindet, wissen wir, daß ein Elektron in dem Atom in Reaktion auf dieses **E** hin und her vibrieren wird (Fig. 32–2). Nach Gl. (23.8) wird die Amplitude zu

$$\hat{\mathbf{x}} = \frac{q_e\hat{\mathbf{E}}_0}{m(\omega_0^2 - \omega^2 + i\omega\gamma)}. \tag{32.15}$$

Wir könnten die Dämpfung und die Möglichkeit einbeziehen, daß das Atom sich wie verschiedene Oszillatoren unterschiedlicher Frequenz benimmt, und könnten über die verschiedenen Frequenzen summieren, aber der Einfachheit halber wollen wir nur einen Oszillator nehmen und die Dämpfung vernachlässigen. Dann ist die Reaktion auf das äußere elektrische Feld, die wir schon in der Berechnung des Brechungsindexes benutzt haben, einfach gleich

$$\hat{\mathbf{x}} = \frac{q_e\hat{\mathbf{E}}_0}{m(\omega_0^2 - \omega^2)}. \tag{32.16}$$

Wir könnten nun einfach die Lichtintensität ausrechnen, die in verschiedene Richtungen emittiert wird, indem wir Formel (32.2) und die dem obigen $\hat{\mathbf{x}}$ entsprechende Beschleunigung benutzen.

Statt dessen werden wir jedoch einfach den *Gesamtbetrag* des in *alle* Richtungen gestreuten Lichts berechnen, einfach um Zeit zu sparen. Der Gesamtbetrag der Lichtenergie pro Sekunde, der von dem einzelnen Atom in alle Richtungen gestreut wird, ist natürlich durch Gl. (32.6) gegeben. Indem wir die verschiedenen Teile zusammenstellen und sie umordnen, erhalten wir so

$$\begin{aligned} P &= [(q_e^2\omega^4/12\pi\epsilon_0 c^3)q_e^2E_0^2/m_e^2(\omega^2 - \omega_0^2)^2] \\ &= (\tfrac{1}{2}\epsilon_0 cE_0^2)(8\pi/3)(q_e^4/16\pi^2\epsilon_0^2m_e^2c^4)[\omega^4/(\omega^2 - \omega_0^2)^2] \\ &= (\tfrac{1}{2}\epsilon_0 cE_0^2)(8\pi r_0^2/3)[\omega^4/(\omega^2 - \omega_0^2)^2] \end{aligned} \tag{32.17}$$

für die gesamte gestreute Leistung, die in alle Richtungen gestrahlt wird.

Wir haben das Ergebnis in der obigen Form geschrieben, weil es dann leicht zu behalten ist: Zuerst einmal ist die gestreute Gesamtenergie proportional zum Quadrat des einfallenden Feldes. Was bedeutet das? Offenbar ist das Quadrat des einfallenden Feldes proportional zu der Energie, die pro Sekunde einfällt. Tatsächlich ist die Energie, die pro Quadratmeter und pro Sekunde einfällt, $\epsilon_0 c$ mal der Mittelwert $\langle E^2 \rangle$ des

Quadrats des elektrischen Feldes, und wenn E_0 der maximale Wert von E ist, dann ist $\langle E^2 \rangle = \frac{1}{2} E_0^2$. Mit anderen Worten, die gesamte gestreute Energie ist proportional zu der Energie pro Quadratmeter, die einfällt; je heller das Sonnenlicht ist, das am Himmel scheint, desto heller wird der Himmel aussehen.

Als nächstes fragen wir, welcher *Teil* des einfallenden Lichts gestreut wird? Wir wollen uns eine „Scheibe" mit einer gewissen Fläche in dem Strahl vorstellen, sagen wir σ (nicht eine wirkliche materielle Scheibe, weil diese das Licht beugen würde usw.; wir meinen eine imaginäre, im Raum gezeichnete Fläche). Der Gesamtbetrag der Energie, der durch die Fläche σ in einem gegebenen Fall hindurchgehen würde, ist sowohl zu der einfallenden Intensität als auch zu σ proportional und beträgt

$$P = (\tfrac{1}{2}\epsilon_0 c E_0^2)\sigma. \tag{32.18}$$

Nun führen wir eine Idee ein: Wir sagen, daß das Atom einen Gesamtbetrag an Intensität streut, welcher der Betrag ist, der auf eine bestimmte geometrische Fläche fallen würde, und wir geben die Antwort, indem wir diese Fläche angeben. Diese Antwort ist dann unabhängig von der einfallenden Intensität; sie gibt das Verhältnis der gestreuten Energie zur pro Quadratmeter einfallenden Energie an. Mit anderen Worten ist das Verhältnis

$$\frac{\text{gesamte pro Sekunde gestreute Energie}}{\text{pro Quadratmeter} - \text{pro Sekunde einfallende Energie}} = \text{eine } \textit{Fläche}.$$

Die Bedeutung dieser Fläche ist die, wenn die ganze auf diese Fläche eintreffende Energie in alle Richtungen gespuckt würde, dann ist dies der Energiebetrag, der von dem Atom gestreut werden würde.

Diese Fläche wird der *Streuquerschnitt* genannt; die Idee des Querschnitts wird immer gebraucht, wenn irgendein Phänomen im Verhältnis zur Intensität eines Strahls auftritt. In solchen Fällen beschreibt man den Betrag des Phänomens, indem man sagt, wie groß die effektive Fläche sein müßte, um soviel vom Strahl aufzunehmen. Es bedeutet keinesfalls, daß dieser Oszillator tatsächlich solch eine Fläche *hat*. Wenn es dort nichts gäbe außer einem frei auf und ab schwingenden Elektron, würde es physikalisch keine direkt damit verbundene Fläche geben. Es ist bloß ein Weg, die Antwort auf ein bestimmtes Problem zu formulieren; es sagt, auf was für eine Fläche der einfallende Strahl treffen müßte, um den Betrag der weggehenden Energie zu erklären. Folglich ist in unserem Fall

$$\sigma_s = \frac{8\pi r_0^2}{3} \cdot \frac{\omega^4}{(\omega^2 - \omega_0^2)^2} \tag{32.19}$$

(der Index s steht für „Streuung").

Wir wollen einige Beispiele betrachten. Zunächst, wenn wir zu einer sehr niedrigen Frequenz ω_0 gehen oder zu vollständig ungebundenen Elektronen, für die $\omega_0 = 0$ ist, dann kürzt sich die Frequenz ω heraus und der Querschnitt ist eine Konstante. Diese Grenze bei niedriger Frequenz oder der Querschnitt für das freie Elektron ist als *Thompsonscher Streuquerschnitt* bekannt. Es ist eine Fläche, deren Dimensionen mehr oder weniger ungefähr 10^{-15} Meter in einer Richtung sind, d. h. 10^{-30} Quadratmeter, was ziemlich klein ist!

Andererseits, wenn wir den Fall des Lichts in der Luft nehmen, erinnern wir uns, daß für Luft die natürlichen Frequenzen der Oszillatoren höher als die Frequenz des

Lichts sind, das wir benutzen. Das bedeutet, daß wir in erster Näherung ω^2 im Nenner vernachlässigen können, und wir stellen fest, daß die Streuung zur *vierten Potenz* der Frequenz proportional ist. Das heißt, daß Licht, das von höherer Frequenz, sagen wir um einen Faktor zwei, ist, *sechzehnmal* so intensiv gestreut wird, was ein ganz beachtlichter Unterschied ist. Das bedeutet, daß blaues Licht, das ungefähr die zweifache Frequenz von dem roten Ende des Spektrums hat, in viel größerem Ausmaß als rotes Licht gestreut wird. Wenn wir zum Himmel schauen, zeigt er folglich dieses wundervolle Blau, das wir immerzu sehen!

Es gibt mehrere Bemerkungen, die zu den obigen Ergebnissen gemacht werden müssen. Eine interessante Frage ist die, warum sehen wir überhaupt *Wolken?* Woher kommen die Wolken? Jederman weiß, daß es die Kondensation des Wasserdampfes ist. Aber natürlich ist der Wasserdampf schon in der Atmosphäre *bevor* er kondensiert, warum sehen wir ihn dann also nicht? Nachdem er kondensiert, ist er vollkommen sichtbar. Er war nicht da, nun *ist* er da. So ist das Geheimnis, woher die Wolken kommen, tatsächlich nicht solch ein kindliches Geheimnis wie „woher kommt das Wasser, Papa?", sondern muß erklärt werden.

Wir haben gerade erklärt, daß jedes Atom Licht streut, und natürlich wird der Wasserdampf auch Licht streuen. Das Rätsel ist, warum das Wasser, wenn es zu Wolken kondensiert ist, eine so *sehr viel größere Menge* Licht streut.

Man betrachte, was passieren würde, wenn wir statt eines einzelnen Atoms eine Anhäufung von Atomen, sagen wir zwei, sehr eng zusammen im Vergleich zur Lichtwellenlänge hätten. Man erinnere sich, daß Atome nur etwa ein Angström im Querschnitt sind, während die Lichtwellenlänge ungefähr 5.000 Angström beträgt, so daß, wenn einige Atome zusammen einen Klumpen bilden, sie, verglichen mit der Lichtwellenlänge, sehr dicht zusammen *sein* können. Wenn dann das elektrische Feld wirkt, *werden sich beide Atome zusammen bewegen.* Das gestreute elektrische Feld wird dann die Summe der beiden phasengleichen elektrischen Felder sein, d. h. die zweifache Amplitude, die es bei einem einzelnen Atom gab, und die gestreute *Energie* ist deshalb das *Vierfache* dessen, was sie bei einem einzelnen Atom ist, nicht das Zweifache! So strahlen oder streuen Atomhaufen mehr Energie, als sie es als einzelne Atome tun. Unser Argument, daß die Phasen unabhängig sind, basiert auf der Annahme, daß es eine reelle und große Phasendifferenz zwischen jeweils zwei Atomen gibt, was nur richtig ist, wenn sie mit willkürlichen Abständen mehrere Wellenlängen auseinander oder in Bewegung sind. Aber wenn sie direkt nebeneinander liegen, streuen sie notwendigerweise in Phase und zeigen eine kohärente Überlagerung, welche ein Ansteigen der Streuung erzeugt.

Wenn wir N Atome in einem Haufen haben, der ein winziges Wassertröpfchen ist, dann wird jedes von dem elektrischen Feld in etwa derselben Weise wie vorher angetrieben (der Einfluß eines Atoms auf die anderen ist nicht wichtig; es geht nur darum, irgendwie eine Vorstellung zu bekommen) und die Streuamplitude von jedem ist dieselbe, so daß das Gesamtfeld, das gestreut wird, N-fach angestiegen ist. Die gestreute Licht*intensität* ist dann auf das Quadrat oder das N^2-fache angestiegen. Wir hätten, wenn die Atome im Raum verteilt worden wären, nur das N-fache von 1 erwartet, wohingegen wir das N^2-fache von 1 erhalten! Das heißt, daß die Streuung von Wasser in Gruppen von jeweils N Molekülen N-mal intensiver als die Streuung der einzelnen Atome ist. So wächst die Streuung mit den Wassertröpfchen an. Wächst sie *bis ins Unendliche?* Nein! Wann beginnt diese Rechnung nicht mehr zu stimmen? Wieviele Atome können wir zusammenfügen, bevor wir dieses Argument nicht mehr weiter benutzen können? *Antwort:* Wenn der Wassertropfen so groß wird, daß von einem Ende bis zum anderen eine Wellenlänge oder so reicht, dann sind nicht mehr alle Atome in Phase, weil sie zu weit auseinander liegen. Wenn wir also die Tropfengröße immer weiter vergrößern, erhalten wir mehr und mehr Streuung, bis zu dem Zeitpunkt, wo ein Tropfen über die Größe einer Wellenlänge hinauskommt, und dann steigt die Streuung auch nicht annähernd so schnell an wie der Tropfen größer wird. Weiterhin verschwindet das Blau, denn für lange Wellenlängen können die Tropfen größer sein, bevor diese Grenze erreicht ist, als für kurze Wellenlängen. Obwohl die kurzen Wellen pro Atom mehr als die langen Wellen streuen, gibt es eine größere Verstärkung für das rote Ende des Spektrums als für das blaue Ende, wenn alle Tropfen größer als die Wellenlänge sind, und so wird die Farbe vom Blau zum Rot verschoben.

Jetzt können wir ein Experiment machen, das dieses demonstriert. Wir können Teilchen herstellen, die zuerst sehr klein sind und dann allmählich größer werden. Wir benutzen eine Lösung von Natriumthiosulfat (Fixiersalz) mit Schwefelsäure, die sehr feine Schwefelkörner ausfällt. Wenn der Schwefel ausfällt, beginnen die Körner sehr klein und die Streuung ist ein bißchen bläulich. Wenn mehr ausfällt, wird es intensiver, und es wird weißlich, wenn die Teilchen größer werden. Zusätzlich wird dem Licht, das gerade hindurchgeht, das Blau fehlen. Das ist natürlich der Grund, warum der Sonnenuntergang rot ist, weil das Licht, das durch eine große Luftmenge hindurch in das Auge gelangt, eine Menge vom blauen Licht durch Streuung verloren hat, so daß es gelb-rot ist.

Schließlich gibt es einen anderen wichtigen Gesichtspunkt, der in Wirklichkeit in das nächste Kapitel über Polarisation gehört, der aber so interessant ist, daß wir ihn jetzt behandeln. Es ist dies der Sachverhalt, daß das elektrische Feld des gestreuten Lichts vorzugsweise in einer bestimmten Richtung schwingt. Das elektrische Feld im einfallenden Licht schwingt in irgendeiner Weise und der erregte Oszillator geht in dieselbe Richtung, und wenn wir uns unter rechten Winkeln zum Strahl befinden, werden wir *polarisiertes* Licht sehen, d. h. Licht, in dem das elektrische Feld nur in eine Richtung geht. Im allgemeinen können die Atome unter rechten Winkeln zum Strahl in jeder Richtung schwingen, aber wenn sie direkt auf uns zu oder von uns weg schwingen, sehen wir ihn nicht. Wenn also das einfallende Licht ein elektrisches Feld hat, welches sich ändert und in jede Richtung schwingt, was wir unpolarisiertes Licht nennen, dann schwingt das Licht, das unter 90° zum Strahl herauskommt, nur in einer Richtung! (Siehe Fig. 32–3).

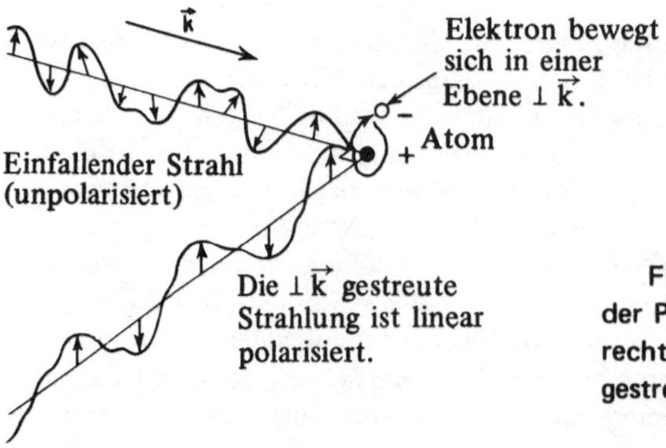

Fig. 32–3. Darstellung des Ursprungs der Polarisation der Strahlung, die unter rechten Winkeln zum einfallenden Strahl gestreut wird.

Es gibt eine Substanz, die Polaroid genannt wird, welche die Eigenschaft hat, daß, wenn Licht durch sie hindurch geht, nur der Teil des elektrischen Feldes, der längs einer bestimmten Achse liegt, hindurchkommen kann. Wir können dies nutzen, um die Polarisation zu prüfen, und tatsächlich finden wir, daß das von der Fixiersalzlösung gestreute Licht stark polarisiert ist.

33 Polarisation

33–1 Der elektrische Vektor des Lichts

In diesem Kapitel wollen wir diejenigen Phänomene betrachten, die auf der Tatsache beruhen, daß das elektrische Feld, welches das Licht beschreibt, ein Vektor ist. In den vorhergegangenen Kapiteln haben wir uns nicht mit der Schwingungsrichtung des elektrischen Feldes befaßt, außer bei der Feststellung, daß der elektrische Vektor in einer Ebene senkrecht zur Ausbreitungsrichtung liegt. Die genaue Richtung in dieser Ebene hat uns nicht interessiert. Nun betrachten wir diejenigen Phänomene, deren wesentliches Merkmal die spezielle Schwingungsrichtung des elektrischen Feldes ist.

Bei ideal monochromatischem Licht muß das elektrische Feld mit einer bestimmten Frequenz schwingen; da aber die x-Komponente und die y-Komponente unabhängig voneinander schwingen können, müssen wir zuerst den resultierenden Effekt betrachten, der bei Überlagerung zweier unabhängiger Schwingungen unter 90° zueinander auftritt. Was für ein elektrisches Feld wird von einer x-Komponente und einer y-Komponente gebildet, die mit der gleichen Frequenz schwingen? Wenn man zu einer x-Schwingung einen gewissen Betrag einer y-Schwingung bei gleicher Phase hinzufügt, ist das Ergebnis eine Schwingung in einer neuen Richtung in der xy-Ebene. Figur 33–1 zeigt die Überlagerung verschiedener Amplituden der x-Schwingung und der y-Schwingung. Aber die in Fig. 33–1 gezeigten Resultanten stellen nicht die einzigen Möglichkeiten dar; in all diesen Fällen haben wir angenommen, daß die x-Schwingung und die y-Schwingung *in Phase* sind; dies braucht aber nicht der Fall zu sein. Es kann passieren, daß die x-Schwingung und die y-Schwingung nicht in Phase sind.

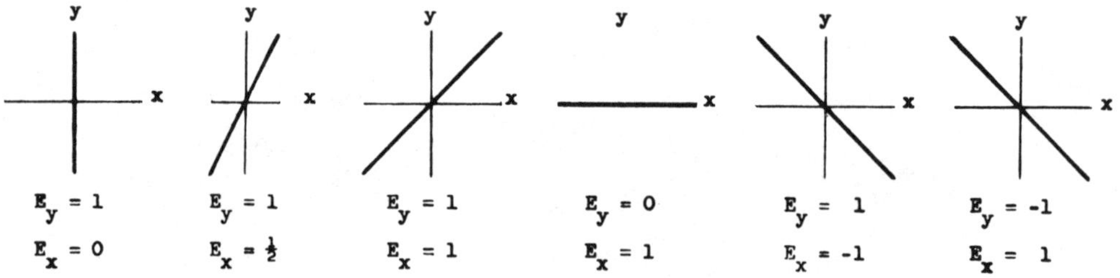

Fig. 33–1. Überlagerung von x-Schwingungen und y-Schwingungen in Phase.

Wenn die x-Schwingung und die y-Schwingung nicht in Phase sind, kreist der elektrische Vektor auf einer Ellipse. Dies kann man an einem alltäglichen Beispiel veranschaulichen. Wenn wir einen Ball an einer langen Schnur an einem Ständer befestigen, so daß er frei in einer horizontalen Ebene schwingen kann, wird er sinusförmige Schwingungen ausführen. Wenn wir uns horizontale x- und y-Koordinaten mit ihrem Ursprung im Ruhepunkt des Balls vorstellen, kann der Ball entweder in x- oder in y-Richtung mit der gleichen Pendelfrequenz schwingen. Durch Wahl einer geeigneten Anfangsverschiebung und Anfangsgeschwindigkeit können wir den Ball entweder entlang der x-Achse oder der y-Achse oder einer beliebigen geraden Linie in der xy-Ebene in Schwingung versetzen. Diese Bewegungen des Balls entsprechen den in Fig. 33–1 gezeigten Schwingungen des elektrischen Feldvektors. In beiden Fällen sind die x- und y-Schwingungen in Phase, da die x- und y-Schwingungen ihre Maxima und Minima zur gleichen Zeit erreichen. Aber wir wissen, daß die allgemeinste Bewegung des Balls die Bewegung auf einer Ellipsenbahn ist, was den Schwingungen entspricht, bei denen die x- und y-Richtungen *nicht* phasengleich sind. Die Überlagerung von x- und y-Schwingungen, die nicht in Phase sind, wird in Fig. 33–2 für eine Anzahl verschiedener Winkel zwischen der Phase der x-Schwingung und der der y-Schwingung gezeigt. Das allgemeine Ergebnis zeigt sich darin, daß der elektrische Vektor auf einer Ellipse umläuft. Die Bewegung in einer geraden Linie ist ein besonderer Fall, der einer Phasendifferenz von Null entspricht (oder einem ganzzahligen Vielfachen von π); die Bewegung in einem Kreis entspricht gleichen Amplituden mit einer Phasendifferenz von 90° (oder einem beliebigen ungeraden Vielfachen von $\pi/2$).

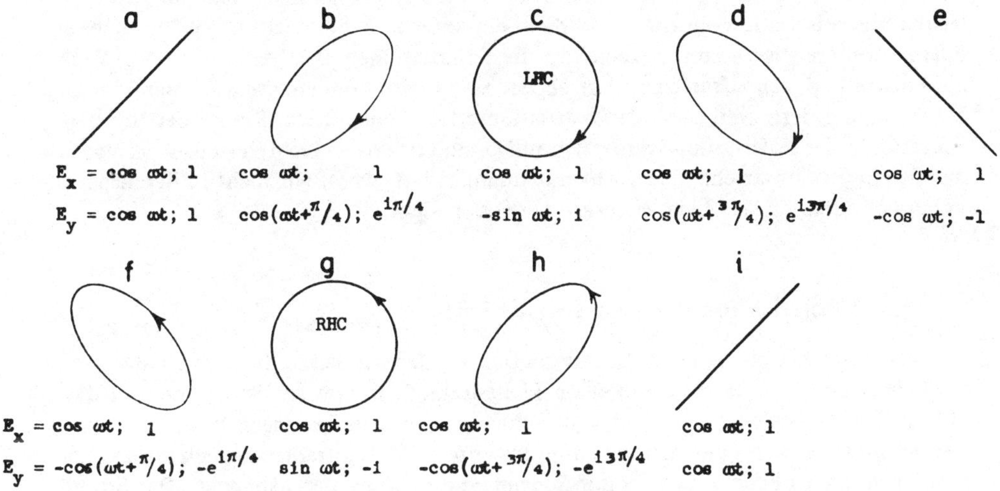

Fig. 33–2. Die Überlagerung von x-Schwingungen und y-Schwingungen mit gleichen Amplituden, aber verschiedenen relativen Phasen. Die Komponenten E_x und E_y sind sowohl in reeller als auch in komplexer Schreibweise angegeben.

In Fig. 33–2 sehen wir die elektrischen Feldvektoren in der x- und y-Richtung mit komplexen Zahlen gekennzeichnet, was eine angenehme Darstellung zur Angabe der Phasendifferenz ist. Man darf die reellen und imaginären Komponenten des komplexen elektrischen Vektors bei dieser Schreibweise nicht mit den x- und y-Koordinaten des Feldes durcheinanderbringen. Die x- und y-Koordinaten, die in Fig. 33–1 und Fig. 33–2 gezeichnet sind, sind wirkliche elektrische Felder, die wir messen können. Die reellen und imaginären Komponenten eines komplexen elektrischen Feldvektors sind nur eine mathematische Bequemlichkeit und haben keine physikalische Bedeutung.

Nun etwas zur Terminologie. Licht ist *linear polarisiert* (manchmal als eben polarisiert bezeichnet), wenn das elektrische Feld in einer geraden Linie oszilliert; Fig. 33–1 zeigt lineare Polarisation. Wenn die Spitze des elektrischen Feldvektors auf einer Ellipse läuft, ist das Licht *elliptisch polarisiert*. Wenn die Spitze des elektrischen Feldvektors auf einem Kreis umläuft, haben wir *zirkulare Polarisation*. Falls die Spitze des elektrischen Vektors, wenn wir sie betrachten, wenn das Licht direkt auf uns zukommt, entgegen dem Uhrzeigersinn herumläuft, nennen wir dies rechtszirkulare Polarisation. Figur 33–2 (g) illustriert rechtszirkulare Polarisation und Fig. 33–2 (c) zeigt linkszirkulare Polarisation. In beiden Fällen kommt das Licht aus dem Papier heraus. Unsere Vereinbarung für die Bezeichnung von rechts und links zirkularer Polarisation stimmt mit der überein, die heute bei allen anderen Teilchen in der Physik, die Polarisation zeigen (z. B. Elektronen), benutzt wird. In einigen Büchern über Optik werden jedoch die umgekehrten Vereinbarungen benutzt, so daß man aufpassen muß.

Wir haben linear, zirkular und elliptisch polarisiertes Licht betrachtet, was alles einschließt, außer den Fall des *unpolarisierten* Lichts. Wie kann nun Licht unpolarisiert sein, wenn wir wissen, daß es in irgendeiner dieser Ellipsen schwingen muß? Wenn das Licht nicht absolut monochromatisch ist oder wenn die x- und y-Phase nicht vollkommen zusammengehalten werden, so daß der elektrische Vektor zuerst in einer, dann in einer anderen Richtung schwingt, ändert sich die Polarisation ständig. Man erinnere sich, daß ein Atom während 10^{-8} sec emittiert, und wenn ein Atom eine bestimmte Polarisation emittiert und dann ein anderes Atom Licht mit einer anderen Polarisation emittiert, dann werden sich die Polarisationen alle 10^{-8} sec ändern. Wenn die Polarisation sich schneller ändert als wir sie messen können, dann nennen wir das Licht unpolarisiert, weil sich alle Polarisationseffekte ausmitteln. Keiner der Interferenzeffekte der Polarisation würde sich mit unpolarisiertem Licht zeigen. Aber wie wir aus der Definition ersehen, ist Licht nur unpolarisiert, wenn wir nicht in der Lage sind, herauszufinden, ob das Licht polarisiert ist oder nicht.

33–2 Polarisation des gestreuten Lichts

Das erste Beispiel eines Polarisationseffektes, das wir schon diskutiert haben, ist die Lichtstreuung. Man betrachte einen Lichtstrahl, z. B. von der Sonne, der auf die Luft scheint. Das elektrische Feld wird Schwingungen von Ladungen in der Luft erzeugen, und die Bewegung dieser Ladungen wird Licht ausstrahlen mit maximaler Intensität in einer Ebene senkrecht zur Schwingungsrichtung der Ladungen. Der Strahl von der Sonne ist unpolarisiert, und so ändert sich die Polarisationsrichtung ständig, und die Schwingungsrichtung der Ladungen in der Luft ändert sich ständig. Wenn wir Licht betrachten, das unter 90° gestreut wird, strahlt die Schwingung der geladenen Teilchen nur zum Beobachter, wenn die Schwingung senkrecht zur Beobachtungslinie liegt, und dann wird das Licht entlang der Schwingungsrichtung polarisiert sein. So ist Streuung ein Beispiel einer Methode zur Polarisationserzeugung.

33–3 Doppelbrechung

Ein anderer interessanter Polarisationseffekt ist die Tatsache, daß es Substanzen gibt, bei denen der Brechungsindex verschieden ist für Licht, das linear polarisiert in einer Richtung und linear polarisiert in einer anderen Richtung ist. Angenommen, wir hätten irgendein Material, das aus langen, nicht kugelförmigen Molekülen besteht, die länger als breit sind, und angenommen, daß diese Moleküle in der Substanz mit ihren langen Achsen parallel angeordnet wären. Was passiert dann, wenn das oszillierende elektrische Feld durch diese Substanz hindurchgeht? Angenommen, daß die Elektronen in der Substanz wegen der Struktur der Moleküle leichter auf Schwingungen in der Richtung parallel zu den Achsen der Moleküle reagieren, als sie reagieren würden, wenn das elektrische Feld versucht, sie unter rechten Winkeln zur Molekülachse anzustoßen. In diesem Sinn erwarten wir eine andere Reaktion auf Polarisation in einer Richtung als auf Polarisation unter rechtem Winkel zu dieser Richtung. Wir wollen die Richtung der Achsen der Moleküle die *optische Achse* nennen. Wenn die Polarisation in Richtung der optischen Achse verläuft, ist der Brechungsindex anders als wenn die Polarisationsrichtung rechtwinklig dazu wäre. Eine solche Substanz wird *doppelbrechend* genannt. Sie hat zwei Brechkräfte, d. h. zwei Brechungsindizes, die von der Polarisationsrichtung innerhalb der Substanz abhängen. Welche Art von Substanzen kann doppelbrechend sein? In einer doppelbrechenden Substanz muß es aus irgendeinem Grund einen bestimmten Grad an Ausrichtung von unsymmetrischen Molekülen geben. Sicher kann ein kubischer Kristall, der die Symmetrie eines Würfels hat, nicht doppelbrechend sein. Aber lange, nadelförmige Kristalle enthalten zweifellos Moleküle, die asymmetrisch sind, und man beobachtet diesen Effekt sehr leicht.

Wir wollen sehen, welche Effekte wir erwarten würden, wenn wir mit polarisiertem Licht durch eine Platte einer doppelbrechenden Substanz leuchten. Wenn die Polarisation parallel zur optischen Achse ist, wird das Licht mit einer Geschwindigkeit durchgehen; wenn die Polarisation senkrecht zur Achse liegt, wird das Licht mit einer anderen Geschwindigkeit hindurchgeschickt. Eine interessante Situation entsteht, wenn das Licht, sagen wir unter 45° zur optischen Achse linear polarisiert ist. Nun haben wir schon bemerkt, daß die 45°-Polarisation als Überlagerung einer x- und einer y-Polarisation mit gleicher Amplitude und in Phase dargestellt werden kann, wie es in Fig. 33–2 (a) gezeigt wird. Da die x- und y-Polarisationen mit unterschiedlicher Geschwindigkeit laufen, ändern sich ihre Phasen mit unterschiedlicher Schnelligkeit, wenn das Licht durch die Substanz hindurcheilt. Obwohl so beim Beginn die x- und y-Schwingungen phasengleich sind, ist innerhalb des Materials die Phasendifferenz zwischen der x- und y-Schwingung proportional zur Tiefe in der Substanz. Wenn das Licht durch das Material eilt, ändert sich die Polarisation, wie es in der Diagrammfolge in Fig. 33–2 gezeigt wird. Wenn die Dicke der Platte gerade richtig ist, um eine 90°-Phasenverschiebung zwischen der x- und y-Polarisation einzuführen, wie in Fig. 33–2 (c), wird das Licht zirkular polarisiert herauskommen. Eine solche Dicke wird $\lambda/4$-Platte genannt, weil sie eine Phasendifferenz einer Viertelschwingung zwischen der x- und y-Polarisation einführt. Wenn linear polarisiertes Licht durch zwei $\lambda/4$-Platten geschickt wird, wird es wieder linear polarisiert herauskommen, aber rechtwinklig zur ursprünglichen Richtung, wie wir aus Fig. 33–2 (c) ersehen können.

Man kann dieses Phänomen leicht mit einem Stück Zellophan veranschaulichen. Zellophan wird aus langen fiberförmigen Molekülen gemacht und ist nicht isotrop, da die Fibern vorzugsweise in einer bestimmten Richtung liegen. Um Doppelbrechung zu demonstrieren, brauchen wir einen linear polarisierten Lichtstrahl, und wir können diesen bequem erhalten, wenn wir unpolarisiertes Licht durch eine Polaroidplatte schicken. Polaroid, das wir später mehr im Detail besprechen werden, hat die nützliche Eigenschaft, daß es Licht, welches parallel zur Polaroidachse polarisiert ist, mit sehr kleiner Absorption hindurchläßt, aber Licht, das in senkrechter Richtung zur Polaroidachse polarisiert ist, stark absorbiert. Wenn wir unpolarisiertes Licht durch eine Polaroidplatte hindurchschicken, kommt nur der Teil des unpolarisierten Strahls hindurch, der parallel zur Polaroidachse schwingt, so daß der hindurchgelassene Strahl linear polarisiert ist. Genau diese Eigenschaft des Polaroids ist auch für die Bestimmung der Polarisationsrichtung eines linear polarisierten Strahls nützlich oder bei der Bestimmung, ob ein Strahl linear polarisiert ist oder nicht. Man schickt einfach den Lichtstrahl durch die Polaroidplatte und dreht die Polaroidplatte in der Ebene senkrecht zum Strahl.

Wenn der Strahl linear polarisiert ist, wird er nicht durch die Platte hindurchgelassen, wenn die Polaroidachse senkrecht zur Polarisationsrichtung liegt. Der hindurchgelassene Strahl wird nur leicht geschwächt, wenn die Achse der Polaroidplatte um 90° gedreht wird. Wenn die hindurchgelassene Intensität unabhängig von der Orientierung der Polaroidplatte ist, ist der Strahl nicht linear polarisiert.

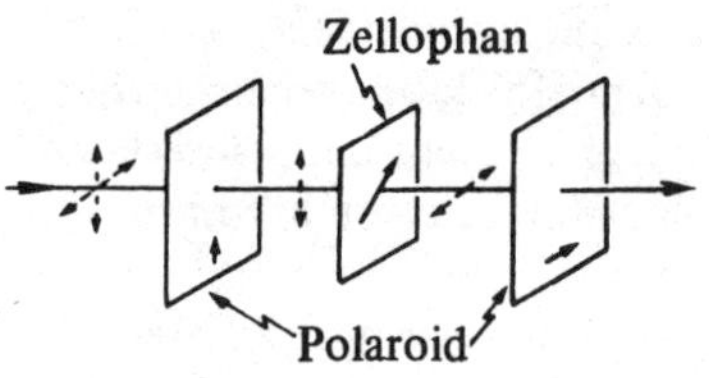

Fig. 33–3. Eine experimentelle Demonstration der Doppelbrechung von Zellophan. Die elektrischen Vektoren des Lichts werden durch unterbrochene Linien angezeigt. Die Durchlaßachse der Polaroidplatte und die optische Achse des Zellophans werden durch Pfeile dargestellt. Der einfallende Strahl ist unpolarisiert.

Um die Doppelbrechung von Zellophan zu demonstrieren, brauchen wir zwei Polaroidplatten, wie in Fig. 33–3 gezeigt. Die erste gibt uns einen linear polarisierten Strahl, den wir durch das Zellophan hindurchschicken und dann durch die zweite Polaroidplatte, welche ermöglicht, jeden Effekt zu messen, den das Zellophan auf das hindurchgehende polarisierte Licht gehabt haben mag. Wenn wir erst die Achsen der beiden Polaroidschichten senkrecht zueinander stellen und das Zellophan entfernen, wird kein Licht durch die zweite Polaroidplatte hindurchgelassen werden. Wenn wir nun das Zellophan zwischen die beiden Polaroidplatten einführen und um die Strahlachse drehen, beobachten wir, daß das Zellophan es im allgemeinen ermöglicht, daß etwas Licht durch die zweite Polaroidplatte hindurchkommt. Jedoch gibt es zwei Orientierungen des Zellophans, die rechtwinklig zueinander liegen, die kein Licht durch die zweite Polaroidplatte hindurchkommen lassen. Diese Orientierungen, bei denen linear polarisiertes Licht durch das Zellophan ohne Wirkung auf die Polarisationsrichtung hindurchgelassen wird, müssen die Richtungen parallel und senkrecht zur optischen Achse des Zellophans sein.

Wir nehmen an, daß das Licht durch das Zellophan mit zwei verschiedenen Geschwindigkeiten in diesen zwei Orientierungen hindurchgeht, aber es geht ohne Änderung der Polarisationsrichtung hindurch. Wenn das Zellophan in die Zwischenstellung zwischen diesen beiden Orientierungen gedreht wird, wie in Fig. 33–3 gezeigt, sehen wir, daß das durch die zweite Polaroidplatte hindurchgelassene Licht hell ist.

Es trifft gerade zu, daß gewöhnliches Zellophan, das bei handelsüblichen Verpakkungen benutzt wird, sehr nahe der $\lambda/2$-Dicke für die meisten Farben des weißen Lichts ist. Solch eine Schicht wird die Achse von linear polarisiertem Licht um 90° drehen, wenn der einfallende, linear polarisierte Strahl einen Winkel von 45° mit der optischen Achse bildet, so daß der aus dem Zellophan herauskommende Strahl dann in der richtigen Richtung schwingt, um die zweite Polaroidebene zu passieren.

Wenn wir bei unserer Demonstration weißes Licht benutzen, wird die Zellophanschicht die geeignete $\lambda/2$-Dicke nur für eine bestimmte Komponente des weißen Lichts haben, und der durchgelassene Strahl wird die Farbe dieser Komponente haben. Die durchgelassene Farbe hängt von der Dicke der Zellophanschicht ab, und wir können die effektive Dicke des Zellophans ändern, indem wir es kippen, so daß das Licht mit einem Winkel und folglich mit einem längeren Weg durch das Zellophan hindurchgeht. Wenn die Schicht gekippt wird, ändert sich die durchgelassene Farbe. Mit Zellophan verschiedener Dicke kann man Filter bauen, die verschiedene Farben durchlassen. Diese Filter haben die interessante Eigenschaft, daß sie eine Farbe durchlassen, wenn die beiden Polaroidplatten ihre Achsen senkrecht zueinander haben, und die komplementäre Farbe, wenn die Achsen der beiden Polaroidplatten parallel sind.

Eine andere interessante Anwendung ausgerichteter Moleküle ist recht praktisch. Bestimmte Kunststoffe bestehen aus sehr langen und komplizierten Molekülen, die alle zusammen verdreht sind. Wenn der Kunststoff sehr sorgfältig verfestigt wird, sind alle Moleküle in einer Masse verdreht, so daß genau so viele in eine Richtung ausgerichtet sind wie in eine andere, und der Kunststoff ist nicht besonders doppelbrechend. Gewöhnlich werden Verbiegungen und Spannungen erzeugt, wenn das Material verfestigt wird, und so ist das Material nicht vollkommen homogen. Wenn wir jedoch Spannung in einem Stück dieses Kunststoffes erzeugen, ist es genauso als wenn wir ein ganzes Knäuel von Fäden ziehen, und es wird mehr Fäden vorzugsweise parallel zur Spannung als in irgendeiner anderen Richtung geben. Wenn wir also auf bestimmte Kunststoffe einen Druck ausüben, werden sie doppelbrechend, und man kann die Effekte der Doppelbrechung sehen, wenn man polarisiertes Licht durch den Kunststoff hindurchschickt. Wenn wir das durchgelassene Licht mit einer Polaroidplatte prüfen, werden Muster von hellen und dunklen Streifen beobachtet (in Farbe, wenn weißes Licht benutzt wird). Die Muster bewegen sich, wenn Druck auf die Probe ausgeübt wird, und durch Zählen der Streifen und Beobachtung, wo die meisten von ihnen liegen, kann man bestimmen, wie groß der Druck ist. Ingenieure benutzen dieses Phänomen, um die Spannung in unregelmäßig geformten Stücken, die schwer zu berechnen sind, zu finden.

Ein anderes interessantes Beispiel einer Methode, Doppelbrechung zu erhalten, ist das mit Hilfe einer flüssigen Substanz. Man betrachte eine Flüssigkeit, die aus langen, asymmetrischen Molekülen besteht, die eine mittlere Plus- oder Minusladung nahe dem Molekülende tragen, so daß das Molekül ein elektrischer Dipol ist. Durch die Zusammenstöße in der Flüssigkeit werden die Moleküle gewöhnlich willkürlich orientiert sein, wobei genau so viele Moleküle in eine Richtung zeigen wie in eine andere. Wenn wir ein elektrisches Feld anlegen, werden die Moleküle versuchen, sich auszurichten, und in dem Moment, wo sie sich ausrichten, wird die Flüssigkeit doppelbrechend. Mit zwei Polaroidplatten und einer durchsichtigen Zelle, die eine solche polare Flüssigkeit enthält, können wir eine Vorrichtung mit der Eigenschaft erdenken, daß Licht nur durchgelassen wird, wenn das elektrische Feld angelegt wird. So haben wir einen elektrischen Schalter für Licht, der *Kerr-Zelle* genannt wird. Dieser Effekt, daß ein elektrisches Feld in bestimmten Flüssigkeiten Doppelbrechung erzeugen kann, wird Kerr-Effekt genannt.

33–4 Polarisatoren

Bis jetzt haben wir Substanzen betrachtet, bei denen der Brechungsindex verschieden ist für Licht, das in verschiedenen Richtungen polarisiert ist. Von großem praktischem Wert sind jene Kristalle und andere Substanzen, bei denen nicht nur der Index, sondern auch der Absorptionskoeffizient für Licht, das in verschiedenen Richtungen polarisiert ist, verschieden ist. Mit demselben Argument, das die Idee der Doppelbrechung trägt, ist es verständlich, daß Absorption mit der Richtung, in der die Ladungen in einer anisotropen Substanz zum Schwingen angeregt werden, variieren kann. Turmalin ist ein altes, berühmtes Beispiel, und Polaroid ist ein weiteres. Polaroid besteht aus einer dünnen Schicht kleiner Kristalle aus Herapathit (einem Salz aus Jod und Chinin), die alle mit ihren Achsen parallel ausgerichtet sind. Diese Kristalle absorbieren Licht, wenn die Schwingungen in eine Richtung zeigen, und sie absorbieren nicht merklich, wenn die Schwingungen in die andere Richtung zeigen.

Angenommen, wir schicken Licht in eine Polaroidplatte, das unter einem Winkel θ zur Durchlaßrichtung linear polarisiert ist. Welche Intensität wird durchkommen? Dies einfallende Licht kann aufgeteilt werden in eine Komponente senkrecht der Durchlaßrichtung, die proportional zu $\sin\theta$ ist, und eine Komponente längs der Durchlaßrichtung, die proportional zu $\cos\theta$ ist. Die Amplitude, die aus der Polaroidplatte herauskommt, ist nur der Kosinus θ-Teil; die $\sin\theta$-Komponente wird absorbiert. Die Amplitude, die durch die Polaroidplatte hindurchgeht, ist kleiner als die eintretende Amplitude, nämlich um den Faktor $\cos\theta$. Die Energie, die durch die Polaroidplatte geht, d. h. die Intensität des Lichts, ist proportional zum Quadrat von $\cos\theta$. $\cos^2\theta$ ist dann die durchgelassene Intensität, wenn das Licht unter einem Winkel θ zur Durchlaßrichtung eintritt. Die absorbierte Intensität beträgt natürlich $\sin^2\theta$.

Ein interessanter Widerspruch tritt bei der folgenden Situation auf. Wir wissen, daß es nicht möglich ist, einen Lichtstrahl durch zwei Polaroidplatten zu schicken, deren Achsen rechtwinklig zueinander stehen. Aber wenn wir eine dritte Polaroidplatte *zwischen* die ersten stellen, mit der Durchlaßachse unter 45° zu den gekreuzten Achsen, wird etwas Licht durchgelassen. Wir wissen, daß Polaroid Licht absorbiert, es erzeugt aber nichts. Trotzdem erlaubt das Hinzufügen einer dritten Polaroidplatte unter 45°, daß mehr Licht hindurchgeht. Die Untersuchung dieses Phänomens wird dem Studenten als Übung überlassen.

Eines der interessantesten Beispiele der Polarisation tritt nicht in komplizierten Kristallen oder schwierigen Substanzen auf, sondern in einer der einfachsten und wohl vertrautesten Situationen – der Lichtreflexion auf einer Oberfläche. Man glaube es oder nicht, wenn Licht von einer Glasoberfläche reflektiert wird, kann es polarisiert sein, und die physikalische Erklärung dafür ist sehr einfach. Es wurde experimentell von Brewster entdeckt, daß das von einer Oberfläche reflektierte Licht vollständig polarisiert ist, wenn der reflektierte Strahl und der gebrochene Strahl in dem Material einen rechten Winkel bilden. Die Situation wird in Fig. 33–4 dargestellt. Wenn der einfallende Strahl in der Einfallsebene polarisiert ist, wird es überhaupt keine Reflexion geben. Nur wenn der einfallende Strahl senkrecht zur Einfallsebene polarisiert ist, wird er reflektiert. Der Grund ist sehr leicht einzusehen. In dem reflektierten Material ist das Licht transversal polarisiert, und wir wissen, daß es die Bewegung der Ladungen in dem Material ist, die den entstehenden Strahl erzeugt, den wir den reflektierten Strahl nennen. Die Quelle dieses sogenannten reflektierten Lichts ist nicht einfach die Tatsache, daß der einfallende Strahl reflektiert wird; unser tieferes Verständnis sagt uns, daß der einfallende Strahl eine Schwingung der Ladungen in dem Material anregt, die wiederum den reflektierten Strahl erzeugt. Aus Fig. 33–4 ist klar, daß nur Schwingungen senkrecht zum Papier in die Reflexionsrichtung strahlen können, und folglich wird der reflektierte Strahl senkrecht zur Einfallsebene polarisiert sein. Wenn der einfallende Strahl in der Einfallsebene polarisiert ist, wird es kein reflektiertes Licht geben.

Dies Phänomen läßt sich ohne Schwierigkeiten bei Reflexion eines linear polarisierten Strahls auf einem ebenen Glasstück demonstrieren. Wenn das Glas gedreht wird, um andere Einfallswinkel gegenüber dem polarisierten Strahl einzustellen, wird eine starke Schwächung der reflektierten Intensität beobachtet, wenn der Einfallswinkel durch den Brewster-Winkel hindurchgeht. Diese Schwächung wird nur beobachtet, wenn die Polarisationsebene in der Einfallsebene liegt. Wenn die Polarisationsebene senkrecht zur Einfallsebene liegt, wird die gewöhnlich reflektierte Intensität bei allen Winkeln beobachtet.

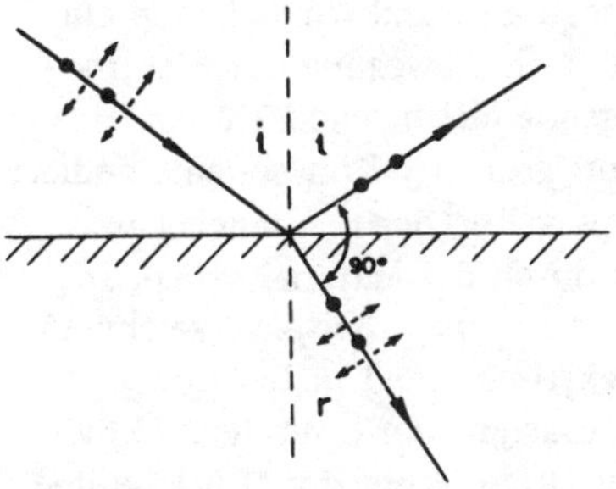

Fig. 33–4. Reflexion von linear polarisiertem Licht unter dem Brewster-Winkel. Die Polarisationsrichtung wird durch unterbrochene Pfeile angezeigt; runde Punkte bedeuten Polarisation senkrecht zum Papier.

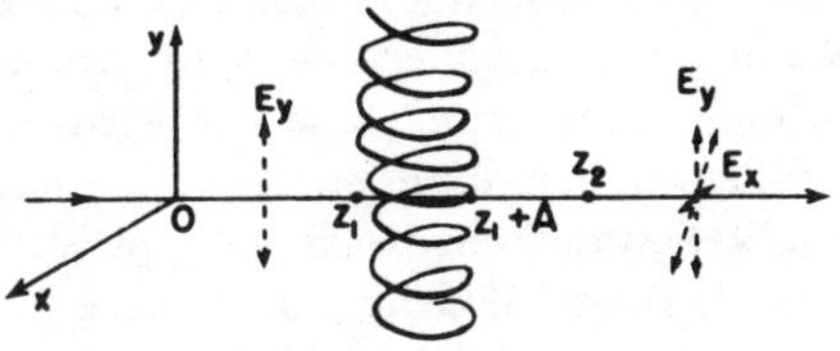

Fig. 33–5. Ein Molekül mit einer Form, die bei Reflexion in einem Spiegel nicht symmetrisch ist. Ein Lichtstrahl, der in der y-Richtung linear polarisiert ist, fällt auf das Molekül.

33–5 Optische Aktivität

Ein weiterer sehr bemerkenswerter Polarisationseffekt läßt sich in Materialien beobachten, die aus Molekülen bestehen, die keine Spiegelsymmetrie haben: Moleküle, die etwa wie ein Korkenzieher geformt sind oder wie eine behandschuhte Hand oder irgendeine Form, die durch einen Spiegel betrachtet in derselben Weise umgekehrt würde, wie ein linker Handschuh als rechter Handschuh reflektiert wird. Angenommen, alle Moleküle in der Substanz sind dieselben, d. h. keines ist das Spiegelbild irgendeines anderen. Eine solche Substanz kann einen interessanten Effekt zeigen, der optische Aktivität genannt wird, wobei, wenn linear polarisiertes Licht durch die Substanz hindurchgeht, die Polarisationsrichtung sich um die Strahlachse dreht.

Das Verständnis des Phänomens der optischen Aktivität erfordert einige Berechnungen, aber wir können, ohne tatsächlich Rechnungen auszuführen, sehen, wie der Effekt zustande kommen kann. Man betrachte ein asymmetrisches Molekül in der Form einer Spirale, wie in Fig. 33–5 gezeigt wird. Moleküle brauchen nicht tatsächlich wie ein Korkenzieher geformt zu sein, um optische Aktivität zu zeigen, aber dies ist eine einfache Form, die wir als typisches Beispiel für diejenigen nehmen werden, die keine Spiegelsymmetrie haben. Wenn ein Lichtstrahl, der längs der y-Richtung linear polarisiert ist, auf dieses Molekül fällt, wird das elektrische Feld die Ladungen die Schraubenlinie auf und ab treiben und dabei einen Strom in der y-Richtung erzeugen und ein in y-Richtung polarisiertes elektrisches Feld E_y abstrahlen. Wenn die Elektronen jedoch gezwungen werden, sich entlang der Spirale zu bewegen, müssen sie sich auch in die x-Richtung bewegen, wenn sie auf und ab getrieben werden. Wenn ein Strom durch die Spirale fließt, fließt er auch bei $z = z_1$ in das Papier und bei $z = z_1 + A$ aus dem Papier heraus, wenn A der Durchmesser unserer Molekülspirale ist. Man könnte meinen, daß der Strom in der x-Richtung keine resultierende Strahlung erzeugen würde, da die Ströme in den entgegengesetzten Seiten der Spirale in entgegengesetzte Richtungen fließen. Wenn wir jedoch die x-Komponenten des elektrischen Feldes betrachten, die bei $z = z_2$ ankommen, sehen wir, daß das vom Strom bei $z = z_1 + A$ abgestrahlte Feld und das bei $z = z_1$ abgestrahlte Feld bei z_2 mit dem Zeitunterschied A/c und folglich mit dem Phasenunterschied $\pi + \omega A/c$ ankommen. Da die Phasendifferenz nicht genau π beträgt, löschen sich die beiden Felder nicht genau aus, und wir behalten eine kleine x-Komponente in dem elektrischen Feld, das durch die Bewegung der Elektronen in dem Molekül erzeugt wird, wohingegen das anregende elektrische Feld nur eine y-Komponente hatte. Diese kleine x-Komponente, die zur großen y-Komponente addiert wird, erzeugt ein resultierendes Feld, das gegenüber der y-Achse, der ursprünglichen Polarisationsrichtung, leicht gekippt ist. Wenn das Licht durch das Material dringt, rotiert die Polarisationsrichtung um die Strahlachse. Wenn man einige Beispiele zeichnet und die Ströme betrachtet, die durch das einfallende elektrische Feld in Bewegung gesetzt werden, kann man sich selbst überzeugen, daß die Existenz der optischen Aktivität und das Vorzeichen der Drehung unabhängig von der Orientierung der Moleküle sind.

Stärkesirup ist eine gebräuchliche Substanz, die optische Aktivität besitzt. Das Phänomen läßt sich leicht demonstrieren mit einer Polaroidplatte zur Erzeugung eines linear polarisierten Strahls, einer Transmissionszelle, die Stärkesirup enthält, und einer zweiten Polaroidplatte zur Bestimmung der Drehung der Polarisationsrichtung, wenn das Licht durch den Stärkesirup hindurchgeht.

33–6 Die Intensität des reflektierten Lichts

Wir wollen nun quantitativ den Reflexionskoeffizienten als Funktion des Winkels betrachten. Figur 33–6 (a) zeigt einen Lichtstrahl, der eine Glasoberfläche trifft, wobei er teilweise reflektiert und teilweise in das Glas gebrochen wird. Wir wollen annehmen, daß der einfallende Strahl mit einer Einheitsamplitude senkrecht zur Papierebene linear polarisiert ist. Wir wollen die Amplitude der reflektierten Welle b und die Amplitude der gebrochenen Wellen a nennen. Die gebrochenen und die reflektierten Wellen werden natürlich polarisiert sein, und die elektrischen Feld-Vektoren der einfallenden, der reflektierten und der gebrochenen Wellen liegen alle parallel zueinander. Fig. 33–6 (b) zeigt genau diese Situation, aber jetzt nehmen wir an, daß die einfallende Welle mit der Einheitsamplitude in der Papierebene polarisiert ist. Nun wollen wir die Amplitude der reflektierten und der gebrochenen Welle B bzw. A nennen.

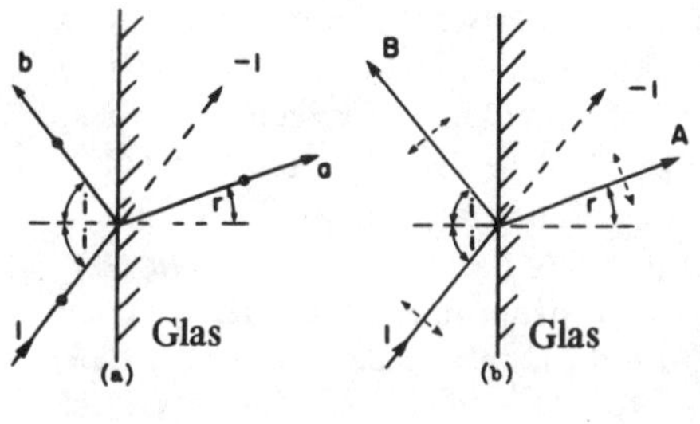

Fig. 33–6. Eine einfallende Welle mit Einheitsamplitude wird an einer Glasoberfläche gebrochen und reflektiert. In (a) ist die einfallende Welle senkrecht zur Papierebene linear polarisiert. In (b) ist die einfallende Welle in der durch den punktierten elektrischen Vektor gezeigten Richtung linear polarisiert.

Wir wollen berechnen, wie stark die Reflexion in den beiden in Fig. 33–6 (a) und 33–6 (b) dargestellten Situationen ist. Wir wissen schon, daß es keine reflektierte Welle in Fig. 33–6 (b) geben wird, wenn der Winkel zwischen dem reflektierten und dem gebrochenen Strahl ein rechter Winkel ist, aber wir wollen sehen, ob wir nicht eine quantitative Antwort erhalten können – eine genaue Formel für B und b als Funktion des Einfallswinkels i.

Das Prinzip, welches wir verstehen müssen, ist das folgende. Die in dem Glas gebildeten Ströme erzeugen zwei Wellen. Zuerst erzeugen sie die reflektierte Welle. Darüber hinaus wissen wir, daß die einfallende Welle sich geradlinig in dem Glas ausbreiten würde, wenn keine Ströme in dem Glas gebildet worden wären. Man erinnere sich, daß alle Quellen in der Welt das resultierende Feld bilden. Die Quelle des einfallenden Lichtstrahls erzeugt ein Feld mit der Einheitsamplitude, welches sich in dem Glas entlang der punktierten Linie in der Figur bewegen würde. Dies Feld wird nicht beobachtet und deshalb müssen die in dem Glas gebildeten Ströme ein Feld der Amplitude -1 erzeugen, welches sich entlang der Punktlinie bewegt. Indem wir diese Tatsache benutzen, wollen wir die Amplitude der gebrochenen Wellen a und A berechnen.

In Fig. 33–6 (a) sehen wir, daß das Feld der Amplitude b durch die Bewegung der Ladungen innerhalb des Glases abgestrahlt wird, welche auf ein Feld a innerhalb des Glases reagieren, und daß deshalb b proportional zu a ist. Da unsere zwei Figuren außer in der Polarisationsrichtung genau gleich sind, könnten wir vermuten, daß das Verhältnis B/A dasselbe wie das Verhältnis b/a ist. Dies ist jedoch nicht ganz richtig, da in Fig. 33–6 (b) die Polarisationsrichtungen nicht alle zueinander parallel sind, was in Fig. 33–6 (a) der Fall ist. Es ist nur die Komponente von A, die senkrecht zu B liegt, nämlich $A\cos(i+r)$, die zur Erzeugung von B beiträgt. Der genaue Ausdruck für die Proportionalität ist dann

$$\frac{b}{a} = \frac{B}{A\cos(i+r)}. \tag{33.1}$$

Jetzt wenden wir einen Trick an. Wir wissen, daß sowohl in (a) als auch in (b) von Fig. 33–6 das elektrische Feld in dem Glas Schwingungen der Ladungen erzeugen muß, die ein Feld der Amplitude -1 bilden, das parallel zum einfallenden Strahl polarisiert ist und sich entlang der Richtung der gestrichelten Linie bewegt. Aber wir sehen aus Teil (b) der Figur, daß nur die Komponente von A, die senkrecht zur gestrichelten Linie liegt, die richtige Polarisation hat, dieses Feld zu erzeugen, wohingegen in Fig. 33–6 (a) die gesamte Amplitude a wirksam ist, da die Polarisation der Welle a parallel zur Polarisation der Welle mit der Amplitude -1 ist. Deshalb können wir schreiben

$$\frac{A\cos(i-r)}{a} = \frac{-1}{-1}, \tag{33.2}$$

da die beiden Amplituden auf der linken Seite von Gl. (33.2) jede für sich die Welle der Amplitude -1 erzeugen.

Wenn wir Gl. (33.1) durch Gl. (33.2) dividieren, erhalten wir

$$\frac{B}{b} = \frac{\cos(i+r)}{\cos(i-r)}, \tag{33.3}$$

ein Ergebnis, das wir mit dem vergleichen können, was wir schon wissen. Wenn wir $(i+r) = 90°$ setzen, ergibt Gl. (33.3) $B = 0$, wie es nach Brewster sein sollte, folglich sind soweit unsere Ergebnisse wenigstens nicht offensichtlich falsch.

Wir haben Einheitsamplituden für die einfallenden Wellen angenommen, so daß $|B|^2/1^2$ der Reflexionskoeffizient für in der Einfallsebene polarisierte Wellen und $|b|^2/1^2$ der Reflexionskoeffizient für senkrecht zur Einfallsebene polarisierte Wellen ist. Das Verhältnis dieser beiden Reflexionskoeffizienten wird durch Gl. (33.3) bestimmt.

Nun bewerkstelligen wir ein Wunder und berechnen nicht nur das Verhältnis, sondern jeden der Koeffizienten $|B|^2$ und $|b|^2$ einzeln! Wir wissen von der Energieerhaltung, daß die Energie in der gebrochenen Welle gleich der einfallenden Energie minus der Energie in der reflektierten Welle ist, $1 - |B|^2$ in dem einen Fall und $1 - |b|^2$ in dem anderen. Weiterhin verhält sich die Energie, die in Fig. 33–6 (b) in das Glas hineingeht, zu der, die in Fig. 33–6 (a) in das Glas hineingeht, wie das Verhältnis der Quadrate der gebrochenen Amplituden $|A|^2/|a|^2$. Man könnte fragen, ob wir wirklich wissen, wie die Energie innerhalb des Glases zu berechnen ist, weil es nach allem Energien der Bewegung der Atome zusätzlich zur Energie im elektrischen Feld gibt. Es ist aber offensichtlich, daß alle verschiedenen Beiträge zur Gesamtenergie proportional zum Quadrat der Amplitude des elektrischen Feldes sein werden. Deshalb können wir schreiben

$$\frac{1 - |B|^2}{1 - |b|^2} = \frac{|A|^2}{|a|^2}. \tag{33.4}$$

Wir setzen nun Gl. (33.2) ein, um A/a aus dem obigen Ausdruck zu eliminieren und drücken B in Termen von b mit Hilfe von Gl. (33.3) aus:

$$\frac{1 - |b|^2 \dfrac{\cos^2(i + r)}{\cos^2(i - r)}}{1 - |b|^2} = \frac{1}{\cos^2(i - r)}. \tag{33.5}$$

Diese Gleichung enthält nur eine unbekannte Amplitude b. Nach Auflösung nach $|b|^2$ erhalten wir

$$|b|^2 = \frac{\sin^2(i - r)}{\sin^2(i + r)} \tag{33.6}$$

und mit Hilfe von (33.3)

$$|B|^2 = \frac{\tan^2(i - r)}{\tan^2(i + r)}. \tag{33.7}$$

So haben wir den Reflexionskoeffizienten $|b|^2$ für eine einfallende Welle gefunden, die senkrecht zur Einfallsebene polarisiert ist, und ebenso den Reflexionskoeffizienten $|B|^2$ für eine einfallende Welle, die in der Einfallsebene polarisiert ist!

Es ist möglich, mit Argumenten dieser Art fortzufahren und nachzuweisen, daß b reell ist. Um dies zu beweisen, muß man einen Fall betrachten, bei dem Licht gleichzeitig von beiden Seiten der Glasoberfläche kommt, eine Situation, die experimentell nicht einfach zu arrangieren ist, die theoretisch zu analysieren aber Vergnügen macht. Wenn wir diesen allgemeinen Fall untersuchen, können wir beweisen, daß b reell und deshalb tatsächlich, daß $b = \pm \sin(i-r)/\sin(i+r)$ sein muß. Es ist sogar möglich, das Vorzeichen zu bestimmen, indem man den Fall einer sehr sehr dünnen Schicht betrachtet, bei der es Reflexion von der vorderen und von der rückwärtigen Oberfläche gibt, und indem man ausrechnet, wieviel Licht reflektiert wird. Wir wissen, wieviel Licht von einer dünnen Schicht reflektiert werden sollte, weil wir wissen, welcher Strom erzeugt wird, und wir haben sogar die Felder ausgearbeitet, die durch solche Ströme erzeugt werden.

Man kann mit diesen Argumenten zeigen, daß

$$b = -\frac{\sin(i - r)}{\sin(i + r)}, \qquad B = -\frac{\tan(i - r)}{\tan(i + r)}. \tag{33.8}$$

Diese Ausdrücke für die Reflexionskoeffizienten als Funktion der Einfalls- und Brechungswinkel werden Fresnelsche Reflexionsformeln genannt.

Wenn wir die Grenze betrachten, wenn die Winkel i und r zu Null werden, finden wir für den Fall des senkrechten Einfalls, daß $B^2 \approx b^2 \approx (i-r)^2/(i+r)^2$ für beide Polarisationen gilt, da die Sinusse ebenso wie die Tangense praktisch gleich den Winkeln sind. Aber wir wissen, daß $\sin i/\sin r = n$ ist und wenn die Winkel klein sind, $i/r \approx n$ gilt. Folglich läßt sich leicht zeigen, daß der Reflexionskoeffizient für senkrechten Einfall wie folgt ist:

$$B^2 = b^2 = \frac{(n-1)^2}{(n+1)^2}.$$

Es ist interessant herauszufinden, wieviel Licht z. B. bei senkrechtem Einfall von der Wasseroberfläche reflektiert wird. Für Wasser ist n gleich 4/3, so daß der Reflexionskoeffizient $(1/7)^2 \approx 2\,\%$ ist. Bei senkrechtem Einfall werden nur zwei Prozent des Lichts von der Wasseroberfläche reflektiert.

33–7 Anomale Brechung

Der letzte Polarisationseffekt, den wir betrachten werden, war in Wirklichkeit einer der ersten, die entdeckt wurden: anomale Brechung. Seeleute, die Island besuchten, brachten nach Europa Kristalle aus Island-Spat ($CaCO_3$) zurück, welche die amüsante Eigenschaft hatten, daß alles, was man durch den Kristall sieht, doppelt erscheint, d. h. in zwei Bildern. Dieses kam Huygens zur Kenntnis und spielte eine wichtige Rolle bei der Entdeckung der Polarisation. Wie es oft der Fall ist, sind die Phänomene, die zuerst entdeckt werden, am Ende am schwierigsten zu erklären. Erst wenn wir ein physikalisches Konzept gründlich verstehen, können wir sorgfältig diejenigen Phänomene aussuchen, die sehr klar und einfach das Konzept demonstrieren.

Anomale Brechung ist ein spezieller Fall derselben Doppelbrechung, die wir früher betrachtet haben. Anomale Brechung findet statt, wenn die optische Achse, die lange Achse unserer asymmetrischen Moleküle, *nicht* parallel zur Oberfläche des Kristalls liegt.

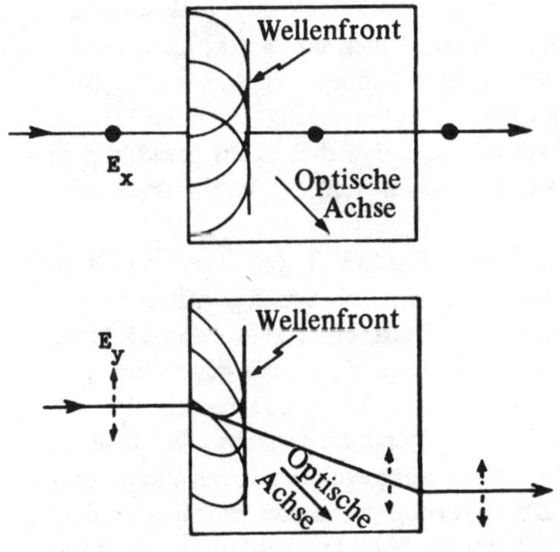

Fig. 33–7. Das obere Diagramm zeigt den Weg des ordentlichen Strahls durch einen doppelbrechenden Kristall. Der außerordentliche Strahl wird in dem unteren Diagramm gezeigt. Die optische Achse liegt in der Papierebene.

In Fig. 33–7 werden zwei Stücke aus doppelbrechendem Material gezeichnet, deren optische Achsen wie gezeigt liegen. In der oberen Figur ist der auf das Material einfallende Strahl in einer Richtung senkrecht zur optischen Achse des Materials linear polarisiert. Wenn dieser Strahl die Oberfläche des Materials trifft, wirkt jeder Punkt der Oberfläche als Quelle einer Welle, die in den Kristall mit der Geschwindigkeit $v_\perp$ eindringt, der Lichtgeschwindigkeit in dem Kristall, wenn die Polarisationsebene senkrecht zur optischen Achse liegt. Die Wellenfront ist einfach die Einhüllende oder der Ort aller dieser kleinen Kugelwellen, und diese Wellenfront bewegt sich geradewegs durch den Kristall hindurch und auf der anderen Seite hinaus. Dies ist eben das gewöhnliche Verhalten, das wir erwarten würden, und dieser Strahl wird der *ordentliche Strahl* genannt.

In der unteren Figur hat das linear polarisierte Licht, das auf den Kristall fällt, seine Polarisationsrichtung um 90° gedreht, so daß die optische Achse in der Polarisationsebene liegt. Wenn wir jetzt die kleinen Wellen betrachten, die in jedem Punkt der Kristalloberfläche entstehen, sehen wir, daß sie sich nicht als Kugelwellen ausbreiten. Licht, das sich entlang der optischen Achse ausbreitet, wandert mit der Geschwindigkeit $v_\perp$, weil die Polarisation senkrecht zur optischen Achse liegt, während das Licht, das sich senkrecht zur optischen Achse ausbreitet, mit der Geschwindigkeit $v_\parallel$ wandert, weil die Polarisation parallel zur optischen Achse liegt. In einem doppelbrechenden Material gilt $v_\parallel \neq v_\perp$, und in der Figur ist $v_\parallel < v_\perp$. Eine vollständigere Analyse wird zeigen, daß die Wellen sich auf der Oberfläche eines Ellipsoids ausbreiten, mit der optischen Achse als Hauptachse des Ellipsoids. Die Einhüllende aller dieser elliptischen Wellen ist die Wellenfront, die durch den Kristall in der gezeigten Richtung hindurchgeht. Wiederum wird der Strahl an der Rückseite genauso abgelenkt wie der an der Vorderseite, so daß das Licht parallel zum einfallenden Strahl herauskommt, aber zu ihm verschoben. Sicher gehorcht dieser Strahl nicht dem Gesetz von Snellius, sondern geht in eine außerordentliche Richtung. Er wird deshalb der *außerordentliche* Strahl genannt.

Wenn ein unpolarisierter Strahl einen anomal brechenden Kristall trifft, wird er in einen ordentlichen Strahl, der in der normalen Weise geradewegs hindurchgeht, und einen außerordentlichen Strahl, der versetzt wird, wenn er durch den Kristall geht, aufgespalten. Diese beiden heraustretenden Strahlen sind rechtwinklig zueinander linear polarisiert. Daß dies wahr ist, kann ohne weiteres mit einer Polaroidplatte zur Analysierung der Polarisation der herauskommenden Strahlen demonstriert werden. Wir können auch zeigen, daß unsere Deutung dieses Phänomens korrekt ist, indem wir linear polarisiertes Licht in den Kristall hineinschicken. Bei geeigneter Orientierung der Polarisationsrichtung des einfallenden Strahls können wir veranlassen, daß dies Licht geradlinig hindurchgeht, ohne Aufspaltung, oder wir können veranlassen, daß es ohne Aufspaltung hindurchgeht, aber mit einer Versetzung.

Wir haben alle verschiedenen Polarisationsfälle in Fig. 33–1 und 33–2 als Überlagerung zweier spezieller Polarisationsfälle dargestellt, nämlich x und y mit verschiedenen Beträgen und Phasen. Ebensogut hätten andere Paare benutzt werden können. Eine Polarisation entlang irgendwelcher senkrechter Achsen x', y', die gegenüber x und y geneigt sind, würde es ebensogut tun. [Zum Beispiel kann jede Polarisation durch Überlagerung der Fälle (a) und (e) aus Fig. 33–2 erzeugt werden.] Es ist jedoch interessant, daß dieser Gedanke auch auf andere Fälle ausgeweitet werden kann. Zum Beispiel kann jede *lineare* Polarisation durch Überlagerung geeigneter Beträge rechts- und links*zirkularer* Polarisationen mit passenden Phasen gebildet werden [Fall (c) und (g) aus Fig. 33–2], da sich zwei in entgegengesetzte Richtungen rotierende gleiche Vektoren addieren, um einen einzelnen Vektor zu ergeben, der längs einer geraden Linie oszilliert (Fig. 33–8). Wenn die Phase des einen relativ zur anderen verschoben

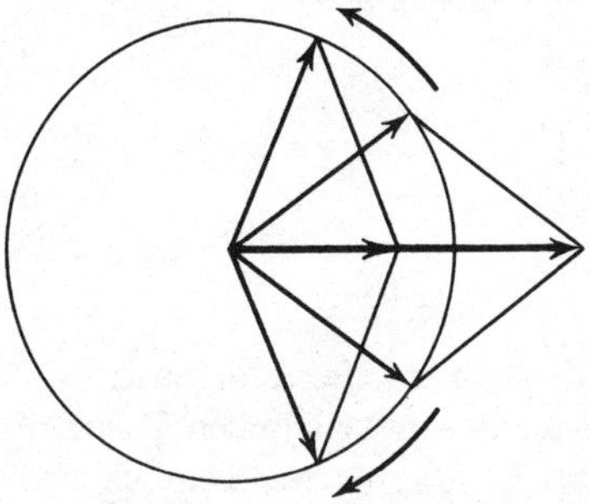

Fig. 33–8. Zwei entgegengesetzt rotierende Vektoren gleicher Amplitude addieren sich, um einen Vektor in einer festen Richtung, aber mit einer oszillierenden Amplitude zu erzeugen.

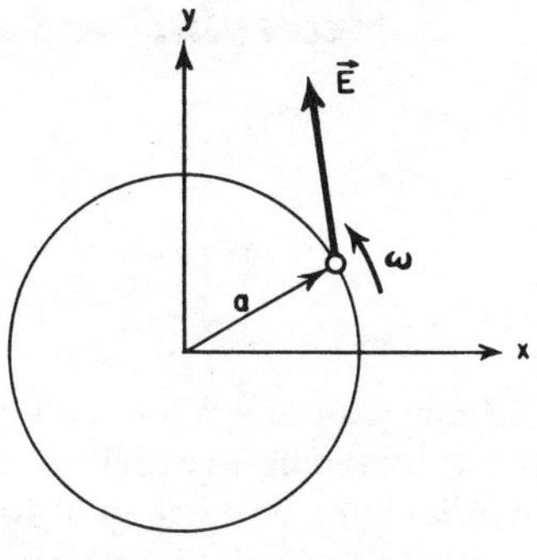

Fig. 33–9. Eine Ladung, die sich als Reaktion auf zirkular polarisiertes Licht auf einem Kreis bewegt.

wird, neigt sich diese Linie. Folglich könnten alle Bilder aus Fig. 33–1 als „die Überlagerung gleicher Beträge von rechts- und linkszirkular polarisiertem Licht mit verschiedenen relativen Phasen" bezeichnet werden. Wenn hier die linke der phasengleichen rechten hinterherhinkt, ändert sich die Richtung der linearen Polarisation. Deshalb sind optisch aktive Materialien gewissermaßen doppelbrechend. Ihre Eigenschaften können damit beschrieben werden, daß sie verschiedene Indizes für rechts- und linkszirkular polarisiertes Licht haben. Die Überlagerung von rechts- und linkszirkular polarisiertem Licht verschiedener Intensität erzeugt elliptisch polarisiertes Licht.

Zirkular polarisiertes Licht hat eine weitere interessante Eigenschaft – es besitzt einen *Drehimpuls* (um die Ausbreitungsrichtung). Um dieses zu illustrieren, nehme man an, daß solches Licht auf ein Atom fällt, das durch einen harmonischen Oszillator repräsentiert wird, der gleich gut in jede Richtung der xy-Ebene ausgedehnt werden kann. Dann wird die x-Auslenkung des Elektrons die Reaktion auf die E_x-Komponente des Feldes sein, während die y-Komponente die gleiche Reaktion auf die gleiche E_y-Feldkomponente sein wird, aber um 90° phasenverschoben.

Das heißt, daß das reagierende Elektron mit der Winkelgeschwindigkeit ω auf einem Kreis herumläuft als Reaktion auf das rotierende elektrische Feld des Lichts (Fig. 33–9). In Abhängigkeit von den Dämpfungseigenschaften der Reaktion des Oszillators brauchen die Richtung der Auslenkung **a** des Elektrons und die Richtung der Kraft q_eE darauf nicht übereinzustimmen, aber sie rotieren zusammen herum. Das E kann eine Komponente mit rechtem Winkel zu **a** haben, so daß Arbeit an dem System geleistet und ein Drehmoment τ ausgeübt wird. Die pro Sekunde geleistete Arbeit ist $\tau\omega$. Die über eine Zeitperiode T absorbierte Energie beträgt $\tau\omega T$, während τT das Drehmoment ist, das dem energieabsorbierenden Material übertragen wird. So sehen wir, daß *ein Strahl aus rechtszirkular polarisiertem Licht, der eine Gesamtenergie* $\mathcal{E}$ *enthält, ein Drehmoment (mit dem Vektor in Richtung längs der Ausbreitungsrichtung)* $\mathcal{E}/\omega$ *trägt.* Denn wenn dieser Strahl absorbiert wird, wird das Drehmoment an den Absorber abgegeben. Linkszirkular polarisiertes Licht transportiert ein Drehmoment mit entgegengesetztem Vorzeichen $-\mathcal{E}/\omega$.

34 Relativistische Strahlungseffekte

34–1 Bewegte Quellen

In diesem Kapitel werden wir eine Anzahl verschiedenartiger Effekte in Zusammenhang mit Strahlung beschreiben, und dann werden wir mit der klassischen Theorie der Lichtausbreitung zu Ende sein. In unserer Analyse des Lichts sind wir ziemlich weit und in beträchtliche Einzelheiten gegangen. Das einzige Phänomen von einiger Konsequenz hinsichtlich elektromagnetischer Strahlung, das wir nicht diskutiert haben, ist, was geschieht, wenn Radiowellen in einem Kasten mit reflektierenden Wänden enthalten sind, wobei die Größe des Kastens vergleichbar zur Wellenlänge ist, oder wenn sie durch eine lange Röhre hindurchgeschickt werden. Die Phänomene der sogenannten *Hohlraum-Resonatoren* oder der *Wellenleiter* werden wir später diskutieren; wir werden zuerst ein anderes physikalisches Beispiel gebrauchen – den Schall – und werden dann zu diesem Thema zurückkehren. Mit dieser Ausnahme ist das vorliegende Kapitel unsere letzte Betrachtung über die klassische Theorie des Lichts.

Wir können alle Effekte, die wir nun diskutieren werden, zusammenfassen, indem wir feststellen, daß sie mit den Effekten *bewegter Quellen* zu tun haben. Wir nehmen nicht länger an, daß die Quelle örtlich fest ist, wobei sich ihre gesamte Bewegung bei relativ niedriger Geschwindigkeit in der Umgebung eines festen Punktes abspielt.

Wir erinnern uns, daß die fundamentalen Gesetze der Elektrodynamik sagen, daß das elektrische Feld in großer Entfernung von der bewegten Ladung durch die folgende Formel gegeben ist:

$$\mathbf{E} = -\frac{q}{4\pi\epsilon_0 c^2}\frac{d^2\mathbf{e}_{R'}}{dt^2}. \tag{34.1}$$

Die zweite Ableitung des Einheitsvektors $\mathbf{e}_{R'}$, der in die scheinbare Richtung der Ladung zeigt, ist die bestimmende Größe des elektrischen Feldes. Dieser Einheitsvektor zeigt natürlich nicht zur *gegenwärtigen* Position der Ladung, sondern vielmehr in die Richtung, in der die Ladung scheinbar ist, wenn die Information nur mit der endlichen Geschwindigkeit c von der Ladung zum Beobachter läuft.

Mit dem elektrischen Feld ist ein Magnetfeld verknüpft, das immer rechtwinklig zum elektrischen Feld und rechtwinklig zur scheinbaren Richtung der Quelle liegt und das durch die Formel gegeben ist

$$\mathbf{B} = -\mathbf{e}_{R'} \times \mathbf{E}/c. \tag{34.2}$$

Bis jetzt haben wir nur den Fall betrachtet, bei dem die Bewegungen von nicht relativistischer Geschwindigkeit sind, so daß es keine merkliche Bewegung in der Richtung der Quelle gibt, die betrachtet werden muß. Jetzt werden wir allgemeiner sein und den Fall untersuchen, bei dem die Bewegung von beliebiger Geschwindigkeit ist, und wir werden sehen, was für unterschiedliche Effekte bei diesen Umständen erwartet werden können. Wir werden die Bewegung eine beliebige Geschwindigkeit haben lassen, aber natürlich werden wir weiterhin annehmen, daß der Detektor sehr weit von der Quelle ist.

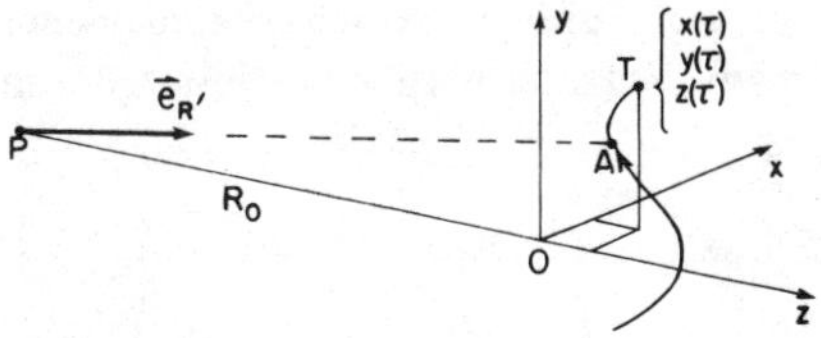

Fig. 34–1. Der Weg einer bewegten Ladung. Die wahre Lage zur Zeit τ ist bei T, aber die verzögerte Lage ist bei A.

Wir wissen schon aus unserer Diskussion in Kapitel 28, daß die einzigen Dinge, die in $d^2\mathbf{e}_{R'}/dt^2$ zählen, die Änderungen in der *Richtung* von $\mathbf{e}_{R'}$ sind. Die Koordinaten der Ladung seien (x, y, z), wobei z entlang der Beobachtungsrichtung gemessen wird (Fig. 34–1). Zu einem gegebenen Zeitpunkt, sagen wir dem Moment τ, sind die drei Komponenten der Lage $x(\tau)$, $y(\tau)$ und $z(\tau)$. Die Entfernung R ist praktisch gleich $R(\tau) = R_0 + z(\tau)$. Nun hängt die Richtung des Vektors $\mathbf{e}_{R'}$ hauptsächlich von x und y ab, aber fast überhaupt nicht von z: Die transversalen Komponenten des Einheitsvektors sind x/R und y/R, und wenn wir diese Komponenten differenzieren, erhalten wir etwas mit R^2 im Nenner:

$$\frac{d(x/R)}{dt} = \frac{dx/dt}{R} - \frac{dz}{dt}\frac{x}{R^2}.$$

Wenn wir also weit genug entfernt sind, sind die einzigen Terme, um die wir uns kümmern müssen, die Änderungen von x und y. Folglich nehmen wir den Faktor R_0 heraus und erhalten

$$E_x = -\frac{q}{4\pi\epsilon_0 c^2 R_0}\frac{d^2x'}{dt^2},$$

$$E_y = -\frac{q}{4\pi\epsilon_0 c^2 R_0}\frac{d^2y'}{dt^2}, \qquad (34.3)$$

wobei R_0 mehr oder weniger die Entfernung zu q darstellt; wir wollen es als Entfernung OP zum Ursprung der Koordinaten (x, y, z) nehmen. Folglich ist das elektrische Feld eine Konstante, die mit einem sehr einfachen Faktor, der zweiten Ableitung der x- und y-Koordinaten, multipliziert wird. (Wir könnten es mathematischer ausdrücken, indem wir x und y die *transversalen* Komponenten des Ortsvektors $\mathbf{r}$ der Ladung nennen, dies würde aber nicht zur Klarheit beitragen.)

Natürlich stellen wir fest, daß die Koordinaten zur retardierten Zeit gemessen werden müssen. Hierbei finden wir, daß $z(\tau)$ die Verzögerung *beeinflußt*. Wie groß ist die verzögerte Zeit? Wenn die Beobachtungszeit t genannt wird (die Zeit bei P), dann ist die Zeit τ, die dieser bei A entspricht, nicht die Zeit t, sondern ist um die gesamte Entfernung verzögert, die das Licht zu durchlaufen hat, dividiert durch die Lichtgeschwindigkeit. In der ersten Näherung beträgt diese Verzögerung eine Konstante R_0/c (ein uninteressanter Punkt), aber in der nächsten Näherung müssen wir die Effekte der Lage in der z-Richtung zur Zeit τ einschließen, da es eine etwas größere Verzögerung ergibt, wenn q ein bißchen weiter weg ist. Dies ist ein Effekt, den wir zuvor vernachlässigt haben, und es ist die einzige notwendige Änderung, damit unsere Ergebnisse für alle Geschwindigkeiten gelten.

Jetzt müssen wir einen bestimmten Wert von t wählen und den Wert τ daraus berechnen und so herausfinden, wo x und y bei diesem τ sind. Dies sind dann die verzögerten x und y, die wir x' und y' nennen, deren zweite Ableitungen das Feld bestimmen. Folglich wird τ bestimmt durch

$$t = \tau + \frac{R_0}{c} + \frac{z(\tau)}{c}$$

und

$$x'(t) = x(\tau), \qquad y'(t) = y(\tau). \tag{34.4}$$

Dies sind nun komplizierte Gleichungen, aber es ist einfach genug, ein geometrisches Bild anzufertigen, um ihre Lösung zu beschreiben. Dieses Bild wird uns ein gutes qualitatives Gefühl dafür geben, wie diese Dinge funktionieren, aber man benötigt doch eine Menge detaillierter Mathematik, um die genauen Ergebnisse eines komplizierten Problems abzuleiten.

34–2 Das Auffinden der „scheinbaren" Bewegung

Die obige Gleichung hat eine interessante Vereinfachung. Wenn wir die uninteressante, konstante Verzögerung R_0/c vernachlässigen, die nur besagt, daß wir den Ursprung von t um eine Konstante verschieben müssen, dann sagt sie folgendes:

$$ct = c\tau + z(\tau), \qquad x' = x(\tau), \qquad y' = y(\tau). \tag{34.5}$$

Nun müssen wir x' und y' als Funktion von t, nicht τ, finden, und wir können dies in der folgenden Weise ausführen: Gl. (34.5) besagt, daß wir die tatsächliche Bewegung nehmen und eine Konstante (die Lichtgeschwindigkeit) mal τ hinzufügen sollten. Die Bedeutung, die sich ergibt, wird in Fig. 34–2 gezeigt. Wir nehmen die tatsächliche Bewegung der Ladung (wie links gezeigt) und stellen uns vor, daß sie bei der Bewegung vom Punkt P mit der Geschwindigkeit c mitgeführt wird (es gibt keine Konstruktionen infolge der Relativitätstheorie oder dergleichen; dies ist nur eine mathematische Addition von $c\tau$). Auf diese Weise erhalten wir eine neue Bewegung, bei der die Sichtlinien-Koordinate ct ist, wie rechts gezeigt wird. (Die Figur zeigt das Ergebnis für eine ziemlich komplizierte Bewegung in einer Ebene, aber natürlich braucht die Bewegung nicht in einer Ebene zu sein – sie kann sogar komplizierter als die Bewegung in einer Ebene sein). Der springende Punkt ist, daß die horizontale (d. h. Lichtlinie) Entfernung nicht mehr das alte z, sondern $z + c\tau$ und deshalb ct ist. Folglich haben wir ein Bild der Kurve x' (und y') als Funktion von t gefunden! Um das Feld zu erhalten, müssen wir nur nach der Beschleunigung dieser Kurve gucken, d. h. sie zweimal differenzieren. So ist die Antwort schließlich: Um das elektrische Feld für eine bewegte La-

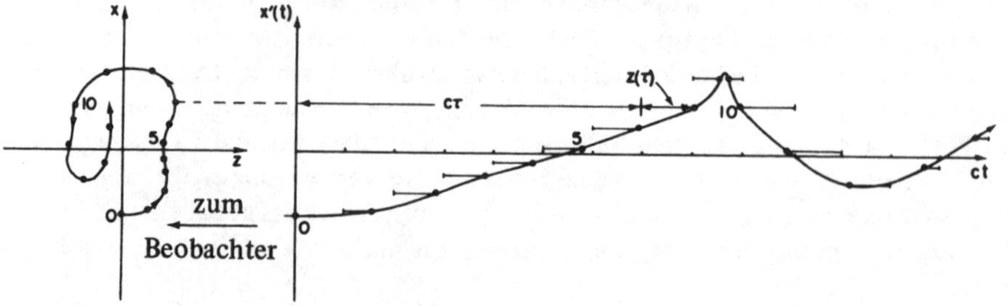

Fig. 34–2. Eine geometrische Lösung von Gl. (34.5) zum Auffinden von $x'(t)$.

dung zu finden, nehme man die Bewegung der Ladung und übersetze sie mit der Geschwindigkeit c zurück, um sie „auszubreiten"; dann ist die so gezeichnete Kurve eine Kurve der x'- und y'-Positionen als Funktion von t. Die Beschleunigung dieser Kurve ergibt das elektrische Feld als Funktion von t. Oder wir können uns nun, wenn wir wollen, vorstellen, daß diese ganze „starre" Kurve sich mit der Geschwindigkeit c durch die Beobachtungsebene durchbewegt, so daß der Schnittpunkt mit der Beobachtungsebene die Koordinaten x' und y' hat. Die Beschleunigung dieses Punktes ergibt das elektrische Feld. Diese Lösung ist genauso exakt wie die Formel, mit der wir begannen – sie ist einfach eine geometrische Darstellung.

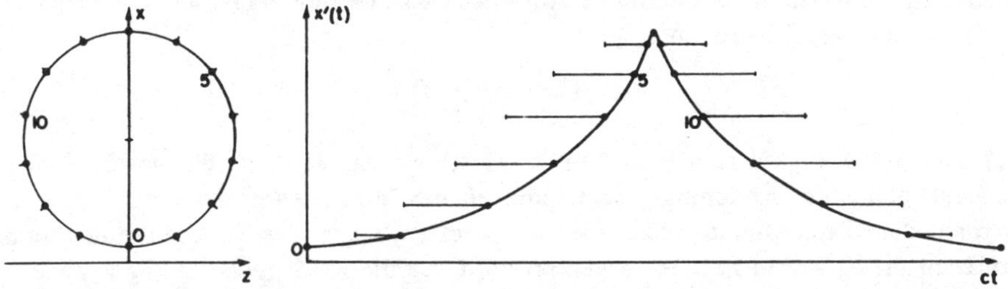

Fig. 34–3. Die $x'(t)$-Kurve für ein Teilchen, das sich mit konstanter Geschwindigkeit $v = 0.94c$ auf einem Kreis bewegt.

Wenn die Bewegung relativ langsam ist, wenn wir z. B. einen Oszillator haben, der nur langsam auf und ab geht, dann würden wir, wenn wir diese Bewegung mit der Lichtgeschwindigkeit wegschießen würden, natürlich eine einfache Kosinuskurve erhalten, und das ergibt eine Formel, nach der wir lange Zeit gesucht haben: Sie gibt das Feld an, das durch eine oszillierende Ladung erzeugt wird. Ein interessanteres Beispiel ist ein Elektron, das sich sehr schnell, nahezu mit Lichtgeschwindigkeit, auf einem Kreis bewegt. Wenn wir in die Ebene des Kreises gucken, erscheint das verzögerte $x'(t)$ wie in Fig. 34–3 gezeigt. Was ist das für eine Kurve? Wenn wir uns einen Radiusvektor vom Kreismittelpunkt zur Ladung vorstellen und wenn wir diese radiale Linie ein bißchen über das Elektron hinaus verlängern, nur um eine Nuance, wenn es sehr schnell läuft, dann kommen wir zu einem Punkt auf der Linie, der sich mit Lichtgeschwindigkeit bewegt. Wenn wir deshalb die Bewegung mit Lichtgeschwindigkeit zurückübertragen, entspricht das einem Rad mit einer Ladung darauf, das mit der Geschwindigkeit c rückwärts (ohne zu rutschen) rollt; folglich finden wir eine Kurve, die einer Zykloide sehr verwandt ist – sie wird *Hypozykloide* genannt. Wenn die Ladung sich sehr nahe der Lichtgeschwindigkeit bewegt, sind die „Spitzen" in der Tat sehr scharf; wenn sie genau mit der Lichtgeschwindigkeit umläuft, würden sie tatsächlich unendlich scharfe Spitzen sein. Das „unendlich scharf" ist interessant; es bedeutet, daß in der Nähe einer Spitze die zweite Ableitung enorm groß ist. Einmal pro Zyklus erhalten wir einen scharfen Puls des elektrischen Feldes. Dies ist überhaupt nicht das, was wir bei einer nicht-relativistischen Bewegung erhalten würden, wo es jedesmal, wenn die Ladung herumgeht, eine Schwingung gibt, die während der ganzen Zeit von etwa der gleichen „Stärke" ist.

Stattdessen gibt es sehr scharfe Pulse des elektrischen Feldes mit einem Zeitintervall von $1/T_0$, wobei T_0 die Periode der Umdrehung ist. Diese starken elektrischen Felder werden in einem engen Kegel in die Bewegungsrichtung der Ladung emittiert. Wenn sich die Ladung von P wegbewegt, gibt es nur eine kleine Krümmung und sehr wenig abgestrahltes Feld in Richtung P.

34–3 Synchrotronstrahlung

Wir haben sehr schnelle Elektronen, die sich auf Kreisbahnen in einem Synchrotron bewegen; sie laufen fast mit der Geschwindigkeit c, und es ist möglich, die obige Strahlung als wirkliches *Licht* zu sehen! Wir wollen dies näher besprechen.

Im Synchrotron haben wir Elektronen, die in einem gleichförmigen Magnetfeld in Kreisen herumlaufen. Aus Gl. (12.10) wissen wir, daß die Kraft auf ein Teilchen im Magnetfeld gegeben ist durch

$$\mathbf{F} = q\mathbf{v} \times \mathbf{B} \tag{34.6}$$

und im rechten Winkel zum Feld und zur Geschwindigkeit steht. Wie gewöhnlich ist die Kraft gleich der Änderungsgeschwindigkeit des Impulses mit der Zeit. Wenn das Feld aus dem Papier heraus nach oben gerichtet ist, liegen der Teilchenimpuls und die Kraft auf dieses wie in Fig. 34–4 gezeigt wird. Da die Kraft rechtwinklig zur Geschwindigkeit steht, bleiben die kinetische Energie und deshalb die Geschwindigkeit *konstant*. Das Magnetfeld bewirkt lediglich eine Änderung der *Bewegungsrichtung*. Während einer kurzen Zeit Δt ändert sich der Impulsvektor im rechten Winkel zu sich selbst um den Betrag $\Delta\mathbf{p} = \mathbf{F}\Delta t$, und deshalb dreht sich $\mathbf{p}$ um einen Winkel $\Delta\theta = \Delta p/p = qvB\Delta t/p$, da $|F| = qvB$ gilt. Aber in genau dieser Zeit ist das Teilchen eine Strecke $\Delta s = v\,\Delta t$ gelaufen. Offenbar werden sich die beiden Geraden AB und CD in solch einem Punkt O schneiden, daß $OA = OC = R$ gilt, wobei $\Delta s = R\,\Delta\theta$ ist. Wenn wir dieses mit den früheren Ausdrücken verbinden, erhalten wir $R\,\Delta\theta/\Delta t = R\omega = v = qvBR/p$, woraus wir finden, daß

$$p = qBR \tag{34.7}$$

und

$$\omega = qvB/p. \tag{34.8}$$

Da genau dies Argument während des nächsten Zeitmoments und des nächsten usw. angewendet werden kann, schließen wir, daß das Teilchen sich auf einem *Kreis* mit dem Radius R mit der Winkelgeschwindigkeit ω bewegen muß.

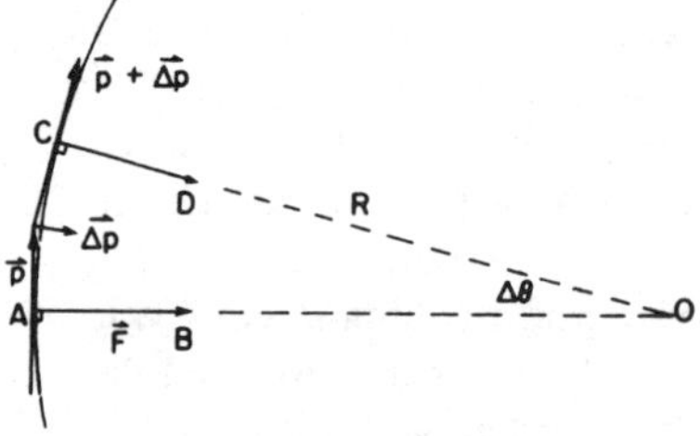

Fig. 34–4. Ein geladenes Teilchen bewegt sich auf einer kreisförmigen (oder spiralförmigen) Bahn in einem gleichmäßigen Magnetfeld.

Das Ergebnis, daß der Teilchenimpuls gleich einer Ladung mal dem Radius mal dem Magnetfeld ist, ist ein sehr wichtiges Gesetz, das sehr oft benutzt wird. Es ist wichtig für praktische Zwecke, denn wenn wir Elementarteilchen mit derselben Ladung haben und sie in einem Magnetfeld beobachten, können wir den Krümmungsradius ihrer Bahnen messen und folglich bei Kenntnis des Magnetfeldes die Teilchenimpulse bestimmen. Wenn wir beide Seiten von Gl. (34.7) mit c multiplizieren und q durch die Elektronenladung ausdrücken, können wir den Impuls in Einheiten von *Elektronenvolt* messen. In diesen Einheiten heißt unsere Formel

$$pc(\text{ev}) = 3 \times 10^8 (q/q_e)BR, \tag{34.9}$$

wobei B, R und die Lichtgeschwindigkeit alle im MKS-System ausgedrückt sind; letztere beträgt zahlenmäßig 3×10^8.

Die MKS-Einheit des Magnetfeldes wird *Weber pro Quadratmeter* genannt. Es gibt eine ältere Einheit, genannt *Gauß*, die noch im allgemeinen Gebrauch ist. Ein Weber/m^2 ist gleich 10^4 Gauß. Um eine Vorstellung zu geben, wie groß Magnetfelder sind, sei bemerkt, daß das stärkste Magnetfeld, das man gewöhnlich in Eisen machen kann, etwa $1{,}5 \times 10^4$ Gauß beträgt; darüber hinaus verschwindet der Vorteil der Verwendung von Eisen. Heute sind Elektromagnete mit supraleitfähiger Wicklung in der Lage, stationäre Felder von über 10^5 Gauß Stärke zu erzeugen – das sind 10 MKS-Einheiten. Das Erdfeld beträgt am Äquator einige Zehntel eines Gauß.

Wenn wir zu Gl. (34.9) zurückkehren, könnten wir uns vorstellen, daß das Synchrotron mit einer Milliarde Elektronenvolt läuft, so daß pc für eine Milliarde Elektronenvolt 10^9 beträgt. (Wir werden in einem Moment auf die Energie zurückkommen.) Wenn wir dann ein B entsprechend, sagen wir, 10.000 Gauß hätten, was ein gutes, reales Feld ist, eine MKS-Einheit, dann sehen wir, daß R gleich 3,3 Meter betragen müßte. Der tatsächliche Radius des Caltech-Synchrotrons ist 3,7 Meter, das Feld ist ein bißchen größer und die Energie beträgt 1,5 Milliarden, aber es ist dieselbe Idee. So haben wir ein Gefühl dafür, warum das Synchrotron diese Größe hat.

Wir haben den Impuls berechnet, aber wir wissen, daß die gesamte Energie einschließlich der Ruheenergie durch $W = \sqrt{p^2c^2 + m^2c^4}$ gegeben ist, und für ein Elektron ist die Ruheenergie $0{,}511 \times 10^6\, eV$ entsprechend mc^2, so daß wir, wenn pc gleich $10^9\, eV$ ist, mc^2 vernachlässigen können und so für alle praktischen Zwecke $W = pc$ ist, wenn die Geschwindigkeiten relativistisch sind. Es ist praktisch dasselbe, wenn man sagt, die Energie eines Elektrons beträgt eine Milliarde Elektronenvolt, als wenn man sagt, der Impuls mal c beträgt eine Milliarde Elektronenvolt. Wenn $W = 10^9\, eV$ ist, kann man leicht zeigen, daß die Geschwindigkeit von der Lichtgeschwindigkeit um nur einen achtmillionstel Teil abweicht!

Wir wenden uns nun der von einem solchen Teilchen emittierten Strahlung zu. Ein Teilchen, das sich auf einem Kreis mit dem Radius 3,3 Meter oder mit einem Umfang von 20 Metern bewegt, geht einmal in etwa der Zeit herum, die Licht braucht, um 20 Meter zu laufen. Folglich würde die Wellenlänge, die von solch einem Teilchen emittiert werden sollte, 20 Meter betragen – im Kurzwellen-Rundfunkbereich. Aber wegen des Aufteilungseffektes, den wir diskutiert haben (Fig. 34–3), und weil die Strecke, um die wir den Radius aufweiten müssen, um die Geschwindigkeit c zu erreichen, nur ein achtmillionstel Teil des Radius ist, sind die Spitzen der Hypozykloide enorm scharf im Vergleich zum Abstand zwischen ihnen. Die Beschleunigung, die eine zweite Ableitung nach der Zeit enthält, erhält das Zweifache des „Kompressionsfaktors“ von 8×10^6, weil die Zeitskala zweimal um das Acht-Millionenfache in der Nähe der Spitze reduziert wird. Folglich könnten wir erwarten, daß die effektive Wellenlänge viel kürzer ist, um den Betrag 64 mal 10^{12} kleiner als 20 Meter, und das entspricht dem Röntgenstrahlengebiet. (Tatsächlich ist die Spitze selbst nicht der alles bestimmende Faktor; man muß auch ein bestimmtes Gebiet um die Spitze herum einschließen. Dies ändert den Faktor zur 3/2-Potenz statt des Quadrats, läßt uns aber oberhalb des optischen Gebietes.) Obwohl ein langsam bewegtes Elektron 20-Meter-Radiowellen abstrahlen würde, reduziert folglich der relativistische Effekt die Wellenlänge so stark, daß wir sie *sehen* können! Zweifelsfrei sollte das Licht *polarisiert* sein, mit dem elektrischen Feld senkrecht zum gleichförmigen Magnetfeld.

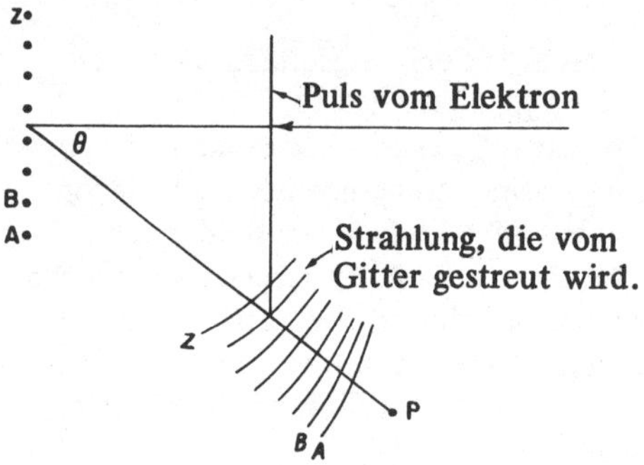

Fig. 34–5. Das Licht, welches ein Gitter als einzelner, scharfer Puls trifft, wird in verschiedene Richtungen in unterschiedlichen Farben gestreut.

Um noch besser zu verstehen, was wir beobachten würden, nehmen wir an, daß wir solches Licht nehmen (um den Sachverhalt zu vereinfachen, werden wir einfach einen Puls nehmen, weil diese Pulse einen so großen Zeitabstand haben) und es auf ein Beugungsgitter richten würden, welches aus einer Menge von streuenden Drähten besteht. Was sehen wir, nachdem dieser Puls das Gitter verläßt? (Wir sollten rotes Licht, blaues Licht usw. sehen, wenn wir überhaupt irgendwelches Licht sehen.) Was *sehen* wir? Der Puls fällt direkt auf das Gitter und alle Oszillatoren in dem Gitter werden nur einmal heftig zusammen auf und dann wieder ab bewegt. Dann erzeugen sie Effekte in verschiedenen Richtungen, wie in Fig. 34–5 gezeigt wird. Aber der Punkt P ist dichter an einem Ende des Gitters als am anderen, und so kommt das elektrische Feld in diesem Punkt zuerst vom Draht A an, als nächstes von B usw.; zuletzt kommt der Puls vom letzten Draht an. Kurz gesagt ist die Summe der Reflexionen von all den folgenden Drähten wie in Fig. 34–6 (a) gezeigt; es ist ein elektrisches Feld, welches aus einer Reihe von Pulsen besteht, und es gleicht sehr einer Sinuswelle, deren Wellenlänge die Entfernung zwischen den Pulsen ist, genau wie es für monochromatisches Licht, das auf ein Gitter fällt, sein würde! So ist es klar, daß wir farbiges Licht erhalten. Werden wir aber nach demselben Argument nicht Licht von jeder Art von „Pulsen" erhalten? Nein. Angenommen, die Kurve wäre sehr viel glatter, dann würden wir alle gestreuten Wellen zusammenaddieren, die durch eine kleine Zwischenzeit getrennt sind (Fig. 34–6 b). Dann sehen wir, daß das Feld überhaupt nicht schwanken würde; es würde eine sehr glatte Kurve sein, da sich jeder Puls in dem Zeitintervall zwischen den Pulsen nicht stark ändert.

Fig. 34–6. Das gesamte elektrische Feld herrührend von einer Folge von (a) scharfen Pulsen und (b) flachen Pulsen.

Die elektromagnetische Strahlung, die von relativistischen, geladenen Teilchen emittiert wird, die in einem Magnetfeld kreisen, wird *Synchrotronstrahlung* genannt.

Sie wird aus einleuchtenden Gründen so genannt, aber sie ist nicht speziell auf Synchrotrons oder auch nur auf erdgebundene Laboratorien beschränkt. Es ist aufregend und interessant, daß sie auch in der Natur auftritt!

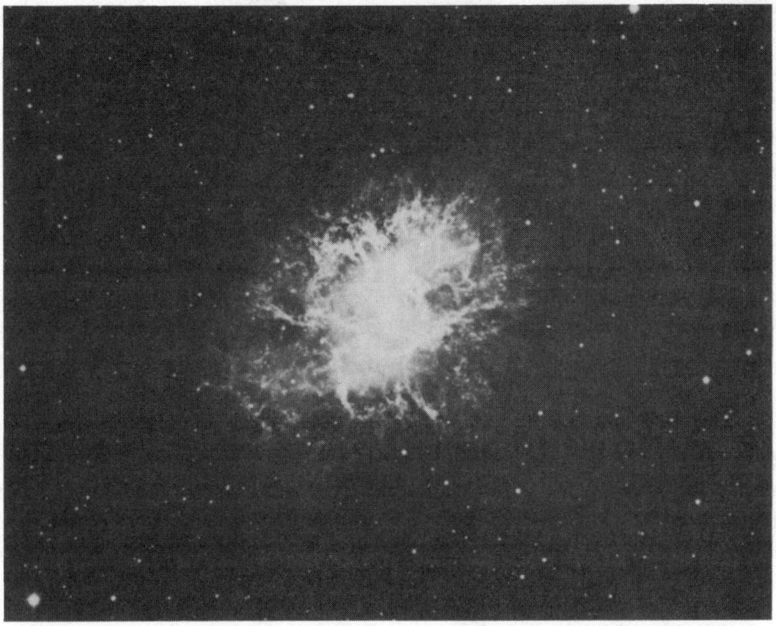

Fig. 34–7. Der Krebsnebel in allen Farben gesehen (kein Filter).

34–4 Kosmische Synchrotronstrahlung

Im Jahre 1054 gehörten die chinesischen und japanischen Zivilisationen zu den fortgeschrittensten der Welt; sie waren sich des äußeren Universums bewußt und sie registrierten bemerkenswerterweise einen explosiven, hellen Stern in jenem Jahr. (Es ist sehr erstaunlich, daß keiner der europäischen Mönche, die alle Bücher des Mittelalters schrieben, auch nur erwähnte, daß ein Stern am Himmel explodiert war, aber so ist es.) Heute können wir von diesem Stern ein Bild aufnehmen, und was wir sehen, wird in Fig. 34–7 gezeigt. An der Außenkante befindet sich eine große Menge roter Fäden, die durch die Atome des dünnen Gases erzeugt werden, die mit ihren natürlichen Frequenzen „klingeln"; dieses ergibt ein breites Linienspektrum mit verschienen Frequenzen darin. Das Rot rührt in diesem Fall zufällig vom Stickstoff her. Andererseits befindet sich in dem mittleren Gebiet ein seltsamer, flockiger Lichtfleck mit einer *kontinuierlichen* Frequenzverteilung, d. h. es gibt keine speziellen Frequenzen, die mit bestimmten Atomen verknüpft sind. Dennoch ist es kein Staub, der durch nahe Sterne „angezündet" wird, was eine Methode ist, mit der man ein kontinuierliches Spektrum erhalten kann. Wir können Sterne durch ihn hindurch sehen, folglich ist er transparent, aber er *emittiert* Licht.

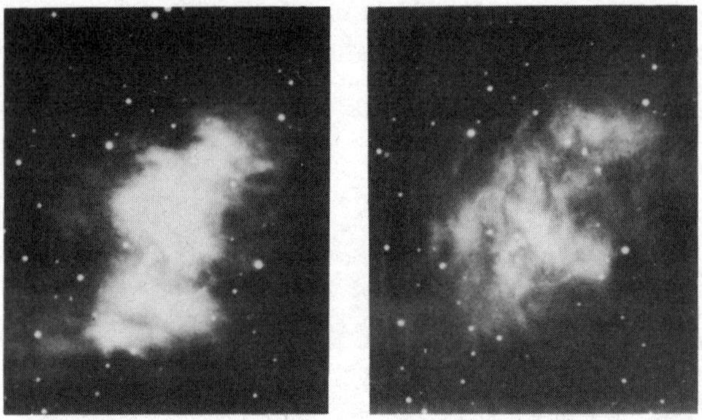

Fig. 34–8. Der Krebsnebel, gesehen durch ein blaues Filter und eine Polaroidplatte. (a) Elektrischer Vektor senkrecht, (b) elektrischer Vektor horizontal.

In Fig. 34–8 blicken wir auf dasselbe Objekt, indem wir Licht in einem Spektralbereich benutzen, der keine helle Spektrallinie hat, so daß wir nur den zentralen Bereich sehen. Aber auch in diesem Fall wurden Polarisatoren auf das Teleskop gesteckt, und die beiden Ansichten entsprechen zwei um 90° verdrehten Orientierungen. Wir sehen, daß die Bilder verschieden sind! Das heißt, daß das Licht polarisiert ist. Der Grund ist wahrscheinlich, daß es ein lokales Magnetfeld gibt und viele sehr energiereiche Elektronen in diesem Magnetfeld herumkreisen.

Wir haben gerade dargestellt, wie die Elektronen auf einem Kreis um das Feld herumlaufen könnten. Wir können dem natürlich irgendeine gleichförmige Bewegung in Richtung des Feldes hinzufügen, da die Kraft $q\mathbf{v} \times \mathbf{B}$ keine Komponente in dieser Richtung hat und, wie wir schon bemerkt haben, die Synchrotronstrahlung offensichtlich in einer Richtung rechtwinklig zur Projektion des Magnetfeldes auf die Beobachtungsebene polarisiert ist.

Wenn wir diese beiden Daten zusammennehmen, sehen wir, daß in einem Gebiet, in dem ein Bild hell und das andere schwarz ist, das Licht sein elektrisches Feld vollständig in einer Richtung polarisiert haben muß. Dies bedeutet, daß es ein Magnetfeld mit rechtem Winkel zu dieser Richtung gibt, während in anderen Gebieten, in denen es in dem anderen Bild eine starke Emission gibt, das Magnetfeld die umgekehrte Orientierung haben muß. Wenn wir Fig. 34–8 sorgfältig betrachten können wir bemerken, daß es grob gesagt eine allgemeine Schar von „Linien" gibt, die in einem Bild in einer Richtung liegen und rechtwinklig dazu in dem anderen. Die Bilder zeigen eine Art fibriger Struktur. Wahrscheinlich werden die Magnetfeldlinien dazu neigen, sich über relativ lange Strecken in ihrer eigenen Richtung auszudehnen, und so gibt es wahrscheinlich lange Magnetfeldgebiete, in denen die Elektronen in einer Richtung spiralförmig umlaufen, während das Feld in einem anderen Gebiet anders herum zeigt und die Elektronen dann in dieser Richtung spiralförmig umlaufen.

Wodurch erhält sich die so hohe Elektronenenergie über so lange Zeit? Schließlich ist es 900 Jahre her seit der Explosion – wie können sie eine so hohe Geschwindigkeit halten? Wie sie ihre Energie erhalten und wie sich die ganze Geschichte in Gang hält, versteht man noch nicht vollständig.

34–5 Bremsstrahlung

Als nächstes werden wir kurz über einen anderen interessanten Effekt eines schnell bewegten Teilchens berichten, das Energie abstrahlt. Der Gedanke ist sehr ähnlich dem, den wir gerade diskutiert haben. Angenommen, es gibt geladene Teilchen in einem Stück Materie, und ein sehr schnelles Elektron, sagen wir, kommt vorbei (Fig. 34–9). Dann wird das Elektron wegen des elektrischen Feldes um den Atomkern herum angezogen, beschleunigt, so daß seine Bewegungskurve eine leichte Krümmung oder Biegung enthält. Wenn das Elektron sich sehr nahe der Lichtgeschwindigkeit bewegt, wie groß ist das elektrische Feld, das in Richtung c erzeugt wird?

Erinnern wir uns an unsere Regel: Wir nehmen die tatsächliche Bewegung, übertragen sie rückwärts mit der Geschwindigkeit c und erhalten eine Kurve, deren Krümmung das elektrische Feld angibt. Es kommt auf uns zu mit der Geschwindigkeit v, so daß wir eine Rückwärtsbewegung erhalten, bei der das ganze Bild in eine kleine Strecke, in dem Verhältnis wie $c - v$ kleiner als c ist, zusammengestaucht wird. Folglich gibt es, wenn $1 - v/c \ll 1$, eine sehr scharfe und steile Krümmung bei B', und wenn wir davon die zweite Ableitung nehmen, erhalten wir ein sehr hohes Feld in der Bewegungsrichtung. Wenn folglich sehr energiereiche Elektronen durch Materie eilen, stoßen sie Strahlung in die Vorwärtsrichtung aus. Diese wird ***Bremsstrahlung*** genannt. Tatsächlich wird das Synchrotron nicht so sehr benutzt um Hochenergie-Elektronen zu erzeugen (wenn wir sie aus der Maschine bequemer herauskriegen könnten, würden wir dies in Wirklichkeit nicht sagen), sondern mehr um sehr energiereiche Photonen zu erzeugen – Gammastrahlen –, indem wir die energiereichen Elektronen durch eine massive Wolfram„zielscheibe" hindurchschicken und sie durch diesen Bremsstrahlungseffekt Photonen abstrahlen lassen.

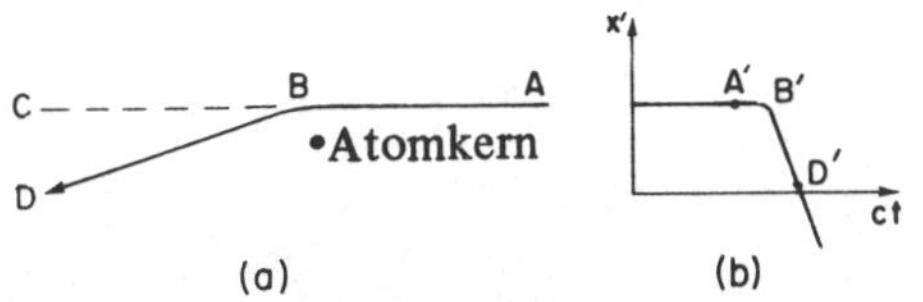

Fig. 34–9. Ein schnelles Elektron, das nahe an einem Atomkern vorbeiläuft, strahlt Energie in die Richtung seiner Bewegung.

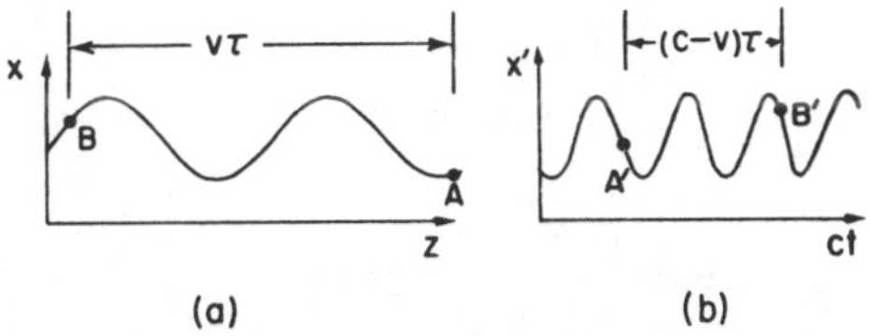

Fig. 34–10. Die $x - z$ und $x' - t$-Kurven eines bewegten Oszillators.

34–6 Der Dopplereffekt

Wir fahren jetzt fort, einige andere Beispiele der Effekte bewegter Quellen zu betrachten. Wir wollen annehmen, daß die Quelle ein stationäres Atom ist, das mit einer seiner natürlichen Frequenzen ω_0 oszilliert. Dann wissen wir, daß die Frequenz des Lichts, das wir beobachten würden, ω_0 ist. Aber jetzt wollen wir ein anderes Beispiel nehmen, bei dem wir einen ähnlichen Oszillator haben, der mit der Frequenz ω_1 schwingt, während sich gleichzeitig das ganze Atom, der ganze Oszillator, mit der Geschwindigkeit v in Richtung auf den Beobachter zu bewegt. Dann ist die tatsächliche Bewegung im Raum natürlich wie in Fig. 34–10 (a) gezeigt. Nun spielen wir unser übliches Spiel, wir addieren $c\tau$; d. h. wir übertragen die gesamte Kurve zurück und finden dann, daß sie wie in Fig. 34–10 (b) oszilliert. In einem gegebenen Zeitintervall τ, in dem der Oszillator die Strecke $v\tau$ gegangen wäre, geht er in dem (x' über ct)-Diagramm eine Strecke $(c - v)\tau$. So werden alle Oszillatoren der Frequenz ω_1 in der Zeit $\Delta\tau$ mit dem Intervall $\Delta\tau = (1 - v/c)\Delta\tau$ gefunden; sie werden zusammengedrückt, und da diese Kurve mit der Geschwindigkeit c an uns vorbeigeht, werden wir Licht einer *höheren Frequenz* sehen, höher um gerade den Kompressionsfaktor $(1 - v/c)$. Folglich beobachten wir

$$\omega = \frac{\omega_1}{1 - v/c}. \tag{34.10}$$

Wir können natürlich diese Situation auf vielfältige andere Weise analysieren. Angenommen, das Atom würde statt Sinuswellen eine Folge von Pulsen pip, pip, pip, pip mit einer bestimmten Frequenz ω_1 aussenden. Mit welcher Frequenz würden sie von uns empfangen werden?

Der erste, der ankommt, hat eine bestimmte Verzögerung, aber der nächste ist weniger verzögert, weil sich in der Zwischenzeit das Atom näher an den Empfänger heranbewegt. Deshalb wird die Zeit zwischen den „Pips" durch die Bewegung verringert. Wenn wir die Geometrie der Situation untersuchen, stellen wir fest, daß die Frequenz der Pips um den Faktor $1/(1 - v/c)$ vergrößert wird.

Ist dann $\omega = \omega_0/(1 - v/c)$ die Frequenz, die man beobachten würde, wenn wir ein gewöhnliches Atom nähmen, das die natürliche Frequenz ω_0 hat, und es auf den Empfänger mit der Geschwindigkeit v zubewegen würden? Nein; wie wir genau wissen, ist die natürliche Frequenz ω_1 eines bewegten Atoms wegen der relativistischen Dilation im Zeitablauf nicht dieselbe wie die, die gemessen wird, wenn es stillsteht. Wenn folglich ω_0 die wahre, natürliche Frequenz wäre, dann wäre die modifizierte natürliche Frequenz ω_1

$$\omega_1 = \omega_0 \sqrt{1 - v^2/c^2}. \tag{34.11}$$

Deshalb ist die beobachtete Frequenz ω

$$\omega = \frac{\omega_0 \sqrt{1 - v^2/c^2}}{1 - v/c}. \tag{34.12}$$

Die Frequenzverschiebung, die in der obigen Situation zu beobachten ist, wird der *Dopplereffekt* genannt: Wenn sich etwas auf uns zu bewegt, erscheint das emittierte Licht mehr violett, und wenn es sich wegbewegt, erscheint es mehr rot.

Wir werden nun zwei weitere Ableitungen dieses interessanten und wichtigen Ergebnisses geben. Nehmen wir jetzt an, daß die *Quelle* stillsteht und Wellen mit der Frequenz ω_0 emittiert, während sich der *Beobachter* mit der Geschwindigkeit v auf die Quelle zu bewegt. Nach einer bestimmten Zeitperiode t wird sich der Beobachter in eine neue Position bewegt haben, die eine Strecke vt von dort, wo er bei $t = 0$ war, entfernt ist. Wieviele Bogengrade der Phase wird er vorbeigehen gesehen haben? Eine bestimmte Zahl $\omega_0 t$ ist an jedem festen Punkt vorbeigegangen, und der Beobachter ist zusätzlich durch seine eigene Bewegung bei einigen mehr vorbeigehuscht, nämlich einer Anzahl vtk_0 (der Anzahl von Bogengraden pro Meter mal der Strecke). So würde die gesamte Anzahl an Bogengraden in der Zeit t oder die beobachtete Frequenz $\omega_1 = \omega_0 + k_0 v$ sein. Wir haben diese Analyse aus der Sicht eines Menschen in Ruhestellung gemacht; wir möchten gern wissen, wie es einem Menschen, der sich bewegt, erscheinen würde. Hier müssen wir uns wieder mit der Differenz des Ganges der Uhren für die zwei Beobachter beschäftigen, und diesmal bedeutet das, daß wir durch

$\sqrt{1 - v^2/c^2}$ ***dividieren*** **müssen. Wenn also k_0 die Wellenzahl, die Anzahl der Bogengrade pro Meter in der Bewegungsrichtung, und ω_0 die Frequenz ist, dann ist die beobachtete Frequenz für einen sich bewegenden Menschen**

$$\omega = \frac{\omega_0 + k_0 v}{\sqrt{1 - v^2/c^2}}. \tag{34.13}$$

Im Fall des Lichts wissen wir, daß $k_0 = \omega_0/c$ ist. So würde in diesem speziellen Problem die Gleichung lauten

$$\omega = \frac{\omega_0(1 + v/c)}{\sqrt{1 - v^2/c^2}}, \tag{34.14}$$

was vollständig anders aussieht als Formel (34.12)! Ist die Frequenz, die wir beobachten würden, wenn wir uns auf eine Quelle zu bewegen, verschieden von der Frequenz, die wir sehen würden, wenn die Quelle sich auf uns zu bewegt? Natürlich nicht! Die Relativitätstheorie sagt, daß diese zwei *exakt gleich* sein müssen. Wenn wir genügend erfahrene Mathematiker wären, würden wir wahrscheinlich erkennen, daß diese beiden mathematischen Ausdrücke exakt gleich *sind!* In der Tat ist die *notwendige* Gleichheit beider Ausdrücke einer der Wege, auf dem einige Leute gern demonstrieren, daß die Relativität eine Zeit-Dilation erfordert, da sie, wenn wir nicht die Quadratwurzel-Faktoren einführen würden, nicht mehr gleich sein würden.

Da wir die Relativität kennen, wollen wir sie noch auf einem dritten Weg untersuchen, der etwas allgemeiner erscheinen mag. (Es ist wirklich derselbe Sachverhalt, da es keinen Unterschied macht, *wie* wir es ausführen!) Entsprechend der Relativitätstheorie gibt es eine Beziehung zwischen Ort und Zeit, wie sie von einem Menschen beobachtet werden, und Ort und Zeit, wie sie von einem anderen, der sich relativ zu ihm bewegt, beobachtet werden. Wir haben diese Beziehungen schon viel früher aufgeschrieben (Kapitel 16). Dies ist die *Lorentz-Transformation* und deren Umkehrung:

$$\begin{aligned} x' &= \frac{x + vt}{\sqrt{1 - v^2/c^2}}, \qquad & x &= \frac{x' - vt'}{\sqrt{1 - v^2/c^2}}, \\ t' &= \frac{t + vx/c^2}{\sqrt{1 - v^2/c^2}}; \qquad & t &= \frac{t' - vx'/c^2}{\sqrt{1 - v^2/c^2}}. \end{aligned} \tag{34.15}$$

Wenn wir bewegungslos auf dem Boden stehen würden, würde die Formel einer Welle $\cos(\omega t - kx)$ sein; alle Knoten und Maxima und Minima würden dieser Form folgen. Aber was würde ein Mensch in Bewegung sehen, der dieselbe physikalische Welle beobachtet? Wenn das Feld Null ist, sind die Orte aller Knoten dieselben (wenn das Feld *Null* ist, sieht *jeder* das Feld als Null); dies ist eine relativistische Invariante. So ist die Form dieselbe auch für den anderen Menschen, nur daß wir sie in sein Bezugssystem transformieren müssen:

$$\cos(\omega t - kx) = \cos\left[\omega \frac{t' - vx'/c^2}{\sqrt{1 - v^2/c^2}} - k \frac{x' - vt'}{\sqrt{1 - v^2/c^2}}\right].$$

Wenn wir die Terme innerhalb der Klammern umordnen, erhalten wir

$$\cos(\omega t - kx) = \cos\left[\underbrace{\frac{\omega + kv}{\sqrt{1 - v^2/c^2}}}\, t' - \underbrace{\frac{k + v\omega/c^2}{\sqrt{1 - v^2/c^2}}}\, x'\right]$$
$$= \cos[\quad \omega' \quad t' - \quad k' \quad x'\,]\,. \tag{34.16}$$

Dies ist wieder eine Welle, eine Kosinuswelle, bei der es eine bestimmte Frequenz ω' gibt, eine Konstante, mit der t' multipliziert wird, und irgendeine andere Konstante k', mit der x' multipliziert wird. Wir nennen k' die Wellenzahl oder die Anzahl von Wellen pro Meter für den anderen Menschen. Deshalb wird der andere Mensch eine neue Frequenz und eine neue Wellenzahl sehen, die gegeben sind durch

$$\omega' = \frac{\omega + kv}{\sqrt{1 - v^2/c^2}}, \tag{34.17}$$

$$k' = \frac{k + \omega v/c^2}{\sqrt{1 - v^2/c^2}}. \tag{34.18}$$

Wenn wir uns (34.17) ansehen, stellen wir fest, daß es dieselbe Formel (34.13) ist, die wir durch ein mehr physikalisches Argument erhielten.

34–7 ω, k Vierer-Vektor

Die in Gl. (34.17) und (34.18) angegebenen Beziehungen sind sehr interessant, weil sie sagen, daß die neue Frequenz ω' eine Kombination der alten Frequenz ω und der alten Wellenzahl k ist und daß die neue Wellenzahl eine Kombination der alten Wellenzahl und Frequenz ist. Nun ist die Wellenzahl die Änderungsgeschwindigkeit der Phase mit der Entfernung und die Frequenz die Änderungsgeschwindigkeit der Phase mit der Zeit, und in diesen Ausdrücken erkennen wir eine enge Analogie zur Lorentz-Transformation des Ortes und der Zeit: Wenn ω wie t angesehen wird und k wie x dividiert durch c^2, dann wird das neue ω' gleich t' sein, und das neue k' wird gleich x'/c^2 sein. Das heißt, daß *bei der Lorentz-Transformation ω und k in derselben Weise wie t und x transformiert werden.* Sie bilden das, was wir einen *Vierervektor* nennen; wenn eine Größe vier Komponenten hat, die sich wie Ort und Zeit transformieren, ist sie ein Vierervektor. Alles scheint dann in Ordnung zu sein mit Ausnahme eines kleinen Punktes: Wir sagten, daß ein Vierer-Vektor *vier Komponenten* haben muß; wo sind die anderen zwei Komponenten? Wir haben gesehen, daß ω und k wie Zeit und Ort in einer Raumrichtung sind, aber nicht in allen Richtungen, und folglich müssen wir als nächstes das Problem der Lichtausbreitung in drei Dimensionen studieren, nicht nur in einer Richtung, wie wir es bis jetzt getan haben.

Angenommen, wir haben ein Koordinaten-System x, y, z und eine sich ausbreitende Welle, deren Wellenfronten wie in Fig. 34–11 gezeigt aussehen. Die Wellenlänge der Welle ist λ, aber die Bewegungsrichtung der Welle liegt nicht zufällig in Richtung einer der Achsen. Wie sieht die Formel für eine solche Welle aus? Die Antwort ist natürlich $\cos(\omega t - ks)$, wobei $k = 2\pi/\lambda$ und s die Strecke entlang der Bewegungsrichtung der Welle ist – die Komponente der räumlichen Lage in der Richtung der Bewegung. Wir wollen es in der folgenden Weise machen: Wenn $\mathbf{r}$ die Vektorlage eines Raumpunktes ist, dann ist s gleich $\mathbf{r}\cdot\mathbf{e}_k$, wobei $\mathbf{e}_k$ ein Einheitsvektor in der Bewegungsrichtung ist. Das heißt, s ist einfach $r\cos(\mathbf{r}, \mathbf{e}_k)$, die Komponente der Entfernung in der Bewegungsrichtung. Deshalb lautet unsere Welle $\cos(\omega t - k\mathbf{e}_k\cdot\mathbf{r})$.

Nun stellt sich heraus, daß es sehr bequem ist, einen Vektor $\mathbf{k}$ zu definieren, der der ***Wellenzahlvektor*** genannt wird, welcher eine Größe gleich der Wellenzahl $2\pi/\lambda$ hat und in die Ausbreitungsrichtung der Wellen gerichtet ist:

$$\mathbf{k} = 2\pi\mathbf{e}_k/\lambda = k\mathbf{e}_k. \tag{34.19}$$

Wenn wir diesen Vektor benutzen, kann unsere Welle als $\cos(\omega t - \mathbf{k}\cdot\mathbf{r})$ oder als $\cos(\omega t - k_x x - k_y y - k_z z)$ geschrieben werden. Was ist die Bedeutung einer Komponente von k, sagen wir k_x? Sicher ist k_x die Änderungsgeschwindigkeit der Phase bezüglich x. Wenn wir uns auf Fig. 34–11 beziehen, sehen wir, daß sich die Phase ändert, wenn wir x ändern, gerade so, als wenn es eine Welle entlang x gäbe, ***aber mit einer längeren Wellenlänge.*** Die „Wellenlänge der x-Richtung" ist um die Sekante des Winkels α zwischen der tatsächlichen Ausbreitungsrichtung und der x-Achse länger als eine natürliche, wahre Wellenlänge

$$\lambda_x = \lambda/\cos\alpha. \tag{34.20}$$

Deshalb ist die Änderungsgeschwindigkeit der Phase, die proportional zum *Kehrwert* von λ_x ist, um den Faktor $\cos\alpha$ *kleiner;* das ist gerade das, um was sich k_x ändern würde – es würde der Betrag von $\mathbf{k}$ sein, multipliziert mit dem Kosinus des Winkels zwischen $\mathbf{k}$ und der x-Achse!

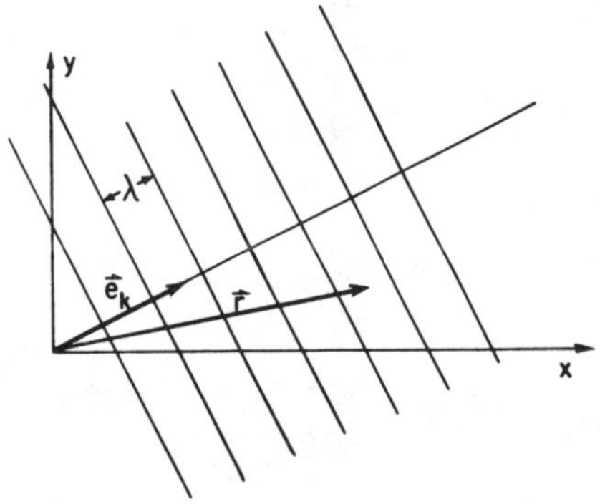

Fig. 34–11. Eine ebene Welle wandert in einer geneigten Richtung.

Das also ist das Wesen des Wellenzahlvektors, den wir zur Darstellung einer Welle in drei Dimensionen benutzen. Die vier Größen ω, k_x, k_y, k_z transformieren sich in der Relativitätstheorie wie ein Vierervektor, wobei ω der Zeit entspricht und k_x, k_y, k_z den x-, y- und z-Komponenten des Vierervektors entsprechen.

Bei unserer früheren Diskussion der speziellen Relativitätstheorie (Kapitel 17) haben wir gelernt, daß es Möglichkeiten gibt, relativistische Punktprodukte mit Vierervektoren auszuführen. Wenn wir den Ortsvektor x_μ benutzen, wobei μ für die vier Komponenten steht (die Zeit und die drei Raumgrößen), und wenn wir den Wellenzahlvektor k_μ nennen, wobei der Index μ wieder vier Werte hat, die Zeit und drei Raumwerte, dann wird das Punktprodukt von x_μ und k_μ als $\Sigma' k_\mu x_\mu$ geschrieben (siehe Kapitel 17). Dieses Punktprodukt ist eine Invariante, die unabhängig vom Koordinatensystem ist; wie sieht es aus? Nach der Definition dieses Punktproduktes in vier Dimensionen ist es

$$\Sigma' k_\mu x_\mu = \omega t - k_x x - k_y y - k_z z. \tag{34.21}$$

Wir wissen aus unserer Untersuchung der Vektoren, daß $\Sigma' k_\mu x_\mu$ invariant ist bezüglich der Lorentz-Transformation, da k_μ ein Vierervektor ist. Aber diese Größe ist genau das, was im Kosinus für eine ebene Welle erscheint, und sie *sollte* invariant bezüglich der Lorentz-Transformation sein. Wir können keine Formel haben mit etwas, das sich im Kosinus ändert, da wir wissen, daß die Phase der Welle sich nicht ändern kann, wenn wir das Koordinatensystem ändern.

34–8 Aberration

Bei der Ableitung von Gl. (34.17) und (34.18) haben wir ein einfaches Beispiel genommen, bei dem **k** zufällig in die Bewegungsrichtung zeigt, aber wir können es natürlich auch auf andere Fälle verallgemeinern. Man nehme z. B. an, es gäbe eine Quelle, die Licht in eine bestimmte Richtung, vom Standpunkt eines Menschen in Ruhe aus gesehen, aussendet, aber sagen wir mal, wir bewegen uns auf der Erde entlang (Fig. 34–12). Aus welcher Richtung scheint das Licht zu kommen? Um das herauszufinden, werden wir die vier Komponenten von k_μ hinschreiben und die Lorentz-Transformation anwenden müssen. Die Antwort kann jedoch mit dem folgenden Argument gefunden werden: Wir müssen unser Teleskop unter einem Winkel ausrichten, um Licht zu sehen. Warum? Weil das Licht mit der Geschwindigkeit c herunterkommt und wir uns seitwärts mit der Geschwindigkeit v bewegen; folglich muß das Teleskop vorgekippt

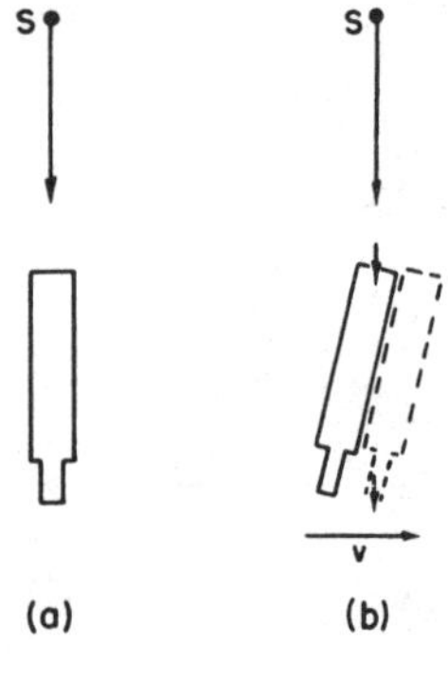

Fig. 34–12. Eine entfernte Quelle *S* wird mit (a) einem stationären Teleskop und (b) einem seitwärts bewegten Teleskop betrachtet.

werden, so daß das herunterkommende Licht „geradlinig" den Tubus herunterläuft. Es läßt sich sehr einfach erkennen, daß die horizontale Strecke vt ist, wenn die senkrechte Strecke ct ist, und deshalb ist $\tan\theta' = v/c$, wenn θ' der Verkippungswinkel ist. Wie schön! In der Tat, wie schön – außer einer Kleinigkeit: θ' ist *nicht* der Winkel, unter dem wir das Teleskop *relativ zur Erde* verkippen müßten, weil wir unsere Untersuchung aus der Sicht eines „festen" Beobachters gemacht haben. Als wir sagten, daß die horizontale Strecke vt ist, hätte der Mensch auf der Erde eine andere Strecke gefunden, da er mit einem „gestauchten" Lineal maß. Es zeigt sich, daß wegen dieses Kontraktionseffektes

$$\tan\theta = \frac{v/c}{\sqrt{1 - v^2/c^2}}, \tag{34.22}$$

ist, was gleichbedeutend ist mit

$$\sin\theta = v/c. \tag{34.23}$$

Es wird für den Leser lehrreich sein, dieses Ergebnis unter Benutzung der Lorentz-Transformation abzuleiten.

Dieser Effekt, daß ein Teleskop gekippt werden muß, wird *Aberration* genannt, und er ist beobachtet worden. *Wie* können wir ihn beobachten? Wer kann sagen, wo ein gegebener Stern sein *sollte?* Angenommen, wir *müssen* in die falsche Richtung sehen, um einen Stern zu sehen; wieso wissen wir, daß es die falsche Richtung ist? Weil die Erde um die Sonne kreist. Heute müssen wir das Teleskop in der einen Weise ausrichten; sechs Monate später müssen wir das Teleskop auf eine andere Weise neigen. Das ist der Grund, warum wir behaupten können, daß es einen solchen Effekt gibt.

34–9 Der Impuls des Lichts

Nun wenden wir uns einem anderen Punkt zu. Wir haben in all unseren Diskussionen der letzten Kapitel nie etwas über die Effekte des *Magnet*feldes gesagt, das mit Licht verknüpft ist. Gewöhnlich sind die Effekte des Magnetfeldes sehr klein, aber es gibt einen interessanten und wichtigen Effekt, der eine Folge des Magnetfeldes ist. Angenommen, daß Licht von einer Quelle kommt und auf eine Ladung einwirkt und diese Ladung auf und ab treibt. Wir wollen annehmen, daß das elektrische Feld in die x-Richtung zeigt, so daß die Bewegung der Ladung auch in die x-Richtung geht: sie hat eine Lage x und eine Geschwindigkeit v wie in Fig. 34–13 gezeigt. Das Magnetfeld liegt rechtwinklig zum elektrischen Feld. Wenn jetzt das elektrische Feld auf die Ladung einwirkt und sie auf und ab bewegt, was tut dann das Magnetfeld? Das Magnetfeld wirkt nur auf die Ladung (sagen wir ein Elektron), wenn sie sich *gerade* bewegt; aber das Elektron bewegt sich, es wird durch das elektrische Feld angetrieben, so daß die beiden zusammenarbeiten: Während das Ding auf und ab geht, hat es eine Geschwindigkeit, und es wirkt eine Kraft B mal v mal q darauf; aber in welche *Richtung* zeigt diese Kraft? *Es ist die Richtung der Lichtausbreitung.* Deshalb gibt es, wenn Licht auf eine Ladung scheint und als Reaktion auf diese Ladung oszilliert, eine treibende Kraft in die Richtung des Lichtstrahls. Diese wird *Strahlungsdruck* oder Lichtdruck genannt.

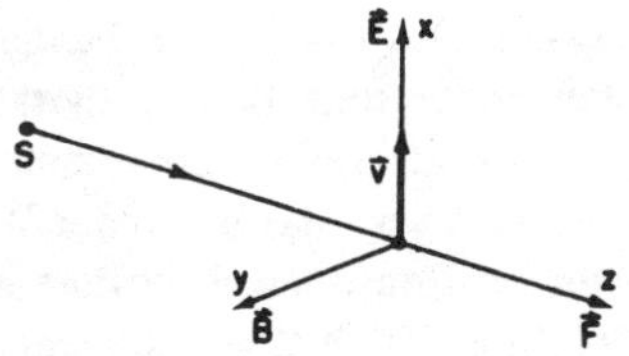

Fig. 34–13. Die magnetische Kraft auf eine Ladung, die durch das elektrische Feld in die Richtung des Lichtstrahls getrieben wird.

Wir wollen bestimmen, wie stark der Strahlungsdruck ist. Offensichtlich ist er $F = qvB$ oder, da alles oszilliert, das *Zeitmittel* $\langle F \rangle$ davon. Nach (34.2) ist die Stärke des Magnetfeldes dieselbe wie die Stärke des elektrischen Feldes dividiert durch c, so daß wir den Mittelwert des elektrischen Feldes mal der Geschwindigkeit mal der Ladung mal $1/c$ herausfinden müssen: $\langle F \rangle = q\langle vE \rangle/c$. Aber die Ladung q mal dem Feld E ist die elektrische Kraft auf eine Ladung, und die Kraft auf eine Ladung mal der Geschwindigkeit ist die Arbeit dW/dt, die an der Ladung geleistet wird! Deshalb ist die Kraft, der „stoßende Impuls", der pro Sekunde von dem Licht geliefert wird, gleich $1/c$ mal der vom Licht pro Sekunde *absorbierten Energie!* Dies ist ein allgemeines Gesetz, da wir nicht gesagt haben, wie stark der Oszillator war oder ob sich einige der Ladungen gegenseitig aufheben. *In allen Fällen, bei denen Licht absorbiert wird, gibt es einen Druck.* Der Impuls, den das Licht liefert, ist immer gleich der absorbierten Energie dividiert durch c:

$$\langle F\rangle = \frac{dW/dt}{c}. \tag{34.24}$$

Daß Licht Energie transportiert, wissen wir schon. Wir verstehen jetzt, daß es auch *Impuls* transportiert, und weiter, daß der transportierte Impuls immer $1/c$ mal der Energie ist.

Wenn Licht von einer Quelle emittiert wird, gibt es einen Rückstoßeffekt: derselbe Sachverhalt, nur umgekehrt. Wenn ein Atom eine Energie W in irgendeine Richtung emittiert, dann gibt es einen Rückstoßimpuls $p = W/c$. Wenn Licht senkrecht von einem Spiegel *reflektiert* wird, erhalten wir die zweifache Kraft.

So weit wollen wir unter Verwendung der klassischen Lichttheorie gehen. Natürlich wissen wir, daß es eine Quantentheorie gibt und daß sich Licht in vielerlei Hinsicht wie ein Teilchen benimmt. Die Energie eines Lichtteilchens ist eine Konstante mal der Frequenz:

$$W = h\nu = \hbar\omega. \tag{34.25}$$

Wir verstehen jetzt sehr gut, daß Licht auch einen Impuls gleich der Energie dividiert durch c transportiert, und so ist es auch richtig, daß diese effektiven Teilchen, diese *Photonen,* einen Impuls besitzen

$$p = W/c = \hbar\omega/c = \hbar k. \tag{34.26}$$

Die *Richtung* des Impulses ist natürlich die Richtung der Ausbreitung des Lichts. So ergibt sich in der Vektordarstellung

$$W = \hbar\omega, \qquad \mathbf{p} = \hbar\mathbf{k}. \tag{34.27}$$

Wir wissen natürlich auch, daß Energie und Impuls eines Teilchens einen Vierervektor bilden. Wir haben gerade entdeckt, daß ω und $\mathbf{k}$ einen Vierervektor bilden. Deshalb ist es gut, daß (34.27) für beide Fälle dieselbe Konstante hat; das bedeutet, daß die Quantentheorie und die Relativitätstheorie miteinander in Einklang stehen.

Gleichung (34.27) kann eleganter als $p_\mu = \hbar k_\mu$, eine relativistische Gleichung für ein Teilchen, das mit einer Welle verknüpft ist, geschrieben werden. Obwohl wir dieses nur für Photonen diskutiert haben, für die k (der Betrag von $\mathbf{k}$) gleich ω/c und die Beziehung $p = W/c$ viel allgemeiner ist. In der Quantenmechanik zeigen *alle* Teilchen, nicht nur Photonen, wellenähnliche Eigenschaften, aber Frequenz und Wellenzahl der Wellen sind mit der Energie und dem Impuls der Teilchen durch (34.27) (de Broglie-Beziehungen genannt) verknüpft, auch wenn p nicht gleich W/c ist.

Im letzten Kapitel haben wir gesehen, daß ein Strahl aus rechts- oder linkszirkular polarisiertem Licht auch einen *Drehimpuls* von einem Betrag proportional zur Energie $\mathcal{E}$ der Welle besitzt. Im Quantenbild wird ein Strahl aus zirkular polarisiertem Licht als Photonenstrom betrachtet, von denen jedes einen Drehimpuls $\pm\hbar$ längs der Ausbreitungsrichtung trägt. Das ist es, was aus der Polarisation in dem Korpuskelbild wird – die Photonen tragen Drehimpulse wie Gewehrkugeln mit Drall. Aber dieses „Kugel"-bild ist in Wirklichkeit genauso unvollständig wie das „Wellen"-bild, und wir werden diese Ideen ausführlicher in einem Kapitel über Quantenverhalten diskutieren müssen.

35 *Farbensehen*

35–1 Das menschliche Auge

Das Phänomen der Farben hängt zum Teil von der Welt der Physik ab. Wir diskutieren die Farben von Seifenhäutchen usw. als von der Interferenz verursacht. Aber natürlich hängt dies auch vom Auge ab oder davon, was hinter dem Auge, im Gehirn, geschieht. Die Physik beschreibt das Licht, das in das Auge eindringt, aber danach sind unsere Sinneseindrücke das Ergebnis von photochemischen Nervenprozessen und psychologischen Wirkungen.

Es gibt eine ganze Reihe interessanter Phänomene, die mit dem Sehen verbunden sind, die eine Mischung von physikalischen Phänomenen und physiologischen Prozessen beinhalten, und das volle Verständnis der Naturphänomene, wie wir sie *sehen,* geht weit über die Physik im gewöhnlichen Sinne hinaus. Wir entschuldigen uns nicht für die Ausflüge in andere Gebiete, weil die Trennung der Gebiete, wie wir deutlich hervorgehoben haben, nur menschliche Bequemlichkeit und eine unnatürliche Angelegenheit ist. Die Natur ist nicht an unseren Aufteilungen interessiert, und viele der interessanten Phänomene überbrücken die Lücken zwischen den Gebieten.

In Kapitel 3 haben wir schon die Beziehung der Physik zu den anderen Wissenschaften im großen Rahmen besprochen, aber jetzt werden wir bei einem Spezialgebiet, bei dem die Physik und andere Wissenschaften sehr, sehr eng verwoben sind, etwas mehr ins Detail gehen. Dieses Gebiet ist das *Sehen.* Insbesondere werden wir das *Farbensehen* besprechen. Im vorliegenden Kapitel werden wir hauptsächlich die beobachtbaren Phänomene des menschlichen Sehens diskutieren, und im nächsten Kapitel werden wir die physiologischen Aspekte des Sehens betrachten, sowohl beim Menschen als auch bei anderen Lebewesen.

Es beginnt alles mit dem Auge; um zu verstehen, was für Erscheinungen wir sehen, müssen wir folglich etwas über das Auge wissen. Im nächsten Kapitel werden wir genauer diskutieren, wie die verschiedenen Teile des Auges arbeiten und wie sie mit dem Nervensystem verbunden sind. Im Moment werden wir nur kurz beschreiben, wie das Auge funktioniert (Fig. 35–1).

Licht dringt durch die *Hornhaut (Cornea)* in das Auge; wir haben schon besprochen, wie es gebrochen und auf eine Schicht, die *Netzhaut (Retina)* genannt wird, hinten im Auge abgebildet wird. so daß verschiedene Teile der Netzhaut Licht von verschiedenen Teilen des außerhalb befindlichen Sichtfeldes erhalten. Die Netzhaut ist nicht absolut gleichförmig: Es gibt eine Stelle, einen Fleck im Zentrum unseres Gesichtsfeldes, den wir benutzen, wenn wir versuchen, Dinge sehr genau zu sehen, und mit dem wir die größte Sehschärfe haben; er wird *Fovea (gelber Fleck)* oder *Macula* genannt. Die Seitenbereiche des Auges sind nicht so wirkungsvoll für das Sehen von Einzelheiten wie das Zentrum des Auges, was wir sofort aus unserer Erfahrung beim Blicken auf Gegenstände erkennen. Es gibt auch einen Fleck in der Netzhaut, wo die Nerven, die alle Informationen weiterleiten, auslaufen; dies ist ein blinder Fleck. Es gibt hier keinen empfindlichen Teil der Netzhaut, und es ist möglich, dies zu demonstrieren, wenn wir, sagen wir das linke Auge schließen und geradewegs auf irgendetwas blicken und dann einen Finger oder ein anderes kleines Objekt langsam aus dem Blickfeld herausbewegen, bis es plötzlich irgendwo verschwindet. Der einzige praktische Nut-

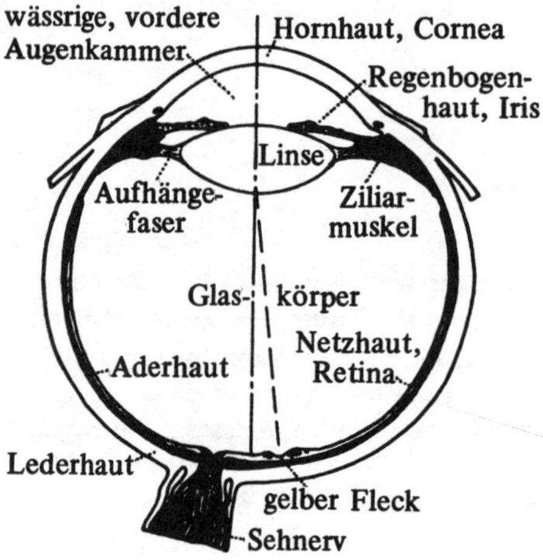

Fig. 35–1. Das Auge.

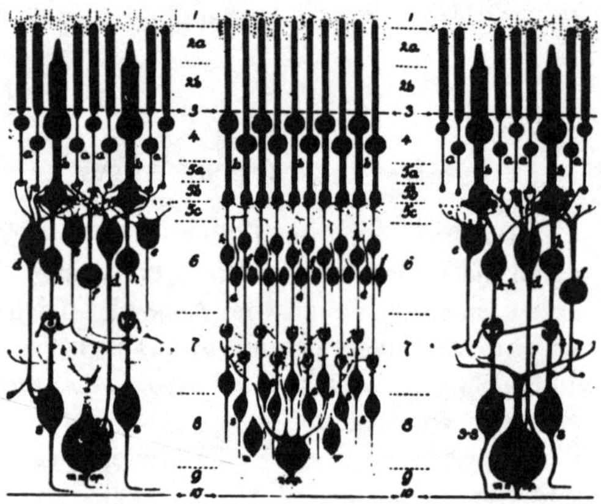

Fig. 35–2. Die Struktur der Retina. (Licht dringt von unten ein.)

zen dieser Tatsache, von dem wir wissen, ist der, daß irgendein Physiologe am Hofe eines französischen Königs in hoher Gunst stand, weil er diesen darauf hinwies; in den langweiligen Sitzungen mit seinen Höflingen konnte der König sich mit dem „Abschneiden ihrer Köpfe" amüsieren, indem er einen ansah und beobachtete, wie der Kopf eines anderen verschwand.

Fig. 35–2 zeigt ein vergrößertes Bild der Innenseite der Netzhaut in etwas schematischer Darstellung. In verschiedenen Teilen der Netzhaut gibt es verschiedene Arten von Strukturen. Die Gebilde, die in der Nähe der Peripherie der Netzhaut gedrängter auftreten, werden *Stäbchen* genannt. Dichter zum gelben Fleck finden wir neben diesen Stäbchenzellen auch *Zapfenzellen.* Wir werden die Struktur dieser Zellen später beschreiben. Wenn wir in die Nähe des gelben Flecks kommen, steigt die Zahl der Zapfen an, und in dem gelben Fleck selbst gibt es tatsächlich nichts außer Zapfenzellen, die sehr festgefügt sind, so eng, daß die Zapfenzellen hier viel feiner oder enger als anderswo sind. Wir müssen also einsehen, daß wir genau in der Mitte des Blickfeldes mit den Zapfen sehen; wenn wir aber zum Rand gehen, haben wir die anderen Zellen, die Stäbchen. Nun ist das Interessante daran, daß nicht jede Zelle in der Netzhaut, die lichtempfindlich ist, direkt mit dem Sehnerv durch eine Faser verbunden ist, sondern mit vielen anderen Zellen, die wiederum miteinander verknüpft sind. Es gibt mehrere Arten von Zellen: Es gibt Zellen, die die Information zum Sehnerv weiterleiten, außerdem gibt es andere, die hauptsächlich „horizontal" verknüpft sind. Es gibt im wesentlichen vier Arten von Zellen, aber wir werden jetzt nicht in diese Details gehen.

Der wesentliche Punkt, den wir betonen, ist der, daß das Lichtsignal schon „durchdacht" wird. Das bedeutet, daß die Information von den verschiedenen Zellen nicht sofort ins Gehirn geht, Punkt für Punkt, sondern ein bestimmter Betrag der Information schon in der Netzhaut verarbeitet wird, indem die Information von mehreren visuellen Empfängern kombiniert wird. Es ist wichtig zu verstehen, daß einige Phänomene der Gehirnfunktion im Auge selbst stattfinden.

35–2 Farbe hängt von der Intensität ab

Eines der eindrucksvollsten Phänomene des Sehens ist die Dunkelanpassung des Auges. Wenn wir aus einem hell erleuchteten Raum ins Dunkle gehen, können wir für eine Weile nicht sehr gut sehen, aber allmählich werden die Gegenstände mehr und mehr sichtbar, und schließlich können wir etwas sehen, wo wir vorher nichts erkennen konnten. Wenn die Lichtintensität sehr gering ist, haben die Gegenstände, die wir sehen, *keine Farbe.* Es ist bekannt, daß dieses Dämmerungssehen fast vollständig von den Stäbchen herrührt, während das Sehen im hellen Licht durch die Zapfen erfolgt. Als Ergebnis haben wir eine Anzahl von Phänomenen, die wir leicht mit dieser Funktionenübertragung von den Zapfen und Stäbchen zusammen zu den Stäbchen allein verstehen können.

Es gibt viele Situationen, in denen wir, wenn die Lichtintensität stärker wäre, Farbe sehen könnten, und wir würden diese Dinge sehr hübsch finden. Ein Beispiel ist, daß wir durch ein Teleskop fast immer „Schwarz-Weiß"-Bilder von schwachen Nebeln sehen, aber W. C. Miller vom Mt. Wilson und Palomar Observatorium hatte die Geduld, *Farb*bilder von einigen dieser Objekte zu machen. Niemand hat jemals wirklich diese Farben mit dem Auge gesehen, aber es sind keine künstlichen Farben, es ist lediglich so, daß die Lichtintensität nicht stark genug ist für die Zapfen in unserem Auge, um sie zu sehen. Zu den auffälligsten solcher Objekte gehören der Ringnebel und der Krebsnebel. Der erste zeigt einen hübschen blauen inneren Teil mit einem hellen roten äußeren Lichthof, und letzterer zeigt einen gewöhnlichen blauen Dunst mit hellen rot-orangen Fäden.

Im hellen Licht sind die Stäbchen offenbar von sehr geringer Empfindlichkeit, aber im Dunkeln zeigen sie mit fortschreitender Zeit ihre Fähigkeit Licht zu sehen. Die Unterschiede in der Lichtintensität, an die wir uns anpassen können, betragen mehr als eine Million zu eins. Die Natur erreicht all dies nicht mit einer Zellenart, sondern sie verschiebt ihre Arbeit von Zellen für helles Licht, den Zellen für Farbensehen, den Zapfen, zu dunkel angepaßten Zellen für niedrige Intensitäten, den Stäbchen. Zu den interessanten Konsequenzen dieser Verschiebung gehört erstens die, daß es keine Farbe gibt, und zweitens, daß es einen Unterschied in der relativen Helligkeit verschiedenfarbiger Objekte gibt. Es stellt sich heraus, daß die Stäbchen im Blau besser als die Zapfen sehen, und die Zapfen z. B. tiefes rotes Licht sehen können, während das für die Stäbchen vollkommen unmöglich ist. Folglich ist rotes Licht schwarz, soweit es die Stäbchen betrifft. So werden zwei farbige Blatt Papier, sagen wir blau und rot, bei denen bei gutem Licht das Rot sogar heller als das Blau sein kann, im Dunkeln vollständig umgekehrt erscheinen. Es ist ein sehr auffälliger Effekt. Wenn wir uns im Dunkeln aufhalten und eine Illustrierte oder irgend etwas, was Farben hat, finden können, beurteilen wir, bevor wir sicher wissen, wie die Farben aussehen, die helleren und dunkleren Flächen, und wenn wir die Illustrierte dann ins Licht tragen, können wir diese sehr eindrucksvolle Verschiebung zwischen dem, was vorher die hellste Farbe war und was nicht, sehen. Dieses Phänomen wird der *Purkinje-Effekt* genannt.

In Fig. 35–3 stellt die gestrichelte Kurve die Empfindlichkeit des Auges im Dunkeln dar, d. h. bei Benutzung der Stäbchen, während die durchgezogene Kurve dies bei Licht repräsentiert. Wir sehen, daß die maximale Empfindlichkeit der Stäbchen im grünen Gebiet und die der Zapfen mehr im gelben Gebiet liegt. Ein rotfarbenes Blatt (Rot ist ungefähr 650 mμ) können wir sehen, wenn es hell beleuchtet ist, aber im Dunkeln ist es fast unsichtbar.

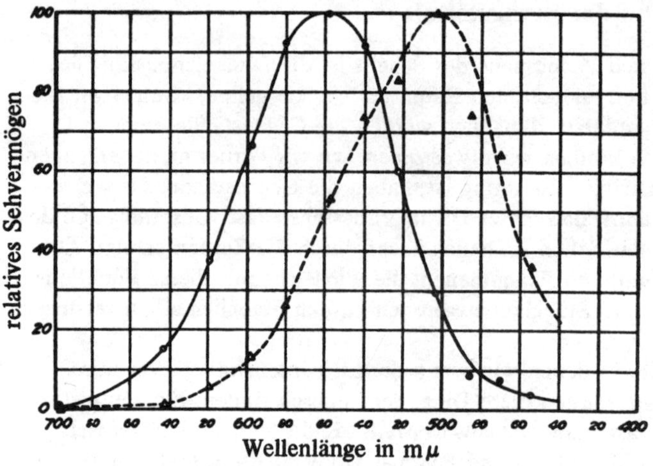

Fig. 35–3. Die spektrale Empfindlichkeit des Auges. Gestrichelte Kurve, Stäbchen; durchgezogene Kurve, Zapfen.

Eine andere Auswirkung der Tatsache, daß die Stäbchen im Dunkeln das Sehen übernehmen und daß es keine Stäbchen in dem gelben Fleck gibt, ist die, daß unser Sehvermögen nicht so scharf ist, wenn wir im Dunkeln geradlinig auf etwas blicken, als wenn wir auf eine Seite gucken. Ein schwacher Stern oder Nebel kann manchmal besser erkannt werden, wenn man ein bißchen seitlich statt direkt darauf blickt, da wir keine empfindlichen Stäbchen in der Mitte des gelben Flecks haben.

Ein weiterer interessanter Effekt der Tatsache, daß die Zahl der Zäpfchen abnimmt, wenn wir weiter aus dem Blickfeld hinausgehen, ist der, daß sogar im hellen Licht die Farbe verschwindet, wenn das Objekt weit nach einer Seite hinausgeht. Eine Möglichkeit dies zu prüfen ist die, in eine bestimmte feste Richtung zu blicken, einen Freund von einer Seite mit farbigen Karten hereinkommen zu lassen und zu versuchen, zu entscheiden, welche Farbe sie haben, bevor sie sich direkt vor einem befinden. Man stellt fest, daß man sehen kann, daß die Karten da sind, lange bevor man die Farbe bestimmen kann. Wenn man dieses ausführt, ist es ratsam, von der dem blinden Fleck entgegengesetzten Seite zu kommen, weil es sonst ziemlich verwirrend ist, die Farbe fast zu erkennen, dann überhaupt nichts mehr zu sehen und dann die Farbe wieder zu sehen.

Ein weiteres interessantes Phänomen ist, daß die Randgebiete der Netzhaut sehr empfindlich gegenüber Bewegungen sind. Obwohl wir nicht sehr gut aus dem Augenwinkel sehen können, reagieren wir, wenn sich ein kleines Objekt bewegt und wir nicht erwarten, daß sich dort irgendetwas bewegt, sofort darauf. Wir sind alle so „geschaltet“, daß wir auf irgend etwas gucken, was auf der Seite des Blickfeldes zappelt.

35–3 Messung der Farbempfindlichkeit

Nun gehen wir zum Sehen mit den Zapfen über, zum helleren Sehen, und wir kommen zu der Frage, die das wesentliche Merkmal des Zapfensehens ist, und das ist Farbe. Wie wir wissen, kann weißes Licht mit einem Prisma in ein ganzes Spektrum von Wellenlängen aufgespalten werden, die uns als unterschiedliche Farben erscheinen; eben das ist es, was Farben darstellen: Erscheinungen. Jede Lichtquelle kann durch ein Gitter oder Prisma analysiert werden, und man kann die Spektralverteilung bestimmen, d. h. den „Betrag" jeder Wellenlänge.

Ein bestimmtes Licht mag eine Menge Blau, beträchtliches Rot, sehr wenig Gelb usw. haben. Das ist alles sehr präzise im physikalischen Sinne, aber die Frage ist, als was für *Farbe* wird dies erscheinen? Es ist offenbar so, daß die verschiedenen Farben irgendwie von der Spektralverteilung des Lichts abhängen, aber das Problem ist, herauszufinden, welche Eigenschaften der Spektralverteilung die verschiedenen Empfindungen erzeugen. Was müssen wir z. B. machen, um grüne Farbe zu erhalten? Wir wissen alle, daß wir einfach einen Teil des Spektrums nehmen können, der Grün ist. Aber ist dies der *einzige* Weg, Grün oder Orange oder irgendeine andere Farbe zu erhalten?

Gibt es mehr als eine Spektralverteilung, die den gleichen sichtbaren visuellen Effekt erzeugt? Die Antwort ist definitiv *ja.* Es gibt eine sehr begrenzte Anzahl von visuellen Effekten, tatsächlich gerade eine dreidimensionale Mannigfaltigkeit, wie wir bald sehen werden, aber es gibt eine unendliche Zahl von verschiedenen Kurven, die wir für das Licht zeichnen können, das von verschiedenen Quellen kommt. Nun ist die Frage, die wir diskutieren müssen, unter welchen Bedingungen verschiedene Lichtverteilungen dem Auge als genau gleiche Farben erscheinen.

Die wirkungsvollste psycho-physikalische Technik der Farbbeurteilung ist die Verwendung des Auges als *Nullinstrument.* Das heißt, wir versuchen nicht zu definieren, was eine Grünempfindung schafft, oder zu messen, unter welchen Umständen wir eine Grünempfindung erhalten, weil sich herausstellt, daß dies außerordentlich kompliziert ist. Stattdessen untersuchen wir die Bedingungen, unter welchen zwei Reize *nicht unterscheidbar* sind. Dann müssen wir nicht entscheiden, ob zwei Leute dieselbe Empfindung unter verschiedenen Umständen haben, sondern nur, ob, wenn für eine Person zwei Empfindungen gleich sind, sie auch die gleichen für andere sind. Wir müssen nicht entscheiden, ob das, was jemand innerlich empfindet, wenn er ein Grün sieht, dasselbe ist wie das, was irgendein anderer innerlich fühlt, wenn er irgendein Grün sieht; darüber wissen wir überhaupt nichts.

Um die Möglichkeiten zu illustrieren, können wir eine Reihe von vier Projektorlampen benutzen, die Filter aufgesetzt haben und deren Helligkeit über einen weiten Bereich kontinuierlich verstellbar ist: Eine hat ein rotes Filter und erzeugt einen Fleck aus rotem Licht auf dem Wandschirm, die nächste hat ein grünes Filter und erzeugt einen grünen Fleck, die dritte hat ein blaues Filter und die vierte ist ein weißer Kreis mit einem schwarzen Punkt in der Mitte. Wenn wir jetzt etwas rotes Licht anschalten und als nächstes etwas Grün hinzufügen, sehen wir, daß in dem Überlappungsgebiet eine Empfindung erzeugt wird, die nicht das ist, was wir rötlich-grün nennen, sondern eine neue Farbe, in diesem speziellen Fall Gelb. Durch Änderung des Verhältnisses von Rot zu Grün können wir durch verschiedene Schattierungen von Orange usw. hindurchfahren. Wenn wir ein bestimmtes Gelb eingestellt haben, können wir dasselbe Gelb auch erhalten, nicht durch Mischung dieser beiden Farben, sondern durch Mischung irgendwelcher anderen, vielleicht durch einen Gelbfilter mit weißem Licht oder etwas ähnlichem, und erhalten so dieselbe Empfindung. Mit anderen Worten ist es möglich, verschiedene Farben auf mehr als eine Weise zu erzeugen durch Mischung der Lichtbeiträge aus verschiedenen Filtern.

Was wir gerade entdeckt haben, kann analytisch wie folgt ausgedrückt werden. Ein bestimmtes Gelb kann z. B. durch ein gewisses Symbol Y dargestellt werden, welches die „Summe" von gewissen Beiträgen von Rotfilter-Licht (R) und Grünfilter-Licht

(G) ist. Wenn wir zwei Zahlen, sagen wir r und g, benutzen, um zu beschreiben, wie hell (R) und (G) sind, können wir eine Formel für dieses Gelb schreiben:

$$Y = rR + gG. \tag{35.1}$$

Die Frage lautet, können wir *alle* verschiedenen Farben bilden, indem wir zwei oder drei Lichtbeiträge von verschiedenen festen Farben zusammenaddieren? Wir wollen sehen, was in diesem Zusammenhang getan werden kann. Wir können sicherlich nicht alle verschiedenen Farben durch Mischung von allein Rot und Grün erhalten, weil z. B. Blau niemals in einer solchen Mischung erscheint. Wenn man jedoch etwas Blau einstrahlt, so kann das mittlere Gebiet, wo sich alle drei Flecken überlagern, zu einem ganz hübschen Weiß gemacht werden. Wenn man die verschiedenen Farben mischt und in dieses mittlere Gebiet blickt, stellen wir fest, daß wir einen beträchtlichen Farbenbereich in diesem Gebiet durch Veränderung der Verhältnisse erhalten können, und folglich ist es nicht unmöglich, daß *alle* Farben durch Mischung dieser drei farbigen Lichter hergestellt werden können. Wir werden besprechen, bis zu welchem Bereich dies richtig ist; es ist tatsächlich im Kern richtig, und wir werden in Kürze sehen, wie diese Behauptung näher zu bestimmen ist.

Um unseren Standpunkt klarzulegen, bewegen wir die Flecken auf der Leinwand, so daß sie alle aufeinanderfallen, und dann versuchen wir eine bestimmte Farbe einzustellen, die in dem kreisförmigen Ring erscheint, der von der vierten Lampe gemacht wird. Was wir vorher für „Weiß" hielten, was von der vierten Lampe kommt, erscheint nun gelblich. Wir machen einen Versuch, dies einzustellen, indem wir das Rot, Grün und Blau so gut wie möglich durch Ausprobieren justieren, und wir stellen fest, daß wir uns dieser bestimmten Schattierung von „Creme"-Farbe ziemlich dicht nähern können. So ist es nicht schwer zu glauben, daß wir alle Farben machen können. Wir werden in Kürze versuchen, Gelb zu machen, aber bevor wir das tun, gibt es eine Farbe, die sehr schwer herzustellen sein könnte. Leute, die Kurse über Farben geben, machen alle „hellen" Farben, aber sie machen niemals *Braun*, und man kann sich schwer erinnern, jemals braunes Licht gesehen zu haben. Tatsächlich wird diese Farbe niemals für irgendeinen Bühneneffekt benutzt, und man sieht niemals ein Scheinwerferlicht aus braunem Licht; so glauben wir, daß es unmöglich sein könnte, Braun herzustellen. Um herauszufinden, ob es möglich ist, Braun zu machen, weisen wir darauf hin, daß braunes Licht nur etwas ist, was wir gewöhnlich nicht ohne seinen Hintergrund sehen. Tatsächlich können wir es durch Mischung von etwas Rot und Gelb herstellen. Um zu beweisen, daß wir auf braunes Licht blicken, vergrößern wir nur die Helligkeit des ringförmigen Hintergrundes, gegen den wir gerade dieses Licht sehen, und wir sehen, daß es tatsächlich das ist, was wir Braun nennen! Braun ist immer eine dunkle Farbe in der Nähe eines helleren Hintergrundes. Wir können leicht den Charakter des Braun ändern. Wenn wir z. B. etwas Grün wegnehmen, erhalten wir ein rötliches Braun, offenbar schokoladenartiges Rotbraun, und wenn wir etwas mehr Grün im Verhältnis hinzugeben, erhalten wir jene schreckliche Farbe, aus der alle Uniformen der Armee gemacht sind, aber das Licht dieser Farbe ist selbst nicht so schrecklich; es ist ein gelbliches Grün, aber gegen einen hellen Hintergrund gesehen.

Jetzt stellen wir ein Gelbfilter vor das vierte Licht und versuchen dies einzustellen. (Die Intensität muß natürlich innerhalb des Bereiches der verschiedenen Lampen liegen; wir können nicht etwas anpassen, was zu hell ist, weil wir nicht genug Energie in der Lampe haben.) Aber wir *können* das Gelb einstellen; wir benutzen eine Grün- und Rot-Mischung und fügen ein wenig Blau hinzu, um es noch vollkommener zu machen. Vielleicht sind wir nun soweit zu glauben, daß wir unter guten Bedingungen eine vollkommene Anpassung an jede gegebene Farbe machen können.

Nun wollen wir die Gesetze der Farbmischung besprechen. Zunächst fanden wir, daß verschiedene Spektralverteilungen dieselbe Farbe erzeugen können; als nächstes sahen wir, daß „jede" Farbe durch Addition der drei spektralen Farben Rot, Blau und Grün gemacht werden kann. Der interessanteste Gesichtspunkt der Farbmischung ist dieser: Wenn wir ein bestimmtes Licht haben, welches wir X nennen können, und wenn es dem Auge von Y als ununterscheidbar erscheint (es kann eine andere Spektralverteilung sein, aber sie *erscheint* ununterscheidbar), nennen wir diese Farben gleich in dem Sinne, daß das Auge sie als gleich sieht, und wir schreiben

$$X = Y. \tag{35.2}$$

Dies ist eines der großen Farbgesetze: Wenn zwei Spektralverteilungen ununterscheidbar sind und wir *zu jeder* ein bestimmtes Licht, sagen wir z, hinzufügen (wenn wir $X + Z$ schreiben, bedeutet das, daß wir mit beiden Lichtern auf denselben Fleck leuchten) und wir dann Y nehmen und denselben Betrag Z desselben Lichts hinzufügen, *dann sind die neuen Mischungen auch ununterscheidbar:*

$$X + Z = Y + Z. \tag{35.3}$$

Wir haben gerade unser Gelb angepaßt; wenn wir jetzt rosa Licht auf die ganze Geschichte leuchten, ist es immer noch angepaßt. Wenn wir folglich irgendein anderes Licht zu den angepaßten Lichtern addieren, bleibt die Anpassung bestehen. Mit anderen Worten können wir alle diese Farbphänomene zusammenfassen, indem wir sagen, wenn wir eine Anpassung zwischen zwei farbigen Lichtern haben, die nebeneinander unter gleichen Umständen gesehen werden, dann wird diese Anpassung bestehen bleiben, und ein Licht kann für das andere in jeder anderen Farbmischungssituation eingesetzt werden. Tatsächlich stellt sich heraus, und das ist sehr wichtig und interessant, daß diese Farbanpassung der Lichter nicht von den Eigenschaften des Auges im Moment der Beobachtung abhängt: Wir wissen, wenn wir lange Zeit auf eine helle rote Fläche oder ein helles rotes Licht sehen und dann auf ein weißes Papier blicken, dann sieht es grünlich aus, und auch andere Farben werden dadurch entstellt, daß wir so lange auf das rote Licht geblickt haben. Wenn wir jetzt eine Anpassung, sagen wir, zwischen zwei gelben Farben haben und wir sie betrachten und anpassen, dann für lange Zeit auf eine helle rote Fläche blicken und dann zum Gelb zurückkehren, mag es nicht mehr wie Gelb aussehen; ich weiß nicht, nach welcher Farbe es aussieht, aber es wird nicht wie Gelb aussehen. Nichtsdestoweniger werden *die gelben Farben noch angepaßt erscheinen* und folglich wirkt die Farbanpassung noch, wenn das Auge sich an verschiedene Intensitätsniveaus anpaßt, mit der offensichtlichen Ausnahme, wenn wir in das Gebiet gehen, in dem die Lichtintensität so gering wird, daß wir von den Zapfen zu den Stäbchen übergewechselt sind; dann ist die Farbanpassung keine Farbanpassung mehr, weil wir ein anderes System benutzen.

Das zweite Prinzip der Farbmischung von Lichtern ist dies: *Jede beliebige Farbe kann aus drei verschiedenen Farben gebildet werden,* in unserem Fall aus roten, grünen und blauen Lichtern. Durch passende Mischung der drei können wir überhaupt alles machen, wie wir es mit unseren beiden Beispielen demonstriert haben. Weiterhin sind diese Gesetze mathematisch sehr interessant. Für diejenigen, die sich für die Mathematik dieses Zusammenhangs interessieren, zeigt es sich wie folgt. Angenommen, wir nehmen unsere drei Farben, die Rot, Grün und Blau waren, bezeichnen sie aber mit A, B

und C und nennen sie unsere ***Primärfarben.*** Dann könnte jede Farbe mit einem bestimmten Betrag dieser drei gemacht werden; sagen wir, mit einem Betrag a der Farbe A, einem Betrag b der Farbe B und einem Betrag c der Farbe C wird X gemacht:

$$X = aA + bB + cC. \tag{35.4}$$

Nun sei angenommen, daß eine weitere Farbe Y aus denselben drei Farben gebildet wird:

$$Y = a'A + b'B + c'C. \tag{35.5}$$

Dann stellt sich heraus, daß die Mischung dieser beiden Lichter (dies ist eine Folgerung der Gesetze, die wir schon erwähnt haben) erhalten wird, wenn man die Summe der Komponenten von X und Y nimmt:

$$Z = X + Y = (a + a')A + (b + b')B + (c + c')C. \tag{35.6}$$

Es ist genau wie die Mathematik der Vektoraddition, wobei (a, b, c) die Komponenten des einen Vektors und (a', b', c') die eines anderen Vektors sind und das neue Licht Z dann die Summe der Vektoren ist. Dieses Problem hat immer bei Physikern und Mathematikern Anklang gefunden. Tatsächlich hat Schrödinger eine ausgezeichnete Arbeit über das Farbensehen geschrieben, in der er diese Theorie der Vektoranalysis, angewandt auf das Mischen von Farben, entwickelt hat.

Nun lautet die Frage, welches sind die richtigen Primärfarben, die man benutzen muß? Etwas wie „die" richtigen Primärfarben für das Mischen von Lichtern gibt es nicht. Es mag für praktische Zwecke drei Farben geben, die brauchbarer als andere zum Erreichen einer größeren Vielfalt an Mischpigmenten sind, aber wir wollen diese Angelegenheit jetzt nicht weiter diskutieren. ***Jede beliebigen drei verschiedenen Farblichter**** können immer im richtigen Verhältnis gemischt werden, um ***jede beliebige Farbe*** zu erzeugen. Können wir diese phantastische Tatsache demonstrieren? Statt Rot, Grün und Blau zu benutzen, wollen wir Rot, Blau und Gelb in unserem Projektor verwenden. Können wir Rot, Blau und Gelb benutzen, um sagen wir Grün zu machen?

Durch Mischung dieser drei Farben mit verschiedenen Verhältnissen erhalten wir ein ganzes Feld verschiedener Farben, die ein ganzes Spektrum überstreichen. Aber in der Tat stellen wir nach vielem Ausprobieren fest, daß nichts irgendwie grün aussieht. Die Frage ist, ***können*** wir Grün machen? Die Antwort lautet ja. Wie? ***Nach Projektion von etwas Rot auf das Grün*** (des Vergleichsfeldes) können wir eine Anpassung mit einer bestimmten Mischung von Gelb und Blau erreichen! So haben wir sie angepaßt bis auf die Tatsache, daß wir mogeln mußten, indem wir das Rot auf die andere Seite brachten. Aber da wir etwas mathematische Spitzfindigkeit besitzen, können wir einsehen, daß das, was wir wirklich gezeigt haben, nicht heißt, daß X immer aus sagen wir Rot, Blau und Gelb gemacht werden kann, sondern indem wir das Rot auf die andere Seite bringen, finden wir, daß Rot plus X aus Blau und Gelb gemacht werden kann. Wenn wir es auf die andere Seite der Gleichung bringen, können wir dies als ***negativen Betrag*** deuten, wenn wir also zulassen, daß die Koeffizienten in Gleichungen wie (35.4) positiv und negativ sein können, und wenn wir negative Beträge so deuten, daß wir diese auf ***der anderen Seite addieren*** müssen, dann kann jede Farbe durch beliebige drei angepaßt werden und es gibt nicht „die" grundlegenden Primärfarben.

* Natürlich außer wenn eine der drei durch Mischung der beiden anderen angepaßt werden kann.

Wir können fragen, ob es drei Farben gibt, die nur mit positiven Beträgen für alle Mischungen auftreten. Die Antwort heißt nein. Jede Gruppe von drei Primärfarben erfordert negative Beträge für einige Farben, und deshalb gibt es keinen besonderen Weg, eine Primärfarbe zu definieren. In einführenden Büchern werden sie als Rot, Grün und Blau bezeichnet, aber das ist nur deswegen, weil mit diesen ein größerer *Bereich* von Farben ohne Minuszeichen für einige der Kombinationen erhältlich ist.

35–4 Das Farbdiagramm

Wir wollen jetzt die Kombination von Farben auf mathematischem Niveau als ein geometrisches Problem diskutieren. Wenn irgendeine Farbe durch Gl. (35.4) dargestellt wird, können wir sie als Raumvektor zeichnen, indem wir die Beträge a, b und c entlang dreier Achsen auftragen und dann eine bestimmte Farbe als Punkt ansehen. Wenn eine andere Farbe a', b', c' hat, ist diese Farbe irgendwo anders lokalisiert. Die Summe der beiden ist wie wir wissen die Farbe, die bei Addition beider als Vektoren zustande kommt. Wir können dieses Farbdiagramm vereinfachen und alles in einer Ebene mit der folgenden Beobachtung darstellen: Wenn wir ein bestimmtes Farblicht hätten und a, b und c einfach verdoppelten, d. h. wenn wir sie in demselben Verhältnis verstärken würden, wäre es dieselbe Farbe, nur heller. Wenn wir also damit einverstanden sind, alles auf *dieselbe Lichtintensität* zu reduzieren, dann können wir alles auf eine Ebene projizieren, und dies ist in Fig. 35–4 gemacht worden. Es folgt, daß jede Farbe, die durch Mischung zweier gegebener Farben in irgendeinem Verhältnis erhalten wird, irgendwo auf einer zwischen den beiden Punkten gezogenen Linie liegen wird. Zum Beispiel würde eine fünfzig-fünfzig-Mischung auf halbem Wege zwischen ihnen erscheinen, und 1/4 der einen und 3/4 der anderen würde bei 1/4 des Weges von einem Punkt zum anderen erscheinen usw. Wenn wir ein Blau, ein Grün und ein Rot als Primärfarben benutzen, sehen wir, daß alle Farben, die wir mit positiven Koeffizienten machen können, innerhalb des gepunkteten Dreiecks liegen, das fast alle Farben, die wir überhaupt sehen können, enthält, weil alle Farben, die wir jemals sehen können, in der eigenartig geformten, von der Kurve umschlossenen Fläche eingeschlossen sind. Wie ist diese Fläche

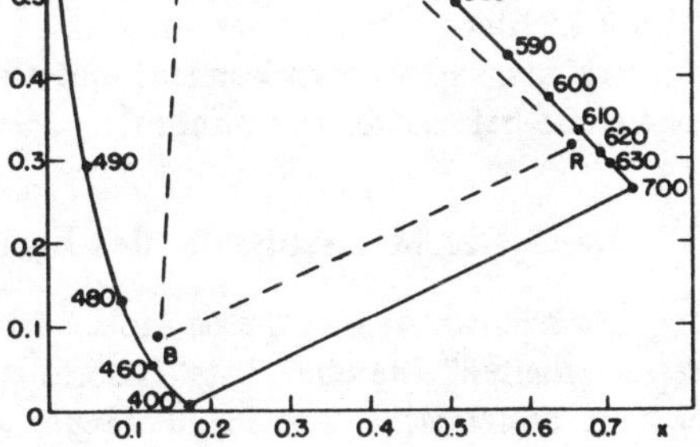

Fig. 35–4. Das Standard-Farbdiagramm

zustande gekommen? Irgendwann hat jemand eine sehr sorgfältige Anpassung aller Farben, die wir sehen können, gegen drei spezielle Farben gemacht. Aber wir müssen nicht *alle* Farben, die wir sehen können, prüfen, wir müssen nur die reinen Spektralfarben, die Linien des Spektrums, prüfen. Jedes Licht kann als Summe von verschiedenen positiven Beträgen verschiedener reiner Spektralfarben angesehen werden – rein vom physikalischen Standpunkt aus gesehen. Ein gegebenes Licht wird einen bestimmten Betrag von Rot, Gelb, Blau usw. enthalten – von Spektralfarben. Wenn wir also wissen, wieviel von unseren drei gewählten Primärfarben benötigt wird, jede dieser reinen Komponenten zu erzeugen, dann können wir ausrechnen, wieviel von jeder benötigt wird, um unsere gegebene Farbe herzustellen. Wenn wir folglich die *Farbkoeffizienten* aller Spektralfarben für irgendwelche gegebenen drei Grundfarben herausfinden, dann können wir die gesamte Farb-Mischtabelle ausarbeiten.

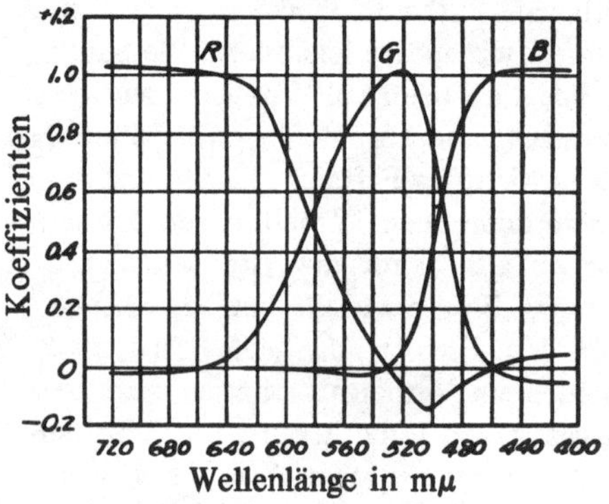

Fig. 35–5. Die Farbkoeffizienten reiner Spektralfarben in Termen einer bestimmten Gruppe von Standard-Grundfarben.

Ein Beispiel eines solchen experimentellen Ergebnisses für das Mischen von drei Lichtern wird in Fig. 35–5 gegeben. Diese Figur zeigt den Betrag jeder der drei verschiedenen bestimmten Primärfarben Rot, Grün und Blau, der erforderlich ist, jede der Spektralfarben zu erzeugen. Rot liegt am linken Ende des Spektrums, dann kommt Gelb usw., den ganzen Weg bis zum Blau. Man beachte, daß an einigen Stellen ein Minuszeichen notwendig ist. Von solchen Daten wird es ermöglicht, die Lage aller Farben auf einer Karte zu lokalisieren, in der die x- und y-Koordinaten mit den Beträgen der verschiedenen benutzten Primärfarben verknüpft sind. Das ist die Methode, nach der die gekrümmte Grenzlinie gefunden wurde. Es ist der Ort der reinen Spektralfarben. Nun kann natürlich jede andere Farbe durch Addition von Spektrallinien erzeugt werden, und so stellen wir fest, daß alles, was durch Verbindung eines Teils dieser Kurve mit einem anderen erzeugt werden kann, eine in der Natur verfügbare Farbe ist. Die gerade Linie verbindet das extreme violette Ende des Spektrums mit dem extremen roten Ende. Es ist der Ort der Purpurfarben. Innerhalb der Grenzen sind die Farben, die mit Lichtern gemacht werden können, und außerhalb sind Farben, die nicht mit Lichtern gemacht werden können, und niemand hat sie jemals gesehen (außer möglicherweise bei Nachempfindungen!).

35–5 Der Mechanismus des Farbensehens

Der nächste Aspekt dieses Stoffes ist jetzt der, *warum* sich die Farben in dieser Weise verhalten? Die einfachste Theorie von Young und Helmholtz nimmt an, daß es im Auge drei verschiedene Pigmente gibt, die das Licht empfangen, und daß diese unterschiedliche Absorptionsspektren haben, so daß ein Pigment stark, sagen wir im Roten, absorbiert, ein anderes stark im Blauen absorbiert, ein weiteres im Grünen absorbiert. Wenn wir sie dann mit einem Licht beleuchten, erhalten wir unterschiedliche Absorptionsbeträge in den drei Gebieten, und diese drei Informationsteile werden irgendwie im Gehirn oder im Auge oder sonstwo verarbeitet, um zu entscheiden, was für eine Farbe es ist. Es läßt sich leicht zeigen, daß alle Gesetze des Farbmischens eine Konsequenz dieser Annahme wären. Es hat beträchtliche Debatten über dieses Thema gegeben, da das nächste Problem natürlich das Auffinden der Absorptionscharakteristik jedes der drei Pigmente ist. Es stellt sich leider heraus, daß wir, da wir die Farbkoordinaten beliebig transformieren können, nur alle Arten von Linearkombinationen der Absorptionskurven bei den Farbmischexperimenten finden können, aber nicht die Kurven der individuellen Pigmente. Die Leute haben auf verschiedene Weise versucht, eine charakteristische Kurve zu erhalten, die einige bestimmte physikalische Eigenschaften des Auges beschreibt. Eine solche Kurve wird *Helligkeitskurve* genannt; sie ist in Fig. 35–3 dargestellt. In dieser Figur sind zwei Kurven, eine für Augen im Dunkeln, die andere für Augen im Licht; letztere ist die Zapfen-Helligkeitskurve. Diese wird gemessen durch Feststellen des kleinsten Betrages von farbigem Licht, den wir gerade noch erkennen können. Dies gibt an, wie empfindlich das Auge in den verschiedenen Spektralbereichen ist. Es gibt eine weitere, sehr interessante Methode, dies zu messen. Wenn wir zwei Farben nehmen und sie in einer Fläche erscheinen lassen, indem wir sie abwechselnd aufleuchten lassen, sehen wir ein Flimmern, wenn die Frequenz zu niedrig ist. Wenn die Frequenz jedoch ansteigt, wird das Flimmern bei einer bestimmten Frequenz, die von der Lichthelligkeit abhängt, schließlich verschwinden, sagen wir bei 16 Wiederholungen pro Sekunde. Wenn wir jetzt die Helligkeit oder Intensität einer Farbe gegenüber der anderen verstellen, erreichen wir eine Intensität, bei der das Flimmern bei 16 Perioden verschwindet. Um ein Flimmern mit der so eingestellten Helligkeit zu erhalten, müssen wir zu einer viel niedrigeren Frequenz gehen, um ein Flimmern der Farbe zu sehen. So erhalten wir, was wir ein Helligkeitsflimmern bei einer höheren Frequenz und bei einer niedrigeren Frequenz ein Farbenflimmern nennen. Es ist möglich, zwei Farben für „gleiche Helligkeit" durch diese Flimmertechnik einzustellen. Die Ergebnisse sind fast, aber nicht exakt, dieselben wie die, die durch Messung der Schwellempfindlichkeit des Auges für das Erkennen von schwachem Licht durch die Zapfen erhalten werden. Die meisten Forscher benutzen das Flimmersystem zur Definition der Helligkeitskurve.

Wenn es jetzt drei farbempfindliche Pigmente im Auge gibt, ist die Aufgabe die, die Form des Absorptionsspektrums eines jeden zu bestimmen. Wie? Wir wissen, daß es Leute gibt, die farbenblind sind – acht Prozent der männlichen und ein halbes Prozent der weiblichen Bevölkerung. Die meisten Leute, die farbenblind sind und ein anomales Farbensehen haben, besitzen einen anderen Empfindlichkeitsgrad gegenüber einer Farbänderung als andere, sie brauchen aber auch drei Farben zur Anpassung. Jedoch gibt es einige, die *Dichromaten* genannt werden, bei denen jede Farbe bei Gebrauch von nur *zwei* Primärfarben angepaßt werden kann. Die naheliegende Vermutung ist dann die, daß ihnen eins der drei Pigmente fehlt. Wenn wir drei Arten von farbenblinden Dichromaten finden können, die unterschiedliche Gesetze der Farbenmischung haben, sollte einer Art die *rote,* einer anderen die *grüne* und einer weiteren die *blaue* Pigmentierung fehlen. Wenn wir alle diese Typen ausmessen, können wir die drei Kurven bestimmen! Es stellt sich heraus, daß es drei Typen von dichromatischer Farbenblindheit *gibt;* es gibt zwei häufige Typen und einen dritten, sehr seltenen Typ, und von diesen dreien ist es möglich gewesen, die Pigment-Absorptionsspektren zu erhalten.

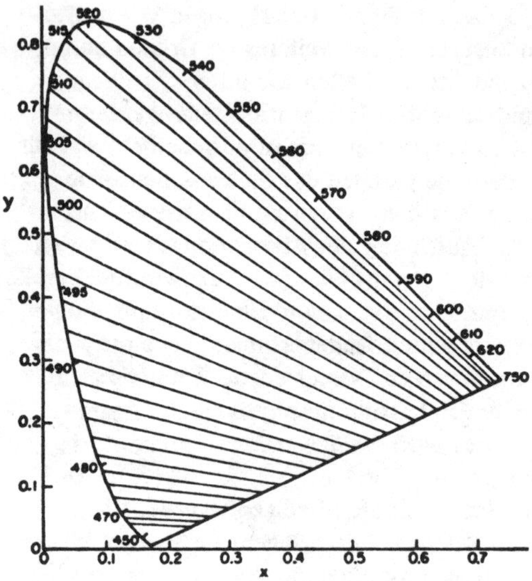

Fig. 35–6. Orte der Farben, die von Deuteranopen verwechselt werden.

Fig. 35–6 zeigt das Farbenmischen einer bestimmten Art von farbenblinden Personen, die Deuteranopen genannt werden. Für sie sind die Orte konstanter Farben nicht Punkte, sondern bestimmte Linien, entlang derer ihnen die Farben gleich erscheinen. Wenn die Theorie, daß ihnen einer der drei Informationsteile fehlt, richtig ist, sollten alle diese Linien sich in einem Punkt schneiden. Wenn wir diese Grafik sorgfältig ausmessen, *schneiden* sie sich vollkommen. Deshalb ist es klar, daß dies von einem Mathematiker gemacht wurde und nicht echte Daten darstellt! Wenn wir uns die jüngste Arbeit mit echten Daten anschauen, stellt sich in der Tat heraus, daß der Brennpunkt aller Linien in der Grafik von Fig. 35–6 nicht genau an der richtigen Stelle liegt. Wenn wir die Linien in der obigen Figur benutzen, können wir kein vernünftiges Spektrum finden; wir benötigen negative und positive Absorption in verschiedenen Ge-

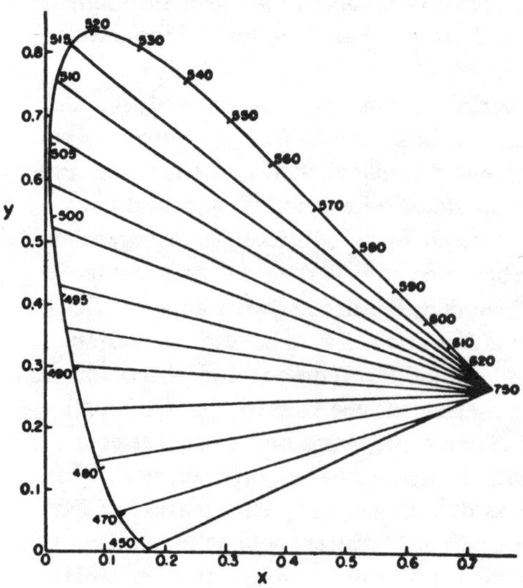

Fig. 35–7. Orte der Farben, die von Protanopen verwechselt werden.

bieten. Aber wenn wir die neuen Daten von Yustova benutzen, stellt sich heraus, daß jede der Absorptionskurven überall positiv ist.

Fig. 35–7 zeigt eine andere Art von Farbenblindheit, die der Protanopen, die einen Brennpunkt in der Nähe des roten Endes der Begrenzungskurve haben. Yustova erhielt in diesem Fall ungefähr dieselbe Lage. Durch Ausnutzung der drei verschiedenen Arten von Farbenblindheit sind endgültig die Wirkungskurven der drei Pigmente bestimmt worden und werden in Fig. 35–8 gezeigt. Endgültig? Vielleicht. Es ist die Frage, ob die Drei-Pigment-Idee richtig ist, ob Farbenblindheit vom Fehlen eines Pigments herrührt, und sogar ob die Farbmischdaten über Farbenblindheit richtig sind. Verschiedene Forscher erhalten verschiedene Ergebnisse. Dieses Gebiet ist noch stark in der Entwicklung begriffen.

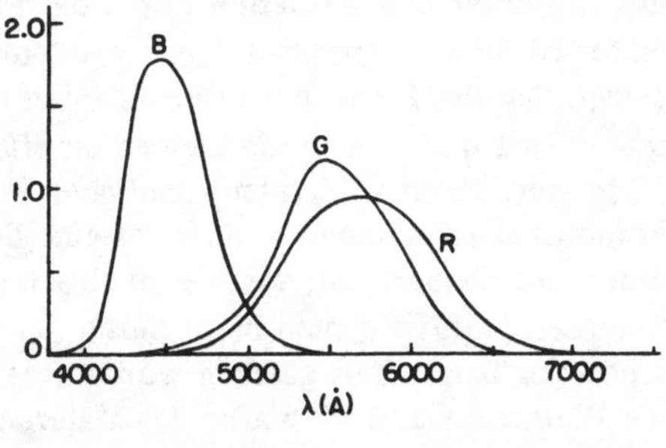

Fig. 35–8. Die spektralen Empfindlichkeitskurven der Empfänger eines normalen Trichromaten.

35–6 Physiochemie des Farbensehens

Wie steht es nun mit dem Prüfen dieser Kurven an den tatsächlichen Pigmenten des Auges? Die Pigmente, die man von einer Retina erhalten kann, bestehen hauptsächlich aus einem Pigment, das *Sehpurpur* genannt wird. Dessen bemerkenswerteste Merkmale sind einmal, daß es im Auge fast aller Wirbeltiere auftritt, und zweitens, daß seine Wirkungskurve sehr schön mit der Empfindlichkeit des Auges übereinstimmt, wie aus Fig. 35–9 hervorgeht, wo im selben Maßstab die Absorption des Sehpurpurs und die Empfindlichkeit des dunkeladaptierten Auges aufgetragen ist. Dies Pigment ist offensichtlich das Pigment, mit welchem wir im Dunkeln sehen: Sehpurpur ist das Pigment der Stäbchen, und es hat nichts mit dem Farbensehen zu tun. Diese Tatsache wurde 1877 entdeckt. Und noch heute kann gesagt werden, daß die Farbpigmente der Zapfen niemals in einem Reagenzglas erhalten worden sind. Bis 1958 konnte behauptet werden, daß die Farbpigmente überhaupt niemals gesehen worden waren. Aber seit

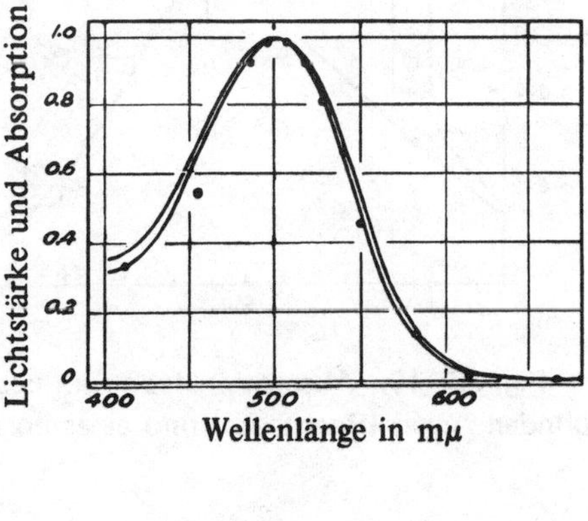

Fig. 35–9. Die Empfindlichkeitskurve des dunkel-adaptierten Auges im Vergleich zur Absorptionskurve des Sehpurpurs.

dieser Zeit sind zwei von ihnen von Rushton durch eine sehr einfache und schöne Technik nachgewiesen worden.

Die Schwierigkeit ist wahrscheinlich die, daß man, da das Auge so wenig empfindlich gegenüber hellem Licht verglichen mit Licht geringer Intensität ist, eine Menge Sehpurpur braucht, um damit zu sehen, aber nicht viel von den Farbpigmenten zum Farbensehen benötigt. Rushtons Gedanke war, *das Pigment im Auge zu lassen* und es irgendwie zu messen. Er macht das folgendermaßen. Es gibt ein Instrument, das Opthalmoskop genannt wird, mit dem Licht durch die Linse in das Auge geschickt und dann das zurückkommende Licht fokussiert wird. Damit kann man messen, wie stark es reflektiert wird. So mißt man den Reflexionskoeffizienten des Lichts, das *zweimal* durch das Pigment hindurchgegangen ist (reflektiert an einer hinteren Schicht des Augapfels und wiederum durch das Pigment des Zapfens herauskommend). Die Natur ist nicht immer so schön eingerichtet. Die Zapfen sind interessanterweise so ausgelegt, daß das Licht, das in den Zapfen hereinkommt, herumreflektiert wird und sich seinen Weg hinunter in die kleinen empfindlichen Punkte in den Spitzen bahnt. Das Licht geht direkt in den empfindlichen Punkt hinein, wird am Boden reflektiert und kommt wieder heraus, nachdem es eine beträchtliche Menge des Pigments des Farbensehens durchquert hat; wenn man außerdem den gelben Fleck betrachtet, wo es keine Stäbchen gibt, wird man nicht durch Sehpurpur gestört. Aber die Farbe der Retina ist schon vor langer Zeit gesehen worden: es ist eine Art oranges Rosa; dann sind da all die Blutgefäße und die Farbe des Materials an der Rückseite usw. Wie sollen wir wissen, wann wir das Pigment erblicken? *Antwort:* Zuerst nehmen wir eine farbenblinde Person, die weniger Pigmente hat und bei der es deshalb leichter ist, eine Analyse zu machen. Zweitens zeigen die verschiedenen Pigmente, wie der Sehpurpur, eine Intensitätsänderung, wenn sie durch Licht gebleicht werden; wenn wir sie beleuchten, ändern sie ihre Konzentration. So schickte Rushton, während er das Absorptionsspektrum des Auges betrachtete, *einen weiteren* Strahl in das ganze Auge, der die Konzentration des Pigments änderte, und er maß die *Änderung* im Spektrum, und diese Änderung hat natürlich nichts mit dem Beitrag des Blutes oder der Farbe der Reflexionsschichten usw. zu tun, sondern nur mit dem Pigment, und nach dieser Methode erhielt Rushton eine Kurve für das Pigment eines Protanopenauges, welche in Fig. 35–10 gezeigt wird.

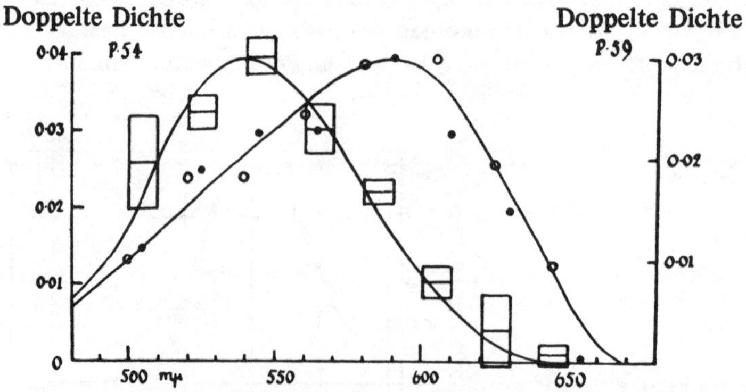

Fig. 35–10. Absorptionsspektrum des Farbpigmentes eines protanopisch farbenblinden Auges (Rechtecke) und eines normalen Auges (Punkte).

Die zweite Kurve in Fig. 35–10 ist eine von einem normalen Auge erhaltene Kurve. Sie wurde erhalten, indem man ein normales Auge nahm und, nachdem man schon bestimmt hatte, was das eine Pigment war, das andere im Roten ausbleichte, wo das erste unempfindlich ist. Rotes Licht hat keine Wirkung auf das Protanopenauge, wohl aber im normalen Auge, folglich kann man die Kurve für das fehlende Pigment erhalten. Die Form einer Kurve stimmt sehr schön mit Yustovas Grünkurve überein, aber die Rotkurve ist ein bißchen verschoben. So sind wir vielleicht auf der richtigen Spur. Oder vielleicht nicht – die jüngste Arbeit mit Deuteranopen zeigt nicht, daß ein bestimmtes Pigment fehlt.

Farbe ist nicht eine Frage der Physik des Lichts allein. Farbe ist eine *Empfindung,* und die Empfindung für verschiedene Farben ist bei unterschiedlichen Umständen verschieden. Wenn wir z. B. ein rosa Licht haben, das durch sich überlagernde, sich kreuzende Strahlen aus weißem und rotem Licht gemacht ist (alles, was wir mit Weiß und Rot machen können, ist offenbar Rosa), können wir zeigen, daß weißes Licht blau erscheinen kann. Wenn wir ein Objekt in die Strahlen stellen, wirft es zwei Schatten – einer wird vom weißen Licht allein und der andere von dem roten beleuchtet. Für die meisten Leute erscheint der „weiße" Schatten eines Objekts blau, aber wenn wir diesen Schatten weiter ausdehnen, bis er den ganzen Schirm bedeckt, sehen wir, daß er plötzlich weiß und nicht blau erscheint! Wir können andere Effekte derselben Art durch Mischung von rotem, gelbem und weißem Licht erhalten. Rotes, gelbes und weißes Licht kann nur orangefarbene Gelbtöne usw. erzeugen. Wenn wir folglich solche Lichter etwa gleich mischen, erhalten wir nur oranges Licht. Trotzdem, wenn man verschiedene Arten von Schatten mit dem Licht wirft, mit verschiedenen Überlappungen der Farben, erhält man eine ganze Reihe von schönen Farben, die nicht selbst im Licht enthalten sind (das nur orange ist), sondern in unseren *Empfindungen.* Wir *sehen* deutlich viele verschiedene Farben, die ganz anders als die „physikalischen" im Strahl aussehen. Es ist sehr wichtig, zu verstehen, daß die Retina schon über das Licht „nachdenkt"; sie vergleicht, was sie in einem Gebiet sieht, mit dem, was sie in einem anderen sieht, wenn auch nicht bewußt. Was wir darüber wissen, wie sie dies tut, ist das Thema des nächsten Kapitels.

36 Mechanismus des Sehens

36–1 Die Farbempfindung

Wenn wir den Gesichtssinn besprechen, müssen wir uns klarmachen, daß man (außerhalb einer Galerie für Moderne Kunst!) keine zufällig verteilten Farb- oder Lichtflecke sieht. Wenn wir auf ein Objekt blicken, sehen wir einen *Menschen* oder einen *Gegenstand;* mit anderen Worten, das Gehirn deutet das, was wir sehen. Wie es das tut, weiß niemand, und es tut dieses natürlich auf einem sehr hohen Niveau. Obwohl wir offenbar lernen, mit viel Erfahrung zu erkennen, wie ein Mensch aussieht, gibt es eine Anzahl von Formen des Sehens, die mehr elementar sind, die aber auch die Kombination der Information von verschiedenen Teilen dessen, was wir sehen, einschließen. Um besser zu verstehen, wie wir eine Deutung eines gesamten Bildes ausführen, lohnt es sich, die ersten Schritte des Zusammenfügens der Information von den verschiedenen Netzhautzellen zu untersuchen. In dem vorliegenden Kapitel werden wir uns hauptsächlich auf diesen Aspekt des Sehens konzentrieren, obwohl wir auch eine Anzahl von Randbemerkungen machen werden, während wir fortschreiten.

Ein Beispiel für die Tatsache, daß wir auf einem sehr elementaren Niveau eine gleichzeitige Anhäufung der Information von mehreren Teilen des Auges, außerhalb unserer Willenskontrolle oder Lernfähigkeit, haben, war jener blaue Schatten, der durch weißes Licht erzeugt wurde, als weißes und rotes Licht auf denselben Schirm schien. Dieser Effekt enthält zumindest die Kenntnis, daß der Hintergrund des Schirms rosa ist, selbst wenn es nur „weißes" Licht ist, das auf einen bestimmten Punkt im Auge fällt, wenn wir auf den blauen Schatten blicken; irgendwo sind Teilstücke von Information zusammengefügt worden. Je vollständiger und vertrauter der Zusammenhang ist, desto mehr wird das Auge Eigentümlichkeiten korrigieren. Tatsächlich hat Land gezeigt, daß eine wirkliche Szene mit wirklichen Objekten ziemlich naturgetreu dargestellt werden kann, wenn wir dieses scheinbare Blau und das Rot in verschiedenen Verhältnissen mischen, indem wir zwei Diapositive mit Absorption vor dem Rot und dem Weiß in verschiedenen Verhältnissen benutzen. In diesem Fall erhalten wir zusätzlich eine Menge von scheinbaren Zwischenfarben, entsprechend dem, was wir durch Mischen von Rot und Blau-Grün bekommen würden; es scheint ein fast vollständiger Satz von Farben zu sein, aber wenn wir sie uns sehr genau angucken, sind sie nicht so sehr gut. Trotzdem ist es erstaunlich, wieviel aus nur Rot und Weiß erhalten werden kann. Je mehr die Szene einer wirklichen Situation gleicht, desto mehr ist man in der Lage, die Tatsache zu überspielen, daß das ganze Licht tatsächlich nichts als Rosa ist.

Ein anderes Beispiel ist das Erscheinen von „Farben" bei einer rotierenden Schwarz-Weiß-Scheibe, deren schwarze und weiße Felder wie in Fig. 36–1 gezeigt angeordnet sind. Wenn sich die Scheibe dreht, sind die Hell-Dunkel-Änderungen bei jedem Radius genau dieselben; es ist nur der Hintergrund, der für die zwei „Streifen"-Arten verschieden ist. Trotzdem erscheint einer der „Ringe" in einer Farbe gefärbt und der andere in einer anderen.* Niemand versteht bis jetzt den Grund für diese Farben,

* Die Farben hängen von der Rotationsgeschwindigkeit, von der Beleuchtungshelligkeit und zu einem gewissen Grad davon ab, wer sie ansieht und wie intensiv er auf sie starrt.

Fig. 36–1. Wenn eine solche Scheibe gedreht wird, erscheinen Farben nur in einem der zwei dunkleren „Ringe". Wenn die Drehrichtung umgekehrt wird, erscheinen die Farben in dem anderen Ring.

aber es ist klar, daß Information, wahrscheinlich im Auge selbst, auf einem sehr elementaren Niveau zusammengefügt wird.

Praktisch alle heutigen Theorien des Farbensehens stimmen darin überein, daß die Daten des Farbenmischens zeigen, daß es nur drei Pigmente in den Zapfen des Auges gibt und daß es die spektrale Absorption in diesen drei Pigmenten ist, die im wesentlichen die Farbwahrnehmung erzeugt. Aber die gesamte Empfindung, die mit den Absorptionseigenschaften der drei zusammenwirkenden Pigmente verknüpft ist, ist nicht notwendigerweise die Summe der einzelnen Empfindungen. Wir stimmen alle überein, daß Gelb einfach *nicht* rötliches Grün zu sein scheint. In der Tat könnte es für die meisten Leute eine enorme Überraschung sein, zu entdecken, daß Licht tatsächlich eine Mischung von Farben ist, weil wahrscheinlich die Lichtempfindung einem anderen Prozeß entspricht als einer einfachen Mischung wie bei einem Musikakkord, bei dem die drei Noten zur gleichen Zeit vorhanden sind und wir sie bei genauem Hinhören einzeln hören können. Wir können nicht sehr genau hingucken und das Rot und das Grün sehen.

Die frühesten Theorien des Sehens besagten, daß es drei Pigmente und drei Arten von Zapfen gibt, von denen jede Art ein Pigment enthält; daß ein Nerv von jedem Zapfen zum Gehirn verläuft, so daß die drei Informationsteile ins Gehirn geleitet werden, und daß dann im Gehirn alles mögliche geschehen kann. Dies ist natürlich ein unvollständiger Gedanke: Es nützt nichts, zu entdecken, daß die Information durch den Sehnerv ins Gehirn geleitet wird, weil wir noch nicht einmal angefangen haben, das Problem zu lösen. Wir müssen grundlegendere Fragen stellen: Macht es irgendeinen Unterschied, *wo* die Information zusammengefügt wird? Ist es wichtig, daß sie direkt im Sehnerv in das Gehirn geleitet wird oder könnte die Netzhaut vorher eine gewisse Analyse machen? Wir haben ein Bild der Netzhaut als ein äußerst kompliziertes Gebilde mit einer Menge von Zwischenverbindungen (Fig. 35–2) gesehen, und sie könnte einige Analysen ausführen.

In der Tat haben Leute, die die Anatomie und die Entwicklung des Auges studiert haben, gezeigt, daß die Netzhaut tatsächlich das Gehirn ist: Bei der Entwicklung des Embryos kommt ein Stück des Gehirns nach vorn heraus, und lange Fibern wachsen nach hinten und verbinden das Auge mit dem Gehirn. Die Netzhaut ist genau in der Weise organisiert, in der das Gehirn organisiert ist, und „das Gehirn hat einen Weg entwickelt, in die Welt hinauszuschauen", wie jemand so trefflich formuliert hat. Das Auge ist ein Stück des Gehirns, das sozusagen mit der Außenseite Licht berührt. So ist es gar nicht unwahrscheinlich, daß eine gewisse Analyse der Farbe schon in der Netzhaut gemacht worden ist.

Dies gibt uns eine sehr interessante Möglichkeit. Keiner der anderen Sinne beinhaltet sozusagen einen solch großen Umfang an Berechnungen, bevor das Signal in einen Nerv gelangt, mit dem man Messungen ausführen kann. Die Berechnungen für alle übrigen Sinne geschehen gewöhnlich im Gehirn selbst, wo es sehr schwierig ist, an bestimmte Stellen zu gelangen, um Messungen vorzunehmen, weil es so viele Querverbindungen gibt. Hier beim Sehsinn haben wir Licht, drei Zellschichten, die Rechnungen ausführen, und die Ergebnisse der Rechnungen, die durch den Sehnerv hindurchgeschickt werden. So haben wir die erste Gelegenheit, physiologisch zu beobachten, wie vielleicht die ersten Schichten des Gehirns bei ihren ersten Schritten arbeiten. Folglich besteht ein doppeltes Interesse, nicht nur das Interesse für das Sehen, sondern das Interesse für das gesamte Problem der Physiologie.

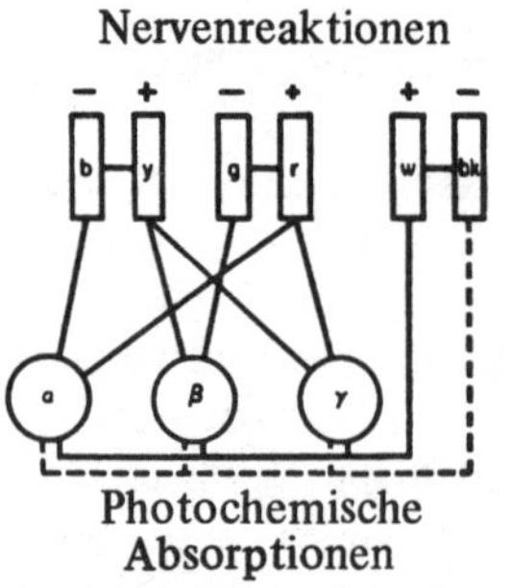

$$y - b = k_1(\beta + \gamma - 2\alpha)$$
$$r - g = k_2(\alpha + \gamma - 2\beta)$$
$$w - bk = k_3(\alpha + \gamma + \beta) - k_4(\alpha + \beta + \gamma)$$

Fig. 36–2. Nervenverbindungen entsprechend einer „entgegengesetzten" Theorie des Farbensehens.

Die Tatsache, daß es drei Pigmente gibt, bedeutet nicht, daß es drei Arten von Empfindungen geben muß. Eine der anderen Theorien des Farbensehens besagt, daß es wirklich entgegengesetzte Farbenschemata gibt (Fig. 36–2). Das bedeutet, daß eine der Nervenleitungen eine große Zahl von Impulsen führt, wenn Gelb gesehen wird, und weniger als gewöhnlich für Blau. Eine andere Nervenleitung führt grüne und rote Information in derselben Weise und eine weitere Weiß und Schwarz. Mit anderen Worten, in dieser Theorie hat jemand bereits angefangen, einen Vorschlag für das Verdrahtungssystem, also für die Berechnungsmethode zu machen.

Die Probleme, die wir zu lösen versuchen, indem wir an diesen ersten Rechnungen herumrätseln, sind Fragen über die scheinbaren Farben, die auf einem rosa Hintergrund gesehen werden, was geschieht, wenn das Auge an verschiedene Farben angepaßt ist, und weiterhin die sogenannten psychologischen Phänomene. Die psychologischen Phänomene sind z. B. der Art, daß Weiß sich nicht „anfühlt" wie Rot und Gelb und Blau, und diese Theorie wurde angeführt, weil die Psychologen sagen, daß es *vier* scheinbare reine Farben gibt: „Es gibt vier Reize, die eine bemerkenswerte Fähigkeit haben, psychologisch jeweils einfache blaue, gelbe, grüne und rote Farbentöne zu erwecken. Anders als Sienna, Magentarot, Purpur oder die meisten der unterscheidbaren Farben sind diese einfachen Farben ungemischt in dem Sinne, daß keine an der Natur der anderen beteiligt ist; genau gesagt Blau ist nicht gelblich, rötlich oder grünlich usw.; dies sind psychologische Grundfarben." Das ist eine sogenannte psychologische Tatsache. Um herauszufinden, von welchem Beweis diese psychologische Tatsache hergeleitet wurde, müssen wir wirklich sehr intensiv die ganze Literatur durchsuchen.

Alles, was wir in der modernen Literatur zu diesem Thema finden, sind Wiederholungen genau dieser Behauptung oder der eines deutschen Psychologen, der als eine seiner Quellen Leonardo da Vinci anführt, der, wie wir alle wissen, natürlich ein großer Künstler war. Er sagt, „Leonardo dachte, daß es fünf Farben gäbe." Wenn wir dann weiter suchen, finden wir in einem noch älteren Buch den Beweis zu diesem Thema. Das

Buch sagt etwa dies: „Purpur ist Rot-Blau, Orange ist Rot-Gelb, kann aber Rot als Purpur-Orange gesehen werden? Sind nicht Rot und Gelb einheitlicher als Purpur oder Orange? Wenn der Durchschnittsmensch nach den einheitlichen Farben gefragt wird, nennt er diese drei: Rot, Gelb und Blau, und einige Beobachter fügen als vierte Grün hinzu. Psychologen sind gewohnt, diese vier als hervortretende Farben zu akzeptieren." Die Situation der psychologischen Untersuchung dieses Gegenstandes ist also folgende: Wenn jeder sagt, daß es drei gibt, und irgend jemand sagt, daß es vier gibt, und sie wollen, daß es vier gibt, dann werden es vier sein. Das zeigt die Schwierigkeit bei psychologischen Untersuchungen. Es ist klar, daß wir solche Gefühle haben, aber es ist sehr schwierig, viel Information über sie zu erhalten.

Folglich ist die andere Richtung, die zu begehen ist, die physiologische, nämlich, experimentell herauszufinden, was wirklich im Gehirn, im Auge, in der Netzhaut oder sonstwo geschieht, und vielleicht zu entdecken, daß einige Kombinationen von Impulsen von verschiedenen Zellen entlang bestimmter Nervenleitungen laufen. Übrigens müssen Primärpigmente nicht in getrennten Zellen sein; man könnte Zellen haben, in denen Mischungen der verschiedenen Pigmente enthalten sind, Zellen mit den roten und grünen Pigmenten, Zellen mit allen drei (die Information aller drei ist dann die Weiß-Information) usw. Es gibt viele Wege, das System zusammenzusetzen, und wir müssen herausfinden, welchen Weg die Natur benutzt hat. Man könnte letztlich hoffen, daß nur, wenn wir die physiologischen Verbindungen verstehen, ein bißchen Einsicht in einige dieser Aspekte der Psychologie haben werden, und so wenden wir uns dieser Richtung zu.

36–2 Die Physiologie des Auges

Wir beginnen, indem wir nicht nur über Farbensehen sprechen, sondern über das Sehen im allgemeinen, einfach, um uns selbst an die Querverbindungen in der Netzhaut zu erinnern, die in Fig. 35–2 gezeigt sind. Die Netzhaut ist tatsächlich wie die Oberfläche des Gehirns. Obwohl das wirkliche Bild durch ein Mikroskop ein bißchen komplizierter aussieht als diese etwas schematische Zeichnung, kann man bei sorgfältiger Untersuchung alle diese Zwischenverbindungen erkennen. Es ist keine Frage, daß ein Teil der Oberfläche der Netzhaut mit anderen Teilen verbunden ist und daß die Information, die in den langen Axons herauskommt, die den Sehnerv bilden, aus Kombinationen der Information aus vielen Zellen besteht. Es gibt drei Zellschichten mit dieser Funktionsfolge: Es gibt Netzhautzellen, welche das Licht trifft, eine Zwischenzelle, die Information von einer einzelnen oder mehreren Netzhautzellen erhält und sie an mehrere Zellen in einer dritten Zellschicht weitergibt und sie ins Gehirn führt. Es gibt alle Arten von Querverbindungen zwischen den Zellen in den Schichten.

Wir wenden uns nun einigen Aspekten der Struktur und der Leistung des Auges zu (siehe Fig. 35–1). Die Lichtbündelung erfolgt hauptsächlich mit der Hornhaut durch die Tatsache, daß sie eine gekrümmte Oberfläche hat, die das Licht „bricht". Dies ist der Grund, warum wir unter Wasser nicht klar sehen können, weil wir dann keinen ausreichenden Unterschied zwischen dem Index der Hornhaut, der 1,37 beträgt, und dem des Wassers, der 1,33 beträgt, haben. Hinter der Hornhaut befindet sich praktisch Wasser mit einem Index von 1,33 und dahinter ist eine Linse, die eine sehr interessante Struktur hat: Sie besteht aus einer Reihe von Schichten wie eine Zwiebel, nur daß alles durchsichtig ist, und sie hat einen Index von 1,40 in der Mitte und 1,38 an der Außenseite. (Es wäre hübsch, wenn wir optisches Glas machen könnten, in dem wir den Index überall einstellen könnten, denn dann müßten wir sie nicht so stark krümmen, wie wir es dann tun müssen, wenn wir einen einheitlichen Index haben.) Außerdem ist die Form der Hornhaut nicht die einer Kugel. Eine sphärische Linse besitzt einen bestimmten Betrag an sphärischer Aberration. Die Hornhaut ist an der Außenseite in gerade solch einem Maße „flacher" als eine Kugel, daß die sphärische Aberration bei der Hornhaut geringer ist, als wenn wir eine sphärische Linse dort einsetzen würden! Das Licht wird durch das Hornhaut-Linse-System auf die Netzhaut fokussiert. Wenn wir auf Dinge blicken, die dichter und weiter weg sind, zieht sich die Linse zusammen und entspannt sich und ändert den Brennpunkt, um sich auf die verschiedenen Entfernungen einzustellen. Um den gesamten Lichtbetrag zu regeln, gibt es die Iris, die wir die Farbe des Auges nennen, Braun oder Blau, in Abhängigkeit von der Person; wenn der Lichtbetrag anwächst oder abnimmt, dehnt sich die Iris aus oder zieht sich zusammen.

Wir wollen nun den Nervenmechanismus zur Kontrolle der Akkomodation der Linse, die Bewegung des Auges, die Muskeln, die das Auge in der Augenhöhle drehen, und die Iris betrachten, was schematisch in Fig. 36–3 gezeigt wird. Von der gesamten Information, die aus dem Sehnerv *A* herauskommt, wird der größte Teil in eines von zwei Bündeln aufgeteilt (worüber wir später sprechen werden) und von da zum Gehirn geleitet. Aber es gibt einige Nervenstränge, die für uns jetzt interessant sind, welche nicht direkt zum Sehzentrum des Gehirns verlaufen, wo wir die Bilder „sehen", sondern stattdessen ins Mittelhirn *H* gehen. Dies sind die Stränge, die das mittlere Licht messen und die Einstellung der Iris ausführen; oder wenn das Bild trüb aussieht, versuchen sie, die Linse zu korrigieren; oder wenn es ein doppeltes Bild gibt, versuchen sie, das Auge für zweiäugiges Sehen einzustellen. Auf jeden Fall gehen sie durch das Mittelhirn mit Rückkoppelung zum Auge. Bei *K* sind die Muskeln, die die Akkomodation bewerkstelligen, und bei *L* ist ein weiterer, der in die Iris hineinläuft. Die Iris hat zwei Muskelsysteme. Eines ist ein kreisförmiger Muskel *L*, der, wenn er angeregt wird, nach innen zieht und die Iris schließt; er arbeitet sehr schnell, und die Nerven sind direkt vom Gehirn durch kurze Axons mit der Iris verbunden. Die entgegengesetzten Muskeln sind radiale Muskeln, so daß, wenn die Gegenstände dunkel werden und der kreisförmige Muskel nachläßt, diese radialen Muskeln nach außen ziehen. Hier haben wir wie an vielen Stellen des Körpers ein Muskelpaar, das in entgegengesetzte Richtungen arbeitet, und in praktisch allen solchen Fällen sind die Nervensysteme, die die beiden kontrollieren, sehr sorgfältig eingestellt; wenn einer das Signal erhält, sich zusammenzuziehen, ergeht automatisch das Signal an den anderen, sich zu entspannen. Die Iris ist eine seltsame Ausnahme: Die Nerven, die die Iris veranlassen, sich zusammenzuziehen, sind diejenigen, die wir schon beschrieben haben, aber die Nerven, die die Iris veranlassen, sich ***auszudehnen,*** kommen von irgendwo und niemand weiß genau woher, gehen ins Rückenmark hinunter an der Rückseite der Brust, in die Brustabschnitte, aus dem Rückenmark heraus aufwärts durch die Nervenknoten im Hals, und ganz herum und zurück aufwärts in den Kopf, um das andere Ende der Iris zu betreiben.

In der Tat geht das Signal durch ein vollständig anderes Nervensystem hindurch, nämlich nicht durch das zentrale Nervensystem, sondern durch das sympathische Nervensystem; so ist dies ein sehr seltsamer Weg, Vorgänge zu veranlassen.

Wir haben schon eine andere seltsame Tatsache beim Auge hervorgehoben, daß nämlich die lichtempfindlichen Zellen auf der falschen Seite liegen, so daß das Licht durch mehrere Schichten anderer Zellen hindurchdringen muß, bevor es zu den Empfängern gelangt – es kehrt die Innenseite nach außen! So sind einige Eigenheiten wundervoll und einige offenbar unsinnig.

Figur 36–4 zeigt die Verbindungen vom Auge zu dem Teil des Gehirns, der am direktesten von dem Sehprozeß betroffen wird. Die Sehnervenstränge verlaufen in ein

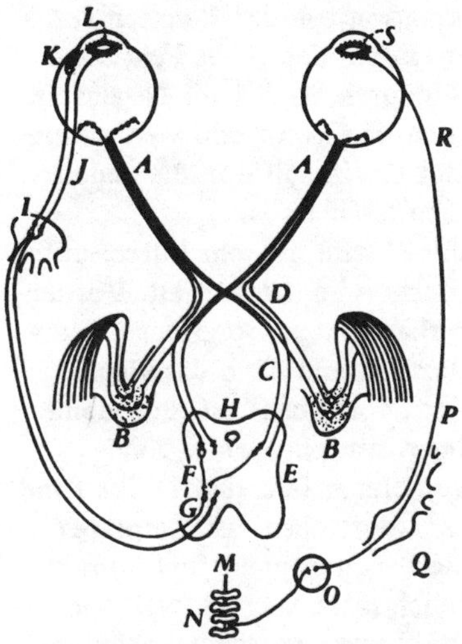

Fig. 36–3. Die Nervenverbindungen für die mechanische Bewegung der Augen.

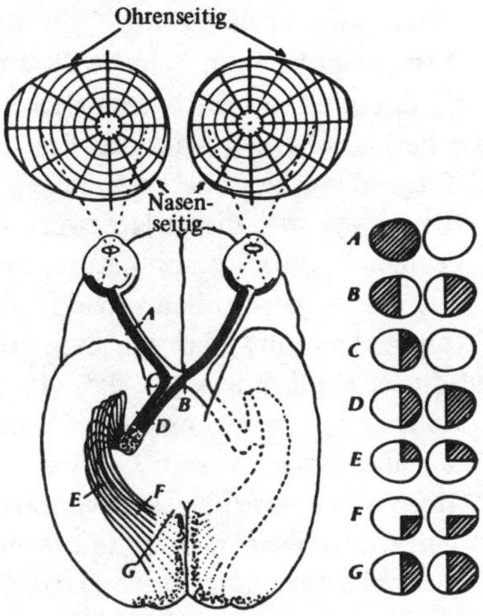

Fig. 36–4. Die Nervenverbindungen vom Auge zur Sehhirnrinde.

bestimmtes Gebiet geradewegs hinter *D*, das das laterale Geniculate genannt wird, wonach sie in einen Abschnitt des Gehirns auslaufen, der als Sehzentrum bezeichnet wird. Man beachte, daß einige der Fibern von jedem Auge zur anderen Seite des Gehirns hinübergeschickt werden, so daß das geformte Bild unvollständig ist. Die Sehnerven der linken Seite des rechten Auges verlaufen quer über den optischen Kreuzungspunkt der Sehnerven *B*, während diejenigen der linken Seite vom linken Auge herumgehen und diesen selben Weg nehmen. So erhält die linke Gehirnseite alle Informationen, die von der linken Seite des Augapfels von jedem Auge kommen, d. h. die sich auf der rechten Seite des Gesichtsfeldes befinden, während die rechte Gehirnseite die linke Seite des Gesichtsfeldes sieht. Dies ist die Art, in der die von den beiden Augen kommende Information zusammengefügt wird, um festzustellen, wie weit Gegenstände entfernt sind. Dies ist das System des zweiäugigen Sehens.

Die Verbindungen zwischen der Netzhaut und dem Sehzentrum sind sehr interessant. Wenn ein Punkt in der Netzhaut herausgeschnitten oder in irgendeiner Weise zerstört wird, dann wird der ganze Nervenstrang sterben, und wir können dadurch herausfinden, wo er verknüpft ist. Es zeigt sich im wesentlichen, daß die Verbindungen eins zu eins sind – für jeden Punkt in der Netzhaut gibt es einen Punkt im Sehzentrum – und Punkte, die in der Netzhaut sehr dicht zusammenliegen, liegen auch im Sehzentrum sehr dicht zusammen. So stellt das Sehzentrum noch die räumliche Verteilung der Stäbchen und Zapfen dar, aber natürlich stark verzerrt. Gegenstände, die sich im Zentrum des Sehfeldes befinden, die einen sehr kleinen Teil der Netzhaut einnehmen, sind über sehr viele Zellen im Sehzentrum ausgedehnt. Es ist klar, daß es nützlich ist, die Gegenstände, die ursprünglich dicht zusammen liegen, weiterhin dicht zusammen zu lassen. Der bemerkenswerteste Aspekt dieses Gebietes ist jedoch der folgende. Man sollte annehmen, daß die Stelle, an der es besonders wichtig ist, die Objekte dicht beisammen zu haben, direkt in der Mitte des Gesichtsfeldes ist. Man kann es glauben oder nicht, die vertikale Linie in unserem Gesichtsfeld, wenn wir auf irgendetwas blicken, ist derart, daß die Information von allen Punkten auf der rechten Seite dieser Linie in die linke Gehirnhälfte geht und die Information von den Punkten auf der linken Seite in die rechte Gehirnhälfte, und in der Weise, in der dieses Feld ausgebildet ist, zeigt sich ein Schnitt direkt durch die Mitte hindurch, so daß die Gegenstände, die direkt in der Mitte sehr dicht zusammenliegen, sich im Gehirn sehr weit auseinander befinden! Irgendwie muß die Information von einer Gehirnhälfte in die andere durch irgendwelche anderen Kanäle gelangen, was sehr überraschend ist.

Die Frage, wie dieses Netzwerk überhaupt „verdrahtet" wird, ist sehr interessant. Das Problem, wieviel schon verdrahtet ist und wieviel erlernt wird, ist sehr alt. Vor langer Zeit wurde gewöhnlich gedacht, daß es vielleicht überhaupt keine sorgfältige Verdrahtung geben muß, daß nur eine grobe Verknüpfung besteht und dann das kleine Kind durch Erfahrung lernt, daß ein Gegenstand, wenn er „dort oben" ist, irgendeine Empfindung im Gehirn erzeugt. (Ärzte erzählen uns immer, was ein kleines Kind „fühlt", aber woher wissen *sie*, was ein Kind im Alter von einem Jahr fühlt?) Das Kind im Alter von einem Jahr sieht vermutlich, daß ein Objekt „dort oben" ist, empfängt eine bestimmte Empfindung und lernt „dorthin" zu fassen, weil es nicht funktioniert, wenn es „hierhin" faßt. Diese Darstellung ist wahrscheinlich nicht korrekt, weil wir schon wissen, daß es in vielen Fällen diese besonders detaillierten Zwischenverbindungen gibt. Einige sehr bemerkenswerte Experimente, die mit einem Salamander ausgeführt wurden, erhellen die Sache etwas mehr. (Nebenbei gesagt gibt es beim Salamander eine direkte Querverbindung ohne den Kreuzungspunkt der Sehnerven, da sich die Augen jeweils seitlich am Kopf befinden und kein gemeinsames Feld haben. Salamander haben kein zweiäugiges Sehen.) Das Experiment ist wie folgt. Wir können den Sehnerv in einem Salamander zerschneiden und der Nerv wird von den Augen aus neu wachsen. Tausende und Abertausende von Zellfibern werden sich folglich neu einrichten. Nun bleiben die Leitungen im Sehnerv nicht nebeneinander liegen – es ist wie bei einem großen, schlampig gemachten Telefonkabel, alle Leitungen sind verflochten und verdreht, aber wenn er ins Gehirn geht, werden sie alle wieder sortiert. Wenn wir den Sehnerv des Salamanders zerschneiden, ist die interessante Frage die, ob er jemals wieder in Ordnung gebracht wird? Die Antwort ist bemerkenswert: Ja. Wenn wir den Sehnerv des Salamanders zerschneiden und er wieder nachwächst, hat der Salamander seine gute Sehkraft wieder. Wenn wir jedoch den Sehnerv zerschneiden und *das Auge auf den Kopf stellen* und ihn wieder nachwachsen lassen, ist zwar die gute Sehschärfe wieder hergestellt, aber mit einem schrecklichen Fehler: Wenn der Salamander eine Fliege „hier oben" sieht, springt er nach ihr „dort unten", und er lernt es niemals mehr. Deshalb gibt es einen geheimnisvollen Weg, auf dem die Tausende und Abertausende Fasern ihren richtigen Platz im Gehirn finden.

Dieses Problem, wieviel in der Verdrahtung steckt und wieviel nicht, ist ein wichtiges Problem in der Theorie der Entwicklung der Lebewesen. Die Antwort ist unbekannt, wird aber intensiv untersucht.

Dasselbe Experiment im Fall eines Goldfisches zeigt, daß es einen schrecklichen Knoten, wie eine große Narbe oder eine Komplikation, in dem Sehnerv gibt, wo wir ihn zerschneiden, aber trotz allem wachsen die Fasern wieder an ihre richtigen Stellen im Gehirn nach.

Wenn sie dabei in die alten Kanäle des Sehnerven nachwachsen, müssen sie mehrere Entscheidungen über die Richtung, in die sie wachsen sollen, treffen. Wie bewerkstelligen sie dies? Es scheint chemische Abläufe zu geben, auf die verschiedene Fasern unterschiedlich reagieren. Man denke an die enorme Anzahl von wachsenden Fasern, von der jede sich in irgendeiner Weise individuell von ihren Nachbarn unterscheidet; indem eine auf irgendwelche chemischen Abläufe reagiert, reagiert sie in einer ausreichend eindeutigen Weise, um ihren eigenen Platz für die endgültige Verbindung zum Gehirn zu finden! Dies ist eine interessante – eine phantastische – Tatsache. Es ist eines der großen jüngst entdeckten Phänomene der Biologie und ist zweifellos mit vielen älteren ungelösten Problemen des Wachstums, der Organisation und der Entwicklung der Organismen und besonders der Embryos verbunden.

Noch ein interessantes Phänomen hängt mit der Bewegung des Auges zusammen. Die Augen müssen bewegt werden, um die zwei Bilder unter verschiedenen Umständen übereinstimmen zu lassen. Diese Bewegungen sind von unterschiedlicher Art: Bei einer folgen sie einem Gegenstand, wobei beide Augen nach rechts oder links in dieselbe Richtung gehen müssen, bei der anderen werden sie auf denselben Punkt in unterschiedlichen Entfernungen fixiert, wobei sie sich entgegengesetzt bewegen müssen. Die Nerven, die in die Muskeln des Auges gehen, sind schon für genau solche Zwecke verlegt. Es gibt ein Bündel von Nerven, das die Muskeln auf der Innenseite des einen Auges und auf der Außenseite des anderen zieht und die entgegengesetzten Muskeln entspannt, so daß sich die beiden Augen zusammen bewegen. Es gibt ein anderes Zentrum, in dem eine Anregung die Augen veranlaßt, sich von der Parallelstellung nach innen zueinander zu bewegen. Jedes Auge kann nach außen in den Augenwinkeln verdreht werden, wenn sich das andere Auge zur Nase hin bewegt, aber es ist unmöglich, beide Augen bewußt oder unbewußt gleichzeitig nach *außen* zu bewegen, nicht weil es keine *Muskeln* gibt, sondern weil es keinen Weg gibt, ein Signal zu senden, um beide Augen nach außen zu drehen. es sei denn, wir hätten einen Unfall gehabt oder etwas ist nicht in Ordnung, z. B. ein Nerv ist zerschnitten worden. Obwohl die Muskeln eines Auges sicher dieses Auge herumsteuern können, ist auch ein Yogi nicht in der Lage, *beide* Augen vorsätzlich frei nach außen zu bewegen, weil es anscheinend keinen Weg gibt, dies auszuführen. Wir sind schon bis zu einem gewissen Grad verdrahtet. Dies ist ein wichtiger Punkt, weil die meisten früheren Bücher über Anatomie und Psychologie usw. die Tatsache, daß wir schon so vollständig verdrahtet sind, nicht anerkennen oder betonen – sie sagen, daß alles einfach erlernt ist.

36–3 Die Stäbchenzellen

Wir wollen nun mehr im Detail untersuchen, was in den Stäbchenzellen passiert. Figur 36–5 zeigt ein elektronenmikroskopisches Bild der Mitte einer Stäbchenzelle (die Stäbchenzelle setzt sich nach oben aus dem Bild fort). Es gibt Schicht über Schicht von ebenen Strukturen, die auf der rechten Seite vergrößert gezeigt werden, welche die Substanz Rhodopsin (Sehpurpur), den Farbstoff oder das Pigment enthalten, der die Sehwirkung in den Stäbchen erzeugt. Das Rhodopsin, das Pigment, ist ein großes Protein, welches eine spezielle Gruppe, als Retinen bezeichnet, enthält, die von dem Protein abgetrennt werden kann und die zweifellos die Hauptursache der Lichtabsorption ist. Wir kennen nicht den Grund für die Ebenen, aber es ist sehr wahrscheinlich, daß es irgendeinen Grund gibt, alle Rhodopsin-Moleküle parallel zu halten. Die Chemie dieser Sache ist bis zu einem hohen Grad ausgearbeitet worden, aber es könnte etwas Physik dazugehören. Es kann sein, daß alle Moleküle in einer Reihenanordnung ausgerichtet sind, so daß, wenn eins angeregt wird, das erzeugte Elektron sozusagen den ganzen Weg herunter zu irgendeiner Stelle am Ende läuft, um das Signal herauszugeben, oder irgend so etwas. Dieser Punkt ist sehr wichtig und ist noch nicht geklärt worden. Es handelt sich um ein Gebiet, in dem letztlich die Biochemie und die Festkörperphysik, oder etwas Ähnliches, gebraucht werden.

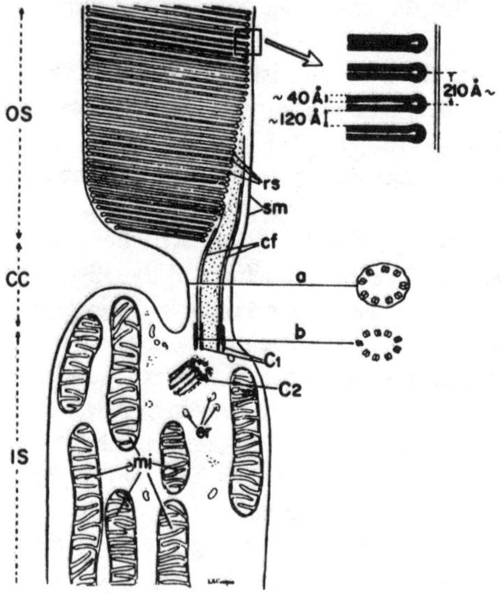

Fig. 36–5. Elektronenmikroskopisches Bild einer Stäbchenzelle.

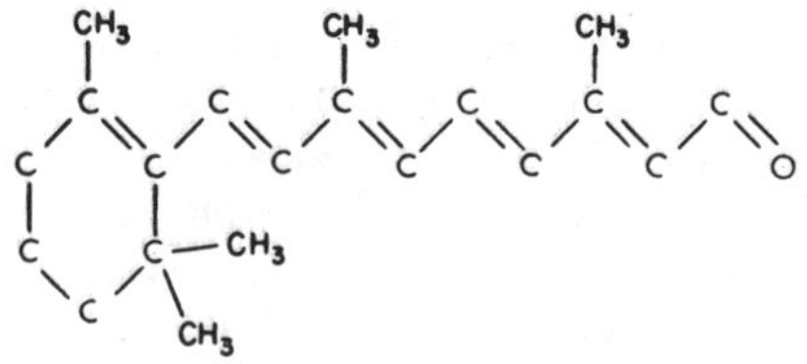

Fig. 36–6. Die Struktur von Retinen.

Diese Art einer Struktur mit Schichten erscheint auch unter anderen Umständen, wo das Licht wichtig ist, z. B. bei den Chloroplasten in den Pflanzen, wo das Licht die Photosynthese verursacht. Wenn wir diese vergrößern, finden wir denselben Sachverhalt mit fast derselben Art von Schichten, aber dort haben wir natürlich Chorophyll statt Retinen. Die chemische Formel von Retinen wird in Fig. 36–6 gezeigt. Es hat eine Reihe von alternierenden Doppelbindungen entlang der Seitenkette, was für praktisch alle stark absorbierenden organischen Substanzen wie Chlorophyll, Blut usw. charakteristisch ist. Diese Substanz kann nicht in den eigenen Zellen der Lebewesen hergestellt werden – wir müssen sie essen. Folglich essen wir sie in Form einer speziellen Substanz, die genau dieselbe wie Retinen ist, nur, daß dort ein Wasserstoffatom am rechten Ende gebunden ist; sie wird Vitamin A genannt, und wenn wir nicht genug davon essen, erhalten wir keinen Nachschub an Retinen, und das Auge wird wie wir sagen *nachtblind,* weil es dann nicht ausreichend Pigmente im Rhodopsin gibt, um mit den Stäbchen in der Nacht zu sehen.

Der Grund, warum eine solche Reihe von Doppelbindungen sehr stark Licht absorbiert, ist auch bekannt. Wir wollen nur einen Hinweis geben: Die alternierende Reihe von Doppelbindungen wird *konjugierende* Doppelbindung genannt; eine Doppelbindung bedeutet, daß es dort ein zusätzliches Elektron gibt, und dieses zusätzliche Elektron kann leicht nach rechts oder links verschoben werden. Wenn Licht auf dieses Molekül trifft, wird das Elektron in jeder Doppelbindung um einen Schritt verschoben. Alle Elektronen in der ganzen Kette werden wie bei einer umfallenden Reihe von Dominosteinen verschoben, und obwohl sich jedes einzelne nur eine kleine Strecke bewegt (wir würden erwarten, daß wir in einem einzelnen Atom das Elektron nur eine kleine Strecke bewegen könnten), ist der resultierende Effekt derselbe, als wenn dasjenige am Ende hinüber zum anderen Ende verschoben worden wäre! Es ist dasselbe, als wenn ein Elektron die gesamte Strecke hin und zurück gelaufen wäre, und in dieser Weise erhalten wir so eine viel stärkere Absorption unter Einfluß des elektrischen Feldes, als wenn wir das Elektron nur um eine Strecke, die einem Atom entspricht, bewegen könnten. Da es leicht ist, die Elektronen hin und zurück zu bewegen, absorbiert Retinen folglich Licht sehr stark; dieses ist der Mechanismus des physikalisch-chemischen Teils.

36–4 Das Facetten-(Insekten-)Auge

Wir wollen jetzt zur Biologie zurückkehren. Das menschliche Auge ist nicht die einzige Augenart. Bei den Wirbeltieren sind fast alle Augen im wesentlichen gleich dem menschlichen Auge. Bei den niederen Tieren gibt es jedoch viele andere Augenarten: Punktaugen, verschiedene Augenschalen und andere, wenig empfindliche Formen, für deren Besprechung wir keine Zeit haben. Aber es gibt ein anderes, hoch entwickeltes Auge außerhalb der Wirbeltiere, das *Facetten*auge des Insekts. (Die meisten Insekten, die große Facettenaugen haben, haben außerdem noch verschiedene zusätzliche, einfachere Augen.) Eine Biene ist ein Insekt, dessen Sehvermögen sehr sorgfältig untersucht worden ist. Es ist leicht, die Seheigenschaften der Bienen zu studieren, weil sie von Honig angezogen werden und wir Experimente ausführen können, bei denen wir den Honig dadurch identifizieren, daß wir ihn auf ein blaues Papier oder ein rotes Papier legen und sehen, zu welchem sie hinfliegt. Mit dieser Methode sind einige sehr interessante Dinge über das Sehvermögen der Biene entdeckt worden.

Zuerst einmal fanden einige Forscher, als sie versuchten zu messen, wie genau Bienen den Farbunterschied zwischen zwei „weißen" Papierblättern erkennen können, daß sie dies nicht sehr gut konnten, und andere fanden, daß sie es phantastisch konnten. Sogar wenn die zwei „weißen" Papierblätter fast genau gleich waren, konnten die Bienen noch den Unterschied erkennen. Die Experimentatoren benutzten bei einem Stück Papier Zinkweiß und bei einem anderen Bleiweiß, und obwohl diese für uns genau gleich aussehen, konnte sie die Biene leicht unterscheiden, weil sie einen verschiedenen Betrag im Ultraviolett reflektieren. Auf diese Weise wurde entdeckt, daß das Bienenauge über einen weiteren Bereich des Spektrums empfindlich ist als unser eigenes. Unser Auge funktioniert von 7.000 Angström bis 4.000 Angström, von Rot bis Violett, aber das der Biene kann bis hinunter zu 3.000 Angström im Ultravioletten sehen! Dies verursacht eine Anzahl von verschiedenen interessanten Effekten. Erst einmal kann die Biene zwischen vielen Blumen unterscheiden, die für uns gleich aussehen. Natürlich müssen wir uns klar sein, daß die Farben der Blumen nicht für *unsere* Augen ausgelegt sind, sondern für die Biene; sie bedeuten Signale, um die Bienen zu einer bestimmten Blume hinzulocken. Wir wissen alle, daß es eine große Zahl „weißer" Blumen gibt. Offenbar ist Weiß nicht sehr interessant für die Bienen, weil sich herausstellt, daß alle weißen Blumen unterschiedliche Reflexionsbeträge im *Ultravioletten* haben; sie reflektieren das Ultraviolett nicht hundertprozentig, wie es bei einem wirklichen Weiß der Fall wäre. Nicht alles Licht kommt zurück, das Ultraviolett fehlt, und das ergibt eine Farbe, genau wie für uns Gelb herauskommt, wenn das Blau fehlt. Folglich sind alle Blumen für die Bienen farbig. Jedoch wissen wir auch, daß Rot von den Bienen nicht gesehen werden kann. So könnten wir annehmen, daß alle roten Blumen der Biene schwarz erscheinen sollten. Keinesfalls! Eine sorgfältige Untersuchung der roten Blumen zeigt zuerst, daß wir sogar mit unseren eigenen Augen erkennen können, daß eine große Mehrheit der roten Blumen eine bläuliche Färbung besitzt, weil sie hauptsächlich einen zusätzlichen Betrag im Blau reflektieren, und dies ist der Teil, den die Biene sieht. Weiterhin zeigen die Experimente auch, daß die Blumen bezüglich der Reflexion im Ultraviolett über verschiedene Teile der Blumenblätter variieren usw. Wenn wir folglich die Blumen sehen könnten, wie die Bienen sie sehen, würden sie sogar schöner und vielfältiger erscheinen!

Es ist jedoch gezeigt worden, daß es ein paar rote Blumen gibt, die *nicht* im Blauen oder im Ultraviolett reflektieren und deshalb für die Biene schwarz aussehen *würden!* Dies hat die Leute, die sich mit diesem Thema befassen, stark beschäftigt, weil Schwarz nicht als interessante Farbe erscheint, da es nur schwer von einem schmutzigen alten Schatten zu unterscheiden ist. Es stellte sich tatsächlich heraus, daß diese Blumen *nicht* von den Bienen besucht werden; dies sind die Blumen, die von den *Kolibris* besucht werden, und Kolibris *können* Rot erkennen!

Ein weiterer interessanter Aspekt des Sehvermögens der Biene ist, daß Bienen offenbar die Richtung der Sonne feststellen können, indem sie auf einen Fleck blauen Himmels blicken, ohne die Sonne selbst zu sehen. Wir können dies nicht ohne weiteres machen. Wenn wir aus dem Fenster in den Himmel blicken und sehen, daß er blau ist, in welcher Richtung steht dann die Sonne? Die Biene weiß es, weil sie durchaus empfindlich gegenüber der *Polarisation* des Lichts ist, und das gestreute Himmelslicht ist polarisiert.* Es gibt noch einige Diskussionen darüber, wie diese Empfindlichkeit arbeitet. Ob es so ist, weil die Lichtreflexionen unter verschiedenen Umständen verschieden sind, oder ob das Bienenauge direkt empfindlich ist, ist bis jetzt nicht bekannt.†

Es wird auch gesagt, daß die Biene Flimmern bis 200 Schwingungen pro Sekunde beobachten kann, während wir dies nur bis 20 können. Die Bewegungen der Bienen in den Bienenstöcken sind sehr schnell; die Füße bewegen sich und die Flügel vibrieren, aber es ist sehr schwer für uns, die Bewegung mit unserem Auge zu erkennen. Wenn wir jedoch schneller sehen könnten, wären wir in der Lage, die Bewegung zu sehen. Es ist wahrscheinlich sehr wichtig für die Biene, daß ihr Auge eine solch schnelle Reaktion hat.

Wir wollen nun die Sehschärfe, die wir von der Biene erwarten könnten, besprechen. Das Auge der Biene ist ein Facettenauge und es besteht aus einer großen Zahl von speziellen Zellen, die *Ommatidien* genannt werden, welche konisch auf der Oberfläche einer Kugel (ungefähr) auf der Außenseite des Bienenkopfes angeordnet sind. Figur 36–7 zeigt ein Bild eines solchen Ommatidiums. An der Spitze ist eine durchsichtige Fläche, eine Art „Linse", aber in Wirklichkeit ist es mehr ein Durchlaß oder eine Lichtröhre, die das Licht durch eine enge Fiber dorthin gelangen läßt, wo wahrscheinlich die Absorption stattfindet. Auf ihrer anderen Seite kommt die Nervenfaser heraus. Die Hauptfaser wird an ihren Seiten von sechs Zellen umgeben, welche die Faser in der Tat versteckt halten. Das ist eine ausreichende Beschreibung für unsere Zwecke; wichtig ist, daß es sich um eine konische Zelle handelt, und daß auf der ganzen Oberfläche des Bienenauges viele nebeneinander passen.

Nun wollen wir die Auflösung des Bienenauges besprechen. Wenn wir Linien ziehen (Fig. 36–8), um die Ommatidien auf der Oberfläche darzustellen, von der wir annehmen, daß sie eine Kugel vom Radius r ist, können wir tatsächlich *ausrechnen,* wie breit jedes Ommatidium ist, indem wir unseren Verstand benutzen und annehmen, daß die Evo-

* Das menschliche Auge hat auch eine geringe Empfindlichkeit gegenüber der Polarisation des Lichts und man *kann* lernen, die Richtung der Sonne anzugeben! Das Phänomen, das dabei beteiligt ist, wird *Haidingersches Büschel* genannt; es ist ein schwaches, gelbliches Sanduhr-ähnliches Muster, das im Zentrum des Gesichtsfeldes beobachtet wird, wenn man mit Polarisationsgläsern auf eine weite, konturlose Fläche blickt. Man kann es auch am blauen Himmel ohne Polarisationsgläser sehen, wenn man seinen Kopf um die Blickrichtung hin und her dreht.

† In der Zeit seit dieser Vorlesung wurde der Beweis erbracht, daß das Auge direkt empfindlich ist.

Fig. 36–7. Die Struktur eines Ommatidiums (einer einzelnen Zelle eines Facettenauges).

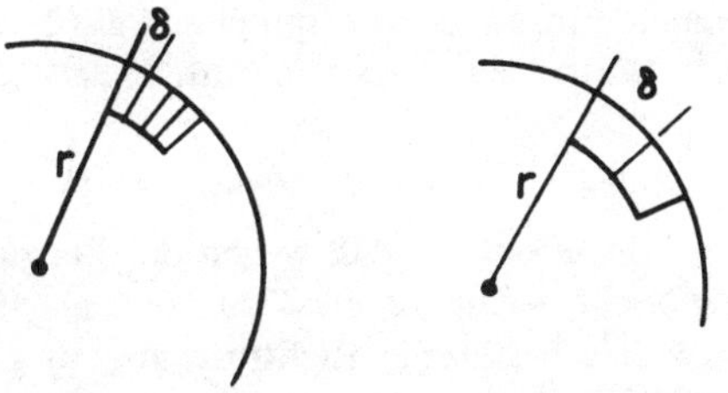

Fig. 36–8. Schematische Ansicht der Anordnung der Ommatidien im Bienenauge.

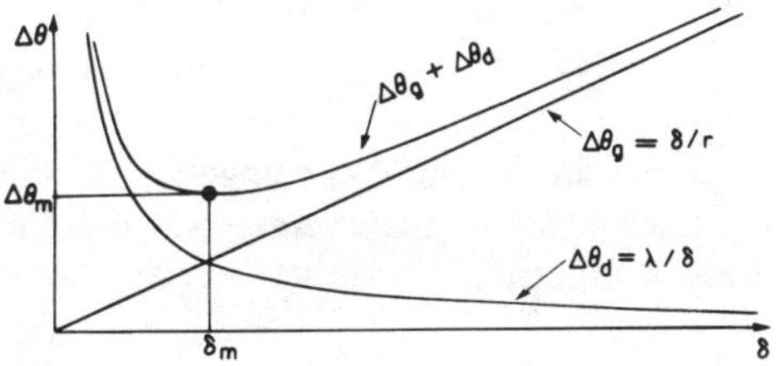

Fig. 36–9. Die optimale Größe für ein Ommatidium ist δ_m.

lution ebenso klug ist wie wir! Wenn wir ein sehr großes Ommatidium haben, erhalten wir nicht viel Auflösung.

Das heißt, eine Zelle erhält ein Stück Information aus einer Richtung und eine angrenzende Zelle erhält ein Stück Information aus einer anderen Richtung usw., und die Biene kann die Dinge dazwischen nicht sehr gut sehen. So entspricht die Unbestimmtheit in der Sehschärfe im Auge sicherlich einem Winkel, dem Winkel vom Ende des Ommatidiums bezogen auf den Mittelpunkt der Krümmung des Auges. (Die Augenzellen befinden sich natürlich nur auf der Kugeloberfläche; in ihrem Inneren ist der Kopf der Biene.) Dieser Winkel von einem Ommatidium zum nächsten ist natürlich der Durchmesser der Ommatidien dividiert durch den Radius der Augenoberfläche:

$$\Delta\theta_g = \delta/r. \tag{36.1}$$

So können wir sagen, „je feiner wir das δ machen, desto größer wird die Sehschärfe. Warum benutzt also die Biene nicht einfach sehr sehr feine Ommatidien?" *Antwort:* Wir wissen genug über Physik, um festzustellen, daß wir, wenn wir versuchen, Licht in eine enge Röhre hineinzubekommen, wegen des Beugungseffektes nicht genau in eine gegebene Richtung sehen können. Das Licht, das aus verschiedenen Richtungen kommt,

---

Figuren 36–7, 11, 12, 13 mit Genehmigung entnommen aus Goldsmith, *Sensory Communications,* W. A. Rosenblith ed. Copyright 1961, Massachusetts Institute of Technology.

kann eindringen, und entsprechend der Beugung werden wir Licht erhalten, das unter einem Winkel $\Delta\theta_d$ hereinkommt, so daß

$$\Delta\theta_d = \lambda/\delta. \tag{36.2}$$

Nun sehen wir, daß wegen der Beugung jedes Ommatidium nicht nur in eine Richtung blickt, wenn wir die δ zu klein machen! Wenn wir sie zu groß machen, blickt jedes in eine bestimmte Richtung, aber es gibt nicht genug von ihnen, um eine gute Ansicht der Umgebung zu erhalten. So stellen wir die Entfernung d ein, um den Gesamteffekt dieser beiden minimal zu machen. Wenn wir beide addieren und die Stelle finden, wo die Summe ein Minimum hat (Fig. 36–9), finden wir

$$\frac{d(\Delta\theta_g + \Delta\theta_d)}{d\delta} = 0 = \frac{1}{r} - \frac{\lambda}{\delta^2}, \tag{36.3}$$

was uns die folgende Entfernung gibt

$$\delta = \sqrt{\lambda r}. \tag{36.4}$$

Wenn wir annehmen, daß r ungefähr 3 Millimeter beträgt, das Licht, das die Biene sieht, als 4.000 Angström ansetzen und die beiden zusammen nehmen und die Quadratwurzel ziehen, finden wir

$$\begin{aligned} \delta &= (3 \times 10^{-3} \times 4 \times 10^{-7})^{1/2}\,\mathrm{m} \\ &= 3.5 \times 10^{-5}\,\mathrm{m} = 35\,\mu. \end{aligned} \tag{36.5}$$

Das Buch sagt, daß der Durchmesser 30 μ beträgt, so daß eine ziemlich gute Übereinstimmung vorhanden ist! So funktioniert es offenbar wirklich, und wir können verstehen, was die Größe des Bienenauges bestimmt! Es ist auch leicht, die obige Zahl wieder einzusetzen und herauszufinden, wie gut die Winkelauflösung des Bienenauges tatsächlich ist; sie ist verglichen mit unserer eigenen sehr gering. Wir können Dinge erkennen, die in ihrer sichtbaren Größe dreißig mal kleiner sind, als bei der Biene; die Biene hat ein ziemlich verschwommenes, defokussiertes Bild verglichen mit dem, was wir sehen können. Trotzdem ist es in Ordnung und ist so gut, wie es nur sein kann. Wir könnten fragen, warum die Bienen nicht ein so gutes Auge wie unser eigenes mit einer Linse usw. entwickeln. Es gibt verschiedene interessante Gründe. Erst einmal ist die Biene zu klein; wenn sie ein Auge wie unseres hätte, aber in ihrem Maßstab, würde die Öffnung eine Größe von ungefähr 30 μ betragen, und die Beugung würde so entscheidend sein, daß sie ohnehin nicht gut sehen könnte. Das Auge ist nicht gut, wenn es zu klein ist. Zweitens, wenn es so groß wie der Bienenkopf wäre, dann würde das Auge den ganzen Bienenkopf einnehmen. Die Bedeutung des Facettenauges liegt darin, daß es keinen Raum einnimmt, es ist nur eine sehr dünne Schicht auf der Oberfläche der Biene. Wenn wir folglich argumentieren, daß sie es in unserer Weise hätten ausführen sollen, müssen wir uns daran erinnern, daß sie ihre eigenen Probleme hatten!

36–5 Andere Augen

Außer den Bienen können viele andere Tiere Farben sehen. Fische, Schmetterlinge, Vögel und Reptilien können Farben sehen, aber es wird angenommen, daß die meisten Säugetiere es nicht können. Die Primaten können Farben sehen. Die Vögel können mit Sicherheit Farben erkennen, und das ist der Grund für die Farben der Vögel. Es hätte keinen Sinn, daß die Männchen so phantastisch gefärbt sind, wenn die Weibchen es nicht bemerken könnten! Das bedeutet, daß die Evolution des sexuellen „Was-es-auch-sein-mag" bei den Vögeln ein Ergebnis der Fähigkeit des Weibchens ist, Farben zu sehen. Wenn wir also das nächstemal einen Pfau sehen und darüber nachdenken, was für ein leuchtendes Bild prachtvoller Farbe das ist und wie köstlich die Farben sind und was für wundervoller ästhetischer Empfindungen es bedarf, all dieses zu würdigen, sollten wir nicht dem Pfau Lob zollen, sondern sollten die Sehschärfe und den ästhetischen Sinn der Pfau*henne* loben, weil es dies ist, was den schönen Anblick erzeugt hat!

Alle wirbellosen Tiere haben nur dürftig entwickelte Augen oder Facettenaugen, aber alle Wirbeltiere haben, mit einer Ausnahme, Augen, die unseren eigenen sehr ähnlich sind. Wenn wir die höchst entwickelte Tierform betrachten, sagen wir gewöhnlich, „das sind wir!", aber wenn wir einen weniger voreingenommenen Standpunkt einnehmen und uns auf die wirbellosen Tiere beschränken, so daß wir uns selbst nicht einbeziehen können, und nach dem am höchsten entwickelten wirbellosen Tier fragen, stimmen die meisten Zoologen überein, daß der *Krake* das am höchsten entwickelte Tier ist Es ist sehr interessant, daß dieser neben der Entwicklung seines Gehirns und seiner Reaktionen usw., die für ein wirbelloses Tier sehr fortgeschritten sind, auch unabhängig ein anderes Auge entwickelt hat. Es ist kein Facettenauge und kein Punktauge – es hat eine Hornhaut, es hat Lider, es hat eine Iris, es hat eine Linse, es hat zwei Wasserkammern und dahinter hat es eine Netzhaut. Es ist im wesentlichen dasselbe wie das Auge der Wirbeltiere! Es ist ein bemerkenswertes Beispiel für eine Übereinstimmung in der Entwicklung, bei der die Natur zweimal dieselbe Lösung für ein Problem, allerdings mit einer leichten Verbesserung, gefunden hat. Beim Kraken stellt sich verblüffenderweise auch heraus, daß die Netzhaut ein Teil des Gehirns ist, der in derselben Weise bei der Entwicklung des Embryos entstanden ist, wie es für die Wirbeltiere zutrifft; aber der interessante Unterschied besteht darin, daß die lichtempfindlichen Zellen auf der *Innenseite* liegen, und die Zellen, die die Überlegungen ausführen, liegen hinter diesen, statt „mit der Innenseite nach außen" wie in unserem Auge. So sehen wir schließlich, daß es keinen guten Grund dafür gibt, daß die Innenseite nach außen gekehrt ist. Das andere Mal, als die Natur es versuchte, hat sie es in Ordnung gebracht! (Siehe Fig. 36–10.) Die größten Augen der Welt sind diejenigen des Riesentintenfisches; man hat sie bis zu 38 cm im Durchmesser gefunden!

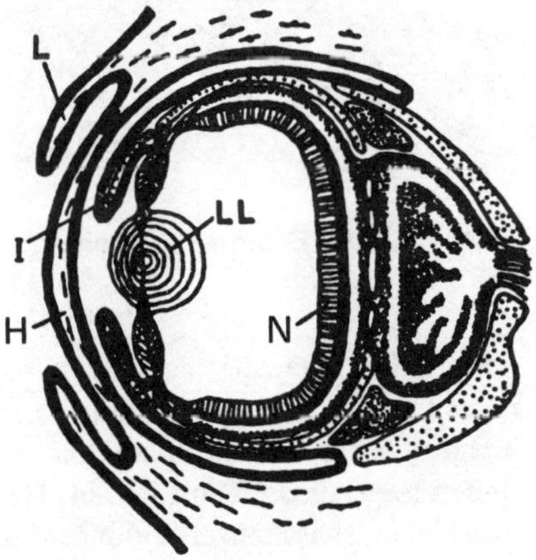

Fig. 36–10. Das Auge eines Kraken.

36–6 Neurologie des Sehens

Einer der wesentlichen Punkte unseres Themas ist die Verknüpfung der Information von einem Teil des Auges zum anderen. Wir wollen das Facettenauge der Königskrabbe betrachten, an dem viele Experimente ausgeführt worden sind. Zuerst einmal müssen wir verstehen, welche Art von Information durch die Nerven kommen kann. Ein Nerv leitet eine Art Störung weiter, die eine elektrische Wirkung zeigt, die leicht zu messen ist, eine Art wellenähnliche Störung, die den Nerv entlangläuft und eine Wirkung am anderen Ende erzeugt: Ein langer Teil der Nervenzelle, Axon genannt, transportiert die Information, und eine bestimmte Impulsart, mit „Pik" bezeichnet, eilt hindurch, wenn es an einem Ende angeregt wird. Wenn ein Pik den Nerv entlangläuft, kann ein weiterer nicht sofort folgen. Alle Piks sind von gleicher Größe, so daß es nicht vorkommt, daß wir *höhere* Piks erhalten, wenn der Nerv stärker angeregt wird, sondern *mehr Piks pro Sekunde.* Die *Größe* der Piks wird durch die Faser bestimmt. Es ist wichtig, dieses einzusehen, um zu erkennen, was als nächstes passiert.

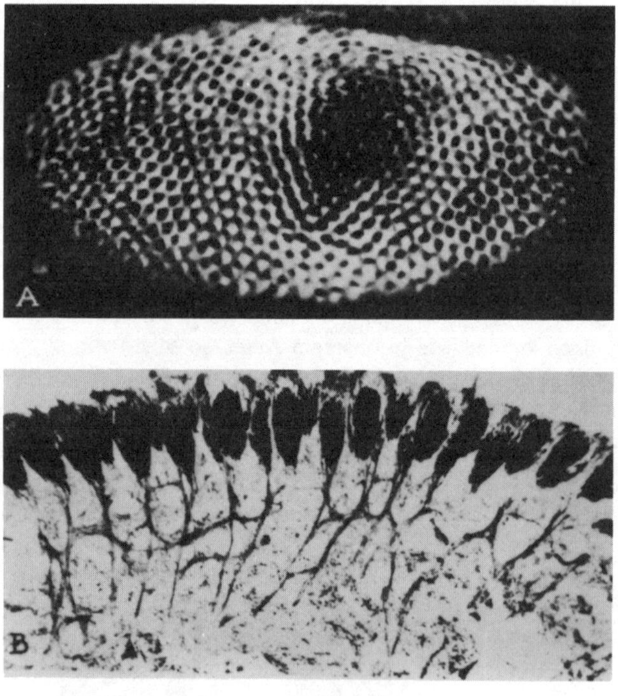

Fig. 36–11. Das Facettenauge einer Königskrabbe. (a) Draufsicht. (b) Querschnitt.

Fig. 36–11 (a) zeigt das Facettenauge einer Königskrabbe; es ist kein besonderes Auge, es hat nur ungefähr tausend Ommatidien. Figur 36–11 (b) zeigt einen Querschnitt durch das System; man kann die Ommatidien mit den Nervenfasern sehen, die aus ihnen heraus ins Gehirn laufen. Man beachte aber, daß es sogar bei einer Königskrabbe kleine Zwischenverbindungen gibt. Sie sind viel weniger ausgebildet als im menschlichen Auge, und dies gibt uns die Gelegenheit, ein einfacheres Beispiel zu untersuchen.

Wir wollen die Experimente betrachten, die ausgeführt worden sind, indem feine Elektroden in den Sehnerv der Königskrabbe gesteckt wurden und Licht auf nur ein Ommatidium geschickt wurde, was mit Linsen leicht auszuführen ist. Wenn wir ein Licht zu irgendeinem Zeitpunkt t_0 anschalten und den herauskommenden elektrischen Impuls messen, stellen wir fest, daß es eine leichte Verzögerung und dann eine schnelle Folge von Entladungen gibt, die allmählich auf eine gleichmäßige Rate abfällt, wie in Fig. 36–12 (a) gezeigt wird. Wenn das Licht ausgeht, stoppt die Entladung. Nun ist es sehr interessant, daß, wenn wir mit Licht auf ein *anderes* Ommatidium leuchten, während unser Verstärker mit dieser selben Nervenfaser verbunden ist, nichts geschieht; kein Signal entsteht.

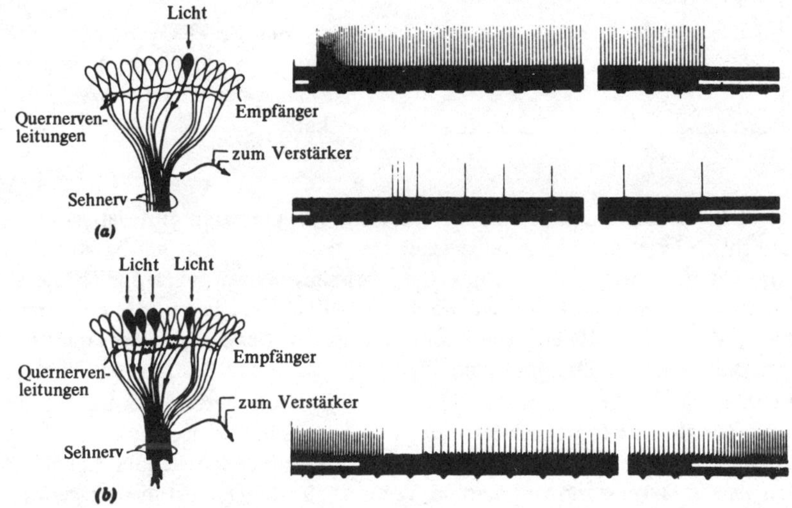

Fig. 36–12. Die Reaktion der Nervenfasern des Auges der Königskrabbe auf Licht.

Nun führen wir ein weiteres Experiment aus: Wir leuchten mit dem Licht auf das ursprüngliche Ommatidium und erhalten dieselbe Reaktion, aber wenn wir jetzt das Licht auch auf eine andere naheliegende Zelle leuchten, werden die Impulse kurz unterbrochen und laufen dann mit einer kleineren Folgegeschwindigkeit weiter (Fig. 36–12 b). Die Folgegeschwindigkeit der einen wird durch die Impulse, die von der anderen kommen, behindert! Mit anderen Worten leitet jede Nervenfaser die Information von einem Ommatidium, aber der Betrag, den sie weiterleitet, wird durch die Signale der anderen behindert.

Wenn also z.B. das gesamte Auge mehr oder weniger gleichmäßig beleuchtet wird, wird die Information, die von jedem einzelnen Ommatidium kommt, relativ schwach sein, weil sie von so vielen behindert wird. In der Tat ist die Behinderung additiv – wenn wir Licht auf verschiedene benachbarte Ommatidien schicken, ist die Behinderung sehr groß. Die Behinderung ist größer, wenn die Ommatidien dichter liegen; wenn die Ommatidien weit genug voneinander entfernt sind, ist die Behinderung praktisch Null. Folglich ist sie additiv und hängt von der Entfernung ab; hier ist ein erstes Beispiel für Information von verschiedenen Teilen des Auges, die im Auge selbst verknüpft wird. Wenn wir darüber ein bißchen nachdenken, können wir vielleicht einsehen, daß dies eine Einrichtung ist, um den *Kontrast* an den Kanten eines Objektes zu *verstärken*, denn wenn ein Teil der Szene hell und ein Teil dunkel ist, dann geben die Ommatidien in der beleuchteten Fläche Impulse ab, die durch all das Licht in der Umgebung verringert werden, so daß die Fläche relativ schwach erscheint. Andererseits wird ein Ommatidium an der Grenzlinie, dem ein „weißer" Impuls gegeben wird, auch durch andere aus der Nachbarschaft behindert, aber es gibt nicht so viele davon, da einige schwarz sind; das resultierende Signal ist deshalb stärker. Das Ergebnis wäre eine Kurve, etwa wie die in Fig. 36–13. Die Krabbe wird eine Verstärkung der Kontur sehen.

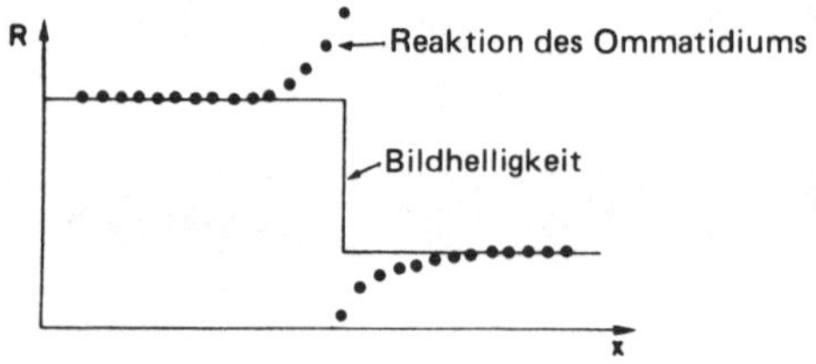

Fig. 36–13. Die resultierende Reaktion der Ommatidien der Königskrabbe in der Nähe eines scharfen Wechsels der Bildhelligkeit.

Die Tatsache, daß es eine Verstärkung der Konturen gibt, ist schon lange bekannt; tatsächlich ist es ein bemerkenswerter Umstand, der schon häufig von Psychologen erläutert worden ist. Um ein Objekt zu zeichnen, müssen wir lediglich die Umrißlinie zeichnen. Wie gewohnt sind wir doch, auf Bilder zu blicken, die nur Umrisse haben! Was sind die Umrißlinien? Die Umrißlinie ist nur der Kantenübergang zwischen Hell und Dunkel oder dieser und jener Farbe. Es ist nichts Bestimmtes. Man glaube es oder nicht, es ist nicht so, daß jedes Objekt eine Linie rundherum hat! Es gibt keine solche Linie. Eine solche Linie existiert nur in unserer psychologischen Vorstellung; wir fangen an, die Gründe zu verstehen, warum die „Linie" ein ausreichender Anhaltspunkt ist, um den ganzen Gegenstand zu erhalten. Vermutlich funktioniert unser eigenes Auge in ähnlicher Weise – sehr viel komplizierter, aber ähnlich.

Schließlich werden wir die ausführlichere Untersuchung, die wundervolle, fortschrittliche Untersuchung kurz beschreiben, die am Frosch ausgeführt worden ist. Wenn man ein entsprechendes Experiment beim Frosch macht, indem man sehr feine, ausgezeichnet gearbeitete, nadelähnliche Sonden in den Sehnerv des Frosches führt, kann man die Signale erhalten, die durch ein bestimmtes Axon laufen, und genau wie im Fall der Königskrabbe stellen wir fest, daß die Information nicht von nur einem Punkt im Auge abhängt, sondern eine Summierung der Information über mehrere Punkte ist.

Das neueste Bild der Wirkungsweise des Froschauges ist das folgende. Man kann vier verschiedene Arten von Sehnervenfasern finden, und zwar in dem Sinne, daß es vier verschiedene Arten von Reaktionen gibt. Diese Experimente wurden nicht durch Beleuchtung mit An- und Ausschalt-Impulsen mit Licht ausgeführt, weil dies ein Frosch nicht sieht. Ein Frosch sitzt einfach da und bewegt nie seine Augen, es sei denn, ein Blatt einer Wasserlilie bewegt sich hin und her, und in diesem Fall wackeln seine Augen gerade so, daß das Bild feststeht. Er dreht seine Augen nicht. Wenn sich irgendetwas in seinem Gesichtsfeld bewegt, etwa ein kleines Insekt (er muß in der Lage sein, irgendetwas Kleines zu sehen, das sich vor einem festen Hintergrund bewegt), stellt sich heraus, daß es vier verschiedene Arten von Fasern gibt, die sich entladen, deren Eigenschaften in Tabelle 36–1 zusammengestellt sind. Gleichbleibende Erfassung von Konturen,

Tabelle 36–1

Reaktionstypen in den Sehnervfasern eines Frosches

Typ	Geschwindigkeit	Gesichtsfeld
1. Gleichbleibende Erfassung von Konturen (unlöschbar)	0.2–0.5 m/sec	1°
2. Erfassung gekrümmter Konturen (löschbar)	0.5 m/sec	2°–3°
3. Erfassung von Kontraständerungen	1–2 m/sec	7°–10°
4. Erfassung des Helligkeitsabfalls	Bis zu $\frac{1}{2}$ m/sec	Bis zu 15°
5. Erfassung der Dunkelheit	?	sehr groß

unlöschbar, bedeutet, wenn wir ein Objekt mit einer Kante in das Gesichtsfeld des Frosches bringen, so gibt es eine Menge von Impulsen in dieser bestimmten Faser bei Bewegung des Objektes, die aber auf einen konstanten Impuls absinken, der so lange anhält, wie die Kante vorhanden ist, auch wenn sie stillsteht. Wenn wir das Licht ausschalten, hören die Impulse auf. Wenn wir es wieder anschalten, während die Kante noch zu sehen ist, beginnen sie wieder. Sie sind nicht löschbar. Eine andere Fasernart ist sehr ähnlich, nur daß sie nicht funktioniert, wenn die Kante gerade ist. Es muß eine nach außen gewölbte Kante sein ebenfalls mit dunklem Hintergrund! Wie kompliziert muß das System der Zwischenverbindungen in der Netzhaut des Froschauges sein, damit er versteht, daß eine gewölbte Fläche in sein Gesichtsfeld gelangt ist! Obwohl diese Faser außerdem etwas Gesehenes festhält, hält sie es nicht so lange wie die andere, und wenn wir das Licht ausdrehen und es wieder anschalten, wird der Impuls *nicht* wieder aufgebaut. Es hängt vom Eintreten der gekrümmten Fläche in das Gesichtsfeld ab. Das Auge sieht, wie sie sich hereinbewegt und erinnert sich, daß sie da ist, aber wenn wir das Licht bloß für einen Moment ausschalten, vergißt es dies einfach und sieht sie nicht mehr.

Ein weiteres Beispiel ist die Erfassung von Kontraständerungen. Wenn sich eine Kante herein- oder herausbewegt, gibt es Impulse, aber wenn der Gegenstand stillsteht, gibt es überhaupt keine Impulse.

Dann gibt es einen Empfänger für Helligkeitsabfall. Wenn die Lichtintensität absinkt, erzeugt er Impulse, aber wenn sie unten oder oben stehen bleibt, hören die Impulse auf; er arbeitet nur, während das Licht abfällt.

Schließlich gibt es dann einige Fasern, die Dunkelheitsdetektoren sind – eine sehr erstaunliche Sache – sie senden die ganze Zeit Impulse! Wenn wir das Licht verstärken, senden sie weniger schnell, aber die ganze Zeit über. Wenn wir das Licht vermindern, senden sie die ganze Zeit schneller. In der Dunkelheit senden sie wie verrückt, dauernd rufend: „Es ist dunkel! Es ist dunkel! Es ist dunkel!"

Nun scheinen sich diese Reaktionen nur sehr schwer einordnen zu lassen, und wir könnten fragen, ob die Experimente vielleicht falsch interpretiert werden. Aber es ist sehr interessant, daß genau diese Gruppen in der Anatomie des Frosches sehr deutlich voneinander getrennt erscheinen! Durch andere Messungen, nachdem diese Reaktionen klassifiziert waren (*danach*, das ist hier wichtig), wurde entdeckt, daß die *Geschwindigkeit* der Signale in den verschiedenen Fasern nicht dieselbe war; folglich gab es hier einen anderen unabhängigen Weg, um zu prüfen, welche Fasernart wir gefunden haben!

Eine andere interessante Frage ist die, von einer wie großen Fläche eine bestimmte Faser ihre Berechnungen macht? Die Antwort ist verschieden für die verschiedenen Gruppen.

Figur 36–14 zeigt die Oberfläche des sogenannten Tectums eines Frosches, wo die Nerven vom Sehnerv ins Gehirn gelangen. Alle Nervenfasern, die vom Sehnerv hereinkommen, haben Verbindungen in verschiedenen Schichten des Tectums.

Fig. 36–14. Das Tectum eines Frosches.

Diese geschichtete Struktur entspricht der Netzhaut; teilweise hierdurch wissen wir, daß das Gehirn und die Netzhaut sehr ähnlich sind. Wenn wir nun eine Elektrode nehmen und sie nach und nach durch die Schichten hindurchschieben, können wir feststellen, welche Arten von Sehnerven wo enden, und das schöne und wundervolle Ergebnis ist, daß die verschiedenen Fasernarten in verschiedenen Schichten enden! Die ersten enden im Typ Nummer 1, die zweiten in Nummer 2, die dritten und fünften enden an derselben Stelle, und am tiefsten von allen liegt Nummer vier. (Welche Übereinstimmung, die Nummern stehen schon fast in der richtigen Reihenfolge! Nein, das ist deshalb so, weil man sie in dieser Weise numeriert hat; in der ersten Arbeit waren die Nummern in einer anderen Reihenfolge!)

Wir wollen kurz zusammenfassen, was wir auf diese Weise gerade gelernt haben: Es gibt wahrscheinlich drei Pigmente. Es kann viele verschiedene Arten von Empfängerzellen geben, die die drei Pigmente in verschiedenen Zusammensetzungen enthalten, aber es gibt viele Querverbindungen, die die Addition und Subtraktion durch Addition und Verstärkung im Nervensystem ermöglichen können. Bevor wir also wirklich das Farbensehen verstehen, müssen wir die endgültige Empfindung verstehen. Dieses Gebiet ist noch offen, aber diese Untersuchungen mit Mikroelektroden usw. werden uns vielleicht letztlich mehr Kenntnisse darüber vermitteln, wie wir Farben sehen.

37 Quantenverhalten

37–1 Atommechanik

In den letzten Kapiteln haben wir die grundlegenden Gedanken behandelt, die für das Verständnis der meisten wichtigen Phänomene des Lichts – oder der elektromagnetischen Strahlung allgemein – notwendig sind. (Wir haben uns einige spezielle Dinge für nächstes Jahr aufgehoben. Insbesondere die Theorie des Brechungsindexes bei dichten Stoffen und die Totalreflexion.) Was wir bis jetzt behandelt haben, wird die „klassische Theorie" der elektrischen Wellen genannt, die für eine ganze Reihe von Naturvorgängen in der Tat eine völlig adäquate Beschreibung liefert. Wir mußten uns bisher nicht mit der Tatsache beschäftigen, daß die Lichtenergie in Klümpchen oder in „Photonen" daherkommt.

Als nächstes Thema wollen wir das Problem des Verhaltens von relativ großen Materiestücken anpacken – z. B. deren mechanische und thermische Eigenschaften. Und wenn wir diese besprechen, werden wir feststellen, daß die „klassische" (oder ältere) Theorie fast augenblicklich versagt, weil die Materie nun mal aus Teilchen von Atomgröße aufgebaut ist. Trotzdem werden wir uns nur mit dem klassischen Teil beschäftigen, weil das der einzige Teil ist, den wir mit der gerade erlernten klassischen Mechanik verstehen können. Aber wir werden nicht viel Erfolg haben. Wir werden feststellen, daß wir im Fall der Materie, anders als im Fall des Lichts, relativ schnell in Schwierigkeiten geraten. Natürlich könnten wir die atomaren Effekte immer wieder umgehen, aber stättdessen werden wir hier einen kurzen Ausflug einschieben, in dem wir die grundlegenden Gedanken der Quanteneigenschaften der Materie beschreiben, d. h. die Quantenvorstellungen der Atomphysik, so daß Sie ein Gefühl für das bekommen, was wir da auslassen. Denn wir werden einige wichtige Gebiete auslassen müssen, obwohl wir in engen Kontakt mit ihnen kommen werden.

Also werden wir nun eine *Einführung* in das Gebiet der Quantenmechanik geben, werden aber erst sehr viel später tatsächlich in das Gebiet eindringen können.

„Quantenmechanik" ist die Beschreibung des Verhaltens der Materie in allen Einzelheiten, insbesondere der Vorgänge in atomaren Dimensionen. In sehr kleinen Dimensionen verhalten sich die Dinge anders als alles, von dem wir direkte Erfahrung haben. Sie verhalten sich nicht wie Wellen, sie verhalten sich nicht wie Teilchen, sie verhalten sich nicht wie Wolken oder Billardkugeln, Gewichte an Federn oder irgend etwas, was wir je gesehen haben.

Newton dachte, daß das Licht aus Teilchen bestehe, doch dann entdeckte man, wie wir hier gesehen haben, daß es sich wie eine Welle verhält. Später jedoch (zu Beginn des 20. Jahrhunderts) fand man, daß sich das Licht tatsächlich manchmal wie ein Teilchen verhält. Ursprünglich glaubte man, daß das Elektron z. B. sich wie ein Teilchen verhält, dann aber fand man, daß es sich in vieler Hinsicht wie eine Welle verhält. In Wirklichkeit verhält es sich also weder wie das eine noch wie das andere. Jetzt haben wir also aufgegeben. Wir sagen: „Es ist wie *keins* von beiden".

Es gibt jedoch einen günstigen Umstand – die Elektronen verhalten sich genauso wie das Licht. Das Quantenverhalten atomarer Objekte (Elektronen, Protonen, Neutronen, Photonen usw.) ist bei allen gleich, sie sind alle „Teilchenwellen" oder wie immer man sie auch nennen möchte. Also ist das, was wir über die Eigenschaften des Elektrons (welches wir für unsere Beispiele heranziehen werden) lernen, auch anwendbar auf alle „Teilchen", einschließlich der Photonen des Lichts.

Die allmähliche Ansammlung von Informationen über das Verhalten im atomaren und mikroskopischen Bereich während des ersten Viertels dieses Jahrhunderts, die uns einige Hinweise gaben, wie sich kleine Dinge verhalten, rief eine wachsende Verwirrung hervor, die schließlich 1926/27 von Schrödinger, Heisenberg und Born gelöst wurde. Sie erreichten schließlich eine widerspruchsfreie Beschreibung des Verhaltens der Materie im mikroskopischen Bereich. Wir werden die wesentlichen Punkte dieser Beschreibung in diesem Kapitel aufgreifen.

Weil das Verhalten der Atome so ganz außerhalb unserer normalen Erfahrung liegt, ist es sehr schwierig, sich daran zu gewöhnen, und es erscheint sowohl dem Neuling wie auch dem erfahrenen Physiker seltsam und geheimnisvoll. Selbst Experten verstehen es nicht so, wie sie es gerne möchten, und das ist vollkommen verständlich, denn jede direkte menschliche Erfahrung und menschliche Intuition bezieht sich auf große Objekte. Wir wissen, wie sich große Objekte verhalten, aber die Dinge im Kleinen verhalten sich nicht so. Darum müssen wir unsere Erfahrungen durch eine Art von Abstraktion oder Imagination sammeln und nicht in Verbindung mit unseren direkten Erfahrungen.

In diesem Kapitel werden wir sofort das Grundelement dieses mysteriösen Verhaltens in seiner seltsamsten Form in Angriff nehmen. Zur Untersuchung wählen wir ein Phänomen, das auf klassische Art zu erklären *absolut* unmöglich ist, und das in sich den Kern der Quantenmechanik birgt. In Wirklichkeit enthält es das *einzige* Geheimnis. Wir können das Geheimnis nicht aufdecken, indem wir „erklären", wie es funktioniert. Wir werden nur *berichten,* wie es funktioniert. Indem wir dies tun, müssen wir die grundlegenden Eigentümlichkeiten der ganzen Quantenmechanik erörtern.

37–2 Ein Experiment mit Kugeln

Wir werden versuchen, das Quantenverhalten von Elektronen zu verstehen, indem wir in einem speziellen Versuchsaufbau ihr Verhalten mit dem vertrauteren Verhalten von Teilchen wie Kugeln und Wellen wie Wasserwellen vergleichen und gegenüberstellen. Wir betrachten zuerst das Verhalten von Kugeln in dem in Fig. 37–1 schematisch

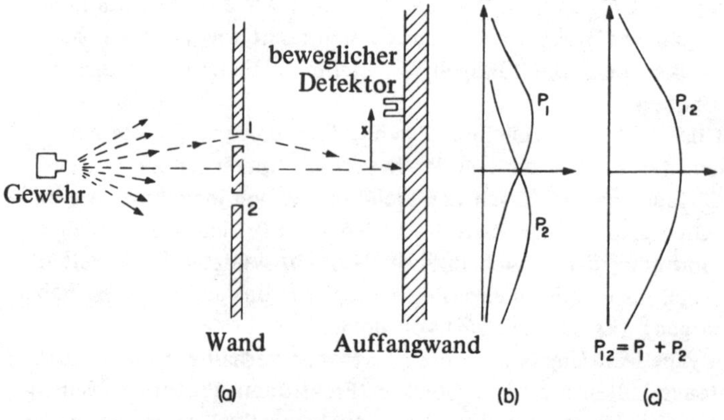

Fig. 37–1. Interferenzexperiment mit Kugeln.

dargestellten Versuchsaufbau. Wir haben ein Maschinengewehr, das einen Strahl von Kugeln schießt. Es ist kein sehr gutes Gewehr, weil es die Kugeln (wahllos) über einen ziemlich großen Winkelbereich streut, wie im Bild gezeigt. Vor dem Gewehr ist eine Wand (aus Panzerplatten), in der zwei Löcher sind, gerade groß genug, um eine Kugel durchzulassen. Hinter der Wand ist eine Auffangwand (sagen wir eine dicke Holzwand), die die Kugeln beim Auftreffen „absorbiert". Vor der Wand haben wir ein Objekt, das wir „Detektor" für Kugeln nennen wollen. Es könnte ein Kasten mit Sand sein. Jede Kugel, die in den Detektor eintritt, wird abgebremst und gespeichert. Wenn wir wollen, können wir den Kasten entleeren und die eingefangenen Kugeln zählen. Der Detektor kann vor und zurück bewegt werden (was wir die x-Richtung nennen wollen). Mit dieser Vorrichtung können wir experimentell die Antwort auf folgende Frage finden: „Wie groß ist die Wahrscheinlichkeit, daß eine Kugel, die durch die Löcher in der Wand geht, im Abstand x vom Mittelpunkt auf der Auffangwand ankommt?" Zunächst sollten Sie beachten, daß wir über Wahrscheinlichkeit sprechen müssen, weil wir nicht bestimmt sagen können, welchen Weg die einzelne Kugel nehmen wird. Eine Kugel, die zufällig eines der Löcher trifft, kann am Rand des Loches abprallen und wer weiß wo landen. Mit „Wahrscheinlichkeit" meinen wir die Chance, daß eine Kugel im Detektor landet, was wir messen können, indem wir die Kugeln zählen, die in einer bestimmten Zeit im Detektor ankommen, und dann das Verhältnis dieser Anzahl zur *Gesamt*zahl der in dieser Zeit auf der Auffangwand angekommenen Kugeln berechnen. Oder wenn wir annehmen, daß das Gewehr während der Messungen immer mit der gleichen Geschwindigkeit schießt, ist die gesuchte Wahrscheinlichkeit direkt proportional zu der Anzahl von Kugeln, die den Detektor in einem Standard-Zeitintervall erreicht.

Für unsere gegenwärtigen Zwecke wollen wir uns einen etwas idealisierten Versuch vorstellen, in welchem die Kugeln keine richtigen, sondern *unzerstörbare* Kugeln sind – sie können nicht entzwei brechen. In unserem Versuch stellen wir fest, daß die Kugeln immer als Klumpen ankommen, und wenn wir etwas in dem Detektor finden, ist es immer eine ganze Kugel. Wenn die Geschwindigkeit, mit der das Maschinengewehr feuert, sehr niedrig gemacht wird, finden wir, daß zu irgendeinem gegebenen Moment entweder nichts oder eine und nur eine – genau eine – Kugel an der Auffangwand ankommt. Auch ist die Größe des Klumpens sicherlich unabhängig von der Feuergeschwindigkeit des Gewehrs. Wir sagen also: „Kugeln kommen *immer* als gleiche Klumpen an." Was wir mit unserem Detektor messen, ist die Wahrscheinlichkeit für das Ankommen eines Klumpens. Und wir messen die Wahrscheinlichkeit als Funktion von x. Das Ergebnis solcher Messungen mit diesem Apparat (wir haben das Experiment noch nicht durchgeführt, deshalb stellen wir uns das Ergebnis eigentlich nur vor) ist in Teil (c) der Fig. 37–1 graphisch dargestellt.

In der Zeichnung tragen wir die Wahrscheinlichkeit nach rechts und x senkrecht auf, so daß die x-Skala zur Abbildung des Apparates paßt. Wir nennen die Wahrscheinlichkeit P_{12}, weil die Kugeln entweder durch Loch 1 oder Loch 2 gekommen sein können. Es wird Sie nicht überraschen, daß P_{12} in der Nähe der Mitte des Diagramms groß ist, aber für sehr große x klein wird. Man könnte sich jedoch fragen, warum P_{12} den Maximalwert bei $x = 0$ hat. Diesen Tatbestand können wir verstehen, wenn wir unser Experiment wiederholen und dabei einmal Loch 2 und einmal Loch 1 abdecken. Wenn Loch 2 abgedeckt ist, können die Kugeln nur durch Loch 1 gehen, und wir erhalten die Kurve, die in Teil (b) der Abbildung mit P_1 bezeichnet ist. Wie erwartet tritt das Maximum von P_1 bei dem x-Wert auf, der auf gerader Linie mit dem Gewehr und Loch 1 liegt. Wenn Loch 1 geschlossen ist, bekommen wir die symmetrische Kurve P_2, die in die Abbildung eingezeichnet ist. P_2 ist die Wahrscheinlichkeitsverteilung für Kugeln, die durch

Loch 2 gehen. Wenn wir die Teile (b) und (c) der Fig. 37–1 vergleichen, finden wir als wichtiges Ergebnis

$$P_{12} = P_1 + P_2. \tag{37.1}$$

Die Wahrscheinlichkeiten addieren sich einfach. Der Effekt bei zwei geöffneten Löchern ist die Summe der Effekte bei je einem geöffneten Loch. Wir werden dieses Resultat eine Beobachtung „*keiner Interferenz*" nennen aus einem Grunde, den Sie später einsehen werden. Soviel über Kugeln. Sie kommen in Klumpen, und ihre Ankunftswahrscheinlichkeit zeigt keine Interferenz.

37–3 Ein Experiment mit Wellen

Jetzt wollen wir uns einen Versuch mit Wasserwellen ansehen. Die Vorrichtung ist in Fig. 37–2 schematisch dargestellt. Wir haben ein flaches Gefäß mit Wasser. Ein kleiner Gegenstand, als „Wellenquelle" bezeichnet, wird von einem Motor auf und ab bewegt und erzeugt kreisförmige Wellen. Rechts von der Quelle haben wir wieder eine Wand mit zwei Löchern, und dahinter ist eine zweite Wand, welche der Einfachheit halber ein „Absorber" ist, so daß die Wellen, die dort ankommen, nicht reflektiert werden. Das kann man erreichen, indem man einen langsam ansteigenden Sand„strand" baut. Vor diesen Strand setzen wir einen Detektor, der wie zuvor in der x-Richtung vor und zurück bewegt werden kann. Der Detektor ist jetzt ein Gerät, das die „Intensität" der Wellenbewegung mißt. Man stelle sich eine sinnreiche Einrichtung vor, die die Höhe der Wellenbewegung mißt, deren Skala jedoch proportional zum *Quadrat* der wirklichen Höhe geeicht ist, so daß der abgelesene Wert proportional zur Intensität der Welle ist. Die Anzeige unseres Detektors ist dann proportional zur *Energie*, die von der Welle mitgeführt wird – oder richtiger zur Geschwindigkeit, mit der Energie zum Detektor gelangt.

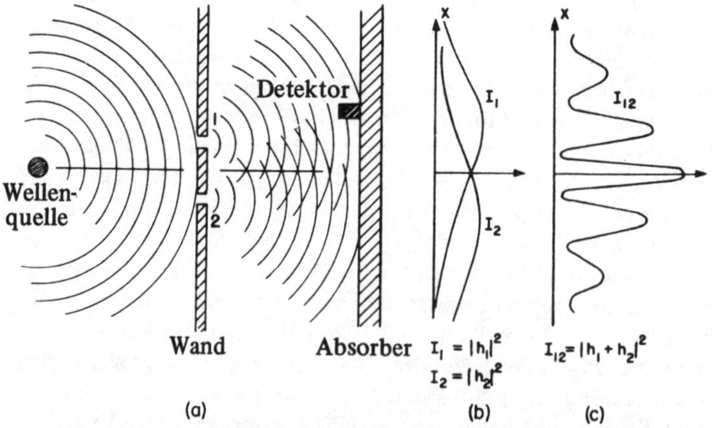

Fig. 37–2. Interferenzexperiment mit Wasserwellen.

Das erste, was wir mit unserem Wellenapparat feststellen, ist, daß die Intensität *jede beliebige* Größe haben kann. Wenn die Quelle sich nur sehr wenig bewegt, dann ist die Wellenbewegung am Detektor eben sehr gering. Wenn die Bewegung an der

Quelle größer ist, ist die Intensität am Detektor höher. Die Intensität der Welle kann jeden beliebigen Wert annehmen. Wir würden *nicht* sagen, daß irgendeine „Klumpigkeit" in der Wellenintensität ist.

Nun wollen wir die Wellenintensität für verschiedene x-Werte messen (wobei wir die Wellenquelle immer gleichmäßig arbeiten lassen). Wir erhalten die interessant aussehende Kurve, die in Teil (c) der Abbildung mit I_{12} bezeichnet ist.

Wir haben schon erarbeitet, wie solche Bilder entstehen können, als wir die Interferenz elektrischer Wellen studierten. In diesem Falle würden wir beobachten, daß die ursprüngliche Welle an den Löchern gebeugt wird und neue kreisförmige Wellen sich von jedem Loch ausbreiten. Wenn wir jeweils ein Loch abdecken und die Intensitätsverteilung am Absorber messen, so erhalten wir die ziemlich einfachen Intensitätskurven, die im Teil (b) der Abbildung dargestellt sind. I_1 ist die Intensität der Wellen aus Loch 1 (die wir durch Messung bei zugehaltenem Loch 2 finden), und I_2 ist die Intensität der Wellen aus Loch 2 (wenn Loch 1 blockiert ist).

Sicher ist die Intensität I_{12}, die wir beobachten, wenn beide Löcher offen sind, *nicht* die Summe von I_1 und I_2. Wir sagen, daß „Interferenz" zwischen beiden Wellen vorliegt. An einigen Stellen (wo die Kurve I_{12} ihre Maxima hat) sind die Wellen „in Phase" und die Wellenberge addieren sich zu einer großen Amplitude und deshalb zu einer großen Intensität. Wir sagen, daß die zwei Wellen an solchen Stellen „konstruktiv interferieren". Solche konstruktive Interferenz wird es immer dort geben, wo der Abstand vom Detektor zu einem Loch um ein ganzes Vielfaches der Wellenlänge größer (oder kleiner) als der Abstand vom Detektor zu dem anderen Loch ist.

An den Stellen, wo die beiden Wellen am Detektor mit einer Phasendifferenz von π ankommen (wo sie „außer Phase" sind), ist die resultierende Wellenbewegung am Detektor gleich der Differenz der beiden Amplituden. Die Wellen „interferieren destruktiv", und wir erhalten einen niedrigen Wert für die Wellenintensität. Wir erwarten solche niedrigen Werte überall da, wo der Abstand zwischen Loch 1 und dem Detektor sich um ein ungerades Vielfaches der halben Wellenlänge vom Abstand zwischen Loch 2 und dem Detektor unterscheidet. Die niedrigen Werte von I_{12} in Figur 37–2 entsprechen den Stellen, wo die beiden Wellen destruktiv interferieren.

Sie werden sich erinnern, daß die quantitative Beziehung zwischen I_1, I_2 und I_{12} folgendermaßen ausgedrückt werden kann: Die momentane Höhe der Wasserwelle am Detektor für die Welle aus Loch 1 kann als (Realteil von) $\hat{h}_1 e^{i\omega t}$ geschrieben werden, wobei die „Amplitude" $\hat{h}_1$ im allgemeinen eine komplexe Zahl ist. Die Intensität ist proportional zum mittleren Quadrat der Höhe oder, wenn wir die komplexen Zahlen benutzen, $|\hat{h}_1|^2$. Entsprechend ist für Loch 2 die Höhe $\hat{h}_2 e^{i\omega t}$ und die Intensität proportional zu $|\hat{h}_2|^2$. Wenn beide Löcher offen sind, addieren sich die Wellenhöhen zur Höhe $(\hat{h}_1 + \hat{h}_2)e^{i\omega t}$ und zur Intensität $|\hat{h}_1 + \hat{h}_2|^2$. Wenn wir die Proportionalitätskonstante für unser jetziges Vorhaben weglassen, sind die richtigen Relationen für *interferierende Wellen*

$$I_1 = |\hat{h}_1|^2, \qquad I_2 = |\hat{h}_2|^2, \qquad I_{12} = |\hat{h}_1 + \hat{h}_2|^2. \tag{37.2}$$

Sie werden feststellen, daß das Ergebnis ganz anders als das bei den Kugeln ist (Gl. 37.1). Wenn wir $|\hat{h}_1 + \hat{h}_2|^2$ ausschreiben, sehen wir, daß

$$|\hat{h}_1 + \hat{h}_2|^2 = |\hat{h}_1|^2 + |\hat{h}_2|^2 + 2|\hat{h}_1||\hat{h}_2| \cos \delta, \tag{37.3}$$

wobei δ die Phasendifferenz zwischen $\hat{h}_1$ und $\hat{h}_2$ ist. In Intensitäten ausgedrückt könnten wir schreiben

$$I_{12} = I_1 + I_2 + 2\sqrt{I_1 I_2}\cos\delta. \qquad (37.4)$$

Der letzte Term in (37.4) ist der „Interferenzterm". Soviel über Wasserwellen. Die Intensität kann jeden Wert annehmen und sie zeigt Interferenz.

37–4 Ein Experiment mit Elektronen

Wir stellen uns jetzt ein ähnliches Experiment mit Elektronen vor. Es ist in Fig. 37–3 schematisch dargestellt. Wir bauen uns eine Elektronenkanone, die aus einem elektrisch geheizten Wolframdraht besteht, der von einem Metallgehäuse mit einem Loch darin umgeben ist. Wenn der Draht negative Spannung gegenüber dem Gehäuse hat, werden die von dem Draht emittierten Elektronen zu den Wänden hin beschleunigt und einige gehen durch das Loch. Alle Elektronen, die aus der Kanone kommen, haben (ungefähr) dieselbe Energie. Vor der Kanone ist wieder eine Wand (einfach eine dünne Metallplatte) mit zwei Löchern darin. Hinter der Wand ist noch eine Platte, die als „Auffangwand" dient. Vor der Auffangwand bringen wir einen beweglichen Detektor an. Der Detektor kann ein Geigerzähler oder vielleicht besser ein Elektronenvervielfacher sein, der mit einem Lautsprecher verbunden ist.

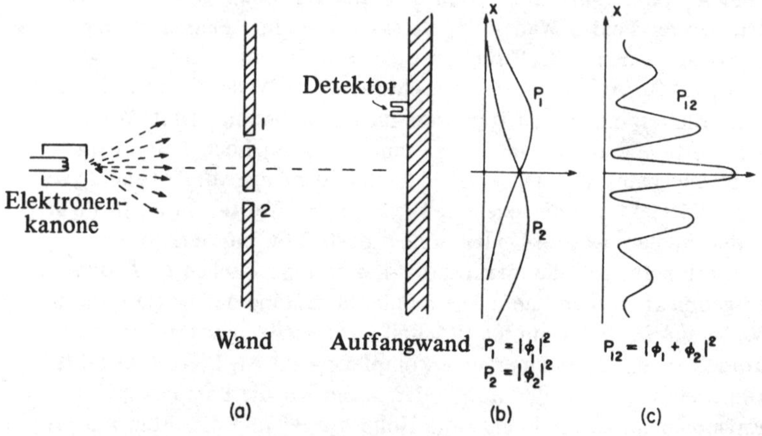

Fig. 37–3. Interferenzexperiment mit Elektronen.

Es sei von vornherein gesagt, daß Sie nicht versuchen sollten, diesen Versuch aufzubauen (wie Sie es mit den zwei schon geschilderten hätten tun können). Auf diese Weise ist dieses Experiment noch nie ausgeführt worden. Das Unangenehme dabei ist, daß man den Apparat undurchführbar klein aufbauen müßte, um die uns interessierenden Effekte aufzuzeigen.

Wir machen ein „Gedankenexperiment", das wir gewählt haben, weil es leicht zu durchdenken ist. Wir kennen die Ergebnisse, die wir erhalten *würden*, weil es viele schon durchführbare Experimente *gibt*, bei denen der Maßstab und die Größenverhältnisse so gewählt wurden, daß sie die Effekte sichtbar machten, die wir beschreiben werden.

Das erste, was wir bei unserem Elektronenversuch feststellen, sind die scharfen „Klicks", die wir von dem Detektor (d. h. aus dem Lautsprecher) hören. Alle „Klicks" sind gleich. Es gibt *keine* „Halbklicks".

Wir würden auch bemerken, daß die „Klicks" sehr ungleichmäßig kommen. Ungefähr so: klick ..... klick-klick ... klick .... klick .... klick-klick ...... klick ... usw., genauso wie Sie zweifellos einen Geigerzähler haben arbeiten hören. Wenn wir die Klicks zählen, die in einer genügend langen Zeit ankommen – etwa mehrere Minuten lang – und dann noch einmal während einer gleichlangen Zeitspanne zählen, finden wir, daß die beiden Zahlen ziemlich genau gleich sind. Daher können wir von der *durchschnittlichen Rate* der gehörten Klicks sprechen (durchschnittlich soundso viele Klicks in der Minute).

Wenn wir den Detektor hin und her bewegen, wird die *Rate,* mit der die Klicks auftreten, größer oder kleiner, aber die Größe (Lautstärke) jedes Klicks ist immer gleich. Wenn wir die Temperatur des Drahtes in der Kanone herabsetzen, wird das Klicken langsamer, aber jeder Klick hört sich noch gleich an. Wenn wir zwei getrennte Detektoren an die Auffangwand stellen, würden wir auch feststellen, daß entweder der eine *oder* der andere klickt, aber nie beide gleichzeitig. (Es sei denn, daß ab und zu unser Ohr einmal keine Trennung wahrnimmt, wenn zwei Klicks zeitlich sehr dicht aufeinander folgen). Wir schließen daraus, daß, was auch immer an der Auffangwand ankommt, es in „Klumpen" ankommt. Alle „Klumpen" sind gleich groß: Nur ganze „Klumpen" kommen an, und immer kommt nur einer auf einmal an der Auffangwand an. Wir sagen also: „Elektronen kommen immer als identische Klumpen an".

Genau wie bei unserem Experiment mit Kugeln können wir jetzt darangehen, experimentell die Antwort auf die Frage zu finden: „Wie groß ist die relative Wahrscheinlichkeit, daß ein Elektronen‚klumpen' an der Auffangwand in verschiedenen Abständen x von der Mitte ankommt?" Wie zuvor erhalten wir die relative Wahrscheinlichkeit, wenn wir die Rate der Klicks registrieren und dabei den Ausstoß der Kanone konstant halten. Die Wahrscheinlichkeit, daß Klumpen bei einem bestimmten x ankommen, ist der durchschnittlichen Rate von Klicks bei diesem x proportional.

Das Ergebnis unseres Experimentes ist die interessante Kurve, die in Teil (c) von Fig. 37–3 mit P_{12} bezeichnet ist. Ja! So laufen Elektronen.

37–5 Die Interferenz von Elektronenwellen

Nun wollen wir versuchen, die Kurve von Fig. 37–3 zu analysieren, um zu sehen, ob wir das Verhalten der Elektronen verstehen können. Da sie in Klumpen kommen, würden wir zuerst sagen, daß jeder Klumpen, welchen wir genausogut ein Elektron nennen können, entweder durch Loch 1 oder durch Loch 2 gekommen ist. Wir wollen dies in der Form einer „Behauptung" schreiben.

Behauptung A: Jedes Elektron geht *entweder* durch Loch 1 *oder* durch Loch 2.

Wenn Behauptung A gilt, dann können alle Elektronen, die an der Auffangwand ankommen, in zwei Gruppen geteilt werden: (1) diejenigen, die durch Loch 1 gehen, und (2) diejenigen, die durch Loch 2 gehen. Daher muß unsere beobachtete Kurve die Summe der Effekte der Elektronen, die durch Loch 1 und durch Loch 2 gekommen sind, sein. Wir wollen diese Vermutung mit einem Experiment prüfen. Zunächst messen wir die Elektronen, die durch Loch 1 kommen. Wir schließen Loch 2 und zählen die Klicks aus dem Detektor.

Aus der Rate der Klicks erhalten wir P_1. Das Ergebnis der Messung ist in der mit P_1 bezeichneten Kurve in Teil (b) von Fig. 37–3 dargestellt. Das Resultat scheint ganz vernünftig. Entsprechend messen wir die Wahrscheinlichkeitsverteilung P_2 für Elektronen, die durch Loch 2 kommen. Das Ergebnis dieser Messung ist ebenfalls in die Abbildung eingezeichnet.

Das Ergebnis P_{12}, das man erhält, wenn *beide* Löcher offen sind, ist deutlich nicht die Summe von P_1 und P_2, den Wahrscheinlichkeiten für jedes Loch allein. In Analogie zu unserem Wasserwellenversuch sagen wir: „Es gibt Interferenz".

$$\textit{Für Elektronen:} \qquad P_{12} \neq P_1 + P_2. \tag{37.5}$$

Wie kann derartige Interferenz entstehen? Vielleicht sollten wir sagen: „Nun ja, das bedeutet vermutlich, daß es *nicht wahr* ist, daß die Klumpen entweder durch Loch 1 oder durch Loch 2 gehen, denn wenn sie es täten, müßten sich die Wahrscheinlichkeiten addieren. Vielleicht laufen sie auf einem komplizierteren Weg. Sie teilen sich in Hälften und ..." Aber nein! Das können sie nicht. Sie kommen immer in Klumpen an ..." Gut, vielleicht gehen einige von ihnen durch 1 und dann gehen sie herum durch 2 und dann gehen sie noch ein paarmal herum oder auf anderen komplizierten Wegen ... und dadurch, daß wir Loch 2 geschlossen haben, änderten wir die Chance, daß ein Elektron, das von Loch 1 *ausging*, schließlich zur Auffangwand gelangen würde ...". Aber Achtung! Es gibt da einige Stellen, an denen sehr wenige Elektronen ankommen, wenn *beide* Löcher offen sind, die aber viele Elektronen empfangen, wenn wir ein Loch *schließen*, so daß das Schließen eines Loches ein *Anwachsen* der Anzahl aus dem anderen bewirkt. Beachten Sie jedoch, daß in der Mitte des Bildes P_{12} mehr als doppelt so groß ist wie $P_1 + P_2$. Es ist, als ob das Schließen eines Loches die Elektronenanzahl aus dem anderen Loch *zurückgehen* läßt. Die Annahme, daß die Elektronen komplizierte Wege laufen, scheint *beide* Effekte nur schwer erklären zu können.

Es ist alles recht mysteriös. Und je mehr man es sich anschaut, um so mysteriöser erscheint es. Viele Theorien sind ausgetüftelt worden, um zu versuchen, durch einzelne Elektronen, die auf komplizierten Wegen durch die Löcher laufen, die Kurve P_{12} zu erklären. Keine von ihnen hatte Erfolg. Keine kann die richtige Kurve für P_{12} aus den Ausdrücken für P_1 und P_2 herleiten.

Doch überraschenderweise ist die *Mathematik* zur Verknüpfung von P_{12} mit P_1 und P_2 außerordentlich einfach. Denn P_{12} ist genau gleich der Kurve I_{12} aus Fig. 37–2, und *das* war einfach. Was an der Auffangwand passiert, kann durch zwei komplexe Zahlen, die wir $\hat{\phi}_1$ und $\hat{\phi}_2$ nennen können, beschrieben werden (sie sind natürlich Funktionen von x). Das Absolutquadrat von $\hat{\phi}_1$ ergibt den Effekt, wenn nur Loch 1 offen ist. Das bedeutet: $P_1 = |\hat{\phi}_1|^2$. Der Effekt, wenn nur Loch 2 offen ist, ergibt sich ebenso aus $\hat{\phi}_2$. Das heißt, $P_2 = |\hat{\phi}_2|^2$. Und der Effekt für beide Löcher zusammen ist dann eben $P_{12} = |\hat{\phi}_1 + \hat{\phi}_2|^2$. Die *Mathematik* ist die gleiche wie bei den Wasserwellen! (Es ist schwer einzusehen, daß man solch ein einfaches Ergebnis aus einem komplizierten Vorgang erhalten könnte, bei dem die Elektronen auf seltsamen Bahnen durch die Platte hin und her laufen.)

Wir schließen daraus folgendes: Die Elektronen kommen als Klumpen an, wie Teilchen, und die Ankunftswahrscheinlichkeit dieser Klumpen ist verteilt wie die Intensitätsverteilung einer Welle. Es ist in diesem Sinne zu verstehen, daß sich ein Elektron „manchmal wie ein Teilchen und manchmal wie eine Welle" verhält.

Übrigens, als wir uns mit klassischen Wellen beschäftigten, definierten wir die Intensität als das über die Zeit gemittelte Quadrat der Wellenamplitude, und wir benutzten als mathematischen Trick die komplexen Zahlen zur Vereinfachung der Rechnung. In der Quantenmechanik stellt sich aber heraus, daß die Amplituden durch komplexe Zahlen dargestellt werden *müssen.* Die Realteile allein genügen nicht. Das ist im Moment ein technischer Punkt, denn die Formeln sehen gleich aus.

Da sich nun die Ankunftswahrscheinlichkeit aus beiden Löchern so einfach ergibt, wenn auch nicht als $(P_1 + P_2)$, so ist das wirklich alles, was zu sagen wäre. Aber in der Tatsache, daß sich die Natur so verhält, stecken noch viele Feinheiten. Wir möchten Ihnen jetzt einige von diesen Feinheiten vor Augen führen. Da die Anzahl, die an einem bestimmten Punkt ankommt, *nicht* gleich der Anzahl aus 1 plus der Anzahl aus 2 ist, wie wir aus Behauptung A geschlossen hätten, sollten wir zweifellos als erstes folgern, daß *Behauptung A falsch ist.* Es ist *nicht* wahr, daß die Elektronen *entweder* durch Loch 1 oder durch Loch 2 gehen. Aber diese Folgerung kann durch einen anderen Versuch überprüft werden.

37–6 Beobachtung der Elektronen

Wir werden jetzt folgendes Experiment versuchen. Wir ergänzen unseren Elektronenapparat durch eine starke Lichtquelle, die wir hinter die Wand zwischen die beiden Löcher stellen, wie aus Fig. 37–4 ersichtlich ist. Wir wissen, daß elektrische Ladungen Licht streuen. Daher wird ein Elektron beim Vorbeifliegen auf seinem Weg zum Detektor, wie immer es auch vorbeifliegt, etwas Licht in unser Auge streuen, und wir können *sehen,* wo das Elektron entlang fliegt. Wenn z. B. ein Elektron seinen Weg durch Loch 2 nehmen würde, wie in Fig. 37–4 skizziert, würden wir einen Lichtblitz aus der Umgebung der Stelle sehen, die in der Abbildung mit *A* bezeichnet ist. Wenn ein Elektron durch Loch 1 ginge, würden wir den Blitz aus der Umgebung des oberen Loches erwarten. Sollte es passieren, daß wir Licht von beiden Stellen zur selben Zeit sehen, weil sich das Elektron halbiert ... Am besten machen wir das Experiment!

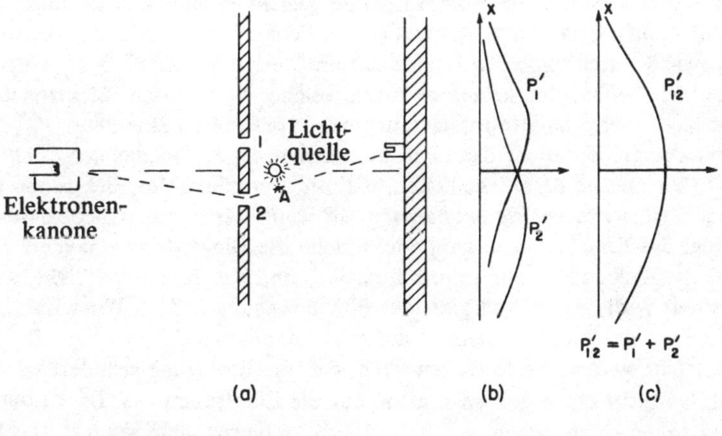

Fig. 37–4. Ein anderes Elektronenexperiment.

Wir sehen folgendes: *Jedesmal,* wenn wir einen „Klick" von unserem Elektronendetektor (an der Auffangwand) hören, *sehen* wir *auch* einen Lichtblitz, *entweder* bei Loch 1 *oder* bei Loch 2, aber *niemals* bei beiden zugleich! Und wir beobachten dasselbe Ergebnis, ganz gleich, wo wir den Detektor hinstellen. Aus dieser Beobachtung schließen wir, daß die Elektronen, wenn wir sie beobachten, entweder durch das eine oder durch das andere Loch gehen. Experimentell ist die Behauptung A notwendigerweise richtig.

Was ist dann aber falsch an unserem Argument *gegen* Behauptung A? Warum *ist* P_{12} *nicht* gleich $P_1 + P_2$? Zurück zum Versuch! Behalten wir die Elektronen im Auge und finden wir heraus, was sie machen. Für jede Position (x-Lage) des Detektors wollen wir die ankommenden Elektronen zählen und *auch* aufpassen, durch welches Loch sie gehen, indem wir die Blitze beobachten. Wir können die Dinge auf diese Weise verfolgen: Jedesmal, wenn wir ein „Klick" hören, vermerken wir das Ereignis in Spalte 1, wenn wir den Blitz bei Loch 1 sehen, und wenn wir den Blitz bei Loch 2 sehen, vermerken wir ein Ereignis in Spalte 2. Jedes ankommende Elektron wird registriert in einer von zwei Gruppen: die durch Loch 1 kommenden und solche, die durch Loch 2 kommen. Aus der Anzahl, die in Spalte 1 vermerkt ist, erhalten wir die Wahrscheinlichkeit P_1', daß ein Elektron durch Loch 1 am Detektor ankommt, und aus der Anzahl, die in Spalte 2 vermerkt ist, erhalten wir P_2', die Wahrscheinlichkeit dafür, daß ein Elektron am Detektor durch Loch 2 ankommen wird. Wenn wir jetzt solche Messungen für viele x-Werte wiederholen, erhalten wir die Kurven für P_1' und P_2', die in Teil (b) von Fig. 37–4 dargestellt sind.

Nun ja, das ist nicht allzu überraschend! Wir erhalten für P_1' etwas ganz ähnlich dem, was wir vorher für P_1 bekamen, wenn wir Loch 2 zuhielten, und P_2' entspricht dem Ergebnis bei geschlossenem Loch 1. Wir haben also *keine* komplizierte Angelegenheit wie das Herumlaufen durch beide Löcher. Wenn wir sie beobachten, dann laufen die Elektronen durch, wie wir es von ihnen erwartet hätten. Ganz gleich, ob die Löcher geschlossen oder offen sind, diejenigen, die wir durch Loch 1 kommen sehen, sind immer gleich verteilt, ob nun Loch 2 offen oder geschlossen ist.

Aber halt! Was haben wir *jetzt* als *Gesamt*wahrscheinlichkeit, als Wahrscheinlichkeit, daß ein Elektron am Detektor auf irgendeinem Weg ankommt? Diese Information haben wir schon. Wir tun so, als hätten wir die Lichtblitze nie gesehen, und fassen die Detektorklicks, die wir in zwei Spalten gegliedert haben, zusammen. Wir *müssen* die Zahlen einfach *addieren.* Als Wahrscheinlichkeit dafür, daß ein Elektron an der Auffangwand durch *irgendein* Loch ankommt, erhalten wir $P_{12}' = P_1 + P_2$. Das heißt, obwohl wir beobachten konnten, durch welches Loch unsere Elektronen kamen, erhalten wir nicht mehr die alte Interferenzkurve P_{12}, sondern eine neue, P_{12}', die keine Interferenz zeigt! Wenn wir das Licht ausmachen, ist P_{12} wieder hergestellt.

Wir müssen daraus schließen, daß die Verteilung der Elektronen auf dem Schirm anders ist, *wenn wir sie beobachten,* als wenn wir sie nicht beobachten. Vielleicht bringt das Einschalten unserer Lichtquelle die Dinge durcheinander? Es muß so sein, daß die Elektronen sehr empfindlich sind und daß ihnen das Licht, wenn es von ihnen gestreut wird, einen Stoß gibt, der ihre Bewegung ändert. Wir wissen, daß das elektrische Feld des Lichtes, wenn es auf eine Ladung wirkt, auf diese eine Kraft ausübt. Vielleicht *sollten* wir daher erwarten, daß die Bewegung geändert wird. In jedem Fall übt das Licht einen großen Einfluß auf die Elektronen aus. Durch den Versuch, die Elektronen zu „beobachten", haben wir ihre Bewegung verändert. Das heißt, der Stoß, den das Elektron erhält, wenn es das Photon streut, ist so groß, daß er die Bewegung des Elektrons so weit ändern kann, daß es, statt dorthin zu fliegen, wo P_{12} ein Maximum hatte – was es hätte tun *können* – nun dort landet, wo P_{12} ein Minimum hatte; deshalb sehen wir nicht mehr die welligen Interferenzeffekte.

Vielleicht denken Sie: „Nehmen Sie doch nicht eine so helle Lichtquelle! Setzen Sie die Helligkeit herab! Die Lichtwellen werden dann schwächer sein und die Elektronen nicht so sehr stören. Wenn wir das Licht mehr und mehr abdunkeln, wird die Welle sicher einmal schwach genug werden, daß man ihre Wirkung vernachlässigen kann." O.K. Versuchen wir's. Das erste, was wir beobachten, ist, daß die Lichtblitze, die von den vorbeifliegenden Elektronen gestreut werden, *nicht* schwächer werden. *Es ist immer der gleichgroße Blitz.* Das einzige, was passiert, wenn wir das Licht abdunkeln, ist, daß wir manchmal einen „Klick" aus dem Detektor hören, aber *überhaupt keinen Blitz* sehen. Das Elektron ist „ungesehen" vorbeigelaufen. Wir beobachten hier, daß sich das Licht *auch* wie Elektronen verhält, wir *wußten,* daß es „wellenförmig" war, aber nun stellen wir fest, daß es auch „klumpig" ist. Immer kommt es an – oder wird gestreut – als Klumpen, die wir „Photonen" nennen. Wenn wir die *Intensität* der Lichtquelle herunterregeln, ändern wir nicht die *Größe* der Photonen, sondern nur die *Rate,* mit der sie emittiert werden. *Das* erklärt, warum einige Elektronen bei schwachem Licht ungesehen vorbeifliegen. Es war eben gerade kein Photon da, als das Elektron vorbeikam.

Dies ist alles etwas entmutigend. Wenn es wahr ist, daß wir jedesmal, wenn wir ein Elektron „sehen", auch einen gleich großen Blitz sehen, dann sind die Elektronen, die wir sehen, *immer* gestört. Dennoch wollen wir den Versuch mit dem abgedunkelten Licht machen. Jedesmal, wenn wir jetzt einen Klick aus dem Detektor hören, wollen wir ihn in einer von drei Spalten aufzählen: In Spalte (1) jene Elektronen, die von Loch 1 gesehen wurden, in Spalte (2) jene Elektronen, die von Loch 2 gesehen wurden, und in Spalte (3) jene Elektronen, die gar nicht gesehen wurden. Wenn wir die Daten auswerten (die Wahrscheinlichkeiten ausrechnen), erhalten wir diese Ergebnisse: Die, „die von Loch 1 gesehen wurden", haben eine Verteilung wie P_1'; die, „die von Loch 2 gesehen wurden", haben eine Verteilung wie P_2' (so daß die, „die entweder von Loch 1 oder von Loch 2 gesehen wurden", eine Verteilung wie P_{12}' haben); und die, „die gar nicht gesehen wurden", haben eine „wellenförmige" Verteilung genau wie P_{12} in Fig. 37–3! *Wenn die Elektronen nicht gesehen werden, erhalten wir Interferenz!*

Das ist verständlich. Wenn wir das Elektron nicht sehen, wird es von keinem Photon gestört, und wenn wir es sehen, dann ist es von einem Photon gestört worden. Die Störung ist immer gleich groß, weil die Photonen des Lichts immer eine gleich große Wirkung hervorrufen, und der Effekt bei der Streuung der Photonen reicht aus, um jede Interferenzerscheinung zu verwischen.

Gibt es nicht *irgendeine* Möglichkeit, die Elektronen zu sehen, ohne sie zu stören? In einem früheren Kapitel haben wir gelernt, daß der Impuls, den ein Photon besitzt, seiner Wellenlänge umgekehrt proportional ist ($p = h/\lambda$). Sicherlich hängt der Stoß, der einem Elektron gegeben wird, wenn das Photon in Richtung unseres Auges gestreut wird, von dem Impuls ab, den das Photon besitzt. Aha! Wenn wir die Elektronen nur wenig stören wollen, hätten wir nicht die *Intensität* des Lichtes verringern sollen, sondern seine *Frequenz* (das ist gleichbedeutend mit einer Vergrößerung der Wellenlänge). Nehmen wir also röteres Licht. Wir könnten auch Infrarotlicht oder Radiowellen (wie Radar) benutzen und mit irgendeiner Einrichtung, die Licht dieser längeren Wellenlänge „sehen" kann, den Weg der Elektronen „sichtbar" machen. Wenn wir „weicheres" Licht benutzen, können wir vielleicht eine größere Störung der Elektronen vermeiden.

Versuchen wir das Experiment mit längeren Wellen. Wir werden unser Experiment mit immer langwelligerem Licht wiederholen. Zuerst scheint sich nichts zu ändern. Die Resultate bleiben dieselben. Dann passiert etwas Schreckliches. Sie erinnern sich sicher, daß wir bei der Besprechung des Mikroskops hervorgehoben haben, daß es infolge der *Wellennatur* des Lichtes eine Grenze dafür gibt, wie nahe zwei Punkte zusammen sein können, um noch als getrennte Punkte gesehen zu werden. Diese Entfernung ist von der Größenordnung der Wellenlänge des Lichts. Wenn wir die Wellenlänge größer als die Entfernung zwischen unseren Löchern werden lassen, sehen wir daher einen *großen* verschwommenen Blitz, wenn das Licht von den Elektronen gestreut wird. Wir können nicht mehr sagen, durch welches Loch die Elektronen gegangen sind! Wir wissen nur, sie kamen irgendwo her! Und gerade bei dem Licht dieser Farbe finden wir, daß die Stöße, die dem Elektron gegeben werden, klein genug sind, daß P'_{12} anfängt wie P_{12} auszusehen – daß die Interferenz sich bemerkbar macht. Und nur bei Wellenlängen, die sehr viel größer sind als der Abstand zwischen den beiden Löchern (wenn wir überhaupt keine Möglichkeit mehr haben, den Weg der Elektronen zu beschreiben), wird die Störung durch das Licht so klein, daß wir wieder die Kurve P_{12} aus Fig. 37–3 erhalten.

In unserem Experiment stellen wir fest, daß es unmöglich ist, das Licht derart einzustellen, daß man sagen kann, durch welches Loch die Elektronen gegangen sind, ohne gleichzeitig das Beugungsbild zu stören. Heisenberg vermutete, daß die damals neuen Naturgesetze nur dann verträglich seien, wenn es eine grundsätzliche Begrenzung für unsere experimentellen Möglichkeiten gäbe, die man vorher nicht kannte. Als allgemeines Prinzip schlug er sein *Unbestimmtheitsprinzip* vor, welches wir für unser Experiment folgendermaßen ausdrücken können: „Es ist unmöglich, einen Apparat zu entwickeln, der feststellt, durch welches Loch das Elektron geht, ohne daß er gleichzeitig die Elektronen so weit stört, daß das Interferenzbild zerstört wird.“ Wenn ein Apparat in der Lage ist festzustellen, durch welches Loch das Elektron geht, dann *kann* er *nicht* so empfindlich sein, daß er das Beugungsbild nicht wesentlich stört. Niemand hat jemals einen Weg gefunden (oder auch nur erdacht), der um das Unbestimmtheitsprinzip herumführt. Daher müssen wir annehmen, daß es eine grundsätzliche Eigenschaft der Natur beschreibt.

Die ganze Theorie der Quantenmechanik, die wir jetzt zur Beschreibung der Atome, und tatsächlich der gesamten Materie, benutzen, beruht auf der Richtigkeit des Unbestimmtheitsprinzips. Da die Quantenmechanik eine so erfolgreiche Theorie ist, ist unser Glaube an das Unbestimmtheitsprinzip bekräftigt. Aber wenn jemals ein Weg gefunden würde, das Unbestimmtheitsprinzip zu „besiegen“, dann würde die Quantenmechanik widersprüchliche Ergebnisse liefern und müßte als gültiges Naturgesetz aufgegeben werden.

„Nun gut“, sagen Sie, „aber was ist mit Behauptung A? Stimmt es oder stimmt es *nicht*, daß das Elektron entweder durch Loch 1 oder durch Loch 2 geht?“ Die einzige Antwort, die man darauf geben kann, ist, daß wir aus dem Experiment entnommen haben, daß wir bestimmten Gedankengängen folgen müssen, um nicht zu Widersprüchen zu gelangen. Was wir (zur Vermeidung falscher Voraussagen) sagen müssen, ist folgendes: Wenn man die Löcher anschaut, oder besser, wenn man ein Gerät hat, das in der Lage ist festzustellen, ob die Elektronen durch Loch 1 oder Loch 2 gehen, dann *kann* man sagen, daß sie entweder durch Loch 1 oder durch Loch 2 gehen. *Aber* wenn man sich *nicht* um eine Aussage über den Weg der Elektronen bemüht, wenn es nichts in dem Versuch gibt, was die Elektronen stören könnte, dann darf man *nicht* sagen, daß ein Elektron entweder durch Loch 1 oder Loch 2 geht. Wenn jemand das doch behauptet und aus dieser Behauptung Schlüsse zieht, dann wird er in der Auswertung Fehler machen. Das ist das logische Drahtseil, auf dem wir gehen müssen, wenn wir die Natur erfolgreich beschreiben wollen.

Wenn die Bewegung aller Materie – wie auch der Elektronen – in Wellenausdrükken beschrieben werden muß, wie ist es dann mit den Kugeln in unserem ersten Experiment? Warum sahen wir da kein Interferenzbild? Es stellt sich heraus, daß die Wellenlängen für die Kugeln so klein sind, daß die Interferenzlinien sehr fein wurden. In der Tat so fein, daß man mit einem beliebigen Detektor von endlicher Größe die getrennten Maxima und Minima nicht unterscheiden kann. Was wir sahen, war nur eine Art von Mittelwert, welcher die klassische Kurve ergibt. In Fig. 37–5 haben wir versucht schematisch darzustellen, was mit Objekten von größerem Ausmaß geschieht. Teil (a) der Abbildung zeigt die Wahrscheinlichkeitsverteilung, die man bei Anwendung der Quantenmechanik für Kugeln vorhersagen würde. Die schnellen Schwankungen sollen das Interferenzmuster darstellen, das man für Wellen mit sehr kurzer Wellenlänge erhält. Jeder physikalische Detektor jedoch überdeckt mehrere Schwankungen der Wahrscheinlichkeitskurve, so daß die Messungen die glatte Kurve zeigen, die in Teil (b) der Abbildung gezeichnet ist.

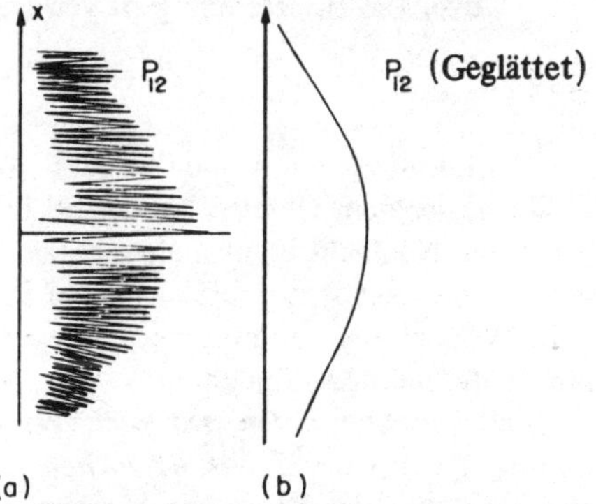

Fig. 37–5. Interferenzbild mit Kugeln: (a) tatsächlich (schematisch), (b) beobachtet.

37–7 Grundprinzipien der Quantenmechanik

Wir wollen nun eine Zusammenfassung der wesentlichen Ergebnisse unserer Experimente aufschreiben. Wir wollen die Ergebnisse jedoch in eine Form bringen, die sie für eine allgemeine Klasse solcher Experimente gültig macht. Wir können unsere Zusammenfassung einfacher darstellen, wenn wir zuerst ein „ideales Experiment" definieren als eines, in dem es keine unbestimmten äußeren Einflüsse gibt, d. h. keine Schwankungen oder andere Vorgänge, die wir nicht berücksichtigen können. Ganz präzise ausgedrückt: „Ein ideales Experiment ist ein Experiment, in dem alle Anfangs- und Endbedingungen vollständig festgelegt sind". Was wir ein „Ereignis" nennen, ist im allgemeinen nur ein besonderer Satz von Anfangs- und Endbedingungen. (Zum Beispiel: „Ein Elektron verläßt die Kanone, kommt beim Detektor an, und sonst passiert nichts.") Nun zu unserer Zusammenfassung.

ZUSAMMENFASSUNG

(1) Die Wahrscheinlichkeit eines Ereignisses ist in einem idealen Experiment gegeben durch das Quadrat des Absolutbetrages einer komplexen Zahl ϕ, die die Wahrscheinlichkeitsamplitude genannt wird.

$$\begin{aligned} P &= \text{Wahrscheinlichkeit} \\ \phi &= \text{Wahrscheinlichkeitsamplitude} \\ P &= |\phi|^2. \end{aligned} \tag{37.6}$$

(2) Wenn ein Ereignis auf mehrere verschiedene Weisen auftreten kann, ist die Wahrscheinlichkeitsamplitude für das Ereignis die Summe der Wahrscheinlichkeitsamplituden jeder einzeln betrachteten Möglichkeit. Es gibt Interferenz.

$$\begin{aligned} \phi &= \phi_1 + \phi_2, \\ P &= |\phi_1 + \phi_2|^2. \end{aligned} \tag{37.7}$$

(3) Wenn ein Experiment durchgeführt wird, das eine Entscheidung erlaubt, ob die eine oder die andere Alternative wirklich gewählt wurde, dann ist die Wahrscheinlichkeit für das Ereignis die Summe der Wahrscheinlichkeiten für jede Alternative. Die Interferenz geht verloren.

$$P = P_1 + P_2. \tag{37.8}$$

Es könnte jemand noch fragen: „Wie funktioniert das? Welcher Mechanismus steckt hinter dem Gesetz?“ Niemand hat irgendeinen Mechanismus hinter dem Gesetz gefunden. Niemand kann mehr „erklären“, als wir gerade „erklärt“ haben. Niemand wird Ihnen irgendeine tiefer gehende Darstellung der Verhältnisse geben. Wir haben keine Vorstellung von einem grundlegenderen Mechanismus, aus dem diese Resultate hergeleitet werden können.

Wir möchten einen sehr wichtigen Unterschied zwischen der klassischen Mechanik und der Quantenmechanik hervorheben. Wir haben von der Wahrscheinlichkeit gesprochen, daß ein Elektron unter gegebenen Umständen eintreffen wird. Wir haben vorausgesetzt, daß es in unserem experimentellen Aufbau (oder sogar in dem bestmöglichen) unmöglich sein würde, genau vorherzusagen, was passiert. Wir können nur die Chance voraussagen! Wenn das wahr wäre, würde es bedeuten, daß die Physik aufgegeben hat bei dem Problem, genau vorherzusagen, was unter bestimmten Umständen passieren wird. Ja! Die Physik ***hat*** aufgegeben. ***Wir wissen nicht, wie man vorhersagen könnte, was unter vorgegebenen Umständen passieren würde,*** und wir glauben heute, daß es unmöglich ist und daß das einzige, was vorhergesagt werden kann, die Wahrscheinlichkeit verschiedener Ereignisse ist. Man muß erkennen, daß dies eine Einschränkung unseres früheren Ideals, die Natur zu verstehen, ist. Es mag ein Schritt zurück sein, doch hat niemand eine Möglichkeit gesehen, ihn zu vermeiden.

Wir machen jetzt einige Bemerkungen zu einem Vorschlag, der mitunter angeführt wurde, um die von uns gegebene Beschreibung zu vermeiden: „Vielleicht hat das Elektron eine Art inneren Mechanismus – irgendwelche inneren Veränderlichen – von denen wir noch nichts wissen. Vielleicht können wir darum nicht vorhersagen, was passieren wird. Wenn wir das Elektron näher betrachten könnten, könnten wir vielleicht sagen, wo es enden würde.“ Soweit wir wissen, ist das unmöglich. Wir wären auch weiterhin in Schwierigkeiten.

Stellen Sie sich vor, wir müßten annehmen, in dem Elektron sei eine Art Mechanismus, der bestimmt, wo es enden wird. Dieser Mechanismus müßte *auch* bestimmen, durch welches Loch es auf seinem Wege gehen wird. Aber wir dürfen nicht vergessen, daß das, was in dem Elektron ist, nicht davon abhängig sein darf, was *wir* tun, und erst recht nicht davon, ob wir eins der Löcher öffnen oder schließen. Wenn sich daher ein Elektron schon vor seinem Start entschlossen hat, (a) welches Loch es benutzen wird und (b) wo es landen wird, dann sollten wir für jene Elektronen, die Loch 1 gewählt haben, P_1 finden, für jene, die Loch 2 gewählt haben, P_2 und *notwendigerweise* die Summe $P_1 + P_2$ für jene, die durch beide Löcher ankommen. Daran scheint kein Weg vorbeizuführen. Aber wir haben experimentell verifiziert, daß dies nicht der Fall ist. Und niemand hat eine Lösung für dieses Rätsel ersonnen. So müssen wir uns gegenwärtig damit begnügen, Wahrscheinlichkeiten zu berechnen. Wir sagen „gegenwärtig", aber wir haben den starken Verdacht, daß dies etwas ist, von dem wir nicht loskommen – daß es unmöglich ist, das Rätsel zu überwinden – daß so die Natur wirklich *ist*.

37–8 Das Unbestimmtheitsprinzip

Ursprünglich hat Heisenberg das Unbestimmtheitsprinzip so ausgedrückt: Wenn man an irgendeinem Objekt Messungen vornimmt und dabei die x-Komponente seines Impulses mit einer Unbestimmtheit Δp bestimmen kann, dann kann man gleichzeitig seine x-Koordinate nicht genauer als $\Delta x = h/\Delta p$ erfassen. Das Produkt der Unbestimmtheiten von Ort und Impuls eines Teilchens muß immer größer als die Plancksche Konstante sein. Dies ist ein Spezialfall des Unbestimmtheitsprinzips, das oben allgemeiner aufgestellt wurde. Die allgemeinere Aussage war, daß man zur Entscheidung, welche von zwei Alternativen gewählt wird, unmöglich eine Vorrichtung entwickeln kann, die nicht gleichzeitig das Interferenzbild zerstört.

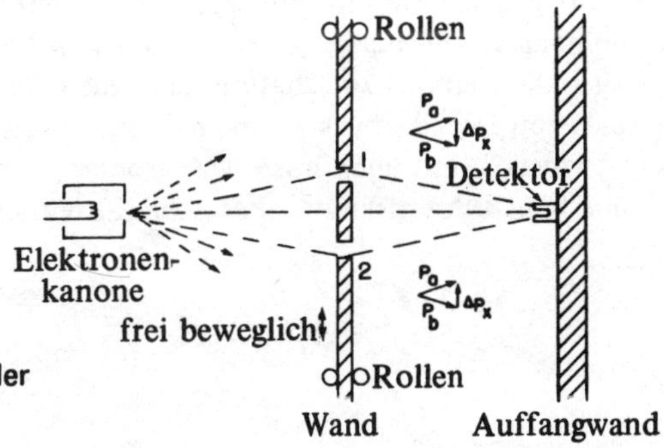

Fig. 37–6. Ein Experiment, in dem der Rückstoß der Wand gemessen wird.

Wir wollen in einem speziellen Fall zeigen, daß die von Heisenberg angegebene Beziehung wahr sein muß, damit man nicht in Schwierigkeiten kommt. Wir stellen uns eine Abwandlung des Experiments der Fig. 37–3 vor, in der die Wand mit den Löchern aus einer auf Rollen gelagerten Platte besteht, so daß sie sich frei auf und ab bewegen kann (in x-Richtung), wie in Fig. 37–6 dargestellt ist. Wenn wir die Bewegung der Platte sorgfältig beobachten, können wir versuchen festzustellen, durch welches Loch ein Elektron geht. Stellen wir uns vor, was passiert, wenn der Detektor bei $x = 0$ steht. Wir würden erwarten, daß ein Elektron, das durch Loch 1 fliegt, von der Platte nach unten abgelenkt werden muß, um den Detektor zu erreichen.

Da sich nun die vertikale Komponente des Elektronenimpulses geändert hat, muß die Platte mit gleichem Impuls in die entgegengesetzte Richtung zurückfahren. Die Platte wird einen Stoß nach oben bekommen. Wenn das Elektron durch das untere Loch geht, sollte die Platte einen Stoß nach unten empfangen. Es ist klar, daß für jede Stellung des Detektors der Impuls, den die Platte erhält, bei einem Durchgang durch Loch 1 einen anderen Wert haben wird als bei einem Durchgang durch Loch 2. So! Ohne die Elektronen *im geringsten* zu stören, können wir sagen, welchen Weg sie genommen haben, indem wir einfach die *Platte* beobachten.

Um dies aber zu tun, müssen wir wissen, wie groß der Impuls des Schirmes ist, bevor das Elektron hindurchgeht. Wenn wir dann den Impuls messen, nachdem das Elektron vorbeigeflogen ist, können wir ausrechnen, um welchen Betrag sich der Impuls der Platte geändert hat. Aber erinnern Sie sich, aufgrund des Unbestimmtheitsprinzips können wir dabei nicht gleichzeitig den Ort der Platte mit beliebiger Genauigkeit wissen. Aber wenn wir nicht genau wissen, *wo* die Platte ist, können wir auch nicht mit Bestimmtheit sagen, wo die zwei Löcher sind. Sie werden für jedes Elektron, das hindurchgeht, an einer anderen Stelle sein. Das bedeutet, daß der Mittelpunkt unseres Interferenzbildes für jedes Elektron an einem anderen Ort liegt. Die Schwankungen des Interferenzbildes werden verschmiert sein. Im nächsten Kapitel werden wir quantitativ zeigen: Wenn wir den Impuls der Platte hinreichend genau bestimmen, um aus einer Messung des Rückstoßes zu entscheiden, welches Loch benutzt wurde, wird die Unbestimmtheit in der x-Position der Platte aufgrund des Unbestimmtheitsprinzips ausreichen, um das beobachtete Bild am Detektor in x-Richtung um die Entfernung von einem Maximum zum nächsten Minimum auf und ab zu schieben. Solch eine zufällige Verschiebung reicht gerade aus, um das Bild zu verschmieren, so daß man keine Interferenz beobachtet.

Das Unbestimmtheitsprinzip „schützt" die Quantenmechanik. Heisenberg erkannte, daß die Quantenmechanik zusammenbrechen würde, wenn es möglich wäre, Impuls und Ort gleichzeitig mit größerer Genauigkeit zu messen. Deshalb behauptete er, daß es unmöglich sein müsse. Dann setzten sich Leute hin und versuchten, Mittel und Wege zu finden, um es zu schaffen, aber niemand fand eine Möglichkeit, den Ort und Impuls von irgend etwas – einem Schirm, einem Elektron, einer Billardkugel oder sonst etwas – mit auch nur etwas größerer Genauigkeit zu messen. Die Quantenmechanik behält ihre riskante, aber doch korrekte Existenz.

38 Die Beziehung zwischen dem Wellen- und Teilchenbild

38–1 Wahrscheinlichkeitsamplituden

In diesem Kapitel werden wir die Beziehungen zwischen dem Wellen- und Teilchenbild diskutieren. Wir wissen bereits aus dem letzten Kapitel, daß weder der Wellenstandpunkt noch der Teilchenstandpunkt korrekt ist. Wir würden den Sachverhalt immer gern genau darstellen oder wenigstens so genau, daß er nicht geändert werden muß, wenn wir mehr gelernt haben – er kann erweitert werden, aber er wird nicht geändert! Wenn wir aber versuchen, von dem Wellenbild oder dem Teilchenbild zu reden, so sind beide angenähert und beide werden sich ändern. Daher wird das, was wir in diesem Kapitel lernen, in gewissem Sinne nicht genau sein; wir werden uns mit einigen halbintuitiven Argumenten befassen, die später präzisiert werden. Aber bestimmte Dinge werden ein wenig geändert, wenn wir sie quantenmechanisch korrekt interpretieren. Wir machen dies natürlich darum, weil wir nicht direkt in die Quantenmechanik hineingehen möchten, aber wir wollen wenigstens eine gewisse Vorstellung von den Effekten haben, die wir finden werden. Außerdem haben wir nur mit Wellen und Teilchen Erfahrungen, und es ist daher recht bequem, den Wellen- und den Teilchenbegriff zu benutzen, um ungefähr verstehen zu können, was unter gegebenen Umständen geschieht, bevor wir die vollständige Mathematik der quantenmechanischen Amplituden kennen. Wir werden versuchen, auf unserem Wege die schwächsten Stellen aufzuzeigen, aber das meiste ist fast korrekt – es ist lediglich eine Sache der Interpretation.

Zunächst wissen wir, daß die neue Methode, die Welt in der Quantenmechanik – dem neuen System – darzustellen, darin besteht, jedem Ereignis, das eintreten kann, eine Amplitude zuzuordnen; wenn das Ereignis die Wahrnehmung eines Teilchens einschließt, dann können wir die Amplitude dafür angeben, dieses eine Teilchen an verschiedenen Orten und zu verschiedenen Zeiten zu finden. Die Wahrscheinlichkeit, dieses Teilchen anzutreffen, ist dann proportional zum Absolutquadrat der Amplitude. Im allgemeinen variiert diese Amplitude, ein Teilchen an verschiedenen Orten zu verschiedenen Zeiten anzutreffen, mit Ort und Zeit.

In besonderen Fällen kann es sein, daß die Amplitude wie $e^{i(\omega t - \boldsymbol{k}\cdot\boldsymbol{r})}$ sinusförmig in Raum und Zeit variiert (vergessen Sie nicht, daß diese Amplituden komplexe Zahlen und keine reellen Zahlen sind) und eine bestimmte Frequenz ω und Wellenzahl $\mathbf{k}$ besitzt. Dann zeigt sich, daß dies einer klassischen Grenzsituation entspricht, wo wir geglaubt hätten, ein Teilchen vor uns zu haben, dessen Energie E bekannt ist und mit der Frequenz zusammenhängt durch

$$E = \hbar\omega, \tag{38.1}$$

und dessen Impuls $\mathbf{p}$ ebenfalls bekannt ist und mit der Wellenzahl wie folgt zusammenhängt:

$$\mathbf{p} = \hbar\mathbf{k}. \tag{38.2}$$

Das bedeutet, daß der Teilchenbegriff begrenzt ist. Die Vorstellung eines Teilchens – seines Ortes, seines Impulses usw. –, die wir so oft benutzen, ist in gewisser Weise unbefriedigend. Wenn z. B. eine Amplitude, ein Teilchen an verschiedenen Orten anzutreffen, durch $e^{i(\omega t - \boldsymbol{k} \cdot \boldsymbol{r})}$ gegeben ist, so ist ihr Absolutquadrat eine Konstante, und das würde bedeuten, daß die Wahrscheinlichkeit, ein Teilchen anzutreffen, an allen Punkten gleich ist. Das heißt, daß wir nicht wissen, *wo* es ist – es kann überall sein – hinsichtlich seiner Lage besteht eine große Unsicherheit.

Wenn andererseits der Ort eines Teilchens mehr oder weniger gut bekannt ist und wir ihn beinahe genau voraussagen können, dann muß die Wahrscheinlichkeit, es an verschiedenen Orten anzutreffen, auf einen bestimmten Bereich beschränkt sein, dessen Länge wir Δx nennen. Außerhalb dieses Bereiches ist die Wahrscheinlichkeit gleich Null. Nun ist diese Wahrscheinlichkeit das Absolutquadrat einer Amplitude, und wenn das Absolutquadrat Null ist, so ist auch die Amplitude Null, so daß wir einen Wellenzug haben, dessen Länge Δx ist (Fig. 38–1), und die Wellenlänge (der Abstand zwischen den Wellenknoten im Zug) dieses Wellenzuges ist das, was mit dem Teilchenimpuls korrespondiert.

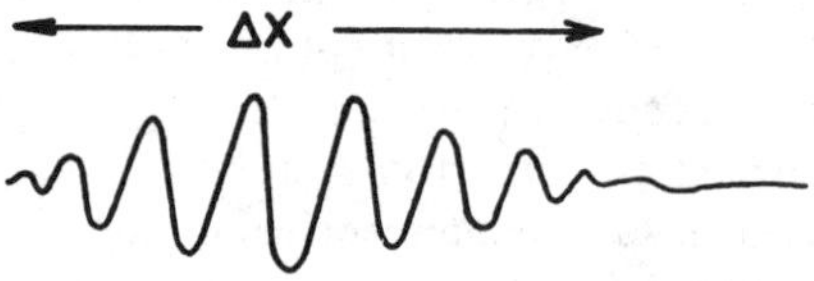

Fig. 38–1. Ein Wellenpaket der Länge Δx.

Hier stoßen wir auf etwas Merkwürdiges bei den Wellen, eine sehr einfache Angelegenheit, die überhaupt nichts mit der Quantenmechanik zu tun hat. Es ist etwas, das jeder kennt, der sich mit Wellen beschäftigt, selbst wenn er keine Quantenmechanik kennt, nämlich, *daß wir keine eindeutige Wellenlänge für einen kurzen Wellenzug definieren können.* Solch ein Wellenzug *hat* keine bestimmte Wellenlänge; es besteht eine Unbestimmtheit in der Wellenzahl, die mit der endlichen Länge des Zuges zusammenhängt, und daraus ergibt sich eine Unbestimmtheit im Impuls.

38–2 Messung von Ort und Impuls

Wir wollen zwei Beispiele dieses Gedankens betrachten, um den Grund zu sehen, warum eine Unbestimmtheit im Ort und/oder im Impuls besteht, wenn die Quantenmechanik richtig ist. Wir haben ebenfalls vorher gesehen, daß wir ein Paradoxon hätten, wenn es so etwas nicht gäbe – wenn es möglich wäre, den Ort und den Impuls von irgend etwas gleichzeitig zu messen. Glücklicherweise erhalten wir kein solches Paradoxon, und die Tatsache, daß sich eine solche Unbestimmtheit ganz natürlich aus dem Wellenbild ergibt, zeigt, daß alles wechselseitig konsistent ist.

Hier ist ein Beispiel, das die Beziehung zwischen Ort und Impuls in einem leicht verständlichen Fall zeigt. Angenommen, wir haben einen einzelnen Spalt und Teilchen kommen mit einer bestimmten Energie von sehr weit her, so daß sie alle im wesentlichen horizontal ankommen (Fig. 38–2). Wir werden uns auf die Vertikalkomponenten des Impulses konzentrieren. Alle diese Teilchen haben im sozusagen klassischen Sinne einen bestimmten Horizontalimpuls p_0. Daher ist im klassischen Sinne der Vertikalimpuls p_y, bevor das Teilchen durch das Loch geht, definitiv bekannt. Das Teilchen bewegt sich weder nach oben noch nach unten, weil es von einer sehr weit entfernten Quelle kam – und daher ist der Vertikalimpuls selbstverständlich Null. Aber nun wollen wir annehmen, daß es durch ein Loch geht, dessen Weite B ist. Dann kennen wir, wenn es aus dem Loch herausgekommen ist, die vertikale Position – die y-

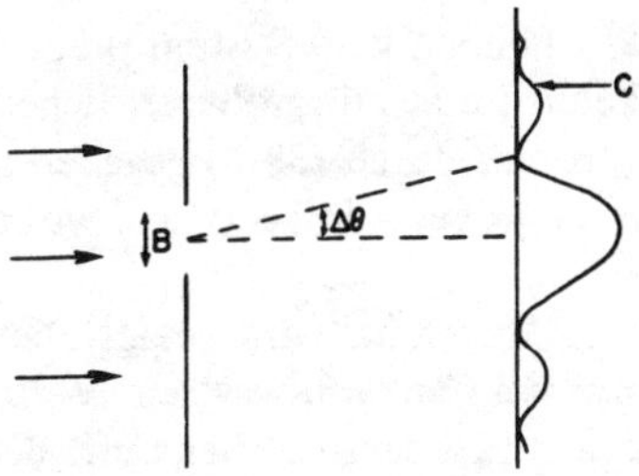

Fig. 38–2. Beugung von Teilchen beim Durchgang durch einen Spalt.

Position – mit ziemlich guter Genauigkeit – nämlich ± B. Das heißt, die Unbestimmtheit im Ort Δy ist von der Größenordnung B. Nun könnten wir ebenso sagen wollen, daß Δp_y gleich Null ist, da uns der Impuls als absolut horizontal bekannt ist; aber das ist falsch. Wir wußten *früher* einmal, daß der Impuls horizontal war, aber wir wissen es jetzt nicht mehr. Bevor die Teilchen durch das Loch gekommen waren, kannten wir ihre vertikale Position noch nicht. Jetzt, da wir nun dadurch, daß wir das Teilchen das Loch passieren ließen, die vertikale Position gefunden haben, haben wir unsere Information über den Vertikalimpuls verloren! Warum? Nach der Wellentheorie gibt es eine Verbreiterung oder Beugung der Wellen, wenn sie durch den Spalt gehen, genau wie beim Licht. Daher gibt es eine gewisse Wahrscheinlichkeit, daß Teilchen, die aus dem Spalt kommen, nicht genau gerade kommen. Das Trefferbild verbreitert sich durch den Beugungseffekt, und der Verbreiterungswinkel, den wir als Winkel des ersten Minimums definieren können, ist ein Maß für die Unbestimmtheit im Endwinkel.

Wie wird das Trefferbild verbreitert? Zu sagen, es ist verbreitert, heißt, daß das Teilchen eine Chance hat, sich nach oben oder unten zu bewegen, d. h. eine Impulskomponente nach oben oder unten zu haben. Wir sagen *Chance* und *Teilchen*, weil wir dieses Beugungsbild mit einem Teilchenzähler nachweisen können, und wenn der Zähler das Teilchen registriert, sagen wir bei C in Fig. 38–2, registriert er das *vollständige* Teilchen, so daß im klassischen Sinne das Teilchen einen Vertikalimpuls hat, um vom Spalt hinauf nach C zu gelangen.

Eine ungefähre Vorstellung von der Änderung des Impulses vermittelt die Änderung des Vertikalimpulses p_y, die gleich $p_0 \Delta\theta$ ist, wobei p_0 der Horizontalimpuls ist. Und wie groß ist $\Delta\theta$ in dem verbreiterten Trefferbild? Wir wissen, daß das erste Minimum unter einem solchen Winkel $\Delta\theta$ erscheint, daß die Wellen von der einen Kante des Spalts eine Wellenlänge mehr zurücklegen müssen als die Wellen von der anderen Kante – das haben wir früher herausbekommen (Kapitel 30). Daher ist $\Delta\theta$ gleich λ/B und Δp_y in diesem Experiment gleich $p_0 \lambda/B$.

Beachten Sie, daß das Beugungsbild breiter wird, wenn wir B kleiner machen und eine genauere Messung des Teilchenortes durchführen. Erinnern wir uns, daß wir mehr Intensität weiter außen erhielten, als wir die Spalten in dem Experiment mit den Mikrowellen zuschoben. Daher wird das Bild um so breiter, je enger wir den Spalt machen, und um so größer ist die Wahrscheinlichkeit, daß wir einen seitlichen Impuls des Teilchens feststellen. Deshalb ist die Unbestimmtheit im Vertikalimpuls umgekehrt proportional zur Unbestimmtheit von y. Wir sehen tatsächlich, daß das Produkt der beiden gleich $p_0\lambda$ ist. Aber λ ist die Wellenlänge und p_0 der Impuls, und in Übereinstimmung mit der Quantenmechanik ist die Wellenlänge multipliziert mit dem Impuls gleich der Planckschen Konstante h. Wir erhalten so die Regel, daß das Produkt der Unbestimmtheiten im Vertikalimpuls und in der Vertikalposition von der Größenordnung h ist:

$$\Delta y\, \Delta p_y \approx h. \tag{38.3}$$

Wir können kein System präparieren, in dem wir die Vertikalposition eines Teilchens kennen und mit größerer Sicherheit voraussagen können, wie es sich vertikal bewegen wird, als durch (38.3) gegeben ist. Das heißt, die Unbestimmtheit im Vertikalimpuls muß größer sein als $h/\Delta y$, wobei Δy die Unbestimmtheit in unserer Kenntnis des Ortes ist.

Manchmal wird gesagt, die ganze Quantenmechanik sei falsch. Als das Teilchen von links ankam, war sein Vertikalimpuls Null. Und nun, da es durch den Spalt gegangen ist, ist sein Ort bekannt. Beide, Ort und Impuls, scheinen mit beliebiger Genauigkeit bekannt zu sein. Es ist völlig richtig, daß wir ein Teilchen registrieren und beim Registrieren feststellen können, wo es ist und was für einen Impuls es gehabt haben müßte, um dorthin zu gelangen. Das ist richtig, aber es ist nicht das, worauf sich die Unbestimmtheitsrelation (38.3) bezieht. Die Gleichung (38.3) bezieht sich auf die *Vorhersagbarkeit* einer Situation, nicht auf Aussagen über die *Vergangenheit.* Es ist nutzlos zu sagen „Ich kannte den Impuls, bevor das Teilchen durch den Spalt ging, und nun kenne ich den Ort", weil die Kenntnis des Impulses jetzt verlorengegangen ist. Dadurch, daß es durch den Spalt gegangen ist, können wir nicht länger den Vertikalimpuls voraussagen. Wir sprechen von einer vorhersagenden Theorie, nicht bloß von Messungen nach dem Ereignis. Daher müssen wir von dem sprechen, was wir vorhersagen können.

Nun wollen wir die Sache andersherum betrachten. Wir wollen ein anderes Beispiel des gleichen Phänomens etwas quantitativer untersuchen. Im vorigen Beispiel haben wir den Impuls nach einer klassischen Methode gemessen. Wir betrachteten nämlich die Richtung, die Geschwindigkeit, die Winkel usw. und erhielten so den Impuls durch eine klassische Analyse. Aber da der Impuls mit der Wellenzahl zusammenhängt, gibt es in der Natur noch einen anderen Weg, den Impuls eines Teilchens – eines Photons oder anderer – zu messen, welcher kein klassisches Analogon hat, weil dabei Gleichung (38.2) benutzt wird. Wir messen die *Wellenlängen der Wellen.* Wir wollen versuchen, den Impuls auf diesem Wege zu messen.

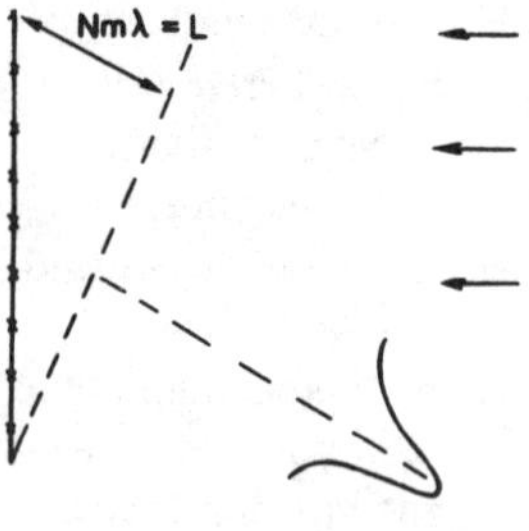

Fig. 38–3. Bestimmung des Impulses bei Verwendung eines Beugungsgitters.

Angenommen, wir haben ein Gitter mit einer großen Anzahl von Linien (Fig. 38–3) und schicken einen Teilchenstrahl auf das Gitter. Wir haben dies Problem oft diskutiert: Wenn die Teilchen einen bestimmten Impuls haben, dann bekommen wir wegen der Interferenz ein sehr scharfes Bild in einer bestimmten Richtung. Und wir haben auch darüber gesprochen, wie genau wir diesen Impuls bestimmen können, d. h. wie groß das Auflösungsvermögen eines solchen Gitters ist. Statt es noch einmal herzuleiten, beziehen wir uns lieber auf Kapitel 30, wo wir gefunden haben, daß die relative Unsicherheit in der Wellenlänge bei der Messung mit einem vorgegebenen Gitter gleich

$1/Nm$ ist, wobei N die Zahl der Linien auf dem Gitter und m die Ordnung des Beugungsbildes ist. Das heißt

$$\Delta\lambda/\lambda = 1/Nm. \qquad (38.4)$$

Nun kann die Gleichung (38.4) umgeschrieben werden als

$$\Delta\lambda/\lambda^2 = 1/Nm\lambda = 1/L, \qquad (38.5)$$

wobei L der in Fig. 38–3 gezeigte Abstand ist. Dieser Abstand ist die Differenz zwischen der Gesamtstrecke, die das Teilchen oder die Welle oder was immer es sei zurückzulegen hat, wenn es vom unteren Ende des Gitters reflektiert wird, und der Entfernung, die es zurückzulegen hat, wenn es vom oberen Ende des Gitters reflektiert wird. Das heißt, die Wellen, die das Beugungsbild ergeben, sind Wellen, die von verschiedenen Teilen des Gitters kommen. Die zuerst eintreffenden Wellen kommen vom unteren Ende des Gitters, vom Anfang des Wellenzuges; die übrigen kommen von den folgenden Teilen des Wellenzuges und von verschiedenen Teilen des Gitters, bis schließlich die letzte ankommt, und diese enthält einen Punkt in dem Wellenzug im Abstande L hinter dem ersten Punkt. Damit wir also eine scharfe Linie in unserem Spektrum haben, die mit einem bestimmten Impuls mit einer Unbestimmtheit gemäß (38.4) korrespondiert, müssen wir einen Wellenzug mit der Mindestlänge L haben. Wenn der Wellenzug zu kurz ist, nutzen wir nicht das ganze Gitter aus. Die Wellen, die das Spektrum bilden, werden nur von einem sehr kurzen Ausschnitt des Gitters reflektiert, und das Gitter wird nicht richtig arbeiten – wir werden eine große Winkelverbreiterung vorfinden. Um sie zu verkleinern, müssen wir das ganze Gitter ausnutzen, so daß wenigstens zu einem Zeitpunkt der ganze Wellenzug gleichzeitig an allen Teilen des Gitters gestreut wird. Daher muß der Wellenzug die Länge L haben, damit die Unbestimmtheit in der Wellenlänge kleiner ist als durch (38.5) gegeben. Übrigens gilt

$$\Delta\lambda/\lambda^2 = \Delta(1/\lambda) = \Delta k/2\pi. \qquad (38.6)$$

Daher gilt auch

$$\Delta k = 2\pi/L, \qquad (38.7)$$

wobei L die Länge des Wellenzuges ist.

Das bedeutet, daß die Unbestimmtheit in der Wellenzahl größer als $2\pi/L$ sein muß, wenn wir einen Wellenzug haben, dessen Länge kleiner als L ist. Oder die Unbestimmtheit in der Wellenzahl multipliziert mit der Länge des Wellenzuges – wir werden sie für einen Augenblick Δx nennen – ist größer als 2π. Wir nennen sie Δx, weil sie die Unbestimmtheit im Ort des Teilchens bedeutet.

Wenn der Wellenzug nur eine endliche Länge existiert, dann ist sie es, wo wir das Teilchen mit der Unbestimmtheit Δx finden könnten. Nun ist diese Eigenschaft der Wellen, nämlich daß die Länge des Wellenzuges multipliziert mit der Unbestimmtheit der dazugehörigen Wellenzahl mindestens 2π ist, eine Eigenschaft, die jedem bekannt ist, der sich damit befaßt. Sie hat nichts mit Quantenmechanik zu tun. Es bedeutet einfach, daß wir in einem endlichen Wellenzug die Wellen nicht genau zählen können. Wir wollen versuchen, auf einem anderen Wege den Grund dafür zu erkennen.

Angenommen, wir haben einen endlichen Wellenzug der Länge L; dann ist wegen der Weise, wie er an den Enden abnehmen muß (s. Fig. 38–1), die Zahl der Wellen in der Länge L nur bis auf etwa $\pm$ 1 bekannt. Die Zahl der Wellen in L ist jedoch $kL/2\pi$.

Also ist k unbestimmt und wir erhalten wieder das Ergebnis (38.7), lediglich eine Eigenschaft von Wellen. Es gilt dasselbe, ob es sich um räumliche Wellen handelt und k die Zahl der Wellen pro Zentimeter und L die Länge des Wellenzuges ist oder ob die Wellen sich in der Zeit ausbreiten und ω die Zahl der Schwingungen pro Sekunde und T die „Länge" der Zeit ist, in der der Wellenzug ankommt. Das heißt, wenn wir einen Wellenzug haben, der nur eine endliche Zeit T dauert, dann ist die Unbestimmtheit der Frequenz gegeben durch

$$\Delta\omega = 2\pi/T. \tag{38.8}$$

Wir haben versucht herauszustellen, daß dies lediglich Eigenschaften von Wellen sind, und sie sind z. B. in der Akustik gut bekannt.

Der wesentliche Punkt ist, daß wir in der Quantenmechanik die Wellenzahl als Maß für den Impuls eines Teilchens interpretieren nach der Regel $p = hk$, so daß Gleichung (38.7) bedeutet $\Delta p \approx h/\Delta x$. Dies ist somit eine Einschränkung des klassischen Impulsbegriffes. (Natürlich muß er in mancher Hinsicht eingeschränkt werden, wenn wir Teilchen durch Wellen darstellen!) Es ist schön, daß wir eine Regel gefunden haben, die uns einen Eindruck vermittelt, wann die klassischen Begriffe versagen.

38–3 Beugung an Kristallen

Als nächstes wollen wir die Reflexion von Teilchenwellen an einem Kristall betrachten. Ein Kristall ist ein dicker Gegenstand, welcher eine ganze Menge gleicher Atome – einige Komplikationen werden wir später einfügen – in einer hübschen Anordnung hat. Die Frage ist, bei welcher Anordnung wir ein starkes reflektiertes Maximum in einer gegebenen Richtung für einen gegebenen Strahl von, sagen wir, Licht (Röntgenstrahlen), Elektronen, Neutronen oder etwas anderem erhalten. Um eine starke Reflexion zu bekommen, muß die Streuung von all den Atomen in Phase sein. Es darf nicht eine gleiche Anzahl in Phase und außer Phase sein, sonst werden sich die Wellen auslöschen. Der Weg, die Dinge zu arrangieren, besteht darin, die Gebiete konstanter Phase zu finden, wie wir bereits erklärt haben; sie sind Ebenen, die gleiche Winkel mit der Einfalls- und Ausfallsrichtung bilden (Fig. 38–4).

Wenn wir, wie in Fig. 38–4, zwei parallele Ebenen betrachten, dann werden die Wellen, die von den beiden Ebenen gestreut werden, in Phase sein, falls der Unterschied

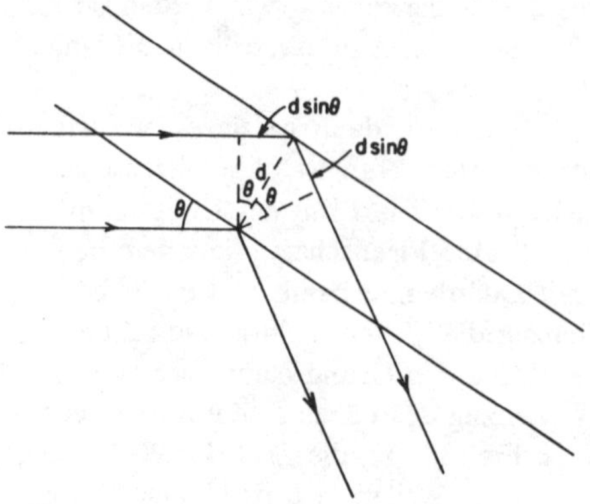

Fig. 38–4. Streuung von Wellen an Kristallebenen.

zwischen den von den Wellenfronten zurückgelegten Entfernungen ein ganzzahliges Vielfaches der Wellenlänge ist. Man sieht, daß diese Differenz $2d \sin\theta$ ist, wobei d der senkrechte Abstand zwischen den Ebenen ist. Folglich ist die Bedingung für kohärente Reflexion

$$2d \sin\theta = n\lambda \qquad (n = 1, 2, \ldots). \tag{38.9}$$

Wenn der Kristall z. B. so aufgebaut ist, daß die Atome in Ebenen liegen, die dem Gesetz (38.9) mit $n = 1$ gehorchen, dann wird eine starke Reflexion auftreten. Wenn aber andererseits Atome derselben Art (mit gleicher Dichte) auf halbem Weg dazwischenliegen, dann werden auch die dazwischenliegenden Ebenen ebenso stark reflektieren, mit den anderen interferieren und keinen Effekt liefern. So muß sich also d in (38.9) auf *nebeneinanderliegende* Ebenen beziehen; wir dürfen keine Ebene nehmen, die fünf Lagen weiter zurück liegt, und diese Formel anwenden!

Interessanterweise bestehen die wirklichen Kristalle gewöhnlich nicht einfach aus einer einzigen Art von Atomen, die in bestimmter Folge wiederholt werden. Stattdessen sind sie, wenn wir ein zweidimensionales Bild gebrauchen wollen, viel eher wie eine Tapete mit Muster, das sich über die gesamte Tapete wiederholt. Mit „Muster" meinen wir hier bei den Atomen eine Anordnung – Kalzium und Kohlenstoff und dreimal Sauerstoff usw. für Kalziumkarbonat etc. –, welche eine verhältnismäßig große Anzahl von Atomen umfassen kann. Aber was es auch immer sei, das Muster wiederholt sich regelmäßig. Dieses Grundmuster wird *Einheitszelle* genannt.

Das Grundmuster der Wiederholung bestimmt den sogenannten *Gittertyp;* der Gittertyp kann sofort bestimmt werden, wenn man die Reflexionen auf ihre Symmetrie hin betrachtet. Mit anderen Worten, der Ort, wo wir *überhaupt* irgendwelche Reflexionen finden, bestimmt den Gittertyp, aber um zu bestimmen, was sich in jedem der Elemente des Gitters befindet, muß man die *Intensität* der Streuung in den verschiedenen Richtungen berücksichtigen. *Welche* Richtungen streuen, hängt vom Gittertyp ab, aber *wie stark* jede streut, ist durch den Inhalt jeder Einheitszelle festgelegt, und auf diese Weise wird die Kristallstruktur bestimmt.

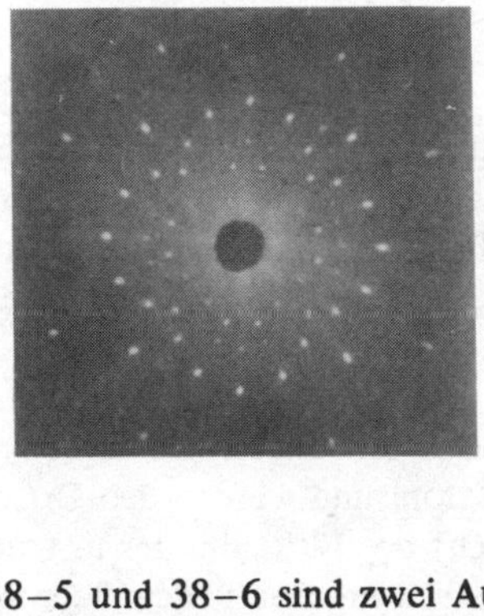

Fig. 38–5.

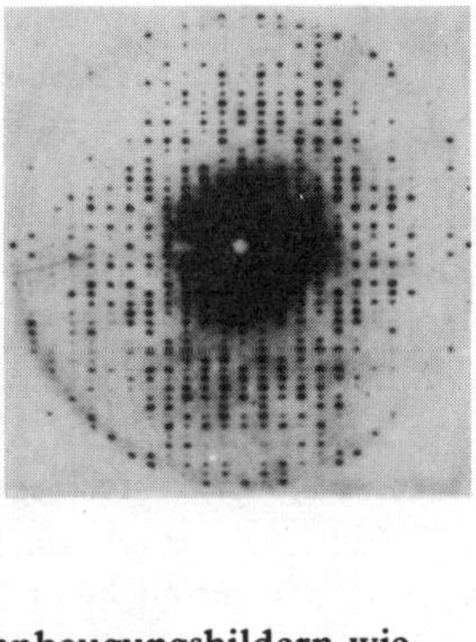

Fig. 38–6.

In Fig. 38–5 und 38–6 sind zwei Aufnahmen von Röntgenbeugungsbildern wiedergegeben; sie veranschaulichen die Streuung an Steinsalz bzw. Myoglobin.

Übrigens geschieht etwas Interessantes, wenn die Abstände der nächsten Ebenen kleiner als $\lambda/2$ sind. In diesem Fall hat (38.9) für n keine Lösung. Wenn daher λ größer als der doppelte Abstand benachbarter Ebenen ist, dann gibt es kein seitliches Beugungsbild, und das Licht – oder was immer es sei – geht gerade durch das Material hindurch, ohne abzuprallen oder verlorenzugehen. Im Falle des Lichts also, wo λ viel größer als der Abstand ist, geht es natürlich hindurch, und es gibt kein Reflexionsbild von den Kristallebenen.

Diese Tatsache hat für Kernreaktoren, die Neutronen (dies sind ohne jeden Zweifel offenbar Teilchen!) erzeugen, eine interessante Konsequenz. Wenn wir diese Neutronen in einen langen Graphitblock hineinlassen, dann diffundieren die Neutronen und bahnen sich ihren Weg (Fig. 38–7). Sie diffundieren, weil sie an den Atomen abprallen, aber in der Wellentheorie prallen sie streng genommen von den Atomen deswegen ab, weil sie von den Kristallebenen gebeugt werden. Wenn wir ein sehr langes Stück Graphit nehmen, stellt sich heraus, daß die Neutronen, die am äußersten Ende herauskommen, alle eine große Wellenlänge haben! In der Tat, wenn man die Intensität als Funktion der Wellenlänge aufträgt, dann erhält man gar nichts, außer für Wellenlängen, die größer als ein bestimmtes Minimum sind (Fig. 38–8). Mit anderen Worten, wir können auf diese Weise sehr langsame Neutronen erhalten. Nur die langsamsten Neutronen kommen durch; sie werden von den Kristallebenen des Graphits weder gebeugt noch gestreut, sondern sie gehen glatt durch wie Licht durch Glas und werden nicht seitwärts hinausgestreut. Es gibt noch viele andere Beweise für die Realität der Neutronenwellen und die Wellen anderer Teilchen.

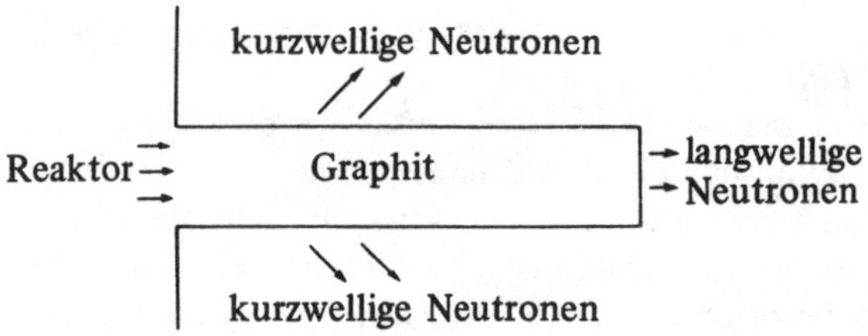

Fig. 38–7. Diffusion von Reaktor-Neutronen durch einen Graphitblock.

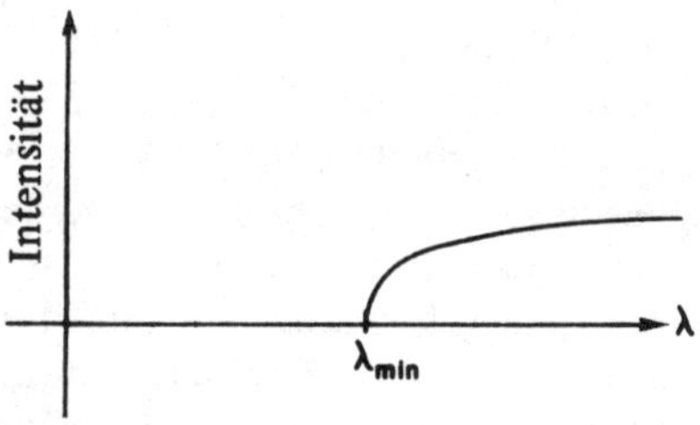

Fig. 38–8. Intensität von Neutronen aus einem Graphitstab als Funktion der Wellenlänge.

38–4 Die Größe eines Atoms

Wir betrachten jetzt eine weitere Anwendung der Unbestimmtheitsrelation, Gl. (38.3). Sie sollte nicht zu ernst genommen werden; der Grundgedanke ist richtig, aber die Analyse ist nicht sehr exakt. Der Gedanke hängt zusammen mit der Größenbestimmung der Atome und der Tatsache, daß nach klassischer Anschauung die Elektronen Licht aussenden und spiralförmig einwärts kreisen würden, bis sie sich schließlich auf dem Kern niederlassen. Aber das kann quantenmechanisch nicht richtig sein, weil wir dann wüßten, wo sich jedes Elektron befindet und wie schnell es sich bewegt.

Nehmen wir an, wir hätten ein Wasserstoffatom und würden den Ort des Elektrons messen; wir dürfen nicht in der Lage sein, den Ort des Elektrons genau vorauszusagen, weil sich sonst die Impulsverbreiterung als unendlich ergeben würde. Jedesmal, wenn wir nach dem Elektron schauen, ist es irgendwo, aber es hat eine Amplitude, an verschiedenen Orten zu sein, so daß es eine Wahrscheinlichkeit gibt, es an verschiedenen Orten zu finden. Diese Orte können nicht alle beim Kern sein; wir werden annehmen, daß es eine Streuung im Ort von der Größenordnung a gibt. Das heißt, der Abstand des Elektrons vom Kern ist gewöhnlich etwa a. Wir werden a dadurch bestimmen, daß wir die Gesamtenergie des Atoms minimieren.

Die Verbreiterung des Impulses ist wegen der Unbestimmtheitsrelation grob h/a, so daß wir bei dem Versuch, den Impuls des Elektrons irgendwie zu messen, wie durch Streuung von Röntgenstrahlen an ihm, wobei man den Dopplereffekt von einem bewegten Streuer beobachtet, nicht erwarten würden, jedesmal Null zu erhalten – das Elektron steht nicht still –, sondern die Impulse müssen von der Größenordnung $p \approx h/a$ sein. Dann ist die kinetische Energie grob $\frac{1}{2}mv^2 = p^2/2m = h^2/2ma^2$. (Dies ist in gewissem Sinne eine Art Dimensionsanalyse, um herauszufinden, wie die kinetische Energie von der Planckschen Konstante, von m und von der Größe des Atoms abhängt. Wir brauchen unserer Antwort nur bis auf Faktoren wie 2, π usw. zu vertrauen. Wir haben nicht einmal a sehr genau definiert.) Nun ist die potentielle Energie minus e^2 geteilt durch die Entfernung vom Mittelpunkt, sagen wir $-e^2/a$, wobei, wie wir uns erinnern, e^2 das Quadrat der Ladung eines Elektrons dividiert durch $4\pi\epsilon_0$ ist. Der springende Punkt ist nun, daß die potentielle Energie abnimmt, wenn a kleiner wird, aber je kleiner a ist, um so größer ist der vom Unbestimmtheitsprinzip geforderte Impuls, und darum wird auch die kinetische Energie größer. Die Gesamtenergie ist

$$E = h^2/2ma^2 - e^2/a. \tag{38.10}$$

Wir wissen nicht, wie groß a ist, aber wir wissen, daß sich das Atom auf eine Art Kompromiß einstellen wird, so daß die Energie so klein wie möglich wird. Um das Minimum von E zu bilden, differenzieren wir nach a, setzen die Ableitung gleich Null und lösen nach a auf. Die Ableitung von E ist

$$dE/da = -h^2/ma^3 + e^2/a^2, \tag{38.11}$$

und wenn man $dE/da = 0$ setzt, ergibt sich für a der Wert

$$\begin{aligned} a_0 = h^2/me^2 &= 0.528 \text{ Ångström} \\ &= 0.528 \times 10^{-10} \text{ Meter.} \end{aligned} \tag{38.12}$$

Dieser spezielle Abstand wird der *Bohrsche Radius* genannt, und wir haben damit gelernt, daß die atomaren Abmessungen in der Größenordnung von Angström-Einheiten liegen, was richtig ist: Das ist recht gut – es ist tatsächlich verblüffend, denn bis jetzt hatten wir keine Basis für das Verständnis von Atomgrößen! Vom klassischen Standpunkt aus sind Atome völlig unmöglich, weil die Elektronen in den Kern fallen würden.

Wenn wir nun, um die Energie auszurechnen, den Wert (38.12) für a_0 in (38.10) einsetzen, ergibt sich

$$E_0 = -e^2/2a_0 = -me^4/2h^2 = -13.6 \text{ ev.} \tag{38.13}$$

Was bedeutet eine negative Energie? Es bedeutet, daß das Elektron im Atom weniger Energie hat als wenn es frei ist. Es bedeutet, daß es gebunden ist. Es bedeutet, daß man Energie braucht, um das Elektron herauszuschlagen; man braucht Energie in der Größenordnung von 13,6 eV, um ein Wasserstoffatom zu ionisieren. Es besteht kein Grund zu der Annahme, daß sie nicht auch zwei- oder drei- oder einhalb- oder $(1/\pi)$-mal soviel sein kann, weil wir so schlampig argumentiert haben. Wir haben jedoch gemogelt; wir haben all die Konstanten so eingesetzt, daß gerade der richtige Wert herauskommt! Dieser Wert, 13,6 Elektronenvolt, wird ein Rydberg der Energie genannt; er ist die Ionisierungsenergie des Wasserstoffs.

Daher verstehen wir jetzt, warum wir nicht durch den Fußboden fallen. Während wir gehen, stoßen unsere Schuhe mit ihrer Masse von Atomen gegen den Fußboden mit *seiner* Masse von Atomen. Um die Atome enger zusammenzudrücken, würden die Elektronen auf einen engeren Raum zusammengedrängt sein, und infolge des Unbestimmtheitsprinzips würden ihre Impulse im Durchschnitt höher sein müssen, und das bedeutet große Energie; der Widerstand gegen atomare Kompression ist ein quantenmechanischer und kein klassischer Effekt. Wenn wir die Elektronen und Protonen enger zusammenbrächten, würden wir vom klassischen Standpunkt aus erwarten, daß sich die Energie noch weiter verringern würde, und in der klassischen Physik wäre die beste Anordnung von positiven und negativen Ladungen, wenn alle aufeinander säßen. Das war in der klassischen Physik gut bekannt und wegen der Existenz der Atome ein Rätsel. Natürlich erfanden die frühen Wissenschaftler einige Auswege – nun gut, jetzt haben wir den *richtigen* Ausweg! (Vielleicht.)

Obwohl wir im Moment keinen Grund haben, es zu verstehen, stellt sich, nebenbei gesagt, heraus, daß in einer Situation, wo viele Elektronen vorhanden sind, diese versuchen, sich voneinander fernzuhalten. Wenn ein Elektron einen bestimmten Raum besetzt, dann besetzt kein anderes denselben Raum. Genauer gesagt gibt es zwei Spin-Möglichkeiten, so daß zwei aufeinander sitzen können, wobei sich eins in der einen und eins in der anderen Richtung dreht. Aber noch mehr können wir dort nicht hinbringen. Andere müssen auf andere Plätze, und das ist der eigentliche Grund dafür, daß die Materie Festigkeit hat. Wenn wir alle Elektronen auf dieselbe Stelle bringen könnten, würde sie sich noch mehr verdichten, als sie es ohnehin schon tut. Die Tatsache, daß die Elektronen sich nicht alle aufeinander setzen können, ist es, die Tische und alles andere fest macht.

Offensichtlich müssen wir zum Verständnis der Eigenschaften der Materie die Quantenmechanik gebrauchen und dürfen uns nicht mit der klassischen Mechanik zufriedengeben.

38–5 Energieniveaus

Wir haben über das Atom im niedrigstmöglichen Energiezustand gesprochen, aber es stellt sich heraus, daß das Elektron andere Dinge tun kann. Es kann sich auf energiereichere Art regen und bewegen, und so gibt es viele verschiedene Bewegungsmöglichkeiten für das Atom. Nach der Quantenmechanik kann es in einem stationären Zustand nur bestimmte Energien für ein Atom geben. Wir zeichnen ein Diagramm (Fig. 38–9), in dem wir die Energie vertikal auftragen, und für jeden erlaubten Energiewert zeichnen wir eine horizontale Linie. Wenn das Elektron frei ist, d. h. wenn seine Energie positiv ist, kann es jede beliebige Energie besitzen; es kann sich mit jeder beliebigen Geschwindigkeit bewegen. Aber Bindungsenergien sind nicht willkürlich. Das Atom muß den einen oder anderen aus einer Reihe von erlaubten Werten, wie jene in Fig. 38–9, haben.

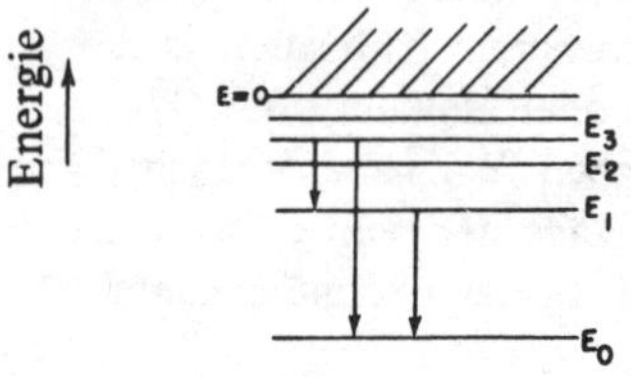

Fig. 38–9. Energiediagramm für ein Atom, das einige mögliche Übergänge zeigt.

Nun wollen wir die erlaubten Energiewerte E_0, E_1, E_2, E_3 nennen. Wenn ein Atom anfangs in einem dieser „angeregten Zustände" E_1, E_2 *usw.* ist, bleibt es in diesem Zustand nicht für immer. Früher oder später fällt es in einen niedrigeren Zustand und strahlt Energie in Form von Licht ab. Die Frequenz des ausgesendeten Lichtes wird bestimmt durch die Erhaltung der Energie plus der quantenmechanischen Forderung, daß die Frequenz des Lichtes mit der Energie des Lichtes durch (38.1) verknüpft ist. Daher ist die Frequenz des Lichtes, welches (zum Beispiel) bei einem Übergang von der Energie E_3 zur Energie E_1 frei wird

$$\omega_{31} = (E_3 - E_1)/\hbar. \tag{38.14}$$

Dies ist also eine charakteristische Frequenz des Atoms und legt eine Emissionsspektrallinie fest. Ein anderer möglicher Übergang wäre der von E_3 nach E_0. Dieser hätte eine andere Frequenz:

$$\omega_{30} = (E_3 - E_0)/\hbar. \tag{38.15}$$

Eine weitere Möglichkeit besteht darin, daß ein Atom im angeregten Zustand E_1 in den Grundzustand E_0 zurückfallen könnte. Dabei emittiert es ein Photon der Frequenz

$$\omega_{10} = (E_1 - E_0)/\hbar. \tag{38.16}$$

Wir bringen diese drei Übergänge, um eine interessante Beziehung herauszustellen. Aus (38.14), (38.15) und (38.16) erkennt man leicht, daß

$$\omega_{30} = \omega_{31} + \omega_{10}. \tag{38.17}$$

Wenn wir zwei Spektrallinien finden, erwarten wir im allgemeinen, eine andere Linie bei der Summe der Frequenzen (oder der Differenz der Frequenzen) zu finden, und daß alle Linien durch das Auffinden einer Reihe von Niveaus verstanden werden können, so daß jede Linie der Energiedifferenz eines Niveaupaares entspricht. Diese bemerkenswerte Übereinstimmung der Spektralfrequenzen war vor der Entdeckung der Quantenmechanik bekannt und wird das *Ritzsche Kombinationsprinzip* genannt. Vom Standpunkt der klassischen Mechanik ist das wieder ein Rätsel. Wir wollen nicht darauf herumreiten, daß die klassische Mechanik im atomaren Bereich versagt; wir haben das doch wohl gut genug gezeigt.

Wir haben schon darüber gesprochen, daß die Quantenmechanik durch Amplituden dargestellt wird, die sich wie Wellen mit bestimmten Frequenzen und Wellenzahlen verhalten. Wir wollen jetzt einmal vom Standpunkt der Amplituden aus betrachten, wie es dazu kommt, daß das Atom feste Energiezustände hat. Dies ist etwas, was wir aus dem bisher Gesagten nicht verstehen können, aber wir sind alle mit der Tatsache vertraut, daß eingeschlossene Wellen bestimmte Frequenzen haben. Wenn z.B. der Schall in einer Orgelpfeife oder etwas Ähnlichem gefangen ist, dann gibt es mehr als eine Möglichkeit, wie der Schall schwingen kann, aber für jede Möglichkeit gibt es eine bestimmte Frequenz. Folglich hat ein Objekt, in dem die Wellen eingeschlossen sind, bestimmte Resonanzfrequenzen. Daher haben Wellen in einem begrenzten Raum – ein Thema, das wir später ausführlich mit Formeln besprechen werden – die Eigenschaft, nur mit bestimmten Frequenzen zu existieren. Und da ja die allgemeine Beziehung zwischen den Frequenzen der Amplituden und der Energie besteht, sind wir nicht überrascht, feste Energien in Verbindung mit in Atomen gebundenen Elektronen zu finden.

38–6 Philosophische Konsequenzen

Wir wollen kurz einige philosophische Folgerungen aus der Quantenmechanik betrachten. Wie immer hat das Problem zwei Seiten: Die eine ist die philosophische Bedeutung für die Physik, und die andere ist die Extrapolation philosophischer Dinge in andere Gebiete. Wenn mit der Wissenschaft verbundene philosophische Ideen in ein anderes Gebiet gezerrt werden, werden sie gewöhnlich vollständig entstellt. Deshalb werden wir unsere Bemerkungen so weit wie möglich auf die Physik selbst beschränken.

Der interessanteste Aspekt ist zuerst der Gedanke des Unbestimmtheitsprinzips; eine Beobachtung beeinflußt die Erscheinung. Man hat immer gewußt, daß Beobachtungen eine Erscheinung beeinflussen, aber das Wesentliche ist, daß dieser Effekt nicht ignoriert oder verkleinert oder willkürlich herabgesetzt werden kann, indem man den Apparat umbaut. Wenn wir nach einem bestimmten Phänomen Ausschau halten, kommen wir nicht umhin, es ein wenig zu stören, und *diese Störung ist für die Folgerichtigkeit des Standpunktes notwendig.* Der Beobachter war in der Vorquantenphysik mitunter von Bedeutung, aber nur in einem ziemlich trivialen Sinne. Folgendes Problem wurde aufgeworfen: Wenn ein Baum im Wald fällt, und niemand ist dabei, der es hört, macht er dann ein Geräusch? Ein *wirklicher* Baum, der in einem *wirklichen* Wald fällt, macht natürlich Lärm, auch wenn niemand dabei ist. Auch wenn kein Zuhörer gegenwärtig ist, werden doch andere Spuren hinterlassen. Der Schall wird einige Blätter bewegen, und wenn wir mit genügender Sorgfalt suchen, könnten wir irgendwo entdekken, daß ein Dorn gegen ein Blatt gerieben und einen winzigen Kratzer gemacht hat, der nur durch eine Vibration des Blattes erklärt werden kann. So müssen wir in gewissem Sinne zugeben, daß ein Geräusch erzeugt wurde. Wir könnten fragen: Gab es eine *Empfindung* des Lärms? Nein, Empfindungen haben vermutlich mit dem Bewußtsein zu tun. Und ob Ameisen ein Bewußtsein haben und ob überhaupt Ameisen in dem Wald waren oder ob der Baum ein Bewußtsein hat, wissen wir nicht. Lassen wir das Problem auf sich beruhen.

Etwas anderes, was man vielfach seit der Entwicklung der Quantenmechanik hervorgehoben hat, ist die Auffassung, daß wir nicht über Dinge reden sollten, die wir nicht messen können. (Auch die Relativitätstheorie sagte das.) Wenn eine Sache nicht durch Messung erfaßt werden kann, ist für sie kein Platz in einer Theorie. Und da ein genauer Wert für den Impuls eines lokalisierten Teilchens nicht aus Messungen erhalten werden kann, hat er keinen Platz in der Theorie. Die Vorstellung, daß es dies ist, wo es mit der klassischen Theorie haperte, *ist ein falscher Standpunkt.* Es ist eine nachlässige Analyse der Situation. Daß wir Ort und Impuls nicht genau *messen* können, bedeutet *a priori* nicht, daß wir *nicht* darüber sprechen *können.* Es bedeutet nur, daß wir nicht darüber zu sprechen *brauchen.* Die Situation in den Wissenschaften ist folgende: Ein Begriff oder ein Gedanke, der nicht gemessen oder direkt mit einem Experiment belegt werden kann, kann nützlich sein oder nicht.

Er braucht nicht in einer Theorie zu existieren. Mit anderen Worten: Angenommen, wir vergleichen die klassische Theorie von der Welt mit der Quantentheorie, und angenommen, es ergibt sich experimentell, daß wir Ort und Impuls nur ungenau messen können. Die Frage ist, ob die *Ideen* von dem exakten Ort eines Teilchens und dem exakten Impuls eines Teilchens stichhaltig sind oder nicht. Die klassische Theorie stimmt dem zu, die Quantentheorie nicht. Das bedeutet an sich nicht, daß die klassische Physik falsch ist. Als die neue Quantenmechanik entdeckt wurde, sagten die klassischen Leute – und das waren alle außer Heisenberg, Schrödinger und Born –:

„Schaut mal, eure Theorie taugt nichts, weil ihr bestimmte Fragen nicht beantworten könnt, wie z. B.: Welches ist der genaue Ort eines Teilchens, durch welches Loch geht es?, und noch andere." Heisenbergs Antwort war: „Ich brauche solche Fragen nicht zu beantworten, weil man solche Fragen experimentell nicht stellen kann." Das heißt, wir *müssen* sie nicht stellen. Man betrachte zwei Theorien (a) und (b); (a) enthält eine Idee, die nicht direkt geprüft werden kann, die aber in der Analyse benutzt wird, und die andere, (b), enthält diese Idee nicht. Wenn sie in ihren Vorhersagen nicht übereinstimmen, dann kann man nicht behaupten, daß (b) falsch ist, weil sie die Idee nicht erklären kann, die in (a) enthalten ist, weil diese Idee zu den Dingen gehört, die nicht direkt geprüft werden können. Es ist immer gut, zu wissen, welche Ideen nicht direkt geprüft werden können, aber es ist nicht nötig, sie alle auszumerzen. Es stimmt nicht, daß wir der Wissenschaft vollständig nachgehen können, indem wir nur jene Konzepte benutzen, die direkt einem Experiment unterworfen werden können.

In der Quantenmechanik selbst gibt es eine Wahrscheinlichkeitsamplitude, ein Potential und viele Konstruktionen, die wir nicht direkt messen können. Die Grundlage einer Wissenschaft ist ihre Fähigkeit, etwas *vorauszusagen.* Voraussagen bedeutet, daß man sagen kann, was in einem Experiment, das nie ausgeführt wurde, geschehen wird. Wie können wir das? Indem wir unabhängig vom Experiment annehmen, daß wir wissen, was vorliegt. Wir müssen die Experimente in ein Gebiet hinein extrapolieren, wo sie nicht ausgeführt wurden. Wir müssen unsere Vorstellungen auf Bereiche ausdehnen, wo sie noch nicht geprüft worden sind. Wenn wir das nicht tun, haben wir keine Voraussage. So war es ganz verständlich, daß der klassische Physiker fröhlich weitermachte und annahm, daß der Ort – der offensichtlich für einen Baseball etwas bedeutet – auch für ein Elektron etwas bedeutete. Das war keine Dummheit. Es war ein vernünftiger Vorgang. Heute behaupten wir, daß das Gesetz der Relativität für alle Energien gilt, aber vielleicht kommt eines Tages jemand und sagt, wie dumm wir doch waren. Wir wissen nicht, wo wir „dumm" sind, bis wir „etwas riskieren", und so ist es wesentlich, etwas zu riskieren. Und die einzige Möglichkeit, zu ergründen, daß wir Unrecht haben, besteht darin, herauszufinden, *was* unsere Voraussagen sind. Es ist absolut notwendig, Gedankengebäude zu errichten.

Wir haben schon einige Bemerkungen über die Indeterminiertheit der Quantenmechanik gemacht. Das bedeutet, daß wir jetzt nicht vorhersagen können, was in einer gegebenen physikalischen Situation, sei sie auch noch so sorgfältig vorbereitet, geschehen wird. Wenn wir ein Atom haben, das in einem angeregten Zustand ist und daher ein Photon emittieren wird, können wir nicht sagen, *wann* es das Photon emittieren wird. Es hat zu jeder Zeit eine gewisse Amplitude, das Photon zu emittieren, und wir können nur eine Wahrscheinlichkeit für die Emission vorhersagen; wir können die Zukunft nicht exakt voraussagen. Das hat allem möglichen Unsinn und Fragen nach der Bedeutung der Willensfreiheit und der Idee, daß die Welt unbestimmt ist, Auftrieb gegeben.

Natürlich müssen wir betonen, daß auch die klassische Physik in gewissem Sinne indeterminiert ist. Es wird allgemein geglaubt, daß diese Indeterminiertheit, die uns die Zukunft nicht vorhersagen läßt, eine wichtige quantenmechanische Angelegenheit ist, und es wird behauptet, dies erkläre das Verhalten des Verstandes, das Streben nach Willensfreiheit usw. Aber wenn die Welt klassisch *wäre* – wenn die Gesetze der Mechanik klassisch wären – dann ist es nicht ohne weiteres klar, daß der Geist mehr oder weniger dasselbe empfinden sollte. Klassisch ist es richtig, daß wir bei Kenntnis von Ort und Geschwindigkeit eines jeden Teilchens in der Welt oder in einem Gefäß mit Gas genau vorhersagen könnten, was passieren würde. Darum ist die klassische Welt deterministisch. Nehmen wir jedoch an, daß wir eine endliche Genauigkeit haben und nicht *genau* wissen, wo gerade ein Atom ist, sagen wir auf ein Milliardstel. Dann wird es in seinem Lauf mit einem anderen Atom zusammenstoßen, und da wir seinen Ort nur auf ein Milliardstel genau kannten, werden wir nach dem Zusammenstoß einen noch größeren Fehler im Ort haben. Dieser wird natürlich beim nächsten Zusammenstoß vergrößert, so daß sich auch nur der kleinste anfängliche Fehler schnell zu einer sehr großen Ungewißheit ausweitet. Um ein Beispiel zu geben: Wenn Wasser über einen Damm fällt, dann spritzt es. Wenn wir nah dabei stehen, dann wird ab und an ein Tropfen auf unserer Nase landen. Das scheint völlig planlos zu sein, doch wäre ein solches Verhalten von rein klassischen Gesetzen vorherbestimmt. Die exakte Position all der Tropfen hängt ab von dem präzisen Wellengang des Wassers, bevor es über den Damm geht. Wie? Die kleinsten Unregelmäßigkeiten werden beim Fallen vergrößert, so daß wir vollständige Zufälligkeit erhalten. Offensichtlich können wir die Position der Tropfen nicht wirklich vorhersagen, ohne die Bewegung des Wassers *absolut exakt* zu kennen.

Genauer gesagt, wenn eine beliebige Genauigkeit vorgegeben ist, ganz gleich wie genau, dann kann man eine Zeit angeben, die lang genug ist, daß unsere Vorhersagen für eine so lange Zeit keine Gültigkeit haben. Hierbei ist nun wesentlich, daß diese Zeitspanne nicht sehr groß ist. Die Zeit ist bei einer Genauigkeit von Eins zu einer Milliarde nicht Millionen von Jahren. Die Zeit hängt in Wahrheit nur logarithmisch von dem Fehler ab, und es ergibt sich, daß wir schon in einer sehr sehr kurzen Zeit alle unsere Informationen verlieren. Wenn wir die Genauigkeit mit Eins zu Milliarden und Milliarden und Milliarden – ganz gleich wie viele Milliarden wir wollen, wenn wir nur irgendwo aufhören – annehmen, dann können wir eine Zeit finden, die kleiner ist als die Zeit, die wir brauchten, um die Genauigkeit festzulegen – nach der wir nicht mehr vorhersagen können, was geschehen wird! Es ist daher nicht fair zu behaupten, daß wir aus der offensichtlichen Freiheit und Indeterminiertheit des menschlichen Geistes hätten erkennen müssen, daß die klassische „deterministische" Physik niemals hoffen konnte, diesen zu verstehen, und die Quantenmechanik als Erlösung von einem „vollständig mechanistischen" Universum zu begrüßen. Denn schon in der klassischen Mechanik gab es die Unbestimmbarkeit vom praktischen Standpunkt aus gesehen.

39 Die kinetische Gastheorie

39–1 Eigenschaften der Materie

Mit diesem Kapitel beginnen wir ein neues Thema, welches uns einige Zeit beschäftigen wird. Es ist der erste Teil der Analyse der Eigenschaften der Materie vom physikalischen Standpunkt aus gesehen. Indem wir erkennen, daß Materie aus einer großen Anzahl von Atomen oder elementaren Teilchen besteht, die elektrisch wechselwirken und den Gesetzen der Mechanik gehorchen, versuchen wir zu verstehen, warum verschiedene Atommengen sich so verhalten, wie sie es tun.

Es ist offensichtlich, daß dies ein schwieriges Gebiet ist, und wir betonen von Anfang an, daß es in der Tat ein *äußerst* schwieriges Gebiet ist und daß wir es anders behandeln müssen, als wir die anderen Themen bis jetzt behandelt haben. Im Fall der Mechanik und im Fall des Lichts waren wir in der Lage, mit einer genauen Aussage einiger Gesetze zu beginnen, wie den Newtonschen Gesetzen oder der Formel für das Feld, das von einer beschleunigten Ladung erzeugt wird, die uns half, eine ganze Reihe von Phänomenen im wesentlichen zu verstehen und die die Grundlage für das Verständnis der Mechanik und des Lichts von diesem Punkt an lieferte. Das bedeutet, daß wir später mehr lernen können, aber wir lernen keine andere Physik, wir lernen einfach bessere Methoden der mathematischen Analysis, um mit der Situation fertig zu werden.

Beim Studium der Eigenschaften der Materie können wir diese Methode nicht erfolgreich einsetzen. Wir können Materie nur in einer sehr elementaren Weise besprechen; es ist ein viel zu kompliziertes Gebiet, um es direkt von seinen eigenen Grundgesetzen her zu analysieren, die keine anderen als die Gesetze der Mechanik und der Elektrizität sind. Aber diese sind ein bißchen zu weit entfernt von den Eigenschaften, die wir studieren wollen; man benötigt zu viele Schritte, um von den Newtonschen Gesetzen zu den Eigenschaften der Materie zu gelangen, und diese Schritte selbst sind ziemlich kompliziert. Wir wollen nun beginnen, einige dieser Schritte zu tun, aber während viele unserer Analysen ziemlich genau sein werden, werden sie schließlich immer ungenauer werden. Wir werden nur eine grobe Einsicht in die Eigenschaften der Materie erhalten.

Ein Grund, daß wir die Analyse nur so wenig perfekt ausführen können, ist, daß deren Mathematik genaue Kenntnis der Wahrscheinlichkeitstheorie erfordert; wir wollen gar nicht wissen, wo sich jedes Atom tatsächlich bewegt, sondern vielmehr, wie viele sich durchschnittlich hier und dort bewegen und welches die Wahrscheinlichkeiten für verschiedene Effekte sind. Folglich schließt dieses Thema eine Kenntnis der Wahrscheinlichkeitstheorie ein, und unsere Mathematik ist noch nicht ganz so weit, und wir wollen sie nicht zu sehr strapazieren.

Zweitens, was vom physikalischen Standpunkt wichtiger ist, entspricht das tatsächliche Verhalten des Atoms nicht der klassischen Mechanik, sondern der Quantenmechanik, und ein genaues Verständnis des Themas ist erst möglich, wenn wir die Quantenmechanik verstehen. Anders als im Fall der Billardkugeln und der Autos ist hier der Unterschied zwischen den Gesetzen der klassischen Mechanik und der Quantenmechanik sehr wichtig und sehr bezeichnend, so daß viele Aussagen, die wir mit der klassischen Physik ableiten werden, grundlegend ungenau sein werden. Deshalb werden wir bestimmte Dinge teilweise verlernen müssen; jedoch werden wir in jedem Fall darauf hinweisen, wenn ein Ergebnis unkorrekt ist, so daß wir immer genau wissen, wo die „Klippen" liegen. Einer der Gründe für die Besprechung der Quantenmechanik in den letzten Kapiteln war die Vermittlung einer Vorstellung, von wo an die klassische Mechanik in den verschiedenen Richtungen mehr oder weniger unkorrekt ist.

Warum beschäftigen wir uns jetzt überhaupt mit dem Thema? Warum nicht ein halbes Jahr oder ein Jahr warten, bis wir die Wahrscheinlichkeitsrechnung besser kennen und ein bißchen Quantenmechanik lernen und es dann in einer grundlegenderen Weise abhandeln können? Die Antwort lautet, daß es ein schwieriges Gebiet ist, und der beste Weg es zu erlernen der ist, es langsam zu tun! Zuerst einmal müssen wir eine gewisse, mehr oder weniger genaue Vorstellung bekommen, was unter verschiedenen Umständen passieren sollte, und später dann, wenn wir die Gesetze besser kennen, werden wir sie genauer formulieren.

Jeder, der die Eigenschaften der Materie an einem realen Problem untersuchen will, möchte vielleicht mit dem Niederschreiben der fundamentalen Gleichungen beginnen und dann versuchen, sie mathematisch zu lösen. Obwohl es Leute gibt, die einen solchen Lösungsweg versuchen, sind diese Leute die Erfolglosen auf diesem Gebiet; die echten Erfolge haben jene, die von einem *physikalischen* Standpunkt aus beginnen, Leute, die eine ungefähre Idee haben, wohin sie gehen, und die dann anfangen, die richtige Art von Näherungen zu machen in dem Wissen, was groß und was klein bei einer gegebenen komplizierten Situation ist. Diese Probleme sind so kompliziert, daß sogar ein elementares Verständnis, wenn auch ungenau und unvollständig, wertvoll ist, und folglich wird das Thema eines von denen sein, die wir wieder und wieder besprechen auf dem Wege durch unseren Physikkurs, und zwar jedesmal ein wenig genauer.

Ein weiterer Grund, daß wir das Thema gerade jetzt beginnen, ist, daß wir schon viele dieser Gedanken z. B. in der Chemie verwendet haben; über einige von ihnen haben wir sogar auf der Oberschule gehört. Es ist interessant, die physikalische Grundlage für diese Dinge zu kennen.

Als ein interessantes Beispiel wissen wir alle, daß das gleiche Gasvolumen bei gleichem Druck und gleicher Temperatur die gleiche Anzahl von Molekülen enthält. Das Gesetz der multiplen Proportionen, daß bei Verbindung zweier Gase in einer chemischen Reaktion die benötigten Volumina immer in einfachen ganzzahligen Verhältnissen stehen, wurde schließlich von Avogadro so gedeutet, daß gleiche Volumina gleiche Anzahl von Atomen haben. *Warum* besitzen sie nun gleiche Anzahl von Atomen? Können wir von den Newtonschen Gesetzen ableiten, daß die Anzahl der Atome gleich sein sollte? Wir werden uns diesem speziellen Fall in diesem Kapitel zuwenden. In den folgenden Kapiteln werden wir verschiedene andere Phänomene diskutieren, die Drucke, Volumina, Temperatur und Wärme beinhalten.

Wir werden auch herausfinden, daß dieses Thema von einem nicht-atomaren Standpunkt angepackt werden kann und daß es viele Beziehungen zwischen den Substanzeigenschaften gibt. Wenn wir z. B. etwas komprimieren, wird es warm; wenn wir es aufheizen, expandiert es. Es gibt eine Beziehung zwischen diesen beiden Tatsachen, die unabhängig von dem inneren Mechanismus abgeleitet werden kann. Dieses Gebiet wird *Thermodynamik* genannt. Das tiefste Verständnis der Thermodynamik kommt natürlich aus dem Verständnis des tatsächlichen Mechanismus, und so werden wir folgenden Weg gehen: Wir werden von Anfang an den atomaren Standpunkt heranziehen und ihn benutzen, um die verschiedenen Eigenschaften der Materie und die Gesetze der Thermodynamik zu verstehen.

Also wollen wir die Eigenschaften der Gase aus der Sicht der Newtonschen Gesetze der Mechanik diskutieren.

39–2 Der Druck eines Gases

Zuerst einmal wissen wir, daß ein Gas einen Druck ausübt, und wir müssen klar verstehen, was der Grund dafür ist. Wenn unsere Ohren um ein Mehrfaches empfindlicher wären, würden wir ein dauerndes Rauschen hören. Die Evolution hat das Ohr nicht bis zu diesem Punkt entwickelt, weil es nutzlos wäre, wenn es so sehr viel empfindlicher wäre – wir würden einen dauernden Spektakel hören. Der Grund dafür ist, daß das Trommelfell Kontakt mit der Luft hat und Luft aus einer Menge von Molekülen besteht, die sich in dauernder Bewegung befinden, und diese stoßen gegen die Trommelfelle. Wenn sie gegen die Trommelfelle stoßen, erzeugen sie ein unregelmäßiges Trommeln – Bumm, Bumm, Bumm – das wir nicht hören, weil die Atome so klein sind und die Empfindlichkeit des Ohres nicht ausreicht, sie zu bemerken. Das Ergebnis dieses ununterbrochenen Bombardements ist, daß das Trommelfell weggeschoben wird; aber natürlich gibt es ein gleiches ununterbrochenes Bombardement von Atomen auf der anderen Seite des Trommelfelles, so daß die resultierende Kraft gleich Null ist. Wenn wir die Luft von einer Seite wegnehmen oder die relativen Luftmengen auf beiden Seiten ändern würden, dann würde das Trommelfell nach der einen oder der anderen Seite verschoben werden, weil das Bombardement auf einer Seite stärker als auf der anderen sein würde. Wir fühlen manchmal diesen unangenehmen Effekt, wenn wir in einem Fahrstuhl oder einem Flugzeug zu schnell aufsteigen, besonders, wenn wir noch eine schlimme Erkältung haben. (Bei einer Erkältung schließt die Entzündung die Röhre, die die Luft auf der Innenseite des Trommelfelles mit der äußeren Luft durch den Hals verbindet, so daß die beiden Drucke sich nicht rechtzeitig ausgleichen können.)

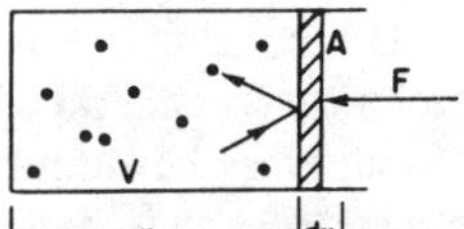

Fig. 39–1. Atome eines Gases in einem Behälter mit einem reibungslosen Kolben.

Zur Überlegung, wie die Situation quantitativ zu untersuchen ist, stellen wir uns vor, daß wir ein Gasvolumen in einem Behälter haben, der an einem Ende einen beweglichen Kolben hat (Fig. 39–1). Wir möchten herausfinden, was für eine Kraft auf den Kolben daraus entsteht, daß Atome in dem Behälter sind. Das Volumen des Behälters ist V, und wenn die Atome sich in dem Behälter mit verschiedenen Geschwindigkeiten bewegen, stoßen sie gegen den Kolben. Wir nehmen an, daß es auf der Außenseite des Kolbens nichts, also ein Vakuum, gibt. Was passiert dann? Wenn man den Kolben in Ruhe ließe und niemand ihn festhalten würde, würde er bei jedem Stoß einen kleinen Impuls aufnehmen und würde so allmählich aus dem Behälter herausgestoßen werden. Um ihn also davor zu bewahren, aus dem Behälter herausgestoßen zu werden, müssen wir ihn mit einer Kraft F festhalten. Die Frage ist, mit wieviel Kraft? Eine Möglichkeit die Kraft auszudrücken ist die, von der Kraft pro Einheitsfläche zu sprechen: Wenn A die Fläche des

Kolbens ist, dann wird die Kraft auf den Kolben als Zahl multipliziert mit der Fläche geschrieben. Den Druck definieren wir dann als gleich der Kraft, die auf einen Kolben ausgeübt werden muß, dividiert durch die Fläche des Kolbens:

$$P = F/A. \tag{39.1}$$

Um sicherzustellen, daß wir den Gedanken verstehen (die Ableitung ist für einen anderen Zweck sowieso notwendig): Die differentielle ***Arbeit*** dW, die an dem Gas geleistet wird, wenn es durch Bewegung des Kolbens um einen differentiellen Betrag $-dx$ komprimiert wird, wäre gleich der Kraft mal der Entfernung, um die wir es komprimieren; dies würde entsprechend (39.1) gleich dem Druck mal der Fläche mal der Entfernung sein, was gleich dem Druck mit negativem Vorzeichen mal der Volumenänderung ist:

$$dW = F(-dx) = -PA\,dx = -P\,dV. \tag{39.2}$$

(Die Fläche A mal der Entfernung dx ist die Volumenänderung.) Das Minuszeichen rührt daher, daß wir das Volumen *vermindern,* wenn wir es komprimieren; wenn wir darüber nachdenken, können wir einsehen, daß, wenn Gas komprimiert wird, Arbeit *an* ihm geleistet wird.

Wieviel Kraft müssen wir aufwenden, um den Aufprall der Moleküle auszugleichen? Der Kolben erhält von jedem Zusammenstoß einen bestimmten Impulsbetrag. Ein gewisser Impulsbetrag strömt pro Sekunde in den Kolben ein, und er wird anfangen, sich zu bewegen. Um ihn davon abzuhalten, müssen wir denselben Impulsbetrag pro Sekunde aus unserer Kraft in ihn einfließen lassen. Natürlich *ist* die Kraft gleich dem Impulsbetrag pro Sekunde, den wir leisten müssen. Man kann es auch anders ausdrücken: Wenn wir den Kolben loslassen, wird er wegen des Bombardements Geschwindigkeit aufnehmen; jeder Aufprall bewirkt etwas mehr Geschwindigkeit, und folglich steigt die Geschwindigkeit an. Die Rate, mit der die Geschwindigkeit des Kolbens wächst oder sich beschleunigt, ist proportional zur Kraft, die darauf wirkt. So sehen wir, daß die Kraft, die wie schon gesagt gleich dem Druck mal der Fläche ist, gleich dem Impuls pro Sekunde ist, der dem Kolben durch die auftreffenden Moleküle zugeführt wird.

Die Berechnung des Impulses pro Sekunde ist einfach – wir können sie in zwei Abschnitten ausführen: Zuerst stellen wir den Impuls fest, den der Kolben durch den Aufprall eines bestimmten Atoms erhält, dann multiplizieren wir mit der Zahl der Zusammenstöße zwischen den Atomen und der Wand pro Sekunde. Die Kraft ist das Produkt dieser zwei Faktoren. Nun wollen wir sehen, was diese beiden Faktoren sind: Zuerst einmal wollen wir annehmen, daß der Kolben ein vollkommener „Reflektor“ für die Atome ist. Wenn er es nicht wäre, wäre die ganze Theorie falsch, und der Kolben würde sich aufheizen, und alles würde sich ändern; wenn sich aber schließlich Gleichgewicht eingestellt hat, wird das Ergebnis sein, daß die Zusammenstöße tatsächlich vollkommen elastisch sind. Jedes Teilchen, das auftrifft, fliegt im Mittel mit derselben Energie fort. So stellen wir uns vor, daß das Gas im Ruhezustand ist und wir keine Energie an den Kolben verlieren, weil der Kolben stillsteht. Wenn unter diesen Umständen ein Teilchen mit einer bestimmten Geschwindigkeit auftrifft, verläßt es den Kolben mit derselben Geschwindigkeit und, wie wir sagen wollen, mit derselben Masse.

Wenn $\mathbf{v}$ die Geschwindigkeit eines Atoms und v_x die x-Komponente von $\mathbf{v}$ ist, dann ist mv_x die x-Komponente des Impulses „ein“; wir haben aber auch noch eine gleiche Komponente des Impulses „aus“, und folglich ist der gesamte Impuls, den ein Teilchen auf den Kolben bei einem Aufprall ausübt, gleich $2mv_x$, weil es „reflektiert“ wird.

Nun brauchen wir die Anzahl der Kollisionen der Atome in einer Sekunde oder in einem bestimmten Zeitbetrag dt; dann teilen wir durch dt. Wieviele Atome treffen auf? Wir wollen annehmen, daß es N Atome in dem Volumen V oder $n = N/V$ in jedem Einheitsvolumen gibt. Um herauszufinden, wieviele Atome den Kolben treffen, bemerken wir, daß bei gegebener Zeit t_x ein Teilchen, wenn es eine bestimmte Geschwindigkeit in Richtung auf den Kolben hat, ihn während der Zeit t treffen wird, falls es nahe genug ist. Wenn es zu weit entfernt ist, läuft es in der Zeit t nur ein Stückchen in Richtung auf den Kolben, erreicht ihn aber nicht. Deshalb ist klar, daß nur diejenigen Moleküle, die sich innerhalb einer Entfernung $v_x t$ vor dem Kolben befinden, ihn in der Zeit t treffen werden. Folglich ist die Anzahl der Kollisionen in der Zeit t gleich der Zahl der Atome, die sich in dem Gebiet innerhalb der Entfernung $v_x t$ befinden; und da die Fläche des Kolbens A ist, beträgt das *Volumen*, das die Atome einnehmen, die den Kolben treffen werden, $v_x t A$. Aber die *Anzahl* der Atome, die den Kolben treffen werden, ist durch dies Volumen mal der Anzahl der Atome pro Einheitsvolumen, nämlich $n v_x t A$, gegeben. Natürlich wollen wir nicht die Zahl, die innerhalb der Zeit t auftrifft, wir wollen die Zahl, die pro Sekunde auftrifft; so dividieren wir durch die Zeit t und erhalten $n v_x A$. (Diese Zeit t könnte sehr kurz gemacht werden; wenn wir es eleganter machen wollen, nennen wir sie dt und differenzieren dann, aber es kommt auf dasselbe heraus.)

So finden wir die Kraft als

$$F = n v_x A \cdot 2 m v_x. \tag{39.3}$$

Man beachte, daß die Kraft proportional zur Fläche *ist*, wenn wir die Fläche bei festgehaltener Teilchendichte ändern! Der Druck ist dann

$$P = 2nmv_x^2. \tag{39.4}$$

Jetzt bemerken wir einen kleinen Makel in der Analyse: Erst einmal haben nicht alle Moleküle dieselbe Geschwindigkeit und sie bewegen sich nicht in dieselbe Richtung. Folglich sind alle v_x^2 verschieden! Folglich müssen wir natürlich einen *Mittelwert* dieser v_x^2 nehmen, da jedes seinen eigenen Beitrag liefert. Was wir brauchen, ist das Quadrat von v_x, gemittelt über alle Moleküle:

$$P = nm\langle v_x^2\rangle. \tag{39.5}$$

Haben wir vergessen, den Faktor 2 einzubeziehen? Nein; nur die Hälfte aller Atome hat die Richtung auf den Kolben zu. Die andere Hälfte ist andersherum gerichtet, und wenn wir $\langle v_x^2\rangle$ nehmen, mitteln wir die quadrierten *negativen* v_x ebenso wie die positiven v_x. Wenn wir also einfach $\langle v_x^2\rangle$ nehmen ohne genau hinzusehen, bekommen wir zweimal soviel wie wir wollen. Der Mittelwert von v_x^2 für positive v_x ist gleich dem Mittelwert von v_x^2 für *alle* v_x multipliziert mit einhalb.

Wenn die Atome nun herumschwirren, ist klar, daß es keine spezielle „x-Richtung" gibt; die Atome können sich auch auf und ab, rückwärts und vorwärts, hinein und heraus bewegen. Deshalb wird es auch richtig sein, daß die gemittelte Bewegung in einer Richtung $\langle v_x^2\rangle$ und der Mittelwert in den beiden anderen Richtungen alle gleich sein werden:

$$\langle v_x^2\rangle = \langle v_y^2\rangle = \langle v_z^2\rangle. \tag{39.6}$$

Daher ist es nur eine Angelegenheit ziemlich trickreicher Mathematik zu zeigen, daß sie gleich einem Drittel ihrer Summe sind, was natürlich das Quadrat des Betrages der Geschwindigkeit ist:

$$\langle v_x^2\rangle = \tfrac{1}{3}\langle v_x^2 + v_y^2 + v_z^2\rangle = \langle v^2\rangle/3. \tag{39.7}$$

Dies hat den Vorteil, daß wir uns nicht um irgendeine bestimmte Richtung zu kümmern brauchen, und so schreiben wir unsere Druckformel wieder in dieser Form:

$$P = (\tfrac{2}{3})n\langle mv^2/2\rangle. \tag{39.8}$$

Der Grund dafür, daß wir den letzten Faktor als $\langle mv^2/2\rangle$ schrieben, ist der, daß dies die *kinetische Energie* der Massenmittelpunktsbewegung des Moleküls ist. So finden wir

$$PV = N(\tfrac{2}{3})\langle mv^2/2\rangle. \tag{39.9}$$

Mit dieser Gleichung können wir ausrechnen, wie groß der Druck ist, wenn wir die Geschwindigkeiten kennen.

Als ein sehr einfaches Beispiel wollen wir Helium nehmen, oder irgendein anderes Gas wie Quecksilberdampf oder Natriumdampf von ausreichend hoher Temperatur, oder Argon, bei dem alle Moleküle Einzelatome sind, bei denen wir annehmen können, daß es keine innere Bewegung in dem Atom gibt. Wenn wir ein komplexes Molekül hätten, könnte es irgendwelche innere Bewegung, wechselseitige Schwingungen oder irgend so etwas geben. Wir nehmen an, daß wir dies vernachlässigen können; in Wirklichkeit ist dies ein ernstes Problem, auf das wir noch zurückkommen müssen, aber es stellt sich heraus, daß es so richtig ist. Wir nehmen an, daß die innere Bewegung der Atome vernachlässigt werden kann und daß deshalb bei dieser Annahme die kinetische Energie der Massenmittelpunktsbewegung die gesamte vorhandene Energie ist. So ist für ein einatomiges Gas die kinetische Energie die gesamte Energie. Im allgemeinen werden wir die gesamte Energie U nennen (sie wird manchmal die gesamte *innere* Energie genannt – wir mögen uns fragen warum, da es keine *äußere* Energie bei einem Gas gibt), womit die Energie aller Moleküle im Gas oder in dem Objekt, was immer es auch sei, gemeint ist.

Bei einem einatomigen Gas wollen wir annehmen, daß die gesamte Energie U gleich der Anzahl der Atome mal der mittleren kinetischen Energie jedes einzelnen Atoms ist, weil wir jede Möglichkeit der Anregung oder der Bewegung innerhalb der Atome selbst vernachlässigen. Unter diesen Umständen würden wir dann erhalten

$$PV = \tfrac{2}{3}U. \tag{39.10}$$

Nebenbei können wir hier innehalten und die Antwort auf die folgende Frage finden: Angenommen, wir nehmen einen Behälter mit Gas und komprimieren das Gas langsam, wieviel Druck benötigen wir dann, um das Volumen zusammenzudrücken? Es läßt sich leicht feststellen, da der Druck zwei Drittel der Energie dividiert durch V beträgt. Wenn wir es zusammendrücken, leisten wir Arbeit an dem Gas und erhöhen dabei die Energie U. Folglich werden wir eine Art Differentialgleichung erhalten: Wenn wir bei einer gegebenen Situation mit einer bestimmten Energie und einem bestimmten Volumen starten, dann kennen wir den Druck. Nun fangen wir an zu komprimieren, aber in dem Moment wird die Energie U größer, und das Volumen V verkleinert sich, so daß der Druck ansteigt.

Folglich müssen wir eine Differentialgleichung lösen, und wir werden sie in Kürze lösen. Vorher jedoch müssen wir folgendes betonen: Wenn wir dieses Gas komprimieren, nehmen wir an, daß die ganze Arbeit auf die Erhöhung der Energie der Atome verwendet wird. Wir können fragen: „Ist das nicht notwendig? Wohin sonst könnte sie gehen?“ Es stellt sich heraus, daß sie woanders hingehen *kann*. Es gibt etwas, was wir „Wärmeverluste“ durch die Wände nennen: Die heißen (d. h. schnellen) Atome, die die Wände bombardieren, heizen die Wände auf, und Energie geht verloren. Wir werden im Moment annehmen, daß dies nicht der Fall ist.

Obwohl wir noch einige sehr spezielle Annahmen bei unserem Gas machen, werden wir nicht $PV = \frac{2}{3}U$ schreiben, sondern zur Vergrößerung der Allgemeinheit folgendes ansetzen

$$PV = (\gamma - 1)U. \tag{39.11}$$

Aus Gründen der Konvention wird $(\gamma - 1)$ mal U geschrieben, weil wir uns später mit einigen anderen Fällen beschäftigen werden, bei denen die Zahl vor U nicht $\frac{2}{3}$, sondern eine andere Zahl sein wird. Um die Formulierung allgemein zu halten, werden wir also $\gamma - 1$ sagen, weil man es schon fast hundert Jahre lang so genannt hat. Dieses γ beträgt dann $\frac{5}{3}$, denn für einatomiges Gas wie Helium ist $\frac{5}{3} - 1$ gleich $\frac{2}{3}$.

Wir haben schon bemerkt, wenn wir ein Gas komprimieren, so ist die geleistete Arbeit gleich $-P\,dV$. Eine Kompression, bei der keine Wärmeenergie hinzugefügt oder abgeführt wird, wird eine *adiabatische* Kompression genannt, von dem griechischen *a* (nicht) + *dia* (durch) + *bainein* (gehen). (Das Wort adiabatisch wird in der Physik in verschiedenen Bedeutungen benutzt, und es ist manchmal schwer zu erkennen, was daran gemeinsam ist.) Das bedeutet, daß bei einer adiabatischen Kompression die gesamte geleistete Arbeit in die Änderung der inneren Energie geht. Das ist der springende Punkt – daß es keine anderen Energieverluste gibt –, denn dann haben wir $P\,dV = -dU$. Da aber $U = P\,dV\,(\gamma - 1)$ gilt, können wir schreiben

$$dU = (P\,dV + V\,dP)/(\gamma - 1). \tag{39.12}$$

Folglich haben wir $P\,dV = -(P\,dV + V\,dP)/(\gamma - 1)$ oder, wenn wir die Terme umordnen, $\gamma P\,dV = -V\,dP$ oder

$$(\gamma\,dV/V) + (dP/P) = 0. \tag{39.13}$$

Glücklicherweise können wir dieses integrieren, wenn wir annehmen, daß γ konstant ist, was bei einem einatomigen Gas der Fall ist: Es ergibt $\gamma \ln V + \ln P = \ln C$, wobei $\ln C$ die Integrationskonstante ist. Wenn wir auf beiden Seiten die Exponentialschreibweise einführen, erhalten wir das Gesetz

$$PV^{\gamma} = C \text{ (eine Konstante)}. \tag{39.14}$$

Mit anderen Worten: Unter adiabatischen Bedingungen, bei denen die Temperatur beim Komprimieren ansteigt, weil keine Wärme verlorengeht, ist der Druck mal dem Volumen in der $\frac{5}{3}$-Potenz bei einem einatomigen Gas eine Konstante! Obwohl wir das theoretisch abgeleitet haben, verhalten sich einatomige Gase im Experiment tatsächlich so.

39–3 Kompressibilität der Strahlung

Wir können ein anderes Beispiel der kinetischen Gastheorie angeben, eines, das nicht so sehr in der Chemie, sondern mehr in der Astronomie gebraucht wird. Wir haben eine große Anzahl von Photonen in einem Kasten, in dem die Temperatur sehr hoch ist. (Der Kasten ist natürlich das Gas in einem sehr heißen Stern. Die Sonne ist nicht heiß genug; es gibt dort noch zuviele Atome, aber bei noch höheren Temperaturen in bestimmten heißen Sternen können wir die Atome vernachlässigen und annehmen, daß als einzige Objekte Photonen in dem Kasten sind.) Nun hat dann ein Photon einen bestimmten Impuls $\mathbf{p}$. (Wir stellen immer wieder fest, daß wir in große Schwierigkeiten kommen, wenn wir die kinetische Theorie behandeln: p ist der Druck, aber p ist der Impuls; v ist das Volumen, aber v ist die Geschwindigkeit; T ist die Temperatur, aber T ist die kinetische Energie oder die Zeit oder der Drehimpuls; man muß schon seinen Verstand zusammenhalten!) Dieses $\mathbf{p}$ ist ein Impuls, es ist ein Vektor. Wenn wir dieselbe Analysis wie vorher durchführen, ist es die x-Komponente des Vektors $\mathbf{p}$, die den „Stoß" erzeugt, und die zweifache x-Komponente des Vektors $\mathbf{p}$ ist der Impuls, der in dem Stoß abgegeben wird. Folglich wird $2mv_x$ durch $2p_x$ ersetzt, und bei der Berechnung der Zahl der Zusammenstöße bleibt v_x noch v_x; so erhalten wir, wenn wir es ganz durchrechnen, in Gl. (39.4) stattdessen den Druck

$$P = 2np_xv_x. \tag{39.15}$$

Bei der Mittelung wird es dann zum n-fachen des Mittelwertes von p_xv_x (derselbe Faktor 2), und wenn wir die beiden anderen Richtungen einsetzen, erhalten wir schließlich

$$PV = N\langle\mathbf{p}\cdot\mathbf{v}\rangle/3. \tag{39.16}$$

Dies stimmt mit der Formel (39.9) überein, da der Impuls $m\mathbf{v}$ ist; es ist ein bißchen allgemeiner, das ist alles. Der Druck mal dem Volumen ist die Gesamtzahl der Atome mal dem gemittelten $\frac{1}{3}\,(\mathbf{p}\cdot\mathbf{v})$.

Was bedeutet nun bei Photonen $\mathbf{p}\cdot\mathbf{v}$? Der Impuls und die Geschwindigkeit zeigen in dieselbe Richtung, und die Geschwindigkeit ist die Lichtgeschwindigkeit, so ist sie der Impuls jedes einzelnen Objektes mal der Lichtgeschwindigkeit. Der Impuls mal der Lichtgeschwindigkeit jedes Photons ist dessen Energie: $E = pc$, so daß diese Terme die *Energien* jedes einzelnen Photons darstellen, und wir sollten natürlich eine gemittelte Energie nehmen und mit der Anzahl der Photonen multiplizieren. So haben wir $\frac{1}{3}$ der Energie innerhalb des Gases:

$$PV = U/3 \quad \text{(Photonengas)}. \tag{39.17}$$

Für Photonen beträgt dann $(\gamma - 1)$ in (39.11) gerade $\frac{1}{3}$, da wir $\frac{1}{3}$ davorstehen haben, oder es gilt $\gamma = \frac{4}{3}$, und wir haben entdeckt, daß die Strahlung in einem Kasten dem Gesetz gehorcht

$$PV^{4/3} = C. \tag{39.18}$$

Folglich kennen wir die Kompressibilität der Strahlung! Dies ist genau das, was in einer Analyse des Beitrages des Strahlungsdrucks in einem Stern gebraucht wird; so berechnen wir ihn und so ändert er sich, wenn wir komprimieren. Was für wundervolle Dinge liegen schon im Bereich unserer Kräfte!

39–4 Temperatur und kinetische Energie

Bis jetzt haben wir uns noch nicht mit der *Temperatur* beschäftigt; wir haben die Temperatur absichtlich vermieden. Wenn wir ein Gas komprimieren, wissen wir, daß die Energie der Moleküle anwächst, und wir sagen gewöhnlich, daß das Gas wärmer wird; wir möchten gern verstehen, was dies mit der Temperatur zu tun hat. Wenn wir versuchen, das Experiment nicht adiabatisch, sondern bei sogenannter *konstanter Temperatur* auszuführen, was tun wir dann? Wir wissen, wenn wir zwei Gasbehälter nehmen und sie lange genug dicht nebeneinander stehen lassen, so kommen sie am Ende auf dieselbe Temperatur, auch wenn sie sich am Anfang auf sogenannten verschiedenen Temperaturen befanden. Was bedeutet das nun? Das bedeutet, daß sie einen Zustand erreichen, zu dem sie gelangen würden, wenn wir sie lange genug allein ließen! Das ist es eben, was wir mit gleicher Temperatur meinen – der endgültige Zustand, wenn die Dinge lange genug sich selbst überlassen werden und sich gegenseitig beeinflussen.

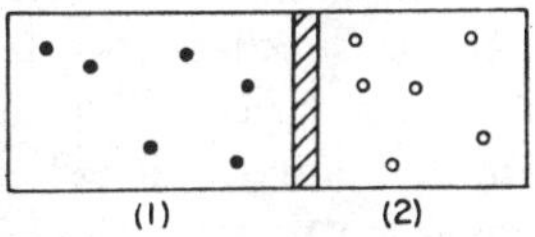

Fig. 39–2. Atome zweier verschiedener einatomiger Gase werden durch einen beweglichen Kolben getrennt.

Wir wollen jetzt betrachten, was passiert, wenn wir zwei Gase in Behältern haben, die wie in Fig. 39–2 durch einen beweglichen Kolben getrennt werden (der Einfachheit halber werden wir zwei einatomige Gase, sagen wir Helium und Neon nehmen). Im Behälter (1) haben die Atome die Masse m_1, die Geschwindigkeit v_1 und es gibt n_1 pro Einheitsvolumen; in dem anderen Behälter haben die Atome die Masse m_2, die Geschwindigkeit v_2 und es gibt n_2 Atome pro Einheitsvolumen. Welches sind die Bedingungen für das Gleichgewicht?

Offenbar muß das Bombardement von der linken Seite so groß sein, daß es den Kolben nach rechts verschiebt und das andere Gas komprimiert, bis dessen Druck ansteigt; so wird die Geschichte hin und her schwanken und allmählich an einer Stelle zur Ruhe kommen, an der die Drucke auf beiden Seiten gleich sind. So können wir erreichen, daß die Drucke gleich sind; das bedeutet wiederum, daß die inneren Energien pro Einheitsvolumen gleich sind oder daß die Zahlen n multipliziert mit der mittleren kinetischen Energie auf beiden Seiten gleich sind. Was wir letzten Endes versuchen müssen zu beweisen ist, daß die *Zahlen selbst* gleich sind. Bis jetzt wissen wir nur, daß die Zahlen multipliziert mit den kinetischen Energien gleich sind,

$$n_1\langle m_1 v_1^2/2\rangle = n_2\langle m_2 v_2^2/2\rangle,$$

und zwar aus (39.8), da die Drucke gleich sind. Wir müssen erkennen, daß dies über den langen Zeitraum nicht die einzige Bedingung ist, sondern daß etwas anderes, Langsameres passieren muß, wenn das wahre vollständige Gleichgewicht, das gleichen Temperaturen entspricht, einsetzt.

Um den Gedanken zu erkennen, nehme man an, daß der Druck auf der linken Seite durch eine sehr hohe Dichte, aber eine niedrige Geschwindigkeit entstanden ist. Wenn wir ein großes n und ein kleines v haben, können wir denselben Druck erhalten wie durch ein kleines n und ein großes v. Die Atome können sich sehr langsam bewegen, aber fast festkörperähnlich gepackt sein, oder sie können dünner verteilt sein, aber sehr viel härter zusammenprallen. Wird das für immer so bleiben? Zuerst könnten wir so denken, aber dann denken wir noch einmal nach und stellen fest, daß wir einen wichtigen Punkt vergessen haben. Und zwar ist der Kolben in der Mitte nicht einem gleichmäßigen Druck ausgesetzt; er schwingt hin und her, genau wie das Trommelfell, über das wir am Anfang gesprochen haben, weil die Stöße nicht vollkommen gleichmäßig sind. Es besteht kein gleichmäßiger, stetiger Druck, sondern ein Trommeln – der Druck variiert, und so zittert alles. Angenommen, die Atome auf der rechten Seite zittern nicht so stark, auf der linken Seite aber sind nur einige wenige mit großen Zwischenräumen und sehr energiereich. Der Kolben erhält ab und zu einen starken Stoß von links, wird gegen die langsamen Atome auf der rechten Seite getrieben und vermittelt ihnen größere Geschwindigkeit. (Jedes Atom, das mit dem Kolben kollidiert, verliert oder gewinnt Energie, je nachdem, ob der Kolben sich in der einen oder der anderen Richtung bewegt, wenn das Atom ihn trifft.) Infolge der Kollisionen zittert der Kolben unu zittert und zittert, und dies erschüttert das andere Gas – es überträgt Energie auf die anderen Atome, und ihre Bewegungen werden schneller, bis sie das Zittern, das der Kolben ihnen überträgt, ausbalanciert haben. Das System kommt zu einem Gleichgewicht, bei dem der Kolben sich mit einer solchen mittleren quadratischen Geschwindigkeit bewegt, daß er Energie von den Atomen mit etwa der gleichen Rate übernimmt, mit der er Energie an sie abgibt. Folglich zeigt der Kolben eine bestimmte mittlere Geschwindigkeitsschwankung, und es ist unsere Aufgabe, sie zu finden. Wenn wir sie finden, können wir unser Problem besser lösen, weil die Gase ihre Geschwindigkeiten so lange angleichen, bis die Rate, mit der sie sich gegenseitig durch den Kolben Energie zu übertragen versuchen, ausgeglichen ist.

Es ist ziemlich schwierig, die Einzelheiten bezüglich des Kolbens in diesem speziellen Fall zu berechnen; obwohl es sehr einfach zu verstehen ist, erweist sich die Analyse als recht schwierig. Bevor wir dies analysieren, wollen wir ein anderes Problem untersuchen, bei dem wir einen Gasbehälter haben, aber jetzt mit zwei verschiedenen Arten von Molekülen, die die Massen m_1 und m_2 und die Geschwindigkeiten v_1 und v_2 usw. haben; jetzt gibt es eine sehr viel innigere Beziehung. Wenn alle Moleküle der Nr. 2 stillstehen, dauert dieser Zustand nicht an, weil sie von den Molekülen der Nr. 1 weggestoßen werden und so Geschwindigkeit aufnehmen. Wenn sie sich alle sehr viel schneller als die Moleküle der Nr. 1 bewegen, dann kann dies auch nicht lange andauern – sie werden die Energie wieder an die Moleküle der Nr. 1 zurückgeben. Wenn sich also beide Gase im selben Behälter befinden, besteht das Problem darin, das Gesetz zu finden, das die relativen Geschwindigkeiten der beiden bestimmt.

Dies ist noch ein sehr schwieriges Problem, aber wir wollen es wie folgt lösen. Zuerst betrachten wir das folgende Teilproblem (dies ist wiederum einer jener Fälle, bei denen – man kümmere sich nicht um die Ableitung – am Ende das Ergebnis sehr einfach zu behalten, aber die Ableitung einfach genial ist). Wir wollen annehmen, daß wir zwei Moleküle von verschiedener Masse haben, die zusammenstoßen, und daß der Zusammenstoß im Schwerpunkt-(S)-System dargestellt wird. Um Schwierigkeiten zu verhindern, betrachten wir den Zusammenstoß im Schwerpunktsystem. Aus den Stoßgesetzen wissen wir, daß sich durch die Erhaltung von Impuls und Energie die Moleküle nach dem Zusammenstoß nur so bewegen können, daß jedes seine ursprüngliche Geschwindigkeit beibehält – sie ändern nur ihre *Richtung*. So haben wir im Mittel einen Zusammenstoß, der wie der in Fig. 39–3 aussieht. Nehmen wir einen Moment an, daß wir all die Zusammenstöße beobachten, wobei S sich in Ruhe befindet.

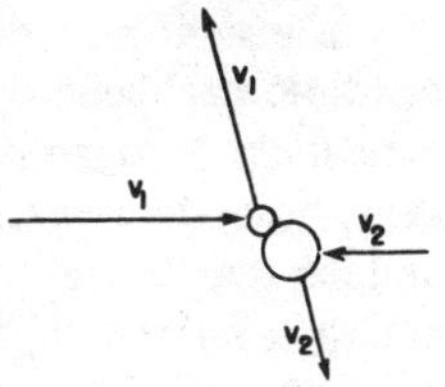

Fig. 39–3. Ein Zusammenstoß zwischen ungleichen Molekülen, gezeichnet im S-System.

Angenommen, wir stellen uns vor, daß sie sich anfänglich horizontal bewegen. Natürlich bewegen sich einige von ihnen nach dem ersten Zusammenstoß unter einem Winkel. Mit anderen Worten, wenn sie alle horizontal laufen würden, dann würden später wenigstens einige sich vertikal bewegen. Bei einem anderen Zusammenstoß würden sie nun aus einer anderen Richtung einfallen und würden in noch einem anderen Winkel verdreht werden. Auch wenn sie also am Anfang vollständig geordnet wären, würden sie in alle Richtungen versprengt werden, und die Versprengten würden weiter verstreut und weiter und immer weiter verstreut werden. Wie wird letztlich die Verteilung aussehen? *Antwort: Es wird gleich wahrscheinlich sein, Paare zu finden, die sich in jeder beliebigen Richtung im Raum bewegen.* Danach können weitere Zusammenstöße die Verteilung nicht ändern.

Sie gehen mit gleicher Wahrscheinlichkeit in alle Richtungen, aber wie drücken wir das aus? Es existiert natürlich *keine* Wahrscheinlichkeit, daß sie in irgendeine bestimmte Richtung laufen, weil eine bestimmte Richtung zu exakt ist, und folglich müssen wir von einer Einheits-„Größe" sprechen. Der Gedanke ist der, daß durch eine beliebige Fläche auf einer Kugel, die um einen Kollisionspunkt herum angeordnet ist, genauso viele Moleküle hindurchgehen wie durch irgendeine andere gleich große Fläche auf der Kugel. Folglich wird das Resultat der Kollisionen die Richtungsverteilung festlegen, so daß gleiche Flächen auf einer Kugel gleiche Wahrscheinlichkeiten haben werden.

Wenn wir übrigens nur die ursprüngliche Richtung und irgendeine Richtung unter einem Winkel θ dazu besprechen wollen, so ist es eine interessante Eigenschaft, daß die differentielle Fläche der Kugel mit dem Einheitsradius gleich $\sin\theta\, d\theta$ mal 2π ist, und das ist gerade die Ableitung von $\cos\theta$. Folglich bedeutet dies, daß der Kosinus des Winkels θ zwischen irgendwelchen zwei Richtungen mit gleicher Wahrscheinlichkeit irgend etwas von -1 bis $+1$ betragen kann.

Als nächstes müssen wir uns mit dem aktuellen Fall beschäftigen, bei dem der Zusammenstoß nicht im S-System stattfindet, sondern wir zwei Atome haben, die mit den Vektorgeschwindigkeiten $\mathbf{v}_1$ und $\mathbf{v}_2$ zusammentreffen. Was geschieht nun? Wir können diesen Zusammenstoß mit den Vektorgeschwindigkeiten $\mathbf{v}_1$ und $\mathbf{v}_2$ in der folgenden Weise analysieren: Wir sagen zunächst, daß es einen bestimmten Schwerpunkt S gibt; die Geschwindigkeit von S wird durch die „mittlere" Geschwindigkeit mit den Gewichten proportional zu den Massen gegeben, so daß die Geschwindigkeit von S gleich $\mathbf{v}_S = (m_1\mathbf{v}_1 + m_2\mathbf{v}_2)/(m_1 + m_2)$ ist. Wenn wir diesen Zusammenstoß in dem S-System beobachten, dann sehen wir einen Zusammenstoß genau wie in Fig. 39–3, wobei eine bestimmte relative Geschwindigkeit $\mathbf{w}$ hinzukommt. Die relative Geschwindigkeit ist gerade $\mathbf{v}_1 - \mathbf{v}_2$. Nun ist der Gedanke der, daß sich zunächst der gesamte Schwerpunkt S bewegt und daß in S eine relative Geschwindigkeit $\mathbf{w}$ existiert und die Moleküle kollidieren und in irgendwelchen neuen Richtungen davonlaufen. Dies alles geschieht, während S sich weiter ohne irgendeine Änderung bewegt.

Wie sieht nun die hieraus resultierende Verteilung aus? Aus unserer früheren Argumentation schließen wir dies: Im Gleichgewicht sind *alle Richtungen für* **w** *gleich wahrscheinlich, bezogen auf die Richtung der Bewegung von S.** Es wird letzten Endes keine besondere Beziehung zwischen der Bewegungsrichtung der relativen Geschwindigkeit und der der Bewegung von S geben. Wenn es diese geben würde, würden die Kollisionen sie natürlich verstreuen, so daß alles zerstreut ist. Folglich ist der Kosinus des Winkels zwischen **w** und $\mathbf{v}_S$ im Mittel Null. Das heißt,

$$\langle \mathbf{w} \cdot \mathbf{v}_{CM} \rangle = 0. \tag{39.19}$$

Aber $\mathbf{w} \cdot \mathbf{v}_S$ kann ebensogut durch $\mathbf{v}_1$ und $\mathbf{v}_2$ ausgedrückt werden:

$$\begin{aligned} \mathbf{w} \cdot \mathbf{v}_{CM} &= \frac{(\mathbf{v}_1 - \mathbf{v}_2) \cdot (m_1 \mathbf{v}_1 + m_2 \mathbf{v}_2)}{m_1 + m_2} \\ &= \frac{(m_1 v_1^2 - m_2 v_2^2) + (m_2 - m_1)(\mathbf{v}_1 \cdot \mathbf{v}_2)}{m_1 + m_2}. \end{aligned} \tag{39.20}$$

Zuerst wollen wir $\mathbf{v}_1 \cdot \mathbf{v}_2$ betrachten. Was ist der Mittelwert von $\mathbf{v}_1 \cdot \mathbf{v}_2$? Das heißt, was ist der Mittelwert der Geschwindigkeitskomponente eines Moleküls längs der Richtung eines anderen? Sicherlich ist es ebenso wahrscheinlich, daß irgendein gegebenes Molekül sich in einer Richtung bewegt wie in irgendeiner anderen. *Der Mittelwert der Geschwindigkeit v_2 in irgendeiner Richtung beträgt Null.* Sicher ist dann $\mathbf{v}_2$ in der Richtung von $\mathbf{v}_1$ im Mittel Null. So ist der Mittelwert von $\mathbf{v}_1 \cdot \mathbf{v}_2$ Null! Deshalb schließen wir, daß der Mittelwert von $m_1 v_1^2$ gleich dem Mittelwert von $m_2 v_2^2$ sein muß. Das heißt, *die mittlere kinetische Energie der beiden muß gleich sein:*

$$\tfrac{1}{2} m_1 v_1^2 = \tfrac{1}{2} m_2 v_2^2. \tag{39.21}$$

Wenn wir zwei Atomarten in einem Gas haben, kann gezeigt werden, und wir nehmen mal an, daß wir es gezeigt haben, daß der Mittelwert der kinetischen Energie der einen Art gleich dem Mittelwert der kinetischen Energie der anderen ist, wenn sich beide in dem gleichen Gas in demselben Behälter im Gleichgewicht befinden. Das bedeutet, daß sich die schweren langsamer bewegen werden als die leichten; dies läßt sich leicht durch Experimente mit „Atomen" verschiedener Masse in einem Luftbehälter zeigen.

Nun möchten wir gern einen Schritt weitergehen und sagen, daß zwei verschiedene Gase, wenn sie *getrennt* in einem Behälter sind, ebenfalls die gleiche kinetische Energie haben werden, wenn sie schließlich den Gleichgewichtszustand erreicht haben, obwohl sie sich nicht in demselben Behälter befinden. Wir können die Argumentation auf verschiedene Weisen ausführen. Eine Möglichkeit zu argumentieren ist folgende: Wenn wir eine feste Trennwand mit einem winzigen Loch darin haben (Fig. 39–4), durch das ein Gas strömen kann, das andere aber nicht, weil seine Moleküle zu groß sind, so wissen wir, wenn sie Gleichgewicht erreicht haben, daß sie in dem einen Teil, in dem sie

*Dies Argument, das von Maxwell gebraucht wurde, beinhaltet einige Feinheiten. Obwohl die Schlußfolgerung richtig ist, folgt das Ergebnis *nicht* einfach aus den Symmetriebetrachtungen, die wir vorher benutzt haben, da wir eine verdrehte Geschwindigkeitsverteilung finden können, wenn wir in ein Bezugssystem gehen, das sich durch das Gas bewegt. Wir haben keinen einfachen Beweis für dieses Ergebnis gefunden.

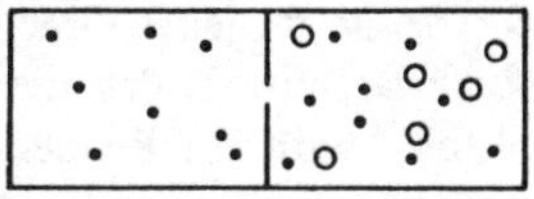

Fig. 39–4. Zwei Gase in einem Behälter mit einer semipermeablen Membran.

gemischt sind, die gleiche mittlere kinetische Energie haben, einige Moleküle kommen aber ohne Verlust an kinetischer Energie durch das Loch, und so muß die mittlere kinetische Energie in dem reinen Gas und in der Mischung die gleiche sein. Das ist nicht allzu befriedigend, weil es sein kann, daß es für diese Molekülsorte keine Löcher gibt, die eine Sorte von der anderen trennen.

Wir wollen jetzt zum Problem des Kolbens zurückkehren. Wir können ein Argument angeben, das zeigt, daß die kinetische Energie dieses Kolbens auch $\frac{1}{2}m_2v_2^2$ sein muß. In Wirklichkeit würde das die kinetische Energie sein, die der reinen horizontalen Bewegung des Kolbens entspricht; wenn wir also seine Auf- und Abbewegung vergessen, wird es genau $\frac{1}{2}m_2v_{2x}^2$ sein müssen. Ebenso können wir aus dem Gleichgewicht auf der anderen Seite beweisen, daß die kinetische Energie des Kolbens $\frac{1}{2}m_1v_{1x}^2$ ist. Obwohl dies nicht in der Mitte des Gases, sondern an einer Seite des Gases ist, können wir doch argumentieren, obwohl es ein bißchen schwieriger ist, daß als Folge sämtlicher Zusammenstöße die mittlere kinetische Energie des Kolbens und der Gasmoleküle gleich groß ist.

Wenn uns dies noch nicht zufriedenstellt, können wir ein künstliches Beispiel ausführen, bei dem das Gleichgewicht durch ein Objekt erzeugt wird, das von allen Seiten getroffen werden kann. Angenommen, wir haben einen kurzen Stab mit einem Ball an jedem Ende, der auf einer reibungslos gleitenden Gelenkkupplung durch den Kolben läuft. Jeder Ball ist rund wie eines der Moleküle und kann von allen Seiten getroffen werden. Das ganze Objekt hat eine bestimmte Gesamtmasse m. Nun haben wir wie vorher Gasmoleküle mit den Massen m_1 und m_2. Entsprechend der vorher ausgeführten Analyse ist das Ergebnis der Kollisionen, daß die kinetische Energie von m wegen der Zusammenstöße mit den Molekülen auf einer Seite im Mittel $\frac{1}{2}m_1v_1^2$ sein muß. Entsprechend muß sie wegen der Zusammenstöße auf der anderen Seite $\frac{1}{2}m_2v_2^2$ sein. Deshalb müssen also beide Seiten *dieselbe* kinetische Energie besitzen, wenn sie sich im thermischen Gleichgewicht befinden. Obwohl wir dies nur für eine Mischung von Gasen bewiesen haben, läßt es sich auch leicht auf den Fall ausdehnen, bei dem es zwei verschiedene, getrennte Gase bei gleicher Temperatur gibt.

Wenn wir zwei Gase bei gleicher Temperatur haben, sind folglich die mittleren kinetischen Energien der Schwerpunktsbewegungen gleich.

Die mittlere Molekülenergie ist eine Eigenschaft allein der „Temperatur". Da sie eine Eigenschaft der „Temperatur" ist *und nicht des Gases,* können wir sie zur *Definition* der Temperatur benutzen. Die mittlere kinetische Energie eines Moleküls ist also eine Funktion der Temperatur. Aber wer kann uns sagen, was für eine Skala für die Temperatur zu gebrauchen ist? Wir können die Temperaturskala willkürlich *definieren,* so daß die mittlere Energie linear proportional zur Temperatur ist. Am einfachsten würde es sein, die mittlere Energie selbst „die Temperatur" zu nennen. Das würde die einfachste mögliche Funktion sein. Leider ist die Temperaturskala anders gewählt worden, so daß wir, statt direkt Temperatur zu sagen, einen konstanten Umrechnungsfaktor zwischen der Energie eines Moleküls und einem Grad der absoluten Temperatur, als Grad Kelvin bezeichnet, benutzen. Die Proportionalitätskonstante beträgt $k = 1.38\ \times$

10^{-23} Joule für jedes Grad Kelvin.* Wenn also T die absolute Temperatur ist, besagt unsere Definition, daß die mittlere kinetische Energie des Moleküls $\frac{3}{2}kT$ beträgt. (Der Faktor $\frac{3}{2}$ wird aus Bequemlichkeit eingeführt, um ihn an anderer Stelle wieder loszuwerden.)

Wir betonen, daß die kinetische Energie, die mit einer Komponente der Bewegung in irgendeiner bestimmten Richtung verbunden ist, nur $\frac{1}{2}kT$ beträgt. Die drei vorhandenen unabhängigen Richtungen ergeben dann $\frac{3}{2}kT$.

39–5 Das Gesetz des idealen Gases

Nun können wir natürlich unsere Definition der Temperatur in Gl. (39.9) einsetzen und so das Gesetz für den Druck der Gase als Funktion der Temperatur finden: Es besagt, daß der Druck mal dem Volumen gleich der Gesamtanzahl der Atome mal der universellen Konstanten k mal der Temperatur ist:

$$PV = NkT. \tag{39.22}$$

Weiterhin ist bei gleicher Temperatur, bei gleichem Druck und Volumen die *Anzahl der Atome* bestimmt; dies ist ebenso eine universelle Konstante! Folglich haben wegen der Newtonschen Gesetze gleiche Volumina verschiedener Gase bei gleichem Druck und gleicher Temperatur dieselbe Anzahl von Molekülen. Das ist eine erstaunliche Schlußfolgerung!

In der Praxis haben die Chemiker, wenn sie sich mit Molekülen beschäftigen, weil die Anzahl so groß ist, künstlich eine bestimmte Zahl eingeführt, eine sehr große Zahl, und haben sie irgendwie benannt. Sie haben eine Zahl, die sie ein *Mol* nennen. Ein Mol ist einfach eine handliche Zahl. Warum sie nicht 10^{24} Teilchen wählten, so daß eine gerade Zahl herauskommt, ist eine historische Frage. Sie haben zufällig als Standardwert für die verabredete Teilchenzahl $N_0 = 6{,}02 \times 10^{23}$ Teilchen gewählt, und dies wird ein Mol von Teilchen genannt. Statt die Zahl der Moleküle in Einheiten zu messen, messen sie sie folglich als Zahl von Molen.† Ausgedrückt durch N_0 können wir schreiben Anzahl der Mole mal der Anzahl der Atome in einem Mol mal kT, und wenn wir wollen, können wir die Zahl der Atome in einem Mol mal k nehmen, was der Wert von k für ein Mol ist, und es irgendwie benennen; und das tun wir auch – wir nennen es R. Der Wert von k für ein Mol beträgt 8.317 Joule: $R = N_0 k = 8.317$ J · Mol^{-1} · $°\text{K}^{-1}$. Folglich finden wir das Gasgesetz auch als Zahl der Mole (auch N genannt) mal RT oder als Zahl der Atome mal kT geschrieben:

$$PV = NRT. \tag{39.23}$$

Es handelt sich um denselben Sachverhalt, es ist nur eine unterschiedliche Skala zum Messen von Zahlen. Wir benutzen 1 als Einheit und der Chemiker benutzt 6×10^{23} als Einheit!

---

*Die Celsius-Skala ist genau diese Kelvin-Skala mit einem gewählten Nullpunkt bei 273.16 °K, so daß $T = 273.16 +$ Celsius-Temperatur gilt.

† Was der Chemiker Molekulargewicht nennt, ist die Masse eines Mols von einem Molekül in Gramm. Das Mol ist so definiert, daß die Masse eines Mols von Kohlenstoffatomen des Isotops 12 (d. h. 6 Protonen und 6 Neutronen im Atomkern) genau 12 Gramm beträgt.

Wir machen nun eine weitere Bemerkung zu unserem Gasgesetz, und diese hat mit dem Gesetz für nicht-einatomige Moleküle zu tun. Wir haben uns nur mit der Schwerpunktsbewegung der Atome eines einatomigen Gases beschäftigt. Was passiert, wenn Kräfte anwesend sind? Zuerst nehmen wir den Fall an, daß der Kolben durch eine horizontale Feder gehalten wird und daß Kräfte auf ihn wirken. Der Austausch der Zitterbewegung zwischen den Atomen und dem Kolben zu irgendeiner Zeit hängt natürlich nicht davon ab, wo sich der Kolben zu dieser Zeit befindet. Die Gleichgewichtsbedingungen sind dieselben. Wo immer sich der Kolben befindet, die Geschwindigkeit seiner Bewegung muß so sein, daß er Energie in gerade der richtigen Weise an die Moleküle überträgt. So ergibt sich durch die Feder kein Unterschied. Die *Geschwindigkeit,* mit der sich der Kolben im Mittel bewegen muß, ist dieselbe. Unser Lehrsatz, daß der Mittelwert der kinetischen Energie in einer Richtung $\frac{1}{2}kT$ beträgt, ist folglich *richtig, ob nun Kräfte anwesend sind oder nicht.*

Man betrachte z. B. ein zweiatomiges Molekül, das aus Atomen m_A und m_B besteht. Was wir bewiesen haben ist, daß die Bewegung des Schwerpunktes des Teils A und des Teils B so ist, daß $\langle\frac{1}{2}m_A v_A^2\rangle = \langle\frac{1}{2}m_B v_B^2\rangle = \frac{3}{2}kT$ gilt. Wie kann dies sein, wenn sie zusammengehalten werden? Obwohl sie zusammengehalten werden, wenn sie rotieren und sich drehen, wenn irgendetwas sie trifft und sie damit Energie austauschen, *ist der einzige Punkt, der zählt, wie schnell sie sich bewegen.* Das allein bestimmt, wie schnell sie Energie bei Zusammenstößen austauschen. Zu diesem speziellen Zeitpunkt ist die Kraft nicht wesentlich. Deshalb ist dasselbe Prinzip richtig, auch wenn Kräfte vorhanden sind.

Wir wollen zum Schluß beweisen, daß das Gasgesetz auch mit der Vernachlässigung der inneren Bewegung zu vereinbaren ist. Wir haben bisher die inneren Bewegungen nicht wirklich einbezogen; wir haben nur ein einatomiges Gas behandelt. Aber wir werden jetzt zeigen, daß ein vollständiges Objekt, das als einzelner Körper der Gesamtmasse M betrachtet wird, eine solche Schwerpunktsgeschwindigkeit hat, daß gilt

$$\tfrac{1}{2}Mv_{\text{CM}}^2 = \tfrac{3}{2}kT. \tag{39.24}$$

Mit anderen Worten können wir entweder die einzelnen Teile oder das gesamte System betrachten! Wir wollen den Grund dafür einsehen: Die Masse des zweiatomigen Moleküls ist $M = m_A + m_B$ und die Geschwindigkeit des Massenschwerpunkts ist gleich $\mathbf{v}_S = (m_A\mathbf{v}_A + m_B\mathbf{v}_B)/M$. Jetzt brauchen wir $\langle v_S^2\rangle$. Wenn wir $\mathbf{v}_S$ quadrieren, erhalten wir

$$v_{\text{CM}}^2 = \frac{m_A^2 v_A^2 + 2m_A m_B \mathbf{v}_A \cdot \mathbf{v}_B + m_B^2 v_B^2}{M^2}.$$

Nun multiplizieren wir mit $\frac{1}{2}M$, bilden den Mittelwert und erhalten so

$$\tfrac{1}{2}Mv_{\text{CM}}^2 = \frac{m_A\frac{3}{2}kT + 2m_A m_B\langle\mathbf{v}_A \cdot \mathbf{v}_B\rangle + m_B\frac{3}{2}kT}{M}$$

$$= \tfrac{3}{2}kT + \frac{2m_A m_B\langle\mathbf{v}_A \cdot \mathbf{v}_B\rangle}{M}.$$

(Wir haben die Tatsache benutzt, daß $(m_A + m_B)/M = 1$.) Was ist nun $\langle\mathbf{v}_A \cdot \mathbf{v}_B\rangle$? (Es sollte besser Null sein!) Um es herauszufinden, wollen wir unsere Annahme heranziehen, daß die relative Geschwindigkeit $\mathbf{w} = \mathbf{v}_A - \mathbf{v}_B$ nicht mit größerer Wahrscheinlichkeit in die eine als in eine andere Richtung zeigt – das heißt, daß ihre gemittelte Komponente in jeder beliebigen Richtung Null ist. Folglich nehmen wir an, daß

$$\langle \mathbf{w} \cdot \mathbf{v}_{CM} \rangle = 0.$$

Aber was *bedeutet* $\mathbf{w} \cdot \mathbf{v}_S$? Es beträgt

$$\mathbf{w} \cdot \mathbf{v}_{CM} = \frac{(\mathbf{v}_A - \mathbf{v}_B) \cdot (m_A \mathbf{v}_A + m_B \mathbf{v}_B)}{M}$$

$$= \frac{m_A v_A^2 + (m_B - m_A)(\mathbf{v}_A \cdot \mathbf{v}_B) - m_B v_B^2}{M}.$$

Da $\langle m_A v_A^2 \rangle = \langle m_B v_B^2 \rangle$ gilt, heben sich der erste und der letzte Term im Mittel auf, und wir behalten

$$(m_B - m_A)\langle \mathbf{v}_A \cdot \mathbf{v}_B \rangle = 0.$$

Wenn also $m_A \neq m_B$ ist, finden wir, daß $\langle \mathbf{v}_A \cdot \mathbf{v}_B \rangle = 0$ gilt und daß deshalb die Massenbewegung des vollständigen Moleküls, das als ein einzelnes Teilchen der Masse M angesehen wird, im Mittel eine kinetische Energie gleich $\frac{3}{2}kT$ besitzt.

Nebenbei haben wir gleichzeitig auch bewiesen, daß die mittlere kinetische Energie der *inneren* Bewegungen des zweiatomigen Moleküls auch $\frac{3}{2}kT$ beträgt, wenn wir die Massenbewegung des Schwerpunkts beiseite lassen! Denn die gesamte kinetische Energie der Teile des Moleküls beträgt $\frac{1}{2}m_A v_A^2 + \frac{1}{2}m_B v_B^2$ mit dem Mittelwert $\frac{3}{2}kT + \frac{3}{2}kT$ oder $3kT$. Die kinetische Energie der Schwerpunktsbewegung ist $\frac{3}{2}kT$, folglich entspricht die mittlere kinetische Energie der Rotationen und Schwingungen der zwei Atome innerhalb des Moleküls der Differenz, nämlich $\frac{3}{2}kT$.

Der Lehrsatz über die gemittelte Energie der Schwerpunktsbewegung ist allgemein: Für jedes Objekt, das als Ganzes betrachtet wird, mit oder ohne Kräfte, für jede unabhängige Bewegungsrichtung, die es gibt, beträgt die mittlere kinetische Energie bei dieser Bewegung $\frac{1}{2}kT$. Diese „unabhängigen Bewegungsrichtungen" werden manchmal die *Freiheitsgrade* des Systems genannt. Die Anzahl der Freiheitsgrade eines Moleküls, das aus r Atomen besteht, beträgt $3r$, da jedes Atom drei Koordinaten zur Bestimmung seiner Lage benötigt. Die gesamte kinetische Energie des Moleküls kann entweder als Summe der kinetischen Energien der einzelnen Atome oder als Summe der kinetischen Energie der Schwerpunktsbewegung plus der kinetischen Energie der inneren Bewegungen ausgedrückt werden. Letzteres kann manchmal als Summe der kinetischen Rotationsenergie des Moleküls und der Schwingungsenergie ausgedrückt werden, aber dies ist eine Näherung. Unser Lehrsatz besagt, angewendet auf das r-atomige Molekül, daß das Molekül im Mittel $3rkT/2$ Joule an kinetischer Energie haben wird, wovon $\frac{3}{2}kT$ die kinetische Energie der Schwerpunktsbewegung des gesamten Moleküls und der Rest, $\frac{3}{2}(r-1)kT$, innere Schwingungs- und Rotationsenergie darstellt.

40 Die Prinzipien der statistischen Mechanik

40–1 Die exponentielle Atmosphäre

Wir haben einige Eigenschaften einer großen Zahl zusammenstoßender Atome besprochen. Das Thema wird die kinetische Theorie genannt, eine Beschreibung der Materie vom Standpunkt der Zusammenstöße zwischen den Atomen. Wir behaupten, daß sämtliche Eigenschaften der Materie grundlegend aus der Bewegung ihrer Teile erklärbar sein sollten.

Wir beschränken uns im Moment auf Zustände im thermischen Gleichgewicht, d. h. auf eine Unterklasse aller Naturphänomene. Die Gesetze der Mechanik, die sich gerade auf das thermische Gleichgewicht beziehen, werden *statistische Mechanik* genannt, und in diesem Abschnitt wollen wir mit einigen der zentralen Lehrsätze dieses Themas bekannt werden.

Wir haben schon eine der Aussagen der statistischen Mechanik kennengelernt, nämlich die, daß der Mittelwert der kinetischen Energie für irgendeine Bewegung bei der absoluten Temperatur T gerade $\frac{1}{2}kT$ für jede unabhängige Bewegung beträgt, d. h. für jeden Freiheitsgrad. Das sagt uns etwas über die mittlere quadratische Geschwindigkeit der Atome. Unser Ziel ist jetzt, mehr über die Lage der Atome zu erfahren, zu entdecken, wieviele von ihnen sich bei thermischem Gleichgewicht an verschiedenen Stellen befinden, und auch etwas mehr in die Einzelheiten über die Verteilung der Geschwindigkeiten zu gehen. Obwohl wir die mittlere quadratische Geschwindigkeit kennen, wissen wir nicht, wie etwa die Frage zu beantworten ist, wieviele von ihnen um das Dreifache schneller sind als die Wurzel des mittleren Quadrates oder wieviele von ihnen sich mit einem Viertel der Wurzel der mittleren quadratischen Geschwindigkeit bewegen. Oder haben sie alle genau dieselbe Geschwindigkeit?

Dies sind also die zwei Fragen, die wir versuchen werden zu beantworten: Wie sind die Moleküle im Raum verteilt, wenn Kräfte auf sie wirken, und wie sind sie bezüglich ihrer Geschwindigkeit verteilt?

Es stellt sich heraus, daß die zwei Fragen vollständig unabhängig sind und daß die Verteilung der Geschwindigkeiten immer dieselbe ist. Wir hatten schon einen Hinweis auf die letztere Tatsache erhalten, als wir herausfanden, daß die mittlere kinetische Energie pro Freiheitsgrad dieselbe ist, nämlich $\frac{1}{2}kT$, ganz gleich, was für Kräfte auf die Moleküle wirken. Die Geschwindigkeitsverteilung der Moleküle ist unabhängig von den Kräften, weil die Häufigkeit der Kollisionen nicht von den Kräften abhängt.

Wir wollen mit einem Beispiel beginnen, nämlich der Verteilung der Moleküle in einer Atmosphäre wie der unseren, aber ohne Winde und andere Arten von Störungen. Angenommen, wir hätten eine Gassäule, die sich zu großer Höhe ausdehnt und sich im thermischen Gleichgewicht befindet – anders als unsere Atmosphäre, die, wie wir wissen, kälter wird, je höher wir kommen. Wir könnten sagen, wenn die Temperaturen in verschiedenen Höhen sich unterscheiden, so könnten wir Fehlen des Gleichgewichts demonstrieren, indem wir einen Stab mit einigen Bällen am Grund (Fig. 40–1) verbinden, wo sie dann $\frac{1}{2}kT$ von den dortigen Molekülen aufnehmen und über den Stab die Bälle an der Spitze schütteln würden, und diese würden die Moleküle an der Spitze schütteln. Schließlich wird so die Temperatur natürlich in allen Höhen in einem Gravitationsfeld gleich.

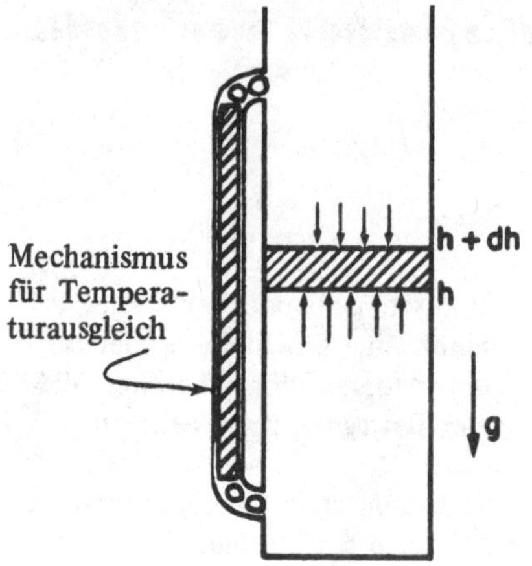

Fig. 40–1. Der Druck in der Höhe h muß den in der Höhe $h + dh$ um das Gewicht des dazwischenliegenden Gases übertreffen.

Wenn die Temperatur in allen Höhen dieselbe ist, ist die Aufgabe die, herauszubekommen, durch welches Gesetz die Atmosphäre dünn wird, wenn wir aufsteigen. Wenn N die Gesamtanzahl von Molekülen in einem Volumen V des Gases bei dem Druck P ist, dann wissen wir, daß $PV = NkT$ oder $P = nkT$ gilt, wobei $n = N/V$ die Anzahl der Moleküle pro Einheitsvolumen ist. Mit anderen Worten, wenn wir die Anzahl der Moleküle pro Einheitsvolumen wissen, kennen wir den Druck, und umgekehrt: Sie sind zueinander proportional, da die Temperatur bei diesem Problem konstant ist. Aber der Druck ist nicht konstant, er muß anwachsen, wenn die Höhe verringert wird, weil er sozusagen das Gewicht des gesamten Gases darüber halten muß. Das ist der Schlüssel, mit dem wir bestimmen können, wie der Druck sich mit der Höhe ändert. Wenn wir eine Einheitsfläche in der Höhe h nehmen, dann ist die vertikale Kraft von unten auf diese Einheitsfläche der Druck P. Die vertikale Kraft pro Einheitsfläche, die in der Höhe $h + dh$ nach unten drückt, würde ohne die Gravitation die gleiche sein; aber das ist hier nicht der Fall, da die Kraft von unten die Kraft von oben um das Gewicht des Gases in dem Abschnitt zwischen h und $h + dh$ übertreffen muß. Nun ist mg die Gravitationskraft auf jedes Molekül, wobei g die Beschleunigung entsprechend der Gravitation ist, und $n\,dh$ ist die Gesamtanzahl der Moleküle in dem Einheitsabschnitt. Dies gibt uns also die Differentialgleichung $P_{h+dh} - P_h = dP = -mgn\,dh$. Da $P = nkT$ und T konstant ist, können wir entweder P oder n eliminieren; nehmen wir P, so erhalten wir dann

$$\frac{dn}{dh} = -\frac{mg}{kT}n$$

für die Differentialgleichung, die uns sagt, wie die Dichte abnimmt, wenn wir in der Energie hochgehen.

Folglich haben wir eine Gleichung für die Teilchendichte n, die mit der Höhe variiert, aber die eine Ableitung besitzt, die proportional zu sich selbst ist. Nun ist eine Funktion, deren Ableitung proportional zu sich selbst ist, eine Exponentialfunktion, und die Lösung dieser Differentialgleichung lautet

$$n = n_0 e^{-mgh/kT}. \tag{40.1}$$

Hierbei ist die Integrationskonstante n_0 offenbar die Dichte bei $h = 0$ (was beliebig gewählt werden kann), und die Dichte nimmt exponentiell mit der Höhe ab.

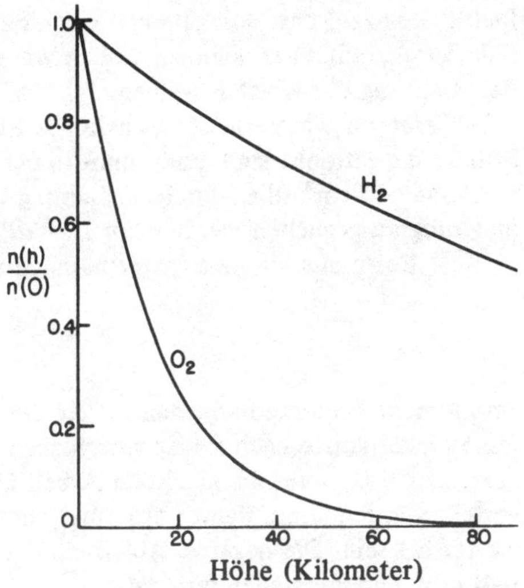

Fig. 40–2. Die normierte Dichte als Funktion der Höhe im Gravitationsfeld der Erde bei konstanter Temperatur für Sauerstoff und Wasserstoff.

Man beachte, wenn wir verschiedene Molekülarten mit verschiedenen Massen haben, so fallen sie nach verschiedenen Exponentialfunktionen ab. Die schweren werden mit der Höhe schneller abfallen als die leichteren. Weil Sauerstoff schwerer als Stickstoff ist, würden wir deshalb erwarten, wenn wir höher und höher in der Atmosphäre mit Stickstoff und Sauerstoff aufsteigen, daß der Anteil von Stickstoff anwachsen würde. Dies geschieht nicht wirklich in unserer eigenen Atmosphäre, jedenfalls nicht in vernünftigen Höhen, weil es dort soviel Bewegung gibt, die die Gase wieder zurückvermischt. Es ist keine isothermische Atmosphäre. Trotzdem *gibt* es eine Tendenz für leichtere Stoffe wie Wasserstoff, in sehr großen Höhen in der Atmosphäre zu dominieren, weil die niedrigsten Massen weiter vorhanden sind, während die anderen Exponentialfunktionen schon völlig verschwunden sind (Fig. 40–2).

40–2 Das Boltzmannsche Gesetz

Jetzt bemerken wir die interessante Tatsache, daß der Zähler im Exponenten von Gl. (40.1) die *potentielle Energie* eines Atoms ist. Deshalb können wir dies spezielle Gesetz auch wie folgt formulieren: Die Dichte in jedem Punkt ist proportional zu

$$e^{-\text{(die potentielle Energie für jedes Atom}/kT)}.$$

Das könnte ein Zufall sein, d. h. es könnte nur richtig sein in diesem besonderen Fall eines gleichmäßigen Gravitationsfeldes. Wir können jedoch zeigen, daß es eine allgemeinere Aussage ist. Angenommen, es gäbe eine andere Art von Kraft als die Gravitation, die auf die Moleküle in einem Gas wirkt. Zum Beispiel könnten die Moleküle elektrisch geladen sein und durch ein elektrisches Feld oder eine andere Ladung, die sie anzieht, beeinflußt werden. Oder es gibt wegen der gegenseitigen Anziehungskraft der Atome untereinander oder mit der Wand oder einem Festkörper oder irgend etwas eine Anziehungskraft, die sich mit der Lage verändert und die auf alle Moleküle wirkt. Nun nehmen wir der Einfachheit halber an, daß die Moleküle alle gleich sind und daß die Kraft auf jedes einzelne einwirkt, so daß die Gesamtkraft auf eine Gasmenge einfach die Anzahl der Moleküle mal der Kraft auf jedes einzelne sein würde. Um unnötige Schwierigkeiten zu vermeiden, wollen wir ein Koordinatensystem mit der x-Achse in der Richtung der Kraft F wählen.

Wenn wir wie vorher zwei parallele Ebenen in dem Gas wählen, die durch eine Strecke dx getrennt sind, dann muß in derselben Weise die Kraft auf jedes Atom mal n Atome pro cm^3 (die Verallgemeinerung des früheren nmg) mal dx durch die Druckänderung ausgeglichen werden: $Fn\,dx = dP = kT\,dn$. Oder wir drücken dieses Gesetz in einer Form aus, die uns später nützlich sein wird:

$$F = kT\frac{d}{dx}(\ln n). \tag{40.2}$$

Im Moment bemerken wir, daß $-F\,dx$ die Arbeit ist, die wir leisten würden, wenn wir ein Molekül von x nach $x+dx$ verschieben würden; und wenn F von einem Potential herrührt, d. h. wenn die geleistete Arbeit überhaupt durch eine potentielle Energie dargestellt werden kann, dann würde dies auch gleich der Differenz der potentiellen Energie (P. E.) sein. Die negative Ableitung der potentiellen Energie ist die geleistete Arbeit $F dx$, und wir stellen fest, daß

$$d(\ln n) = -d(\text{P.E.})/kT,$$

oder nach Integration, daß

$$n = (\text{Konstante})e^{-\text{P.E.}/kT}. \tag{40.3}$$

Was wir in einem speziellen Fall gefunden haben, stellt sich also allgemein als richtig heraus. (Was ist, wenn F nicht von einem Potential herrührt? Dann hat (40.2) überhaupt keine Lösung. Energie kann erzeugt oder verloren werden, indem die Atome auf kreisförmigen Wegen herumlaufen, für die die geleistete Arbeit nicht Null ist, und kein Gleichgewicht kann so aufrechterhalten werden. Das thermische Gleichgewicht kann nicht existieren, wenn die äußeren Kräfte auf die Atome nicht konservativ sind.) Gleichung (40.3), die als *Boltzmannsches Gesetz* bekannt ist, ist ein weiteres Prinzip der statistischen Mechanik: Die Wahrscheinlichkeit, Moleküle in einer gegebenen räumlichen Anordnung zu finden, ändert sich exponentiell mit der negativen potentiellen Energie dieser Anordnung dividiert durch kT.

Dieses könnte uns dann die Verteilung der Moleküle angeben: Angenommen, wir hätten ein positives Ion in einer Flüssigkeit, das die negativen Ionen um sich herum anzieht; wieviele von diesen würden sich dann in verschiedenen Entfernungen befinden? Wenn die potentielle Energie als Funktion der Entfernung bekannt ist, dann ist ihr Anteil in verschiedenen Entfernungen gegeben durch dieses Gesetz usw. für viele Anwendungsfälle.

40–3 Verdampfung einer Flüssigkeit

In der weiter fortgeschrittenen statistischen Mechanik versucht man das folgende wichtige Problem zu lösen. Man betrachte eine Ansammlung von Molekülen, die sich gegenseitig anziehen, und setze voraus, daß die Kraft zwischen beliebigen zwei von ihnen, sagen wir i und j, nur von deren Abstand r_{ij} abhängt und als Ableitung einer Potentialfunktion $V(r_{ij})$ dargestellt werden kann. Fig. 40–3 zeigt eine Form, die eine solche Funktion haben könnte. Für $r > r_0$ nimmt die Energie ab, wenn sich die Moleküle näherkommen, weil sie sich anziehen, und dann steigt die Energie sehr stark an, wenn sie sich noch weiter nähern, weil sie sich stark zurückstoßen; dies ist charakteristisch für die Art, in der sich Moleküle, grob gesagt, benehmen.

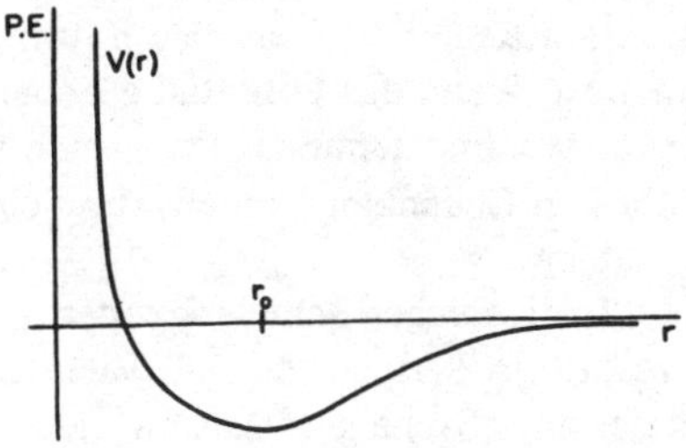

Fig. 40–3. Eine Potentialenergiefunktion für zwei Moleküle, die nur von deren Abstand abhängt.

Nun nehmen wir an, daß wir einen ganzen Behälter mit solchen Molekülen gefüllt haben und gern wissen möchten, wie sie sich selbst im Mittel verteilen. Die Antwort lautet $e^{-\text{P.E.}/kT}$. Die gesamte potentielle Energie in diesem Fall würde die Summe über alle Paare sein, wenn wir annehmen, daß die ganzen Kräfte in Paaren stecken (es mag Drei-Teilchen-Kräfte bei komplizierteren Dingen geben, aber bei der Elektrizität z. B. steckt die ganze potentielle Energie in den Paaren). Dann wird die Wahrscheinlichkeit, Moleküle in irgendeiner bestimmten Kombination von r_{ij} zu finden, proportional sein zu

$$\exp\left[-\sum_{i,j} V(r_{ij})/kT\right].$$

Wenn nun die Temperatur sehr hoch ist, so daß $kT \gg |V(r_0)|$ gilt, dann ist der Exponent fast überall relativ klein, und die Wahrscheinlichkeit, ein Molekül zu finden, ist fast unabhängig von der Lage. Wir wollen den Fall von nur zwei Molekülen betrachten: $e^{-\text{P.E.}/kT}$ würde die Wahrscheinlichkeit sein, sie mit verschiedenen gegenseitigen Abständen r zu finden. Wo das Potential stark negativ wird, ist die Wahrscheinlichkeit sicher am größten, und wo das Potential nach Unendlich geht, ist die Wahrscheinlichkeit fast Null, was bei sehr kleinen Abständen auftritt. Das bedeutet, daß es für solche Atome in einem Gas keine Chance gibt, daß sie aufeinander liegen, da sie sich so stark abstoßen. Aber die Chance, sie *pro Einheitsvolumen* im Punkt r_0 zu finden, ist größer als für irgendeinen anderen Punkt. Um wieviel größer hängt von der Temperatur ab. Wenn die Temperatur sehr groß ist im Vergleich zur Energiedifferenz zwischen $r = r_0$ und $r = \infty$, dann beträgt die Exponentialfunktion fast immer Eins. In diesem Fall, in dem die mittlere kinetische Energie (ungefähr kT) die potentielle Energie weit übertrifft, ergeben die Kräfte keinen großen Unterschied.

Aber wenn die Temperatur absinkt, steigt die Wahrscheinlichkeit, die Moleküle im bevorzugten Abstand r_0 zu finden, allmählich relativ zur Wahrscheinlichkeit, sie irgendwo anders zu finden, an. Und wenn kT sehr viel kleiner als $|V(r_0)|$ ist, haben wir tatsächlich einen relativ großen positiven Exponenten in diesem Gebiet. Mit anderen Worten befinden sie sich in einem gegebenen Volumen mit *sehr viel* größerer Wahrscheinlichkeit im Abstand der minimalen Energie als weit voneinander entfernt. Wenn die Temperatur abfällt, fallen die Atome zusammen, ballen sich zu Klumpen und schrumpfen zu Flüssigkeiten, Festkörpern und Molekülen zusammen, und wenn man sie aufheizt, verdampfen sie.

Die Erfordernisse zur genauen Bestimmung, wie die Dinge verdampfen, wie sie sich in einem gegebenen Fall verhalten sollen, enthalten das folgende. Zuerst muß das korrekte Gesetz $V(r)$ der Molekularkraft bestimmt werden, das von irgendwo anders aus der Quantenmechanik oder sagen wir aus dem Experiment abgeleitet werden muß. Aber wenn das Kraftgesetz zwischen den Molekülen gegeben ist, muß man nur die Funktion $e^{-\Sigma V_{ij}/kT}$ studieren, um festzustellen, was eine Milliarde von Molekülen tun wird. Wenn das Potential gegeben ist, ist die Aufgabe noch *enorm kompliziert*, was erstaunlich genug ist, da es sich um eine so einfache Funktion und um einen so einfachen Gedanken handelt; die Schwierigkeit besteht in der enormen Anzahl von Variablen.

Trotz solcher Schwierigkeiten ist das Gebiet ziemlich aufregend und interessant. Es wird oft ein Beispiel für ein „Viel-Körper-Problem" genannt und ist wirklich eine sehr interessante Sache gewesen. In dieser einzigen Formel müssen alle Einzelheiten enthalten sein, z. B. über die Verfestigung eines Gases oder die Formen der Kristalle, die der Festkörper annehmen kann, und man hat versucht, dies herauszuholen, aber die mathematischen Schwierigkeiten sind sehr groß, nicht beim Hinschreiben des Gesetzes, sondern beim Hantieren mit einer so enorm großen Anzahl von Variablen.

Das also ist die Verteilung der Teilchen im Raum. Das ist praktisch gesprochen das Ende der klassischen statistischen Mechanik, denn wenn wir die Kräfte kennen, können wir im Prinzip die Verteilung im Raum herausfinden, und die Geschwindigkeitsverteilung können wir ein für allemal ausrechnen, sie ist nicht in verschiedenen Fällen verschieden. Die großen Probleme bestehen darin, aus unserer formelmäßigen Lösung eine spezielle Information herauszuholen, und das ist die Hauptaufgabe der klassischen statistischen Mechanik.

40–4 Die Verteilung der Molekülgeschwindigkeiten

Wir wollen jetzt die Verteilung der Geschwindigkeiten besprechen, denn manchmal ist es interessant und nützlich, zu wissen, wieviele von ihnen sich mit verschiedenen Geschwindigkeiten bewegen. Um das zu tun, können wir von den Tatsachen Gebrauch machen, die wir bei Betrachtung des Gases in der Atmosphäre entdeckt haben. Wir nehmen ein ideales Gas an, wie wir es schon vorausgesetzt haben, als wir die potentielle Energie hinschrieben, indem wir die Energie der wechselseitigen Anziehung der Atome vernachlässigten. Die einzige potentielle Energie, die wir in unserem ersten Beispiel einschlossen, war die Gravitation. Wir würden natürlich einen komplizierteren Sachverhalt erhalten, wenn es Kräfte zwischen den Atomen gäbe. Folglich nehmen wir an, daß es keine Kräfte zwischen den Atomen gibt und vernachlässigen im Moment auch Zusammenstöße; wir kommen später auf die Rechtfertigung dafür zurück. Nun haben wir gesehen, daß es weniger Moleküle in der Höhe h als in der Höhe 0 gibt; entsprechend der Formel (40.1) nehmen sie exponentiell mit der Höhe ab. Wieso kann es in großen Höhen weniger geben? Kommen nicht schließlich alle Moleküle, die sich bei Höhe 0 aufwärts bewegen, bei h an? Nein!, weil einige von denen, die sich bei 0 hochbewegen, zu langsam laufen und den Potentialberg bis h nicht erklimmen können. Mit diesem Hinweis können wir berechnen, wieviele sich mit verschiedenen Geschwindigkeiten bewegen, weil wir aus (40.1) wissen, *wieviele* sich mit zu geringer Geschwindigkeit bewegen, um die gegebene Entfernung h zu ersteigen. Dieses sind gerade diejenigen, die dafür verantwortlich sind, daß die Dichte bei h niedriger ist als bei 0.

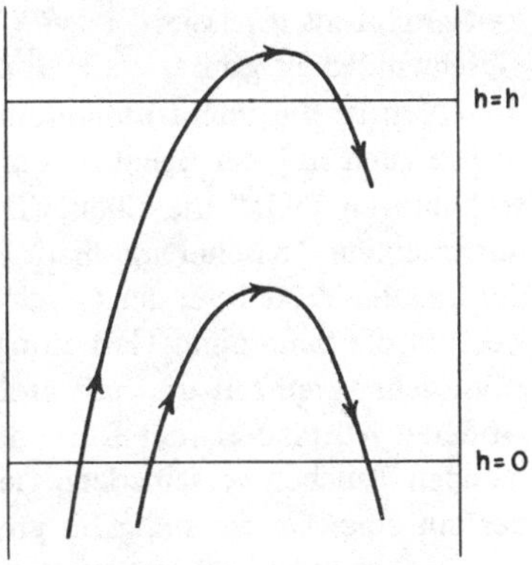

Fig. 40–4. Nur jene Moleküle, die sich mit ausreichender Geschwindigkeit bei $h = 0$ hochbewegen, können die Höhe h erreichen.

Wir wollen diesen Gedanken jetzt ein bißchen genauer formulieren: Wir wollen zählen, wieviele Moleküle die Ebene $h = 0$ von unten nach oben passieren (wenn wir es Höhe = 0 nennen, meinen wir nicht, daß dort ein Boden ist; es ist einfach ein geeignetes Niveau, und es gibt Gas bei negativem h). Diese Gasmoleküle bewegen sich in jeder Richtung, aber einige von ihnen bewegen sich durch die Ebene hindurch, und zu jedem Zeitpunkt passiert eine bestimmte Anzahl pro Sekunde diese Ebene von unten nach oben mit verschiedenen Geschwindigkeiten. Jetzt stellen wir das folgende fest: Wenn wir mit u die Geschwindigkeit bezeichnen, die gerade benötigt wird, um zur Höhe h zu gelangen (kinetische Energie $mu^2/2 = mgh$), dann ist die Anzahl der Moleküle pro Sekunde, die die untere Ebene in senkrechter Richtung mit einer Geschwindigkeitskomponente größer als u passiert, genau gleich der Anzahl, die durch die oberhalb liegende Ebene mit *irgendeiner* nach oben gerichteten Geschwindigkeit hindurchgeht. Diejenigen Moleküle, deren senkrechte Geschwindigkeit u nicht übertrifft, können die obere Ebene nicht durchdringen. Deshalb sehen wir also, daß

Anzahl, die $h = 0$ mit $v_z > u$ passiert = Anzahl, die $h = h$ mit $v_z > 0$ passiert.

Aber die Anzahl, die h mit irgendeiner Geschwindigkeit größer als 0 passiert, ist geringer als die Anzahl, die die untere Höhe mit irgendeiner Geschwindigkeit größer als 0 passiert, da die Anzahl an Atomen größer ist; das ist alles, was wir brauchen. Wir wissen schon, daß die Verteilung der Geschwindigkeiten dieselbe ist, entsprechend einem Argument, das wir früher über die Temperatur gebracht haben, die auf dem ganzen Weg durch die Atmosphäre konstant ist. Da also die Geschwindigkeitsverteilungen dieselben sind und lediglich weiter unten *mehr Atome* vorhanden sind, stehen die Anzahl $n_{>0}(h)$, die mit positiver Geschwindigkeit die Höhe h passiert, und die Anzahl $n_{>0}(0)$, die mit positiver Geschwindigkeit die Höhe 0 passiert, im gleichen Verhältnis zueinander wie die Dichten in den zwei Höhen, nämlich $e^{-mgh/kT}$. Aber es gilt $n_{>0}(h) = n_{>u}(0)$, und deshalb finden wir, daß

$$\frac{n_{>u}(0)}{n_{>0}(0)} = e^{-mgh/kT} = e^{-mu^2/2kT},$$

da $\frac{1}{2}mu^2 = mgh$ ist. In Worten ausgedrückt ist folglich die Anzahl der Moleküle pro Einheitsfläche pro Sekunde, die die Höhe 0 mit einer z-Komponente der Geschwindigkeit größer als u passiert, $e^{-mu^2/2kT}$ mal der Gesamtanzahl, die die Ebene mit einer Geschwindigkeit größer als Null passiert.

Nun ist dies nicht nur in einer willkürlich gewählten Höhe 0 richtig, sondern natürlich auch in jeder beliebigen anderen Höhe, und folglich *sind* die Geschwindigkeitsverteilungen überall dieselben! (Die endgültige Aussage enthält nicht die Höhe h, die nur in einem Zwischenargument erschien.) Das Ergebnis ist ein allgemeiner Lehrsatz, der uns die Verteilung der Geschwindigkeiten angibt. Er besagt, wenn wir ein kleines Loch in die Seite einer Gasleitung bohren, ein so winziges Loch, daß die Zusammenstöße sehr vereinzelt und mit großen Zwischenräumen stattfinden, d. h. daß sie einen größeren Abstand als der Durchmesser des Loches haben, dann werden die herauskommenden Teilchen verschiedene Geschwindigkeiten haben, aber der Anteil der Teilchen, der mit einer Geschwindigkeit größer als u herauskommt, beträgt $e^{-mu^2/2kT}$.

Nun wenden wir uns wieder der Frage der Vernachlässigung von Zusammenstößen zu: Warum macht dies überhaupt keinen Unterschied? Wir hätten dasselbe Argument nicht mit einer endlichen Höhe h, sondern mit einer infinitesimalen Höhe h verfolgen können, die so klein ist, daß kein Platz für Zusammenstöße zwischen 0 und h ist. Aber das war nicht notwendig: Das Argument basiert offenbar auf einer Analyse der beteiligten Energien, der Erhaltung der Energien, und bei den auftretenden Zusammenstößen gibt es einen Energieaustausch zwischen den Molekülen. Wir kümmern uns in Wirklichkeit jedoch nicht darum, ob wir dasselbe Molekül verfolgen, wenn die Energie bloß mit einem anderen Molekül ausgetauscht wird. So stellt sich heraus, daß selbst wenn das Problem sorgfältiger analysiert wird (und es ist natürlich schwieriger, eine strenge Ableitung durchzuführen), sich kein Unterschied für das Ergebnis ergibt.

Es ist interessant, daß die Geschwindigkeitsverteilung, die wir gefunden haben, einfach lautet

$$n_{>u} \propto e^{-\text{kinetische Energie}/kT}. \tag{40.4}$$

Diese Art der Beschreibung der Geschwindigkeitsverteilungen, in der die Anzahl Moleküle angegeben wird, die eine gegebene Fläche mit einer bestimmten minimalen z-Komponente passieren, ist nicht der bequemste Weg, eine Geschwindigkeitsverteilung zu formulieren. Zum Beispiel möchte man in einem Gas öfter wissen, wieviele Moleküle sich mit einer z-Komponente der Geschwindigkeit zwischen zwei gegebenen Werten bewegen, und das wird natürlich nicht direkt durch Gl. (40.4) gegeben. Wir möchten unser Ergebnis in der herkömmlichen Weise formulieren, obwohl das, was wir schon hingeschrieben haben, ganz allgemein ist. *Man beachte, daß es nicht möglich ist zu behaupten, daß irgendein Molekül exakt eine festgesetzte Geschwindigkeit hat;*

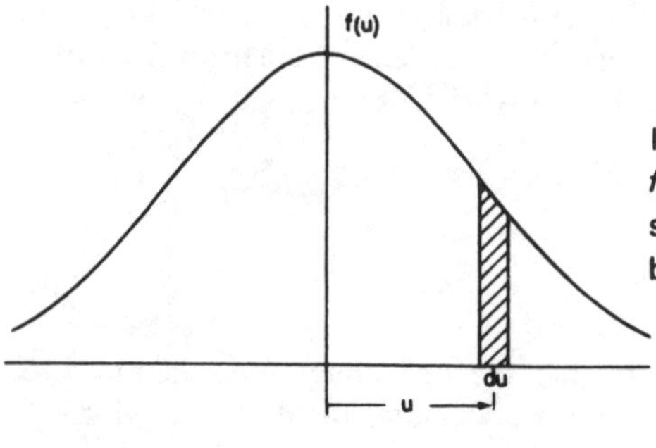

Fig. 40–5. Eine Geschwindigkeitsverteilungsfunktion. Die schraffierte Fläche stellt $f(u)\,du$ dar, den Anteil der Teilchen, die Geschwindigkeiten innerhalb eines Bereiches du bei u haben.

keines von ihnen hat eine Geschwindigkeit *genau gleich* 1,7962899173 Meter pro Sekunde. Um also eine sinnvolle Aussage zu machen, müssen wir fragen, wieviele in irgendeinem Geschwindigkeits*bereich* zwischen 1,796 und 1,797 usw. haben. Mathematisch ausgedrückt soll $f(u)\,du$ der Teil aller Moleküle sein, der Geschwindigkeiten zwischen u und $u+du$ hat oder, was dasselbe ist (wenn du infinitesimal ist), alle diejenigen, die die Geschwindigkeit u mit dem Variationsbereich du haben. Figur 40–5 zeigt eine mögliche Form der Funktion $f(u)$, und der schraffierte Teil mit der Breite du und der mittleren Höhe $f(u)$ stellt diesen Teil $f(u)\,du$ dar. Das heißt, das Verhältnis der schraffierten Fläche zur Gesamtfläche der Kurve gibt den relativen Anteil an Molekülen mit einer Geschwindigkeit u innerhalb du an. Wenn wir $f(u)$ so definieren, daß der Teil, der eine Geschwindigkeit innerhalb dieses Gebietes hat, direkt durch die schraffierte Fläche gegeben ist, dann muß die Gesamtfläche 100 Prozent davon betragen, das heißt

$$\int_{-\infty}^{\infty} f(u)\,du = 1. \tag{40.5}$$

Nun können wir diese Verteilung einfach erhalten, indem wir sie mit dem vorher abgeleiteten Lehrsatz vergleichen. Zuerst fragen wir, wie groß die Anzahl an Molekülen ist, die durch eine Fläche pro Sekunde mit einer Geschwindigkeit größer als u hindurchläuft, ausgedrückt in Termen von $f(u)$. Zunächst könnten wir denken, daß es einfach das Integral $\int_u^\infty f(u)\,du$ ist, aber das ist nicht der Fall, weil wir die Zahl haben wollen, die *pro Sekunde* hindurchgeht. Die schnelleren passieren sozusagen öfter als die langsameren, und um auszudrücken, wieviele passieren, muß man mit der Geschwindigkeit multiplizieren. (Wir haben das im vorhergehenden Kapitel besprochen, als wir über die Anzahl der Zusammenstöße sprachen.) In einer gegebenen Zeit t stellt die Gesamtzahl, die die Fläche passiert, alle diejenigen dar, die die Fläche erreichen konnten, und die Zahl, die ankommt, kommt aus einer Entfernung ut. Folglich ist die Anzahl Moleküle, die ankommt, nicht einfach die Anzahl, die vorhanden ist, sondern die Anzahl, die pro Einheitsvolumen vorhanden ist, multipliziert mit der Entfernung, die sie bei dem Wettlauf nach der Fläche durcheilen, durch die sie angenommenermaßen gehen, und diese Strecke ist proportional zu u. Folglich brauchen wir ein Integral von u *mal* $f(u)\,du$, ein unendliches Integral mit einer unteren Grenze u, und dies muß dasselbe ergeben, was wir früher fanden, nämlich $e^{-mu^2/2kT}$ mit einer Proportionalitätskonstanten, die wir später erhalten werden:

$$\int_u^{\infty} uf(u)\,du = \text{const} \cdot e^{-mu^2/2kT}. \tag{40.6}$$

Wenn wir nun das Integral nach u differenzieren, erhalten wir das, was unter dem Integral steht, d. h. den Integranden (mit einem Minuszeichen, da u die untere Grenze ist), und wenn wir die andere Seite differenzieren, erhalten wir u mal dieselbe Exponentialfunktion (und einige Konstanten). Das u kürzt sich heraus, und wir finden

$$f(u)\,du = Ce^{-mu^2/2kT}\,du. \tag{40.7}$$

Wir behalten das du auf beiden Seiten zur Erinnerung, daß es sich um eine *Verteilung* handelt, und es sagt uns, wie groß der Anteil der Geschwindigkeit zwischen u und $u+du$ ist.

Die Konstante C muß so bestimmt werden, daß das Integral gemäß Gl. (40.5) die Einheit ist. Nun können wir zeigen*, daß

$$\int_{-\infty}^{\infty} e^{-x^2}\,dx = \sqrt{\pi}.$$

Wenn wir diese Tatsache benutzen, läßt sich leicht herausfinden, daß $C = \sqrt{m/2\pi kT}$.

Da Geschwindigkeit und Impuls zueinander proportional sind, können wir sagen, daß die Verteilung des Impulses auch proportional zu $e^{-\text{K.E.}/kT}$ pro Einheitsimpulsbereich ist. Es stellt sich heraus, daß dieser Lehrsatz auch innerhalb der Relativitätstheorie richtig ist, wenn er ausgedrückt durch den Impuls geschrieben ist, während er für die Geschwindigkeit falsch ist, so daß es das beste ist, ihn für den Impuls statt für die Geschwindigkeit zu lernen:

$$f(p)\,dp = Ce^{-\text{K.E.}/kT}\,dp. \tag{40.8}$$

So stellen wir fest, daß die Wahrscheinlichkeiten für verschiedene Zustände von kinetischer und potentieller Energie jeweils durch $e^{-\text{Energie}/kT}$ gegeben sind, was sehr leicht zu behalten und wirklich ein prächtiger Lehrsatz ist.

Bis jetzt haben wir natürlich nur die Verteilung für die „senkrechte" Geschwindigkeit. Wir könnten den Wunsch haben zu fragen, wie groß die Wahrscheinlichkeit ist, daß sich ein Molekül in einer anderen Richtung bewegt. Natürlich sind diese Verteilungen miteinander verbunden, und man kann die vollständige Verteilung von der einen, die wir haben, erhalten, weil die vollständige Verteilung nur von dem Quadrat der Geschwindigkeitsgröße und nicht von der z-Komponente abhängt. Es muß etwas sein, was unabhängig von der Richtung ist, und es ist nur eine Funktion darin enthalten, nämlich die Wahrscheinlichkeit verschiedener Größen. Wir haben die Verteilung der z-Komponente, und deshalb können wir die Verteilung der anderen Komponenten daraus erhalten. Das Ergebnis zeigt, daß die Wahrscheinlichkeit noch proportional zu $e^{-\text{K.E.}/kT}$ ist, aber die kinetische Energie besteht nun aus drei Teilen $mv_x^2/2$, $mv_y^2/2$ und $mv_z^2/2$, die im Exponenten summiert sind. Oder wir können es als Produkt schreiben:

$$f(v_x, v_y, v_z)\,dv_x\,dv_y\,dv_z \propto e^{-mv_x^2/2kT}\cdot e^{-mv_y^2/2kT}\cdot e^{-mv_z^2/2kT}\,dv_x\,dv_y\,dv_z. \tag{40.9}$$

Man kann sehen, daß diese Formel richtig sein muß, weil sie erstens eine Funktion allein von v^2 ist, wie es gefordert wird, und zweitens die Wahrscheinlichkeiten verschie-

---

* Um den Wert des Integrals zu erhalten, gelte

$$I = \int_{-\infty}^{\infty} e^{-x^2}\,dx.$$

Dann ist

$$I^2 = \int_{-\infty}^{\infty} e^{-x^2}\,dx \cdot \int_{-\infty}^{\infty} e^{-y^2}\,dy = \int_{-\infty}^{\infty}\int_{-\infty}^{\infty} e^{-(x^2+y^2)}\,dy\,dx,$$

was ein Doppelintegral über die ganze xy-Ebene darstellt. Aber dies kann auch wie folgt in Polarkoordinaten geschrieben werden:

$$I^2 = \int_0^{\infty} e^{-r^2}\cdot 2\pi r\,dr = \pi\int_0^{\infty} e^{-t}\,dt = \pi.$$

dener Werte von v_z, die durch Integration über alle v_x und v_y erhalten werden, gerade gleich (40.7) sind. Aber diese Funktion (40.9) kann beides leisten!

40–5 Die spezifischen Wärmen von Gasen

Nun werden wir einige Möglichkeiten betrachten, die Theorie zu testen und zu sehen, wie erfolgreich die klassische Theorie der Gase ist. Wir sahen früher, wenn U die innere Energie von N Molekülen ist, dann gilt vielleicht manchmal $PV = NkT = (\gamma - 1)U$ für verschiedene Gase. Wenn es sich um ein einatomiges Gas handelt, wissen wir, daß dies gleich zwei Drittel der kinetischen Energie der Schwerpunktsbewegung der Atome ist. Bei einem einatomigen Gas ist dann die kinetische Energie gleich der inneren Energie, und deshalb ist $\gamma - 1 = \frac{2}{3}$. Aber nehmen wir einmal an, daß es sich um ein komplizierteres Molekül handelt, das rotieren und schwingen kann, und nehmen wir mal an (es stellt sich entsprechend der klassischen Mechanik als richtig heraus), daß die Energien der inneren Bewegungen auch proportional zu kT sind. Dann besitzt es bei einer gegebenen Temperatur zusätzlich zur kinetischen Energie kT eine innere Schwingungs- oder Rotationsenergie. Folglich umfaßt das gesamte U nicht einfach die innere kinetische Energie, sondern auch die Rotationsenergie, und wir erhalten einen anderen Wert für γ. Technisch ist der beste Weg, γ zu messen, die Messung der spezifischen Wärme, welche die Änderung der Energie mit der Temperatur bedeutet. Wir werden zu diesem Weg später zurückkehren. Für unsere jetzigen Zwecke wollen wir annehmen, daß γ experimentell aus der PV^{γ}-Kurve für adiabatische Kompression gefunden wurde.

Wir wollen eine Berechnung von γ für einige Fälle ausführen. Als erstes ist die Gesamtenergie U für ein einatomiges Gas ebenso auch die kinetische Energie, und wir wissen schon, daß γ gleich $\frac{5}{3}$ sein sollte. Als Beispiel für ein zweiatomiges Gas können wir Sauerstoff, Jod-Wasserstoff, Wasserstoff usw. nehmen und voraussetzen, daß das zweiatomige Gas durch zwei Atome dargestellt werden kann, die durch irgendeine Art von Kraft wie die aus Fig. 40–3 zusammengehalten werden. Wir wollen ebenso annehmen, und es stellt sich als richtig heraus, daß bei den Temperaturen, die für zweiatomige Gase interessant sind, die Atompaare stark dazu neigen, einen Abstand von r_0 einzunehmen, der Entfernung des Potentialminimums. Wenn dies nicht richtig wäre, wenn die Wahrscheinlichkeit sich nicht stark genug ändern würde, so daß die große Mehrheit sich in der Nähe des Minimums befinden würde, müßten wir uns daran erinnern, daß Sauerstoffgas eine Mischung von O_2 und einzelnen Sauerstoffatomen in einem nicht unwesentlichen Verhältnis ist. Wir wissen, daß es tatsächlich einige wenige einzelne Sauerstoffatome gibt, was bedeutet, daß das Minimum der potentiellen Energie einen sehr viel größeren Wert als kT hat, wie wir gesehen haben. Da sie sehr eng um r_0 zusammengeschart sind, ist der einzige Teil der Kurve, den wir benötigen, der Teil in der Nähe des Minimums, der durch eine Parabel angenähert werden kann. Ein parabolisches Potential bedeutet einen harmonischen Oszillator, und tatsächlich kann das Sauerstoffmolekül in einer ausgezeichneten Näherung durch zwei Atome, die durch eine Feder verbunden sind, dargestellt werden.

Wie groß ist nun die Gesamtenergie dieses Moleküls bei der Temperatur T? Wir wissen, daß für jedes der beiden Atome jede der kinetischen Energien $\frac{3}{2}kT$ betragen sollte, so daß die kinetische Energie von beiden $\frac{3}{2}kT + \frac{3}{2}kT$ ist. Wir können dies auch auf eine andere Weise ausdrücken: Dasselbe $\frac{3}{2}$ plus $\frac{3}{2}$ kann auch als kinetische Energie des Schwerpunktes ($\frac{3}{2}$), als kinetische Energie der Rotation ($\frac{2}{2}$) und als kinetische

Energie der Schwingung ($\frac{1}{2}$) angesehen werden. Wir wissen, daß die kinetische Schwingungsenergie $\frac{1}{2}$ beträgt, weil dabei gerade eine Dimension beteiligt ist und jeder Freiheitsgrad $\frac{1}{2}kT$ hat. Was die Rotation anbetrifft, kann es sich um jeweils zwei Achsen drehen, so daß es zwei unabhängige Bewegungen gibt. Wir nehmen an, daß die Atome irgendeine Art von Punkten sind und nicht um ihre Verbindungslinie rotieren; dies müssen wir im Gedächtnis behalten, denn wenn wir einen Widerspruch erhalten, kann hier der Fehler stecken. Aber wir haben eine weitere Größe, die *potentielle* Energie der Schwingung; wie groß ist sie? Bei einem harmonischen Oszillator sind die mittlere kinetische Energie und die mittlere potentielle Energie gleich groß, und deshalb beträgt die potentielle Energie der Schwingung ebenso $\frac{1}{2}$. Die Gesamtsumme der Energie beträgt $U = \frac{7}{2}kT$, oder kT beträgt $\frac{2}{7}U$ pro Atom. Das bedeutet dann, daß γ gleich $\frac{9}{7}$ statt $\frac{5}{3}$ ist, d. h. $\gamma = 1{,}286$.

Wir können diese Zahlen mit den entsprechenden Meßwerten vergleichen, die in Tabelle 40–1 gezeigt werden. Wenn wir uns zuerst Helium ansehen, das ein einatomiges Gas ist, finden wir praktisch $\frac{5}{3}$, und die Abweichung ist wahrscheinlich experimenteller Art, obwohl es bei so niedriger Temperatur irgendwelche Kräfte zwischen den Atomen geben kann. Krypton und Argon, beide einatomig, stimmen auch innerhalb der experimentellen Genauigkeit überein.

Tabelle 40–1

Werte für das Verhältnis der spezifischen Wärmen γ für verschiedene Gase

Gas	T (°C)	γ
He	—180	1.660
Kr	19	1.68
Ar	15	1.668
H_2	100	1.404
O_2	100	1.399
HI	100	1.40
Br_2	300	1.32
I_2	185	1.30
NH_3	15	1.310
C_2H_6	15	1.22

Wir wenden uns den zweiatomigen Gasen zu und finden Wasserstoff mit 1,404, was nicht mit der Theorie 1,286 übereinstimmt. Sauerstoff mit 1,399 ist sehr ähnlich, aber wieder nicht in Übereinstimmung. Jod-Wasserstoff ist mit 1,40 wieder ähnlich. Es sieht so aus, als ob die richtige Antwort 1,40 wäre; das ist aber nicht der Fall, denn wenn wir weitersehen, so finden wir bei Brom 1,32 und bei Jod 1,30. Da 1,30 ziemlich dicht bei 1,286 liegt, könnte man sagen, daß Jod recht gut übereinstimmt, Sauerstoff aber ziemlich weit daneben liegt. Folglich befinden wir uns hier in einer Klemme. Wir haben Übereinstimmung bei einem Molekül und wir haben keine Übereinstimmung bei einem anderen Molekül, und wir müßten schon ziemlich erfinderisch sein, um beides zu erklären.

Wir wollen weiterhin noch kompliziertere Moleküle mit einer großen Anzahl von Teilen betrachten, zum Beispiel C_2H_6, das ist Äthan. Es besitzt acht verschiedene Atome, und sie alle vibrieren und rotieren in verschiedenen Kombinationen, so daß der Gesamtbetrag der inneren Energie eine enorme Anzahl von KTs betragen muß, wenigstens $12kT$ allein für die kinetische Energie, und $\gamma - 1$ muß sehr nahe Null oder γ praktisch gleich 1 sein. Tatsächlich *ist* es niedriger, aber 1,22 ist nicht so sehr viel niedriger und ist höher als $1\frac{1}{12}$, was aus der kinetischen Energie allein berechnet wurde, und es ist einfach nicht zu verstehen!

Außerdem ist die ganze Sache so geheimnisvoll, weil das zweiatomige Molekül nicht durch eine Begrenzung starr gemacht werden kann. Auch wenn wir die Bindung unbegrenzt versteifen würden, würde es, obwohl es nicht stark schwingen könnte, immerhin weiter schwingen. Die innere Schwingungsenergie beträgt weiterhin kT, da sie nicht von der Stärke der Kopplung abhängt.

Aber wenn wir uns eine *absolute* Starre vorstellen könnten, indem wir alle Schwingungen stoppen würden, um eine Variable zu eliminieren, dann würden wir $U = \frac{5}{2}kT$ und γ = 1,40 für den zweiatomigen Fall erhalten. Dies sieht gut aus für H_2 oder O_2. Andererseits würden wir weiterhin Probleme haben, weil sich γ sowohl für Wasserstoff als auch für Sauerstoff mit der Temperatur ändert! Aus den in Fig. 40–6 gezeigten Meßwerten sehen wir, daß γ für H_2 von ungefähr 1,6 bei – 185° C bis 1,3 bei 2.000° C variiert. Die Änderung ist im Fall des Wasserstoffes stärker als bei Sauerstoff; γ zeigt aber trotzdem auch bei Sauerstoff deutlich ein Ansteigen, wenn wir in der Temperatur abfallen.

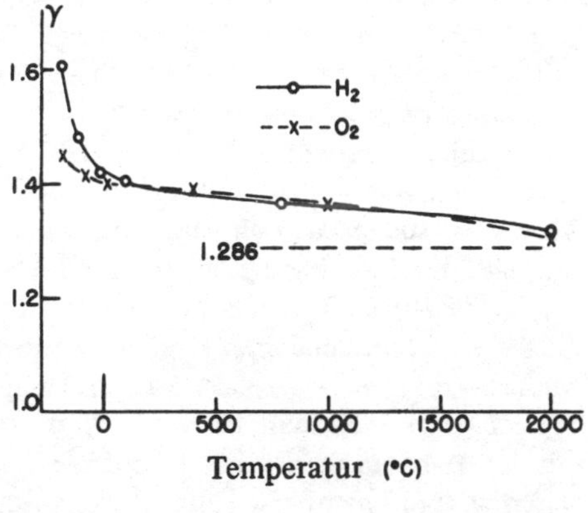

Fig. 40–6. Experimentelle Werte von γ als Funktion der Temperatur für Wasserstoff und Sauerstoff. Die klassische Theorie sagt γ = 1,286 unabhängig von der Temperatur voraus.

40–6 Das Versagen der klassischen Physik

So könnten wir alles in allem sagen, daß wir Schwierigkeiten haben. Wir könnten ein anderes Kraftgesetz als das der Feder versuchen, aber es stellt sich heraus, daß alles nur das γ vergrößert. Wenn wir weitere Energieformen einbeziehen, nähert sich γ dichter der Einheit, was den Tatsachen widerspricht. Alle Dinge der klassischen Theorie, an die man denken könnte, würden es nur schlimmer machen. Tatsache ist, daß es Elektronen in jedem Atom gibt, und wir wissen von deren Spektren, daß es innere Bewegungen gibt; jedes der Elektronen sollte wenigstens $\frac{1}{2}kT$ an kinetischer Energie und irgend etwas an potentieller Energie haben, so daß, wenn diese hinzuaddiert werden, γ noch kleiner wird. Es ist lächerlich. Es ist falsch.

Die erste große Arbeit über die dynamische Theorie der Gase stammt von Maxwell aus dem Jahre 1859. Auf der Grundlage der Gedanken, die wir diskutiert haben, konnte er sehr viele der bekannten Beziehungen genau erklären, wie z. B. das Boylesche Gesetz, die Diffusionstheorie, die Viskosität der Gase und Dinge, über die wir im nächsten Kapitel sprechen werden. Er schrieb alle diese großen Erfolge in einer abschließenden Zusammenfassung auf und sagte zum Schluß: „Durch Einführung einer notwendigen Beziehung zwischen den Bewegungen der Translation und der Rotation (er spricht über den $\frac{1}{2}kT$-Lehrsatz) bei allen nicht kugelförmigen Teilchen haben wir bewiesen, daß ein System aus solchen Teilchen unmöglich die bekannte Beziehung zwischen den beiden spezifischen Wärmen erfüllen kann.“ Er bezieht sich auf γ (welches, wie wir später sehen werden, mit zwei verschiedenen Möglichkeiten der Messung der spezifischen Wärme verknüpft ist), und er sagt, daß wir wissen, daß wir nicht die richtige Antwort erhalten können.

Zehn Jahre später sagte er in einer Vorlesung: „Ich habe Ihnen jetzt dargelegt, was ich für die größte Schwierigkeit halte, der man bei der Molekulartheorie begegnet.“ Diese Worte stellten die erste Entdeckung dar, daß die Gesetze der klassischen Physik falsch sind. Dies war das erste Anzeichen dafür, daß irgend etwas fundamental unmöglich war, weil ein exakt bewiesener Lehrsatz nicht mit dem Experiment übereinstimmte. Um 1890 berichtete Jeans wieder über dieses Rätsel. Man hört oft, wie gesagt wird, daß die Physiker im späten neunzehnten Jahrhundert dachten, sie würden alle bedeutenden physikalischen Gesetze kennen und müßten nur weitere Dezimalstellen berechnen. Irgend jemand mag das einmal gesagt haben, und andere haben es wiederholt. Aber ein sorgfältiges Studium der Literatur dieser Zeit zeigt, daß sie alle irgendwelche Probleme hatten. Jeans sagte über dieses Rätsel, daß es ein sehr geheimnisvolles Phänomen wäre und es so schiene, als ob bei fallender Temperatur bestimmte Bewegungsarten „ausfrieren“ würden.

Wenn wir annehmen könnten, daß, sagen wir, die Schwingungsbewegung bei niedriger Temperatur nicht existiert und bei hoher Temperatur existiert, dann könnten wir uns vorstellen, daß ein Gas vorhanden wäre bei einer genügend niedrigen Temperatur, daß eine Schwingungsbewegung nicht stattfindet und folglich $\gamma = 1{,}40$ ist, oder bei einer höheren Temperatur, bei der diese einsetzt, so daß γ abfällt. Dasselbe könnte für die Rotation behauptet werden. Wenn wir die Rotation eliminieren können, wenn wir sie sozusagen bei genügend tiefer Temperatur „ausfrieren“, dann können wir die Tatsache verstehen, daß das γ von Wasserstoff sich dem Wert 1,66 nähert, wenn wir mit der Temperatur hinuntergehen. Wie können wir ein solches Phänomen verstehen? Natürlich kann nicht mit Hilfe der klassischen Mechanik verstanden werden, daß diese Bewegungen „ausfrieren“. Es wurde erst verstanden, als die Quantenmechanik entdeckt wurde.

Ohne Beweis können wir die Ergebnisse der Theorie der Quantenmechanik für die statistische Mechanik darlegen. Wir erinnern uns, daß nach der Quantenmechanik ein System, das durch ein Potential gebunden ist, z. B. für Schwingungen eine diskrete Zahl von Energieniveaus, d. h. Zuständen von verschiedener Energie, haben wird. Nun lautet die Frage: Wie muß die statistische Mechanik entsprechend der Theorie der Quantenmechanik modifiziert werden? Obwohl die meisten Probleme in der Quantenmechanik schwieriger sind als in der klassischen Mechanik, stellt sich heraus, und das ist interessant genug, daß die Probleme der statistischen Mechanik in der Quantentheorie sehr viel einfacher sind! Das einfache Ergebnis, das wir in der klassischen Mechanik haben, daß nämlich $n = n_0 e^{-\text{Energie}/kT}$ ist, wird zu dem folgenden sehr wichtigen Lehrsatz: Wenn die Energie der Menge der Molekülzustände, sagen wir, E_0, E_1, E_2 ... E_i, ... genannt wird, dann ist im thermischen Gleichgewicht die Wahrscheinlichkeit, ein Molekül in einem bestimmten Zustand mit der Energie E_i zu finden, proportional zu $e^{-E_i/kT}$. Das gibt die Wahrscheinlichkeit an, in verschiedenen Zuständen zu sein. Mit anderen Worten ist die relative Chance, die Wahrscheinlichkeit, sich im Zustand E_1 relativ zur Chance, sich im Zustand E_0 zu befinden, gleich

$$\frac{P_1}{P_0} = \frac{e^{-E_1/kT}}{e^{-E_0/kT}}, \tag{40.10}$$

was natürlich dasselbe ist wie

$$n_1 = n_0 e^{-(E_1-E_0)/kT}, \tag{40.11}$$

da $P_1 = n_1/N$ und $P_0 = n_0/N$ ist. Folglich ist es weniger wahrscheinlich, in einem höheren Energiezustand als in einem niedrigeren Energiezustand zu sein. Das Verhältnis der Zahl der Atome im oberen Zustand zu der Zahl in dem unteren Zustand beträgt e hoch der Potenz (die negative Energiedifferenz über kT) – ein sehr einfacher Lehrsatz.

Nun stellt sich heraus, daß sich bei einem harmonischen Oszillator die Energieniveaus äquidistant sind. Wenn wir die niedrigste Energie $E_0 = 0$ nennen (sie ist tatsächlich nicht Null, sie ist davon ein bißchen verschieden, aber es spielt keine Rolle, wenn wir alle Energien um eine Konstante verschieben), dann ist die erste $E_1 = \hbar\omega$ und die zweite $2\hbar\omega$ und die dritte $3\hbar\omega$ usw.

Nun wollen wir sehen, was passiert. Wir nehmen an, daß wir die Schwingungen eines zweiatomigen Moleküls untersuchen, das wir als harmonischen Oszillator ansetzen. Wir wollen fragen, wie groß die relative Chance ist, ein Molekül im Zustand E_1 statt im Zustand E_0 zu finden. Die Antwort lautet, daß die Chance, es im Zustand E_1 zu finden, relativ zu der, es im Zustand E_0 zu finden, mit $e^{-\hbar\omega/kT}$ abfällt. Nun nehme man an, daß kT sehr viel kleiner als $\hbar\omega$ ist und wir den Fall tiefer Temperatur haben. Dann ist die Wahrscheinlichkeit, daß es sich im Zustand E_1 befindet, extrem klein. Praktisch befinden sich alle Atome im Zustand E_0. Wenn wir die Temperatur ändern, sie aber sehr klein halten, dann bleibt die Chance, daß es sich im Zustand $E_1 = \hbar\omega$ befindet, infinitesimal – die Energie des Oszillators bleibt fast Null; sie ändert sich nicht mit der Temperatur, solange die Temperatur sehr viel kleiner als $\hbar\omega$ bleibt. Alle Oszillatoren befinden sich im Grundzustand, und ihre Bewegung ist effektiv „eingefroren“; *sie gibt keinen Beitrag zur spezifischen Wärme.* Wir können dann aus der Tabelle 40–1 beurteilen, daß bei 100° C, was 373 Grad absoluter Temperatur entspricht, kT sehr viel kleiner als die Schwingungsenergie in den Sauerstoff- oder Wasserstoffmolekülen ist, aber nicht im Jodmolekül. Der Grund für den Unterschied ist, daß ein Jodatom verglichen mit Wasserstoff sehr schwer ist, und obwohl die Kräfte im Jod und im Sauerstoff vergleichbar sein mögen, ist das Jodmolekül so schwer, daß die natürliche Schwingungsfrequenz sehr niedrig ist verglichen mit der Schwingungsfrequenz des Wasserstoffs. Mit $\hbar\omega$ größer als kT bei Raumtemperatur für Wasserstoff, aber niedriger für Jod, zeigt nur letzteres, nämlich Jod, klassische Schwingungsenergie. Wenn wir die Temperatur eines Gases vergrößern, beginnend bei einem sehr niedrigen T-Wert, bei dem die Moleküle fast alle in ihrem niedrigsten Zustand sind, fangen sie allmählich an, eine merkliche Wahrscheinlichkeit zu zeigen, sich im zweiten Zustand und dann im folgenden Zustand und so weiter zu befinden. Wenn die Wahrscheinlichkeit für viele Zustände merkliche Werte besitzt, nähert sich das Verhalten des Gases dem, was durch die klassische Physik angegeben wird, weil die quantisierten Zustände praktisch von einem Energiekontinuum ununterscheidbar werden und das System fast jede Energie haben kann. Wenn also die Temperatur ansteigt, sollten wir wieder die Ergebnisse der klassischen Physik erhalten, was tatsächlich in Fig. 40–6 der Fall zu sein scheint. Es ist möglich, in gleicher Weise zu zeigen, daß die Rotationszustände der Atome auch quantisiert sind; aber die Zustände liegen so viel dichter zusammen, daß unter normalen Umständen kT größer als der Abstand ist. Dann werden viele Niveaus angeregt, und die kinetische Rotationsenergie hat in dem System in der klassischen Weise Anteil. Das eine Beispiel, bei dem dies bei Zimmertemperatur nicht ganz richtig ist, ist der Wasserstoff.

Dies war das erstemal, daß wir durch Vergleich mit Experimenten wirklich abgeleitet haben, daß irgend etwas in der klassischen Physik falsch ist, und wir haben nach einer Lösung dieser Schwierigkeit in der Quantenmechanik Ausschau gehalten, in ganz ähnlicher Weise, wie es ursprünglich getan wurde. Es dauerte 30 oder 40 Jahre, bevor die nächste Schwierigkeit entdeckt wurde, und diese betraf wieder die statistische Mechanik, aber diesesmal die Mechanik des Photonengases. Dieses Problem wurde in den ersten Jahren dieses Jahrhunderts durch Planck gelöst.

41 Die Brownsche Bewegung

41–1 Gleichverteilung der Energie

Die Brownsche Bewegung wurde 1827 von Robert Brown, einem Botaniker, entdeckt. Während er das mikroskopische Leben untersuchte, bemerkte er kleine Teilchen von Pflanzenpollen, die in der Flüssigkeit, die er gerade im Mikroskop betrachtete, herumwimmelten, und er war klug genug zu erkennen, daß sie nicht lebendig, sondern einfach kleine Schmutzteilchen waren, die sich in dem Wasser bewegten. Tatsächlich half er zu beweisen, daß dies nichts mit Leben zu tun hatte, indem er ein altes Stück Quarz aus dem Boden nahm, in welchem etwas Wasser eingeschlossen war. Es muß Millionen und Abermillionen von Jahren eingeschlossen gewesen sein, aber er konnte innen drin dieselbe Bewegung sehen. Man beobachtet, daß sehr feine Teilchen die ganze Zeit über herumwimmeln.

Später wurde bewiesen, daß dies eine der Wirkungen der *Molekularbewegung* ist, und wir können das qualitativ verstehen, wenn wir an einen großen Ball auf einem Spielfeld denken, der aus großer Entfernung betrachtet wird, mit einer großen Anzahl von Leuten darunter, die alle den Ball in verschiedene Richtungen stoßen. Wir können die Leute nicht sehen, weil wir uns vorstellen, daß wir zu weit entfernt sind, aber wir können den Ball sehen und beobachten, daß er sich ziemlich unregelmäßig bewegt. Wir wissen auch aus den Lehrsätzen, die wir in den vorherigen Kapiteln diskutiert haben, daß die mittlere kinetische Energie eines kleinen Teilchens, das in einer Flüssigkeit oder in einem Gas schwebt, gerade $\frac{3}{2}kT$ sein wird, auch wenn es verglichen mit einem Molekül sehr schwer ist. Wenn es sehr schwer ist, bedeutet das, daß die Geschwindigkeit relativ niedrig ist, aber es stellt sich tatsächlich heraus, daß die Geschwindigkeit in Wirklichkeit nicht so niedrig ist. Tatsächlich können wir die Geschwindigkeit eines solchen Teilchens nicht so einfach sehen, denn obwohl die mittlere kinetische Energie $\frac{3}{2}kT$ beträgt, was eine Geschwindigkeit von etwa einem Millimeter pro Sekunde für ein Objekt von einem oder zwei Mikrometern im Durchmesser bedeutet, ist dies auch in einem Mikroskop kaum zu sehen, weil das Teilchen dauernd seine Richtung umkehrt und nicht irgendwohin weiterkommt. Wie weit es kommt, werden wir am Ende des jetzigen Kapitels besprechen. Dieses Problem wurde zuerst von Einstein zu Beginn des jetzigen Jahrhunderts gelöst.

Übrigens, wenn wir sagen, daß die mittlere kinetische Energie dieses Teilchens $\frac{3}{2}kT$ beträgt, behaupten wir, dieses Ergebnis aus der kinetischen Theorie, d. h. aus den Newtonschen Gesetzen abgeleitet zu haben. Wir werden feststellen, daß wir alle möglichen Dinge – prächtige Dinge – aus der kinetischen Theorie ableiten können, und es ist sehr interessant, daß wir anscheinend aus sehr wenig sehr viel erhalten können. Natürlich meinen wir nicht, daß Newtons Gesetze „wenig" sind – sie reichen wirklich dafür aus –, was wir meinen ist, daß *wir* sehr wenig damit getan haben. Auf welche Weise erhalten wir sehr viel daraus? Die Antwort lautet, daß wir unaufhörlich eine bestimmte wichtige Annahme gemacht haben, die bedeutet: Wenn ein gegebenes System sich bei irgendeiner Temperatur im thermischen Gleichgewicht befindet, so wird es sich auch mit *beliebigen anderen* Dingen derselben Temperatur im thermischen Gleichgewicht befinden. Wenn wir z. B. sehen möchten, wie sich ein Teilchen bewegt, wenn es wirklich mit Wasser kollidiert, könnten wir uns vorstellen, daß dort ein Gas anwesend ist, das aus einer anderen Teilchensorte besteht, aus kleinen feinen Kügelchen, die (wie wir annehmen) nicht mit Wasser wechselwirken, sondern die Teilchen nur mit „harten" Zusammenstößen treffen. Angenommen, das Teilchen hat eine herausragende Spitze; alles, was unsere Kügelchen zu tun haben, ist, die Spitze zu treffen. Wir wissen alles über dies imaginäre Gas von Kügelchen mit der Temperatur T – es ist ein ideales Gas. Wasser ist kompliziert, aber ein ideales Gas ist einfach. ***Unser Teilchen muß sich nun mit dem Gas der Kügelchen im Gleichgewicht befinden.*** Die mittlere Bewegung der Teilchen muß deshalb genau das sein, was wir bei gasartigen Zusammenstößen erhalten; denn wenn es sich nicht mit der richtigen Geschwindigkeit, bezogen auf das Wasser, sondern, sagen wir, schneller bewegen würde, würde das bedeuten, daß die Kügelchen von ihm Energie aufnehmen und heißer als das Wasser werden würden. Aber wir hatten bei derselben Temperatur mit ihnen begonnen und nehmen an, daß etwas, wenn es sich einmal im Gleichgewicht befindet, im Gleichgewicht verbleibt – Teile davon werden nicht spontan wärmer oder andere Teile kälter.

Diese Behauptung ist richtig und kann aus den Gesetzen der Mechanik bewiesen werden, aber der Beweis ist sehr kompliziert und kann nur bei Gebrauch höherer Mechanik ausgeführt werden. Sie ist sehr viel einfacher in der Quantenmechanik als in der klassischen Mechanik zu beweisen. Zuerst wurde sie von Boltzmann bewiesen, jetzt nehmen wir aber einfach an, daß sie richtig ist, und dann können wir argumentieren, daß unser Teilchen $\frac{3}{2}kT$ an Energie besitzen muß, wenn es von künstlichen Kügelchen getroffen wird; folglich muß es auch $\frac{3}{2}kT$ besitzen, wenn es von Wasser bei derselben Temperatur und bei Wegnahme der Kügelchen getroffen wird; so beträgt es $\frac{3}{2}kT$. Es ist eine seltsame Art der Argumentation, aber vollkommen in Ordnung.

Zusätzlich zur Bewegung von kolloidalen Teilchen, bei denen die Brownsche Bewegung zuerst entdeckt wurde, gibt es eine Anzahl anderer Phänomene sowohl im Labor als auch in anderen Situationen, bei denen man die Brownsche Bewegung beobachten kann. Wenn wir versuchen, ein möglichst empfindliches Gerät zu bauen, sagen wir einen sehr kleinen Spiegel an einem dünnen Quarzfaden für ein sehr empfindliches ballistisches Galvanometer (Fig. 41–1), dann bleibt der Spiegel nicht in Ruhe, sondern zappelt ununterbrochen – *die ganze Zeit* –, so daß wir, wenn wir ein Licht darauf richten und die Position des Lichtfleckes betrachten, kein vollkommenes Instrument besitzen, weil der Spiegel andauernd zappelt. Warum? Weil die mittlere kinetische Energie der Rotation dieses Spiegels im Mittel $\frac{1}{2}kT$ betragen muß.

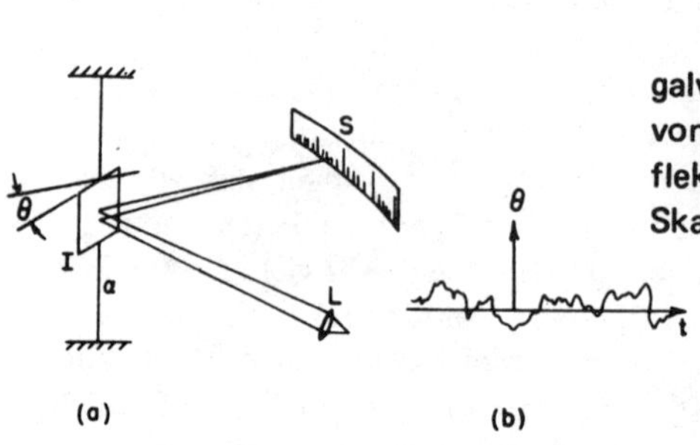

Fig. 41–1. (a) Ein empfindliches Spiegelgalvanometer. Licht von einer Quelle L wird von einem kleinen Spiegel auf eine Skala reflektiert. (b) Eine schematische Darstellung der Skalenmeßwerte als Funktion der Zeit.

Wie groß ist der mittlere quadratische Winkel, über den der Spiegel streichen wird? Angenommen, wir finden die natürliche Schwingungsfrequenz des Spiegels heraus, indem wir ihn an einer Seite anstoßen und sehen, wie lange er braucht, um vor und zurück zu schwingen, und angenommen, wir kennen außerdem das Trägheitsmoment I. Wir kennen die Formel der kinetischen Rotationsenergie – sie ist gegeben durch Gl. (19.8): $T = \frac{1}{2}I\,\omega^2$. Das ist die kinetische Energie; die dazugehörige potentielle Energie wird proportional zum Quadrat des Winkels sein – sie beträgt $V = \frac{1}{2}\alpha\theta^2$. Aber wenn wir die Schwingungsdauer t_0 kennen und daraus die Eigenfrequenz $\omega_0 = 2\pi/t_0$ berechnen, dann beträgt die potentielle Energie $V = \frac{1}{2}I\,\omega_0^2\theta^2$. Nun wissen wir, daß die mittlere kinetische Energie $\frac{1}{2}kT$ ist, da es sich aber um einen harmonischen Oszillator handelt, beträgt die mittlere potentielle Energie ebenso $\frac{1}{2}kT$. Folglich gilt

$$\tfrac{1}{2}I\omega_0^2\langle\theta^2\rangle = \tfrac{1}{2}kT,$$

oder

$$\langle\theta^2\rangle = kT/I\omega_0^2. \tag{41.1}$$

Auf diese Weise können wir die Schwingungen eines Galvanometerspiegels berechnen und dabei herausfinden, welches die Begrenzungen unseres Instrumentes sein werden. Wenn wir kleinere Schwingungen haben wollen, müssen wir den Spiegel kühlen. Eine interessante Frage ist, *wo* wir kühlen müssen. Das hängt davon ab, woher er seine „Stöße" erhält. Wenn es durch den Faden geschieht, kühlen wir ihn oben – wenn der Spiegel von einem Gas umgeben ist und im wesentlichen von Zusammenstößen mit dem Gas getroffen wird, ist es besser, das Gas zu kühlen. Wenn wir wissen, wovon die *Dämpfung* der Schwingungen verursacht wird, stellt es sich in der Tat heraus, daß dies auch immer die *Quelle* der Fluktuationen ist. Dies ist ein Punkt, auf den wir noch zurückkommen werden.

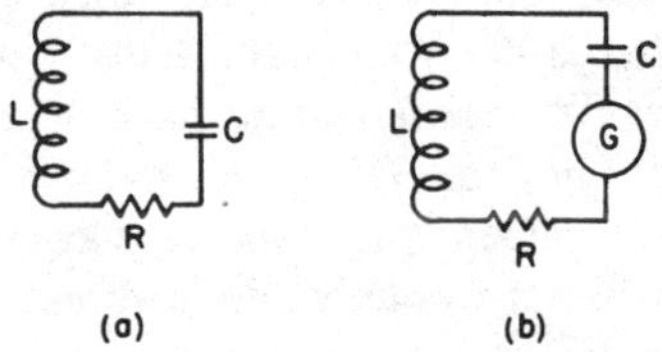

Fig. 41–2. Ein Resonanzkreis mit hohem Q. (a) Tatsächlicher Kreis bei der Temperatur T. (b) Gedachter Kreis mit einem idealen (geräuschlosen) Widerstand und einem „Rauschgenerator" G.

Dieselben Probleme existieren erstaunlicherweise bei ***elektrischen Schaltkreisen.*** Angenommen, wir bauen einen sehr empfindlichen, genauen Verstärker für eine bestimmte Frequenz und haben am Eingang einen Resonanzkreis (Fig. 41–2), um ihn wie bei einem Radioempfänger, allerdings bei einem wirklich guten, für diese bestimmte Frequenz empfindlich zu machen. Angenommen, wir wollen zu der niedrigsten Grenze der Größen heruntergehen; dann greifen wir die Spannung sagen wir von der Induktivität ab und schicken sie in den Rest des Verstärkers. Natürlich gibt es bei jedem Schaltkreis wie diesem einen bestimmten Verlust. Er ist kein vollkommener Resonanzkreis, aber es ist ein sehr guter und sagen wir, es gibt einen sehr kleinen Widerstand (wir zeichnen den Widerstand ein, so daß wir ihn sehen können, aber er wird als klein angenommen). Nun möchten wir gern herausfinden, wie stark die Spannung an der Induktivität fluktuiert. ***Antwort:*** Wir wissen, daß $\frac{1}{2}LI^2$ die „kinetische Energie" ist – die Energie, die zu einer Spule in einem Resonanzkreis gehört (Kapitel 25). Deshalb ist der Mittelwert von $\frac{1}{2}LI^2$ gleich $\frac{1}{2}kT$ – das sagt uns, wie groß die Wurzel des mittleren quadratischen Stromes ist, und wir können aus diesem mittleren Strom die mittlere Spannung herausfinden.

Denn wenn wir die Spannung kennen wollen, die an der Induktivität abfällt, nehmen wir die Formel $\hat{V}_L = i\omega L\hat{I}$ und das mittlere Absolutquadrat der Spannung an der Induktivität $\langle V_L^2 \rangle = L^2\omega_0^2\langle I^2 \rangle$ und setzen $\frac{1}{2}L\langle I^2 \rangle = \frac{1}{2}kT$ ein und erhalten

$$\langle V_L^2 \rangle = L\omega_0^2 kT. \tag{41.2}$$

So können wir jetzt Schaltkreise auslegen und angeben, wann wir das sogenannte *Johnsonsche Rauschen* erhalten, das Rauschen, das den thermischen Fluktuationen entspricht!

Was ist diesmal die Ursache für diese Fluktuationen? Sie kommen wieder von dem *Widerstand* – sie haben ihre Ursache in der Tatsache, daß die Elektronen in dem Widerstand herumzappeln, weil sie sich mit der Materie des Widerstandes im thermischen Gleichgewicht befinden und Fluktuationen in der Elektronendichte erzeugen. Sie erzeugen folglich winzige elektrische Felder, die den Resonanzkreis schwingen lassen.

Die Elektroingenieure stellen die Antwort anders dar. Physikalisch ist der Widerstand genau die Quelle des Rauschens. Jedoch können wir den wirklichen Schaltkreis mit seinem ehrlichen, wirklichen, physikalischen Widerstand, der Rauschen erzeugt, durch einen gedachten Kreis ersetzen, der einen kleinen Generator enthält, der das Rauschen *repräsentiert;* nun ist der Widerstand im übrigen ideal – er erzeugt kein Rauschen. Alles Rauschen steckt in dem künstlichen Generator. Wenn wir also die Eigenschaften des von einem Widerstand erzeugten Rauschens kennen würden, wenn wir die Formel dafür hätten, dann könnten wir ausrechnen, was der Schaltkreis als Reaktion auf dieses Rauschen tut. Folglich brauchen wir eine Formel für die Rausch-Fluktuationen. Nun zeigt das von einem Widerstand erzeugte Rauschen sämtliche Frequenzen, da der Widerstand selbst keine Resonanzeigenschaft besitzt. Natürlich „lauscht" der Resonanzkreis nur nach dem Teil, der in der Nähe der richtigen Frequenz liegt, aber in dem Widerstand stecken viele verschiedene Frequenzen. Wir können wie folgt beschreiben, wie stark der Generator ist: Die mittlere Leistung, die der Widerstand absorbieren würde, wenn er direkt über den Rauschgenerator kurzgeschlossen wäre, würde $\langle E^2 \rangle/R$ betragen, wenn E die Spannung des Generators darstellt. Aber wir möchten gern genauer wissen, wieviel Leistung es bei jeder Frequenz gibt. Es gibt nur sehr wenig Leistung bei irgendeiner einzelnen Frequenz; es ist eine Verteilung. $P(\omega)d\omega$ soll die Leistung sein, die der Generator in dem Frequenzbereich $d\omega$ an genau diesen Widerstand abgeben würde. Dann können wir beweisen (wir werden es für einen anderen Fall beweisen, aber die Mathematik ist genau dieselbe), daß sich die Leistung ergibt als

$$P(\omega)\,d\omega = (2/\pi)kT\,d\omega, \tag{41.3}$$

und sie ist in dieser Darstellung *unabhängig vom Widerstand.*

41–2 Thermisches Strahlungsgleichgewicht

Nun fahren wir fort, um im folgenden einen noch fortgeschritteneren und interessanten Vorschlag zu betrachten. Angenommen, wir haben einen geladenen Oszillator wie der, den wir bei der Diskussion über das Licht besprochen haben, sagen wir ein Elektron, das in einem Atom auf und ab oszilliert. Wenn es auf und ab schwingt, strahlt es Licht ab. Nun nehmen wir an, daß dieser Oszillator sich in einem sehr dünnen Gas aus anderen Atomen befindet und daß von Zeit zu Zeit die Atome mit ihm kollidieren. Dann wird nach langer Zeit im Gleichgewicht dieser Oszillator Energie derart aufnehmen, daß seine kinetische Schwingungsenergie $\frac{1}{2}kT$ beträgt, und da es sich um einen harmonischen Oszillator handelt, wird seine gesamte Bewegungsenergie kT betragen. Das ist natürlich insoweit eine falsche Beschreibung, als der Oszillator eine *elektrische Ladung* trägt, und wenn er eine Energie kT besitzt, schwingt er auf und ab und *strahlt Licht ab.* Deshalb ist es unmöglich, ein Gleichgewicht der Materie allein ohne die Ladungen darin, die Licht emittieren, zu haben; wenn Licht emittiert wird, fließt Energie ab, und der Oszillator verliert mit der Zeit sein kT, und folglich kühlt sich das gesamte Gas, welches mit dem Oszillator kollidiert, allmählich ab. Und das ist natürlich der Grund, warum ein heißer Ofen sich in einer kalten Nacht abkühlt, indem er das Licht in den Himmel abstrahlt, weil die Atome diese Ladungen hin und her schütteln und dauernd abstrahlen und wegen dieser Strahlung die Zitterbewegung langsam erstirbt.

Wenn wir andererseits das ganze System in einen Behälter einschließen, so daß das Licht nicht ins Unendliche abstrahlt, dann *können* wir schließlich thermisches Gleichgewicht erhalten. Wir können entweder das Gas in einen Behälter schließen, wo wir sagen können, daß es andere Strahler in den Behälterwänden gibt, die das Licht zurücksenden, oder, um ein netteres Beispiel zu nehmen, können wir annehmen, daß der Behälter Spiegelwände besitzt. Es ist leichter, über diesen Fall nachzudenken. Folglich nehmen wir an, daß die gesamte Strahlung, die von dem Oszillator ausgeht, dauernd in dem Behälter herumläuft. Dann ist es natürlich richtig, daß der Oszillator anfängt zu strahlen, aber sehr bald kann er die kinetische Energie kT zurückerhalten, obwohl er strahlt, weil er sozusagen von seinem eigenen Licht, das von den Wänden des Behälters reflektiert wird, bestrahlt wird. Das heißt, nach einer gewissen Zeit schwirrt eine ganze Menge Licht in dem Behälter herum, und obwohl der Oszillator etwas davon abstrahlt, kommt das Licht zurück und bringt etwas von der Energie, die abgestrahlt wurde, zurück.

Wir werden nun bestimmen, wieviel Licht sich in solch einem Behälter bei der Temperatur T befinden muß, damit das Leuchten des Lichtes auf diesen Oszillator gerade genug Energie erzeugt, um das abgestrahlte Licht aufzuwiegen.

Die Gasatome sollen sehr vereinzelt sein und mit großen Zwischenräumen, so daß wir einen idealen Oszillator ohne Widerstand außer dem Strahlungswiderstand haben. Dann überlegen wir uns, daß der Oszillator im thermischen Gleichgewicht zwei Dinge zur gleichen Zeit tut. Erstens besitzt er eine mittlere Energie kT, und wir rechnen aus, wieviel Strahlung er emittiert. Zweitens sollte diese Strahlung genau den Betrag darstellen, der aus der Tatsache resultieren würde, daß das auf den Oszillator scheinende Licht gestreut wird. Da es keine andere Möglichkeit für die Energie gibt zu entrinnen, stellt diese effektive Strahlung tatsächlich einfach gestreutes Licht von dem darin enthaltenen Licht dar.

So berechnen wir zuerst die Energie, die von dem Oszillator pro Sekunde abgestrahlt wird, wenn der Oszillator eine bestimmte Energie besitzt. (Aus Kapitel 32 über den Strahlungswiderstand entleihen wir eine Reihe von Gleichungen, ohne wieder auf deren Ableitung einzugehen.) Die pro Bogengrad abgestrahlte Energie dividiert durch die Oszillatorenergie wird $1/Q = (dW/dt)/\omega_0 W$. Wenn wir die Größe γ, die Dämpfungskonstante, benutzen, kann dies auch als $1/Q = \gamma/\omega_0$ geschrieben werden, wobei ω_0 die Eigenfrequenz des Oszillators ist – wenn Gamma sehr klein ist, ist Q sehr groß. Die pro Sekunde abgestrahlte Energie beträgt dann

$$\frac{dW}{dt} = \frac{\omega_0 W}{Q} = \frac{\omega_0 W \gamma}{\omega_0} = \gamma W. \tag{41.4}$$

Die pro Sekunde abgestrahlte Energie ist folglich einfach Gamma mal der Energie des Oszillators. Nun sollte der Oszillator eine mittlere Energie kT besitzen; folglich sehen wir, daß Gamma kT der mittlere Betrag der pro Sekunde abgestrahlten Energie ist:

$$\langle dW/dt \rangle = \gamma kT. \tag{41.5}$$

Nun müssen wir nur wissen, was Gamma bedeutet. Gamma kann leicht aus Gl. (32.12) gefunden werden. Es ist

$$\gamma = \frac{\omega_0}{Q} = \frac{2}{3} \frac{r_0 \omega_0^2}{c}, \tag{41.6}$$

wobei $r_0 = e^2/mc^2$ der klassische Elektronenradius ist und wir $\lambda = 2\pi c/\omega_0$ gesetzt haben.

Unser endgültiges Ergebnis für die mittlere Rate der Lichtabstrahlung nahe der Frequenz ω_0 lautet deshalb

$$\frac{dW}{dt} = \frac{2}{3} \frac{r_0 \omega_0^2 kT}{c}. \tag{41.7}$$

Als nächstes fragen wir, wieviel Licht auf den Oszillator scheinen muß. Es muß genug sein, daß der von dem Licht absorbierte Teil (der daraufhin wieder gestreut wird) exakt genauso groß ist. Mit anderen Worten entspricht das emittierte Licht dem *gestreuten* Licht von dem Licht, das in dem Behälter auf den Oszillator scheint. Folglich müssen wir jetzt ausrechnen, wieviel Licht von dem Oszillator gestreut wird, wenn ein bestimmter – unbekannter – Strahlungsbetrag auf ihn einfällt. $I(\omega)d\omega$ soll der Betrag der Lichtenergie sein, der innerhalb eines bestimmten Bereiches $d\omega$ bei der Frequenz ω vorhanden ist (denn es gibt kein Licht bei einer *exakt* bestimmten Frequenz; es ist über das ganze Spektrum verteilt). Folglich stellt $I(\omega)$ eine bestimmte *Spektralverteilung* dar, die wir jetzt herausfinden wollen – es ist die Farbe eines Ofens bei der Temperatur T, die wir sehen, wenn wir die Ofentür öffnen und in die Öffnung schauen. Wieviel Licht wird nun absorbiert? Wir haben den Betrag der Strahlung herausgearbeitet, der von einem gegebenen einfallenden Lichtstrahl absorbiert wird, und haben ihn ausgedrückt durch einen *Querschnitt* berechnet. Es ist gerade so, wie wenn wir sagen würden, daß alles Licht, das auf einen bestimmten Querschnitt fällt, absorbiert wird. So ist der zurückgestrahlte (gestreute) Gesamtbetrag gerade die einfallende Intensität $I(\omega)d\omega$ multipliziert mit dem Querschnitt σ.

Die Formel für den Querschnitt, die wir abgeleitet haben (Gl. 31.19), enthielt nicht die Dämpfung. Es ist nicht schwer, die Ableitung noch einmal durchzugehen und den Widerstandsterm, den wir vernachlässigt haben, einzuführen. Wenn wir dies tun und den Querschnitt auf dieselbe Weise berechnen, erhalten wir

$$\sigma_s = \frac{8\pi r_0^2}{3} \left(\frac{\omega^4}{(\omega^2 - \omega_0^2)^2 + \gamma^2 \omega^2} \right). \tag{41.8}$$

Nun besitzt σ_S als Funktion der Frequenz eine erwähnenswerte Größe nur für Werte von ω nahe der Eigenfrequenz ω_0. (Erinnern wir uns, daß Q für einen strahlenden Oszillator ungefähr 10^8 beträgt.) Der Oszillator streut sehr stark, wenn ω gleich ω_0 ist, und sehr schwach für andere ω-Werte. Deshalb können wir ω durch ω_0 und

$\omega^2 - \omega_0^2$ durch $2\omega_0(\omega - \omega_0)$ ersetzen und erhalten

$$\sigma_s = \frac{2\pi r_0^2\omega_0^2}{3[(\omega - \omega_0)^2 + \gamma^2/4]}. \tag{41.9}$$

Nun ist die ganze Kurve nahe $\omega = \omega_0$ lokalisiert. (Es wäre nicht wirklich nötig, irgendwelche Näherungen zu machen, aber die Integrale lassen sich viel leichter ausrechnen, wenn wir die Gleichung ein bißchen vereinfachen.) Nun multiplizieren wir die Intensität in einem gegebenen Frequenzbereich mit dem Streuquerschnitt, um den Energiebetrag zu erhalten, der in dem Bereich $d\omega$ gestreut wird. Die *gesamte* gestreute Energie ist dann das Integral davon für alle ω. Folglich gilt

$$\begin{aligned}\frac{dW_s}{dt} &= \int_0^\infty I(\omega)\sigma_s(\omega)\,d\omega \\ &= \int_0^\infty \frac{2\pi r_0^2\omega_0^2 I(\omega)\,d\omega}{3[(\omega - \omega_0)^2 + \gamma^2/4]}.\end{aligned} \tag{41.10}$$

Nun setzen wir $dW_S/dt = 3\gamma kT$. Warum *drei?* Weil wir, als wir unsere Analyse des Querschnittes in Kapitel 32 machten, annahmen, daß die Polarisation derart war, daß das Licht den Oszillator anregen konnte. Wenn wir einen Oszillator benutzt hätten, der nur in einer Richtung schwingen könnte, und das Licht, sagen wir, in der falschen Richtung polarisiert gewesen wäre, würde es überhaupt keine Streuung geben. So müssen wir entweder den Querschnitt eines Oszillators, der nur in einer Richtung schwingen kann, über alle Einfallsrichtungen und Polarisationsrichtungen des Lichts mitteln, oder wir müssen uns, was leichter ist, einen Oszillator vorstellen, der dem Feld, ganz egal in welche Richtung es zeigt, folgen wird. Solch ein Oszillator, der in allen drei Richtungen gleich schwingen kann, würde $3kT$ als mittlere Energie besitzen, weil es 3 Freiheitsgrade in diesem Oszillator gibt. Folglich sollten wir wegen der 3 Freiheitsgrade $3\gamma kT$ benutzen.

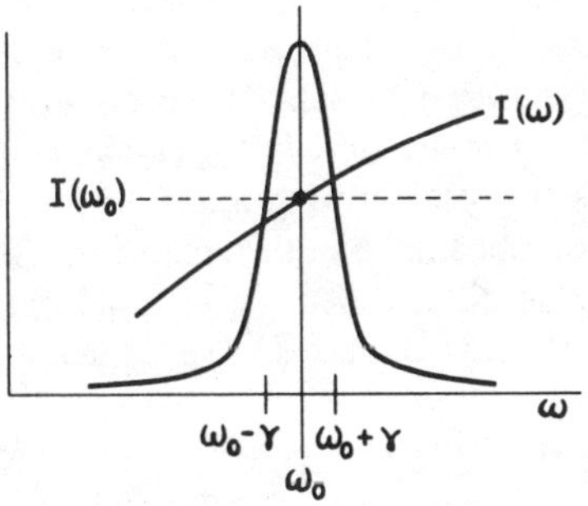

Fig. 41–3. Die Faktoren in dem Integranden (41.10). Die Spitze stellt die Resonanzkurve $1/(\omega - \omega_0)^2 + \gamma^2/4$ dar. In guter Näherung kann der Faktor $I(\omega)$ durch $I(\omega_0)$ ersetzt werden.

Nun müssen wir die Integration ausführen. Wir wollen annehmen, daß die unbekannte Spektralverteilung $I(\omega)$ des Lichts eine glatte Kurve ist und nicht sehr stark in dem engen Frequenzbereich, in dem σ_S sein Maximum hat, variiert (Fig. 41–3). Dann gibt es nur einen wesentlichen Beitrag, wenn ω sehr nahe ω_0 ist, innerhalb eines Bereiches Gamma, der sehr klein ist. Deshalb ist, obwohl $I(\omega)$ eine unbekannte und komplizierte Funktion sein kann, die einzige Stelle, wo sie interessant ist, in der Nähe von

$\omega = \omega_0$, und dort können wir die glatte Kurve durch eine flache in derselben Höhe, also durch eine „Konstante", ersetzen. Mit anderen Worten nehmen wir einfach $I(\omega)$ aus dem Integral heraus und nennen es $I(\omega_0)$. Wir können auch den Rest der Konstanten vor das Integral schreiben, und was dann übrig bleibt ist

$$\tfrac{2}{3}\pi r_0^2\omega_0^2 I(\omega_0)\int_0^\infty \frac{d\omega}{(\omega-\omega_0)^2+\gamma^2/4} = 3\gamma kT. \tag{41.11}$$

Nun sollte das Integral von 0 nach ∞ gehen, aber 0 ist so weit von ω_0 entfernt, daß die Kurve dort schon lange abgeschlossen ist, so gehen wir stattdessen nach minus ∞ – das ergibt keinen Unterschied, und das Integral läßt sich so viel leichter berechnen. Das Integral ist eine inverse Tangensfunktion der Form $\int dx/(x^2+a^2)$. Wenn wir in einem Buch nachschlagen, sehen wir, daß es gleich π/a ist. Folglich ergibt es in unserem Fall $2\pi/\gamma$. Deshalb erhalten wir nach einigem Umordnen

$$I(\omega_0) = \frac{9\gamma^2 kT}{4\pi^2 r_0^2\omega_0^2}. \tag{41.12}$$

Dann setzen wir für Gamma die Formel (41.6) ein (man störe sich nicht an der Schreibweise ω_0; da es für jedes ω_0 gilt, können wir es einfach ω nennen), und die Formel für $I(\omega)$ ergibt sich dann zu

$$I(\omega) = \frac{\omega^2 kT}{\pi^2 c^2}. \tag{41.13}$$

Und das gibt uns die Lichtverteilung in einem heißen Ofen. Sie wird die ***Strahlung des schwarzen Körpers*** genannt. Schwarz deshalb, weil das Loch in dem Ofen, in das wir schauen, bei Temperatur Null schwarz ist.

Innerhalb eines geschlossenen Behälters ist (41.13) bei der Temperatur T die Energieverteilung der Strahlung gemäß der klassischen Theorie. Zuerst wollen wir unser Augenmerk auf eine bemerkenswerte Eigenschaft dieses Ausdruckes lenken. Die Ladung des Oszillators, die Masse des Oszillators, alle spezifischen Eigenschaften des Oszillators *kürzen sich heraus;* denn wenn wir einmal mit einem Oszillator Gleichgewicht erreicht haben, müssen wir uns mit jedem anderen Oszillator von unterschiedlicher Masse im Gleichgewicht befinden, oder wir werden in Schwierigkeiten geraten. So ist dies ein wichtiger Prüfstein für die Behauptung, daß das Gleichgewicht nicht davon abhängt, womit wir uns im Gleichgewicht befinden, sondern *allein von der Temperatur.* Nun wollen wir ein Bild der $I(\omega)$-Kurve zeichnen (Fig. 41.4). Sie sagt uns, wieviel Licht wir bei den verschiedenen Frequenzen haben.

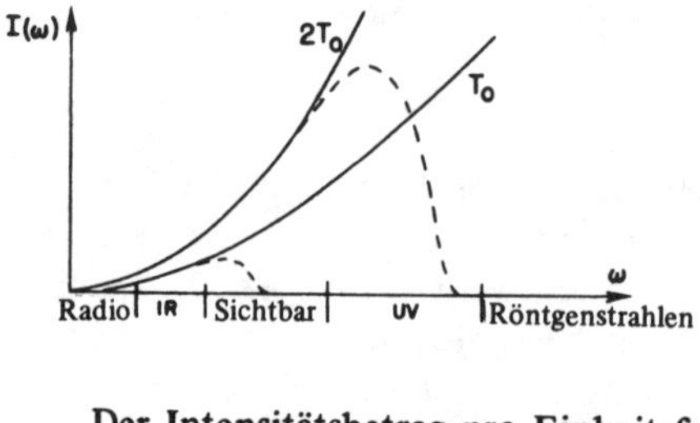

Fig. 41–4. Die Intensitätsverteilung des schwarzen Körpers bei zwei Temperaturen gemäß der klassischen Physik (durchgezogene Kurven). Die gestrichelten Kurven zeigen die tatsächliche Verteilung.

Der Intensitätsbetrag pro Einheitsfrequenzbereich innerhalb unseres Behälters geht, wie wir sehen, mit dem Quadrat der Frequenz; das bedeutet, daß wir, wenn wir einen

Behälter bei einer x-beliebigen Temperatur haben und uns die herauskommenden Röntgenstrahlen ansehen, viele davon finden werden!

Daß dies falsch ist, wissen wir natürlich. Wenn wir den Ofen öffnen und hineinsehen, verbrennen wir unsere Augen keineswegs mit Röntgenstrahlen. Es ist vollkommen falsch. Weiterhin würde die *gesamte Energie* innerhalb des Behälters, die gesamte über alle Frequenzen summierte Intensität, den Bereich unterhalb dieser unendlichen Kurve darstellen. Deshalb ist irgend etwas grundlegend, gewaltig und absolut falsch.

Folglich war die klassische Theorie *absolut unfähig,* die Verteilung des Lichts von einem schwarzen Körper korrekt zu beschreiben, wie sie ebenso unfähig war, die spezifischen Wärmen der Gase zu beschreiben. Die Physiker durchdachten diese Ableitung sehr intensiv von vielen verschiedenen Standpunkten aus, aber es gibt kein Entrinnen. Dies *ist* eben die Voraussage der klassischen Physik. Gleichung (41.13) wird *Rayleighsches Gesetz* genannt, es ist die Voraussage der klassischen Physik, die offensichtlich absurd ist.

41–3 Gleichverteilung und der Quantenoszillator

Die obige Schwierigkeit ist ein weiterer Abschnitt des ständigen Problems der klassischen Physik, das bei der Schwierigkeit der spezifischen Wärme der Gase begann und sich nun auf die Verteilung des Lichts des schwarzen Körpers konzentriert hat. Als nun die Theoretiker diesen Komplex untersuchten, gab es natürlich viele *Messungen* der tatsächlichen Kurve. Und es stellte sich heraus, daß die richtige Kurve der gestrichelten Kurve in Fig. 41–4 glich. Das bedeutet, daß es dort keine Röntgenstrahlen gab. Wenn wir die Temperatur senken, sinkt die ganze Kurve entsprechend der klassischen Theorie im Verhältnis zu T ab, aber die beobachtete Kurve wird früher bei einer niedrigeren Temperatur abgebrochen. Folglich ist das niederfrequente Ende der Kurve richtig, aber das hochfrequente Ende ist falsch. Warum? Als sich Sir James Jeans mit der spezifischen Wärme der Gase beschäftigte, bemerkte er, daß Bewegungen, die eine hohe Frequenz haben, „ausgefroren" werden, wenn die Temperatur zu niedrig wird. Das heißt, wenn die Temperatur zu niedrig und die Frequenz zu hoch ist, *haben* die Oszillatoren *keine* mittlere Energie kT. Wir erinnern uns, wie unsere Ableitung von (41.13) arbeitet: Es hängt alles von der Energie eines Oszillators im thermischen Gleichgewicht ab. Was kT von (41.5) war und was das gleiche kT in (41.13) bedeutet, ist die mittlere Energie eines harmonischen Oszillators der Frequenz ω bei einer Temperatur T. Klassisch gesehen ist dies kT, experimentell jedoch nicht! – dann nicht, wenn die Temperatur zu niedrig ist oder die Oszillatorfrequenz zu hoch liegt. Folglich ist der Grund, daß die Kurve abfällt, genau derselbe Grund dafür, daß die spezifischen Wärmen der Gase nicht stimmen. Es ist einfacher, die Kurve des schwarzen Körpers zu untersuchen als die spezifischen Wärmen der Gase, die so kompliziert sind, daß wir unser Augenmerk deshalb auf die Bestimmung der wahren Kurve des schwarzen Körpers konzentrieren, da dies eine Kurve ist, die uns bei jeder Frequenz genau angibt, wie groß tatsächlich die mittlere Energie harmonischer Oszillatoren als Funktion der Temperatur ist.

Planck hat diese Kurve untersucht. Er bestimmte die Antwort zunächst empirisch, indem er die beobachtete Kurve durch eine hübsche, sehr gut passende Funktion anpaßte. So hatte er eine empirische Formel für die mittlere Energie eines harmonischen Oszillators als Funktion der Frequenz. Mit anderen Worten hatte er statt kT die *richtige* Formel, und durch Herumprobieren fand er dann dafür eine einfache Ableitung, die eine sehr merkwürdige Vermutung enthielt. Diese Vermutung besagte, daß *der harmonische Oszillator nur Energien jeweils gleich $\hbar\omega$ aufnehmen kann.* Der Gedanke, daß sie *jede beliebige* Energie haben können, ist falsch. Das war natürlich der Anfang vom Ende der klassischen Mechanik.

Nun wird die erste korrekt bestimmte quantenmechanische Formel abgeleitet. Nehmen wir an, daß die erlaubten Energieniveaus eines harmonischen Oszillators einen gleichen Abstand $\hbar\omega_0$ zueinander haben, so daß der Oszillator nur diese unterschiedlichen Energien aufnehmen kann (Fig. 41–5). Planck gebrauchte ein etwas komplizierteres Argument als das hier gegebene, da es der erste Anfang der Quantenmechanik war und er einige Sachverhalte beweisen mußte. Aber wir nehmen es als Tatsache (was er in diesem Fall demonstrierte), daß die Wahrscheinlichkeit der Besetzung eines Energieniveaus E gleich $P(E) = \alpha e^{-E/kT}$ ist. Wenn wir damit fortfahren, werden wir das richtige Ergebnis erhalten.

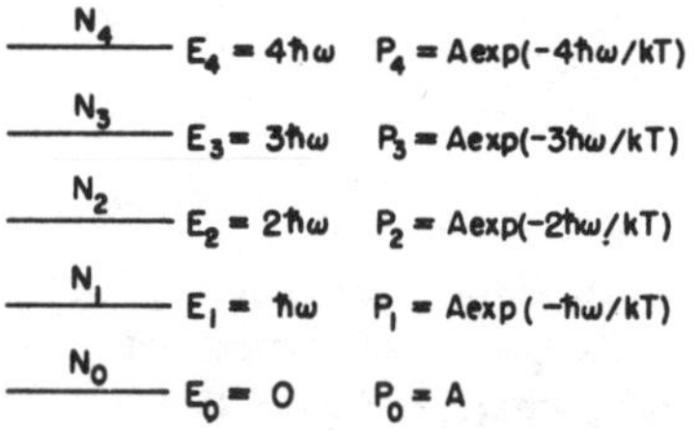

Fig. 41–5. Die Energieniveaus eines harmonischen Oszillators haben gleichen Abstand: $E_n = n\hbar\omega$.

Nehmen wir nun an, daß wir eine ganze Anzahl von Oszillatoren haben und daß jeder ein schwingendes System der Frequenz ω_0 ist. Einige dieser Schwinger werden sich im Quanten-Grundzustand, einige im folgenden befinden usw. Was wir gern wissen würden ist die gemittelte Energie all dieser Oszillatoren. Um sie herauszufinden, wollen wir die Gesamtenergie aller Oszillatoren berechnen und durch die Anzahl der Oszillatoren dividieren. Das ergibt die gemittelte Energie pro Oszillator im thermischen Gleichgewicht und stellt auch die Energie dar, die sich im Gleichgewicht mit der Strahlung des schwarzen Körpers befindet und sollte statt kT in Gl. (41.13) eingesetzt werden. Folglich soll N_0 die Anzahl der Oszillatoren sein, die sich im Grundzustand (dem niedrigsten Energiezustand) befinden; N_1 ist dann die Anzahl von Oszillatoren im Zustand E_1; N_2 die Anzahl, die sich im Zustand E_2 befindet, usw. Entsprechend der Hypothese (die wir nicht bewiesen haben), daß in der Quantenmechanik das Gesetz, welches die Wahrscheinlichkeit $e^{-\text{P.E.}/kT}$ oder $e^{-\text{K.E.}/kT}$ in der klassischen Mechanik ersetzt hat, besagt, daß die Wahrscheinlichkeit mit $e^{-\Delta E/kT}$ abfällt, wobei ΔE die Überschußenergie ist, wollen wir annehmen, daß die Anzahl N_1, die sich im ersten Zustand befindet, gleich der Anzahl N_0 im Grundzustand $e^{-\hbar\omega/kT}$ sein wird. Ähnlich gilt für N_2, die Anzahl von Oszillatoren im zweiten Bereich, $N_2 = N_0 e^{-2\hbar\omega/kT}$. Um die Algebra zu vereinfachen, nennen wir $e^{-\hbar\omega/kT} = x$. Dann haben wir einfach $N_1 = N_0 x$, $N_2 = N_0 x^2, \ldots, N_n = N_0 x^n$.

Die gesamte Energie aller Oszillatoren muß als erstes bestimmt werden. Wenn sich ein Oszillator im Grundzustand befindet, ist keine Energie vorhanden. Wenn er im ersten Zustand ist, beträgt die Energie $\hbar\omega_0$, und davon sind N_1 vorhanden. So zeigen $N_1\hbar\omega$ oder $\hbar\omega N_0 x$ an, wieviel Energie wir von ihnen erhalten. Diejenigen im zweiten Zustand haben $2\hbar\omega_0$, und es gibt N_2 von ihnen; folglich gibt $N_2 \cdot 2\hbar\omega = 2\hbar\omega N_0 x^2$ an, wieviel Energie wir erhalten, usw. Dann addieren wir alles zusammen, um $E_{tot} = N_0\hbar\omega(0 + x + 2x^2 + 3x^3 + \ldots)$ zu erhalten.

Aber wieviele Oszillatoren gibt es jetzt? N_0 ist natürlich die Anzahl, die sich im Grundzustand befindet, N_1 die, die sich im ersten Zustand befindet, usw., und wir addieren alle zusammen: $N_{\text{tot}} = N_0(1 + x + x^2 + x^3 + ...)$. Folglich beträgt die gemittelte Energie

$$\langle E\rangle = \frac{E_{\text{tot}}}{N_{\text{tot}}} = \frac{N_0\hbar\omega(0 + x + 2x^2 + 3x^3 + \cdots)}{N_0(1 + x + x^2 + \cdots)}. \tag{41.14}$$

Die beiden Summen, die hier jetzt auftauchen, überlassen wir dem Leser, um damit zu spielen und seine Freude daran zu haben. Wenn wir mit allem Summieren fertig sind und x in der Summe einsetzen, müßten wir – wenn wir keine Fehler bei der Summierung machen – folgendes erhalten

$$\langle E\rangle = \frac{\hbar\omega}{e^{\hbar\omega/kT} - 1}. \tag{41.15}$$

Dies also war die erste quantenmechanische Formel, die je bekannt oder je diskutiert wurde; es war ein glanzvoller Höhepunkt des jahrzehntelangen Rätselratens. Maxwell wußte, daß irgend etwas falsch war, aber das Problem war, was war *richtig?* Hier ist die quantitative Antwort, was statt kT richtig ist. Natürlich sollte sich dieser Ausdruck kT mit $\omega \to 0$ oder mit $T \to \infty$ nähern. Bitte sehen Sie, ob Sie beweisen können, daß das der Fall ist – lernen Sie mit dieser Mathematik umzugehen.

Dies ist der berühmte Abschneide-Faktor, nach dem Jeans gesucht hatte, und wenn wir ihn statt kT in (41.13) benutzen, erhalten wir die Verteilung des Lichts in einem schwarzen Behälter

$$I(\omega)\,d\omega = \frac{\hbar\omega^3\,d\omega}{\pi^2c^2(e^{\hbar\omega/kT} - 1)}. \tag{41.16}$$

Wir sehen, daß wir für ein großes ω, obwohl wir ω^3 im Zähler haben, ein e haben, das im Nenner zu einer immensen Größe anwächst, so daß die Kurve wieder abfällt und nicht „explodiert" – wir erhalten kein ultraviolettes Licht und keine Röntgenstrahlen, wo wir sie nicht erwarten!

Man könnte bemängeln, daß wir in unserer Ableitung von (41.16) die Quantentheorie für die Energieniveaus des harmonischen Oszillators benutzt haben, aber zur Bestimmung des Querschnittes σ_S die klassische Theorie. Aber die Quantentheorie des Lichts, das mit einem harmonischen Oszillator wechselwirkt, ergibt genau dasselbe Ergebnis wie das der klassischen Theorie. Das ist in der Tat der Grund, warum es gerechtfertigt war, soviel Zeit auf unsere Analyse des Brechungsindexes und der Lichtstreuung zu verwenden, indem wir ein Modell von Atomen gleich kleinen Oszillatoren verwendeten – die Quantenformeln sind im wesentlichen dieselben.

Nun wollen wir zum Johnsonschen Rauschen in einem Widerstand zurückkehren. Wir haben bereits herausgestellt, daß die Theorie dieser Rauschleistung tatsächlich dieselbe Theorie darstellt wie die Verteilung des klassischen schwarzen Körpers. In der Tat haben wir interessanterweise schon gesagt, daß es, wenn der Widerstand des Kreises kein wirklicher Widerstand wäre, sondern eine Antenne (eine Antenne wirkt wie ein Widerstand, weil sie Energie abstrahlt), also ein Strahlungswiderstand, für uns einfach sein würde, die Leistung zu berechnen. Es würde genau die Leistung sein, die vom umgebenden Licht in die Antenne hineinströmt, und wir würden dieselbe Verteilung erhalten, nur durch ein oder zwei Faktoren verändert. Wir können annehmen, daß der Widerstand ein Generator mit einem unbekannten Leistungsspektrum $P(\omega)$ ist. Das

Spektrum wird durch die Tatsache bestimmt, daß genau dieser Generator, der mit einem Resonanzkreis *beliebiger Frequenz* wie in Fig. 41–2 (b) verbunden ist, in der Induktivität eine Spannung von einer Größe erzeugt, die in Gl. (41.2) angegeben ist. So gelangt man zu demselben Integral wie in (41.10), und nach derselben Methode ergibt sich Gl. (41.3). Bei niedrigen Temperaturen muß kT in (41.3) natürlich durch (41.15) ersetzt werden. Die zwei Theorien (Strahlung des schwarzen Körpers und Johnsonsches Rauschen) sind auch physikalisch eng verknüpft, denn wir können natürlich einen Resonanzkreis an eine *Antenne* anschließen, so daß der Widerstand R ein reiner *Strahlungswiderstand* ist. Da (41.2) nicht von der physikalischen Ursache des Widerstandes abhängt, wissen wir, daß der Generator G für einen wirklichen Widerstand und für einen Strahlungswiderstand derselbe ist. Was ist der Ursprung für die erzeugte Leistung $P(\omega)$, wenn der Widerstand R nur eine ideale Antenne im Gleichgewicht mit ihrer Umgebung bei der Temperatur T darstellt? Es ist die Strahlung $I(\omega)$ des Raumes bei der Temperatur T, die auf die Antenne einfällt und in Form „empfangener Signale" einen effektiven Generator darstellt. Deshalb kann man eine direkte Beziehung zwischen $P(\omega)$ und $I(\omega)$ ableiten, die dann von (41.13) nach (41.3) führt.

Alle Dinge, über die wir gesprochen haben – das sogenannte Johnsonsche Rauschen, die Plancksche Verteilung und die korrekte Theorie der Brownschen Bewegung, die wir jetzt beschreiben wollen – sind Entwicklungen etwa des ersten Jahrzehnts dieses Jahrhunderts. Mit dem Wissen dieser Sachverhalte und ihrer Geschichte kehren wir jetzt zur Brownschen Bewegung zurück.

41–4 Der statistische Weg

Wir wollen betrachten, wie sich die Lage eines zitternden Teilchens mit der Zeit ändern sollte, und zwar über sehr lange Zeiten verglichen mit der Zeit zwischen den „Stößen". Betrachten wir ein kleines Teilchen mit Brownscher Bewegung, das dort herumwimmelt, weil es von allen Seiten durch unregelmäßig zappelnde Wassermoleküle bombardiert wird. Frage: Wie weit wird es wahrscheinlich von seinem Ausgangsort nach einer gegebenen Zeitspanne gekommen sein? Dieses Problem wurde von Einstein und Smoluchowski gelöst. Wenn wir uns vorstellen, daß wir die Zeit in kleine Intervalle einteilen, sagen wir in hundertstel Sekunden oder so, dann bewegt es sich nach der ersten hundertstel Sekunde hierher, in der nächsten hundertstel bewegt es sich etwas mehr, in der nächsten hundertstel Sekunde bewegt es sich woanders hin usw. Verglichen mit der Rate des Bombardements ist eine hundertstel Sekunde eine sehr lange Zeit. Der Leser kann leicht nachrechnen, daß die Anzahl der Kollisionen, die ein einzelnes Wassermolekül in einer Sekunde erlebt, ungefähr 10^{14} beträgt, so daß in einer hundertstel Sekunde 10^{12} Stöße stattfinden, was eine ganze Menge ist! Deshalb wird es nach einer hundertstel Sekunde nicht in der Lage sein, sich zu erinnern, was vorher geschah. Mit anderen Worten sind alle Zusammenstöße *zufällig*, so daß ein „Schritt" nicht mit dem vorherigen „Schritt" verknüpft ist. Es ist wie das berühmte Problem mit dem betrunkenen Seemann: Der Seemann verläßt die Bar und macht eine Reihe von Schritten, aber jeder Schritt wird mit einem willkürlichen Zufallswinkel gewählt (Fig. 41.6). Die Frage ist: Wo befindet sich der Seemann nach einer längeren Zeit? Natürlich wissen wir es nicht! Es ist nicht möglich dies zu sagen. Was wir meinen ist – er ist einfach irgendwo mehr oder weniger zufällig. Nun gut, wo ist er dann im Mittel? *Wie weit ist er im Mittel von der Bar weggegangen?*

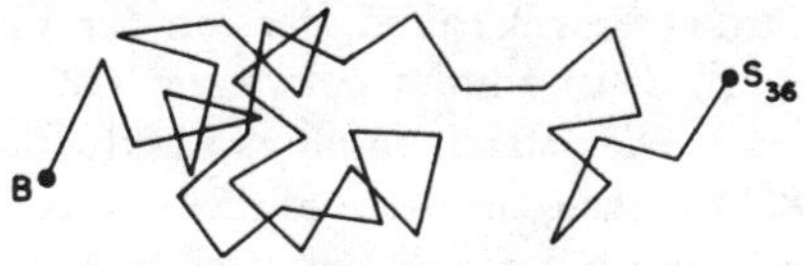

Fig. 41–6. Ein statistischer Weg von 36 Schritten der Länge *l*. Wie weit ist S_{36} von *B* entfernt? *Antw.:* Etwa *6l* im Mittel.

Wir haben diese Frage schon beantwortet, weil wir irgendwann einmal die Überlagerung von Licht von zahlreichen verschiedenen Quellen mit unterschiedlichen Phasen diskutiert haben, und das bedeutete die Addition einer Menge von Pfeilen unter verschiedenen Winkeln (Kapitel 32). Dort entdeckten wir, daß das gemittelte Quadrat der Entfernung von einem Ende der Kette der zufälligen Schritte zum anderen Ende, was dort die Lichtintensität war, gleich der Summe der Intensitäten der einzelnen Stücke ist. Und so können wir mit derselben Art Mathematik sofort beweisen, wenn $\mathbf{R}_N$ die Vektorentfernung vom Ursprung nach N Schritten ist, so ist das mittlere Quadrat der Entfernung vom Ursprung proportional zur Anzahl N der Schritte. Das heißt $\langle R_N^2\rangle = NL^2$, wobei L die Länge eines jeden Schrittes ist. Da in unserem gegenwärtigen Problem die Anzahl der Schritte proportional zur Zeit ist, ist ***die mittlere quadratische Entfernung proportional zur Zeit:***

$$\langle R^2\rangle = \alpha t. \tag{41.17}$$

Dies bedeutet nicht, daß die ***mittlere Entfernung*** proportional zur Zeit ist. Wenn die mittlere Entfernung proportional zur Zeit wäre, würde das bedeuten, daß die Driftbewegung eine nette gleichförmige Geschwindigkeit besitzt. Der Seemann *zeigt* eine relativ wahrnehmbare Vorwärtsbewegung, aber nur so, daß das mittlere *Quadrat* der Entfernung proportional zur Zeit ist. Das ist das Charakteristische eines statistischen Weges.

Wir können sehr leicht zeigen, daß mit jedem folgenden Schritt das Quadrat der Entfernung im Mittel mit L^2 anwächst. Denn wenn wir $\mathbf{R}_N = \mathbf{R}_{N-1} + \mathbf{L}$ schreiben, stellen wir fest, daß $\mathbf{R}_N^2$

$$\mathbf{R}_N\cdot\mathbf{R}_N = R_N^2 = R_{N-1}^2 + 2\mathbf{R}_{N-1}\cdot\mathbf{L} + L^2,$$

ist, und wenn wir über viele Versuche mitteln, erhalten wir $\langle R_N^2\rangle = \langle R_{N-1}^2\rangle + L^2$, da $\langle \mathbf{R}_{N-1}\cdot\mathbf{L}\rangle = 0$ ist. Nach Einsetzen erhalten wir folglich

$$R_N^2 = NL^2. \tag{41.18}$$

Nun möchten wir gern den Koeffizienten α in Gl. (41.17) berechnen; um das zu tun, müssen wir einen weiteren Gesichtspunkt erwähnen. Wir werden annehmen, daß das Teilchen, wenn wir eine Kraft darauf ausüben würden (die nichts mit der Brownschen Bewegung zu tun hat – wir behandeln im Moment ein Randproblem), in der folgenden Weise auf die Kraft reagieren würde. Zuerst einmal würde sich die Trägheit bemerkbar machen. Nehmen wir m als Trägheitskoeffizienten, als effektive Masse des Objekts (nicht notwendigerweise gleich der realen Masse des realen Teilchens, weil das Wasser um das Teilchen herumströmen muß, wenn wir an ihm ziehen). Wenn wir also über Bewegung in einer Richtung sprechen, gibt es einen Term wie $m\,(d^2x/dt^2)$ auf einer Seite. Als nächstes wollen wir annehmen, daß bei einem stetigen Zug auf das Objekt von der Flüssigkeit her ein Widerstand existieren würde, der proportional zur Geschwindigkeit des Objektes wäre. Außer der Trägheit der Flüssigkeit gibt es einen

Strömungswiderstand, der von der Viskosität und der Komplexität der Flüssigkeit herrührt. Es ist absolut notwendig, daß es einige irreversible Verluste *gibt*, etwas wie einen Widerstand, damit es Fluktuationen geben kann. Es gibt keine Möglichkeit, das kT zu erzeugen, wenn es nicht auch Verluste gibt. Die Ursache der Fluktuationen ist sehr eng mit diesen Verlusten verknüpft. Wir werden bald besprechen, was der Mechanismus dieses Widerstandes ist – wir werden über Kräfte diskutieren, die proportional zur Geschwindigkeit sind, und darüber, woher sie kommen. Aber im Moment wollen wir einfach annehmen, daß ein solcher Widerstand existiert. Dann lautet die Formel für die Bewegung bei Einwirkung einer äußeren Kraft, wenn wir in einer üblichen Art daran ziehen,

$$m\,\frac{d^2x}{dt^2} + \mu\,\frac{dx}{dt} = F_{\text{ext}}. \tag{41.19}$$

Die Größe μ kann direkt aus dem Experiment bestimmt werden. Zum Beispiel können wir den Tropfenfall unter dem Einfluß der Gravitation beobachten. Wir wissen dann, daß mg die Kraft ist, und μ ist mg geteilt durch die Fallgeschwindigkeit, die der Tropfen zuletzt erreicht. Oder wir könnten den Tropfen in eine Zentrifuge bringen und sehen, wie schnell er sich niederschlägt. Oder, wenn er geladen ist, können wir ein elektrisches Feld auf ihn einwirken lassen. Folglich ist μ eine meßbare Größe, keine künstliche Größe, und sie ist für viele Arten von kolloidalen Teilchen usw. bekannt.

Nun wollen wir die Formel auf den Fall anwenden, bei dem die Kraft keine äußere, sondern gleich den unregelmäßigen Kräften der Brownschen Bewegung ist. Wir werden dann versuchen, die mittlere quadratische Entfernung zu bestimmen, die das Objekt zurücklegt. Anstatt die Entfernungen dreidimensional zu nehmen, wollen wir nur eine Dimension betrachten und den Mittelwert von x^2 herausfinden, um uns erst einmal zu präparieren. (Offenbar ist der Mittelwert von x^2 derselbe wie der Mittelwert von y^2 und derselbe wie der Mittelwert von z^2, und deshalb ist das mittlere Quadrat der Entfernung einfach das Dreifache von dem, was wir berechnen.) Die x-Komponente der regellosen Kräfte ist natürlich ebenso regellos wie jede andere Komponente. Wie groß ist die Änderungsrate von x^2? Sie beträgt $d(x^2)/dt = 2x(dx/dt)$; was wir also herausfinden müssen, ist der Mittelwert der Position multipliziert mit der Geschwindigkeit. Wir werden zeigen, daß dies eine Konstante ist und daß deshalb der mittlere quadratische Radius proportional zur Zeit ansteigen wird, und mit welcher Rate dies passiert. Wenn wir nun Gl. (41.19) mit x multiplizieren, gilt $mx(d^2x/dt^2) + \mu x(dx/dt) = xF_x$. Wir wollen die Zeitmittelung von $x(dx/dt)$ haben, folglich werden wir die Mittelung über die ganze Gleichung ausführen und die drei Terme studieren. Was gilt nun für x mal die Kraft? Wenn das Teilchen zufällig eine bestimmte Strecke x zurückgelegt hat, dann kann der nächste Impuls in einer beliebigen Richtung bezüglich x auftreten, da die regellose Kraft *vollständig* regellos ist und nicht weiß, von wo das Teilchen gestartet ist. Wenn x positiv ist, gibt es keinen Grund dafür, daß die mittlere Kraft ebenso in diese Richtung zeigen sollte. Die eine Richtung ist genauso wahrscheinlich wie die andere. Die Kräfte des Bombardements treiben das Teilchen nicht in eine bestimmte Richtung. Folglich ist der Mittelwert von x mal F Null. Andererseits müssen wir bei dem Term $mx(d^2x/dt^2)$ ein bißchen Phantasie zeigen und ihn wie folgt schreiben

$$mx\,\frac{d^2x}{dt^2} = m\,\frac{d[x(dx/dt)]}{dt} - m\left(\frac{dx}{dt}\right)^2.$$

So setzen wir also diese beiden Terme ein und führen für beide die Mittelung aus. Nun wollen wir sehen, wie groß x mal die Geschwindigkeit sein müßte. Nun hat x mal die Geschwindigkeit einen Mittelwert, der sich nicht mit der Zeit ändert, denn wenn es zu irgendeiner Position gelangt, besitzt es keine Erinnerung daran, wo es vorher war; folglich ändern sich die Dinge nicht mehr mit der Zeit. So beträgt diese Größe im Mittel Null. Wir haben die Größe mv^2 weggelassen, und das ist das einzige, was wir wissen: $mv^2/2$ hat einen Mittelwert $\frac{1}{2}kT$. Deshalb finden wir heraus, daß

$$\left\langle mx\frac{d^2x}{dt^2}\right\rangle + \mu\left\langle x\frac{dx}{dt}\right\rangle = \langle xF_x\rangle$$

einschließt, daß

$$-\langle mv^2\rangle + \frac{\mu}{2}\frac{d}{dt}\langle x^2\rangle = 0,$$

oder

$$\frac{d\langle x^2\rangle}{dt} = 2\,\frac{kT}{\mu}. \tag{41.20}$$

Deshalb besitzt das Objekt am Ende eines bestimmten Betrages von t eine mittlere quadratische Entfernung $\langle R^2\rangle$ gleich

$$\langle R^2\rangle = 6kT\,\frac{t}{\mu}. \tag{41.21}$$

Und so können wir tatsächlich bestimmen, *wie weit* die Teilchen kommen! Wir mußten zuerst bestimmen, wie sie auf eine stetige Kraft reagieren, wie schnell sie unter Einfluß einer bekannten Kraft driften (um μ zu finden), und dann können wir feststellen, wie weit sie bei ihren statistischen Bewegungen kommen. Diese Gleichung hat historisch eine beträchtliche Bedeutung, weil dies eine der ersten Methoden war, mit der die Konstante k bestimmt wurde. Nach allem können wir μ, die Zeit und wie weit die Teilchen kommen messen und können eine Mittelung ausführen. Der Grund, warum die Bestimmung von k wichtig war, ist, daß wir wissen, daß in dem Gesetz $PV = RT$ für ein Mol R, das auch gemessen werden kann, gleich der Anzahl der Atome in einem Mol mal k ist. Ein Mol wurde ursprünglich als bestimmte Anzahl *Gramm* von Sauerstoff definiert – 16 (jetzt wird Kohlenstoff benutzt), so daß die Anzahl von *Atomen* in einem Mol ursprünglich nicht bekannt war. Es ist natürlich ein sehr interessantes und wichtiges Problem. Wie groß sind Atome? Wieviele sind darin enthalten? So bestand eine der frühesten Bestimmungen der Anzahl der Atome in der Messung, wieweit sich ein kleines schmutziges Teilchen bewegt, wenn wir es während einer bestimmten Zeitlänge geduldig unter dem Mikroskop beobachten. Und so wurden die Boltzmannsche Konstante k und die Loschmidtsche Zahl N_0 bestimmt, da R schon gemessen worden war.

42 Anwendungen der kinetischen Theorie

42–1 Verdampfung

In diesem Kapitel werden wir einige weitere Anwendungen der kinetischen Theorie diskutieren. Im vorhergehenden Kapitel betonten wir einen besonderen Aspekt der kinetischen Theorie, nämlich den, daß die mittlere kinetische Energie in jedem Freiheitsgrad eines Moleküls oder eines anderen Objektes $\frac{1}{2}kT$ beträgt. Der Kernpunkt dessen, was wir jetzt diskutieren werden, ist andererseits die Tatsache, daß die Wahrscheinlichkeit, ein Teilchen pro Einheitsvolumen in verschiedenen Positionen zu finden, mit $e^{-\text{potentielle Energie}/kT}$ variiert; wir werden eine Anzahl von Anwendungen dafür angeben.

Die Phänomene, die wir untersuchen wollen, sind relativ kompliziert: Eine verdampfende Flüssigkeit oder Elektronen in einem Metall, die aus der Oberfläche heraustreten, oder eine chemische Reaktion, bei der eine große Anzahl von Atomen beteiligt ist. In solchen Fällen ist es nicht mehr möglich, von der kinetischen Theorie her irgendwelche einfachen und genauen Aussagen zu machen, weil die Situation zu kompliziert ist. Deshalb ist dieses Kapitel ziemlich ungenau, außer an den Stellen, wo wir etwas anderes betonen. Der wesentliche Gedanke ist einfach der, daß wir von der kinetischen Theorie her *mehr oder weniger* verstehen können, wie sich die Dinge verhalten sollten. Wenn wir thermodynamische Argumente oder irgendwelche empirischen Messungen von bestimmten kritischen Größen verwenden, können wir zu genaueren Darstellungen der Phänomene gelangen.

Dennoch ist es sehr nützlich zu wissen, wenn auch mehr oder weniger ungenau, warum sich etwas gerade so verhält, so daß wir, wenn es sich um eine neue Situation handelt oder um eine, die wir noch nicht untersucht haben, etwa sagen können, was geschehen sollte. Folglich ist diese Diskussion höchst ungenau, aber im Kern richtig – richtig im Grundgedanken, aber sagen wir in den spezifischen Details etwas vereinfacht.

Das erste Beispiel, das wir betrachten werden, ist die Verdampfung einer Flüssigkeit. Angenommen, wir haben einen Behälter mit einem großen Volumen, das z. T. mit einer Flüssigkeit im Gleichgewicht und mit dem Dampf bei einer bestimmten Temperatur gefüllt ist. Wir wollen annehmen, daß die Moleküle in dem Dampf relativ weite Abstände haben und daß die Moleküle innerhalb der Flüssigkeit dicht gepackt sind. Die Aufgabe besteht darin, herauszufinden, wieviele Moleküle sich in der Dampfphase verglichen mit der Anzahl in der Flüssigkeit befinden. Wie dicht ist der Dampf bei einer gegebenen Temperatur und wie hängt dies von der Temperatur ab?

Sagen wir, daß n die Anzahl der Moleküle pro Einheitsvolumen im Dampf ist. Diese Zahl ändert sich natürlich mit der Temperatur. Wenn wir Wärme zuführen, erhalten wir eine stärkere Verdampfung. Nun soll eine weitere Größe, $1/V_a$, die Anzahl der Atome pro Einheitsvolumen in der Flüssigkeit bezeichnen: Wir gehen davon aus, daß jedes Molekül in der Flüssigkeit ein bestimmtes Volumen einnimmt, und wenn mehr Flüssigkeitsmoleküle vorhanden sind, so nehmen alle zusammen folglich ein größeres Volumen ein. Wenn also V_a der Volumenbedarf eines einzelnen Moleküls ist, dann ist die Anzahl der Moleküle in einem Einheitsvolumen durch das Einheitsvolumen dividiert durch das Volumen jedes einzelnen Moleküls gegeben. Weiterhin nehmen wir an, daß es eine Anziehungskraft zwischen den Molekülen gibt, die sie in der Flüssigkeit zusammenhält. Sonst könnten wir nicht verstehen, warum diese kondensiert. Also nehmen wir an, daß es eine solche Kraft gibt und daß es eine Bindungsenergie der Moleküle in der Flüssigkeit gibt, die verlorengeht, wenn sie in den Dampf übergehen. Das heißt, daß wir jetzt annehmen, daß ein bestimmter Arbeitsbetrag W geleistet werden muß, um ein einzelnes Molekül aus der Flüssigkeit in den Dampf zu überführen. Es gibt eine bestimmte Differenz W zwischen der Energie eines Moleküls in der Flüssigkeit und der eines Moleküls in dem Dampf, weil wir es von den anderen Molekülen, die es anziehen, wegziehen müssen.

Jetzt benutzen wir das allgemeine Prinzip, daß die Anzahl der Atome pro Einheitsvolumen in zwei verschiedenen Gebieten durch $n_2/n_1 = e^{-(E_2 - E_1)/kT}$ gegeben ist. Folglich ist die Anzahl n pro Einheitsvolumen im Dampf dividiert durch die Zahl $1/V_a$ pro Einheitsvolumen in der Flüssigkeit gleich

$$nV_a = e^{-W/kT}, \tag{42.1}$$

weil das das allgemeine Gesetz ist. Es ist wie bei der Atmosphäre im Gleichgewicht unter Einfluß der Gravitation, wo das Gas am Boden dichter als weit oben ist, und zwar wegen der Arbeit mgh, die benötigt wird, um die Gasmoleküle auf die Höhe h zu bringen. In der Flüssigkeit sind die Moleküle dichter als in dem Dampf, weil wir sie durch den Energie-„Wall“ W ziehen müssen; das Verhältnis der Dichten beträgt $e^{-W/kT}$.

Genau dieses wollten wir ableiten – daß die Dampfdichte sich verändert wie e hoch minus irgendeinen Energiebetrag dividiert durch kT. Die Faktoren davor sind in Wirklichkeit nicht interessant, da die Dampfdichte in den meisten Fällen sehr viel kleiner als die Dichte der Flüssigkeit ist. In Fällen, in denen wir nicht in der Nähe des kritischen Punktes sind, bei dem sie fast gleich sind, in denen vielmehr die Dampfdichte weit unter der Flüssigkeitsdichte liegt, wird die Tatsache, daß n sehr viel kleiner ist als $1/V_a$, dadurch hervorgerufen, daß W sehr viel größer als kT ist. Formeln wie (42.1) sind also nur interessant, wenn W sehr viel größer als kT *ist*, denn da wir e hoch minus einem enormen Betrag haben, ändert sich dieser enorme Exponent in diesen Fällen eine ganze Menge, wenn wir T ein ganz kleines bißchen variieren, und die im Exponentialfaktor erzeugte Änderung ist sehr viel wichtiger als irgendeine Änderung, die in den davorstehenden Faktoren auftreten könnte. Warum sollte es irgendwelche Änderungen bei Faktoren wie V_a geben? Weil wir nur eine genäherte Analyse gemacht haben. Nach allem, was wir wissen, gibt es kein wirklich definiertes Volumen für jedes Molekül; wenn wir die Temperatur ändern, bleibt das Volumen V_a nicht konstant– die Flüssigkeit dehnt sich aus. Es gibt noch eine ganze Reihe solcher kleinen Abhängigkeiten, und folglich ist die tatsächliche Situation komplizierter. Es gibt überall temperaturabhängige Faktoren, die sich langsam verändern. In der Tat könnten wir sagen, daß sich W selbst leicht mit der Temperatur ändert, weil es bei einer höheren Temperatur, einem anderen Molekularvolumen, andere mittlere Anziehungskräfte geben würde usw. Folglich könnten wir denken, wenn wir eine Formel haben, bei der sich alles in unbekannter Weise mit der Temperatur ändert, so haben wir überhaupt keine Formel; wenn wir aber beachten, daß der Exponent W/kT im allgemeinen sehr groß ist, sehen wir, daß in der Kurve der Dampfdichte als Funktion der Temperatur die hauptsächliche Änderung durch den Exponentialfaktor verursacht wird, und wenn wir W als konstant und den Koeffizienten $1/V_a$ als fast konstant ansetzen, ist das eine gute Näherung für kleine Abschnitte entlang der Kurve. Die hauptsächliche Änderung ist mit anderen Worten von der allgemeinen Art $e^{-W/kT}$.

Es stellt sich heraus, daß es sehr viele Phänomene in der Natur gibt, die dadurch charakterisiert werden, daß sie Energie von irgendwoher entnehmen müssen, und bei denen der wesentliche Zug der Temperaturvariation durch e hoch minus der Energie über kT gegeben ist. Dies ist nur dann eine nützliche Tatsache, wenn die Energie verglichen mit kT groß ist, so daß der Hauptanteil der Änderung in der Variation von kT und nicht in der Konstanten und den anderen Faktoren enthalten ist.

Nun wollen wir einen anderen Weg betrachten, um ein etwa ähnliches Ergebnis für die Verdampfung zu erhalten, bei dem wir aber etwas mehr in die Einzelheiten gehen. Um (42.1) zu erhalten, haben wir einfach ein Gesetz angewendet, welches im Gleichgewicht gilt; um die Dinge aber besser zu verstehen, schadet es nicht, wenn wir versuchen, uns die Einzelheiten näher anzusehen. Wie es vor sich geht, können wir auch in der folgenden Weise beschreiben: Die Moleküle, die sich in dem Dampf befinden, bombardieren ununterbrochen die Oberfläche der Flüssigkeit; wenn sie sie treffen, können sie abprallen oder auch steckenbleiben. Dafür gibt es einen unbekannten Faktor – vielleicht 50–50, vielleicht 10 zu 90 – wir wissen es nicht. Wir wollen davon ausgehen, daß sie immer steckenbleiben – später können wir das erneut analysieren mit der Annahme, daß sie nicht immer steckenbleiben. Dann wird es zu einem gegebenen Moment eine bestimmte Anzahl von Atomen geben, die auf der Oberfläche der Flüssigkeit kondensieren. Die Anzahl der kondensierenden Moleküle, die Anzahl, die auf einer Einheitsfläche ankommt, ist die Zahl n pro Einheitsvolumen mal der Geschwindigkeit v. Diese Geschwindigkeit der Moleküle ist mit der Temperatur verknüpft, da wir wissen, daß im Mittel $\frac{1}{2}mv^2$ gleich $\frac{3}{2}kT$ ist. Folglich ist v eine Art mittlere Geschwindigkeit. Natürlich könnten wir über die Winkel integrieren und eine Art Mittelung ausführen, aber sie ist innerhalb eines Faktors ungefähr proportional zur Wurzel aus der mittleren quadratischen Geschwindigkeit. Folglich ist

$$N_c = nv \tag{42.2}$$

die Anzahl, die pro Einheitsfläche auftrifft und kondensiert.

Gleichzeitig zappeln die Atome in der Flüssigkeit jedoch herum, und von Zeit zu Zeit wird eines von ihnen herausgestoßen. Nun müssen wir abschätzen, wie schnell sie herausgestoßen werden. Der Gedanke ist, daß im Gleichgewicht die Anzahl, die pro Sekunde herausgestoßen wird, und die Anzahl, die pro Sekunde auftrifft, gleich sind.

Wieviele werden herausgestoßen? Um herausgestoßen zu werden, muß ein bestimmtes Molekül durch Zufall eine Überschußenergie gegenüber seinen Nachbarn erhalten haben – eine beträchtliche Überschußenergie, da es sehr stark von den anderen Molekülen in der Flüssigkeit angezogen wird. Gewöhnlich entwischt es nicht, weil es so stark angezogen wird, aber bei den Zusammenstößen erhält manchmal eines von ihnen durch einen Zufall eine extra Energie. Und die Chance, daß es die extra Energie W erhält, die in unserem Fall notwendig ist, ist sehr klein, falls $W \gg kT$ ist.

Tatsächlich ist $e^{-W/kT}$ die Chance, daß ein Atom mehr als diesen großen Energiebetrag aufgenommen hat. Das ist das allgemeine Prinzip der kinetischen Theorie: Die Wahrscheinlichkeit, eine Überschußenergie W über dem Mittelwert zu entnehmen, ist e hoch minus dieser Überschuß der Energie, den wir entnehmen müssen, dividiert durch kT. Nehmen wir nun an, daß einige Moleküle diese Energie erhalten haben. Wir müssen nun abschätzen, wieviele die Oberfläche pro Sekunde verlassen. Wenn ein Molekül die notwendige Energie hat, bedeutet dieses natürlich nicht, daß es tatsächlich verdampfen wird, weil es zu tief in der Flüssigkeit stecken oder weil es, auch wenn es nahe genug an der Oberfläche ist, in die falsche Richtung laufen kann. Die Anzahl, die die Einheitsfläche pro Sekunde verläßt, wird etwas wie das folgende sein: Die Anzahl von

Atomen pro Einheitsfläche nahe der Oberfläche, dividiert durch die Zeit, die eines zum Entkommen benötigt, multipliziert mit der Wahrscheinlichkeit $e^{-W/kT}$, daß sie zum Entkommen in dem Sinne bereit sind, daß sie genug Energie besitzen.

Wir wollen annehmen, daß jedes Molekül an der Oberfläche der Flüssigkeit eine bestimmte Querschnittsfläche A einnimmt. Dann wird die Anzahl der Moleküle pro Einheitsfläche der Flüssigkeitsoberfläche $1/A$ betragen. Und wie lange dauert es nun, bis ein Molekül entrinnt? Wenn die Moleküle eine bestimmte mittlere Geschwindigkeit v besitzen und sagen wir einen Moleküldurchmesser D, die Dicke der ersten Schicht, zurücklegen müssen, dann ist die Zeit, die zum Durchqueren dieser Schicht benötigt wird, gerade die Zeit, um zu entkommen, wenn das Molekül genug Energie besitzt. Diese Zeit wird D/v betragen. Folglich beträgt die Anzahl der verdampfenden Teilchen ungefähr

$$N_e = (1/A)(v/D)e^{-W/kT}. \tag{42.3}$$

Nun ist die Fläche jedes Atoms mal die Dicke dieser Schicht ungefähr dasselbe wie das Volumen V_a, das von einem einzelnen Atom eingenommen wird. Und so muß, um Gleichgewicht zu haben, $N_c = N_e$ gelten oder

$$nv = (v/V_a)e^{-W/kT}. \tag{42.4}$$

Wir können die v herauskürzen, weil sie gleich sind; auch wenn eins die Geschwindigkeit eines Moleküls im Dampf und das andere die Geschwindigkeit eines verdampfenden Moleküls ist, sind sie doch gleich, weil wir wissen, daß ihre mittlere kinetische Energie (in einer Richtung) $\frac{1}{2}kT$ beträgt. Aber man könnte entgegnen: „Nein! Nein! Dies sind die, die sich besonders schnell bewegen; dies sind die, die eine Überschußenergie aufgenommen haben." Nicht in Wirklichkeit, da sie diese Überschußenergie an die potentielle Energie in dem Moment *verlieren* müssen, wenn sie beginnen, sich von der Flüssigkeit abzuheben. Wenn sie also an die Oberfläche herankommen, werden sie auf die Geschwindigkeit v abgebremst! Es ist derselbe Sachverhalt wie in unserer Diskussion über die Verteilung der Molekülgeschwindigkeiten in der Atmosphäre – am Boden hatten die Moleküle eine bestimmte Energieverteilung. Diejenigen, die oben ankommen, haben *dieselbe* Energieverteilung, weil die langsamen überhaupt nicht ankommen und die schnellen abgebremst wurden. Die Moleküle, die verdampfen, haben dieselbe Energieverteilung wie die innerhalb – eine ziemlich wichtige Tatsache. Es ist sowieso nutzlos, unsere Formel so genau zu nehmen, und zwar wegen der anderen Ungenauigkeiten, etwa wie die der Wahrscheinlichkeit abzuprallen, statt in die Flüssigkeit einzudringen, usw. So haben wir eine grobe Vorstellung der Geschwindigkeit der Verdampfung und der Kondensation, und wir sehen natürlich, daß die Dampfdichte n sich in derselben Weise wie vorher ändert, aber jetzt haben wir es etwas mehr in den Einzelheiten statt nur als willkürliche Formel gesehen.

Das tiefere Verständnis erlaubt es uns, einige Dinge zu analysieren. Nehmen wir z. B. an, daß wir den Dampf mit einer so großen Geschwindigkeit abpumpen, daß wir ihn so schnell entfernen, wie er sich bildet (wenn wir sehr gute Pumpen haben und die Flüssigkeit sehr langsam verdampft); wie schnell würde die Verdampfung stattfinden, wenn wir eine Flüssigkeitstemperatur T einhalten? Angenommen, wir haben schon die Dampfdichte im Gleichgewicht experimentell gemessen, so daß wir wissen, wieviele Moleküle sich bei der gegebenen Temperatur pro Einheitsvolumen mit der Flüssigkeit im Gleichgewicht befinden. Nun möchten wir gern wissen, *wie schnell* die Verdampfung vor sich geht. Obwohl wir, was den Teil der Verdampfung angeht, nur eine sehr grobe Analyse benutzt haben, wurde die Anzahl der ***ankommenden*** Dampfmoleküle nicht so schlecht behandelt, abgesehen von dem unbekannten Faktor des Reflexionskoeffizienten. So können wir also die Tatsache benutzen, daß die Anzahl, die entweicht, im Gleichgewicht gleich der Anzahl ist, die ankommt. Es ist richtig, daß der Dampf abgesaugt wird und die Moleküle also nur entweichen, aber wenn der Dampf sich selbst überlassen wäre, würde er die Gleichgewichtsdichte einnehmen, bei der die Anzahl, die zurückkommt, gleich der Anzahl ist, die verdampft. Deshalb können wir leicht sehen, daß die Anzahl, die die Oberfläche pro Sekunde verläßt, gleich dem unbekannten Reflexionskoeffizienten R mal der Anzahl ist, die pro Sekunde auf die Oberfläche herunterkommen würde, wenn der Dampf noch da wäre; denn diese Anzahl würde die Verdampfung im Gleichgewicht ausbalancieren:

$$N_e = nvR = (vR/V_a)e^{-W/kT}. \tag{42.5}$$

Natürlich läßt sich die Zahl der Moleküle, die die Flüssigkeit aus dem Dampf heraus treffen, leicht berechnen, da wir nicht so viel über die Kräfte wissen müssen, als wenn wir uns damit beschäftigen, wie sie durch die Flüssigkeitsoberfläche hindurch entrinnen; es ist viel einfacher, anders herum zu argumentieren.

42–2 Glühemission

Wir können ein anderes Beispiel einer sehr praxisnahen Situation geben, das der Verdampfung einer Flüssigkeit ähnelt – so sehr ähnelt, daß sich keine neue Analyse lohnt. Es ist im wesentlichen dasselbe Problem. In einer Radioröhre gibt es eine Elektronenquelle, nämlich einen erhitzten Wolframfaden, und eine positiv geladene Platte, die die Elektronen anzieht. Jedes Elektron, das die Wolframoberfläche verläßt, wird sofort zur Platte hin abgesogen. Das ist unsere ideale „Pumpe“, die die Elektronen fortwährend „abpumpt“. Die Frage lautet jetzt: Wieviel Elektronen können wir pro Sekunde aus einem Stück Wolfram herausbekommen und wie hängt diese Zahl von der Temperatur ab? Die Antwort auf dieses Problem ist dieselbe wie (42.5), da sich herausstellt, daß in einem Metallstück die Elektronen von den Ionen oder den Atomen des Metalls angezogen werden. Sie werden grob gesagt von dem Metall angezogen. Um ein Elektron aus einem Metallstück herauszubekommen, wird ein gewisser Betrag an Energie oder Arbeit zum Herauslösen benötigt. Diese Arbeit variiert von Metall zu Metall. Tatsächlich ändert sie sich sogar mit der Beschaffenheit der Oberfläche einer gegebenen Metallsorte; dessenungeachtet kann die Gesamtarbeit einige Elektronenvolt betragen, was übrigens als typische Energie bei chemischen Reaktionen auftritt. An letzteres können wir uns erinnern, wenn wir uns vor Augen halten, daß die Spannung in einer chemischen Zelle wie einer Taschenlampenbatterie, die durch chemische Reaktionen hergestellt wird, etwa ein Volt beträgt.

Wie können wir herausfinden, wieviele Elektronen pro Sekunde herauskommen? Es würde ziemlich schwierig sein, die Einflüsse auf die austretenden Elektronen zu untersuchen; leichter lassen sich die Verhältnisse anders herum analysieren. So könnten wir mit der Vorstellung beginnen, daß wir die Elektronen nicht abgezogen hätten und daß die Elektronen einem Gas gleichen würden und zum Metall zurückkehren könnten. Dann hätten wir dort eine bestimmte Elektronendichte im Gleichgewicht, welches natürlich durch genau die gleiche Formel wie (42.1) gegeben wäre, wobei V_a etwa das Volumen pro Elektron im Metall darstellt und W gleich $q_e\phi$ ist, wobei ϕ die sogenannte *Austrittsarbeit* oder die Spannung ist, die zum Abziehen eines Elektrons von der Oberfläche benötigt wird. Dies würde uns sagen, wieviel Elektronen in dem umgebenden Raum zu sein hätten und wieviele das Metall treffen müßten, um die herauskommenden zu ersetzen. So kann man leicht ausrechnen, wieviel Elektronen herauskommen, wenn wir alle absaugen, da die Anzahl der austretenden Elektronen exakt gleich der Anzahl der eintretenden bei der obigen Dichte des Elektronen-„Dampfes" ist. Mit anderen Worten lautet die Antwort: Der pro Einheitsfläche eintretende elektrische Strom ist gleich der Ladung multipliziert mit der pro Sekunde und pro Einheitsfläche ankommenden Anzahl der Elektronen, die gleich der Anzahl pro Einheitsvolumen multipliziert mit der Geschwindigkeit ist, was wir bereits häufig festgestellt haben:

$$I = q_e nv = (q_e v/V_a) e^{-q_e\phi/kT}. \tag{42.6}$$

Ein Elektronenvolt entspricht nun kT bei einer Temperatur von 11600 Grad. Angenommen, der Glühfaden arbeitet bei 1100 Grad, dann liegt der Exponentialfaktor in der Größenordnung e^{-10}; wenn wir die Temperatur ein wenig ändern, ändert sich der Exponentialfaktor sehr stark. Folglich ist das wesentliche Merkmal der Formel wiederum $e^{-q_e\phi/kT}$. Tatsächlich ist der Faktor davor ganz falsch – es stellt sich heraus, daß das Verhalten der Elektronen in einem Metall nicht von der klassischen Theorie, sondern von der Quantenmechanik korrekt beschrieben wird, was aber den Faktor davor nur ein bißchen ändert. Tatsächlich ist bis jetzt niemand in der Lage gewesen, den Sachverhalt folgerichtig auszuarbeiten, obwohl viele Leute die hohe Schule der quantenmechanischen Theorie für ihre Rechnungen benutzt haben. Das große Problem ist, ob sich W leicht mit der Temperatur ändert. Wenn das der Fall ist, kann man ein W, das sich langsam mit der Temperatur ändert, nicht von einem anderen vornstehenden Koeffizienten unterscheiden. Das heißt, wenn W sich, sagen wir, linear mit der Temperatur ändert, so daß $W = W_0 + \alpha kT$ gilt, dann würden wir erhalten

$$e^{-W/kT} = e^{-(W_0 + \alpha kT)/kT} = e^{-\alpha} e^{-W_0/kT}.$$

Folglich entspricht ein linear temperaturabhängiges W einer verschobenen „Konstanten". Es ist wirklich ziemlich schwierig und gewöhnlich auch nutzlos zu versuchen, den vorderen Koeffizienten genau zu erhalten.

42–3 Thermische Ionisation

Jetzt gehen wir zu einem anderen Beispiel desselben Grundgedankens über; es ist immer derselbe Grundgedanke. Es handelt sich um Ionisation. Nehmen wir an, daß wir in einem Gas eine ganze Menge von Atomen sozusagen im neutralen Zustand haben, das Gas aber heiß ist und die Atome ionisiert werden können. Wir möchten gern wissen, wieviel Ionen es unter gegebenen Umständen gibt, wenn wir eine bestimmte Atomdichte pro Einheitsvolumen bei einer bestimmten Temperatur haben. Wiederum betrachten wir einen Behälter, in dem es N Atome gibt, die Elektronen festhalten können. (Wenn ein Elektron ein Atom verlassen hat, wird dies ein *Ion* genannt, und wenn das Atom neutral ist, nennen wir es einfach Atom.) Dann nehmen wir an, daß zu einem gegebenen Zeitpunkt die Anzahl der neutralen Atome n_a, die Anzahl der Ionen n_i und die Anzahl der Elektronen n_e beträgt, alle pro Einheitsvolumen. Das Problem lautet: Wie sieht die Beziehung zwischen diesen drei Zahlen aus?

Zuerst einmal haben wir zwei Bedingungen oder Einschränkungen für die Anzahl. Wenn wir z. B. verschiedene Bedingungen wie die Temperatur usw. ändern, würde $n_a + n_i$ konstant bleiben, weil dies einfach die Anzahl N der Atomkerne in diesem Behälter darstellt. Wenn wir die Anzahl der Kerne pro Einheitsvolumen festhalten und, sagen wir, die Temperatur ändern, dann werden sich bei fortschreitender Ionisation einige Atome in Ionen umwandeln, aber die Gesamtanzahl von Atomen plus Ionen würde unverändert bleiben. Das heißt $n_a + n_i = N$. Eine andere Bedingung lautet, wenn das gesamte Gas elektrisch neutral sein soll (und wir doppelte oder dreifache Ionisation vernachlässigen), bedeutet dies, daß die Anzahl von Ionen zu allen Zeiten gleich der Anzahl der Elektronen oder $n_i = n_e$ ist. Dies sind Hilfsgleichungen, die einfach die Erhaltung der Ladung und die Erhaltung der Atome ausdrücken.

Diese Gleichungen sind richtig, und wir werden sie schließlich benutzen, wenn wir ein reelles Problem betrachten. Aber wir wollen eine andere Beziehung zwischen den Größen erhalten. Wir können dies wie folgt erreichen. Wir benutzen wiederum den Gedanken, daß ein gewisser Energiebetrag benötigt wird, um ein Elektron von einem Atom zu entfernen, den wir die *Ionisationsenergie* nennen; wir wollen ihn als W schreiben, um alle Formeln gleich aussehen zu lassen. So soll W gleich der Energie sein, die benötigt wird, um ein Elektron aus einem Atom abzuziehen und ein Ion zu erzeugen. Nun behaupten wir wiederum, daß die Anzahl der freien Atome pro Einheitsvolumen in dem „Dampf" gleich der Anzahl der gebundenen Atome pro Einheitsvolumen in den Atomen multipliziert mit e hoch minus der Energiedifferenz zwischen gebundenem und freiem Zustand über kT ist. Das ist wieder die Grundgleichung. Wie können wir sie schreiben? Die Anzahl der freien Elektronen pro Einheitsvolumen würde natürlich n_e betragen, weil das die Definition von n_e ist. Wie steht es nun mit der Anzahl der Elektronen pro Einheitsvolumen, die in den Atomen gebunden sind? Die Gesamtanzahl der Plätze, an die wir die Elektronen setzen könnten, beträgt offenbar $n_a + n_i$, und wir wollen annehmen, daß, wenn sie gebunden sind, jedes innerhalb eines bestimmten Volumens V_a gebunden ist. Folglich ist der Gesamtbetrag des Volumens, der den Elektronen, die gebunden sein werden, zur Verfügung steht, gleich $(n_a + n_i) V_a$, so daß wir unsere Formel wie folgt schreiben könnten

$$n_e = \frac{n_a}{(n_a + n_i)V_a} e^{-W/kT}.$$

Die Formel ist jedoch in einem ganz wesentlichen Punkt falsch, und zwar in diesem: Wenn sich ein Elektron schon in einem Atom befindet, kann kein anderes Elektron mehr zu diesem Volumen hinzukommen! Mit anderen Worten stehen alle diese Volumina aller möglichen Plätze nicht in Wirklichkeit einem Elektron zur Verfügung, welches versucht, sich zu entschließen, ob es im Dampf oder in der kondensierten Lage sein will; denn bei diesem Problem gibt es einen neuen Gesichtspunkt, nämlich daß es nicht erlaubt ist, daß ein Elektron dorthin geht, wo sich ein anderes Elektron befindet – es wird zurückgestoßen. Aus diesem Grunde stellt sich heraus, daß wir nur den Teil des Volumens zählen sollten, der einem Elektron zur Verfügung steht, sich darin zu befinden oder nicht. Das heißt, diejenigen, die schon besetzt sind, zählen nicht für das gesamte verfügbare Volumen, sondern das einzige erlaubte Volumen ist das der *Ionen*, wo es freie Plätze für die Elektronen gibt. Unter diesen Umständen stellen wir dann fest, daß sich unsere Formel in geschickterer Weise so schreiben läßt

$$\frac{n_e n_i}{n_a} = \frac{1}{V_a} e^{-W/kT}. \qquad (42.7)$$

Diese Formel wird die *Ionisationsgleichung von Saha* genannt. Wir wollen jetzt sehen, ob wir qualitativ verstehen können, warum eine Formel wie diese richtig ist, indem wir über die kinetischen Dinge, die passieren, diskutieren.

Zuerst gelangt ab und zu ein Elektron zu einem Ion, und sie verbinden sich, um ein Atom zu bilden. Und ebenso erfährt ab und zu ein Atom einen Zusammenstoß und zerbricht in ein Ion und ein Elektron. Diese beiden Raten müssen nun gleich sein. Wie schnell finden Elektronen und Ionen einander? Die Rate ist sicherlich größer, wenn die Anzahl der Elektronen pro Einheitsvolumen größer ist. Sie wird auch größer, wenn die Anzahl der Ionen pro Einheitsvolumen vergrößert wird. Das heißt, die Gesamtrate, mit der Rekombinationen stattfinden, ist sicherlich proportional zur Anzahl der Elektronen mal der Anzahl der Ionen. Nun muß die Gesamtrate, mit der Ionisation durch Zusammenstöße stattfindet, linear davon abhängen, wieviele Atome ionisiert werden können. Und folglich balancieren sich die Raten aus, wenn es irgendeine Beziehung zwischen dem Produkt $n_e n_i$ und der Anzahl von Atomen n_a gibt. Die Tatsache, daß diese Beziehung zufällig durch diese bestimmte Formel gegeben ist, in der W die Ionisationsenergie darstellt, stellt natürlich etwas mehr Information dar, aber wir können leicht einsehen, daß die Formel notwendigerweise die Konzentrationen der Elektronen, Ionen und Atome in der Kombination $n_e n_i / n_a$ enthalten wird, um eine Konstante zu bilden, die unabhängig von den n ist und nur von der Temperatur, dem atomaren Querschnitt und anderen konstanten Faktoren abhängt.

Da die Gleichung die Anzahl *pro Einheitsvolumen* enthält, können wir auch auf folgendes hinweisen: Wenn wir zwei Experimente mit einer gegebenen Gesamtzahl N von Atomen plus Ionen, d. h. mit einer bestimmten festen Anzahl von Atomkernen ausführen, dabei aber Behälter mit verschiedenen Volumina benutzen würden, dann würden die n in dem größeren Behälter kleiner sein. Aber da das Verhältnis $n_e n_i / n_a$ dasselbe bleibt, muß die *Gesamtanzahl* von Elektronen und Ionen in dem größeren Behälter größer sein. Um dieses einzusehen, nehme man an, daß N Atomkerne in einem Behälter mit dem Volumen V sind und daß ein Teil f von ihnen ionisiert ist. Dann gilt $n_e = fN/V = n_i$ und $n_a = (1 - f)\, N/V$. Unsere Formel wird dann zu

$$\frac{f^2}{1-f} \frac{N}{V} = \frac{e^{-W/kT}}{V_a} \,. \tag{42.8}$$

Wenn wir mit anderen Worten eine immer kleinere Dichte der Atome nehmen oder das Volumen des Behälters immer größer machen, muß der Anteil f von Elektronen und Ionen anwachsen. Diese Ionisation, die einfach von der „Expansion" herrührt, wenn die Dichte abfällt, ist der Grund dafür, daß wir glauben, daß bei sehr niedrigen Dichten, wie etwa in dem kalten Raum zwischen den Sternen, Ionen vorhanden sein können, auch wenn wir es nicht vom Standpunkt der verfügbaren Energie her verstehen könnten. Obwohl man ein Vielfaches an kT an Energie benötigt, um sie zu erzeugen, sind Ionen vorhanden.

Warum kann es Ionen geben, wenn soviel Raum rundherum zur Verfügung steht, während die Ionen dazu neigen zu verschwinden, wenn wir die Dichte anwachsen lassen? *Antwort:* Betrachten wir ein Atom. Ab und zu trifft Licht oder ein anderes Atom oder ein Ion oder was immer das thermische Gleichgewicht aufrecht erhält das Atom. Weil eine so kolossale Überschußenergie benötigt wird, entkommt sehr selten ein Elektron und ein Ion wird zurückgelassen. Wenn nun der Raum enorm groß ist, wandert und wandert das Elektron und nähert sich vielleicht jahrelang niemandem. Aber irgendwann nach einer sehr langen Zeit kommt es zu einem Ion zurück, und sie verbinden sich, um ein Atom zu bilden. Die Rate, mit der Elektronen Atome verlassen, ist sehr klein. Aber wenn das Volumen sehr groß ist, benötigt ein Elektron, das entkommen ist, sehr lange, um ein anderes Ion zu finden, um sich mit ihm zu verbinden, so daß seine Rekombinationswahrscheinlichkeit sehr sehr klein ist; folglich kann trotz der großen benötigten Überschußenergie eine beachtliche Anzahl an Elektronen vorhanden sein.

42–4 Chemische Kinetik

Derselbe Fall, den wir gerade „Ionisation" genannt haben, tritt auch bei einer chemischen Reaktion auf. Wenn sich z. B. zwei Objekte A und B zu einer Verbindung AB zusammenfinden, dann sehen wir nach einigem Nachdenken, daß AB das darstellt, was wir ein Atom genannt haben, B das ist, was wir ein Elektron, und A das ist, was wir ein Ion genannt haben. Mit diesen Einführungen sind die Gleichungen des Gleichgewichts genau dieselben in der Form:

$$\frac{n_A n_B}{n_{AB}} = ce^{-W/kT}. \tag{42.9}$$

Diese Formel ist natürlich nicht exakt, da die „Konstante" c davon abhängt, wieviel Volumen den A und B für ihre Verbindung zur Verfügung steht usw., aber durch thermodynamische Argumente kann man herausfinden, was die Bedeutung von W in dem Exponentialfaktor ist, und es stellt sich heraus, daß es praktisch die Energie ist, die für die Reaktion benötigt wird.

Nehmen wir an, daß wir versuchen, diese Formel als Ergebnis von Kollisionen zu verstehen, im wesentlichen in der Weise, wie wir die Verdampfungsformel verstanden haben, indem wir diskutiert haben, wieviele Elektronen pro Einheitszeit abgegangen und wieviele von ihnen zurückgekommen sind. Gehen wir davon aus, daß A und B sich in einer Kollision ab und zu zu einer Verbindung AB zusammentun. Und nehmen wir weiterhin an, daß die Verbindung AB ein kompliziertes Molekül ist, das herumzappelt und von anderen Molekülen getroffen wird und von Zeit zu Zeit genug Energie erhält, um zu explodieren und wieder in A und B auseinanderzufallen.

Nun stellt sich bei chemischen Reaktionen in der Tat folgendes heraus: Wenn Atome mit zu geringer Energie zusammenkommen, so läßt die Tatsache, daß A und B sich berühren, nicht notwendigerweise die Reaktion beginnen, auch wenn bei der Reaktion $A + B \rightarrow AB$ Energie frei werden mag. Tatsächlich muß der Zusammenstoß gewöhnlich ziemlich hart sein, um die Reaktion überhaupt in Gang zu bringen – ein „sanfter" Zusammenstoß zwischen A und B kann zu wenig sein, auch wenn in dem Prozeß Energie frei wird. So wollen wir annehmen, daß bei chemischen Reaktionen A und B sich gewöhnlich nicht einfach treffen können, um AB zu bilden, sondern einander *mit ausreichender Energie* treffen müssen. Diese Energie wird *Aktivierungsenergie* genannt – die Energie, die benötigt wird, um die Reaktion zu „aktivieren". Nennen wir A^* die Aktivierungsenergie, also die Überschußenergie, die bei einer Kollision benötigt wird, damit diese Reaktion wirklich stattfinden kann. Dann enthält die Rate R_f, mit der AB von A und B erzeugt wird, die Zahl der Atome A mal der Zahl der Atome B mal der Rate, mit der ein einzelnes Atom einen bestimmten Querschnitt σ_{AB} treffen wird, mal einem Faktor $e^{-A^*/kT}$, der die Wahrscheinlichkeit darstellt, daß sie genug Energie haben:

$$R_f = n_A n_B v \sigma_{AB} e^{-A^*/kT}. \tag{42.10}$$

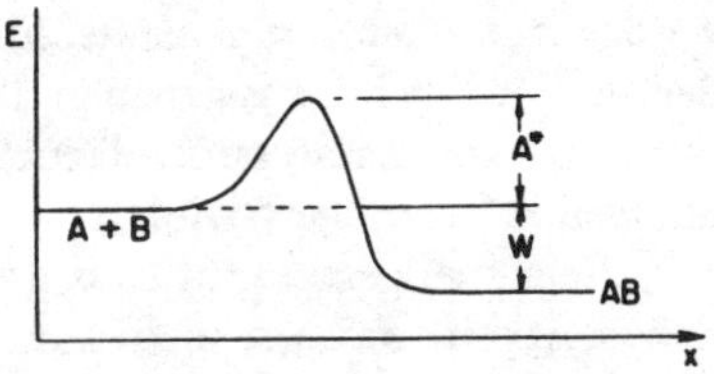

Fig. 42–1. Die Energiebeziehung für die Reaktion $A + B \rightarrow AB$.

Nun müssen wir die entgegengesetzte Rate R_r finden. Es gibt eine bestimmte Chance dafür, daß AB auseinanderfliegen wird. Um auseinanderzufliegen, muß es nicht nur die Energie W haben, die benötigt wird, um überhaupt auseinanderzukommen, sondern genau wie es schwierig für A und B war, zusammenzukommen, gibt es eine Art Wall, über den A und B klettern müssen, um auseinanderzukommen; sie müssen nicht nur genug Energie haben, um in der Lage zu sein, auseinanderzugehen, sondern einen bestimmten Überschuß. Es ist wie bei der Besteigung eines Hügels, um in ein tiefes Tal zu gelangen; sie müssen den Hügel erklimmen, wenn sie hereinkommen, und sie müssen aus dem Tal hochsteigen und dann über den Hügel hinweg, wenn sie zurückkommen (Fig. 42–1). Folglich wird die Rate, mit der AB nach A und B übergeht, proportional zu der vorhandenen Anzahl n_{AB} mal $e^{-(W+A^*)/kT}$ sein:

$$R_r = c' n_{AB} e^{-(W+A^*)/kT}. \tag{42.11}$$

Das c' schließt das Volumen der Atome und die Rate der Kollisionen ein; dies können wir ausarbeiten, wie wir es im Fall der Verdampfung getan haben, mit Flächen, Zeiten und Dicken; aber wir werden dies nicht tun. Der interessanteste Punkt für uns ist, daß ihr Verhältnis gleich der Einheit ist, wenn diese beiden Raten gleich sind. Dies bringt uns dann wie vorher zu $n_A n_B / n_{AB} = ce^{-W/kT}$, wobei c die Querschnitte, Geschwindigkeiten und andere von den n unabhängige Faktoren einschließt.

Das Interessante daran ist, daß die Rate der Reaktion auch mit $e^{-\text{const.}/kT}$ geht, obwohl die Konstante nicht dieselbe ist wie die, die die Konzentrationen regelt; die Aktivierungsenergie A^* ist ganz verschieden von der Energie W. *W regelt die Anteile von A, B und AB, die wir im Gleichgewicht haben,* wenn wir aber wissen wollen, wie schnell $A + B$ in AB übergeht, ist dies keine Frage des Gleichgewichts, und hier regelt eine andere Energie, *die Aktivierungsenergie,* die Reaktionsgeschwindigkeit durch einen Exponentialfaktor.

Weiterhin ist A^* keine fundamentale Konstante wie W. Angenommen, daß auf der Oberfläche der Wand – oder an irgendeiner anderen Stelle – A und B zeitweilig so festsitzen, daß sie leichter zusammenkommen könnten. Mit anderen Worten könnten wir einen „Tunnel“ durch den Wall oder vielleicht einen niedrigeren Wall finden. Wenn wir ganz fertig sind, haben wir gemäß der Energieerhaltung doch AB aus A und B erzeugt, so daß die Energiedifferenz W unabhängig von dem Weg sein wird, auf dem die Reaktion stattfindet, die Aktivierungsenergie A^* aber *sehr stark* von dem Reaktionsweg abhängen wird.

Dies ist der Grund, warum die Geschwindigkeiten chemischer Reaktionen sehr empfindlich von äußeren Bedingungen abhängen. Wir können die Geschwindigkeit ändern, indem wir eine Oberfläche anderer Art hineinbringen; wir können alles in einen „anderen Behälter“ bringen, und es wird mit einer anderen Geschwindigkeit ablaufen, wenn es von der Natur der Oberfläche abhängt. Oder wenn wir eine dritte Art Objekt hineinbringen, kann es die Geschwindigkeit sehr stark verändern; einige Substanzen erzeugen enorme Änderungen der Geschwindigkeit einfach durch eine kleine Änderung von A^* – sie werden *Katalysatoren* genannt. Eine Reaktion kann praktisch überhaupt nicht stattfinden, weil A^* bei der gegebenen Temperatur zu groß ist, aber wenn wir diese spezielle Substanz, den Katalysator, dazubringen, dann läuft die Reaktion in der Tat sehr schnell ab, weil A^* verringert wird.

Nebenbei gesagt gibt es bei einer solchen Reaktion A plus B, die AB erzeugt, eine Schwierigkeit, weil wir nicht sowohl die Energie als auch den Impuls erhalten können, wenn wir versuchen, zwei Objekte zusammenzufügen, um ein stabileres Objekt herzustellen. Deshalb brauchen wir zumindest ein drittes Objekt C, so daß die tatsächliche Reaktion viel komplizierter ist. Die Vorwärtsrate würde das Produkt $n_A n_B n_C$ enthalten, und es könnte so aussehen, als ob unsere Formel falsch wäre; aber nein! Wenn wir die Rate betrachten, mit der AB in der anderen Richtung verläuft, stellen wir fest, daß hier auch die Kollision mit C benötigt wird, so daß ein $n_{AB} n_C$ in der Rate für die Umkehrung auftritt; die n_c kürzen sich in der Formel für die Gleichgewichtskonzentrationen heraus. Das Gleichgewichtsgesetz (42.9), das wir zuerst niedergeschrieben haben, ist auf jeden Fall völlig richtig, ganz egal, wie der Mechanismus der Reaktion sein mag!

42–5 Die Einsteinschen Strahlungsgesetze

Wir wenden uns jetzt einer interessanten analogen Situation zu, die mit dem Strahlungsgesetz des schwarzen Körpers zu tun hat. Im letzten Kapitel haben wir das Verteilungsgesetz für die Strahlung in einem Hohlraum erarbeitet, und zwar in der Weise, wie Planck es tat, nämlich durch Betrachtung der Strahlung von einem Oszillator. Der Oszillator mußte eine bestimmte mittlere Energie besitzen, und da er oszillierte, würde er strahlen und Strahlung fortwährend in den Hohlraum abgeben, bis genug Strahlung angesammelt wäre, um Absorption und Emission auszugleichen. In dieser Weise fanden wir, daß die Strahlungsintensität bei der Frequenz ω durch die folgende Formel geregelt ist

$$I(\omega)\,d\omega = \frac{\hbar\omega^3 d\omega}{\pi^2 c^2 (e^{\hbar\omega/kT} - 1)}. \tag{42.12}$$

Dieses Ergebnis enthielt die Annahme, daß der Oszillator, der die Strahlung erzeugte, Energieniveaus mit definierten gleichen Abständen besitzt. Wir hatten nicht gesagt, daß Licht aus Photonen oder irgend so etwas bestehen sollte. Es gab keine Diskussion darüber, wie die Energie in einer Energieeinheit $\hbar\omega$ in Form von Licht herauskommt, wenn ein Atom von einem Zustand in einen anderen übergeht. Plancks ursprünglicher Gedanke war, daß die Materie quantisiert ist, das Licht aber nicht: Materie-Oszillatoren können nicht einfach jede Energie aufnehmen, sondern müssen sie in Portionen aufnehmen. Außerdem ist der Nachteil der Ableitung, daß sie teilweise klassisch ist. Wir berechneten die Rate der Strahlung von einem Oszillator gemäß der klassischen Physik; dann machten wir eine Kehrtwendung und sagten: „Nein, dieser Oszillator hat eine Menge Energieniveaus.“ So gab es auf dem Weg zum richtigen Ergebnis, dem vollständig quantenmechanischen Ergebnis, allmählich eine langsame Entwicklung, die in der Quantenmechanik von 1927 gipfelte. In der Zwischenzeit aber gab es einen Versuch von Einstein, den Planckschen Standpunkt, daß nur die Oszillatoren der Materie quantisiert sind, in den Gedanken umzuwandeln, daß Licht in Wirklichkeit aus Photonen besteht, die in einer bestimmten Weise als Teilchen mit der Energie $\hbar\omega$ angesehen werden können. Außerdem hatte Bohr behauptet, daß *jedes* System von

Atomen Energieniveaus besitzt, sie aber nicht notwendigerweise gleiche Abstände haben, wie der Plancksche Oszillator. Und so wurde es notwendig, das Strahlungsgesetz neu abzuleiten oder zumindest neu zu diskutieren, und zwar von einem vollständig quantenmechanischen Standpunkt aus.

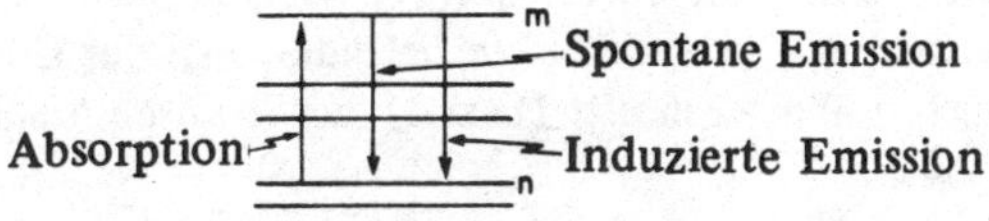

Fig. 42–2. Übergänge zwischen zwei Energieniveaus eines Atoms.

Einstein nahm an, daß Plancks Schlußformel richtig war, und er benutzte diese Formel, um einige neue Informationen über die Wechselwirkung von Strahlung mit Materie zu erhalten, die vorher unbekannt waren. Seine Diskussion geht folgenden Weg: Man betrachte zwei beliebige der vielen Energieniveaus eines Atoms, sagen wir das $m$te und das $n$te Niveau (42–2). Einstein nahm nun an, daß ein solches Atom, wenn Licht der richtigen Frequenz darauf scheint, das Photon des Lichts absorbieren kann und einen Übergang vom Zustand n zum Zustand m macht und daß die Wahrscheinlichkeit für dieses Ereignis pro Sekunde natürlich von den zwei Niveaus abhängt, aber *proportional ist zur Intensität des Lichtes,* das darauf scheint. Wir wollen die Proportionalitätskonstante B_{nm} nennen, nur um uns daran zu erinnern, daß dies keine universelle Naturkonstante ist, sondern von dem bestimmten Niveaupaar abhängt: Einige Niveaus lassen sich leicht anregen; einige Niveaus lassen sich nur schwer anregen. Wie wird nun die Formel für die Emissionsrate von m nach n aussehen? Einstein nahm an, sie müsse zwei Teile enthalten. Zuerst würde es, auch wenn kein Licht vorhanden wäre, eine gewisse Chance geben, daß ein Atom in einem angeregten Zustand auf einen niedrigeren Zustand fallen würde, indem es ein Photon emittiert; dies nennen wir *spontane Emission.* Es entspricht dem Gedanken, daß ein Oszillator mit einem bestimmten Energiebetrag auch in der klassischen Physik diese Energie nicht beibehält, sondern sie durch Strahlung verliert. Folglich ist das Analogon der spontanen Strahlung eines klassischen Systems, daß es, wenn sich das Atom in einem angeregten Zustand befindet, eine gewisse Wahrscheinlichkeit A_{mn}, die wiederum von den Niveaus abhängt, dafür gibt, von m nach n herunterzufallen, und diese Wahrscheinlichkeit ist unabhängig davon, ob Licht auf das Atom scheint oder nicht. Aber dann ging Einstein weiter und schloß durch Vergleich mit der klassischen Theorie und durch andere Argumente, daß die Emission auch durch die Anwesenheit von Licht beeinflußt wird – daß, wenn Licht der richtigen Frequenz auf ein Atom leuchtet, dieses eine vergrößerte Emissionsrate für Photonen hat, die proportional zur Intensität des Lichtes mit einer Proportionalitätskonstanten B_{mn} ist. Wenn wir später ableiten, daß dieser Koeffizient Null ist, werden wir festgestellt haben, daß Einstein im Irrtum war. Natürlich werden wir finden, daß er recht hatte.

So nahm Einstein also an, daß es drei verschiedene Arten von Vorgängen gibt: Eine Absorption proportional zur Lichtintensität, eine Emission proportional zur Lichtintensität, die *induzierte Emission* oder manchmal auch *stimulierte Emission* genannt wird, und eine spontane Emission unabhängig vom Licht.

Nun nehmen wir an, daß wir im Gleichgewicht bei Temperatur T eine bestimmte Anzahl von Atomen N_n im Zustand n und eine weitere Anzahl N_m im Zustand m haben. Dann ist die Gesamtanzahl an Atomen, die von n nach m übergehen, durch die Anzahl, die sich im Zustand n befindet, mal der Rate pro Sekunde gegeben, mit der eines, das sich in n befindet, nach m übergeht. So haben wir eine Formel für die Anzahl, die pro Sekunde von n nach m übergeht:

$$R_{n \to m} = N_n B_{nm} I(\omega). \tag{42.13}$$

Die Anzahl, die von n nach m übergeht, wird in derselben Weise ausgedrückt wie die Anzahl N_m, die sich in m befindet, mal der Chance pro Sekunde, daß das einzelne nach n überwechselt. Diesmal lautet unser Ausdruck

$$R_{m \to n} = N_m[A_{mn} + B_{mn} I(\omega)]. \tag{42.14}$$

Nun werden wir annehmen, daß im thermischen Gleichgewicht die Anzahl von Atomen, die in den höheren Zustand übergeht, gleich der Anzahl ist, die in den tieferen hinunterfällt. Dies ist zumindest ein Weg, bei dem die Anzahl in jedem Niveau sicherlich konstant bleibt.* So setzen wir also diese beiden Raten im Gleichgewicht als gleich an. Aber wir besitzen noch eine weitere Information: Wir wissen, wie groß N_m verglichen mit N_n ist – das Verhältnis der beiden beträgt $e^{-(E_m - E_n)/kT}$. Nun nahm Einstein an, daß das einzige Licht, das bei dem Übergang von n nach m wirksam ist, das Licht ist, welches die Frequenz entsprechend der Energiedifferenz besitzt; folglich gilt $E_m - E_n = \hbar\omega$ in allen unseren Formeln. So ist

$$N_m = N_n e^{-\hbar\omega/kT}. \tag{42.15}$$

Wenn wir also die beiden Raten gleichsetzen, $N_n B_{nm} I(\omega) = N_m [A_{mn} + B_{mn} I(\omega)]$, und durch N_m dividieren, erhalten wir

$$B_{nm} I(\omega) e^{\hbar\omega/kT} = A_{mn} + B_{mn} I(\omega). \tag{42.16}$$

Aus dieser Gleichung können wir $I(\omega)$ berechnen. Es ist einfach

$$I(\omega) = \frac{A_{mn}}{B_{nm} e^{\hbar\omega/kT} - B_{mn}}. \tag{42.17}$$

Aber Planck hat uns schon gesagt, daß die Formel (42.12) sein muß. Deshalb können wir etwas folgern: Zuerst einmal, daß B_{nm} gleich B_{mn} sein muß, da wir sonst nicht $(e^{\hbar\omega/kT} - 1)$ erhalten können. So entdeckte Einstein einige Dinge, bei denen er nicht wußte, wie sie zu berechnen waren, nämlich, *daß die Wahrscheinlichkeit für die induzierte Emission gleich der Wahrscheinlichkeit für die Absorption sein muß.* Dies ist interessant. Und weiterhin, damit (42.17) und (42.12) übereinstimmen, daß

$$A_{mn}/B_{mn} \quad \text{gleich} \quad \hbar\omega^3/\pi^2 c^2 \quad \text{sein muß.} \tag{42.18}$$

Wenn wir also z. B. die Absorptionsrate für ein gegebenes Niveau kennen, können wir die Rate für die spontane Emission und für die induzierte Emission oder eine beliebige Kombination ableiten.

Dies ist der Punkt, bis zu dem Einstein oder irgend jemand anders bei Verwendung solcher Argumente gehen konnte. Um tatsächlich die absolute spontane Emissionsrate

*Dies ist nicht die einzige Weise, in der man die Anzahl der Atome in den verschiedenen Niveaus konstant halten kann, aber es ist die Weise, in der es wirklich stattfindet. Daß jeder Prozeß im thermischen Gleichgewicht durch seine exakte Umkehrung ausgeglichen werden muß, wird das *Prinzip des detaillierten Gleichgewichts* genannt.

oder die anderen Raten für irgendeinen speziellen atomaren Übergang zu berechnen, ist natürlich die Kenntnis der Maschinerie des Atoms, als Quanten-Elektrodynamik bezeichnet, erforderlich, der erst elf Jahre später entdeckt wurde. Diese Arbeit Einsteins wurde 1916 ausgeführt.

Die Möglichkeit der induzierten Emission hat heute interessante Anwendungen gefunden. Wenn Licht vorhanden ist, wird es dazu neigen, den Übergang nach unten hin zu induzieren. Der Übergang gibt dann sein $\hbar\omega$ an die verfügbare Lichtenergie ab, falls sich einige Atome in dem oberen Zustand befanden. Nun können wir durch eine nichtthermische Methode erreichen, ein Gas zu erhalten, in dem die Anzahl in dem Zustand m sehr viel größer als die Anzahl in dem Zustand n ist. Dies liegt weit außerhalb des Gleichgewichts und ist folglich nicht durch die Formel $e^{-\hbar\omega/kT}$ gegeben, die für das Gleichgewicht steht. Wir können sogar erreichen, daß die Anzahl in dem oberen Zustand sehr groß ist, während die Anzahl für den tieferen Zustand praktisch Null ist. Dann wird Licht, das die Frequenz entsprechend der Energiedifferenz $E_m - E_n$ hat, nicht stark absorbiert, weil es nicht viele Atome im Zustand n gibt, um es zu absorbieren. Wenn dies Licht vorhanden ist, wird es andererseits die Emission von dem oberen Zustand induzieren! Wenn sich also eine Menge von Atomen in dem oberen Zustand befände, würde es eine Art Kettenreaktion geben, bei der in dem Moment, in dem die Atome zu emittieren beginnen, weitere zu emittieren angestoßen würden, und die ganze große Anzahl würde wieder herunterstürzen. Dies ist es, was man einen *Laser* oder im Fall des fernen Infrarots einen *Maser* nennt.

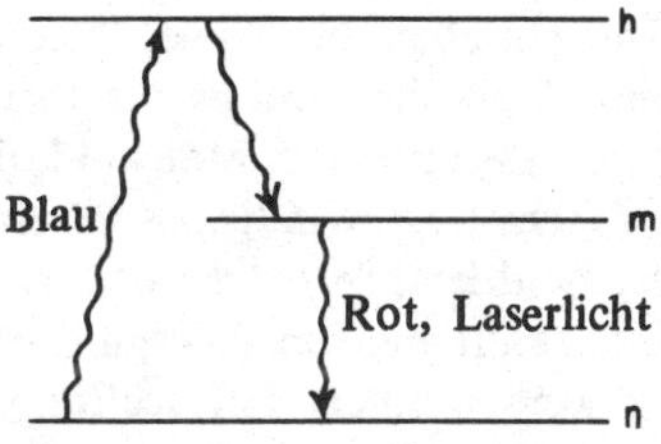

Fig. 42–3. Durch Anregung, sagen wir, mit Blaulicht, eines höheren Zustandes *h*, wobei ein Photon emittiert werden kann und die Atome im Zustand *m* zurückgelassen werden, wird die Anzahl in diesem Zustand *m* ausreichend groß, um den Laservorgang zu starten.

Um die Atome in den Zustand m zu bringen, können verschiedene Tricks benutzt werden. Es kann höhere Niveaus geben, in die die Atome gelangen können, wenn wir mit einem starken Lichtstrahl hoher Frequenz auf sie leuchten. Von diesen hohen Niveaus können sie herabrieseln, indem sie verschiedene Photonen emittieren, bis sie in dem Zustand m steckenbleiben. Wenn sie dazu neigen, in dem Zustand m ohne Emission zu bleiben, wird der Zustand *metastabil* genannt. Und dann werden sie alle zusammen durch induzierte Emissionen hinuntergeschwemmt. Ein mehr technischer Gesichtspunkt: Wenn wir dieses System in einen gewöhnlichen Behälter stecken, würde es spontan in so viele verschiedene Richtungen verglichen mit dem induzierten Effekt strahlen, daß wir weiterhin Schwierigkeiten haben würden. Aber wir können den induzierten Effekt verstärken und seine Wirksamkeit vergrößern, wenn wir fast vollkommene Spiegel an jede Seite des Behälters anbringen, so daß das emittierte Licht eine weitere Chance und immer wieder eine weitere Chance bekommt, weitere Emissionen zu induzieren. Obwohl die Spiegel praktisch hundertprozentig reflektieren, besitzt der Spiegel einen kleinen Transmissionsbetrag, und ein bißchen Licht kommt heraus. Letzten Endes geht natürlich wegen der Energieerhaltung alles Licht in einer hübschen schnurgeraden Richtung heraus, was die starken Lichtstrahlen erzeugt, die heute mit Lasern möglich sind.

43 Diffusion

43–1 Kollisionen zwischen Molekülen

Bis jetzt haben wir nur die Molekularbewegungen in einem Gas betrachtet, das sich im thermischen Gleichgewicht befindet. Wir wollen jetzt besprechen, was geschieht, wenn sich die Dinge in dessen Nähe, aber nicht exakt im Gleichgewicht befinden. In einer Situation weit außerhalb des Gleichgewichts sind die Dinge äußerst kompliziert, aber in einer Situation in unmittelbarer Nähe des Gleichgewichtes können wir leicht ausrechnen, was geschieht. Um zu sehen, was geschieht, müssen wir jedoch zur kinetischen Theorie zurückkehren. Die statistische Mechanik und die Thermodynamik befassen sich mit der Situation des Gleichgewichts, aber außerhalb des Gleichgewichts können wir nur untersuchen, was sozusagen Atom für Atom passiert.

Als ein einfaches Beispiel eines Falles außerhalb des Gleichgewichts werden wir die Diffusion von Ionen in einem Gas betrachten. Wir nehmen an, daß sich in einem Gas eine relativ kleine Konzentration von Ionen – elektrisch geladenen Molekülen – befindet. Wenn wir ein elektrisches Feld an das Gas anlegen, dann wirkt auf jedes Ion eine Kraft, die sich von den Kräften auf die neutralen Moleküle des Gases unterscheidet. Wenn keine anderen Moleküle anwesend wären, würde ein Ion eine konstante Beschleunigung erleben, bis es die Wand des Behälters erreicht. Wegen der Anwesenheit der anderen Moleküle kann es das aber nicht tun; seine Geschwindigkeit wächst nur so lange an, bis es mit einem Molekül kollidiert und seinen Impuls verliert. Es startet wieder, um mehr Geschwindigkeit zu erreichen, aber dann verliert es aufs neue seinen Impuls. Der resultierende Effekt ist, daß sich ein Ion auf einem regellosen Weg, allerdings mit einer resultierenden Bewegung in Richtung des elektrischen Feldes, vorwärts arbeitet. Wir werden sehen, daß das Ion eine mittlere „Drift" mit einer mittleren Geschwindigkeit besitzt, die proportional zum elektrischen Feld ist – je stärker das Feld ist, desto schneller kommt es voran. Während das Feld angeschaltet ist und während sich das Ion bewegt, befindet es sich natürlich *nicht* im thermischen Gleichgewicht, es versucht, das Gleichgewicht zu erreichen, was darin besteht, sich am Ende des Behälters aufzuhalten. Mit Hilfe der kinetischen Theorie können wir die Driftgeschwindigkeit berechnen.

Es stellt sich heraus, daß wir mit unseren gegenwärtigen mathematischen Möglichkeiten nicht wirklich *präzise* ausrechnen können, was geschehen wird, aber wir können Näherungsergebnisse erhalten, die alle wesentlichen Gesichtspunkte enthalten. Wir können herausfinden, wie sich die Dinge mit dem Druck, mit der Temperatur usw. verändern, aber es wird nicht möglich sein, präzise die korrekten Zahlenfaktoren vor allen Termen zu erhalten. Wir werden uns deshalb bei unseren Ableitungen nicht um den exakten Wert von Zahlenfaktoren kümmern. Sie können nur mit einer wesentlich fortgeschritteneren mathematischen Behandlung erhalten werden.

Bevor wir betrachten, was sich in Situationen außerhalb des Gleichgewichts abspielt, werden wir uns ein bißchen näher damit beschäftigen müssen, was sich in einem Gas im thermischen Gleichgewicht abspielt. Wir werden z. B. wissen müssen, wie groß die mittlere Zeit zwischen zwei aufeinanderfolgenden Kollisionen eines Moleküls ist.

Jedes Molekül erlebt eine Folge von Kollisionen mit anderen Molekülen – natürlich in willkürlicher Weise. Ein bestimmtes Molekül wird in einer langen Zeitperiode T

eine bestimmte Anzahl N von Treffern erleben. Wenn wir die Zeitspanne verdoppeln, wird es zweimal soviel Treffer geben. Folglich ist die Anzahl von Kollisionen proportional zur Zeit T. Wir würden dies wohl in der folgenden Weise schreiben:

$$N = T/\tau. \tag{43.1}$$

Wir haben die Proportionalitätskonstante als $1/\tau$ geschrieben, wobei τ die Dimension einer Zeit haben wird. Die Konstante τ ist die mittlere Zeit zwischen den Kollisionen. Nehmen wir z. B. an, daß es in einer Stunde 60 Kollisionen gibt; dann ist τ eine Minute. Wir wollen sagen, daß τ (eine Minute) die *mittlere Zeit* zwischen den Kollisionen ist.

Es könnte sein, daß wir oft die folgende Frage stellen möchten: „Wie groß ist die *Chance,* daß ein Molekül innerhalb des nächsten *kleinen Zeitintervalls dt* eine Kollision erleben wird?" Die Antwort lautet dt/τ, was wir intuitiv verstehen können. Wir wollen aber versuchen, ein überzeugenderes Argument zu bringen. Angenommen, es gäbe eine sehr große Anzahl N von Molekülen. Wieviele werden innerhalb des nächsten Zeitintervalls dt Kollisionen erleben? Wenn Gleichgewicht herrscht, ändert sich nichts *im Mittel* mit der Zeit. Folglich werden N Moleküle, die die Zeit dt warten, dieselbe Anzahl von Kollisionen erleben, wie *ein* Molekül, das die Zeit $N\,dt$ wartet. Diese Anzahl ist $N\,dt/\tau$, wie wir wissen. Folglich ist die Anzahl an Treffern von N Molekülen $N\,dt/\tau$ innerhalb einer Zeit dt, und die Chance oder Wahrscheinlichkeit eines Treffers für jedes beliebige Molekül ist gerade $1/N$ so groß oder $(1/N)(N\,dt/\tau) = dt/\tau$, wie wir oben vermutet haben. Das heißt, der Anteil an Molekülen, der eine Kollision innerhalb der Zeit dt erleben wird, ist dt/τ. Wenn wir als Beispiel eine Minute für τ nehmen, dann beträgt in einer Sekunde der Anteil von Teilchen, der Kollisionen erleben wird, 1/60. Was dies bedeutet ist natürlich, daß 1/60 der Moleküle zufällig dicht genug an dem Molekül sind, das sie als nächstes treffen werden, daß also *ihre* Kollisionen in der nächsten Minute stattfinden werden.

Wenn wir sagen, daß τ, die mittlere Zeit zwischen Kollisionen, eine Minute beträgt, meinen wir damit nicht, daß alle Kollisionen mit einem Abstand von genau einer Minute stattfinden werden. Ein bestimmtes Teilchen erlebt nicht eine Kollision, wartet eine Minute, erlebt dann eine weitere Kollision. Die Zeiten zwischen folgenden Kollisionen sind ganz verschieden. Wir werden es für unsere spätere Arbeit hier nicht brauchen, aber wir können einen kleinen Abstecher machen, um die Frage zu stellen: „Wie groß *sind* die Zeiten zwiscehn den Kollisionen?" Wir wissen, daß in dem obigen Fall die *mittlere* Zeit eine Minute beträgt, aber wir möchten z. B. vielleicht wissen, wie groß die Chance ist, daß wir *zwei* Minuten lang keine Kollisionen erhalten?

Wir werden die Antwort auf die allgemeine Frage finden: „Wie groß ist die Wahrscheinlichkeit, daß sich ein Molekül für eine Zeit t ohne Kollision bewegen wird?" Zu irgendeinem willkürlichen Zeitpunkt – den wir $t = 0$ nennen wollen – beginnen wir ein bestimmtes Molekül zu beobachten. Wie groß ist die Chance, daß die Zeit t ohne Zusammenstoß mit einem anderen Molekül verstreicht?

Um die Wahrscheinlichkeit zu berechnen, beobachteten wir, was mit allen N_0 Molekülen in einem Behälter passiert. Nachdem wir eine Zeit t gewartet haben, werden einige von ihnen Kollisionen gehabt haben. Wir wollen $N(t)$ die Anzahl nennen, die bis zur Zeit t *keine* Kollisionen gehabt haben. $N(t)$ ist natürlich kleiner als N_0. Wir können $N(t)$ herausfinden, weil wir wissen, wie diese Zahl sich mit der Zeit ändert. Wenn wir wissen, daß $N(t)$ Moleküle die Zeit t erreicht haben, dann ist $N(t + dt)$, also die Anzahl, die bis $t + dt$ verbleibt, kleiner als $N(t)$ um die Anzahl, die innerhalb dt Kollisionen erlebt hat. Die Anzahl, die innerhalb dt kollidiert, haben wir oben in Abhängigkeit von der mittleren Zeit τ als $dN = N(t)\,dt/\tau$ geschrieben. Wir erhalten die Formel

$$N(t + dt) = N(t) - N(t)\frac{dt}{\tau}. \tag{43.2}$$

Die Größe $N(t+dt)$ auf der linken Seite kann nach den Definitionen der Differentialrechnung als $N(t) + (dN/dt)\,dt$ geschrieben werden. Wenn wir dies einsetzen, wird Gl. (43.2) zu

$$\frac{dN(t)}{dt} = -\frac{N(t)}{\tau}. \tag{43.3}$$

Die Anzahl, die innerhalb des Intervalls dt verlorengeht, ist zu der vorhandenen Anzahl proportional und umgekehrt proportional zur mittleren Lebenszeit τ. Gleichung (43.3) kann leicht integriert werden, wenn wir sie wie folgt umschreiben:

$$\frac{dN(t)}{N(t)} = -\frac{dt}{\tau}. \tag{43.4}$$

Jede Seite ist ein vollkommenes Differential, so daß das Integral lautet

$$\ln N(t) = -t/\tau + \text{(eine Konstante)}, \tag{43.5}$$

was dasselbe bedeutet wie

$$N(t) = \text{(Konstante)}\,e^{-t/\tau}. \tag{43.6}$$

Wir wissen, daß die Konstante gerade N_0, die Gesamtanzahl der anwesenden Moleküle, betragen muß, da alle bei $t = 0$ anfangen, auf ihre „nächste" Kollision zu warten. Wir können unser Ergebnis wie folgt schreiben:

$$N(t) = N_0 e^{-t/\tau}. \tag{43.7}$$

Wenn wir die *Wahrscheinlichkeit* $P(t)$, keine Kollision zu erleben, haben wollen, können wir sie durch Division von $N(t)$ durch N_0 erhalten, so daß gilt

$$P(t) = e^{-t/\tau}. \tag{43.8}$$

Unser Ergebnis lautet: Die Wahrscheinlichkeit, daß ein bestimmtes Molekül eine Zeit t ohne eine Kollision überlebt, beträgt $e^{-t/\tau}$, wobei τ die mittlere Zeit zwischen den Kollisionen ist. Die Wahrscheinlichkeit beginnt mit 1 (oder Gewißheit) bei $t = 0$ und wird kleiner, wenn t größer und größer wird. Die Wahrscheinlichkeit dafür, daß ein Molekül eine Kollision für eine Zeit gleich τ vermeidet, beträgt $e^{-1} = 0.37\ldots$ Die Chance, daß es eine größere Zeit als die mittlere Zeit zwischen den Kollisionen erlebt, ist geringer als einhalb. Das ist in Ordnung, weil es genug Moleküle gibt, die Zeiten kollisionsfrei bleiben, die viel *länger* als die mittlere Zeit bis zur Kollision sind, so daß die mittlere Zeit weiterhin τ betragen kann.

Ursprünglich definierten wir τ als mittlere Zeit *zwischen* den Kollisionen. Das Ergebnis, das wir in Gl. (43.7) erhalten haben, besagt ebenso, daß die mittlere Zeit von einem *willkürlichen* Anfangszeitpunkt aus zur *nächsten* Kollision *ebenso* τ beträgt. Diese etwas überraschende Tatsache können wir in der folgenden Weise demonstrieren. Die Anzahl von Molekülen, die ihre nächste Kollision innerhalb des Intervalls dt zur

Zeit t nach einer willkürlich gewählten Startzeit erleben, beträgt $N(t)dt/\tau$. Ihre „Zeit bis zur nächsten Kollision" ist natürlich gerade t. Die „mittlere Zeit bis zur nächsten Kollision" wird in der üblichen Weise erhalten:

$$\text{Mittlere Zeit bis zur nächsten Kollision} = \frac{1}{N_0}\int_0^\infty t\,\frac{N(t)\,dt}{\tau}.$$

Wenn wir das in (43.7) erhaltene $N(t)$ benutzen und das Integral ausführen, stellen wir tatsächlich fest, daß τ die mittlere Zeit von einem ***beliebigen*** Zeitpunkt bis zur nächsten Kollision ist.

43–2 Die mittlere freie Weglänge

Eine andere Möglichkeit, die molekularen Kollisionen zu beschreiben, ist die, nicht über die *Zeit* zwischen den Kollisionen, sondern darüber zu sprechen, ***wie weit*** sich das Teilchen zwischen den Kollisionen bewegt. Wenn wir sagen, daß die mittlere Zeit zwischen den Kollisionen τ ist und daß die Moleküle eine mittlere Geschwindigkeit v besitzen, können wir erwarten, daß die mittlere *Entfernung* zwischen den Kollisionen, die wir l nennen wollen, gerade das Produkt von τ und v ist. Diese Entfernung zwischen den Kollisionen wird gewöhnlich die ***mittlere freie Weglänge*** genannt:

$$\text{Mittlere freie Weglänge } l = \tau v. \tag{43.9}$$

In diesem Kapitel werden wir ein bißchen ungenau sein, was *die Art der Mittelbildung* betrifft, die wir in irgendeinem speziellen Fall meinen. Die verschiedenen möglichen Mittelwerte – der Mittelwert, die Wurzel aus dem mittleren Quadrat usw. – sind einander ziemlich gleich und unterscheiden sich nur um Faktoren, die sehr nahe bei Eins sind. Da eine detaillierte Analyse erforderlich ist, um überhaupt die korrekten Zahlenfaktoren zu erhalten, brauchen wir uns nicht darum zu kümmern, welcher Mittelwert an irgendeinem besonderen Punkt erforderlich ist. Wir wollen auch den Leser warnen, daß die algebraischen Symbole, die wir für einige der physikalischen Größen benutzen (z. B. l für die mittlere freie Weglänge), nicht der allgemein anerkannten Verabredung entsprechen, weil es im Grunde keine allgemeine Übereinstimmung gibt.

Da nun die Chance, daß ein Molekül innerhalb einer kurzen Zeit dt eine Kollision erleben wird, gleich dt/τ ist, beträgt die Chance, daß es beim Durchqueren der Strecke dx eine Kollision erlebt, dx/l. Entsprechend der oben benutzten Art der Argumentation kann der Leser zeigen, daß die Wahrscheinlichkeit, daß ein Molekül wenigstens die Strecke x durchquert, bevor es seine nächste Kollision erlebt, $e^{-x/l}$ beträgt.

Die mittlere Strecke, die ein Molekül durchquert, bevor es mit einem anderen Molekül kollidiert – die mittlere freie Weglänge l –, wird davon abhängen, wieviele Moleküle sich dort befinden, und von der „Größe" der Moleküle, d. h. wie groß die Zielscheibe ist, die sie darstellen. Die effektive „Größe" einer Zielscheibe bei einer Kollision beschreiben wir gewöhnlich durch einen „Stoßquerschnitt"; es ist derselbe Gedanke, der in der Kernphysik oder bei Problemen der Lichtstreuung benutzt wird.

Betrachten wir ein bewegtes Teilchen, das sich eine Strecke dx durch ein Gas bewegt, das n_0 Streuzentren (Moleküle) pro Einheitsvolumen enthält (Fig. 43–1). Wenn wir uns irgendeine Einheitsfläche senkrecht zur Bewegungsrichtung unseres ausgesuchten Teilchens ansehen, werden wir dort $n_0\,dx$ Moleküle finden. Wenn jedes davon eine effektive Stoßfläche oder, wie es gewöhnlich genannt wird, einen „Stoßquerschnitt" σ_C darstellt, dann beträgt die gesamte von den Streuern bedeckte Fläche $\sigma_C n_0\,dx$.

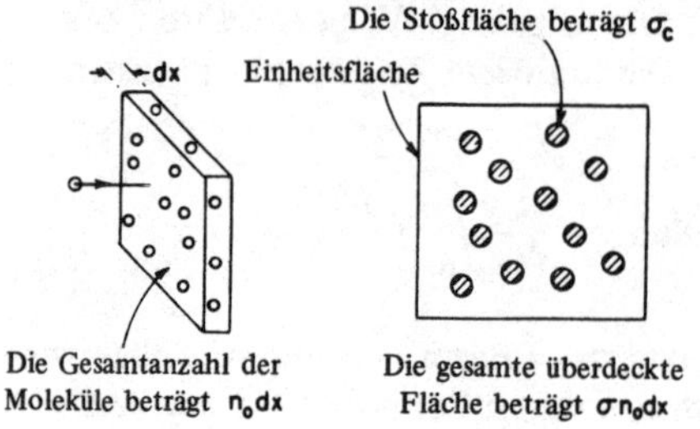

Fig. 43–1. Stoßquerschnitt.

Mit „Stoßquerschnitt" meinen wir die Fläche, innerhalb der der Mittelpunkt unseres Teilchens liegen muß, wenn es mit einem bestimmten Molekül kollidieren soll. Wenn Moleküle kleine Kugeln (ein klassisches Bild) wären, würden wir erwarten, daß $\sigma_C = \pi(r_1 + r_2)^2$ gilt, wobei r_1 und r_2 die Radien der zwei kollidierenden Objekte sind. Die Chance, daß unser Teilchen eine Kollision erleben wird, ist durch das Verhältnis der Fläche, die von den streuenden Molekülen bedeckt ist, zur Gesamtfläche, die wir als Eins angesetzt haben, gegeben. Folglich beträgt die Wahrscheinlichkeit einer Kollision beim Durchqueren der Strecke dx gerade $\sigma_C n_0 \, dx$:

$$\text{Wahrscheinlichkeit einer Kollision innerhalb } dx = \sigma_C n_0 \, dx. \tag{43.10}$$

Wir haben oben gesehen, daß die Chance eines Zusammenstoßes innerhalb dx auch in Abhängigkeit von der mittleren freien Weglänge l als dx/l geschrieben werden kann. Wenn wir dies mit (43.1) vergleichen, können wir eine Beziehung zwischen der mittleren freien Weglänge und dem Stoßquerschnitt angeben:

$$\frac{1}{l} = \sigma_c n_0, \tag{43.11}$$

was sich leichter merken läßt, wenn wir es so schreiben

$$\sigma_c n_0 l = 1. \tag{43.12}$$

Diese Formel kann so verstanden werden, daß im Mittel eine Kollision geschehen sollte, wenn das Teilchen die Strecke l durchquert, in der die streuenden Moleküle gerade die gesamte Fläche bedecken *könnten*. Innerhalb eines zylindrischen Volumens der Länge l und der Einheitsfläche als Grundfläche befinden sich $n_0 l$ Streuer; wenn jeder eine Fläche σ_C besitzt, beträgt die gesamte bedeckte Fläche $n_0 l \sigma_C$, was gerade eine Einheitsfläche darstellt. Natürlich ist die ganze Fläche *nicht* bedeckt, weil einige Moleküle zum Teil hinter anderen versteckt sind. Das ist der Grund, warum einige Moleküle weiter als l kommen, bevor sie einen Zusammenstoß haben. Es passiert nur *im Mittel*, daß die Moleküle innerhalb der Zeit, die sie für die Strecke l benötigen, einen Zusammenstoß erleben. Aus Messungen der mittleren freien Weglänge l können wir den Streuquerschnitt σ_C bestimmen und das Ergebnis mit den Berechnungen vergleichen, die auf einer detaillierten Theorie der atomaren Struktur basieren. Aber das ist ein anderes Thema! Folglich kehren wir zu dem Problem der Zustände außerhalb des Gleichgewichts zurück.

43–3 Die Driftgeschwindigkeit

Wir wollen beschreiben, was mit einem Molekül oder mehreren Molekülen passiert, die sich von der großen Mehrzahl der Moleküle in einem Gas in irgendeiner Weise unterscheiden. Wir werden die Moleküle einer „Mehrheit“ als „Hintergrund“-Moleküle bezeichnen und die Moleküle, die sich von den Hintergrundmolekülen unterscheiden, „spezielle“ Moleküle oder kurz die *S*-Moleküle nennen. Ein Molekül kann aus einer ganzen Reihe von Gründen speziell sein: Es könnte schwerer als die Hintergrundmoleküle sein. Es könnte chemisch anders sein. Es könnte eine elektrische Ladung besitzen – d. h. es könnte ein Ion vor dem Hintergrund ungeladener Moleküle sein. Wegen ihrer anderen Masse oder Ladung können die *S*-Moleküle unter Krafteinwirkungen stehen, die sich von den Kräften auf die Hintergrundmoleküle unterscheiden. Wenn wir betrachten, was mit diesen *S*-Molekülen passiert, können wir die grundlegenden Effekte verstehen, die in ähnlicher Weise bei vielen verschiedenen Phänomenen ins Spiel kommen. Um einige aufzuzählen: Die Diffusion von Gasen, elektrische Ströme in Batterien, Ablagerung, zentrifugale Trennung usw.

Wir konzentrieren uns am Anfang auf den grundlegenden Prozeß: Auf ein *S*-Molekül in einem Hintergrundgas wirkt irgendeine spezielle Kraft **F** (was z. B. Gravitation oder Elektrizität sein könnte) und *zusätzlich* die nicht so spezifischen Kräfte durch die Kollisionen mit den Hintergrundmolekülen. Wir wollen jetzt das *allgemeine* Verhalten des *S*-Moleküls beschreiben. Was im *einzelnen* geschieht, ist, daß es hin und her schnellt, wenn es wieder und wieder mit anderen Molekülen zusammenstößt. Wenn wir es aber sorgfältig beobachten, sehen wir, daß es insgesamt einen Fortschritt in Richtung der Kraft **F** macht. Wir sagen, daß seiner willkürlichen Bewegung eine *Drift*bewegung überlagert ist. Wir möchten gerne wissen, wie groß die Geschwindigkeit dieser Drift ist – die *Driftgeschwindigkeit* – die der Kraft **F** entspricht.

Wenn wir ein *S*-Molekül zu irgendeinem Zeitpunkt zu beobachten beginnen, können wir erwarten, daß es sich irgendwo zwischen zwei Kollisionen befindet. Zusätzlich zu der Geschwindigkeit, die es nach seinem letzten Zusammenstoß beibehielt, nimmt es eine bestimmte Geschwindigkeitskomponente entsprechend der Kraft **F** auf. Innerhalb einer kurzen Zeit (im Mittel innerhalb einer Zeit τ) wird es eine Kollision erleben und einen neuen Abschnitt seines Zickzackkurses beginnen. Es wird eine neue Startgeschwindigkeit besitzen, aber die selbe Beschleunigung durch **F**.

Um die Dinge im Moment einfach zu halten, wollen wir annehmen, daß unser *S*-Molekül nach jedem Zusammenstoß einen vollständig „neuen“ Start erfährt. Das heißt, es behält keine Erinnerung an seine letzte Beschleunigung durch **F**. Dies könnte eine vernünftige Annahme sein, wenn unser *S*-Molekül sehr viel leichter als die Hintergrundmoleküle wäre, ist aber sicherlich nicht allgemein richtig. Wir werden später eine verbesserte Annahme besprechen.

Im Moment besteht unsere Annahme dann darin, daß das *S*-Molekül jede Kollision mit einer Geschwindigkeit beendet, die mit gleicher Wahrscheinlichkeit in jede beliebige Richtung geht. Die Startgeschwindigkeit wird es gleichermaßen in alle Richtungen führen und wird nicht zu irgendeiner resultierenden Bewegung beitragen, so daß wir uns nicht weiter um seine anfängliche Geschwindigkeit nach einer Kollision kümmern. Zusätzlich zu seiner statistischen Bewegung wird jedes *S*-Molekül zu jedem beliebigen Zeitpunkt eine zusätzliche Geschwindigkeit in Richtung der Kraft **F** besitzen, die es *seit* seiner letzten Kollision aufgenommen hat. Wie groß ist der *Mittelwert dieses* Teils der Geschwindigkeit? Es ist gerade die Beschleunigung $\mathbf{F}/m$ (wobei m die Masse des *S*-Moleküls ist) mal der ***mittleren Zeit seit*** der letzten Kollision. Nun muß die mittlere Zeit ***seit*** dem ***letzten*** Zusammenstoß genauso groß sein wie die mittlere Zeit ***bis*** zum ***nächsten*** Zusammenstoß, die wir oben τ genannt haben. Die *mittlere* Geschwindigkeit von F ist natürlich genau das, was Driftgeschwindigkeit genannt wird, so daß wir die Beziehung erhalten

$$V_{\text{Drift}} = \frac{F\tau}{m}. \tag{43.13}$$

Diese grundlegende Beziehung ist das Herzstück unseres Themas. Es kann einige Komplikationen bei der Bestimmung von τ geben, aber der grundlegende Prozeß wird durch Gl. (43.13) definiert.

Sie werden bemerken, daß die Driftgeschwindigkeit ***proportional*** zur Kraft ist. Es gibt leider keinen allgemein gebräuchlichen Namen für die Proportionalitätskonstante. Für jede verschiedene Kraftart wurden verschiedene Namen benutzt. Wenn bei einem elektrischen Problem die Kraft als Ladung mal dem elektrischen Feld $\mathbf{F} = q\mathbf{E}$ geschrieben wird, dann wird die Proportionalitätskonstante zwischen der Geschwindigkeit und dem elektrischen Feld E gewöhnlich „Beweglichkeit" genannt. Trotz der Möglichkeit, Verwirrung zu stiften, werden ***wir*** die Bezeichnung ***Beweglichkeit*** für das Verhältnis der Driftgeschwindigkeit zu der Kraft für ***jede beliebige*** Kraft benutzen. Wir schreiben

$$v_{\text{Drift}} = \mu F \tag{43.14}$$

ganz allgemein, und wir werden μ die Beweglichkeit nennen. Wir wissen aus Gl. (43.13), daß

$$\mu = \tau/m. \tag{43.15}$$

Die Beweglichkeit ist proportional zur mittleren Zeit zwischen den Kollisionen (es gibt weniger Kollisionen, um sie zu vermindern) und umgekehrt proportional zu der Masse (größere Trägheit bedeutet geringere aufgenommene Geschwindigkeit zwischen den Kollisionen).

Um den korrekten Zahlenkoeffizienten in Gl. (43.13), der richtig angegeben ist, zu erhalten, ist einige Sorgfalt erforderlich. Wir wollen keine Verwirrung stiften, sollten aber doch darauf hinweisen, daß die Argumente von einer Subtilität sind, die man nur bei sorgfältigem und detailliertem Studium würdigen kann. Um zu zeigen, daß es trotz des äußeren Anscheins Schwierigkeiten gibt, wollen wir das Argument, das zu Gl. (43.13) führte, in einer sinnvollen ***aber falschen*** Weise wiederholen (in der Weise, die man in vielen Lehrbüchern findet!).

Wir hätten sagen können: Die mittlere Zeit zwischen den Kollisionen beträgt τ. Nach einer Kollision startet das Teilchen aufs neue mit einer willkürlichen Geschwindigkeit, nimmt aber zwischen den Kollisionen eine zusätzliche Geschwindigkeit auf, die gleich der Beschleunigung mal der Zeit ist. Da es die Zeit τ benötigt, um zum ***nächsten*** Zusammenstoß zu gelangen, kommt es dort mit der Geschwindigkeit $(F/m)\tau$ an. Bei Beginn der Kollision hatte es die Geschwindigkeit Null. Folglich hat es im Mittel zwischen den beiden Kollisionen eine Geschwindigkeit gleich der halben Endgeschwindigkeit, so daß die mittlere Driftgeschwindigkeit $\frac{1}{2}F\tau/m$ beträgt. (Falsch!) Dies Ergebnis ist falsch und das Ergebnis in Gl. (43.13) ist richtig, obwohl sich die Argumente gleich zufriedenstellend anhören mögen. Der Grund, weshalb das zweite Ergebnis falsch ist, ist etwas spitzfindig und hat mit dem folgenden zu tun: Das Argument wurde so gebracht, als ob alle Kollisionen durch die mittlere Zeit τ getrennt wären. Tatsache ist, daß einige Zeiten kürzer und andere länger als die mittlere Zeit sind. Kurze Zeiten treten *häufiger* auf, bringen aber einen *geringeren* Beitrag zur Driftgeschwindigkeit, weil sie eine geringere Chance besitzen, „so richtig loszulegen“. Wenn man die *Verteilung* der freien Zeiten zwischen den Kollisionen richtig berücksichtigt, kann man zeigen, daß es den Faktor $\frac{1}{2}$ nicht geben sollte, der aus dem zweiten Argument erhalten wurde. Der Fehler wurde bei dem Versuch gemacht, durch ein simples Argument die *mittlere End*geschwindigkeit in Beziehung zu der mittleren Geschwindigkeit selbst zu setzen. Die Beziehung ist nicht einfach, und so ist es das beste, sich darauf zu konzentrieren, was gewünscht wird: Die mittlere Geschwindigkeit selbst. Das erste Argument, das wir brachten, bestimmt die mittlere Geschwindigkeit direkt – und korrekt! Aber wir können jetzt vielleicht einsehen, warum wir nicht grundsätzlich versuchen werden, alle korrekten Zahlenkoeffizienten in unseren elementaren Ableitungen zu erhalten!

Wir kehren jetzt zu unserer vereinfachenden Annahme zurück, daß jede Kollision alle Erinnerung an die vergangene Bewegung auslöscht – daß nach jeder Kollision ein neuer Start stattfindet. Nehmen wir an, unser *S*-Molekül sei ein schweres Objekt in einer Umgebung von leichteren Molekülen. Dann wird unser *S*-Molekül nicht bei jeder Kollision seinen „Vorwärts“-Impuls verlieren. Es würde mehrere Zusammenstöße benötigen, bevor seine Bewegung wieder „statistisch“ wäre. Wir wollen stattdessen annehmen, daß es bei jeder Kollision – im Mittel innerhalb jeder Zeit τ – einen bestimmten Teil seines Impulses verliert. Wir werden die Einzelheiten nicht ausarbeiten, sondern einfach behaupten, daß das Ergebnis einer Ersetzung der mittleren Stoßzeit τ durch ein neues – und längeres – τ entspricht, das der mittleren „Vergeßzeit“ entspricht, d. h. der mittleren Zeit, die es benötigt, um seinen früheren Impuls zu vergessen. Mit einer solchen Deutung von τ können wir unsere Formel (43.15) auch bei Situationen benutzen, die nicht ganz so einfach sind, wie wir zuerst angenommen haben.

43–4 Ionenleitfähigkeit

Wir wenden nun unsere Ergebnisse auf einen speziellen Fall an. Angenommen, wir haben ein Gas in einem Gefäß, in dem sich auch mehrere Ionen befinden – Atome oder Moleküle mit einer resultierenden elektrischen Ladung. Wir zeigen die Situation schematisch in Fig. 43–2. Wenn zwei gegenüberliegende Wände des Behälters metallische Platten sind, können wir sie an die Pole einer Batterie anschließen und so ein elektrisches Feld in dem Gas erzeugen. Das elektrische Feld erzeugt eine Kraft auf die

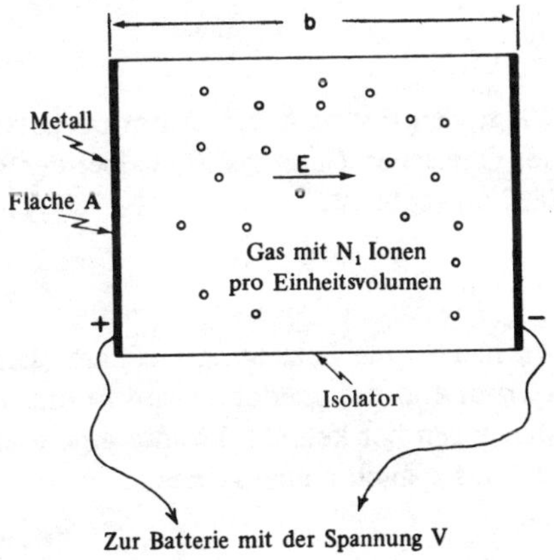

Fig. 43–2. Elektrischer Strom von einem ionisierten Gas.

Ionen, so daß sie beginnen werden, auf die eine oder andere der Platten zuzudriften. Ein elektrischer Strom wird erzeugt werden, und das Gas mit seinen Ionen wird sich wie ein Widerstand verhalten. Wenn wir den Ionenfluß aus der Driftgeschwindigkeit berechnen, können wir den Widerstand angeben. Wir fragen ganz speziell: In welcher Weise hängt der Fluß des elektrischen Stromes von der Spannungsdifferenz V ab, die wir zwischen den beiden Platten anlegen?

Wir betrachten den Fall, daß unser Behälter ein rechteckiger Kasten mit der Länge b und der Querschnittsfläche A ist (Fig. 43–2). Wenn die Potentialdifferenz oder Spannung von der einen Platte zur anderen V ist, beträgt das elektrische Feld E zwischen den Platten V/b. (Das elektrische Potential ist die Arbeit, die beim Transport einer Einheitsladung von einer Platte zur anderen geleistet wird. Die Kraft auf eine Einheitsladung ist $\mathbf{E}$. Wenn $\mathbf{E}$ überall zwischen den Platten gleich groß ist, was im Moment eine ausreichend gute Näherung ist, ist die an einer Einheitsladung geleistete Arbeit gerade Eb, so daß $V = Eb$.) Die spezielle Kraft auf ein Ion des Gases ist $q\mathbf{E}$, wobei q die Ladung des Ions ist. Die Driftgeschwindigkeit des Ions beträgt dann μ mal diese Kraft oder

$$v_{\text{Drift}} = \mu F = \mu q E = \mu q \frac{V}{b}. \tag{43.16}$$

Ein elektrischer Strom I ist der Ladungsfluß pro Einheitszeit. Der elektrische Strom zu einer der Platten ist durch die Gesamtladung der Ionen gegeben, die in einer Zeiteinheit an der Platte ankommt. Wenn Ionen mit der Geschwindigkeit v_{Drift} auf die Platte zudriften, dann werden diejenigen, die sich innerhalb der Entfernung $(v_{\text{Drift}} \cdot T)$ befinden, an der Platte innerhalb der Zeit T ankommen. Wenn es n_i Ionen pro Einheitsvolumen gibt, beträgt die Anzahl, die die Platte in der Zeit T erreicht, $(n_i \cdot A \cdot v_{\text{Drift}} \cdot T)$. Jedes Ion trägt die Ladung q, so daß gilt

$$\text{Innerhalb } T \text{ gesammelte Ladung} = q n_i A v_{\text{Drift}} T. \tag{43.17}$$

Der Strom I ist gegeben durch die Ladung, die innerhalb T gesammelt wird, dividiert durch T, so daß gilt

$$I = q n_i A v_{\text{Drift}}. \tag{43.18}$$

Wenn wir v_{Drift} von (43.16) einsetzen, erhalten wir

$$I = \mu q^2 n_i \frac{A}{b} V. \tag{43.19}$$

Wir stellen fest, daß der Strom proportional zur Spannung ist, was gerade die Form des Ohmschen Gesetzes ist, wobei der Widerstand R der Kehrwert der Proportionalitätskonstante ist:

$$\frac{1}{R} = \mu q^2 n_i \frac{A}{b}. \tag{43.20}$$

Wir haben eine Beziehung zwischen dem Widerstand und den Moleküleigenschaften n_i, q und μ, das wiederum von m und τ abhängt. Wenn wir n_i und q von atomaren Messungen her kennen, könnte eine Messung von R benutzt werden, μ zu bestimmen und aus μ auch τ anzugeben.

43–5 Molekulardiffusion

Wir wenden uns jetzt einer anderen Art Problem und einer anderen Art der Analyse zu: Der Theorie der Diffusion. Angenommen, wir haben einen Gasbehälter im thermischen Gleichgewicht und führen eine kleine Menge einer anderen Gassorte an irgendeiner Stelle in den Behälter ein. Wir werden das ursprüngliche Gas als „Hintergrund“gas und das neue als „spezielles“ Gas bezeichnen. Das spezielle Gas wird beginnen, sich durch den ganzen Behälter auszubreiten, aber es wird sich wegen der Anwesenheit des Hintergrundgases langsam ausbreiten. Dieser langsame Ausbreitungsprozeß wird *Diffusion* genannt.

Die Diffusion wird hauptsächlich von den Molekülen des speziellen Gases bestimmt, die von den Molekülen des Hintergrundgases hin und her gestoßen werden. Nach einer großen Anzahl von Kollisionen werden die speziellen Moleküle mehr oder weniger gleichmäßig im gesamten Volumen verteilt sein. Wir müssen darauf achten, die Diffusion eines Gases *nicht* mit dem Transport zu verwechseln, der infolge von Konvektionsströmen auftreten kann. Im allgemeinen spielt sich die Mischung von zwei Gasen als Kombination von Konvektion und Diffusion ab. Wir sind jetzt nur an dem Fall interessiert, bei dem es *keine „Wind“-ströme* gibt. Das Gas breitet sich nur durch molekulare Bewegungen, also durch Diffusion, aus. Wir wollen berechnen, wie schnell Diffusion stattfindet.

Wir berechnen jetzt den *resultierenden Fluß* von Molekülen des „speziellen“ Gases, der von den molekularen Bewegungen erzeugt wird. Es wird nur dann einen resultierenden Fuß geben, wenn eine ungleiche Verteilung der Moleküle vorhanden ist, sonst würden sich alle Molekularbewegungen herausmitteln und keinen resultierenden Fluß ergeben. Wir wollen zuerst den Fluß in der x-Richtung betrachten. Um den Fluß herauszufinden, betrachten wir eine imaginäre ebene Fläche senkrecht zur x-Achse und zählen die Anzahl von speziellen Molekülen, die diese Ebene durchqueren. Um den resultierenden Fluß zu erhalten, müssen wir diejenigen Moleküle, die die Ebene in der positiven x-Richtung durchqueren, positiv zählen und von dieser Anzahl die Zahl *abziehen,* die in die negative x-Richtung läuft. Wie wir schon oft gesehen haben, ist die Anzahl, die eine Querschnittsfläche innerhalb einer Zeit ΔT durchquert, durch die Zahl gegeben, welche in dem Intervall ΔT in einem Volumen starten, das sich über die Strecke $v\,\Delta T$ vor der Ebene ausstreckt. (Man beachte, daß v hier die tatsächliche Molekülgeschwindigkeit und nicht die Driftgeschwindigkeit angibt.)

Wir werden unsere Rechnung vereinfachen, indem wir unsere Oberfläche als Einheitsfläche ansetzen. Dann beträgt die Anzahl der speziellen Moleküle, die von links nach rechts (wenn wir die $+x$-Richtung nach rechts nehmen) passieren, $n_{-}\,v\,\Delta T$, wobei n_{-} die Anzahl der speziellen Moleküle pro Einheitsvolumen ist, die nach links geht (innerhalb eines Faktors 2 oder so, aber wir vernachlässigen solche Faktoren!). Die Anzahl, die von rechts nach links passiert, ist analog $n_{+}v\,\Delta T$, wobei n_{+} die Teilchendichte an speziellen Molekülen auf der rechten Seite der Ebene ist. Wenn wir den Molekülstrom J nennen, womit wir den resultierenden Fluß an Molekülen pro Einheitsfläche und pro Einheitszeit meinen, erhalten wir

$$J = \frac{n_{-}v\,\Delta T - n_{+}v\,\Delta T}{\Delta T}, \tag{43.21}$$

oder

$$J = (n_{-} - n_{+})v. \tag{43.22}$$

Was sollen wir für n_- und n_+ nehmen? Wenn wir „die Dichte auf der linken Seite" sagen, wie *weit* links meinen wir dann? Wir sollten die Dichte an der Stelle wählen, von wo die Moleküle ihren „Flug" *starteten*, weil die Anzahl, die einen solchen Ausflug startet, durch die an dieser Stelle vorhandene Anzahl gegeben ist. Folglich sollten wir mit n_- die Dichte in einer Entfernung nach links gleich der mittleren freien Weglänge l meinen und mit n_+ die Dichte in einer Entfernung l nach rechts von unserer imaginären Oberfläche bezeichnen.

Man nimmt geeigneterweise an, daß die Verteilung unserer speziellen Moleküle im Raum durch eine kontinuierliche Funktion von x, y und z beschrieben wird, die wir n_a nennen wollen. Mit $n_a(x, y, z)$ meinen wir die Dichtezahl der speziellen Moleküle in einem kleinen Volumenelement mit dem Mittelpunkt bei (x, y, z). Ausgedrückt durch n_a können wir die Differenz $(n_+ - n_-)$ wie folgt schreiben

$$(n_+ - n_-) = \frac{dn_a}{dx}\,\Delta x = \frac{dn_a}{dx}\cdot 2l. \tag{43.23}$$

Wenn wir dieses Ergebnis in Gl. (43.22) einsetzen und den Faktor 2 vernachlässigen, erhalten wir

$$J_x = -lv\,\frac{dn_a}{dx}. \tag{43.24}$$

Wir haben herausgefunden, daß der Fluß spezieller Moleküle proportional zur Ableitung der Dichte oder zu dem, was manchmal der „Gradient" der Dichte genannt wird, ist.

Es ist klar, daß wir mehrere grobe Näherungen gemacht haben. Neben mehreren 2er-Faktoren, die wir ausgelassen haben, haben wir dort v benutzt, wo wir v_x hätten benutzen sollen, und wir haben angenommen, daß n_+ und n_- Orte in der senkrechten Entfernung l von unserer Oberfläche betrifft, wohingegen für diejenigen Moleküle, die sich nicht senkrecht zu dem Oberflächenelement bewegen, l einer *schrägen* Strecke von der Oberfläche entsprechen sollte. Alle diese Verfeinerungen können ausgeführt werden; das Ergebnis einer sorgfältigeren Analyse zeigt, daß die rechte Seite von Gl. (43.24) mit 1/3 multipliziert werden sollte. So lautet die genauere Antwort

$$J_x = -\frac{lv}{3}\,\frac{dn_a}{dx}. \tag{43.25}$$

Ähnliche Gleichungen können für die Ströme in der y- und z-Richtung geschrieben werden.

Der Strom J_x und der Dichtegradient dn_a/dx können durch makroskopische Beobachtungen gemessen werden. Ihr experimentell bestimmtes Verhältnis wird der „Diffusionskoeffizient" D genannt. Das heißt,

$$J_x = -D\,\frac{dn_a}{dx}. \tag{43.26}$$

Wir haben zeigen können, daß wir für ein Gas erwarten, daß

$$D = \tfrac{1}{3}lv. \tag{43.27}$$

Bis jetzt haben wir in diesem Kapitel zwei verschiedene Prozesse betrachtet: Die *Beweglichkeit,* d. h. die Driftbewegung von Molekülen unter Einfluß „äußerer" Kräfte, und die *Diffusion,* d. h. die Ausbreitung, die nur durch innere Kräfte, die statistischen

Kollisionen, bestimmt ist. Es gibt jedoch eine Beziehung zwischen ihnen, da sie beide in grundlegender Weise von den thermischen Bewegungen abhängen und die mittlere freie Weglänge l in beiden Rechnungen erscheint.

Wenn wir in Gl. (43.25) $l = v\tau$ und $\tau = \mu m$ einsetzen, erhalten wir

$$J_x = -\tfrac{1}{3}mv^2\mu \frac{dn_a}{dx}. \tag{43.28}$$

Aber mv^2 hängt nur von der Temperatur ab. Wir erinnern daran, daß

$$\tfrac{1}{2}mv^2 = \tfrac{3}{2}kT, \tag{43.29}$$

so daß

$$J_x = -\mu kT \frac{dn_a}{dx}. \tag{43.30}$$

Wir stellen fest, daß der *Diffusions*koeffizient D, einfach kT mal μ, dem *Beweglichkeits*koeffizienten, ist:

$$D = \mu kT. \tag{43.31}$$

Und es stellt sich heraus, daß der Zahlenkoeffizient in (43.31) exakt richtig ist – keine weiteren Faktoren müssen eingeführt werden, um unsere groben Näherungen zu berücksichtigen. Wir können in der Tat zeigen, daß (43.31) *immer* richtig sein muß – auch in komplizierten Situationen (z. B. für den Fall einer Suspension in einer Flüssigkeit), wo die Einzelheiten unserer einfachen Rechnungen überhaupt nicht passen würden.

Um zu zeigen, daß (43.31) ganz allgemein gelten muß, wollen wir es in einer anderen Weise ableiten, wobei wir nur unsere grundlegenden Prinzipien der statistischen Mechanik benutzen. Man stelle sich eine Situation vor, bei der es einen Gradienten von „speziellen" Molekülen gibt und wir einen Diffusionsfluß proportional zum Dichtegradienten entsprechend Gl. (43.26) haben. Wir legen jetzt ein Kraftfeld in der x-Richtung an, so daß jedes spezielle Molekül die Kraft F spürt. Entsprechend der *Definition* der Beweglichkeit μ wird es die folgende Driftgeschwindigkeit geben

$$v_{\text{Drift}} = \mu F. \tag{43.32}$$

Nach unseren üblichen Argumenten wird der *Driftstrom* (die *resultierende* Anzahl von Molekülen, die eine Einheitsfläche in der Einheitszeit passiert) betragen

$$J_{\text{Drift}} = n_a v_{\text{Drift}}, \tag{43.33}$$

oder

$$J_{\text{Drift}} = n_a \mu F. \tag{43.34}$$

Wir *stellen* die Kraft so *ein*, daß der Driftstrom entsprechend F gerade die Diffusion *ausgleicht*, so daß es *keinen resultierenden Fluß* unserer speziellen Moleküle gibt. Wir haben $J_x + J_{\text{Drift}} = 0$ oder

$$D \frac{dn_a}{dx} = n_a \mu F. \tag{43.35}$$

Unter den „Gleichgewichts"-bedingungen finden wir einen stationären (zeitlich) Dichtegradienten gegeben durch

$$\frac{dn_a}{dx} = \frac{n_a \mu F}{D}. \tag{43.36}$$

Aber Achtung! Wir beschreiben eine *Gleichgewichts*bedingung, so daß unsere *Gleichgewichts*gesetze der statistischen Mechanik gelten. Diesen Gesetzen entsprechend ist die Wahrscheinlichkeit, ein Molekül bei der Koordinate x zu finden, proportional zu $e^{-U/kT}$, wobei U die potentielle Energie ist. Mit Hilfe der Dichtezahl n_a ausgedrückt bedeutet dies

$$n_a = n_0 e^{-U/kT}. \tag{43.37}$$

Wenn wir (43.37) nach x ableiten, finden wir

$$\frac{dn_a}{dx} = -n_0 e^{-U/kT} \cdot \frac{1}{kT} \frac{dU}{dx}, \tag{43.38}$$

oder

$$\frac{dn_a}{dx} = -\frac{n_a}{kT} \frac{dU}{dx}. \tag{43.39}$$

Da die Kraft F in x-Richtung zeigt, ist in unserer Situation die potentielle Energie U gerade $-Fx$ und $-dU/dx = F$. Gleichung (43.39) ergibt dann

$$\frac{dn_a}{dx} = \frac{n_a F}{kT}. \tag{43.40}$$

[Dies ist gerade exakt Gl. (40.2), von der wir zuerst $e^{-U/kT}$ abgeleitet haben; so haben wir einen Kreis geschlossen.] Wenn wir (43.40) mit (43.36) vergleichen, erhalten wir exakt Gl. (43.31). Wir haben gezeigt, daß Gl. (43.31), die den Diffusionsstrom in Abhängigkeit von der Beweglichkeit angibt, den korrekten Koeffizienten hat und sehr allgemein gilt. Beweglichkeit und Diffusion sind eng miteinander verknüpft. Diese Beziehung wurde zuerst von Einstein abgeleitet.

43–6 Thermische Leitfähigkeit

Die Methoden der kinetischen Theorie, die wir oben angewandt haben, können auch benutzt werden, um die *thermische Leitfähigkeit* eines Gases zu berechnen. Wenn das Gas oben in einem Behälter heißer ist als das Gas am Boden, wird Wärme von oben nach unten fließen. (Wir lassen es oben heißer sein, weil sonst Konvektionsströme einsetzen würden und es sich nicht mehr um ein Problem der Wärme*leitung* handeln würde.) Der Wärmetransport vom heißeren Gas zum kälteren Gas geschieht mittels Diffusion der „heißen" Moleküle – derjenigen mit mehr Energie – nach unten und mittels Diffusion der „kalten" Moleküle nach oben. Um den Fluß der thermischen Energie zu berechnen, können wir nach der Energie fragen, die von den sich durch ein Flächenelement nach unten bewegenden Moleküle transportiert wird, und ebenso nach der Energie, die durch die Moleküle transportiert wird, die sich nach oben durch die Fläche bewegen. Die Differenz wird uns den resultierenden Energiefluß nach unten angeben.

Die thermische Leitfähigkeit κ wird als das Verhältnis der Rate, mit der thermische Energie durch eine Einheitsfläche transportiert wird, zum Temperaturgradienten definiert:

$$\frac{1}{A} \frac{dQ}{dt} = -\kappa \frac{dT}{dz}. \tag{43.41}$$

Da die Details der Rechnungen denen sehr stark ähneln, die wir oben bei der Betrachtung des elektrischen Stromflusses in einem ionisierten Gas ausgeführt haben, wollen wir es dem Leser als Übung überlassen zu zeigen, daß gilt

$$\kappa = \frac{knlv}{\gamma - 1}, \tag{43.42}$$

wobei $(\gamma - 1)kT$ die mittlere Energie eines Moleküls bei der Temperatur T ist.

Wenn wir unsere Beziehung $nl\sigma_c = 1$ benutzen, kann die Wärmeleitfähigkeit wie folgt geschrieben werden

$$\kappa = \frac{1}{\gamma - 1} \frac{kv}{\sigma_c}. \tag{43.43}$$

Wir erhalten ein ziemlich überraschendes Ergebnis. Wir wissen, daß die mittlere Geschwindigkeit eines Gasmoleküls von der Temperatur, aber *nicht von der Dichte* abhängt. Wir erwarten, daß σ_c nur von der *Größe* der Moleküle abhängt. Folglich besagt unser einfaches Ergebnis, daß die thermische Leitfähigkeit κ (und deshalb die *Geschwindigkeit* des Wärmeflusses in jeder beliebigen Situation) unabhängig von der *Dichte* des Gases ist! Die Änderung der Anzahl der Energie-„Träger" bei einer Änderung der Dichte wird gerade durch die größere Strecke kompensiert, die die „Träger" zwischen den Kollisionen zurücklegen können.

Man könnte fragen: „Ist der Wärmefluß auch in dem Grenzfall, wenn die Dichte gegen Null geht, von der Gasdichte unabhängig? Wenn es überhaupt kein Gas gibt?" Sicherlich nicht! Die Formel (43.43) wurde wie alle anderen in diesem Kapitel unter der Annahme abgeleitet, daß die mittlere freie Weglänge zwischen den Kollisionen sehr viel kleiner als irgendeine Dimension des Behälters ist. Immer, wenn die Gasdichte so niedrig ist, daß ein Molekül eine gewisse Chance hat, seinen Behälter von einer Wand zur anderen ohne Kollision zu durchqueren, gilt keine der Rechnungen dieses Kapitels. In solchen Fällen müssen wir zur kinetischen Theorie zurückgehen und die Einzelheiten dessen, was geschehen wird, aufs neue berechnen.

44 Die Gesetze der Thermodynamik

44–1 Wärmemaschinen; der erste Hauptsatz

Bis jetzt haben wir die Eigenschaften der Materie vom atomistischen Standpunkt aus diskutiert und haben versucht, ungefähr zu verstehen, was geschehen wird, wenn wir annehmen, daß die Dinge aus Atomen gemacht sind, die bestimmten Gesetzen gehorchen. Es gibt jedoch eine Anzahl von Beziehungen zwischen den Eigenschaften der Substanzen, die ohne Betrachtung der detaillierten Struktur der Materialien abgeleitet werden können. Die Bestimmung der Beziehungen zwischen den verschiedenen Eigenschaften der Materialien ohne Kenntnis ihrer inneren Struktur ist der Gegenstand der *Thermodynamik.* Historisch wurde die Thermodynamik entwickelt, bevor ein Verständnis der inneren Struktur der Materie erreicht wurde.

Um ein Beispiel zu geben: Wir wissen aus der kinetischen Theorie, daß der Druck eines Gases durch das Molekülbombardement verursacht wird, und wir wissen, daß der Druck ansteigen muß, wenn wir das Gas erwärmen, so daß das Bombardement stärker wird. Wenn umgekehrt der Kolben in einem Gasbehälter nach innen gegen die Kraft des Bombardements bewegt wird, wird die Energie der Moleküle, die den Kolben bombardieren, ansteigen und folglich die Temperatur größer werden. Wenn wir also einerseits die Temperatur in einem gegebenen Volumen vergrößern, vergrößern wir den Druck. Wenn wir umgekehrt das Gas komprimieren, werden wir feststellen, daß die Temperatur ansteigen wird. Aus der kinetischen Theorie kann man eine quantitative Beziehung zwischen diesen beiden Effekten ableiten, aber instinktiv könnte man vermuten, daß sie in irgendeiner notwendigen Weise miteinander verknüpft sind, die unabhängig von den Einzelheiten der Kollisionen ist.

Wir wollen ein weiteres Beispiel betrachten. Viele Leute kennen diese interessante Eigenschaft des Gummis: Wenn wir ein Gummiband nehmen und daran ziehen, wird es warm. Wenn man es z. B. zwischen die Lippen nimmt und es auszieht, kann man eine deutliche Erwärmung spüren, und diese Erwärmung ist in dem Sinne reversibel, daß es deutlich abgekühlt wird, wenn man es schnell entspannt, während es sich zwischen den Lippen befindet. Das bedeutet, wenn wir ein Gummiband ausdehnen, wird es warm, und wenn wir die Spannung des Bandes nachlassen, wird es kalt.

Nun könnte unser Instinkt uns vermuten lassen, daß ein Band, wenn wir es erwärmen, zieht; daß also die Tatsache, daß das Dehnen erwärmt, besagen könnte, daß die Erwärmung eines Bandes ein Zusammenziehen verursachen sollte. Und tatsächlich, wenn wir eine Gasflamme an ein Gummiband halten, das ein Gewicht trägt, werden wir sehen, daß sich das Band abrupt zusammenzieht (Fig. 44–1). Es ist also richtig, daß ein Gummiband sich zusammenzieht, wenn wir es erwärmen, und diese

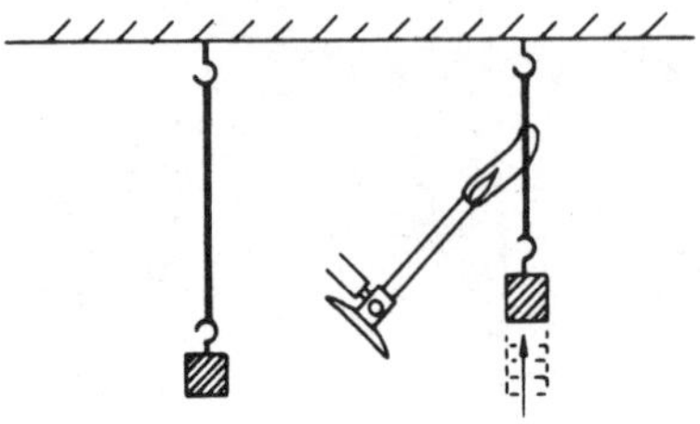

Fig. 44–1. Das erwärmte Gummiband.

Tatsache steht im direkten Zusammenhang mit der Tatsache, daß es sich abkühlt, wenn wir die Spannung nachlassen.

Der innere Mechanismus des Gummis, der diese Effekte verursacht, ist ziemlich kompliziert. Wir wollen ihn bis zu einem gewissen Grade vom Molekularstandpunkt aus beschreiben, obwohl unser Hauptziel in diesem Kapitel das Verständnis der Beziehung dieser Effekte unabhängig vom Molekularmodell ist. Trotzdem können wir vom Molekularmodell her zeigen, daß diese Effekte eng miteinander zusammenhängen. Ein Weg, um das Verhalten des Gummis zu verstehen, ist die Erkenntnis, daß diese Substanz aus einem enormen Wirrwarr von langen Molekülketten, einer Art von „Molekülspaghetti", besteht mit einer besonderen Komplikation: Zwischen den Ketten gibt es Querverbindungen – wie Spaghetti, die manchmal dort verschmolzen sind, wo ein Stück über einem anderen liegt – insgesamt ein großes Durcheinander. Wenn wir ein solches Wirrwarr auseinanderziehen, werden sich einige der Ketten in der Ziehrichtung anordnen. Gleichzeitig besitzen die Ketten eine thermische Bewegung, so daß sie sich dauernd gegeneinander stoßen. Daraus folgt, daß eine solche Kette, wenn sie gestreckt ist, nicht aus sich selbst heraus gestreckt bleiben wird, weil sie von allen Seiten von den anderen Ketten und den anderen Molekülen getroffen wird und sich wieder zusammenkräuseln würde. Der wirkliche Grund dafür, daß ein Gummiband sich zusammenzieht, ist daher der: Wenn man es auszieht, liegen die Ketten langseitig, und die thermischen Bewegungen der Moleküle an den Seiten der Ketten versuchen, die Ketten aufzukräuseln und sie zu kürzen. Man kann dann einsehen, wenn man die Kette gestreckt hält und die Temperatur ansteigt, so daß die Stärke des Bombardements an den Seiten der Ketten auch anwächst, so neigen die Ketten dazu, sich zusammenzuziehen; sie können so nach der Erwärmung ein größeres Gewicht ziehen. Wenn ein Gummiband sich entspannen darf, nachdem es eine Zeitlang gestreckt gewesen ist, wird jede Kette weich, und die sie treffenden Moleküle verlieren Energie, wenn sie auf die sich entspannende Kette stoßen. Folglich fällt die Temperatur.

Wir haben gesehen, wie diese beiden Prozesse, das Zusammenziehen bei Erwärmung und das Abkühlen bei Entspannung, mit Hilfe der kinetischen Theorie verknüpft werden können, aber es wäre eine enorme Herausforderung, aus der Theorie die genaue Beziehung zwischen beiden zu bestimmen. Wir müßten dann wissen, wieviele Kollisionen in jeder Sekunde stattfinden und wie die Ketten aussehen, und wir müßten alle möglichen anderen Komplikationen berücksichtigen. Der detaillierte Mechanismus ist so komplex, daß wir aus der kinetischen Theorie nicht wirklich exakt bestimmen können, was passiert; trotzdem kann eine genaue Beziehung zwischen den beiden Effekten, die wir beobachten, ohne irgendeine Kenntnis über den inneren Mechanismus angegeben werden!

Das ganze Thema der Thermodynamik hängt im wesentlichen von der folgenden Betrachtungsweise ab: Weil ein Gummiband bei höheren Temperaturen „stärker" ist als bei niedrigen Temperaturen, müßte es möglich sein, mit Wärme Gewichte zu heben, sie zu bewegen und folglich Arbeit zu leisten. Tatsächlich haben wir schon im Experiment gesehen, daß ein erwärmtes Gummiband ein Gewicht heben kann. Das Studium der Möglichkeit, mit Wärme Arbeit zu leisten, ist der Beginn der thermodynamischen Wissenschaft. Können wir eine Maschine bauen, die den Erwärmungseffekt bei einem Gummiband ausnutzt, um Arbeit zu leisten? Man kann eine verrückt aussehende Maschine bauen, die gerade dies vermag. Sie besteht aus dem Rad eines Fahrrades, bei dem alle Speichen Gummibänder sind (Fig. 44–2). Wenn man die Gummibänder auf der einen Seite des Rades mit einem Paar Wärmestrahlern aufwärmt, werden sie „stärker" als die Gummibänder auf der anderen Seite. Der Schwerpunkt des Rades wird

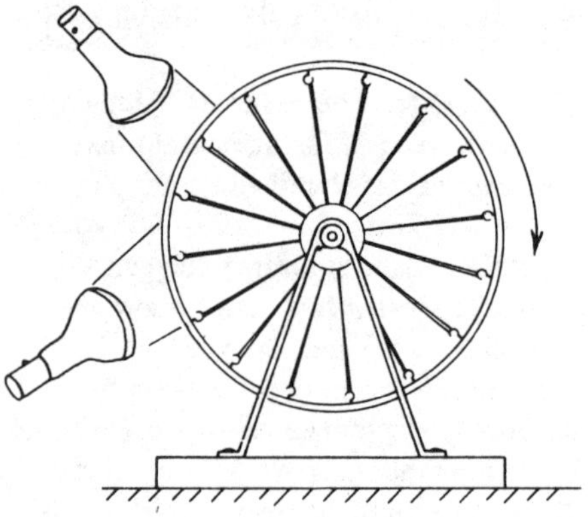

Fig. 44–2. Die Gummiband-Wärmemaschine.

von der Aufhängung weg zu einer Seite gezogen, so daß sich das Rad dreht. Wenn es sich dreht, bewegen sich kalte Gummibänder zur Wärme hin und die erwärmten Bänder bewegen sich von der Wärme weg und kühlen ab, so daß sich das Rad langsam dreht, solange die Wärme vorhanden ist. Der Wirkungsgrad dieser Maschine ist extrem niedrig. Vierhundert Watt Leistung fließen in die zwei Lampen, aber es ist gerade möglich, mit solch einer Maschine eine Fliege zu heben! Es ist jedoch eine interessante Frage, ob wir Wärme dazu bringen können, in wirksamerer Weise Arbeit zu leisten.

In der Tat begann die Wissenschaft der Thermodynamik mit einer Analyse des großen Ingenieurs Sadi Carnot über das Problem, wie die beste und effektivste Maschine gebaut werden muß, und dies bildete einen der wenigen berühmten Fälle, bei denen Ingenieursarbeit in fundamentaler Weise zur physikalischen Theorie beigetragen hat. Ein anderes Beispiel, das mir gerade einfällt, ist die Analyse der Informationstheorie von Claude Shannon in jüngerer Zeit. Es stellt sich übrigens heraus, daß diese beiden Analysen sehr eng miteinander verbunden sind.

Nun ist die Methode, nach der eine Dampfmaschine gewöhnlich arbeitet, die, daß die Wärme eines Feuers etwas Wasser zum Kochen bringt und der so gebildete Dampf sich ausdehnt und gegen einen Kolben drückt, der das Rad zum Drehen bringt. Also schiebt der Dampf den Kolben – was dann? Man muß die Arbeit bis zum Schluß durchführen: Eine ungeschickte Möglichkeit den Kreislauf zu vervollständigen wäre die, den Dampf in die Luft entweichen zu lassen, denn dann muß man ständig Wasser nachfüllen. Es ist billiger – wirkungsvoller – den Dampf in einen weiteren Behälter zu lassen, wo er durch kaltes Wasser kondensiert wird, und dann das Wasser wieder zurück in den Boiler zu pumpen, so daß es ununterbrochen zirkuliert.

So wird Wärme an die Maschine abgegeben und in Arbeit umgewandelt. Würde es nun besser sein, Alkohol zu benutzen? Welche Eigenschaft sollte eine Substanz besitzen, damit sich die bestmögliche Maschine ergibt? Das war die Frage, die sich Carnot stellte, und eines der Nebenprodukte war die Entdeckung der Art von Beziehung, die wir gerade oben erklärt haben.

Die Ergebnisse der Thermodynamik sind alle implizit in bestimmten anscheinend einfachen Behauptungen enthalten, die die *Gesetze der Thermodynamik* genannt werden. Zur Zeit als Carnot lebte war der erste Hauptsatz der Thermodynamik, die Erhaltung der Energie, nicht bekannt. Carnots Argumente waren jedoch so sorgfältig durchdacht, daß sie richtig sind, auch wenn der erste Hauptsatz zu seiner Zeit noch nicht bekannt war! Einige Zeit danach brachte Clausius eine einfachere Ableitung, die leichter zu verstehen war als Carnots sehr scharfsinnige Schlußfolgerung. Aber es stellte sich heraus, daß Clausius die Erhaltung der Energie nicht allgemein ansetzte, sondern annahm, daß *Wärme* entsprechend der Wärmetheorie erhalten bliebe, was später als falsch nachgewiesen wurde. So wurde oft behauptet, daß Carnots Logik falsch sei. Aber seine Logik war vollkommen richtig. Nur die vereinfachte Version von Clausius, die jeder las, war ungenau.

So wurde der sogenannte zweite Hauptsatz der Thermodynamik von Carnot vor dem ersten Gesetz entdeckt! Es wäre interessant, Carnots Argumentation anzugeben, die nicht den ersten Hauptsatz benutzte, aber wir wollen es nicht tun, weil wir Physik lernen wollen und nicht Geschichte. Wir werden den ersten Hauptsatz von Anfang an benutzen, obgleich man eine große Menge ohne diesen ausführen kann.

Wir wollen mit der Formulierung des ersten Hauptsatzes, der Erhaltung der Energie, beginnen: Wenn man ein System hat und Wärme hineingibt und Arbeit an ihm leistet, dann wächst seine Energie um die hineingesteckte Wärme und die geleistete Arbeit. Wir können das wie folgt schreiben: Die in das System hineingesteckte Wärme Q plus die an dem System geleistete Arbeit W stellt den Zuwachs an Energie U des Systems dar; letztere Energie wird manchmal die innere Energie genannt:

$$\text{Änderung von } U = Q + W. \tag{44.1}$$

Die Änderung von U kann als hinzugefügte kleine Wärmemenge ΔQ und als geleisteter kleiner Arbeitsbetrag ΔW dargestellt werden:

$$\Delta U = \Delta Q + \Delta W, \tag{44.2}$$

was eine Differentialform desselben Gesetzes ist. Wir kennen das aus einem früheren Kapitel sehr gut.

44–2 Der zweite Hauptsatz

Wie steht es nun mit dem zweiten Hauptsatz der Thermodynamik? Wir wissen, wenn wir Arbeit gegen sagen wir die Reibung leisten, ist die für uns verlorene Arbeit gleich der erzeugten Wärme. Wenn wir in einem Raum bei der Temperatur T Arbeit leisten und die Arbeit langsam genug ausführen, ändert sich die Raumtemperatur nicht sehr, und wir haben Arbeit in Wärme bei einer gegebenen Temperatur umgewandelt. Wie steht es mit der Umkehrungsmöglichkeit? Ist es möglich, die Wärme in Arbeit zurückzuverwandeln bei einer gegebenen Temperatur? Der zweite Hauptsatz der Thermodynamik stellt fest, daß dies nicht möglich ist. Es wäre sehr vorteilhaft, wenn man durch bloße Umkehrung eines Prozesses wie der Reibung Wärme in Arbeit umwandeln könnte. Wenn wir nur die Energieerhaltung betrachten, könnten wir denken, daß die Wärmeenergie wie die der Schwingungen der Moleküle einen hübschen Vorrat an brauchbarer Energie liefert. Aber Carnot nahm an, daß es unmöglich sei, Wärmeenergie bei einer einzelnen Temperatur abzuziehen. Wenn mit anderen Worten sich die ganze Welt auf derselben Temperatur befände, könnte man überhaupt keine Wärmeenergie in Arbeit umwandeln: Während der Prozeß, Arbeit in Wärme umzuwandeln, bei einer gegebenen Temperatur stattfinden kann, kann man ihn nicht umkehren, um die Arbeit wiederzugewinnen. Ganz speziell nahm Carnot an, daß Wärme nicht bei einer bestimmten Temperatur aufgenommen und *ohne weitere Änderung* in dem System oder der Umgebung in Arbeit umgewandelt werden könne.

Dieser letzte Satz ist sehr wichtig. Angenommen, wir haben eine Dose mit komprimierter Luft bei einer bestimmten Temperatur und lassen die Luft ausströmen. Sie kann Arbeit leisten; sie kann z. B. Hämmer betreiben. Sie kühlt bei der Expansion etwas ab, aber wenn wir einen großen See wie einen Ozean bei einer gegebenen Temperatur hätten – ein großes Wärmereservoir –, könnten wir sie wieder erwärmen. Folglich haben wir Wärme aus dem See genommen und haben mit der komprimierten Luft Arbeit geleistet. Aber Carnot befindet sich nicht im Unrecht, weil *wir nicht alles so hinterließen, wie es vorhar war.* Wenn wir die Luft wieder zusammendrücken, die wir expandieren ließen, werden wir feststellen, daß wir eine extra Arbeit leisten, und wenn wir damit fertig sind, werden wir entdecken, daß wir nicht nur keine Arbeit aus dem System bei der Temperatur T gewonnen, sondern tatsächlich noch etwas hineingesteckt haben. Wir dürfen nur über Situationen sprechen, bei denen das *resultierende Ergebnis* des gesamten Ablaufs aus einer Wegnahme von Wärme und deren Umwandlung in Arbeit besteht, genau wie das resultierende Ergebnis des Arbeitsprozesses gegen Reibung darin besteht, Arbeit zu leisten und sie in Wärme zu überführen. Wenn wir uns in einem Kreislauf bewegen, können wir das System genau zu seinem Ausgangspunkt zurückbringen mit dem resultierenden Ergebnis, daß wir gegen die Reibung angearbeitet und Wärme erzeugt haben. Können wir den Prozeß umkehren? Kann man einen Schalter betätigen, so daß alles rückwärts abläuft, so daß die Reibung für uns Arbeit leistet und den See abkühlt? Nach Carnot gilt: Nein! Folglich wollen wir annehmen, daß dies unmöglich ist.

Wenn es möglich wäre, würde das unter anderem bedeuten, daß wir aus einem kalten Körper Wärme entnehmen und sie ganz ohne Kosten in einen warmen Körper überführen könnten. Nun wissen wir, daß es ganz natürlich ist, daß ein warmer Gegenstand einen kalten Gegenstand erwärmen kann; wenn wir einfach einen heißen Körper und einen kalten zusammenbringen und nichts sonst ändern, sagt uns unsere Erfahrung, daß es nicht passiert, daß der heiße Gegenstand heißer und der kalte Gegenstand kälter wird! Aber wenn wir sozusagen Arbeit durch Abführen von Wärme aus dem Ozean oder von sonstwoher bei einer einzelnen Temperatur gewinnen könnten, dann könnte diese Arbeit durch Reibung bei irgendeiner anderen Temperatur wieder in Wärme überführt werden. Zum Beispiel könnte der andere Arm einer arbeitenden Maschine irgendetwas reiben, was schon warm ist. Das resultierende Ergebnis würde nun darin bestehen, daß Wärme von einem „kalten" Körper, dem Ozean, entnommen und in einen warmen Körper überführt wird. Die Hypothese von Carnot, der zweite thermodynamische Hauptsatz, wird nun manchmal wie folgt formuliert: Wärme kann nicht von selbst von einem kalten zu einem warmen Gegenstand fließen. Aber wie wir gerade gesehen haben, sind diese zwei Behauptungen gleichwertig: Erstens kann man keinen Vorgang ersinnen, dessen einziges Ergebnis darin besteht, Wärme bei einer einzelnen Temperatur in Arbeit zu überführen, und zweitens kann man Wärme nicht dazu bringen, von selbst von einer kalten zu einer warmen Stelle zu fließen. Wir werden meistens die erste Form benutzen.

Carnots Analyse der Wärmemaschinen ähnelt sehr dem Argument, das wir bei den Gewichthebemaschinen in unserer Diskussion über die Energieerhaltung in Kapitel 4 brachten. In der Tat wurde dieses Argument nach dem Argument von Carnot über Wärmemaschinen ausgeführt, so daß die gegenwärtige Behandlung sehr ähnlich klingen wird.

Angenommen, wir bauen eine Wärmemaschine, die irgendwo einen „Boiler" bei einer Temperatur T_1 besitzt. Eine bestimmte Wärmemenge Q_1 wird dem Boiler entnommen, die Dampfmaschine leistet irgendeine Arbeit W und liefert dann irgendeine Wärme Q_2 bei einer anderen Temperatur T_2 in einen „Kühler" (Fig. 44–3). Carnot sagte nicht wieviel Wärme, weil er den ersten Hauptsatz nicht kannte, und er benutzte nicht das Gesetz, daß Q_2 gleich Q_1 ist, weil er es nicht glaubte. Obwohl jedermann dachte, daß entsprechend der Wärmetheorie die Wärmen Q_1 und Q_2 gleich sein müß-

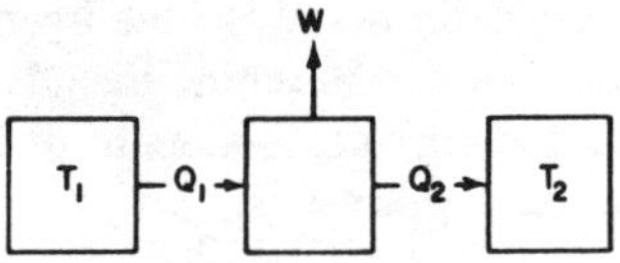

Fig. 44–3. Die Wärmemaschine.

ten, sagte Carnot nicht, daß sie dieselben wären – das ist ein Teil der Klugheit seiner Argumentation. Wenn wir den ersten Hauptsatz benutzen, stellen wir fest, daß die gelieferte Wärme Q_2 die eingeführte Wärme Q_1 minus der geleisteten Arbeit W ist:

$$Q_2 = Q_1 - W. \tag{44.3}$$

(Wenn wir irgendeine Art von Kreisprozeß haben, bei dem Wasser in den Boiler zurückgepumpt wird, nachdem es kondensiert ist, werden wir sagen, daß wir in jedem Umlauf bei einem bestimmten Betrag an Wasser, der in dem Kreisprozeß umläuft, eine Wärmemenge Q_1 absorbiert und eine Arbeit W geleistet haben.)

Nun werden wir eine andere Maschine bauen und sehen, ob wir nicht mehr Arbeit von demselben Wärmebetrag erhalten können, der bei der Temperatur T_1 mit dem Kühler weiterhin bei der Temperatur T_2 geliefert wird. Wir werden denselben Wärmebetrag Q_1 von dem Boiler verwenden und versuchen, mehr Arbeit zu erhalten, als es bei der Dampfmaschine der Fall war, vielleicht indem wir eine andere Flüssigkeit wie etwa Alkohol benutzen.

44–3 Reversible Maschinen

Nun müssen wir unsere Maschinen analysieren. Eines ist klar: Wir werden etwas verlieren, wenn die Maschinen Vorrichtungen enthalten, in denen es Reibung gibt. Die beste Maschine wird eine reibungslose Maschine sein. Wir nehmen also dieselbe Idealisierung an, die wir beim Studium der Energieerhaltung verwendet haben, d. h. eine vollkommen reibungslose Maschine.

Wir müssen auch das Analogon zur reibungslosen Bewegung, den „reibungslosen" Wärmetransport betrachten. Wenn wir einen warmen Gegenstand bei hoher Temperatur mit einem kalten Gegenstand zusammenbringen, so daß die Wärme fließt, dann ist es nicht möglich, durch eine sehr kleine Änderung der Temperatur eines der beiden Gegenstände die Wärme in umgekehrter Richtung fließen zu lassen. Aber wenn wir eine praktisch reibungslose Maschine mit einer kleinen Kraft in die eine Richtung stoßen, bewegt sie sich in diese Richtung, und wenn wir sie mit einer kleinen Kraft in die andere Richtung stoßen, geht sie in die andere Richtung. Wir müssen das Analogon zur reibungslosen Bewegung finden: Einen Wärmetransport, dessen Richtung wir durch eine nur winzige Änderung umkehren können. Wenn die Temperaturdifferenz endlich ist, ist das unmöglich, aber wenn man sicherstellt, daß die Wärme immer fließt zwischen zwei Gegenständen bei praktisch gleicher Temperatur mit einer nur infinitesimalen Differenz, damit sie in die gewünschte Richtung fließt, dann wird der Fluß reversibel genannt (Fig. 44–4).

Wenn wir den Gegenstand links ein bißchen erwärmen, wird Wärme nach rechts fließen; wenn wir ihn ein bißchen abkühlen, wird Wärme nach links fließen. Folglich stellen wir fest, daß die ideale Maschine eine sogenannte *reversible* Maschine ist, bei der jeder Prozeß in dem Sinne reversibel ist, daß wir durch kleine, infinitesimale Änderungen die Maschine in die entgegengesetzte Richtung laufen lassen können. Das bedeutet, daß es nirgends in der Maschine irgendeine nennenswerte Reibung geben darf und daß es nirgends in der Maschine irgendeine Stelle geben darf, wo die Wärme der Behälter oder die Flamme des Boilers in direktem Kontakt mit irgend etwas ist, was wesentlich kälter oder wärmer ist.

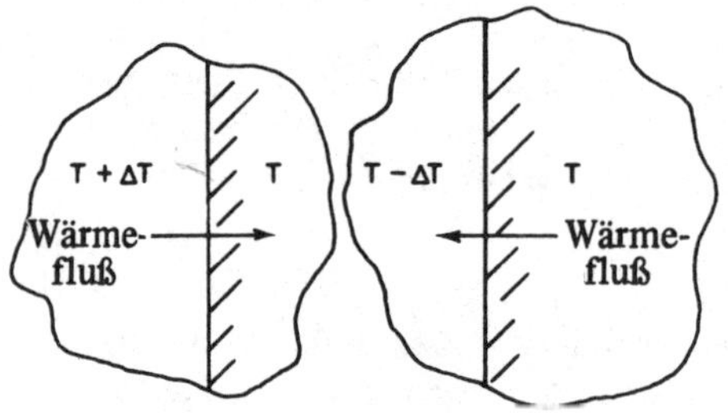

Fig. 44–4. Reversibler Wärmetransport.

Wir wollen jetzt eine idealisierte Maschine betrachten, bei der alle Prozesse reversibel sind. Um zu zeigen, daß so etwas im Prinzip möglich ist, wollen wir ein Beispiel eines Maschinenkreisprozesses geben, das praktikabel sein mag oder nicht, das aber wenigstens im Sinne des Carnotschen Gedankens reversibel ist. Angenommen, wir haben ein Gas in einem Zylinder, der mit einem reibungslosen Kolben ausgerüstet ist. Das Gas braucht nicht notwendigerweise ein ideales Gas zu sein. Der Inhalt muß sogar nicht einmal ein Gas sein, aber um uns festzulegen, wollen wir sagen, daß wir ein ideales Gas haben. Ebenso wollen wir annehmen, daß wir zwei Wärmereservoirs T_1 und T_2 haben – große, ausgedehnte Gebilde, die bestimmte Temperaturen T_1 und T_2 haben. Wir wollen in diesem Fall annehmen, daß T_1 größer als T_2 ist. Wir wollen zuerst das Gas erwärmen und es gleichzeitig expandieren, während es sich mit dem Wärmereservoir bei T_1 in Kontakt befindet. Wenn wir dies tun und den Kolben sehr langsam ausziehen, während die Wärme in das Gas fließt, wollen wir sicherstellen, daß die Temperatur des Gases sich niemals sehr weit von T_1 entfernt. Wenn wir den Kolben zu schnell ausziehen, wird die Temperatur des Gases zu stark unter T_1 abfallen, und dann wird der Prozeß nicht ganz reversibel sein, aber wenn wir ihn langsam genug herausziehen, wird die Temperatur des Gases niemals sehr weit von T_1 abweichen. Wenn wir andererseits den Kolben langsam zurückschieben, wird die Temperatur nur infinitesimal größer als T_1 sein, und die Wärme wird zurückfließen. Wir sehen, daß solch eine isothermische (bei konstanter Temperatur) Expansion ein reversibler Prozeß ist, wenn sie langsam und sanft genug ausgeführt wird.

Um besser zu verstehen, was wir tun, werden wir eine Darstellung (Fig. 44–6) des Gasdruckes in Abhängigkeit vom Volumen benutzen. Wenn sich das Gas ausdehnt, fällt der Druck. Die als (1) bezeichnete Kurve zeigt uns, wie sich Druck und Volumen ändern, wenn die Temperatur bei dem Wert T_1 festgehalten wird. Bei einem idealen Gas würde diese Kurve $PV = NkT_1$ sein. Während einer isothermen Expansion fällt der Druck, wenn das Volumen ansteigt, bis wir an dem Punkt b anhalten. Zur gleichen Zeit muß eine bestimmte Wärmemenge aus dem Reservoir in das Gas Q_1 fließen, denn wenn das Gas expandiert würde, ohne mit dem Reservoir in Kontakt zu sein, würde es sich, wie wir schon wissen, abkühlen. Wenn wir die isotherme Expansion beendet haben und an dem Punkt b angelangt sind, wollen wir den Zylinder von dem Reservoir entfernen und mit der Expansion fortfahren. Diesmal erlauben wir nicht, daß Wärme in den Zylinder gelangt. Wieder führen wir die Expansion langsam aus, so daß es keinen Grund gibt, warum wir sie nicht umkehren können, und wir nehmen wiederum an, daß es

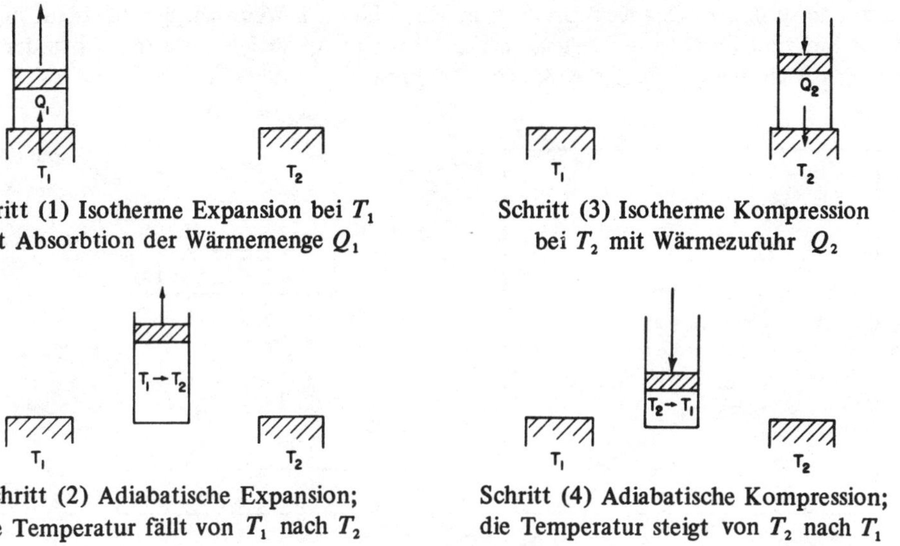

Schritt (1) Isotherme Expansion bei T_1 mit Absorbtion der Wärmemenge Q_1

Schritt (3) Isotherme Kompression bei T_2 mit Wärmezufuhr Q_2

Schritt (2) Adiabatische Expansion; die Temperatur fällt von T_1 nach T_2

Schritt (4) Adiabatische Kompression; die Temperatur steigt von T_2 nach T_1

Fig. 44–5. Schritte des Carnotschen Kreisprozesses.

keine Reibung gibt. Das Gas fährt mit der Expansion fort, und die Temperatur fällt, da keine weitere Wärme in den Zylinder gelangt.

Wir lassen das Gas entlang der mit (2) bezeichneten Kurve expandieren, bis die Temperatur bis auf T_2 bei dem mit c bezeichneten Punkt fällt. Diese Art der Expansion ohne Wärmezufuhr wird *adiabatische* Expansion genannt. Bei einem idealen Gas wissen wir schon, daß die Kurve (2) die Form PV^γ = konstant hat, wobei γ eine Konstante größer als 1 ist, so daß die adiabatische Kurve eine negativere Steigung als die isothermische Kurve besitzt. Der Gaszylinder hat nun die Temperatur T_2 erreicht, so daß es, wenn wir ihn an das Wärmereservoir mit der Temperatur T_2 ansetzen, keine irreversiblen Änderungen geben wird. Nun komprimieren wir langsam das Gas, während es sich in Kontakt mit dem Reservoir bei T_2 befindet, wobei wir der mit (3) bezeichneten Kurve folgen (Fig. 44–5, Schritt 2). Weil der Zylinder sich in Kontakt mit dem Reservoir befindet, steigt die Temperatur nicht an, aber die Wärmemenge Q_2 fließt aus dem Zylinder in das Reservoir mit der Temperatur T_2. Wenn wir das Gas isotherm entlang der Kurve (3) bis zum Punkt d komprimiert haben, entfernen wir den Zylinder von dem Wärmereservoir mit der Temperatur T_2 und komprimieren noch weiter, ohne dabei irgendwelche Wärme abfließen zu lassen. Die Temperatur wird ansteigen, und der Druck wird der mit (4) bezeichneten Kurve folgen. Wenn wir jeden Schritt in geeigneter Weise ausführen, können wir zu dem Punkt a bei der Temperatur T_1, bei dem wir gestartet sind, zurückkommen und den Kreislauf wiederholen.

Wir sehen, daß wir das Gas in diesem Diagramm auf einem vollständigen Kreislauf herumgeführt haben, und während eines Kreislaufes haben wir Q_1 bei der Temperatur T_1 zu- und Q_2 bei der Temperatur T_2 abgeführt. Nun ist der wesentliche Punkt der, daß dieser Kreislauf reversibel ist, so daß wir alle Schritte in der umgekehrten Reihenfolge vorführen könnten. Statt vorwärts hätten wir rückwärts gehen können: Wir hätten bei Punkt a bei der Temperatur T_1 starten und entlang der Kurve (4) expandieren können, weiter bei der Temperatur T_2 mit Aufnahme der Wärmemenge Q_2 expandieren können usw. und so den Zyklus rückwärts herum gehen können. Wenn wir den Kreislauf in einer Richtung durchlaufen, müssen wir an dem Gas Arbeit leisten; wenn wir in der anderen Richtung gehen, leistet das Gas Arbeit an uns.

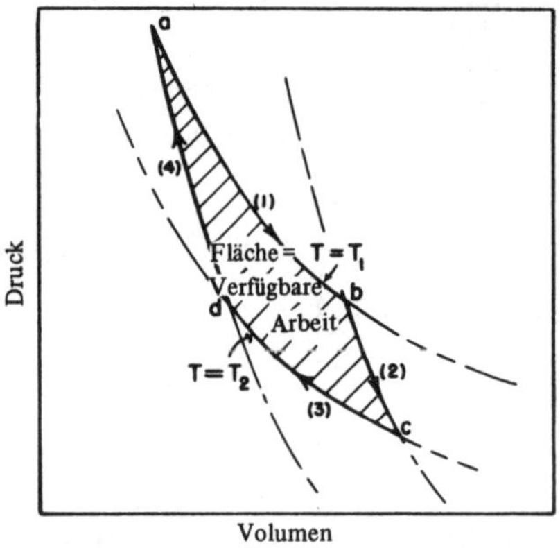

Fig. 44–6. Der Carnotsche Kreisprozeß.

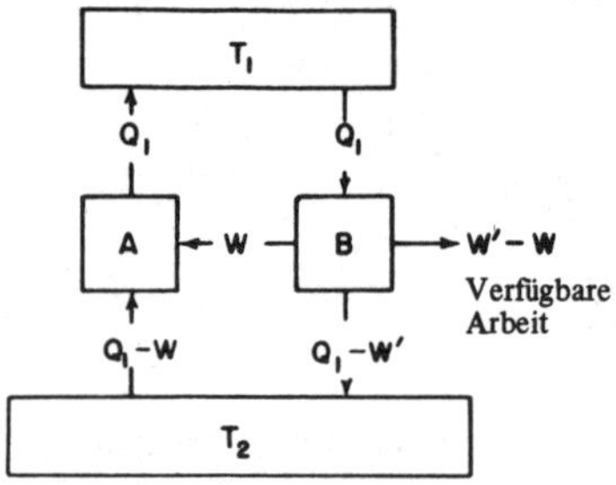

Fig. 44–7. Die reversible Maschine *A* wird von der Maschine *B* rückwärts betrieben.

Nebenbei gesagt läßt sich einfach herausfinden, wie groß der gesamte Arbeitsbetrag ist, weil die Arbeit während jeder Expansion gleich dem Druck mal der Volumenänderung $\int P\,dV$ ist. In diesem speziellen Diagramm haben wir P senkrecht und V horizontal aufgetragen. Wenn wir also die vertikale Strecke y und die horizontale Strecke x nennen, ist dies $\int y\,dx$ – mit anderen Worten die Fläche unter der Kurve. Folglich ist die Fläche unter jeder der numerierten Kurven ein Maß für die geleistete Arbeit, die an oder von dem Gas in dem entsprechenden Schritt geleistet wird. Es läßt sich leicht einsehen, daß die resultierende geleistete Arbeit gleich der schraffierten Fläche des Bildes ist.

Nachdem wir nun ein einzelnes Beispiel einer reversiblen Maschine gegeben haben, wollen wir davon ausgehen, daß auch andere derartige Maschinen möglich sind. Wir wollen annehmen, daß wir eine reversible Maschine A haben, die Q_1 bei T_1 entnimmt, die Arbeit W leistet und etwas Wärme bei T_2 abgibt. Nun wollen wir annehmen, daß wir irgendeine beliebige Maschine B haben, die vom Menschen gemacht ist, schon entwickelt oder noch nicht erfunden, aus Gummibändern, Dampf oder sonst irgend etwas gemacht, reversibel oder nicht, die so ausgelegt ist, daß sie dieselbe Wärmemenge Q_1 bei T_1 aufnimmt und sie bei der niedrigeren Temperatur T_2 wieder abgibt (Fig. 44–7). Angenommen, die Maschine B leistet irgendeine Arbeit W'. Nun wollen wir zeigen, daß W' nicht größer als W ist – daß keine Maschine mehr Arbeit leisten kann als eine reversible. Warum? Angenommen, W' sei tatsächlich größer als W. Dann könnten wir die Wärmemenge Q_1 aus dem Reservoir bei T_1 entnehmen und mit der Maschine B die Arbeit W' leisten und irgendeine Wärmemenge an das Reservoir bei T_2 abgeben; wir kümmern uns nicht darum, wieviel. Danach könnten wir etwas von der Arbeit W', die größer als W angesetzt wird, behalten; wir könnten den Anteil W benutzen und den Rest $W' - W$ für nützliche Arbeit aufbewahren. Mit der Arbeit W könnten wir die Maschine A rückwärts betreiben, *da sie eine reversible Maschine ist.* Sie wird irgendeine Wärmemenge aus dem Reservoir bei T_2 entnehmen und Q_1 an das Reservoir bei T_1 wieder abgeben. Nach diesem Doppelzyklus würde das resultierende Ergebnis darin bestehen, daß wir alles zum Ausgangspunkt zurückgeführt und irgendeine Überschußarbeit, nämlich $W' - W$, geleistet hätten, so daß *alles,* was wir getan hätten, darin bestünde, daß wir dem Reservoir bei T_2 Energie entzogen hätten! Wir haben darauf geachtet, daß die Wärmemenge Q_1 in dem Reservoir bei T_1 ersetzt wird. Folglich kann das Reservoir klein sein und sich „innerhalb" unserer kombinierten Maschine $A + B$ befinden, deren resultierender Effekt deshalb darin besteht, insgesamt die Wärme $W' - W$ aus dem Reservoir bei T_2 zu entnehmen und sie in Arbeit umzuwandeln. Aber die Gewinnung verfügbarer Arbeit aus einem Reservoir bei einer einzelnen Temperatur *ohne andere Änderungen* ist entsprechend dem Carnotschen Postulat unmöglich; es kann nicht erreicht werden. Deshalb kann keine Maschine, die eine gegebene Wärmemenge von einer höheren Temperatur T_1 entnimmt und sie an die Temperatur T_2 abgibt, mehr Arbeit leisten als eine reversible Maschine, die unter den gleichen Temperaturbedingungen arbeitet.

Nehmen wir nun an, daß die Maschine B auch reversibel ist. Dann kann natürlich nicht nur W' nicht größer als W sein, sondern wir können jetzt das Argument umkehren und zeigen, daß W nicht größer als W' sein kann. Wenn also beide Maschinen reversibel sind, müssen sie beide denselben Arbeitsbetrag leisten, und wir kommen so zu Carnots brillianter Schlußfolgerung: Wenn eine Maschine reversibel ist, ergibt die Art der Auslegung keinen Unterschied, weil der Arbeitsbetrag, den man erhält, wenn die Maschine eine gegebene Wärmemenge bei der Temperatur T_1 aufnimmt und die Wärme bei einer anderen Temperatur T_2 wieder abgibt, *nicht von der Auslegung der Maschine abhängt.* Es ist eine Eigenschaft der Welt und nicht eine Eigenschaft einer bestimmten Maschine.

Wenn wir das Gesetz herausfinden könnten, das bestimmt, wieviel Arbeit wir erhalten, wenn wir die Wärme Q_1 bei T_1 aufnehmen und Wärme bei T_2 abgeben, würde diese Größe universell und unabhängig von der Substanz sein. Wenn wir die Eigenschaften einer bestimmten Substanz kennen würden, könnten wir dies natürlich ausarbeiten und dann sagen, daß alle anderen Substanzen denselben Arbeitsbetrag in einer reversiblen Maschine ergeben würden. Das ist der Kerngedanke, der springende Punkt, mit dessen Hilfe wir die Beziehung dafür finden können, um wieviel sich z. B. ein Gummiband zusammenzieht, wenn wir es erwärmen, und um wieviel es sich abkühlt, wenn wir es sich zusammenziehen lassen. Stellen wir uns vor, daß wir dieses Gummiband in eine reversible Maschine bringen und es in einem reversiblen Kreisprozeß umlaufen lassen. Das resultierende Ergebnis, der gesamte geleistete Arbeitsbetrag ist dann diese universelle Funktion, diese große Funktion, die unabhängig von der Substanz ist. So sehen wir, daß die Eigenschaften einer Substanz in einer bestimmten Weise begrenzt sein müssen; man kann nicht alles Beliebige erreichen, was man wünscht, sonst würde man in der Lage sein, eine Substanz zu erfinden, die man dazu benutzen könnte, mehr als die maximale erlaubte Arbeit zu erzeugen, wenn man sie in einem reversiblen Kreisprozeß umlaufen läßt. Dieses Prinzip, diese Begrenzung ist das einzige wirkliche Gesetz, das aus der Thermodynamik entspringt.

44–4 Der Wirkungsgrad einer idealen Maschine

Nun wollen wir versuchen, das Gesetz herauszufinden, das die Arbeit W als Funktion von Q_1, T_1 und T_2 bestimmt. Es ist klar, daß W proportional zu Q_1 ist, denn wenn wir zwei reversible Maschinen parallel betrachten, die beide zusammen arbeiten und beides Doppelmaschinen sind, dann ist die Kombination auch eine reversible Maschine. Wenn jede einzelne die Wärme Q_1 aufnimmt, dann nehmen beide zusammen $2Q_1$ auf, und die geleistete Arbeit beträgt $2\,W$ usw. Folglich ist es nicht unvernünftig, daß W proportional zu Q_1 ist.

Der nächste wichtige Schritt besteht nun darin, dieses universelle Gesetz zu finden. Wir können und wollen das tun, indem wir eine reversible Maschine mit der einen bestimmten Substanz, deren Gesetzmäßigkeiten wir kennen, nämlich einem idealen Gas, studieren. Es ist auch möglich, das Gesetz durch ein logisches Argument allein, ohne überhaupt eine bestimmte Substanz zu benutzen, zu erhalten. Dies ist eines der besonders schönen Beispiele einer physikalischen Schlußfolgerung, und es widerstrebt uns, es Ihnen nicht zu zeigen; daher werden wir es für diejenigen, die es gern kennenlernen möchten, in Kürze diskutieren. Aber zuerst werden wir die weit weniger abstrakte und einfachere Methode der direkten Berechnung für ein ideales Gas vorführen.

Wir brauchen nur Formeln für Q_1 und Q_2 (denn W ist gerade $Q_1 - Q_2$), die während der isothermischen Expansion oder Kontraktion mit dem Reservoir ausgetauschten Wärmen, zu erhalten. Wieviel Wärme Q_1 wird z. B. aus dem Reservoir bei der Temperatur T_1 aufgenommen während der isothermen Expansion [in Fig. 44–6 mit (1) bezeichnet] von Punkt a bei Druck p_a, Volumen V_a, Temperatur T_1 bis zum Punkt b mit Druck p_b, Volumen V_b und derselben Temperatur T_1? Bei einem idealen Gas besitzt jedes Molekül eine Energie, die nur von der Temperatur abhängt, und da die Temperatur und die Anzahl der Moleküle in a und b dieselben sind, ist die innere Energie dieselbe. *Es gibt keine Änderung von U;* die insgesamt vom Gas geleistete Arbeit

$$W = \int_a^b p\,dV\,,$$

während der Expansion ist die aus dem Reservoir aufgenommene Energie Q_1. Während der Expansion gilt $pV = NkT$ oder

$$p = \frac{NkT_1}{V}$$

oder

$$Q_1 = \int_a^b p\,dV = \int_a^b NkT_1\,\frac{dV}{V} \tag{44.4}$$

oder

$$Q_1 = NkT_1 \ln\frac{V_b}{V_a}\,,$$

was die aus dem Reservoir bei T_1 entnommene Wärme darstellt. In derselben Weise beträgt bei der Kompression bei T_2 [Kurve (3) von Fig. 44–6] die an das Reservoir bei T_2 abgegebene Wärme

$$Q_2 = NkT_2 \ln\frac{V_c}{V_d}\,. \tag{44.5}$$

Um unsere Analyse zu beenden, müssen wir nur eine Beziehung zwischen V_c/V_d und V_b/V_a finden. Dies erreichen wir, wenn wir beachten, daß (2) eine adiabatische Expansion von b nach c ist, während der pV^γ eine Konstante ist. Da $pV = NkT$ ist, können wir dies als $(pV)\,V^{\gamma-1}$ = konstant schreiben oder durch T und V ausgedrückt als $TV^{\gamma-1}$ = konstant oder

$$T_1 V_b^{\gamma-1} = T_2 V_c^{\gamma-1}. \tag{44.6}$$

Da die Expansion von d nach a (4) auch adiabatisch ist, finden wir ebenso

$$T_1 V_a^{\gamma-1} = T_2 V_d^{\gamma-1}. \tag{44.6a}$$

Wenn wir diese Gleichung durch die vorige teilen, finden wir, daß V_b/V_a gleich V_c/V_d sein muß, so daß die ln in (44.4) und (44.5) gleich sind, und folglich gilt

$$\frac{Q_1}{T_1} = \frac{Q_2}{T_2}. \tag{44.7}$$

Dies ist die gesuchte Beziehung. Obwohl nur für eine Maschine mit idealem Gas bewiesen, wissen wir, daß sie *für jede beliebige reversible Maschine* gelten muß.

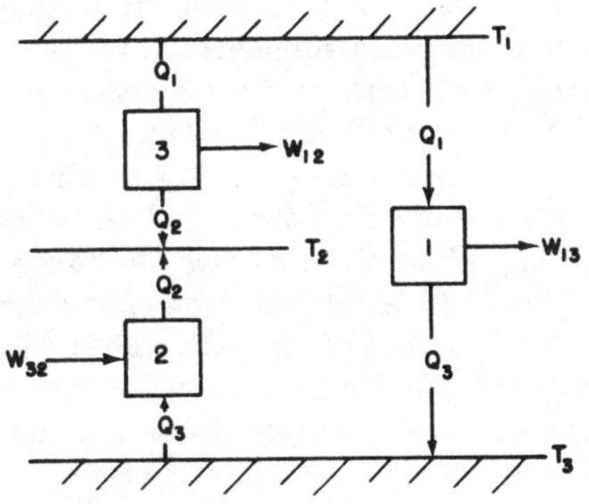

Fig. 44–8. Die Maschinen 1 und 2 zusammen entsprechen der Maschine 3.

Nun wollen wir im folgenden sehen, wie dieses universelle Gesetz allein durch eine logische Argumentation ohne die Kenntnis der Eigenschaften irgendeiner beliebigen spezifischen Substanz zu erhalten ist. Angenommen, wir haben drei Maschinen und drei Temperaturen, sagen wir T_1, T_2 und T_3. Eine Maschine soll die Wärme Q_1 von der Temperatur T_1 entnehmen und einen bestimmten Arbeitsbetrag W_{13} leisten und die Wärmemenge Q_3 an die Temperatur T_3 abgeben (Fig. 44–8). Eine andere Maschine soll rückwärts zwischen T_2 und T_3 laufen. Angenommen, die zweite Maschine sei von so einer Größe, daß sie dieselbe Wärmemenge Q_3 aufnehmen und die Wärmemenge Q_2 abgeben wird. Wir werden einen bestimmten Arbeitsbetrag W_{32} in sie hineinstecken müssen – negativ deshalb, weil die Maschine rückwärts läuft. Wenn die erste Maschine einen Kreisumlauf macht, nimmt sie die Wärme Q_1 auf und gibt die Wärme Q_3 bei der Temperatur T_3 ab; dann nimmt die zweite Maschine dieselbe Wärmemenge Q_3 aus dem Reservoir bei der Temperatur T_3 auf und gibt sie in das Reservoir bei der Temperatur T_2 ab. Deshalb besteht das resultierende Ergebnis der beiden Maschinen in Reihenanordnung darin, daß sie die Wärme Q_1 von T_1 aufnehmen und Q_2 bei T_2 abgeben. Die zwei Maschinen entsprechen so einer dritten, die Q_1 bei T_1 aufnimmt, die Arbeit W_{12} leistet und die Wärme Q_2 bei T_2 abgibt, weil $W_{12} = W_{13} - W_{32}$ gilt, wie man wie folgt sofort aus dem ersten Hauptsatz ableiten kann:

$$W_{13} - W_{32} = (Q_1 - Q_3) - (Q_2 - Q_3) = Q_1 - Q_2 = W_{12}. \tag{44.8}$$

Nun können wir die Gesetze erhalten, die die Wirkungsgrade der Maschinen miteinander verknüpfen, weil es sicherlich irgendeine Art von Beziehung zwischen den Wirkungsgraden der Maschinen, die zwischen den Temperaturen T_1 und T_3 und zwischen T_2 und T_3 und zwischen T_1 und T_2 laufen, geben muß.

Wir können das Argument in der folgenden Weise sehr klar formulieren: Wir haben gerade gesehen, daß wir immer die bei T_1 aufgenommene Wärme mit der bei T_2 abgegebenen Wärme verbinden können, indem wir die bei einer weiteren Temperatur T_3 abgegebene Wärme auffinden. Deshalb können wir alle Eigenschaften der Maschinen erhalten, wenn wir eine Standardtemperatur einführen und alles mit dieser Standardtemperatur untersuchen. Wenn wir mit anderen Worten den Wirkungsgrad einer Maschine kennen würden, die zwischen einer bestimmten Temperatur T und einer bestimmten willkürlichen Standardtemperatur arbeitet, dann könnten wir den Wirkungsgrad für jede beliebige andere Temperaturdifferenz bestimmen. Weil wir annehmen, daß wir nur reversible Maschinen benutzen, können wir von der Anfangstemperatur abwärts zur Standardtemperatur und dann wieder zurück zur Endtemperatur arbeiten. Wir wollen die Standardtemperatur willkürlich als *ein Grad* definieren. Ebenso wollen wir ein spezielles Symbol für die Wärme, die bei dieser Standardtemperatur abgegeben wird, ansetzen: Wir wollen sie Q_S nennen.

Wenn mit anderen Worten eine reversible Maschine die Wärme Q bei der Temperatur T aufnimmt, wird sie bei der Einheitstemperatur eine Wärmemenge Q_S liefern. *Wenn eine Maschine die Wärme Q_1 bei T_1 aufnimmt und die Wärme Q_S bei einem Grad liefert und wenn eine weitere Maschine, die die Wärme Q_2 bei der Temperatur T_2 aufnimmt, dieselbe Wärme Q_S bei einem Grad liefern wird, dann folgt daraus, daß eine Maschine, die die Wärme Q_1 bei der Temperatur T_1 aufnimmt, die Wärme Q_2 abgeben wird, wenn sie zwischen T_1 und T_2 arbeitet,* genau wie wir es schon bewiesen haben, als wir Maschinen betrachteten, die zwischen drei Temperaturen arbeiteten. Alles, was wir also in Wirklichkeit zu tun haben, besteht darin, herauszufinden, wieviel Wärme Q_1 wir bei der Temperatur T_1 zuführen müssen, um einen bestimmten Wärmebetrag Q_S bei der Einheitstemperatur zu liefern. Wenn wir das herausbekommen, haben wir alles. Die Wärme Q ist natürlich eine Funktion der Temperatur T. Es läßt sich leicht einsehen, daß die Wärmemenge anwachsen muß, wenn die Temperatur anwächst, denn wir wissen, daß Arbeit benötigt wird, um eine Maschine rückwärts zu betreiben und Wärme bei einer höheren Temperatur zu liefern. Es ist auch leicht einzusehen, daß die Wärmemenge Q_1 proportional zu Q_S sein muß. Folglich ist das große Gesetz etwas wie dies: Für eine gegebene Wärmemenge Q_S, die von einer Maschine, die bei der Temperatur T Grad arbeitet, bei einem Grad geliefert wird, muß die aufgenommene Wärme Q gleich diesem Betrag Q_S mal irgend einer ansteigenden Funktion der Temperatur sein:

$$Q = Q_S f(T). \tag{44.9}$$

44–5 Die thermodynamische Temperatur

An diesem Punkt werden wir nicht versuchen, die Formel für die obige anwachsende Funktion der Temperatur, ausgedrückt durch die uns vertraute Quecksilber-Temperaturskala zu finden, sondern statt dessen *werden wir die Temperatur durch eine neue Skala definieren.* Einst wurde „die Temperatur" willkürlich durch Teilung der Expansion des Wassers in gleichmäßige Grade einer bestimmten Größe definiert. Aber wenn man dann die Temperatur mit einem Quecksilberthermometer mißt, stellt man fest, daß die Grade nicht mehr gleichmäßig groß sind. Aber *jetzt können wir eine Definition der Temperatur angeben, die unabhängig von irgendeiner bestimmten Substanz ist.* Wir können die Funktion $f(T)$ benutzen, die nicht davon abhängt, was für eine Anordnung wir benutzen, weil der Wirkungsgrad dieser reversiblen Maschinen unabhängig von ihrer Arbeitssubstanz ist. Da die Funktion, die wir gefunden haben, mit der Temperatur ansteigt, werden wir die *Funktion selbst* als Temperatur definieren, die wie folgt in Einheiten der Standard ein-Grad-Temperatur gemessen wird:

$$Q = ST, \tag{44.10}$$

wobei

$$Q_S = S \cdot 1°. \tag{44.11}$$

Das bedeutet, daß wir angeben können, wie warm ein Gegenstand ist, indem wir feststellen, wieviel Wärme von einer reversiblen Maschine, die zwischen der Temperatur des Gegenstandes und der Einheitstemperatur arbeitet, aufgenommen wird (Fig. 44–9). Wenn das Siebenfache der Wärmemenge, die an einen ein-Grad-Kühler geliefert wurde, aus einem Boiler entnommen wird, dann wird die Temperatur des Boilers sieben Grad genannt usw. Indem wir also messen, wieviel Wärme bei den verschiedenen Temperaturen aufgenommen wird, bestimmen wir die Temperatur. Die in dieser Weise definierte Temperatur wird die *absolute thermodynamische Temperatur* genannt und ist unabhängig von der Substanz. Diese Definition werden wir von jetzt an ausschließlich benutzen.*

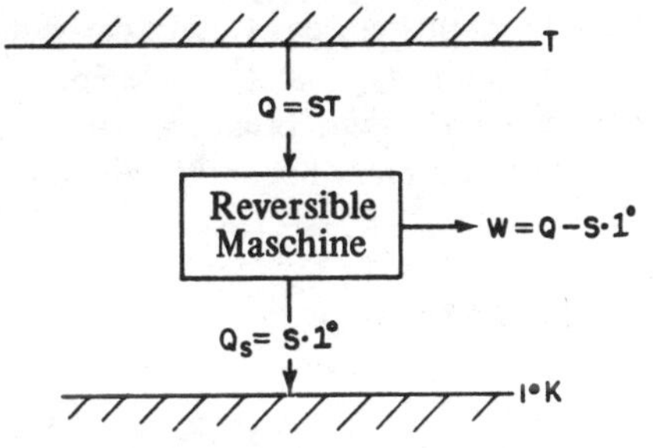

Fig. 44–9. Absolute thermodynamische Temperatur.

Wir sehen nun, wenn wir zwei Maschinen haben, von denen eine zwischen T_1 und einem Grad und die andere zwischen T_2 und einem Grad arbeitet und die dieselbe Wärme bei der Einheitstemperatur liefern, dann sind die aufgenommenen Wärmen in der folgenden Weise verknüpft

$$\frac{Q_1}{T_1} = S = \frac{Q_2}{T_2}. \tag{44.12}$$

Das bedeutet aber, wenn wir eine einzelne Maschine haben, die zwischen T_1 und T_2 arbeitet, dann besteht das Ergebnis der gesamten Analyse, das große Schlußresultat, darin, daß sich Q_1 zu T_1 wie Q_2 zu T_2 verhält, wenn die Maschine die Energie Q_1 bei der Temperatur t_1 aufnimmt und die Wärme Q_2 bei der Temperatur T_2 abgibt. Immer wenn die Maschine reversibel ist, muß diese Beziehung zwischen den Wärmemengen

*Wir haben früher unsere Temperaturskala in einer anderen Weise definiert, nämlich indem wir sagten, daß die mittlere kinetische Energie eines Moleküls in einem idealen Gas proportional zur Temperatur ist oder daß das Gesetz des idealen Gases sagt, daß pV proportional zu T ist. Ist diese neue Definition gleichwertig? Ja, da das Endergebnis (44.7), das vom Gasgesetz abgeleitet wurde, dasselbe ist wie das hier abgeleitete. Wir werden diesen Punkt noch einmal im nächsten Kapitel diskutieren.

gelten. Das ist alles, was wir brauchen: Das ist der zentrale Punkt der Gesamtheit der Thermodynamik.

Wenn dies die gesamte Thermodynamik darstellt, warum wird sie dann für ein so schwieriges Gebiet gehalten? Wenn wir ein Problem behandeln, das eine gegebene Masse irgendeiner Substanz enthält, dann kann der Zustand der Substanz zu jedem beliebigen Zeitpunkt durch Angabe ihrer Temperatur und ihres Volumens beschrieben werden. Wenn wir die Temperatur und das Volumen einer Substanz kennen und wissen, daß der Druck irgendeine Funktion der Temperatur und des Volumens ist, dann kennen wir die innere Energie. Man könnte sagen: „Ich möchte es nicht in dieser Weise machen. Man nenne mir die Temperatur und den Druck und ich werde das Volumen angeben. Ich kann das Volumen als Funktion der Temperatur und des Drucks und die innere Energie als Funktion der Temperatur und des Drucks behandeln usw." Deshalb ist die Thermodynamik so schwer, weil jeder auf eine andere Weise herangeht. Wenn wir uns einmal hinsetzen könnten und unsere Variablen festlegen und bei ihnen bleiben würden, dann würde es sehr einfach sein.

Nun wollen wir mit den Schlußfolgerungen beginnen. Genauso wie $F = ma$ der Mittelpunkt der gesamten Mechanik ist und es von hier an weiter und weiter geht, ist gleichermaßen das gerade gefundene Prinzip alles, was wir für die Thermodynamik brauchen. Aber können wir daraus Schlußfolgerungen ziehen?

Wir beginnen. Um unsere erste Schlußfolgerung zu erhalten, werden wir beide Gesetze kombinieren, das Gesetz der Energieerhaltung und dieses Gesetz, welches die Wärmemengen Q_2 und Q_1 verknüpft, und wir können leicht *den Wirkungsgrad einer reversiblen Maschine* erhalten. Aus dem ersten Gesetz erhalten wir $W = Q_1 - Q_2$. Entsprechend unserem neuen Prinzip gilt

$$Q_2 = \frac{T_2}{T_1} Q_1,$$

so daß die Arbeit zu

$$W = Q_1\left(1 - \frac{T_2}{T_1}\right) = Q_1 \frac{T_1 - T_2}{T_1} \qquad (44.13)$$

wird, was uns den Wirkungsgrad der Maschine nennt – wieviel Arbeit wir aus soviel Wärme erhalten. Der Wirkungsgrad einer Maschine ist proportional zur Differenz der Temperaturen, zwischen denen die Maschine arbeitet, dividiert durch die höhere Temperatur:

$$\text{Wirkungsgrad} = \frac{W}{Q_1} = \frac{T_1 - T_2}{T_1}. \qquad (44.14)$$

Der Wirkungsgrad kann nicht größer als die Einheit sein und die absolute Temperatur kann nicht kleiner als Null, als der absolute Nullpunkt, sein. Da T_2 positiv sein muß, ist der Wirkungsgrad folglich immer kleiner als die Einheit. Das ist unsere erste Schlußfolgerung.

44–6 Entropie

Die Gleichungen (44.7) und (44.12) können auf besondere Weise interpretiert werden. Wenn man immer mit reversiblen Maschinen arbeitet, ist eine Wärmemenge Q_1 bei einer Temperatur T_1 „gleichwertig" mit Q_2 bei T_2, wenn $Q_1/T_1 = Q_2/T_2$ in dem Sinne gilt, daß, wenn der eine Betrag aufgenommen wird, der andere abgegeben wird. Wenn wir Q/T irgendwie bezeichnen, läßt dies vermuten, daß wir sagen können: In einem reversiblen Prozeß wird genausoviel Q/T aufgenommen wie frei wird; es gibt keinen Gewinn oder Verlust an Q/T. Dieses Q/T wird *Entropie* genannt und wir sagen, „es gibt keine resultierende Änderung der Entropie in einem reversiblen Kreisprozeß." Wenn T gleich $1°$ ist, dann beträgt die Entropie $Q/1°$ oder entsprechend unserer Bezeichnung $Q_S/1° = S$. In der Tat ist S der gebräuchliche Buchstabe für die Entropie, und er ist zahlenmäßig gleich der Wärme (die wir Q_S genannt haben), die an ein 1°-Reservoir geliefert wird (Entropie ist nicht selbst Wärme, sie ist Wärme dividiert durch eine Temperatur, so daß sie in *Joule pro Grad* gemessen wird).

Nun ist es interessant, daß wir neben dem Druck, der eine Funktion der Temperatur und des Volumens ist, und der inneren Energie, die eine Funktion der Temperatur und des Volumens ist, eine weitere Größe gefunden haben, die eine Funktion des Zustandes ist, d. h. die Entropie der Substanz. Wir wollen versuchen zu erklären, wie wir sie berechnen und was wir meinen, wenn wir sie eine „Zustandsfunktion" nennen. Man betrachte das System unter zwei verschiedenen Zuständen, wie wir sie bei dem Experiment hatten, bei dem wir die adiabatische und isothermische Expansion ausführten. (Nebenbei gesagt gibt es keine Notwendigkeit dafür, daß eine Wärmemaschine nur zwei Reservoirs besitzt, sie kann drei oder vier verschiedene Temperaturen einnehmen, bei denen sie Wärme aufnimmt oder abgibt usw.) Wir können uns in einem pV Diagramm völlig frei bewegen und von einem Zustand zu einem anderen gehen. Mit anderen Worten könnten wir sagen, daß sich das Gas in einem bestimmten Zustand a befindet und dann in irgendeinen anderen Zustand b übergeht, und wir werden fordern, daß dieser Übergang von a nach b reversibel ist. Nun nehmen wir an, daß wir entlang des Weges von a nach b kleine Reservoirs mit verschiedenen Temperaturen haben, so daß die Wärmemenge dQ, die von der Substanz während jedes kleinen Schrittes abgegeben wird, an jedes Reservoir bei der Temperatur übergeben wird, die diesem Punkt auf dem Weg entspricht. Dann wollen wir alle diese Reservoirs mit reversiblen Wärmemaschinen zu einem einzigen Reservoir bei der Einheitstemperatur verbinden. Wenn wir mit dem Transport der Substanz von a nach b fertig sind, werden wir alle Reservoirs in ihren ursprünglichen Zustand zurückbringen. Jede Wärmemenge dQ, die von der Substanz bei der Temperatur T aufgenommen wurde, ist nun von einer reversiblen Maschine umgewandelt worden, und ein bestimmter Betrag der Entropie dS ist wie folgt bei der Einheitstemperatur abgegeben worden:

$$dS = dQ/T. \tag{44.15}$$

Wir wollen den Gesamtbetrag der Entropie berechnen, der übergeben worden ist. Die Entropiedifferenz oder die Entropie, die benötigt wird, um mit diesem speziellen reversiblen Übergang von a nach b zu gehen, ist die totale Entropie, der Gesamtbetrag der Entropie, der aus den kleinen Reservoirs entnommen und bei der Einheitstemperatur abgegeben wird:

$$S_b - S_a = \int_a^b \frac{dQ}{T}. \tag{44.16}$$

Die Frage ist: Hängt die Entropiedifferenz von dem gewählten Weg ab? Es gibt mehr als einen Weg, um von a nach b zu gehen. Erinnern wir uns, daß wir im Carnotschen Kreisprozeß von a nach c in Fig. 44–6 gehen konnten, indem wir zuerst isotherm und dann adiabatisch expandierten; oder wir konnten zuerst adiabatisch und dann isotherm expandieren. Folglich lautet die Frage, ob die Entropieänderung, die auftritt, wenn wir von a nach b in Fig. 44–10 gehen, auf dem einen Weg die gleiche ist wie auf einem anderen. *Sie muß dieselbe sein,* denn wenn wir den ganzen Kreislauf abgehen, indem wir vorwärts auf einem Weg und rückwärts auf einem anderen gehen, würden wir eine reversible Maschine haben, und es würde keinen Wärmeverlust bei dem Reservoir bei der Einheitstemperatur geben. In einem vollkommen reversiblen Kreislauf muß keine Wärme aus dem Reservoir bei der Einheitstemperatur entnommen werden, so daß die Entropie, die benötigt wird, um von a nach b zu gehen, entlang eines jeden Weges dieselbe ist. Sie ist *unabhängig vom Weg* und hängt nur von den Endpunkten ab. Wir können deshalb sagen, daß es eine bestimmte Funktion gibt, die wir die Entropie der Substanz nennen, die nur von dem Zustand, d. h. nur von dem Volumen und der Temperatur abhängt.

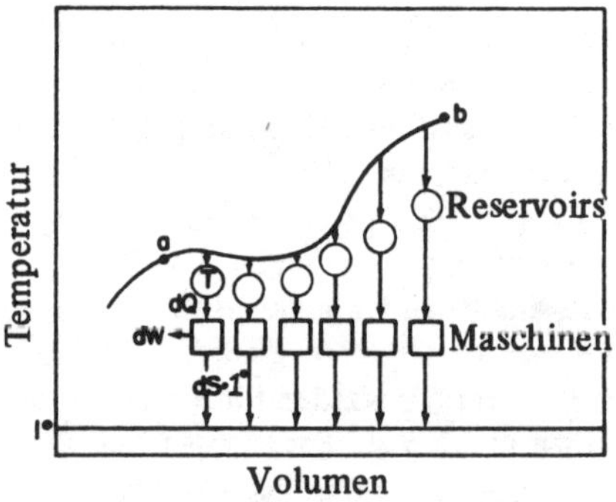

Fig. 44–10. Entropieänderung während eines reversiblen Überganges.

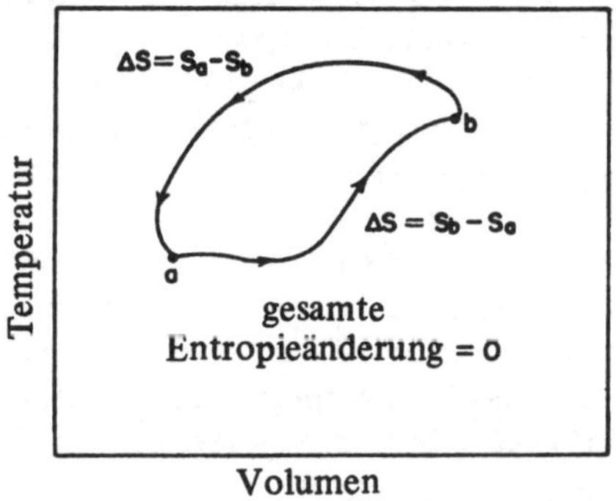

Fig. 44–11. Entropieänderung bei einem vollständig reversiblen Kreisprozeß.

Wir können eine Funktion $S(V, T)$ finden, die folgende Eigenschaft hat: Wenn wir die Entropieänderung berechnen, während die Substanz entlang eines reversiblen Weges bewegt wird, dann gilt ausgedrückt durch die bei der Einheitstemperatur abgegebene Wärme,

$$\Delta S = \int \frac{dQ}{T}, \tag{44.17}$$

wobei dQ die von der Substanz bei der Temperatur T entnommene Wärme ist. Diese totale Entropieänderung ist die Differenz zwischen der am Anfangs- und am Endpunkt berechneten Entropie:

$$\Delta S = S(V_b, T_b) - S(V_a, T_a) = \int_a^b \frac{dQ}{T}. \tag{44.18}$$

Dieser Ausdruck definiert nicht vollständig die Entropie, sondern nur die Entropie*differenz* zwischen zwei verschiedenen Zuständen. Nur wenn wir die Entropie für einen speziellen Zustand bestimmen können, können wir S wirklich absolut definieren.

Lange Zeit wurde geglaubt, daß die absolute Entropie nichts bedeutet – daß nur Differenzen definiert werden könnten – aber schließlich schlug Nernst das vor, was wir mit *Wärme-Theorem* bezeichnen und was auch der dritte Hauptsatz der Thermodynamik genannt wird. Es ist sehr einfach. Wir werden sagen, wie er lautet, aber wir werden nicht erklären, warum er richtig ist. Das Nernstsche Postulat behauptet einfach, daß die Entropie eines beliebigen Objektes beim absoluten Nullpunkt gleich Null ist. Wir kennen einen Fall von T und V, nämlich $T = 0$, bei dem S gleich Null ist; folglich können wir die Entropie bei jedem beliebigen Punkt erhalten.

Um diese Gedanken zu illustrieren, wollen wir die Entropie eines idealen Gases berechnen. Bei einer isothermen (und deshalb reversiblen) Expansion gilt $\int dQ/T$ gleich Q/T, da T konstant ist. Deshalb beträgt (aus 44.4) die Entropieänderung

$$S(V_a, T) - S(V_b, T) = Nk \ln \frac{V_a}{V_b},$$

so daß $S(V, T) = Nk \ln V$ plus irgendeiner Funktion von T allein gilt. Wie hängt S von T ab? Wir wissen für eine reversible adiabatische Expansion, daß *keine Wärme ausgetauscht wird.* Folglich ändert sich die Entropie nicht, auch wenn sich V ändert, vorausgesetzt, daß sich T auch ändert, so daß $TV^{\gamma - 1}$ = konstant gilt. Können Sie sehen, daß dies bedeutet, daß gilt

$$S(V, T) = Nk\left[\ln V + \frac{1}{\gamma - 1} \ln T\right] + a,$$

wobei a irgendeine Konstante ist, die unabhängig *sowohl* von V *als auch* von T ist? [a wird die chemische Konstante genannt. Sie hängt von dem in Frage kommenden Gas ab und kann experimentell nach dem Nernstschen Theorem bestimmt werden, wenn man die beim Kühlen und Kondensieren des Gases bis zum Festkörperzustand (oder beim Helium bis zur Flüssigkeit) bei 0° frei gewordene Wärme mißt und $\int dQ/T$ integriert. Sie kann auch theoretisch mit Hilfe der Planckschen Konstanten und der Quantenmechanik bestimmt werden, aber wir werden das in diesem Kurs nicht untersuchen.]

Nun wollen wir etwas über die Eigenschaften der Entropie der Dinge sagen. Zuerst erinnern wir uns, daß die Entropie der Substanz sich um $S_b - S_a$ ändert, wenn wir in einem reversiblen Kreisumgang von a nach b gehen. Und wir erinnern uns, wenn wir entlang des Weges gehen, so wächst die Entropie – die bei der Einheitstemperatur gelieferte Wärme – entsprechend dem Gesetz $dS = dQ/T$ an, wobei dQ die Wärme ist, die wir der Substanz entnehmen, wenn ihre Temperatur T beträgt.

Wir wissen schon, wenn wir einen reversiblen *Kreisprozeß* haben, so wird die gesamte Entropie des ganzen Systems nicht geändert, weil die bei T_1 aufgenommene Wärme Q_1 und die bei T_2 abgegebene Wärme Q_2 gleichen, aber entgegengesetzten Änderungen der Entropie entsprechen, so daß die resultierende Änderung der Entropie Null beträgt. Folglich gibt es bei einem reversiblen Kreisprozeß nirgends eine Entropieänderung, auch nicht bei den Reservoirs. Dieses Gesetz mag wiederum wie die Energieerhaltung aussehen, aber das ist nicht der Fall; es gilt nur für reversible Kreisprozesse. Wenn wir irreversible Kreisprozesse einbeziehen, gibt es kein Gesetz der Entropieerhaltung.

Wir wollen zwei Beispiele geben. Zuerst nehmen wir an, daß wir irreversible Arbeit an einem Objekt durch Reibung leisten, die eine Wärme Q an irgendeinem Objekt bei der Temperatur T erzeugt. Die Entropie ist um Q/T angewachsen. Die Wärme Q entspricht der Arbeit, und wenn wir folglich einen bestimmten Betrag an Arbeit durch Reibung an einem Objekt leisten, dessen Temperatur T ist, wächst die Entropie der gesamten Welt um W/T an.

Ein anderes Beispiel für Irreversibilität ist dieses: Wenn wir zwei Gegenstände zusammenführen, die sich auf verschiedene Temperaturen, sagen wir T_1 und T_2, befinden, wird ein gewisser Wärmebetrag von selbst von einem zum anderen fließen. Nehmen wir z. B. an, daß wir einen heißen Stein in kaltes Wasser legen. Wenn dann eine bestimmte Wärmemenge ΔQ von T_1 nach T_2 übergegangen ist, wie stark ändert sich dann die Entropie des heißen Steines? Sie wird um $\Delta Q/T_1$ kleiner. Wie stark ändert sich die Entropie des Wassers? Sie wächst um $\Delta Q/T_2$ an. Die Wärme wird natürlich nur von der höheren Temperatur T_1 zu der tieferen Temperatur T_2 fließen, so daß ΔQ positiv ist, wenn T_1 größer als T_2 ist. Folglich ist die Entropieänderung der gesamten Welt positiv, und sie wird durch die Differenz der beiden Verhältnisse gegeben:

$$\Delta S = \frac{\Delta Q}{T_2} - \frac{\Delta Q}{T_1}. \tag{44.19}$$

Folglich ist die folgende Behauptung richtig: Bei jedem irreversiblen Prozeß wächst die Entropie der gesamten Welt an. Nur in reversiblen Prozessen bleibt die Entropie konstant. Da kein Prozeß absolut reversibel ist, gibt es immer zumindest einen kleinen Zuwachs in der Entropie; ein reversibler Prozeß ist eine Idealisierung, bei der wir den Entropiezuwachs minimal gehalten haben.

Leider dringen wir nicht sehr tief in das Gebiet der Thermodynamik ein. Wir wollen nur die prinzipiellen Ideen, die darin enthalten sind, veranschaulichen und die Gründe nennen, warum es möglich ist, solche Argumente zu bringen, aber wir werden die Thermodynamik in diesem Kursus nicht in sehr starkem Maße gebrauchen. Die Thermodynamik wird sehr oft von Ingenieuren und besonders von Chemikern gebraucht. So müssen wir unsere Thermodynamik in der Praxis, in der Chemie oder den Ingenieurswissenschaften, lernen. Da es sich nicht lohnt, alles doppelt zu bringen, wollen wir nur den Ursprung der Theorie besprechen, statt viele Einzelheiten für spezielle Anwendungen zu bringen.

Tabelle 44–1

Zusammenfassung der Gesetze der Thermodynamik

Erster Hauptsatz:

Wärmezufuhr in ein System + geleistete Arbeit an dem System = Zuwachs der inneren Energie des Systems:

$$dQ + dW = dU.$$

Zweiter Hauptsatz:

Ein Prozeß, dessen *einziges* resultierendes Ergebnis darin besteht, Wärme aus einem Reservoir zu entnehmen und in Arbeit umzuwandeln, ist unmöglich.

Keine Wärmemaschine, die die Wärme Q_1 von T_1 entnimmt und die Wärme Q_2 an T_2 abgibt, kann mehr Arbeit leisten als eine reversible Maschine, für die gilt

$$W = Q_1 - Q_2 = Q_1\left(\frac{T_1 - T_2}{T_1}\right).$$

Die Entropie eines Systems wird in der folgenden Weise definiert:

(a) Wenn die Wärme ΔQ reversibel einem System bei der Temperatur T zugeführt wird, ist der Entropiezuwachs des Systems durch $\Delta S = \Delta Q/T$ gegeben.

(b) Bei $T = 0$ gilt $S = 0$ (*dritter Hauptsatz*).

Bei einer *reversiblen Änderung* ändert sich die gesamte Entropie aller Teile des Systems (einschließlich der Reservoirs) nicht.

Bei einer *irreversiblen Änderung* wird die gesamte Entropie des Systems immer größer

Die zwei Hauptsätze der Thermodynamik werden oft in der folgenden Weise formuliert:

Erster Hauptsatz: Die Energie des Universums bleibt immer konstant.

Zweiter Hauptsatz: Die Entropie des Universums wächst ununterbrochen an.

Dies ist keine sehr gute Formulierung des zweiten Hauptsatzes; sie besagt z. B. nicht, daß die Entropie bei einem reversiblen Kreisprozeß gleich bleibt, und sie sagt auch nicht genau, was Entropie ist. Es ist nur eine geschickte Möglichkeit, die beiden Gesetze zu behalten, aber sie sagt uns nicht wirklich genau, wo wir stehen. Wir haben die in diesem Kapitel diskutierten Gesetze in der Tabelle 44–1 zusammengefaßt. Im nächsten Kapitel werden wir diese Gesetze anwenden, um so die Beziehung zwischen der Wärme, die bei der Expansion eines Gummibandes erzeugt wird, und der zusätzlichen Spannung, wenn es erwärmt wird, aufzudecken.

45 Erläuterungen zur Thermodynamik

45–1 Innere Energie

Die Thermodynamik ist ein ziemlich kompliziertes und komplexes Gebiet, wenn wir dazu übergehen, sie anzuwenden, und es ist für uns nicht sehr zweckdienlich, in diesem Kursus sehr weit in die Anwendungen einzudringen. Das Gebiet ist natürlich für Ingenieure und Chemiker von sehr großer Bedeutung, und diejenigen, die an dem Gebiet interessiert sind, können über die Anwendungen in der Physikalischen Chemie oder in der Thermodynamik für Ingenieure etwas erfahren. Es gibt auch gute Lehrbücher, etwa *Heat and Thermodynamics* von Zemansky, wo man mehr über dieses Gebiet lernen kann. In der vierzehnten Ausgabe der Encyclopedia Britannica kann man ausgezeichnete Artikel finden über die Thermodynamik und die Thermochemie und in dem Artikel über Chemie die Abschnitte über physikalische Chemie, Verdampfung, Verflüssigung von Gasen usw.

Das Gebiet der Thermodynamik ist deshalb kompliziert, weil es so viele verschiedene Arten der Beschreibung ein und derselben Sache gibt. Wenn wir das Verhalten eines Gases beschreiben wollen, können wir sagen, daß der Druck von der Temperatur und dem Volumen abhängt, oder wir können sagen, daß das Volumen von der Temperatur und dem Druck abhängt. Oder was die innere Energie U betrifft, könnten wir sagen, daß sie von der Temperatur und dem Volumen abhängt, wenn das die Variablen sind, die wir gewählt haben – aber wir könnten ebenso sagen, daß sie von der Temperatur und dem Druck oder dem Druck und dem Volumen abhängt usw. Im letzten Kapitel haben wir eine weitere Funktion der Temperatur und des Volumens diskutiert, die die Entropie S genannt wird, und wir können natürlich von diesen Variablen so viele Funktionen konstruieren, wie wir wollen: $U - TS$ ist eine Funktion der Temperatur und des Volumens. Folglich haben wir eine große Anzahl verschiedener Größen, die Funktionen von vielen verschiedenen Kombinationen von Variablen sein können.

Um das Thema in diesem Kapitel einfach zu halten, wollen wir uns am Anfang entscheiden, die *Temperatur* und das *Volumen* als unabhängige Variablen zu benutzen. Die Chemiker benutzen Temperatur und Druck, weil sie bei chemischen Experimenten leichter zu messen und zu kontrollieren sind, aber wir werden Temperatur und Volumen im ganzen Kapitel benutzen, außer an einer Stelle, wo wir sehen werden, wie die Transformation in das System der Variablen der Chemiker auszuführen ist.

So werden wir zuerst nur ein System unabhängiger Variabler betrachten: Temperatur und Volumen. Zweitens werden wir nur zwei abhängige Funktionen besprechen: Die innere Energie und den Druck. Alle anderen Funktionen können von diesen abgeleitet werden, so daß es nicht notwendig ist, sie zu diskutieren. Mit diesen Einschränkungen ist die Thermodynamik immer noch ein ziemlich kompliziertes Gebiet, aber es ist nicht mehr ganz so unmöglich!

Zuerst werden wir etwas Mathematik wiederholen. Wenn eine Größe eine Funktion zweier Variabler ist, erfordert der Ableitungsbegriff dieser Größe etwas mehr Sorgfalt als in dem Fall, wenn es nur eine Variable gibt. Was meinen wir mit der Ableitung des Druckes nach der Temperatur? Die Druckänderung, die die Temperaturänderung begleitet, hängt natürlich teilweise davon ab, was mit dem *Volumen* geschieht, während T sich ändert. Damit das Konzept einer Ableitung bezüglich T eine klare Bedeutung hat, müssen wir die Änderung von V genauer darlegen. Wir könnten z. B. nach der Änderungsgeschwindigkeit von P bezüglich T fragen, wenn V konstant gehalten wird. Dieses Verhältnis ist einfach die gewöhnliche Ableitung, die wir normalerweise als dP/dT schreiben. Vereinbarungsgemäß benutzen wir ein spezielles Symbol $\partial P/\partial T$, um uns daran zu erinnern, daß P von einer weiteren Variablen V ebenso wie von T abhängt und daß diese andere Variable konsatnt gehalten wird. Wir werden nicht nur das Symbol ∂ benutzen, um auf die Tatsache aufmerksam zu machen, daß die andere Variable konstant gehalten wird, sondern wir werden die konstant gehaltene Variable auch als Index $(\partial P/\partial T)_V$ schreiben. Da wir nur zwei unabhängige Variablen haben, ist diese Schreibweise mehr als ausreichend, aber sie wird uns helfen, in dem thermodynamischen Dikkicht der partiellen Ableitungen unsere Sinne zusammenzuhalten.

Wir wollen annehmen, daß die Funktion $f(x, y)$ von den zwei unabhängigen Variablen x und y abhängt. Mit $(\partial f/\partial x)_y$ meinen wir einfach die gewöhnliche Ableitung, die in der üblichen Weise erhalten wird, wenn wir y als Konstante behandeln:

$$\left(\frac{\partial f}{\partial x}\right)_y = \lim_{\Delta x\to 0} \frac{f(x+\Delta x, y) - f(x, y)}{\Delta x}.$$

Ähnlich definieren wir

$$\left(\frac{\partial f}{\partial y}\right)_x = \lim_{\Delta y\to 0} \frac{f(x, y+\Delta y) - f(x, y)}{\Delta y}.$$

Wenn z. B. $f(x, y) = x^2 + yx$ ist, dann gilt $(\partial f/\partial x)_y = 2x + y$ und $(\partial f/\partial y)_x = x$. Wir können diesen Gedanken auf höhere Ableitungen ausdehnen: $\partial^2 f/\partial y^2$ oder $\partial^2 f/\partial y\partial x$. Das letztere Symbol bedeutet, daß wir f zuerst nach x ableiten, indem wir y als Konstante behandeln, und dann das Ergebnis nach y ableiten, indem wir x als Konstante annehmen. Die tatsächliche Reihenfolge der Differenzierung ist unerheblich: $\partial^2 f/\partial x\partial y = \partial^2 f/\partial y\partial x$.

Wir müssen die Änderung Δf von $f(x, y)$ berechnen, wenn sich x nach $x + \Delta x$ *und* y nach $y + \Delta y$ ändert. Im folgenden nehmen wir an, daß Δx und Δy infinitesimal klein sind:

$$\begin{aligned}\Delta f &= f(x+\Delta x, y+\Delta y) - f(x, y)\\ &= \underbrace{f(x+\Delta x, y+\Delta y) - f(x, y+\Delta y)} + \underbrace{f(x, y+\Delta y) - f(x, y)}\\ &= \qquad\quad \Delta x\left(\frac{\partial f}{\partial x}\right)_y \qquad\quad + \qquad\quad \Delta y\left(\frac{\partial f}{\partial y}\right)_x.\end{aligned} \tag{45.1}$$

Die letzte Gleichung ist die fundamentale Beziehung, die Δf in Abhängigkeit von Δx und Δy ausdrückt.

Als Beispiel für die Nützlichkeit dieser Beziehung wollen wir die Änderung der inneren Energie $U(T, V)$ berechnen, wenn sich die Temperatur von T nach $T + \Delta T$ und das Volumen von V nach $V + \Delta V$ ändert. Unter Benutzung von Gl. (45.1) schreiben wir

$$\Delta U = \Delta T\left(\frac{\partial U}{\partial T}\right)_V + \Delta V\left(\frac{\partial U}{\partial V}\right)_T. \tag{45.2}$$

In unserem letzten Kapitel fanden wir einen anderen Ausdruck für die Änderung ΔU der inneren Energie, wenn eine Wärmemenge ΔQ dem Gas zugeführt wird:

$$\Delta U = \Delta Q - P\,\Delta V. \tag{45.3}$$

Wenn wir Gl. (45.2) und (45.3) vergleichen, könnte man zuerst zu dem Gedanken neigen, daß $P = (\partial U/\partial V)_T$ gilt, aber das ist nicht richtig. Um die richtige Beziehung zu erhalten, wollen wir zuerst annehmen, daß wir dem Gas eine Wärmemenge ΔQ zuführen, während wir das Volumen konstant halten, so daß $\Delta V = 0$. Mit $\Delta V = 0$ besagt Gl. (45.3), daß $\Delta U = \Delta Q$, und Gl. (45.2) besagt, daß $\Delta U = (\partial U/\partial T)_V\,\Delta T$, so daß $(\partial U/\partial T)_V = \Delta Q/\Delta T$ gilt. Das Verhältnis ΔQ zu ΔT, d. h. der Wärmebetrag, den man einer Substanz zuführen muß, um bei konstant gehaltenem Volumen ihre Temperatur um ein Grad zu ändern, wird die *spezifische Wärme bei konstantem Volumen* genannt und mit dem Symbol C_V bezeichnet. Mit diesem Argument haben wir gezeigt, daß

$$\left(\frac{\partial U}{\partial T}\right)_V = C_V. \tag{45.4}$$

Nun wollen wir wiederum eine Wärmemenge ΔQ dem Gas zuführen, aber diesmal wollen wir T konstant halten und erlauben, daß sich das Volumen um ΔV ändert. Die Analyse dieses Falles ist komplizierter, aber wir können ΔU mit dem Argument von Carnot berechnen, indem wir den Carnotschen Kreisprozeß anwenden, den wir im letzten Kapitel eingeführt haben.

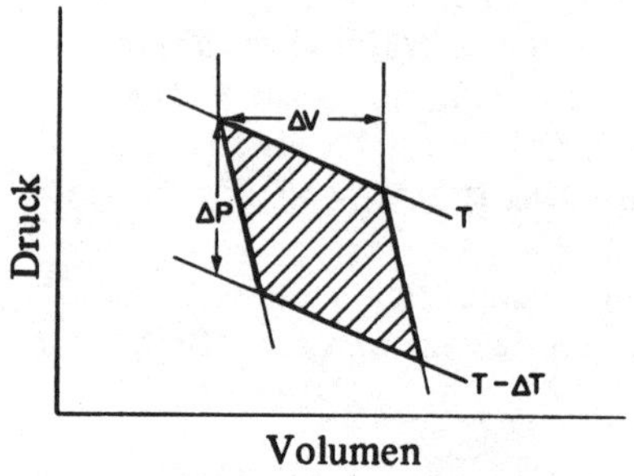

Fig. 45–1. Das Druck-Volumen-Diagramm für einen Carnotschen Kreisprozeß. Die mit T und $T - \Delta T$ bezeichneten Kurven sind isotherme Linien; die steileren Kurven sind adiabatische Linien. ΔV ist die Volumenänderung, wenn die Wärme ΔQ dem Gas bei konstanter Temperatur T zugeführt wird. ΔP ist die Druckänderung bei konstantem Volumen, wenn die Gastemperatur von T nach $T - \Delta T$ geändert wird.

Das Druck-Volumen-Diagramm für den Carnotschen Kreisprozeß wird in Fig. 45–1 gezeigt. Wie wir schon gezeigt haben, beträgt der gesamte von dem Gas in einem reversiblen Kreisprozeß geleistete Arbeitsbetrag $\Delta Q(\Delta T/T)$, wobei ΔQ der Betrag an Wärmeenergie ist, der dem Gas zugeführt wird, wenn es sich isotherm bei der Temperatur T von dem Volumen V nach $V + \Delta V$ ausdehnt, und wobei $T - \Delta T$ die von dem Gas erreichte Endtemperatur ist, wenn es sich adiabatisch auf dem zweiten Ast des Kreisprozesses ausdehnt. Wir wollen nun zeigen, daß diese geleistete Arbeit auch durch die schraffierte Fläche in Fig. 45–1 gegeben ist. In jedem Fall beträgt die von dem Gas geleistete Arbeit $\int P\,dV$ und ist positiv, wenn sich das Gas ausdehnt, und negativ, wenn das Gas komprimiert wird. Wenn wir P über V auftragen, wird die Änderung von P und V durch eine Kurve dargestellt, welche den Wert von P entsprechend einem speziellen Wert von V angibt. Wenn sich das Volumen von einem Wert zu einem anderen ändert, stellt die von dem Gas geleistete Arbeit, das Integral $\int P\,dV$, die Fläche unter der Kurve dar, die den Anfangs- und Endpunkt von V verbindet. Wenn wir diesen Gedanken auf den Carnotschen Kreisprozeß anwenden, sehen wir, wenn wir den Zyklus umlaufen und auf das Vorzeichen der von dem Gas geleisteten Arbeit achten, daß die resultierende Arbeit, die von dem Gas ausgeführt wird, gerade durch die schraffierte Fläche in Fig. 45–1 gegeben ist.

Nun wollen wir die schraffierte Fläche geometrisch berechnen. Der Kreisprozeß, den wir in Fig. 45–1 benutzt haben, unterscheidet sich von dem, den wir im vorhergehenden Kapitel angewendet haben, insofern, als wir jetzt annehmen, daß ΔT und ΔQ infinitesimal klein sind. Wir arbeiten zwischen adiabatischen und isothermen Linien, die sehr dicht beeinander liegen, und die Figur, die in Fig. 45–1 durch die dicken Linien beschrieben ist, wird zu einem Parallelogramm werden, wenn die Abschnitte ΔT und ΔQ gegen Null gehen. Die Fläche dieses Parallelogramms beträgt gerade $\Delta V \Delta P$, wobei ΔV die Volumenänderung ist, wenn die Energie ΔQ dem Gas bei konstantem Volumen zugeführt wird, und ΔP die Druckänderung, wenn sich die Temperatur um ΔT bei konstantem Volumen ändert. Man kann leicht zeigen, daß die schraffierte Fläche in Fig. 45–1 durch $\Delta V \Delta P$ gegeben ist, wenn man erkennt, daß die schraffierte Fläche gleich der von den gestrichelten Linien in Fig. 45–2 umgebenen Fläche ist, welche sich wieder von dem von ΔP und ΔV umrandeten Rechteck nur durch Addition und Subtraktion von gleichen Dreiecksflächen in Fig. 45–2 unterscheidet.

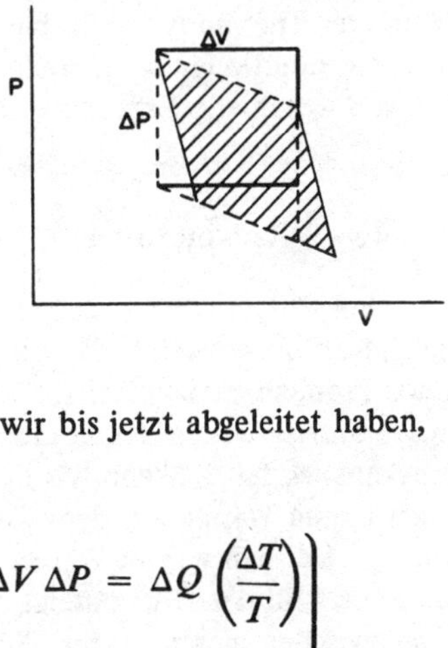

Fig. 45–2. Schraffierte Fläche = von den gestrichelten Linien umgebene Fläche = Fläche des Rechtecks = $\Delta P\, \Delta V$.

Nun wollen wir die Ergebnisse der Argumente, die wir bis jetzt abgeleitet haben, zusammenfassen:

$$\left.\begin{aligned}
&\text{Die vom Gas geleistete Arbeit} = \text{schraffierte Fläche} = \Delta V \Delta P = \Delta Q \left(\frac{\Delta T}{T}\right)\\
&\text{oder}\\
&\qquad \frac{\Delta T}{T} \cdot (\text{die zur Änderung von } V \text{ um } \Delta V \text{ benötigte Wärme})_{T \text{ konstant}}\\
&\qquad\qquad = \Delta V \cdot (\text{Änderung von } P, \text{wenn } T \text{ sich um } \Delta T \text{ ändert})_{V \text{ konstant}}\\
&\text{oder}\\
&\quad \frac{1}{\Delta V} (\text{die zur Änderung von } V \text{ um } \Delta V \text{ benötigte Wärme})_T = T(\partial P/\partial T)_V.
\end{aligned}\right\} \tag{45.5}$$

Gleichung (45.5) drückt das wesentliche Ergebnis des Carnotschen Arguments aus. Die gesamte Thermodynamik kann aus Gl. (45.5) und dem ersten Hauptsatz abgeleitet werden, welcher in Gl. (45.3) ausgedrückt ist. Gleichung (45.5) ist im Kern der zweite Hauptsatz, obwohl er ursprünglich von Carnot in einer etwas anderen Form abgeleitet wurde, da er nicht unsere Definition der Temperatur benutzte.

Jetzt können wir fortfahren $(\partial U/\partial V)_T$ zu berechnen. Um wieviel würde sich die innere Energie U ändern, wenn wir das Volumen um ΔV ändern würden? Erstens ändert sich U, weil Wärme zugeführt wird, und zweitens ändert sich U, weil Arbeit geleistet wird. Die zugeführte Wärme beträgt

$$\Delta Q = T\left(\frac{\partial P}{\partial T}\right)_V \Delta V,$$

entsprechend Gl. (45.5), und die an der Substanz geleistete Arbeit ist $-P\,\Delta V$. Deshalb besteht die Änderung ΔU der inneren Energie aus zwei Teilen:

$$\Delta U = T\left(\frac{\partial P}{\partial T}\right)_V \Delta V - P\,\Delta V. \tag{45.6}$$

Wenn wir beide Seiten durch ΔV dividieren, finden wir für die Änderungsgeschwindigkeit von U mit V bei konstantem T

$$\left(\frac{\partial U}{\partial V}\right)_T = T\left(\frac{\partial P}{\partial T}\right)_V - P. \tag{45.7}$$

In unserer Thermodynamik, bei der T und V die einzigen Variablen und P und U die einzigen Funktionen sind, stellen Gl. (45.3) und (45.7) die grundlegenden Gleichungen dar, von denen alle Ergebnisse dieses Gebietes abgeleitet werden können.

45–2 Anwendungen

Nun wollen wir die Bedeutung von Gl. (45.7) diskutieren und sehen, warum sie die Fragen beantwortet, die wir im letzten Kapitel gestellt haben. Wir hatten das folgende Problem betrachtet: In der kinetischen Theorie ist augenscheinlich, daß ein Temperaturanstieg wegen des Bombardements der Atome gegen den Kolben zu einem Druckanstieg führt. Wenn wir den Kolben zurückziehen, wird aus demselben physikalischen Grund Wärme aus dem Gas entnommen, und um die Temperatur konstant zu halten, wird man wieder Wärme zuführen müssen. Das Gas kühlt sich ab, wenn es sich ausdehnt, und der Druck steigt an, wenn es erwärmt wird. Es muß irgendeine Beziehung zwischen diesen beiden Phänomenen geben, und diese Beziehung wird explizit in Gl. (45.7) angegeben. Wenn wir das Volumen festhalten und die Temperatur erhöhen, wächst der Druck mit der Geschwindigkeit $(\partial P/\partial T)_V$. Mit dieser Tatsache hängt folgendes zusammen: Wenn wir das Volumen vergrößern, wird sich das Gas abkühlen, wenn wir nicht etwas Wärme zuführen, um die Temperatur konstant zu halten, und $(\partial U/\partial V)_T$ gibt uns Auskunft über den Wärmebetrag, der benötigt wird, um die Temperatur aufrechtzuerhalten. Gleichung (45.7) drückt die fundamentale Beziehung zwischen diesen beiden Effekten aus. Das ist das, was wir zu finden versprochen haben, als wir zu den Gesetzen der Thermodynamik kamen. Ohne Kenntnis des inneren Mechanismus des Gases und nur mit dem Wissen, daß wir kein Perpetuum Mobile der zweiten Art bauen können, können wir die Beziehung ableiten zwischen dem Wärmebetrag, der benötigt wird, um die Temperatur konstant zu halten, wenn das Gas expandiert wird, und der Druckänderung, wenn das Gas erwärmt wird!

Da wir nun das gewünschte Ergebnis für ein Gas haben, wollen wir das Gummiband betrachten. Wenn wir das Gummiband ausdehnen, stellen wir fest, daß seine Temperatur fällt, und wenn wir das Gummiband erwärmen, stellen wir fest, daß es sich selbst zusammenzieht. Wie sieht die Gleichung aus, die dieselbe Beziehung für ein Gummiband angibt, die Gl. (45.3) für ein Gas gibt? Für ein Gummiband wird die Situation etwa wie folgt aussehen: Wenn die Wärme ΔQ hineingesteckt wird, wird die innere Energie um ΔU geändert und etwas Arbeit wird geleistet. Der einzige Unterschied wird sein, daß die von dem Gummiband geleistete Arbeit $-F\,\Delta L$ statt $P\Delta V$ ist, wobei F die an dem Band anliegende Kraft und L die Länge des Bandes ist. Die Kraft F ist eine Funktion der Temperatur und der Länge des Bandes. Wenn wir $P\Delta V$ in Gl. (45.3) durch $-F\,\Delta L$ ersetzen, erhalten wir

$$\Delta U = \Delta Q + F\Delta L. \tag{45.8}$$

Wenn wir Gl. (45.3) und (45.8) vergleichen, sehen wir, daß die Gleichung für das Gummiband durch einen einfachen Buchstabenaustausch erhalten wird. Wenn wir weiterhin L für V und $-F$ für P einsetzen, trifft unsere gesamte Besprechung des Carnotschen Kreisprozesses auch für das Gummiband zu. Wir können z. B. sofort ableiten, daß die Wärme ΔQ, die benötigt wird, um die Länge um ΔL zu ändern, durch das Analogon zu Gl. (45.5) gegeben ist: $\Delta Q = -T(\partial F/\partial T)_L\,\Delta L$. Diese Gleichung sagt uns, daß wir, wenn wir die Länge eines Gummibandes festhalten und das Band erwärmen, ausrechnen können, wie stark die Kraft ansteigen wird in Abhängigkeit von der Wärme, die benötigt wird, um die Temperatur konstant zu halten, wenn das Band ein bißchen ausgedehnt wird. So sehen wir, daß dieselbe Gleichung sowohl für das Gas als auch für ein Gummiband gilt. In der Tat, wenn man $\Delta U = \Delta Q + A\,\Delta B$ schreiben kann, wobei A und B verschiedene Größen darstellen, wie Kraft und Länge, Druck und Volumen usw., kann man die für ein Gas erhaltenen Ergebnisse durch Einsetzen von A und B für P und V anwenden. Zum Beispiel betrachte man die elektrische Potentialdifferenz oder „Spannung" E in einer Batterie und die Ladung ΔZ, die durch die Batterie strömt. Wir wissen, daß die in einer reversiblen elektrischen Zelle wie in einem Akkumulator geleistete Arbeit $E\Delta Z$ ist. (Da wir in die Arbeit keinen $P\Delta V$-Term einbeziehen, fordern wir, daß in unserer Batterie das Volumen konstant gehalten wird.) Wir wollen sehen, was uns die Thermodynamik über die Auslegung einer Batterie sagen kann. Wenn wir E für P und Z für V in Gl. (45.6) einsetzen, erhalten wir

$$\frac{\Delta U}{\Delta Z} = -T\left(\frac{\partial E}{\partial T}\right)_Z - E. \tag{45.9}$$

Gleichung (45.9) besagt, daß die innere Energie U geändert wird, wenn eine Ladung ΔZ durch die Zelle strömt. Wieso ist nicht $\Delta U/\Delta Z$ einfach die Spannung E der Batterie? Die Antwort ist, daß eine echte Batterie warm wird, wenn Ladung durch die Zelle strömt. Die innere Energie der Batterie wird geändert, erstens, weil die Batterie eine gewisse Arbeit in dem äußeren Kreis geleistet hat und zweitens, weil die Batterie erwärmt wird. Bemerkenswert ist, daß der zweite Teil wiederum in Abhängigkeit von der Weise ausgedrückt werden kann, in der sich die Batteriespannung mit der Temperatur ändert. Nebenbei gesagt finden chemische Reaktionen statt, wenn sich die Ladung durch die Zelle bewegt, und Gl. (45.9) liefert eine schicke Methode, den Energiebetrag, der zur Erzeugung einer chemischen Reaktion notwendig ist, zu messen. Wir müssen nur eine Zelle konstruieren, die für die Reaktion Arbeit leistet, dann die Spannung messen und bestimmen, wie stark sich die Spannung mit der Temperatur ändert, wenn wir keine Ladungen von der Batterie abziehen!

Nun haben wir angenommen, daß das Volumen der Batterie konstant gehalten werden kann, da wir den $P\Delta V$-Term weggelassen haben, als wir die von der Batterie geleistete Arbeit gleich $E\Delta Z$ setzten. Es stellt sich heraus, daß es technisch sehr schwierig ist, das Volumen konstant zu halten. Es ist sehr viel leichter, die Zelle auf konstantem atmosphärischem Druck zu halten. Aus diesem Grund mögen die Chemiker keine der Gleichungen, die wir oben niedergeschrieben haben: Sie bevorzugen Gleichungen, die die Ausführung bei konstantem *Druck* beschreiben. Am Anfang dieses Kapitels haben wir uns entschlossen, V und T als unabhängige Variablen zu benutzen. Die Chemiker bevorzugen P und T, und wir wollen nun betrachten, wie wir die bis jetzt erhaltenen Ergebnisse in das Variablensystem der Chemiker transformieren können. Man bedenke, daß in der folgenden Behandlung leicht Verwirrung einsetzen kann, weil wir unser Handwerkszeug von T und V nach T und P verlegen.

Wir fingen in Gl. (45.3) mit $\Delta U = \Delta Q - P\Delta V$ an; $P\Delta V$ kann durch $E\Delta Z$ oder $A\Delta B$ ersetzt werden. Wenn wir irgendwie den letzten Term $P\Delta V$ durch $V\Delta P$ ersetzen könnten, dann hätten wir V mit P ausgetauscht, und die Chemiker würden glücklich sein. Nun, ein kluger Mann hat bemerkt, daß das Differential des Produkts PV gleich $d(PV) = PdV + VdP$, und als er diese Gleichung zu Gl. (45.3) addierte, erhielt er

$$\begin{array}{rcl} \Delta(PV) &=& P\Delta V + V\Delta P \\ \Delta U &=& \Delta Q \quad - P\Delta V \\ \hline \Delta(U + PV) &=& \Delta Q \quad + V\Delta P \end{array}$$

Damit das Ergebnis wie Gl. (45.3) aussieht, definieren wir $U + PV$ als etwas Neues, was die *Enthalpie H* genannt wird, und wir schreiben $\Delta H = \Delta Q + V\Delta P$.

Nun sind wir bereit, unsere Ergebnisse in die Sprache der Chemiker mit den folgenden Regeln zu transformieren: $U \to H$, $P \to -V$, $V \to P$. Zum Beispiel lautet die fundamentale Beziehung, die die Chemiker statt Gl. (45.7) benutzen würden, wie folgt:

$$\left(\frac{\partial H}{\partial P}\right)_T = T\left(\frac{\partial V}{\partial T}\right)_P - V.$$

Nun sollte klar sein, wie man zu den Variablen T und P der Chemiker gelangt. Wir kehren jetzt zu unseren ursprünglichen Variablen zurück: Für den Rest dieses Kapitels sind T und V die unabhängigen Variablen.

Nun wollen wir die erhaltenen Ergebnisse auf eine Reihe physikalischer Situationen anwenden. Betrachten wir erst das ideale Gas. Von der kinetischen Theorie her wissen wir, daß die innere Energie eines Gases nur von der Bewegung der Moleküle und der Anzahl der Moleküle abhängt. Die innere Energie hängt von T, aber nicht von V ab. Wenn wir V ändern, aber T konstant halten, wird U nicht verändert. Deshalb gilt $(\partial U/\partial V)_T = 0$, und Gl. (45.7) besagt für ein ideales Gas

$$T\left(\frac{\partial P}{\partial T}\right)_V - P = 0. \tag{45.10}$$

Gleichung (45.10) ist eine Differentialgleichung, die uns etwas über P sagen kann. Wir berücksichtigen die partiellen Ableitungen in der folgenden Weise: Da die partielle Ableitung bei konstantem V ausgeführt ist, wollen wir die partielle Ableitung durch eine gewöhnliche Ableitung ersetzen und zu unserer Erinnerung explizit „konstantes V“ schreiben. Gleichung (45.10) wird dann zu

$$T \frac{\Delta P}{\Delta T} - P = 0; \quad \text{konstantes } V; \tag{45.11}$$

dies können wir integrieren und erhalten

$$\begin{aligned} \ln P &= \ln T + \text{const}; && \text{konstantes } V, \\ P &= \text{const} \times T; && \text{konstantes } V. \end{aligned} \tag{45.12}$$

Wir wissen, daß bei einem idealen Gas der Druck gleich

$$P = \frac{RT}{V}, \tag{45.13}$$

ist, was mit (45.12) übereinstimmt, da V und R konstant sind. Warum haben wir uns durch diese Rechnung geplagt, wenn wir die Ergebnisse schon kennen? Weil wir *zwei unabhängige Definitionen der Temperatur* benutzt haben! Im einen Fall haben wir angenommen, daß die kinetische Energie der Moleküle proportional zur Temperatur ist, eine Annahme, die eine Temperaturskala definiert, die wir die Skala des idealen Gases nennen wollen. Das T in Gl. (45.13) basiert auf der Gas-Skala. Wir nennen Temperaturen, die mit der Gas-Skala gemessen werden, auch *kinetische* Temperaturen. Später definierten wir die Temperatur auf eine zweite Art, die vollständig unabhängig von jeder Substanz ist. Von Argumenten, die auf dem Zweiten Gesetz beruhen, haben wir etwas definiert, was wir die „große thermodynamische absolute Temperatur“ T nennen könnten, das T, das in Gl. (45.12) erscheint. Was wir hier bewiesen haben, ist, daß der Druck eines idealen Gases (so definiert als eines, dessen innere Energie nicht vom Volumen abhängt) proportional zu der großen thermodynamischen absoluten Temperatur ist. Wir wissen auch, daß der Druck proportional zu der auf der Gas-Skala gemessenen Temperatur ist. Deshalb können wir ableiten, daß die kinetische Temperatur proportional zu der „großen thermodynamischen absoluten Temperatur“ ist. Das bedeutet natürlich, daß wir, wenn wir klug wären, beide Skalen übereinstimmen lassen könnten. Zumindest in diesem Beispiel *sind* die beiden Skalen so gewählt worden, daß sie übereinstimmen; die Proportionalitätskonstante ist als 1 gewählt worden. Meistens bereitet sich der Mensch selbst Kummer, aber in diesem Fall hat er sie gleichgesetzt!

45–3 Die Clausius-Clapeyronsche Gleichung

Die Verdampfung einer Flüssigkeit ist eine weitere Anwendung der Ergebnisse, die wir abgeleitet haben. Angenommen, wir haben irgendeine Flüssigkeit in einem Zylinder, so daß wir sie durch Schieben des Kolbens komprimieren können, und wir fragen: „Wie ändert sich der Druck mit dem Volumen, wenn wir die Temperatur konstant halten?“ Mit anderen Worten, wir wollen eine isotherme Linie im P-V-Diagramm zeichnen. Die Substanz in dem Zylinder ist nicht das ideale Gas, das wir früher betrachtet haben; jetzt kann es in der Flüssigkeits- oder der Dampfphase sein oder beides zusammen. Wenn wir genügend Druck anwenden, wird die Substanz zu einer Flüssigkeit kondensieren. Wenn wir noch stärker pressen, ändert sich das Volumen nur sehr wenig, und unsere

Isothermen steigen mit abnehmendem Volumen steil an, wie es links in Fig. 45–3 gezeigt wird.

Wenn wir das Volumen vergrößern, indem wir den Kolben herausziehen, fällt der Druck, bis wir den Punkt erreichen, an dem die Flüssigkeit anfängt zu kochen, und dann beginnt sich Dampf zu bilden. Wenn wir den Kolben weiter herausziehen, verdampft nur mehr Flüssigkeit, sonst nichts. Wenn es einen Teil Flüssigkeit und einen Teil Dampf in dem Zylinder gibt, befinden sich die beiden Phasen im Gleichgewicht – die Verdampfung der Flüssigkeit und die Kondensation des Dampfes geschehen mit derselben Geschwindigkeit. Wenn wir für den Dampf mehr Raum schaffen, wird mehr Dampf benötigt, um den Druck aufrechtzuerhalten, so daß ein bißchen mehr Flüssigkeit verdampft, der Druck aber konstant bleibt. In dem flachen Teil der Kurve in Fig. 45–3 ändert sich der Druck nicht, und der Wert des Druckes hier wird der *Dampfdruck bei der Temperatur T* genannt. Wenn wir das Volumen weiterhin vergrößern, so kommt ein Zeitpunkt, wo es keine Flüssigkeit mehr zum Verdampfen gibt. Wenn wir das Volumen an diesem kritischen Punkt weiter expandieren, wird der Druck wie bei einem gewöhnlichen Gas fallen, wie es rechts in dem *P-V*-Diagramm gezeigt ist. Die niedrigere Kurve in Fig. 45–3 ist die Isotherme bei einer etwas niedrigeren Temperatur $T - \Delta T$. Der Druck in der Flüssigkeitsphase ist etwas verringert, weil Flüssigkeit bei anwachsender Temperatur expandiert (dies gilt für die meisten Substanzen, aber nicht für Wasser nahe dem Gefrierpunkt) und der Dampfdruck bei der tieferen Temperatur natürlich niedriger ist.

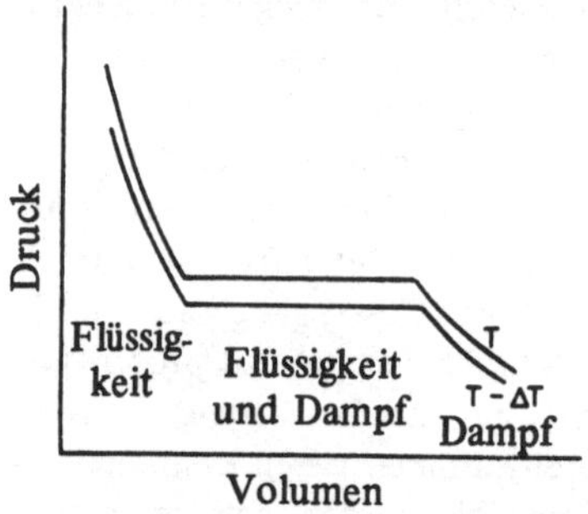

Fig. 45–3. Isothermen für einen kondensierbaren Dampf, der in einem Zylinder komprimiert wird. Links befindet sich die Substanz in der Flüssigkeitsphase. Rechts ist die Substanz verdampft. In der Mitte sind sowohl Flüssigkeit als auch Dampf im Zylinder vorhanden.

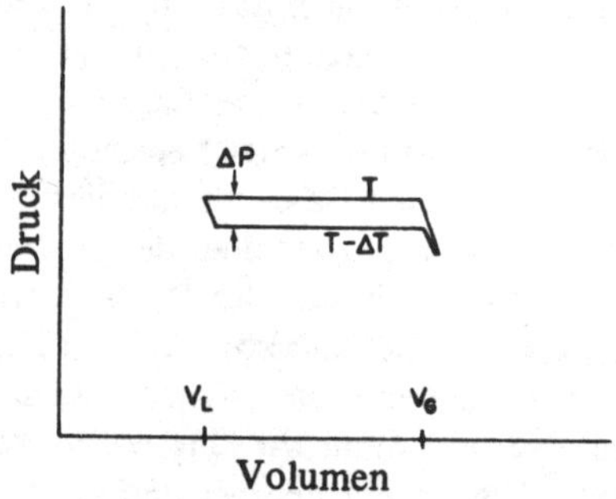

Fig. 45–4. Druck-Volumen-Diagramm für einen Carnotschen Kreisprozeß mit einem kondensierbaren Dampf in dem Zylinder. Links befindet sich die Substanz im flüssigen Zustand. Eine Wärmemenge L wird bei der Temperatur T zugeführt, um die Flüssigkeit zu verdampfen. Der Dampf expandiert adiabatisch, wenn T sich nach $T - \Delta T$ ändert.

Wir wollen nun einen Kreisprozeß aus den beiden Isothermen machen, indem wir sie (sagen wir mit adiabatischen Linien) am Ende der flachen Abschnitte wie in Fig. 45–4 gezeigt verbinden. Die kleine Spitze in der unteren rechten Ecke des Bildes erzeugt nur einen kleinen Unterschied und wir wollen sie vernachlässigen. Wir werden nun das Argument von Carnot benutzen, welches uns sagt, daß die Wärme, die der

Substanz beim Wechsel von einer Flüssigkeit zum Dampf zugeführt wird, mit der verknüpft ist, die die Substanz beim Durchlaufen des Zyklus leistet. Wir wollen die Wärme, die benötigt wird, um die Substanz in dem Zylinder zu verdampfen, mit L bezeichnen. Wie in dem Argument unmittelbar vor Gl. (45.5) wissen wir, daß $L(\Delta T/T)$ = der von der Substanz geleisteten Arbeit ist. Wie vorher ist die von der Substanz geleistete Arbeit durch die schraffierte Fläche gegeben, was ungefähr $\Delta P(V_G - V_L)$ ist, wobei ΔP die Differenz im Dampfdruck bei den beiden Temperaturen T und $T - \Delta T$, V_G das Volumen des Gases und V_L das Volumen der Flüssigkeit ist, beide Volumina bei Dampfdruck gemessen. Wenn man diese beiden Ausdrücke für die Fläche gleichsetzt, erhält man $L\Delta T/T = \Delta P(V_G - V_L)$ oder

$$\frac{L}{T(V_G - V_L)} = (\partial P_{\text{Dampf}}/\partial T). \tag{45.14}$$

Gleichung (45.14) gibt die Beziehung zwischen der Änderungsgeschwindigkeit des Dampfdrucks mit der Temperatur und dem Wärmebetrag, der zur Verdampfung der Flüssigkeit benötigt wird. Diese Beziehung wurde von Carnot abgeleitet, aber sie wird die Clausius-Clapeyronsche Gleichung genannt.

Nun wollen wir Gl. (45.14) mit den Ergebnissen vergleichen, die aus der kinetischen Theorie abgeleitet wurden. Gewöhnlich ist V_G sehr viel größer als V_L. Folglich gilt $V_G - V_L \approx V_G = RT/P$ pro Mol. Wenn wir weiterhin annehmen, daß L eine von der Temperatur unabhängige Konstante ist – was keine sehr gute Näherung ist – dann würden wir $\partial P/\partial T = L/(RT^2P)$ haben. Die Lösung dieser Differentialgleichung lautet

$$P = \text{const}\, e^{-L/RT}. \tag{45.15}$$

Wir wollen dies mit der Druckänderung mit der Temperatur vergleichen, die wir früher aus der kinetischen Theorie abgeleitet hatten. Die kinetische Theorie zeigte zumindest grob die Möglichkeit, daß die Anzahl der Moleküle des Dampfes über einer Flüssigkeit

$$n = \left(\frac{1}{V_A}\right) e^{-(U_G - U_L)/RT} \tag{45.16}$$

sein würde, wobei $U_G - U_L$ die innere Energie pro Mol in der Flüssigkeit minus der inneren Energie pro Mol in dem Gas ist, d. h. die Energie, die benötigt wird, um ein Mol Flüssigkeit zu verdampfen. Die Gleichung (45.15) aus der Thermodynamik und die Gl. (45.16) aus der kinetischen Theorie sind sehr eng miteinander verknüpft, weil der Druck nkT ist, aber sie sind nicht exakt gleich. Es stellt sich jedoch heraus, daß sie exakt gleich sind, wenn wir annehmen, daß $L - U_G$ = konst. statt L = konst. ist. Wenn wir unabhängig von der Temperatur annehmen, daß $L - U_G$ = konst. gilt, dann bringt uns das Argument, das zu Gl. (45.15) führt, Gl. (45.16).

Dieser Vergleich zeigt die Vorteile und Nachteile der Thermodynamik gegenüber der kinetischen Theorie: Zuerst einmal ist die aus der Thermodynamik erhaltene Gl. (45.14) exakt, während Gl. (45.16) nur angenähert werden kann, z. B. wenn U praktisch konstant ist und wenn das Modell richtig ist. Zweitens können wir nicht genau verstehen, wie das Gas in die Flüssigkeit übergeht; trotzdem ist Gl. (45.14) richtig, während (45.16) nur eine Näherung ist. Drittens, obwohl unsere Behandlung für ein Gas gilt, das zu einer Flüssigkeit kondensiert, ist das Argument für jede beliebige andere Zustandsänderung gültig. Der Übergang fest-flüssig hat z. B. dieselbe Kurvenform, wie sie in Fig. 45–3 und 45–4 gezeigt wird. Wenn wir die latente Schmelzwärme M/Mol einführen, dann lautet die zu Gl. (45.14) analoge Formel $(\partial P_{\text{Schmelz}}/\partial T)_V = M/[T(V_{\text{Flüss.}} - V_{\text{Fest}})]$. Obwohl wir die kinetische Theorie des Schmelzprozesses nicht verstehen können, haben wir eine korrekte Gleichung.

Wenn wir jedoch die kinetische Theorie verstehen *können*, haben wir einen weiteren Vorteil. Gleichung (45.14) ist nur eine Differentialbeziehung, und wir haben keine Möglichkeit, die Integrationskonstanten zu erhalten. In der kinetischen Theorie können wir auch die Konstanten erhalten, wenn wir ein gutes Modell haben, das das Phänomen vollständig beschreibt. So haben beide Vor- und Nachteile. Wenn die Kenntnis gering und die Situation kompliziert ist, sind die thermodynamischen Beziehungen in der Tat besonders erfolgreich. Wenn die Situation sehr einfach ist und eine theoretische Analyse gemacht werden kann, dann ist es besser, zu versuchen, weitere Information aus einer theoretischen Analyse zu erhalten.

Ein weiteres Beispiel: Die Strahlung des schwarzen Körpers. Wir haben einen Behälter diskutiert, der nichts außer Strahlung enthält. Wir haben über das Gleichgewicht zwischen dem Oszillator und der Strahlung gesprochen. Wir haben außerdem gefunden, daß die Photonen, die die Wand des Behälters treffen, den Druck P ausüben, und wir stellten fest, daß $PV = U/3$ ist, wobei U die gesamte Energie aller Photonen und V das Volumen des Behälters ist. Wenn wir $U = 3PV$ in die Grundgleichung (45.7) einsetzen, finden wir

$$\left(\frac{\partial U}{\partial V}\right)_T = 3P = T\left(\frac{\partial P}{\partial T}\right)_V - P. \tag{45.17}$$

Da das Volumen unseres Behälters konstant ist, können wir $(\partial P/\partial T)_V$ durch dP/dT ersetzen, um eine gewöhnliche Differentialgleichung zu erhalten, die wir integrieren können: $\ln P = 4 \ln T +$ konstant oder $P =$ konstant $\times\ T^4$. Der Strahlungsdruck geht mit der vierten Potenz der Temperatur, und der Energieinhalt der Strahlung $U/V = P/3$ geht ebenso mit T^4. Gewöhnlich schreibt man $U/V = (4\sigma/c)T^4$, wobei c die Lichtgeschwindigkeit und σ eine Konstante ist. Es ist nicht möglich, σ allein aus der Thermodynamik zu erhalten. Hier ist ein gutes Beispiel ihrer Stärke und ihrer Grenzen. Das Wissen, daß U/V mit T^4 geht, ist eine Menge, aber das Wissen, wie groß U/V tatsächlich bei jeder beliebigen Temperatur ist, erfordert das Eindringen in das Detail, das nur eine vollständige Theorie ermöglichen kann. Für die Schwarzkörper-Strahlung haben wir eine solche Theorie und können einen Ausdruck für die Konstante σ in der folgenden Weise ableiten.

Sei $I(\omega)\,d\omega$ die Intensitätsverteilung oder der Energiefluß durch 1 m^2 in einer Sekunde mit Frequenzen zwischen ω und $\omega + d\omega$. Die Energiedichte-Verteilung = Energie/Volumen = $I(\omega)\,d\omega/c$ ist

$$\frac{U}{V} = \text{gesamte Energiedichte}$$

$$= \int_{\omega=0}^{\infty} \text{Energiedichte } \omega \text{ und } \omega + d\omega$$

$$= \int_0^{\infty} \frac{I(\omega)\,d\omega}{c}.$$

Aus unseren früheren Diskussionen wissen wir, daß

$$I(\omega) = \frac{\hbar\omega^3}{\pi^2 c^2 (e^{\hbar\omega/kT} - 1)}.$$

Wenn wir diesen Ausdruck für $I(\omega)$ in unsere Gleichung für U/V einsetzen, erhalten wir

$$\frac{U}{V} = \frac{1}{\pi^2 c^3} \int_0^\infty \frac{\hbar\omega^3\, d\omega}{e^{\hbar\omega/kT} - 1}.$$

Wenn wir $x = \hbar\omega/kT$ einsetzen, wird der Ausdruck zu

$$\frac{U}{V} = \frac{(kT)^4}{\hbar^3 \pi^2 c^3} \int_0^\infty \frac{x^3\, dx}{e^x - 1}.$$

Dieses Integral ist nun eine Zahl, die wir ungefähr erhalten können, indem wir eine Kurve zeichnen und die Fläche durch Zählen von Quadraten bestimmen. Sie beträgt ungefähr 6,5. Die Mathematiker unter uns können zeigen, daß das Integral exakt $\pi^4/15$* ist. Wenn wir diesen Ausdruck mit $U/V = (4\sigma/c)T^4$ vergleichen, finden wir

$$\sigma = \frac{k^4\pi^2}{60\hbar^3 c^2} = 5.67 \times 10^{-8} \frac{\text{Watt}}{(\text{Meter})^2\,(\text{Grad})^4}.$$

Wenn wir ein kleines Loch in unseren Behälter machen, wieviel Energie wird pro Sekunde durch das Loch mit der Einheitsfläche fließen? Um von der Energiedichte zum Energiefluß zu gelangen, multiplizieren wir die Energiedichte U/V mit c. Wir multiplizieren außerdem mit $\frac{1}{4}$, was wie folgt zustande kommt: Zuerst ein Faktor $\frac{1}{2}$, weil nur die fließende Energie *heraus*gelangt; zweitens ein weiterer Faktor $\frac{1}{2}$, weil die Energie, die sich dem Loch mit einem Winkel zur Normalen nähert, um einen Kosinusfaktor weniger erfolgreich im Entkommen durch das Loch ist. Der Mittelwert des Kosinus beträgt $\frac{1}{2}$. Jetzt ist klar, warum wir $U/V = (4\sigma/c)T^4$ schreiben: Damit wir schließlich sagen können, daß der Fluß aus einem kleinen Loch pro Einheitsfläche σT^4 beträgt.

---

* Da $(e^x - 1)^{-1} = e^{-x} + e^{-2x} + \ldots$ ist, beträgt das Integral

$$\sum_{n=1}^{\infty} \int_0^\infty e^{-nx} x^3\, dx.$$

Aber $\int_0^\infty e^{-nx}\, dx = 1/n$, und nach dreifacher Differentiation nach n ergibt sich $\int_0^\infty x^3 e^{-nx}\, dx = 6/n^4$, so daß das Integral $6\,(1 + \frac{1}{16} + \frac{1}{81} + \ldots)$ beträgt und man eine gute Abschätzung von der Addition der ersten Terme erhält. In Kapitel 50 werden wir eine Möglichkeit finden zu zeigen, daß die Summe der reziproken vierten Potenzen der natürlichen Zahlen in Wirklichkeit $\pi^4/90$ beträgt.

46 Knarre und Sperrhaken

46–1 Wie eine Knarre arbeitet

In diesem Kapitel diskutieren wir die Knarre mit Sperrhaken, eine sehr einfache Anordnung, die einer Welle die Drehung in nur einer Richtung erlaubt. Die Möglichkeit, daß sich etwas nur in einer Richtung dreht, erfordert eine ziemlich detaillierte und sorgfältige Analyse, und es gibt dabei einige sehr interessante Konsequenzen.

Der Plan zu dieser Diskussion kam bei dem Versuch, vom molekularen oder kinetischen Standpunkt aus eine grundlegende Erklärung für die Tatsache zu ersinnen, daß es einen maximalen Arbeitsbetrag gibt, der aus einer Wärmemaschine abgezogen werden kann. Natürlich haben wir den Kernpunkt des Carnotschen Arguments kennengelernt, aber es wäre hübsch, eine Erklärung zu finden, die solchermaßen grundlegend ist, daß wir sehen können, was physikalisch passiert. Es gibt nun komplizierte mathematische Darstellungen, die aus den Newtonschen Gesetzen folgen, mit denen man zeigen kann, daß man nur einen bestimmten Arbeitsbetrag erhalten kann, wenn Wärme von einer Stelle zu einer anderen fließt, aber es macht große Schwierigkeiten, dieses in eine elementare Demonstration zu übertragen. Kurz gesagt verstehen wir es nicht, obwohl wir der Mathematik folgen können.

In der Carnotschen Argumentation wird die Tatsache, daß nicht mehr als ein bestimmter Arbeitsbetrag abgezogen werden kann, wenn man von einer Temperatur zu einer anderen übergeht, von einem anderen Axiom abgeleitet; dieses besagt, wenn sich alles auf derselben Temperatur befindet, so kann Wärme nicht mit Hilfe eines Kreisprozesses in Arbeit umgewandelt werden. Wir wollen dies zunächst zurückstellen und in wenigstens einem elementaren Beispiel einsehen, warum diese einfachere Behauptung richtig ist.

Wir wollen versuchen, eine Anordnung zu erfinden, die das Zweite Gesetz der Thermodynamik verletzt, d. h. eine Vorrichtung, die Arbeit aus einem Wärmereservoir erzeugt, wenn sich alles auf derselben Temperatur befindet. Sagen wir, wir haben einen Gasbehälter bei einer bestimmten Temperatur und darin ein Flügelrad. (Siehe Fig. 46–1, aber mit, sagen wir, $T_1 = T_2 = T$.) Wegen des Bombardements der Gasmoleküle auf das Flügelrad schwingt und zappelt dieses.

Nun müssen wir lediglich am anderen Ende der Achse ein Rad befestigen, welches sich nur in einer Richtung drehen kann – die Knarre mit dem Sperrhaken. Wenn dann

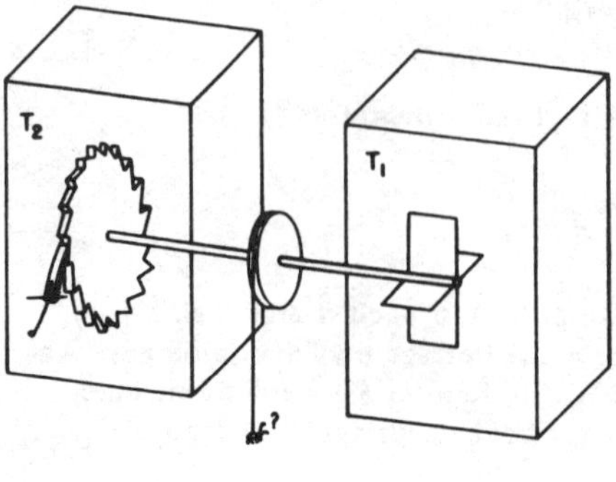

Fig. 46–1. Die Maschine mit Knarre und Sperrhaken.

die Welle versucht, sich in der einen Richtung zu bewegen, wird sie sich nicht drehen, und wenn sie anders herum zappelt, wird sie sich drehen. Dann wird sich das Rad langsam drehen, und vielleicht könnten wir sogar einen Floh an einem Faden befestigen, der von einer Spule auf der Welle herunterhängt, und ihn anheben! Fragen wir nun, ob dies möglich ist. Entsprechend der Carnotschen Hypothese ist es unmöglich. Aber wenn wir einfach so hinschauen, sehen wir, *prima facie,* daß es durchaus möglich erscheint. Folglich müssen wir es etwas näher betrachten. Wenn wir uns die Knarre und den Sperrhaken ansehen, erkennen wir in der Tat eine ganze Anzahl von Schwierigkeiten.

Zuerst einmal ist unsere idealisierte Knarre so einfach wie möglich, aber auch so gibt es einen Sperrhaken und es muß sich eine Feder in dem Sperrhaken befinden. Der Sperrhaken muß zurückspringen, wenn er von einem Zahn abrutscht, und folglich ist die Feder notwendig.

Ein weiteres sehr wesentliches Merkmal dieser Knarre mit Sperrhaken ist nicht im Bild gezeigt. Nehmen wir an, die Vorrichtung sei aus vollkommen elastischen Teilen gemacht. Nachdem der Sperrhaken von der Spitze eines Zahnes abgehoben und von der Feder zurückgezogen wird, wird er gegen das Rad springen und immer wieder zurückfallen. Wenn dann eine weitere Fluktuation kommt, könnte sich das Rad anders herum drehen, weil der Zahn in dem Moment unten durchschlüpfen kann, wenn der Sperrhaken oben ist! Deshalb besteht ein wesentlicher Teil der Irreversibilität unseres Rades in einem Dämpfungs- oder Drosselmechanismus, der das Abprallen stoppt. Wenn die Dämpfung wirkt, geht natürlich die Energie, die sich im Sperrhaken befand, in das Rad über und zeigt sich als Wärme. Wenn es sich also dreht, wird das Rad wärmer und wärmer. Um die Sache zu vereinfachen, können wir das Rad mit Gas umgeben, das etwas Wärme aufnehmen kann. Auf jeden Fall sagen wir, daß die Temperatur des Gases stetig mit der des Rades anwächst. Wird es immer so weitergehen? Nein! Die Knarre und der Sperrhaken befinden sich beide auf irgendeiner Temperatur T und besitzen auch Brownsche Bewegung. Diese Bewegung ist derart, daß ab und zu durch einen Zufall der Sperrhaken sich hoch- und über einen Zahn hinweghebt, und zwar gerade in dem Moment, wenn die Brownsche Bewegung in dem Flügelrad versucht, die Achse rückwärts zu drehen. Und wenn alles heißer wird, geschieht dies immer öfter.

Dies also ist der Grund dafür, daß diese Anordnung nicht in dauernder Bewegung arbeitet. Wenn das Flügelrad angestoßen wird, hebt sich manchmal der Sperrhaken hoch und rutscht über die Spitze. Manchmal hat sich jedoch, wenn es sich anders herum drehen will, der Sperrhaken wegen der Fluktuationen der Bewegungen auf der Radseite schon angehoben, und das Rad dreht sich in der anderen Richtung zurück! Das resultierende Ergebnis ist gleich Null. Es ist nicht schwer, zu demonstrieren, daß es keine resultierende mittlere Bewegung des Rades gibt, wenn die Temperatur auf beiden Seiten gleich ist. Natürlich wird das Rad ziemlich viel hin- und herzappeln, aber es wird nicht das tun, was wir gern möchten, sich nämlich nur in einer Richtung drehen.

Wir wollen uns den Grund dafür ansehen. Es ist notwendig, Arbeit gegen die Feder zu leisten, um den Sperrhaken bis zur Spitze eines Zahnes anzuheben. Wir wollen diese Energie ϵ nennen und den Winkel zwischen den Zähnen mit θ bezeichnen. Die Wahrscheinlichkeit, daß das System genug Energie, nämlich ϵ, speichern kann, um den Sperrhaken über die Spitze des Zahnes zu bekommen, beträgt $e^{-\epsilon/kT}$. Aber die Wahrscheinlichkeit, daß der Sperrhaken zufällig oben sein wird, beträgt auch $e^{-\epsilon/kT}$. Folglich ist die Anzahl der Fälle, daß der Sperrhaken oben ist und das Rad sich frei rückwärts drehen kann, gleich der Anzahl der Fälle, daß wir genügend Energie haben, um es vorwärts zu drehen, wenn der Sperrhaken unten liegt. Folglich erhalten wir einen „Ausgleich", und das Rad dreht sich nicht.

46–2 Die Knarre als Maschine

Gehen wir nun weiter. Nehmen wir das Beispiel, bei dem die Temperatur des Flügelrades T_1 und die Temperatur des Rades oder der Knarre T_2 beträgt, wobei T_2 kleiner als T_1 ist. Weil das Rad kalt ist und die Fluktuationen des Sperrhakens relativ selten sind, wird es für den Sperrhaken sehr schwer sein, eine Energie ϵ zu erhalten. Wegen der hohen Temperatur T_1 werden die Flügel oft die Energie ϵ erhalten, und folglich wird unsere Vorrichtung sich wie geplant in eine Richtung drehen.

Wir möchten nun gern sehen, ob sie Gewichte heben kann. Wir binden einen Faden an die Trommel in der Mitte und befestigen ein Gewicht wie unseren Floh an dem Faden. L soll das Drehmoment entsprechend diesem Gewicht sein. Wenn L nicht zu groß ist, wird unsere Maschine das Gewicht heben, weil die Brownschen Bewegungen sie mit größerer Wahrscheinlichkeit in die eine Richtung als in die andere bewegen werden. Wir wollen herausfinden, wieviel Gewicht sie heben kann, wie schnell sie sich dreht usw.

Zuerst betrachten wir eine Vorwärtsbewegung, die gewöhnliche Weise, wie man eine Knarre auslegt. Wieviel Energie muß vom Ende des Flügels entliehen werden, um einen Schritt vorwärts zu machen? Wir müssen einen Energiebetrag ϵ entleihen, um den Sperrhaken zu heben. Das Rad dreht sich um einen Winkel θ gegen ein Drehmoment L, so daß wir außerdem die Energie $L\theta$ benötigen. Der gesamte Energiebetrag, den wir entleihen müssen, beträgt folglich $\epsilon + L\theta$. Die Wahrscheinlichkeit, daß wir diese Energie erhalten, ist proportional zu $e^{-(\epsilon+L\theta)/kT_1}$. Tatsächlich ist die Frage nicht nur, wie diese Energie zu erhalten ist, sondern wir möchten auch gern wissen, wie oft wir diese Energie pro Sekunde erhalten. Die Wahrscheinlichkeit pro Sekunde ist proportional zu $e^{-(\epsilon+L\theta)/kT_1}$, und wir werden die Proportionalitätskonstante $1/\tau$ nennen. Sie wird zum Schluß sowieso herausfallen. Wenn ein Vorwärtsschritt stattfindet, beträgt die an dem Gewicht geleistete Arbeit $L\theta$. Die von dem Flügelrad entnommene Energie beträgt $\epsilon + L\theta$. Die Feder wird mit der Energie ϵ hochgehoben, und dann geht es Ratter, Ratter, Bumm, und diese Energie geht in Wärme über. Alle entnommene Energie dient zum Heben des Gewichtes und zum Betreiben des Sperrhakens, der dann zurückfällt und Wärme an die andere Seite abgibt.

Nun betrachten wir den umgekehrten Fall, also die Rückwärtsbewegung. Was geschieht hierbei? Um das Rad rückwärts zu drehen, müssen wir nur für die Energie sorgen, um den Sperrhaken hoch genug abzuheben, daß die Knarre unten durchschlüpfen wird. Dies ist ebenso die Energie ϵ. Unsere Wahrscheinlichkeit pro Sekunde für das Anheben des Sperrhakens auf diese Höhe beträgt nun $(1/\tau)e^{-\epsilon/kT_2}$. Unsere Proportionalitätskonstante ist dieselbe, aber diesmal hebt sich kT_2 wegen der unterschiedlichen Temperatur ab. Wenn dies geschieht, wird Arbeit frei, weil das Rad zurückrutscht. Es überspringt einen Zahn, so daß die Arbeit $L\theta$ frei wird. Die aus dem System der Knarre entnommene Energie beträgt ϵ, und die an das Gas bei T_1 auf der Seite des Flügelrades abgegebene Energie beträgt $L\theta + \epsilon$.

Man muß etwas darüber nachdenken, um den Grund dafür zu sehen. Angenommen, der Sperrhaken hat sich zufällig durch eine Fluktuation angehoben. Wenn er dann zurückfällt und die Feder ihn gegen den Zahn stößt, tritt eine Kraft auf, die versucht, das Rad zu drehen, weil der Zahn gegen eine schiefe Ebene stößt. Diese Kraft leistet Arbeit, ebenso wie die durch das Gewicht erzeugte Kraft. Beide zusammen er-

Tabelle 46–1

Zusammenfassung der Wirkungsweise der Knarre mit dem Sperrhaken.

Vorwärts:	Benötigte Energie	$\epsilon + L\theta$ vom Flügelrad. ∴ Häufigkeit = $\frac{1}{T} e^{-(L\theta + \epsilon)/kT_1}$	
	Entnahme vom Flügelrad	$L\theta + \epsilon$	
	Geleistete Arbeit	$L\theta$	
	Abgabe an die Knarre	ϵ	
Rückwärts:	Benötigte Energie	ϵ für den Sperrhaken. ∴ Häufigkeit = $\frac{1}{T} e^{-\epsilon/kT_2}$	
	Entnahme von der Knarre	ϵ	Wie oben, nur mit umgekehrten Vorzeichen.
	Frei werdende Arbeit	$L\theta$	
	Abgabe an Flügelrad	$L\theta + \epsilon$	

Wenn das System reversibel ist, sind die Häufigkeiten gleich und somit $\frac{\epsilon + L\theta}{T_1} = \frac{\epsilon}{T_2}$.

$\frac{\text{Wärme an die Knarre}}{\text{Wärme vom Flügelrad}} = \frac{\epsilon}{L\theta + \epsilon}$. Damit gilt $\frac{Q_2}{Q_1} = \frac{T_2}{T_1}$.

geben also die Gesamtkraft, und die gesamte Energie, die langsam frei wird, erscheint im Flügelrad als Wärme. (Natürlich muß es wegen der Energieerhaltung so sein, aber man muß den Sachverhalt sorgfältig durchdenken!) Wir stellen fest, daß alle diese Energien genau gleich sind, aber mit umgekehrten Vorzeichen. Abhängend davon, welche dieser beiden Häufigkeiten größer ist, wird so das Gewicht entweder langsam angehoben oder langsam hinuntergelassen. Natürlich zappelt es dauernd herum, indem es für einen Augenblick hoch- und für einen Augenblick heruntergeht, aber wir sprechen über das mittlere Verhalten.

Nehmen wir an, daß für ein bestimmtes Gewicht die Häufigkeiten zufällig gleich sind. Dann fügen wir ein infinitesimales Gewicht an dem Faden hinzu. Das Gewicht wird langsam herunter gehen, und an der Maschine wird Arbeit geleistet. Energie wird von dem Rad entnommen und an die Flügel abgegeben. Wenn wir statt dessen ein kleines Gewicht wegnehmen, zeigt das Übergewicht in die andere Richtung. Das Gewicht wird angehoben, und Wärme wird von den Flügeln entnommen und in das Rad hineingesteckt. Folglich haben wir die Bedingungen des reversiblen Carnotschen Kreisprozesses, vorausgesetzt, daß das Gewicht gerade so groß ist, daß beide gleich sind. Diese Bedingung besagt offenbar, daß $(\epsilon + L\theta)/T_1 = \epsilon/T_2$. Sagen wir mal, daß die Maschine langsam das Gewicht anhebt. Die Energie Q_1 wird von den Flügeln entnommen und die Energie Q_2 wird an das Rad abgegeben, und diese Energien stehen im Verhältnis $(\epsilon + L\theta)/\epsilon$. Wenn wir das Gewicht verkleinern, haben wir ebenso $Q_1/Q_2 = (\epsilon + L\theta)/\epsilon$. Folglich (Tabelle 46–1) erhalten wir

$$Q_1/Q_2 = T_1/T_2.$$

Außerdem verhält sich die Arbeit, die wir herausbekommen, zur Energie, die wir von dem Flügelrad übernehmen, wie $L\theta$ zu $L\theta + \epsilon$ und somit wie $(T_1 - T_2)/T_1$. Wir sehen also, daß unsere Vorrichtung bei reversibler Arbeitsweise nicht mehr Arbeit herausholen kann. Dieses Ergebnis hatten wir nach dem Carnotschen Argument erwartet; es ist das Hauptergebnis dieser Vorlesung. Jedoch können wir unsere Vorrichtung dazu benutzen, einige andere Phänomene zu verstehen, selbst außerhalb des Gleichgewichts und damit außerhalb des Bereiches der Thermodynamik.

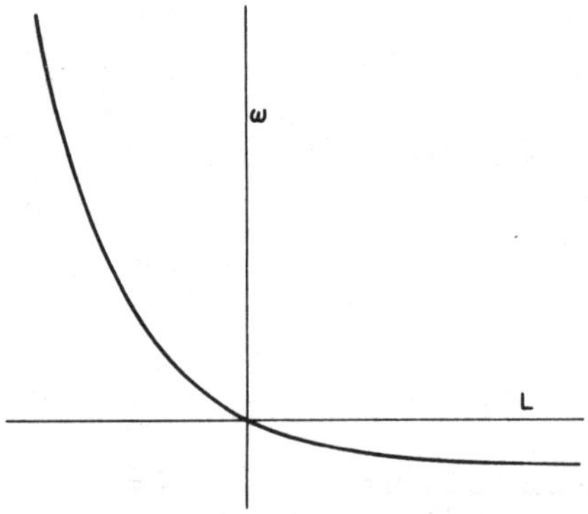

Fig. 46–2. Winkelgeschwindigkeit der Knarre als Funktion des Drehmoments.

Wir wollen nun berechnen, *wie schnell* sich unsere Einweg-Vorrichtung drehen würde, wenn alles die gleiche Temperatur hätte und wir ein Gewicht an die Trommel hängen würden. Wenn wir sehr stark ziehen, gibt es natürlich Komplikationen aller Art. Der Sperrhaken rutscht über die Knarre oder die Feder bricht oder sonstwas. Aber nehmen wir an, wir ziehen sanft genug, so daß alles gut klappt. Unter diesen Umständen ist die obige Analyse richtig für die Wahrscheinlichkeit, daß sich das Rad vorwärts oder rückwärts dreht, wenn wir uns daran erinnern, daß die beiden Temperaturen gleich sind. Bei jedem Schritt erhält man einen Winkel θ, so daß die Winkelgeschwindigkeit θ mal die Wahrscheinlichkeit eines dieser Sprünge pro Sekunde ist. Es dreht sich vorwärts mit der Wahrscheinlichkeit $(1/\tau)e^{-(\epsilon + L\theta)/kT}$ und rückwärts mit der Wahrscheinlichkeit $(1/\tau)e^{-\epsilon/kT}$, so daß wir für die Winkelgeschwindigkeit erhalten

$$\begin{aligned} \omega &= (\theta/\tau)e^{-(\epsilon+L\theta)/kT} - e^{-\epsilon/kT} \\ &= (\theta/\tau)e^{-\epsilon/kT}(e^{-L\theta/kT} - 1). \end{aligned} \tag{46.1}$$

Wenn wir ω gegen L auftragen, erhalten wir die in Fig. 46–2 gezeigte Kurve. Wir sehen, daß es einen großen Unterschied macht, ob L positiv oder negativ ist. Wenn L im positiven Bereich anwächst, was auftritt, wenn wir versuchen, das Rad rückwärts zu drehen, dann nähert sich die Rückwärtsgeschwindigkeit einer Konstanten. Wenn L negativ wird, dann „rennt ω richtig davon", da e mit einer enormen Potenz sehr groß ist!

Die bei verschiedenen Kräften erhaltene Winkelgeschwindigkeit ist folglich sehr unsymmetrisch. Das Drehen in einer Richtung ist sehr leicht: Wir erhalten eine große Winkelgeschwindigkeit bei einer kleinen Kraft. Wenn wir andersherum gehen, können wir viel Kraft einsetzen, und dennoch wird sich das Rad kaum drehen.

Dasselbe finden wir bei einem *elektrischen Gleichrichter.* Statt der Kraft haben wir das elektrische Feld und statt der Winkelgeschwindigkeit haben wir den elektrischen Strom. Im Falle eines Gleichrichters ist die Spannung nicht proportional zum Widerstand, und die Situation ist unsymmetrisch. Dieselbe Analyse, die wir für den mechanischen Gleichrichter gemacht haben, trifft auch für einen elektrischen Gleichrichter zu. Tatsächlich ist die Art Formel, die wir oben erhalten haben, typisch für das Vermögen von Gleichrichtern, als Funktion ihrer Spannungen Strom zu leiten.

Nun wollen wir alle Gewichte wegnehmen und die ursprüngliche Maschine betrachten. Wenn T_2 geringer als T_1 wäre, würde sich die Knarre, wie jeder vermuten würde, vorwärts drehen. Was aber auf den ersten Blick kaum zu glauben ist, ist die Umkehrung. Wenn T_2 größer als T_1 ist, dreht sich die Knarre in der umgekehrten Richtung! Eine dynamische Knarre, die viel Wärme enthält, treibt sich selbst rückwärts, weil der Knarrensperrhaken zurückprallt. Wenn sich der Sperrhaken für einen Moment irgendwo auf der schiefen Ebene befindet, schiebt er die schiefe Ebene zur Seite. Aber er drückt *andauernd* auf eine schiefe Ebene, denn wenn er zufällig hoch genug kommt, um die Spitze eines Zahnes zu passieren, rutscht die schiefe Ebene vorbei und er fällt wieder auf eine schiefe Ebene herunter. Folglich ist eine heiße Knarre mit Sperrhaken ideal dafür gemacht, sich genau entgegengesetzt zu der Seite zu drehen, für die sie ursprünglich ausgelegt worden war!

Trotz all unserer Gewitztheit bei der unsymmetrischen Auslegung gibt es keine Neigung dafür, sich mehr in die eine als in die andere Richtung zu drehen, wenn die beiden Temperaturen exakt gleich sind. In dem Moment, in dem wir es betrachten, mag es sich in der einen oder der anderen Richtung drehen, aber während einer langen Laufzeit gelangt es nirgendwohin. Die Tatsache, daß es nirgendwohin gelangt, ist wirklich das fundamentale, tiefgründige Prinzip, auf dem die ganze Thermodynamik basiert.

46–3 Reversibilität in der Mechanik

Welches tiefsinnige mechanische Prinzip sagt uns, daß sich bei einer langen Laufzeit, wenn die Temperatur überall gleich gehalten wird, unsere Vorrichtung weder nach rechts noch nach links drehen wird? Es gibt offenbar eine fundamentale Aussage, daß es keine Möglichkeit der Auslegung einer Maschine gibt, die, sich selbst überlassen, sich nach ausreichend langer Zeit mit größerer Wahrscheinlichkeit in die eine Richtung als in die andere drehen wird. Wir müssen versuchen einzusehen, wie dies aus den Gesetzen der Mechanik folgt.

Die Gesetze der Mechanik laufen etwa wie folgt: Die Masse mal der Beschleunigung ist die Kraft, und die Kraft auf jedes Teilchen ist irgendeine komplizierte Funktion der Lage aller anderen Teilchen. Es gibt andere Fälle, bei denen Kräfte von der Geschwindigkeit abhängen, wie etwa beim Magnetismus, aber das wollen wir jetzt nicht betrachten. Wir nehmen einen einfacheren Fall, wie den der Schwerkraft, bei dem die Kräfte nur von der Lage abhängen. Nun nehmen wir an, daß wir unser Gleichungssystem gelöst haben und eine bestimmte Bewegung $x(t)$ für jedes Teilchen haben. Bei einem ausreichend komplizierten System sind die Lösungen sehr kompliziert, und was mit der Zeit geschieht, stellt sich als sehr überraschend heraus. Wenn wir irgendeine Anordnung, die uns für die Teilchen gefällt, niederschreiben, werden wir sehen, daß diese Anordnung tatsächlich auftritt, wenn wir lange genug warten! Wenn wir unserer Lösung eine ausreichend lange Zeit folgen, versucht sie sozusagen alles, was sie kann. Dies ist nicht absolut notwendig bei den einfachsten Anordnungen, aber wenn die Systeme ausreichend kompliziert werden, mit genügend Atomen, tritt es auf. Nun gibt es noch etwas, was die Lösung tun kann. Wenn wir die Bewegungsgleichungen lösen, könnten wir gewisse

Funktionen wie $t + t^2 + t^3$ erhalten. Wir behaupten, daß eine weitere Lösung $- t + t^2 - t^3$ sein würde. Wenn wir mit anderen Worten überall $- t$ für t in der gesamten Lösung austauschen, erhalten wir wiederum eine Lösung für dieselbe Gleichung. Dies folgt aus der Tatsache, daß sich nichts ändert, wenn wir $- t$ für t in der ursprünglichen Differentialgleichung einsetzen, weil nur zweite Ableitungen bezüglich t erscheinen. Das heißt, wenn wir eine bestimmte Bewegung haben, dann ist auch die exakt entgegengesetzte Bewegung möglich. Bei dem vollständigen Durcheinander, das auftritt, wenn wir lange genug warten, findet das System sich manchmal bei der Bewegung in der einen Richtung und manchmal bei der Bewegung in der anderen Richtung. Es gibt nichts Reizvolleres an der einen Bewegung als an irgendeiner anderen. Folglich ist es unmöglich, eine Maschine zu ersinnen, die sich auf lange Sicht mit größerer Wahrscheinlichkeit in die eine Richtung als in die andere bewegt, wenn die Maschine genügend kompliziert ist.

Man könnte sich ein Beispiel ausdenken, für das dies offenbar falsch ist. Wenn wir z. B. ein Rad nehmen und es im leeren Raum drehen, wird es sich ewig in derselben Richtung drehen. Folglich gibt es einige Bedingungen wie die der Erhaltung des Drehimpulses, die das obige Argument verletzen. Dies erfordert nur, daß das Argument mit etwas mehr Sorgfalt gemacht wird. Vielleicht nehmen die Wände den Drehimpuls auf oder so etwas, so daß wir keine speziellen Erhaltungsgesetze haben. Wenn dann das System kompliziert genug ist, ist das Argument richtig. Es basiert auf der Tatsache, daß die Gesetze der Mechanik reversibel sind.

Aus historischem Interesse möchten wir gern auf eine Anordnung hinweisen, die von Maxwell erfunden wurde, der als erster die dynamische Gastheorie ausgearbeitet hat. Er nahm die folgende Situation an: Wir haben zwei Gasbehälter auf gleicher Temperatur mit einem kleinen Loch dazwischen. Am Loch sitzt ein kleiner Geist (der natürlich eine Maschine sein kann!). Das Loch hat eine Tür, die von dem Geist geöffnet oder geschlossen werden kann. Er beobachtet die von links kommenden Moleküle. Immer, wenn er ein schnelles Molekül sieht, öffnet er die Tür. Wenn er ein langsames sieht, hält er sie geschlossen. Wenn er ein ganz besonderer Geist sein soll, kann er auch Augen hinten am Kopf haben und so für die Moleküle auf der anderen Seite das Entgegengesetzte machen. Er läßt die langsamen nach links und die schnellen nach rechts durch. Sehr bald wird die linke Seite kalt und die rechte Seite warm werden. Sind dann die Ideen der Thermodynamik verletzt, wenn wir einen solchen Geist haben könnten?

Wenn wir einen Geist von endlicher Größe herstellen, stellt sich heraus, daß der Geist selbst so warm wird, daß er nach kurzer Zeit nicht sehr gut sehen kann. Der einfachste mögliche Geist wäre z. B. eine Falltür, die oberhalb des Loches von einer Feder gehalten wird. Ein schnelles Molekül kommt hindurch, weil es die Falltür anheben kann. Das langsame Molekül kann nicht hindurch gelangen und prallt zurück. Aber diese Anordnung ist nichts anderes als unsere Knarre mit dem Sperrhaken in einer anderen Form, und letztlich wird sich der Mechanismus aufheizen. Wenn wir annehmen, daß die spezifische Wärme des Geistes nicht unendlich ist, muß er sich aufheizen. Er hat nur eine endliche Zahl innerer Getriebe und Räder, so daß er die zusätzliche Wärme, die er bei der Beobachtung der Moleküle aufnimmt, nicht loswerden kann. Bald wird er von der Brownschen Bewegung so stark geschüttelt, daß er nicht mehr sagen kann, ob er kommt oder geht, und noch viel weniger, ob die Moleküle kommen oder gehen, und so ist er arbeitsunfähig.

46–4 Irreversibilität

Sind alle Gesetze der Physik reversibel? Offenbar nicht! Versuchen wir nur, Rührei wieder zurückzuverwandeln! Lassen wir einen Film rückwärts laufen, und es dauert nur wenige Minuten, bis jedermann lacht. Die natürlichste Eigenschaft aller Phänomene ist ihre offensichtliche Irreversibilität.

Woher kommt die Irreversibilität? Sie kommt nicht aus den Newtonschen Gesetzen. Wenn wir behaupten, daß das Verhalten aller Dinge letztlich durch die Gesetze der Physik zu verstehen ist, und wenn sich außerdem herausstellt, daß alle diese Gleichungen die phantastische Eigenschaft haben, daß wir mit $t = -t$ eine weitere Lösung haben, dann ist jedes Phänomen reversibel. Wie kommt es dann in der Natur in großem Umfang dazu, daß die Dinge nicht reversibel sind? Offenbar muß es irgendein Gesetz, irgendeine seltsame, aber grundlegende Gleichung geben, vielleicht in der Elektrizität oder etwa in der Neutrinophysik, wo es *doch* etwas *ausmacht,* in welcher Richtung die Zeit verläuft.

Wir wollen diese Frage jetzt diskutieren. Wir kennen schon eines dieser Gesetze, das besagt, daß die Entropie dauernd anwächst. Wenn wir einen warmen und einen kalten Gegenstand haben, geht die Wärme von dem warmen zum kalten über. Folglich ist das Entropiegesetz ein solches Gesetz. Aber wir erwarten, daß wir das Gesetz der Entropie vom Standpunkt der Mechanik aus verstehen. Tatsächlich haben wir gerade erfolgreich alle Konsequenzen des Arguments gefunden, daß Wärme nicht aus rein mechanischen Gründen von selbst zurückfließen kann, und dadurch haben wir das Verständnis des Zweiten Gesetzes erreicht. Offenbar können wir Irreversibilität aus reversiblen Gleichungen erhalten. Aber *war* es *nur* ein mechanisches Argument, das wir benutzten? Wir wollen es uns genauer ansehen.

Da unsere Frage mit der Entropie zu tun hat, besteht unser Problem in dem Versuch, eine mikroskopische Beschreibung der Entropie zu finden. Wenn wir sagen, daß wir einen bestimmten Energiebetrag in irgend etwas wie einem Gas haben, dann können wir ein mikroskopisches Bild davon erhalten und sagen, daß jedes Atom eine bestimmte Energie hat. Alle diese Energien zusammenaddiert ergeben die gesamte Energie. Vielleicht hat in ähnlicher Weise jedes Atom eine bestimmte Entropie. Wenn wir alles aufaddieren, würden wir die gesamte Entropie erhalten. Es funktioniert nicht so gut, aber wir wollen sehen, was geschieht.

Als Beispiel berechnen wir die Entropiedifferenz zwischen einem Gas bei einer bestimmten Temperatur bei einem Volumen und einem Gas bei derselben Temperatur bei einem anderen Volumen. Wir erinnern uns, daß wir im Kapitel 44 für die Entropieänderung folgendes hatten:

$$\Delta S = \int \frac{dQ}{T}\,.$$

Im vorliegenden Fall ist die Energie des Gases dieselbe vor und nach der Expansion, da sich die Temperatur nicht ändert. Folglich müssen wir genug Wärme hinzufügen, um die von dem Gas geleistete Arbeit auszugleichen, oder es gilt für jede kleine Volumenänderung

$$dQ = P\,dV.$$

Wenn wir dies für dQ einsetzen, erhalten wir

$$\Delta S = \int_{V_1}^{V_2} P\,\frac{dV}{T} = \int_{V_1}^{V_2} \frac{NkT}{V}\,\frac{dV}{T} = Nk \ln \frac{V_2}{V_1},$$

wie wir es in Kapitel 44 erhalten hatten. Wenn wir das Volumen z. B. um den Faktor 2 ausdehnen, beträgt die Entropieänderung $Nk \ln 2$.

Wir wollen nun ein weiteres interessantes Beispiel betrachten. Angenommen, wir haben einen Behälter mit einer Trennwand in der Mitte. Auf der einen Seite befindet sich Neon („schwarze" Moleküle) und auf der anderen Argon („weiße" Moleküle). Nun nehmen wir die Trennwand heraus und lassen sie sich vermischen. Wie sehr hat sich die Entropie geändert? Man kann sich vorstellen, daß man statt der Trennwand einen Kolben mit Löchern darin hat, der die weißen durchläßt, aber nicht die schwarzen, und eine andere Art von Kolben, der gerade umgekehrt wirkt. Wenn wir jeweils einen Kolben zu einem Ende schieben, sehen wir, daß das Problem für jedes Gas wie das ist, was wir gerade gelöst haben. Folglich erhalten wir eine Entropieänderung $Nk \ln 2$, was bedeutet, daß die Entropie pro Molekül um $k \ln 2$ angewachsen ist. Die 2 hat mit dem Extraraum zu tun, den das Molekül einnimmt, was ziemlich eigenartig ist. Es ist nicht eine Eigenschaft des Moleküls selbst, sondern davon, *wieviel* Raum das Molekül hat, um darin herumzulaufen. Dies ist eine seltsame Situation, bei der die Entropie anwächst, wo aber alles dieselbe Temperatur und dieselbe Energie hat! Der einzige Punkt, der sich geändert hat, ist, daß die Moleküle anders verteilt sind.

Wir wissen sehr gut, wenn wir die Trennwand herausziehen, so wird sich nach langer Zeit entsprechend den Kollisionen, dem Gezappel und dem Stoßen usw. alles vermischt haben. Ab und zu eilt ein weißes Molekül auf ein schwarzes zu und ein schwarzes bewegt sich auf ein weißes zu, und vielleicht kommen sie aneinander vorbei. Allmählich schlängeln sich die weißen durch Zufall hinüber ins Gebiet der schwarzen und die schwarzen winden sich durch Zufall in das Gebiet der weißen. Wenn wir lange genug warten, erhalten wir eine Mischung. Natürlich ist dies ein irreversibler Prozeß in der realen Welt und sollte ein Anwachsen der Entropie einschließen.

Hier haben wir ein einfaches Beispiel eines irreversiblen Prozesses, der sich vollständig aus reversiblen Ereignissen zusammensetzt. Jedesmal, wenn es einen Zusammenstoß zwischen zwei beliebigen Molekülen gibt, fliegen sie in bestimmten Richtungen davon. Wenn wir einen Film eines Zusammenstoßes rückwärts zeigen würden, würde nichts an dem Film falsch sein. Tatsächlich ist die eine Art der Kollision genauso wahrscheinlich wie eine andere. So ist das Mischen vollständig reversibel und doch irreversibel. Jedermann weiß, wenn wir mit weißen und schwarzen getrennt begannen, so erhalten wir innerhalb weniger Minuten eine Mischung. Wenn wir uns hinsetzen und diese für einige weitere Minuten beobachten würden, würden sie sich nicht wieder trennen, sondern vermischt bleiben. Folglich haben wir eine Irreversibilität, die auf reversiblen Situationen beruht. Aber jetzt sehen wir auch den *Grund.* Wir fingen mit einer Anordnung an, die in einem gewissen Sinne *geordnet* ist. Durch das Chaos der Kollisionen wird sie ungeordnet. *Es ist die Änderung von einer geordneten Anordnung zu einer ungeordneten Anordnung, die die Quelle der Irreversibilität ist.*

Es ist richtig, wenn wir einen Film davon aufnehmen und ihn rückwärts zeigen würden, so würden wir sehen, wie es allmählich geordnet wird. Irgend jemand würde sagen: „Das widerspricht den Gesetzen der Physik!" Also würden wir den Film noch einmal abfahren und würden uns jede Kollision angucken. Jede würde vollkommen sein und jede würde den Gesetzen der Physik gehorchen. Der Grund ist natürlich, daß die Geschwindigkeiten aller Moleküle genau richtig sind, so daß sie zurück zu ihren ursprünglichen Plätzen gelangen, wenn die Wege zurückverfolgt werden. Aber das Eintreten dieses Falles ist sehr unwahrscheinlich. Wenn wir mit dem Gas in keiner besonderen Anordnung beginnen, einfach nur schwarz und weiß, dann wird man niemals zurückgelangen.

46–5 Ordnung und Entropie

Also müssen wir jetzt darüber sprechen, was wir mit Unordnung und was wir mit Ordnung meinen. Es ist nicht eine Frage einer angenehmen Ordnung oder einer unangenehmen Unordnung. Worin sich unsere vermischten und unvermischten Fälle unterscheiden, ist das folgende. Angenommen, wir teilen den Raum in kleine Volumenelemente auf. Wenn wir weiße und schwarze Moleküle haben, auf wieviele verschiedene Arten könnten wir sie dann in die Volumenelemente aufteilen, so daß sich die weißen auf der einen und die schwarzen auf der anderen Seite befinden? Und wieviele Möglichkeiten gibt es andererseits, sie ohne Einschränkung, wo welches hinkommt, zu verteilen? Natürlich gibt es viel mehr Möglichkeiten, sie in dem letzteren Fall anzuordnen. Wir messen „Unordnung" durch die Zahl der Möglichkeiten, wie sie innen angeordnet werden können, so daß es von außen gleich aussieht. *Der Logarithmus dieser Zahl der Möglichkeiten ist die Entropie.* Die Zahl der Möglichkeiten in dem getrennten Fall ist geringer, und folglich ist die Entropie geringer oder die „Unordnung" ist geringer.

So können wir mit der obigen technischen Definition der Unordnung die Behauptung verstehen. Erstens gibt die Entropie die Unordnung an. Zweitens geht das Universum immer von der „Ordnung" in die „Unordnung" über, so daß die Entropie dauernd anwächst. Ordnung ist nicht Ordnung in dem Sinne, daß wir die Anordnung leiden mögen, sondern in dem Sinne, daß die Anzahl der verschiedenen Möglichkeiten, in der wir sie einrichten können und sie trotzdem von außen gleich aussieht, relativ begrenzt ist. In dem Fall, in dem wir den Film unseres Gasmischens rückwärts ablaufen ließen, gab es nicht so viel Unordnung, wie wir dachten. Jedes einzelne Atom hatte exakt die richtige Geschwindigkeit und Richtung, um zum richtigen Platz zu gelangen! Die Entropie war letztlich doch nicht groß, auch wenn es so schien.

Wie steht es mit der Reversibilität der anderen physikalischen Gesetze? Als wir über das elektrische Feld sprachen, das von der beschleunigten Ladung erzeugt wird, wurde gesagt, daß wir das retardierte Feld nehmen müssen. Zu einer Zeit t und in einer Entfernung r von der Ladung nehmen wir das Feld entsprechend der Beschleunigung bei der Zeit $t - r/c$ und nicht $t + r/c$. Folglich sieht es zunächst so aus, als ob das Gesetz der Elektrizität nicht reversibel ist. Seltsamerweise jedoch stammen die Gesetze, die wir benutzten, von einem Gleichungssystem, Maxwellsche Gleichungen genannt, das in der Tat reversibel ist. Außerdem ist es möglich zu argumentieren, wenn wir nur das avancierte Feld, das Feld entsprechend dem Stand der Dinge bei $t + r/c$, benutzen, und zwar ganz konsistent in einem vollständig abgeschlossenen Raum, so läuft alles exakt in derselben Weise ab, als wenn wir retardierte Felder benutzen! Diese offenbare Irreversibilität in der Elektrizität, zumindest in einem abgeschlossenen System, ist folglich überhaupt keine Irreversibilität. Wir haben dafür schon ein gewisses Gefühl, weil wir wissen, wenn wir eine oszillierende Ladung haben, die Felder erzeugt, die von den Wänden eines geschlossenen Systems abprallen, so gelangen wir letztlich zu einem Gleichgewicht, in dem es keine Einseitigkeit gibt. Der Weg über das retardierte Feld ist nur eine Erleichterung bei der Lösungsmethode.

Soweit wir wissen, sind alle fundamentalen Gesetze der Physik, wie die Newtonschen Gleichungen, reversibel. Woher kommt dann die Irreversibilität? Sie kommt von der Entwicklung von der Ordnung zur Unordnung, aber wir verstehen dies nicht, bevor wir den Ursprung der Ordnung kennen. Wie kommt es, daß die Situationen, in denen wir uns selbst jeden Tag finden, immer aus dem Gleichgewicht sind? Eine mögliche Erklärung ist die folgende. Betrachten wir wiederum unseren Behälter mit den vermischten weißen und schwarzen Molekülen. Wenn wir nun lange genug warten, ist es möglich, daß durch reinen, zwar sehr unwahrscheinlichen, aber immerhin möglichen Zufall die Verteilung der Moleküle so wird, daß im wesentlichen die weißen auf der einen und die schwarzen auf der anderen Seite sind. Wenn danach die Zeit weiter fortschreitet und die Ereignisse andauern, werden sie wieder mehr vermischt.

So ist eine mögliche Erklärung des hohen Ordnungsgrades in der Welt von heute die, daß es einfach eine Frage des Glücks ist. Vielleicht hat unser Universum in der Vergangenheit eine Fluktuation irgendeiner Art gehabt, bei der die Dinge ein wenig auseinander gerieten, und nun laufen sie wieder zusammen. Diese Art der Theorie ist nicht unsymmetrisch, weil wir fragen können, wie das getrennte Gas entweder ein bißchen in der Zukunft oder ein bißchen in der Vergangenheit aussieht. In jedem Fall sehen wir einen grauen Fleck an der Schnittstelle, weil die Moleküle sich wieder vermischen. Ganz gleich in welche Richtung wir die Zeit verfolgen, das Gas vermischt sich. So würde diese Theorie besagen, daß die Irreversibilität einfach einer der Zufälle des Lebens ist.

Wir würden gerne behaupten, daß dies nicht der Fall ist. Angenommen, wir blikken nicht auf den gesamten Behälter auf einmal, sondern nur auf einen Teil des Behälters. Dann nehmen wir an, daß wir zu einem bestimmten Zeitpunkt eine gewisse Ordnung entdecken. In diesem kleinen Teil sind Weiß und Schwarz getrennt. Was sollten wir über den Zustand an den Orten ableiten, wo wir noch nicht hingeblickt haben? Wenn wir wirklich glauben, daß die Ordnung aus einer vollständigen Unordnung durch eine Fluktuation entstand, müssen wir sicherlich die wahrscheinlichste Fluktuation nehmen, die dies erzeugen könnte, und der wahrscheinlichste Zustand ist *nicht* der, daß der Rest der Moleküle auch geordnet ist! Von der Hypothese ausgehend, daß die Welt eine Fluktuation ist, besagen deshalb alle Voraussagen, wenn wir einen Teil der Welt betrachten, den wir niemals vorher gesehen haben, so finden wir ihn vermischt, und nicht wie den Teil, auf den wir gerade geblickt haben. Wenn unsere Ordnung von einer Fluktuation herrührt, würden wir nicht überall Ordnung erwarten, außer dort, wo wir sie gerade bemerkt haben.

Nun nehmen wir an, daß die Trennung deshalb besteht, weil das Universum in der Vergangenheit wirklich geordnet war. Sie rührt nicht von einer Fluktuation her, sondern das ganze System bestand einmal aus Weiß und Schwarz. Diese Theorie sagt nun voraus, daß es an anderen Stellen Ordnung gibt – die Ordnung kommt nicht von einer Fluktuation, sondern von einer viel höheren Ordnung am Beginn der Zeit. Dann würden wir erwarten, Ordnung an Stellen zu finden, auf die wir bis jetzt noch nicht geblickt haben.

Die Astronomen haben z. B. nur einige Sterne betrachtet. Jeden Tag richten sie ihre Teleskope auf andere Sterne, und die neuen Sterne tun dasselbe wie die anderen Sterne. Wir folgern deshalb, daß das Universum *keine* Fluktuation ist und daß die Ordnung eine Erinnerung an Zustände am Beginn aller Dinge ist. Dies heißt nicht, daß wir die Logik davon verstehen. Aus irgendeinem Grund hatte das Universum zu einer Zeit eine sehr niedrige Entropie für ihren Energieinhalt, und seitdem ist die Entropie angewachsen. Folglich ist das der Weg in die Zukunft. Dies ist der Ursprung aller Irreversibilität; dies ist die Ursache für die Prozesse von Leben und Verfall; das gibt uns die Erinnerung an die Vergangenheit und nicht an die Zukunft, die Erinnerung an die Dinge, die näher an dem Zeitpunkt in der Geschichte des Universums liegen, als die Ordnung höher als jetzt war, und darum können wir uns nicht an Dinge erinnern, bei denen die Unordnung größer ist als jetzt, was wir die Zukunft nennen. Folglich ist, wie wir in einem früheren Kapitel erwähnt hatten, das gesamte Universum in einem Glase Wein, wenn wir es genau genug betrachten. In diesem Fall ist das Glas Wein komplex, weil dort Wasser, Glas, Licht und alles andere ist.

Ein weiteres Vergnügen an unserem Thema der Physik besteht darin, daß sogar einfache und idealisierte Dinge wie die Knarre mit dem Sperrhaken nur funktionieren, weil sie ein Teil des Universums sind. Die Knarre und der Sperrhaken funktionieren nur in einer Richtung, weil irgendeine grundlegende Verbindung mit dem übrigen Universum besteht. Wenn sich die Knarre und der Sperrhaken in einem Behälter befinden und eine ausreichende Zeit lang isoliert wären, würde sich das Rad nicht mehr mit größerer Wahrscheinlichkeit in die eine als in die andere Richtung bewegen. Weil wir aber die Abschirmungen wegnehmen und das Licht herauslassen, weil wir auf der Erde abkühlen und Wärme von der Sonne erhalten, können die Knarren und Sperrhaken, die wir herstellen, sich in einer Richtung bewegen.

Diese Einseitigkeit ist mit der Tatsache verknüpft, daß die Knarre Teil des Universums ist. Sie ist ein Teil des Universums nicht nur in dem Sinne, daß sie den physikalischen Gesetzen des Universums gehorcht, sondern ihr unsymmetrisches Verhalten ist mit dem unsymmetrischen Verhalten des gesamten Universums verbunden. Man kann es nicht vollkommen verstehen, solange das Geheimnis der Anfänge der Geschichte des Universums nicht weiter aus der Spekulation heraus zum wissenschaftlichen Verständnis geführt worden ist.

47 Schall. Die Wellengleichung

47–1 Wellen

In diesem Kapitel wollen wir das Phänomen der *Wellen* besprechen. Dies ist ein Phänomen, welches in vielen Zusammenhängen überall in der Physik erscheint; deshalb sollten wir unsere Aufmerksamkeit darauf konzentrieren, nicht nur wegen des besonderen hier betrachteten Beispieles, des Schalls, sondern auch wegen der viel weiteren Anwendung dieser Ideen in allen Gebieten der Physik.

Als wir den harmonischen Oszillator untersuchten, wurde darauf hingewiesen, daß es nicht nur mechanische Beispiele von oszillierenden Systemen, sondern ebenso auch elektrische gibt. Wellen sind mit oszillierenden Systemen verknüpft, nur daß Wellenschwingungen nicht nur als Zeitschwingungen an einem Ort erscheinen, sondern sich auch im Raum ausbreiten.

In der Tat haben wir schon Wellen untersucht. Als wir das Licht studierten, haben wir beim Kennenlernen der Eigenschaften von Wellen in diesem Gebiet besonders der Rauminterferenz von Wellen von mehreren Quellen an unterschiedlichen Orten und alle bei gleicher Frequenz Aufmerksamkeit geschenkt. Es gibt zwei wichtige Wellenphänomene, die wir bis jetzt noch nicht diskutiert haben und die beim Licht auftreten, d. h. bei elektromagnetischen Wellen ebenso wie bei jeder beliebigen anderen Wellenform. Das erste davon ist das Phänomen der *zeitlichen Interferenz* im Gegensatz zur räumlichen Interferenz. Wenn wir zwei Schallquellen haben, die leicht unterschiedliche Frequenzen besitzen, und wenn wir auf beide zur selben Zeit hören, dann kommen die Wellen manchmal mit den Wellenkämmen zusammen und manchmal mit dem Kamm und dem Tal zusammen an (siehe Fig. 47–1). Das resultierende Anschwellen und Abfallen des Schalls ist das Phänomen der *Schwebungen* oder mit anderen Worten der zeitlichen Inferferenz. Das zweite Phänomen beinhaltet das Wellenmuster, das entsteht, wenn die Wellen innerhalb eines gegebenen Volumens eingeschlossen sind und von den Wänden hin und her reflektiert werden.

Diese Effekte hätten natürlich für den Fall der elektromagnetischen Wellen diskutiert werden können. Der Grund dafür, daß wir dies nicht getan haben, ist, daß wir bei Anwendung eines Beispiels nicht das Gefühl entwickeln würden, daß wir gleichzeitig tatsächlich viele verschiedene Themen kennenlernen. Um die allgemeine Anwendbar-

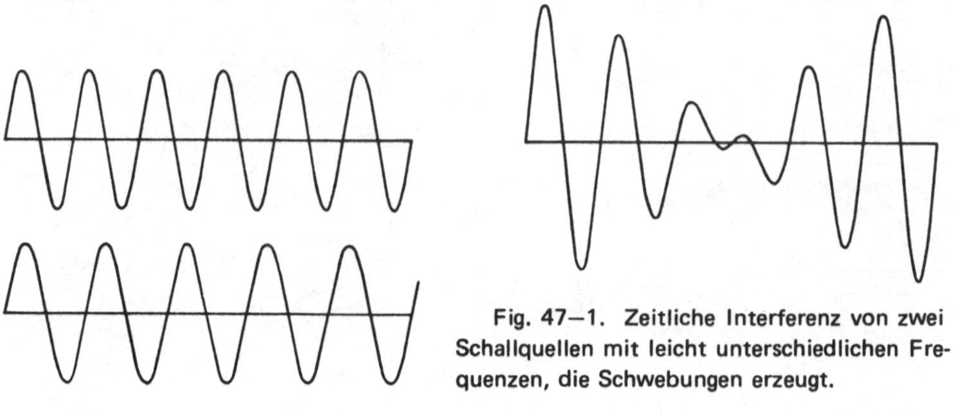

Fig. 47–1. Zeitliche Interferenz von zwei Schallquellen mit leicht unterschiedlichen Frequenzen, die Schwebungen erzeugt.

keit der Wellen außerhalb der Elektrodynamik zu betonen, betrachten wir hier ein anderes Beispiel, insbesondere Schallwellen.

Andere Beispiele von Wellen sind Wasserwellen, die aus der langen Dünung bestehen, die wir zum Ufer laufen sehen, oder die kleineren Wasserwellen, die aus der Kräuselung durch die Oberflächenspannung bestehen. Als weiteres Beispiel gibt es zwei Arten elastischer Wellen in Festkörpern; eine Kompressions (oder Longitudinal)-Welle, bei der die Teilchen des Festkörpers vor und zurück in Richtung der Wellenausbreitung schwingen (Schallwellen in einem Gas sind von dieser Art), und eine Transversalwelle, bei der die Teilchen des Festkörpers in einer Richtung senkrecht zur Ausbreitungsrichtung schwingen. Erdbebenwellen enthalten elastische Wellen beider Arten, die durch eine Bewegung an irgendeiner Stelle in der Erdkruste entstehen.

Noch ein weiteres Beispiel von Wellen findet sich in der modernen Physik. Dies sind Wellen, die die Wahrscheinlichkeitsamplitude angeben, mit der ein Teilchen an einem gegebenen Ort gefunden wird – die „Materie-Wellen", die wir schon besprochen haben. Ihre Frequenz ist proportional zur Energie und ihre Wellenzahl ist proportional zum Impuls. Sie sind die Wellen der Quantenmechanik.

In diesem Kapitel werden wir nur Wellen betrachten, bei denen die Geschwindigkeit unabhängig von der Wellenlänge ist. Dies ist z. B. der Fall bei Licht im Vakuum. Die Lichtgeschwindigkeit ist dann dieselbe für Radiowellen, blaues Licht, grünes Licht oder für jede beliebige andere Wellenlänge. Als wir anfingen, das Wellenphänomen zu beschreiben, haben wir wegen dieses Verhaltens zuerst nicht bemerkt, daß wir eine Wellenausbreitung hatten. Statt dessen sagten wir, daß, wenn eine Ladung an einem Ort bewegt wird, das elektrische Feld in einer Entfernung x proportional zur Beschleunigung ist, nicht zur Zeit t, sondern zu einer früheren Zeit $t - x/c$.

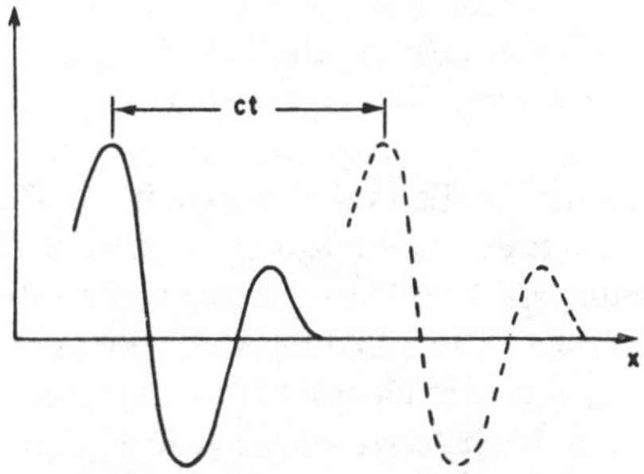

Fig. 47–2. Die durchgezogene Kurve zeigt, wie das elektrische Feld zu irgendeinem Zeitpunkt aussehen könnte, und die gestrichelte Kurve zeigt, wie das elektrische Feld zu einer Zeit t später aussieht.

Wenn wir deshalb das elektrische Feld zu irgendeinem Zeitpunkt im Raum aufzeichnen sollten wie in Fig. 47–2, dann würde sich das elektrische Feld eine Zeit t später um die Strecke ct bewegt haben, wie es in der Figur gezeigt wird. Mathematisch können wir sagen, daß in dem von uns gewählten eindimensionalen Beispiel das elektrische Feld eine Funktion von $x - ct$ ist. Wir sehen, daß es bei $t = 0$ eine Funktion von x ist. Wenn wir eine spätere Zeit betrachten, brauchen wir nur x etwas zu vergrößern, um denselben Wert des elektrischen Feldes zu erhalten. Wenn z. B. das maximale Feld bei $x = 3$ zur Zeit Null auftritt, dann brauchen wir, um die neue Lage des maximalen Feldes bei der Zeit t zu finden,

$$x - ct = 3 \quad \text{oder} \quad x = 3 + ct.$$

Wir sehen, daß diese Art einer Funktion die Ausbreitung einer Welle darstellt.

Eine solche Funktion $f(x - ct)$ repräsentiert dann eine Welle. Wir können diese Beschreibung einer Welle zusammenfassen, indem wir einfach sagen, daß

$$f(x - ct) = f(x + \Delta x - c(t + \Delta t)),$$

wobei $\Delta x = c\,\Delta t$ ist. Es gibt natürlich eine andere Möglichkeit, nämlich, daß wir statt einer Quelle auf der linken Seite, wie es in Fig. 47–2 gezeigt wird, eine Quelle auf der rechten Seite haben, so daß sich die Welle nach negativem x ausbreitet. Dann würde die Welle durch $g(x + ct)$ beschrieben werden.

Es gibt die zusätzliche Möglichkeit, daß gleichzeitig mehr als eine Welle im Raum vorhanden ist und so das elektrische Feld die Summe der beiden Felder ist, welche sich unabhängig voneinander ausbreiten. Dieses Verhalten elektrischer Felder kann beschrieben werden, indem man sagt, wenn $f_1(x - ct)$ die eine Welle und $f_2(x - ct)$ eine weitere Welle ist, daß dann ihre Summe auch eine Welle ergibt. Dies wird das Überlagerungsprinzip genannt. Dasselbe Prinzip gilt beim Schall.

Wir sind mit der Tatsache vertraut, daß wir bei der Schallerzeugung ganz getreu die Töne in der Folge hören, in der sie erzeugt wurden. Wenn sich die hohen Frequenzen schneller als die niedrigen Frequenzen ausbreiten würden, würde man ein kurzes, scharfes Geräusch als Folge von musikalischen Tönen hören. Wenn rotes Licht sich schneller als blaues Licht ausbreiten würde, würde man ganz ähnlich einen Blitz aus weißem Licht zuerst als Rot, dann als Weiß und schließlich als Blau sehen. Es ist uns wohlbekannt, daß dies nicht der Fall ist. Sowohl Schall als auch Licht breiten sich in Luft mit einer Geschwindigkeit aus, die praktisch unabhängig von der Frequenz ist. Beispiele der Wellenausbreitung, bei denen diese Unabhängigkeit nicht richtig ist, werden in Kapitel 48 betrachtet.

Im Fall des Lichts (elektromagnetische Wellen) haben wir ein Gesetz angegeben, welches das elektrische Feld in einem Punkt als Ergebnis der Beschleunigung einer Ladung angibt. Man könnte nun erwarten, daß wir ein Gesetz angeben sollten, bei dem eine gewisse Eigenschaft der Luft, sagen wir der Druck, in einer gegebenen Entfernung von der Quelle in Abhängigkeit von der Bewegung der Quelle angegeben wird, verzögert um die Ausbreitungszeit des Schalls. Im Fall des Lichts war dieses Verfahren annehmbar, denn alles was wir wußten war, daß eine Ladung an einem Ort eine Kraft auf eine andere Ladung an einem anderen Ort ausübt. Die Einzelheiten der Ausbreitung von dem einen Ort zum anderen waren nicht von wesentlicher Bedeutung. Im Fall des Schalls wissen wir jedoch, daß er sich durch die Luft zwischen der Quelle und dem Hörer ausbreitet, und es ist sicherlich ganz natürlich danach zu fragen, wie groß der Luftdruck zu irgendeinem gegebenen Moment ist. Wir möchten außerdem genau wissen, wie sich die Luft bewegt. Im Fall der Elektrizität konnten wir ein Gesetz akzeptieren, da wir sagen konnten, daß wir bis jetzt noch nicht die Gesetze der Elektrizität kennen, aber bezüglich des Schalls können wir nicht dieselbe Behauptung machen. Wir wären nicht mit einem Gesetz zufrieden, das angibt, wie sich der Schalldruck durch die Luft bewegt, da der Prozeß als Folge der Gesetze der Mechanik verständlich sein sollte. Kurz gesagt ist der Schall ein Zweig der Mechanik, und so muß er in Abhängigkeit von den Newtonschen Gesetzen verstanden werden. Die Ausbreitung des Schalls von einem Ort zu einem anderen ist nur eine Konsequenz der Mechanik und der Eigenschaften der Gase, wenn er sich in einem Gas ausbreitet, oder der Eigenschaft von Flüssigkeiten oder Festkörpern, wenn er sich durch solche Medien ausbreitet. Später werden wir die Eigenschaften des Lichts und seine Wellenausbreitung in ähnlicher Weise von den Gesetzen der Elektrodynamik ableiten.

47–2 Die Schallausbreitung

Wir werden eine Ableitung der Eigenschaften der Schallausbreitung *zwischen* der Quelle und dem Empfänger als Folge der Newtonschen Gesetze geben, und wir werden nicht die Wechselwirkung zwischen der Quelle und dem Empfänger behandeln. Gewöhnlich betonen wir ein Ergebnis und nicht eine bestimmte Ableitung davon. In diesem Kapitel wählen wir die umgekehrte Blickrichtung. Der wichtige Punkt ist hier in einem gewissen Sinn die Ableitung selbst. Das Problem, neue Phänomene durch alte zu erklären, wenn wir die Gesetze für die alten kennen, ist vielleicht die größte Kunst der mathematischen Physik. Der mathematische Physiker hat zwei Aufgaben: Die eine besteht darin, bei gegebenen Gleichungen die Lösungen zu finden, und die andere darin, die Gleichungen zu finden, die ein neues Phänomen beschreiben. Die Ableitung hier ist ein Beispiel der zweiten Problemstellung.

Wir wählen hierbei das einfachste Beispiel – die Schallausbreitung in einer Dimension. Um eine solche Ableitung auszuführen, ist es notwendig, erst einmal ein gewisses Verständnis dafür zu haben, um was es überhaupt geht. Grundlegend steckt folgendes darin: Wenn ein Objekt an einer Stelle in der Luft bewegt wird, so beobachten wir, daß es eine Störung gibt, die durch die Luft wandert. Wenn wir nach der Art der Störung fragen, würden wir antworten, daß wir erwarten würden, daß die Bewegung des Objekts eine Änderung des Drucks erzeugt. Wenn das Objekt sanft bewegt wird, strömt natürlich die Luft nur um dieses herum, aber um was es hier geht, ist die plötzliche Bewegung, so daß nicht genügend Zeit für eine solche Strömung vorhanden ist. Dann wird die Luft mit der Bewegung komprimiert, und eine Druckänderung wird erzeugt, die auf weitere Luft drückt. Diese Luft wird dann ihrerseits komprimiert, was wiederum zu einem zusätzlichen Druck führt, und eine Welle ist ein Stück vorangekommen.

Wir wollen nun einen solchen Vorgang formulieren. Wir müssen entscheiden, welche Variablen wir benötigen. Bei unserem speziellen Problem müßten wir wissen, wie weit sich die Luft bewegt hat, so daß die Luft*verschiebung* in der Schallwelle sicherlich eine relevante Variable ist. Zusätzlich würden wir gern beschreiben, wie sich die Luft*dichte* ändert, wenn sie verschoben wird. Der Luft*druck* ändert sich auch, so daß dies eine weitere interessierende Variable ist. Dann besitzt die Luft natürlich eine *Geschwindigkeit,* so daß wir die Geschwindigkeit der Luftpartikelchen beschreiben müssen. Die Luftpartikelchen haben auch *Beschleunigungen* – aber wenn wir diese vielen Variablen aufschreiben, stellen wir bald fest, daß die Geschwindigkeit und die Beschleunigung bekannt wären, wenn wir wüßten, wie sich die Luft*verschiebung* mit der Zeit ändert.

Wie wir sagten, werden wir die Welle in einer Dimension betrachten. Wir können dies tun, wenn wir genügend weit von der Quelle entfernt sind, daß die sogenannten *Wellenfronten* nahezu ebene Flächen sind. So vereinfachen wir unsere Argumentation, indem wir das am wenigsten komplizierte Beispiel nehmen. Wir können dann behaupten, daß die Verschiebung χ nur von x und t und nicht von y und z abhängt. Deshalb ist die Beschreibung der Luft durch $\chi\ (x, t)$ gegeben.

Ist diese Beschreibung vollständig? Sie scheint weit von der Vollständigkeit entfernt zu sein, denn wir wissen keine Einzelheiten über die Bewegung der Luftmoleküle. Sie bewegen sich in alle Richtungen, und dieser Zustand wird sicherlich nicht mit Hilfe dieser Funktion $\chi(x, t)$ beschrieben. Wenn wir eine höhere Moleküldichte an einer Stelle und eine niedrigere Dichte angrenzend an diese Stelle haben, dann würden die Moleküle sich, vom Standpunkt der kinetischen Theorie aus gesehen, aus dem Gebiet höherer Dichte zu dem niedrigerer Dichte entfernen, um diesen Unterschied auszugleichen. Offenbar würden wir keine Schwingung erhalten und es würde keinen Schall geben. Um eine Schallwelle zu erhalten, ist die folgende Situation notwendig: Wenn die Moleküle aus dem Gebiet mit der höheren Dichte und dem höheren Druck herausschnellen, geben sie Impulse an die Moleküle in den benachbarten Gebieten mit niedrigerer Dichte ab. Damit Schall erzeugt wird, müssen die Gebiete, in denen sich die Dichte und der Druck ändern, viel größer als die Strecke sein, die die Moleküle zurücklegen, bevor sie mit anderen Molekülen kollidieren. Diese Strecke ist die mittlere freie Weglänge, und die Entfernung zwischen Druckmaxima und -minima muß sehr viel größer als diese sein. Sonst würden sich die Moleküle frei vom Wellenberg zum Wellental bewegen und sofort die Welle auslöschen.

Es ist klar, daß wir im Begriff sind, das Verhalten des Gases in einem großen Maßstab verglichen mit der mittleren freien Weglänge zu beschreiben, und folglich werden die Eigenschaften des Gases nicht durch die individuellen Moleküle angegeben. Die Verschiebung z. B. wird die Verschiebung des Massenschwerpunktes eines kleinen Gaselementes sein, und der Druck oder die Dichte werden der Druck oder die Dichte in diesem Gebiet sein. Wir werden den Druck P und die Dichte ρ nennen, und sie werden Funktionen von x und t sein. Wir müssen uns merken, daß diese Beschreibung eine Näherung ist, die nur gilt, wenn diese Gaseigenschaften sich nicht zu schnell mit der Entfernung ändern.

47–3 Die Wellengleichung

Die Physik des Phänomens der Schallwellen beinhaltet also drei wesentliche Gesichtspunkte:

I. Das Gas bewegt sich und ändert die Dichte.

II. Der Änderung der Dichte entspricht einer Änderung des Drucks.

III. Druckdifferenzen erzeugen eine Gasbewegung.

Wir wollen zuerst II betrachten. Bei einem Gas, einer Flüssigkeit oder einem Festkörper ist der Druck eine Funktion der Dichte. Bevor die Schallwelle ankommt, haben wir Gleichgewicht mit einem Druck P_0 und einer entsprechenden Dichte ρ_0. Ein Druck P in dem Medium ist mit der Dichte durch irgendeine charakteristische Beziehung $P = f(\rho)$ verknüpft, und insbesondere der Gleichgewichtsdruck P_0 ist durch $P_0 = f(\rho_0)$ gegeben. Die Druckabweichungen beim Schall vom Gleichgewichtswert sind extrem klein. Eine geeignete Einheit zum Messen des Druckes ist das *Bar,* wobei 1 Bar = 10^5 n/m² ist. Der Druck von 1 Standardatmosphäre ist praktisch genau 1 Bar: 1 Atm = 1.0133 Bar. Beim Schall benutzen wir eine logarithmische Zahlenskala der Intensitäten, da die Empfindlichkeit des Ohres etwa logarithmisch ist. Diese Skala ist die Dezibel-Skala, in welcher der akustische Druckpegel für die Druckamplitude P wie folgt definiert ist

$$I\,(\text{akustische Druckpegel}) = 20 \log_{10} (P/P_{\text{Ref.}}) \text{ in db}, \tag{47.1}$$

wobei der Referenzdruck $P_{\text{Ref}} = 2 \times 10^{-10}$ Bar beträgt. Eine Druckamplitude von $P = 10^3 P_{\text{Ref}} = 2 \times 10^{-7}$ Bar* entspricht einem mäßig lauten Schall von 60 Dezibel. Wir

* Bei dieser Wahl von P_{Ref} ist P nicht der maximale Druck in der Schallwelle, sondern die „Wurzel des gemittelten Quadrates" des Drucks, was $1/(2)^{1/2}$-mal der maximale Druck ist.

sehen, daß die Druckänderungen beim Schall extrem klein sind verglichen mit dem Gleichgewichtsdruck oder dem mittleren Druck von 1 Atm. Die Verschiebungen und die Dichteänderungen sind entsprechend extrem klein. Bei Explosionen haben wir keine so kleinen Änderungen; der erzeugte Zusatzdruck kann größer als 1 Atm sein. Diese großen Druckänderungen führen zu neuen Effekten, die wir später betrachten werden. Beim Schall betrachten wir nur selten akustische Intensitätspegel über 100 db; 120 db ist ein Pegel, welcher für das Ohr schmerzhaft ist. Wenn wir deshalb beim Schall schreiben

$$P = P_0 + P_e, \qquad \rho = \rho_0 + \rho_e, \tag{47.2}$$

werden wir immer eine Druckänderung P_e haben, die sehr klein verglichen mit P_0 ist, und eine Dichteänderung ρ_e, die sehr klein verglichen mit ρ_0 ist. Dann gilt

$$P_0 + P_e = f(\rho_0 + \rho_e) = f(\rho_0) + \rho_e f'(\rho_0), \tag{47.3}$$

wobei $P_0 = f(\rho_0)$ und $f'(\rho_0)$ für die Ableitung von $f(\rho)$ bei $\rho = \rho_0$ steht. Wir können den zweiten Schritt in dieser Gleichung nur ausführen, weil ρ_e sehr klein ist. In dieser Weise finden wir, daß der Zusatzdruck P_e proportional zur Zusatzdichte ρ_e ist, und wir können den Proportionalitätsfaktor κ nennen:

$$P_e = \kappa\rho_e, \quad \text{wobei } \kappa = f'(\rho_0) = (dP/d\rho)_0. \qquad \text{(II)} \tag{47.4}$$

Dies ist die sehr einfache Beziehung, die wir für II benötigten.

Nun wollen wir I betrachten. Wir wollen annehmen, daß die Position eines Teils der Luft, wenn sie vom Schall ungestört ist, x ist und die Verschiebung zur Zeit t infolge des Schalls $\chi(x, t)$ beträgt, so daß ihre neue Position wie in Fig. 47–3 $x + \chi(x, t)$ ist. Nun ist die ungestörte Position eines nahe gelegenen Teils der Luft $x + \Delta x$, und deren neue Position ist $x + \Delta x + \chi(x + \Delta x, t)$. Nun können wir die Dichteänderungen in der folgenden Weise finden. Da wir uns auf ebene Wellen beschränken, können wir eine Einheitsfläche senkrecht zur x-Richtung nehmen, welches die Ausbreitungsrichtung der Schallwelle ist.

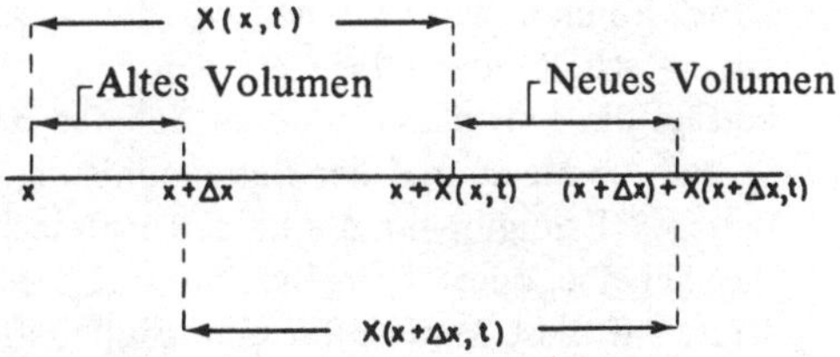

Fig. 47–3. Die Verschiebung der Luft bei x ist $\chi(x, t)$ und bei $x + \Delta x$ dann $\chi(x + \Delta x, t)$. Das ursprüngliche Volumen der Luft für eine Einheitsfläche der ebenen Welle ist Δx; das neue Volumen beträgt $\Delta x + \chi(x + \Delta x, t) - \chi(x, t)$.

Die Luftmenge pro Einheitsfläche in Δx beträgt dann $\rho_0 \Delta x$, wobei ρ_0 die ungestörte Luftdichte oder die Gleichgewichtsdichte ist. Wenn diese Luft durch die Schallwelle verschoben wird, liegt sie nun zwischen $x + \chi(x, t)$ und $x + \Delta x + \chi(x + \Delta x, t)$, so daß wir dieselbe Materie in diesem Intervall haben, die sich im ungestörten Fall in Δx befand. Wenn ρ die neue Dichte ist, gilt dann

$$\rho_0 \Delta x = \rho[x + \Delta x + \chi(x + \Delta x, t) - x - \chi(x, t)]. \tag{47.5}$$

Da Δx klein ist, können wir $\chi(x + \Delta x, t) - \chi(x, t) = (\partial\chi/\partial x)\Delta x$ schreiben. Diese Ableitung ist eine partielle Ableitung, da χ sowohl von der Zeit als auch von x abhängt.

Unsere Gleichung wird dann zu

$$\rho_0\,\Delta x = \rho\left(\frac{\partial\chi}{\partial x}\,\Delta x + \Delta x\right) \tag{47.6}$$

oder

$$\rho_0 = (\rho_0 + \rho_e)\,\frac{\partial\chi}{\partial x} + \rho_0 + \rho_e. \tag{47.7}$$

Nun sind bei Schallwellen alle Änderungen klein, so daß ρ_e klein ist, χ klein ist und $\partial\chi/\partial x$ ebenso klein ist. Deshalb können wir in der gerade gefundenen Beziehung

$$\rho_e = -\rho_0\,\frac{\partial\chi}{\partial x} - \rho_e\,\frac{\partial\chi}{\partial x} \tag{47.8}$$

$\rho_e\,\partial\chi/\partial x$ verglichen mit $\rho_0\partial\chi/\partial x$ vernachlässigen. So erhalten wir die Beziehung, die wir für I benötigen:

$$\rho_e = -\rho_0\,\frac{\partial\chi}{\partial x}. \qquad \text{(I)} \tag{47.9}$$

Diese Gleichung besagt, was wir physikalisch erwarten würden. Wenn sich die Verschiebungen mit x ändern, dann wird es Dichteänderungen geben. Das Vorzeichen ist ebenso richtig: Wenn die Verschiebung χ mit x anwächst, so daß die Luft ausgedehnt wird, dann muß die Dichte abnehmen.

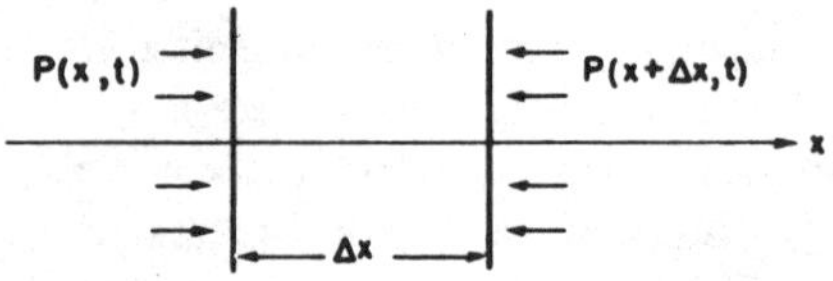

Fig. 47–4. Die resultierende Kraft, die in positiver x-Richtung durch den Druck, der auf eine Einheitsfläche senkrecht zu x wirkt, erzeugt wird, beträgt $-(\partial P/\partial x)\,\Delta x$.

Wir benötigen nun die dritte Gleichung, das ist die Gleichung für die Bewegung, die vom Druck erzeugt wird. Wenn wir die Beziehung zwischen der Kraft und dem Druck kennen, dann können wir die Bewegungsgleichung erhalten. Wenn wir eine dünne Luftscheibe der Länge Δx nehmen, mit einer Einheitsfläche senkrecht zu x, dann beträgt die Luftmasse in dieser Scheibe $\rho_0\,\Delta x$ und sie hat die Beschleunigung $\partial^2\chi/\partial t^2$, so daß die Masse mal der Beschleunigung bei dieser Scheibe der Materie $\rho_0\,\Delta x\,(\partial^2\chi/\partial t^2)$ beträgt. (Es ergibt für Δx keinen Unterschied, ob die Beschleunigung $\partial^2\chi/\partial t^2$ am Rand der Scheibe oder in irgendeiner mittleren Lage bewertet wird.) Wenn wir nun die Kraft auf diese Materie für eine Einheitsfläche senkrecht zu x finden, dann wird sie gleich $\rho_0\,\Delta x\,(\partial^2\chi/\partial t^2)$ sein. Wir haben eine Kraft in der + x-Richtung bei x vom Betrage $P(x, t)$ pro Einheitsfläche, und wir haben eine Kraft in der entgegengesetzten Richtung bei $x + \Delta x$ vom Betrag $P(x + \Delta x, t)$ pro Einheitsfläche (Fig. 47–4):

$$P(x, t) - P(x + \Delta t, t) = -\,\frac{\partial P}{\partial x}\,\Delta x = -\,\frac{\partial P_e}{\partial x}\,\Delta x, \tag{47.10}$$

da Δx klein ist und da der einzige Teil von P, der sich ändert, der Zusatzdruck P_e ist. Nun haben wir III:

$$\rho_0\,\frac{\partial^2\chi}{\partial t^2} = -\,\frac{\partial P_e}{\partial x}, \qquad \text{(III)} \tag{47.11}$$

und folglich haben wir genug Gleichungen, um die Dinge zu verknüpfen und auf eine Variable, sagen wir auf χ, zu reduzieren. Wir können P_e aus III herauswerfen, indem wir II benutzen, so daß wir erhalten

$$\rho_0 \frac{\partial^2 \chi}{\partial t^2} = -\kappa \frac{\partial \rho_e}{\partial x}, \tag{47.12}$$

und dann können wir I benutzen, um ρ_e zu eliminieren. Auf diese Weise stellen wir fest, daß sich ρ_0 herauskürzt und wir übrigbehalten

$$\frac{\partial^2 \chi}{\partial t^2} = \kappa \frac{\partial^2 \chi}{\partial x^2}. \tag{47.13}$$

Wir werden $c_s^2 = \kappa$ nennen, so daß wir schreiben können

$$\frac{\partial^2 \chi}{\partial x^2} = \frac{1}{c_s^2} \frac{\partial^2 \chi}{\partial t^2}. \tag{47.14}$$

Dies ist die Wellengleichung, die das Verhalten vom Schall in Materie beschreibt.

47–4 Lösungen der Wellengleichung

Wir können nun sehen, ob diese Gleichung wirklich die wesentlichen Eigenschaften von Schallwellen in Materie beschreibt. Wir möchten ableiten, daß sich ein Schallimpuls oder eine Störung mit konstanter Geschwindigkeit bewegen wird. Wir wollen auch zeigen, daß sich zwei verschiedene Impulse einer durch den anderen hindurch bewegen können – das Prinzip der Überlagerung. Wir wollen ebenso verifizieren, daß Schall sich entweder nach rechts oder nach links ausbreiten kann. Alle diese Eigenschaften sollten in dieser einen Gleichung enthalten sein.

Wir haben festgestellt, daß jede Störung aus ebenen Wellen, die sich mit einer konstanten Geschwindigkeit v bewegt, die Form $f(x - vt)$ hat. Nun müssen wir sehen, ob $\chi(x, t) = f(x - vt)$ eine Lösung der Wellengleichung ist. Wenn wir $\partial\chi = \partial x$ berechnen, erhalten wir die Ableitung der Funktion $\partial\chi/\partial x = f'(x - vt)$. Nach nochmaligem Differenzieren erhalten wir

$$\frac{\partial^2 \chi}{\partial x^2} = f''(x - vt). \tag{47.15}$$

Die Ableitung dieser selben Funktion nach t ergibt $-v$ mal die Ableitung der Funktion oder $\partial\chi/\partial t = -vf''(x - vt)$, und die zweite Ableitung beträgt

$$\frac{\partial^2 \chi}{\partial t^2} = v^2 f''(x - vt). \tag{47.16}$$

Es ist offensichtlich, daß $f(x - vt)$ die Wellengleichung erfüllen wird, vorausgesetzt, daß die Wellengeschwindigkeit v gleich c_s ist.

Wir finden deshalb aus den *Gesetzen der Mechanik,* daß sich jede Schallstörung mit der Geschwindigkeit c_s ausbreitet, und zusätzlich stellen wir fest, daß

$$c_s = \kappa^{1/2} = (dP/d\rho)_0^{1/2},$$

und folglich *haben wir die Wellengeschwindigkeit mit einer Eigenschaft des Mediums verknüpft.*

Wenn wir eine Wellenbewegung in umgekehrter Richtung betrachten, so daß $\chi(x, t) = g(x + vt)$ ist, kann man leicht einsehen, daß eine solche Störung auch die Wellengleichung erfüllt. Der einzige Unterschied zwischen einer solchen Welle und einer, die von links nach rechts verläuft, ist das Vorzeichen von v, aber ob wir $x + vt$ oder $x - vt$ als Variable in der Funktion haben, beeinflußt nicht das Vorzeichen von $\partial^2\chi/\partial t^2$, da dies nur v^2 enthält. Daraus folgt, daß wir eine Lösung für eine Wellenausbreitung in jeder Richtung mit der Geschwindigkeit c_S haben.

Eine äußerst interessante Frage ist die der Überlagerung. Angenommen, eine Lösung der Wellengleichung, sagen wir χ_1, ist gefunden worden. Dies bedeutet, daß die zweite Ableitung von χ_1 nach x gleich $1/c_S^2$ mal der zweiten Ableitung von χ_1 nach t ist. Nun hat jede andere Lösung χ_2 dieselbe Eigenschaft. Wenn wir diese beiden Lösungen überlagern, haben wir

$$\chi(x, t) = \chi_1(x, t) + \chi_2(x, t), \tag{47.17}$$

und wir möchten prüfen, ob $\chi(x, t)$ auch eine Welle ist, d. h. ob χ die Wellengleichung erfüllt. Wir können dies Ergebnis leicht beweisen, da wir

$$\frac{\partial^2\chi}{\partial x^2} = \frac{\partial^2\chi_1}{\partial x^2} + \frac{\partial^2\chi_1}{\partial x^2} \tag{47.18}$$

haben und zusätzlich

$$\frac{\partial^2\chi}{\partial t^2} = \frac{\partial^2\chi_1}{\partial t^2} + \frac{\partial^2\chi_2}{\partial t^2}. \tag{47.19}$$

Es folgt, daß $\partial^2\chi/\partial x^2 = (1/c_S^2)\partial^2\chi/\partial t^2$ ist, so daß wir das Prinzip der Überlagerung verwirklicht haben. Der Beweis des Überlagerungsprinzips folgt aus der Tatsache, daß die Wellengleichung *linear* in χ ist.

Wir können nun erwarten, daß eine ebene Lichtwelle, die sich in x-Richtung ausbreitet und die so polarisiert ist, daß das elektrische Feld in y-Richtung zeigt, die Wellengleichung erfüllen wird

$$\frac{\partial^2 E_y}{\partial x^2} = \frac{1}{c^2}\frac{\partial^2 E_y}{\partial t^2}, \tag{47.20}$$

wobei c die Lichtgeschwindigkeit ist. Diese Wellengleichung ist eine der Konsequenzen der Maxwellschen Gleichungen. Die Gleichungen der Elektrodynamik führen zur Wellengleichung für Licht, genau wie die Gleichungen der Mechanik zur Wellengleichung für den Schall führen.

47–5 Die Schallgeschwindigkeit

Unsere Ableitung der Wellengleichung für Schall hat uns eine *Formel* gegeben, die die Wellengeschwindigkeit mit der Änderungsrate des Drucks nach der Dichte bei Normaldruck verbindet:

$$c_s^2 = \left(\frac{dP}{d\rho}\right)_0. \tag{47.21}$$

Zur Berechnung dieser Änderungsgeschwindigkeit ist es wesentlich, zu wissen, wie sich die Temperatur ändert. Bei einer Schallwelle würden wir erwarten, daß in einem Gebiet mit Kompression die Temperatur angehoben und in einem Verdünnungsgebiet die Temperatur herabgesetzt wird. Newton war der erste, der die Änderungsgeschwindigkeit des Drucks mit der Dichte berechnete, und er nahm an, daß die Temperatur unverändert bliebe. Er argumentierte, daß die Wärme so plötzlich von einem Gebiet zu einem anderen geleitet wird, daß die Temperatur nicht steigen oder fallen kann. Dieses Argument gibt die isothermische Schallgeschwindigkeit an, und es ist falsch. Die korrekte Ableitung wurde später von Laplace gegeben, der den entgegengesetzten Gedanken entwickelte – daß Druck und Temperatur sich in einer Schallwelle adiabatisch ändern. Der Wärmefluß von einem komprimierten Gebiet zu einem verdünnten Gebiet ist so lange vernachlässigbar, wie die Wellenlänge lang verglichen mit der mittleren freien Weglänge ist. Unter dieser Bedingung beeinflußt der kleine Betrag eines Wärmeflusses in einer Schallwelle nicht die Geschwindigkeit, obwohl er eine kleine Absorption der Schallenergie ergibt. Wir können richtig erwarten, daß diese Absorption anwächst, wenn sich die Wellenlänge der mittleren freien Weglänge nähert, aber diese Wellenlängen sind um Faktoren von etwa einer Million kleiner als die Wellenlängen des hörbaren Schalls.

Die tatsächliche Druckänderung mit der Dichte in einer Schallwelle ist diejenige, die keinen Wärmefluß erlaubt. Dies entspricht der adiabatischen Änderung, für die wir $PV^\gamma = \text{const}$ fanden, wobei V das Volumen war. Da sich die Dichte ρ reziprok zu V ändert, lautet die adiabatische Verknüpfung zwischen P und ρ

$$P = \text{const}\,\rho^\gamma, \tag{47.22}$$

wovon wir $dP/d\rho = \gamma P/\rho$ erhalten. Dann haben wir für die Schallgeschwindigkeit die Beziehung

$$c_s^2 = \frac{\gamma P}{\rho}. \tag{47.23}$$

Wir können auch $c_s^2 = \gamma PV/\rho V$ schreiben und die Beziehung $PV = NkT$ anwenden. Weiterhin sehen wir, daß ρV die Masse des Gases ist, was wir auch als Nm oder als μ ausdrücken können, wobei m die Masse eines Moleküls und μ das Molekulargewicht ist. In dieser Weise finden wir, daß

$$c_s^2 = \frac{\gamma kT}{m} = \frac{\gamma RT}{\mu}, \tag{47.24}$$

woraus ersichtlich ist, daß die Schallgeschwindigkeit nur von der Gastemperatur und nicht vom Druck oder der Dichte abhängt. Wir haben außerdem festgestellt, daß

$$kT = \tfrac{1}{3}m\langle v^2\rangle, \tag{47.25}$$

wobei $\langle v^2\rangle$ das mittlere Quadrat der Geschwindigkeit der Moleküle ist. Es folgt, daß $c_s^2 = (\gamma/3)\langle v^2\rangle$ oder

$$c_s = \left(\frac{\gamma^{1/2}}{3}\right) v_{\text{Mittel}}. \tag{47.26}$$

Diese Gleichung besagt, daß die Schallgeschwindigkeit irgendeine Zahl ist, die ungefähr $1/(3)^{1/2}$-mal irgendeiner mittleren Geschwindigkeit v_{Mittel} der Moleküle (die Quadratwurzel der mittleren quadratischen Geschwindigkeit) ist. Mit anderen Worten ist die Schallgeschwindigkeit von derselben Größenordnung wie die Geschwindigkeit der Moleküle und ist in Wirklichkeit etwas geringer als diese mittlere Geschwindigkeit.

Natürlich konnten wir ein solches Ergebnis erwarten, weil sich eine Störung schließlich wie eine Druckänderung durch die Bewegung der Moleküle ausbreitet. Jedoch gibt uns ein solches Argument nicht die genaue Ausbreitungsgeschwindigkeit; es hätte sich herausstellen können, daß Schall in erster Linie durch die schnellsten Moleküle oder durch die langsamsten Moleküle transportiert wird. Es ist vernünftig und befriedigend, daß die Schallgeschwindigkeit ungefähr die Hälfte der mittleren Molekulargeschwindigkeit v_{Mittel} beträgt.

48 Schwebungen

48–1 Die Addition zweier Wellen

Vor einiger Zeit haben wir recht detailliert die Eigenschaften der Lichtwellen und ihre Interferenz besprochen – d. h. die Effekte der Überlagerung zweier Wellen von verschiedenen Quellen. Bei all diesen Untersuchungen haben wir angenommen, daß die Frequenzen der Quellen alle gleich waren. In diesem Kapitel werden wir einige der Phänomene besprechen, die bei der Interferenz von zwei Quellen mit *unterschiedlichen* Frequenzen entstehen.

Es läßt sich leicht erraten, was geschehen wird. Wir fahren in derselben Weise fort wie früher und nehmen an, daß wir zwei gleiche schwingende Quellen derselben Frequenz haben, deren Phasen so eingestellt sind, daß die Signale, sagen wir, in Phase bei irgendeinem Punkt *P* ankommen. Wenn es sich um Licht handelt, ist in diesem Punkt das Licht sehr hell; wenn es sich um Schall handelt, ist er sehr laut; oder wenn es Elektronen sind, kommen viele von ihnen an. Wenn andererseits die Signale mit einer Phasenverschiebung von 180° ankommen, würden wir kein Signal bei *P* erhalten, weil dann dort die resultierende Amplitude ein Minimum hat. Nun nehmen wir an, daß jemand am „Phasen-Knopf" einer der beiden Quellen dreht und die Phase bei *P* vor und zurück dreht und, sagen wir, zuerst 0° und dann 180° usw. einstellt. Natürlich würden wir dann Änderungen in der Stärke des resultierenden Signals finden. Nun sehen wir auch, wenn sich die Phase einer Quelle langsam relativ zur anderen ändert, und zwar in einer allmählichen, gleichmäßigen Weise bei Null beginnend, dann nach zehn, zwanzig, dreißig, vierzig Grad usw. fortschreitet, daß wir dann bei *P* eine Folge von starken und schwachen „Pulsierungen" messen würden, denn wenn sich die Phase um 360° verschiebt, wird die Amplitude wieder ein Maximum. Wenn man sagt, daß die eine Quelle ihre Phase relativ zur anderen mit einer gleichmäßigen Geschwindigkeit verschiebt, ist das natürlich dasselbe, als wenn man sagt, daß die Zahl der Schwingungen pro Sekunde bei den beiden ein wenig verschieden ist.

Folglich kennen wir die Antwort: Wenn wir zwei Quellen mit etwas verschiedenen Frequenzen haben, sollten wir als resultierendes Ergebnis eine Schwingung mit einer langsam pulsierenden Intensität finden. Das ist tatsächlich alles, was in diesem Thema steckt!

Es ist sehr einfach, dieses Ergebnis auch mathematisch zu formulieren. Nehmen wir z. B. an, daß wir zwei Wellen haben und daß wir uns im Moment nicht um alle räumlichen Beziehungen kümmern, sondern einfach analysieren, was bei *P* ankommt. Sagen wir, daß wir von der einen Quelle $\cos \omega_1 t$, und von der anderen $\cos \omega_2 t$ haben, wobei die beiden ω nicht exakt dieselben sind. Natürlich können die Amplituden auch verschieden sein, aber wir können das allgemeine Problem später lösen; wir wollen zuerst den Fall annehmen, bei dem die Amplituden gleich sind. Dann ist die Gesamtamplitude bei *P* die Summe dieser beiden Kosinusse. Wenn wir die Amplituden der Wellen gegenüber der Zeit auftragen wie in Fig. 48–1, sehen wir, daß wir dort, wo die Wellenkämme zusammenfallen, eine starke Welle erhalten und dort, wo ein Wellental und ein Wellenkamm zusammenfallen, praktisch Null erhalten, und wenn die Wellenkämme dann wiederum zusammenfallen, wiederum eine starke Welle.

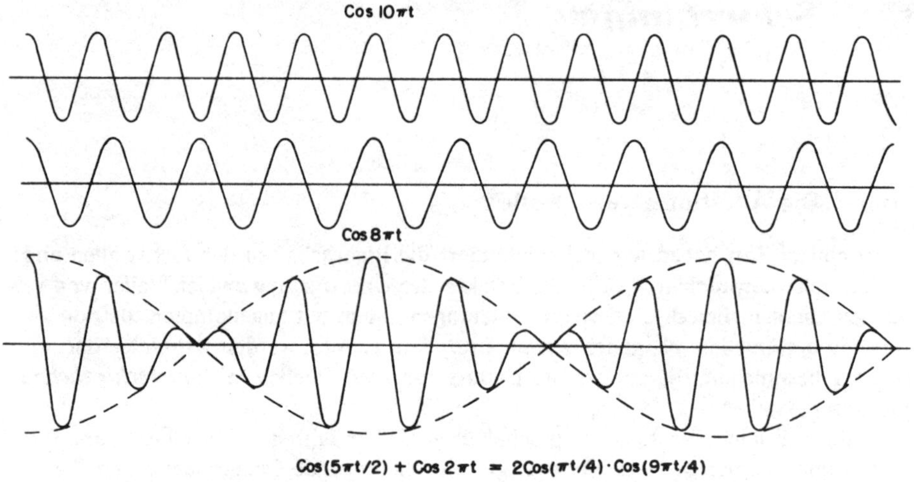

Fig. 48–1. Die Überlagerung zweier Kosinuswellen mit Frequenzen im Verhältnis 8 : 10. Die genaue Wiederholung des Musters innerhalb einer jeden „Schwebung" ist nicht typisch für den allgemeinen Fall.

Mathematisch brauchen wir nur die beiden Kosinusse zu addieren und das Ergebnis irgendwie zu ordnen. Es gibt eine Anzahl nützlicher Beziehungen zwischen Kosinussen, die nicht schwierig abzuleiten sind. Natürlich wissen wir, daß

$$e^{i(a+b)} = e^{ia}e^{ib}, \tag{48.1}$$

und daß e^{ia} einen Realteil $\cos a$ und einen Imaginärteil $\sin a$ hat. Wenn wir den Realteil von $e^{i(a+b)}$ nehmen, erhalten wir $\cos(a+b)$. Wenn wir dies ausmultiplizieren,

$$e^{ia}e^{ib} = (\cos a + i \sin a)(\cos b + i \sin b),$$

erhalten wir $\cos a \cos b - \sin a \sin b$ plus irgendwelche Imaginärteile. Aber jetzt brauchen wir nur den Realteil, so daß wir erhalten

$$\cos(a + b) = \cos a \cos b - \sin a \sin b. \tag{48.2}$$

Wenn wir jetzt das Vorzeichen von b ändern, lautet dieselbe Gleichung für negatives b, da der Kosinus sich nicht mit dem Vorzeichen ändert, während der Sinus dies tut,

$$\cos(a - b) = \cos a \cos b + \sin a \sin b. \tag{48.3}$$

Wenn wir diese beiden Gleichungen zusammenziehen, verlieren wir die Sinusse und erfahren, daß das Produkt zweier Kosinusse der halbe Kosinus der Summe plus dem halben Kosinus der Differenz ist:

$$\cos a \cos b = \tfrac{1}{2}\cos(a + b) + \tfrac{1}{2}\cos(a - b). \tag{48.4}$$

Nun können wir die Formel auch umkehren und eine Formel für $\cos\alpha + \cos\beta$ finden, wenn wir einfach $\alpha = a + b$ und $\beta = a - b$ ansetzen. Das heißt, $a = \frac{1}{2}(\alpha + \beta)$ und $b = \frac{1}{2}(\alpha - \beta)$, so daß

$$\cos\alpha + \cos\beta = 2\cos\tfrac{1}{2}(\alpha + \beta)\cos\tfrac{1}{2}(\alpha - \beta). \tag{48.5}$$

Nun können wir unser Problem analysieren. Die Summe von $\cos\omega_1 t$ und $\cos\omega_2 t$ beträgt

$$\cos\omega_1 t + \cos\omega_2 t = 2\cos\tfrac{1}{2}(\omega_1 + \omega_2)t\cos\tfrac{1}{2}(\omega_1 - \omega_2)t. \qquad (48.6)$$

Wir wollen nun annehmen, daß die beiden Frequenzen praktisch gleich sind, so daß $\frac{1}{2}(\omega_1 + \omega_2)$ die mittlere Frequenz und mehr oder weniger gleich beiden ist. Aber $\omega_1 - \omega_2$ ist *sehr viel kleiner* als ω_1 oder ω_2, weil ω_1 und ω_2 wie wir annehmen praktisch gleich sind. Das bedeutet, daß wir die Lösung darstellen können, indem wir sagen, daß es eine hochfrequente Kosinuswelle gibt, die etwa gleich denen ist, mit denen wir begannen, deren „Größe" sich aber langsam ändert – ihre „Größe" pulsiert mit einer Frequenz, die sich als $\frac{1}{2}(\omega_1 - \omega_2)$ herausstellt. Aber ist dies die Frequenz, mit der die Schwebungen gehört werden? Obwohl (48.6) besagt, daß die Amplitude mit $\cos\frac{1}{2}(\omega_1 - \omega_2)$ geht, ist in Wirklichkeit gemeint, daß die Hochfrequenzschwingungen zwischen zwei entgegengesetzten Kosinuskurven eingeschlossen sind (was gestrichelt in Fig. 48–1 gezeigt wird). Auf dieser Grundlage könnte man sagen, daß die Amplitude sich bei der Frequenz $\frac{1}{2}(\omega_1 - \omega_2)$ ändert, aber wenn wir über die *Intensität* der Welle sprechen, müssen wir daran denken, daß diese die zweifache Frequenz hat. Das heißt, daß die Amplitudenmodulation im Sinne der Intensitätsstärke eine Frequenz $\omega_1 - \omega_2$ hat, obwohl die Formel uns sagt, daß wir mit einer Kosinuswelle mit der halben Frequenz multiplizieren. Die technische Voraussetzung für diesen Unterschied ist, daß die höherfrequente Welle in der zweiten Zyklushälfte eine etwas andere Phasenbeziehung besitzt.

Wenn wir diese kleine Komplikation ausklammern, können wir folgern, wenn wir zwei Wellen der Frequenzen ω_1 und ω_2 addieren, so werden wir eine resultierende Welle der mittleren Frequenz $\frac{1}{2}(\omega_1 + \omega_2)$ erhalten, deren Stärke mit einer Frequenz $\omega_1 - \omega_2$ oszilliert.

Wenn die zwei Amplituden verschieden sind, können wir alles noch einmal durchführen, indem wir die Kosinusse mit unterschiedlichen Amplituden A_1 und A_2 multiplizieren und bei Verwendung von Gleichungen wie (48.2) – (48.5) eine Menge Mathematik treiben, Umordnung usw. Jedoch gibt es andere, leichtere Wege, dieselbe Analyse auszuführen. Wir wissen z. B., daß sich sehr viel leichter mit Exponentialfunktionen anstatt mit Sinussen und Kosinussen arbeiten läßt und daß wir $A_1\cos\omega_1 t$ als Realteil von $A_1 e^{i\omega_1 t}$ darstellen können. Ähnlich würde die andere Welle der Realteil von $A_2 e^{i\omega_2 t}$ sein. Wenn wir die beiden addieren, erhalten wir $A_1 e^{i\omega_1 t} + A_2 e^{i\omega_2 t}$. Wenn wir dann die mittlere Frequenz ausklammern, erhalten wir

$$A_1 e^{i\omega_1 t} + A_2 e^{i\omega_2 t} = e^{1/2 i(\omega_1+\omega_2)t}[A_1 e^{1/2 i(\omega_1-\omega_2)t} + A_2 e^{-1/2 i(\omega_1-\omega_2)t}]. \qquad (48.7)$$

Wiederum haben wir die Welle hoher Frequenz mit einer Modulation bei niedrigerer Frequenz.

48–2 Schwebungstöne und Modulation

Wenn wir nun nach der Intensität der Welle aus Gl. (48.7) gefragt werden, können wir entweder das Absolutquadrat der linken Seite oder das der rechten Seite nehmen. Wir wollen die linke Seite nehmen. Die Intensität beträgt dann

$$I = A_1^2 + A_2^2 + 2A_1A_2\cos(\omega_1 - \omega_2)t. \qquad (48.8)$$

Wir sehen, daß die Intensität mit einer Frequenz $\omega_1 - \omega_2$ anschwillt und abfällt, indem sie zwischen den Grenzen $(A_1 + A_2)^2$ und $(A_1 - A_2)^2$ schwankt. Wenn $A_1 \neq A_2$ gilt, ist die minimale Intensität nicht Null.

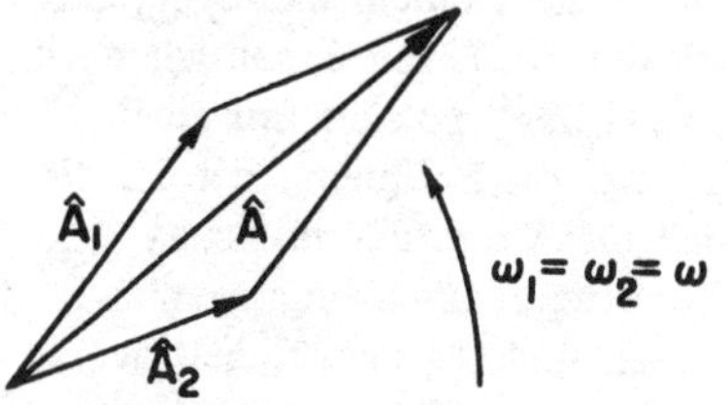

Fig. 48–2. Die Resultante zweier komplexer Vektoren mit gleicher Frequenz.

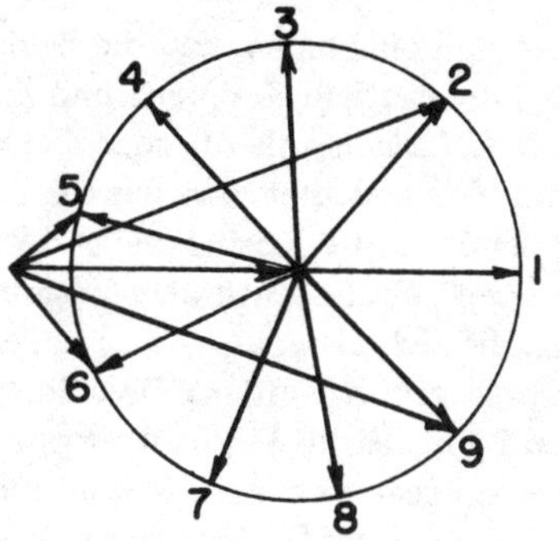

Fig. 48–3. Die Resultante zweier komplexer Vektoren mit verschiedenen Frequenzen, gesehen in dem rotierenden Bezugssystem eines Vektors. Neun folgende Positionen des sich langsam drehenden Vektors sind gezeigt.

Eine weitere Möglichkeit diesen Gedanken darzustellen ist eine Zeichnung wie Fig. 48–2. Wir zeichnen einen Vektor der Länge A_1, der mit der Frequenz ω_1 rotiert, um eine der Wellen in der komplexen Ebene zu repräsentieren. Wir zeichnen einen weiteren Vektor der Länge A_2, der mit einer Frequenz ω_2 herumläuft, um die zweite Welle darzustellen. Wenn die beiden Frequenzen exakt gleich sind, ist ihre Resultante bei fortgesetzten Kreisen von fester Länge, und wir erhalten von beiden eine definierte, fixierte Intensität. Wenn aber die Frequenzen etwas unterschiedlich sind, drehen sich die beiden komplexen Vektoren mit unterschiedlichen Geschwindigkeiten. Figur 48–3 zeigt, wie die Situation bezogen auf den Vektor $A_1 e^{i\omega_1 t}$ aussieht. Wir sehen, daß sich A_2 langsam von A_1 wegdreht, und so ist die Amplitude, die wir bei Addition der beiden erhalten, zuerst groß, und dann, wenn es während es sich öffnet, sich auf die relative 180°-Lage zubewegt, wird die Resultante besonders klein usw. Während die Vektoren umlaufen, wird die Amplitude des Summenvektors größer und kleiner, und folglich pulsiert die Intensität. Es ist ein relativ einfacher Gedanke, und es gibt viele verschiedene Möglichkeiten, denselben Sachverhalt darzustellen.

Der Effekt läßt sich experimentell sehr leicht beobachten. Im Fall der Akustik können wir zwei Lautsprecher, die durch zwei verschiedene Oszillatoren, einen für jeden Lautsprecher, angetrieben werden, so anordnen, daß jeder einen Ton erzeugt. Wir erhalten so ein Signal von der einen Quelle und ein anderes Signal von der anderen Quelle. Wenn wir die Frequenzen exakt gleich machen, wird die resultierende Wirkung eine definierte Stärke bei gegebener räumlicher Anordnung zeigen. Wenn wir sie dann ein bißchen verstimmen, hören wir irgendwelche Variationen in der Intensität. Je stärker sie verstimmt sind, desto schneller sind die Variationen des Schalls. Das Ohr hat einige Schwierigkeiten, mehr als ungefähr zehn Änderungen pro Sekunde zu folgen.

Wir können den Effekt auch auf einem Oszillographen sehen, der einfach die Summe der Ströme zu den beiden Lautsprechern darstellt. Wenn die Frequenz des Pulsierens relativ niedrig ist, sehen wir einfach einen sinusförmigen Wellenzug, dessen

Amplitude pulsiert, aber wenn wir die Pulsationen schneller machen, sehen wir die Art Welle, die in Fig. 48–1 gezeigt ist. Wenn wir zu größeren Frequenzunterschieden gehen, rücken die „Buckel" dichter zusammen. Wenn außerdem die Amplituden nicht gleich sind und wir ein Signal stärker als das andere machen, dann erhalten wir eine Welle, deren Amplitude niemals Null wird, genau wie wir es erwarten. Alles funktioniert in der Weise, wie es sein sollte, sowohl akustisch als auch elektrisch.

Das umgekehrte Phänomen gibt es auch! Bei der Rundfunkübertragung, die die sogenannte *Amplitudenmodulation* (AM) benutzt, wird der Schall von dem Radiosender wie folgt übertragen: Der Sender besitzt eine elektrische Wechselschwingung mit sehr hoher Frequenz im Rundfunkwellenbereich, z. B. 800.000 Schwingungen pro Sekunde. Wenn dieses *Trägersignal* angeschaltet wird, sendet die Radiostation eine Welle gleichförmiger Amplitude mit 800.000 Schwingungen pro Sekunde aus. Die Art, in der die „Information" übertragen wird, solche nutzlosen Informationen, wie welches Auto man kaufen soll, ist folgende: Wenn irgend jemand in ein Mikrofon spricht, so wird die Amplitude des Trägersignals im Gleichschritt mit den Schwingungen des Schalls, der in das Mikrophon dringt, geändert.

Wenn wir als einfachstes mathematisches Beispiel den Fall nehmen, bei dem eine Sopranistin einen vollkommenen Ton mit vollkommenen, sinusförmigen Schwingungen ihrer Stimmbänder singt, dann erhalten wir ein Signal, dessen Stärke wie in Fig. 48–4 gezeigt wechselt. Die Tonfrequenz-Schwankung wird dann im Empfänger wiedergewonnen; wir lassen die Trägerfrequenz weg und sehen nur nach der Einhüllenden, die die Schwingungen der Stimmbänder oder den Ton der Sängerin darstellt. Der Lautsprecher erzeugt dann entsprechende Schwingungen mit derselben Frequenz in der Luft, und der Hörer kann dann, so sagt man, im wesentlichen keinen Unterschied feststellen. Wegen einer Anzahl von Verzerrungen und anderer subtiler Effekte ist es in der Tat doch möglich zu sagen, ob wir ein Radio oder einen echten Sopran hören; im übrigen ist der Gedanke wie oben geschildert.

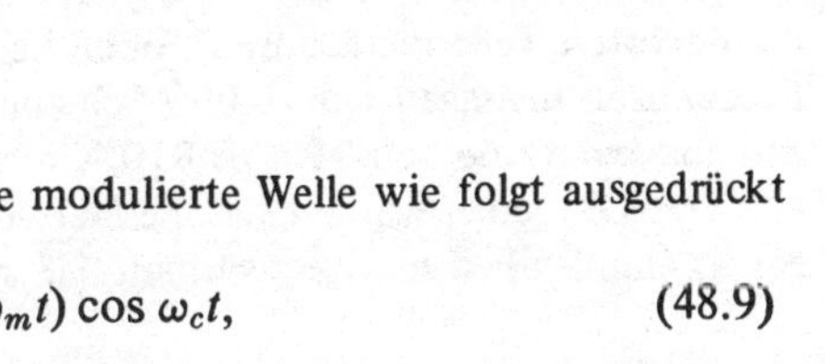

Fig. 48–4. Eine modulierte Trägerwelle. In dieser schematischen Skizze ist $\omega_c/\omega_m = 5$. Bei einer wirklichen Radiowelle gilt $\omega_c/\omega_m \sim 100$.

48–3 Seitenbänder

Mathematisch würde die oben beschriebene modulierte Welle wie folgt ausgedrückt werden

$$S = (1 + b\cos\omega_m t)\cos\omega_c t, \tag{48.9}$$

wobei ω_c die Frequenz des Trägers und ω_m die Frequenz des Tones darstellt. Wiederum benutzen wir alle jene Kosinus-Theoreme, oder wir können $e^{i\theta}$ verwenden; es ist egal – es ist leichter mit $e^{i\theta}$, aber es ist derselbe Sachverhalt. Wir erhalten dann

$$S = \cos\omega_c t + \tfrac{1}{2}b\cos(\omega_c + \omega_m)t + \tfrac{1}{2}b\cos(\omega_c - \omega_m)t. \tag{48.10}$$

So können wir aus einer anderen Sicht sagen, daß die herauskommende Welle des Systems aus drei in Überlagerung addierten Wellen besteht: Zuerst die reguläre Welle mit der Frequenz ω_c, d. h. mit der Trägerfrequenz, und dann zwei neue Wellen mit zwei neuen Frequenzen. Die eine ist die Trägerfrequenz plus der Modulationsfrequenz und die andere ist die Trägerfrequenz minus der Modulationsfrequenz. Wenn wir deshalb die Intensität, die von dem Generator als Funktion der Frequenz erzeugt wird, in irgendeiner Weise auftragen, würden wir natürlich sehr viel Intensität bei der Trägerfrequenz finden, aber wenn ein Sänger zu singen beginnt, würden wir plötzlich auch eine Intensität proportional zur Stärke des Sängers b^2 mit der Frequenz $\omega_c + \omega_m$ und $\omega_c - \omega_m$ wie in Fig. 48–5 gezeigt finden. Diese werden *Seitenbänder* genannt; wenn es ein moduliertes Signal vom Sender gibt, gibt es Seitenbänder. Wenn es gleichzeitig mehr als einen Ton gibt, sagen wir ω_m und ω_m', dann spielen zwei Instrumente; oder wenn es irgendeine andere komplizierte Kosinuswelle gibt, dann können wir natürlich aus der Mathematik sehen, daß wir einige Wellen mehr erhalten, die den Frequenzen $\omega_c \pm \omega_m'$ entsprechen.

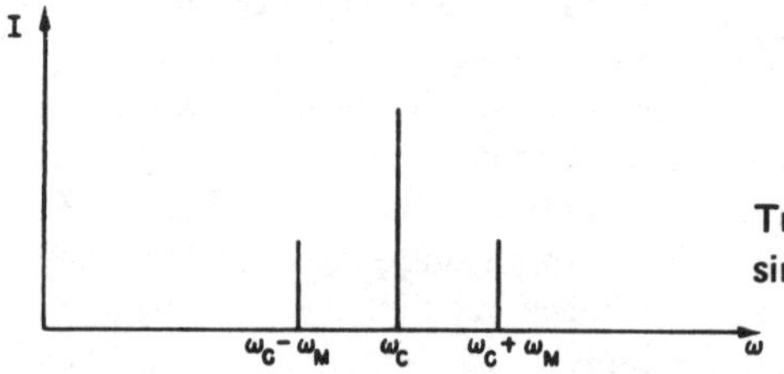

Fig. 48–5. Das Frequenzspektrum einer Trägerwelle ω_c, die von einer einzelnen Kosinuswelle ω_m moduliert ist.

Wenn wir es mit einer komplizierten Modulation zu tun haben, die als Summe vieler Kosinusse dargestellt werden kann*, stellen wir deshalb fest, daß der entsprechende Sender in einem Frequenzband arbeitet, das aus der Trägerfrequenz besteht, plus oder minus der maximalen Frequenz, die das Modulationssignal enthält.

Obwohl wir zuerst glauben könnten, daß ein Radiosender nur bei der Nominalfrequenz des Trägers sendet, da er große, besonders stabile Kristalloszillatoren enthält und alles auf genau 800 Kilohertz eingestellt ist, moduliert jemand in dem Moment, in dem er *ankündigt,* daß sie sich bei 800 Kilohertz befinden, die 800 Kilohertz, und folglich befinden sie sich nicht mehr länger genau bei 800 Kilohertz! Angenommen, daß die Verstärker so gebaut sind, daß sie über einen guten Bereich der Ohrenempfindlichkeit senden können (das Ohr kann bis 20.000 Schwingungen pro Sekunde hören, aber gewöhnlich arbeiten Radiosender und Empfänger nicht über 10.000 hinaus, so daß wir die höchsten Teile nicht hören), dann kann die Stimme des Mannes, wenn er spricht, Frequenzen bis sagen wir 10.000 Schwingungen enthalten, so daß der Sender Frequenzen aussendet, die von 790 bis 810 Kilohertz reichen. Wenn es nun noch eine Station bei 795 KHz gäbe, würde es große Verwirrung geben. Und wenn wir unseren Empfänger so empfindlich machen würden, daß er nur 800 aufnimmt und die 10 Kilohertz an

* Eine kleine Randbemerkung: Unter welchen Umständen kann eine Kurve durch eine große Menge von Kosinussen dargestellt werden? *Antwort:* In allen gewöhnlichen Fällen, einige bestimmte Fälle ausgenommen, die die Mathematiker erfinden können. Natürlich darf die Kurve an einem gegebenen Punkt nur einen Wert haben, und sie darf keine verrückte Kurve sein, die auf einer infinitesimalen Strecke unendlich viele Sprünge hat oder irgend so etwas. Aber von solchen Einschränkungen abgesehen kann jede beliebige Kurve (eine, die ein Sänger durch Betätigung seiner Stimmbänder herstellen kann) durch Addition von Kosinuswellen gebildet werden.

beiden Seiten nicht empfängt, würden wir nicht hören, was der Mann sagt, weil die Information sich in diesen anderen Frequenzen befinden würde! Deshalb ist es absolut notwendig, die Stationen in einem gewissen Abstand zu halten, so daß sich ihre Seitenbänder nicht überlappen, und außerdem der Empfänger nicht so selektiv ist, daß er nicht den Empfang der Seitenbänder ebenso wie der Hauptfrequenz gestattet. Im Fall des Schalls verursacht dieses Problem kaum Schwierigkeiten. Wir können in einem Bereich von 20 KHz hören, und der Rundfunkbereich geht gewöhnlich von 500 bis 1500 KHz, so daß es reichlich genug Raum für viele Stationen gibt.

Das Problem des Fernsehens ist schwieriger. Wenn der Elektronenstrahl über die Oberfläche der Bildröhre streicht, gibt es verschiedene kleine helle und dunkle Punkte. Dieses „Dunkel" und „Hell" ist das „Signal". Gewöhnlich streicht der Strahl nun über das ganze Bild mit ungefähr 500 Zeilen in einer dreißigstel Sekunde. Wir wollen annehmen, daß die Auflösung des Bildes senkrecht und horizontal mehr oder weniger dieselbe ist, so daß es dieselbe Anzahl von Punkten pro Zoll entlang einer Zeile gibt. Wir wollen Dunkel von Hell, Dunkel von Hell, Dunkel von Hell über, sagen wir, 500 Zeilen unterscheiden können. Um dieses mit Kosinuswellen zu ermöglichen, entspricht folglich die kürzeste Wellenlänge, die benötigt wird, einer Wellenlänge vom Maximum zum Maximum von einem 250 stel der Bildschirmgröße. Folglich haben wir 250 x 30 Informationen pro Sekunde. Die höchste Frequenz, die wir übertragen, liegt daher nahe bei 4 Megahertz pro Sekunde. Tatsächlich müssen wir, um die Fernsehstationen zu trennen, etwas mehr als dies haben, etwa 6 MHz; ein Teil davon wird gebraucht, um das Tonsignal und andere Information zu tragen. Folglich haben Fernsehkanäle eine Breite von 6 Megahertz. Es wäre bestimmt nicht möglich, TV auf einer 800 KHz Trägerwelle zu senden, da wir nicht mit höheren Frequenzen als der des Trägers modulieren können.

Jedenfalls beginnt das Fernsehband bei 54 Megahertz. Der erste Sendekanal, welcher Kanal 2 (!) heißt, hat einen Frequenzbereich von 54 bis 60 MHz, was eine Breite von 6 MHz bedeutet. „Aber", könnte man sagen, „wir haben gerade bewiesen, daß es Seitenbänder an beiden Seiten gibt, und deshalb sollte es doppelt so breit sein." Es stellt sich heraus, daß die Rundfunkingenieure ziemlich gewitzt sind. Wenn wir das Modulationssignal analysieren und dabei nicht nur Kosinusterme, sondern Kosinus- und Sinusterme für Phasendifferenzen zulassen, dann sehen wir, daß es eine definierte gleichbleibende Beziehung zwischen dem Seitenband auf der hochfrequenten Seite und dem Seitenband auf der niederfrequenten Seite gibt. Was wir damit meinen ist, daß es keine neue Information in jenem anderen Seitenband gibt. Folglich wird das eine Seitenband unterdrückt, und der Empfänger wird innen so verdrahtet, daß die fehlende Information durch Betrachtung des einzelnen Seitenbandes und des Trägers neu erzeugt wird. Einseitenbandübertragung ist ein gewitztes Verfahren zur Verminderung der Bandbreite, die zur Übertragung von Information benötigt wird.

48–4 Lokalisierte Wellenzüge

Als nächstes Thema werden wir die sowohl räumliche als auch zeitliche Interferenz von Wellen diskutieren. Angenommen, wir haben zwei Wellen, die sich im Raum ausbreiten. Wir wissen natürlich, daß wir eine sich im Raum ausbreitende Welle durch $e^{i(\omega t - kx)}$ darstellen können. Dies könnte z. B. die Verschiebung in einer Schallwelle sein. Dies ist eine Lösung der Wellengleichung, vorausgesetzt, daß $\omega^2 = k^2c^2$, wobei c die Ausbreitungsgeschwindigkeit der Welle ist. In diesem Fall können wir $e^{ik(x - ct)}$ schreiben, was von der allgemeinen Form $f(x - ct)$ ist. Deshalb muß dies eine Welle sein, die mit dieser Geschwindigkeit ω/k läuft, und das ist c, und alles ist in Ordnung.

Nun wollen wir zwei solche Wellen addieren. Angenommen, wir haben eine Welle, die sich mit einer Frequenz ausbreitet, und eine andere Welle, die sich mit einer anderen Frequenz ausbreitet. Wir überlassen es dem Leser, den Fall zu betrachten, bei dem die Amplituden verschieden sind; es ergibt keinen wirklichen Unterschied. Folglich wollen wir $e^{i(\omega_1 t - k_1 x)} + e^{i(\omega_2 t - k_2 x)}$ addieren. Wir können diese mit derselben Art Mathematik addieren, die wir benutzt haben, als wir Signalwellen addierten. Wenn c für beide gleich ist, ist dies natürlich einfach, da es dasselbe ist, was wir vorher taten:

$$e^{i\omega_1(t-x/c)} + e^{i\omega_2(t-x/c)} = e^{i\omega_1 t'} + e^{i\omega_2 t'}, \tag{48.11}$$

nur daß $t' = t - x/c$ statt t die Variable ist. So erhalten wir natürlich dieselbe Art von Modulationen, aber wir sehen selbstverständlich, daß sich diese Modulationen mit der Welle fortbewegen. Wenn wir mit anderen Worten zwei Wellen addieren, diese Wellen aber nicht nur oszillieren, sondern sich auch im Raum ausbreiten, dann wird sich auch die resultierende Welle mit derselben Geschwindigkeit ausbreiten.

Nun möchten wir dies gern auf den Fall für Wellen verallgemeinern, bei dem die Beziehung zwischen der Frequenz und der Wellenzahl k nicht so einfach ist. Beispiel: ein Material mit einem Brechungsindex. Wir haben die Theorie des Brechungsindexes schon in Kapitel 31 untersucht und haben gefunden, daß wir $k = n\omega/c$ schreiben können, wobei n der Brechungsindex ist. Als ein interessantes Beispiel fanden wir für Röntgenstrahlen, daß der Index n gegeben ist durch

$$n = 1 - \frac{Nq_e^2}{2\epsilon_0 m\omega^2}. \tag{48.12}$$

Tatsächlich hatten wir in Kapitel 31 eine kompliziertere Formel abgeleitet, aber diese ist als Beispiel so gut wie jede andere.

Nebenbei gesagt wissen wir, daß sogar wenn ω und k nicht linear proportional zueinander sind, das Verhältnis ω/k sicher die Ausbreitungsgeschwindigkeit für eine bestimmte Frequenz und Wellenzahl ist. Wir nennen dieses Verhältnis die *Phasengeschwindigkeit;* es ist die Geschwindigkeit, mit der die Phase oder die Knoten der einzelnen Welle sich ausbreiten würden:

$$v_p = \frac{\omega}{k}. \tag{48.13}$$

Diese Phasengeschwindigkeit ist im Fall von Röntgenstrahlen in Glas größer als die Lichtgeschwindigkeit im Vakuum (da n in 48.12 kleiner als 1 ist), und das ist ein bißchen lästig, weil wir nicht glauben, daß wir Signale schneller als mit Lichtgeschwindigkeit senden können!

Was wir jetzt diskutieren werden ist die Interferenz zweier Wellen, in denen ω und k durch eine definierte Formel verknüpft sind. Die obige Formel für n besagt, daß k als definierte Funktion von ω gegeben ist. Um genau zu sein, ist in diesem besonderen Problem die Formel für k in Abhängigkeit von ω

$$k = \frac{\omega}{c} - \frac{a}{\omega c}, \tag{48.14}$$

wobei $a = Nq_e^2/2\epsilon_0 m$ eine Konstante ist. Auf jeden Fall gibt es für jede Frequenz eine definierte Wellenzahl, und wir wollen zwei solcher Wellen zusammenaddieren.

Wir wollen es genauso ausführen, wie wir es in Gl. (48.7) taten:

$$e^{i(\omega_1 t - k_1 x)} + e^{i(\omega_2 t - k_2 x)} = e^{1/2 i[(\omega_1+\omega_2)t-(k_1+k_2)x]}$$
$$\times \{e^{1/2 i[(\omega_1-\omega_2)t-(k_1-k_2)x]} + e^{-1/2 i[(\omega_1-\omega_2)t-(k_1-k_2)x]}\}\,. \tag{48.15}$$

So haben wir wiederum eine modulierte Welle, eine Welle, die sich mit einer mittleren Frequenz und einer mittleren Wellenzahl ausbreitet, deren Stärke sich aber in einer Form ändert, die von dem Unterschied in der Frequenz und der Wellenzahl abhängt.

Nun wollen wir den Fall annehmen, bei dem die Differenz zwischen den beiden Wellen relativ klein ist. Wir wollen annehmen, daß wir zwei Wellen addieren, deren Frequenzen praktisch gleich sind; dann ist $(\omega_1 + \omega_2)/2$ praktisch dasselbe wie jedes der beiden ω, und ähnliches gilt für $(k_1 + k_2)/2$. Folglich ist die Geschwindigkeit der Welle, der schnellen Schwingungen, der Knoten noch im wesentlichen ω/k. Aber siehe da, die Ausbreitungsgeschwindigkeit der Modulation ist nicht dieselbe! Um wieviel müssen wir x ändern, um einen gewissen Betrag von t zu erhalten? Die Geschwindigkeit dieser Modulationswelle ist das Verhältnis

$$v_M = \frac{\omega_1 - \omega_2}{k_1 - k_2}\,. \tag{48.16}$$

Die Modulationsgeschwindigkeit wird manchmal die *Gruppengeschwindigkeit* genannt. Wenn wir den Fall annehmen, daß der Frequenzunterschied relativ klein ist und der Unterschied der Wellenzahl dann ebenso relativ klein ist, dann nähert sich dieser Ausdruck im Grenzfall

$$v_g = \frac{d\omega}{dk}\,. \tag{48.17}$$

Mit anderen Worten gibt es für die langsamste Modulation, für die langsamste Schwebung eine definierte Geschwindigkeit, mit der sie sich ausbreitet, die nicht dieselbe wie die Phasengeschwindigkeit der Wellen ist – was für ein geheimnisvoller Sachverhalt!

Die Gruppengeschwindigkeit ist die Ableitung von ω nach k, und die Phasengeschwindigkeit ist ω/k.

Wir wollen sehen, ob wir verstehen können, warum. Betrachten wir wiederum zwei Wellen mit leicht unterschiedlichen Wellenlängen wie in Fig. 48–1. Sie sind außer Phase, in Phase, außer Phase usw. Nun repräsentieren diese Wellen in der Tat auch die räumlichen Wellen, die sich mit leicht unterschiedlichen Frequenzen ausbreiten. Weil nun die Phasengeschwindigkeit, die Geschwindigkeit der Knoten dieser beiden Wellen, nicht genau dieselbe ist, geschieht etwas Neues.

Angenommen, wir reiten auf einer der Wellen und betrachten die andere; würden sie beide mit derselben Geschwindigkeit laufen, dann würde die andere genau dort bleiben, wo sie sich relativ zu uns befand, während wir auf diesem Wellenkamm reiten. Wir reiten auf diesem Wellenkamm und sehen direkt gegenüber einen Wellenkamm; wenn die Geschwindigkeiten gleich sind, bleiben die Wellenkämme Kopf an Kopf. Aber es ist *nicht so*, daß die beiden Geschwindigkeiten wirklich gleich sind. Es gibt nur einen kleinen Frequenzunterschied und deshalb nur eine kleine Differenz in der Geschwindigkeit, aber wegen dieser Geschwindigkeitsdifferenz holt die andere Welle langsam auf, oder sie bleibt hinter unserer Welle zurück, während wir voranreiten. Was passiert mit dem Knoten, wenn die Zeit so verstreicht? Wenn wir den Wellenzug nur eine Spur nach vorn bewegen, bewegt sich der Knoten um eine beträchtliche Strecke nach vorn (oder nach hinten). Das heißt, die Summe dieser beiden Wellen besitzt eine Einhüllende, und wenn sich die Wellen ausbreiten, reitet die Einhüllende darauf mit einer unterschiedlichen Geschwindigkeit. Die *Gruppengeschwindigkeit* ist die Geschwindigkeit, mit der modulierte Signale gesendet werden.

Wenn wir ein Signal erzeugen würden, d. h. irgendeine Art Änderung in der Welle, die man erkennen könnte, wenn man auf sie hört, eine Art Modulation, dann würde sich diese Modulation mit der Gruppengeschwindigkeit ausbreiten, vorausgesetzt, die Modulationen wären relativ langsam. (Wenn sie schnell sind, ist die Analyse sehr viel schwieriger.)

Nun können wir zeigen (endlich), daß die Ausbreitungsgeschwindigkeit von Röntgenstrahlen in einem Block Kohlenstoff *nicht* größer als die Lichtgeschwindigkeit ist, obwohl die Phasengeschwindigkeit größer als die Lichtgeschwindigkeit *ist*. Um das auszuführen, müssen wir $d\omega/dk$ finden, was wir durch Differentiation von (48.14) erhalten: $dk/d\omega = 1/c + a/\omega^2 c$. Die Gruppengeschwindigkeit ist deshalb der Kehrwert davon, nämlich

$$v_g = \frac{c}{1 + a/\omega^2}, \tag{48.18}$$

was kleiner als c ist! Obwohl also die Phasen sich schneller als mit Lichtgeschwindigkeit ausbreiten können, wandern die Modulationssignale langsamer, und das ist die Lösung des augenscheinlichen Widerspruchs! Wenn wir natürlich den einfachen Fall $\omega = kc$ haben, dann ist $d\omega/dk$ auch c. Wenn also alle Phasen die gleiche Geschwindigkeit besitzen, hat natürlich die Gruppe dieselbe Geschwindigkeit.

48–5 Wahrscheinlichkeitsamplituden für Teilchen

Wir wollen nun ein weiteres Beispiel der Phasengeschwindigkeit betrachten, das äußerst interessant ist. Es hat mit der Quantenmechanik zu tun. Wir wissen, daß die Amplitude, mit der ein Teilchen an einem Ort gefunden wird, unter gewissen Umständen räumlich und zeitlich variieren kann, sagen wir in einer Dimension in der folgenden Weise:

$$\psi = Ae^{i(\omega t - kx)}, \tag{48.19}$$

wobei ω die Frequenz ist, die mit dem klassischen Gedanken der Energie durch $E = \hbar\omega$ verknüpft ist, und k die Wellenzahl, welche durch $p = \hbar k$ mit dem Impuls verbunden ist. Wir würden sagen, daß das Teilchen einen definierten Impuls p hat, wenn die Wellenzahl genau k wäre, das bedeutet eine vollkommene Welle, die sich überall mit derselben Amplitude ausbreitet. Gleichung (48.19) gibt die Amplitude an, und wenn wir das Absolutquadrat nehmen, erhalten wir die relative Wahrscheinlichkeit für das Auffinden des Teilchens als Funktion des Ortes und der Zeit.

Dieses ist eine *Konstante,* was bedeutet, daß die Wahrscheinlichkeit, das Teilchen zu finden, überall die gleiche ist. Nun nehmen wir statt dessen an, daß wir eine Situation haben, in der wir wissen, daß sich das Teilchen mit größerer Wahrscheinlichkeit an einem Ort als an einem anderen befindet. Wir würden eine solche Situation durch eine Welle darstellen, die ein Maximum besitzt und nach jeder Seite hin abfällt (Fig. 48–6). (Dies ist nicht ganz dasselbe wie eine Welle wie (48.1), die eine Reihe von Maxima besitzt, aber es ist möglich, durch Addition mehrerer Wellen von praktisch demselben ω und k alle Maxima bis auf eins loszuwerden.)

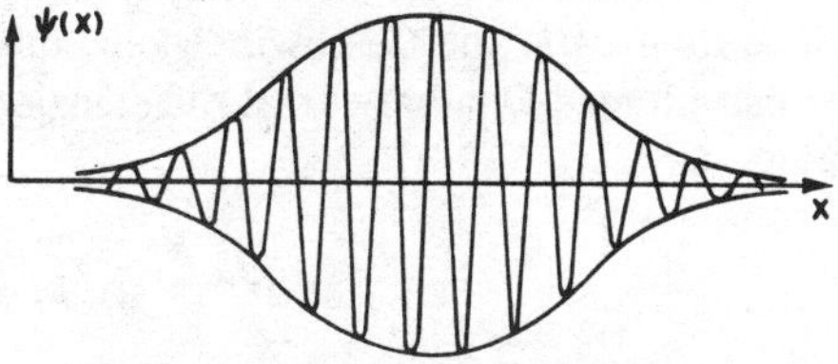

Fig. 48–6. Ein lokalisierter Wellenzug.

Nun wissen wir in jenen Fällen, da das Quadrat von (48.19) die Chance darstellt, ein Teilchen irgendwo zu finden, daß sich das Teilchen zu einem gegebenen Zeitpunkt mit größerer Wahrscheinlichkeit in der Nähe des Zentrums des „Klumpens" befindet, wo die Amplitude der Welle ein Maximum besitzt. Wenn wir jetzt etwas warten, werden sich die Wellen bewegen, und nach einiger Zeit wird der „Klumpen" irgendwo anders sein. Wenn wir wüßten, daß das Teilchen ursprünglich irgendwo vorhanden war, würden wir es klassisch als Tatsache *erwarten*, daß es sich später anderswo befindet, weil es eben eine *Geschwindigkeit* und einen Impuls besitzt. Die Quantentheorie geht also nur in die korrekte klassische Theorie für die Beziehung des Impulses, der Energie und der Geschwindigkeit über, wenn die Gruppengeschwindigkeit, die Geschwindigkeit der Modulationen, gleich der Geschwindigkeit ist, die wir klassisch für ein Teilchen desselben Impulses erhalten würden.

Es ist nun notwendig, zu demonstrieren, daß dies der Fall ist oder nicht. Entsprechend der klassischen Theorie ist die Energie mit der Geschwindigkeit durch die folgende Gleichung verknüpft

$$E = \frac{mc^2}{\sqrt{1 - v^2/c^2}}. \tag{48.20}$$

Ähnlich gilt für den Impuls

$$p = \frac{mv}{\sqrt{1 - v^2/c^2}}. \tag{48.21}$$

Das ist die klassische Theorie, und als Folge der klassischen Theorie können wir durch Elimination von v zeigen, daß gilt

$$E^2 - p^2c^2 = m^2c^4.$$

Das ist das berühmte vierdimensionale Ergebnis, über das wir wieder und wieder gesprochen haben, daß nämlich $p_\mu p_\mu = m^2$ gilt; das ist die Beziehung zwischen der Energie und dem Impuls in der klassischen Theorie. Da diese E und p durch Substitution von $E = \hbar\omega$ und $p = \hbar k$ nun zu ω und k werden, bedeutet das, daß in der Quantenmechanik notwendigerweise gilt

$$\frac{\hbar^2\omega^2}{c^2} - \hbar^2k^2 = m^2c^2. \tag{48.22}$$

Dies also ist die Beziehung zwischen der Frequenz und der Wellenzahl einer quantenmechanischen Amplitudenwelle, die ein Teilchen der Masse m darstellt. Von dieser Gleichung können wir ableiten, daß ω folgendes ist

$$\omega = c\sqrt{k^2 + m^2c^2/\hbar^2}.$$

Die Phasengeschwindigkeit ω/k ist hier wiederum schneller als die Lichtgeschwindigkeit!

Nun wollen wir die Gruppengeschwindigkeit betrachten. Die Gruppengeschwindigkeit sollte $d\omega/dk$, die Geschwindigkeit, mit der sich die Modulationen bewegen, sein. Wir müssen eine Quadratwurzel differenzieren, was nicht sehr schwer ist. Die Ableitung lautet

$$\frac{d\omega}{dk} = \frac{kc}{\sqrt{k^2 + m^2c^2/\hbar^2}}.$$

Nun ist die Quadratwurzel jedoch ω, so daß wir dies als $d\omega/dk = c^2k/\omega$ schreiben können. Weiterhin ist k/ω gleich p/E, so daß

$$v_g = \frac{c^2p}{E}.$$

Aber nach (48.20) und (48.21) gilt $c^2p/E = v$, was die Geschwindigkeit des Teilchens entsprechend der klassischen Mechanik ist. Während nun die fundamentale quantenmechanische Beziehung $E = \hbar\omega$ und $p = \hbar k$ für die Identifikation von ω und k mit den klassischen E und p nur die Gleichung $\omega^2 - k^2c^2 = m^2c^4/\hbar^2$ ergibt, sehen wir jetzt, daß wir nun auch die Beziehungen (48.20) und (48.21) verstehen, die E und p mit der Geschwindigkeit verknüpfen. Natürlich muß die Gruppengeschwindigkeit gleich der Geschwindigkeit des Teilchens sein, wenn die Interpretation irgendeine Bedeutung haben soll. Wenn wir uns vorstellen, daß das Teilchen zu einer Zeit hier ist und sich dann zehn Minuten später dort befindet, wie die Quantenmechanik sagt, dann muß die von dem „Klumpen" durchquerte Strecke dividiert durch das Zeitintervall klassisch die Geschwindigkeit des Teilchens sein.

48–6 Wellen in drei Dimensionen

Wir werden nun unsere Diskussion der Wellen mit ein paar allgemeinen Bemerkungen über die Wellengleichung beschließen. Diese Bemerkungen sollen einen gewissen Ausblick auf die Zukunft geben – nicht daß wir gerade jetzt alles genau verstehen können, sondern mehr, um zu erkennen, wie die Dinge aussehen, wenn wir die Wellen ein bißchen mehr untersuchen. Zuerst einmal lautete die Wellengleichung für Schall in einer Dimension

$$\frac{\partial^2\chi}{\partial x^2} = \frac{1}{c^2}\frac{\partial^2\chi}{\partial t^2},$$

wobei c die Geschwindigkeit dessen ist, was immer die Welle darstellt – im Fall des Schalls ist es die Schallgeschwindigkeit, im Fall des Lichts die Lichtgeschwindigkeit. Wir haben gezeigt, daß die Verschiebungen in einer Schallwelle sich mit einer bestimmten Geschwindigkeit selbst vorantrieben. Aber der Überdruck breitet sich auch mit einer bestimmten Geschwindigkeit aus und ebenso die Überschußdichte. So sollten wir erwarten, daß der Druck dieselbe Gleichung erfüllt, wie er es in der Tat auch tut. Wir überlassen es dem Leser, das zu beweisen. *Hinweis:* ρ_e ist proportional zur Änderungsgeschwindigkeit von χ bezüglich x. Wenn wir deshalb die Wellengleichung nach x differenzieren, werden wir sofort bemerken, daß $\partial\chi/\partial x$ dieselbe Gleichung erfüllt.

Das heißt, ρ_e erfüllt dieselbe Gleichung. Aber P_e ist proportional zu ρ_e, und deshalb tut P_e es ebenso. Folglich genügen der Druck, die Verschiebungen, also alle derselben Wellengleichung.

Gewöhnlich sieht man die Wellengleichung für den Schall in Abhängigkeit vom Druck statt von der Verschiebung geschrieben, weil der Druck skalar ist und keine Richtung besitzt. Aber die Verschiebung ist ein Vektor und hat eine Richtung, und folglich ist es leichter, den Druck zu analysieren.

Der nächste Punkt, den wir diskutieren, hat mit der Wellengleichung in drei Dimensionen zu tun. Wir wissen, daß die Schallwellen-Lösung in einer Dimension $e^{i(\omega t - kx)}$ mit $\omega = kc_s$ ist, wir wissen aber auch, daß eine Welle in drei Dimensionen durch $e^{i(\omega t - k_x x - k_y y - k_z z)}$ repräsentiert würde, wobei in diesem Fall $\omega^2 = k^2 c_s^2$ gilt, was natürlich $(k_x^2 + k_y^2 + k_z^2)c_s^2$ ist. Nun wollen wir raten, wie die korrekte Wellengleichung in drei Dimensionen aussieht. Im Fall des Schalls kann dies natürlich abgeleitet werden, wenn wir dieselbe dynamische Argumentation in drei Dimensionen benutzen, die wir in einer Dimension verwendet haben. Aber wir werden das nicht tun; statt dessen schreiben wir einfach nieder, was herauskommt: Die Gleichung für den Druck (oder die Verschiebung, oder irgend etwas) lautet

$$\frac{\partial^2 P_e}{\partial x^2} + \frac{\partial^2 P_e}{\partial y^2} + \frac{\partial^2 P_e}{\partial z^2} = \frac{1}{c_s^2}\,\frac{\partial^2 P_e}{\partial t^2}. \tag{48.23}$$

Daß dies richtig ist, kann durch Einsetzen von $e^{i(\omega t - \mathbf{k}\cdot\mathbf{r})}$ gezeigt werden. Jedesmal, wenn wir nach x differenzieren, multiplizieren wir natürlich mit $-ik_x$. Wenn wir zweimal differenzieren, entspricht dies einer Multiplikation mit $-k_x^2$, so daß der erste Term für diese Welle $-k_x^2 P_e$ betragen wird. In ähnlicher Weise wird der zweite Term zu $-k_y^2 P_e$, und der dritte Term wird $-k_z^2 P_e$. Auf der rechten Seite erhalten wir $-(\omega^2/c_s^2)P_e$. Wenn wir dann die P_e wegnehmen und das Vorzeichen wechseln, erkennen wir die Beziehung zwischen k und ω, die wir haben wollen.

Zurückblickend können wir nicht widerstehen, die berühmte Gleichung hinzuschreiben, die der Dispersionsgleichung (48.22) für quantenmechanische Wellen entspricht. Wenn ϕ die Amplitude für das Auffinden eines Teilchens am Ort x, y, z zur Zeit t darstellt, dann ist die große Gleichung der Quantenmechanik für freie Teilchen die folgende:

$$\frac{\partial^2 \phi}{\partial x^2} + \frac{\partial^2 \phi}{\partial y^2} + \frac{\partial^2 \phi}{\partial z^2} - \frac{1}{c^2}\,\frac{\partial^2 \phi}{\partial t^2} = \frac{m^2 c^2}{h^2}\,\phi. \tag{48.24}$$

Zuerst einmal wird der Relativitätscharakter dieses Ausdrucks durch das Erscheinen von x, y, z und t in der hübschen Kombination, die die Relativität gewöhnlich beinhaltet, ausgedrückt. Zweitens ist es eine Wellengleichung, die bei Einsetzen einer ebenen Welle als Folge ergeben würde, daß $-k^2 + \omega^2/c^2 = m^2c^2/h^2$ gilt, was die richtige Beziehung für die Quantenmechanik ist. Es ist noch ein weiterer bedeutender Punkt in der Wellengleichung enthalten: Die Tatsache, daß jede beliebige Überlagerung von Wellen auch eine Lösung ist. Folglich enthält diese Gleichung die gesamte Quantenmechanik und Relativität, die wir bis jetzt besprochen haben, zumindest was ein einzelnes Teilchen im leeren Raum ohne den Einfluß äußerer Potentialkräfte betrifft!

48–7 Normalschwingungen

Nun wenden wir uns einem weiteren Beispiel des Phänomens der Schwebungen zu, das recht seltsam und ein bißchen anders ist. Man stelle sich zwei gleiche Pendel vor, die durch eine ziemlich schwache Feder verbunden sind. Sie sind so gut wie möglich von gleicher Länge hergestellt. Wenn wir eines wegziehen und loslassen, bewegt es sich hin und her und zieht an der Verbindungsfeder, wenn es sich hin und her bewegt, und folglich stellt es eine Maschine zur Erzeugung einer Kraft dar, welche die natürliche Frequenz des anderen Pendels hat. Als Folge der Resonanztheorie, die wir vorher studiert haben, wird deshalb, wenn wir eine Kraft an etwas mit gerade der richtigen Frequenz anlegen, dieses angetrieben werden. So treibt auf jeden Fall das eine Pendel, wenn es sich hin und her bewegt, das andere an. Jedoch passiert in diesem Fall etwas ganz Neues, da die Gesamtenergie des Systems endlich ist; wenn ein Pendel seine Energie in das andere überfließen läßt, um es anzutreiben, so verliert es allmählich Energie, bis es, falls Zeitpunkt und Geschwindigkeit gerade stimmen, seine gesamte Energie verliert und auf einen stationären Zustand zurückgeführt wird! Dann ist es natürlich der andere Pendelball, der alle Energie besitzt, und der erste hat keine, und im Laufe der Zeit sehen wir, daß es auch in umgekehrter Richtung funktioniert und daß die Energie wieder in den ersten Ball zurückgeführt wird; dies ist ein sehr interessantes und amüsantes Phänomen. Wir sagten jedoch, daß dies mit der Theorie der Schwebungen zusammenhängt, und wir müssen nun erklären, wie wir diese Bewegung vom Standpunkt der Theorie der Schwebungen aus analysieren können.

Wir stellen fest, daß die Bewegung beider Bälle eine Schwingung ist, deren Amplitude sich zyklisch ändert. Deshalb läßt sich die Bewegung eines der Bälle wahrscheinlich insofern in anderer Weise analysieren, als sie die Summe zweier Schwingungen ist, die zur gleichen Zeit vorhanden sind, aber zwei leicht verschiedene Frequenzen besitzen. Deshalb sollte es möglich sein, zwei andere Bewegungen in diesem System zu finden und zu sagen, daß das, was wir sahen, eine Überlagerung der zwei Lösungen darstellt, da dies natürlich ein lineares System ist. In der Tat ist es leicht, zwei Möglichkeiten zu finden, wie wir die Bewegung starten können, von denen jede eine perfekte Bewegung einer einzelnen Frequenz ist – vollkommen periodisch. Die Bewegung, mit der wir vorher begannen, war nicht genau periodisch, da sie nicht andauerte; sehr bald gab ein Ball Energie an den anderen ab und änderte so seine Amplitude. Aber es gibt Möglichkeiten, die Bewegung so zu beginnen, daß sich nichts ändert, und sobald wir es sehen, verstehen wir natürlich warum. Wenn wir z. B. beide Pendel gleichzeitig in Gang setzen, dann werden sie natürlich, da sie von gleicher Länge sind und die Feder überhaupt nichts tut, in gleicher Weise ewig weiterschwingen, vorausgesetzt, es gibt keine Reibung und alles ist vollkommen. Andererseits gibt es eine weitere mögliche Bewegung, die auch eine definierte Frequenz besitzt: Sie tritt auf, wenn wir die Pendel gegeneinander bewegen, indem wir sie um exakt gleiche Strecken zur Seite ziehen; dann würden sie wiederum eine absolut periodische Bewegung zeigen. Wir können gut verstehen, daß die Feder einfach ein bißchen zu der zurücktreibenden Kraft, die die Gravitation darstellt, hinzufügt; das ist alles, und das System schwingt einfach bei einer etwas höheren Frequenz weiter als im ersten Fall. Warum höher? Weil die Feder zusätzlich zur Gravitation zieht und so das System ein bißchen „steifer“ macht, so daß die Frequenz dieser Bewegung gerade um eine Zahl höher als die der anderen ist.

Folglich besitzt dieses System zwei Möglichkeiten, in denen es mit unveränderter Amplitude schwingen kann: Es kann entweder in einer Weise schwingen, in der beide Pendel sich in der gleichen Richtung bewegen und für immer mit einer Frequenz schwingen, oder sie können sich mit einer etwas höheren Frequenz in entgegengesetzte Richtungen bewegen.

Die tatsächliche Bewegung dieses Gebildes kann nun, da das System linear ist, als Überlagerung der beiden dargestellt werden. (Erinnern wir uns, daß dieses Kapitel die Effekte der Addition zweier Bewegungen mit unterschiedlichen Frequenzen behandelt.) So stellen wir uns vor, was geschehen würde, wenn wir diese beiden Lösungen kombinieren. Wenn bei $t = 0$ die beiden Bewegungen mit gleichen Amplituden und in derselben Phase gestartet werden, bedeutet die Summe der beiden Bewegungen, daß ein Ball, der durch die erste Bewegung in die eine Richtung gedrückt wird und durch die zweite Bewegung in die andere Richtung, bei Null ist, während der andere Ball, der durch beide Bewegungen in dieselbe Richtung verschoben wurde, eine große Amplitude besitzt. Wenn die Zeit jedoch fortschreitet, gehen die beiden Grund*bewegungen* unabhängig voneinander voran, so daß sich die Phase der einen relativ zur anderen langsam verschiebt. Das bedeutet also, daß sich nach genügend langer Zeit, wenn die Zeit ausreichend ist, daß eine Bewegung „900 $\frac{1}{2}$“ Schwingungen ausgeführt haben könnte, während die andere nur „900“ hinter sich hat, die relative Phase gerade umgekehrt hat bezogen auf das, was vorher war. Das heißt, die Bewegung mit der großen Amplitude ist auf Null gefallen, während gleichzeitig natürlich der anfänglich bewegungslose Ball volle Stärke erreicht hat!

So sehen wir, daß wir diese komplizierte Bewegung entweder durch den Gedanken analysieren können, daß eine Resonanz vorliegt und der eine Ball Energie an den anderen übergibt, oder durch die Überlagerung zweier Bewegungen mit konstanter Amplitude bei zwei verschiedenen Frequenzen.

49 Schwingungsformen

49–1 Die Reflexion von Wellen

Dieses Kapitel behandelt einige der bemerkenswerten Phänomene, die ein Ergebnis der Begrenzung von Wellen auf ein endliches Gebiet sind. Wir werden uns zuerst mit der Entdeckung einiger besonderer Tatsachen bei schwingenden Saiten beschäftigen, und dann wird uns die Verallgemeinerung dieser Tatsachen ein Prinzip aufzeigen, welches wahrscheinlich das tiefstgreifende Prinzip der mathematischen Physik ist.

Unser erstes Beispiel der Begrenzung von Wellen wird die Begrenzung einer Welle an einer Grenzfläche sein. Wir wollen das einfache Beispiel einer eindimensionalen Welle auf einer Saite nehmen. Man könnte ebensogut Schall in einer Dimension gegen eine Wand betrachten oder andere Situationen ähnlicher Art, aber das Beispiel der Saite genügt für unsere momentanen Zwecke. Angenommen, die Saite wird an einem Ende festgehalten, z. B. durch Befestigung an einer „unendlich festen" Wand. Dies kann mathematisch ausgedrückt werden, indem man sagt, daß die Verschiebung y der Saite an dem Ort $x = 0$ Null betragen muß, weil das Ende sich nicht bewegt. Ohne die Wand wüßten wir nun, daß die allgemeine Lösung für die Bewegung die Summe zweier Funktionen $F(x-ct)$ und $G(x+ct)$ ist, wovon die erste eine Welle darstellt, die sich in einer Richtung auf der Saite ausbreitet, und die zweite eine Welle, die sich in der anderen Richtung auf der Saite ausbreitet:

$$y = F(x - ct) + G(x + ct) \tag{49.1}$$

ist die allgemeine Lösung für jede Saite. Aber wir haben als nächstes die Bedingung zu erfüllen, daß die Saite sich an einem Ende nicht bewegt. Wenn wir $x = 0$ in Gl. (49.1) einsetzen und y für jeden Wert von t prüfen, erhalten wir $y = F(-ct) + G(+ct)$. Wenn nun dies für alle Zeiten Null betragen muß, bedeutet das, daß die Funktion $G(ct)$ gerade $-F(-ct)$ betragen muß. Mit anderen Worten muß G von irgend etwas gleich $-F$ von Minus derselben Größe sein. Wenn dieses Ergebnis wieder in Gl. (49.1) eingesetzt wird, stellen wir fest, daß die Lösung für dieses Problem lautet

$$y = F(x - ct) - F(-x - ct). \tag{49.2}$$

Es läßt sich leicht nachprüfen, daß wir $y = 0$ erhalten werden, wenn wir $x = 0$ einsetzen.

Figur 49–1 zeigt eine Welle, die sich in negativer x-Richtung nahe $x = 0$ ausbreitet, und eine hypothetische Welle, die sich in umgekehrte Richtung ausbreitet mit umgekehrtem Vorzeichen auf der anderen Seite des Nullpunktes. Wir sagen hypothetisch, weil es natürlich keine Saite gibt, die auf der anderen Seite des Nullpunktes schwingt. Die gesamte Bewegung der Saite muß als Summe dieser beiden Wellen in dem Gebiet mit positivem x betrachtet werden. Wenn sie den Nullpunkt erreichen, werden sie sich immer bei $x = 0$ auslöschen, und schließlich wird die zweite (reflektierte) Welle die einzige sein, die für positives x existiert, und sie wird sich natürlich in der umgekehrten Richtung ausbreiten. Diese Ergebnisse sind gleichbedeutend mit der folgenden Behauptung: Wenn eine Welle das befestigte Ende einer Saite erreicht, wird sie mit geändertem Vorzeichen reflektiert. Eine solche Reflexion kann immer verstanden werden, indem

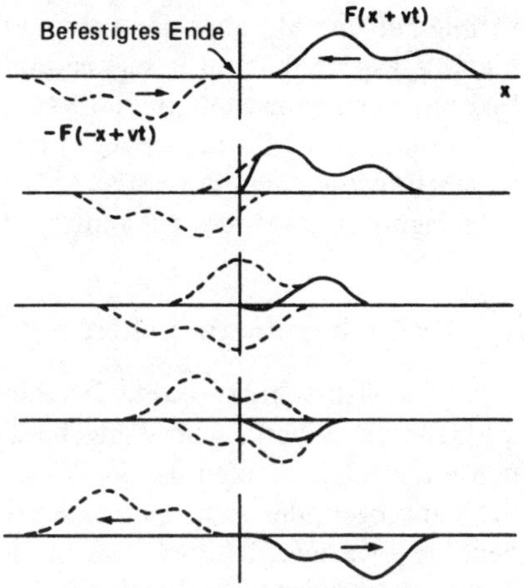

Fig. 49–1. Reflexion einer Welle als Überlagerung von zwei sich ausbreitenden Wellen.

man sich vorstellt, daß das, was zum Ende der Saite kommt, umgekehrt hinter der Wand hervorkommt. Kurz gesagt, wenn wir annehmen, daß die Saite unendlich ist und daß, so oft eine Welle sich in einer Richtung ausbreitet, eine weitere Welle in umgekehrter Richtung mit der festgelegten Symmetrie verläuft, dann ist die Verschiebung bei $x = 0$ immer Null, und es macht keinen Unterschied, wenn wir die Saite dort befestigen.

Der nächste Punkt, der diskutiert werden muß, ist die Reflexion einer periodischen Welle. Angenommen, die Welle, die durch $F(x - ct)$ dargestellt wird, sei eine Sinuswelle und reflektiert worden; dann ist die reflektierte Welle $-F(-x - ct)$ ebenso eine Sinuswelle mit derselben Frequenz, läuft aber in die entgegengesetzte Richtung. Diese Situation kann sehr einfach beschrieben werden, wenn man die Schreibweise mit komplexen Funktionen benutzt: $F(x - ct) = e^{i\omega(t - x/c)}$ und $F(-x - ct) = e^{i\omega(t + x/c)}$. Es ist ersichtlich, wenn dies in (49.2) eingesetzt und wenn x gleich Null gesetzt wird, so gilt $y = 0$ für alle Werte von t, so daß es die notwendige Bedingung erfüllt. Wegen der Eigenschaften von Exponentialfunktionen kann dies in einer einfacheren Form geschrieben werden:

$$y = e^{i\omega t}(e^{-i\omega x/c} - e^{i\omega x/c}) = -2ie^{i\omega t}\sin(\omega x/c). \tag{49.3}$$

Hierin steckt insofern etwas Interessantes und Neues, als diese Lösung uns sagt, daß die Saite mit der Frequenz ω oszilliert, wenn wir einen beliebigen festen x-Wert betrachten. Ganz egal, wo sich dieser Punkt befindet, die Frequenz ist dieselbe! Aber es gibt einige Stellen, insbesondere wo $\sin(\omega x/c) = 0$ gilt, wo es überhaupt keine Verschiebung gibt. Wenn wir außerdem zu irgendeiner Zeit t einen Schnappschuß der schwingenden Saite machen, wird das Bild eine Sinuswelle darstellen. Die Auslenkung dieser Sinuswelle jedoch wird von der Zeit t abhängen. Aus der Betrachtung von Gl. (49.3) können wir ersehen, daß die Länge eines Zyklus der Sinuswelle gleich der Wellenlänge jeder der beiden überlagerten Wellen ist:

$$\lambda = 2\pi c/\omega. \tag{49.4}$$

Die Punkte, in denen es keine Bewegung gibt, erfüllen die Bedingung $\sin(\omega x/c) = 0$, was bedeutet, daß $(\omega x/c) = 0, \pi, 2\pi, \ldots, n\pi$ ... Diese Punkte werden *Knoten* genannt. Zwischen zwei beliebigen aufeinanderfolgenden Knoten bewegt sich jeder Punkt sinusförmig auf und ab, aber das Bewegungsbild bleibt räumlich fixiert. Dies ist die fundamentale Eigenschaft eines sogenannten *Schwingungstyps.* Wenn man ein Schwingungsbild mit der Eigenschaft finden kann, daß sich das Objekt in jedem beliebigen Punkt vollkommen sinusförmig bewegt und daß sich alle Punkte mit derselben Frequenz bewegen (obwohl sich einige stärker bewegen als andere), dann haben wir das, was ein Schwingungstyp (Mode) genannt wird.

49–2 Begrenzte Wellen mit Eigenfrequenzen

Das nächste interessante Problem soll eine Betrachtung sein, was passiert, wenn die Saite an beiden Enden festgehalten wird, sagen wir bei $x = 0$ und $x = L$. Wir können mit dem Gedanken der Reflexion von Wellen beginnen, indem wir mit einer Art Stoß anfangen, der sich in einer Richtung bewegt. Wenn die Zeit fortschreitet, würden wir erwarten, daß der Stoß in die Nähe eines Endes gelangt, und wenn noch mehr Zeit vergeht, wird er zu einer Art Zittern werden, weil er sich mit dem umgekehrten Spiegelbildstoß vereinigt, der von der anderen Seite kommt. Schließlich wird der ursprüngliche Stoß verschwinden, und der Bildstoß wird sich in die andere Richtung ausbreiten, um den Vorgang am anderen Ende zu wiederholen. Dieses Problem hat eine einfache Lösung, aber eine interessante Frage ist, ob wir eine sinusförmige Bewegung erhalten können (die oben beschriebene Lösung ist *periodisch,* aber natürlich nicht *sinusförmig* periodisch). Wir wollen versuchen, eine sinusförmige periodische Welle auf einer Saite zu erzeugen. Wenn die Saite an einem Ende befestigt ist, wissen wir, daß sie wie unsere frühere Lösung (49.3) ausgehen muß. Wenn sie am anderen Ende befestigt ist, muß es an dem anderen Ende genauso aussehen. Folglich ist die einzige Möglichkeit für eine periodische sinusförmige Bewegung, daß die Sinuswelle genau auf die Saitenlänge passen muß. Wenn sie nicht in die Saitenlänge paßt, dann ist es keine Eigenfrequenz, bei der die Saite weiterhin schwingen kann. Wenn kurz gesagt die Saite mit einer Sinuswellenform, die gerade hineinpaßt, zu schwingen anfängt, dann wird sie weiterhin diese vollkommene Form einer Sinuswelle beibehalten und mit irgendeiner Frequenz harmonisch schwingen.

Mathematisch können wir $\sin kx$ für die Form schreiben, wobei k gleich dem Faktor (ω/c) in Gl. (49.3) und (49.4) ist, und diese Funktion wird bei $x = 0$ Null sein. Jedoch muß sie auch am anderen Ende Null sein. Der tiefere Sinn davon ist, daß k nicht mehr willkürlich ist, wie es im Fall der halboffenen Saite war. Bei der an beiden Enden befestigten Saite ist die einzige Möglichkeit die, daß $\sin(kL) = 0$, weil nur unter dieser Voraussetzung beide Enden fixiert sind. Damit nun ein Sinus Null ist, muß der Winkel entweder 0, π, 2π oder irgendein ganzzahliges Vielfaches von π sein. Die Gleichung

$$kL = n\pi \tag{49.5}$$

wird deshalb irgendeinen der möglichen k-Werte angeben in Abhängigkeit von der eingesetzten ganzen Zahl. Für jedes k gibt es eine bestimmte Frequenz ω, die entsprechend (49.3) einfach gegeben ist durch

$$\omega = kc = n\pi c/L. \tag{49.6}$$

So haben wir folgendes gefunden: Eine Saite hat die Eigenschaft, daß sie sinusförmige Bewegungen zeigen kann, *aber nur bei bestimmten Frequenzen.* Dies ist die wichtigste Eigenschaft begrenzter Wellen. Ganz egal wie kompliziert das System ist, es stellt sich immer heraus, daß es irgendwelche Bewegungsbilder gibt, die eine vollkommen sinusförmige Zeitabhängigkeit besitzen, aber Frequenzen haben, die eine Eigenschaft des speziellen Systems und der Art seiner Grenzbedingungen sind. Im Fall der Saite haben wir viele verschiedene mögliche Frequenzen, die jede für sich nach Definition einer Schwingungsform entsprechen, weil eine Schwingungsform ein Bewegungsbild ist, das sich sinusförmig wiederholt. Figur 49–2 zeigt die ersten drei Schwingungsformen für eine Saite. Bei der ersten Schwingungsform ist die Wellenlänge λ gleich $2L$. Dies kann man sehen, wenn man die Welle nach $x = 2L$ fortsetzt, um einen vollständigen Zyklus der Sinuswelle zu erhalten. Die Kreisfrequenz ω beträgt gewöhnlich $2\pi c$ dividiert durch die Wellenlänge, und in diesem Fall, da λ gleich $2L$ ist, ist die Frequenz $\pi c/L$, was mit $n = 1$ in Übereinstimmung mit (49.6) ist. Wir wollen die Frequenz der Grundschwingung ω_1 nennen. Die nächste Schwingungsform zeigt nun zwei Hügel mit einem Knoten in der Mitte. Bei dieser Schwingungsform ist also die Wellenlänge einfach L. Der entsprechende Wert von k ist zweimal so groß, und die Frequenz ist ebenfalls zweimal so groß; sie beträgt $2\omega_1$. Bei der dritten Schwingungsform beträgt sie $3\omega_1$ usw. Folglich sind alle verschiedenen Frequenzen der Saite das 1-, 2-, 3-, 4-fache usw. der niedrigsten Frequenz ω_1.

Wenn wir nun zur allgemeinen Bewegung der Saite zurückkehren, stellt sich heraus, daß jede mögliche Bewegung immer durch die Feststellung analysiert werden kann, daß gleichzeitig mehr als einen Schwingungstyp

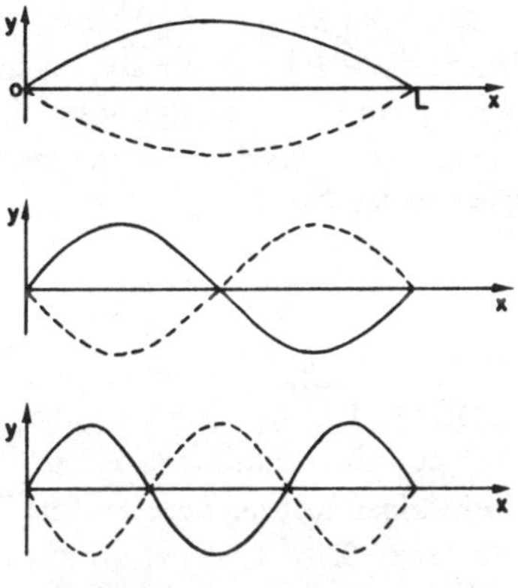

Fig. 49–2. Die ersten drei Schwingungstypen einer schwingenden Saite.

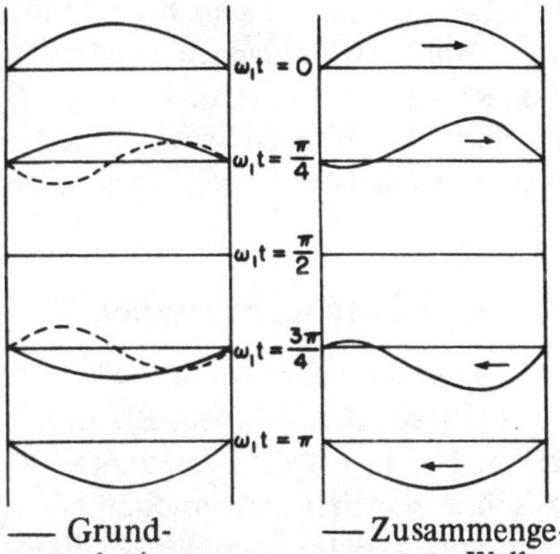

Fig. 49–3. Zwei Schwingungsformen zusammen ergeben eine sich ausbreitende Welle.

vorhanden ist. Für eine allgemeine Bewegung muß tatsächlich eine unendliche Zahl von Schwingungstypen zur gleichen Zeit angeregt werden. Um davon eine gewisse Vorstellung zu bekommen, stellen wir uns vor, was geschieht, wenn zwei Schwingungen zur gleichen Zeit oszillieren: Angenommen, wir haben eine erste Schwingungsform, wie sie in der Bildfolge in Fig. 49–3 gezeigt ist, die die Auslenkung einer Saite für gleichmäßige Zeitabstände illustriert, welche sich über einen halben Zyklus der niedrigsten Frequenz erstreckt.

Gleichzeitig nehmen wir nun an, daß es ebenso eine Schwingung des zweiten Schwingungstyps gibt. Figur 49–3 zeigt ebenso eine Bildfolge dieses Schwingungstyps, die beim Start um 90° gegenüber dem ersten Schwingungstyp phasenverschoben ist. Dies bedeutet, daß sie beim Start keine Auslenkung hat, aber die beiden Hälften der Saite haben gegensätzlich gerichtete Geschwindigkeiten. Nun erinnern wir an ein allgemeines Prinzip, das sich auf lineare Systeme bezieht: Wenn es zwei beliebige Lösungen gibt, dann ist deren Summe ebenfalls eine Lösung. Deshalb würde eine dritte mögliche Bewegung der Saite in einer Auslenkung bestehen, die man durch Addition der beiden in Fig. 49–3 gezeigten Lösungen erhält. Das Ergebnis, das auch in der Figur gezeigt wird, scheint die Vorstellung eines Stoßes zu vermitteln, der zwischen den Enden der Saite hin und her läuft, obwohl wir mit nur zwei Schwingungstypen kein sehr gutes Bild davon erzeugen können; es werden mehr Schwingungstypen benötigt. Dieses Ergebnis ist in der Tat ein Spezialfall eines großen Prinzips für lineare Systeme:

Jede beliebige Bewegung kann durch die Annahme analysiert werden, daß sie die Summe der Bewegungen all der verschiedenen Schwingungstypen ist, die mit geeigneten Amplituden und Phasen verknüpft sind.

Die Bedeutung des Prinzips rührt von der Tatsache her, daß jeder einzelne Schwingungstyp sehr einfach ist – er ist nichts als eine sinusförmige Bewegung mit der Zeit. Es ist zwar richtig, daß auch die allgemeine Bewegung einer Saite in Wirklichkeit nicht sehr kompliziert ist, aber es gibt andere Systeme, z. B. das Schwingen eines Flugzeugflügels, bei dem die Bewegung sehr viel komplizierter ist. Trotzdem finden wir sogar beim Flugzeugflügel, daß es eine ganz bestimmte Art der Verwindung mit einer Frequenz gibt und daß andere Verwindungsarten andere Frequenzen haben. Wenn diese Schwingungstypen gefunden werden können, dann kann die vollständige Bewegung immer durch Überlagerung von harmonischen Schwingungen analysiert werden (außer wenn das Schwingen derart stark ist, daß das System nicht länger als linear angesehen werden kann).

49–3 Schwingungstypen in zwei Dimensionen

Das nächste Beispiel, das wir betrachten, ist der interessante Fall der Schwingungstypen in zwei Dimensionen. Bis zu diesem Punkt haben wir nur über eindimensionale Fälle gesprochen – eine gespannte Saite oder Schallwellen in einer Röhre. Letzten Endes sollten wir drei Dimensionen betrachten, aber ein einfacherer Schritt ist der zu zwei Dimensionen. Betrachten wir der Eindeutigkeit halber ein rechteckiges Trommelfell aus Gummi, das so befestigt ist, daß es überhaupt keine Auslenkung am rechteckigen Rand gibt, und bezeichnen wir die Dimensionen des Rechtecks mit a und b, wie in Fig. 49–4 gezeigt. Nun lautet die Frage, wie sehen die Eigenschaften der möglichen Bewegung aus? Wir können mit demselben Verfahren beginnen, das wir bei der Saite benutzt haben. Wenn wir überhaupt keine Begrenzung hätten, würden wir erwarten, daß die Wellen sich mit einer bestimmten Art von Wellenbewegung ausbreiten. Zum Beispiel würde $(e^{i\omega t})(e^{-ik_x x+ik_y y})$ eine Sinuswelle darstellen, die sich in irgendeiner Richtung ausbreitet, die von den relativen Werten von k_x und k_y abhängt. Wie können wir nun aus der x-Achse, d.h. aus der Linie $y = 0$, einen Knoten machen? Wenn wir die Gedanken verwenden, die für die eindimensionale Saite entwickelt wurden, können wir uns eine weitere Welle vorstellen, die durch die komplexe Funktion $(-e^{i\omega t})(e^{-ik_x x-ik_y y})$ dargestellt wird. Die Überlagerung dieser Wellen wird eine Null-Auslenkung bei $y = 0$ ergeben, ohne Rücksicht auf die Werte von x und t. (Obwohl diese Funktionen für negative y definiert sind, wo es kein Trommelfell zum Vibrieren gibt, kann dies vernachlässigt werden, da die Auslenkung bei $y = 0$ sicher Null ist.) In diesem Fall können wir die zweite Funktion als die reflektierte Welle ansehen.

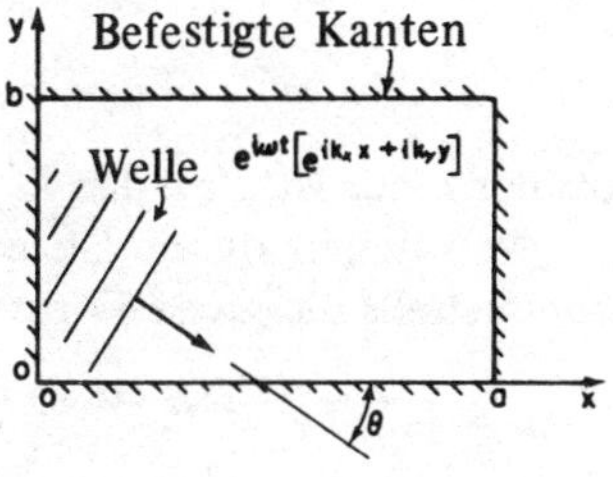

Fig. 49–4. Schwingende rechteckige Platte.

Jedoch möchten wir bei $y = b$ ebenso wie bei $y = 0$ eine Knotenlinie haben. Wie erreichen wir das? Die Lösung hängt mit etwas zusammen, was wir bei der Untersuchung der Reflexion von Kristallen ausführten. Diese Wellen, die sich gegenseitig bei $y = 0$ auslöschen, würden dasselbe bei $y = b$ nur dann tun, wenn $2b \sin\theta$ ein ganzzahliges Vielfaches von λ ist, wobei θ der in Fig. 49–4 gezeigte Winkel ist:

$$m\lambda = 2b \sin\theta, \qquad m = 0, 1, 2, \ldots \tag{49.7}$$

In derselben Weise können wir nun die y-Achse zur Knotenlinie machen durch Addition zweier weiterer Funktionen $-(e^{i\omega t})(e^{+ik_x x + ik_y y})$ und $+(e^{i\omega t})(e^{+ik_x x - ik_y y})$, die jede eine Reflexion einer der anderen beiden Wellen von der $x = 0$-Linie darstellen. Die Bedingung für eine Knotenlinie bei $x = a$ ist ähnlich der für $y = b$. Sie lautet, daß $2a \cos\theta$ ebenso ein ganzzahliges Vielfaches von λ sein muß:

$$n\lambda = 2a \cos\theta. \tag{49.8}$$

Dann lautet das endgültige Ergebnis, daß die in dem Kasten herumspringenden Wellen ein stehendes Wellenmuster erzeugen, d. h. einen definierten Schwingungstyp.

Folglich müssen wir die beiden obigen Bedingungen erfüllen, wenn wir einen Schwingungstyp erhalten sollen. Wir wollen zuerst die Wellenlänge finden. Dieses können wir durch Elimination des Winkels θ aus (49.7) und (49.8) erreichen, um die Wellenlänge in Abhängigkeit von a, b, n und m zu erhalten. Der einfachste Weg, das zu erreichen, besteht darin, beide Seiten der jeweiligen Gleichungen durch $2b$ und $2a$ zu dividieren, sie zu quadrieren und die beiden Gleichungen zu addieren. Das Ergebnis lautet $\sin^2\theta + \cos^2\theta = 1 = (n\lambda/2a)^2 + (m\lambda/2b)^2$, was nach λ aufgelöst werden kann:

$$\frac{1}{\lambda^2} = \frac{n^2}{4a^2} + \frac{m^2}{4b^2}. \tag{49.9}$$

In dieser Weise haben wir die Wellenlänge in Abhängigkeit von zwei ganzen Zahlen bestimmt, und aus der Wellenlänge erhalten wir sofort die Frequenz ω, denn wie wir wissen ist die Frequenz gleich $2\pi c$ dividiert durch die Wellenlänge.

Dies Ergebnis ist interessant und wichtig genug, daß wir es durch eine rein mathematische Analyse ableiten sollten, statt durch ein Argument über die Reflexionen. Wir wollen die Schwingung durch eine Überlagerung von vier Wellen darstellen, die so gewählt sind, daß die vier Linien $x = 0$, $x = a$, $y = 0$ und $y = b$ alle Knoten sind. Zusätzlich wollen wir fordern, daß alle Wellen dieselbe Frequenz besitzen, so daß die resultierende Bewegung einen Schwingungstyp repräsentiert. Aus unserer früheren Behandlung der Lichtreflexion wissen wir, daß $(e^{i\omega t})(e^{-ik_x x + ik_y y})$ eine Welle darstellt, die sich in der in Fig. 49–4 angezeigten Richtung ausbreitet. Gleichung (49.6), d. h. $k = \omega/c$, gilt weiterhin, vorausgesetzt, daß

$$k^2 = k_x^2 + k_y^2. \tag{49.10}$$

Aus der Figur ist klar, daß $k_x = k \cos\theta$ und $k_y = k \sin\theta$.

Nun nimmt unsere Gleichung für die Auslenkung, sagen wir ϕ, des rechteckigen Trommelfells die große Form an

$$\phi = [e^{i\omega t}][e^{(-ik_x x + ik_y y)} - e^{(+ik_x x + ik_y y)} - e^{(-ik_x x - ik_y y)} + e^{(+ik_x x - ik_y y)}]. \tag{49.11a}$$

Obwohl dies nach einem ziemlichen Durcheinander aussieht, ist die Summe dieser Dinge nicht sehr schwierig. Die Exponentialfunktionen können kombiniert werden, um Sinusfunktionen zu ergeben, so daß sich die Auslenkung herausstellt als

$$\phi = [-4 \sin k_x x \sin k_y y][e^{i\omega t}]. \tag{49.11b}$$

Mit anderen Worten ist es tatsächlich eine sinusförmige Schwingung mit einem Muster, das sowohl in x- als auch in y-Richtung sinusförmig ist. Unsere Grenzbedingungen werden natürlich bei $x = 0$ und $y = 0$ erfüllt. Wir wollen außerdem, daß ϕ Null ist, wenn $x = a$ und $y = b$ ist. Deshalb müssen wir zwei weitere Bedingungen hineinstecken: $k_x a$ muß ein ganzzahliges Vielfaches von π sein und $k_x b$ muß ein weiteres ganzzahliges Vielfaches von π sein. Da wir gesehen haben, daß $k_x = k \cos\theta$ und $k_y = k \sin\theta$ gilt, erhalten wir sofort die Gleichungen (49.7) und (49.8) und aus diesen das Endergebnis (49.9).

Nun wollen wir als Beispiel ein Rechteck annehmen, dessen Breite das Zweifache der Höhe beträgt. Wenn wir $a = 2b$ nehmen und Gl. (49.4) und (49.9) benutzen, können wir die Frequenzen aller Schwingungsformen berechnen:

$$\omega^2 = \left(\frac{\pi c}{b}\right)^2 \frac{m^2 + n^2}{4}. \tag{49.12}$$

Tabelle 49–1 zeigt ein paar der einfachen Schwingungstypen und gibt deren Form in einer qualitativen Weise an.

Der wichtigste Punkt, der bei diesem speziellen Fall betont werden sollte, ist, daß die Frequenzen nicht Vielfache voneinander noch Vielfache von irgendeiner Zahl sind. Der Gedanke, daß die Eigenfrequenzen harmonisch miteinander verknüpft sind, ist nicht allgemein richtig. Er ist nicht richtig für ein System mit mehr als einer Dimension, noch ist er richtig für eindimensionale Systeme, die komplizierter sind als eine Saite mit gleichförmiger Dichte und Spannung. Ein einfaches Beispiel für den letzteren Fall ist eine hängende Kette, in der die Spannung oben größer als am unteren Ende ist. Wenn eine solche Kette in eine harmonische Schwingung versetzt wird, gibt es verschiedene Schwingungsformen und Frequenzen, aber die Frequenzen sind nicht einfach Vielfache irgendeiner Zahl, noch sind die Schwingungsformen sinusförmig.

Die Schwingungstypen komplizierterer Systeme sind noch vielgestaltiger. Zum Beispiel haben wir im Mund einen Hohlraum über den Stimmbändern, und durch Bewegung der Zunge und der Lippen usw. erzeugen wir eine Röhre mit einem offenen Ende oder einem geschlossenen Ende mit unterschiedlichen Durchmessern und Formen;

Tabelle 49–1

Schwingungsbild (Modenform)	m	n	$(\omega/\omega_0)^2$	ω/ω_0
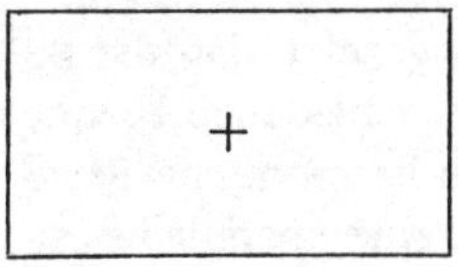	1	1	1.25	1.12
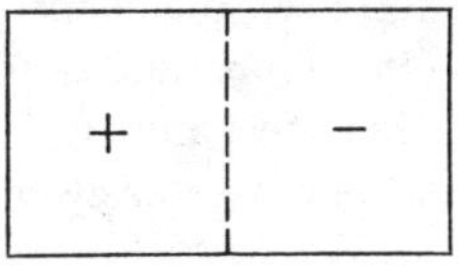	1	2	2.00	1.41
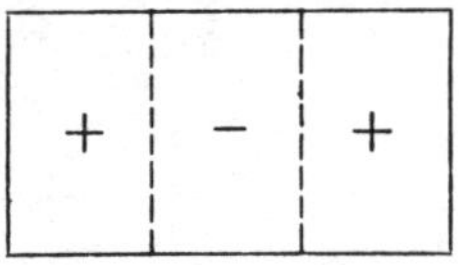	1	3	3.25	1.80
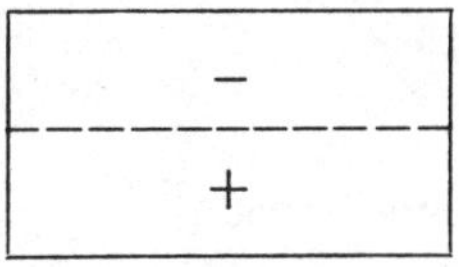	2	1	4.25	2.06
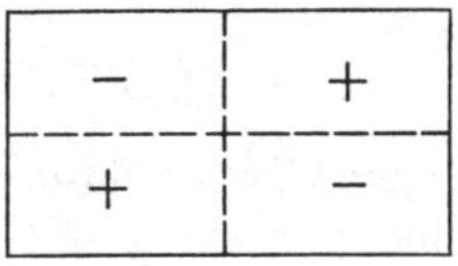	2	2	5.00	2.24

es ist ein schrecklich komplizierter Resonator, aber es ist nichtsdestoweniger ein Resonator. Wenn man nun mit den Stimmbändern spricht, werden sie veranlaßt, irgendeine Art Laut zu erzeugen. Der Laut ist ziemlich kompliziert, und es kommen eine Menge Töne heraus, aber der Hohlraum des Mundes verändert diesen Laut auf Grund der verschiedenen Resonanzfrequenzen des Hohlraumes weiter. Zum Beispiel kann ein Sänger verschiedene Vokale, a oder o oder u usw. in derselben Tonhöhe singen, aber sie klingen verschieden, weil sich die verschiedenen Harmonischen in diesem Hohlraum zu einem unterschiedlichen Grad in Resonanz befinden. Die äußerst große Bedeutung der Resonanzfrequenzen eines Hohlraumes zur Modifizierung der Stimmlaute kann durch ein einfaches Experiment demonstriert werden. Da die Schallgeschwindigkeit mit dem Kehrwert der Quadratwurzel der Dichte geht, kann die Schallgeschwindigkeit durch Verwendung verschiedener Gase variiert werden. Wenn man Helium statt Luft benutzt, so daß die Dichte niedriger ist, ist die Schallgeschwindigkeit viel höher, und alle Frequenzen des Hohlraumes werden angehoben. Wenn man seine Lungen vor dem Sprechen mit Helium füllt, wird infolgedessen der Charakter der Stimme drastisch verändert, obwohl die Stimmbänder noch mit derselben Frequenz schwingen.

49–4 Gekoppelte Pendel

Zu guter Letzt sollten wir hervorheben, daß Schwingungstypen nicht nur für kompliziert kontinuierliche Systeme existieren, sondern auch für sehr einfache mechanische Systeme. Ein gutes Beispiele ist das System zweier gekoppelter Pendel, das im vorangegangenen Kapitel diskutiert wurde. In dem Kapitel wurde gezeigt, daß die Bewegung als Überlagerung zweier harmonischer Bewegungen mit verschiedenen Frequenzen analysiert werden kann. Also kann sogar dieses System durch harmonische Bewegungen oder Schwingungstypen untersucht werden. Die Saite hat eine unendliche Anzahl von Schwingungsformen, und die zweidimensionale Fläche besitzt ebenso eine unendliche Anzahl von Schwingungstypen. In gewissem Sinne ist es eine doppelte Unendlichkeit, wenn wir Unendlichkeiten zählen können. Aber ein einfaches mechanisches Gebilde, welches nur zwei Freiheitsgrade besitzt und zu seiner Beschreibung nur zwei Variablen erfordert, hat nur zwei Schwingungsformen.

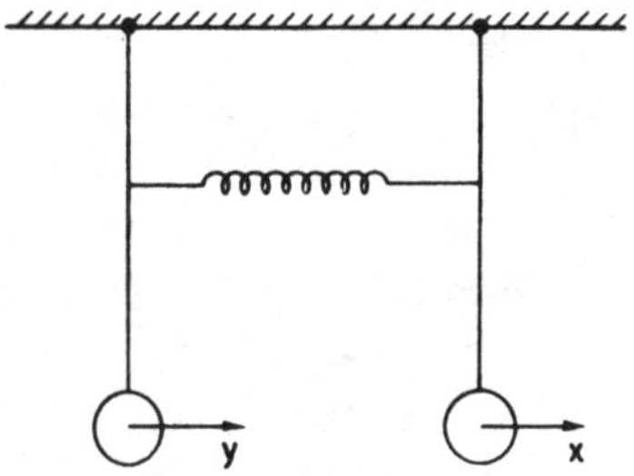

Fig. 49–5. Zwei gekoppelte Pendel.

Wir wollen eine mathematische Analyse dieser beiden Schwingungsformen für den Fall ausführen, bei dem die Pendel von gleicher Länge sind. Die eine Auslenkung soll x sein und die Auslenkung des anderen y, wie in Fig. 49–5 gezeigt. Ohne Feder ist wegen der Gravitation die Kraft auf die erste Masse proportional zur Auslenkung dieser Masse. Wenn keine Feder vorhanden wäre, würde es eine bestimmte Eigenfrequenz ω_0 für dieses Pendel allein geben. Die Bewegungsgleichung ohne Feder würde lauten

$$m\,\frac{d^2x}{dt^2} = -m\omega_0^2 x. \tag{49.13}$$

Das andere Pendel würde in derselben Weise schwingen, wenn keine Feder vorhanden wäre. Zusätzlich zu der zurücktreibenden Kraft gemäß der Gravitation gibt es eine zusätzliche Kraft, die die erste Masse zieht. Diese Kraft hängt von der Überschußstrecke von x gegenüber y ab und ist dieser Differenz proportional, folglich ist sie eine Konstante, die von der Geometrie abhängt, mal $(x-y)$. Im umgekehrten Sinn wirkt dieselbe Kraft auf die zweite Masse. Die zu lösenden Bewegungsgleichungen lauten deshalb

$$m\,\frac{d^2x}{dt^2} = -m\omega_0^2 x - k(x-y), \qquad m\,\frac{d^2y}{dx^2} = -m\omega_0^2 y - k(y-x). \tag{49.14}$$

Um eine Bewegung zu finden, bei der sich beide Massen mit derselben Frequenz bewegen, müssen wir feststellen, wie stark sich jede Masse bewegt. Mit anderen Worten werden Pendel x und Pendel y mit derselben Frequenz oszillieren, aber ihre Amplituden müssen bestimmte Werte A und B annehmen, deren Verhältnis fixiert ist. Wir wollen diese Lösung versuchen:

$$x = Ae^{i\omega t}, \qquad y = Be^{i\omega t}. \tag{49.15}$$

Wenn diese in Gl. (49.14) eingesetzt und ähnliche Terme zusammengefaßt werden, lauten die Ergebnisse

$$\begin{aligned} \left(\omega^2 - \omega_0^2 - \frac{k}{m}\right) A &= -\frac{k}{m} B, \\ \left(\omega^2 - \omega_0^2 - \frac{k}{m}\right) B &= -\frac{k}{m} A. \end{aligned} \tag{49.16}$$

Bei den so hingeschriebenen Formeln ist der gemeinsame Faktor $e^{i\omega t}$ weggelassen und sie sind durch m dividiert worden.

Nun sehen wir, daß wir zwei Gleichungen für etwas haben, das wie zwei Unbekannte aussieht. Aber es gibt in Wirklichkeit keine *zwei* Unbekannten, weil die gesamte Größe der Bewegung etwas ist, was nicht aus diesen Gleichungen bestimmt werden kann. Die obigen Gleichungen können nur das *Verhältnis* von A zu B angeben, *aber sie müssen beide dasselbe Verhältnis ergeben.* Die Notwendigkeit dafür, daß diese beiden Gleichungen in Einklang stehen, ist eine Forderung dafür, daß die Frequenz einen ganz speziellen Wert hat.

In diesem besonderen Fall kann dies ziemlich leicht aufgezeigt werden. Wenn die beiden Gleichungen miteinander multipliziert werden, lautet das Ergebnis

$$\left(\omega^2 - \omega_0^2 - \frac{k}{m}\right)^2 AB = \left(\frac{k}{m}\right)^2 AB. \tag{49.17}$$

Der Term AB kann auf beiden Seiten weggelassen werden, es sei denn A oder B sind Null, was bedeutet, daß es überhaupt keine Bewegung gibt. Wenn es eine Bewegung gibt, dann müssen die anderen Terme, die eine quadratische Gleichung zur Lösung ergeben, gleich sein. Das Ergebnis ist, daß es zwei mögliche Frequenzen gibt:

$$\omega_1^2 = \omega_0^2, \qquad \omega_2^2 = \omega_0^2 + \frac{2k}{m}. \tag{49.18}$$

Wenn weiterhin diese Frequenzwerte in Gl. (49.16) wieder eingesetzt werden, stellen wir fest, daß bei der ersten Frequenz $A = B$ und bei der zweiten Frequenz $A = -B$ gilt. Dies sind die beiden „Modenformen", was leicht durch ein Experiment geprüft werden kann.

Es ist klar, daß bei dem ersten Schwingungstyp, bei dem $A = B$ ist, die Feder niemals ausgelenkt wird und beide Massen mit der Frequenz ω_0 oszillieren, als ob die Feder nicht vorhanden wäre. Bei der anderen Lösung, bei der $A = -B$ gilt, liefert die Feder eine rücktreibende Kraft und erhöht die Frequenz. Ein interessanterer Fall ergibt sich, wenn die Pendel verschiedene Längen haben. Die Analyse ähnelt sehr der oben angegebenen und wird dem Leser als Übung überlassen.

49–5 Lineare Systeme

Nun wollen wir die oben diskutierten Gedanken zusammenfassen, die alle Aspekte eines Sachverhalts sind, der wahrscheinlich das grundlegendste und wundervollste Prinzip der mathematischen Physik darstellt. Wenn wir ein lineares System haben, dessen

Eigenschaften unabhängig von der Zeit sind, dann muß die Bewegung keinerlei spezielle Einfachheit besitzen und kann in der Tat außerordentlich komplex sein, aber es gibt sehr spezielle Bewegungen, gewöhnlich eine Reihe von speziellen Bewegungen, bei denen sich das gesamte Bewegungsbild exponentiell mit der Zeit ändert.

Bei den Schwingungssystemen, über die wir jetzt sprechen, ist die Exponentialfunktion imaginär, und anstatt daß wir „exponentiell" sagen, könnten wir sagen „sinusförmig" mit der Zeit. Jedoch kann man allgemeiner sein und sagen, daß die Bewegungen exponentiell mit der Zeit in sehr speziellen Schwingungstypen mit sehr speziellen Formen variieren werden. Die allgemeinste Bewegung des Systems kann immer als Überlagerung von Bewegungen dargestellt werden, die jeweils die einzelnen Exponentialfunktionen aufweisen.

Dies ist wert, noch einmal für den Fall einer sinusförmigen Bewegung formuliert zu werden: Ein lineares System braucht sich nicht mit einer rein sinusförmigen Bewegung zu bewegen, d. h. mit einer definierten einzelnen Frequenz, aber wie immer es sich bewegt, diese Bewegung kann als Überlagerung von reinen, sinusförmigen Bewegungen dargestellt werden. Die Frequenz einer jeden dieser Bewegungen ist eine Eigenschaft des Systems, und das Aussehen oder die Wellenform einer jeden Bewegung ist ebenso eine Eigenschaft des Systems. Die allgemeine Bewegung in jedem derartigen System kann durch Angabe der Stärke und der Phase eines jeden dieser Schwingungstypen und durch Addition aller charakterisiert werden. Eine andere Möglichkeit dies auszudrücken ist die, daß jedes lineare Schwingungssystem gleichbedeutend ist mit einer Schar von unabhängigen harmonischen Oszillatoren, deren Eigenfrequenzen den Schwingungstypen entsprechen.

Wir beschließen dieses Kapitel mit dem Hinweis auf die Verbindung der Schwingungstypen mit der Quantenmechanik. In der Quantenmechanik ist das schwingende Objekt oder die Größe, die sich im Raum ändert, die Amplitude einer Wahrscheinlichkeitsfunktion, die die Wahrscheinlichkeit angibt, ein Elektron oder ein System von Elektronen in einer gegebenen Konfiguration aufzufinden. Diese Amplitudenfunktion kann in Raum und Zeit variieren und erfüllt tatsächlich eine lineare Gleichung. Aber in der Quantenmechanik gibt es eine Transformation derart, daß die sogenannte Frequenz der Wahrscheinlichkeitsamplitude der Energie in dem klassischen Bild entspricht. Deshalb können wir das oben formulierte Prinzip auf diesen Fall übertragen, indem wir das Wort *Frequenz* nehmen und es durch das Wort *Energie* ersetzen. Es wird daraus etwa folgendes: Ein quantenmechanisches System, z. B. ein Atom, muß keine definierte Energie besitzen, genau wie ein einfaches mechanisches System keine definierte Frequenz haben muß; aber ganz egal wie sich das System benimmt, sein Verhalten kann immer als Überlagerung von Zuständen einer definierten Energie dargestellt werden. Die Energie eines jeden Zustandes ist eine Eigenschaft des Atoms, und gleiches gilt für die Amplitudenverteilung, die die Wahrscheinlichkeit, Teilchen an verschiedenen Orten zu finden, bestimmt. Die allgemeine Bewegung kann durch Angabe der Amplitude eines jeden dieser verschiedenen Energiezustände beschrieben werden. Dies ist der Ursprung der Energieniveaus in der Quantenmechanik. Da die Quantenmechanik durch Wellen dargestellt wird, sind es in dem Fall, in dem das Elektron nicht genug Energie besitzt, um schließlich dem Proton zu entkommen, *gebundene Wellen.* Wie bei den gebundenen Wellen einer Saite gibt es definierte Frequenzen für die Lösung der Wellengleichung in der Quantenmechanik. Die quantenmechanische Interpretation ist, daß dies definierte *Energien* sind. Deshalb kann ein quantenmechanisches System, da es durch Wellen dargestellt wird, definierte Zustände mit fixierter Energie besitzen; Beispiele sind die Energieniveaus verschiedener Atome.

50 Oberschwingungen

50–1 Musikalische Töne

Man sagt Pythagoras nach, er habe die Tatsache entdeckt, daß zwei ähnliche Saiten mit derselben Spannung, die sich nur in der Länge unterscheiden, im Zusammenklang eine Wirkung ergeben, die dem Ohr sehr angenehm ist, *falls* die Längen der Saiten sich im Verhältnis zweier kleiner ganzer Zahlen befinden. Wenn die Längen sich wie eins zu zwei verhalten, dann entsprechen sie der Oktave in der Musik. Wenn sich die Längen wie zwei zu drei verhalten, entsprechen sie dem Intervall zwischen C und G, was wir mit Quinte bezeichnen. Diese Intervalle werden im allgemeinen als „angenehm" klingende Akkorde anerkannt.

Pythagoras war von dieser Entdeckung so beeindruckt, daß er sie zur Basis einer Schule machte – Pythagoräer wurden sie genannt – die einen mystischen Glauben an die große Macht der Zahlen hatte. Man glaubte, daß man etwas Ähnliches bei den Planeten – oder „Sphären" – finden würde. Wir hören manchmal den Ausdruck „Sphärenmusik". Der Gedanke war, daß irgendwelche Zahlenzusammenhänge zwischen den Umlaufbahnen der Planeten oder zwischen anderen Dingen in der Natur beständen. Die Leute denken gewöhnlich, daß dies einfach eine Art Aberglaube der Griechen sei. Aber ist es so verschieden von unserem eigenen wissenschaftlichen Interesse an quantitativen Verknüpfungen? Pythagoras' Entdeckung war das erste Beispiel irgendeiner Zahlenverknüpfung in der Natur außerhalb der Geometrie. Es muß sehr überraschend gewesen sein, plötzlich zu entdecken, daß es einen *Sachverhalt* in der Natur gab, der eine einfache Zahlenverknüpfung beinhaltet. Einfache Längenmessungen ergaben eine Vorhersage über Dinge, die keine ersichtliche Verbindung zur Geometrie hatten – die Erzeugung von angenehmen Lauten. Diese Entdeckung wurde dahingehend erweitert, daß vielleicht die arithmetische und mathematische Analyse ein gutes Instrument zum Verständnis der Natur sei. Die Ergebnisse der modernen Wissenschaft rechtfertigen diesen Standpunkt.

Pythagoras konnte seine Entdeckung nur durch experimentelle Beobachtung machen. Jedoch hat ihn dieser wichtige Aspekt offenbar nicht beeindruckt. Wenn dies der Fall gewesen wäre, hätte die Physik möglicherweise einen viel früheren Start gehabt. (Es ist immer leicht, auf das zurückzublicken, was jemand anders getan hat, und zu entscheiden, was er hätte tun *sollen*!)

Wir könnten auf einen dritten Aspekt dieser sehr interessanten Entdeckung hinweisen: daß die Entdeckung mit zwei Noten zu tun hat, die dem Ohr *angenehm klingen.* Wir können fragen, ob *wir* wirklich besser dran sind als Pythagoras, weil wir verstehen, *warum* nur bestimmte Laute unserem Ohr angenehm klingen. Die allgemeine Theorie der Ästhetik ist heute wahrscheinlich nicht weiter fortgeschritten als in der Zeit des Pythagoras. In dieser einen Entdeckung der Griechen gibt es drei Aspekte: Experiment, mathematische Beziehung und Ästhetik. Die Physik hat nur bezüglich der ersten beiden Teile große Fortschritte gemacht. Dieses Kapitel wird sich mit dem heutigen Verständnis der Entdeckung von Pythagoras beschäftigen.

Unter den Lauten, die wir hören, gibt es eine Art, die wir *Geräusch* nennen. Geräusch entspricht einer Art unregelmäßiger Schwingung des Trommelfells, die durch eine unregelmäßige Schwingung irgendeines Objekts in der Nachbarschaft erzeugt wird.

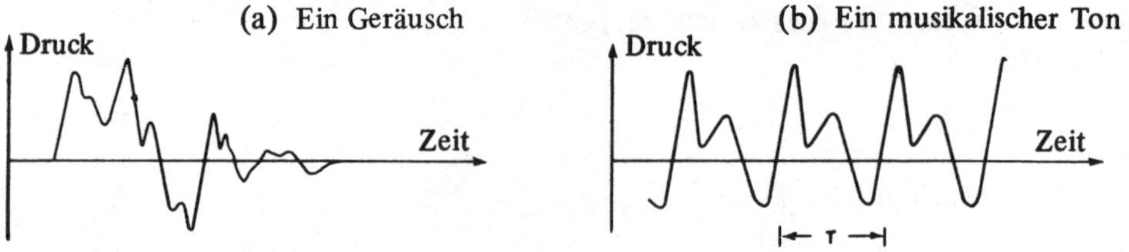

Fig. 50–1. Druck als Funktion der Zeit für (a) ein Geräusch und (b) einen musikalischen Ton.

Wenn wir ein Diagramm herstellen, um den Luftdruck am Trommelfell (und deshalb die Auslenkung des Trommelfells) als Funktion der Zeit anzuzeigen, dann könnte die Kurve, die einem Geräusch entspricht, wie die in Fig. 50–1 (a) aussehen. (Ein solches Geräusch könnte etwa dem Schall eines stampfenden Fußes entsprechen.) Der Klang von *Musik* hat einen anderen Charakter. Musik wird durch das Vorhandensein von mehr oder weniger *gehaltenen Tönen* – oder musikalischen „Noten" – charakterisiert. (Musikalische Instrumente können ebensogut auch Geräusche erzeugen!) Der Ton kann eine relativ kurze Zeit andauern, wenn etwa eine Taste auf dem Klavier gedrückt wird, oder er kann fast unendlich andauern, wenn etwa ein Flötenspieler eine lange Note hält.

Was ist der spezielle Charakter einer musikalischen Note vom Standpunkt des Luftdrucks aus? Eine musikalische Note unterscheidet sich von einem Geräusch darin, daß es eine Periodizität in ihrer Darstellung gibt. Die Änderung des Luftdrucks mit der Zeit hat eine unregelmäßige Form, und die Form wiederholt sich immer wieder. Ein Beispiel einer Druck-Zeit-Funktion, die einer musikalischen Note entsprechen würde, ist in Fig. 50–1 (b) gezeigt.

Musiker sprechen über einen musikalischen Ton gewöhnlich in drei Merkmalen: Lautstärke, Tonhöhe und „Qualität". Man stellt fest, daß die „Lautstärke" der Größe der Druckänderungen entspricht. Die „Tonhöhe" entspricht einer Zeitperiode für eine Wiederholung der Grund-Druckfunktion. („Tiefe" Noten besitzen längere Perioden als „hohe" Noten.) Die „Qualität" eines Tones hat mit den Unterschieden zu tun, die wir zwischen zwei Noten derselben Lautstärke und Tonhöhe noch hören können. Eine Oboe, eine Violine oder ein Sopran sind auch dann noch unterscheidbar, wenn sie Töne derselben Höhe erzeugen. Die Qualität hängt mit der Struktur des Wiederholungsmusters zusammen.

Wir wollen einen Moment den Klang betrachten, der durch eine schwingende Saite erzeugt wird. Wenn wir die Saite anreißen, indem wir sie zur Seite ziehen und loslassen, wird die darauf folgende Bewegung durch die Bewegung der Wellen bestimmt, die wir erzeugt haben. Wir wissen, daß diese Wellen sich in beiden Richtungen ausbreiten und an den Enden reflektiert werden.

Sie werden ziemlich lange hin und her schwappen. Ganz egal wie kompliziert die Welle ist, sie wird sich wiederholen. Die Wiederholungsperiode ist gerade die Zeit T, die die Welle braucht, um zwei volle Längen der Saite entlangzulaufen. Denn das ist gerade die für jede beliebige Welle erforderliche Zeit, um, einmal gestartet, an jedem Ende reflektiert zu werden und in ihre Anfangsposition zurück zu gelangen und in die ursprüngliche Richtung weiterzulaufen. Die Zeit ist dieselbe, ob die Wellen nun in die eine oder die andere Richtung starten. Jeder Punkt auf der Saite gelangt also nach einer Periode zu seiner Startposition zurück und wieder eine Periode später usw. Die erzeugte Schallwelle muß dieselbe Wiederholung zeigen. Wir sehen ein, warum eine gezupfte Saite einen musikalischen Ton erzeugt.

50–2 Die Fourierreihe

Wir haben im vorigen Kapitel eine andere Möglichkeit diskutiert, die Bewegung eines schwingenden Systems zu betrachten. Wir haben gesehen, daß eine Saite verschiedene Schwingungseigenformen besitzt und daß jeder beliebige Schwingungstyp, der durch die Startbedingungen erregt werden kann, als eine Kombination – in geeigneten Proportionen – mehrerer zusammenschwingender Eigenschwingungen angesehen werden kann. Für eine Saite stellten wir fest, daß die normalen Eigenschwingungen die Frequenzen ω_0, $2\omega_0$, $3\omega_0$, ... besitzen. Die allgemeinste Bewegung einer gezupften Saite ist deshalb aus der Summe einer sinusförmigen Schwingung mit der Grundfrequenz ω_0, einer weiteren mit der zweiten harmonischen Frequenz $2\omega_0$, einer weiteren mit der dritten Harmonischen $3\,\omega_0$ usw. zusammengesetzt. Nun wiederholt sich die Grundschwingung jede Periode $T_1 = 2\pi/\omega_0$. Die erste Oberschwingung wiederholt sich alle $T_2 = 2\pi/2\omega_0$. Sie wiederholt sich *ebenfalls* jede $T_1 = 2T_2$, also nach *zwei* ihrer Perioden. Ähnlich wiederholt sich die zweite Oberschwingung nach einer Zeit T_1, was das 3fache ihrer Periode ist. Wiederum sehen wir, warum eine gezupfte Saite ihr gesamtes Schwingungsbild mit einer Periodizität von T_1 wiederholt. Sie erzeugt einen musikalischen Ton.

Wir haben über die Bewegung einer Saite gesprochen. Aber der *Schall,* der eine Bewegung der Luft ist, wird durch die Bewegung der Saite erzeugt und so müssen seine Schwingungen ebenso aus denselben Harmonischen zusammengesetzt sein – obwohl wir nicht mehr an die Normalschwingungen der Luft denken. Auch kann die relative Stärke der Oberschwingungen in der Luft anders sein als in der Saite, besonders wenn die Saite mit der Luft über einen Resonanzkörper „gekoppelt" ist. Die Wirksamkeit der Koppelung an die Luft ist für die verschiedenen Oberschwingungen verschieden groß.

Wenn $f(t)$ den Luftdruck als Funktion der Zeit für einen musikalischen Ton darstellt [wie den in Fig. 50–1 (b)], dann erwarten wir, daß $f(t)$ als Summe einer Anzahl einfacher harmonischer Funktionen der Zeit – wie $\cos\omega t$ – für jede der verschiedenen harmonischen Frequenzen geschrieben werden kann. Wenn die Periode der Schwingung T ist, dann wird die fundamentale Winkelfrequenz $\omega = 2\pi/T$ sein, und die Harmonischen werden 2ω, 3ω usw. betragen.

Es gibt eine leichte Komplikation. Bei jeder Frequenz können wir erwarten, daß die Anfangsphasen nicht notwendigerweise für alle Frequenzen dieselben sind. Wir sollten deshalb Funktionen wie $\cos(\omega t + \phi)$ benutzen. Es ist jedoch einfacher, statt dessen sowohl die Sinus- als auch Kosinusfunktionen für *jede* Frequenz zu benutzen. Wir rufen uns ins Gedächtnis, daß

$$\cos(\omega t + \phi) = (\cos\phi\cos\omega t - \sin\phi\sin\omega t) \tag{50.1}$$

und da ϕ eine Konstante ist, kann *jede* sinusförmige Schwingung mit der Frequenz ω als Summe eines Terms mit $\cos\omega t$ und eines weiteren Terms mit $\sin\omega t$ geschrieben werden.

Wir schließen dann, daß *jede* Funktion $f(t)$, die periodisch mit der Periode T ist, mathematisch wie folgt geschrieben werden kann

$$\begin{aligned} f(t) = {} & a_0 \\ & + a_1 \cos \omega t + b_1 \sin \omega t \\ & + a_2 \cos 2\omega t + b_2 \sin 2\omega t \\ & + a_3 \cos 3\omega t + b_3 \sin 3\omega t \\ & + \ldots \qquad + \ldots \end{aligned} \tag{50.2}$$

wobei $\omega = 2\pi/T$ ist und a und b numerische Konstanten sind, die uns sagen, wieviel von jeder Schwingungskomponente in der Schwingung $f(t)$ vorhanden ist. Wir haben den „Null-Frequenz"-Term a_0 hinzugefügt, so daß unsere Formel ganz allgemein ist, obwohl dieser bei einem musikalischen Klang gewöhnlich Null beträgt. Er stellt eine Verschiebung des Mittelwertes (d. h. des „Null"-Niveaus) des Schalldrucks dar. Damit kann unsere Formel auf jeden beliebigen Fall angewendet werden. Die Gleichheit von Gl. (50.2) wird schematisch in Fig. 50–2 dargestellt. (Die Amplituden a_n und b_n der harmonischen Funktionen müssen geeignet gewählt werden. Sie werden schematisch und ohne besonderen Maßstab in dem Bild gezeigt.) Die Reihe (50.2) wird die *Fourierreihe* für $f(t)$ genannt.

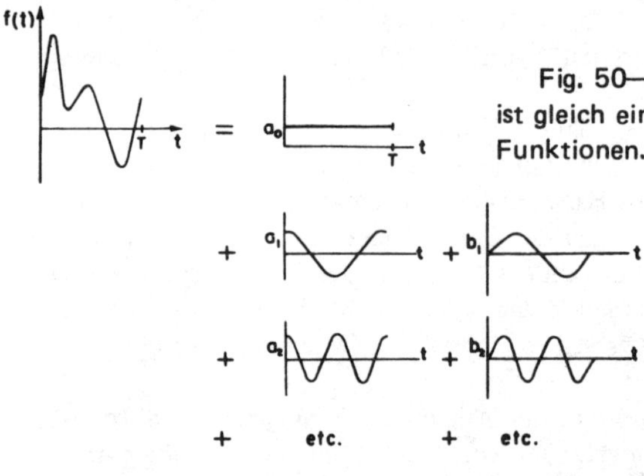

Fig. 50–2. Jede periodische Funktion $f(t)$ ist gleich einer Summe einfacher harmonischer Funktionen.

Wir haben gesagt, daß *jede* beliebige periodische Funktion in dieser Weise dargestellt werden kann. Wir sollten das korrigieren und sagen, daß jede Schallwelle oder jede Funktion, die wir gewöhnlich in der Physik antreffen, durch eine solche Summe wiedergegeben werden kann. Mathematiker können Funktionen angeben, die nicht aus einfachen harmonischen Funktionen dargestellt werden können – z. B. eine Funktion, die eine „umgekehrte Neigung" besitzt, so daß sie zwei Werte für irgendeinen Wert von t hat! Wir brauchen uns hier nicht um solche Funktionen zu kümmern.

50–3 Qualität und Konsonanz

Nun können wir beschreiben, was es ist, das die „Qualität" eines musikalischen Klanges bestimmt. Es sind die relativen Beiträge der verschiedenen Oberschwingungen – die Werte von a und b. Ein Ton mit der ersten Oberschwingung ist ein „reiner" Ton. Ein Ton mit vielen starken Oberschwingungen ist ein „voller" Ton. Eine Violine erzeugt andere Größenverhältnisse bei den Oberschwingungen als eine Oboe.

Wir können verschiedene musikalische Klänge „herstellen", wenn wir mehrere „Oszillatoren" mit einem Lautsprecher verbinden. (Ein Oszillator erzeugt gewöhnlich eine praktisch reine einfache harmonische Funktion.) Wir sollten die Frequenzen der Oszillatoren als ω, 2ω, 3ω usw. wählen. Durch Einstellen der Lautstärkeregelung bei jedem Oszillator können wir dann jeden beliebigen Betrag jeder einzelnen Oberschwingung nach Wunsch eingeben – und dadurch Klänge verschiedener Qualität erzeugen. Eine elektrische Orgel arbeitet im wesentlichen in dieser Weise. Die „Tasten" wählen die Frequenz der Grundschwingung und die „Register" sind Schalter, die die relativen Proportionen der Oberschwingungen zueinander kontrollieren. Durch Betätigen dieser Schalter kann die Orgel wie eine Flöte oder eine Oboe oder eine Violine klingen.

Es ist interessant, daß zur Erzeugung solcher „künstlicher" Töne nur ein Oszillator für jede Frequenz benötigt wird – wir brauchen keine getrennten Oszillatoren für die Sinus- und Kosinuskomponenten. Das Ohr ist nicht sehr empfindlich bezüglich der relativen Phasen der Oberschwingungen. Es beachtet hauptsächlich den *Totalbeitrag* der Sinus- und Kosinusteile jeder Frequenz. Unsere Analyse ist genauer, als es zur Erklärung des *subjektiven* Aspektes der Musik notwendig ist. Die Wirkung eines Mikrophons oder eines anderen physikalischen Instrumentes hängt jedoch von den Phasen ab, und unsere vollständige Analyse kann notwendig sein, um solche Fälle zu behandeln.

Die „Qualität" eines gesprochenen Klanges bestimmt auch die Selbstlautklänge, die wir in der Sprache erkennen. Die Form des Mundes bestimmt die Frequenzen der Eigenschwingungsformen der Luft im Mund. Einige dieser Schwingungsformen werden durch die Schallwellen von den Stimmbändern in Schwingung versetzt. In dieser Weise werden die Amplituden einiger Oberschwingungen des Klanges im Vergleich zu anderen immer größer. Wenn wir die Form unseres Mundes ändern, werden Oberschwingungen anderer Frequenzen bevorzugt. Diese Effekte sind für den Unterschied zwischen einem „e-e-e"-Klang und einem „a-a-a"-Klang verantwortlich.

Wir wissen alle, daß ein bestimmter Selbstlaut – sagen wir „e-e-e" – noch wie der gleiche Selbstlaut klingt, ob wir ihn nun in einer hohen oder in einer tiefen Tonlage sprechen (oder singen). Entsprechend dem Mechanismus, den wir beschreiben, würden wir erwarten, daß *bestimmte* Frequenzen hervorgehoben werden, wenn wir unseren Mund für ein „e-e-e" formen, und daß sich diese *nicht* ändern, wenn wir die Tonhöhe unserer Stimme ändern. Folglich ändert sich das Verhältnis der wichtigen Oberschwingungen zur Grundschwingung – d. h. die „Qualität" – wenn wir die Tonhöhe ändern. Offenbar basiert der Mechanismus, mit dem wir die Sprache erkennen, nicht auf spezifischen harmonischen Beziehungen.

Was sollen wir nun über Pythagoras' Entdeckung sagen? Wir verstehen, daß zwei ähnliche Saiten mit den Längen im Verhältnis von 2 zu 3 Grundfrequenzen im Verhältnis 3 zu 2 haben. Aber warum sollten sie zusammen „angenehm klingen"? Vielleicht sollten wir unseren Anhaltspunkt bei den Frequenzen der Oberschwingung suchen. Die erste Oberschwingung der tieferen kürzeren Saite hat *dieselbe* Frequenz wie die zweite Oberschwingung der längeren Saite. (Es läßt sich einfach zeigen – oder glauben –, daß eine gezupfte Saite hauptsächlich die paar tiefen Oberschwingungen erzeugt.)

Vielleicht sollten wir die folgenden Regeln aufstellen. Noten klingen konsonant, wenn sie Oberschwingungen mit derselben Frequenz besitzen. Noten klingen dissonant, wenn ihre höheren Oberschwingungen Frequenzen haben, die nahe beieinander, aber doch weit genug voneinander entfernt sind, daß es schnelle Schwebungen zwischen den beiden gibt. Warum Schwebungen nicht angenehm klingen und warum die Übereinstimmung der höheren Oberschwingungen nicht angenehm klingt, können wir nicht definieren oder beschreiben. Wir können aus diesem Wissen, was gut *klingt,* nicht schließen, was z. B. gut *riechen* sollte. Mit anderen Worten geht unser Verständnis nicht über die allgemeine Feststellung hinaus, daß sie gut klingen, wenn sie in Einklang sind. Das erlaubt uns nicht, irgend etwas über die Eigenschaften der Harmonie in der Musik hinaus abzuleiten.

Es ist leicht, die beschriebenen harmonischen Beziehungen durch einige einfache Experimente mit einem Klavier zu prüfen. Wir wollen die 3 aufeinanderfolgenden C in der Nähe der Mitte der Tastatur durch C, C′, und C″ und die gerade darüberliegenden G mit G, G′ und G″ bezeichnen. Dann haben die Grundschwingungen folgende relative Frequenzen:

C –2	G – 3
C′ –4	G′ – 6
C″–8	G″–12

Diese harmonischen Beziehungen können in der folgenden Weise demonstriert werden: Angenommen, wir drücken C′ *langsam,* so daß es nicht klingt, aber der Dämpfer angehoben ist. Wenn wir dann C klingen lassen, wird es seine eigene Grundschwingung *und* etwas von der ersten Oberschwingung erzeugen. Die erste Oberschwingung wird die Saiten von C′ in Schwingung versetzen. Wenn wir nun C loslassen (C′ weiterhin gedrückt) stoppt der Dämpfer die Schwingung der C-Saiten und wir können hören (leise), wie die Note C′ verklingt. In gleicher Weise kann die zweite Oberschwingung von C eine Schwingung von G′ erzeugen. Oder die fünfte Oberschwingung von C (nun viel schwächer) kann eine Vibration in der Grundschwingung von G″ verursachen.

Ein etwas anderes Ergebnis erhalten wir, wenn wir G lautlos drücken und dann C′ klingen lassen. Die zweite Oberschwingung von C′ wird der dritten Oberschwingung von G entsprechen, so daß *nur* die dritte Oberschwingung von G angeregt wird. Wir können (wenn wir genau hinhören) den Klang von G″ hören, der zwei Oktaven über G liegt, das wir angeschlagen haben! Es ist leicht, sich viele weitere Kombinationen für dieses Spiel auszudenken.

Wir können nebenbei feststellen, daß die Durtonleiter einfach durch die Bedingung definiert werden kann, daß die drei Hauptakkorde (F–A–C); (C–E–G) und (E–B–D) *jeweils* Tonfolgen mit dem Frequenzverhältnis (4 : 5 : 6) darstellen. Diese Verhältnisse – plus der Tatsache, daß die Oktave (C–C′, B–B′ usw.) das Verhältnis 1 : 2 hat – bestimmen die ganze Tonleiter für den „idealen" Fall oder für das, was „reine Stimmung" genannt wird. Tasteninstrumente wie das Klavier sind gewöhnlich *nicht* in dieser Weise gestimmt sondern es wird ein bißchen „geschummelt", so daß die Frequenzen *ungefähr* richtig für alle möglichen Anfangstöne sind. Bei dieser Stimmung, die „temperiert" genannt wird, ist die Oktave (noch 1 : 2) in 12 gleiche Intervalle eingeteilt, für die das Frequenzverhältnis $(2)^{1/12}$ beträgt. Eine Quinte hat nicht mehr das Frequenzverhältnis 3/2, sondern $2^{7/12} = 1.499$, was offenbar für die meisten Ohren genau genug ist.

Wir haben eine Regel für Konsonanz gemäß dem Zusammenfallen von Oberschwingungen aufgestellt. Ist dieses Zusammenfallen vielleicht der *Grund* dafür, daß zwei Noten konsonant sind? Jemand hat behauptet, daß zwei *reine* Töne – Töne, die sorgfältig ohne Oberschwingungen hergestellt werden – kein *Empfinden* von Konsonanz oder Dissonanz ergeben, weil die relativen Frequenzen direkt bei oder nahe den erwarteten Zahlenverhältnissen liegen. (Solche Experimente sind schwierig, weil die Erzeugung reiner Töne schwer ist aus Gründen, die wir später einsehen werden.) Wir sind immer noch nicht sicher, ob das Ohr Oberschwingungen anpaßt oder Arithmetik betreibt, wenn wir entscheiden, daß wir einen Laut mögen.

50–4 Die Fourierkoeffizienten

Wir wollen wieder zu dem Gedanken zurückkehren, daß jeder beliebige Ton – d. h. ein *periodischer* Klang – durch eine passende Kombination von Oberschwingungen dargestellt werden kann. Wir möchten gerne zeigen, wie man herausfinden kann, welcher Beitrag jeder Oberschwingung erforderlich ist. Es ist natürlich leicht, $f(t)$ unter Verwendung von Gl. (50.2) zu berechnen, wenn uns alle die Koeffizienten a und b *gegeben* sind. Die Frage ist nun, wie können wir wissen, wie groß die Koeffizienten der verschiedenen harmonischen Terme sein sollten, wenn uns $f(t)$ gegeben ist? (Es ist einfach, einen Kuchen nach einem Rezept zu machen; aber können wir das Rezept hinschreiben, wenn wir einen Kuchen bekommen?)

Fourier entdeckte, daß dies in Wirklichkeit nicht sehr schwer ist. Der Term a_0 ist sicherlich einfach. Wir haben schon gesagt, daß er einfach der Mittelwert von $f(t)$ über eine Periode ist (von $t = 0$ bis $t = T$). Wir können leicht einsehen, daß dies in der Tat so ist. Der Mittelwert einer Sinus- oder Kosinusfunktion über eine Periode ist Null. Über zwei oder drei oder eine beliebige ganze Zahl von Perioden ist er ebenso Null. Folglich ist der Mittelwert aller Terme auf der rechten Seite von Gl. (50.2) Null, außer für a_0. (Erinnern wir uns, daß wir $\omega = 2\pi/T$ wählen müssen.)

Nun ist der Mittelwert einer Summe die Summe der Mittelwerte. Folglich ist der Mittelwert von $f(t)$ einfach der Mittelwert von a_0. Aber a_0 ist eine *Konstante,* und so ist ihr Mittelwert einfach dasselbe wie ihr Wert. Wenn wir uns die Definition eines Mittelwertes ins Gedächtnis rufen, erhalten wir

$$a_0 = \frac{1}{T}\int_0^T f(t)\,dt. \tag{50.3}$$

Die weiteren Koeffizienten sind nur wenig schwieriger. Um sie zu finden, können wir einen von Fourier entdeckten Trick benutzen. Angenommen, wir multiplizieren beide Seiten von Gl. (50.2) mit irgendeiner harmonischen Funktion – sagen wir mit $\cos 7\omega t$. Wir haben dann

$$\begin{aligned} f(t)\cdot\cos 7\omega t = {} & a_0\cdot\cos 7\omega t \\ & + a_1\cos\omega t\cdot\cos 7\omega t + b_1\sin\omega t\cdot\cos 7\omega t \\ & + a_2\cos 2\omega t\cdot\cos 7\omega t + b_2\sin 2\omega t\cdot\cos 7\omega t \\ & + \cdots \qquad\qquad\qquad\quad + \cdots \\ & + a_7\cos 7\omega t\cdot\cos 7\omega t + b_7\sin 7\omega t\cdot\cos 7\omega t \\ & + \cdots \qquad\qquad\qquad\quad + \cdots \end{aligned} \tag{50.4}$$

Nun wollen wir beide Seiten mitteln. Der Mittelwert von $a_0 \cos 7\omega t$ über die Zeit T ist proportional zum Mittelwert eines Kosinus über 7 ganze Perioden. Aber das ist gerade Null. Der Mittelwert *fast* des *ganzen* Restes der Terme beträgt *ebenso* Null. Wir wollen den a_1-Term betrachten. Wir wissen im allgemeinen, daß

$$\cos A\cos B = \tfrac{1}{2}\cos(A+B) + \tfrac{1}{2}\cos(A-B). \tag{50.5}$$

Der a_1-Term wird zu

$$\tfrac{1}{2}a_1(\cos 8\omega t + \cos 6\omega t). \tag{50.6}$$

Folglich haben wir zwei Kosinusterme, einen mit 8 ganzen Perioden in T und den anderen mit 6. *Beide mitteln sich zu Null.* Der Mittelwert des a_1-Terms ist deshalb Null.

Für den a_2-Term würden wir $a_2 \cos 9\,\omega t$ und $a_2 \cos 5\,\omega t$ finden, welche sich beide zu Null mitteln. Für den a_9-Term würden wir $\cos 16\,\omega t$ und $\cos(-2\,\omega t)$ finden. Aber $\cos(-2\,\omega t)$ ist dasselbe wie $\cos 2\,\omega t$, so daß beide Null als Mittelwert haben. Es ist klar, daß *alle a*-Terme *außer* einem Null als Mittelwert besitzen, und dieser eine ist der a_7-Term. Für diesen einen haben wir

$$\tfrac{1}{2}a_7(\cos 14\omega t + \cos 0). \tag{50.7}$$

Der Kosinus von Null ist Eins, und der Mittelwert davon ist natürlich auch Eins. Folglich erhalten wir das Ergebnis, daß der Mittelwert aller *a*-Terme von Gl. (50.4) gleich $\frac{1}{2}a_7$ ist.

Die *b*-Terme sind noch einfacher. Wenn wir mit irgend einem Kosinus-Term wie $\cos n\omega t$ multiplizieren, können wir nach derselben Methode zeigen, daß *alle b*-Terme Null als Mittelwert besitzen.

Wir sehen, daß Fouriers „Trick" wie ein Sieb gewirkt hat. Wenn wir mit $\cos 7\,\omega t$ multiplizieren und mitteln, fallen alle Terme außer a_7 weg, und wir finden

$$\text{Mittelwert } [f(t) \cdot \cos 7\omega t] = a_7/2, \tag{50.8}$$

oder

$$a_7 = \frac{2}{T}\int_0^T f(t) \cdot \cos 7\omega t \, dt. \tag{50.9}$$

Wir überlassen es dem Leser, zu zeigen, daß der Koeffizient b_7 durch Multiplikation von Gl. (50.2) mit $\sin 7\omega t$ und nach Mittelung beider Seiten erhalten werden kann. Das Ergebnis lautet

$$b_7 = \frac{2}{T}\int_0^T f(t) \cdot \sin 7\omega t \, dt. \tag{50.10}$$

Was nun für 7 richtig ist, erwarten wir für jede beliebige ganze Zahl als richtig. Folglich können wir unseren Beweis und unser Ergebnis in der folgenden eleganteren mathematischen Form zusammenfassen. Wenn m und n ganze Zahlen außer Null sind und wenn $\omega = 2\pi/T$ ist, dann gilt

$$\text{I.} \quad \int_0^T \sin n\omega t \cos m\omega t \, dt = 0. \tag{50.11}$$

$$\left.\begin{array}{ll}\text{II.} & \displaystyle\int_0^T \cos n\omega t \cos m\omega t \, dt = \\ \text{III.} & \displaystyle\int_0^T \sin n\omega t \sin m\omega t \, dt = \end{array}\right\} \begin{cases} 0 & \text{if } n \neq m. \\ T/2 & \text{if } n = m. \end{cases} \tag{50.12}$$

$$\text{IV.} \quad f(t) = a_0 + \sum_{n=1}^{\infty} a_n \cos n\omega t + \sum_{n=1}^{\infty} b_n \sin n\omega t. \tag{50.13}$$

$$\text{V.} \quad a_0 = \frac{1}{T}\int_0^T f(t)\cdot dt. \tag{50.14}$$

$$a_n = \frac{2}{T}\int_0^T f(t)\cdot \cos n\omega t\, dt. \tag{50.15}$$

$$b_n = \frac{2}{T}\int_0^T f(t)\cdot \sin n\omega t\, dt. \tag{50.16}$$

In früheren Kapiteln war es bequem, die Exponentialschreibweise für die Darstellung einer einfachen harmonischen Bewegung zu benutzen. Statt $\cos \omega t$ benutzten wir Re $e^{i\omega t}$, den Realteil der Exponentialfunktion. Wir haben in diesem Kapitel Kosinus- und Sinusfunktionen benutzt, weil es die Ableitungen vielleicht ein bißchen deutlicher macht. Unser Endergebnis von Gl. (50.13) kann jedoch in der kompakten Form geschrieben werden

$$f(t) = \text{Re} \sum_{n=0}^{\infty} \hat{a}_n e^{in\omega t}, \tag{50.17}$$

wobei a_n die komplexe Zahl $a_n - ib_n$ ist (mit $b_0 = 0$). Wenn wir durchweg dieselbe Schreibweise benutzen wollen, können wir auch schreiben

$$a_n = \frac{2}{T}\int_0^T f(t)e^{-in\omega t}\, dt \qquad (n \geq 1). \tag{50.18}$$

Wir wissen jetzt, wie eine periodische Welle in ihre harmonischen Komponenten zu „zerlegen" ist. Das Verfahren wird *Fourieranalyse,* die einzelnen Terme werden Fourierkomponenten genannt. Wir haben jedoch *nicht* gezeigt, daß wir, wenn wir einmal alle Fourierkomponenten finden und sie zusammenfügen, in der Tat unser $f(t)$ zurückerhalten. Die Mathematiker haben für eine große Klasse von Funktionen, in der Tat für alle, die für Physiker interessant sind, gezeigt, daß wir, wenn wir die Integrale ausführen können, $f(t)$ zurückerhalten. Es gibt eine kleinere Ausnahme. Wenn die Funktion $f(t)$ diskontinuierlich ist, d. h. wenn sie plötzlich von einem Wert zu einem anderen springt, dann gibt die Fouriersumme einen Wert an der Sprungstelle auf halber Höhe zwischen dem oberen und dem unteren Wert der Diskontinuität. Wenn wir also die seltsame Funktion $f(t) = 0$, $0 \leq t \leq t_0$ und $f(t) = 1$ für $t_0 \leq t \leq T$ haben, dann gibt die Fouriersumme überall den richtigen Wert an, *außer bei* t_0, wo sie den Wert $\frac{1}{2}$ statt 1 hat. Es ist sowieso ziemlich unphysikalisch, großen Wert darauf zu legen, daß eine Funktion *bis* t_0 Null sein soll, aber *direkt bei* t_0 dann 1 ist. So sollten wir vielleicht für Physiker die „Regel" aufstellen, daß jede diskontinuierliche Funktion (die nur eine Vereinfachung einer *realen* physikalischen Funktion sein kann) mit den Mittelwerten an den Diskontinuitätsstellen definiert sein soll. Dann wird jede solche Funktion – mit jeder beliebigen endlichen Anzahl solcher Sprünge – genausogut wie alle anderen physikalisch interessanten Funktionen korrekt durch die Fouriersumme angegeben.

Als Übung schlagen wir vor, daß der Leser die Fourierreihe für die in Fig. 50–3 gezeigte Funktion bestimmt. Da die Funktion nicht in einer expliziten algebraischen Form geschrieben werden kann, werden Sie nicht in der Lage sein, die Integrale von Null bis T in der gewöhnlichen Weise auszuführen. Die Integrale sind jedoch einfach, wenn wir sie in zwei Teile trennen: das Integral von Null bis $T/2$ (wo $f(t) = 1$ ist) und das Integral von $T/2$ bis T (wo $f(t) = -1$ ist). Das Ergebnis sollte lauten

$$f(t) = \frac{4}{\pi}\left(\sin \omega t + \tfrac{1}{3}\sin 3\omega t + \tfrac{1}{5}\sin 5\omega t + \cdots\right), \tag{50.19}$$

wobei $\omega = 2\pi/T$ gilt. Wir stellen folglich fest, daß unsere Rechteckwelle (mit der speziell gewählten Phase) nur ungerade Oberschwingungen hat und daß ihre Amplituden umgekehrt proportional zu ihren Frequenzen sind.

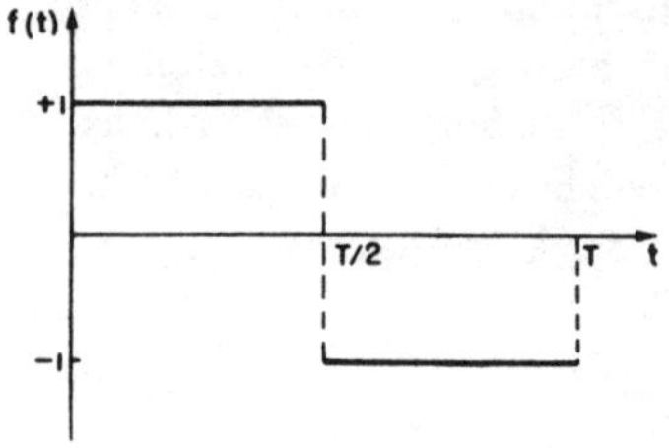

Fig. 50–3. Funktion einer Rechteckwelle.
$f(t) = +1$ für $0 < t < t/2$,
$f(t) = -1$ für $T/2 < t < T$.

Wir wollen prüfen, daß Gl. (50.19) uns für irgendeinen Wert von t tatsächlich $f(t)$ zurückgibt. Wir wollen $t = T/4$ oder $\omega t = \pi/2$ wählen. Wir haben

$$f(t) = \frac{4}{\pi}\left(\sin\frac{\pi}{2} + \frac{1}{3}\sin\frac{3\pi}{2}\frac{1}{5}\sin\frac{5\pi}{2} + \cdots\right) \tag{50.20}$$

$$= \frac{4}{\pi}\left(1 - \frac{1}{3} + \frac{1}{5} - \frac{1}{7} + \cdots\right). \tag{50.21}$$

Die Reihe* hat den Wert $\pi/4$, und wir stellen fest, daß $f(t) = 1$ ist.

50–5 Das Energietheorem

Die Energie in einer Welle ist proportional zum Quadrat ihrer Amplitude. Bei einer Welle mit komplexer Form ist die Energie in einer Periode proportional zu $\int_0^T f^2(t)\,dt$. Diese Energie können wir ebenso mit den Fourierkoeffizienten verknüpfen. Wir schreiben

$$\int_0^T f^2(t)\,dt = \int_0^T \left[a_0 + \sum_{n=1}^{\infty} a_n \cos n\omega t + \sum_{n=1}^{\infty} b_n \sin n\omega t\right]^2 dt. \tag{50.22}$$

Wenn wir das Quadrat des eingeklammerten Terms entwickeln, erhalten wir alle möglichen Mischterme wie $a_5 \cos 5\,\omega t \cdot b_7 \cos 7\,\omega t$. Wir haben jedoch oben gezeigt [Gl.

*Die Reihe kann in der folgenden Weise berechnet werden. Zuerst stellen wir fest, daß $\int_0^x [dx/(1+x^2)] = \tan^{-1} x$. Zweitens entwickeln wir den Integranden in eine Reihe $1/(1+x^2) = 1 - x^2 + x^4 - x^6 + \ldots$ Wir integrieren die Reihe Term um Term (von Null nach x), um $\tan^{-1} x = 1 - x^3/3 + x^5/5 - x^7/7 + \ldots$ zu erhalten. Wenn wir $x = 1$ setzen, haben wir das angegebene Ergebnis, da $\tan^{-1} 1 = \pi/4$ ist.

(50.11) und (50.12)], daß die Integrale von allen solchen Termen über eine Periode Null betragen. Wir behalten nur die quadratischen Terme wie $a_5^2 \cos^2 5\omega t$. Das Integral über irgendeinen Kosinus oder Sinus zum Quadrat über eine Periode ist gleich $T/2$, so daß wir erhalten

$$\int_0^T f^2(t)\,dt = Ta_0^2 + \frac{T}{2}(a_1^2 + a_2^2 + \cdots + b_1^2 + b_2^2 + \cdots)$$

$$= Ta_0^2 + \frac{T}{2}\sum_{n=1}^{\infty}(a_n^2 + b_n^2). \tag{50.23}$$

Diese Gleichung wird das „Energietheorem" genannt und besagt, daß die Gesamtenergie in einer Welle einfach die Summe der Energien aller Fourierkomponenten ist. Wenn wir dieses Theorem z. B. auf die Reihe (50.19) anwenden, erhalten wir, da $[f(t)]^2 = 1$,

$$T = \frac{T}{2}\cdot\left(\frac{4}{\pi}\right)^2\left(1 + \frac{1}{3^2} + \frac{1}{5^2} + \frac{1}{7^2}\cdots\right),$$

und so erfahren wir, daß die Summe der Quadrate der reziproken ungeraden Zahlen gleich $\pi^2/8$ ist. Wenn wir zuerst die Fourierreihe für die Funktion erhalten und dann das Energietheorem anwenden, können wir auf ähnliche Art beweisen, daß $1 + 1/2^4 + 1/3^4 + \cdots$ gleich $\pi^4/90$ ist, ein Ergebnis, das wir in Kapitel 45 benötigten.

50–6 Nichtlineare Effekte

Schließlich gibt es in der Theorie der Oberschwingungen ein wichtiges Phänomen, über das etwas gesagt werden sollte, da es von praktischer Bedeutung ist – das der nichtlinearen Effekte. In allen Systemen, die wir bis jetzt betrachtet haben, haben wir angenommen, daß alles linear ist, daß die Reaktionen auf Kräfte, sagen wir Auslenkungen oder Beschleunigungen, immer proportional zu den Kräften waren. Oder daß die Ströme in den elektrischen Kreisen proportional zu den Spannungen waren usw. Nun wollen wir Fälle betrachten, bei denen es keine strikte Proportionalität gibt. Wir denken im Moment an irgendeine Vorrichtung, in der die Reaktion, die wir x_{aus} zur Zeit t nennen wollen, durch die Eingabe x_{ein} zur Zeit t bestimmt ist. Zum Beispiel könnte x_{ein} die Kraft und x_{aus} die Auslenkung sein. Oder x_{ein} könnte der Strom und x_{aus} die Spannung sein. Wenn die Vorrichtung linear ist, würden wir haben

$$x_{\text{aus}}(t) = Kx_{\text{ein}}(t), \tag{50.24}$$

wobei K eine von t und von x_{ein} unabhängige Konstante ist. Nehmen wir jedoch an, daß die Vorrichtung fast, aber nicht exakt linear ist, so daß wir schreiben können

$$x_{\text{aus}}(t) = K[x_{\text{ein}}(t) + \epsilon x_{\text{ein}}^2(t)], \tag{50.25}$$

wobei ϵ klein im Vergleich mit der Einheit ist. Solche linearen und nichtlinearen Effekte werden in den Kurven von Fig. 50–4 gezeigt.

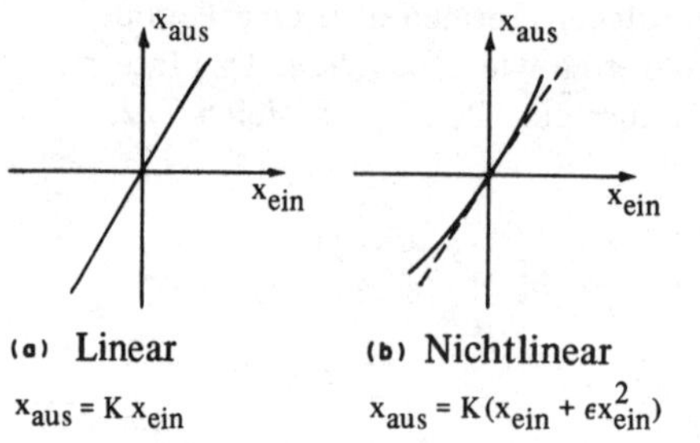

50–4. Lineare und nichtlineare Reaktionen.

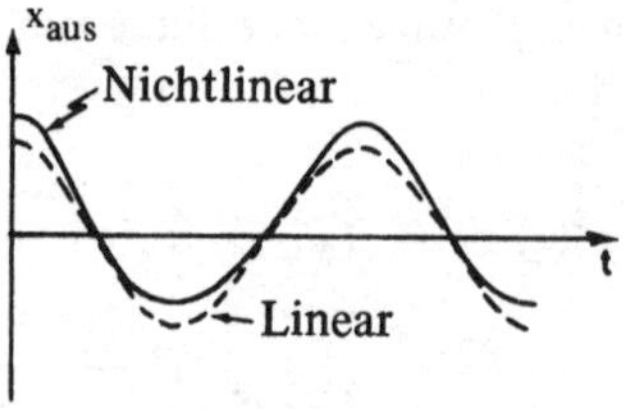

Fig. 50–5. Die Reaktion einer nichtlinearen Vorrichtung auf die Eingabe $\cos\omega t$. Zum Vergleich wird eine lineare Reaktion aufgezeigt.

Nichtlineare Reaktionen haben einige wichtige praktische Konsequenzen. Wir wollen einige von ihnen jetzt diskutieren. Zuerst betrachten wir was geschieht, wenn wir einen reinen Ton an den Eingang anlegen. Es soll $x_{\text{ein}} = \cos\omega t$ sein. Wenn wir x_{aus} als Funktion der Zeit aufzeichnen, erhalten wir die in Fig. 50–5 gezeigte durchgezogene Kurve. Die gestrichelte Kurve gibt zum Vergleich die Reaktion eines linearen Systems an. Wir sehen, daß am Ausgang nicht mehr eine Kosinusfunktion herauskommt. Sie ist oben überhöht und unten flacher. Wir sagen, daß der Ausgang *verzerrt* ist. Wir wissen jedoch, daß eine solche Welle kein reiner Ton mehr ist und daß sie Oberschwingungen besitzt. Wir können herausfinden, welches die Oberschwingungen sind. Wenn wir $x_{\text{ein}} = \cos\omega t$ mit Gl. (50.25) benutzen, haben wir

$$x_{\text{aus}} = K(\cos\omega t + \epsilon\cos^2\omega t). \tag{50.26}$$

Wegen der Gleichung $\cos^2\theta = \frac{1}{2}(1 - \cos 2\theta)$ haben wir

$$x_{\text{aus}} = K\left(\cos\omega t + \frac{\epsilon}{2} - \frac{\epsilon}{2}\cos 2\omega t\right)\cdot \tag{50.27}$$

Der Ausgang besitzt nicht nur eine Komponente bei der Grundfrequenz, die am Eingang anwesend war, sondern auch etwas von deren erster Oberschwingung. Es ist am Ausgang auch ein konstanter Term $K(\epsilon/2)$ aufgetaucht, der der Verschiebung des Mittelwertes entspricht, wie in Fig. 50–5 gezeigt. Der Prozeß der Erzeugung einer Verschiebung des Mittelwertes wird *Gleichrichtung* genannt.

Eine nichtlineare Reaktion wird gleichrichten und Oberschwingungen der Eingangsfrequenzen erzeugen. Obwohl die von uns angenommene Nichtlinearität nur erste Oberschwingungen erzeugte, werden Nichtlinearitäten höherer Ordnung – diejenigen, welche z. B. Terme wie x_{ein}^3 und x_{ein}^4 besitzen – höhere Oberschwingungen als die erste erzeugen.

Ein weiterer Effekt, der aus einer nichtlinearen Reaktion resultiert, ist die *Modulation.* Wenn unsere Eingangsfunktion zwei (oder mehr) reine Töne enthält, wird der Ausgang nicht nur deren Oberschwingungen, sondern auch andere Frequenzkomponenten besitzen. Nehmen wir $x_{\text{ein}} = A\cos\omega_1 t + B\cos\omega_2 t$, wobei jetzt ω_1 und ω_2 *nicht* in einem harmonischen Verhältnis zueinander stehen sollen. Zusätzlich zum linearen

Term (der K mal die Eingangsgröße beträgt) werden wir eine Komponente am Ausgang haben, die gegeben ist durch

$$x_{\text{aus}} = K\epsilon(A \cos \omega_1 t + B \cos \omega_2 t)^2 \tag{50.28}$$

$$= K\epsilon(A^2 \cos^2 \omega_1 t + B^2 \cos^2 \omega_2 t + 2AB \cos \omega_1 t \cos \omega_2 t). \tag{50.29}$$

Die ersten beiden Terme in den runden Klammern von Gl. (50.29) sind gerade die, die die konstanten Terme und Terme der ersten Oberschwingung angeben, die wir oben gefunden haben. Der letzte Term ist neu.

Wir können diesen neuen „Mischterm" $AB \cos \omega_1 t \cos \omega_2 t$ auf zweierlei Art betrachten. Wenn erstens die beiden Frequenzen sehr unterschiedlich sind (z. B. wenn ω_1 sehr viel größer als ω_2 ist), können wir es so ansehen, daß der Mischterm eine Kosinusschwingung mit variierender Amplitude darstellt. Das heißt, wir können die Faktoren in der folgenden Weise betrachten:

$$AB \cos \omega_1 t \cos \omega_2 t = C(t) \cos \omega_1 t \tag{50.30}$$

mit

$$C(t) = AB \cos \omega_2 t. \tag{50.31}$$

Wir sagen, daß die Amplitude von $\cos \omega_1$ mit der Frequenz ω_2 *moduliert* wird.

Zweitens können wir den Mischterm in dieser anderen Weise schreiben:

$$AB \cos \omega_1 t \cos \omega_2 t = \frac{AB}{2} [\cos (\omega_1 + \omega_2)t + \cos (\omega_1 - \omega_2)t]. \tag{50.32}$$

Nun würden wir sagen, daß zwei *neue* Komponenten erzeugt wurden, eine mit der *Summen*frequenz $(\omega_1 + \omega_2)$, eine weitere mit der *Differenz*frequenz $(\omega_1 - \omega_2)$.

Wir haben zwei verschiedene, aber gleichwertige Arten, dasselbe Ergebnis zu betrachten. In dem Spezialfall $\omega_1 \gg \omega_2$ können wir diese beiden verschiedenen Standpunkte miteinander verknüpfen, indem wir feststellen, daß wir, da $(\omega_1 + \omega_2)$ und $(\omega_1 - \omega_2)$ einander nahe sind, erwarten würden, Schwebungen zwischen ihnen zu beobachten. Aber diese Schwebungen haben gerade die Wirkung einer *Modulation* der Amplitude der *mittleren* Frequenz ω_1 mit der halben Differenzfrequenz $2\omega_2$. Wir sehen dann, warum die zwei Beschreibungen gleichwertig sind.

Zusammengefaßt haben wir herausgefunden, daß eine nichtlineare Reaktion mehrere Effekte erzeugt: Gleichrichtung, Erzeugung von Oberschwingungen und Modulation oder die Erzeugung von Komponenten mit Summen- oder Differenzfrequenzen.

Wir sollten beachten, daß alle diese Effekte (Gl. 50.29) nicht nur proportional zum Nichtlinearitätskoeffizienten ϵ sind, sondern auch zum Produkt zweier Amplituden – entweder A^2, B^2 oder AB. Wir erwarten, daß diese Effekte für *starke* Signale sehr viel wichtiger als für schwache Signale sind.

Die Effekte, die wir gerade beschrieben haben, haben viele praktische Anwendungen. Erstens, was den Schall betrifft wird angenommen, daß das Ohr nichtlinear ist. Man glaubt, daß dies der Grund für die Tatsache ist, daß wir bei lauten Klängen die Empfindung haben, daß wir Oberschwingungen und ebenso Summen- und Differenzfrequenzen *hören*, selbst wenn die Schallwellen nur reine Töne enthalten.

Die Komponenten, die bei Schallwiedergabegeräten benutzt werden – Verstärker, Lautsprecher usw. – haben immer eine gewisse Nichtlinearität. Sie erzeugen Verzerrungen in dem Schall – sie erzeugen Oberschwingungen usw. –, die in dem Ausgangsschall nicht vorhanden waren. Diese neuen Komponenten werden vom Ohr gehört und sind offensichtlich unangenehm. Aus diesem Grund sind „Hifi"-Geräte so linear wie möglich ausgelegt. (Warum die Nichtlinearitäten des *Ohres nicht* in derselben Weise „unangenehm" sind oder warum wir sogar wissen, daß die Nichtlinearität im *Lautsprecher* und nicht im *Ohr* ist, ist nicht klar!)

Nichtlinearitäten sind durchaus *notwendig* und in gewissen Gebieten der Radioübertragung und der Empfangsgeräte in der Tat absichtlich groß gemacht. In einem AM-Sender wird das „Sprech"-Signal (mit Frequenzen von einigen Kilohertz) mit dem „Träger"-Signal (mit einer Frequenz von einigen Megahertz) in einem nichtlinearen Kreis, der *Modulator* genannt wird, verknüpft, um die modulierte Schwingung zu erzeugen, die gesendet wird. Im Empfänger werden die Komponenten des empfangenen Signals in einen nichtlinearen Kreis eingespeist, der die Summen- und Differenzfrequenzen des modulierten Trägers verknüpft, um wiederum das Sprechsignal zu erzeugen.

Als wir die Lichttransmission diskutierten, nahmen wir an, daß die induzierten Schwingungen der Ladungen proportional zum elektrischen Feld des Lichts waren – daß also die Reaktion linear war. Das ist tatsächlich eine sehr gute Näherung. Erst in den letzten Jahren sind Lichtquellen konstruiert worden (Laser), die eine Lichtintensität erzeugen, die stark genug ist, daß nichtlineare Effekte beobachtet werden können. Es ist nun möglich, Oberschwingungen der Lichtfrequenzen zu erzeugen. Wenn ein intensives rotes Licht ein Stück Glas durchdringt, kommt ein bißchen blaues Licht – die erste Oberschwingung – heraus!

51 Wellen

51–1 Bugwellen

Obwohl wir unsere quantitativen Untersuchungen der Wellen beendet haben, wird dieses Kapitel zu diesem Thema mit der Absicht angehängt, ein gewisses qualitatives Verständnis für verschiedene Phänomene zu erreichen, die mit Wellen zu tun haben, die aber zu kompliziert sind, um sie hier im Detail zu analysieren. Da wir uns mehrere Kapitel lang mit Wellen beschäftigt haben, könnte das Thema passender mit „einige der komplexeren Phänomene, die mit Wellen zu tun haben", benannt werden.

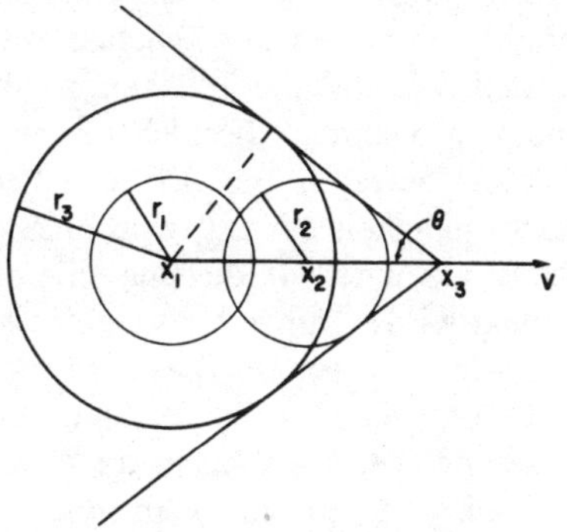

Fig. 51–1. Die Schockwellenfront liegt auf einem Kegel mit dem Scheitelpunkt an der Quelle und dem Halbwinkel $\theta = \sin^{-1} v/c_W$.

Der erste wichtige Punkt, der diskutiert wird, betrifft die Effekte, die von einer Wellenquelle erzeugt werden, die sich schneller als die Wellengeschwindigkeit oder die Phasengeschwindigkeit bewegt. Wir wollen zuerst Wellen betrachten, die eine definierte Geschwindigkeit haben, wie Schall und Licht. Wenn wir eine Schallquelle haben, die sich schneller als die Schallgeschwindigkeit bewegt, dann geschieht etwa dieses: Angenommen, zu einem gegebenen Zeitpunkt wird eine Schallwelle von der Quelle im Punkt x_1 in Fig. 51–1 erzeugt; im nächsten Moment, wenn sich die Quelle nach x_2 bewegt, dehnt sich die Welle von x_1 um einen Radius r_1 weniger als die Strecke, die die Quelle sich bewegt hat, aus; und natürlich startet eine weitere Welle von x_2. Wenn sich die Schallquelle noch weiter nach x_3 bewegt hat und dort eine Welle startet, hat sich die Welle von x_2 nun bis r_2 ausgedehnt und die von x_1 hat sich bis r_3 ausgedehnt. Natürlich entwickelt sich das alles kontinuierlich und nicht in Schritten, und deshalb haben wir eine Reihe von Wellenkreisen mit einer gemeinsamen Tangentenlinie, die durch den Mittelpunkt der Quelle hindurchgeht. Statt einer Quelle, die Kugelwellen erzeugt, wie es der Fall wäre, wenn sie stillstehen würde, erzeugt sie eine Wellenfront, die dreidimensional einen Kegel und zweidimensional ein Linienpaar darstellt. Der Winkel des Kegels läßt sich sehr leicht herausfinden. In einer gegebenen Zeitspanne bewegt sich die Quelle eine Strecke, sagen wir $x_3 - x_1$, proportional zur Geschwindigkeit der Welle v. In der Zwischenzeit hat sich die Wellenfront um die Strecke r_3 proportional zu der Wellengeschwindigkeit c_W wegbewegt. Deshalb ist es klar, daß der halbe Öffnungswinkel einen Sinus gleich dem Verhältnis der Wellengeschwindigkeit zur Geschwindigkeit der Quelle darstellt, und dieser Sinus besitzt nur dann eine Lösung, wenn c_W kleiner als v ist oder wenn die Geschwindigkeit des Objektes größer als die Wellengeschwindigkeit ist:

$$\sin\theta = \frac{v}{c_w}. \tag{51.1}$$

Obwohl wir stillschweigend vorausgesetzt hatten, daß es notwendig ist, eine Schall*quelle* zu besitzen, stellt sich interessanterweise nebenbei heraus, daß ein Objekt, wenn es sich einmal schneller als die Schallgeschwindigkeit bewegt, Schall *erzeugt.* Das heißt, es ist nicht notwendig, daß es einen gewissen Schwingungston-Charakter besitzt. Jedes Objekt, das sich durch ein Medium schneller als mit der Geschwindigkeit bewegt, mit der das Medium Wellen transportiert, wird automatisch Wellen auf jeder Seite erzeugen, einfach durch die Bewegung selbst. Dies ist einfach im Fall des Schalls, aber es tritt auch im Fall des Lichts auf. Zuerst könnte man denken, daß sich nichts schneller als mit Lichtgeschwindigkeit bewegen kann. Jedoch besitzt Licht im Glas eine Phasengeschwindigkeit, die kleiner als die Lichtgeschwindigkeit im Vakuum ist, und es ist möglich, ein geladenes Teilchen mit sehr hoher Energie derart durch einen Glasblock zu schießen, daß die Teilchengeschwindigkeit nahe der Lichtgeschwindigkeit im Vakuum ist, während die Lichtgeschwindigkeit im Glas nur $\frac{2}{3}$ der Lichtgeschwindigkeit im Vakuum betragen mag. Ein Teilchen, das sich in dem Medium schneller als mit Lichtgeschwindigkeit bewegt, wird eine konische Lichtwelle mit dem Scheitelpunkt in der Quelle erzeugen wie die Bugwelle eines Bootes (die tatsächlich durch denselben Effekt erzeugt wird). Durch Messung des Kegelwinkels können wir die Geschwindigkeit des Teilchens bestimmen. Dies wird technisch genutzt, um die Teilchengeschwindigkeiten zu bestimmen, was eine der Methoden zur Bestimmung ihrer Energie in der Hochenergie-Forschung ist. Alles was man messen muß, ist die Richtung des Lichts.

Dieses Licht wird manchmal Çerenkov-Strahlung genannt, weil es zuerst von Çerenkov beobachtet wurde. Wie intensiv dies Licht sein sollte, wurde theoretisch von Frank und Tamm untersucht. 1958 wurde der Nobelpreis für Physik allen drei zusammen für diese Arbeit verliehen.

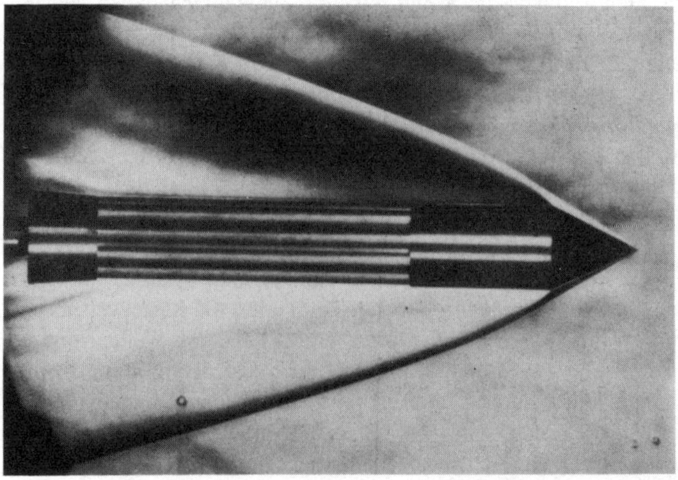

Fig. 51–2. Eine Schockwelle, die in einem Gas durch ein Projektil erzeugt wird, das sich schneller als der Schall bewegt.

Die entsprechenden Verhältnisse im Fall des Schalls werden in Fig. 51–2 illustriert; es ist eine Fotografie eines Objekts, das sich mit einer Geschwindigkeit, die größer als die Schallgeschwindigkeit ist, durch ein Gas bewegt. Die Druckänderungen erzeugen eine Änderung des Brechungsindex, und mit einem geeigneten optischen System können die Kanten der Wellen sichtbar gemacht werden. Wir sehen, daß das Objekt, das sich schneller als mit Schallgeschwindigkeit bewegt, tatsächlich eine konische Welle erzeugt. Bei genauerer Betrachtung zeigt sich jedoch, daß die Oberfläche in Wirklichkeit gekrümmt ist. Sie ist fortlaufend asymptotisch, aber nahe dem Scheitelpunkt gekrümmt, und wir müssen nun besprechen, wie das sein kann, und dies bringt uns zu dem zweiten wichtigen Punkt dieses Kapitels.

51–2 Schockwellen

Die Wellengeschwindigkeit hängt oft von der Amplitude ab, und im Fall des Schalls hängt die Geschwindigkeit von der Amplitude in der folgenden Weise ab. Ein Objekt, das sich durch die Luft bewegt, muß die Luft aus dem Wege räumen, so daß die in dieser Weise erzeugte Störung eine Art Druckstufe darstellt, wobei der Druck hinter der Wellenfront höher als in dem ungestörten, von der Welle (die, sagen wir, mit der normalen Geschwindigkeit voranläuft) noch nicht erreichten Gebiet ist. Aber die Luft, die nach Passieren der Wellenfront zurückbleibt, ist adiabatisch komprimiert worden, und deshalb ist die Temperatur angestiegen. Nun wächst die Schallgeschwindigkeit mit der Temperatur, so daß die Geschwindigkeit in dem Gebiet hinter dem Sprung größer als in der Luft davor ist. Das bedeutet, daß jede andere Störung, die hinter dieser Stufe, sagen wir durch kontinuierliches Schieben des Körpers, erzeugt wird, oder jede beliebige andere Störung sich schneller als die Front bewegt, da die Geschwindigkeit mit höherem Druck anwächst. Die Figur 51–3 illustriert die Situation, wobei einige kleine Druckhöcker dem Druckverlauf als visuelle Hilfe hinzugefügt wurden. Wir sehen, daß die Gebiete mit dem höheren Druck auf der Rückseite mit fortschreitender Zeit die Front einholen, bis letztlich die Druckwelle eine scharfe Front bildet. Wenn die Stärke sehr groß ist, heißt „letztlich" praktisch sofort; wenn sie ziemlich gering ist, dauert es eine lange Zeit; es kann tatsächlich passieren, daß der Schall sich ausbreitet und abklingt, bevor er Zeit dazu hat.

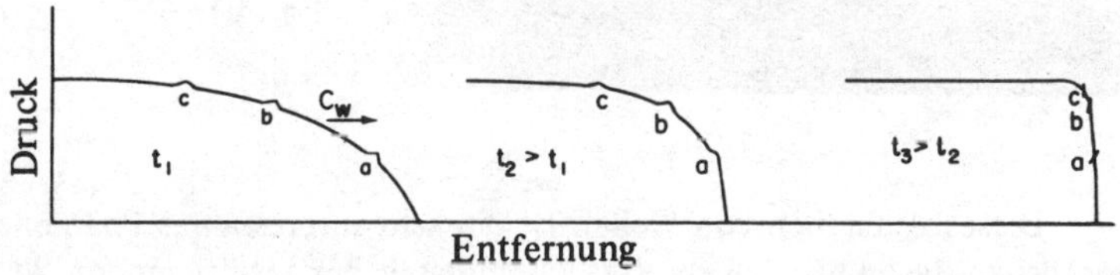

Fig. 51–3. „Schnappschüsse" der Wellenfront zu aufeinanderfolgenden Zeitpunkten.

Der Schall, den wir beim Sprechen erzeugen, ist relativ zum atmosphärischen Druck extrem schwach – nur 1 Millionstel oder so. Aber bei Druckänderungen der Größenordnung von 1 Atmosphäre wächst die Wellengeschwindigkeit um etwa zwanzig Prozent an, und die Wellenfront steilt sich mit entsprechend hoher Geschwindigkeit auf. In der Natur geschieht wahrscheinlich nichts *unendlich* schnell, und was wir eine „scharfe" Front nennen, besitzt in Wirklichkeit eine sehr geringe Dicke; sie ist nicht unendlich steil.

Die Strecken, über die Änderungen auftreten, sind von der Größenordnung einer freien mittleren Weglänge, bei der die Theorie der Wellengleichung nicht mehr gilt, weil wir die Struktur des Gases nicht berücksichtigt haben.

Wenn wir uns wieder mit Fig. 51–2 befassen, sehen wir, daß die Krümmung verständlich ist, wenn wir einsehen, daß die Drucke nahe dem Scheitelpunkt höher als weiter hinten sind und so der Winkel θ größer ist. Das heißt, die Kurve ist das Ergebnis der Tatsache, daß die Geschwindigkeit von der Stärke der Welle abhängt. Deshalb läuft die Welle einer Atombombenexplosion für eine Weile sehr viel schneller als mit Schallgeschwindigkeit, bis sie so weit vorangekommen ist, daß sie durch die Ausbreitung derart geschwächt ist, daß der Drucksprung verglichen mit dem atmosphärischen Druck klein ist. Die Geschwindigkeit des Sprunges nähert sich dann der Schallgeschwindigkeit in dem Gas, in dem er sich ausbreitet. (Nebenbei gesagt stellt sich immer heraus, daß die Geschwindigkeit des Schocks größer als die Schallgeschwindigkeit in dem Gas davor, aber niedriger als die Schallgeschwindigkeit in dem Gas dahinter ist. Das heißt, Impulse von hinten kommen an der Front an, aber die Front bewegt sich in ein Medium hinein, in dem sie sich schneller als die normale Signalgeschwindigkeit bewegt. Folglich kann man akustisch nicht vorhersagen, daß der Schock kommt, ehe es zu spät ist. Das Licht von der Bombe kommt zuerst an, aber man kann nicht sagen, daß der Schock kommt, bevor er da ist, da ihm kein Schallsignal vorangeht.)

Fig. 51–4

Dieses Aufsteilen von Wellen ist ein sehr interessantes Phänomen. Es hängt im wesentlichen davon ab, daß die Geschwindigkeit der resultierenden Welle größer sein muß als die der vorhandenen. Ein weiteres Beispiel desselben Phänomens ist das folgende. Man betrachte Wasser, das in einem langen Kanal mit endlicher Breite und endlicher Tiefe fließt. Wenn ein Kolben oder eine Wand quer durch den Kanal schnell genug den Kanal entlangbewegt wird, häuft sich das Wasser wie Schnee vor einem Schneepflug auf. Nehmen wir nun an, daß die Situation aussieht wie in Fig. 51–4 gezeigt, mit einer plötzlichen Stufe in der Wasserhöhe irgendwo in dem Kanal. Man kann demonstrieren, daß lange Wellen in einem Kanal im tieferen Wasser schneller laufen als im seichten Wasser. Deshalb laufen alle neuen Stöße oder Unregelmäßigkeiten in der Energie, die von dem Kolben geliefert werden, nach vorn und steilen sich an der Front auf. Wieder haben wir letztlich Wasser mit einer theoretisch scharfen Front. Wie Fig. 51–4 zeigt, gibt es jedoch Schwierigkeiten. Es wird eine Welle abgebildet, die einen Kanal entlangläuft; der Kolben befindet sich am äußeren rechten Ende des Kanals. Zuerst mag es wie eine gesittete Welle ausgesehen haben, wie man es erwarten könnte, aber weiter den Kanal entlang wurde sie schärfer und schärfer, bis die gezeigten Ereignisse auftraten. Es gibt ein großes Aufschäumen an der Oberfläche, wenn Wasser herunterfällt, aber es ist im wesentlichen ein sehr scharfer Anstieg ohne Störung des Wassers davor.

Tatsächlich ist Wasser sehr viel komplizierter als Schall. Um jedoch einfach einen Punkt zu illustrieren, wollen wir versuchen, die Geschwindigkeit einer solchen sogenannten *Springflut in einem Kanal* zu analysieren. Es ist zwar für unsere Zwecke nicht von grundlegender Bedeutung – es stellt keine große Verallgemeinerung dar –, es zeigt nur, daß die Gesetze der Mechanik, die wir schon kennen, ausreichen, um das Phänomen zu erklären.

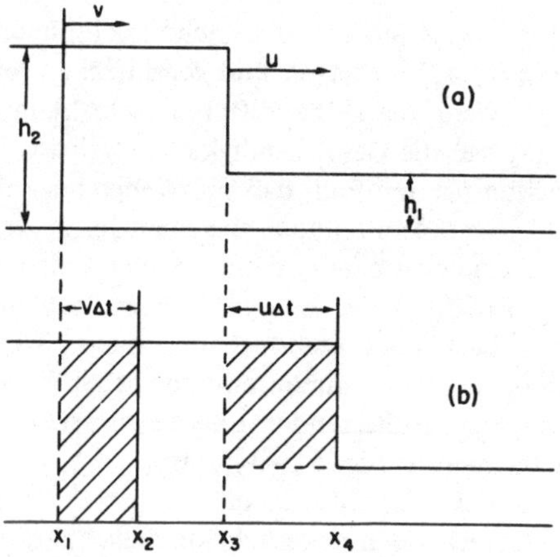

Fig. 51–5. Zwei Querschnitte einer Springflut in einem Kanal, wobei (b) einen Zeitabschnitt Δt später als (a) liegt.

Stellen wir uns einen Moment vor, daß das Wasser etwa so wie Fig. 51–5 (a) aussieht, daß sich also das Wasser mit der größeren Höhe h_2 mit einer Geschwindigkeit v bewegt und daß sich die Front mit einer Geschwindigkeit u in ungestörtes Wasser mit der Höhe h_1 bewegt. Wir möchten die Geschwindigkeit bestimmen, mit der sich die Front bewegt. In einer Zeit Δt bewegt sich eine anfänglich bei x_1 befindliche senkrechte Fläche um eine Strecke $v\,\Delta t$ nach x_2, während sich die Wellenfront um $u\,\Delta t$ bewegt hat.

Nun wenden wir die Gleichungen der Erhaltung von Masse und Impuls an. Zunächst die erstere: Pro Einheitsbreite des Kanals sehen wir, daß der Betrag $h_2 v\,\Delta t$ der Masse, der sich an x_1 vorbeibewegt hat (schraffiert gezeichnet), durch das andere schraffierte Gebiet kompensiert wird, das sich zu $(h_2 - h_1)u\,\Delta t$ ergibt. Nach Division durch Δt gilt folglich $vh_2 = u(h_2 - h_1)$. Das bringt uns noch nicht genug, denn obwohl wir h_2 und h_1 haben, kennen wir weder u noch v; wir versuchen jetzt, beide zu erhalten.

Der nächste Schritt ist nun die Anwendung der Impulserhaltung. Wir haben weder die Probleme des Wasserdrucks noch sonst etwas in der Hydrodynamik besprochen, aber es ist auf jeden Fall klar, daß der Wasserdruck in einer gegebenen Tiefe gerade ausreicht, um die Wassersäule darüber zu halten. Deshalb ist der Wasserdruck gleich ρ, der Dichte des Wassers, mal g mal der Tiefe bis zur Oberfläche. Da der Druck linear mit der Tiefe anwächst, ist der mittlere Druck über die Fläche, sagen wir bei x_1, gleich $\frac{1}{2}\rho g h_2$, was ebenso die mittlere Kraft pro Einheitsbreite und pro Einheitshöhe ist, die die Ebene nach x_2 schiebt. So multiplizieren wir mit einem weiteren h_2, um die Gesamtkraft zu erhalten, die auf das Wasser wirkt, indem sie von links schiebt. Andererseits gibt es auch auf der rechten Seite einen Druck im Wasser, der eine entgegengesetzte Kraft auf die fragliche Zone ausübt, und dieser beträgt gemäß der gleichen Analyse $\frac{1}{2}\rho g h_1^2$. Nun müssen wir die Kräfte gegen die Änderungsgeschwindigkeit des Impulses ausbalancieren. Folglich müssen wir herausfinden, um wieviel größer der Impuls im Fall (b) in Fig. 51–5 ist als er in (a) war. Wir sehen, daß die zusätzliche Masse, die die Geschwindigkeit v erreicht hat, gerade $\rho h_2 u \Delta t - \rho h_2 v \Delta t$ (pro Einheitsbreite) ist, und nach Multiplikation mit v ergibt dies den zusätzlichen Impuls, der dem Impuls $F\Delta t$ gleich sein muß:

$$(\rho h_2 u\,\Delta t - \rho h_2 v\,\Delta t)v = (\tfrac{1}{2}\rho g h_2^2 - \tfrac{1}{2}\rho g h_1^2)\,\Delta t\,.$$

Wenn wir v aus dieser Gleichung eliminieren, indem wir das schon gefundene $vh_2 = u(h_2 - h_1)$ einsetzen und vereinfachen, erhalten wir schließlich $u^2 = gh_2(h_1 + h_2)/2h_1$.

Wenn die Höhendifferenz sehr klein ist, so daß h_1 und h_2 fast gleich sind, besagt dies, daß die Geschwindigkeit $= \sqrt{gh}$ ist. Wie wir später sehen werden, ist dies nur richtig für den Fall, daß die Wellenlänge der Welle länger als die Tiefe des Kanals ist.

Wir könnten auch das analoge für Schallwellen tun – einschließlich der Erhaltung der inneren Energie, nicht der der Entropie, weil der Schock irreversibel ist. Wenn man die Erhaltung der Energie in dem Problem der Springflut prüft, findet man tatsächlich, daß die Energie nicht erhalten bleibt. Wenn die Höhendifferenz klein ist, bleibt sie praktisch vollkommen erhalten, aber sobald die Höhendifferenz beträchtlich wird, gibt es einen resultierenden Energieverlust. Dies tritt als das fallende Wasser und das Aufschäumen in Fig. 51–4 zutage.

Bei Schockwellen gibt es vom Standpunkt der adiabatischen Reaktionen aus einen entsprechenden augenscheinlichen Energieverlust. Die Energie in einer Schallwelle geht hinter dem Schock in die Aufheizung des Gases über, nachdem der Schock passiert ist, entsprechend dem Aufschäumen des Wassers der Springflut. Wenn man das ausarbeitet, stellt sich heraus, daß im Fall des Schalls drei Gleichungen für die Lösung notwendig sind, und die Temperatur hinter dem Schock ist, wie wir gesehen haben, nicht dieselbe wie die Temperatur vorn.

Wenn wir versuchen, eine umgekehrte Springflut zu machen ($h_2 < h_1$), dann finden wir, daß der Energieverlust pro Sekunde negativ ist. Da nirgendwoher Energie verfügbar ist, kann sich diese Springflut nicht aufrechterhalten; sie ist instabil. Wenn wir eine solche Welle starten würden, würde sie abflachen, da die Geschwindigkeitsabhängigkeit von der Höhe, die in dem diskutierten Fall zu einer Aufsteilung führte, nun den entgegengesetzten Effekt hätte.

51–3 Wellen in Festkörpern

Die nächste Wellenart, die diskutiert werden soll, sind die komplizierteren Wellen in Festkörpern. Wir haben schon Schallwellen in einem Gas und in einer Flüssigkeit diskutiert, und es gibt ein direktes Analogon zu einer Schallwelle in einem Festkörper. Wenn ein plötzlicher Stoß auf einen Festkörper einwirkt, wird er zusammengedrückt. Er widersteht der Kompression, und es entsteht eine Welle analog zum Schall.

Es gibt jedoch eine weitere Wellenart, die in einem Festkörper möglich ist, aber nicht in einer Flüssigkeit. Wenn ein Festkörper durch eine Seitwärtsverschiebung (*Scheren* genannt) gestört wird, dann versucht er, sich zurückzuziehen. Das unterscheidet per Definition einen Festkörper von einer Flüssigkeit: Wenn wir eine Flüssigkeit (innerlich) stören und sie so eine Minute halten, so daß sie zur Ruhe kommt, und dann wieder freilassen, dann wir sie in dieser Stellung verbleiben, wenn wir aber einen Festkörper nehmen und ihn drücken wie beim Scheren eines Stückes „Gelee" und ihn dann loslassen, schnellt er zurück, und eine *Scher*welle entsteht, die sich in derselben Weise ausbreitet wie die Kompressionen. In allen Fällen ist die Geschwindigkeit der Scherwelle geringer als die Geschwindigkeit longitudinaler Wellen. Soweit es ihre Polarisationen betrifft, entsprechen Scherwellen eher den Lichtwellen. Schall besitzt keine Polarisation, er ist einfach eine Druckwelle. Licht besitzt eine charakteristische Orientierung senkrecht zu seiner Ausbreitungsrichtung.

In einem Festkörper existieren beide Wellenarten. Erstens gibt es eine Kompressionswelle analog zum Schall, die sich mit einer Geschwindigkeit ausbreitet. Wenn ein Festkörper nichtkristallin ist, dann wird sich eine in beliebiger Richtung polarisierte Scherwelle mit einer charakteristischen Geschwindigkeit ausbreiten. (Natürlich sind alle Festkörper kristallin, aber wenn wir einen Block verwenden, der aus Mikrokristallen aller Orientierungen besteht, dann mitteln sich die Kristall-Anisotropien heraus.)

Eine weitere interessante Frage, die Schallwellen betrifft, ist die folgende: Was passiert, wenn die Wellenlänge in einem Festkörper kürzer und kürzer und kürzer wird? Wie kurz kann sie werden? Es ist interessant, daß sie auf keinen Fall kürzer als der Zwischenraum zwischen den Atomen werden kann, denn wenn man sich eine Welle vorstellt, in der ein Punkt nach oben und der nächste nach unten geht usw., dann ist natürlich die kürzest mögliche Wellenlänge durch den Atomabstand gegeben. Im Sprachgebrauch der Schwingungsformen sagen wir, daß es longitudinale Moden, transversale Moden, langwellige Moden und kurzwellige Moden gibt. Wenn wir Wellenlängen betrachten, die mit dem Abstand zwischen den Atomen vergleichbar sind, dann sind die Geschwindigkeiten nicht mehr konstant; es gibt einen Dispersionseffekt, bei dem die Geschwindigkeit nicht unabhängig von der Wellenzahl ist. Aber die höchste Mode von transversalen Wellen würde letztlich die sein, bei der ein jedes Atom das Gegenteil seiner Nachbaratome tut.

Vom Standpunkt der Atome aus gesehen ist die Situation wie bei den zwei Pendeln, über die wir gesprochen haben, bei denen es zwei Schwingungsformen gibt, eine, bei der sie sich beide zusammen bewegen, und die andere, bei der sie auseinander gehen. Es ist möglich, die Festkörperwellen in einer anderen Weise zu analysieren, nämlich als System von gekoppelten harmonischen Oszillatoren, wie eine enorm große Anzahl von Pendeln, wobei die höchste Mode derart aussieht, daß sie gegeneinander schwingen, und tiefere Moden mit verschiedenen Beziehungen der Zeitabläufe vorhanden sind.

Die kürzesten Wellen sind so kurz, daß sie gewöhnlich technisch nicht verfügbar sind. Sie sind jedoch von großem Interesse, weil in der Theorie der Thermodynamik des Festkörpers die Wärmeeigenschaften des Festkörpers, z. B. die spezifischen Wärmen, in Abhängigkeit von den Eigenschaften der kurzen Schallwellen analysiert werden können. Wenn man zu dem Extrem immer kürzerer Wellenlängen der Schallwellen geht, gelangt man notwendigerweise zu den individuellen Bewegungen der Atome; letztlich ist beides dasselbe.

Ein sehr interessantes Beispiel für Schallwellen in einem Festkörper, sowohl longitudinal als auch transversal, sind die Wellen in dem Festkörper Erde. Wer den Lärm erzeugt, wissen wir nicht, aber von Zeit zu Zeit gibt es im Erdinnern Erdbeben – Felsen rutschen an anderen Felsen vorbei. Das ist wie ein kleines Geräusch. Folglich starten Wellen wie Schallwellen von einer solchen Quelle aus, deren Wellenlängen viel länger sind als man gewöhnlich bei Schallwellen erwartet, aber trotzdem sind es Schallwellen und laufen in der Erde herum. Die Erde ist jedoch nicht homogen, und die Eigenschaften des Drucks, der Dichte, der Kompressibilität usw. ändern sich mit der Tiefe, und deshalb ändert sich die Geschwindigkeit mit der Tiefe. So laufen die Wellen nicht in geraden Linien – es gibt eine Art Brechungsindex, und sie verlaufen in Kurven. Die Longitudinalwellen und die Transversalwellen haben verschiedene Geschwindigkeiten, so daß es verschiedene Lösungen für die verschiedenen Geschwindigkeiten gibt. Wenn wir deshalb an irgendeinem Ort einen Seismographen aufstellen und beobachten, wie das Gerät zappelt, nachdem irgendwo ein Erdbeben stattgefunden hat, dann erhalten wir nicht einfach ein unregelmäßiges Gezappel. Wir könnten ein Gezappel und ein Abklingen bekommen und dann ein weiteres Gezappel – was wirklich geschieht, hängt von dem Ort ab. Wenn wir dicht genug dabei sind, würden wir zuerst Longitudinalwellen von der Störung erhalten und dann etwas später Transversalwellen, weil diese sich langsamer ausbreiten. Durch Messung der Zeitdifferenz zwischen den beiden können wir angeben, wie weit das Erdbeben entfernt ist, wenn wir genug über die Geschwindigkeiten und die Zusammensetzung der in Frage kommenden Gebiete des Erdinnern wissen.

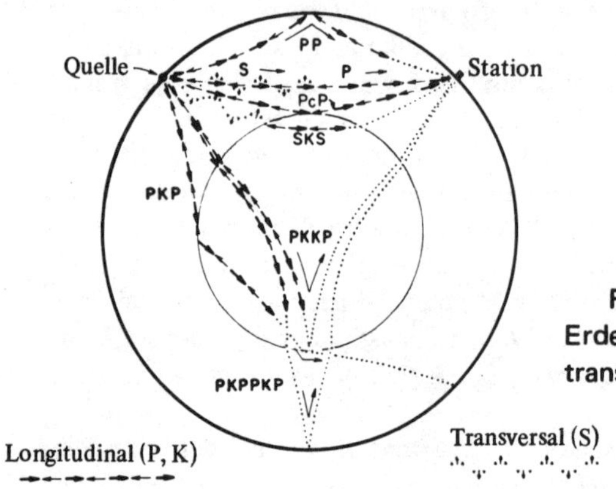

Fig. 51–6. Schematische Zeichnung der Erde, die die Wege von longitudinalen und transversalen Schallwellen zeigt.

Ein Beispiel des Verhaltensschemas von Wellen in der Erde wird in Fig. 51–6 gezeigt. Die beiden Wellenarten werden durch verschiedene Symbole dargestellt. Wenn es ein Erdbeben an dem mit „Quelle“ gekennzeichneten Ort gäbe, dann würden die Transversal- und Longitudinalwellen auf den direktesten Wegen zu verschiedenen Zeiten bei der Station ankommen und es würde außerdem Reflexionen an Diskontinuitäten geben, die zu anderen Wegen und Zeiten führen würden. Es stellt sich heraus, daß es einen Kern in der Erde gibt, der keine Transversalwellen transportiert. Wenn die Station gegenüber der Quelle liegt, werden dennoch Transversalwellen ankommen, aber die Zeitverhältnisse sind nicht richtig. Es geht so, daß die Transversalwelle zum Kern gelangt, und sooft Transversalwellen auf eine schräge Fläche zwischen zwei Materialien treffen, werden zwei neue Wellen erzeugt, eine transversal und eine longitudinal. Aber innerhalb des Erdkerns wird eine Transversalwelle nicht weitergeleitet (oder zumindest gibt es keinen Nachweis dafür, sondern nur für eine Longitudinalwelle); sie kommt in beiden Formen heraus und gelangt zur Station.

Aus dem Verhalten dieser Erdbebenwellen hat man ermittelt, daß sich Transversalwellen nicht innerhalb des inneren Kreises ausbreiten können. Das bedeutet, daß der Mittelpunkt der Erde flüssig ist in dem Sinne, daß er keine Transversalwellen weiterleiten kann. Nur aus dem Studium der Erdbeben wissen wir, was innerhalb der Erde ist. Durch Verwendung zahlreicher Beobachtungen vieler Erdbeben in verschiedenen Stationen wurden so die Details ausgearbeitet – die Geschwindigkeit, die Krümmungen usw. sind alle bekannt. Wir kennen die Geschwindigkeiten verschiedener Wellenarten in jeder Tiefe. Mit diesem Wissen ist es deshalb möglich, die Normal-Schwingungen der Erde anzugeben, da wir die Ausbreitungsgeschwindigkeit der Schallwellen kennen – mit anderen Worten die elastischen Eigenschaften beider Wellenarten in beliebigen Tiefen. Angenommen, die Erde würde zu einem Ellipsoid verformt und losgelassen. Es ist einfach ein Fall von Überlagerung von Wellen, die in dem Ellipsoid herumlaufen, um die Periode und die Formen einer freien Schwingung zu bestimmen. Wir haben herausgearbeitet, wenn es eine Störung gibt, so gibt es eine Menge von Schwingungsformen, von der niedrigsten, die elliptisch ist, bis zu höheren Moden mit mehr Struktur.

Das chilenische Erdbeben vom Mai 1960 erzeugte ein ausreichend lautes „Geräusch", daß die Signale viele Male um die Erde herumliefen, und neue Seismographen von großer Empfindlichkeit waren gerade rechtzeitig fertig geworden, um die Frequenzen der Grundschwingungen der Erde zu bestimmen und diese mit den Werten zu vergleichen, die aus der Theorie des Schalls mit den bekannten Geschwindigkeiten berechnet worden waren, wie sie bei unabhängigen Erdbeben gemessen wurden.

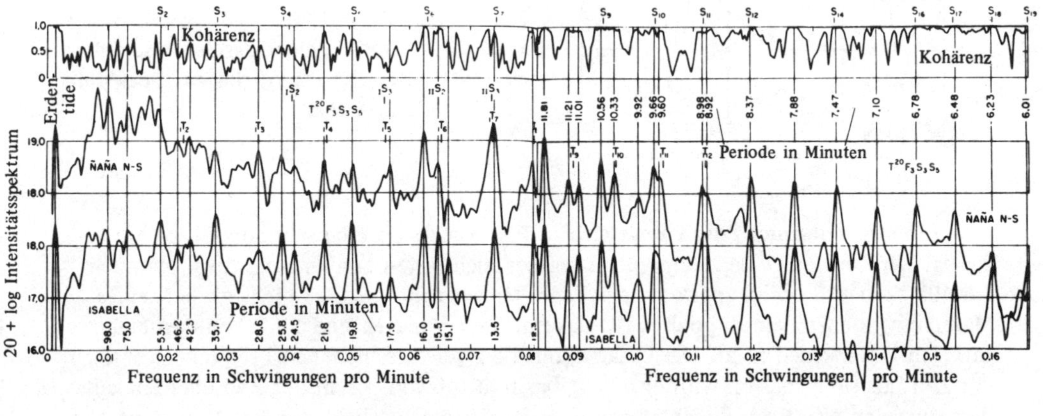

Fig. 51–7. Intensität über der Frequenz, wie sie in den Seismographen in Nana, Peru, und Isabella, Kalifornien, empfangen wurden. Die Kohärenz ist ein Maß für die Koppelung zwischen den Stationen. [Aus Benioff, Press und Smith, *J. Geoph. Research* **66**, 605 (1961)].

Das Ergebnis dieses Experiments ist in Fig. 51–7 illustriert, einem Diagramm der Stärke des Signals über der Frequenz seiner Schwingung (eine *Fourieranalyse*). Man beachte, daß bei gewissen speziellen Frequenzen sehr viel mehr empfangen wurde als bei anderen Frequenzen; es gibt genau definierte Maxima. Dies sind die Eigenfrequenzen der Erde, weil dies die Hauptfrequenzen sind, mit denen die Erde schwingen kann. Wenn mit anderen Worten die gesamte Bewegung der Erde aus vielen verschiedenen Schwingungsformen zusammengesetzt ist, würden wir erwarten, in jeder Station unregelmäßige

Stöße zu erhalten, die eine Überlagerung von vielen Frequenzen anzeigen. Wenn wir dies nach den Frequenzen analysieren, sollten wir die charakteristischen Frequenzen der Erde finden können. Die senkrechten dunklen Linien in der Figur sind die berechneten Frequenzen, und wir finden eine bemerkenswerte Übereinstimmung, eine Übereinstimmung, die der Tatsache zuzuschreiben ist, daß die Theorie des Schalls für das Erdinnere richtig ist.

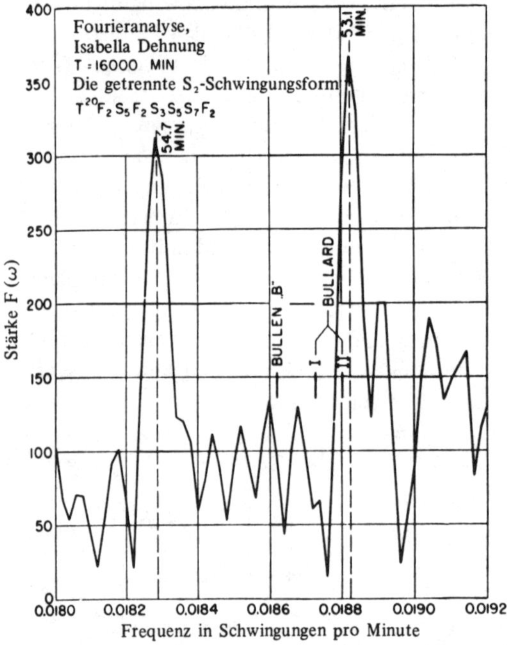

Fig. 51–8. Analyse mit hoher Auflösung einer der Seismographenaufzeichnungen, die ein Spektraldublett zeigt.

Ein sehr seltsamer Punkt zeigt sich in Fig. 51–8, wo eine sehr sorgfältige Messung gezeigt wird mit einer besseren Auflösung der niedrigsten Schwingungsform, nämlich der elliptischen Schwingungsform der Erde. Man beachte, daß es nicht ein einzelnes Maximum, sondern ein doppeltes ist, das mit 54,7 Minuten und 53,1 Minuten einen geringen Unterschied zeigt. Die Ursache für die zwei verschiedenen Frequenzen war zu der Zeit, als sie gemessen wurden, nicht bekannt, obwohl sie in der Zwischenzeit entdeckt worden sein mag. Es gibt wenigstens zwei mögliche Erklärungen: Eine kann sein, daß es eine Asymmetrie in der Verteilung der Erde gibt, die sich in zwei ähnlichen Schwingungsformen ausdrücken würde. Eine andere Möglichkeit, die noch interessanter ist, ist die folgende: Stellen wir uns vor, daß die Wellen in zwei Richtungen von der Quelle aus die Erde umlaufen. Die Geschwindigkeiten werden wegen der Wirkung der Erdrotation in den Bewegungsgleichungen nicht gleich sein, die bei Ausführung der Analyse nicht berücksichtigt wurde. Die Bewegung in einem rotierenden System wird durch Coriolis-Kräfte verändert, und diese können die beobachtete Aufspaltung verursachen.

Bei aufmerksamer Betrachtung der Methode, nach der diese Beben analysiert worden sind, sehen wir, daß auf dem Seismographen nicht eine Kurve der Amplitude als Funktion der Frequenz erhalten wird, sondern eine Auslenkung als Funktion der Zeit, die immer einen sehr unregelmäßigen Verlauf hat. Um den Betrag aller verschiedenen

Sinuswellen für alle verschiedenen Frequenzen zu finden, besteht der Trick wie wir wissen darin, die Daten mit einer Sinuswelle einer gegebenen Frequenz zu multiplizieren und zu integrieren, d. h. zu mitteln, so daß im Mittel alle anderen Frequenzen verschwinden. Die Figuren waren folglich Darstellungen der Integrale, die nach Multiplikation der Daten mit Sinuswellen verschiedener Schwingungen pro Minute und nach Integration gefunden wurden.

51–4 Oberflächenwellen

Die nächsten Wellen, die uns interessieren und die von jedem leicht beobachtet werden und die gewöhnlich als Beispiel für Wellen in einem Grundkurs verwendet werden, sind nun die Wasserwellen. Wie wir bald sehen werden, sind sie das schlechteste Beispiel, da sie in keinerlei Hinsicht wie Schall oder Licht sind; sie zeigen alle Schwierigkeiten, die Wellen besitzen können. Wir wollen mit langen Wasserwellen im tiefen Wasser beginnen. Wenn der Ozean als unendlich tief angesehen wird und eine Störung an seiner Oberfläche erzeugt wird, entstehen Wellen. Alle Arten von unregelmäßigen Bewegungen treten auf, aber die sinusförmige Bewegung bei einer sehr kleinen Störung könnte wie die gewöhnlichen sanften Ozeanwellen aussehen, die zur Küste gelangen. Nun steht bei einer solchen Welle natürlich das Wasser im Mittel still, aber die Wellen bewegen sich. Was für eine Bewegung ist das, ist sie transversal oder longitudinal? Sie ist keins von beiden; sie ist weder transversal noch longitudinal. Obwohl das Wasser an einem gegebenen Ort abwechselnd Berg oder Tal ist, kann es sich wegen der Erhaltung des Wassers nicht einfach auf und ab bewegen, d. h. wenn es heruntergeht, wohin geht dann das Wasser? Das Wasser ist im wesentlichen nicht komprimierbar. Die Kompressionsgeschwindigkeit von Wellen – d. h. Schall im Wasser – ist viel, viel höher, und wir betrachten dieses jetzt nicht. Da das Wasser in dieser Größenordnung nicht komprimierbar ist, muß das Wasser sich, wenn ein Hügel herunterkommt, aus diesem Gebiet wegbewegen. Was tatsächlich geschieht, sieht so aus, daß sich Wasserteile nahe der Oberfläche ungefähr im Kreise bewegen. Wenn sanfte Dünungen kommen, kann eine Person, die in einem Luftschlauch schwimmt, ein Objekt in der Nähe beobachten und sehen, daß es sich im Kreis bewegt. So handelt es sich um eine Mischung von longitudinal und transversal, um zur Verwirrung beizutragen. In größeren Wassertiefen sind die Bewegungen kleinere Kreise, bis es, ziemlich tief unten, überhaupt keine Bewegung mehr gibt (Fig. 51–9).

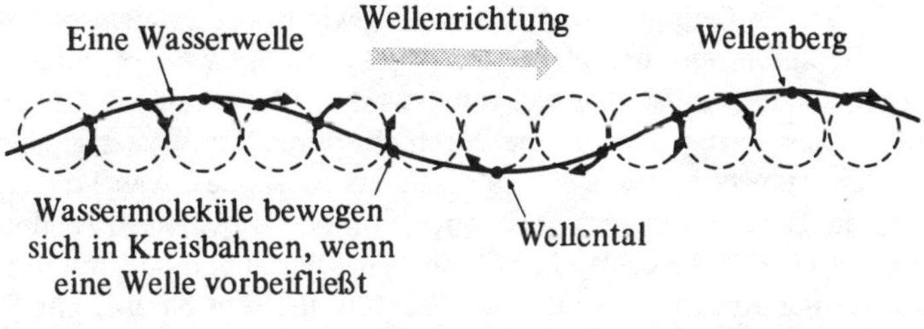

Fig. 51–9. Wellen im tiefen Wasser werden von Teilchen, die sich in Kreisen bewegen, gebildet. Man beachte die systematischen Phasenverschiebungen von Kreis zu Kreis. Wie würde sich ein schwimmendes Objekt bewegen?

Die Geschwindigkeit solcher Wellen festzustellen ist ein interessantes Problem: Es muß irgendeine Kombination der Dichte des Wassers, der Beschleunigung der Gravitation, die die zurücktreibende Kraft darstellt, die die Wellen erzeugt, und möglicherweise der Wellenlänge und der Tiefe sein. Wenn wir den Fall annehmen, bei dem die Tiefe gegen Unendlich geht, gibt es keine Abhängigkeit von der Tiefe mehr. Ganz egal, welche Formel wir für die Geschwindigkeit der Phasen der Wellen erhalten werden, die verschiedenen Faktoren müssen kombiniert werden, um geeignete Dimensionen zu erhalten, und wenn wir dies auf verschiedene Weisen versuchen, finden wir nur eine Möglichkeit, um die Dichte g und λ zu einer Geschwindigkeit zu verknüpfen, nämlich $\sqrt{g\lambda}$, was die Dichte überhaupt nicht enthält. Tatsächlich ist diese Formel für die Phasengeschwindigkeit nicht exakt richtig, aber eine vollständige Analyse der Dynamik, in die wir nicht einsteigen wollen, zeigt, daß die Faktoren bis auf $\sqrt{2\pi}$ so sind, wie wir sie erhalten haben:

$$v_{\text{Phase}} = \sqrt{g\lambda/2\pi} \text{ (für Gravitationswellen).}$$

Es ist interessant, daß sich die langen Wellen schneller ausbreiten als die kurzen Wellen. Wenn folglich ein Boot weit draußen Wellen erzeugt, weil dort irgendein Rennwagenfahrer in einem Motorboot vorbeifährt, dann kommen die Wellen nach einer gewissen Zeit zuerst mit langsamem Plätschern an den Strand und dann mit immer schnellerem Plätschern, weil die zuerst ankommenden Wellen lang sind. Die Wellen werden mit der Zeit immer kürzer und kürzer, weil die Geschwindigkeiten mit der Quadratwurzel der Wellenlänge gehen.

Man mag entgegnen: „Das ist nicht richtig, wir müssen die *Gruppen*geschwindigkeit betrachten, um den Sachverhalt auszuarbeiten!" Natürlich ist das richtig. Die Formel für die Phasengeschwindigkeit sagt uns nicht, was zuerst ankommen wird; dies sagt uns die Gruppengeschwindigkeit. Folglich müssen wir die Gruppengeschwindigkeit ausarbeiten, und es bleibt die Aufgabe, zu zeigen, daß es die halbe Phasengeschwindigkeit ist, wobei wir annehmen, daß die Geschwindigkeit mit der Quadratwurzel der Wellenlänge geht; dies ist alles, was benötigt wird. Die Gruppengeschwindigkeit geht ebenso mit der Quadratwurzel der Wellenlänge. Wie kann die Gruppengeschwindigkeit die Hälfte der Phasengeschwindigkeit betragen? Wenn man sich die Menge der Wellen anguckt, die durch ein vorbeifahrendes Boot erzeugt wird, und einem bestimmten Wellenberg folgt, findet man, daß er sich in der Gruppe vorwärtsbewegt und allmählich schwächer wird und vorne völlig abklingt, und merkwürdiger- und geheimnisvollerweise arbeitet sich eine schwache Welle von hinten nach vorn und wird stärker. Kurz gesagt bewegen sich die Wellen durch die Gruppe, während sich die Gruppe nur mit der halben Geschwindigkeit, mit der sich die Wellen bewegen, vorwärtsbewegt.

Weil die Gruppen- und Phasengeschwindigkeiten nicht gleich sind, bilden die Wellen, die durch ein durchgleitendes Objekt erzeugt werden, nicht mehr einfach einen Kegel, sondern es ist sehr viel interessanter. Wir können das in Fig. 51–10 sehen, wo die Wellen gezeigt werden, die durch ein durch das Wasser gleitendes Objekt erzeugt werden. Man beachte, daß es ganz anders ist als das, was wir beim Schall hätten, bei dem die Geschwindigkeit unabhängig von der Wellenlänge ist und wo wir nur Wellenfronten längs des Kegels hätten, die sich nach außen ausbreiten. Statt dessen haben wir auf der Rückseite Wellen mit Fronten, die sich parallel zur Bewegung des Bootes bewegen, und dann haben wir kleine Wellen auf den Seiten mit anderen Winkeln. Dieses gesamte Wellenmuster kann mit Geschick analysiert werden, wenn man nur weiß, daß die Phasengeschwindigkeit proportional zur Quadratwurzel der Wellenlänge ist. Der Trick ist, daß das Wellenmuster bezogen auf das Boot (mit konstanter Geschwindigkeit) stationär ist; jedes andere Muster würde dem Boot verlorengehen.

Die Wasserwellen, die wir bis jetzt betrachtet haben, waren lange Wellen, bei denen die rücktreibende Kraft von der Gravitation herrührt. Aber wenn die Wellen im

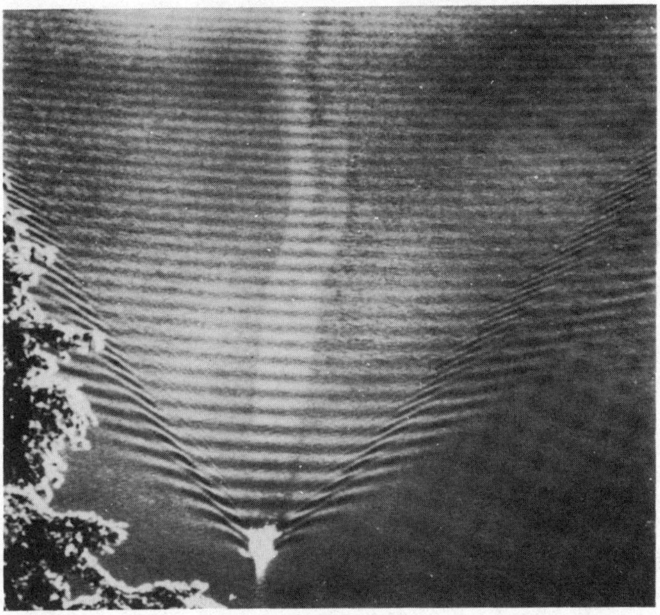

Fig. 51–10. Das Kielwasser eines Bootes.

Wasser sehr kurz werden, besteht die hauptsächliche rücktreibende Kraft in der Kapillarkraft, d. h. der Energie der Oberfläche, also der Oberflächenspannung. Für Oberflächenspannungswellen stellt sich die Phasengeschwindigkeit heraus als

$$v_{\text{Phase}} = \sqrt{2\pi T/\lambda\rho} \quad \text{(für Kräuselwellen)},$$

wobei T die Oberflächenspannung und ρ die Dichte ist. Es ist genau umgekehrt: Die Phasengeschwindigkeit ist um so *höher*, je kürzer die Wellenlänge ist, wenn die Wellenlängen sehr klein werden. Wenn wir sowohl Gravitation als auch Kapillarwirkung haben, wie es immer der Fall ist, erhalten wir die Kombination beider zusammen:

$$v_{\text{Phase}} = \sqrt{Tk/\rho + g/k},$$

wobei $k = 2\pi/\lambda$ die Wellenzahl ist. Folglich ist die Geschwindigkeit der Wasserwellen wirklich ziemlich kompliziert. Die Phasengeschwindigkeit als Funktion der Wellenlänge wird in Fig. 51–11 gezeigt; für sehr kurze Wellen ist sie groß, für sehr lange Wellen ist sie groß, und es gibt eine minimale Geschwindigkeit, mit der sich Wellen ausbreiten können. Die Gruppengeschwindigkeit kann aus der Formel ausgerechnet werden: Sie ergibt sich zu $\frac{3}{2}$ der Phasengeschwindigkeit für Kräuselwellen und zu $\frac{1}{2}$ der Phasengeschwindigkeit für Gravitationswellen. Auf der linken Seite des Minimums ist die Gruppengeschwindigkeit höher als die Phasengeschwindigkeit; rechts ist die Gruppengeschwindigkeit geringer als die Phasengeschwindigkeit. Einige interessante Phänomene sind mit diesen Tatsachen verknüpft. An erster Stelle zeigt sich, da die Gruppengeschwindigkeit so schnell ansteigt, wenn die Wellenlänge abfällt: Wenn wir eine Störung erzeugen, gibt es ein langsamstes Ende der Störung, das sich mit der minimalen Ge-

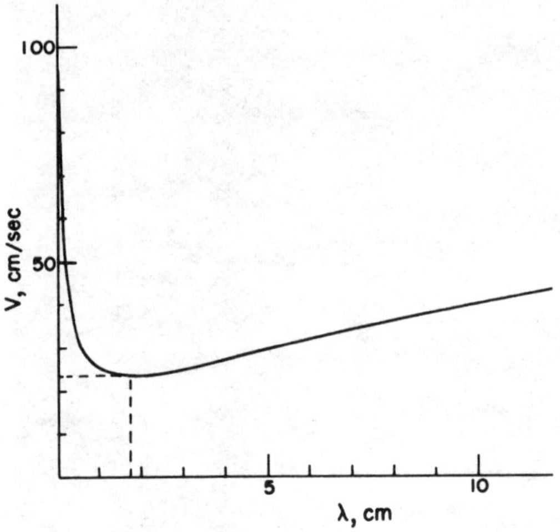

Fig. 51–11.

schwindigkeit und der entsprechenden Wellenlänge ausbreitet, und dann werden sich vorn eine kurze und eine lange Welle mit höherer Geschwindigkeit ausbreiten. Es ist sehr schwer, die langen Wellen zu sehen, aber es ist leicht, in einem Wasserbehälter die kurzen zu sehen.

So sehen wir, daß die Kräuselwellen, die oft benutzt werden, um einfache Wellen darzustellen, ziemlich interessant und kompliziert sind; sie haben überhaupt keine scharfe Wellenfront, wie es bei den einfachen Wellen wie beim Schall und Licht der Fall ist. Die Hauptwelle hat kleine Kräuselwellen, die vorauseilen. Eine scharfe Störung im Wasser erzeugt wegen der Dispersion keine scharfe Welle. Zuerst kommen die sehr feinen Wellen. Wenn sich ein Objekt mit einer bestimmten Geschwindigkeit durch das Wasser bewegt, ergibt dies nebenbei gesagt ein ziemlich kompliziertes Muster, weil sich alle verschiedenen Wellen mit verschiedenen Geschwindigkeiten ausbreiten. Man kann dies mit einem Wassertrog demonstrieren und beobachten, daß die feinen Kapillarwellen die schnellsten sind. Es gibt langsamste Wellen einer bestimmten Art, die hinterherlaufen. Wenn man den Boden neigt, beobachtet man, daß dort, wo die Tiefe geringer ist, die Geschwindigkeit geringer ist. Wenn eine Welle unter einem Winkel die Linie mit dem maximalen Gefälle trifft, wird sie gebrochen und neigt dazu, dieser Linie zu folgen. Auf diese Weise kann man verschiedene Dinge zeigen, und wir folgern, daß Wellen in Wasser komplizierter sind als in Luft.

Die Geschwindigkeit von langen Wellen in Wasser mit kreisförmigen Bewegungen ist kleiner, wenn die Tiefe geringer ist, und größer im tiefen Wasser. Wenn folglich das Wasser in Richtung Strand kommt, wo die Tiefe geringer ist, dann laufen die Wellen langsamer. Aber dort, wo das Wasser tiefer ist, sind die Wellen schneller, so daß wir die Effekte von Schockwellen erhalten. Da die Welle nicht so einfach ist, sind die Schocks diesmal stärker verformt und die Welle überschlägt sich in der vertrauten Weise, wie es in Fig. 51–12 gezeigt wird. Dies alles passiert, wenn Wellen an den Strand laufen, und die tatsächliche Kompliziertheit der Natur wird in einem solchen Fall gut enthüllt. Niemand hat bis jetzt angeben können, welche Form eine Welle annehmen sollte, wenn sie bricht. Es ist einfach genug, wenn die Wellen klein sind, aber wenn eine groß wird und bricht, dann ist es sehr viel komplizierter.

Fig. 51–12. Eine Wasserwelle.

Einen interessanten Gesichtspunkt bei Kapillarwellen findet man bei den Störungen, die von einem Objekt erzeugt werden, welches sich durch das Wasser bewegt. Vom Standpunkt des Objektes aus fließt das Wasser vorbei, und die Wellen, die sich letztlich rundherum befinden, sind immer Wellen, die gerade die richtige Geschwindigkeit besitzen, um mit dem Objekt im Wasser stillzustehen. Ähnlich ist um ein Objekt in einem Strom herum, wobei der Strom vorbeifließt, das Wellenmuster stationär und besitzt gerade die richtigen Wellenlängen, um sich mit derselben Geschwindigkeit zu bewegen, mit der das Wasser vorbeiströmt. Aber wenn die Gruppengeschwindigkeit geringer als die Phasengeschwindigkeit ist, dann breiten sich die Störungen in dem Strom rückwärts aus, weil die Gruppengeschwindigkeit nicht ganz ausreicht, um mit dem Strom mitzuhalten. Wenn die Gruppengeschwindigkeit größer als die Phasengeschwindigkeit ist, dann wird das Wellenmuster vor dem Objekt auftauchen. Wenn man sich Gegenstände in einem Strom sehr genau anguckt, kann man sehen, daß es kleine Kräuselwellen davor und lange „Schmatzer" dahinter gibt.

Ein weiterer interessanter Gesichtspunkt dieser Art kann beim Ausgießen von Flüssigkeiten beobachtet werden. Wenn z. B. Milch aus einer Flasche schnell genug ausgegossen wird, kann man eine große Anzahl von Linien sehen, die sich in beiden Richtungen in dem ausfließenden Strahl überschneiden. Es sind Wellen, die von der Störung an den Kanten aus starten und nach außen laufen, praktisch wie die Wellen um einen Gegenstand in einem Strom. Es gibt Effekte von beiden Seiten, die das gekreuzte Muster erzeugen.

Wir haben einige der interessanten Eigenschaften von Wellen und die verschiedenen Komplikationen der Abhängigkeit der Phasengeschwindigkeit von der Wellenlänge, die Geschwindigkeit der Wellen in Abhängigkeit von der Tiefe usw. untersucht, die die in der Tat komplexen und deshalb interessanten Phänomene der Natur erzeugen.

52 Die Symmetrie in physikalischen Gesetzen

52–1 Symmetrieoperationen

Das Thema dieses Kapitels ist etwas, was wir die *Symmetrie in den physikalischen Gesetzen* nennen können. Wir haben schon gewisse Eigenschaften der Symmetrie in den physikalischen Gesetzen in Verbindung mit der Vektoranalyse (Kapitel 11), der Relativitätstheorie (Kapitel 16) und der Rotation (Kapitel 20) diskutiert.

Warum sollte uns die Symmetrie interessieren? Zuerst einmal fasziniert die Symmetrie den menschlichen Geist, und jeder mag Gegenstände oder Muster, die in irgendeiner Weise symmetrisch sind. Es ist eine interessante Tatsache, daß die Natur oft bestimmte Symmetrieformen in den Gegenständen, die wir in der Welt um uns herum finden, an den Tag legt. Der vielleicht symmetrischste vorstellbare Gegenstand ist eine Kugel, und die Natur ist voll von Kugeln – Sterne, Planeten und Wassertropfen in den Wolken. Die Kristalle, die in Felsen gefunden werden, zeigen viele verschiedene Arten von Symmetrie, deren Studium uns einige wichtige Dinge über die Struktur der Festkörper sagt. Sogar die Tier- und Pflanzenwelt zeigt uns einen gewissen Grad an Symmetrie, auch wenn die Symmetrie einer Blume oder einer Biene nicht so vollkommen oder so grundlegend ist wie die eines Kristalls.

Aber unser Hauptinteresse gilt hier nicht der Tatsache, daß die *Objekte* der Natur oft symmetrisch sind. Vielmehr möchten wir einige der sogar noch bemerkenswerteren Symmetrien des Universums untersuchen – die Symmetrien, die in den *Grundgesetzen selbst,* die die Wirkungsweise der physikalischen Welt bestimmen, enthalten sind.

Zuerst einmal, was *ist* Symmetrie? Wie kann ein physikalisches *Gesetz* „symmetrisch" sein? Das Problem, die Symmetrie zu definieren, ist interessant, und wir haben schon gesagt, daß Weyl eine gute Definition gegeben hat, deren Kern darin besteht, daß ein Ding symmetrisch ist, wenn es irgend etwas gibt, das wir darauf anwenden können, so daß es nach der Anwendung genauso aussieht wie vorher. Zum Beispiel ist

Tabelle 52–1

Symmetrieoperationen

Translation im Raum
Translation in der Zeit
Rotation um einen festen Winkel
Gleichförmige Geschwindigkeit in gerader Linie (Lorentz-Transformation)
Zeitumkehr
Spiegelung des Raumes
Austausch gleicher Atome oder gleicher Teilchen
Quantenmechanische Phase
Materie-Antimaterie (Ladungskonjugation)

eine symmetrische Vase von solcher Art, daß sie, wenn wir sie spiegeln oder sie umdrehen, genauso aussieht wie vorher. Die Frage, die wir hier betrachten wollen, ist die, was wir an physikalischen Phänomenen oder an einer physikalischen Situation in einem Experiment tun können und trotzdem das Ergebnis gleich bleibt. Eine Liste der bekannten Operationen, unter denen verschiedene physikalische Phänomene invariant bleiben, zeigt Tabelle 52–1.

52–2 Symmetrie in Raum und Zeit

Als erstes könnten wir z. B. versuchen, das Phänomen in den Raum zu *verschieben.* Wenn wir ein Experiment an einem bestimmten Ort ausführen und dann noch einen Apparat an einer anderen Stelle im Raum aufbauen (oder den ursprünglichen dorthin bewegen), dann wird das, was in dem einen Apparat in einer bestimmten Zeit geschah, in derselben Weise passieren, wenn wir dieselbe Bedingung mit aller notwendigen Beachtung der Einschränkungen, die wir vorher erwähnt haben, erfüllt haben: daß alle jene Dinge der Umwelt, die es veranlassen, sich nicht in derselben Weise zu verhalten, ebenso verschoben worden sind – wir haben besprochen, wie zu definieren wäre, wieviel wir in jenen Fällen einbeziehen sollten, und wir werden nicht aufs neue in diese Einzelheiten gehen.

In derselben Weise glauben wir heute, daß eine *Verschiebung in der Zeit* keine Wirkung auf die physikalischen Gesetze haben wird. (Das heißt, *soweit wir heute wissen* – alle diese Dinge gelten soweit wir heute wissen!) Das bedeutet, wenn wir einen bestimmten Apparat bauen und ihn zu einer bestimmten Zeit, sagen wir Donnerstag um 10^{00} vormittags, starten und dann denselben Apparat bauen und ihn, sagen wir, drei Tage später unter derselben Bedingung starten, so werden die beiden Apparate dieselben Bewegungen in exakt derselben Weise als Funktion der Zeit unabhängig von der Startzeit durchmachen, wiederum natürlich vorausgesetzt, daß die relevanten Eigenschaften der Umwelt ebenso der *Zeit* angemessen modifiziert werden. Diese Symmetrie bedeutet natürlich, wenn man Aktien von General Motors vor drei Monaten gekäuft hätte, so würde damit dasselbe geschehen, wenn man sie jetzt kaufen würde!

Wir müssen ebenso nach geographischen Unterschieden Ausschau halten, denn es gibt natürlich Unterschiede in den Eigenschaften der Erdoberfläche. Wenn wir also z. B. das Magnetfeld in einem bestimmten Gebiet messen und den Apparat in irgendein anderes Gebiet bringen, dann arbeitet er möglicherweise nicht in genau derselben Weise, weil das Magnetfeld anders ist, aber wir sagen, daß dies so ist, weil das Magnetfeld mit der Erde verknüpft ist. Wenn wir die gesamte Erde und die Geräte bewegen würden, können wir uns vorstellen, daß es keinen Unterschied in der Arbeitsweise des Apparates geben würde.

Ein weiterer Sachverhalt, den wir bis in wesentliche Einzelheiten diskutiert haben, war die Rotation im Raum: Wenn wir einen Apparat um einen Winkel drehen, arbeitet er genauso gut, vorausgesetzt, wir drehen alles andere, das wichtig ist, mit herum. Tatsächlich haben wir das Problem der Symmetrie bei Rotation im Raum in Kapitel 11 ziemlich genau diskutiert und haben ein mathematisches System ersonnen, das *Vektoranalysis* genannt wird, um es so angenehm wie möglich zu handhaben.

Auf einem fortgeschrittenen Niveau hatten wir eine weitere Symmetrie – die Symmetrie bei gleichförmiger Geschwindigkeit längs einer geraden Linie. Das heißt – und es ist ein ziemlich bemerkenswerter Effekt –, wenn wir einen Apparateteil haben, der in einer bestimmten Weise arbeitet, und dann diesen Apparat nehmen und ihn in ein Auto stecken und das ganze Auto mit der gesamten wesentlichen Umgebung mit einer gleichförmigen Geschwindigkeit in einer geraden Linie bewegen, dann gibt es, soweit es die Phänomene innerhalb des Autos betrifft, keinen Unterschied: alle Gesetze der Physik erscheinen gleich. Wir wissen sogar, wie dies mehr technisch auszudrücken ist, nämlich, daß die mathematischen Gleichungen der physikalischen Gesetze bei einer *Lorentz-Transformation* unverändert bleiben müssen. Tatsächlich war es eine Untersuchung des Relativitätsproblems, die die Aufmerksamkeit der Physiker sehr stark auf die Symmetrie in den physikalischen Gesetzen lenkte.

Nun sind die oben erwähnten Symmetrien alle von geometrischer Natur, wobei Zeit und Raum mehr oder weniger dasselbe sind, aber es gibt andere Symmetrien einer anderen Art. Zum Beispiel gibt es eine Symmetrie, die die Tatsache beschreibt, daß wir ein Atom durch ein anderes derselben Art ersetzen können; anders formuliert heißt das, daß es Atome derselben Art *gibt.* Es ist möglich, solche Atomgruppen zu finden, daß es keinen Unterschied ergibt, wenn wir ein Paar herumdrehen – die Atome sind identisch. Was immer ein Sauerstoffatom eines bestimmten Typs tun wird, ein anderes Sauerstoffatom dieses Typs wird es auch tun. Man könnte sagen: „Das ist lächerlich, das ist die *Definition* gleicher Typen!" Das mag nur eine Definition sein, aber dann wissen wir immer noch nicht, ob es irgendwelche „Atome desselben Typs" *gibt; Tatsache* ist, daß es sehr viele Atome desselben Typs gibt. Folglich bedeutet es etwas, wenn man behauptet, daß es keinen Unterschied macht, wenn wir ein Atom durch ein anderes desselben Typs ersetzen. Die sogenannten Elementarteilchen, aus denen die Atome gemacht sind, sind auch identische Teilchen in dem obigen Sinne – alle Elektronen sind gleich; alle Protonen sind gleich; alle positiven Pionen sind gleich usw.

Nach einer so langen Liste von Dingen, die man tun kann, ohne die Phänomene zu ändern, könnte man denken, daß wir praktisch alles machen können; so wollen wir einige gegensätzliche Beispiele anführen, einfach um den Unterschied zu sehen. Angenommen, wir fragen: „Sind die physikalischen Gesetze bei einer Maßstabsänderung symmetrisch?" Angenommen, wir bauen einen bestimmten Apparat und bauen dann einen weiteren Apparat in jedem Teil fünfmal größer, wird er in genau derselben Weise arbeiten? Die Antwort in diesem Fall lautet *nein!* Die Lichtwellenlänge, die z. B. von Atomen innerhalb eines Behälters von Natriumatomen emittiert wird, und die Lichtwellenlänge, die von einem Gas von Natriumatomen mit dem fünffachen Volumen emittiert wird, ist nicht fünfmal länger, sondern ist tatsächlich exakt dieselbe wie die andere. Folglich ändert sich das Verhältnis der Wellenlänge zur Größe des Emitters.

Ein weiteres Beispiel: Wir sehen ab und zu in der Zeitung Bilder einer großen Kathedrale, die aus kleinen Streichhölzern hergestellt ist – ein enormes Kunstwerk von irgendeinem Pensionär, der Streichhölzer zusammenklebt. Es ist viel kunstvoller und wunderbarer als irgendeine echte Kathedrale. Wenn wir uns vorstellen, daß diese hölzerne Kathedrale tatsächlich im Maßstab einer echten Kathedrale gebaut würde, sehen wir, wo die Schwierigkeit liegt; sie würde nicht halten – das ganze Ding würde zusammenbrechen, weil vergrößerte Streichhölzer einfach nicht stark genug sind. „Ja", könnte man sagen, „wir wissen aber auch, daß auch ein Einfluß von außen proportional geändert werden muß!" Wir sprechen über die Fähigkeit eines Objektes, der Gravitation zu widerstehen. Wir müßten also folgendes tun: Zuerst die Modellkathedrale aus echten Streichhölzern und die echte Erde nehmen, und dann wissen wir, daß sie stabil ist. Dann müßten wir die größere Kathedrale und eine größere Erde nehmen. Aber dann ist es noch schlimmer, weil die Gravitation noch stärker geworden ist!

Heute verstehen wir natürlich die Tatsache, daß Phänomene von dem Maßstab abhängen, aus dem Grunde, daß die Materie von atomarer Natur ist; und wenn wir einen

Apparat bauen würden, der so klein wäre, daß nur fünf Atome darin enthalten wären, würde es sicherlich etwas sein, was wir nicht willkürlich vergrößern und verkleinern könnten. Der Maßstab eines individuellen Atoms ist auf keinen Fall willkürlich – er ist ganz bestimmt.

Die Tatsache, daß die Gesetze der Physik bei einer Maßstabsänderung nicht unverändert bleiben, wurde von Galilei entdeckt. Er bemerkte, daß die Stärke von Materialien nicht exakt im richtigen Verhältnis zu deren Größen steht, und er veranschaulichte diese Eigenschaft, die wir gerade mit der Kathedrale aus Streichhölzern besprochen haben, indem er zwei Knochen zeichnete, den Knochen eines Hundes in der richtigen Proportion zum Halten seines Gewichts und den imaginären Knochen eines „Superhundes", der, sagen wir, zehn oder hundertmal größer war – dieser Knochen war ein großes festes Ding mit ganz anderen Proportionen. Wir wissen nicht, ob er jemals das Argument bis zur Schlußfolgerung weitergeführt hat, daß nämlich die Naturgesetze in einem definierten Größenverhältnis zueinander stehen müssen, aber er war von dieser Entdeckung so beeindruckt, daß er sie als genauso wichtig wie die Entdeckung der Bewegungsgesetze ansah, da er sie beide im selben Werk, „Über zwei neue Wissenschaften" genannt, veröffentlichte.

Ein weiteres Beispiel, in dem die Gesetze nicht symmetrisch sind und das wir ganz gut kennen, ist dieses: Ein System in Rotation mit einer gleichförmigen Winkelgeschwindigkeit zeigt nicht dieselben beobachtbaren Gesetze wie eines, das nicht rotiert. Wenn wir ein Experiment ausführen und dann alles in ein Raumschiff stecken und das Raumschiff im leeren Raum ganz allein mit einer konstanten Winkelgeschwindigkeit rotieren lassen, dann wird der Apparat nicht in derselben Weise arbeiten, da, wie wir wissen, Gegenstände innerhalb des Gerätes nach außen geschleudert werden usw., und zwar durch die Zentrifugal- oder Coriolis-Kräfte usw. In der Tat können wir ohne nach draußen zu sehen behaupten, daß die Erde sich dreht, indem wir ein sogenanntes Foucautsches Pendel benutzen.

Als nächstes erwähnen wir eine sehr interessante Symmetrie, die offenbar falsch ist, nämlich die *Reversibilität der Zeit.* Die physikalischen Gesetze können offenbar nicht zeitreversibel sein, da wie wir wissen alle augenscheinlichen Phänomene im großen Maßstab irreversibel sind: „Der sich bewegende Finger schreibt, und nachdem er geschrieben hat, bewegt er sich weiter." Soweit wir wissen, hat diese Irreversibilität mit der sehr großen Anzahl von Teilchen zu tun, die beteiligt sind, und wenn wir die individuellen Moleküle sehen könnten, könnten wir nicht erkennen, ob die Maschine vorwärts oder rückwärts arbeitet. Um es genauer zu sagen: Wir bauen einen kleinen Apparat, bei dem wir wissen, was alle Atome tun, und in dem wir beobachten können, wie sie zappeln. Nun bauen wir einen weiteren Apparat wie diesen, der aber seine Bewegung im letzten Zustand des anderen beginnt, wobei alle Geschwindigkeiten genau umgekehrt sind.

Er wird dann dieselben Bewegungen durchmachen, aber genau umgekehrt. Wir können es anders ausdrücken: Wenn wir einen Film mit genügend Einzelheiten aller inneren Bewegungen eines Stückes Materie nehmen und ihn auf einen Schirm projizieren und ihn rückwärts laufen lassen, kann kein Physiker sagen: „Das widerspricht den physikalischen Gesetzen, da ist etwas falsch!" Wenn wir nicht alle Einzelheiten sehen, wird die Situation natürlich vollkommen klar sein. Wenn wir sehen, wie das Ei auf den Gehweg platscht und die Schale aufbricht usw., dann werden wir sicher sagen: „Das ist irreversibel, denn wenn wir den Film rückwärts ablaufen lassen, wird das Ei zusammenlaufen und die Schale wird wieder zusammenfallen und das ist offenbar albern!" Aber wenn wir die einzelnen Atome selbst betrachten, sehen die Gesetze vollständig reversibel aus.

Dies ist natürlich eine sehr viel schwierigere Entdeckung, die gemacht werden mußte, aber offenbar ist es richtig, daß die fundamentalen physikalischen Gesetze im mikroskopischen und grundlegenden Bereich vollständig zeitreversibel sind.

52–3 Symmetrie und Erhaltungssätze

Die Symmetrien der physikalischen Gesetze sind aus dem bisherigen Niveau sehr interessant, aber letzten Endes stellt sich heraus, daß sie sogar noch interessanter und aufregender sind, wenn wir zur Quantenmechanik kommen. Aus einem Grund, den wir auf dem Niveau der bisherigen Diskussion nicht erklären können – einer Tatsache, die die meisten Physiker noch irgendwie verwirrend finden, gibt es einen sehr tiefgründigen und schönen Sachverhalt in der Quantenmechanik, nämlich den, daß es *für jedes Symmetriegesetz ein entsprechendes Erhaltungsgesetz gibt;* es gibt eine definierte Verbindung zwischen den Erhaltungsgesetzen und den Symmetrien der physikalischen Gesetze. Im Moment können wir dies nur ohne irgendeinen Versuch einer Erklärung behaupten.

Die Tatsache z. B., daß die Gesetze bezüglich einer Translation im Raum symmetrisch sind, wenn wir die Prinzipien der Quantenmechanik anwenden, stellt sich als *Erhaltung des Impulses* heraus.

Daß die Gesetze bezüglich der Translation in der Zeit symmetrisch sind, bedeutet in der Quantenmechanik, daß *die Energie erhalten bleibt.*

Invarianz bei Rotation um einen festen Winkel im Raum entspricht der *Erhaltung des Drehimpulses.* Diese Verbindungen sind sehr interessante und wundervolle Sachverhalte, sie gehören zu den herrlichsten und tiefgründigsten Dingen in der Physik.

Nebenbei gesagt gibt es eine Anzahl von Symmetrien, die in der Quantenmechanik auftauchen, welche kein klassisches Analogon besitzen und für die es keine Beschreibungsform in der klassischen Physik gibt. Eine davon ist wie folgt: Wenn ψ die Amplitude für diesen oder jenen Prozeß ist, wissen wir, daß das Absolutquadrat von ψ die Wahrscheinlichkeit dafür ist, daß der Prozeß stattfindet. Wenn jetzt irgend jemand anderes diese Berechnungen nicht mit ψ, sondern mit ψ' machen sollte, was sich nur in einer Phasenänderung unterscheidet (Δ sei irgendeine Konstante, dann nehme man $e^{i\Delta}$ mal dem alten ψ), dann ist das Absolutquadrat von ψ', was die Wahrscheinlichkeit des Ereignisses ist, gleich dem Absolutquadrat von ψ:

$$\psi' = \psi e^{i\Delta}; \qquad |\psi'|^2 = |\psi|^2. \tag{52.1}$$

Deshalb bleiben die physikalischen Gesetze unverändert, wenn die Phase der Wellenfunktion um eine willkürliche Konstante verschoben wird. Das ist eine weitere Symmetrie. Die physikalischen Gesetze müssen von solcher Natur sein, daß eine Verschiebung der quantenmechanischen Phase keinen Unterschied ergibt. Wie wir gerade erwähnt haben, gibt es in der Quantenmechanik für jede Symmetrie ein Erhaltungsgesetz. Das Erhaltungsgesetz, welches mit der quantenmechanischen Phase verknüpft ist, scheint die *Erhaltung der elektrischen Ladung* zu sein. Dies ist durch und durch eine sehr interessante Angelegenheit!

52–4 Spiegelungen

Die nächste Frage, die uns für fast den ganzen Rest dieses Kapitels interessieren wird, ist nun die Frage nach der Symmetrie bei *Spiegelung im Raum*. Das Problem ist dieses: Sind die physikalischen Gesetze bei Spiegelung symmetrisch? Wir können es in dieser Weise formulieren: Angenommen, wir bauen irgendein Gerät, sagen wir eine Uhr, mit einer Menge Rädern und Zeigern und Zahlen; sie tickt, sie arbeitet und sie ist innen drin aufgezogen. Wir betrachten die Uhr im Spiegel. Wie sie in dem Spiegel *aussieht*, ist nicht die Frage. Wir wollen tatsächlich eine weitere Uhr *bauen*, die genau so ist, wie die erste Uhr im Spiegel aussieht – überall, wo eine Schraube mit Rechtsgewinde vorhanden ist, benutzen wir eine Schraube mit Linksgewinde an der entsprechenden Stelle der anderen; wo bei der einen auf dem Zifferblatt eine „2" markiert ist, zeichnen wir eine „Ƨ" auf dem Zifferblatt der anderen; jede Spiralfeder ist in der einen Uhr in der einen Richtung gewunden und in der Spiegelbilduhr in umgekehrter Richtung; wenn wir ganz fertig sind, haben wir zwei Uhren, beide physikalisch, die zueinander die Beziehung eines Objektes zu seinem Spiegelbild haben, obwohl sie beide, wie wir betonen, wirkliche, gegenständliche Objekte sind. Nun lautet die Frage: Wenn die beiden Uhren unter der gleichen Bedingung gestartet werden mit Federn, die mit entsprechender Straffheit gewunden sind, werden die beiden Uhren dann ständig wie exakte Spiegelbilder ticken und laufen? (Dies ist eine physikalische und keine philosophische Frage.) Unser Gefühl für die physikalischen Gesetze sagt uns, daß sie es tun *würden*.

Wir würden zumindest in dem Fall dieser Uhren annehmen, daß die räumliche Spiegelung eine der Symmetrien der physikalischen Gesetze ist, daß, wenn wir alles von „rechts" nach „links" ändern und sonst alles gleich lassen, wir nicht den Unterschied angeben können. Wir wollen also für einen Moment annehmen, daß dies richtig ist. Wenn es richtig ist, dann würde es unmöglich sein, zwischen „rechts" und „links" durch irgendein physikalisches Phänomen zu unterscheiden, genau wie es z. B. unmöglich ist, durch ein physikalisches Phänomen eine bestimmte absolute Geschwindigkeit zu definieren. Folglich sollte es unmöglich sein, durch irgendein physikalisches Phänomen absolut zu definieren, was wir mit „rechts" im Gegensatz zu „links" meinen, da die physikalischen Gesetze symmetrisch sein sollten.

Natürlich *muß* die Welt nicht symmetrisch sein. Wenn wir z. B. benutzen, was wir „Geographie" nennen, kann „rechts" sicherlich definiert werden. Wenn wir z. B. in New Orleans stehen und nach Chicago blicken, dann ist Florida rechts von uns (wenn unsere Füße am Boden sind!). Folglich können wir „rechts" von „links" durch die Geographie definieren. Natürlich muß die tatsächliche Situation in irgendeinem System nicht die Symmetrie haben, über die wir sprechen; es ist die Frage, ob die *Gesetze* symmetrisch sind – mit anderen Worten, ob es *gegen die physikalischen Gesetze* ist, wenn wir eine Kugel wie die Erde mit „linkshändigem Dreck" darauf haben und eine Person wie wir selbst, die dasteht und eine Stadt wie Chicago von einem Ort wie New Orleans betrachtet, wobei aber alles andersherum liegt, so daß Florida auf der anderen Seite ist. Es erscheint natürlich nicht unmöglich, nicht gegen die physikalischen Gesetze, daß alles von links nach rechts geändert ist.

Ein weiterer Punkt ist, daß unsere Definition von „rechts" nicht von der Geschichte abhängen sollte. Ein einfacher Weg, rechts von links zu unterscheiden, ist der, in ein Eisenwarengeschäft zu gehen und willkürlich eine Schraube herauszusuchen. Es steht zu erwarten, daß sie ein Rechtsgewinde hat – nicht notwendigerweise, aber es ist sehr viel wahrscheinlicher, daß sie ein Rechtsgewinde als ein Linksgewinde besitzt. Dies ist eine Frage der Geschichte oder der Konvention oder der Weise, wie Dinge zufällig einmal sind, und ist wiederum keine Frage der grundlegenden Gesetze. Wie wir gut einsehen können, könnte jederman damit angefangen haben, Schrauben mit Linksgewinde herzustellen!

Folglich müssen wir versuchen, ein Phänomen zu finden, in dem „rechts" grundlegend einbezogen ist. Die nächste Möglichkeit, die wir diskutieren, ist die Tatsache, daß polarisiertes Licht seine Polarisationsebene dreht, wenn es, sagen wir, durch Zukkerwasser dringt. Wie wir in Kapitel 33 sahen, rotiert es, sagen wir, in einer bestimmten Zuckerlösung nach rechts. Dort ist eine Möglichkeit, „rechts drehend" zu definieren, weil wir etwas Zucker in dem Wasser auflösen können und die Polarisation sich dann nach rechts dreht. Aber Zucker ist aus Lebewesen entstanden, und wenn wir versuchen, Zucker künstlich herzustellen, dann entdecken wir, daß er *nicht* die Polarisationsebene dreht! Aber wenn wir dann denselben Zucker nehmen, der künstlich hergestellt ist und der nicht die Polarisationsebene dreht, und Bakterien hineintun (sie verzehren etwas von dem Zucker) und dann die Bakterien herausfiltern, dann stellen wir fest, daß wir noch Zucker übrig haben (fast halb soviel wie wir vorher hatten), und diesmal dreht er die Polarisationsebene, aber *in der anderen Richtung*! Es erscheint sehr verwirrend, ist aber leicht erklärt.

Fig. 52–1. (a) L-Alanin (links) und (b) D-Alanin (rechts).

Nehmen wir ein weiteres Beispiel: Eine der Substanzen, die allen Lebewesen gemeinsam und grundlegend für das Leben ist, ist Protein. Die Proteine bestehen aus Ketten von Aminosäuren. Figur 52–1 zeigt ein Modell einer Aminosäure, die aus einem Protein herstammt. Diese Aminosäure wird Alanin genannt, und die Molekülanordnung würde wie die in Fig. 52–1 (a) aussehen, wenn es aus einem Protein eines wirklichen Lebewesens kommen würde. Wenn wir andererseits versuchen, Alanin aus Kohlendioxyd, Äthan und Ammoniak herzustellen (und wir *können* es machen, es ist kein kompliziertes Molekül), entdecken wir, daß wir gleiche Teile dieses Moleküls und des in Fig. 52–1 (b) gezeigten Moleküls herstellen! Das erste Molekül, das aus einem Lebewesen stammt, wird *L-Alanin* genannt.

Das andere, das insoweit chemisch dasselbe ist, als es dieselben Atomsorten und dieselben Verbindungen zwischen den Atomen hat, ist ein „rechtsdrehendes" Molekül verglichen mit dem „linksdrehenden" L-Alanin, und es wird *D-Alanin* genannt. Interessant ist, wenn wir Alanin zu Hause im Laboratorium aus einfachen Gasen herstellen, so erhalten wir eine gleichmäßige Mischung beider Sorten. Die einzige Sorte, die das Leben benutzt, ist jedoch L-Alanin. (Dies stimmt nicht ganz. Hier und da gibt es in den Lebewesen eine spezielle Verwendung für D-Alanin, aber es ist sehr selten. Alle Proteine benutzen ausnahmslos L-Alanin.) Wenn wir nun beide Sorten herstellen und die Mischung an irgendein Tier verfüttern, das Alanin „essen" mag oder aufbraucht, kann es D-Alanin nicht gebrauchen, so daß es nur das L-Alanin benutzt; das passierte unserem Zucker – nachdem Bakterien den Zucker aßen, der ihnen gut bekommt, blieb nur die „falsche" Sorte übrig! (Linksdrehender Zucker schmeckt süß, aber nicht genauso wie rechtsdrehender Zucker.)

Folglich sieht es so aus, als ob die Phänomene des Lebens eine Unterscheidung zwischen „rechts" und „links" erlauben oder als ob die Chemie eine Unterscheidung erlaubt, weil die beiden Moleküle chemisch verschieden sind. Aber nein, das ist nicht der Fall! Soweit physikalische Messungen ausgeführt werden können, solche der Energie, der Geschwindigkeit chemischer Reaktionen usw., arbeiten die beiden Sorten exakt in der gleichen Weise, wenn wir auch alles andere spiegelbildlich ausführen. Ein Molekül dreht das Licht nach rechts und das andere nach links um genau denselben Betrag in derselben Flüssigkeitsmenge. Soweit es also die Physik betrifft, sind diese beiden Aminosäuren gleich zufriedenstellend. Soweit wir heute die Dinge verstehen, sagen die Grundlagen der Schrödingergleichung, daß die beiden Moleküle sich in exakt entsprechender Weise verhalten sollten, so daß sich das eine rechts und das andere links dreht. Nichtsdestoweniger gibt es im Leben nur die eine Richtung!

Es wird angenommen, daß der Grund dafür folgender ist. Nehmen wir z. B. an, daß das Leben irgendwie zu einem Zeitpunkt in einem bestimmten Zustand ist, in dem alle Proteine in irgendwelchen Lebewesen linksdrehende Aminosäuren haben und alle Enzyme unsymmetrisch sind – jede Substanz in dem Lebewesen ist schief – sie ist nicht symmetrisch. Wenn also die Verdauungsenzyme versuchen, die Chemikalien in dem Futter von einer Sorte in eine andere umzuwandeln, „paßt" die eine chemische Form in das Enzym, aber die andere Sorte nicht (wie bei Aschenbrödel und dem Schuh, nur daß es ein „linker Fuß" ist, den wir prüfen). Soweit wir wissen, könnten wir im Prinzip z. B. einen Frosch machen, bei dem jedes Molekül umgekehrt ist, alles ist wie das „linksseitige" Spiegelbild eines wirklichen Frosches; wir haben einen linksseitigen Frosch. Dieser linksseitige Frosch würde eine Weile ganz gut zurechtkommen, aber er würde nichts zu fressen finden, denn wenn er eine Fliege verschlingt, so sind seine Enzyme nicht dafür gemacht, sie zu verdauen. Die Fliege hat die falsche „Sorte" von Aminosäuren (falls wir ihm nicht eine linksseitige Fliege geben). Folglich würden, soweit wir wissen, die chemischen Prozesse und die Lebensprozesse in derselben Art weiterarbeiten, wenn alles umgekehrt wäre.

Wenn das Leben insgesamt ein physikalisches und chemisches Phänomen ist, dann können wir verstehen, daß die Proteine alle in derselben Spiralform gemacht sind, und zwar allein aus dem Gedanken heraus, daß ganz am Anfang einige lebendige Moleküle zufällig anfingen und einige gewannen. Irgendwo und irgendwann war ein organisches Molekül in einer bestimmten Weise unsymmetrisch, und von diesem besonderen Ding aus entwickelte sich das „rechts" in unserer speziellen Geographie; ein bestimmtes historisches Ereignis war einseitig, und seit daher hat sich dann die Asymmetrie ausgebreitet. Da nun einmal der heute vorhandene Zustand erreicht ist, wird er natürlich immer weiter fortbestehen – alle Enzyme verdauen die richtigen Dinge und stellen die richtigen Dinge her: wenn das Kohlendioxyd und der Wasserdampf usw. in die Pflanzenblätter gelangen, machen die Enzyme, die den Zucker herstellen, sie unsymmetrisch, weil die Enzyme unsymmetrisch sind. Wenn irgendeine neue Art Virus oder lebendes Ding zu einem späteren Zeitpunkt entstehen sollte, würde sie nur überleben, wenn sie die schon vorhandene Art der lebenden Materie „essen" könnte. Folglich müßte sie ebenso von derselben Art sein.

Es gibt keine Erhaltung der Anzahl der rechtsseitigen Moleküle. Einmal angefangen, könnten wir die Anzahl der rechtsseitigen Moleküle weiterhin vermehren. Folglich besteht Grund zu der Annahme, daß die Phänomene im Fall des Lebens keine Verletzung der Symmetrie der physikalischen Gesetze zeigen, sondern im Gegenteil die universelle Natur und die Gemeinsamkeit des letzten Ursprungs aller Lebewesen auf der Welt in dem oben beschriebenen Sinne demonstrieren.

52–5 Polare und axiale Vektoren

Nun gehen wir weiter. Wir bemerken, daß es in der Physik eine Menge anderer Stellen gibt, wo wir „rechte" und „linke" Regeln haben. Tatsächlich haben wir, als wir die Vektoranalysis lernten, die rechten Regeln kennengelernt, die wir benutzen müssen, um den Drehimpuls, das Drehmoment, das Magnetfeld usw. zu erhalten, um richtig hinzukommen. Die Kraft auf eine Ladung z. B., die sich in einem Magnetfeld bewegt, ist $\mathbf{F} = q\mathbf{v} \times \mathbf{B}$. Ist in einer gegebenen Situation, in der wir **F**, **v** und **B** kennen, diese Gleichung ausreichend, um die Rechtsseitigkeit zu definieren? Wenn wir zurückgehen und danach schauen, woher die Vektoren kommen, dann wissen wir in der Tat, daß die „Rechtshand-Regel" nur eine Vereinbarung war; sie war ein Trick. Die ursprünglichen Größen, wie die Drehimpulse und die Winkelgeschwindigkeiten und Dinge dieser Art waren in Wirklichkeit keine Vektoren! Sie alle sind irgendwie mit einer bestimmten Ebene verknüpft, und nur weil es drei Dimensionen im Raum gibt, kommt es, daß wir die Größe mit einer Richtung senkrecht zu dieser Ebene verknüpfen können. Von den zwei möglichen Richtungen wählen wir die „rechte" Richtung.

Wenn also die physikalischen Gesetze symmetrisch sind, sollten wir feststellen, wenn irgendein Dämon in alle Physiklabors schleichen sollte und das Wort „rechts" durch „links" in allen Büchern austauschen würde, in denen „rechtshändige Regeln" angegeben werden und wir statt dessen alle einheitlich „linkshändige Regeln" benutzen sollten, so würde es dann überhaupt keinen Unterschied in den physikalischen Gesetzen geben.

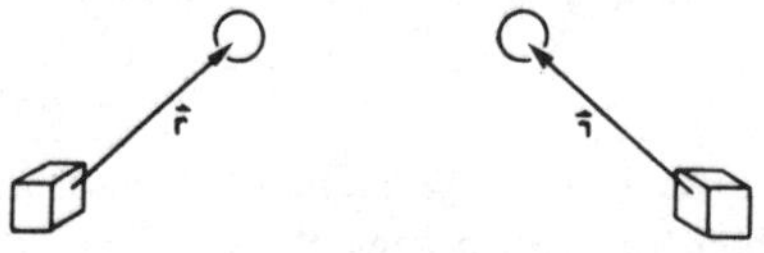

Fig. 52–2. Ein Schritt im Raum und sein Spiegelbild.

Wir wollen eine Veranschaulichung geben. Es gibt zwei Arten von Vektoren. Es gibt „echte" Vektoren wie z. B. ein Schritt $\Delta\mathbf{r}$ im Raum. Wenn in unserem Apparat irgendein Teil hier und etwas anderes dort ist, dann wird in einem Spiegelapparat ein Bild von dem Teil und ein Bild von dem anderen sein, und wenn wir einen Vektor von dem „Teil" zu dem „anderen Ding" ziehen, ist ein Vektor das Spiegelbild des anderen (Fig. 52–2). Der Vektorpfeil ändert seine Spitze, genau wie sich der ganze Raum von innen nach außen kehrt; einen solchen Vektor nennen wir einen *polaren Vektor*.

Die andere Vektorenart aber, die mit Rotationen zu tun hat, ist von anderer Natur. Nehmen wir z. B. an, daß sich irgend etwas in drei Dimensionen dreht wie

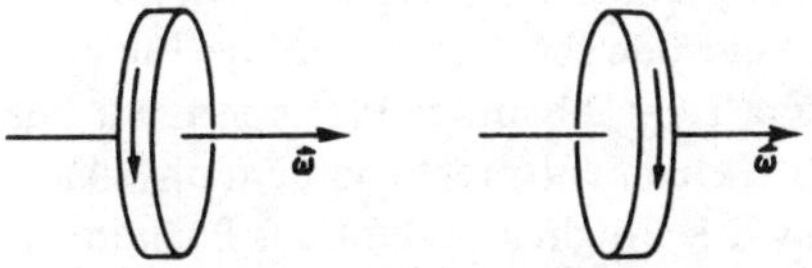

Fig. 52–3. Ein rotierendes Rad und sein Spiegelbild. Beachte, daß der „Vektor" der Winkelgeschwindigkeit in seiner Richtung erhalten bleibt.

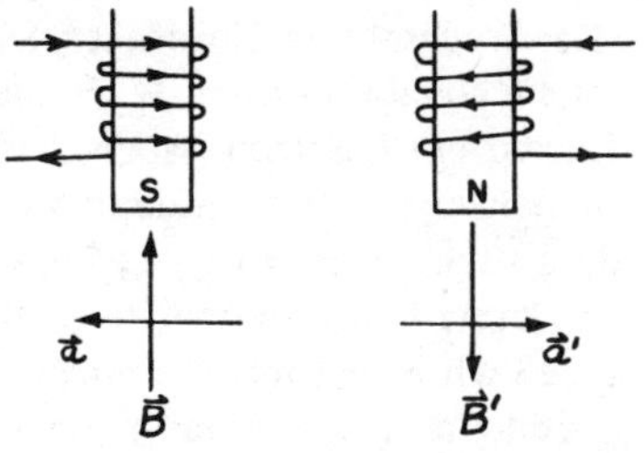

Fig. 52–4. Ein Magnet und sein Spiegelbild.

in Fig. 52–3 gezeigt. Wenn wir es dann in einem Spiegel betrachten, wird es sich wie gezeigt drehen, nämlich als Spiegelbild der ursprünglichen Drehung. Nun haben wir uns geeinigt, die Spiegelrotation durch dasselbe Gesetz darzustellen; es handelt sich um einen „Vektor", der bei Spiegelung nicht geändert wird wie die Polarvektoren, sondern relativ zu den Polarvektoren und zur räumlichen Geometrie umgekehrt ist; ein solcher Vektor wird ein *axialer Vektor* genannt.

Wenn nun das Gesetz der Spiegelsymmetrie in der Physik gilt, dann muß es richtig sein, daß die Gleichungen so ausgelegt sind, daß nichts geschehen wird, wenn wir das Vorzeichen eines jeden axialen Vektors und jedes Kreuzprodukts von Vektoren ändern, was einer Spiegelung entsprechen würde. Wenn wir z. B. eine Formel schreiben, die besagt, daß das Drehmoment $\mathbf{L} = \mathbf{r} \times \mathbf{p}$ ist, dann ist diese Gleichung in Ordnung, denn wenn wir in ein linksseitiges Koordinatensystem überwechseln, ändern wir das Vorzeichen von **L**, aber **p** und **r** ändern sich nicht; das Vorzeichen des Kreuzproduktes wird geändert, weil wir von einer rechtsseitigen Regel zu einer linksseitigen Regel wechseln müssen. Als weiteres Beispiel wissen wir, daß die Kraft auf eine bewegte Ladung in einem Magnetfeld $\mathbf{F} = q\mathbf{v} \times \mathbf{B}$ ist; wenn wir aber von einem rechts- zu einem linksseitigen System überwechseln, muß der von dem Kreuzprodukt geforderte Vorzeichenwechsel, da **F** und **v** als polare Vektoren bekannt sind, durch einen Vorzeichenwechsel von **B** aufgehoben werden, was bedeutet, daß **B** ein axialer Vektor sein muß. Wenn wir mit anderen Worten eine solche Spiegelung ausführen, muß **B** zu $-\mathbf{B}$ werden. Wenn wir also unsere Koordinaten von rechts nach links ändern, müssen wir auch die Pole der Magneten von Nord nach Süd ändern.

Wir wollen sehen, wie das in einem Beispiel funktioniert. Angenommen, wir haben zwei Magneten wie in Fig. 52–4. Der eine ist ein Magnet, dessen Spulen in einer bestimmten Weise herumlaufen mit einem Strom in einer gegebenen Richtung. Der andere Magnet sieht wie das Spiegelbild des ersten Magneten aus – die Spule windet sich in der anderen Richtung herum und alles, was innerhalb der Spule passiert, ist exakt umgekehrt und der Strom verläuft wie gezeigt. Nun stellt sich nach den Gesetzen der Erzeugung von Magnetfeldern heraus, die wir noch nicht offiziell kennen, die wir aber höchstwahrscheinlich in der höheren Schule kennengelernt haben, daß das Magnetfeld wie in der Figur gezeigt aussieht. In dem einen Fall ist der Pol ein magnetischer Südpol, während in dem anderen Magneten der Strom in umgekehrter Richtung läuft und das Magnetfeld umgekehrt ist – es ist ein magnetischer Nordpol. Folglich sehen wir, daß wir, wenn wir von rechts nach links übergehen, tatsächlich von Nord nach Süd wechseln müssen!

Der Wechsel von Nord nach Süd soll uns nicht kümmern; diese beiden sind ebenfalls bloße Verabredungen. Wir wollen über *Phänomene* sprechen. Nehmen wir jetzt an, daß wir ein Elektron haben, das sich durch ein Feld bewegt, welches in die Buchseite hineinzeigt. Wenn wir dann die Formel für die Kraft $\mathbf{v} \times \mathbf{B}$ benutzen (erinnern wir uns, daß die Ladung negativ ist), stellen wir fest, daß das Elektron entsprechend dem physikalischen Gesetz in die angezeigte Richtung abweichen wird. Folglich besteht das Phänomen darin, daß wir eine Spule mit einem Strom haben, der in einem bestimmten Umlaufsinn fließt, und ein Elektron, das in einer bestimmten Weise kreist – das ist die Physik – völlig unabhängig davon, wie wir alles bezeichnen.

Nun wollen wir dasselbe Experiment mit einem Spiegel ausführen: Wir schicken ein Elektron in einer entsprechenden Richtung durch, und jetzt ist die Kraft umgekehrt, wenn wir sie nach demselben Gesetz berechnen, und das ist sehr gut, weil die entsprechenden *Bewegungen* dann Spiegelbilder sind!

52–6 Welche Hand ist rechts?

Folglich besteht das Wesentliche der Sache darin, daß es bei der Untersuchung irgendeines Phänomens immer zwei oder eine gerade Anzahl von rechtshändigen Regeln gibt und daß die Phänomene als resultierendes Ergebnis immer symmetrisch aussehen. Kurz gesagt können wir deshalb nicht rechts von links trennen, wenn wir außerdem nicht in der Lage sind, Nord von Süd zu unterscheiden. Jedoch mag es so erscheinen, daß wir den Nordpol eines Magneten angeben *können*. Der Nordpol einer Kompaßnadel z. B. ist einer, der nach Norden zeigt. Aber natürlich ist das wieder eine örtliche Eigenschaft, die mit der Geographie der Erde zu tun hat; es ist genauso, als wenn wir darüber sprechen, in welcher Richtung Chicago liegt, also zählt es nicht. Wenn wir Kompaßnadeln gesehen haben, haben wir vielleicht bemerkt, daß der nach Norden zeigende Pol eine Art bläuliche Farbe hat. Aber das liegt einfach daran, wer den Magneten bemalt hat. Dieses sind alles örtliche und konventionelle Kriterien.

Wenn jedoch ein Magnet die Eigenschaft haben sollte, daß wir, wenn wir ihn genau genug betrachten würden, kleine Haare auf seinem Nordpol wachsen sehen würden, aber nicht auf seinem Südpol, und wenn das die allgemeine Regel wäre, oder wenn es *irgendeinen* beliebigen einzigen Weg gäbe, den Nordpol vom Südpol eines Magneten zu unterscheiden, dann könnten wir angeben, welchen der beiden Fälle wir tatsächlich hätten, und *das würde das Ende des Gesetzes der Spiegelsymmetrie sein.*

Um das gesamte Problem noch etwas deutlicher zu illustrieren, stellen wir uns vor, daß wir mit einem Marsbewohner oder mit irgend jemandem sehr weit entfernt telefonieren würden. Es ist uns nicht erlaubt, ihm irgendwelche echten Proben zur Überprüfung zu schicken; wenn wir z. B. Licht senden könnten, könnten wir ihm rechts zirkular polarisiertes Licht schicken und sagen: „Das ist rechtsdrehendes Licht – beobachten Sie nur die Richtung, in der es umläuft.“ Aber wir können ihm nichts *geben,* wir können nur mit ihm sprechen. Er ist weit entfernt oder an irgendeinem seltsamen Ort und kann nichts von dem sehen, was wir sehen können. Zum Beispiel können wir nicht sagen: „Betrachten Sie den großen Wagen; nun sehen Sie, wie diese Sterne angeordnet sind. Was wir mit ‚rechts‘ meinen, ist ...“ Wir dürfen nur mit ihm telefonieren.

Nun wollen wir ihm gern alles über uns erzählen. Natürlich beginnen wir zuerst mit der Definition von Zahlen und sagen: „Tick, tick, *zwei,* tick, tick, tick, *drei* ...“, so daß er allmählich ein paar Worte verstehen kann usw. Nach einer Weile könnten wir mit diesem Burschen sehr vertraut werden und er sagt: „Wie seht ihr Leute denn aus?“

Wir fangen an, uns selbst zu beschreiben und sagen: „Also, wir sind 1.80 groß." Er sagt: „Moment mal, was heißt 1.80?" Ist es möglich, ihm zu sagen, was 1.80 ist? Sicherlich! Wir sagen: „Du kennst den Durchmesser der Wasserstoffatome – wir sind 17.000.000.000 Wasserstoffatome groß!" Das ist möglich, weil sich die physikalischen Gesetze bei einem Maßstabswechsel nicht verändern, und deshalb *können* wir eine absolute Länge definieren.

Und so definieren wir die Größe des Körpers und sagen ihm, wie die allgemeine Form ist – er hat Spitzen mit fünf Beulen, die an den Enden herausragen usw., und er folgt uns dabei und wir beenden die Beschreibung, wie wir äußerlich aussehen, wahrscheinlich ohne irgendwelche besonderen Schwierigkeiten zu finden. Er macht sogar ein Modell von uns, während wir fortfahren. Er sagt: „Ei, ihr seid sicherlich sehr hübsche Burschen; was ist nun innen drin?" So fangen wir an, die verschiedenen Organe im Innern zu beschreiben, und wir kommen zum Herzen und beschreiben sorgfältig dessen Form und sagen: „Nun setze das Herz auf die linke Seite." Er sagt: „Oh – die linke Seite? " Nun ist es unsere Aufgabe, ihm zu beschreiben, an welcher Seite das Herz schlägt, ohne daß er jemals irgend etwas gesehen hat, was wir sehen, und ohne daß wir ihm jemals irgendein Muster geschickt haben, das besagt, was wir mit „rechts" meinen – keinen Standard für ein rechtsseitiges Objekt. Können wir es schaffen?

52–7 Die Parität bleibt nicht erhalten!

Es stellt sich heraus, daß die Gesetze der Gravitation, die Gesetze der Elektrizität und des Magnetismus und die Kernkräfte alle das Prinzip der Spiegelsymmetrie erfüllen, so daß diese Gesetze oder irgendwelche Dinge, die von ihnen abgeleitet sind, nicht benutzt werden können. Aber in Verbindung mit den vielen Teilchen, die in der Natur gefunden werden, gibt es ein Phänomen, das *Betazerfall* oder *schwacher Zerfall* genannt wird. Eines der Beispiele des schwachen Zerfalls gab in Verbindung mit einem ungefähr 1954 entdeckten Teilchen ein seltsames Rätsel auf. Es gab ein bestimmtes geladenes Teilchen, welches in drei π-Mesonen zerfällt, wie es schematisch in Fig. 52–5 gezeigt wird. Dieses Teilchen wurde eine Zeitlang als τ-Meson bezeichnet. Nun sehen wir in Fig. 52–5 auch ein anderes Teilchen, welches in *zwei* Mesonen zerfällt; eines muß wegen der Erhaltung der Ladung neutral sein. Dieses Teilchen wurde θ-Meson genannt. Folglich haben wir einerseits ein Teilchen genannt τ, welches in drei π-Mesonen zerfällt, und ein θ, welches in zwei π-Mesonen zerfällt. Nun wurde bald entdeckt, daß τ und θ fast die gleiche Masse haben; tatsächlich sind sie innerhalb der experimentellen Genauigkeit gleich. Als nächstes wurde die Zeitlänge, die sie benötigen, um in drei π und in zwei π zu zerfallen, als praktisch exakt gleich gefunden; sie leben dieselbe Zeitspanne. Als nächstes wurden sie in denselben Proportionen, sagen wir 14 % τ zu 86 % θ, gefunden, wann immer sie hergestellt wurden.

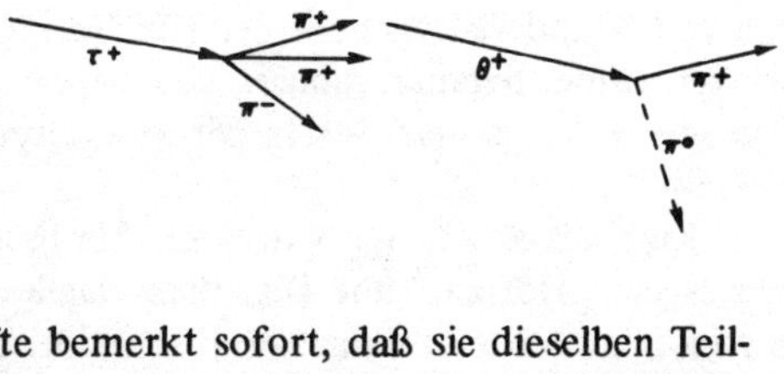

Fig. 52–5. Ein schematisches Diagramm des Zerfalls von einem τ^+- und einem θ^+-Teilchen.

Jeder im Vollbesitz seiner geistigen Kräfte bemerkt sofort, daß sie dieselben Teilchen sein müssen, daß wir also nur ein Objekt erzeugen, welches zwei verschiedene Arten des Zerfalls besitzt – nicht zwei verschiedene Teilchen. Dieses Teilchen, das auf zwei verschiedene Weisen zerfallen kann, besitzt deshalb dieselbe Lebensdauer und dasselbe Erzeugungsverhältnis (weil dies einfach das Verhältnis der Wahrscheinlichkeiten ist, mit denen es auf diese beiden Arten zerfällt).

Jedoch war es möglich, aus dem Prinzip der Spiegelsymmetrie in der Quantenmechanik zu beweisen (und wir können hier auf keinen Fall erklären *wie*), daß es *unmöglich* ist, daß diese beiden von demselben Teilchen kommen – dasselbe Teilchen *könnte nicht* auf diese beiden Arten zerfallen. Das Erhaltungsgesetz, das dem Prinzip der Spiegelsymmetrie entspricht, hat kein klassisches Analogon, und folglich wurde diese Art der quantenmechanischen Erhaltung die *Erhaltung der Parität* genannt. Es war also ein Ergebnis der Erhaltung der Parität oder genauer der Symmetrie der quantenmechanischen Gleichungen des schwachen Zerfalls bei Spiegelung, daß dasselbe Teilchen nicht beides machen konnte; folglich muß es irgendeine Art der zufälligen Übereinstimmung der Massen, Lebensdauer usw. sein. Aber je mehr es untersucht wurde, desto bemerkenswerter erschien die Übereinstimmung, und allmählich entstand der Verdacht, daß vielleicht das grundlegende Gesetz der Spiegelsymmetrie der Natur falsch sein könnte.

Als Ergebnis dieses augenscheinlichen Versagens schlugen die Physiker Lee und Yang vor, daß weitere Experimente in verwandten Zerfällen ausgeführt werden sollten, um zu versuchen, zu prüfen, ob das Gesetz in anderen Fällen richtig ist. Das erste dieser Experimente wurde von Miss Wu aus Columbia wie folgt ausgeführt. Wenn man einen sehr starken Magneten bei sehr niedriger Temperatur benutzt, stellt sich heraus, daß ein bestimmtes Kobaltisotop, welches durch Emission eines Elektrons zerfällt, magnetisch ist, und wenn die Temperatur tief genug ist, so daß die thermischen Schwingungen die atomaren Magnete nicht zu stark zappeln lassen, so richten sich diese in dem Magnetfeld aus. Folglich werden sich die Kobaltatome alle in diesem starken Feld ausrichten. Sie zerfallen dann durch Emission eines Elektrons, und es wurde entdeckt, daß die meisten Elektronen in einer nach unten zeigenden Richtung emittiert wurden, wenn die Atome in einem Feld ausgerichtet waren, dessen **B**-Vektor nach oben zeigt.

Wenn man nicht richtig „im Bilde ist", was die Welt angeht, klingt eine solche Bemerkung nicht wie etwas Wichtiges, aber wenn man Probleme und interessante Dinge in der Welt versteht, dann sieht man, daß dies eine äußerst dramatische Entdeckung ist: Wenn wir Kobaltatome in ein extrem starkes Magnetfeld bringen, gehen mehr Zerfallselektronen nach unten als nach oben. Wenn wir das deshalb in einem entsprechenden Experiment in einem „Spiegel" ausführen würden, bei dem die Kobaltatome in der umgekehrten Richtung ausgerichtet wären, würden sie ihre Elektronen nach *oben* und nicht nach *unten* aussprudeln; der Vorgang ist *unsymmetrisch. Dem Magneten sind Haare gewachsen!* Der Südpol eines Magneten ist solcher Art, daß die Elektronen in einem β-Zerfall bevorzugt von ihm wegeilen; das unterscheidet auf physikalische Weise den Nordpol vom Südpol.

Danach wurden eine Menge anderer Experimente ausgeführt: Der Zerfall der π in μ und ν; μ in ein Elektron und zwei Neutrinos und heute das Λ in Proton und π; Zerfall von Σ und viele andere Zerfälle. Tatsächlich wurde in fast allen Fällen, wo es erwartet wurde, herausgefunden, daß sie *nicht* der Spiegelsymmetrie gehorchen! In grundlegender Weise ist das Gesetz der Spiegelsymmetrie auf diesem Niveau in der Physik inkorrekt.

Kurz gesagt können wir einem Marsbewohner sagen, wo das Herz hinzusetzen ist: Wir sagen: „Hör zu, baue Dir einen Magneten und bringe die Spulen an und schicke Strom hindurch und dann nimm etwas Kobalt und verringere die Temperatur. Richte das Experiment so ein, daß die Elektronen vom Fuß zum Kopf laufen, dann ist die

Richtung, in der der Strom durch die Spulen fließt, die Richtung, in der er nach unserer Benennung rechts hineingeht und links herauskommt." So ist es jetzt möglich, rechts und links durch Ausführung eines Experiments dieser Art zu definieren.

Es gibt eine Menge anderer Punkte, die vorhergesagt wurden. Zum Beispiel stellt sich heraus, daß der Spin, also der Drehimpuls des Kobaltkerns, vor dem Zerfall 5 Einheiten von $\hbar$ und nach dem Zerfall 4 Einheiten beträgt. Das Elektron trägt einen Drehimpuls, und dabei ist auch ein Neutrino beteiligt. Es läßt sich hieraus leicht ersehen, daß das Elektron seinen Drehimpuls entlang seiner Bewegungsrichtung ausgerichtet haben muß, ebenso das Neutrino. Folglich sieht es so aus, als ob das Elektron nach links rotiert, und das wurde ebenso bewiesen. Tatsächlich wurde direkt hier am Caltech von Boehm und Wapstra bewiesen, daß sich die Elektronen im wesentlichen nach links drehen. (Es gab einige andere Experimente, die die entgegengesetzte Antwort gaben, aber sie waren falsch!)

Die nächste Aufgabe war natürlich, das Gesetz der Verletzung der Paritäterhaltung zu finden. Wie lautet die Regel, die uns sagt, wie stark die Verletzung sein wird? Die Regel ist diese: Sie passiert nur bei diesen sehr langsamen Reaktionen, die die schwachen Zerfälle genannt werden, und wenn sie auftritt, ist die Regel die, daß die Teilchen, die einen Spin tragen, wie das Elektron und das Neutrino usw., mit einem nach links tendierenden Spin herauskommen. Dies ist ein unsymmetrisches Gesetz; es verbindet den polaren Vektor einer Geschwindigkeit und den axialen Vektor eines Drehimpulses und besagt, daß der Drehimpuls mit größerer Wahrscheinlichkeit entgegengesetzt zur Geschwindigkeit statt parallel dazu liegt.

Das ist nun das Gesetz, aber wir verstehen heute noch nicht richtig seinen Grund und Zweck. *Warum* ist dies das richtige Gesetz, was ist der fundamentale Grund dafür und wie ist es mit allem übrigen verknüpft? Im Moment sind wir so schockiert gewesen durch die Tatsache, daß dieser Sachverhalt unsymmetrisch ist, daß wir uns noch nicht genügend erholt haben, um zu verstehen, was es in bezug auf all die anderen Gesetze bedeutet. Das Thema ist jedoch interessant, modern und noch ungelöst, so daß es passend erscheint, daß wir einige der damit verknüpften Fragen diskutieren.

52–8 Antimaterie

Das erste, was zu tun ist, wenn eine der Symmetrien verlorengegangen ist, ist, sofort die Liste der bekannten oder vermuteten Symmetrien durchzugehen und zu fragen, ob irgendeine der anderen verlorengegangen ist. Nun, wir haben eine Operation auf unserer Liste nicht erwähnt, die notwendigerweise abgefragt werden muß, und das ist die Beziehung zwischen Materie und Antimaterie. Dirac sagte voraus, daß außer den Elektronen ein weiteres Teilchen vorhanden sein müßte, das Positron genannt wird (am Caltech von Anderson entdeckt), welches notwendigerweise mit dem Elektron in Beziehung steht. Alle Eigenschaften dieser beiden Teilchen gehorchen bestimmten Verknüpfungsregeln: die Energien sind gleich, die Massen sind gleich, die Ladungen sind umgekehrt, aber wichtiger als alles andere ist, wenn sie beide zusammenkommen, können sie einander auslöschen und ihre gesamte Masse kann als Energie, sagen wir γ-Strahlen, frei werden. Das Positron wird als ***Antiteilchen*** des Elektrons bezeichnet, und dies sind die Eigenschaften eines Teilchens und seines Antiteilchens. Es war nach Diracs Behauptung klar, daß der ganze Rest der Teilchen in der Welt ebenso entsprechende Antiteilchen besitzen müßte. Zum Beispiel muß es für das Proton ein Antiproton geben, welches jetzt durch ein $\bar{p}$ symbolisiert wird. Das $\bar{p}$ würde eine negative elektrische

Ladung und dieselbe Masse wie ein Proton besitzen usw. Der wichtigste Punkt ist jedoch, daß sich Proton und Antiproton beim Zusammentreffen gegenseitig auslöschen können. Der Grund, warum wir dies betonen, ist der, daß die Leute es nicht verstehen, wenn wir sagen, daß es ein Neutron und ebenso ein Antineutron gibt, weil sie sagen: „Ein Neutron ist neutral, wie *kann* es dann die entgegengesetzte Ladung besitzen?“ Die Regel bezüglich des „Anti“ ist nicht einfach, daß es die entgegengesetzte Ladung hat, es besitzt eine bestimmte Reihe von Eigenschaften, die alle umgekehrt sind. Das Antineutron wird von dem Neutron folgendermaßen unterschieden: Wenn wir zwei Neutronen zusammenbringen, bleiben sie einfach zwei Neutronen; wenn wir aber ein Neutron mit einem Antineutron zusammenbringen, löschen sie sich gegenseitig aus mit einer großen Explosion freigesetzter Energie, verschiedenen π-Mesonen, γ-Strahlen und was sonst noch.

Wenn wir jetzt Antineutronen, Antiprotonen und Antielektronen haben, können wir im Prinzip Antiatome herstellen. Sie sind bis jetzt noch nicht erzeugt worden, aber im Prinzip ist es möglich. Zum Beispiel hat ein Wasserstoffatom ein Proton im Mittelpunkt mit einem außen herumkreisenden Elektron. Nun stellen wir uns vor, daß wir irgendwo ein Antiproton mit einem herumkreisenden Positron herstellen könnten, würde es herumkreisen? Nun, zuerst einmal ist das Antiproton elektrisch negativ und das Antielektron ist elektrisch positiv, so daß sie sich gegenseitig in einer entsprechenden Weise anziehen – die Massen sind genau dieselben; alles ist dasselbe. Es ist eins der Prinzipien der Symmetrie in der Physik, daß die Gleichungen offenbar zeigen, wenn eine Uhr, sagen wir, aus Materie einer Sorte hergestellt ist und wir dann dieselbe Uhr aus Antimaterie machen würden, so würde sie in dieser Weise laufen. (Wenn wir die Uhren zusammenbringen würden, würden sie sich natürlich gegenseitig auslöschen, aber das ist etwas anderes.)

Es taucht dann sofort eine Frage auf. Wir können aus Materie zwei Uhren herstellen, von denen eine „linksdrehend“ und eine „rechtsdrehend“ ist. Zum Beispiel könnten wir eine Uhr bauen, die nicht in der gewöhnlichen Weise gebaut ist, sondern Kobalt und Magnete und Elektronendetektoren hat, die die Anwesenheit von Elektronen des β-Zerfalls detektieren und sie zählen. Jedesmal, wenn eines gezählt wird, geht der Sekundenzeiger weiter. Dann wird die Spiegeluhr, die weniger Elektronen empfängt, nicht mit derselben Geschwindigkeit laufen. So können wir offenbar zwei Uhren derart herstellen, daß die linksdrehende Uhr nicht mit der rechtsdrehenden übereinstimmt. Wir wollen aus Materie eine Uhr bauen, die wir die Standarduhr oder die rechtsdrehende Uhr nennen. Nun wollen wir ebenso aus Materie eine Uhr bauen, die wir die linksdrehende Uhr nennen. Wir haben gerade entdeckt, daß diese beiden im allgemeinen *nicht* in derselben Weise laufen werden; vor dieser berühmten physikalischen Entdeckung wurde angenommen, daß sie dies tun würde. Nun wurde ebenso vermutet, daß Materie und Antimaterie äquivalent wären. Das heißt, wenn wir eine Antimaterie-Uhr herstellen würden, rechtsdrehend und dieselbe Form, dann würde sie genau wie die Uhr aus rechtsdrehender Materie laufen, und wenn wir dieselbe Uhr linksdrehend bauen würden, würde sie genauso laufen. Mit anderen Worten wurde anfangs geglaubt, daß *alle vier* Uhren gleich wären; nun wissen wir natürlich, daß rechtsdrehende und linksdrehende Materie nicht dasselbe ist. Vermutlich ist deshalb rechtsdrehende Antimaterie und linksdrehende Antimaterie nicht dasselbe.

Die ins Auge springende Frage ist also, wer geht mit wem, falls überhaupt? Benimmt sich mit anderen Worten die rechtsdrehende Materie in derselben Weise wie die rechtsdrehende Antimaterie? Oder verhält sich die rechtsdrehende Materie wie die linksdrehende Antimaterie? β-Zerfallsexperimente, die Positronenzerfall statt Elektronenzerfall benutzen, zeigen, daß dies die Verknüpfung ist: die „Rechts"-Materie arbeitet in derselben Weise wie die „Links"-Antimaterie.

Deshalb ist es zu guter Letzt tatsächlich richtig, daß die Rechts- und Linkssymmetrie doch erhalten bleibt! Wenn wir eine linksdrehende Uhr bauen, sie aber aus der anderen Materieart machen, Antimaterie statt Materie, wird sie in derselben Weise laufen. Was also geschehen ist, ist folgendes: Statt daß wir zwei unabhängige Gesetze in unserer Liste der Symmetrie haben, fallen zwei dieser Gesetze zusammen und bilden ein neues Gesetz, welches besagt, daß rechtsdrehende Materie symmetrisch zur linksdrehenden Antimaterie ist.

Wenn folglich unser Marsbewohner aus Antimaterie besteht und wir ihm Anweisungen geben, dieses „rechte" Modell von uns zu machen, wird es natürlich anders herum herauskommen. Was würde geschehen, wenn wir nach langer Unterhaltung hin und her jeder den anderen gelehrt hätten, Raumschiffe zu bauen und wir uns auf halbem Wege im leeren Raum treffen würden? Wir haben uns gegenseitig über unsere Gewohnheiten usw. informiert und eilen aufeinander zu, um uns die Hände zu schütteln. Nun gut, paß auf, wenn er seine linke Hand vorstreckt!

52–9 Symmetrieverletzungen

Die nächste Frage lautet, was können wir mit Gesetzen anfangen, die *fast* symmetrisch sind? Es ist großartig, daß bei einem solch breiten Gebiet von wichtigen, starken Phänomenen – Kernkräfte, elektrische Phänomene und sogar die schwachen wie die Gravitation – alle Gesetze dafür in einem enormen Bereich der Physik offenbar symmetrisch sind. Andererseits sagt dieser kleine Extrapunkt: „Nein, die Gesetze sind nicht symmetrisch!" Wie kann es sein, daß die Natur fast symmetrisch, aber nicht vollkommen symmetrisch ist? Was sollen wir damit anfangen? Haben wir zuerst einmal irgendwelche anderen Beispiele? Die Antwort lautet, daß wir in der Tat einige wenige andere Beispiele besitzen. Zum Beispiel ist der Kernanteil der Kraft zwischen Proton und Proton, zwischen Neutron und Neutron und zwischen Neutron und Proton immer exakt derselbe – es gibt eine Symmetrie für Kernkräfte, eine neue Symmetrie, daß wir Neutron und Proton austauschen können – aber offenbar ist es keine allgemeine Symmetrie, denn die elektrische Abstoßung zwischen zwei Protonen in einem Abstand existiert nicht für Neutronen. Folglich ist es nicht allgemein richtig, daß wir *immer* ein Proton durch ein Neutron ersetzen können, sondern nur in einer guten Näherung. Warum *gut?* Weil die Kernkräfte sehr viel stärker als die elektrischen Kräfte sind. Folglich ist dies ebenfalls eine „fast"-Symmetrie. Also haben wir Beispiele in anderen Fällen.

Wir haben die Neigung, Symmetrie als eine Art Perfektion anzuerkennen. Tatsächlich ist es wie der alte Gedanke der Griechen, daß Kreise vollkommen sind, und es war ziemlich schrecklich, zu glauben, daß die Planetenbahnen keine Kreise, sondern nur näherungsweise Kreise sind. Der Unterschied zwischen dem Vorhandensein eines Kreises und dem Vorhandensein eines näherungsweisen Kreises ist kein kleiner Unterschied, es ist eine fundamentale Änderung, soweit es den Verstand betrifft. Es gibt einen Grad von Perfektion und Symmetrie in einem Kreis, der in dem Moment nicht vorhanden ist, wenn der Kreis leicht abweicht – dann ist es aus – er ist nicht mehr symmetrisch. Dann lautet die Frage, warum ist es nur *ungefähr* ein Kreis – das ist eine viel schwierigere Frage. Die tatsächlichen Bewegungen der Planeten sollten im allgemeinen Ellipsen sein, aber während der langen Zeit wurden sie durch die Tidenkräfte usw. fast symmetrisch gemacht. Nun ist die Frage, ob wir hier ein ähnliches Problem haben. Das Problem vom Standpunkt der Kreise aus ist, daß es nichts zu erklären gäbe, wenn sie perfekte Kreise wären, das ist natürlich einfach. Da sie aber nur ungefähr Kreise sind, gibt es eine Menge zu erklären, und als Ergebnis stellt sich ein großes dynamisches Problem heraus, und unsere Aufgabe ist nun, zu erklären, warum sie fast symmetrisch sind, indem wir Tidenkräfte usw. betrachten.

Unser Problem ist also, zu erklären, woher Symmetrie kommt. Warum ist die Natur so nahezu symmetrisch? Niemand hat irgendeine Idee, warum. Das einzige, was wir vorschlagen könnten, ist etwas wie dies: Es gibt ein Tor in Japan, ein Tor in Neiko, das die Japaner manchmal das schönste Tor in ganz Japan nennen; es wurde zu einer Zeit gebaut, als die chinesische Kunst großen Einfluß hatte. Dies Tor ist sehr kunstvoll gearbeitet mit zahlreichen Giebeln und schönen Schnitzereien und vielen Säulen und Drachenköpfen und Fürsten, die in die Säulen eingemeißelt sind, usw. Aber wenn man genau hinschaut, sieht man, daß in dem kunstvollen und komplizierten Muster entlang einer der Säulen eines der kleinen Musterelemente kopfüber gemeißelt ist; sonst ist alles vollständig symmetrisch. Wenn man danach fragt, warum dies so ist, ist die Erklärung, daß es kopfüber gemeißelt worden ist, damit die Götter auf die Vollkommenheit des Menschen nicht eifersüchtig sind. So machten sie absichtlich einen Fehler, damit die Götter nicht eifersüchtig und auf die Menschen zornig sein würden.

Wir könnten den Gedanken umdrehen und daran denken, daß die wahre Erklärung der näherungsweisen Symmetrie der Natur diese ist: Gott machte die Gesetze nur ungefähr symmetrisch, damit wir nicht auf seine Vollkommenheit eifersüchtig sind!

Register